缙云山昆虫志

王进军 王宗庆 刘 怀 严合章 主编

科学出版社
北 京

内 容 简 介

本书是由全国昆虫系统学各领域知名专家团队与西南大学昆虫学团队共同合作完成的，是缙云山昆虫调查结果与分析的总体呈现。全书共分为两部分，即总论和各论。总论简述了重庆市缙云山国家级自然保护区的历史沿革、动植物资源组成、自然地理、人文历史，以及缙云山 19 目 128 科 622 属 825 种昆虫的地理区划分析；各论详细记述了调查获得的样本昆虫的特征及分布。书后附有图版，主要包括专家团队在调查过程中拍摄的缙云山生境和昆虫生态图片及考察人员照片等 160 幅。

本书可供昆虫生态学、昆虫分类学、保护生物学、农林昆虫防治等领域的科研工作者、教师、学生，以及昆虫爱好者参考。

图书在版编目（CIP）数据

缙云山昆虫志 / 王进军等主编. -- 北京：科学出版社，2024.7
ISBN 978-7-03-077683-9

Ⅰ.①缙⋯ Ⅱ.①王⋯ Ⅲ.①缙云山–昆虫志 Ⅳ.①Q968.227.19

中国国家版本馆 CIP 数据核字（2024）第 020803 号

责任编辑：李 迪 赵小林 付丽娜 / 责任校对：杨 赛
责任印制：肖 兴 / 封面设计：无极书装

科学出版社 出版
北京东黄城根北街 16 号
邮政编码：100717
http://www.sciencep.com

北京市金木堂数码科技有限公司印刷
科学出版社发行 各地新华书店经销

*

2024 年 7 月第 一 版 开本：787×1092 1/16
2024 年 7 月第一次印刷 印张：35 1/4 插页：12
字数：868 000
定价：498.00 元
（如有印装质量问题，我社负责调换）

《缙云山昆虫志》参编单位及人员

单位	人员			
南京师范大学生命科学学院	周长发	龚德文		
重庆师范大学生命科学学院	于 昕			
西南大学植物保护学院	王进军	刘 怀	王宗庆	杜喜翠
	车艳丽	刘志萍	李 竹	李前前
	姚文文	韩 伟	罗新星	张佩君
	汤语耕	田红敏		
商洛学院	王 洋			
陕西师范大学生命科学学院	黄 原	马丽滨		
河北大学生命科学学院	任国栋	石福明	刘昊林	刘 蕊
	李 云	朱启迪		
中国农业大学植物保护学院	彩万志	杨 定	刘星月	揭路兰
	陈 卓	刘盈祺	赵嬷盛	刘巧巧
	赖 艳	王懋之	武靖羽	郑昱辰
	涂粤峥	李美霖	周嘉乐	
西北农林科技大学植物保护学院	张雅林	吕 林	余廷濠	
贵州大学昆虫研究所	陈祥盛	隋永金	王晓娅	李凤娥
	龙见坤	常志敏	黄秀东	
南开大学生命科学学院	卜文俊	董 雪	汤泽辰	
浙江大学农业与生物技术学院	陈学新	唐 璞	韩源源	王春红
湖南农业大学	黄国华	邓 敏	赖新颖	
西北大学生命科学学院	谭江丽	文 倩		
广西大学生命科学学院	周善义			
中国科学院动物研究所	路园园	白 明		
陕西省西安植物园（陕西省植物研究所）	房丽君			
华中农业大学植物科学技术学院	刘晓艳			

河南科技大学园艺与植物保护学院	陈旭隆	白英明	李文亮
内蒙古师范大学生命科学与技术学院	林　晨		
琼台师范学院	王　星		
昆虫学者	张巍巍		
重庆缙云山国家级自然保护区管理局	严合章	严天兵	刘　丽

序

缙云山位于重庆市中心城区西北部，嘉陵江畔。海拔不足千米，但雨水丰沛，植被茂盛，具有很高的生物多样性水平。缙云山国家级自然保护区揽山而设，横亘于北碚、沙坪坝、璧山三区，也因景色优美被授予国家重点风景名胜区。这里不仅有丰富的珍稀植物、鸟兽，还有 1600 余年的佛教文化历史及建筑遗迹。缙云山吸引了无数慕名而来的国内外游客，同时也为市区居民提供了自然科学教育及夏日休闲避暑的场所。

长期以来，缙云山的鸟兽及植物的物种多样性得到了较多的关注，物种资源情况较为清晰，植物区系研究也比较深入，系统的研究文献相对丰富。但对于缙云山昆虫的物种资源却缺乏系统的研究报道，仅有少数研究特定类群的学者报道了缙云山的部分昆虫类群，因此想要了解缙云山昆虫总体的物种多样性情况还缺乏可用的研究资料。作为研究昆虫学的学者，生活在缙云山下却无法了解缙云山昆虫的概况不能不说是一种遗憾。

《缙云山昆虫志》共记述 15 目 87 科 455 属 571 种昆虫，第一次系统地记录了缙云山的昆虫物种，初步揭示了缙云山昆虫的物种多样性水平，并附有部分种类的高清生态照片。该书不仅为昆虫生态学和昆虫分类学者提供了缙云山昆虫的第一手科学资料，而且为在缙云山进行教学实践活动的各高校教师和学生提供了教学与学习参考，还为从事自然教育的机构及昆虫爱好者提供了科普读物。

王进军教授带领的昆虫学团队不断提升教学与科研水平，服务于农业相关产业，近年来取得了令人瞩目的成绩。今欣闻王进军教授团队与国内昆虫分类学研究的主要机构和高校共计 20 余家单位的 30 余名国内知名分类学家或昆虫分类学青年中坚力量一道对缙云山进行了为期两年的调查研究，并将调查研究的结果汇编成册，著成《缙云山昆虫志》，乐为之序，以此祝贺！也借此与各位同仁共勉：教学启智铸魂，科研顶天立地，服务民生、造福人类！

中国工程院院士　向仲怀
2023 年 9 月 13 日

前　　言

缙云山，古称巴山，位于重庆市中心区域西北部，山脉狭长，宽约 4 km，长约 20 km，海拔 200-951 m。缙云山地处亚热带季风气候区，冬季不寒冷，夏季雨水丰沛，非常适宜植物生长，因此缙云山植物物种丰富，森林覆盖率也达到 90% 以上，小生境多样。重庆市缙云山国家级自然保护区揽山而设，横跨北碚、沙坪坝、璧山三区。这里既是生物资源丰富的自然保护区，也是风景优美的国家重点风景名胜区，更是提升国民科学素养的自然科学教育的科普基地。

缙云山生物资源比较丰富，对生物资源的调查主要集中在植物，对植物的类群、物种数量及区系分析都有详细的数据和文献报道。然而与动物资源的调查相对欠缺，尤其是对缙云山昆虫资源情况更是了解甚少。这种现状对于缙云山国家级自然保护区的称谓不相匹配，同时对近在咫尺的西南大学植物保护学院昆虫学研究团队来讲也是一种缺憾。为响应国家生态文明建设战略，团队一直为揭示缙云山昆虫物种多样性水平做前期准备工作，为昆虫资源保护和利用奠定基础。

2021年，西南大学昆虫学研究团队获得缙云山国家级自然保护区管理局授权，在缙云山开展昆虫调查，为期两年。在西南大学昆虫学研究团队的组织下，得到了国内20余个高等学府或科研机构的30余位同行专家团队的支持，或派团队成员参与调查，或协助鉴定标本。强大的阵容确保了调查工作的专业性与科学性。本次调查缙云山昆虫共有19目（不含已并入䗛螂目中的等翅目，以及原生无翅类六足节肢动物）128科622属825种，在本书中记述15目87科455属571种。部分文献记载的种类、未邀请到对应鉴定专家的类群以及截稿后补充到名录中的种类，未在文中记述。在这两年里，气候条件对工作开展非常不利，一年低温阴雨，一年极端高温干旱，最高气温达到44℃，调查人员在骄阳酷暑、阴雨连绵的恶劣条件下，辛苦进行调查，体现出极好的专业素养和专业精神。本次调查得到了重庆市缙云山国家级自然保护区管理局昆虫资源调查项目的资助，也得到了管理局各级领导的支持，为考察队进出保护区核心区提供便利。国内参加考察或帮助鉴定标本的专家团队有浙江大学的陈学新教授、唐璞副教授，西北农林科技大学的张雅林教授、戴武教授、魏琮教授，南开大学的卜文俊教授，中国农业大学的彩万志教授、杨定教授、刘星月教授、李虎教授，河北大学的任国栋教授、石福明教授，贵州大学的陈祥盛教授，扬州大学的杜予州教授，中国科学院动物研究所的白明教授，南京师范大学的周长发教授，南京农业大学的王备新教授、臧昊明博士，陕西师范大学的黄原教授、马丽滨教授，广西大学的周善义教授、陈志林副教授，湖南农业大学的黄国华教授，陕西省西安植物园（陕西省植物研究所）的房丽君研究员，西北大学的谭江丽教授，中南林业大学的黄建华教授，重庆师范大学的李廷景教授、于昕副教授，浙江农林大学的黄俊浩副教授，陕西商洛学院的王洋副教授，四川绵阳师范学院的邱鹭副教授、邱见玥副教授，以及昆虫科普作家、学者张巍巍先生。卧雪山庄、青龙山庄为考察队提供了各种帮助和便利。西南大学植物保护学院本科教学实验室高级实验师、主任荣霞老师为本项目的实施提供了支持和帮助，昆虫系统学与进化研究团队杜喜翠教授、车艳丽教授、刘志萍副教授、李竹副教授及各实验室研究生参加了本项目，做出了重要贡献，螯蠊系统学与进化研究室研究生李前前、罗新星、韩伟、姚文文、张佩君还参与项目了后期文字和图片处理、地理分布统计工作。

  项目组对参与项目的同行专家、学者及参与各项工作的研究生表示感谢！

  由于调查难度较大，编写时间紧迫，书中难免有不足之处，请各位读者批评指正，以便再版时修改完善。

王进军

2023 年 3 月

目 录

总 论

第一章 缙云山国家级自然保护区概况 3
    一、保护区概述 3
        （一）建制沿革 3
        （二）保护区动植物资源情况 3
        （三）机构设置 4
    二、自然地理环境 4
        （一）缙云山地质形成 4
        （二）气候条件 4
        （三）地形地貌 5
        （四）土壤 5
        （五）植被 5
    三、人文历史 5

第二章 缙云山昆虫的物种多样性和区系分布 7
    一、物种组成 7
    二、属级组成 11
    三、缙云山昆虫与中国动物地理区划的关系 11
    参考文献 13

各 论

第三章 蜉蝣目 Ephemeroptera 17
    一、扁蜉科 Heptageniidae 17
    二、细裳蜉科 Leptophlebiidae 20
    三、四节蜉科 Baetidae 22
    四、小蜉科 Ephemerellidae 24
    五、蜉蝣科 Ephemeridae 26
    参考文献 27

第四章　蜻蜓目 Odonata ········ 29

蟌总科 Coenagrionoidea ········ 30
一、扇蟌科 Platycnemididae ········ 30
色蟌总科 Calopterygoidea ········ 30
二、色蟌科 Calopterygidae ········ 30
蜻总科 Libelluloidea ········ 31
三、蜻科 Libellulidae ········ 31
蜓总科 Aeshnoidea ········ 35
四、蜓科 Aeshnidae ········ 35
参考文献 ········ 36

第五章　蜚蠊目 Blattodea ········ 38
一、白蚁超科 Termitoidae ········ 39
二、蜚蠊科 Blattidae ········ 40
（一）蜚蠊亚科 Blattinae ········ 41
三、褶翅蠊科 Anaplectidae ········ 42
四、硕蠊科 Blaberidae ········ 43
（二）光蠊亚科 Epilamprinae ········ 43
五、姬蠊科 Blattellidae ········ 45
六、拟叶蠊科 Pseudophyllodromiidae ········ 49
（三）卷翅蠊亚科 Anaplectoidinae ········ 49
（四）拟叶蠊亚科 Pseudophyllodromiinae ········ 50
七、地鳖蠊科 Corydiidae ········ 53
（五）地鳖蠊亚科 Corydiinae ········ 53
参考文献 ········ 54

第六章　螳螂目 Mantodea ········ 57
一、小丝螳科 Leptomantellidae ········ 58
二、花螳科 Hymenopodidae ········ 59
三、螳科 Mantidae ········ 60
参考文献 ········ 61

第七章　䗛目 Phasmatodea ········ 62
一、长角棒䗛科 Lonchodidae ········ 62

二、䗛科 Phasmatidae 63
参考文献 64

第八章　直翅目 Orthoptera 66
蝗总科 Acridoidea 66
锥头蝗总科 Pyrgomorphoidea 66
　　一、蝗科 Acrididae 67
　　二、锥头蝗科 Pyrgomorphidae 71
螽斯总科 Tettigonioidea 72
　　三、螽斯科 Tettigoniidae 72
　　　　（一）草螽亚科 Conocephalinae 72
　　　　（二）蛩螽亚科 Meconematinae 74
　　　　（三）露螽亚科 Phaneropterinae 78
　　　　（四）拟叶螽亚科 Pseudophyllinae 82
　　　　（五）纺织娘亚科 Mecopodinae 83
　　　　（六）螽斯亚科 Tettigoniinae 84
驼螽总科 Rhaphidophoroidea 85
　　四、驼螽科 Rhaphidophoridae 85
蟋蟀总科 Grylloidea 86
　　五、蟋蟀科 Gryllidae 87
　　　　（七）蟋蟀亚科 Gryllinae 87
　　　　（八）兰蟋亚科 Landrevinae 92
参考文献 93

第九章　啮虫目 Psocodea 98
　　一、蛄科 Psocidae 98
参考文献 99

第十章　缨翅目 Thysanoptera 100
　　一、蓟马科 Thripidae 100
参考文献 103

第十一章　半翅目 Hemiptera 105
　　一、叶蝉科 Cicadellidae 105
　　　　（一）大叶蝉亚科 Cicadellinae 106

（二）窗翅叶蝉亚科 Mileewinae ·········· 110
（三）耳叶蝉亚科 Ledrinae ·········· 111
（四）横脊叶蝉亚科 Evacanthinae ·········· 111
（五）隐脉叶蝉亚科 Evacanthinae ·········· 115
（六）小叶蝉亚科 Typhlocybinae ·········· 117
（七）广头叶蝉亚科 Macropsinae ·········· 133
（八）离脉叶蝉亚科 Coelidiinae ·········· 134
（九）角顶叶蝉亚科 Deltocephalinae ·········· 137
（十）叶蝉亚科 Iassinae ·········· 145
（十一）圆痕叶蝉亚科 Megophthalminae ·········· 146
二、角蝉科 Membracidae ·········· 147

蝉总科 Cicadoidea ·········· 148
三、蝉科 Cidadidae ·········· 148

蜡蝉总科 Fulgoroidea ·········· 153
四、飞虱科 Delphacidae ·········· 154
五、扁蜡蝉科 Tropiduchidae ·········· 167
六、袖蜡蝉科 Derbidae ·········· 168
七、蛾蜡蝉科 Flatidae ·········· 170
八、瓢蜡蝉科 Issidae ·········· 171
九、广翅蜡蝉科 Ricaniidae ·········· 172
十、蜡蝉科 Fulgoridae ·········· 173
十一、颖蜡蝉科 Achilidae ·········· 174
十二、象蜡蝉科 Dictyopharidae ·········· 176
十三、菱蜡蝉科 Cixiidae ·········· 177

异翅亚目 Heteroptera ·········· 178
十四、蝽科 Pentatomidae ·········· 179
十五、兜蝽科 Dinidoridae ·········· 184
十六、土蝽科 Cydnidae ·········· 186
十七、缘蝽科 Coreidae ·········· 187
十八、蛛缘蝽科 Alydidae ·········· 191
十九、姬缘蝽科 Rhopaliae ·········· 192

二十、大红蝽科 Largidae ·· 192

二十一、梭长蝽科 Pcahygronthidae ································ 193

二十二、地长蝽科 Rhyparochromidae ······························ 194

二十三、负蝽科 Belostomatidae ····································· 195

二十四、猎蝽科 Reduviidae ·· 196

参考文献 ··· 200

第十二章 脉翅目 Neuroptera ··· 212

一、草蛉科 Chrysopidae ·· 212

二、褐蛉科 Hemerobiidae ·· 217

三、蚁蛉科 Myrmeleontidae ·· 219

参考文献 ··· 220

第十三章 广翅目 Megaloptera ··· 222

一、齿蛉科 Corydalidae ··· 222

参考文献 ··· 224

第十四章 鞘翅目 Coleoptera ··· 226

一、隐翅虫科 Staphylinidae ·· 227

（一）隐翅虫亚科 Staphylininae ·································· 227

（二）突眼隐翅虫亚科 Steninae ··································· 229

（三）毒隐翅虫亚科 Paederinae ·································· 230

（四）原隐翅虫亚科 Proteininae ·································· 235

二、天牛科 Cerambycidae ·· 236

（五）锯天牛亚科 Prioninae ······································· 237

（六）椎天牛亚科 Spondylidinae ································· 239

（七）天牛亚科 Cerambycinae ···································· 241

（八）沟胫天牛亚科 Lamiinae ···································· 252

三、金龟科 Scarabaeidae ·· 276

（九）蜣螂亚科 Scarabaeinae ····································· 277

（十）鳃金龟亚科 Melolonthinae ································· 280

（十一）丽金龟亚科 Rutelinae ···································· 281

（十二）犀金龟亚科 Dynastinae ·································· 289

（十三）花金龟亚科 Cetoniinae ··································· 290

ix

    四、拟步甲科 Tenebrionidae ·········· 292
        （十四）伪叶甲亚科 Lagriinae ·········· 292
        （十五）树甲亚科 Stenochiinae ·········· 300
        （十六）拟步甲亚科 Tenebrioninae Latreille, 1802 ·········· 302
    五、芫菁科 Meloidae Gyllenhal, 1810 ·········· 306
        （十七）芫菁亚科 Meloinae ·········· 306
  参考文献 ·········· 308

第十五章　双翅目 Diptera ·········· 318
　　一、秆蝇科 Chloropidae ·········· 319
　　二、缟蝇科 Lauxaniidae ·········· 320
　　三、舞虻科 Empididae ·········· 324
　　四、燕蝇科 Cypselosomatidae ·········· 326
　　五、长足虻科 Dolichopodidae ·········· 327
　　　　（一）长足虻亚科 Dolichopodinae ·········· 328
　　　　（二）合长足虻亚科 Sympycninae ·········· 330
　　　　（三）佩长足虻亚科 Peloropeodinae ·········· 331
  参考文献 ·········· 332

第十六章　鳞翅目 Lepidoptera ·········· 335
　　蝶类 Rhopalocera ·········· 335
　　一、凤蝶科 Papilionidae ·········· 336
　　　　（一）凤蝶亚科 Papilioninae ·········· 336
　　二、粉蝶科 Pieridae ·········· 342
　　　　（二）黄粉蝶亚科 Coliadinae ·········· 342
　　　　（三）粉蝶亚科 Pierinae ·········· 344
　　三、蛱蝶科 Nymphalidae ·········· 347
　　　　（四）斑蝶亚科 Danainae ·········· 348
　　　　（五）螯蛱蝶亚科 Charaxinae ·········· 349
　　　　（六）闪蛱蝶亚科 Apaturinae ·········· 349
　　　　（七）袖蛱蝶亚科 Heliconiinae ·········· 350
　　　　（八）线蛱蝶亚科 Limenitinae ·········· 353
　　　　（九）蛱蝶亚科 Nymphalinae ·········· 355
　　　　（十）秀蛱蝶亚科 Pseudergolinae ·········· 358
　　　　（十一）环蝶亚科 Amathusiinae ·········· 360
　　　　（十二）眼蝶亚科 Satyrinae ·········· 360

四、灰蝶科 Lycaenidae ··· 367
（十三）蚬蝶亚科 Riodininae ··· 368
（十四）线灰蝶亚科 Theclinae ··· 369
（十五）灰蝶亚科 Lycaeninae ··· 370
（十六）眼灰蝶亚科 Polyommatinae ··· 371

五、弄蝶科 Hesperiidae ··· 373
（十七）竖翅弄蝶亚科 Coeliadinae ··· 373
（十八）花弄蝶亚科 Pyrginae ··· 374
（十九）弄蝶亚科 Hesperiinae ··· 375

蛾类 Heterocera ··· 378
六、尺蛾科 Geometridae ·· 378
（二十）灰尺蛾亚科 Ennominae ··· 379
（二十一）尺蛾亚科 Geometrinae ··· 387
（二十二）花尺蛾亚科 Larentiinae ··· 388

七、钩蛾科 Drepanidae ··· 390
八、枯叶蛾科 Lasiocampidae ·· 391
九、大蚕蛾科 Saturniidae ·· 392
十、天蛾科 Sphingidae ··· 393
（二十三）长喙天蛾亚科 Macroglossinae ····································· 394
（二十四）目天蛾亚科 Smerinthinae ··· 397
（二十五）天蛾亚科 Sphinginae ··· 400

十一、裳蛾科 Erebidae ··· 400
（二十六）灯蛾亚科 Arctiinae ··· 401
（二十七）吸果夜蛾亚科 Calpinae ··· 404
（二十八）裳蛾亚科 Erebinae ··· 406
（二十九）长须夜蛾亚科 Herminiinae ··· 410
（三十）髯须夜蛾亚科 Hypeninae ··· 410
（三十一）毒蛾亚科 Lymantriinae ··· 411
（三十二）棘翅夜蛾亚科 Scoliopteryginae ··································· 413

十二、尾夜蛾科 Euteliidae ·· 413
十三、瘤蛾科 Nolidae ··· 414
十四、夜蛾科 Noctuidae ··· 415
十五、草螟科 Crambidae ·· 418
（三十三）斑野螟亚科 Spilomelinae ··· 418

（三十四）草螟亚科 Crambinae ··············· 441
　　　（三十五）野螟亚科 Pyraustinae ············· 441
　　　（三十六）水螟亚科 Acentropinae ············ 444
　十六、螟蛾科 Pyralidae ·················· 445
　　　（三十七）丛螟亚科 Epipaschiinae ············ 445
　参考文献 ······················· 446
第十七章　膜翅目 Hymenoptera ················ 458
　一、蚁科 Formicidae ···················· 458
　　　（一）双节行军蚁亚科 Aenictinae ············· 459
　　　（二）猛蚁亚科 Ponerinae ················· 460
　　　（三）蚁亚科 Formicinae ················· 461
　二、姬蜂科 Ichneumonidae ·················· 462
　　　（四）姬蜂亚科 Ichneumoninae ·············· 463
　　　（五）缝姬蜂亚科 Campopleginae ············· 464
　　　（六）盾脸姬蜂亚科 Metopiinae ·············· 466
　　　（七）瘦姬蜂亚科 Ophininae ················ 467
　三、茧蜂科 Braconidae ··················· 468
　四、胡蜂科 Vespidae ···················· 473
　五、泥蜂科 Sphecidae ··················· 477
　参考文献 ······················· 478
附录　缙云山昆虫名录 ···················· 480
中名索引 ························· 517
学名索引 ························· 533
图版

总　　论

第一章 缙云山国家级自然保护区概况

一、保护区概述

缙云山国家级自然保护区横跨重庆市北碚、沙坪坝、璧山三区，距北碚城区（沿公路）约 15 km，距重庆市中心城区约 35 km。保护区地理坐标：29°41'08"N-29°52'03"N、106°17'43"E-106°24'50"E，其海拔 200-952.5 m，面积 76 km²。保护区属亚热带季风湿润性气候，年平均气温 13.6℃，年平均降水量 1611.8 mm，是以森林植被及其生态环境所形成的自然生态系统为主要保护对象的自然保护区，也是重庆主城唯一的国家级自然保护区。缙云山国家级自然保护区内地带性植被亚热带常绿阔叶林保存良好，植被茂密，森林覆盖率达 96.6%，保护区内峰峦叠起，山间古木参天，翠竹成林，环境清幽。其动植物资源十分丰富，是具有重要保护意义和科学研究价值的生物资源基因库。

（一）建制沿革

1979 年，重庆市政府批准成立缙云山自然保护区。保护区面积 1400 hm²，隶属于重庆市林业局。1985 年，中共重庆市委机构编制委员会办公室批准在缙云山成立重庆市缙云山植物园，1991 年批准更名为重庆市植物园。1999 年，重庆市政府批准将保护区的面积扩大为 7600 hm²。2001 年，国务院办公厅批准缙云山保护区晋升为国家级自然保护区。保护区内核心区面积 1235 hm²，缓冲区面积 1505 hm²，实验区面积 4860 hm²。缙云山 1982 年被评为国家首批 44 个国家重点风景名胜区之一，2001 年被国家旅游局评为 4A 级旅游景区。2014 年，中共重庆市委机构编制委员会办公室批准增挂"缙云山风景名胜区缙云山景区管理局"牌子。

（二）保护区动植物资源情况

缙云山国家级自然保护区内有长江流域保存较好的典型亚热带常绿阔叶林景观和相对稳定的生态系统，保护区现有植物 246 科 992 属 2407 种（含变种、变型及引种植物）；去除变种、变型及引种植物，缙云山有淡水藻类植物 2 科 19 属 105 种，苔藓植物 45 科 77 属 109 种，蕨类植物 38 科 75 属 148 种，被子植物 152 科 795 属 1559 种。其中，一级保护植物 11 种，二级保护植物 44 种；有厚朴、青檀、红花木莲等珍稀濒危植物 83 种；有缙云四照花、缙云黄芩、缙云槭等 36 种模式植物。这些优越的自然环境孕育了众多的野生动物，也为保护区内昆虫的生存繁衍提供了良好的栖息地。据文献报道目前保护区内采集到的昆虫有 1071 种，隶属于 17 目 119 科，已知鉴定出的昆虫 580 种；采集到蛛形纲 2 目 178 种，已鉴定 83 种，螨类 15 种（李晓晶等，2009）；两栖动物、爬行动物有 4 目 16 科 47 种，其中两栖类 22 种，爬行类 25 种（李宏群和李晓莉，2010）；

哺乳动物 3 目 6 科 8 种；鸟类 6 目 13 科 18 种（方浩存等，2018），其中包括红腹锦鸡等国家重点保护野生动物。

（三）机构设置

2006 年 12 月，经重庆市人事局批准，缙云山国家级自然保护区管理局为参照公务员法管理的单位。管理局参公之后，经中共重庆市委机构编制委员会办公室核定编制 83 人，其中，处级领导职数 5 人，处级非领导职数 3 人。内设 10 个科室（办公室、人事科、计财科、保管科、林政科、防火办、科技科、旅管科、产业办和规建科）。目前，该局现有在编在岗职工 76 人。

二、自然地理环境

重庆市缙云山国家级自然保护区位于重庆市中心城区西北部，是华蓥山延伸至重庆后形成的 1 条支脉，夹在两座山脉之间，西面沥鼻山（云雾山），东面中梁山。嘉陵江横贯这三座平行延伸的山脉之后与长江交汇于铜锣山西侧。

（一）缙云山地质形成

缙云山位于扬子地台，其地质基底形成的历史非常久远。在约 6.35 亿年前的震旦纪至 4.3 亿年前的志留纪，扬子地台四川盆地（含重庆）发生了第一次大规模海侵入，形成了海洋环境，沉积了一套碳酸盐岩和碎屑岩沉积岩。

从约 2.47 亿年中三叠纪开始，印支运动使得重庆地壳稳定上升，海水慢慢退去，四川盆地边缘隆起成山地，盆地内形成内陆湖，重庆地区结束了海相沉积历史，转变为陆相盆地沉积阶段。

约 2 亿年前的侏罗纪到 6500 万年前的白垩纪晚期，在这段 1.35 亿年漫长的岁月里，重庆地区为内陆湖盆地，沉积了巨厚的砂岩、泥岩、页岩、砾岩等河湖陆相岩层。

7000 万年以来的喜马拉雅运动是重庆地区最重要的地质构造运动。受川中刚性基地阻挡和华蓥山基底断裂控制，喜马拉雅运动使得华蓥山以东至七曜山一带地层发生了褶皱，形成了一系列北北东向的隔挡式褶皱背斜山脉，缙云山也在此期间形成。随着地壳的抬升，侵蚀基准面不断下降，强烈的流水切割作用和溯源侵蚀，嘉陵江横切沥鼻山（云雾山）、缙云山、中梁山，形成了险峻瑰丽的沥鼻峡、温塘峡、观音峡等嘉陵江小三峡。

（二）气候条件

缙云山国家级自然保护区属亚热带湿润季风性气候，具有春来早、夏季长、秋冬季短且不寒冷、少冰雪的特点；夏秋季气温高，全年无霜期长；阴雨多，湿度大；日照少，风力小，山间常白云缭绕，似雾非雾。极端高温 44℃，极端低温 –3.1℃；平均气温 13.6℃，最大降水量约 1783.8 mm，最小降水量约 758 mm；平均降水量约 1107 mm，多数年份降水量大于 1000 mm。降水多集中于 5-9 月，占全年降水量的 75%。

（三）地形地貌

缙云山位于扬子地台重庆台坳、四川盆地东部重庆陷褶束、华蓥山穹褶束，该区内背斜多狭窄成山，向斜开阔成谷，组成典型的阻挡式皱褶。缙云山支脉为华蓥山腹式背斜（温塘峡背斜）山脉分支的一段，位于温塘峡西岸，海拔 200-952.5 m，属低山类型，相对高差约 752 m，南段为箱形山脊，顶部平缓，西翼较缓，坡度约 20°，东翼较陡，坡度为 60°-70°，呈北北东向—南南西向延伸，地势南高北低，具构造剥蚀低山特征。缙云山岩层为砂、泥页岩相间组合，上层为厚砂岩，下层为泥页岩。泥页岩为积水层，上、下层相接处有水流出，山体在流水长期冲刷下在山脊两侧形成梳状水系。

（四）土壤

土壤是以三叠纪须家河组厚层石英砂岩、炭质页岩和泥质砂岩为母质风化而成的酸性黄壤及水稻土，并有少量零星分布的由紫色砂页岩夹层上发育的中性或微石灰性的黄壤化紫色土。

（五）植被

重庆缙云山国家级自然保护区内植物资源丰富，虽然面积较小，但植物资源种类 2000 余种。由此可见，缙云山国家级自然保护区植物资源的丰富程度。保护区内以被子植物为主，蕨类植物次之，最后是裸子植物。缙云山国家级自然保护区典型的植被为亚热带常绿阔叶林，其中也混生一些落叶树种。阔叶林主要以壳斗科植物为主建群；其次是樟科、木兰科、山茶科等植物；落叶树种以赤杨叶、灯台树、枫香等为主。灌木层主要植物为杜茎山、山茶和柃木；草本植物以蕨类植物居多，如复叶耳蕨、鳞毛蕨等。保护区的针叶林主要由次生马尾松和杉木组成，也有些区域与阔叶树种形成混交林。保护区内竹林的分布也很广泛，种类有 20 余种，以毛竹和慈竹为主，但多为人工移植的半自然林，分布在水土条件较好的谷沟、平台或者缓坡等区域。保护区林区保护良好，留存下来不少高龄古树，树龄最高的南方红豆杉已近 600 年，除此之外，还有 500 余年的马尾松、400 余年的枫香、300 多年的银杏树等，百年以上的古树更为常见。

三、人文历史

缙云山保护区既是国家级自然保护区，也是 4A 级国家重点风景名胜区。在这里，既可远眺日出日落，霞光绚丽，峰峦叠翠，云卷云舒；又可近观参天古树，湖波荡漾，百花争艳，绿草茵茵。可听清晨鸟语、午后虫鸣；可品缙云茶香，山泉水甘。这里不仅有丰富的生物资源，有美景如画，有山泉水暖，还有源远流长的佛教文化，有文人墨客多情的诗句。置身其中，宛如人在世外桃源，使人心向往之。

缙云山国家级自然保护区内可考证的最古老的人文历史建筑可能就是伫立在其中的寺庙，有的香火依旧旺盛，见证了该区悠久的佛教历史文化。据考，缙云寺庙始由慈应禅师建于南朝景平元年，即公元 423 年，距今已有约 1600 年的历史，颇得皇家垂青、恩赐。贞观二十二年，唐皇宣宗赐寺额"相思寺"。咸平元年，宋真宗赐 240 卷宋太宗御览过的《梵经》给寺庙供奉。随后景德四年，真宗赐名"崇胜寺"，至明神宗朱翊钧赐寺庙名"缙云寺"，题"迦叶道场"。寺庙内的大雄宝殿内立迦叶古佛塑像。明末清初寺庙毁于火灾，后由破空和尚于康熙二十二年主持修复。20 世纪 30 年代，时任中国佛教学会会长的太虚大师游化入川，在渝州军、政、金融等各界人士的支持下以缙云寺为校址成立汉藏教理院，旨在研究汉藏教理，发扬汉藏佛学，融洽中华民族。该院办学 20 年，培养了大量佛教人才，被誉为世界佛学院四大分院之一。除了非常有影响的缙云寺，缙云山上还有温泉寺、绍隆寺、白云寺、复兴寺、大隐寺、石华寺、转龙寺等佛教庙宇，并称缙云山八大寺庙。

值得一提的是，官场失意的唐代诗人李商隐，曾入川为官。忧郁寡欢的他对佛教产生了兴趣，与僧人往来。缙云寺声名远扬，他游历缙云山时作《夜雨寄北》，描写其孤身在外遇寒秋、夜雨绵绵不停息之景，内心凄凉，追忆与妻子王氏甜美爱情点滴，表达了对亡妻王氏的思念之情。这首情诗广泛流传，颇受后人关注和喜爱。

缙云寺自古办学，宋代状元冯时行曾在此读书，在北宋徽宗宣和六年得中恩科状元。后为馋官弹劾，被罢官削职，返回故里，在缙云山置田地，建房办学 17 年，著有《缙云集》。他曾时常在迦叶殿西北的一口八角井边洗墨，故八角井也被后人称为洗墨池。

清代诗人王尔鉴作《缙岭云霞》更是讴歌缙云山美景如画，九峰争秀，霞光万丈映红了山峰，云散时峰青若翠屏；缙云山地灵人杰，孕育了巴渝之魂。

除了佛教渊源和历代文人墨客留下的精神财富，缙云山上还有新中国成立前后的中国革命历史旧址。中共中央西南局办公地曾设立在缙云山上，邓小平、贺龙、刘伯承等领导人都曾暂居在缙云山上，三栋旧居目前承载着展示邓小平同志主政西南、中共中央西南局在解放西南、建设西南方面做出的成就，以及刘伯承、贺龙同志在渝期间革命斗争、建设发展方面的主要功绩的作用。

缙云山保护区不断加快内涵建设，提升品质以适应和满足新时代人民的精神、文化需求和身心健康需求。

第二章 缙云山昆虫的物种多样性和区系分布

一、物种组成

经调查和统计，缙云山已知昆虫 19 目 128 科 622 属 825 种（原等翅目白蚁已并入蜚蠊目，且不包含原生无翅六足节肢动物），其中半翅目 27 科 140 种，鞘翅目 17 科 203 种，鳞翅目 16 科 241 种，膜翅目 15 科 65 种，双翅目 12 科 52 种，蜚蠊目 7 科 24 种，直翅目 5 科 36 种，蜉蝣目 5 科 13 种，蜻蜓目 4 科 9 种，毛翅目 4 科 8 种，脉翅目 3 科 12 种，螳螂目 3 科 4 种，革翅目 3 科 3 种，蟾目（竹节虫目）2 科 3 种，广翅目 1 科 4 种，缨翅目 1 科 4 种，啮虫目 1 科 2 种，长翅目 1 科 1 种，襀翅目 1 科 1 种。在本次调查结果中，缙云山昆虫已知 19 目占世界已知目总数的 70%（不含原生无翅六足节肢动物），说明缙云山昆虫目级水平已经相当丰富。科级分类单元数量占比最高的是半翅目（27 科，20.77%）；其次是鞘翅目和鳞翅目，均占比 13.08%，再次是膜翅目，占比 11.54%，其他目已知科数量占比均低于 10%。种类数量占比最高的是鳞翅目（29.21%），其次是鞘翅目（24.61%），再次是半翅目（16.97%）。

本次调查结果见表 1-1，目级阶元共有 19 目(不含等翅目和原生无翅六足节肢动物)，应该是对缙云山昆虫目级分类单元调查较为全面的报道，揭示了缙云山昆虫纲目级分类单元的多样性水平。其中蜉蝣目和襀翅目、毛翅目应该是缙云山昆虫的首次报道。

表 1-1 缙云山昆虫的目、科、属、种组成

目	科	属 数量	属 百分比（%）	种 数量	种 百分比（%）
蜉蝣目 Ephemeroptera	扁蜉科 Heptageniidae	2	0.322	4	0.485
	细裳蜉科 Leptophlebiidae	2	0.322	3	0.364
	四节蜉科 Baetidae	2	0.322	3	0.364
	小蜉科 Ephemerellidae	2	0.322	2	0.242
	蜉蝣科 Ephemeridae	1	0.161	1	0.121
蜻蜓目 Odonata	扇螅科 Platycnemididae	1	0.161	1	0.121
	色螅科 Calopterygidae	1	0.161	1	0.121
	蜻科 Libellulidae	4	0.643	5	0.606
	蜓科 Aeshnidae	2	0.322	2	0.242
襀翅目 Plecoptera	襀科 Perlidae	1	0.161	1	0.121
蜚蠊目 Blattodea	白蚁超科 Termitoidae	2	0.322	3	0.364
	蜚蠊科 Blattidae	1	0.161	2	0.242
	褶翅蠊科 Anaplectidae	1	0.161	1	0.121
	硕蠊科 Blaberidae	1	0.161	5	0.606
	姬蠊科 Blattellidae	4	0.643	7	0.848

续表

目	科	属 数量	属 百分比（%）	种 数量	种 百分比（%）
蜚蠊目 Blattodea	拟叶蠊科 Pseudophyllodromiidae	2	0.322	5	0.606
	地鳖蠊科 Corydiidae	1	0.161	1	0.121
螳螂目 Mantodea	小丝螳科 Leptomantellidae	1	0.161	1	0.121
	花螳科 Hymenopodidae	1	0.161	1	0.121
	螳科 Mantidae	2	0.322	2	0.242
䗛目 Phasmatodea	长角棒䗛科 Lonchodidae	1	0.161	1	0.121
	䗛科 Phasmatidae	2	0.322	2	0.242
直翅目 Orthoptera	蝗科 Acrididae	5	0.804	5	0.606
	锥头蝗科 Pyrgomorphidae	1	0.161	1	0.121
	螽斯科 Tettigoniidae	18	2.894	20	2.424
	驼螽科 Rhaphidophoridae	2	0.322	2	0.242
	蟋蟀科 Gryllidae	7	1.125	8	0.970
革翅目 Dermaptera	球螋科 Forficulidae	1	0.161	1	0.121
	丝尾螋科 Diplatyidae	1	0.161	1	0.121
	大尾螋科 Pygidicranidae	1	0.161	1	0.121
啮虫目 Psocodea	啮虫科 Psocidae	2	0.322	2	0.242
缨翅目 Thysanoptera	蓟马科 Thripidae	3	0.482	4	0.485
半翅目 Hemiptera	叶蝉科 Cicadellidae	46	7.395	57	6.909
	猎蝽科 Reduviidae	5	0.804	7	0.848
	角蝉科 Membracidae	1	0.161	1	0.121
	蝽科 Pentatomidae	7	1.125	7	0.848
	兜蝽科 Dinidoridae	3	0.482	3	0.364
	土蝽科 Cydnidae	1	0.161	1	0.121
	缘蝽科 Coreidae	6	0.965	7	0.848
	蛛缘蝽科 Alydidae	1	0.161	1	0.121
	姬缘蝽科 Rhopaliae	1	0.161	1	0.121
	大红蝽科 Largidae	1	0.161	1	0.121
	梭长蝽科 Pcahygronthidae	1	0.161	1	0.121
	地长蝽科 Rhyparochromidae	1	0.161	1	0.121
	负蝽科 Belostomatidae	1	0.161	1	0.121
	蝉科 Cidadidae	7	1.125	7	0.848
	飞虱科 Delphacidae	15	2.412	19	2.303
	扁蜡蝉科 Tropiduchidae	1	0.161	1	0.121
	袖蜡蝉科 Derbidae	3	0.482	3	0.364
	蛾蜡蝉科 Flatidae	1	0.161	1	0.121
	瓢蜡蝉科 Issidae	1	0.161	1	0.121
	广翅蜡蝉科 Ricaniidae	1	0.161	2	0.242
	蜡蝉科 Fulgoridae	1	0.161	1	0.121
	颖蜡蝉科 Achilidae	2	0.322	2	0.242

续表

目	科	属 数量	属 百分比（%）	种 数量	种 百分比（%）
半翅目 Hemiptera	象蜡蝉科 Dictyopharidae	2	0.322	2	0.242
	菱蜡蝉科 Cixiidae	1	0.161	1	0.121
	蚜科 Aphididae	6	0.965	7	0.848
	扁蚜科 Hormaphididae	1	0.161	1	0.121
	盾蚧科 Diaspididae	3	0.482	3	0.364
脉翅目 Neuroptera	草蛉科 Chrysopidae	6	0.965	8	0.970
	褐蛉科 Hemerobiidae	2	0.322	2	0.242
	蚁蛉科 Myrmeleontidae	2	0.322	2	0.242
广翅目 Megaloptera	齿蛉科 Corydalidae	2	0.322	4	0.485
鞘翅目 Coleoptera	隐翅虫科 Staphylinidae	12	1.929	13	1.576
	天牛科 Cerambycidae	45	7.235	57	6.909
	金龟甲科 Scarabaeidae	22	3.537	34	4.121
	拟步甲科 Tenebrionidae	11	1.768	20	2.424
	芫菁科 Meloidae	1	0.161	2	0.242
	叩甲科 Elateridae	6	0.965	6	0.727
	锹甲科 Lucanidae	3	0.482	3	0.364
	步甲科 Carabidae	16	2.572	44	5.333
	瓢甲科 Coccinellidae	8	1.286	8	0.970
	叶甲科 Chrysomelidae	3	0.482	3	0.364
	花萤科 Cantharidae	1	0.161	1	0.121
	虎甲科 Cicindelidae	1	0.161	1	0.121
	象甲科 Curculionidae	6	0.965	6	0.727
	长角象科 Anthribidae	2	0.322	2	0.242
	龙虱科 Dytiscidae	1	0.161	1	0.121
	郭公甲科 Cleridae	1	0.161	1	0.121
	吉丁科 Buprestidae	1	0.161	1	0.121
双翅目 Diptera	秆蝇科 Chloropidae	2	0.322	2	0.242
	缟蝇科 Lauxaniidae	3	0.482	7	0.848
	舞虻科 Empididae	3	0.482	3	0.364
	燕蝇科 Cypselosomatidae	1	0.161	1	0.121
	长足虻科 Dolichopodidae	5	0.804	7	0.848
	水虻科 Stratiomyidae	1	0.161	1	0.121
	眼蕈蚊科 Sciaridae	9	1.447	9	1.091
	食蚜蝇科 Syrphidae	9	1.447	11	1.333
	瘿蚊科 Cecidomyiidae	4	0.643	5	0.606
	蚊科 Culicidae	3	0.482	4	0.485
	大蚊科 Tipulidae	1	0.161	1	0.121
	虻科 Tabanidae	1	0.161	1	0.121
长翅目 Mecoptera	拟蝎蛉科 Panorpodidae	1	0.161	1	0.121

续表

目	科	属 数量	属 百分比（%）	种 数量	种 百分比（%）
毛翅目 Trichoptera	纹石蛾科 Hydropsychidae	3	0.482	5	0.606
	等翅石蛾科 Philopotamidae	1	0.161	1	0.121
	多距石蛾科 Polycentropodidae	1	0.161	1	0.121
	长角石蛾科 Leptoceridae	1	0.161	1	0.121
鳞翅目 Lepidoptera	凤蝶科 Papilionidae	5	0.804	11	1.333
	粉蝶科 Pieridae	6	0.965	11	1.333
	蛱蝶科 Nymphalidae	29	4.663	56	6.788
	灰蝶科 Lycaenidae	18	2.894	22	2.667
	弄蝶科 Hesperiidae	21	3.376	29	3.515
	尺蛾科 Geometridae	19	3.055	20	2.424
	钩蛾科 Drepanidae	2	0.322	2	0.242
	枯叶蛾科 Lasiocampidae	1	0.161	1	0.121
	大蚕蛾科 Saturniidae	2	0.322	2	0.242
	天蛾科 Sphingidae	10	1.608	13	1.576
	裳蛾科 Erebidae	20	3.215	21	2.545
	尾夜蛾科 Euteliidae	1	0.161	1	0.121
	瘤蛾科 Nolidae	2	0.322	2	0.242
	夜蛾科 Noctuidae	5	0.804	5	0.606
	草螟科 Crambidae	34	5.466	44	5.333
	螟蛾科 Pyralidae	1	0.161	1	0.121
膜翅目 Hymenoptera	蚁科 Formicidae	10	1.608	11	1.333
	姬蜂科 Ichneumonidae	9	1.447	9	1.091
	茧蜂科 Braconidae	6	0.965	10	1.212
	胡蜂科 Vespidae	4	0.643	15	1.818
	泥蜂科 Sphecidae	1	0.161	1	0.121
	蛛蜂科 Pompilidae	1	0.161	1	0.121
	蜜蜂科 Apidae	4	0.643	6	0.727
	隧蜂科 Halictidae	2	0.322	2	0.242
	螺蠃科 Eumenidae	2	0.322	2	0.242
	三节叶蜂科 Argidae	1	0.161	1	0.121
	叶蜂科 Tenthredinidae	3	0.482	3	0.364
	小蜂科 Chalcididae	1	0.161	1	0.121
	金小蜂科 Pteromalidae	1	0.161	1	0.121
	旋小蜂科 Eupelmidae	1	0.161	1	0.121
	土蜂科 Scoliidae	1	0.161	1	0.121
合计		622	100.00	825	100.00

注：由于数据修约，百分比加和不等于100%。下同

二、属级组成

在缙云山已知昆虫的 622 个属中（表 1-2），单种属 513 个，占 82.475%，2-3 种的属 89 个，占 14.309%，3 种以上的属 20 个，占 3.215%。其中缙云山昆虫属级分类单元的组成以单种属为主，多种属（3 种以上）最少，表明缙云山生态环境对昆虫属级分类单元具有相对较高的包容性。

表 1-2 缙云山昆虫属级分类单元组成

序号	属	数量	百分比（%）
1	1 种属	513	82.475
2	2 种属	71	11.415
3	3 种属	18	2.894
4	4 种属	8	1.286
5	5 种属	3	0.482
6	6 种属	4	0.643
7	7 种属	3	0.482
8	8 种属	1	0.161
9	15 种属	1	0.161
	合计	622	100.00

三、缙云山昆虫与中国动物地理区划的关系

缙云山昆虫属级分类单元在中国动物地理区划中的分布情况见表 1-3：在中国动物地理各区系中均有分布的属级分类单元共有 57 个，占比 9.164%，缙云山昆虫与华中区属级组分最为相近，共有属 532 个，占比 85.5%，其次是华南区，共有属 504 个，占比 81%，排名第三的是华北区，共有属 392 个，占比 63%，西南区特有属 37 个，占比 6%。综上可知，缙云山昆虫以多区分布昆虫为主，西南区特有昆虫较少。

表 1-3 缙云山昆虫在中国动物地理区划中的分布

中国动物地理分区							属数	百分比（%）
东北区	华北区	蒙新区	青藏区	西南区	华中区	华南区		
+	+	+	+	+	+	+	57	9.164
	+	+	+	+	+	+	23	3.698
+		+	+	+	+	+	7	1.125
+	+			+	+	+	2	0.322
+	+	+		+	+	+	48	7.717
+	+	+					4	0.643
+				+	+	+	24	3.859
		+	+	+	+	+	43	6.913
		+		+	+	+	27	4.341

续表

| 中国动物地理分区 ||||||| 属数 | 百分比（%） |
东北区	华北区	蒙新区	青藏区	西南区	华中区	华南区		
+	+	+	+	+			2	0.322
+	+	+		+	+		5	0.804
	+	+	+	+		+	1	0.161
	+	+		+	+		2	0.322
		+	+	+	+	+	1	0.161
+	+			+	+	+	1	0.161
+	+	+		+		+	1	0.161
+			+	+	+	+	3	0.482
+				+	+	+	1	0.161
		+		+	+	+	103	16.559
+				+	+	+	4	0.643
+	+			+	+		7	1.125
	+	+		+	+		9	1.447
			+	+	+	+	14	2.251
+	+	+		+			1	0.161
		+		+	+	+	5	0.804
	+	+		+	+		1	0.161
	+		+	+	+		2	0.322
	+	+		+			1	0.161
	+			+			1	0.161
	+			+		+	2	0.322
			+	+		+	3	0.482
+				+	+		1	0.161
				+	+	+	95	15.273
+	+			+			1	0.161
+			+	+			1	0.161
		+		+	+		19	3.055
			+	+	+		1	0.161
				+	+		24	3.859
				+		+	30	4.823
			+	+			1	0.161
		+		+			5	0.804
			+	+			1	0.161
+				+			1	0.161
				+			37	5.949
合计							622	100.00

注："+"表示在该地区有分布

参 考 文 献

方浩存, 严合章, 王太强, 等. 2018. 缙云山国家级自然保护区野生动物红外相机调查初报. 普洱学院学报, (6): 27-32.

李宏群, 李晓莉. 2010. 重庆市缙云山自然保护区两栖爬行动物资源调查. 贵州农业科学, 5(38): 170-172.

李晓晶, 刘玉安, 李春辉, 等. 2009. 缙云山森林演替对节肢动物多样性的影响. 东北林业大学学报, 10(37): 35-38.

各 论

第三章 蜉蝣目 Ephemeroptera

龚德文　周长发

南京师范大学生命科学学院

蜉蝣为原变态类昆虫，生活史包含卵、稚虫、亚成虫与成虫阶段，其中稚虫的生活期往往最长。卵形态多变，常为椭圆形，表面具各种雕纹与附属物。稚虫生活于水中，后胸小，隐藏在翅芽之下而不显；腹部 1-7 节往往具成对的片状或丝状鳃，鳃的形态、位置与对数等是重要的分类依据；腹末具 2 或 3 根长而分节的终尾丝。亚成虫与成虫都能在空中飞行，但与成虫相比，亚成虫身体表面、翅上都具微毛，附肢（如尾铗、足、尾须等）未完全伸展。成虫与亚成虫口器退化，不具功能，生活期短，多在几小时到几天。成虫具 1 或 2 对翅，脉相原始，翅面往往凹凸不平，体末具 2 或 3 根长而分节的终尾丝。雄性外生殖器位于第 9 腹板后缘。

世界性分布。全球已知 42 科约 480 属 3700 种，中国已知 22 科 74 属 360 种，本书根据采集的少量标本，记述 5 科 9 属 13 种。

成虫分科检索表

1. 具 2 根尾丝 ·· 2
- 具 3 根尾丝 ·· 3
2. MA_2 脉与 MP_2 脉在基部与其基干游离，雄成虫复眼呈圆柱状 ············ 四节蜉科 Baetidae
- MA_2 脉与 MP_2 脉在基部与其基干相连，雄成虫复眼呈球状 ··············· 扁蜉科 Heptageniidae
3. 尾铗第 1 节最长，长于其他几节之和 ···································· 细裳蜉科 Leptophlebiidae
- 尾铗第 1 节短 ·· 4
4. A_1 脉有许多短横脉与翅后缘相连 ··· 蜉蝣科 Ephemeridae
- A_1 脉短横脉极少 ·· 小蜉科 Ephemerellidae

稚虫分科检索表

1. 上颚突出成明显的牙状 ·· 蜉蝣科 Ephemeridae
- 上颚通常不突出 ·· 2
2. 腹部第 2 节无鳃 ·· 小蜉科 Ephemerellidae
- 腹部第 2 节具鳃 ·· 3
3. 身体明显扁平；腹部的鳃分为背部的片状鳃与腹部的丝状鳃 ················ 扁蜉科 Heptageniidae
- 身体不明显扁平；腹部的鳃形状多样，大多为单枚或相似的两枚 ································· 4
4. 腹部的鳃形态多样，多为丝状或端部分叉的片状 ························ 细裳蜉科 Leptophlebiidae
- 腹部的鳃单枚或双枚，都为椭圆形 ·· 四节蜉科 Baetidae

一、扁蜉科 Heptageniidae

稚虫主要鉴别特征：身体各部扁平，背腹厚度明显小于身体宽度；足的关节为前后型；鳃位于第 1-7 腹节体背或体侧，每枚鳃分为背、腹两部分，背方的鳃片状、膜质，而腹方的鳃丝状，一般成簇，第 7 对鳃的丝状部分很小或缺失；2 或 3 根尾丝。

成虫主要鉴别特征：前翅的 CuA 脉与 CuP 脉之间具典型的排列成 2 对的闰脉；后翅明显可见，MA 脉与 MP 脉分叉；身体一般具黑色、褐色或红色的斑纹；2 根尾丝。

稚虫基本生活于流水环境中。能在湖泊和大型河流近岸缓流处的底质中采到，在溪流的各种底质如石块、枯枝落叶等下方表面常能采到大量稚虫。以刮食性和滤食性种类为主，主要食物为颗粒状藻类和腐殖质。稚虫在水中羽化，亚成虫在岸边石块下蜕皮。

本科为蜉蝣目第三大科，种类仅次于四节蜉科 Baetidae 和细裳蜉科 Leptophlebiidae。世界性分布。世界已知 33 属 598 种，中国已知 15 属 95 种，本书记述 2 属 4 种。

1. 扁蜉属 *Heptagenia* Walsh, 1863

Heptagenia Walsh, 1863: 197. Type species: *Palingenia flavescens* Walsh, 1863.

属征：稚虫：下颚腹面具 1 排细毛；舌侧叶呈竖琴状；各足腿节端部无背侧突起；第 1-7 对鳃都具膜质和丝状两部分，膜质部分略微圆钝，边缘骨化；尾丝 3 根，中尾丝两侧及尾须内侧环节具刺和浓密的游泳毛。成虫：雄成虫复眼在头部距离变化很大；前胸腹板具明显的横向和纵向隆起的脊；中胸腹板具 1 对前缘相互聚拢的垫片；阳茎后外侧具发育良好的刺突，阳茎之间互相靠拢或明显分开，形状多变，但不呈"L"形；阳端突呈针刺状，明显可见。

分布：世界广布。世界已知 80 余种，中国已知 9 种，本书记述 1 种。

（1）小扁蜉 *Heptagenia minor* She, Gui *et* You, 1995

Heptagenia minor She, Gui *et* You, 1995: 73.

稚虫：体长 4.5 mm，尾丝长 4.0 mm。体浅黄色至棕黄色。头壳近四方形，表面具明显白色斑点，腹部背板第 1-8 节浅黄色，背板中部具 2 对纵向的小的白色斑点，后缘侧缘具 2 枚大的白色斑点，后缘中部具 1 白色横纹；第 9 节白色；第 10 节浅黄色，表面具浅的白色斑点；各节腹部腹板白色，无斑纹。鳃 7 对，尾丝 3 根，近基部仅环节具刺，中部和端部节间具明显的游泳毛。

雄成虫：体长 4.5 mm，尾丝长 7.0 mm，前翅长 4.5 mm，后翅长 1.5 mm。体浅黄色至黄色。复眼圆锥形，在头部背面，前、后翅透明。腹部背板第 1-9 节后缘具棕褐色横纹，第 1-4 节背板中部具棕色斑块，第 5-7 节仅后缘具棕色横纹。阳茎叶基部具明显的骨化线；两阳茎叶端部分开，中间呈"V"形；阳茎叶端部略向后延伸。阳端突小，位于阳茎内缘基部。

观察标本：8 雄 12 雌 20 稚，重庆缙云山，202 m，2022.Ⅷ.12，龚德文、雷智铭。

分布：中国（重庆缙云山、江苏、安徽、浙江、湖北、江西、湖南、福建、广东、海南、广西、四川、贵州、云南）。

2. 亚非蜉属 *Afronurus* Lestage, 1924

Afronurus Lestage, 1924: 349. Type species: *Ecdyonurus peringueyi* Esben-Petersen, 1913.

属征：稚虫3根尾丝，尾丝各节之间具短刺；第5和第6对鳃膜质部分的顶端常具1细长的丝状突起。成虫两复眼在头顶接触或几乎接触；前足跗节长于胫节，第1跗节短于第2跗节，为第2跗节长度的3/5左右。阳茎基部合并，端部向侧后方伸展。阳端突无或退化为薄板状。

分布：古北区、东洋区、旧热带区。世界已知26种，中国已知11种，本书记述3种。

成虫分种检索表

1. 阳茎两叶分叉，中部具指状突；腹部背侧中央具1条纵向红棕色条纹·············· 具纹亚非蜉 *A. costatus*
- 阳茎两叶分叉，中部不具指状突；腹部背侧中央不具纵向红棕色条纹·············· 2
2. 阳茎外叶窄于内叶，腹部背侧两侧各具1条纵向红棕色条纹·············· 江苏亚非蜉 *A. kiangsuensis*
- 阳茎外叶宽于内叶，每节腹部背板侧缘具1道斜纹·············· 苍白亚非蜉 *A. pallescens*

稚虫分种检索表

1. 腹部第5-8节侧后缘明显突出呈刺状，侧缘具棕色斜纹·············· 苍白亚非蜉 *A. pallescens*
- 腹部第5-8节侧后缘无明显突出·············· 2
2. 头壳前缘具明显浅色斑点·············· 江苏亚非蜉 *A. kiangsuensis*
- 头壳前缘无斑点·············· 具纹亚非蜉 *A. costatus*

（2）具纹亚非蜉 *Afronurus costatus* (Navás, 1936)

Heptagenia costata Navás, 1936: 120.
Afronurus costatus: Zhang *et al.*, 2021: 110.

稚虫：体长11.0 mm，尾丝长15.0 mm。体色基本为褐绿色与淡黄色相间的斑驳花斑状。头壳背面具6块淡黄色色斑。各足腿节宽扁，表面具3块褐绿色斑块，基部的1块较小，其他2块基本呈"V"形或"S"形（不同个体可能略有不同）。各足腿节后缘密生细毛，中后足的胫节后缘也具短细毛，后足上的细毛多而密。鳃7对。腹部第5、8、9节背板基本为淡黄色，而其他各节背板基本为褐绿色，具1对淡黄色圆形斑点。尾丝3根，节间具刺。

雄成虫：体长8.0 mm，前翅长8.2 mm，后翅长2.8 mm，尾丝长16.0 mm。身体淡黄色，腹部背板的中央红褐色，夹有1对淡黄色圆形小色斑，其他部分淡黄色。两阳茎之间的凹陷处中央具一短小的指状突起（有些个体突起不明显）。各阳茎叶具1刺突。尾丝具红色环纹。

雌成虫：体长8.0 mm，体色与雄成虫类似。第7腹节腹板后缘略凸出。

观察标本：1雄，重庆缙云山，203 m，2022.Ⅷ.14-15，龚德文、雷智铭。

分布：中国（重庆缙云山、北京、江苏、安徽、浙江、湖北、湖南、海南）。

（3）江苏亚非蜉 *Afronurus kiangsuensis* (Puthz, 1971)

Ecdyonurus kiangsuensis Puthz, 1971: 44.
Afronurus rubromaculatus: Zhang *et al.*, 2021: 110.

稚虫：体长11.0 mm，尾丝长15.0 mm。体色基本为褐绿色与淡黄色相间的斑驳花斑状。头壳背面具 6 块淡黄色色斑。各足腿节宽扁，表面具 3 块褐绿色斑块，基部的 1 块较小，其他 2 块基本呈"V"形或"S"形（不同个体可能略有不同）。各足腿节后缘密生细毛，中后足的胫节后缘也具短细毛，后足上的细毛多而密。鳃 7 对。腹部第 5、8、9 节背板基本为淡黄色，而其他各节背板基本为褐绿色，具 1 对淡黄色圆形斑点。尾丝 3 根，节间具刺。

雄成虫：体长 9.0 mm，前翅长 10.0 mm，后翅长 3.0 mm，尾丝长 28.0 mm。身体棕黄色，腹部背板中央两侧红色。两复眼在头顶相互接触。外生殖器：两阳茎叶端部分离，基部合并；各阳茎叶又分为两叶，端部呈叉状，两阳茎叶之间呈"J"形。阳茎叶背面隆起成 2 个突起状，各阳茎叶的外侧叶背面隆起，基部骨化。各阳茎叶具 1 刺突。尾丝具红色环纹。

雌成虫：体长 10.0 mm，体色与雄成虫类似。第 7 腹节腹板后缘凸出，向前部分加厚，形成 1 椭圆形的盖状结构。肛下板的后缘平截。

观察标本：20 雄 11 雌 50 稚，重庆缙云山，203 m，2022.Ⅷ.13-15，龚德文、雷智铭。

分布：中国（重庆缙云山、北京、河南、陕西、江苏、湖北、湖南、海南）。

（4）苍白亚非蜉 *Afronurus pallescens* (Navás, 1936)

Ecdyonurus pallescens Navás, 1936: 121.
Afronurus pallescens: Zhang *et al.*, 2021: 109.

稚虫：体长 11.0 mm，尾丝长 15.0 mm。体色基本为褐绿色与淡黄色相间的斑驳花斑状。头壳背面具 6 块淡黄色色斑。各足腿节宽扁，表面具 3 块褐绿色斑块，基部的 1 块较小，其他 2 块基本呈"V"形或"S"形（不同个体可能略有不同）。各足腿节后缘密生细毛，中后足的胫节后缘也具短细毛，后足上的细毛多而密。鳃 7 对。腹部第 5、8、9 节背板基本为淡黄色，而其他各节背板基本为褐绿色，具 1 对淡黄色圆形斑点。尾丝 3 根，节间具刺。

雄成虫：体长 9.0 mm，前翅长 9.2 mm，后翅长 3.0 mm，尾丝长 23.0 mm。身体浅黄色或白色，腹部各节背板的两侧具 1 黑色的斜纹。两阳茎叶端部分离，基部合并；各阳茎叶又分为两叶而使后缘呈叉状，外侧叶明显大于内侧叶；两阳茎叶之间呈"U"形。各阳茎叶具 1 刺突。

观察标本：1 雄，重庆缙云山，601 m，2022.Ⅷ.11，龚德文、雷智铭。

分布：中国（重庆缙云山、河南、江苏、安徽、浙江、湖北、湖南、广东、海南、贵州）。

二、细裳蜉科 Leptophlebiidae

稚虫主要鉴别特征：体长一般在 10.0 mm 以下；身体大多扁平；下颚须与下唇须 3 节；鳃 6 或 7 对，除第 1 和第 7 对可能变化外，其余各鳃端部大多分叉，具缘毛，形状各异，一般位于体侧，少数位于腹部；3 根尾丝。

成虫主要鉴别特征：虫体一般在 10.0 mm 以下；雄成虫的复眼分为上、下两部分，上半部分为棕红色，下半部分黑色；前翅的 C 脉及 Sc 脉粗大，MA_1 脉与 MA_2 脉之间具 1 根闰脉；MP_1 脉与 MP_2 脉之间具 1 根闰脉，MP_2 脉与 CuA 脉之间无闰脉，CuA 脉与 CuP 脉之间具 2-8 根闰脉；2-3 根臀脉，强烈向翅后缘弯曲。前足跗节 5 节，中后足跗节 4 节，而雌成虫的各足跗节都为 4 节；尾铗 2 或 3 节，一般 3 节，第 2-3 节远短于第 2 节；阳茎常具各种附着物；3 根尾丝。

本科蜉蝣身体柔软，游泳能力不强，一般生活于急流的底质中或石块表面，在静水中也能采到。滤食性为主，少数刮食性。Barber-James 等（2008）统计认为，细裳蜉科 Leptophlebiidae 是蜉蝣目第二大科，种类仅次于四节蜉科 Baetidae。

世界性分布。世界已知 141 属 643 种，中国已知 9 属 34 种，本书记述 2 属 3 种。

3. 宽基蜉属 *Choroterpes* Eaton, 1881

Choroterpes Eaton, 1881: 194. Type species: *Choroterpes lusitanica* Eaton, 1881.

属征：稚虫：前口式，鳃 7 对，第 1 对鳃丝状，单枚；第 2-7 对鳃相似，基本呈片状，后缘分裂为 3 枚尖突状。成虫：前翅的 Rs 脉分叉点离翅基的距离为离翅缘的距离的 1/3，MA 脉的分叉点近中部，MA 脉呈对称性分叉；Rs 脉与 MP 脉的分叉点离翅基的距离相等。后翅的前缘突圆钝，大约位于后翅前缘的中部；各足具 2 枚爪，1 钝 1 尖。尾铗的基部一般粗大。

分布：世界广布。世界已知 40 余种，中国已知 14 种，本书记述 2 种。

（5）宜兴宽基蜉 *Choroterpes yixingensis* Wu et You, 1989

Choroterpes yixingensis Wu et You, 1989: 91.

稚虫：体长 6.0 mm，中尾丝长 11.0 mm，尾须长 8.0 mm；下颚内缘顶端具明显的指状突出，腿节具 3 个色斑；鳃 7 对，鳃内气管明显可见。

雄成虫：体长 6.5 mm 左右；腿节具 3 个褐色色斑。外生殖器：尾铗基节基部明显膨大，几乎呈球形，膨大部分的端部内侧明显呈角状突起；阳茎叶分离，但距离很近；阳茎叶露出生殖下板很长，阳茎叶基本呈管状，基部较端部粗大，端部逐渐变细，端部尖锐。

观察标本：25 雄 20 雌 65 稚，重庆缙云山，202 m，2022.Ⅷ.12，龚德文、雷智铭。

分布：中国（重庆缙云山、江苏、安徽、浙江、江西、湖南）。

（6）面宽基蜉 *Choroterpes facialis* (Gillies, 1951)

Cryptopenella facialis Gillies, 1951: 127.
Choroterpes facialis: Zhou, 2006: 298.

稚虫：前口式；舌的中叶两侧具侧突；下颚内缘顶端具 1 明显的指状突起；腿节具 2 个褐色斑块，中间的较大；腹部背板具色斑。鳃内气管及气管分支明显可见。

雄成虫：体长 5.0 mm，前翅长 5.5 mm。外生殖器：3 节，基节基部较膨大但不明显膨大成球状；阳茎短小，被生殖下板盖住，只有顶端露出；尾须白色，基部具红色环纹。

  观察标本：8 雄 10 雌 22 稚，重庆缙云山，202 m，2022.Ⅷ.13，龚德文、雷智铭。

  分布：中国（重庆缙云山、陕西、甘肃、江苏、安徽、浙江、福建、香港、贵州）；泰国。

4. 柔蜉属 *Habrophlebiodes* Ulmer, 1920

Habrophlebiodes Ulmer, 1920: 39. Type species: *Habrophlebia americana* Banks, 1903.

  属征：稚虫：鳃位于腹部 1-7 节，单枚，丝状，端部分叉，缘部具细小的缨须。成虫：前翅的 MP_2 脉与 MP_1 脉之间由横脉相连接，连接点比 Rs 脉的分叉点离翅的基部更靠外侧；后翅的前缘突尖，位于前缘中央；爪 2 枚，1 钝 1 尖；尾铗 3 节，阳茎端部腹面具 1 个较长的突起。雌成虫的第 7 腹板后缘具明显的导卵器，第 9 腹板后缘中央强烈凹陷。

  分布：东洋区、新北区。世界已知 4 种，中国已知 2 种，本书记述 1 种。

（7）紫金柔蜉 *Habrophlebiodes zijinensis* You et Gui, 1995

Habrophlebiodes zijinensis You et Gui, 1995: 83.

  稚虫：体长 7.5 mm 左右，褐色；胸部背板具不规则的褐色斑点。腹部背板的两侧及中央部分黄色，其他部分褐色；鳃 1 枚，分叉，边缘具缨毛；鳃内黑色气管及分支气管明显；尾丝 3 根。

  雄成虫：体长 7.0 mm；后翅小于前翅的 1/10，具尖的前缘突，位于前缘中央部位；腹部背板的前缘及中部色淡，两侧色深。外生殖器：尾铗 3 节；生殖下板中央强烈凹陷；阳茎较短粗，端部的突出明显。

  观察标本：1 雄 1 稚，重庆缙云山，652 m，2022.Ⅷ.11，龚德文、雷智铭。

  分布：中国（重庆缙云山、江苏、安徽、浙江、湖北、江西、湖南）。

三、四节蜉科 Baetidae

  稚虫主要鉴别特征：一般较小，体长 3.0-12.0 mm。身体大多呈流线形，运动有点像小鱼；身体背腹厚度多大于身体宽度，少数扁平；触角长度大于头宽的 2 倍；后翅芽有时消失；腹部各节的侧后角延长成明显的尖锐突起；鳃一般 7 对，有时 6 对，位于第 1-7 腹节背侧面，1 或 2 片，多呈椭圆或近圆形的膜质片状；2 或 3 根尾丝。

  成虫主要鉴别特征：复眼分为明显的上、下两部分，上半部分呈锥状突起，橘红色或红色；下半部分圆形，黑色；前翅的 MA_1、MA_2、MP_2 脉与脉的主干游离，横脉减少，在相邻纵脉间的翅缘部具典型的 1 或 2 根缘闰脉；后翅极小或缺如；前足 5 节，中后足的跗节 3 节；阳茎退化成膜质；2 根尾丝。

  本科种类繁多，食性复杂。各种水体都有分布，静水区域和流水区域都能采到很多种类，是蜉蝣类的重要成员。以捕食性种类为主。

  本科是蜉蝣目的第一大科。世界性分布。世界已知 104 属 956 种，中国已知 13 属

66 种，本书记述 2 属 3 种。

5. 突唇蜉属 *Labiobaetis* Novikova *et* Kluge, 1987

Labiobaetis Novikova *et* Kluge, 1987: 13. Type species: *Baetis atrebatinus* Eaton, 1870.

属征：稚虫体形修长，腹部体节略微宽于胸部。触角柄节侧端有缺刻，左、右上颚内外颚齿有愈合现象、分界不明显；臼齿顶端多小齿。侧唇舌明显宽于中唇舌；下唇须3节，第2节向内延伸明显突起。成虫复眼橘黄色，锥状；后翅2根纵脉，前缘具骨化前缘突。

分布：世界广布。世界已知60种，中国已知6种，本书记述1种。

（8）锚纹突唇蜉 *Labiobaetis ancoralis* Shi *et* Tong, 2014

Labiobaetis ancoralis Shi *et* Tong, 2014: 398.

稚虫：体长 8.0 mm，尾须长 4.5 mm。体色棕红到棕黑，头胸部背中央线浅色。腹部背板侧缘色浅，中部棕红色，腹部背板每一节前缘中央具1对较大的近三角形浅色斑纹，其后又有1对很小的浅色斑点，形似船锚状。尾须棕红色，中尾丝两侧都具细毛，尾须仅内侧具毛，毛只生在节间。

雄成虫：体长 8.0 mm，尾须长 15.0 mm，前翅长 5.5 mm，唇基向前突出，胸部黑色。单眼基部棕红色，复眼上半部从基部到端部逐渐变粗，圆柱形，胸部背板棕黑色，腹部色浅，腹部背板有1对八字形浅色板，腹板侧缘棕红色，足和翅色浅，各足关节的颜色变深。前翅基部棕色，其他无色透明。尾须色浅，基部色深，表面有细毛，尾丝2根。尾铗第1节端部内缘突出叶状，中央有似三角形突起，第2节基部膨大，第3节球状。

观察标本：1雄3稚，重庆缙云山，652 m，2022.Ⅷ.11，龚德文、雷智铭。

分布：中国（重庆缙云山、江苏、安徽、浙江、湖北、江西、福建、广东）。

6. 二翅蜉属 *Cloeon* Leach, 1815

Cloeon Leach, 1815: 137. Type species: *Ephemera diptera* Linnaeus, 1761.

属征：稚虫：上颚具细毛簇，切齿端部分离；下颚须3节；下唇须3节，第3节四方形；爪较长，具2排齿或无齿；鳃7对，分为2片；无后翅芽；3根尾丝。第8-9背板侧缘具刺。成虫：缘闰脉单根，无后翅；两尾铗之间具锥状突起。

分布：世界广布。世界已知约100种，中国已知5种，本书记述2种。

（9）浅绿二翅蜉 *Cloeon viridulum* Navás, 1931

Cloeon viridulum Navás, 1931: 6.

稚虫：体长 3.0-7.0 mm，尾丝长 2.0-3.0 mm。虫体棕红色或黑褐色。复眼红褐色，胸部红褐色至黑色。各足腿节、胫节和跗节中后部位各有1棕色斑块。腹部背板棕褐色，第2-10体节均有1对白色斑点，第7-9体节白色斑点略大，后侧另有3个略小的白色斑点。鳃7对，着生于第1-7腹节末端，前6对双片，第7对单片，鳃内气管发达。尾丝

3 根，长度基本相等。尾丝内侧和中尾丝两侧具浓密的细毛，着生有棕色环纹。

雄成虫：体长 7.0-8.0 mm，前翅长 6.5-7.5 mm，尾丝长 12.0 mm。复眼上半部分红褐色，呈圆锥状，下半部分灰绿色。翅痣区有 4-5 根横脉。腹部透明至红褐色，第 8-10 腹节背板为红褐色；2 根尾丝，着生有棕色环纹；尾铗 3 节，第 3 节圆形，并向内侧弯。尾铗间突起呈圆锥状。

观察标本：1 雄 1 雌 4 稚，重庆缙云山，441 m，2022.Ⅷ.12，龚德文、雷智铭。

分布：中国（重庆缙云山、陕西、江苏、上海、浙江、福建）。

（10）哈氏二翅蜉 *Cloeon harveyi* (Kimmins, 1947)

Procloeon harveyi Kimmins, 1947: 94.
Cloeon harveyi: Müller-Liebenau & Hubbard, 1986: 538.

稚虫：下颚须纤细，三段不等长，下唇须基部稍微膨大。背板第 8-9 节的侧缘上有刺，爪细长，基部 1/2 处带有小齿。成熟稚虫第 1、7-9 节背板具红色斑纹，以及第 2-3、5-6 节具清晰的红棕色三角形（第 5 节背板的斑点有时非常小）；每节背板的后缘和侧缘也呈红褐色；腹部腹板至少在 7-9 节有 1 对纵向红色条纹，7-9 节融合在一起。

雄成虫：成虫的颜色模式与成熟稚虫相似。除 Sc 脉外，翅完全透明；尾铗中间有锥形阳茎。雌成虫腹部腹板的斑块更明显；翅 Sc 脉有颜色很深的着色，翅痣区有斑点。

观察标本：6 雄 7 雌 10 稚，重庆缙云山，441 m，2022.Ⅷ.12，龚德文、雷智铭。

分布：中国（重庆缙云山、江苏、浙江、湖北、福建、广东、海南、云南）。

四、小蜉科 Ephemerellidae

稚虫主要鉴别特征：个体长 5.0-15.0 mm，一般在同一地点采集到的所有蜉蝣种类中属中等大小；身体的背腹厚度略小于体宽，不特别扁，也不呈圆柱形，常为较暗的红色、绿色或黑褐色；体背常具各种瘤突或刺状突起；腹部第 1 节上的鳃很小，不易看见；第 2 节无鳃，第 3-5 或 3-6 或 3-7 或 4-7 腹节上的鳃一般分背、腹两枚，背方的膜质片状，腹方的鳃常分为二叉状，每叉又分为若干小叶；第 3 或第 4 腹节上鳃有时扩大而盖住后面的鳃；鳃背位；3 根尾丝，具刺。

成虫主要鉴别特征：体色一般为红色或褐色，复眼上半部红色，下半部黑色；前翅翅脉较弱，MP_1 脉与 MP_2 脉之间具 2-3 根长闰脉；MP_2 脉与 CuA 脉之间具闰脉，CuA 脉与 CuP 脉之间具 3 根或 3 根以上的闰脉，CuP 脉与 A_1 脉向翅后缘强烈弯曲；翅缘纵脉间具单根缘闰脉；尾铗第 1 节长度不及宽度的 2 倍，第 2 节长度是第 1 节长度的 4 倍以上，第 3 节较第 2 节短或极短。3 根尾丝。

该科生活于流水中的枯枝落叶、青苔、石块或腐殖质中，体色大多为黑褐色或红褐色，体壁坚硬，尾丝一般具刺和较稀的细毛，游泳能力和活动能力都不强，行动较缓慢；撕食性和刮食性种类居多。游泳时具典型的"小蜉科"游泳姿态，即腹部不停地屈伸，以腹部后半部和尾丝击水，上下游动。

世界性分布。世界已知 22 属 148 种，中国已知 10 属 46 种，本书记述 2 属 2 种。

7. 大鳃蜉属 *Torleya* Lestage, 1917

Torleya Lestage, 1917: 366. Type species: *Torleya belgica* Lestage, 1917.

属征：稚虫：鳃位于腹部第 3-7 节背板的两侧，第 1 对鳃大，几乎盖住后面 2 对鳃；前 4 对鳃结构相似：分成背、腹两叶，背叶单片膜质，腹叶分成二叉状，每叉又分成许多小叶，第 5 对鳃较小，其腹叶不呈二叉状分支，一般只分成 4 小叶。成虫：尾铗第 3 节长度为宽度的 2 倍，第 2 节强烈弯曲，长度是第 1 节长度的 4 倍以上；两阳茎叶大部分愈合，背面两侧各具 1 个较大的侧突。

分布：古北区、东洋区。世界已知 12 种，中国已知 5 种，本书记述 1 种。

（11）尼泊尔大鳃蜉 *Torleya nepalica* (Allen *et* Edmunds, 1963)

Ephemerella (*Torleya*) *nepalica* Allen *et* Edmunds, 1963: 20.
Torleya nepalica: Selvakumar *et al.*, 2012: 4.

稚虫：体长 5.0 mm，尾丝长 2.5 mm。身体棕色，表面具白色斑纹，被微小的刚毛覆盖，各部分具不同程度的刺。头部浅棕色，头后部具明显突起；两复眼间有不规则深褐色斑块；触角呈浅棕色。胸部浅棕色，背面粗糙不平，具不规则的深棕色条纹。前胸背板后缘具 2 对突出。中胸背板近中部具 2 个白色斑块。腹部颜色变化较大，通常第 5 节颜色较浅，第 2-3、6-7 节颜色较深。第 3-7 节背板近中部后缘各具 1 对较小的刺突。鳃位于第 3-7 节腹节背面，第 1 对鳃明显扩大，几乎但不完全盖住后面的鳃，第 1-4 对鳃均分为背、腹两叶，背叶单片膜质，腹叶均分为二叉状。尾丝具棕色环纹，每节端部轮生刚毛。

雄成虫：体长 5.5-7.0 mm，体棕红色或略浅，各足淡黄色。外生殖器：尾铗 3 节，第 1 节短而宽；第 2 节长直，端部明显膨大；第 3 节最为短小，长度不到宽度的 2 倍。阳茎长，两阳茎叶大部愈合，仅在端部呈"V"字形分离，阳茎背面靠近端部两侧各具 1 个小而尖的突起。尾丝 3 根，淡黄色。

观察标本：1 稚，重庆缙云山，202 m，2022.Ⅷ.12，龚德文、雷智铭。

分布：中国（重庆缙云山、北京、河北、山西、河南、陕西、江苏、安徽、浙江、湖北、江西、湖南、福建、广东、海南、云南）；尼泊尔，印度。

8. 亮蜉属 *Teloganopsis* Ulmer, 1939

Teloganopsis Ulmer, 1939: 513. Type species: *Teloganopsis media* Ulmer, 1939.

属征：稚虫：身体一般无明显的刺和突起。下颚顶端具密集刚毛，齿发育不良或退化，无下颚须；部分种上颚的切齿延长。前胸背板无明显的前外侧突起，中胸无前外侧突起。爪具 1 排小齿，一般靠近顶端的小齿最大。鳃位于腹部背板 3-7 节，第 4 对鳃的腹叶呈二叉状。腹部背板后缘一般无突出。雄成虫：尾铗第 3 节卵圆形，第 2 节相对直立。阳茎叶有时延长，顶端被分开；背外侧通常具突起。前翅相对细长，后翅约为前翅长度的 1/5。

分布：古北区、东洋区。世界已知 6 种，中国已知 4 种，本书记述 1 种。

（12）刺毛亮蜉 *Teloganopsis punctisetae* (Matsumura, 1931)

Durnella punctisetae Matsumura, 1931: 1471.
Teloganopsis punctisetae: Zhang et al., 2017: 34.

稚虫：体长 7.0 mm，尾丝长 3.0 mm。体棕褐色。从头部至腹部第 3 节具 1 对白色纵纹，背中线具很细的白色纵纹，中线两侧为棕褐色，使得身体背面看上去具 3 条白色纵纹。头后部无明显突起；触角具微小的刚毛，白色、棕色环纹交替。胸部背板无明显突起，侧缘具不规则斑纹。前足腿节基部黑褐色，胫节与腿节几乎等长，基部和中部具深棕色环纹。中足腿节基部和近端部深棕色；胫节与跗节几乎等长，具 2 个深棕色环纹。后足的胫节长于腿节。腹部第 4 节背板前缘具 1 对浅色斑点，第 8 节背板近中央具 1 对白色斑纹，呈倒"八"字形。腹部背板无突起，背板侧后缘的突出较小，每节背板的后缘和侧缘都具微小的刺。鳃 5 对，第 7 腹节上的鳃明显较小。尾丝各节间处有 1 圈刺，从基部到末端刺逐渐变大。

雄成虫：体长 8.0 mm，尾丝长 12.0 mm，前翅长 5.0 mm，后翅较小。体棕红色，复眼大，两复眼在头背部相接触，上部分红棕色，下部分棕黑色。后翅前缘近中部具较尖锐突起。各足腿节近端部处有褐色斑点。腹部细长，背板颜色从前往后逐渐加深，两侧边缘具不规则的褐色纵条纹。阳茎基部愈合，端部明显分开，呈"V"形缺刻；阳茎背外侧具 1 对较大的突起，腹面观可见突起的顶端。

观察标本：8 雄 15 雌 28 稚，重庆缙云山，202 m，2022.Ⅷ.12，龚德文、雷智铭。

分布：中国（重庆缙云山、北京、河北、山西、河南、陕西、江苏、安徽、浙江、湖北、江西、湖南、福建、广东、海南、云南）；日本，蒙古国，俄罗斯，朝鲜。

五、蜉蝣科 Ephemeridae

稚虫主要鉴别特征：个体较大，除触角和尾丝外，体长一般在 15.0 mm 以上。身体圆柱形，常为淡黄色或黄色；上颚突出成明显的牙状，除基部外，上颚牙表面不具刺突，端部向上弯曲；各足极度特化，适合于挖掘；身体表面和足上密生长细毛；鳃 7 对，除第 1 对较小外，其余每鳃分两枚，每枚又为二叉状，鳃缘呈缨毛状，位于体背。生活时，鳃由前向后按秩序具节律性地抖动；3 根尾丝。

成虫主要鉴别特征：个体较大；复眼黑色，大而明显；翅面常具棕褐色斑纹；前翅 MP_2 脉和 CuA 脉在基部极度向后弯曲，远离 MP_1 脉，A_1 脉不分叉，由许多短脉将其与翅后缘相连；3 根尾丝。

该科穴居于泥沙质的静水水体底质中；滤食性。

世界性分布。世界已知 5 属约 100 种，中国已知 2 属 34 种，本书记述 1 属 1 种。

9. 蜉蝣属 *Ephemera* Linnaeus, 1758

Ephemera Linnaeus, 1758: 546. Type species: *Ephemera vulgata* Linnaeus, 1758.

属征：稚虫：额突明显，前缘中央凹陷呈不明显的二叉状；触角基部强烈突出，端部呈分叉状；上唇近圆形，前缘强烈突出；上颚牙明显，横截面呈圆形；前足不明显退化。成虫：翅上横脉密度中等；雄成虫阳茎具或不具阳端突；3 根尾丝。

分布：世界广布。世界已知约 80 种，中国已知 34 种，本书记述 1 种。

（13）梧州蜉 *Ephemera wuchowensis* Hsu, 1937

Ephemera wuchowensis Hsu, 1937: 54.

稚虫：体长 14.0 mm，尾丝长 6.0 mm；体黄色，在头顶和胸部背板上具有不规则的黑色斑块或条纹；额突边缘平直，额突的长度与宽度大体相等，前缘的凹陷浅，具毛；触角梗节密生细毛；鳃 7 对，鳃内气管明显呈褐色。

雄成虫：体长 13.0-15.0 mm；腹部第 1 节背板后缘具 1 对褐色的纵纹，其他部分棕红色，两个黑色斑纹在背板后缘靠近；第 2 节背板近中央处具 1 对黑点，外侧具 1 对黑色斑块；第 3-5 节背板各具 2 对黑色纵纹，其中第 3 节外侧 1 对有时较浅不显见；第 6-9 节各具 3 对纵纹，中间的 1 对色较浅；第 10 节背板具 2 对纵纹，中间的 1 对很浅；尾铗 4 节，末 2 节长度之和等于或稍短于第 2 节长度的一半，在各节的相接处色深；阳茎端部向侧后方延伸，后缘呈弧状隆起，阳端突明显。

观察标本：20 雄 18 雌 40 稚，重庆缙云山，203 m，2022.Ⅷ.12，龚德文、雷智铭。

分布：中国（重庆缙云山、北京、河北、山西、陕西、甘肃、安徽、湖北、江西、湖南）。

参 考 文 献

吴钿, 尤大寿. 1989. 宽基蜉属两新种记述(蜉蝣目：细裳蜉科). 动物分类学报, 14(1): 91-95.
尤大寿, 归鸿. 1995. 中国经济昆虫志 第四十八册 蜉蝣目. 北京：科学出版社: 1-152.
周长发, 苏翠荣, 归鸿. 2015. 中国蜉蝣概述. 北京：科学出版社: 1-310.
佘书生, 归鸿, 尤大寿. 1995. 海南省蜉蝣目研究. 南京师大学报(自然科学版), 18(2): 72-28.
Allen R K, Edmunds G F. 1963. New and little known Ephemerellidae from southern Asia, Africa and Madagascar (Ephemeroptera). Pacific Insects, 5: 11-22.
Barber-James H M. 2008. XI. Conf. Eph. A synopsis of the Afrotropical Tricorythidae. In: Hauer F R, Stanford J A, Newell R L. International advances in the ecology, zoogeography and systematics of mayflies and stoneflies. University of California Publications in Entomology 128 (Proc. 11 Int. Conf. on Ephemeroptera, Montana, USA 22-29 August 2004): 187-203.
Eaton A E. 1881. An announcement of new genera of the Ephemeridae. Entomologist's Monthly Magazine, 17: 191-197.
Gillies M T. 1951. Further notes on Ephemeroptera from India and South East Asia. Proceedings of the Royal Society of London (B), 20: 121-130.
Hsu Y C. 1937. The mayflies of China. Peking Natural History Bulletin, 12: 53-56.
Kimmins D E. 1947. New species of Indian Ephemeroptera. The Proceedings of the Royal Entomological Society of London (B), 16: 92-100.
Leach W E. 1815. Entomology. Brewster's Edinburg Encyclopedia, Ed.1, 9(1): 57-172.
Lestage J A. 1917. Contribution a l'étude des larves des Ephéméres paléarctiques. Annales de Biologie Lacustre, 8(3-4): 213-459.
Lestage J A. 1924. Les Ephéméres de l'Afrique du Sud. Catalogue critique & systematique des espèces connues et description de trois genera nouveaux et de sept espèces nouvelles. Revue Zoologique Africaine, 12: 316-352.
Linnaeus C. 1758. Systema Naturae per regna tria Naturae, secundum classes, ordines, genera, species, cum Characteribus, Differentiis, Synonymis, Locis. Ed. 10. Vol. 1. Holmiae: Laurentii Salvii: 824 pp.

Matsumura S. 1931. 6000 illustrated insects of Japan Empire (Ephemerida). Tokyo, Viii + 1466-1480, Toko-shoin, Tokyo [in Japanese].

Müller-Liebenau I, Hubbard M D. 1986. Baetidae from Sri Lanka with some general remarks on the Baetidae of the Oriental Region (Insecta: Ephemeroptera). Florida Entomologist, 68(4): 537-561.

Navás L. 1931. Névroptères et insectes voisins. Chine et pays environnants. 2e Série. Notes d'Entomologie Chinoise, Musée Heude, 1(7): 1-12.

Navás L. 1936. Névroptères et insectes voisins. Chine et pays environnants. 9e Série, suite. Notes d'Entomologie Chinoise, Musée Heude, 3(7): 117-132.

Novikova E A. Kluge N J. 1987. Systematics of the genus *Baetis* (Ephemeroptera, Baetidae), with description of new species from Middle Asia. Vestnik Zoologii, 4: 8-19.

Puthz V. 1971. Namensänderung einer Heptageniidenart (Ephemeroptera). Mitteilungen der Deutschen Entomologischen Gesellschaft, 30(4): 44-45.

Selvakumar C, Sundar S, Muthukumarasamy A. 2012. Diversity and distribution of mayflies (Insecta: Ephemeroptera) in Tamirabarani river of southern western Ghats, India. International Journal of Applied Bioresearch, 5: 1-7.

Shi W F, Tong X L. 2014. The genus *Labiobaetis* (Ephemeroptera: Baetidae) in China, with description of a new species. Zootaxa, 3815(3): 397-408.

Ulmer G. 1920. Neue Ephemeropteren. Archiv für Naturgeschichte (A), 85(11): 1-80.

Ulmer G. 1939. Eintagsfliegen (Ephemeropteren) von den Sunda-Inseln. Archiv für Hydrobiologie, 16: 443-692.

Walsh B D. 1863. Observations on certain N.A. Neuroptera. Proceedings of the Entomological Society of Philadelphia, 2: 167-272.

Ying X L, Li W, Zhou C F. 2021. A review of the genus *Cloeon* from Chinese mainland (Ephemeroptera: Baetidae). Insects, 12(12): 1093.

Zhang W, Lei Z M, Li W J, *et al.* 2021. A contribution to the genus *Afronurus* Lestage, 1924 in China (Ephemeroptera: Heptageniidae, Ecdyonurinae). European Journal of Taxonomy, 767(1): 94-116.

Zhang W, Ma Z X, Hu Z, *et al.* 2017. A new species of the genus *Teloganopsis* with setaceous mouthparts and forelegs from southern China (Ephemeroptera, Ephemerellidae). ZooKeys, 714: 33-46.

Zhou C F. 2006. The status of *Cryptopenella* Gillies, with description of a new species from southwestern China (Ephemeroptera: Leptophlebiidae). Oriental Insects, 40: 295-302.

Zhou C F, Zheng L Y. 2003. Two synonyms and one new species of the genus *Ephemera* from China (Ephemeroptera, Ephemeridae). Acta Zootaxonomica Sinica, 28(4): 665-668.

第四章 蜻蜓目 Odonata

李前前[1] 姚文文[1] 于 昕[2]
[1] 西南大学植物保护学院
[2] 重庆师范大学生命科学学院

蜻蜓目是昆虫纲中原始的有翅类群之一，下分3亚目，包括差翅亚目、均翅亚目、间翅亚目。该目昆虫中至大型，细长，体壁坚硬，色彩艳丽。头大，半球形或哑铃形，且可灵活转动。复眼发达，单眼3个。触角刚毛状，咀嚼式口器。前胸小，中、后胸合并成强大的翅胸。翅2对，狭长，膜质透明，前、后翅近等长。翅脉网状，有翅痣和翅结，休息时平伸或直立，不能折叠于背上。腹部长而纤细，雄性交配器位于腹部第2、3节腹板上。

不完全变态发育，生活史包括卵、稚虫和成虫3个阶段。成虫多在池塘上方盘旋，或沿小溪往返飞行，通常在飞行中进行交配。交配时，雄性用腹部末端的肛附器捉住雌性头颈部或前胸背板，雄前雌后，一起飞行。雌性把腹部弯向下前方，将腹部后方的生殖孔紧贴到雄性的交配器上，进行受精。许多蜻蜓没有产卵器。它们在水面飞行过程中将卵撒落水中或贴近水面飞行，用尾部点水，将卵产到水里。

蜻蜓大多一年1代，有的种类要经过3-5年才完成1代。稚虫靠吃水中小动物长大，利用直肠鳃或尾鳃呼吸。它们或栖在水底，或附着在水体上层的水草上。成虫在飞行中捕捉食物，多在开阔地的上空飞翔，在黄昏时捕食蚊类、小型蛾类、叶蝉等。

全世界分布（极地地区除外），其中热带和亚热带地区种类最多，已知6500余种。中国已知700余种，分属20多个科。重庆缙云山地区蜻蜓目昆虫本次调查记述4总科8属9种。

分总科检索表

1. 头部两眼之间的距离大于眼的宽度；前、后翅形状和脉序几乎完全相同 ·· 2
- 头部两眼之间的距离小于眼的宽度；后翅一般比前翅宽，脉序不相同 ·· 3
2. 结前横脉2条；翅基部呈明显柄状 ·· **蟌总科 Coenagrionoidea**
- 结前横脉5条以上；翅基部不呈明显柄状 ·· **色蟌总科 Calopterygoidea**
3. 除两条粗的结前横脉外，前缘室与亚前缘室内的横脉上下不相连成直线；前、后翅三角室形状相似，位置也几乎一样 ·· **蜓总科 Aeshnoidea**
- 前缘室与亚前缘室内的横脉上下相连成直线，没有比其他横脉较粗的原始结前横脉；前、后翅三角室形状和位置明显不同 ·· **蜻总科 Libelluloidea**

蟌总科 Coenagrionoidea

一、扇蟌科 Platycnemididae

成虫体小型至中型，黑色，具蓝色、红色或黄色斑，很少有金属光泽，静止时翅合并在背上。翅透明，Ac 脉位于两个结前横脉之间，中室前边比下边短 1/5，外角钝。雄性上肛附器通常短于内肛附器。雄性中足及后足胫节甚为扩大，呈树叶薄片状。

世界性分布。世界已知 40 属 400 余种，中国已知 7 属 40 余种，本书记述 1 属 1 种。

1. 长腹扇蟌属 *Coeliccia* Kirby, 1890

Coeliccia Kirby, 1890: 128. Type species: *Platycnemis membranipes* Rambur, 1842.

属征：体中型，纤细；头狭，眼小，腹部长小于后翅长的 2 倍。体黑色，具蓝色或黄色斑纹。翅透明，翅端圆；方室长方形，后外角尖锐；弓脉分脉从弓脉下方分出，在起点稍分离；Ac 位于稍接近第 2 结前横脉水平处，Ab 存在；翅痣小。

分布：古北区、东洋区。世界已知 60 余种，中国已知 10 余种，本书记述 1 种。

（1）黄纹长腹扇蟌 *Coeliccia cyanomelas* Ris, 1912

Coeliccia cyanomelas Ris, 1912: 66.

体中型。雄性头部黑色，前唇基和颊蓝色；侧单眼与触角之间具 1 条天蓝色斑纹，后头具 1 对黄色眼后斑。前胸背面褐色，侧面蓝色；合胸背面褐色，具前、后 2 对天蓝色条纹，侧面天蓝色，第 2 侧缝线具黑色条纹。翅透明，翅痣黑褐色。足黄色。腹部黑色，具天蓝色斑纹。肛附器蓝色，上肛附器中部腹缘具 1 齿突，朝向下方。

雌性下唇、上唇和上颚基部及颊黄绿色；中央单眼与侧单眼之间具 1 对黄绿色斑点；额前缘与颊具黄绿色横纹，后头两侧各具 1 黄色斑。胸部背面黑色，侧面黄色；合胸背面肩前具黄色条纹，第 2 侧缝线具黑色条纹。腹部第 1 节黄色，背中条纹褐色；第 2-9 节背面黑色，侧面具黄色斑，第 10 节黑色。肛附器很短，黑色，三角形。

观察标本：1 雄，重庆缙云山，850 m，2022.VI.13，刘金林。

分布：中国（重庆缙云山、河南、陕西、甘肃、安徽、浙江、湖北、江西、湖南、福建、台湾、广东、海南、广西、四川、贵州、云南）。

色蟌总科 Calopterygoidea

二、色蟌科 Calopterygidae

体中等至大型，常具鲜艳色彩和金属光泽。翅透明、黑色、金黄色、深褐色，翅脉浓密，翅痣常不发达或缺，具甚密的网状翅脉，通常有 5 条或更多的结前横脉，多半横脉数众多，结后横脉和下面的横脉通常不连成直线；方室长，长方形，通常内有横脉。足长，具长刺。幼虫具三角柱或囊状的尾鳃，下唇通常深锯齿交错。

世界性分布。世界已知 21 属 180 余种，中国已知 12 属 40 余种，本书记述 1 属 1 种。

2. 单脉色蟌属 *Matrona* Selys, 1853

Matrona Selys, 1853: 17. Type species: *Matrona basilaris* Selys, 1853.

属征：体大型，具金属光泽的墨绿色；翅完全黑色或棕色，翅脉十分密集，基室具横脉；雄性无翅痣，雌性具白色、内有横脉的伪翅痣；在翅缘主脉间增加的插入脉是独立的，不表现为主脉的分支。本属有的种类雄性明显地具橙色型和透翅型。

分布：东洋区。世界已知 9 种，中国已知 7 种，本书记述 1 种。

（2）透顶单脉色蟌 *Matrorabasilaris basilaris* Selys, 1853

Matrorabasilaris basilaris Selys, 1853: 17.

体大型。雄性腹部长 55 mm，后翅长 40 mm。头部不同个体色泽有差异，上唇、下唇黑色，后唇基蓝色，有光泽；额及头顶暗绿色。胸部深绿色，有光泽，具黑色条纹。翅完全黑色或褐色，具白色较短的伪翅痣，基室有横脉。足细长，深褐色。腹部背面绿色，具金属光泽，腹面黑色或褐色。肛附器黑色，上肛附器长约为第 10 腹节的 1.5 倍。

雌性体形似雄性，唯体色较浅，头部上唇黄色，后胸侧缝几乎全为黄色，翅基 1/3 区域色较淡，有白色的假翅痣，腹部褐色。

观察标本：2 雄，重庆缙云山，850 m，2022.VI.13，刘金林、韩伟。

分布：中国（重庆缙云山、北京、天津、河北、山西、山东、河南、江苏、上海、安徽、浙江、湖北、江西、湖南、福建、广东、广西、四川、贵州、云南、西藏）；老挝，越南。

蜻总科 Libelluloidea

三、蜻科 Libellulidae

体小至大型，通常短而粗壮。一般无金属色，雄性常被粉。翅痣无支持脉；前后翅的三角室所朝方向不同，前翅三角室与翅的长轴垂直，距离弓脉甚远；后翅三角室与翅的长轴同向，通常它的基边与弓脉连成直线。稚虫多在静水下爬行觅食，它具有匙形下唇，其上有侧刚毛，这是取食的利器。雄性后翅基部圆，第 2 腹节上无耳形突。产卵时，雌性通常在水面上盘旋，用腹部点击水面产卵，卵落在植物或水底。

世界性分布。世界已知 142 属 1000 余种，中国已知 42 属 140 余种，本书记述 4 属 5 种。

分属检索表

1. Riii 脉严重波浪状弯曲···2
- Riii 脉略弯曲···3
2. 桥横脉多于 1 条···**蜻属 *Libellula***
- 桥横脉只有 1 条···**灰蜻属 *Orthetrum***
3. 桥横脉多于 1 条；结前横脉 14-16 条···**玉带蜻属 *Pseudothemis***

- 桥横脉只有 1 条；结前横脉一般为 7-9 条···赤蜻属 *Sympetrum*

3. 灰蜻属 *Orthetrum* Newman, 1833

Orthetrum Newman, 1833: 511. Type species: *Libellula coerulescens* Fabricius, 1798.

属征：体中等至大型，色彩、体形和大小，尤其是腹部差异大。头中等大，两眼相连接的距离短。前胸后叶大，通常中央具凹陷，呈二叶状，边缘生有长毛；合胸粗壮。足较短，粗壮，后足腿节具 1 列排列密集、大小均匀的刺，有 2-3 枚长刺在末端。腹部形状多变，一般雌性与雄性不同。翅长，后翅比前翅稍宽，网状脉密；前翅三角室的前边小于基边的一半，狭长，有横脉；后翅三角室完整或有横脉；翅结距翅痣近，距翅基远。

分布：世界广布。世界已知 60 余种，中国已知 10 余种，本书记述 2 种。

（3）赤褐灰蜻 *Orthetrum pruinosum neglectum* (Rambur, 1842)

Libellula neglecta Rambur, 1842: 86.
Orthetrum pruinosum neglectum: Ris, 1909: 181.

体中型，粗壮。雄性腹部长 28-33 mm，后翅长 33-39 mm。下唇和上唇黄褐色，前、后唇基暗黄色；额黑色，头顶有 1 黑色突起；后头褐色；脸部生黑色短毛。前胸黑褐色，合胸灰蓝色。翅透明，翅痣褐色；翅基部具红褐色斑，前翅斑小，后翅斑较大。足黑褐色，具黑刺。腹部洋红色，略显紫色。肛附器黄色，上肛附器腹面具 1 列黑色小齿。

雌性腹部长 29 mm，后翅长 37 mm。色彩同雄性，为黄褐色。前胸白色，合胸黄褐色，没有明显条纹。翅基色斑比雄性小，金黄色。腹部黄褐色，侧缘具黑斑。

观察标本：1 雄，重庆缙云山，850 m，2022.Ⅵ.13，刘金林。

分布：中国（重庆缙云山、河南、湖北、江西、福建、海南、广西、贵州、云南）；南亚，东南亚。

（4）黑异色灰蜻 *Orthetrum melania* (Selys, 1883)

Libellula melania Selys, 1883: 103.
Orthetrum melania: Davies & Tobin, 1985: 105.

体中型。雄性腹部长 35 mm，后翅长 42 mm。头顶有 1 对尖突，后头黑褐色，面部密生黑色短毛。胸部深褐色，被白色粉末，呈青灰色；前胸后叶竖立，叶片状，中央微裂，边缘具长毛。合胸侧面第 1 和第 3 条纹有模糊的痕迹状。翅透明，翅痣黑褐色，翅端具淡褐色斑；翅基具黑褐色斑，前翅斑小，后翅斑较大。足黑色，具小刺。腹部第 1-7 节青灰色，第 8-10 节黑色，整个腹部被青灰色粉末覆盖。肛附器基部黑色，端部背面灰白色。

雌性腹部长 32 mm，后翅长 41 mm。下唇中叶黑色，侧叶黄色，上唇黑色，基缘有黄色细纹，前、后唇基和额黄色；头顶及突起黑色，后头褐色。前胸黑色，前叶上缘黄色，背板中央具 2 个黄色小斑；后叶黄色，竖立，叶片状，边缘具长毛；合胸背面黄色，脊黑色，两侧各有 1 条黑色宽条纹与第 1 条纹合并，侧面黄色，第 2 和第 3 条纹合并成

1条宽的黑色条纹，覆盖气门。腹部黄色，第1-6节两侧具较宽的纵条纹，第8节侧下缘扩大成叶片状。肛附器白色。

观察标本：1雄1雌，重庆缙云山，850 m，2022.Ⅵ.13，张佳伟。

分布：中国（重庆缙云山、北京、天津、安徽、浙江、湖北、福建、广西、四川、贵州、云南）；日本，俄罗斯，朝鲜半岛。

4. 蜻属 *Libellula* Linnaeus, 1758

Libellula Linnaeus, 1758: 543. Type species: *Libellula depressa* Linnaeus, 1758.

属征：体型较大，粗壮，色彩多变。头中等大，两眼相连接处短。额宽，具脊突；头顶圆隆或分裂成两部分。前胸具很小的后叶；合胸粗壮。足短而粗壮，后足腿节具许多排列颇密的短刺。翅长，翅部分着色或不透明，通常部分着色，网状脉密；前翅三角室距弓脉远，后翅三角室距弓脉近，弓脉靠近第2结前横脉处。前翅弓脉的分脉在起点分离，后翅弓脉的分脉在起点短距离融合；翅痣大小有变化。腹部形状有变化，通常基部宽扁，端部圆锥形。

分布：世界广布。世界已知30余种，中国已知5种，本书记述1种。

（5）基斑蜻 *Libellula depressa* Linnaeus, 1758

Libellula depressa Linnaeus, 1758: 544.

体中型。雄性腹部长33 mm，后翅长39 mm。下唇黄褐色，上唇黄红色；前、后唇基暗黄色；脸部密生黑色毛；额黄褐色，后缘深色，上额中央凹陷构成1条宽的纵沟。头顶暗黄色，中央有1个突起，色深。后头褐色。前胸黑色，中叶具褐色斑点；合胸背面黄褐色，脊深褐色，侧面黄褐色。翅透明，翅脉黑色，翅痣暗褐色；翅基部具褐色斑，前翅基斑似长方形，后翅基斑三角形，色深，斜向下内方，沿臀套基部，到达翅内缘。足黑色，基节和转节及前足腿节的大部分黄色，具黑色刺。腹部红褐色，基部和端部色深。腹部的背中隆脊、亚侧缘和腹侧缘黑色，第7-8节背中隆脊两侧黑色条纹宽。肛附器黑色，末端尖。

雌性腹部长32 mm，后翅长37 mm。体型和体色同雄性。

观察标本：2雄，重庆缙云山，850 m，2022.Ⅵ.13，韩伟、张佳伟。

分布：中国（重庆缙云山、河南、甘肃、安徽、浙江、四川、贵州）；欧洲。

5. 玉带蜻属 *Pseudothemis* Kirby, 1889

Pseudothemis Kirby, 1889: 251. Type species: *Libellula zonata* Burmeister, 1839.

属征：体大型。翅基部具褐色斑纹，雄性腹部第3-4节柠檬黄色。前翅三角室有1横脉，长为宽的2倍。中室区始端3列翅室。桥横脉2条或多于2条。径分脉与径横脉中间多于1列翅室，并到达翅边缘。臀套颇长，基部插入1列翅室而增宽。

分布：东洋区。世界已知2种，中国已知1种，本书记述1种。

（6）玉带蜻 *Pseudothemis zonata* (Burmeister, 1839)

Libellula zonata Burmeister, 1839: 859.
Pseudothemis zonata: Kirby, 1889: 270.

体中型。雄性腹部长 28-30 mm，后翅长 36-40 mm。下唇中叶黑色，侧叶褐色；上唇黑色，前缘生有金黄色毛，前唇基褐色，后唇基中央褐色，两侧灰白色；额黄绿色或乳白色，中央凹陷宽，具黑色短毛；头顶黑色，中央为 1 蓝色具金属光泽的突起，后头褐色。前胸黑色，后缘具棕色长毛；合胸背面褐色，生有褐色毛，脊上段褐黑色，下段黄色，两侧各具 1 模糊的黄色纵条纹，向下呈"八"字形到达合胸领；翅前窦下方有 1 黄色横条纹，在第 1 侧缝线前方具 1 弯曲的黄色条纹，紧靠侧缝隙线，侧面黑褐色。翅透明，翅痣深褐色；翅的末端有 1 小褐斑，翅具深褐色斑，前翅斑小，后翅斑大，向端方延伸超过弓脉，向内下方延伸到达臀套基部。足黑色，具刺。腹部黑色，背面第 2 节具黄色狭纹，第 3-4 节为明显的乳白色或鲜黄色。肛附器黑色。

雌性腹部长 29 mm，后翅长 40 mm。体色与雄性相似。前额红黄色，上额深褐色。腹部第 5-7 节两侧各具 1 个黄色斑。

观察标本：4 雄，重庆缙云山，850 m，2022.Ⅵ.13，刘金林。

分布：中国（重庆缙云山、河北、江苏、浙江、湖北、江西、福建、台湾、广东、广西、四川、贵州）；日本，老挝，越南，朝鲜半岛。

6. 赤蜻属 *Sympetrum* Newman, 1833

Sympetrum Newman, 1833: 511. Type species: *Libellula vulgatum* Linnaeus, 1758.

属征：体小至中型，外形类似，通常红色或黄色，具黑色条纹。头小或中等大，两眼相连接的距离中等长；额凸出，隆脊弱，中央凹沟浅，头顶颇小。前胸具很大的后叶，后叶边缘上生有长毛；合胸中等粗壮。足长而颇细，后足腿节具 1 列数目众多且很小的刺，末端 1 枚较长。腹部细长或狭，纺锤形朝向末端；部分呈圆筒形或三角柱。翅无色透明或翅基具黄色斑纹，较短和宽，网状脉颇疏；前翅三角室狭，它的顶端朝向基方倾斜，前边不长于基边的 1/2；具横脉。

分布：世界广布。世界已知 60 余种，本书记述 1 种。

（7）竖眉赤蜻 *Sympetrum eroticum* (Selys, 1883)

Diplax erotica Selys, 1883: 90.
Sympetrum eroticum: Selys, 1889: 153.

体小型。雄性腹部长 22-27 mm，后翅长 21-31 mm。下唇和上唇黄红色，前、后唇基和额黄绿色；脸上密生黑色短毛；前额具 2 个黑色圆形眉斑，具金黄色边缘；头顶黄绿色，具 1 突起，前方有 1 黑色条纹覆盖单眼，并延伸到上额后缘；眼背面红棕色，侧面和腹面黄绿色。前胸黑褐色，有黄斑，后叶大，竖立，分裂为两片，呈叶片状，边缘具褐色长毛；合胸背面黄绿色，合胸脊和合胸领黑色，中央有锐三角形黑纹；另一条黑纹在第 1 侧缝线之前，上方颜色淡，下方与第 1 条纹融合；侧面黄色，具黑色条纹；第

1条纹中间间断；第2条纹残存中段覆盖气门；第3条纹完整，中段变细。足黑色，基部黄绿色。翅透明，翅脉黑色，翅痣红黄色或灰黑色；前缘脉基部黄色，后翅基部有黄色透明小斑覆盖2-3翅室宽，黄色或红色。腹部红黄色，第1节背面黑色，第2节背面中部红色，第3节全部红色，第4-9节端方侧面各有1对三角形黑斑。肛附器红黄色。

雌性腹部长28 mm，后翅长30 mm。体色与雄性相似，前额眉斑较小，腹部黄色斑纹较大。

观察标本：1雄，重庆缙云山，850 m，2022.Ⅵ.13，刘金林。

分布：中国（重庆缙云山、吉林、辽宁、北京、天津、山西、河南、浙江、湖北、广东、四川、云南）；越南，俄罗斯，日本，朝鲜半岛。

蜓总科 Aeshnoidea

四、蜓科 Aeshnidae

体大型或中型，较粗壮，一般体色鲜明，有绿、蓝、褐、黄等颜色的花纹。两眼在头的上面有较长的一段接触，使头成为1个半圆球形；下唇中叶稍凹裂。翅透明，前、后翅的三角室形状相似，具2条粗的结前横脉，在翅痣内端下方具支持脉，M_2脉呈波状弯曲，具径增脉，臀套明显，其长宽相等。世界性分布，多见于静水和沼泽地、道路和灌木篱笆沿线。

世界性分布。世界已知54属500余种，中国已知14属100余种，本书记述2属2种。

7. 多棘蜓属 *Polycanthagyna* Fraser, 1933

Polycanthagyna Fraser, 1933: 463. Type species: *Aeschna erythromelas* Mclachlan, 1896.

属征：体大型。复眼绿色或者蓝色，体黑褐色具苹果绿色或黄色条纹；翅透明，基室无横脉，IR3叉状，臀三角室3室。雌性的产卵器发达，具长刺，产卵管长。栖息于静水环境，偏爱小型的深坑水潭。

分布：东洋区。世界已知4种，中国已知4种，本书记述1种。

（8）黑多棘蜓 *Polycanthagyna melanictera* (Selys, 1883)

Aeschna melanictera Selys, 1883: 119.
Polycanthagyna melanictera: Fraser, 1936: 119-120.

体大型。雄性腹部长62 mm，后翅长50 mm。头部及复眼蓝色，上唇蓝绿色，前缘黑色，前额上方和上额及头顶黑色，后头黑色。胸部黑褐色；合胸黑色，侧面具2条宽阔的黄色条纹。足黑色。翅透明，微带淡烟黑色，翅痣黑色，覆盖2个半翅室。腹部黑色，具绿黄色斑纹，具耳形突，第2节腹缘具蓝色斑，第3-6节腹横脊具黄色环纹。肛附器黑色，背面观呈矛状，侧面观宽扁，基部狭，具1小腹齿，末端具1向下方弯曲的小钩。下肛附器约为上肛附器长的1/2，呈狭长的三角形。

雌性腹部长60 mm，后翅长51-55 mm，上唇黄绿色，具宽黑褐色边，中央有1个小黑点；下唇黄褐色，端部带赤色；额顶黑色，具1条隆线，线前有1条弧形黑线，头顶、后头、后头后面黑色；头部其他部分黄绿色。胸部褐色，具黄色条纹。翅透明，前、后翅基部稍带金黄色，翅脉、翅痣黑色。

观察标本：1雄，重庆缙云山，850 m，2022.VI.13，刘金林。

分布：中国（重庆缙云山、河南、江苏、浙江、湖北、湖南、台湾、广东、四川、贵州）；孟加拉国，泰国，印度。

8. 伟蜓属 *Anax* Leach, 1815

Anax Leach, 1815: 137. Type species: *Anax imperator* Leach, 1815.

属征：体大型。头很大，球状，额脊呈锐角，后头很小。合胸强壮。足长，粗壮。翅长而宽，透明，常呈黄色或淡褐色。翅端尖锐，两性的臀角圆，翅痣长而狭，三角室长而狭，前翅三角室长于后翅三角室，臀三角室缺乏。上肛附器呈宽的矛状，背面具1强的脊突，末端钝圆，外角具1小齿；下肛附器方形，短于上肛附器，很宽而短，端缘凹陷，外角具齿。

分布：世界广布。世界已知30余种，中国已知7种（亚种），本书记述1种。

（9）黑纹伟蜓 *Anax nigrofasciatus* Oguma, 1915

Anax nigrofasciatus Oguma, 1915: 121.

体大型。雄性腹部长56-59 mm，后翅长46-48 mm。头部下唇黄色，中叶端具黑缘；上唇黄色，具宽的黑色前缘；前唇基黄绿色，前缘中央淡褐色；后唇基绿色，前缘两侧具很细的褐色缘；额绿色，上额具1条黑色"T"形斑纹。胸部合胸背前方绿色，无斑纹，合胸侧面黄绿色，具黑色条纹，第2条纹仅气孔以下的部分存在，第3条纹完全。足黑色，前足基节外方、转节内方、腿节基部内方及中足基节外方具黄斑。翅透明，翅痣黄褐色。腹部黑色，具蓝色斑点；第1、2腹节膨大，第1、2节基部绿色，第3-7节侧方各具3个蓝斑和1个同色纵斑。上肛附器黑色，中间宽阔，外缘端部尖锐突起；下肛附器褐黄色，末端中央凹入，长约为上肛附器的1/3。

雌性体型、色泽、斑纹等基本与雄性相同。

观察标本：2雄，重庆缙云山，850 m，2022.VI.13，韩伟。

分布：中国（重庆缙云山、黑龙江、内蒙古、北京、河北、山东、河南、陕西、安徽、浙江、福建、台湾、广东、广西、贵州）；不丹，印度，尼泊尔，泰国，越南，日本，朝鲜半岛。

参 考 文 献

隋敬之, 孙洪国. 1984. 中国习见蜻蜓. 北京: 农业出版社: 315.
王治国. 2007. 中国蜻蜓名录(昆虫纲: 蜻蜓目). 河南科学, 25(2): 219-238.
杨祖德, 李树森. 1986. 陕西蜻蜓的分科鉴定. 汉中师范学院学报(自然科学版), 4(4): 48-59.
杨祖德, 李树森. 1988. 陕西蟌科新记录. 四川动物, 7(2): 24-25.
杨祖德, 李树森. 1992. 陕西差翅类蜻蜓新记录. 汉中师范学院学报(自然科学版), 10(2): 71-73.

杨祖德, 李树森. 1994. 大巴山多棘蜓属一新种记述(蜻蜓目: 蜓科). 动物分类学报, 19(4): 445-448.
于昕. 2008. 中国蜻蜓目蟌总科、丝蟌总科分类学研究(蜻蜓目: 均翅亚目). 天津: 南开大学博士学位论文: 167.
张宏杰. 2012. 中国赤蜻属一新种记述(蜻蜓目: 蜻科). 动物分类学报, 37(4): 747-750.
赵修复. 1990. 中国春蜓科分类. 福州: 福建科学技术出版社: 428.
周忠会. 2007. 中国色蟌总科区系分类研究(蜻蜓目: 均翅亚目). 贵阳: 贵州大学硕士学位论文: 71.
朱慧倩. 1991. 陕西南部戴箭蜓属一新种(蜻蜓目: 箭蜓科). 昆虫分类学报, 13(3): 175-177.
Burmeister H. 1839. Handbuch der Entomologie. Theodor Christian Friedrich Enslin (Berlin). Vol. Bd.2: Abt.2: T.2: 757-1050.
Davies D A L, Tobin P. 1985. The Dragonflies of the World: A Systematic List of the Extant Species of Odonata. Vol. 2. Anisoptera. Utrecht: Societas Internationalis Odonatologica Rapid C ommunications (Supplements), No.5, Utrecht.
Fraser F C. 1936. The Fauna of British India, including Ceylon and Burma. Odonata, Vol. III. London: Taylor and Francis, 1-461.
Leach W E. 1815. Entomology. Edinburgh encyclopaedia, conducted by David Brewster, 9: 57-172.
Linnaeus C. 1758. Systema Naturae per Regna Tria Naturae, Secundum Classes, Ordines, Genera, Species, cum Characteribus, Differentiis, Synonymis, Locis. 10th edition. Laurentius Salvius, Holmiae, 1-824.
Kirby W F. 1889. A revision of the subfamily Libellulinæ, with descriptions of new genera and species. Transactions of the Zoological Society of London, 12(9): 249-348; pls. 51-57.
Kirby W F. 1890. A synonymic catalogue of Neuroptera Odonata, or dragonflies with an appendix of fossil species. London: Gurney & Jackson, 1-202.
Newman E. 1833. Entomological notes (continued from page 416). The Entomological Magazine, 1(5): 505-514.
Oguma K. 1915. Japanese dragonflies of the subfamily Aeschninae. Entomological Magazine, 1(3): 120-131.
Rambur J P. 1842. Histoire naturelle des insectes, névroptères. Librairie encyclopédique de Roret. Paris: Fain et Thunot, 1-534.
Ris F. 1909. Libellulinen monographisch bearbeitet. Collections zoologiques du Baron Edm. de Selys Longchamps. Catalogue systématique et descriptif, Fascicules 9-16, 1-1278., 8 pls. excl.
Ris F. 1912. Neue Libellen von Formosa, Sūdchina, Tonkin und den Philippinen. Supplementa Entomologica, 1: 44-85.
Selys L E. 1853. Synopsis des Caloptérygines. Bulletin de l'Académie royale de Belgique 20(Annexe): 1-73.
Selys L E. 1883. Les odonates du Japon. Annales de la Société Entomologique de Belgique, 27: 82-143.
Selys L E. 1889. Palaeophlebia. Nouvelle legion de Calopterygines. Suivi de la description d'une nouvelle gomphine du Japon: Tachopteryx pryeri. Annales Societe Entomologique Belgique, 33: 153-159.
Zhang H J, Yang Z D. 2008. *Calicnemia zhuae* spec. nov. Shaanxi China (Zygoptera: Platycnemididae). Odonatologica, 37(4): 375-379.
Zhu H Q, Yang Z D. 1998. *Rhipidolestes bastiaani* spec. nov., a new damselfly from Shaanxi China (Zygoptera: Megapodagrionidae). Odonatologica, 27(1): 121-123.
Zhu H Q, Yang Z D, Li S S. 1988. Description of three new taxa in the genus *Davidius* selys from Shaanxi, China (Anisoptera: Comphidae). Odonatologica, 7(4): 429-434.

第五章　蜚蠊目 Blattodea

韩　伟　王宗庆　车艳丽

西南大学植物保护学院

蜚蠊目（Blattodea）昆虫包含蜚蠊和白蚁，现生种类共计 22 科 1100 余属 7850 余种（Beccaloni，2023；Hopkins，2024）。蜚蠊起源于石炭纪，历经了 3 亿多年的演化，其形态并未有很大的改变，故被称为昆虫中的"活化石"（Zhang et al.，2013）。它们体型大小不一，大部分种类身体扁平且具有雌雄异型现象；前胸背板发达，常呈盾形向前完全或部分盖住头部；触角常为长丝状；口器咀嚼式；大多数种类具翅，前翅革质，后翅膜质；足发达，善疾走；腹部背板分 10 节；雄虫腹板分 9 节，雌虫腹板分 7 节；雄性外生殖器不对称，结构简单或复杂；雌性外生殖器几乎都对称，结构复杂；大多两性生殖，产卵于卵鞘，极少数例外。

蜚蠊分布广泛，大多数种类生活在热带、亚热带地区，少数分布在温带地区。它们大多夜间活动，多为杂食性，是自然界重要的分解者。野生种类常见于落叶层、灌木丛、树皮下或朽木内、土壤中等，各种洞穴、社会性昆虫和鸟类巢穴内也可见其踪迹；部分种类是卫生害虫（如德国小蠊、黑胸大蠊、美洲大蠊等），在人居环境发生普遍，并且易随货物、家具或书籍等扩散（王宗庆和车艳丽，2010）。

分科检索表

1. 有翅成虫前后翅的性状和大小几乎相等 ·· 白蚁超科 Termitoidae
- 有翅成虫前后翅的形状和大小不相等 ·· 2
2. 体表多被毛，唇基通常加厚，具翅个体后翅臀域仅折叠一次 ····················· 地鳖蠊科 Corydiidae
- 体表很少被毛；唇基较少加厚，休息时后翅臀域通常呈扇状折叠，或具有 1 个大的纵向折叠的附属区 ·· 3
3. 后翅具巨大的附属区，约占后翅长的 40%；头部唇基加厚（澳大利亚种类唇基不加厚） ·· 褶翅蠊科 Anaplectidae
- 非上述 ·· 4
4. 雄性阳茎结构复杂，明显分为左、右两部分；雌性下生殖板分瓣 ··················· 蜚蠊科 Blattidae
- 雄性阳茎结构较简单，部分种类严重退化；雌性下生殖板不分瓣 ·· 5
5. 钩状阳茎在左边 ·· 姬蠊科 Blattellidae
- 钩状阳茎在右边 ·· 6
6. 体型通常较大，卵胎生或胎生，卵荚形成后旋转 90°再缩回腹腔孵化 ············· 硕蠊科 Blaberidae
- 体型通常较小，卵生，雌虫产出卵荚前无旋转卵荚的行为 ········ 拟叶蠊科 Pseudophyllodromiidae

一、白蚁超科 Termitoidae

体长变化大，多为几毫米至十几毫米，有翅成虫 10-30 mm，蚁后体长可达 60-70 mm。体色大多浅淡，近乳白色。一般有翅成虫体壁骨化深且硬，工蚁体壁骨化较浅，较软。体躯的毛被因种类而异。复眼大多发育极差，甚至消失（有翅成虫具 1 对大复眼）。触角念珠状。唇基分为前、后两部分，上颚具强壮的咀嚼齿，下颚外颚叶片状，内颚叶强壮具齿，下颚须 5 节。下唇分裂 4 叶，下唇须 3 节。有翅成虫中胸和后胸各具 1 对狭长、膜质且几乎相等的翅。腹部分 10 节。

世界性分布。世界已知 330 余属 3000 余种，中国已知 40 余属 500 余种，本书记述 2 属 3 种。

1. 树白蚁属 *Glyptotermes* Froggatt, 1896

Glyptotermes Froggatt, 1896: 518. Type species: *Glyptotermes tuberculatus* Froggatt, 1896.

属征：兵蚁，头壳近长方形，额顶通常高于其余部分，额面倾斜或耸陡，具皱、光滑或具点纹。触角短，大多 10-12 节。上颚短粗，具多枚缘齿，颚基峰明显或平。上唇多呈方形。前胸背板平面宽。腿节不肥厚；胫距式 3：3：3；跗节 4 节。

有翅成虫：翅中脉平行且靠近径分脉；中脉及径脉皆无分支。触角 12-15 节。胫距式 3：3：3；跗节 4 节。

分布：世界广布。世界已知 127 种，中国已知 56 种，本书记述 1 种。

（1）缙云树白蚁 *Glyptotermes jinyunensis* Chen et Ping, 1985

Glyptotermes jinyunensis Chen et Ping, 1985: 304-306.

兵蚁：头褐色，额面颜色较深，上颚黑褐色，上唇、触角褐色，眼点黄色，前胸背板褐色，较头后部深，腹部及足淡褐黄色，胫节和跗节颜色较深。

头圆柱状，两侧平行，后缘宽圆。额顶背侧角强烈隆起，额坡大于 70°。头背缘由额顶向头后缘缓慢倾斜。额面"V"形低凹，Y 缝隐约可见，中缝处稍凹。复眼小点状，与触角窝间距为其短径的 2 倍多。上唇半圆形。上颚端较粗而弯，左上颚略比右上颚长，左上颚长不及头壳长之半。触角 12 节，第 2 节和第 3 节较短。后颏最阔处位于中点附近，腰区位于后部约 1/3 处。前胸背板前缘呈宽"V"形凹入，两侧平行，后缘宽圆。

观察标本：5 兵蚁，重庆缙云山。采集时间和采集人不详。

分布：中国（重庆缙云山）。

2. 杆白蚁属 *Stylotermes* Holmgren et Holmgren, 1917

Stylotermes Holmgren et Holmgren, 1917: 141-144. Type species: *Stylotermes fletcheri* Holmgren et Holmgren, 1917.

属征：兵蚁，头壳近长方形，少数较圆。囟小或隆起。上唇半圆形，唇端突出或平直。上唇具 10 余根刚毛。上颚军刀状，内缘中下方各具 1 个或 2 个小钝齿。触角 13-19 节。复眼点状，单眼小或缺。后颏棍棒状，腰区狭缢。前胸背板扁平，比头部窄。足腿节膨大，胫距式 3∶2∶2，跗节 3 节。缺腹刺，尾须 2 节。

成虫：体长（不含翅）多小于兵蚁。囟很小。后唇基弱或强突出。左上颚第 2 缘齿小于第 1 缘齿。触角 18-22 节。前胸背板扁平，比头部窄。前翅鳞大于后翅鳞，翅膜质无毛，翅脉网状。腿节不膨大，胫距式 3∶2∶2，跗节 3 节。缺腹刺，尾须 2 节。

分布：东洋区。世界已知 45 种，中国已知 34 种，本书记述 2 种。

（2）重庆杆白蚁 *Stylotermes chongqingensis* Chen *et* Ping, 1983

Stylotermes chongqingensis Chen *et* Ping, 1983: 63-65.

兵蚁：头和触角褐色至红褐色，具光泽，上唇、前胸背板均呈黄褐色。头壳被毛稀疏，前胸背板中域具约 30 根刚毛。

头壳近长方形，前部略窄，宽且厚，囟较突起。上唇半圆形。上颚军刀状，粗壮，颚端稍弯，颚外缘平滑。触角 13-14 节，第 1 节、第 3 节近相等，第 3 节约为第 2 节的 2 倍。眼圆形，不突出。下颚内颚叶具约 10 根缘毛。前胸背板近肾形，前缘呈宽"V"形凹入，两侧缘急向后倾斜，后缘中央浅凹，中纵线清晰。后足长为宽的 2.5 倍。

观察标本：8 兵蚁，重庆缙云山。采集时间和采集人不详。

分布：中国（重庆缙云山）。

（3）缙云杆白蚁 *Stylotermes jinyunicus* Ping *et* Chen, 1981

Stylotermes jinyunicus Ping *et* Chen, 1981: 221-222.

兵蚁：头黄褐色，前胸背板颜色稍淡，腹部淡黄色。头壳近长方形，囟平。复眼几不可见。上唇半圆形。上颚端部稍弯，颚外缘微缢入。下颚内颚叶具 10 根缘毛。触角 12-13 节，第 1 节与第 3 节等长或第 1 节稍长于第 3 节。前胸背板前缘近平直，中部略"V"形凹入，后缘近平直，中线隐约可见，中域具毛但稀疏，约 10 根。后足长为足宽的 2.4 倍。

有翅成虫：头壳近似圆形，头盖缝及囟均不清晰，囟前具数条川形纵纹。复眼长径约为其至头下缘间距的 3 倍。单眼长径约为单复眼间距的 3 倍，单眼与触角窝间距约为复眼与触角窝距的 2 倍。下颚内颚叶缘毛 11 根。

观察标本：7 兵蚁，重庆缙云山。2021.V.9，韩伟、罗新星、张佳伟。

分布：中国（重庆缙云山）。

二、蜚蠊科 Blattidae

体通常中至大型，具光泽。前足腿节腹缘刺式通常为 A 型，少数 D 型。多数具跗垫，少数有的节数无或几乎所有节数都无；爪简单、对称，少数不对称或特化；中垫通常存在，少数退化。前、后翅发达或不同程度的退化或无。雄性阳茎分左、右两部分，骨片较复杂，钩状阳茎末端通常分叉。雌性下生殖板沿中线纵向分瓣。

世界性分布。世界已知 50 余属 600 余种，中国已知 14 属 43 种，本书记述 1 属 2 种。

（一）蜚蠊亚科 Blattinae

雄性具 1 对细长对称的圆柱形或渐细的尾刺。前足腿节腹缘刺式为 A_2 或 A_3 型，末端具 2 或 3 个大刺。跗垫存在于每节跗节的端部，有的节数无，或几乎所有节数都无；爪简单、对称；中垫通常存在，可能有不同程度的退化。雄性前、后翅发达，或不同程度的退化，少数无。

世界性分布。世界已知 27 属 300 余种，中国已知 11 属 39 种，本书记述 1 属 2 种。

3. 大蠊属 *Periplaneta* Burmeister, 1838

Periplaneta Burmeister, 1838: 502. Type species: *Periplaneta americana* Burmeister, 1838.

属征：体大型，雌雄异型或近似。雄性前、后翅通常超过腹部末端，少数种类雌性翅短。足细长，前足腿节腹侧腹缘刺式 A_2 型；各足胫节有 3 排强刺；后足跗节长，第 1 节大于或等于其余几节之和，多数种类跗垫及爪中垫明显，少数退化。肛上板对称，形状各异，尾须长。下生殖板左右对称，尾刺细长，位于后缘两侧角处。

分布：世界广布。世界已知 59 种，中国已知 22 种，本书记述 2 种。

（4）黑胸大蠊 *Periplaneta fuliginosa* (Serville, 1838)

Kakerlac fuliginosa Serville, 1838: 70.
Periplaneta fuliginosa: Brunner von Wattenwyl, 1865: 238; Princis, 1966: 442.

体连翅长：雄性 28.6 mm，雌性 24.9 mm。

头及颜面深黑褐色，唇基、触角赤褐色到褐色。前胸背板深赤褐色或黑色。前翅深赤褐色。足黑褐色。腹部和尾须赤褐色。雌雄同型。头顶外露。复眼间距比单眼间距宽，较触角窝间距窄。前胸背板近椭圆形，最宽处在中点之后，前缘平直，后缘略向后凸出呈缓弧状，表面光滑平整。翅远超腹部末端。前足腿节腹缘刺式 A_2 型；胫节具强刺；后足基跗节长度大于等于其余几节之和。雄性第 1 背板特化，具背腺，其上被毛簇。肛上板近长方形；后缘中央略内凹或平直，近后缘处腹面具 2 突起，上密布小刺。肛侧板对称，大。下生殖板宽短，后缘中央内凹，有的中央有 1 小切口，尾刺对称。

观察标本：1 雄，重庆缙云山，850 m，1974.IX.21，黄复生；1 雌，重庆缙云山，850 m，1964.III.27，刘思孔；1 雌，重庆缙云山，850 m，2021.VI.16，李玉闯。

分布：中国（重庆缙云山、北京、江苏、上海、湖南、福建、台湾、海南、广西、四川、贵州、云南）；世界广布。

（5）赫定大蠊 *Periplaneta svenhedini* Hanitsch, 1933

Periplaneta svenhedini Hanitsch, 1933: 1.

体连翅长：雄性 26.1 mm，雌性 18.3 mm。
体深黑褐色至黑色。单眼白色，上颚黄褐色。触角黑褐色，由端部向基部颜色渐浅。

足基节和转节深黄褐色，刺红褐色。尾须和尾刺黑色，顶端褐色。

头顶露出，复眼间距略小于触角窝间距，略大于单眼间距。触角长于体长。前胸背板近椭圆形，光滑，最宽处在中点以后，后缘稍向外凸。后胸背板后缘具对称的指状凸出。雄虫翅发达，远超腹部末端；雌虫翅仅达腹部第4背板。前足腿节腹缘刺式 A_2 型；胫节具强刺；后足基跗节等于或略大于其余几节之和。腹部第1背板特化，具背腺，其上被毛簇。肛上板基部急剧缩小，仅在中间部分以方形裂片的形式强烈突出，后缘为1弓形凹口；中部有1弯曲的条状凸带，其上密布齿状突起。下生殖板对称，后缘稍内凹。

观察标本：1雄1雌，重庆缙云山，850 m，2020.Ⅵ.6-7，邱鹭、牛力康。

分布：中国（重庆缙云山、甘肃、湖南、台湾）。

三、褶翅蠊科 Anaplectidae

雌雄同型。体型小，体浅黄褐色到深褐色，亦有黑色存在。两复眼大，距离较远，单眼消失或退化为两个淡白色的斑点。触角长于体长，唇基明显隆起。前、后翅发达。后翅浅褐色，径域和附属区颜色比后翅其余部分深，附属区大，占后翅的40%；前足腿节腹缘刺式 B_2 型，跗垫消失或仅存在于第4跗节。爪简单，对称，极少具齿，有爪垫。雄性肛上板特化，中央具1簇软毛，雌性下生殖板分瓣。雄性生殖器钩状阳茎在左侧，阳茎结构复杂。

世界性分布。世界已知2属115种，中国已知1属25种，本书记述1属1种。

4. 褶翅蠊属 *Anaplecta* Burmeister, 1838

Anaplecta Burmeister, 1838: 494. Type species: *Anaplecta lateralis* Burmeister, 1838.

属征：体型小，唇基明显，前、后翅通常发育完全；前翅窄，中肘域通常具3条游离纵脉；后翅 CuA 简单，静止时后翅沿纵向皱褶折叠，附属区域向背方折叠。前足腿节腹缘刺式 B_2 型，跗垫缺失或仅出现在第4跗节，爪通常简单，极少具齿，对称，具中垫。雄性外生殖器阳茎复杂，尤其是中阳茎；钩状阳茎在左边；肛上板背面中部特化，具1簇刚毛。雌性下生殖板分瓣。

分布：世界广布。世界已知114种，中国已知25种，本书记述1种。

（6）峨眉褶翅蠊 *Anaplecta omei* Bey-Bienko, 1958

Anaplecta omei Bey-Bienko, 1958b: 591; Zhu *et al.*, 2022: 89.

雄性：体连翅长 6.16-6.85 mm，前胸背板长×宽为（1.40-1.49）mm ×（1.84-2.05）mm，前翅长 4.97-5.66 mm。

雌性：体连翅长 6.23-6.75 mm，前胸背板长×宽为（1.34-1.47）mm ×（1.86-2.21）mm，前翅长 5.01-5.53 mm。

体浅黄褐色，面部黄色，触角及下颚须灰褐色，前胸背板黄褐色，边缘近透明。前翅浅黄褐色，边缘和侧缘透明，后翅径域黄色，其余部分灰褐色。腹部、足及尾须黄褐色。触角窝间距小于复眼间距，第5节下颚须较其余各节宽厚，近三角形。前胸背板近卵圆形，侧缘弧形，后缘略平截。前足腿节腹缘刺式为 B_2 型，前翅翅脉明显，后翅径脉分化程度低。肛上板中域具 1 簇刚毛，左肛侧板向后延伸呈片状，端部略呈角状，后缘卷曲，着生周密小刺；右肛侧板简单片状。下生殖板对称，近矩形，后缘（两尾刺间）平截。

观察标本：3 雄 2 雌，重庆缙云山，850 m，2019.Ⅶ.7，陈蓉、韩伟；5 雄 6 雌，重庆缙云山，850 m，2019.Ⅶ.5，任环禹。

分布：中国（重庆缙云山、江苏、安徽、福建、广西、四川）。

四、硕蠊科 Blaberidae

体型通常较大。体色多变。雄性尾须较小，未达肛上板后缘；下生殖板通常具 2 个小的尾刺，部分种类仅具 1 个或缺失。雄性外生殖器骨片结构相对简单，可明显分为三个部分，从左至右依次为复片阳茎、中阳茎和右阳茎；右阳茎通常呈钩状，部分种类阳茎退化成棒状或缺失。雌性具孵化囊，下生殖板不分瓣或胎生。卵胎生，卵荚旋转并完全缩回腹腔发育。

世界性分布。世界已知 165 属 1200 余种，中国已知 18 属 116 种，本书记述 1 属 5 种。

（二）光蠊亚科 Epilamprinae

体中型至大型。面部唇基不加厚，与额无明显界限。前胸背板横阔，后缘中部明显凸出或近平直。前后翅通常发育完全，长度超出腹部末端；部分种类前后翅均退化。前足腿节腹缘刺式 B 型；中、后足腿节前腹缘具刺；跗垫和中垫发达。肛上板宽阔；左右肛侧板不对称；下生殖板具 2 尾刺。复片阳茎通常由 5 个骨片组成。

世界性分布。世界已知 48 属 430 余种，中国已知 10 属 60 余种，本书记述 1 属 5 种。

5. 大光蠊属 *Rhabdoblatta* Kirby, 1903

Rhabdoblatta Kirby, 1903: 276. Type species: *Epilampra praecipua* Walker, 1868.

属征：体中型至大型，雌性比雄性略大；面部、前胸背板、翅具或不具斑点或斑纹；前、后翅均超过腹末端；前足腿节腹缘刺式 B 型；后足跗节第 1 节长度等于或长于其余几节之和；腹缘具两列刺，几乎贯穿全节；跗垫位于各跗分节端部；爪对称，不特化，具中垫；肛上板和下生殖板形状多样。

分布：世界广布。世界已知 150 余种，中国已知 56 种，本书记述 5 种。

分种检索表

1. 前胸背板不具斑点或斑块···2
- 前胸背板具斑点或斑块···4
2. 胸部和腹部颜色一致···黑褐大光蠊 *R. melancholica*
- 胸部和腹部颜色不一致···3

3. 胸部黑褐色，腹部黄色 ··· 黄腹大光蠊 *R. parvula*
- 胸部黑色，腹部除中部黑色外其余部分黄色 ··· 黑带大光蠊 *R. nigrovittata*
4. 前胸背板中域具左右对称的深褐色斑块 ·· 峨眉大光蠊 *R. omei*
- 前胸背板中域不具左右对称的斑块 ·· 缓缘大光蠊 *R. ecarinata*

（7）黄腹大光蠊 *Rhabdoblatta parvula* Bey-Bienko, 1958

Rhabdoblatta parvula Bey-Bienko, 1958a: 681.

雄性：体连翅长 30.0 mm，前胸背板长×宽为 5.0 mm × 7.0 mm，前翅长×宽为 27.0 mm × 7.0 mm。

头黑色。前胸背板黑色。前翅黑色，颜色由翅基部向端部逐渐变浅，表面具稀疏的黄色小斑点。胸部和腹部颜色不一致，胸部黑色，腹部黄色。足黑色，跗垫浅黄色。体大型。复眼间距离略宽于单眼间距离，是触角窝间距的 2/3。前足腿节腹缘刺式 B_1 型。肛上板横阔，对称，后缘稍凸出。左肛侧板宽大，右肛侧板端部具向背侧弯曲的指状突出。下生殖板不对称，后缘弧形凸出。

观察标本：1 雄，重庆缙云山，850 m，2013.Ⅴ.23，桂顺华。

分布：中国（重庆缙云山、贵州）。

（8）峨眉大光蠊 *Rhabdoblatta omei* Bey-Bienko, 1958

Rhabdoblatta omei Bey-Bienko, 1958a: 681.

体连翅长：雄性 40.5 mm，雌性 48.0 mm；前胸背板长×宽：雄性 7.0 mm × 9.5 mm，雌性 8.8 mm × 12.0 mm；前翅长×宽：雄性 35.0 mm × 11.0 mm，雌性 39.0 mm × 12.5 mm。

体黄色，表面密布褐色污斑。复眼黑褐色，单眼黄色。前胸背板黄色，中域具不规则的左右对称的深褐色斑块。前翅黄色，表面密布不规则的褐色污斑。腹部黄褐色，表面散布深褐色小斑点。

体大型。头顶复眼间距小，等于单眼间距，是触角窝间距的 1/2。前足腿节腹缘刺式 B_2 型。肛上板横阔，后缘弧形凹陷。左肛侧板横阔，瓣状；右肛侧板端部具向背侧弯曲的指状突出。下生殖板后缘不对称，后缘中部具两个小凸起。

观察标本：1 雄，重庆缙云山，850 m，1994.Ⅵ.13，章有为；1 雌，重庆缙云山，850 m，2011.Ⅷ.24，吴可量。

分布：中国（重庆缙云山、四川、贵州、云南）。

（9）黑褐大光蠊 *Rhabdoblatta melancholica* (Bey-Bienko, 1954)

Stictolomapra melancholica Bey-Bienko, 1954: 21.
Rhabdoblatta melancholica: Anisyutkin, 2003: 550.

体连翅长：雄性 23.3-25.0 mm。

体黄褐色或黑褐色。面部黑色，单眼白色。前胸背板仅前缘黄色，其余部分黑色。腹部黑色，尾须黄褐色。腿节和胫节基部多黑色，端部黄褐色。体中型。单眼间距小于复眼间距。前胸背板表面具刻点。前足腿节腹缘刺式 B_2 型。雄性肛上板近矩形，对称；

侧缘平直，后缘中部稍凹陷。下生殖板左侧凹陷，右侧稍凸出。

观察标本：1 雄，重庆缙云山，850 m，2021.Ⅵ，付宇航。

分布：中国（重庆缙云山、陕西、甘肃、安徽、浙江、湖北、江西、湖南、福建、广东、海南、广西、四川、贵州、云南）。

（10）黑带大光蠊 *Rhabdoblatta nigrovittata* Bey-Bienko, 1954

Rhabdoblatta nigrovittata Bey-Bienko, 1954: 21.

体连翅长：雄性 35.0 mm，雌性 43.0 mm；前胸背板长×宽：雄性 6.9 mm × 8.5 mm，雌性 9.0 mm × 11.0 mm；前翅长×宽：雄性 32.5 mm × 9.0 mm，雌性 37.0 mm × 8.0 mm。

体黑色。头部除单眼、触角窝和唇基端半部黄褐色外其余均黑色。前胸背板、前翅和足黑色。腹部背板黑褐色，前侧角黄色。腹部腹板黄色，1-7 节中部和后缘黑色。肛上板、尾须黑色。

体大型。前胸背板近前后缘具波浪形皱褶。前足腿节腹缘刺式 B_1 或 B_2 型。雄性肛上板横阔，左右对称，后缘中部具 1 个小的切刻。下生殖板后缘近平直。

观察标本：1 雄，重庆缙云山，850 m，2021.Ⅷ.17，张佳伟、刘金林。

分布：中国（重庆缙云山、江苏、安徽、浙江、湖北、湖南、福建、广东、广西、四川、贵州、云南）。

（11）缓缘大光蠊 *Rhabdoblatta ecarinata* Yang, Wang, Zhou, Wang *et* Che, 2019

Rhabdoblatta ecarinata Yang, Wang, Zhou, Wang *et* Che, 2019: 47.

体连翅长：雄性 26.0 mm；头长×宽：雄性 4.0 mm × 4.0 mm；前胸背板长×宽：雄性 5.0 mm × 7.5 mm；前翅长×宽：雄性 22.0 mm × 7.0 mm。

体中型，黄褐色。头黄色，头顶和额散布大小不等的褐色斑点。前胸背板黄色，表面密布大小不等的褐色斑点，近后缘处具 1 排纵向排列的条形斑纹，中域浅褐色。前翅黄色，表面散布黄褐色小斑点，径脉、翅末端和翅后缘散布较大的深褐色斑点。后翅前缘末端处具褐色斑点。足黄色。腹部背板黄色，腹板黄色且散布褐色小斑点。前足腿节腹缘刺式 B_2 型。雄性肛上板近矩形；后缘具凹陷，正中处的凹陷较两侧的深。下生殖板后缘圆弧状凸出；左尾刺小于右尾刺。

观察标本：1 雌，重庆缙云山青龙山庄，850 m，2021.Ⅴ.9，韩伟、罗新星、张佳伟。

分布：中国（重庆缙云山、海南）。

五、姬蠊科 Blattellidae

体微小型至中型，通常为黄褐色或黑褐色。面部唇基不加厚，前胸背板通常横椭圆形。后翅臀域通常呈扇状折叠，翅顶三角区小，或大，或无，少数种类翅端具附属区；雄性外生殖器钩状阳茎位于下生殖板左侧。

世界性分布。世界已知 83 属 1000 余种，中国已知 12 属 100 余种，本书记述 3 属 6 种。

分属检索表

1. 下生殖板左侧缘端部加厚上卷 ·· 拟歪尾蠊属 *Episymploce*
- 下生殖板左侧缘端部不加厚上卷 ·· 2
2. 前足腿节腹缘刺式 B 型 ··· 乙蠊属 *Sigmella*
- 前足腿节腹缘刺式 A 型 ·· 小蠊属 *Blattella*

6. 乙蠊属 *Sigmella* Hebard, 1940

Sigmella Hebard, 1940: 236. Type species: *Blatta adversa* Saussure et Zehntner, 1895.

属征：前、后翅发育完全，前翅 R 简单，很少具后分支。后翅 R 平行分支端部稍加厚，R 简单，M 和 CuA 明显呈"S"形弯曲，M 简单。翅顶三角区小但明显。雄性腹部背板不特化，或第 1 背板具性腺区，或第 1 和第 7 背板均特化，或仅第 7 背板特化。肛上板对称，尾须间无突起。下生殖板背面的两尾刺间（一般近左尾刺）具有一个大的刺状突。钩状阳茎位于下生殖板左侧。

分布：古北区、东洋区。世界已知 26 种，中国已知 7 种，本书记述 1 种。

（12）申氏乙蠊 *Sigmella schenklingi* (Karny, 1915)

Ischnoptera schenklingi Karny, 1915: 101.
Sigmella schenklingi: Roth, 1991b: 26; Wang et al., 2014b: 212.

体中型，黄褐色或黑褐色，头顶及头部黄褐色或黑褐色。前胸背板近椭圆形，黄褐色，中域近后缘两侧各具 1 个近椭圆形黑褐色斑纹，或黑褐色，中间具黄褐色区域。前翅黄褐色。前足腿节腹缘刺式 B_3 型，跗节具跗垫，爪对称，不特化，具中垫。雄性左尾刺缺失，右尾刺向右弯曲。腹部第 7 背板特化，中部具 1 对囊状腺体且腺体不超出第 7 背板前缘。

观察标本：3 雄 2 雌，重庆缙云山，850 m，2019.Ⅶ.7，陈蓉。

分布：中国（重庆缙云山、江苏、安徽、浙江、湖北、江西、湖南、福建、广东、海南、广西、四川、贵州、云南）。

7. 小蠊属 *Blattella* Caudell, 1903

Blattella Caudell, 1903: 234. Type species: *Blatta germanica* Linnaeus, 1767.

属征：体小型，头顶复眼间距短于或约等于触角窝间距。前胸背板近椭圆形。前、后翅通常发育正常；翅发育正常的种类前翅 M 和 CuA 纵向，后翅 CuA 直或稍弯曲，通常具 2 条完全分支。雄性腹部背板第 7 或第 7、8 节特化，雌性背板不特化。雄性下生殖板不对称，有时仅具 1 个尾刺。雌性下生殖板通常突出。前足腿节腹缘刺式多为 A 型，爪大多不特化，对称。

分布：世界广布。世界已知 55 种，中国已知 13 种，本书记述 2 种。

（13）双纹小蠊 *Blattella bisignata* (Brunner von Wattenwyl, 1893)

Phyllodromia bisignata Brunner von Wattenwyl, 1893: 15.
Blattella bisignata: Princis, 1950: 204.

体连翅长：雄性 12.5-15.0 mm，雌性 13.2-14.6 mm；前胸背板长×宽：雄性（2.5-3.1）mm ×（3.8-4.3）mm，雌性（2.5-3.2）mm ×（3.9-4.2）mm；前翅长：雄性 10.1-12.5 mm，雌性 10.9-12.6 mm。

体小型，栗褐色。头顶黄褐色。面部有的无斑纹，有的具褐色斑块，还有的在面部形成"T"形、"Y"形、"I"形等形状的浅红褐色或黑褐色斑纹。两复眼之间有 1 条黑褐色横纹。前胸背板中部通常有 2 条纵向平行的黑褐色条带。下颚须第 3、5 节约等长且明显长于第 4 节。雄性腹部第 7、8 背板特化，第 7 背板中部具 1 对敞口凹槽，凹槽前缘具刚毛；第 8 背板中部具 1 纵向的隆突，或具 1 窄的纵向中脊，纵脊两侧有 2 个近筒状的腺体窝。左肛侧板端部具 2 个刺状突起，右肛侧板具 1 个刺状突。下生殖板较宽，右侧角钝圆，左侧角"L"形缺刻较小，两尾刺之间的距离小于左尾刺长度。左尾刺上着生 1-4 个小刺，右尾刺极小，球状。钩状阳茎位于下生殖板左侧，钩状部分内缘光滑，中阳茎呈矛状，端部尖锐。

观察标本：1 雄，重庆缙云山，850 m，2008.Ⅳ.20，廖启航；3 雄，重庆缙云山，850 m，2008.Ⅳ.28，孙然；1 雄，重庆缙云山，850 m，2008.Ⅵ.4，李建宁。

分布：中国（重庆缙云山、浙江、广东、海南、广西、四川、贵州、云南）。

（14）日本小蠊 *Blattella nipponica* Asahina, 1963

Blattella nipponica Asahina, 1963: 73.

体连翅长：雄性 13.5-15.0 mm，雌性 13.2-14.6 mm；前胸背板长×宽：雄性（2.5-3.1）mm ×（3.8-4.3）mm，雌性（2.5-3.2）mm ×（3.9-4.2）mm；前翅长：雄性 11.1-12.5 mm，雌性 10.9-12.6 mm。

体小型，栗褐色。头顶黄褐色。面部具褐色"T"形、"Y"形或"I"形斑纹。前胸背板整体呈黄褐色，中域通常具 2 条纵向平行的黑褐色条带，有时条带末端向内弯曲，几乎对接。下颚须第 3、5 节约等长且明显长于第 4 节。前足腿节腹缘刺式 A_3 型。雄性第 7 背板中部具 1 对敞口凹槽，凹槽前缘具刚毛；第 8 背板中部具 1 个纵向的隆突或脊，纵脊两侧具 2 个近筒状的腺体窝，窝前缘较平。雄性肛上板对称，明显超过下生殖板，左肛侧板端部具 2 尖锐突起，右肛侧板端部具 1 尖锐突起。下生殖板较宽，右侧角钝圆，左侧角"L"形缺刻较小，左尾刺着生几个小刺。

观察标本：1 雌，重庆缙云山，850 m，2013.Ⅴ.11，田立超；1 雄 2 雌，重庆缙云山，850 m，2013.Ⅴ.23，石岩；1 雄 4 雌，重庆缙云山植物园，850 m，2011.Ⅹ.7，吴可量。

分布：中国（重庆缙云山、山东、河南、江苏、安徽、浙江、湖北、四川、贵州）。

8. 拟歪尾蠊属 *Episymploce* Bey-Bienko, 1950

Episymploce Bey-Bienko, 1950: 157. Type species: *Episymploce paradoxura* Bey-Bienko, 1950.

属征：前、后翅发达（少数退化），后翅 R 近中点具后分支，CuA 具许多不完全分支和几条完全分支，翅端三角区近消失或缺。前足腿节腹缘刺式多为 A_3 或 B_3 型。多数雄性第 1 背板具 1 簇刚毛；第 9 背板两侧具叶刺状。雄性肛上板多不对称，后缘具缺刻。

下生殖板不对称，多数左后缘加厚，两侧缘具侧刺。钩状阳茎位于下生殖板左侧；中阳茎棒状。

分布：世界广布。世界已知74种，中国已知60种，本书记述3种。

分种检索表

1. 翅端部具黑褐色斑纹···中华拟歪尾蠊 *E. sinensis*
- 翅端部无黑褐色斑纹···2
2. 面部黑褐色···缘拟歪尾蠊 *E. marginata*
- 面部黄褐色···晶拟歪尾蠊 *E. vicina*

（15）晶拟歪尾蠊 *Episymploce vicina* (Bey-Bienko, 1954)

Symploce vicina Bey-Bienko, 1954: 11.
Episymploce vicina: Roth, 1985: 215.

体连翅长：雄性 20.1-21.5 mm，雌性 18.0-19.4 mm；前胸背板长×宽：雄性（3.2-3.7）mm ×（4.0-4.3）mm，雌性 3.5 mm × 4.2 mm；前翅长：雄性 17.0-17.5 mm，雌性 14.5-16.5 mm。

体中型，黄褐色。头顶复眼间距窄于触角窝间距。下颚须第3、5节约等长，均略长于第4节。前足腿节腹缘刺式 A_3 型，跗节具跗垫，爪对称，不特化，具中垫。雄性腹部第1背板中部具1毛簇；第7背板具顶角钝圆的三角形隆起，隆起两侧及后方各具1小凹陷；第9背板两侧背叶均沿腹侧向后伸出，端部均具2-4个小刺。雄性肛上板后缘具"V"形缺刻，两叶不同，左叶较宽，端部钝圆，右叶较窄，近三角形，端部钝圆。下生殖板左侧缘上卷，呈圆锥形，伸过下生殖板后缘，端部具1尖刺；右侧缘具长刚毛，无小刺，两侧近基部均具1刺突，左侧刺突较长。

观察标本：1雄，重庆缙云山，850 m，1994.Ⅵ.13，章有为。

分布：中国（重庆缙云山、浙江、福建、广东、四川、贵州）。

（16）中华拟歪尾蠊 *Episymploce sinensis* (Walker, 1869)

Ischnoptera sinensis Walker, 1869: 148.
Episymploce sinensis: Asahina, 1979: 339.

体连翅长：雄性 18.2-18.9 mm，雌性 18.0-20.1 mm；前胸背板长×宽：雄性（4.0-4.3）mm ×（5.0-5.3）mm，雌性（4.1-4.8）mm ×（5.0-5.9）mm；前翅长：雄性 15.7-16.0 mm，雌性 14.8-16.8 mm。

体中型，红棕色。面部黄褐色，头部触角窝附近具2个棕色斑。前胸背板黄褐色或黑褐色，无斑纹。前、后翅发育完全，伸过腹部末端，翅顶三角区小。前翅红棕色，针插标本黄褐色，端部具黑褐色斑纹，后翅端部黑褐色。腹部第1背板黑褐色，末端黑褐色或黄褐色。尾须黑色。前足腿节腹缘刺式 A_3 型；具跗垫，爪对称，不特化，具中垫。雄性腹部第1背板具刚毛。雄性肛上板后缘近三角形，具中裂，两叶端部尖锐并向下卷曲。下生殖板两侧缘均具侧刺，左侧缘上卷，加厚，右侧缘基半部具刚毛，端半部加厚。

48

观察标本：1 雄，重庆缙云山，850 m，2021.IX.10，韩伟、张佳伟。

分布：中国（重庆缙云山、北京、河南、江苏、安徽、浙江、湖北、福建、台湾、广东、海南、香港、四川、贵州、云南）。

（17）缘拟歪尾蠊 *Episymploce marginata* Bey-Bienko, 1957

Episymploce marginata Bey-Bienko, 1957: 911; Roth, 1997: 108.

体长：雄性 15.5-16.0 mm，雌性 14.5-16.5 mm；前胸背板长×宽：雄性（2.9-3.0）mm ×（3.8-4.0）mm，雌性（2.8-3.8）mm ×（5.0-5.1）mm；前翅长：雄性 13.5-14.0 mm，雌性 13.5-14.5 mm。

体中型，深黄褐色。头顶黄褐色无斑纹。面部褐色。单眼黄褐色。复眼间距等于或略短于触角窝间距，大于单眼间距。前胸背板中域具 2 个褐色、近"V"形、分界不明显的斑纹，中域前缘两侧角具稍弯曲的条形斑纹。前足腿节腹缘刺式 B_3 型，跗节具跗垫，爪对称，不特化，具中垫。第 1 背板中部隆起，具 1 簇刚毛，第 7 背板中部具 2 个窝，内侧具细小的刚毛。肛上板对称，近梯形；右肛侧板端部具 2 个大刺，基部具 1 球形结构，其上着生 6 个小刺；左肛侧板侧缘中部具指状突起。

观察标本：16 雄 16 雌，重庆缙云山，850 m，2013.V.23，桂顺华等。

分布：中国（重庆缙云山、云南）。

六、拟叶蠊科 Pseudophyllodromiidae

体微小型至中型，面部唇基正常，不加厚，与额间无明显界限；前胸背板通常为横椭圆形，宽大于长，掩盖头部或头部稍露；雄性外生殖器钩状阳茎在左侧或右侧。

世界性分布。世界已知 78 属 1000 余种，中国已知 8 属 78 种，本书记述 3 属 6 种。

（三）卷翅蠊亚科 Anaplectoidinae

体小型。前足腿节腹缘刺式 A 型或 B 型。肘脉通常具伪完全脉，后翅具发达的附属区。爪对称，特化，具齿。雄虫第 7 背板特化，钩状阳茎位于左侧。

世界已知 3 属 41 种，中国已知 2 属 6 种，本书记述 1 属 1 种。

9. 卷翅蠊属 *Anaplectoidea* Shelford, 1906

Anaplectoidea Shelford, 1906: 247. Type species: *Anaplectoidea nitida* Shelford, 1906.

属征：体小型。前、后翅发育正常；后翅 CuA 通常具 4-8 条斜向的伪完全脉和不完全分支，附属区占后翅长的 25%-31%（少数达到 38%），休息时反向折叠。前足腿节腹缘刺式 A_3 型；跗节 1-4 节具跗垫；爪对称，特化明显，具中垫。雄性第 7 背板特化。钩状阳茎在左侧。

分布：古北区、东洋区。世界已知 13 种，中国已知 4 种，本书记述 1 种。

（18）异卷蠊 *Anaplectoidea varia* Bey-Bienko, 1958

Anaplectoidea varia Bey-Bienko, 1958a: 689; Roth, 1996: 354.

体连翅长：雄性 7.6 mm，雌性 6.9 mm；前胸背板长×宽：雄性 1.5 mm × 2.1 mm，雌性 1.6 mm × 2.2 mm；前翅长：雄性 6.0 mm，雌性 5.5 mm。

体小型，黄褐色。头部、面部、触角、下颚须黄褐色。前胸背板黄褐色，中域具 1 对不明显的相距较远的小圆斑。前翅黄褐色，径域浅色，后翅颜色稍暗。腹部背板褐色；腹板黄褐色至黑褐色，或两侧黑褐色，其余黄褐色。足黄褐色。

头顶复眼间距小于触角窝间距。前足腿节腹缘刺式 A_2 型或 A_3 型。雄性腹部第 7 背板中部具 1 半圆形凹陷，前缘具 1 簇细长刚毛。雄性肛上板后缘钝圆，具刚毛，肛侧板呈简单片状。下生殖板稍横截，左缘明显斜截。

观察标本：1 雄，重庆缙云山，850 m，2008.Ⅵ.4，廖启航。

分布：中国（重庆缙云山、浙江、江西、湖南、福建、海南、广西、四川、贵州、云南）。

（四）拟叶蠊亚科 Pseudophyllodromiinae

面部唇基正常，不加厚，与额间无明显界限；前胸背板通常为横椭圆形，宽大于长，掩盖头部或头部稍露；钩状阳茎在右侧。

世界已知 72 属 943 种，中国已知 7 属 74 种，本书记述 2 属 5 种。

10. 丘蠊属 *Sorineuchora* Caudell, 1927

Sorineuchora Caudell, 1927: 14. Type species: *Sorineuchora javanica* Caudell, 1927.

属征：下颚须第 5 节多数比第 4 节明显粗大。前足腿节腹缘刺式 C_2 型。每跗节 1-4 节均具跗垫，爪不特化，不对称。前翅横脉明显较多，后翅 R 无后分支，M 明显，CuA 具 1-3 条分支，附属区明显，或退化成翅顶三角区，或几乎消失。雄性背板不特化。钩状阳茎在右边。

分布：古北区、东洋区。世界已知 11 种，中国已知 9 种，本书记述 1 种。

（19）黑背丘蠊 *Sorineuchora nigra* (Shiraki, 1908)

Chorisoneura nigra Shiraki, 1908: 109.
Sorineuchora nigra: Roth, 1998: 16.

体连翅长：雄性 9.6-11.0 mm，雌性 9.5-9.8 mm；前胸背板长×宽：雄性（1.8-2.3）mm ×（2.9-3.3）mm，雌性（1.7-2.3）mm ×（2.9-3.1）mm；前翅长：雄性 7.3-8.5 mm，雌性 7.1-8.2 mm。

体小型，黑褐色。头顶黄褐色，面部黑色。唇基端半部、上颚黄褐色。前胸背板中域黑色。前翅黑褐色，针插标本径域略泛黄褐色，后翅烟褐色。腹部及足棕褐色。前翅 M 和 CuA 倾斜，后翅前 R 平行分支膨大，R 和 M 不分支，CuA 具 1-2 条不完全分支，顶三角休息时折叠。前足腿节腹缘刺式 C_2 型，跗节具跗垫，爪明显不对称，不特化，中垫发达。腹部背板均不特化。下生殖板两尾刺之间凹陷，并向腹面突出。

观察标本：2 雄，重庆缙云山，850 m，2004.V.20，张巍巍；3 雄，重庆缙云山，850 m，1994.VI.13，章有为（灯诱）。

分布：中国（重庆缙云山、江苏、安徽、浙江、湖北、湖南、台湾、广东、海南、广西、四川、贵州）；日本。

11. 玛蠊属 *Margattea* Shelford, 1911

Margattea Shelford, 1911: 155. Type species: *Blatta ceylanica* Saussure, 1868.

属征：下颚须通常第 3、4 节比第 5 节长。前、后翅发育完全或退化，若发育完全则 R 无后分支，R 平行分支与 Sc 端部膨大或加厚；CuA 直或稍弯曲，具 1-4 条完全分支，无不完全分支，翅顶三角区小。部分种类第 8 背板中部近后缘具毛簇。前足腿节腹缘刺式 B_2 或 B_3 型，极少 C_2 型，跗节爪对称，内缘具不明显的小齿。肛上板短，横截，后缘中部稍凹陷。钩状阳茎在右侧，中阳茎具附属骨片，有时具毛刷状结构。

分布：古北区、东洋区、旧热带区。世界已知 60 种，中国已知 21 种，本书记述 4 种。

分种检索表

1. 前足腿节腹缘刺式 B_3 型 ··卷尾玛蠊 *M. flexa*
- 前足腿节腹缘刺式 B_2 型 ··· 2
2. 腹板两侧缘具黑褐色不连续纵带且不达腹部末端 ···华丽玛蠊 *M. speciosa*
- 腹板两侧缘具黑褐色连续纵带且直达腹部末端 ·· 3
3. 肛上板后缘凸出 ···双印玛蠊 *M. bisignata*
- 肛上板后缘略凹陷 ··妮玛蠊 *M. nimbata*

（20）妮玛蠊 *Margattea nimbata* (Shelford, 1907)

Phyllodromia nimbata Shelford, 1907: 31.
Margattea nimbata: Hanitsch, 1928: 23; Roth, 1991a: 986.

体连翅长：雄性 7.2-9.0 mm，雌性 8.0-9.6 mm；前胸背板长×宽：雄性（2.0-2.5）mm ×（2.5-3.3）mm，雌性（2.2-2.5）mm ×（3.0-3.4）mm；前翅长：雄性 7.7-10.3 mm，雌性 7.3-10.1 mm。

体小型，淡黄色或浅褐色。头顶具浅红色横带，有时单眼间具浅褐色条带。两触角窝间具 1 横条纹或条纹中部不连贯，触角窝下方各具 1 棕色斑块。前胸背板黄褐色，具对称的红褐色或黑褐色的点或线，雌、雄性斑纹相似，有些个体前胸背板无斑纹，其周围区域近透明。前翅浅褐色；后翅具烟褐色区域。腹部背板黑褐色，前缘具深褐色窄横纹；腹板黄褐色，两侧缘具黑褐色纵带达腹部末端包括下生殖板后缘。前足腿节腹缘刺式 B_2 型。肛上板后半部具深褐色斑纹，后缘顶端略凹陷，基部具刺状突。下生殖板近对称，尾刺圆柱形。左阳茎大，具复杂的刺状突起；中阳茎顶端具 1 对粗壮刺突；右阳茎钩状，钩状部细，端部尖锐。

观察标本：3 雄 4 雌，重庆缙云山，850 m，2019.Ⅶ.7，陈蓉、任环禹。

分布：中国（重庆缙云山、江苏、福建、海南、贵州）。

（21）卷尾玛蠊 *Margattea flexa* Wang, Li, Wang *et* Che, 2014

Margattea flexa Wang, Li, Wang *et* Che, 2014a: 37.

雄性：体连翅长 16.1-16.8 mm；前胸背板长×宽（2.6-3.8）mm×（3.8-4.2）mm；前翅长 13.9-14.3 mm。

体中型，黄褐色，具黑褐色斑纹和斑点。面部黄褐色，具黑色斑点。复眼间具深褐色三角形斑点，并于中部相接。前胸背板黄褐色，中部分散黑褐色斑纹和斑点。前翅黄褐色，足黄褐色。腹板黄褐色，纵带内侧各节均具 1 个黑色小圆斑。尾须黄褐色。

头顶复眼间距稍窄于触角窝间距。前足腿节腹缘刺式 B_3 型；跗节具跗垫，爪对称，内缘具微齿。腹部背板第 8 节中部近后缘具 1 毛簇。雄性肛上板对称，后缘轻微突出；肛侧板简单，片状，基部具 1 刺状突。下生殖板对称，前缘中部明显凹陷，左、右缘中部均突出，后缘平直。尾刺间突出，侧面向上卷曲并分布有小刺，后者明显突出，开裂成两突起，端部具 1 小刺。左阳茎小，呈不规则骨片状；中阳茎端部弯曲，呈棒状，具毛刷状结构。

观察标本：1 雄，重庆缙云山，850 m，2011.Ⅷ.26，吴可量。

分布：中国（重庆缙云山、贵州）。

（22）华丽玛蠊 *Margattea speciosa* Liu *et* Zhou, 2011

Margattea speciosa Liu *et* Zhou, 2011: 936.

体连翅长：雄性 14.0-14.6 mm，雌性 12.9-13.4 mm；前胸背板长×宽：雄性（2.0-2.5）mm×（3.2-3.4）mm，雌性（2.0-2.3）mm×（3.6-4.0）mm；前翅长：雄性 10.8-11.2 mm，雌性 10.8-11.1 mm。

体小型，黄褐色。头顶黄褐色，头顶复眼间具黑褐色横带。下颚须褐色。前胸背板黄褐色，中域具红褐色纵纹和斑点。前翅黄褐色，后翅棕黄色。腹板黄褐色，两侧具黑褐色纵带，纵带不连贯，不达腹部末端，腹板 2-6 节中部黑褐色。

头顶复眼间距窄于触角窝间距。前足腿节腹缘刺式 B_2 型，1-4 跗节具跗垫，爪对称，特化，内缘具微齿。雄性腹部背板第 8 节中部具 1 毛簇。左阳茎较小，呈不规则骨片状；中阳茎棒状，端部附近具 1 刷状结构，附属骨片拱形，端部具刷状结构；钩状阳茎在右侧，基部粗大，钩状部端部弯曲，尖锐。

观察标本：3 雄 2 雌，重庆缙云山，850 m，2016.Ⅶ.12，邱鹭、邱志伟。

分布：中国（重庆缙云山、江西、湖南、海南、广西）。

（23）双印玛蠊 *Margattea bisignata* Bey-Bienko, 1970

Margattea bisignata Bey-Bienko, 1970: 373.

雄性：体连翅长 13.0-15.0 mm；前胸背板长×宽 2.5 mm×3.5 mm；前翅长 11.0-12.0

mm。

体小型，黄褐色。头顶黄褐色，复眼间具褐色横带。单眼区黄白色。前胸背板黄褐色，中域具黑褐色斑纹。前翅黄褐色，后翅褐色。足黄褐色，刺基部具黑色斑点。腹板两侧具黑色纵带，达到腹部末端，纵带内侧各节均具1个黑色小圆斑。

头顶复眼间距明显窄于触角窝间距。下颚须第3、4节约等长，二者均长于第5节。前足腿节腹缘刺式B_2型，跗节具跗垫，爪对称，稍特化，内缘具微齿。腹部背板第8节中部近后缘具1毛簇。雄性肛上板对称后缘弧形突出；下生殖板近对称，前缘中部明显凹陷，左、右缘中部均突出，后缘平直。两尾刺锥状。左阳茎较大，端部具刷状结构并向上弯曲；中阳茎端部弯曲，呈片状，具毛刷状结构；右阳茎基部较粗，钩状部端部弯曲，尖锐。

观察标本：1雄，重庆缙云山，850 m，2011.VII.19，吴可量；1雄，重庆缙云山，850 m，2009.VI.6，余浪；1雌，重庆缙云山，850 m，2009.VI.6，吴瑶。

分布：中国（重庆缙云山、甘肃、安徽、浙江、湖北、江西、海南、广西、贵州）；越南。

七、地鳖蠊科 Corydiidae

雄性具翅，体狭长，体色通常暗淡（少数色彩艳丽）；复眼和单眼通常发达，翅发育完全，超过腹部末端。足细长，具刺，具跗垫和中垫。雌性具翅或不具翅，无翅个体通常半椭球形。复眼和单眼的发达程度与雄性相当或低。雌、雄性均体表被毛，唇基发达，明显突出，分为前唇基和后唇基两部分。前足腿节腹缘刺式为C型。后翅臀域仅向腹部折叠一次。

世界性分布。世界已知40余属200余种，中国已知14属57种，本书记述1属1种。

（五）地鳖蠊亚科 Corydiinae

体小至大型，体色多暗淡，体表被毛。雄性具翅，雌性具翅或无。雄性和具翅雌性的前胸背板多为横椭圆形，无翅雌性前胸背板多为近三角形。雄性腹部侧缘节间膜通常具臭腺，肛上板通常横阔，结构简单，腹侧内部通常具2个小骨片。下生殖板结构简单，稍不对称，通常具2尾刺。雌性下生殖板鼓圆突出，不分瓣。

世界性分布。世界已知20余属150余种，中国已知8属43种，本书记述1属1种。

12. 真地鳖属 *Eupolyphaga* Chopard, 1929

Eupolyphaga Chopard, 1929: 261. Type species: *Eupolyphaga sinensis* Walker, 1868.

属征：雄性：体通常狭长，具翅，被毛，体色暗淡。复眼、单眼发达，唇基明显凸出。前胸背板横椭圆形，前缘通常具黄白色边。前翅腹面具翅基突。足细长，爪对称，不特化，具中垫。肛上板横向，顶部凸出，尾须长。下生殖板结构简单，具1对尾刺或无。

雌性：无翅，体色暗淡，多黄褐色至黑色，体表被毛，两复眼不如雄性发达，单眼退化为两白色或黄色小点。前胸、中胸和后胸背板中域具对称的光滑暗纹。爪对称，不特化，中垫缺失。

分布：古北区、东洋区。世界已知7种，中国已知7种，本书记述1种。

（24）川渝真地鳖 *Eupolyphaga hanae* Qiu, Che *et* Wang, 2018

Eupolyphaga hanae Qiu, Che *et* Wang, 2018: 16.

雄性：体长16.7-21.4 mm，体连翅长27.6-36.8 mm，前胸背板长×宽（5.1-5.8）mm×（8.2-9.4）mm，前翅长23.8-33.0 mm。体大型，腹面淡黄色。头红褐色，两眼间距窄，单眼大而突出。额两侧各具有1黄色斑。前胸背板红褐色到褐色，前缘色稍浅。前翅深褐色，具许多不规则的透明小斑，翅边缘和端部的斑更稠密；后翅透明，略呈黄色，端部具斑点。足细长，足上刺深红棕色。肛上板横阔，中部凸出，端部具微凹，密被短毛。

雌性：体长24.3-27.9 mm，体宽18.4-20.5 mm。体大型，深褐色，被毛，足上刺深褐色，肛上板横向，后缘较平截，后缘中部具1明显凹陷，下生殖板中部凸出，鼓圆，不分瓣。

观察标本：1雄1雌，重庆缙云山，850 m，2018.Ⅸ.22，邱鹭；1雄3雌，重庆北碚区缙云山，850 m，2021.Ⅷ.6，韩伟。

分布：中国（重庆缙云山、四川）。

参 考 文 献

黄复生, 朱世模, 平正明, 等. 2000. 中国动物志 昆虫纲 第十七卷 等翅目. 北京: 科学出版社: 1-961.

王宗庆, 车艳丽. 2010. 世界蜚蠊系统学研究进展(蜚蠊目). 昆虫分类学报, 32: 23-33.

Anisyutkin L N. 2003. New and little known cockroaches of the genus *Rhabdoblatta* Kirby (Dictyoptera, Blaberidae) from Vietnam and southern China. II. Entomological Review, 83(5): 540-556.

Asahina S. 1963. Taxonomic notes on Japanese Blattaria. I. A new *Blattella* closely allied to *Blattella germanica*. Japanese Journal of Sanitary Zoology, 14(2): 69-75.

Asahina S. 1979. Taxonomic notes on Japanese Blattaria. XII. The species of the tribe Ischnopterites. II. (ind. Taiwanese species). Japanese Journal of Sanitary Zoology, 30(4): 335-353.

Beccaloni G W. 2023. Cockroach Species File Online. Version 5.0/5.0. World Wide Web electronic publication. http://Cockroach.SpeciesFile.org [2024-4-24].

Bey-Bienko G Y. 1950. Fauna of the U.S.S.R. Insects. Blattodea. Zoologicheskogo Instituta Akademija Nauk SSSR, Moskva, N.S: 40-342.

Bey-Bienko G Y. 1954. Studies on the Blattoidea of southeastern China. Trudy Zoologicheskogo Instituta, Rossijskaja Akademija Nauk SSSR, 15: 5-26.

Bey-Bienko G Y. 1957. Blattoidea of Szechuan and Yunnan. Communication I. Entomologicheskoe Obozrenie, 36: 895-915.

Bey-Bienko G Y. 1958a. Blattoidea of Szechuan and Yunnan, Communication II. Entomological Review, 37: 670-690.

Bey-Bienko G Y. 1958b. Results of the Chinese-Soviet Zoological-Botanical Expeditions of 1955-56 to southwestern China. Blattoidea of Szechuan and Yunnan, II: 582-597.

Bey-Bienko G Y. 1970. Blattoptera of northern Vietnam in the collection of the Zoological Institute in Warsaw. Zoologicheskii Zhurnal, 49: 362-375.

Brunner von Wattenwyl. 1893. Révision du système des Orthoptères *et* description des espèces rapportées par M. Leonardo Fea de Birmanie. Annala del Museo Ciuco di Storia Naturale di Genova, 33: 5-230.

Burmeister H. 1838. Handbuch der Entomologie. Berlin: Reimer, II(2): 397-756.

Caudell A N. 1903. Notes on the nomenclature of Blattidae. Entomological Society of Washington, 5:

232-235.

Caudell A N. 1927. On a collection of orthopteroid insects from java made by Owen Bryant and William Palmer in 1909. Proceedings of the United States National Museum, 71: 1-42.

Chopard L. 1929. Orthoptera palaearctica critica VII. Les Polyphagiens de la faune paléarctique (Orth., Blatt.). Eos, 5: 223-358.

Chen M, Ping Z M. 1983. A new species of the genus *Stylotermes* from Chongqing. Entomotaxonomia, 5: 63-65.

Ping Z M, Chen M, Liu Y Z. 1985. Four new species of the genus *Glyptotermes* from Sichuan Province, China (Isoptera: Kalotermitidae). Zoological Research, 6(4): 303-312.

Froggatt W W. 1896. Australian Termididae. Part II. Proceedings of the Linnean Society of New South Wales, 21: 510-522.

Hanitsch R. 1928. Spolia Mentawiensia: Blattidae. Bull Raffles Mus Singapore, Straits Settlements, 1: 1-44.

Hanitsch R. 1933. Schwedisch-chinesische wissenschaftliche Expedition nach den nordwestlichen Provinzen Chinas, unter Leitung von Dr. Sven Hedin und Prof. Sa Ping-chang. In-sekten gesammelt von schwedischen Arzt der Expedition Dr. David Hummel 1927-1930. 5. Orthoptera. Arkiv for Zoologi Stockholm, 25B: 1-3.

Hopkins H. 2024. Isoptera Species File. https://isoptera.speciesfile.org/[2024-04-26]

Holmgren K, Holmgren N F. 1917. Report on a collection of termites from India. Memoirs of the Department of Agriculture in India, 5(3): 135-171.

Hebard M. 1940. A new generic name to replace *Sigmoidella* Hebard, not of Cushman and Ozana (Orthoptera: Blattidae). Entomological News, 51: 236-237.

Karny H H. 1915. Orthoptera et oothecaria. Supplementa Entomologica, 4: 56-108.

Kirby W F. 1903. Notes on Blattidae & C., with Descriptions of new Genera and Species in the Collection of the British Museum, South Kensington. No. II. The Annals and Magazine of Natural History, 12: 273-280.

Liu X W, Zhou M. 2011. Description of three new species of the genus *Periplaneta* in China (Blatteta, Periplaneta). Acta Zootaxologica Sinica, 36(4): 936-942.

Ping Z M, Li G X, Xu Y L, et al. 1981. Nine new species of the genus *Stylotermes* from China (Isoptera). Entomotaxonomia, 3: 217-234.

Ping Z M, Chen M, Liu Y Z. 1985. Four new species of the genus *Glyptotermes* from Sichuan Province, China (Isoptera: Kalotermitidae). Zoological Research, 6(4): 303-312.

Princis K. 1950. Entomological results from the Swedish expedition 1934 to Burma and British India. Blattariae Arkiv för Zoologi, I: 203-222.

Princis K. 1966. Blattariae: Subordo Epilamproidea. Fam.: Nyctiboridae Epilampridae. B. M, Orthopterorum Catalogus. Pars 3. Dr. W. Junk's-Gravenhage: 508-509.

Qiu L, Che Y L, Wang Z Q. 2018. A taxonomic study of *Eupolyphaga* Chopard, 1929 (Blattodea: Corydiidae: Corydiinae). Zootaxa, 4506: 1-68.

Roth L M. 1985. A taxonomic revision of the genus *Blattella* Caudell (Dictyoptera, Blattaria: Blattellidae). Entomologica Scandinavica. Suppl., 22: 1-221.

Roth L M. 1991a. New combinations, synonymies, redescriptions, and new species of cockroaches, mostly Indo-Australian Blattellidae. Invertebrate Taxonomy, 5: 953-1021.

Roth L M. 1991b. The cockroach genera *Sigmella* Hebard and *Scalida* Hebard (Dictyoptera: Blattaria: Blattellidae). Entomologica Scandinavica, 22(1): 1-29.

Roth L M. 1996. The cockroach genera *Anaplecta*, *Anaplectella*, *Anaplectoidea*, and *Malaccina* (Blattaria, Blattellidae; Anaplectinae and Blattellinae). Oriental Insects, 30: 301-372.

Roth L M. 1997. The cockroach genera *Pseudothyrsocera* Shelford, *Haplosymploce* Hanitsch, and *Episymploce* Bey-Bienko (Blattaria: Blattellidae, Blattellinae). Tijdschrift voor Entomologie, 140: 67-110.

Roth L M. 1998. The cockroach genera *Chorisoneura* Brunner von Wattenwyl, *Sorineuchora* Caudell, *Chorisoneurodes* Princis, and *Chorisoserrata*, gen. nov. (Blattaria: Blattellidae: Pseudophyllodrmiinae). Oriental Insects, 32: 1-33.

Serville J G A. 1838. Histoire naturelle des Insectes. Orthoptères. Paris: Librairie Encyclopédique de Roret: 1-776.

Shelford R. 1906. Studies of the Blattidae. The Transactions of the Entomological Society of London, Part 1: 231-278.

Shelford R. 1907. On some new species of Blattidae in the Oxford and Paris Museums. Annals and Magazine of Natural History, 19: 25-49.

Shelford R. 1911. Preliminary diagnoses of some new genera of Blattidae. Entomologist's Monthly Magazine, 22(2): 154-156.

Shiraki T. 1908. Neue Blattiden und forficuliden Japans. Transactions of the Sapporo Natural History Society, 2: 103-111.

Walker F. 1869. Catalogue of the Specimens of Dermaptera Saltatoria and Supplement to the Blattariae in the Collection of the British Museum. London: British Museum: 119-157.

Wang J J, Li X R, Wang Z Q, *et al.* 2014a. Four new and three redescribed species of the cockroach genus *Margattea* Shelford, 1911 (Blattodea, Ectobiidae, Pseudophyllodromiinae) from China. Zootaxa, 3827: 31-44.

Wang J J, Wang Z Q, Che Y L. 2014b. Blattodea. 209. In: Wu H, Wang Y P, Yang X K, *et al.* Fauna of Tianmu Mountain. Hangzhou: Zhejiang University Press, 1-435.

Yang R, Wang Z Z, Zhou Y S, *et al.* 2019. Establishment of six new *Rhabdoblatta* species (Blattodea, Blaberidae, Epilamprinae) from China. ZooKeys, 851: 27-69.

Zhang Z, Schneider J W, Hong Y. 2013. The most ancient roach (Blattodea): a new genus and species from the earliest Late Carboniferous (Namurian) of China, with a discussion of the phylomorphogeny of early blattids. Journal of Systematic Palaeontology, 11(1): 27-40.

Zhu J, Zhang J W, Luo X X, *et al.* 2022. Three cryptic *Anaplecta* (Blattodea, Blattoidea, Anaplectidae) species revealed by female genitalia, plus seven new species from China. ZooKeys, 1080: 53-97.

第六章 螳螂目 Mantodea

王 洋

商洛学院

螳螂是陆栖捕食性昆虫，也是人们熟知的一类昆虫，与人类活动关系密切。"螳螂捕蝉，黄雀在后"的成语，以及"祈祷者""预言家"的称谓，说明人类在很早以前就已经注意到螳螂这一类昆虫。这不仅因为它有特殊的体态、拟态行为，更因其卵鞘可入药，自古以来一直是我国中医史上重要的药用资源。螳螂的成虫和若虫均为捕食性，捕食多种农林害虫，享有"森林卫士"的美誉，因而在农林害虫的生物防治方面具有重要的开发应用价值。此外，螳螂的一些种类还是备受欢迎的观赏性昆虫，是生命科学中重要的科普教育素材。

螳螂为小型至大型昆虫，体长一般为 10-160 mm。外部形态和体色多样性非常高，体色有绿色、褐色、灰色、粉红色及金属色等，前足和翅常具有各式斑纹。体细长或略呈圆筒状，也有扁平呈叶状的。头呈三角形或近五角形，活动自如，不盖于前胸背板下。口器咀嚼式，上颚发达。复眼发达，较凸出，通常较光滑，少数背缘具锥状或角状突起。单眼3个，排成倒三角形。复眼之间着生1对触角，触角形状各异，有丝状、念珠状或栉状等，分节较多，通常雄性触角较粗且长。前胸极度延长，呈细颈状，一般长为宽的2倍以上，能活动。前胸背板高度特化，形态多样，有的侧缘向两侧扩张，呈叶状或盾状，背面有1条横沟，将前胸背板分为沟前区和沟后区。中胸、后胸短而阔，后胸腹面具有听觉器官。前翅为覆翅，前缘域较窄，前缘具齿、刺、纤毛或光滑；后翅膜质，臀域发达，扇状，飞翔力不强，静止时折叠于腹背上。前足为捕捉足，基节甚长，能动，腿节腹面有槽，胫节可折嵌于腿节的槽内，形如折刀，腿节和胫节具强刺，当捕捉猎物时，可阻止猎物的逃脱，胫节端部还具有弯曲的端爪；中足、后足细长，适于行走；跗节4节或5节，缺中垫。腹部肥大，尾须呈锥状或棒状，有时扁平呈明显的叶状，短而分节。第1腹板较小。雌性第7腹节（雄性第9腹节）腹板扩大而构成下生殖板；第8、9、10腹板退化，部分构成膜质结构；产卵器较退化，由3对骨片构成，并由第7腹板包住。雄性外生殖器不对称，起明显的抱握作用。雄性下生殖板末端常具刺突。

螳螂属于不完全变态昆虫。螳螂的卵表面光滑，长形，通常米黄色或者黄绿色。螳螂将卵产在泡沫质地的螵蛸之中，因物种而异，一块螵蛸中可能包含几枚到上百枚卵粒。生活在寒冷地区的螳螂会以螵蛸的形式越冬，一些花螳科 Hymenopodidae 物种常以大龄若虫越冬，而温带和热带地区的螳螂的越冬方式较为多样。多数螳螂一年仅能完成一个生命周期，往往在秋季才能发育成为成虫。热带地区分布的小型螳螂则可以一年发生多代，没有明显的世代交替。螳螂具有发达、敏锐的视觉，并依靠发达的捕捉足攫取和控制猎物。大多数螳螂都有着较好的保护色或者结构上的拟态。保护色通常为近似所处环境的绿色或者褐色。螳螂除了模拟绿色的树叶、枯叶，有些种类还可模拟花朵、枝条、藤蔓、苔藓、沙砾等，也有模拟蚂蚁、蜂类等其他昆虫的。一些螳螂在遇到威胁时会做出夸张的动作，或者展示鲜艳的色彩来恐吓敌害。

螳螂分布于除南极洲以外的各个大洲，种类以亚热带和热带地区居多。目前全世界已知29科440余属2600余种（Schwarz and Roy, 2019），中国已知12科58属160余种，本书记述3科4属4种。

分科检索表

1. 体小型，纤细；前足腿节前端叶具有长刺，第1、2外列刺之间具有一个凹窝 ·· 小丝螳科 Leptomantellidae
- 体中至大型，壮实；前足腿节前端叶具有短刺，第1、2外列刺之间无凹窝 ············ 2
2. 头顶具有多种形状的突起结构，若无突起，则其前足腿节膨大或者前足胫节外列刺倒伏状；前足腿节内列刺大小相间排列；前足胫节外列刺紧密排列或倒伏状，相互靠近愈合 ············ 花螳科 Hymenopodidae
- 头顶不具有突起结构，若有小型突起，则其中后足腿节具有显著叶状扩展；前足腿节内列刺不呈显著的大小相间排列；前足胫节外列刺不呈倒伏状，彼此分离 ············ 螳科 Mantidae

一、小丝螳科 Leptomantellidae

体小型，纤细，通常浅绿色。头较窄，头顶无突出结构；复眼较不凸出；旁眼突显著，圆球形突出。前胸背板细长，无两侧扩展。雌、雄性翅均发达，双翅的长度超过腹部末端，呈透明或半透明状。前足腿节前端叶具有长刺，具4枚外列刺、4枚中刺；中刺呈线性排列；外列刺细长，端部弯曲，第1、2刺之间具有1个凹窝。步行足无扩展叶片，但有时具有微刺。尾须较长，圆柱状，长度小于腹部长度的一半。

分布于东洋区。世界已知4属15种，中国已知1属5种，本书记述1属1种。

1. 小丝螳属 *Leptomantella* Uvarov, 1940

Leptomantella Uvarov, 1940: 176 = *Leptomantis* Giglio-Tos, 1915: 87-88. Type species: *Mantis* (*Thespis*) *albella* Burmeister, 1838.

属征：虫体纤细。头宽扁；头顶略高于复眼，较平直；额盾片横行，窄，上缘略呈弧形；复眼卵圆形凸出。雌性触角较细，雄性触角念珠状并具纤毛。前胸背板细长，沟后区长于前足基节。雌、雄翅皆发达，常淡色透明，后翅常长于前翅，虫体静止时后翅常露出前翅末端。前足腿节爪沟位于中部，胫节具有7枚外列刺，基部2枚相距较远。中、后足细长无扩展。阳茎叶骨化程度弱，下阳茎叶缺少基部叶突。雌性老熟个体常被白粉。

分布：东洋区。世界已知10种，中国已知5种，本书记述1种。

（1）越南小丝螳 *Leptomantella tonkinae* Hebard, 1920

Leptomantis tonkinae Hebard, 1920: 42.

体连翅长：雄性25.0-35.0 mm，雌性35.0-46.0 mm。

体形纤细，粉绿色或因被白粉而呈白色。头小，口器稍向前伸出，额盾片宽约为高的 3.8 倍。前胸背板前半部沿中轴线具有两侧对称的黑色斑纹，沟后区沿脊两侧呈连续虚线状点斑，斑纹长度及图形多变。前足基节前侧具线状黑斑，腿节近基部外侧具有小型不规则黑斑，内侧无斑纹。

若虫纤细，腹部不上翘。卵鞘小型，常附着于叶背面。

观察标本：4 雄，重庆缙云山，850 m，2021.Ⅷ.16，刘金林。

分布：中国（重庆缙云山、福建、海南、广西、四川、云南、贵州）；越南。

二、花螳科 Hymenopodidae

体中至大型，体色多变。头顶具有多种形状的突起结构，有圆锥形小瘤突、分叉叶片状等形式，如果头部无突起，那么其前足腿节显著膨大或者前足胫节外列刺呈倒伏状。复眼卵圆形至圆锥形；唇基具有脊起；额盾片具有 1 个强的中纵脊，或者具有 2 个弱一点的靠近中央的纵脊。前胸背板略微呈叶片状扩张，或者至少在横沟附近有扩展；沟后区显著长于沟前区。前足腿节端部通常具有 1 个短刺；具 4 枚中刺，4 或 5 枚外列刺，如果具有 5 枚外列刺，那么头顶具有强烈不规则突起。前足胫节外列刺紧密排列，或者呈倒伏状。中、后足腿节较光滑，或具有叶片状扩展。雄性具大翅，雌性具大翅或无翅。

世界性分布。世界已知 46 属 400 余种，中国已知 15 属 63 种，本书记述 1 属 1 种。

2. 原螳属 *Anaxarcha* Stål, 1877

Anaxarcha Stål, 1877: 81. Type species: *Anaxarcha graminea* Stål, 1877.

属征：体中型。头顶具 4 条纵沟，侧缘两条沟较深长。复眼卵圆形，明显突出，内侧无突起。额盾片横行，略呈三角形，中纵轴两侧具较明显的隆起线，上缘中央具尖齿。前胸背板细长，长度为宽度的 2 倍以上，两侧具细齿。前翅通常绿色。后翅透明，常染红色。前足腿节具 4 枚中刺，4 枚外列刺，前足胫节外列刺倒伏状；中、后足腿节无叶状突起。肛上板横行，三角形，尾须细长。

分布：东洋区。世界已知 10 种，中国已知 6 种，本书记述 1 种。

（2）中华原螳 *Anaxarcha sinensis* Beier, 1933

Anaxarcha sinensis Beier, 1933: 332.

体连翅长：雄性 37.9-41.1 mm，雌性 36.0-39.0 mm。

通体绿色。头顶具有不明显的小角，复眼卵圆形突出。前胸背板细长；侧缘具明显黑色，侧缘具齿，于横沟处无齿；横沟处略扩展，近菱形。前足无扩展物，内侧无斑纹；中后足细长，腿节无叶状扩展。雌雄两性的翅均超过腹部末端，纯色无斑纹；后翅透明，但翅室内具明显的粉红色，翅基部粉红色浓郁，翅室内呈浅色斑状。

低龄若虫蚂蚁状，大龄若虫绿色，腹部不上翘。螵蛸中小型，块状，泡沫层较厚。

观察标本：1 雌，重庆缙云山，850 m，2021.Ⅷ.16，刘金林。

分布：中国（重庆缙云山、浙江、湖南、广东、广西、四川、贵州）。

三、螳科 Mantidae

体中至大型。头顶不具有突起结构，如果具有小型突起，那么其前足腿节具有背叶突，且中后足腿节具有大的腹叶突。复眼圆球形，或者稍微圆锥形；眼间突不明显；额板中部不具脊起；单眼结节通常消失。前胸背板简单，有时具有叶片状扩展；横沟处扩展明显；沟后区至少是沟前区长度的 2 倍。前足腿节端叶至少具有 1 个短刺，具 3-4 枚中列刺和 4 枚外列刺，外列刺不具有细皱纹。前足胫节外列刺不倒伏。雄性具有中型翅或大翅，雌性具大翅或短翅。肛上板宽大于长，呈三角形。尾须长度短于腹部长度的一半，一般圆锥形，少数扁平状。

世界性分布。世界已知 86 属 700 余种，中国已知 11 属 38 种，本书记述 2 属 2 种。

3. 刀螳属 *Tenodera* Burmeister, 1838

Mantis (*Tenodera*) Burmeister, 1838: 534. Type species: *Mantis fasciata* Olivier, 1792.

属征：体大型，绿色或者褐色。头顶平滑，复眼侧面观略呈卵圆形。额盾片略窄，宽为高的 2.0-3.0 倍。前胸背板沟后区长于前足基节，两侧扩展不明显，沟后区至少与前足基节等长。前翅较窄长，前缘光滑，缺齿或刺，翅端较尖。两性后翅第 1 肘脉（Cu_1 脉）3-4 分支，前缘域和中域缺黑色或红色横带。前足基节顶端内侧叶状突起邻接。前足腿节具 4 枚中刺、4 枚外列刺，外列刺基部缺隆起，爪沟位于中部之后；前足胫节具 8-13 枚外列刺。中、后足腿节具顶端刺。尾须较细长。

分布：世界广布。世界已知 16 种，中国已知 8 种，本书记述 1 种。

（3）中华刀螳 *Tenodera sinensis* Saussure, 1871

Tenodera aridifolia var. *sinensis* Saussure, 1871: 417, 419.

体连翅长：雄性 71.0-85.0 mm，雌性 76.0-85.0 mm。

体型较大，整体绿色或者褐色，褐色个体的前翅前缘域依旧是绿色。头典型三角形。前胸背板相对较宽，其沟后区与前足基节长度之差是前胸背板最大宽度的 0.3-1.0 倍（雄性约为 1.0 倍，雌性为 0.3-0.6 倍）。雌性前胸背板侧缘具较密的细齿，雄性多无细齿。前、后翅发达，超过腹部末端，后翅宽大且紫黑色具不规则深色斑。雄性下阳茎叶端突明显长于左上阳茎叶端突之长。

若虫腹部不上翘。螵蛸大型，块状，泡沫层较厚、黄褐色。

观察标本：1 雄，重庆缙云山，850 m，2021.VII.13，韩伟；1 雌，重庆缙云山，850 m，2021.VII.13，韩伟。

分布：中国（重庆缙云山、辽宁、北京、山东、河南、陕西、江苏、上海、安徽、浙江、湖北、江西、湖南、福建、台湾、广东、广西、四川、贵州、云南、西藏）；朝鲜，日本，马来西亚，泰国，尼泊尔，美国（入侵物种）。

4. 斧螳属 *Hierodula* Burmeister, 1838

Hierodula Burmeister, 1838: 536. Type species: *Mantis* (*Hierodula*) *membranacea* Burmeister, 1838.

属征：体大型。额盾片高度略大于或等于其宽度。前胸背板向两侧扩展，但不明显宽于头部。前翅具翅痣；前缘域具密集的小翅室，Cu_1脉至少 2 次分支；前翅缺花纹，后翅无色透明。雌性和雄性均具大翅，双翅超过腹部末端。前足基节具刺突，或宽大呈疣突状；前足腿节具 4 枚中刺、4 枚外列刺，外列刺基部略隆起，第 1 中刺显著短于第 2 中刺；爪沟位于中部之后。中、后足腿节膝叶内侧片具刺。

分布：古北区、东洋区、澳洲区。世界已知约 105 种，中国已知 11 种，本书记述 1 种。

（4）中华斧螳 *Hierodula chinensis* Werner, 1929

Hierodula chinensis Werner, 1929: 75.
Hierodula (*Hierodula*) *chinensis*: Beier, 1933: 330.

体连翅长：雄性 60.0-77.0 mm，雌性 59.0-78.0 mm。

体型差异大，种内变异显著。通体翠绿色，少数蜡黄色。头顶光滑。前胸细长，长于前足基节；前胸腹板常具红褐色。前足内侧无显著的黑色斑纹，仅在个别刺基部具有黑红色点斑，前足转节内侧与腿节交界处的端部具有 1 小的黑褐色斑纹，前足基节前缘具有 7-9 个刺突。前翅翅痣白色，后翅无色透明；雄性前翅仅前缘域不透明；雌性前翅不透明，且前缘域更宽阔。

若虫腹部上翘。螵蛸大型，块状，泡沫层薄但坚硬。

观察标本：1 雄，重庆缙云山，850 m，2021.Ⅷ.16，刘金林。

分布：中国（重庆缙云山、北京、河南、陕西、宁夏、甘肃、安徽、浙江、湖北、湖南、福建、广东、广西、四川、贵州、云南）；韩国。

参 考 文 献

Beier M. 1933. Beiträge zur Fauna sinica. XIII. Die Mantodeen Chinas. Mitteilungen aus dem Zoologischen Museum in Berlin, 18(3): 322-337.

Burmeister H C. 1838. Fangheuschrecken. Mantodea. In: Handbuch der Entomologie. Zweiter Band. Besondere Entomologie. Zweite Abtheilung. Kaukerfe, Gymnognatha (Erste Hälfte; vulgo Orthoptera). Enslin, Berlin: 517-552.

Giglio-tos E. 1915. Mantidi Esotici. Generi e Specie Nuove, Bullettino della Società entomologica Italiana, 46: 31-108.

Hebard M. 1920. Studies in Malayan, Papuan and Australian Mantidae. Proceedings of the Academy of Natural Sciences of Philadelphia, 72: 14-82.

Uvarov B P. 1940. XIII. —Twenty-eight new generic names in Orthoptera. The Annals and Magazine of Natural History, 5(26): 173-176.

Saussure H. 1871. Mélanges Orthoptérologiques: Mantides. Genève: Genève et Bâle, H. Georg, 1863-1871, 21: 363-462.

Schwarz C J, Roy R. 2019. The systematics of Mantodea revisited: an updated classification incorporating multiple data sources (Insecta: Dictyoptera). Annales de la Société entomologique de France(NS), 55(2): 101-196.

Stål C. 1877. Systema Mantodeorum. Essai d'une systématisation nouvelle des Mantodées. Bihang till Kongliga Svenska Vetenskaps Akademiens Handlingar, 4(10): 1-91.

Werner F. 1929. Uber einige Mantidenaus China (Expedition Stotzner) und Andere Neue Order Seltene Mantiden des Museums fur Tierkunde in Dresden (Orth.). Entomologische Zeitung, 90(1): 74-78.

第七章 䗛目 Phasmatodea

张巍巍[1] 李前前[2]
[1] 自由撰稿人、昆虫学者
[2] 西南大学植物保护学院

䗛目昆虫俗称竹节虫、杆䗛或叶䗛，简称"䗛"，因身体修长、体形奇特而得名。该类群主要分布在热带和亚热带地区。

䗛目昆虫体中到大型，体长多在 30-300 mm；体延长成棒状或阔叶状。体表无毛，绿色或黄褐色。头小，前口式，口器咀嚼式；复眼小，单眼 2 或 3 个或无。前胸小，中胸和后胸伸长，后胸与腹部第 1 节常愈合。有翅或无翅，有翅种类翅多为 2 对，前翅革质，多狭长，横脉众多，脉序呈细密的网状；后翅膜质，臀区大；足跗节 3-5 节。腹部长，环节相似，尾须不分节。

渐变态发育，以卵或成虫越冬，卵散产在地上，完成一个世代常需要 1-1.5 年，蜕皮 3-6 次。部分种类营孤雌生殖，雄性常较少，未受精卵多发育为雌性。若虫的足若受伤脱落，可随着龄期增长，蜕皮后再生。高湿、低温、暗光可使体色变深；相反，则体色可变浅；白天与黑夜体色不同，称为节奏性体色变化。成虫多不能飞翔，部分有翅种类具备飞行能力。生活于草丛中或林木上，以叶片为食，有典型的拟态和保护色。

世界已知 14 科 528 属 4327 种，中国已知 7 科 77 属 436 种，重庆缙云山地区䗛目昆虫本次调查记述 2 科 3 属 3 种。

一、长角棒䗛科 Lonchodidae

体细长，似棒状，无翅。触角常为丝状，分节不明显，长于前足腿节；中胸背板常短于后胸背板；中、后足腿节腹脊有不均匀锯齿，少数具端齿或完全无齿。雄性臀节开裂成双叶状，或至少有 2 个指状弯曲的突起。

分布于古北区、东洋区、澳洲区。世界已知 168 属 406 种，中国已知 35 属 222 种，本书记述 1 属 1 种。

1. 竹异䗛属 *Carausius* Stål, 1875

Carausius Stål, 1875: 8. Type species: *Carausius strumosus* Stål, 1875.

属征：雌性具 1 粒突，头球状或扁平，头顶无刺或有横脊，或具 2 刺、2 角，后头略具瘤。中胸腹板光滑，后胸腹板则无脊；中胸背板短，中足腿节略长于后胸背板，后足腿节稍超过第 3 腹节，中节长为后胸背板之半，或稍超过。足无刺齿，前足腿节背面无齿，或雌虫具小圆齿；前足胫节较大，中、后足胫节稍扁，前足第 1 跗节短于其余跗节之和。臀节具凹缘，有肛上板；腹瓣扁舟形，后缘平圆。而雄性体较光滑，臀节扁，屋脊状，分裂成两叶。

分布：东洋区、澳洲区。世界已知约 60 种，中国已知 15 种，本书记述 1 种。

（1）细尾竹异䗛 *Carausius gracilicercus* Ho, 2021

Carausius gracilicercus Ho, 2021: 13.

雌性：体中型，棕色，细长，表面粗糙，稀疏颗粒状。头椭圆形，粗糙，稀疏地覆盖着小颗粒；复眼小而圆，复眼之间有 1 对短而粗的耳状角，从背面看呈"U"形；触角丝状。胸部粗糙且有皱纹，前胸背板矩形，长大于宽，前缘稍弯曲，后缘圆形，中部横纵沟相交。腹部圆柱形，粗糙，有皱纹，也有稀疏的颗粒；中间段为矩形，长于宽。尾须短，扁平，尖端尖锐，不在肛门裂片末端突出。足细长，腿节几乎和相应的胫节一样长。

雄性：体中型，棕色，细长，表面粗糙。头椭圆形，复眼小又圆，顶端具 1 对耳状角，背隆突疏生刺；触角丝状，梗节与第 3 节等长。胸部粗糙，具许多小颗粒；前胸矩形，长大于宽，前边缘稍弯曲，后圆形，横向和纵向沟在中部相交。腹部细长，圆柱形，疏生颗粒状；中节矩形，长大于宽，短于后胸背板。尾须短，圆柱形，尖端圆形。足细长，腿节短于相应的胫节；后足不超过腹部末端延伸，前足跗节的第 1 节背面有 1 个小的半圆形薄片。

观察标本：1 雄 1 雌，重庆缙云山，850 m，2022.Ⅵ.13，刘金林。

分布：中国（重庆缙云山、云南）。

二、䗛科 Phasmatidae

触角丝状，分节明显，常短于前足腿节。完全无翅或具翅。胸中节横宽。足具锯齿，雌性前足腿节背缘基部常锯齿状，中、后足腿节腹面隆线常具明显的小齿。

分布于古北区、新北区、澳洲区。世界已知 126 属 703 种，中国已知 21 属 172 种，本书记述 2 属 2 种。

2. 短角棒䗛属 *Ramulus* Saussure, 1862

Ramulus Saussure, 1862: 471. Type species: *Bacillus humberti* Saussure, 1862.

属征：体细长，较光滑，少刺。头延长，后侧窄，雄性触角伸达前足腿节中部或超过，雌性则较短，15-18 节，第 2 节长大于宽。足细长。雄性臀节变化，狭窄，侧扁，亚截形或截形，多少有凹缘，后缘具边框，有时生有小突起；下生殖板短，甚隆起；尾须圆柱形或凹入，但不膨大；雌性臀节扁平且窄，后缘截形，或略有凹缘；具肛上板；腹瓣略呈舟形，不伸达腹端。

分布：古北区、东洋区、旧热带区。世界已知 160 余种，中国已知 78 种，本书记述 1 种。

（2）短角棒䗛 *Ramulus* sp.

雌性：体长165.0-175.0 mm，体暗绿色或黄褐色。头长卵形，后头稍隆，复眼间具鼠耳状角突1对。触角第1节宽扁，第2节较其后各节粗。前胸背板近中部1条横沟，两侧短纵沟不达横沟；中胸长于后胸和中节的总长，光滑，后胸较中节长，中节长大于宽。

雄性：未知。

观察标本：2雄，重庆缙云山，850 m，2022.Ⅵ.13，韩伟。

分布：中国（重庆缙云山、四川）。

3. 介䗛属 *Interphasma* Chen *et* He, 2008

Interphasma Chen *et* He, 2008: 295. Type species: *Interphasma lushanense* Chen *et* He, 2008.

属征：体中型，杆状，无翅；雌性体较粗糙，多具皱褶与粒突；雄性基本光滑。头稍延伸，背面较平坦，多具粒突，眼间具1对小角刺或无；触角分节明显，短于前足腿节之半。腹部多具纵皱，中节（即第1腹节）与第2腹节背板横形，第2腹节长大于宽；第7腹节腹板多有中突，第9腹节背板后缘中央多具片状隆起；腹瓣舟形，伸达腹端。雄性臀节分裂成两叶，下生殖板兜状，尾须内弯；雌性臀节短，屋脊状，后缘几平截。3对足无明显刺齿，前足腿节基部弯曲，足隆线明显。尾须短柱形。

分布：古北区。世界已知19种，中国已知18种，本书记述1种。

（3）华蓥山介䗛 *Interphasma huayingshanense* Li, Shi *et* Wang, 2021

Interphasma huayingshanense Li, Shi *et* Wang, 2021: 26.

雌性：体棕色或绿色，具不规则颗粒，无翅。头部卵圆形，与前胸背板等长，有稀疏的颗粒；复眼椭圆形，复眼之间的横脊上有黑色小颗粒，具1不规则复眼内缘附近的黑色斑点；触角分节明显，14节。前胸背板梯形，后部有1对卵形黑色斑点；腹节背板具纵向褶皱和一些不规则的浅色条纹；中胸背板长于后胸背板与中节之和，后胸背板的长度约为中节的2.5倍。腹部第3节最长，第2-7节具有不规则纵向褶皱和一些不规则的浅色条纹。足细长，无刺，杂色，主要为绿色；腿节基部弯曲，略短于胫节。

雄性：体棕色或绿色，光滑，无翅。复眼之间有1对暗黑色的小角刺；触角分节明显，19节，长于前足腿节之半。前胸背板矩形，侧面平行，长于宽；中胸背板细长，后部具"H"形黄色条纹；后胸背板约为中节长度的2.5倍。腹部长而宽，第8节略长于第9节。尾须长，粗壮，圆柱形，向下指向。足细长，无刺，杂色，主要为绿色；腿节基部弯曲，略短于胫节。

观察标本：3雄1雌，重庆缙云山，850 m，2022.Ⅵ.13，张佳伟。

分布：中国（重庆缙云山、四川）。

参 考 文 献

陈树椿, 何允恒. 2008. 中国䗛目昆虫. 北京: 中国林业出版社.

刘胜利, 蔡保灵. 1992. 竹节虫目: 螩科, 异螩科. 见: 陈世骧. 横断山区昆虫. 北京: 科学出版社: 59-64.
Brock P D, Büscher T, Baker E. 2022. Phasmida Species File Online. Version 5.0/5.0. http://Phasmida.SpeciesFile.org.[2022-9-29].
Ho G W. 2021. Contribution to the knowledge of Chinese Phasmatodea VIII: Four new species of *Carausius* Stål, 1875 from China (Lonchodidae: Lonchodinae). Hong Kong Entomological Bulletin, 13(1): 12-21.
Li B L, Shi F M, Wang H J. 2021. Stick insects of the genus *Interphasma* Chen *et* He, 2008 (Phasmida: Phasmatidae) from China. Far Eastern Entomologist, 422: 24-32.
Hennemann F H, Conle O V, Zhang W W. 2008. Catalogue of the stick and leaf-insects (Phasmatodea) of China, with a faunistic analysis, review of recent ecological and biological studies and bibliography (Insecta: Orthoptera: Phasmatodea). Zootaxa, 1735(1): 1-77.
Saussure H. 1862. Etudes sur quelques orthoptères du musée de Genève nouveaux ou imparfaitement connus. Amnales de la Société Entomologique de France, 1(4): 469-494.
Stål C. 1875. Recensio orthopterorum. 3. Revue critique des Orthoptères décrits par linné, De Geer et Thunberg. Öfversigt af Kongliga Vetenskaps-Akademiens Förhandlingar, 32: 1-105.

第八章　直翅目 Orthoptera

黄　原[1]　马丽滨[1]　姚文文[2]　李　云[3]　石福明[3]　朱启迪[3]

[1] 陕西师范大学生命科学学院
[2] 西南大学植物保护学院
[3] 河北大学生命科学学院

直翅目昆虫是一类常见的昆虫，与人们的关系十分密切。该类群分为两亚目，即螽斯亚目和蝗亚目。螽斯亚目包括螽斯、蟋蟀和蝼蛄等类群；蝗亚目包括蚱、蜢、蝗等类群。

直翅目昆虫体小型至中大型，体长都在 5.0 mm 以上；体呈圆筒状。口器为典型的咀嚼式，1 对复眼，3 个单眼，在一些类群中单眼消失；触角短或细长，多为丝状；多数种类胸部具 2 对翅，前翅覆翅革质，后翅膜质，善于飞行；多数种类的前足、中足为步行足，适于爬行，蝼蛄与蚤蝼的前足为开掘足，适于掘土，后足腿节粗壮，适于跳跃；腹部 11 节，第 11 节形成肛上板，其下为肛侧板；腹末端第 11 节的附肢形成 1 对尾须。不少种类在身体的不同部位形成听器或发音器。

直翅目昆虫多为植食性，少数为杂食性或捕食性。著名的有东亚飞蝗 *Locusta migratoriamanilensis*，属于迁飞性害虫。

世界已知 82 科 5243 属 29 285 种，中国已知 21 科 611 属 3500 余种，本书记述 4 总科 5 科 33 属 36 种。

分总科检索表

1. 触角线状、剑状或棒状，末端不尖锐，少于 30 节，明显短于身体；如具听器，则位于腹部 ·· 蝗总科 Acridoidea
- 触角丝状细长，末端尖锐，超过 30 节；如具听器，则在前足胫节上 ··············· 2
2. 跗节 3 节 ··· 蟋蟀总科 Grylloidea
- 跗节 4 节 ··· 3
3. 多具前翅，呈明显覆翅，且具原始或发达的发音结构；身体背侧几乎平直，不呈弓形 ·· 螽斯总科 Tettigonioidea
- 无翅；身体背侧呈明显弓形 ··· 驼螽总科 Rhaphidophoroidea

蝗总科 Acridoidea

锥头蝗总科 Pyrgomorphoidea

黄　原[1]　姚文文[2]
[1] 陕西师范大学生命科学学院
[2] 西南大学植物保护学院

体长可达 9 cm，触角丝状、剑状或棒状，末端不尖锐，少于 30 节，明显短于体长；

如具听器，则位于腹部；一般具有 2 对发达的翅，有些退化或缺失。后足跳跃足，跗节 3 节。产卵器短，卵产在土壤中，鲜有产在植物组织中（蝗总科 Acridoidea）；该总科含 11 科。锥头蝗总科介绍见锥头蝗科。

一、蝗科 Acrididae

体大型、中型、小型，侧扁或扁平。头卵圆形或圆锥形，颜面侧面观近垂直或向后倾斜。头顶中央具颜顶角沟或缺；头顶侧缘具头侧窝，有时头侧窝不明显或缺。触角较短，但长于前足腿节，呈丝状、锤状或剑状。前胸背板较短，覆盖在胸部背面和侧面；其背面常具有中隆线和侧隆线，有时侧隆线不明显或消失；中、侧隆线常被 3 条横沟隔断，有时仅见后横沟。前、后翅发达、缩短或完全无翅。跗节 3 节，爪间具中垫。鼓膜器发达、退化或消失。尾须 1 对，不分节。雌性产卵瓣较短，上产卵瓣端部多呈钩状。

世界性分布。世界已知 1703 属 8251 种，中国已知 237 属 1100 余种，本书记述 5 属 5 种。

分属检索表

1. 具前胸腹板突 ··· 2
- 不具前胸腹板突；前胸背板侧隆线较弱，中部弯曲；后翅翅脉下面具发音齿；后足腿节端部具黄色膝前环 ··· **竹蝗属** *Ceracris*
2. 后足腿节膝部外侧的下膝侧片端部不向后延伸成锐刺状 ··· 3
- 后足腿节膝部外侧的下膝侧片端部向后延伸，形成锐刺状，似针形 ··········· **稻蝗属** *Oxya*
3. 后足腿节上侧中隆线平滑，缺细齿 ··· **小蹦蝗属** *Pedopodisma*
- 后足腿节上侧中隆线呈锯齿状 ··· 4
4. 侧面观颜面隆起在触角之间明显突出 ··· **凸额蝗属** *Traulia*
- 侧面观颜面隆起在触角之间不突出 ··· **外斑腿蝗属** *Xenocatantops*

1. 稻蝗属 *Oxya* Audinet-Serville, 1831

Oxya Audinet-Serville, 1831: 264, 286. Type species: *Oxya hyla* Audinet-Serville, 1831.

属征：体型中等，通常具细刻点。头顶背面观较短，端部钝圆，背面中央略凹，缺纵隆线。触角丝状，略不到达、到达或略超过前胸背板后缘。颜面侧面观向后倾斜或较直；颜面隆起全长具纵沟，侧缘明显，到达上唇基；颜面侧隆线明显。复眼较大，椭圆形。前胸背板柱形，通常背面较平，中隆线较弱，侧隆线缺；3 条横沟较细，沟后区较短于沟前区，其后缘钝圆。前胸腹板突圆锥形，其端部圆形或略尖，通常略向后倾斜，有时其后侧较平；中胸腹板侧叶间之中隔的宽通常较短于长。前翅发达，在背面相互毗连；在雌性其前缘往往具刺；后翅在臀脉域基部的背面常具有较密的绒毛。后足腿节匀称，膝部的上膝侧片端部为圆形，下膝侧片端部延伸为锐刺状；后足胫节近端部较宽，其上侧外缘形成狭片状，具有外端刺；跗节第 1 节较扁。腹端的腹面常具有丛生毛。雄性肛上板为三角形，端部为圆形或三角形，有时端部形成三叶。尾须为锥形或侧扁，端部为圆形或分支状。下生殖板为短锥形，端部钝圆斜切。阳具基背片桥部为较狭的分开，通常缺锚状突；冠突2对，其中外侧的1对为钩状，内侧的1对为短齿状。雌性下生殖板的后缘常具齿或突起，表面常具纵隆脊或纵沟。产卵瓣细长，在其外缘具齿或刺。体色一般较一致，大体有2类：绿色类型和褐色类型。

分布：世界广布。世界已知53种，中国已知29种，本书记述1种。

（1）山稻蝗 *Oxya agavisa* Tsai, 1931

Oxya agavisa Tsai, 1931: 437.

体绿色或褐绿色，或背面黄褐色，侧面绿色，常有变异。体长：雄性24.4-34.0 mm，雌性28.0-39.0 mm。雄性体中型。触角细长，略超过前胸背板后缘。前、后翅均较不发达，通常不到达或刚到达后足腿节端部，有时少数略过后足腿节端部；后翅长等于前翅。肛上板为较宽的三角形，具弱的基侧褶皱，基部中央具短而浅的中纵沟。尾须为圆锥形，具宽的斜切顶端。阳具基背片桥部较狭，外冠突呈细的钩形，内冠突较小，为齿状；阳具端瓣较细长，向上弯。

雌性较雄性粗大。前翅前缘基突较大，上具细小的齿。腹部第2、3、4节背板侧面的后下角具刺。产卵瓣外缘齿较短而整齐，端齿不呈钩状。下生殖板后缘中央明显凸出，端部具1对齿，下生殖板腹面之后半部具1对明显的隆脊。

观察标本：4雄，重庆缙云山，850 m，2021.Ⅵ.5，刘金林。

分布：中国（重庆缙云山、江苏、上海、安徽、浙江、湖北、江西、湖南、福建、广东、广西、四川、贵州、云南）。

2. 小蹦蝗属 *Pedopodisma* Zheng, 1980

Pedopodisma Zheng, 1980: 336-337. Type species: *Pedopodisma microptera* Zheng, 1980 (= *Micropodisma emeiensis* Yin, 1980).

属征：体小型。头顶向前倾斜，在复眼前明显地扩大，头顶在复眼前最宽处明显地大于颜面隆起在触角间的宽度。颜面侧面观向后倾斜，颜面隆起侧缘平行，具纵沟。复眼卵形。触角丝状，细长，到达后足腿节基部。前胸背板前缘、后缘均较平直，后缘中央凹陷；中隆线明显，缺侧隆线。前胸腹板突圆锥形。前翅极小，略超过或不超过中胸背板后缘。缺后翅。后足腿节上侧中隆线平滑；膝侧片顶端圆形。后足胫节缺外端刺。鼓膜器发达，鼓膜孔近圆形。雄性腹部末节背板纵裂，后缘缺尾片或具极不明显的小尾片。肛上板三角形。阳具基背片桥状，具锚状突。雌性肛上板三角形，顶端钝圆。尾须短锥形。下生殖板后缘中央呈三角形突出。上产卵瓣之上外缘具细齿。

分布：东洋区。该属为中国特有属，已知15种，本书记述1种。

（2）突眼小蹦蝗 *Pedopodisma protrocula* Zheng, 1980

Pedopodisma protrocula Zheng, 1980: 338-339.

体小型。复眼大，突出，近球形。前胸背板前缘中央微凹，后缘钝圆，中隆线明显，缺侧隆线，沟前区较光滑，沟后区具粗密大刻点；侧片长大于高。前翅极小，到达或略不到达中胸背板后缘；缺后翅。雄性肛上板三角形；尾须内曲；下生殖板短锥形，末端钝。雌性下生殖板三角形，后缘角形；尾须圆锥形，产卵瓣较长。体黄绿色。头褐色，眼后带黑色，延伸到第3腹节。前胸背板背面褐色，侧片下半部黄绿色。前翅褐色。后足腿节绿色，膝部黑色；后足胫节蓝绿色，基部黑色。

观察标本：2雄，重庆缙云山，850 m，2021.Ⅵ.5，韩伟。

分布：中国（重庆缙云山、陕西、甘肃、四川）。

3. 凸额蝗属 *Traulia* Stål, 1873

Traulia Stål, 1873b: 37, 58. Type species: *Acridium flavo-annulatum* Stål, 1861.

属征：体型由小到大，身体粗壮或细长，具粗刻点。触角丝状。头较倾斜，颜面隆起侧面观在触角之间颇向前突出。复眼卵圆形，向外突出。头侧窝三角形。颜面侧隆线较直或略弯。前胸背板圆筒形，前胸腹板突圆锥形，顶端尖锐或钝形。中胸腹板侧叶间隔较宽，其宽明显地大于长，侧叶内缘下角为直角或钝角，明显为圆形。前翅、后翅发达或缩短，或为鳞翅。后足腿节较粗短，上隆线具细齿，在其顶端形成小刺；下膝侧片为圆弧形。后足胫节略弯，顶端不扩大；缺外端刺，近顶端色彩鲜红或为其他颜色。雄性腹部最末1节背板后缘一般缺尾片，或少数具有尾片；肛上板三角形，其上两边中部具或缺突起；尾须基部较扁和顶端较扩大，中部较狭；下生殖板短而钝形；腹部的末端具突起或向上弯。雌性肛上板三角形，顶端略圆；尾须圆锥形，顶端钝形，不到达肛上板；产卵瓣直，顶端钩形，上缘平滑或略平滑；下生殖板长大于宽；后缘三角形突出。

分布：东洋区。世界已知54种，中国已知15种，本书记述1种。

（3）四川凸额蝗 *Traulia szetschuanensis* Ramme, 1941

Traulia szetschuanensis Ramme, 1941: 189.

体长：雄性22.2-25.0 mm，雌性36.0-42.0 mm。体暗褐色或黑褐色；前胸背板沿中隆线的前端和后端各有1四角形黑斑；侧片除中域有1黑斑外，其余为淡褐色和黑褐色相间。后足腿节黑褐色，外侧基部具宽黄褐色斜纹；后足胫节端半部橙红色，基半部黑色。颜面在触角间颇向前凸出，与头顶形成圆角。头侧窝三角形，前胸背板中隆线明显隆起，被3条横沟较深割断。前胸腹板突短锥形。前翅较长，超过后足腿节中部。后足腿节较短粗，上侧中隆线具细齿。雄性尾须基部和端部略膨大，中部较细，下生殖板圆锥形，顶端钝圆。

观察标本：2雄，重庆缙云山，850 m，2021.Ⅵ.5，韩伟。

分布：中国（重庆缙云山、陕西、甘肃、湖北、四川、贵州、云南）。

4. 外斑腿蝗属 *Xenocatantops* Dirsh, 1953

Xenocatantops Dirsh, 1953: 237. Type species: *Acridium humilis* Audinet-Serville, 1839.

属征：体型中等，较粗壮。头短于前胸背板。头顶向前突出，复眼间具隆线。缺头侧窝。颜面侧面观垂直或略向后倾斜，颜面隆起具明显的纵沟。复眼卵形。触角丝状，不到达或超过前胸背板的后缘。前胸背板在沟前区处略缩狭，中隆线较细，横沟明显，缺侧隆线。前胸腹板突圆锥状，顶端略尖或近圆柱状，略向后倾或近于垂直，不侧扁。中胸腹板侧叶宽大于长。后胸腹板侧叶全长毗连。前翅刚到达或超过后足腿节的端部。后足腿节较直斑腿蝗粗短；上侧中隆线具细齿；下膝侧片的端部圆形；外侧具2个完整的黑色或黑褐色斑纹。雄性腹部末节背板的后缘无尾片。肛上板三角形。尾须锥状，端部圆。下生殖板锥形。雌性产卵瓣较直斑腿蝗粗短，略弯曲。

分布：东洋区。世界已知15种，中国已知4种，本书记述1种。

（4）短角外斑腿蝗 *Xenocatantops brachycerus* (Willemse C., 1932)

Catantops brachycerus Willemse C., 1932: 106.
Xenocatantops humilis brachycerus: Dirsh & Uvarov, 1953: 237.

体长：雄性17.5-21.0 mm，雌性22.0-28.0 mm；雄性体中小型，粗壮。头短于前胸背板，头顶略向前突出。颜面侧面观略向后倾斜；颜面隆起具纵沟，颜面侧隆线明显，较直。复眼卵形。触角较短粗。前胸背板的沟前区较紧缩，背面和侧片具粗刻点。前胸腹板突钝锥形。中胸腹板侧叶间之中隔在中部缩狭。前翅较短，刚到达或略超过后足腿节的端部。尾须锥形，顶端略宽，微向内弯曲。肛上板三角形。下生殖板锥状，阳具基背片桥状，具锚状突。雌性体较大。产卵瓣粗短，上产卵瓣的上外缘无细齿。体褐色。前翅微烟色；后翅基部淡黄色。后足腿节外侧黄色；腿节内侧红色，具黑色斑纹。后足胫节红色。

观察标本：2雄，重庆缙云山，850 m，2021.VI.5，张佳伟。

分布：中国（重庆缙云山、河北、山西、山东、陕西、江苏、浙江、湖北、江西、湖南、福建、台湾、广东、广西、四川、贵州）；尼泊尔，缅甸，印度。

5. 竹蝗属 *Ceracris* Walker, 1870

Ceracris Walker, 1870b: 721, 790. Type species: *Ceracris nigricornis* Walker, 1870.

属征：体中型。颜面倾斜，颜面隆起全长具纵沟。头顶短，三角形。头侧窝三角形，很小。触角细长，丝状，超过前胸背板后缘。复眼长卵形。前胸背板具细密刻点和皱褶；中隆线明显，侧隆线较弱或无侧隆线；前缘较平直，后缘呈钝角形或弧形。前胸腹板前缘在两前足之间平坦或略隆起。中、后胸腹板侧叶明显地分开。前翅发达，较长，略不到达、到达或超过后足腿节顶端。后足腿节匀称，后足胫节无外端刺。肛上板三角形，尾须在雄性为长柱状，雌性锥状。雄性下生殖板短锥形，顶钝圆，雌性产卵瓣粗短。

分布：古北区。世界已知14种，中国已知12种，本书记述1种。

（5）黄脊竹蝗 *Ceracris kiangsu* Tsai, 1929

Ceracris kiangsu Tsai, 1929: 140.

体长：雄性28-32 mm，雌性34-40 mm。体绿色或黄绿色；触角黑色；头部背面及前胸背板具明显的黄色纵纹；前翅暗褐色；后足腿节黄绿色，膝部黑色，具黄色膝前环，环后具黑环；后足胫节暗蓝色。头大，略向上隆起。颜面倾斜，颜面隆起全长具纵沟；头顶突出，顶锐角或直角形。头侧窝小，三角形。前胸背板无侧隆线；沟前区明显长于沟后区；前缘平直，后缘钝角形。后胸腹板侧叶明显分开。前翅发达，超过后足腿节顶端。雄性下生殖板短锥形。雌性产卵瓣粗短。

观察标本：1雄，重庆缙云山，850 m，2021.Ⅵ.5，刘金林。

分布：中国（重庆缙云山、陕西、江苏、浙江、湖北、江西、湖南、福建、广东、广西、四川、云南）。

二、锥头蝗科 Pyrgomorphidae

体小型至中型，一般较细长，呈纺锤形。头部为锥形，颜面侧面观极向后倾斜，有时颜面近波状；颜面隆起具细纵沟；头顶向前突出较长，顶端中央具细纵沟；其侧缘头侧窝不明显或缺。触角剑状，基部数节较宽扁，其余各节较细，着生于侧单眼的前方或下方。前胸背板具颗粒突起，前胸腹板突明显。前翅、后翅均发达，狭长，端尖或狭圆。后足腿节外侧中区具不规则的短棒状隆线或颗粒状突起，其基部外侧上基片短于下基片或长于下基片。后足胫节端部具外端刺或缺。鼓膜器发达，缺摩擦板。阳具基背片具较长的附片，冠突明显呈钩状。

分布于热带和亚热带地区，主要分布于旧热带区、澳洲区、新热带区、东洋区，少数在古北区。世界已知150属489种，中国已知10属35种，本书记述1属1种。

6. 负蝗属 *Atractomorpha* Saussure, 1862

Atractomorpha Saussure, 1862: 474. Type species: *Atractomorpha crenulate* (Fabricius, 1793).

属征：体小型或中型，细长，匀称，体被细小颗粒。头呈锥形，头顶自复眼之前较长地向前突出；颜面向后倾斜，颜面隆起明显，常具纵沟，头侧窝不明显。触角剑状。复眼长卵形，背面近前端具有明显的背斑，眼后方具有1列小圆形颗粒。前胸背板侧片的下缘向后倾斜，近乎直线形。前胸腹板突片状，略向后倾斜，端部方形。前翅、后翅均发达，一般常超过后足腿节端部；后翅基部本色透明或玫瑰色。后足腿节细长；后足胫节具外端刺，近端部侧缘较宽，呈狭片状。鼓膜器发达。雄性肛上板为长三角形，尾须短锥形，阳具基背片呈花瓶状。雌性上产卵瓣的上缘具齿，端部为钩形。

分布：古北区。世界已知27种，中国已知14种，本书记述1种。

（6）短额负蝗 *Atractomorpha sinensis* Bolívar, 1905

Atractomorpha sinensis Bolívar, 1905: 207.

体长：雄性19-23 mm，雌性28-35 mm；体中小型，匀称。头顶较短，其长度等于或略长于复眼纵径。触角剑状，不到达前胸背板的后缘。前胸背板较光滑，颗粒稀少，前缘平直，后缘钝圆形，中隆线明显，侧隆线较弱，后横沟位于中部之后，侧片后缘具膜区。中胸腹板侧叶间之中隔长宽近相等。前翅狭长，超过后足腿节的顶端，其超出部分的长度约为翅长的 1/3，翅端较尖。雄性肛上板三角形，下生殖板顶端近圆形。雌性产卵瓣短粗，上缘具锯齿。

观察标本：2雄，重庆缙云山，850 m，2021.Ⅵ.5，韩伟。

分布：中国（重庆缙云山、辽宁、河北、山西、山东、陕西、甘肃、青海、江苏、安徽、浙江、湖北、江西、湖南、福建、广东、海南、广西、四川、贵州、云南）。

螽斯总科 Tettigonioidea

李 云 石福明
河北大学生命科学学院

体小到大型，侧扁。头部具1对复眼，单眼不明显；触角丝状，长于体长。口器咀嚼式。前足胫节具听器，胸部侧面具胸听器。翅发达，有的类群翅短缩，雄性前翅基部具发声器。胸足跗节4节。产卵器刀状或剑状，由3对产卵瓣构成，通常适度向背面弯曲，有的显著向背面弯曲，边缘光滑或具细齿。目前应用的分类系统，仅包括1科，即螽斯科。

三、螽斯科 Tettigoniidae

触角通常长于体长。前足胫节和前胸侧面具听器。雄性发声器由左前翅基部 Cu_2 脉腹面特化的发声锉与右前翅基部内缘的刮器构成。足的跗节4节。产卵器具3对产卵瓣。

世界性分布。世界已知22亚科1800余属9370余种，中国已知11亚科170余属800余种，本书记述6亚科18属20种。

分亚科检索表

1. 胸足第1-2跗节不具侧沟···露螽亚科 Phaneropterinae
- 胸足第1-2跗节具侧沟···2
2. 前足胫节内、外侧听器均为开放式···3
- 前足胫节内、外侧听器均为封闭式···4
3. 前胸腹板具1对刺，体较大···纺织娘亚科 Mecopodinae
- 前胸腹板缺刺，体小型···蛩螽亚科 Meconematinae
4. 触角窝内缘片状隆起明显···拟叶螽亚科 Pseudophyllinae
- 触角窝内缘隆起不明显···5
5. 前、中足胫节背面具端距···螽斯亚科 Tettigoniinae
- 前、中足胫节背面缺端距···草螽亚科 Conocephalinae

（一）草螽亚科 Conocephalinae

体小型至大型，下口式，颜面通常稍向后倾斜；触角窝内缘片状隆起不明显。前足胫节内、外侧听器均为封闭式；前足胫节缺背端距；足第1、2跗节具侧沟。主要栖息于草丛、灌木或乔木树冠上，有的白天活动，多数夜间活动，鸣叫、取食、交配等。

世界性分布。世界已知275属1690余种，中国已知15属79种，本书记述2属3种。

7. 草螽属 *Conocephalus* Thunberg, 1815

Conocephalus Thunberg, 1815: 214. Type species: *Gryllus* (*Tettigonia*) *conocephalus* Linnaeus, 1767.

属征：头顶短，端部钝圆。前胸背板侧片呈三角形，胸听器对应部位鼓起，半透明。前足胫节内、外侧听器均为封闭式。通常前、中足股节腹面缺刺，后足股节膝叶端具2枚刺。前胸腹板具1对刺或缺刺。雄性第10腹节背板稍向后延伸，尾须内缘具刺。产卵瓣剑状，背、腹缘通常光滑。

分布：世界广布。世界已知156种，中国已知27种，本书记述2种。

（7）竹草螽 *Conocephalus* (*Conocephalus*) *bambusanus* Ingrisch, 1990

Conocephalus (*Conocephalus*) *bambusanus* Ingrisch, 1990: 113.

头顶狭于触角柄节，背面具纵沟，腹缘与颜顶相接触。前胸背板侧片肩凹浅；前胸腹板缺刺。前翅显著超过后足股节端部，后翅稍长于前翅。后足股节腹面外缘具5-7枚刺，内缘具3-5枚刺，膝叶端部具2枚刺。雄性第10腹节背板后缘中央微凹；尾须中部内缘具2枚刺，近基部刺稍粗短，近端部刺较细长；下生殖板长宽近于相等，后缘中央具1三角形凹口；腹突短，着生于下生殖板端部侧缘。雌性下生殖板近三角形，基部宽，端部狭；产卵瓣较短，约为后足股节长的一半，背缘近直，腹缘稍向上弯。

观察标本：7雄3雌，重庆缙云山，850 m，2021.Ⅶ.10，李云。

分布：中国（重庆缙云山、河南、湖南、海南、广西、四川、贵州、云南、西藏）；韩国，日本，越南，泰国，印度尼西亚，马来西亚，印度。

（8）峨眉草螽 *Conocephalus* (*Conocephalus*) *emeiensis* Shi et Zheng, 1999

Conocephalus (*Conocephalus*) *emeiensis* Shi et Zheng, 1999: 219.

头顶狭，稍宽于触角柄节的一半，背面具纵沟，腹缘与颜顶相接触。前胸背板前缘直，后缘钝圆，前缘与后缘稍隆起；前胸背板侧片近三角形，肩凹浅；前胸腹板缺刺。翅短，前翅不到达腹部末端。雄性发声区大，Cu_2脉粗壮，直；后翅短于前翅。前足基节具刺；胸足股节腹面缺刺。雄性第10腹节背板中央具纵脊，后缘稍凹；尾须中部内缘具2枚稍向前弯曲的锐刺，近基部的刺短，近端部的刺长，末端尖；下生殖板矩形，后缘具"V"形凹口，腹突较短，长约为宽的2倍。

观察标本：1雄，重庆缙云山，850 m，2021.Ⅶ.10，李云。

分布：中国（重庆缙云山、浙江、四川、贵州）。

8. 锥头螽属 *Pyrgocorypha* Stål, 1873

Pyrgocorypha Stål, 1873a: 50. Type species: *Conocephalus subulatus* Thunberg, 1815.

属征：头顶三棱形，背面侧缘隆起，腹面具中隆脊，其基部具1齿状突。前胸腹板具1对刺状突，中胸腹板裂叶三角形，后胸腹板裂叶卵圆形。前翅长，超过后足股节端部，后翅与前翅近等长。雄性第10腹节背板后缘凹，侧叶末端钝；尾须粗壮，内缘纵凹，基部内缘具 1 枚长刺，向背面弯曲，端部内缘具 1 刺状突。产卵瓣较直或稍向背面弯，中部背、腹缘稍扩展。

分布：世界广布。世界已知 16 种，中国已知 7 种，本书记述 1 种。

（9）小锥头螽 *Pyrgocorypha parva* Liu, 2012

Pyrgocorypha parva Liu in Liu, Guo, Fang & Dai, 2012: 117.

头顶三棱形，较狭，背面稍凹，侧缘具棱，腹面具中隆脊，其基部具 1 齿状突，头顶最宽处约为触角柄节的 2 倍，其长度约为复眼纵径的 3 倍。前胸腹板具 1 对刺状突，中胸腹板裂叶三角形，后胸腹板裂叶卵圆形。前翅显著超过后足股节端部，翅端圆角形；雄性发声锉狭长，约具 120 枚发声齿；后翅短于前翅。雌性下生殖板三角形，后缘稍凹；产卵瓣基部向背面弯曲，其短于后足股节长。

观察标本：1 雌，重庆缙云山，850 m，2021.Ⅶ.8，李云；1 雄，重庆缙云山，850 m，2021.Ⅶ.12，李云。

分布：中国（重庆缙云山、浙江、福建、四川）。

（二）蛩螽亚科 Meconematinae

体小型。触角窝内缘片状隆起不明显。前胸腹板缺刺；胸听器外露。前、后翅发达或退化。前足胫节内、外侧听器均为开放式；后足胫节背面具端距；足第 1、2 跗节具侧沟。产卵瓣剑状。多数栖息于灌木丛与低的乔木树冠，少数栖息于草本植物、苔藓上。捕食性，取食其他昆虫。

世界性分布，主要分布于亚洲的热带地区，非洲、澳大利亚、美洲分布种类少，欧洲分布数种。世界已知 170 属 1030 余种，中国已知 55 属 290 余种，本书记述 6 属 6 种。

分属检索表

1. 后足胫节端部具 2 对端距；雄性第 10 腹节背板后缘显著凹；尾须具宽的背叶与腹叶；肛上板大；外生殖器骨化 ·· 畸螽属 *Teratura*
- 后足胫节端部具 3 对端距 ·· 2
2. 雄性前翅短，不超过或稍超过前胸背板的后缘；前胸背板侧片后缘渐狭；外生殖器骨化，外露 ·· 异饰尾螽属 *Acosmetura*
- 前翅长，超过后足腿节端部 ·· 3
3. 雄性第 10 腹节背板后缘深凹，侧叶短，端部尖；肛上板大；产卵器腹瓣端部具数枚齿 ··· 大蛩螽属 *Megaconema*
- 雄性第 10 腹节背板后缘近直，中央具 1 对较长的后突 ·· 4
4. 前胸背板背面具 1 对黑褐色纵纹；雄性腹部末节背板后缘具 1 对较短的后突，有的缺后突；外生殖器膜质 ·· 栖螽属 *Xizicus*
- 前胸背板背面具 1 宽的褐色纵纹，雄性腹部末节背板后缘具 1 对长的后突；如不具纵纹，腹部末节背板后缘具 1 对较短的后突；外生殖器骨化或部分骨化 ··· 5
5. 雄性腹部末节背板后缘具 1 对长的、直的后突；外生殖器骨化 ················ 大畸螽属 *Macroteratura*
- 雄性腹部末节背板后缘具 1 对较短的后突；外生殖器部分骨化 ···················· 戈螽属 *Grigoriora*

9. 异饰尾螽属 *Acosmetura* Liu, 2000

Acosmetura Liu, 2000: 220. Type species: *Conocephalus subulatus* Thunberg, 1815.

属征：翅短。前胸背板侧片后缘渐趋狭，缺肩凹。前足基节具 1 枚刺；足股节腹面缺刺，膝叶端部钝圆；后足胫节具 3 对端距。雄性前翅隐藏于前胸背板之下或稍超过前胸背板后缘，雌性前翅卵形，侧置；后翅消失。雄性第 10 腹节背板后缘具浅凹；肛上板退化；尾须较短；外生殖器骨化，外露，不超过下生殖板后缘；下生殖板长大于宽，具腹突。产卵瓣稍向上弯，背、腹缘光滑或具细齿。

分布：东洋区。世界已知 12 种，中国已知 12 种，本书记述 1 种。

（10）缙云异饰尾螽 *Acosmetura jinyunensis* (Shi et Zheng, 1994)

Acyrtaspis jinyunensis Shi et Zheng, 1994: 64.
Acosmetura jinyunensis: Bian, Kou & Shi, 2014: 243.

在蛩螽族中体属小型种类。前翅不超过或稍超过前胸背板后缘。雄性第 10 腹节背板后缘中央稍凹；尾须基半部粗壮，圆柱形，近端部背面下凹，稍向内弯，末端具 1 枚小刺；下生殖板近梯形，基部宽，向端部渐狭，基缘三角形凹，后缘稍凹，腹面中央具 1 纵沟，腹突着生于下生殖板端部侧缘。雌性下生殖板宽大于长，基缘稍凹，后缘钝圆；产卵瓣显著向背面弯曲。

观察标本：1 雄 2 雌，重庆缙云山，850 m，2021.Ⅶ.8，李云；1 雌，重庆缙云山，850 m，2021.Ⅶ.9，李云；6 雄 2 雌，重庆缙云山，850 m，2021.Ⅶ.10，李云；1 雌，重庆缙云山，850 m，2021.Ⅶ.11，李云；1 雌，重庆缙云山，850 m，2021.Ⅶ.12，李云。

分布：中国（重庆缙云山）。

10. 戈螽属 *Grigoriora* Gorochov, 1993

Grigoriora Gorochov, 1993: 86. Type species: *Grigoriora dicata* Gorochov, 1993.

属征：下颚须端节与亚端节近等长。前胸背板长大于高，肩凹浅。前翅超过后足股节端部，后翅长于前翅。后足胫节具 3 对端距。雄性第 10 腹节背板后缘具 1 对后突；肛上板较大；尾须简单，无大的叶或突；外生殖器部分骨化；腹突短。雌性下生殖板后缘光滑或端部分叉，产卵瓣长且狭，稍直。

分布：古北区、东洋区。世界已知 10 种，中国已知 2 种，本书记述 1 种。

（11）贵州戈螽 *Grigoriora kweichowensis* (Tinkham, 1944)

Xiphidiopsis kweichowensis Tinkham, 1944: 512.
Grigoriora kweichowensis: Wang & Liu, 2018: 228.

在蛩螽族中体属中型种类。前胸背板侧片长大于高，肩凹浅。胸听器大，外露，花生状。前翅长，超过后足股节端部，末端钝圆，后翅稍长于前翅。雄性第 10 腹节背板具 1 对扁的后突，末端钝圆；尾须长圆锥形，基部粗壮，向端部渐细，端半部稍内弯，末端钝圆；下生殖板基部宽，端部 1/3 狭，腹突着生于下生殖板亚端部。雌性下生殖板长大于宽，基部稍宽，端部 2/3 近圆柱形；产卵瓣稍向背面弯曲，腹瓣端部具钩。

观察标本：1 雌，重庆缙云山，850 m，2021.Ⅶ.8，李云；1 雄 1 雌，重庆缙云山，850 m，2021.Ⅶ.9，李云；2 雌，重庆缙云山，850 m，2021.Ⅶ.11，李云。

分布：中国（重庆缙云山、河南、安徽、浙江、湖北、江西、福建、广东、广西、四川、贵州）。

11. 大畸螽属 *Macroteratura* Gorochov, 1993

Teratura (*Macroteratura*) Gorochov, 1993: 70. Type species: *Xiphidiopsis megafurcula* Tinkham, 1944.

属征：体相对较大。胸听器外露，花生状。前翅长，超过后足股节端部，后翅长于前翅。前足基节具 1 枚刺，前足胫节腹面内、外侧听器均为开放式。后足胫节具 3 对端距。雄性第 10 腹节背板具 1 对长后突，尾须稍内弯，外生殖器背叶端半部骨化，下生殖板具腹突。雌性下生殖板基部宽，端部狭。

分布：东洋区。世界已知 9 种，中国已知 6 种，本书记述 1 种。

（12）巨叉大畸螽 *Macroteratura* (*Macroteratura*) *megafurcula* (Tinkham, 1944)

Xiphidiopsis megafurcula Tinkham, 1944: 514.
Macroteratura (*Macroteratura*) *megafurcula*: Liu, Zhou & Bi, 2010: 82.

在蛩螽族中体属中大型种类。雄性第 10 腹节背板后缘具 1 对长且宽扁的后突，其端部具 1 指状突；尾须粗壮，圆柱形，中部背面内缘具 1 刺状突，末端尖，端半部内凹，近端部稍向内弯，端部腹缘具 1 细长刺状突，末端尖；外生殖器骨化，端部外露，末端尖；下生殖板后缘稍凹，腹突细长，着生于下生殖板端部。雌性下生殖板长大于宽，基部宽，端部狭，后缘中央稍凹；产卵瓣稍向背面弯曲，腹产卵瓣端部钩状。

观察标本：4 雌，重庆缙云山，850 m，2021.Ⅶ.8，李云。

分布：中国（重庆缙云山、河南、安徽、浙江、湖北、江西、湖南、福建、广东、海南、广西、四川、贵州）。

12. 大蛩螽属 *Megaconema* Gorochov, 1993

Xiphidiola (*Megaconema*) Gorochov, 1993: 90. Type species: *Xiphidiopsis geniculata* Bey-Bienko, 1962.

属征：在蛩螽族中体属大型种类。下颚须端节长于亚端节，端部稍膨大。前胸背板沟后区大于沟前区，稍隆起；侧片长大于高，肩凹浅。胸听器外露。前翅超过后足股节端部，后翅长于前翅。后足胫节具 3 对端距。雄性第 10 腹节背板后缘中央深凹，侧叶刺状；肛上板发达。产卵瓣长，腹瓣端部锯齿状。

分布：古北区、东洋区。世界已知 1 种，中国已知 1 种，本书记述 1 种。

（13）黑膝大蛩螽 *Megaconema geniculata* (Bey-Bienko, 1962)

Xiphidiopsis geniculata Bey-Bienko, 1962: 131.
Megaconema geniculata: Wang & Liu, 2018: 467.

在蛩螽族中体属大型种类。雄性第 10 腹节背板后缘中央具 1 深凹，侧叶刺状；肛上板后缘 3 齿状，中央齿较短，侧齿长；尾须基部 1/3 圆柱形，近基部内缘具 1 刺状突，端部 2/3 稍向内弯，双叶形，背缘狭长片状，腹缘三角形片状，且向腹面扩展；下生殖板近矩形，长大于宽，腹突瘤状，着生于下生殖板端部侧缘。雌性下生殖板近圆形，两侧缘弧形，后缘稍凹；产卵瓣稍向背面弯曲，背瓣末端尖，腹瓣近端部具细齿，末端钩状。

观察标本：1 雄，重庆缙云山，850 m，2021.Ⅶ.8，李云；1 雄 1 雌，重庆缙云山，850 m，2021.Ⅶ.11，李云；1 雄，重庆缙云山，850 m，2021.Ⅶ.12，李云。

分布：中国（重庆缙云山、河北、山西、山东、河南、陕西、安徽、浙江、湖北、湖南、福建、台湾、四川、贵州）。

13. 畸螽属 *Teratura* Redtenbacher, 1891

Teratura Redtenbacher, 1891: 492. Type species: *Teratura monstrosa* Redtenbacher, 1891.

属征：头下口式。头顶圆锥形，末端钝。雄性第 10 腹节背板后缘中央具凹口，两侧具对称的后突或缺；尾须端部具宽的背叶和腹叶；肛上板大，具叶或突；下生殖板正常，腹突长；外生殖器部分骨化。雌性下生殖板和尾须多样。

分布：古北区、东洋区。世界已知 10 种，中国已知 5 种，本书记述 1 种。

（14）佩带畸螽 *Teratura cincta* (Bey-Bienko, 1962)

Xiphidiopsis cincta Bey-Bienko, 1962: 127.
Teratura cincta: Liu, 1993: 50.

雄性第 10 腹节背板后缘稍凹；肛上板宽大，与第 10 腹节背板融合，向端部渐宽，端部具 1 对侧叶，背面具 2 条纵隆线；尾须基半部具 2 内叶，端半部片状，稍扩展，向下向前弯曲；下生殖板基部稍宽，端部稍狭，后缘近直，腹突着生于下生殖板端部侧缘。雌性下生殖板三角形，基部宽，端部狭，后缘稍凹；产卵瓣稍向上弯曲，腹瓣端部钩状。

观察标本：1 雄 1 雌，重庆缙云山，850 m，2021.Ⅶ.8，李云。

分布：中国（重庆缙云山、江西、湖南、福建、广西、四川、贵州、云南）。

14. 栖螽属 *Xizicus* Gorochov, 1993

Xizicus Gorochov, 1993: 76. Type species: *Xiphidiopsis fascipes* Bey-Bienko, 1955.

属征：头部背面具 4 条暗褐色纵纹或无，前胸背板具 1 对黑褐色纵纹。前翅远超过后足股节端部，末端钝圆，后翅稍长于前翅。足股节腹面缺刺。雄性第 10 腹节背板后缘具 1 对后突或 1 对融合的对称的后突或缺，肛上板小，尾须较简单，通常内弯，下生殖板特化或正常，外生殖器膜质。雌性下生殖板多数短，后缘钝圆。

分布：东洋区。世界已知 80 种，中国已知 58 种，本书记述 1 种。

（15）四川简栖螽 *Xizicus* (*Haploxizicus*) *szechwanensis* (Tinkham, 1944)

Xiphidiopsis szechwanensis Tinkham, 1944: 518.
Xizicus (*Haploxizicus*) *szechwanensis*: Wang, Jing, Liu & Li, 2014: 313.

头背面具 2 对黑褐色斑。雄性第 10 腹节背板后缘近截形；尾须基半部粗壮，端半部稍内弯，内缘凹；下生殖板长方形，具中隆线，后缘近直，腹突细长，着生于下生殖板端部侧缘。雌性下生殖板盾形；产卵瓣稍向背面弯曲，腹瓣端部钩状。

观察标本：9 雄 14 雌，重庆缙云山，850 m，2021.Ⅶ.8-13，李云。

分布：中国（重庆缙云山、安徽、浙江、湖北、江西、湖南、海南、广西、四川、贵州、云南）。

（三）露螽亚科 Phaneropterinae

体小型至大型。触角窝内缘片状隆起不明显。前胸腹板缺刺；足第 1-2 跗节不具侧沟，圆柱形；前足胫节听器内、外侧为开放式或封闭式，或内侧为封闭式、外侧为开放式。产卵瓣通常宽短，侧扁，向背面弯曲。栖息于草本植物、灌木与乔木树冠上，多数具有趋光性。

世界性分布。世界已知 539 属 3220 余种，中国已知 49 属 270 余种，本书记述 6 属 7 种。

分属检索表

1. 前足胫节内、外侧听器均为开放式 ··· 2
- 前足胫节听器至少有一侧为封闭式 ·· 4
2. 前胸背板具光滑的侧隆线，背面与侧片垂直；雄性下生殖板腹突细长 ········· **平背螽属 *Isopsera***
- 前胸背板不具侧隆线，或仅沟后区具弱的侧隆线；雄性下生殖板缺腹突 ································ 3
3. 雄性尾须端部具腹脊或背脊；下生殖板侧叶狭 ······································· **条螽属 *Ducetia***
- 雄性尾须端部背面侧缘和腹面中央分别具脊；下生殖板侧叶片状，较宽 ····· **安螽属 *Prohimerta***
4. 前足胫节听器内、外侧均为封闭式；前翅横脉与纵脉近于垂直 ············· **掩耳螽属 *Elimaea***
- 前足胫节听器内侧为封闭式，外侧为开放式 ··· 5
5. 后足股节膝叶端部具刺；前翅 C 脉白色，前缘具明显的黑纹；雄性第 10 腹节背板具钳状突 ··· **华绿螽属 *Sinochlora***
- 后足股节膝叶端部钝圆；前翅绿色；雄性第 10 腹节背板无突起 ············ **糙颈螽属 *Ruidocollaris***

15. 华绿螽属 *Sinochlora* Tinkham, 1945

Sinochlora Tinkham, 1945: 235. Type species: *Sinochlora kwangtungensis* Tinkham, 1945 (= *Holochlora longifissa* Matsumura et Shiraki, 1908).

属征：足股节刺黑色。前翅 C 脉白色，前缘具黑色纹。前足胫节内侧听器为封闭式，外侧听器为开放式。雄性第 10 腹节背板延长，成为 1 长的后突，或 1 对钳状侧突；尾须长，圆锥形，通常向背面弯曲；肛上板通常发达，经常具短刺或突；下生殖板宽，后缘中央深裂；腹突短。产卵瓣背瓣端部截形，锯齿状，腹瓣端部具细齿；下生殖板端部具凹口。

分布：古北区、东洋区。世界已知17种，中国已知15种，本书记述1种。

（16）中国华绿螽 *Sinochlora sinensis* Tinkham, 1945

Sinochlora sinensis Tinkham, 1945: 243.

体大型。雄性第10腹节背板显著向后延伸，稍向腹面弯，侧缘近平行，端部浅凹；肛上板长三角形，基部宽，端部狭，背面中央凹，端部稍侧扁，末端具2枚短刺，指向背面；尾须长圆锥形，末端尖；下生殖板基部宽，端部狭，端部中央深裂；腹突粗短。雌性下生殖板近正方形，后缘具深的锐角凹口，侧叶三角形，末端截形。产卵瓣宽短，背缘端半部截形，锯齿状，侧腹缘端部具细齿。

观察标本：1雄，重庆缙云山，850 m，2021.Ⅶ.9，李云。

分布：中国（重庆缙云山、河南、安徽、浙江、湖北、江西、湖南、福建、台湾、广东、广西、四川、贵州）。

16. 条螽属 *Ducetia* Stål, 1874

Ducetia Stål, 1874: 11. Type species: *Locusta japonica* Thunberg, 1815.

属征：前翅R脉具3-5条近平行的分支。前足胫节内、外侧听器均为开放式；前足胫节背面具刺。雄性尾须端部背、腹面具脊，或仅腹面具脊；下生殖板深裂，裂叶端部具刺或钩，缺腹突；外生殖器膜质。产卵瓣适度向背面弯曲，背缘和腹缘端部具细齿。

分布：世界广布。世界已知40种，中国已知9种，本书记述1种。

（17）日本条螽 *Ducetia japonica* (Thunberg, 1815)

Locusta japonica Thunberg, 1815: 282.
Ducetia japonica: Stål, 1874: 26.

体中小型。雄性第10腹节背板稍向后延伸，后缘微凹。肛上板三角形。尾须基部粗壮，向端部渐细，近端稍扩展，端部1/3腹面具脊，末端具1枚小刺；下生殖板基部1/3稍宽，端部2/3狭，中央纵裂，侧叶长约为下生殖板的一半，侧叶端部钩状，具1枚小齿。雌性下生殖板三角形；产卵瓣适度向背面弯曲，背缘和腹缘端部具细齿。

观察标本：1雄，重庆缙云山，850 m，2021.Ⅶ.7，李云；2雄1雌，重庆缙云山，850 m，2021.Ⅶ.9，李云；1雄5雌，重庆缙云山，850 m，2021.Ⅶ.10，李云；1雄1雌，重庆缙云山，850 m，2021.Ⅶ.13，李云。

分布：中国（重庆缙云山、北京、河北、山东、河南、陕西、江苏、上海、安徽、浙江、湖北、江西、湖南、福建、台湾、广东、海南、广西、四川、贵州、云南、西藏）；日本，朝鲜，韩国，尼泊尔，菲律宾，泰国，柬埔寨，印度，斯里兰卡，新加坡，印度尼西亚，澳大利亚。

17. 糙颈螽属 *Ruidocollaris* Liu, 1993

Ruidocollaris Liu, 1993: 45. Type species: *Sympaestria truncato-lobata* Brunner von Wattenwyl, 1878.

属征：头顶侧扁，与额顶相接触，背面具纵沟。前翅 C 脉不明显，Sc 脉与 R 脉自基部分开，Rs 脉具分支；后翅长于前翅。前足基节具刺；前足胫节内侧听器为封闭式，外侧听器为开放式；后足股节膝叶端钝圆。雄性下生殖板腹突较粗短。产卵瓣腹缘端部斜截，侧面具颗粒状隆起。

分布：东洋区。世界已知 9 种，中国已知 9 种，本书记述 1 种。

（18）中华糙颈螽 *Ruidocollaris sinensis* Liu *et* Kang, 2014

Ruidocollaris sinensis Liu *et* Kang in Kang, Liu & Liu, 2014: 301.

体大型，体长 28.0-38.0 mm。头顶与颜顶不接触。前足基节具刺；足股节腹面具刺，膝叶端部钝圆；前足胫节内侧听器为封闭式，外侧听器为开放式。雄性第 10 腹节背板后缘近直；尾须基部粗壮，向端部渐细，近端部向内弯曲，末端尖，具 1 枚锐刺。雌性下生殖板三角形，宽大于长，腹面中央具浅纵沟；产卵瓣较长，稍长于前胸背板，但不超过前胸背板的 1.5 倍，适度向背面弯曲，背、腹缘近平行，背缘和腹缘端部具细齿，腹缘端部截形，侧面具小的瘤状突。

观察标本：5 雄，重庆缙云山，850 m，2021.Ⅶ.10，李云；1 雄，重庆缙云山，850 m，2021.Ⅶ.11，李云；1 雄，重庆缙云山，850 m，2021.Ⅶ.11，李云。

分布：中国（重庆缙云山、河南、陕西、安徽、浙江、湖北、江西、湖南、福建、台湾、广东、海南、广西、四川、贵州、云南、西藏）。

18. 掩耳螽属 *Elimaea* Stål, 1874

Elimaea Stål, 1874: 11. Type species: *Phaneroptera subcarinata* Stål, 1861.

属征：头顶与颜顶不接触。前足基节缺刺；前足胫节内、外侧听器均为封闭式。前翅横脉排列规则，近平行；Rs 脉于 R 脉中部之前分出。雄性尾须细长，内弯；下生殖板端部具 1 对裂叶，缺腹突。

分布：古北区、东洋区。世界已知 161 种，中国已知 59 种，本书记述 2 种。

（19）贝氏掩耳螽 *Elimaea (Elimaea) berezovskii* Bey-Bienko, 1951

Elimaea (Elimaea) berezovskii Bey-Bienko, 1951: 131.

雄性发声锉基部 3/4 齿间距大，端部 1/4 齿间距小，发声齿自基部 1/3 处向两端渐小；外生殖器具骨化的 X 形背片，长与宽近等长；尾须基部粗壮，渐细，端部稍变粗，末端具 1 端刺；下生殖板侧叶长等于或稍大于下生殖板的一半。

观察标本：1 雄 1 雌，重庆缙云山，850 m，2021.Ⅶ.8，李云。

分布：中国（重庆缙云山、河南、陕西、湖北、湖南、四川、贵州、云南）。

（20）陈氏掩耳螽 *Elimaea (Rhaebelimaea) cheni* Kang *et* Yang, 1992

Elimaea (Orthelimaea) cheni Kang *et* Yang, 1992: 327.
Elimaea (Rhaebelimaea) cheni: Liu & Liu, 2011: 16.

体大型。雄性肛上板长，端半部两缘稍扩展，后缘具1凹口；尾须长，适度内弯，端部扁，斜截形；下生殖板侧叶约为下生殖板的一半长，其内缘具刚毛。左前翅摩擦发声区发声锉稍弯，具26枚大齿，发声齿基部排列较密，向端部排列渐疏。

观察标本：2雄2雌，重庆缙云山，850 m，2021.Ⅶ.9，李云；1雄，重庆缙云山，850 m，2021.Ⅶ.13，李云。

分布：中国（重庆缙云山、陕西、甘肃、湖北、湖南、四川、贵州）。

19. 安螽属 *Prohimerta* Hebard, 1922

Prohimerta Hebard, 1922: 133. Type species: *Prohimerta annamensis* Hebard, 1922.

属征：前足基节缺刺；前足胫节内、外侧听器均为开放式。前翅长而宽，R脉具3-5支近平行的分支，M脉显著斜。雄性尾须端部背面两侧和腹面中央分别具脊；下生殖板端部深裂，具1对近平行的片状侧叶，缺腹突；外生殖器膜质。雌性下生殖板三角形。

分布：古北区、东洋区。世界已知11种，中国已知7种，本书记述1种。

（21）湖北安螽 *Prohimerta* (*Anisotima*) *hubeiensis* Gorochov et Kang, 2002

Prohimerta (*Anisotima*) *hubeiensis* Gorochov et Kang, 2002: 352.

头顶侧扁，不与颜顶相接触。雄性左前翅发声锉基半部狭，发声齿排列紧密，端半部宽，约具10枚大齿，发声齿排列稀疏；右前翅摩擦发声区刮片几乎直，镜膜四边形，镜膜之后的膜质区域稍宽；后翅长于前翅。雄性第10腹节背板稍向后延伸，向腹面弯，后缘宽钝圆形；尾须基部1/3粗壮，端部2/3细，其背面中央和腹面两侧分别具脊，自端部2/3处背脊稍凹，向端部渐狭，末端尖，稍向内背方弯曲；下生殖板基部1/3宽，端部2/3稍狭，端部中央纵裂，侧叶片状，其内、外缘近平行，端部钝圆。雌性下生殖板三角形，产卵瓣显著向背面弯曲，背缘和腹缘端部具细齿。

观察标本：8雄5雌，重庆缙云山，850 m，2021.Ⅶ.8，李云。

分布：中国（重庆缙云山、湖北、广西）。

20. 平背螽属 *Isopsera* Brunner von Wattenwyl, 1878

Isopsera Brunner von Wattenwyl, 1878: 23. Type species: *Isopsera pedunculata* Brunner von Wattenwyl, 1878.

属征：头顶狭于触角柄节，背面具纵沟，与颜顶接触或几乎接触。前胸背板背面与侧片近垂直，基缘直，后缘钝圆；前胸背板侧片高大于长，肩凹明显。前足基节具刺；前足和中足胫节背面具沟；前足胫节内、外侧听器均为开放式；后足股节膝叶端部具2枚刺。前翅超过后足股节端部，后翅长于前翅；R脉与Sc脉基部不相连，Rs脉从R脉中部之前分出。雄性第10腹节背板正常，腹突细长，外生殖器膜质。雌性产卵瓣宽短，背、腹缘具齿。

分布：东洋区。世界已知25种，中国已知10种，本书记述1种。

（22）细齿平背螽 *Isopsera denticulata* Ebner, 1939

Isopsera denticulata Ebner, 1939: 301.

头顶稍宽，狭于触角柄节，背面具纵沟，不与颜顶相接。前足胫节内、外侧听器均为开放式。后足股节膝叶端部具 2 枚刺。前翅超过后足股节端部，翅端钝圆，Rs 脉于 R 脉中部之前分出，具分支；后翅长于前翅。雄性尾须末端具数枚细齿；下生殖板近梯形，基部稍宽，向端部渐狭，后缘中央具"U"形凹口，腹突细长，与下生殖板近等长。产卵瓣长约为前胸背板长的 2 倍。体黄褐色，复眼褐色，触角具褐色环纹，前翅翅室具暗褐色斑点，腹部背面具 1 宽的赤褐色条纹；雄性肛上板赤褐色，尾须端部细齿暗褐色。

观察标本：2 雄 1 雌，重庆缙云山，850 m，2021.Ⅶ.9，李云。

分布：中国（重庆缙云山、陕西、甘肃、安徽、浙江、湖北、江西、湖南、福建、广东、海南、广西、四川、贵州）；日本。

（四）拟叶螽亚科 Pseudophyllinae

体中型至大型。触角窝内缘片状隆起明显。胸听器不外露。前足胫节内、外侧听器均为封闭式；胸足第 1-2 跗节具侧沟。产卵瓣长且宽，马刀状，稍向背面弯曲。多数栖息于灌木和乔木树冠，不飞行时翅覆于体背面，呈树叶状，具有很好的拟态，不易被发现。

世界性分布。世界已知 326 属 1210 余种，中国已知 15 属 40 余种，本书记述 2 属 2 种。

21. 翡螽属 *Phyllomimus* Stål, 1873

Phyllomimus Stål, 1873a: 44. Type species: *Phyllomimus granulosus* Stål, 1873.

属征：前胸背板具颗粒状突起，具 2 条横沟。前翅 Sc 脉弯曲至前缘，Rs 脉通常于 R 脉中部之后分出，M 脉距 Cu 脉较近，距 R 脉较远。足股节外缘不片状扩展。雄性下生殖板长大于宽，近端部狭，后缘中央具狭的凹口，腹突扁平。雌性下生殖板后缘中央具凹口；产卵瓣稍向背面弯曲，背瓣端部侧面具斜隆褶。

分布：东洋区。世界已知 27 种，中国已知 7 种，本书记述 1 种。

（23）弯瓣翡螽 *Phyllomimus (Phyllomimus) curvicauda* Bey-Bienko, 1955

Phyllomimus (Phyllomimus) curvicauda Bey-Bienko, 1955: 1256.

前翅翅脉不清晰，翅端钝圆；后翅短于前翅。后足股节腹面片状扩展，具刺；产卵瓣适度向背面弯曲，自中部之后渐狭。雄性第 10 腹节背板后缘微凹；肛上板长舌状；尾须基半部粗壮，端半部稍细，端部具 1 枚内刺；下生殖板长大于宽，近端部狭，后缘具狭的凹口，两侧叶近圆柱形；腹突扁，卵圆形，着生于下生殖板侧叶端部。雌性下生殖板近三角形，基部宽，端部狭，后缘凹；产卵瓣基半部近直，自中部之后显著向背面弯曲。

观察标本：1 雄 3 雌，重庆缙云山，850 m，2021.Ⅶ.8，李云；8 雄 7 雌，重庆缙云山，850 m，2021.Ⅶ.12，李云；1 雄 3 雌，重庆缙云山，850 m，2021.Ⅶ.13，李云。

分布：中国（重庆缙云山、广西、四川、贵州、云南）。

22. 覆翅螽属 *Tegra* Walker, 1870

Tegra Walker, 1870a: 439. Type species: *Locusta novaehollandiae* Haan, 1843.

属征：前胸背板马鞍形，具 2 条横沟，后横沟位于中部之后。前胸腹板缺刺。前翅前、后缘近平形，翅室具皱结；Sc 脉与 R 脉于翅基部分开，Rs 脉于 R 脉中部之前分出；M 脉和 Cu 脉稍弯曲；后翅发达，稍长于前翅。胸足股节腹面外缘呈片状扩展，缺刺，腹缘波状，具毛；前足胫节内、外侧听器均为封闭式。雄性肛上板卵圆形；尾须较简单；下生殖板腹突较短。雌性下生殖板横宽，产卵瓣马刀状。

分布：东洋区。世界已知 2 种，中国已知 1 种，本书记述 1 种。

（24）绿背覆翅螽 *Tegra novaehollandiae viridinotata* (Stål, 1874)

Tarphe viridinotata Stål, 1874: 72.
Tegra novaehollandiae viridinotata: Beier, 1962: 219.

体大型。雄性第 10 腹节背板后缘稍凹；肛上板长椭圆形，后缘稍直；尾须稍内弯，基部稍粗，向端部渐细，端部 1/3 稍膨大，末端具 1 枚刺状突；下生殖板四边形，基部稍宽，端部稍狭，后缘具凹口，腹突着生于下生殖板端部两侧。雌性尾须稍长，末端稍尖；下生殖板横宽，后缘波状。产卵瓣稍向背面弯曲，背缘端半部和腹缘端部具细齿，末端尖，产卵瓣背瓣端部具 1-3 条斜隆褶。

观察标本：1 雌，重庆缙云山，850 m，2021.Ⅶ.10，李云。

分布：中国（重庆缙云山、陕西、上海、安徽、浙江、湖北、江西、湖南、福建、台湾、广东、海南、广西、四川、贵州、云南）；印度，缅甸，越南，泰国。

（五）纺织娘亚科 Mecopodinae

体中型至大型。触角窝内缘不显著隆起。前胸腹板具刺；胸听器不外露。前足胫节内、外侧听器均为开放式；后足胫节背面具端距；胸足第 1、2 跗节具侧沟。产卵瓣较长，剑状。多栖息于灌木和阔叶乔木的树冠上，通常夜晚鸣叫、交配等。

世界性分布。世界已知 87 属 210 余种，中国已知 2 属 10 余种，本书记述 1 属 1 种。

23. 纺织娘属 *Mecopoda* Serville, 1831

Mecopoda Serville, 1831: 154. Type species: *Mecopoda maculata* Serville, 1831.

属征：头顶宽。前胸背板前缘近直，后缘钝圆，具明显的侧隆线。前胸腹板具 1 对刺。前翅超过后足股节端部。雄性尾须端部内弯，末端具 2 枚小的尖齿；下生殖板长，端部具凹口，具腹突。产卵瓣较长，粗壮，剑状。

分布：古北区、东洋区。世界已知 26 种，中国已知 13 种，本书记述 1 种。

（25）日本纺织娘 *Mecopoda niponensis* (Haan, 1843)

Locusta (*Mecopoda*) *niponensis* Haan, 1843: 188.
Mecopoda niponensis: Karny, 1924: 159.

前翅短而宽，稍超过后足股节端部，长宽比约为 3.5；雄性发声锉弧形，基部稍宽，发声齿排列密；中部宽，发声齿排列稍稀疏，向端部渐狭，发声齿排列紧密；后翅短于前翅。雄性第 10 腹节背板后缘稍凹；尾须稍内弯，基部粗壮，向端部渐细，端部内缘具 2 枚小齿；下生殖板基部较宽，侧缘稍弧形内凹，后缘具 1 深的三角形凹口，腹突粗短，着生于下生殖板端部侧缘。

观察标本：1 雄，重庆缙云山，850 m，2021.Ⅶ.7，李云。

分布：中国（重庆缙云山、河北、陕西、甘肃、江苏、上海、安徽、浙江、湖北、江西、湖南、福建、广东、广西、四川、贵州、云南）；日本，朝鲜。

（六）螽斯亚科 Tettigoniinae

体小型至大型。触角窝内缘不显著隆起。前胸腹板具刺或缺刺；胸听器不外露。前足胫节内、外侧听器均为封闭式；后足胫节背面具端距；胸足第 1、2 跗节具侧沟。产卵瓣较长，剑状。多栖息于草丛或灌木上，杂食性。

世界性分布。世界已知 228 属 1100 余种，中国已知 25 属 100 余种，本书记述 1 属 1 种。

24. 螽斯属 *Tettigonia* Linnaeus, 1758

Gryllus (*Tettigonia*) Linnaeus, 1758: 429. Type species: *Gryllus viridissimus* Linnaeus, 1758.

属征：头顶狭于触角柄节。前胸背板背面平，缺横沟和侧隆线。前胸腹板具 1 对刺状突。前翅发达，超过腹部末端。后足胫节具 3 对端距。雄性尾须近基部具 1 枚内齿；下生殖板腹突较长。雌性下生殖板后缘具深的凹口，产卵瓣直，剑状。

分布：古北区、东洋区、旧热带区。世界已知 23 种，中国已知 5 种，本书记述 1 种。

（26）中华螽斯 *Tettigonia chinensis* Willemse, 1933

Tettigonia chinensis Willemse, 1933: 17.

体大型。前翅远超后足股节端部，后翅短于前翅。雄性第 10 腹节背板后缘裂为 2 个三角形侧叶；尾须长圆锥形，基半部粗壮，端半部细，末端钝圆，近基部具 1 内齿，端部指向腹面，末端钝圆；下生殖板矩形，长大于宽，后缘稍凹，腹突细长，着生于下生殖板端部侧缘。雌性下生殖板后缘具裂口；产卵瓣直，不超过翅末端。

观察标本：1 雌，重庆缙云山，850 m，2021.Ⅶ.10，李云；1 雌，重庆缙云山，850 m，2021.Ⅶ.13，李云。

分布：中国（重庆缙云山、河南、陕西、甘肃、浙江、湖北、江西、湖南、福建、广西、四川、贵州）。

驼螽总科 Rhaphidophoroidea

朱启迪　石福明
河北大学生命科学学院

体侧扁。头顶具 2 枚突起。胸部显著隆起，呈驼背状，腹板不具突起；前胸背板长，中胸与后胸背板短。无翅，不具发声器。足极长，前足胫节缺听器。尾须细长，圆锥状，结构简单。雄性外生殖器具膜质裂叶，有些具骨化结构。产卵瓣刀状。

世界性分布。仅包括驼螽科 1 科。

四、驼螽科 Rhaphidophoridae

特征同总科。世界已知 90 属 900 余种，中国已知 19 属 210 余种，本书记述 2 属 2 种。

25. 突灶螽属 *Diestramima* Storozhenko, 1990

Diestramima Storozhenko, 1990: 835. Type species: *Diestrammena palpata* Rehn, 1906.

属征：体中型。雄性第 7 腹节背板后突长，自上方完全或几乎完全覆盖肛侧板，形状多样。雄性肛侧板特化，形状多样。雄性外生殖器膜质，具 8 片裂叶，腹侧叶分为 2 片大裂叶。雌性第 7 腹节背板后缘具三角状后突。

分布：古北区、东洋区。世界已知 42 种，中国已知 33 种，本书记述 1 种。

（27）贝氏突灶螽 *Diestramima beybienkoi* Qin, Wang, Liu *et* Li, 2016

Diestramima beybienkoi Qin, Wang, Liu *et* Li, 2016: 525.

体中型。后足腿节腹面仅内缘具 5-7 枚刺；后足胫节背面具 26-33 枚内刺和 31-38 枚外刺；后足跗节第 1 节具 2 枚背刺。雄性第 7 腹节背板后突中等长度，后突两侧近平行，端部微突。肛侧板基半部扩展，其后趋狭，端部钝，指向上方。尾须较长，圆锥形，端部尖。雄性外生殖器膜质，具 8 片裂叶。背中叶端部具凹口，腹中叶端部微凹，腹侧叶分为 2 枚大裂叶。雌性下生殖板半圆形，基部两侧各具 1 枚小叶，端部钝圆。产卵瓣基部稍宽，向端部趋狭，背瓣光滑，腹瓣腹面端部锯齿状。

观察标本：6 雄，重庆缙云山，850 m，2021.Ⅶ.12，李云。

分布：中国（重庆缙云山、湖北、湖南、广西、四川、贵州、云南）。

26. 越突灶螽属 *Tamdaotettix* Gorochov, 1998

Tamdaotettix Gorochov, 1998: 81. Type species: *Tamdaotettix dilutus* Gorochov, 1998.

属征：体型略小于同族其他属。胸板和第 1 腹节背板通常具光泽，其余腹节背板无。雄性第 6 腹节背板具突起或无，第 7 腹节背板后缘中央具突起；雄性肛侧板形状多样；雄性外生殖器膜质，具 6 片裂叶。产卵瓣短，背瓣端部具缺刻或无。

分布：古北区、东洋区。世界已知 18 种，中国已知 6 种，本书记述 1 种。

（28）三齿越突灶螽 *Tamdaotettix (Tamdaotettix) tridenticulatus* Qin, Liu et Li, 2016

Tamdaotettix (Tamdaotettix) tridenticulatus Qin, Liu et Li, 2016: 342.

体中型。后足腿节腹面具 6 枚内刺；后足胫节背面具 38-43 枚内刺和 42-44 枚外刺，成簇排列；后足跗节第 1 节具 4 枚背刺。雄性第 6 腹节背板后缘具 1 枚小角突，第 7 腹节背板后缘具 3 枚齿，中齿显著长于 2 枚侧齿，中齿中部略向腹面弯，端部尖。肛侧板指状，端部钝圆，指向后背方。雄性外生殖器膜质，具 6 片裂叶。雌性下生殖板半圆形。产卵瓣短，背瓣端部具缺刻。

观察标本：19 雄 12 雌，重庆缙云山，850 m，2021.Ⅶ.12，李云。

分布：中国（重庆缙云山、湖南、广西、四川、贵州）。

蟋蟀总科 Grylloidea

马丽滨

陕西师范大学生命科学学院

体长 1.5-50.0 mm，一般为黑色、褐色或黄褐色，少数绿色。头部通常半球形，具极长触角，丝状。复眼较大，单眼一般 3 枚。前胸背板横宽，一些物种具后胸背腺。前、后翅发达或退化，一些种类无翅。跗节 3 节，前中足为步行足，听器位于前足胫节近基部；后足为跳跃足。尾须细长，被细毛或棒状毛。雌性产卵瓣发达，矛状、针状或刀状。

除蟋蟀科 Gryllidae 外，蟋蟀总科 Grylloidea 还包含蛉蟋科 Trigonidiidae、癞蟋科 Mogoplistidae、蚁蟋科 Myrmecophilidae 和蝼蛄科 Gryllotalpidae。自然界中，蟋蟀在典型的温、热带森林环境中，会占据地下、地表、低草、灌木、乔木干和乔木冠等栖息环境，并以此生活繁衍。除斗蟋 *Velarifictorus*、油葫芦 *Teleogryllus* 等属于蟋蟀科外，树蟋 *Oecanthus*、铁蟋 *Sclerogryllus*、片蟋 *Truljalia* 和弯脉蟋 *Cardiodactylus* 等也属于该科，这些蟋蟀，如为地栖型，则多藏身于地表覆盖物（如落叶、石块等）下，或自行钻洞；如为草栖型，则于蒿草等茎干上钻蛀产卵；如为树栖型，则藏身于枝叶基部，并拥有附着于光滑叶面的跗垫。蛉蟋科包含蛉蟋和针蟋两大类群，蛉蟋多在灌木或草上栖息，而针蟋则地栖。与蟋蟀科相似，蛉蟋科的树栖型类群于植物上觅食、求偶和产卵；地栖型则藏身于落叶和石块等覆盖物下。癞蟋科又称鳞蟋，是一类体表被鳞片的蟋蟀，多树栖，于树上觅食、求偶和产卵，其中，小须蟋 *Micronebius* 会钻入树皮内生活。蚁蟋科通常是蟋蟀中体型最小的类群，它们复眼多退化，触角短，无翅也无听器，后足及尾须粗壮发达，生活于蚁穴中，很少外出活动。蝼蛄科在中国仅分布有蝼蛄属 *Gryllotalpa*，它们拥有开掘足，是典型的地下生活昆虫。蝼蛄于地下啃咬植物根系，也于夜晚在地表取食植物枝叶。雄性蝼蛄喜阴雨天趴于洞口鸣叫求偶。

世界性分布。世界已知 6 科 44 亚科 60 族 860 属约 5537 种，中国已知 4 科 17 亚科 84 属约 390 种，本书记述 1 科 7 属 8 种。

五、蟋蟀科 Gryllidae

体长大于 5 mm。体色变化较大，多为黄褐色至黑褐色，或为绿色、黄色等；体色均一者较少，多为杂色。身体不具鳞片。触角丝状，远长于体长；触角柄节多盾形，窄于或等宽于额突；少数类群为长盾形，较大，宽于额突。复眼较大，一般为头长的 1/4-1/2；单眼一般 3 枚，呈倒三角形或线状排列；中单眼位于头背侧、颜面或额突顶端。前胸背板发达，背片平或隆起；前后缘或平直、凹入及凸出，呈脊状或棱状；两侧边缘可见，有时倾斜，边缘不明显，有时特化成隆脊状；后胸有时具腺体。前翅发达或退化，雌、雄翅脉不同或相似；翅脉不同时，雄性前翅具发音结构：如 CuA 脉腹侧的音锉、斜脉和镜膜等；后翅发达或退化，有时脱落。前足胫节常具听器，听器常开放，鼓膜光滑或具皱纹；有时胫节膨大，内侧听器呈裂缝状；有时听器退化成凹坑，不具鼓膜或鼓膜极小；有时无听器。后足为跳跃足，多粗壮；后足胫节背缘具距，有时具刺，刺、距数目和排布状况可用于分类。雄性外生殖器骨化较强，其形态是重要分类特征。雌性产卵瓣发达，长度变化较大，呈针状、矛状或长板状等。

蟋蟀科是蟋蟀中最大的类群，包含很多人们熟知的蟋蟀类群，除蟋蟀亚科外，额蟋亚科 Itarinae、兰蟋亚科 Landrevinae、铁蟋亚科 Sclerogryllinae、纤蟋亚科 Euscyrtinae、距蟋亚科 Podoscirtinae、蛄蟋亚科 Eneopterinae 和树蟋亚科 Oecanthinae 等均属于该类群。蟋蟀亚科包含很多伴人居的昆虫，如斗蟋属、棺头蟋属 *Loxoblemmus* 和油葫芦属，这些蟋蟀多见于农田或城市绿化带，多于 7 月成虫，9 月、10 月则逐渐销声匿迹。该类群多有打斗行为，其中，尤以斗蟋著名，而我们常称作"蛐蛐"或"斗蟋蟀"的正是斗蟋属的中华斗蟋 *Velarifictorus micado*。除此之外，蟋蟀科还包含很多人们喜闻乐见的鸣虫，如金钟（距蟋亚科：片蟋属）、竹蛉（树蟋亚科：树蟋属）、宝塔蛉（蛄蟋亚科：金蟋属 *Xenogryllus*）和磬蛉（铁蟋亚科：铁蟋属）等，这些蟋蟀叫声悦耳，常被人放入木盒、竹筒或葫芦中，自秋季饲养，至整个冬季藏于怀内赏其鸣叫。

世界性分布。世界已知 13 亚科 27 族 370 属约 2750 种，中国已知 8 亚科 26 属约 200 种，本书记述 2 亚科 7 属 8 种。

（七）蟋蟀亚科 Gryllinae

体常粗壮，中至大型。头大而圆。雄性前翅极少退化或缺，常具发声结构。前足胫节听器多正常，极少退化或缺；后足胫节背缘光滑，具短粗距；后足第 1 跗节背缘具短刺，粗壮。产卵瓣多细长针状。

蟋蟀亚科是蟋蟀科中最大的类群，所含种类多为地栖。蟋蟀属 *Gryllus*、斗蟋属、油葫芦属和姬蟋属 *Modicogryllus* 等均属于该亚科。松蛉属 *Comidoblemmus* 是中国已知体型最小的蟋蟀亚科类群，其体长多不足 1 cm；大蟋属 *Tarbinskiellus* 则是已知体型最大的蟋蟀，其体长接近 5 cm。该亚科既有荒漠戈壁分布的荒漠蟋 *Eumodicogryllus*，也有局限于山林环境的南蟋 *Vietacheta*；既有叫声聒噪的双斑蟋 *Gryllus bimaculatus*，也有悄无声息的哑蟋 *Goniogryllus*；既有漆黑暗淡的西伯利亚墨蟋 *Nigrogryllus sibiricus*，也有体色艳丽的小音蟋 *Phonarellus minor*。它们或栖身于落叶中，或藏身于石块下，或自行打洞，隐身其中。具钻洞习性的蟋蟀常在夜色中，趴伏于洞口边，高声求偶。鸣叫时，双翅微张如喇叭，伴随双翅的震颤将歌声传递四野。

世界性分布。世界已知 162 属 1422 种，中国已知 18 属约 80 种，本书记述 6 属 7 种。

分属检索表

1. 前胸背板颜色均一，或无明显斑纹 ·· 2
- 前胸背板杂色，具浅色斑纹 ··· 4
2. 前胸背板被毛 ··· 油葫芦属 *Teleogryllus*
- 前胸背板光亮 ·· 3
3. 缺翅或雌、雄前翅翅脉相似；前足胫节无听器 ·················· 哑蟋属 *Goniogryllus*
- 不如上述 ··· 拟额蟋属 *Parapentacentrus*
4. 雄性颜面斜截状 ·· 棺头蟋属 *Loxoblemmus*
- 雄性颜面不如上述 ·· 5
5. 侧面观，颜面上部明显球状隆起 ······································ 斗蟋属 *Velarifictorus*
- 颜面正常，侧面观头后缘至唇基呈平润弧形 ······················· 蛮蟋属 *Svercacheta*

27. 哑蟋属 *Goniogryllus* Chopard, 1936

Goniogryllus Chopard, 1936: 7. Type species: *Goniogryllus punctatus* Chopard, 1936.

属征：体黑褐色，常在复眼上缘及后头、前胸背板两侧缘、中后胸及腹部两侧或中央具浅褐色或褐色条纹或斑点。无翅或具极小翅芽或具翅，雄性多无发音结构，前足胫节多无听器。后足胫节内外背距 3-4 枚；端距 6 枚。产卵瓣较长，针状。

分布：东洋区。世界已知 21 种，中国已知 19 种，本书记述 1 种。

（29）八刺哑蟋 *Goniogryllus octospinatus* Chen et Zheng, 1995

Goniogryllus octospinatus Chen et Zheng, 1995: 215.

体中等大小，光滑无毛。头密布刻点，额突稍向前突出。单眼位于额突顶端，中单眼较小，呈卵圆形。后唇基窄带状，两侧具角状突出；前唇基端部圆凸，中部具纵向刻纹。上唇似椭圆形。下颚须端部三角形，端节长于第 3 节；下唇须棒状。前胸背板光滑无毛，除中央沟外密布刻点；前后端缘明显内凹；两侧缘中部稍向外扩张。完全无翅。前足胫节无听器。后足胫节背距内外各 4 枚。腹部背面密布刻点。阳茎基背片侧叶内侧角具突起，外侧边缘具凹陷，腹侧边缘中部具突起，端缘较尖。雌性产卵瓣矛状。

观察标本：1 雄 1 雌，重庆缙云山，850 m，2021.Ⅵ.5，王宗庆。

分布：中国（重庆缙云山、四川）。

28. 拟额蟋属 *Parapentacentrus* Shiraki, 1930

Parapentacentrus Shiraki, 1930: 222. Type species: *Gryllus parviceps* Walker, 1871.

属征：后头宽平；头顶弱倾斜，中部隆起；额突微凸。单眼大且圆。触角柄节宽扁，盾片状，稍大于额突宽的一半。前胸背板背面观筒状，但侧片垂直。前翅长，方形，端域角状。前足胫节内侧听器凹坑状；后足胫节内背距 5-6 枚，外背距 4-5 枚。产卵瓣短，稍长于尾须，微上翘，末端略下弯。

分布：东洋区。世界已知 3 种，中国已知 3 种，本书记述 1 种。

（30）褐拟额蟋 *Parapentacentrus fuscus* Gorochov, 1988

Parapentacentrus fuscus Gorochov, 1988a: 23.

头小，稍宽于前胸背板；后头较窄，光滑且突出；中单眼较侧单眼小；触角柄节方形，宽于额突的一半；上唇端缘圆。下颚须末节宽短。下唇须端节杆状，长于另外两节。前胸背板近长方形，前、后缘几等宽，具毛。前翅狭长，超过腹部；具 4 条纵脉，侧区亚前缘脉具 4 条分脉。后胸背腺发达。前足胫节内侧听器较外侧大，椭圆形；后足胫节内背距 5 枚，外侧 4 枚；后足跗节内侧具 7 枚短刺，外侧 8 枚。雄性外形与雌性相似，但肛上板发达，具抱握状指突。其阳茎基背片中叶小；侧叶发达，细长，端部呈向外弯曲的钩状。阳茎外侧突粗壮，近基部向背侧弯曲，端部角状，端缘具短刺。

观察标本：1 雌，重庆缙云山，850 m，2021.Ⅴ.16，车艳丽。

分布：中国（重庆缙云山、浙江、福建、台湾、广东、香港、广西、西藏）；越南，印度。

29. 棺头蟋属 *Loxoblemmus* Saussure, 1877

Loxoblemmus Saussure, 1877: 417. Type species: *Loxoblemmus equestris* Saussure, 1877.

属征：体中等大小，深褐至黑褐色，被绒毛。头背侧平，颜面斜截状；额突端缘角状或弧形。侧单眼间具淡黄色细纹，中单眼位于颜面中部，周缘具淡黄色斑块。触角柄节端缘平、具齿突或具明显片状突。前翅正常，有些种类翅面被稀疏细毛。前足胫节具听器，后足胫节内、外背距均 5 枚。产卵瓣较长，针状。

分布：世界广布。世界已知 57 种，中国已知 20 种，本书记述 2 种。

（31）多伊棺头蟋 *Loxoblemmus doenitzi* Stein, 1881

Loxoblemmus doenitzi Stein, 1881: 95.

体型中等，杂褐色。侧单眼间具浅色细纹；头背侧及前胸背板具浅色斑纹。头较大。颊侧明显超出或稍超出复眼。中单眼横卵形，侧单眼圆形。额突强凸出，端缘宽弧状。前胸背板横宽，背片较平。前翅短，未达腹末端，翅面光亮。斜脉 3 条；对角脉直，与镜膜外侧连成直线。镜膜矩形，其底边缘呈曲线。端域短，约与镜膜等长。前足胫节内侧听器卵形，极小；外侧听器大，长卵形。肛上板"凸"字形，凹凸不平。下生殖板梭状，端缘尖。阳茎基背片侧叶钩状；中叶较短，双乳突状。

观察标本：1雄，重庆缙云山，850 m，2021.Ⅷ.12，王宗庆。

分布：中国（重庆缙云山、辽宁、北京、河北、山西、山东、河南、陕西、宁夏、甘肃、新疆、江苏、上海、安徽、浙江、湖北、江西、湖南、台湾、广西、四川、贵州）；日本，朝鲜半岛。

（32）附突棺头蟋 *Loxoblemmus appendicularis* Shiraki, 1930

Loxoblemmus appendicularis Shiraki, 1930: 204.

体较小。额突角状，端缘尖。后头稍凸。颊侧向外下侧突出，不超出复眼。唇基较小，呈倒凸形，边缘较平。上颚须和上唇须刀状。侧单眼位于额突顶端两侧，圆形。中单眼位于颜面中部，呈圆形。触角柄节呈角状突出，约为触角基部等长。前胸背板横宽，具斑纹。前后端边缘平直。前翅较窄，长达腹部第7节。斜脉3条。对角脉较直。索脉与镜膜之间具两条横脉。镜膜呈四边形，具分脉，其端缘较圆。端域极短。前足胫节具内外听器，外侧听器较大，为长卵形；内侧听器较小，为圆形。后足胫节内外均为5枚背距。阳茎基背片中叶较弱。

观察标本：1雄，重庆缙云山，850 m，2021.Ⅵ.5，王宗庆。

分布：中国（重庆缙云山、江西、湖南、福建、台湾、海南、广西、四川、云南）；日本。

30. 油葫芦属 *Teleogryllus* Chopard, 1961

Teleogryllus Chopard, 1961: 277. Type species: *Gryllus posticus* Walker, 1869.

属征：体较大。头部颜色均一或杂色；头圆形，单眼呈三角形排列，侧单眼间缺淡色横条纹。前胸背板几单色，被绒毛。前翅亚前缘脉2-6分支，雄性前翅具4-6条斜脉。前足胫节听器正常；后足胫节内背距5-6枚，外背距5-7枚。产卵瓣较长，针状。

分布：世界广布。世界已知53种，中国已知7种，本书记述1种。

（33）黄脸油葫芦 *Teleogryllus emma* (Ohmachi *et* Matsuura, 1951)

Gryllulus emma Ohmachi *et* Matsuura, 1951: 68.
Teleogryllus emma: Chopard, 1967: 98.

体型中等偏大。额唇基沟平直。中单眼半月形，较宽扁；侧单眼小，卵圆形。复眼较大，方圆，不甚凸。触角柄节小盾形，横宽。上唇端缘圆，中间微凹。前胸背板两侧平行，背片宽平。后翅双尾状，稍短于尾须。前翅基部宽，逐渐向后收缩，端缘尖圆。斜脉4条，对角脉几平直；最外侧索脉发出一条横脉，连于镜膜。镜膜较宽，略呈方形，分脉弯曲。端域短，稍长于镜膜。侧区亚前缘脉具6条分脉。前足胫节内侧听器小，较圆；外侧听器大，略呈长方形。头背、前胸背板及腹部褐色至黑褐色。自复眼上缘开始，整个颜面淡黄色。翅、附肢及尾须黄褐色。

观察标本：1雄1雌，重庆缙云山，850 m，2021.Ⅵ.5，王宗庆。

分布：中国（重庆缙云山、辽宁、内蒙古、北京、河北、山西、山东、陕西、宁夏、甘肃、新疆、江苏、上海、安徽、浙江、湖北、湖南、福建、四川、贵州）；日本，朝鲜半岛。

31. 斗蟋属 *Velarifictorus* Randell, 1964

Velarifictorus Randell, 1964: 1586. Type species: *Scapsipedus micado* Saussure, 1877.

属征：体中等大小。头顶弱倾斜，侧面观，颜面上部突出明显。前翅亚前缘脉具 1-2 分支，斜脉 2 条。前足胫节内侧听器凹坑状；后足胫节内、外背距均 5 枚。阳茎基背片中叶发达；阳茎外侧突形态多样，常长于阳茎基背片。产卵瓣针状。

分布：世界广布。世界已知 108 种，中国已知 7 种，本书记述 1 种。

（34）中华斗蟋 *Velarifictorus micado* (Saussure, 1877)

Scapsipedus micado Saussure, 1877: 415.
Velarifictorus micado: Chopard, 1967: 122.

体中等大型，存在小型个体。头胸黑褐色，后头具 5 条淡色条纹。头圆，额突侧面观明显圆凸。额唇基沟微上凸，宽弧形。颜面端部稍向内斜截；触角窝下缘较宽平。上唇基部中央稍凸，端缘直。第 2、3 条索脉基部相连；第 1 条索脉仅具 1 条横脉。镜膜略呈菱形，长宽约相等。后翅黄褐色。前足胫节内侧听器小，卵圆形；外侧听器大，长卵形。腹部背侧黑褐色，下生殖板端缘尖角状，尾须褐色。雄性阳茎外侧突呈简单条状。

观察标本：1 雄，重庆缙云山，850 m，2021.VI.5，王宗庆。

分布：中国（重庆缙云山、吉林、辽宁、内蒙古、北京、天津、河北、山西、山东、河南、陕西、甘肃、新疆、江苏、上海、安徽、浙江、湖北、江西、湖南、福建、广东、广西、四川、贵州、云南）；俄罗斯（远东地区），日本，朝鲜半岛。

32. 蛮蟋属 *Svercacheta* Gorochov, 1993

Svercacheta Gorochov, 1993: 88. Type species: *Svercacheta siamensis* Chopard, 1961 (= *Modicogryllus nigrivertex* Kaltenbach, 1979).

属征：单眼呈三角形排列，侧单眼间具浅色横条纹。额唇基沟略弯。前胸背板前端较宽，被毛丰富。前翅亚前缘脉具 1-2 分支，斜脉 2 条。前足胫节听器正常，后足胫节内背距 4-5 枚，外背距 5-6 枚。阳茎基背片无中叶，阳茎外侧突支状或片状，明显长于阳茎基背片。产卵瓣短直，矛状。

分布：世界广布。世界已知 79 种，中国已知 5 种，本书记述 1 种。

（35）暴蛮蟋 *Svercacheta siamensis* (Chopard, 1961)

Modicogryllus siamensis Chopard, 1961: 280.
Svercacheta siamensis: Gorochov, 2017: 28.

体中等大小。头长于前胸背板。后头略宽，头顶稍倾斜。额突约为触角柄节宽的 1.5 倍。唇基凹陷，明显低于额突。前胸背板横宽，约为长的 2 倍。前胸背板前缘略凹，后缘直，侧缘略倾斜并向下弯折。前胸背板侧片几平坦，前后略凹。翅基域小，约为前胸背板的 2/3；斜脉 2 条，对角脉近直；如具后翅，露出部分明显长于尾须。听器外侧大，内侧小。后足胫节几等长于腿节。尾须长于后足胫节。阳茎基背片无中叶，侧叶相距远并由横桥连接。侧面观，阳茎基背片侧叶上弯且端部尖锐；阳茎外侧突上弯，并与阳茎基背板侧叶靠近。精囊极发达。雌性产卵瓣端部光滑。

观察标本：1 雄，重庆缙云山，850 m，2021.Ⅵ.5，王宗庆。

分布：中国（重庆缙云山、江西、福建、广东、海南、广西、四川、贵州、云南）；日本，泰国，印度，阿拉伯联合酋长国，朝鲜半岛，夏威夷群岛。

（八）兰蟋亚科 Landrevinae

体扁平，较光亮。额突明显突起，较窄，稍宽于触角柄节。侧单眼大。雄性前翅短，远未达腹端；具发声结构，但有时镜膜不可见；斜脉多于 5 条；端域极短。雌性前翅短或呈鳞片状覆于体侧。前足胫节至少具外侧听器，小；后足胫节背侧基半部具刺，端半部具距。产卵瓣矛状。

兰蟋亚科的外形与蟋蟀亚科相似，但身体十分扁平，后翅常缺，前翅短小，常不及腹中部。兰蟋多栖息于山地林间，藏身于朽木、树皮、枝干或石缝等细小缝隙中。其叫声常低沉、缓慢，不易发现。如未及发生时期，它们会栖息于陡坡峭壁的石缝或枝杈之间，常闻其声，而难近其身。

世界性分布。世界已知 3 族 43 属 200 种，中国已知 1 属 13 种，本书记述 1 属 1 种。

33. 多兰蟋属 *Duolandrevus* Kirby, 1906

Duolandrevus Kirby, 1906: 50. Type species: *Gryllus brachypterus* Haan, 1844.

属征：头光亮。触角柄节圆盾形，约与额突等宽。前胸背板光亮，被稀疏微毛；背片平坦，两侧弯折成边。后翅不可见；前翅短，方圆；端域短；侧区具 3 条纵脉。后足胫节背缘光亮平整，基半部具刺，端半部为距，内背距 4 枚，外背距 5 枚。尾须粗糙，被毛较稀疏，具倒伏毛及细长毛。

分布：东洋区。世界已知 87 种，中国已知 13 种，本书记述 1 种。

（36）森兰蟋 *Duolandrevus* (*Eulandrevus*) *dendrophilus* (Gorochov, 1988)

Eulandrevus dendrophilus Gorochov, 1988b: 7.
Duolandrevus (*Eulandrevus*) *dendrophilus*: Warchalowska-Sliwa, Maryanska-Nadachowska & Gorochov, 1997: 31.

头稍宽于前胸背板。前翅短，仅达腹部第 6 节中部。斜脉 5 条；索脉 3 条，基部汇集，与发音脉相连，端侧与端域相连。镜膜不明显。端域翅室规则排列。侧区前缘脉具 6 条分支。前足胫节听器卵圆形，内侧听器与外侧大小几相等。阳茎基背片中叶短而厚；阳茎基背片侧叶端部分两支，两支端部均尖锐，且下支较短。

观察标本：1 雄，重庆缙云山，850 m，2021.Ⅵ.5，王宗庆。

分布：中国（重庆缙云山、福建、广东、广西、贵州）；印度，越南。

参 考 文 献

陈军, 郑哲民. 1995. 中国哑蟋属昆虫三新种记述(直翅目: 蟋蟀科). 动物学研究, 16(3): 213-217.
康乐, 刘春香, 刘宪伟. 2014. 中国动物志 昆虫纲 第五十七卷 直翅目 螽斯科 露螽亚科. 北京: 科学出版社.
康乐, 杨集昆. 1992. 中国平脉树螽属五新种记述(直翅目: 螽斯科: 树螽亚科). 动物分类学报, 17(3): 325-332.
刘宪伟. 1993. 直翅目: 条螽螽总科、螽斯总科. 龙栖山动物. 北京: 中国林业出版社: 41-55.
刘宪伟. 2000. 中国蛩螽族三新属七新种(直翅目: 螽斯总科: 蛩螽科). 动物学研究, 21(3): 218-226.
刘宪伟, 郭江莉, 方燕, 等. 2012. 中国锥头螽属(直翅目: 螽斯总科: 草螽科)分类研究及一新种描述. 动物分类学报, 37(1): 111-118.
刘宪伟, 金杏宝. 1999. 直翅目: 螽斯总科. 见: 黄邦侃. 福建昆虫志 第1卷. 福州: 福建科学技术出版社: 119-174.
刘宪伟, 殷海生. 2004. 直翅目: 螽斯总科, 沙螽总科. 见: 杨星科. 广西十万大山地区昆虫. 北京: 中国林业出版社: 90-110.
刘宪伟, 张鼎杰. 2007. 中国草螽属的研究及两新种记述(直翅目: 草螽科). 动物分类学报, 32(2): 438-444.
刘宪伟, 周敏, 毕文烜. 2010. 直翅目: 螽斯总科. 见: 徐华潮, 叶砹仙. 浙江凤阳山昆虫. 北京: 中国林业出版社: 68-91.
马丽滨, 何祝清, 张雅林. 2015. 中国油葫芦属 *Teleogryllus* Chopard 分类并记外来物种澳洲油葫芦 *Teleogryllus commodus* (Walker)(蟋蟀科, 蟋蟀亚科). 陕西师范大学学报(自然科学版), 43(3): 57-63.
石福明, 杜喜翠. 2006. 拟叶螽科, 露螽科, 纺织娘科, 蛩螽科, 草螽科, 螽斯科. 见: 李子忠, 金道超. 梵净山景观昆虫. 贵阳: 贵州科技出版社: 115-129.
石福明, 欧晓红. 2005. 中国吟螽属研究及一新种记述(直翅目: 蛩螽科). 动物分类学报, 30(2): 358-362.
石福明, 郑哲民. 1994. 中国螽斯总科二新种(直翅目: 螽斯总科). 陕西师大学报(自然科学版), 22(4): 64-66.
王翰强, 刘宪伟. 2018. 螽斯总科. 见: 杨星科, 廉振民. 秦岭昆虫志 1. 低等昆虫及直翅类. 西安: 世界图书出版公司: 439-474.
夏凯龄, 刘宪伟. 1992. 草螽族的新种记述(直翅目: 螽斯科). 昆虫学研究集刊, 9: 162-166.
杨星科, 廉振民. 2018. 秦岭昆虫志 1. 低等昆虫及直翅类. 西安: 世界图书出版公司: 268-398.
印象初, 夏凯龄, 等. 2003. 中国动物志 昆虫纲 第三十二卷 直翅目 蝗总科 槌角蝗科 剑角蝗科. 北京: 科学出版社: 280.
Audinet-Serville J G. 1831. Révueméthodique des insects del'ordre des Orthoptérs. Annual Science Nature, 32: 28-65, 134-167, 262-292.
Audinet-Serville J G. 1839. Histoire Naturelle des insects Orthoptérs. Pairs: Librairie encylopédique de Roret.
Bey-Bienko G Ya. 1951. Studies on long-horned grasshoppers of the USSR and adjacent countries (Orthoptera, Tettigoniidae). Trudy Vses Entomol Obshch, 43: 129-170 [Russian].
Bey-Bienko G Ya. 1955. Studies on fauna and systematic superfamily Tettigonioidea (Orthoptera) of China. Zoologicheskii Zhurnal, 34: 1250-1271.
Bey-Bienko G Ya. 1962. Results of the Chinese-Soviet zoological-botanical expeditions to south-western China 1955-1957. New or less known Tettigonioidea (Orthoptera) from Szechuan and Yunnan. Trudy Zoologitscheskogo Instituta, Akademiia Nauk SSSR, Leningrad [= Proceedings of the Zoological Institute, USSR Academy of Sciences, Leningrad], 30: 110-137.
Bian X, Kou X Y, Shi F M. 2014. Notes on the genus *Acosmetura* Liu, 2000(Orthoptera, Tettigoniidae, Meconematinae). Zootaxa, 3811(2): 239-250.
Bolívar I. 1898. Contributions à l'étude des acridiens. espèces de la faune indo et austromalaisienne du museo civico di storia naturale di Genova. Annali Del Museo Civico Di Storia Naturale Di Genova, 39: 66-101.
Bolívar I. 1901. ZoologischeErgebanisse der dritten AsiatischenForschugsreise des Graafen Eugen Zichy.

Orthoptera: 223-243.
Bolívar I. 1902. Les Orthopteres de St. Joseph's College à Trichinopoly (Sud de I' Inde) 3e Part ie. Annales de la Société Entomologique de France(NS), 70(1901): 580-635.
Bolívar I. 1905. Notas sobre los Pirgomorfidos (Pyrgomorphinae). Boletin de la real Sociedad Española de Historia Natural, V: 196-217.
Bolívar I. 1909. Obsevaciones sobre los Truxalinos. Boletin de la real Sociedad Española de Historia Natural, 9: 285-296.
Bolívar I. 1912. Estudios entomológicos. I. Los panfaginos paleárcticos. Trabajos del Museo Nacional de Ciencias Naturales Serie Zoológica, 6: 3-32.
Bolívar I. 1914. Estudios entomologicos segunda parte II Los Truxalinos del antiguo mundo. Trabajos del Museo Nacional de Ciencias Naturales Serie Zoológica, 20: 41-110.
Bolívar I. 1918. Estudios entomologicos.Tercera parte. Seccion Oxyae (Orth. Acrididae o Locustidae). Trabajos del Museo Nacional de Ciencias Naturales Serie Zoológica, 34: 1-43.
Brunner von Wattenwyl C. 1878. Monographie der Phaneropteriden. Wien (Brockhaus), 1-401.
Chen L X, Cui P, Zhuo Z, et al. 2020. Notes on the genus *Macroteratura* Gorochov, 1993 (Tettigoniidae, Meconematinae, Meconematini) with description of one new species from China. Zootaxa, 4857(1): 95-104.
Chopard L. 1936. Note sur le Gryllides de Chine. Notes D'Entomologie chinoise, 3(1): 1-14.
Chopard L. 1961. Les divisions du genre *Gryllus* basées sur l'étude de l'appareil copulateur (Orth. Gryllidae). Eos Revista española de Entomología, 37(3): 267-287.
Chopard L. 1967. Gryllides. Fam. Gryllidae; Subfam. Gryllinae (Trib. Grymnogryllini, Gryllini, Gryllomorphini, Nemobiini). In Orthopterorum Catalogus. Vol. 10, 213 pp.
Cigliano M M, Braun H, Eades D C, et al. 2022. Orthoptera Species File Online. Version 5.0/5.0. https://orthoptera.speciesfile.org/[2023-4-22].
Dirsh V M. 1949. Revision of western palaearctic species of the genus *Acrida* Linne (Orthoptera: Acrididae). Eos Revista Española de Entomologia, 25: 15-47.
Dirsh V M. 1954. Revision of species of the genus *Acrida* Linne (Orthoptera: Acridiae). Bulletin Société Fouad Entomologique, 38: 107-160.
Dirsh V M. 1956. Preliminary revision of the Catantops Schaumandre view of the group Catantopini (Orthoptera Acrididae). Publicacoes Culturais Companhiadi Dhamantes de Angola, 28: 1-151.
Drish V M. 1957. Two new genera of Acridoidea (*Orthoptera*). Annuals and Magazine of Natural History, 10(119): 860-862.
Dirsh V M, Uvarov B P. 1953. Preliminary diagnoses of new genera and new synonymy in Acrididae. Tijdschrvoon Entomologie, 96: 231-237.
Ebner R. 1939. Tettigoniiden (Orthoptera) aus China. Lingnan Science Journal, 18: 293-302, 11 figs.
Fabricius J C. 1775. Systema entomologiae sistens insectorvm classes, ordines, genera, species, adectis synonymis, locis, descriptionibvs, observationibvs. Flensbvrgi et Lipsiae: Libraria Kortii: xii, 832.
Fabricius J C. 1787. Mantissa insectorum sistens eorvm species nvper detectas adiectis characteribvs genericis, differentiis specificis, emendationibvs observationibvs. Hafniae: Impensis Christ Gottl Proft.
Fabricius J C. 1798. Supplementum Entomologiae Systematicae (Entomologia Systematica emenda et Aucta: Secundum classes, ordines, genera, species adjectis synonimis, locis, observationibus, descriptionibus). Hafniae: Impensis Christ Gottl Proft.
Gorochov A V. 1988a. New and little known tropical Grylloidea (Orthoptera). Trudy Zoologitscheskogo Instituta, Akademiia Nauk SSSR, Leningrad, 178: 3-31.
Gorochov A V. 1988b. New and little-known crickets of the subfamilies Landrevinae and Podoscirtinae (Orthoptera, Gryllidae) from Vietnam and certain other territories. In: Medvedev L N, Striganova B R. The Fauna and Ecology of Insects of Vietnam. Moscow: Nauka Publishing House: 5-21.
Gorochov A V. 1993. A contribution to the knowledge of the tribe Meconematini (Orthoptera: Tettigoniidae). Zoosystematica Rossica, 2(1): 63-92.
Gorochov A V. 1998. Material on the fauna and systematics of the Stenopelmatoidea (Orthoptera) of Indochina and some other territories. I. Entomologicheskoe Obozrenie, 77(1): 73-105.

Gorochov A V. 2009. New and little known katydids of the tribe Elimaeini (Orthoptera, Tettigoniidae, Phaneropterinae). Trudy Russkago Entomologicheskago Obshchestva [= Horae Societatis Entomologicae Rossicae], 80(1): 77-128.

Gorochov A V. 2017. Order Orthoptera, superfamily Grylloidea. Arthropod fauna of the UAE, 6: 21-35.

Gorochov A V, Buttiker W, Krupp F. 1993. Grylloidea (Orthoptera) of Saudi Arabia and adjacent countries. Fauna of Saudi Arabia, 13: 79-97.

Gorochov A V, Kang L. 2002. Review of the Chinese species of Ducetiini (Orthoptera: Tettigoniidae: Phaneropterinae). Insect Syst Evol, 33: 337-360.

Gorochov A V, Liu C X, Kang L. 2005. Studies on the tribe Meconematini (Orthoptera, Tettigoniidae, Meconematinae) from China. Oriental Insects, 39(1): 63-87.

He Z X, Ma L B. 2021. Crickets of the subfamily Itarinae Shiraki, 1930 (Orthoptera: Gryllidae) from China with description of a new species and distribution and critical notes on other species. Zootaxa, 4942(3): 382-408.

Hebard M. 1922. Studies in Malayan, Melanesian and Australian Tettigoniidae (Orthoptera). Proc Acad Nat Sci Phila, 74: 121-299.

Heller K G, Baker E, Ingrisch S, et al. 2021. Bioacoustics and systematics of *Mecopoda* (and related forms) from South East Asia and adjacent areas (Orthoptera, Tettigonioidea, Mecopodinae) including some chromosome data. Zootaxa, 5005(2): 101-144.

Ingrisch S. 1990[1989]. Zur Laubheuschrecken-Fauna von Thailand (Insecta: Saltatoria: Tettigoniidae). Senckenbergiana Biologica, 70(1-3): 89-138.

Karny H H. 1921. Katydids (Tettigonioidea)of the Philippine Islands, collected by C. F. Baker. Philippine Journal of Science, 18(5): 607-617.

Karny H H. 1924. Beiträge zur malayischen Orthopterenfauna VIII. Die Mecopodinen des Buitenzorger Museums. Treubia, 5(1-3): 137-160.

Kim T W. 2013. A taxonomic study on the burrowing cricket genus *Velarifictorus* with morphologically resembled genus *Lepidogryllus* (Orthoptera: Gryllidae: Gryllinae) in Korea. Animal Systematics, Evolution and Diversity, 29: 294-307.

Kim T W, Pham H T. 2014. Checklist of Vietnamese Orthoptera (Saltatoria). Zootaxa, 3811(1): 53-82.

Kirby W F. 1906. Orthoptera Saltatoria. Part I. (Achetidae et Phasgonuridae). A Synonymic Catalogue of Orthoptera (Orthoptera Saltatoria, Locustidae vel Acridiidae). London: British Museum (Natural History): 1-562.

Li Y Q, Shi F M. 2018. Notes on the genus *Conocephalus* Thunberg, 1815 (Orthoptera: Tettigoniidae: Conocephalinae) in Southwest China with description of one new species. Zootaxa, 4438(1): 148-158.

Linnaeus C. 1758. Systema Naturae, per Regna tria Naturae secundum Classes, Ordines, Genera, Species, cum Characteribus, Differentiis, Synonymis, Locis. 10th ed. 1: 1-824.

Liu C X, Heller K G, Wang X S, et al. 2020. Taxonomy of a katydid genus *Mecopoda* Serville (Orthoptera, Tettigoniidae, Mecopodinae) from East Asia. Zootaxa, 4758(2): 296-310.

Liu C X, Kang L. 2007. New taxa and records of Phaneropterinae (Orthoptera, Tettigoniidae) from China. Zootaxa, 1624: 17-29.

Liu C X, Kang L. 2010. A review of the genus *Ruidocollaris* Liu (Orthoptera, Tettigoniidae), with description of six new species from China. Zootaxa, 2664: 36-60.

Liu C X, Liu X W. 2011. *Elimaea* Stål (Orthoptera: Tettigoniidae: Phaneropterinae) and its relative from China, with description of twenty-three new species. Zootaxa, 3020: 1-48.

Ma L B, Zheng Y N, Qiao M. 2021. Revision of Chinese crickets of the tribe Modicogryllini Otte & Alexander, 1983 with notes on relevant taxa (Orthoptera: Gryllidae; Gryllinae). Zootaxa, 4990(2): 227-252.

Nagar R, Swaminathan R, Mal J. 2015. Some common and less known Phaneropterinae (Orthoptera, Tettigoniidae, Phaneropterinae) with the description of a new species from India. Zootaxa, 4027(3): 301-340.

Ohmachi F, Matsuura I. 1951. On the Japanese large field cricket and allied species. Bulletin of the Faculty of Agriculture, Mie University, 2: 63-72.

Qin Y Y, Liu X W, Li K. 2016a. Review of the cave cricket genus *Tamdaotettix* Gorochov with a new species and some new descriptions (Orthoptera, Rhaphidophoridae, Aemodogryllinae). Zootaxa, 4154(3): 339-345.

Qin Y Y, Wang H Q, Liu X W, *et al*. 2016b. A taxonomic study on the species of the genus *Diestramima* Storozhenko (Orthoptera, Rhaphidophoridae, Aemodogryllinae). Zootaxa, 4126(4): 514-532.

Qiu M, Shi F M. 2010. Remarks on the species of the genus *Teratura* Redtenbacher, 1891 (Orthoptera: Meconematinae) from China. Zootaxa, 2543: 43-50.

Ramme W. 1939. Beitrage zur Kenntnis der palaearktischen Orthopterenfauna (Tettig. u. Acr-id.). III. Mitteilungen aus dem Zoologischen Museum, Berlin, 24: 41-150.

Ramme W. 1941. Beitrage zur Kenntnis der Acrididen-Fauna des indomalayischen und benac-hbarter Gebiete (Orth.). Mit besonderer Berucksichtigung der Tiergeographie von Celebes. Mitteilungen ausdem Zoologischen Museum in Berlin, 25: 1-243.

Randell R L. 1964. The male genitalia in Gryllinae (Orthoptera: Gryllidae) and a tribal revision. The Canadian Entomologist, 96(12): 1565-1607.

Redtenbacher J. 1891. Monographie der Conocephaliden. Verh Zool-Bot Ges Wien, 41: 315-562.

Saussure H. 1862[1861]. Etudes sur quelques orthoptères du Musée de Genève. Annales de la Société Entomologique de France, 1: 469-494.

Saussure H. 1877. Mélanges orthoptérologiques V. fascicule Gryllides. Mémoires de la Société de Physique et d'Histoire Naturelle de Genève, 25(1): 169-504.

Serville J G A. 1831. Revue méthodique des insectes de l'ordre des Orthoptères. Ann Sci Nat Zool, 22: 28-65; 134-167; 262-292; Paris.

Shi F M, Bian X. 2013. One new genus and species of the tribe Meconematini (Orthoptera: Tettigoniidae) from Sichuan, China with description of the male sex and transfer of *Acosmetura carinata* Liu, Zhou & Bi, 2008 to the new genus. Zootaxa, 3599(4): 390-394.

Shi F M, Chang Y L. 2004. Two new species of *Sinochlora* Tinkham (Orthoptera, Tettigonioidea, Phaneropteridae) from China. Oriental Insects, 38: 335-340.

Shi F M, Wang P. 2015. The genus *Conocephalus* Thunberg (Orthoptera: Tettigoniidae: Conocephalinae) in Hainan, China with description of one new species. Zootaxa, 3994(1): 142-144.

Shi F M, Zheng Z M. 1999. A new species of the genus *Conocephalus* Thunberg (Orthoptera: Conocephalidae) from Sichuan, China. Entomologia Sinica, 6(3): 219-221.

Shiraki T. 1930. Orthoptera of the Japanese Empire. Part I. (Gryllotalpidae and Gryllidae). Insecta Matsumurana, 4: 181-252.

Stål C. 1861. Orthoptera species novas descripsit. In: Oscar H M K. Konglia Svenska Fregatten Eugenies Resa omkring jorden under befäl af C. A. Virgin, åren 1851-1853. Vetenskapliga Iakttagelser. Andra Delen 2. Zoologi, 1. Insecta, Utgifna of K. Svenska Vetanskaps Akademien (P. A. Norstedt and Soner), Stockholm: 299-350.

Stål C. 1873a. Orthoptera nova descripsit. Öfvers. K. Vetensk Akad Förh, 30(4): 39-53; Stockholm.

Stål C. 1873b. Recensio Orthopterorum Revue Critque des Orthopteres decrits decrits Par Linne, de Geer et Thunberg. Öfversigt af Kongliga Vetenskaps-Akademiens Förhandlingar, 30: 1-153.

Stål C. 1874. Recensio Orthopterorum. Revue critique des Orthoptères décrits par Linné, De Geer *et* Thunberg, 2: 1-121.

Stål C. 1877. Orthoptera nova ex Insulis Philippinis. Öfversigt af Kongel Vetenskaps Akademiens Förhandlinger, Stockholm, 34(10): 33-58.

Stein J. 1881. Ein neuer Gryllide aus Japan. Berliner Entomologische Zeitschrift, 25: 95-96.

Storozhenko S Y. 1990. Review of the orthopteran subfamily Aemodogryllinae (Orthoptera, Rhaphidophoridae). Entomologicheskoe Obozrenie, 69(4): 835-849.

Storozhenko S Y, Kim T W, Jeon M J. 2015. Monograph of Korean Orthoptera. National Institute of Biological Resources, Incheon: 377.

Thunberg C P. 1815. Hemipterorum maxillosorum genera illustrata plurimisque novis speciebus ditata ac descripta. Mémoires de l'Académie Impériale des Sciences de St. Pétersbourg, 5: 211-301.

Tinkham E R. 1944. Twelve new species of Chinese leaf-katydids of the genus *Xiphidiopsis*. Proceedings of the United States National Museum, 94: 505-526.

Tinkham E R. 1945. *Sinochlora*, a new tettigoniid genus from China with description of five new species. Trans Amer Entomol Soc, 70: 235-246.

Tinkham E R. 1956. Four new Chinese species of *Xiphidiopsis* (Tettigoniidae: Meconematinae). Transactions of the American Entomological Society, 82: 1-16.

Tsai P H. 1929. Description of three new species of Acridiids from China, with a list of the species hitherto recorded. Journal of the College of Agriculture, Tokyo Imperial University, Sapporo, 10: 139-149.

Tsai P H. 1931. Zwei neus Oxya Arten aus China. Mitteilungen aus dem Zoologischen Museum in Berlin, 17(3): 436-440.

Walker F. 1870a. Catalogue of the specimens of Dermaptera Saltatoria in the collection of the British Museum. Part III. London: British Museum of Natural History: 425-604.

Walker F. 1870b. Catalogue of the Specimens of Dermaptera Saltatoria in the Collection of the British Museum. London. Part IV. London: British Museum of Natural History: 605-809.

Wang G, Lu R S, Shi F M. 2012. Remarks on the genus *Sinochlora* Tinkham (Orthoptera, Tettigoniidae, Phaneropterinae). Zootaxa, 3526(1): 1-16.

Wang G, Shi F M. 2017. New species of the genus *Elimaea* Stål, 1874 (Tettigoniidae, Phaneropterinae) from China. Zootaxa, 4294(2): 209-225.

Wang H Q, Jing J, Liu X W, et al. 2014. Revision on genus *Xizicus* Gorochov (Orthoptera, Tettigoniidae, Meconematinae, Meconematini) with description of three new species form China. Zootaxa, 3861(4): 301-316.

Wang H Q, Liu X W. 2018. Studies in Chinese Tettigoniidae: Recent discoveries of Meconematinae katydids from Xizang, China (Tettigoniidae: Meconematinae). Zootaxa, 4441(2): 225-244.

Wang T, Shi F M, Wang H J. 2018. One new species of the genus *Acosmetura* and supplement of *Acosmetura emeica* Liu & Zhou, 2007 (Tettigoniidae: Meconematinae) from Sichuan, China. Zootaxa, 4462(1): 134-138.

Wang T, Shi F M. 2020. Two new species of the tribe Meconematini (Orthoptera: Tettigoniidae: Meconematinae) from China and male song characters of *Pseudocosmetura yaoluopingensis* sp. nov. Journal of Orthoptera Research, 29(2): 115-120.

Warchalowska-Sliwa E, Maryanska-Nadachowska A, Gorochov A V. 1997. Study of Gryllids of the subfamily Landrevinae (Orthoptera: Gryllidae) from Vietnam: karyology and patterns of sperm. Folia Biologica (Krakow), 45(1-2): 31-34.

Willemse C. 1925. Revision der Gattung Oxya Serville (Orth. Subfam. Acridiodea, trib. Cyrtacanthaorinae). Tijdschrift voor Entomologie (Gravenhagen), 68: 1-60.

Willemse C. 1928. Revision des Acridoidea, décrites par de Haan, avec descriptions de Nouvelles espèces. Zoologische Mededeelingen, 11(1): 1-27, plates. 1-6.

Willemse C. 1932. Description of some new Acrididae (Orthoptera) chiefly from China from the Naturnistoriska Riksmuseum of Stockholm. Natuurhistorisch Maandblad, 21(8): 104-107.

Willemse C. 1933. On a small collection of Orthoptera from the Chungking district, S. E. China. Natuurhistorisch Maandblad, 22(2): 15-21.

Yin X C, Shi J P, Yin Z. 1996. A Synonymic Catalogue of Grasshoppers and their Allies of the World (Orthoptera: Caelifera). Beijing: China Forestry Publishing House: 1266.

Yin X C, Zhou Y. 1979. Two new genera and three new species of grasshoppers from Shaanxi. Entomotaxonomia, 1(2): 125-130.

Zheng Y N, Ma L B. 2021. Taxonomy of the genus *Duolandrevus* Kirby, 1906 (Orthoptera: Gryllidае; Landrevinae) from China with a new species of the subgenus *Eulandrevus* Gorochov, 1988. Zootaxa, 4942(2): 252-268.

Zheng Z M. 1980. New genera and new species of grasshoppers from Sichuan, Shaanxi and Yunnan. Entomotaxonomia, 2(4): 335-350.

Zheng Z M. 1983. A new genus of grasshopper-Chrysacris from Shaanxi. Entomotaxonomia, 5(3): 259-261.

Zhou M, Bi W X, Liu X W. 2010. The genus *Conocephalus* (Orthoptera: Tettigonioidea) in China. Zootaxa, 2527: 49-60.

第九章 啮虫目 Psocodea

揭路兰 刘星月
中国农业大学植物保护学院

一、啮科 Psocidae

啮科昆虫体小到中型。后唇基较发达，且具有深色条纹。前、中、后胸区分明显，各盾片常具黄黑条纹。足跗节2节，第2跗节端部有1对爪，爪具亚端齿、爪垫和基部的刺。前翅翅面膜质，光滑，Sc脉终止于翅前缘或止于R脉或末端自由，Rs分为2支，M脉分为3支，Rs和M交于一点或以横脉相连或合并一段；后翅透明，一般光滑无毛，部分种后翅Rs分叉外缘具毛。雄性肛上板形状多变，肛侧板端部通常具长角突，阳茎闭合环状，或端部分开以膜质相连，或基部和端部均以膜质相连，下生殖板形态多样，常具角突、尖刺、褶皱等。雌性亚生殖板通常具后叶，生殖突腹瓣细长，端部尖，背瓣宽大，膜质，部分骨化，端部圆或尖，外瓣横长。

世界性分布。世界已知4亚科87属约900种，中国已知3亚科33属约340种，本书记述2属2种。

1. 黑麻啮属 *Atrichadenotecnum* Yoshizawa, 1998

Atrichadenotecnum Yoshizawa, 1998: 199. Type species: *Atrichadenotecnum quadripunctatum* Yoshizawa, 1998.

属征：体小到中型，触角短于或略长于前翅端。翅污黄色，前翅翅缘有连续或不连续褐斑，Rs与M合并一段，或以一点相接，后翅径叉缘光滑无毛。雄性肛侧板端具单角突，臀板中部常弹头状凸出，下生殖板左右不对称，阳茎环闭合，多具齿突。雌性生殖突外瓣横长，背瓣宽阔，端部尖，腹瓣端部尖锐；亚生殖板基部骨化常呈"V"形，或中间具骨化中带呈"三叉"形。后叶短。

分布：古北区、东洋区。世界已知13种，中国已知7种，本书记述1种。

（1）三叉黑麻啮 *Atrichadenotecnum trifurcatum* (Li, 1993) 重庆新记录

Psocomesite trifurcatum Li, 1993: 403.
Atrichadenotecnum trifurcatum: Liu *et al.*, 2013: 464.

雄性：（酒精浸存）头具深褐色纵纹，整体黄或乳白色。下颚须基部二节黄色，端部二节颜色加深至深褐色。胸部、腹部褐色，腹背面具明黄色条纹。前翅浅灰色，翅痣深褐色，Sc脉接于R，Rs、M脉合并一段，Cu_{1a}室顶部呈一直线。后翅颜色稍淡，Cu_2室具褐斑。肛上板呈弹头状，端平截，骨化区位于近端部，颜色较深。肛侧板端具粗短

角突，毛点约 28 个。阳茎环呈扭曲十字形，不对称。下生殖板左右不对称，基部具 1 粗糙区，密布小齿。

雌性：头、胸、腹、足与雄性相似。前翅翅痣后角圆，脉序特征似雄性。肛上板近圆锥状，端较圆润；肛侧板毛点 35 个。生殖突外瓣后突小，背瓣宽阔，端较圆，腹瓣尖细。亚生殖板基部骨化区三叉；生殖孔板骨化区近圆形。

观察标本：1 雄，重庆缙云山，850 m，2021.Ⅶ.14（Malaise trap 3）。

分布：中国（重庆缙云山、山西、陕西、浙江、福建、广东、贵州、云南）；日本。

2. 昧啮属 *Metylophorus* Pearman, 1932

Metylophorus Pearman, 1932: 202. Type species: *Psocus nebulosus* Stephens, 1836.

属征：成虫前翅污黄色，翅痣宽阔，后角圆，Rs 脉自由，少数终止于 R 脉，Rs 和 M 脉合并一段或交于一点，少数以横脉相连，M+Cu$_{1a}$ 明显短于 Cu$_{1a}$ 第一段。雄性下生殖板宽大，中叶宽大，常具角突；肛侧板端部具长角突；阳茎环闭合，近长方形，两侧常具角突，有内阳茎。雌性生殖突腹瓣细长，端尖，背瓣宽阔，端部圆或膨大，外瓣横长，后叶短；亚生殖板基部骨化常呈"T"形，后叶长。

分布：世界广布。世界已知 52 种，中国已知 26 种，本书记述 1 种。

（2）三瓣昧啮 *Metylophorus trivalvis* Li, 1992 重庆新记录

Metylophorus trivalvis Li, 1992: 323.

雄性：（酒精浸存）头具深褐色纵纹，整体黄色。下颚须基部二节黄色，端部褐色。胸部、腹部褐色，腹背面具明黄斑。前翅浅灰色，翅痣深褐色，Sc 脉自由，Rs、M 脉合并一段，小室顶部窄。后翅颜色稍淡。肛上板呈弹头状，骨化区近"U"形。肛侧板端具粗短角突，毛点约 38 个。阳茎环对称。下生殖板左右不对称，左侧基部具 2 角突，右侧近基部具 1 独立齿突。雌性未知。

观察标本：1 雄，重庆缙云山，850 m，2021.Ⅶ.14（Malaise trap 3）。

分布：中国（重庆缙云山、湖南、广西）。

参 考 文 献

李法圣. 1992. 啮目：单啮科，双啮科，狭啮科，外啮科，围啮科，叉啮科，啮科. 湖南森林昆虫图鉴. 长沙：湖南科学技术出版社: 306-330.

李法圣. 1993. 车八岭国家级森林自然保护区的啮虫. 见：徐燕千. 车八岭国家级自然保护区调查研究论文集. 广州：广东科技出版社: 313-430.

李法圣. 2002. 中国啮目志. 北京：科学出版社: 1-1976.

Liu L X, Yoshizawa K, Li F S, *et al*. 2013. *Atrichadenotecnum multispinosus* sp. n. (Psocoptera: Psocidae) from southwestern China, with new synonyms and new combinations from Psocomesites and Clematostigma. Zootaxa, 3701: 460-466.

Pearman J V. 1932. Notes on the genus *Psocus*, with special reference to the British species. Ent Monthly Mag, 68: 193-204.

Yoshizawa K. 1998. A new genus, *Atrichadenotecnum*, of the tribe Psocini (Psocoptera: Psocidae) and its systematic position. Insect Systematics & Evolution, 29(2): 199-209.

第十章　缨翅目 Thysanoptera

李前前[1]　刘巧巧[2]
[1]西南大学植物保护学院
[2]中国农业大学植物保护学院

缨翅目昆虫通称蓟马。成虫体细长，略扁，0.5-14.0 mm。头锥形，下口式，口器锉吸式，左右不对称，右上颚退化或消失。触角短，4-9节，线状、棒状或念珠状；复眼发达，多数有翅种类具单眼，无翅种类单眼多缺失；翅2对，膜质；翅发达者前、后翅形状大致相同，狭长，边缘具长缨毛，翅脉极少或无，翅脉上常具鬃。雌性产卵器锯状或无。

过渐变态，即从若虫发育成成虫要经过一个不食不动的"蛹期"，二龄以前翅芽在体内发育，3龄以后翅芽在体外发育，兼有不完全变态和全变态的特点。营两性生殖，常见产雄孤雌生殖，少见产雌孤雌生殖，两性生殖和孤雌生殖可同时存在，亦可交替进行；多为卵生，极少数管蓟马可营卵胎生。锯尾亚目有锯状产卵器，多将卵产于植物组织内；管尾亚目多将卵产在植物表面，或树皮裂缝中。在温暖地区，多数种类一年多代至几十代，世代重叠严重；各虫态均可越冬。蓟马食性复杂，绝大多数取食高等植物、真菌或其代谢产物，少数取食苔藓、捕食或兼性捕食。农田常见的蓟马生活在植物花朵中取食花瓣、花粉和花蜜，或取食植物的叶片及果实等非木质部分，是农林园艺的重要害虫；有的种类除了直接取食，还能以传播病毒的方式间接危害植物。

世界性分布，其中热带和亚热带地区最为丰富。世界已知2亚目9科786属6000余种，中国已知2亚目4科184属700余种，本书记述1科3属4种。

一、蓟马科 Thripidae

体黄色或棕色；触角5-9节，第3、4节具有简单或叉状感觉锥；头通常宽大于长或等于长；下颚须2-3节，下唇须2节；中胸和后胸内叉骨有或缺刺；前翅窄，端部较尖，横脉退化，具有2条或1条纵脉；足跗节1节或2节；腹部末端的锯状产卵器腹向弯曲。蓟马科共包括4亚科：棍蓟马亚科Dendrothripinae、绢蓟马亚科Sericothripinae、针蓟马亚科Panchaetothripinae和蓟马亚科Thripinae。

该科昆虫食性复杂，主要有植食性、菌食性和捕食性，其中植食性占一半以上，大部分能形成经济危害的蓟马来自此科。它们常以锉吸式口器锉破植物的表皮组织吮吸其汁液，造成植株萎蔫、籽粒干瘪，影响产量和品质，有的种类还可传播病毒危害植株。

世界性分布。世界已知286属2100余种，中国已知97属347种，本书记述3属4种。

分属检索表

1. 头部无单眼前鬃···蓟马属 *Thrips*
- 头部具单眼前鬃···2
2. 腹部第 10 背板纵列完整··花蓟马属 *Frankliniella*
- 腹部第 10 背板纵列不完整·······································大蓟马属 *Megalurothrips*

1. 花蓟马属 *Frankliniella* Karny, 1910

Frankliniella Karny, 1910: 46. Type species: *Thrips intonsa* Trybom, 1895.

属征：长翅型，有时短翅。复眼有 5 个弱的带色素的小眼，单眼鬃 3 对，间鬃发达。下颚须 3 节。触角 8 节（少有 7 节），第 1 节无成对的背顶鬃，第 3、4 节触角感觉锥叉状。前胸前缘、前角各有 1 对长鬃，前角长鬃长于前缘长鬃；后缘有 1 对短鬃，2 对长的后角鬃。中胸背板无背片鬃，有前缘感觉孔。前胸腹板后部无鬃；中胸腹侧缝完整，内叉骨具刺；后胸内叉骨缺刺。前翅两条翅脉上的鬃大致连续排列。跗节 2 节。腹部背板无缘膜；第 2 背板有 3 根侧缘鬃；第 4 背板或第 5-8 背板两侧有成对微弯梳，第 8 背板微弯梳位于气孔前侧；第 9 背板有 1 或 2 对感觉孔；第 10 背板纵列完整。腹板缺附属鬃（第 2 节少有 1 或 2 根附属鬃）。雄性腹部第 9 背板后角鬃常粗；腹板第 3-7 节有腺域。

分布：世界广布。世界已知 240 种，中国已知 11 种，本书记述 1 种。

（1）花蓟马 *Frankliniella intonsa* (Trybom, 1895)

Thrips intonsa Trybom, 1895: 182.
Frankliniella intonsa: Priesner, 1925: 17.

体小型，褐色；头、胸部稍浅，前足腿节端部和胫节浅褐色。触角第 1、2 和第 6-8 节褐色，第 3-5 节和第 5 节基半部黄色。前翅微黄色。腹部 1-7 背板前缘线暗褐色。头背复眼后有横纹。单眼间鬃较粗长，位于后单眼前内方，位于前、后单眼中心连线上。触角 8 节，较粗；第 3 节有梗；第 3-5 节基部较细，第 3-4 节端部略缩。前胸前缘鬃 4 对，亚中对和前角鬃长；后缘鬃 5 对，后角外鬃较长。腹部第 1 背板布满横纹，第 2-8 背板仅两侧有横线纹。第 5-8 背板两侧具微弯梳；第 8 背板后缘梳完整，梳毛稀疏而小。雄性较雌性小，黄色。腹板 3-7 节有近似哑铃形的腺域。

观察标本：2 雌，重庆缙云山，850 m，2021.Ⅵ.11，刘巧巧。

分布：中国（重庆缙云山、黑龙江、吉林、辽宁、内蒙古、河北、山西、山东、河南、陕西、宁夏、甘肃、新疆、上海、安徽、浙江、湖北、江西、湖南、福建、台湾、广东、海南、广西、四川、贵州、云南、西藏）。

2. 大蓟马属 *Megalurothrips* Bagnall, 1915

Megalurothrips Bagnall, 1915: 589. Type species: *Megalurothrips typicus* Bagnall, 1915.

属征：长翅型。下颚须 3 节。触角 8 节，第 1 节背端缘有 1 对鬃，第 3、4 节触角感觉锥叉状，第 6 节感觉锥基部略膨大。单眼鬃 3 对，间鬃延长；眼后鬃呈单列。前胸后缘鬃 4 对，具 2 对长的后角鬃；中胸背板无背片鬃，前缘感觉孔存在。前胸腹板后部无鬃；中胸腹侧缝完整，内叉骨具刺；后胸内叉骨缺刺。前翅前脉鬃靠近顶端有小的间断，后脉鬃完整，翅瓣鬃 5+1 根，后缘缨毛弯曲。跗节 2 节。腹部背板无微弯梳和缘膜；第 8 背板在气孔前有不规则微毛，后缘梳只两侧存在；第 9 背板有 2 对感觉孔；第 10 背板纵列不完整。腹板缺附属鬃和缘膜。雄性腹部第 9 背板侧面经常有 1 对短粗鬃；腹板无腺域。

分布：世界广布。世界已知 14 种，中国已知 10 种，本书记述 2 种。

（2）豆大蓟马 *Megalurothrips usitatus* (Bagnall, 1913)

Physothrips usitatus Bagnall, 1913: 293.
Megalurothrips usitatus: Sakimura, 1972: 192.

体小型，棕色至暗棕色；体鬃较暗；触角第 3 节、第 4-5 节基部黄色，其余均为棕色；头宽大于长，头前缘两触角间略向前延伸，复眼后有横纹。单眼在复眼中后部；单眼间鬃位于前单眼后外侧，位于前后单眼中心连线和外缘连线之间。触角 8 节，第 3、4 节基部有梗，端部细缩如颈，其上叉状感觉锥伸达前节中后部。前胸背片有稀疏模糊的横纹，背片鬃短而细，前角鬃较长而粗，后角长鬃 2 对，内对大于外对，后缘 4 对鬃，最内对最长。腹部背板两侧有横纹。腹片第 2 节有 2 对后缘鬃，第 3-7 节后缘有 3 对鬃。前足胫节自基部向端部逐渐变淡，腿节暗棕色；各足跗节黄色。雄性与雌性相似，但较细小；腹节 9 节阳茎基部之前有 2 对粗黑刺；阳茎短，基部亚球形。

观察标本：1 雄 1 雌，重庆缙云山，700 m，2021.Ⅵ.11，刘巧巧。

分布：中国（重庆缙云山、内蒙古、陕西、湖北、台湾、广西、四川、云南）；日本，印度，菲律宾，斯里兰卡，澳大利亚。

（3）端大蓟马 *Megalurothrips distalis* (Karny, 1913)

Taeniothrips distalis Karny, 1913: 122.
Megalurothrips distalis: Palmer, 1987: 487, 488.

体小型，黄褐色或黑褐色。触角褐色，前翅黄褐色，近基部和近端部各有 1 淡色区。头长小于宽，后部有横纹。单眼在复眼间后部排列成扁三角形，单眼前鬃和前侧鬃几乎等长，单眼间鬃位于后单眼前内侧、前后单眼内缘连线上。触角 8 节，第 3 节基部有梗，第 3、4 节端部细缩，叉状感觉锥呈"U"形，伸至前节中部。前胸宽大于长，背片前后部均有横纹，每后角有 2 根长鬃，后缘鬃 4 对，内对最长。后胸盾片前部为横纹，后部线纹模糊，两侧纵纹稀疏，中部有 1 对亮孔。腹部第 2-8 背板两侧布满横线纹，第 8 背板前部两侧有几排微毛，后缘梳仅两侧存在，中部无。腹片第 2 节有 2 对后缘鬃，3-7 节后缘有 3 对鬃，7 节后缘中对鬃位于后缘之前。雄性与雌性相似，但体较小，触角比雌性的细；腹片有众多附属鬃，呈矛形。

观察标本：2 雄，重庆缙云山，700 m，2021.Ⅵ.11，刘巧巧。

分布：中国（重庆缙云山、河北、辽宁、江苏、福建、山东、陕西、台湾、华中地区、华南地区、西南地区）；朝鲜，日本，印度尼西亚，斯里兰卡，菲律宾，斐济。

3. 蓟马属 *Thrips* Linnaeus, 1758

Thrips Linnaeus, 1758: 457. Type species: *Thrips physapus* Linnaeus, 1758.

属征：长翅型或短翅型。头通常宽于长，有时长于宽。单眼前鬃无，前侧鬃短于或等长于间鬃，下颚须3节。触角7或8节，第1节无成对的背顶鬃，第3、4节触角感觉锥叉状。前胸后缘鬃3-4对，后角有2对（很少1或0）长鬃；中胸背板有1对背片鬃，感觉孔存在或缺。前胸腹板后部无鬃；中胸腹侧缝完整，内叉骨具刺；后胸内叉骨缺刺。前翅前脉鬃连续或有间断，后脉鬃经常完整，翅瓣前缘鬃5根，偶有4根，后缘缨毛弯曲。跗节2节。腹部背板无缘膜；第4或第5-8背板侧面有成对的微弯梳；第8背板微弯梳位于气孔之后，后缘梳多变；第9背板有2对感觉孔或只有后缘感觉孔。腹板有或无附属鬃；第2节有2（很少3）对后缘鬃；第2-7节有或无附属鬃。雄性腹部腹板3-6节或7节有腺域。

分布：世界广布。世界已知301种，中国已知43种，本书记述1种。

（4）澳洲疫蓟马 *Thrips imaginis* Bagnall, 1926

Thrips imaginis Bagnall, 1926: 111.

体小型，体色由黄色到褐色变化较大。头、胸部稍浅，腹部暗褐色；触角第1、3节和第4节基部黄色；前翅稍浅，各足跗节黄色。触角7节，1-3节及4节基部黄色，第3、4节触角感觉锥叉状，第7节甚短。单眼前侧鬃短于间鬃。前胸背板后缘鬃4-5对；后角长鬃2对，内对大于外对。后胸中部有不规则网纹，背片有钟感器。前翅前缘鬃3-4对；前翅前脉端部有3根鬃，后脉有18根鬃，翅瓣前缘有5根鬃。腹部第2背板有3根侧缘鬃，第8背板两侧有几排微毛；腹片第3-7节有附属鬃，腹板有1-3对附属鬃。雄性与雌性相似，体型较小，黄色；第8背板无侧缘梳，腹板无附属鬃。

观察标本：2雄1雌，重庆缙云山，700 m，2021.VI.11，刘巧巧。

分布：中国（重庆缙云山）；澳大利亚，新西兰，英国。

参 考 文 献

胡庆玲, 王志平, 李妍玉. 2022. 中国蓟马亚科昆虫多样性及区系分析(缨翅目：蓟马科). 广西林业科学, 51(5): 603-616.

满岳. 2015. 中国蓟马族的分类研究(缨翅目：蓟马科). 杨凌: 西北农林科技大学硕士学位论文.

张诗萌. 2019. 中国蓟马科的分类与系统发育研究(缨翅目：锯尾亚目). 杨凌: 西北农林科技大学博士学位论文.

Bagnall R S. 1913. Brief descriptions of new Thysanoptera. I. Annals and Magazine of Natural History, 12(8): 290-299.

Bagnall R S. 1915. Brief descriptions of new Thysanoptera. VI. Annals and Magazine of Natural History, series 8, 15(90): 588-597.

Bagnall R S. 1926. Brief descriptions of new Thysanoptera. XV. Annals and Magazine of Natural History, 18(9): 98-114.

Karny H. 1910. Neue Thysanopteren der Wiener Gegend. Mitteilungen des aturwissenschaftlichen Vereins an der Universität Wien, 8: 41-57.

Karny H. 1913. Thysanoptera von Japan. Archiv für Naturgeschichte, 79: 122-128.

Linnaeus C. 1758. Systema Naturae. 10th ed. London: The Linnean Society: 823.

Palmer J. 1987. *Megalurothrips* in the flowers of tropical legumes: a morphometric study. In: Holman J, Pelikan J, Dixon A F G, *et al*. Population Structure Genetics and Taxonomy of Aphids and Thysanoptera. Proceeding of International Symposium, held at Smolenice Czechoslovakia Sept. 9-14, 1985. The Hague, Netherlands: SPB Academic Publishing: 480-495.

Priesner H. 1925. Neue Thysanopteren. Deutsche Entomologische Zeitschrift, (1): 13-28.

Sakimura K. 1972. Male of *Megalurothrips distalis* and changes in nomenclature (Thysanoptera: Thripidae). Kontyu, 40(3): 188-193.

Trybom F. 1895. Iakttagelser om vissaq Bläsfotingars (Physapoders) uptrādande I grässens Blomställningar. Entomologisk Tidskrift, 16: 157-194.

第十一章 半翅目 Hemiptera

余廷濠[1] 吕 林[1] 张雅林[1] 李凤娥[2] 黄秀东[2] 陈祥盛[2*] 隋永金[2]
王晓娅[2] 龙见坤[2] 常志敏[2] 姚文文[3] 王宗庆[3] 董 雪[4] 汤泽辰[4]
卜文俊[4] 陈 卓[5] 刘盈祺[5] 赵嬨盛[5] 刘巧巧[5] 彩万志[5]

[1] 西北农林科技大学植物保护学院
[2] 贵州大学昆虫研究所
[3] 西南大学植物保护学院
[4] 南开大学生命科学学院
[5] 中国农业大学植物保护学院

广义半翅目 Hemiptera 包括原同翅目和原半翅目（=异翅亚目 Heteroptera）昆虫，现一般分为3个亚目：头喙亚目 Auchenorrhyncha（包括蝉亚目 Cicadomorpha 和蜡蝉亚目 Fulgomorpha）、胸喙亚目 Stenorrhyncha 和异翅亚目 Heteroptera。

一、叶蝉科 Cicadellidae

余廷濠　吕　林　张雅林
西北农林科技大学植物保护学院

叶蝉科 Cicadellidae 属于半翅目 Hemiptera 头喙亚目 Auchenorrhyncha。叶蝉形态变化很大。头部颊宽大，单眼2枚，少数种类无单眼；触角刚毛状。前翅革质，后翅膜质，翅脉不同程度退化，后足胫节有棱脊，棱脊上生3-4列刺状毛，后足胫节刺毛列是叶蝉科最显著的鉴别特征。

叶蝉科一般生活在植株上，多在叶部取食，后足发达能飞善跳，也有一些种类生活于地面或植物根部；多数种类1年1代，有些1年2-3代，以成虫或若虫越冬。叶蝉为植食性，直接刺吸植物汁液掠夺营养、传播植物病毒病，是重要的农林害虫。

世界性分布。世界已知约2782属23 000余种，中国已知287属2000余种，本书记述11亚科46属57种。

分亚科检索表

1. 触角着生于复眼上缘连线上方，并明显离开复眼；头部呈叶状突出于前方，颜面凹陷；前胸背板隆起，常有耳状突出构造或两侧缘角状突出 ································ **耳叶蝉亚科 Ledrinae**
- 触角不着生于复眼连线上方，并接近复眼；头部不呈叶状突出 ··2
2. 唇基大，基部宽，端部狭而圆；颜面和唇基凸出；单眼着生于头冠部而不位于颜面或头部前缘 ······3
- 不具上述综合特征 ··5

3. 单眼位于头冠中央或后部·· 4
- 单眼位于头冠侧缘外侧,头冠和颜面中央均具有纵隆线············· **横脊叶蝉亚科 Evacanthinae**
4. 体型小而纤细,体色常为黑褐色或黑色·································· **窗翅叶蝉亚科 Mileewinae**
- 个体中型到大型,体色与斑块多变·· **大叶蝉亚科 Cicadellinae**
5. 颜侧线终止于触角窝或稍上方;单眼与复眼之距明显小于单眼与头冠后缘之距············· 6
- 颜侧线超过触角窝,伸达单眼或单眼附近;单眼不位于头冠后部······································ 9
6. 体扁平,单眼位于头冠,前翅基半部翅脉消失·················· **横脊叶蝉亚科 Evacanthinae**
- 前翅翅脉完整··· 7
7. 头冠前缘通常突出,不具缘脊;前胸背板阔,略宽于头冠,侧缘较长;头冠中长大于复眼间宽;触角檐横走或近横走,颜面侧面观凸起;触角窝位于复眼中部上方,唇基端部比基部宽·· **叶蝉亚科 Iassinae**
- 不具上述综合特征,头冠不突出,头冠中长等于或小于复眼间宽;触角正常;前翅翅脉不具断续斑纹··· 8
8. 前胸背板大,前缘很突出,中后域拱起,向前侧缘下倾;后翅端室 3 个;单眼间距离为单眼与同侧复眼间距离的 2 倍或 2 倍以上··· **广头叶蝉亚科 Macropsinae**
- 前胸背板正常,不显著拱起或下倾;后翅端室 4 个;单眼间距离为单眼与复眼间距离的 2 倍以下·· **圆痕叶蝉亚科 Megophthalminae**
9. 有单眼,单眼间距短于触角窝间距,若等长则唇基端部宽度大于基部宽度·· **离脉叶蝉亚科 Coelidiinae**
- 单眼有或无,单眼间距等于或大于触角窝间距,若等长则唇基两侧平行或向末端收狭·········· 10
10. 前翅基部翅脉消失,除端横脉外基半部再无横脉,无翅室,多数种类前翅无端片,在前缘常有 1 个卵圆形蜡质区·· **小叶蝉亚科 Typhlocybinae**
- 前翅翅脉完整,如退化则端片宽大,翅前缘无蜡质区··············· **角顶叶蝉亚科 Deltocephalinae**

(一) 大叶蝉亚科 Cicadellinae

体中型到大型,体色与斑块多变;单眼位于头冠中后域,冠面平坦或隆起,少数种类冠面略凹陷,头冠前缘宽圆突出,少数种类头冠极度向前延长;颜面侧唇基缝伸达头冠或到达单眼,额唇基表面隆起,其两侧的横印痕列模糊或显著,唇基间缝中央清晰或模糊;前胸背板与头冠的相对宽度因属种而异;后足胫节刚毛排成 4 列。

世界性分布,以热带、亚热带地区种类最为丰富。世界已知 350 属 3100 余种,中国已知 26 属 261 种,本书记述 4 属 4 种。

分属检索表

1. 体长超过 11 mm;雌性第 7 尾节腹板后缘深凹······························· **凹大叶蝉属 *Bothrogonia***
- 体长一般不超过 11 mm;雌性第 7 尾节腹板后缘无深凹·· 2
2. 连索宽 "V" 形或 "U" 形,主干极短··· **斑大叶蝉属 *Anatkina***
- 连索 "Y" 形,主干较长··· 3
3. 前翅外缘具透明条带··· **边大叶蝉属 *Kolla***
- 前翅外缘不具透明条带·· **条大叶蝉属 *Atkinsoniella***

1. 斑大叶蝉属 *Anatkina* Young, 1986

Anatkina Young, 1986: 39. Type species: *Tettigonia vespertinula* Breddin, 1903.

属征：头冠前缘宽圆突出，冠面于二单眼间区隆起或凹陷，单眼位于复眼前角水平线上或偏前方。前胸背板侧缘常向后叉开，背侧脊不伸达复眼后缘，后缘凹入；小盾片横刻痕后端域一般隆起；翅覆盖体背时后胸后侧片不外露；前翅端膜区常明显，后翅R_{2+3}脉完全，且与前缘脉会合；后足腿节端刺式常为2∶1∶1。雄性尾节后缘向后凸圆或平截，粗刚毛常发生于端半部，腹缘突起源于尾节基腹部；下生殖板常为窄三角形；阳茎伸向后部或后腹部，具阳茎前腔，阳茎腹突常与阳茎相关键；连索"U"形或呈宽"V"形，主干一般短；阳基侧突常无端前叶。

分布：东洋区。世界已知56种，中国已知32种，本书记述1种。

（1）金翅斑大叶蝉 *Anatkina vespertinula* (Breddin, 1903)

Tettigonia vespertinula Breddin, 1903: 92.
Anatkina vespertinula: Young, 1986: 47.

体连翅长：8.8-9.8 mm。

头、胸部背面灰白色，复眼黑色，单眼黑褐色，头顶中央及小盾片二基角处各具黑斑1枚。颜面黄白色，胸部腹面和足橙黄色。腹部鲜黄色。头冠前端略呈角状突出；冠面稍隆起，单眼位于两复眼前角水平线上，着生在侧额缝末端；颜面额唇基微隆，前唇基隆起，唇基间缝完整。前胸背板较头部略宽；小盾片横刻痕位于中部；后足腿节端刺式为2∶1∶1。

雄性尾节侧瓣宽大，端部钝角状突出，有少量粗刚毛；尾节腹突自腹缘近中部折弯向背方，末端尖削。下生殖板基半部三角形，中域斜生1列粗刚毛，外缘密生长绒毛。阳茎粗壮，长达阳茎腹突的2/3，端部变细并弯向背方，亚端部两侧各有1钝齿突，阳茎与阳茎腹突无关节相连；阳茎腹突细长，中部腹面有1角状突起，顶端向两侧各具1月牙形突起。连索宽"V"形。阳基侧突中部有1拇指状突起，端部尖，稍弯曲。

观察标本：1雄，重庆缙云山，850 m，2021.X.7，刘维娜。

分布：中国（重庆缙云山、江西、福建、广东、海南、广西、四川、贵州、云南）；印度，越南，马来西亚，印度尼西亚。

2. 条大叶蝉属 *Atkinsoniella* Distant, 1908

Atkinsoniella Distant, 1908: 235. Type species: *Atkinsoniella decisa* Distant, 1908.

属征：头部略突出，头冠前缘宽圆；侧额缝伸达头冠；触角脊平伏；额唇基中央隆起或平坦，唇基间缝中央部分模糊。小盾片横刻痕后端一般隆起；翅覆盖体背时后胸后侧片不外露；前翅有3或4个端室。雄性尾节后缘宽圆凸出，或狭圆凸出，或平截，尾节腹突沿尾节腹缘伸至中部而后弯向背方或端侧方；下生殖板宽大，伸达或超过尾节末端，常自中部渐弯向背方，侧缘区生有1列或多列粗刚毛；阳茎短，伸向后背方，生殖孔位于其末端，阳茎腹突常伸长，基部与连索相关键，端部向背方骤然弯曲成钩与阳茎基部连接；连索宽短，伸达阳基侧突中部，不超过顶端；阳基侧突无端前叶。

分布：古北区、东洋区。世界已知76种，中国已知65种，本书记述1种。

（2）黑圆条大叶蝉 *Atkinsoniella heiyuana* Li, 1992

Atkinsoniella heiyuana Li, 1992: 348.

体连翅长：5.5-7.5 mm。

体枣红色或暗红色，唯头部颜面、小盾片和胸足淡黄褐色。头冠部有5枚黑斑；颜面有黑色粗细不同的"Y"形纹。前胸背板有"工"字形黑色纹，前域两侧各有1黑点；小盾片二基侧角区黑色，横刻痕后有1黑斑；前翅前缘、后缘及沿爪缝和革片中央1纵带全黑色，端膜区煤褐色；中胸腹板黑色。腹部腹面均黑色，各腹节腹板后缘具黄白边。

头冠前端宽圆突出，中长短于两复眼间宽，冠面平坦；单眼位于头冠中域，着生在侧额缝末端。小盾片具细横皱纹；前翅长度超过腹部末端，具4个端室，端片狭长；后足腿节端刺式为2：1：1。

雄性尾节侧瓣背缘凹弯，外缘斜向背面伸出，致使端部上翘，端背缘宽圆或稍平截，中后域着生粗刚毛；尾节腹突细长，沿腹缘经外缘延伸至端背缘。下生殖板基部宽，端部狭，中域有1列粗刚毛，中端部外侧和端部密生细长刚毛，端缘圆。阳茎基部宽扁，端部渐狭。连索"Y"形，主干短。阳基侧突棒状，端部细弯。

观察标本：1雄，重庆缙云山，850 m，2021.X.7，刘维娜。

分布：中国（重庆缙云山、陕西、甘肃、湖北、江西、湖南、福建、广东、海南、广西、四川、贵州、云南、西藏）；越南。

3. 凹大叶蝉属 *Bothrogonia* Melichar, 1926

Bothrogonia Melichar, 1926: 341. Type species: *Cicada ferruginea* Fabricius, 1787.

属征：头冠前端宽圆突出，中长小于两复眼间宽；颜面适度隆起，无脊无凹洼，额唇基侧方具肌肉横印痕。前胸背板宽于头部，中长亦大于头冠，前缘弧圆，后缘浅凹入；前翅长过腹部末端，翅脉显著，具5端室；后足腿节端刺式为2：1：1或2：1：1：1。雄性尾节侧瓣腹缘具发达突起，端缘生有少量粗刚毛；下生殖板宽短，基半宽，端半外缘收窄至呈三角形，端大半部中域具1列粗刚毛；阳茎短，无腹突；连索"Y"形；阳基侧突狭长，末端超过连索甚至阳茎末端。雌性第7腹板后缘中央深刻凹。

分布：古北区、东洋区、旧热带区。世界已知47种，中国已知38种，本书记述1种。

（3）蜀凹大叶蝉 *Bothrogonia shuana* Yang et Li, 1980

Bothrogonia shuana Yang et Li, 1980: 202.

体连翅长：12.5-15.0 mm。

体橙黄色，翅无黑尾及蜡斑。头、胸淡黄色，头冠基部二单眼间有1明显的黑斑，头冠顶端有1黑色大斑，颜面前、后唇基交接处有1横条形黑斑或分为2块。复眼黑褐色，单眼褐色。前胸背板3黑斑排成"品"字形；小盾片中域有1黑斑，尖端黑色；前翅橙黄色，略带棕红，端部色淡半透明，基域有1黑斑。足腿节和胫节均为两端黑色，或腿节仅端部黑色。雄腹端下生殖板黑色或较淡。

雄性尾节侧瓣端向渐窄，端区着生粗刚毛和细刚毛；尾节腹突外露部分强弯，在下生殖板中部即被覆盖，其余部分则细长而波曲。下生殖板宽，端半外缘区密生细短刚毛，中部着生1列粗刚毛。阳茎粗长，中部折弯向背面，末端稍向腹面隆翘。连索"Y"形，主干长。阳基侧突粗长，端部尖细且内弯。

观察标本：1雄，重庆缙云山，850 m，2021.XI.6，李五闯。

分布：中国（重庆缙云山、湖北、广西、四川）。

4. 边大叶蝉属 *Kolla* Distant, 1908

Kolla Distant, 1908: 223. Type species: *Kolla insignis* Distant, 1908.

属征：头冠前端宽圆突出，侧缘与复眼外缘在一圆弧线上；单眼位于复眼前角水平线上或稍偏基方；额唇基中部平坦或稍隆起。前胸背板多较头宽，背侧脊不明显；小盾片横刻痕后接近平坦；前翅前缘域常透明，翅脉明显，端室4个；后足腿节端刺式2：1：1。雄性尾节后缘光滑凸出，具粗、细刚毛，尾节腹突与腹缘紧贴且向后背缘延伸；下生殖板细长，三角形，侧面观超过尾节端缘，常着生成排的粗刚毛；阳茎具基骨片，阳茎干骨化较强，宽片状或细条形；连索"Y"形，主干长超过阳基侧突端部。雌性第7腹板短，后缘形状各异。

分布：世界广布。世界已知40种，中国已知17种，本书记述1种。

（4）顶斑边大叶蝉 *Kolla paulula* (Walker, 1858)

Tettigonia paulula Walker, 1858: 219.
Kolla paulula: Jacobi, 1941: 300.

体连翅长：5.4-7.6 mm。

头冠橘红色至橙黄色，具4枚黑斑。前胸背板前半部橘红或橙黄色，后半部黑色；小盾片基角处具黑色斑纹，雄性个体该斑纹常弯曲，而雌性个体多较直；前翅黑褐色至黑色，端部色稍淡，前缘具黄白色透明狭边；胸部腹面及足淡黄色。

头冠冠缝较明显，为中长的1/2；冠面中域平坦；单眼位于两复眼前角水平线上，侧额缝伸达单眼。前胸背板与头部等宽，前缘域有1横凹痕，中后部背面有横皱纹；小盾片横刻痕位于中部，平直，其后端域隆起并有细横皱。

雄性尾节侧瓣端缘弧圆突出，背缘区及亚端区着生粗刚毛，中、端部散生细刚毛。下生殖板基部宽，端向变狭，端半部背翘，上斜生1列粗刚毛，外侧区及端部背面散生细刚毛。阳茎中部向背面折弧弯曲，阳茎干宽短，分离为端向叉开的2片，两片间有1短的针状突起；基骨片基部柄状，中端部向两侧弧阔，端部宽圆突出。阳基侧突端部尖细弯曲，末端略超过连索中部，端前叶明显。

观察标本：1雄，重庆缙云山，850 m，2021.X.7，刘维娜。

分布：中国（重庆缙云山、黑龙江、辽宁、天津、河北、山西、山东、河南、陕西、宁夏、江苏、安徽、浙江、湖北、江西、湖南、福建、台湾、广东、海南、香港、广西、四川、贵州、云南）；日本，印度，尼泊尔，孟加拉国，缅甸，越南，泰国，柬埔寨，斯里兰卡，菲律宾，马来西亚，印度尼西亚。

（二）窗翅叶蝉亚科 Mileewinae

体型小而纤细，体色常为黑褐色或黑色。头冠宽圆或角状向前突出，单眼着生于头冠部。颜面额唇基隆起。前翅端缘斜直，端片狭长。后足腿节端刺式 2：1：1。雄性尾节腹缘具突起，腹缘有细刚毛，端缘偶有粗刚毛；下生殖板细长，具粗刚毛列，常有长、短细刚毛；连索"Y"形，稀有"V"形或三角形片状；阳基侧突细长，端部纤细或呈镰刀状。

世界性分布。世界已知 8 属 172 余种，中国已知 3 属 60 余种，本书记述 1 属 1 种。

5. 窗翅叶蝉属 *Mileewa* Distant, 1908

Mileewa Distant, 1908: 238. Type species: *Mileewa margheritae* Distant, 1908.

属征：体小而纤细，前翅多有透明斑。头冠宽圆或角状突出，单眼着生在头冠部。颜面额唇基隆起。前胸背板较头部宽，前缘弧状突出，后缘微凹或平直，侧缘斜直。小盾片三角形，横刻痕位于中部。前翅端缘斜直，端片狭长。后足腿节端刺式 2：1：1。雄性尾节腹缘具突起，腹缘有细刚毛，端缘偶有粗刚毛；下生殖板细长，具粗刚毛列，常有长、短细刚毛；阳茎形状多变；连索"Y"形，稀有"V"形或三角形片状；阳基侧突细长，端部纤细或呈镰刀状。

分布：古北区、东洋区、旧热带区。世界已知 172 种，中国已知 46 种，本书记述 1 种。

（5）窗翅叶蝉 *Mileewa margheritae* Distant, 1908

Mileewa margheritae Distant, 1908: 238.

体连翅长：4.4-5.8 mm。

头胸部背面及前翅黑色。头冠前端具 7 条姜黄色细条纹。小盾片基半部黑色，端半部黄白色，但尖角黑色；前翅表面散布褐色半透明小点，后缘中部、端 2 室和端 3 室基部各有 1 白色透明斑，其中后缘中部斑大，顶端接近 M 脉。颜面、胸腹部腹面及足黄白色，尾节黑色，雌性第 7 腹板端部亦黑色。头冠向前宽圆突出，中长略短于复眼间宽；单眼位于两复眼前角水平线上，着生在侧额缝末端。额唇基稍隆起，两侧肌肉印痕列较明显，前唇基纵弧隆，唇基间缝完整。前胸背板较头部宽，前缘弧拱，后缘微凹；小盾片横刻痕位于中部。

雄性尾节侧瓣宽圆，腹缘着生细刚毛；尾节腹突细条形，稍向背弯，末端尖，拉直仅达尾节侧瓣端缘。下生殖板外向弯曲，上着生 1 列粗刚毛，外侧方疏生细刚毛。阳茎向后背方弯曲，基部有 1 直伸向后背方的背突，端部具 1 对腹向弯曲的钩。连索"Y"形。阳基侧突细长，末端尖，中部着生数根细刚毛。

观察标本：1 雄，重庆缙云山，677 m，2021.XII.9，余廷濠。

分布：中国（重庆缙云山、陕西、甘肃、安徽、浙江、湖北、江西、湖南、福建、台湾、广东、海南、广西、四川、贵州、云南）；朝鲜，日本，印度，缅甸，印度尼西亚。

(三) 耳叶蝉亚科 Ledrinae

体中至大型。头部常扁平。有些种类头部呈匙状；单眼位于头冠部；唇基延长，前唇基很小；触角着生于复眼上缘连线上方，并明显离开复眼。前胸背板隆起，向前倾斜，常有耳状突出构造或两侧缘呈角状突出。前翅常具网状脉纹，有或无端片。后足胫节有1-2列强刺，比较稀疏，刺基部突出。

世界性广布。世界已知77属470余种，中国已知24属147种，本书记述1属1种。

6. 片头叶蝉属 *Petalocephala* Stål, 1854

Petalocephala Stål, 1854b: 251. Type species: *Petalocephala bohemani* Stål, 1854.

属征：体小到大型。头冠与前胸背板等宽，有显著中纵脊，无刚毛；单眼间距远。前胸背板平坦，侧缘平行，后缘中部略内凹；小盾片平坦；前胸前侧片大，方形。前翅端部具大量额外横脉，导致超10个端室，无端片。中足基节角状；后足胫节细长，有5-7个锯齿状大刚毛，腿节端刺2：1。尾节侧瓣有或无突起，端部无刚毛；下生殖板长椭圆形；阳基侧突长，亚端部具齿凸，端部弯折；阳茎管状或稍片状。肛节小，超过尾节末端。

分布：世界广布。世界已知90种，中国已知27种，本书记述1种。

(6) 扁茎片头叶蝉 *Petalocephala eurglobata* Cai et He, 1998

Petalocephala eurglobata Cai et He in Cai, He & Zhu, 1998: 64.

体连翅长：12.5-14.5 mm。

头冠侧缘具暗红色窄边，前胸背板侧缘及前翅前缘基半部黄白色。头冠两侧下倾，末端略翘起；冠面长三角形，于复眼前缘逐渐收狭至末端，尖锐，前中部略凹陷。额唇基细长，基部近三角形微隆起。前胸背板向后逐渐隆起，前缘弧状略凸，中央凸出幅度较大，侧缘略外扩，近平行，后缘略波曲，仅中央弧状微前凸；前中部两侧略呈圆形凹陷，背板中央具1细凹槽。盾间沟较靠后，弧形前凸。前翅有臀脉两条，A_1脉略隆起。

雄性第8腹板长于前节，后缘弧状微凸。尾节末端延伸成细长突起，背向弯曲。下生殖板窄长，基部宽，端部窄。阳基侧突细直，中部最宽；末端直角弯曲，后呈细长条形。连索元宝形，背面具1纵脊。阳茎干略扁，近基部膨大成椭圆形；近末端背向钝角折曲，折曲后近足状，折曲腹面具1小三角形近膜质的突起。阳茎背腔二叉状，侧臂较短。

观察标本：1雄，重庆缙云山，850 m，2021.XII.12，余廷濠。

分布：中国（重庆缙云山、安徽、浙江、福建、广西、四川）；越南。

(四) 横脊叶蝉亚科 Evacanthinae

体中型，一般体长为4-9 mm。体色较深，常为棕色、褐色或黑色，或具有鲜艳斑纹。头冠具有中纵脊和侧脊，单眼位于头冠侧缘外侧；颜面额唇基中央具有纵脊。前翅翅脉较完整，少数个体附生短横脉，具有 4 或 5 个端室，爪片通常狭小。雄性阳茎干多为弯管状，有些种类着生附突；连索"Y"形；阳基侧突端部拐杖形，向一侧或两侧延伸，少数种类不发达；下生殖板狭长或叶片状，着生刚毛。

该亚科分布于古北区、东洋区、新北区。世界已知 27 属 217 种，中国已知 23 属 169 种，本书记述 3 属 4 种。

分属检索表

1. 雄性尾节侧瓣腹缘无突起 ·· 斜脊叶蝉属 *Bundera*
- 雄性尾节侧瓣腹缘有突起 ·· 2
2. 头冠前端呈锐角状突出 ·· 脊额叶蝉属 *Carinata*
- 头冠前端宽圆突出 ·· 横脊叶蝉属 *Evacanthus*

7. 斜脊叶蝉属 *Bundera* Distant, 1908

Bundera Distant, 1908: 228. Type species: *Bundera venata* Distant, 1908.

属征：头冠前端宽圆突出，复眼内缘弯曲，中央有 1 明显纵脊，两侧各有 1 斜脊；单眼位于头冠侧缘；颜面额唇基隆起。前胸背板较头部宽，前狭后宽，前缘弧圆突出，后缘微凹入；小盾片三角形；前翅长超过腹部末端，前缘凸圆，有 4 端室，缺端前室，端片狭小。

雄性尾节侧瓣侧面观宽圆突出，端区常有细刚毛，腹缘无突起；雄性下生殖板长叶片状，基部分节，生长刚毛；阳茎中部背缘两侧常有片状突起，侧面观 2 片状突扣合成囊状；连索"Y"形；阳基侧突端部向外侧扩延。

分布：古北区、东洋区。世界已知 13 种，中国已知 13 种，本书记述 1 种。

（7）梯斑斜脊叶蝉 *Bundera scalarra* Li *et* Wang, 2002

Bundera scalarra Li *et* Wang in Li, Wang & Yang, 2002: 552.

体连翅长：雄性 5.2-5.5 mm，雌性 5.8-6.0 mm。

体及前翅黑色。头冠淡黄白色，中域 1 倒梯形斑、基缘近复眼 1 小斑点、顶端 1 大斑及复眼均黑色；颜面额唇基淡橙黄色，前唇基淡黄白色，沿额唇基中纵脊及颊区宽纵带纹黑色。前胸背板前缘淡黄白色；前翅端区淡煤褐色，后缘淡黄白色；胸部腹板和胸足淡黄白色，前足、后足胫节、跗节和爪黑褐色。

体及前翅生细柔毛。头冠前端呈角状突出，中域有细纵皱纹；单眼着生在斜脊外侧；颜面额唇基中央纵脊和两侧横印痕列均很明显。前胸背板前、后缘接近平直。

雄性尾节侧瓣端区斜上伸出，端缘接近平直，有细齿；雄性下生殖板基部分节，中域有排列不规则的粗刚毛列；阳茎基部管状，侧面观中部背缘有 1 对长片状突，端部管状弯曲，末端背缘有 1 小钩；阳基侧突较匀称，端部近似鸟喙形。雌性腹部第 7 节腹板后缘深刻凹入，两侧叶宽圆突出，产卵器微伸出尾节端缘。

观察标本：1 雄，重庆缙云山，700 m，2021.X.21-XI.15，马氏网收集。

分布：中国（重庆缙云山、四川、贵州）。

8. 脊额叶蝉属 *Carinata* Li *et* Wang, 1992

Carinata Li *et* Wang, 1992: 65. Type species: *Carinata rufipenna* Li *et* Wang, 1992.

属征：头冠前端呈锐角状突出，冠面隆起，前侧缘各有1明显的脊纹，于单眼前消失，侧缘于复眼内侧反折向上，冠面密生纵皱纹；单眼位于头冠前侧缘，着生在单眼上脊外侧；颜面额唇基隆起，中央有1明显的纵脊，两侧有横印痕列，唇基间缝明显，前唇基由基至端逐渐变狭。前胸背板较头部宽，中央长度短于头冠；前翅长超过腹部末端，翅脉明显，爪片长大，前缘域宽，有4端室，端片不明显。

雄性尾节侧瓣较下生殖板短，腹缘突起明显；雄性下生殖板狭长，基部分节，外缘有细刚毛，中域有1列粗刚毛，阳茎背缘扩大或具片状突，阳茎口位于末端；连索"Y"形；阳基侧突形状变化大。

分布：东洋区。世界已知23种，中国已知20种，本书记述2种。

（8）白边脊额叶蝉 *Carinata kelloggii* (Baker, 1923)

Onukia kelloggii Baker, 1923: 372.
Carinata kelloggii: Li & Wang, 1996: 26.

体连翅长：雄性5.8-6.0 mm，雌性6.0-6.2 mm。

体及前翅淡黄色微带绿色。头冠中前域有1黑斑；颜面额唇基两侧各有1黑色横斑。前胸背板前、后缘有黑褐色狭边；前翅前缘域黄白色透明，端区浅烟褐色；后翅煤褐色；胸部腹板及胸足淡黄白色。雌性体色较淡，头冠淡黄白色。

前胸背板较头冠短，有皱纹，前缘弧圆，后缘微凹。

雄性尾节侧瓣长方形，末端圆，腹缘突起端部羽状分支；雄性下生殖板狭长，基部分节，中域有1列粗刚毛，阳茎侧面观中部两侧片状突扣合成囊状，端部呈管状弯曲；连索主干长是臂长的3倍；阳基侧突较匀称，微弯折扭曲，末端尖刺状。雌性腹部第7节腹板后缘中央深凹入，两侧叶长而宽大，产卵器末端伸出尾节端缘。

观察标本：1雄，重庆缙云山，850 m，2021.XII.12，余廷濠。

分布：中国（重庆缙云山、湖北、江西、湖南、福建、海南、广西、贵州）。

（9）黑带脊额叶蝉 *Carinata nigrofasciata* Li *et* Wang, 1994

Carinata nigrofasciata Li *et* Wang in Li, Wang & Zhang, 1994: 101.

体连翅长：雄性5.6-5.8 mm，雌性6.0-6.2 mm。

体淡黄色。头冠亚端部中央有1前缘凹入，后缘有接近平直的黑色大斑。前胸背板前、后缘具黑色狭边；前翅爪片大部分及前缘域基部4/5淡橙黄色，中央有1黑色弯曲纵带纹，翅端煤褐色，爪片末端有1烟褐色区；后翅煤褐色；胸部腹板及胸足淡橙黄色无斑纹。

前唇基隆起具脊，端缘弧圆。前胸背板前缘弧圆突出，后缘接近平直；小盾片较前胸背板短，横刻痕位于中后部，呈弧形弯曲。

雄性尾节侧瓣近似三角形突出，腹缘突起片状光滑，向后延伸超过侧瓣端缘；雄性下生殖板叶片状，内侧有1列粗刚毛；阳茎干向背面弯曲，侧面观中部背域两侧有1片状突扣合成囊状，片状突基部呈指状延伸；连索主干细长，其长度是臂长的5倍；阳基侧突基部呈管状，端部呈弯钩状，弯曲处有长刚毛。雌性腹部第7节腹板中长与第6节近似等长，后缘平直，产卵器长超出尾节端缘。

观察标本：1雌，重庆缙云山，850 m，2021.XII.12，余廷濠。

分布：中国（重庆缙云山、河南、陕西、甘肃、浙江、湖北、江西、四川、云南）。

9. 横脊叶蝉属 *Evacanthus* Lepeletier *et* Serville, 1825

Evacanthus Lepeletier *et* Serville in Lepeletier & Audinet-Serville, 1828: 612. Type species: *Cicada interrupta* Linnaeus, 1758.

属征：头冠前端宽圆突出，中央长度大于或等于两复眼间宽，中央有1明显的纵脊，端缘域有1缘脊，两复眼内缘亦有向前延伸隆起的侧脊，二单眼间有1横脊相连并与中央纵脊呈十字相交叉；单眼位于头冠前侧域，着生在缘管和侧脊交会处；颜面额唇基隆起略呈半球形，中央有1明显的纵脊，两侧有横印痕列。前胸背板中域隆起，后部显著宽于前部，前缘弧圆突出，后缘微凹；前翅长而狭，翅脉明显，R_{1a}脉与M_{1+2}脉常消失，端室4个，端片狭小，一些种出现短翅型。

雄性尾节侧瓣发达，腹缘有突起；雄性下生殖板狭长，具长刚毛；阳茎常有突起；连索"Y"形；阳基侧突形状变化较大。

分布：古北区、东洋区、新北区。世界已知70种，中国已知45种，本书记述1种。

（10）淡脉横脊叶蝉 *Evacanthus danmainus* Kuoh, 1980

Evacanthus danmainus Kuoh, 1980: 197.

体连翅长：雄性5.0-5.2 mm，雌性5.8-6.2 mm。

体及前翅黑褐色，具黄白色柔毛。头冠侧缘区、单眼区、颜面基缘和侧缘域、前胸侧板边缘及腹部各节腹板后缘浅黄色。前翅前缘域、端区及翅脉污黄白色。

颜面额唇基中域平坦，前唇基基部宽大，向前收狭，末端超过舌侧板端缘。前胸背板隆起向两侧斜倾，密生横皱纹，前缘域有1弧形凹痕，凹痕前域光滑，前缘弧圆突出，后缘微凹。

雄性尾节侧瓣宽圆，端缘斜直，腹缘突起沿端缘斜伸至端背缘，亚端部扩大，末端尖细；雄性下生殖板端向渐窄，密生长刚毛；阳茎基部细，侧面观中部背域有1较大且端部尖细的片状突起，腹缘有膜片包被，端部管状弯曲；连索主干基部膨大；阳基侧突端部扭曲向外伸出。雌性腹部第7节腹板中央长度是第6节的2倍，中域隆起，后缘中央弧圆突出，产卵器长超出尾节端缘。

观察标本：1雄，重庆缙云山，850 m，2021.XI.6，周冲。

分布：中国（重庆缙云山、黑龙江、吉林、辽宁、山西、河南、陕西、甘肃、安徽、浙江、湖北、湖南、福建、广东、广西、四川、贵州、西藏）。

（五）隐脉叶蝉亚科 Nirvaninae

体较细弱，多呈扁平状，体中型，体长 4-13 mm，体色大多呈浅黄白色，具有黄、红、褐、黑等颜色的斑纹。头冠较平坦或微隆起，边缘常具弱脊，冠缝一般较明显；复眼较大，单眼明显，常位于头冠前侧缘，单复眼间距离略小于或等于到头冠顶点的距离；触角长，触角檐常凸出，触角窝深；大多种类翅长于体，前翅革片基部翅脉退化消失，仅端部较明显，具 4 个端室，无端前室；后翅较大，膜质透明，有 3-4 个端室。前、中足圆筒状，后足胫节长而扁，具密集刺毛列，后足腿节末端刚毛排列为 2∶1∶1。

世界性分布。世界已知 45 属 240 余种，中国已知 13 属 73 种，本书记述 3 属 3 种。

分属检索表

1. 雄性尾节侧瓣内侧有向腹面延伸的内突 ·· 内突叶蝉属 *Extensus*
- 雄性尾节侧瓣内侧无向腹面延伸的内突 ·· 2
2. 头冠中央长度与两复眼间宽接近相等 ·· 消室叶蝉属 *Chudania*
- 头冠中央长度约为两复眼间宽的 1.5 倍 ·· 拟隐脉叶蝉属 *Sophonia*

10. 拟隐脉叶蝉属 *Sophonia* Walker, 1870

Sophonia Walker, 1870: 327. Type species: *Sophonia rufitelum* Walker, 1870.

属征：头冠平坦或略隆起，向前延伸凸出；颜面额唇基狭长，基部均匀丰满隆起，其上有斜走的侧褶，基域中央有明显的纵脊，端部平坦，前唇基基部宽，端向渐狭，端缘接近平直，舌侧板小。前胸背板前缘向前凸出，后缘微凹，前翅长超过腹部末端，革片基部翅脉模糊不清，无端前室，具 4 个端室，端片狭小；后翅有 3 个封闭端室。

雄性尾节侧瓣端区具粗刚毛，端缘常有不同形状的突起；雄性下生殖板一般长阔，中域具 1 列粗刚毛；阳茎具复杂突起；连索"Y"形；阳基侧突基部扭曲，端部尖。

分布：世界广布。世界已知 49 种，中国已知 21 种，本书记述 1 种。

（11）东方拟隐脉叶蝉 *Sophonia orientalis* (Matsumura, 1912)

Nirvana orientalis Matsumura, 1912: 282.
Sophonia orientalis: Li & Chen, 1999: pl. 23.
Pseudonirvana rufofascia: Kuoh & Kuoh, 1983: 316.

体连翅长：雄性 4.5-4.6 mm，雌性 5.2-5.5 mm。

体淡黄白色略带橙色。头冠顶端有 1 近似长方形黑纹，其后连接 2 黑色纵线，贯穿前胸背板、小盾片，并沿前翅接合缝直至爪片末端，在黑色纵线两侧有血红色条纹。前翅第 2 端室内有 1 黑色斑，翅端前缘有 2 黑色短斜纹。

头冠前端近似锐角突出，冠面边缘有弱脊，冠缝明显；单眼位于头冠前侧缘，着生在侧缘近复眼的弯曲缘脊内侧；颜面额唇基基域隆起，中端部平坦，前唇基由基至端渐狭。前胸背板隆起，较头部宽，前缘弧圆凸出，后缘微凹；小盾片横刻痕弧弯，两端伸达侧缘。

雄性尾节侧瓣端区有粗长刚毛，端腹缘向外侧极度延伸成长刺突，此突起端部弯曲；

雄性下生殖板宽短，中域有1纵列粗刚毛，外侧域密被细刚毛；阳茎端部管状弯曲，基部腹面有1对发达的突起，与阳茎接近等长，末端有1对刺状倒突；阳基侧突端部变细外伸。

观察标本：1雄，重庆缙云山，850 m，2021.XII.12，余廷濠。

分布：中国（重庆缙云山、浙江、湖北、江西、湖南、福建、台湾、广东、海南、广西、四川、贵州、云南）。

11. 消室叶蝉属 *Chudania* Distant, 1908

Chudania Distant, 1908: 268. Type species: *Chudania delecta* Distant, 1908.

属征：头冠向前略呈角状凸出，侧缘有缘脊，在缘脊外侧向侧面倾斜；单眼位于头冠前侧缘；复眼近椭圆形；颜面额唇基隆起，近半球形，基部中央有纵脊，在头冠顶端与颜面交界处和头冠缘脊相结合。前胸背板前缘弧形凸出，后缘略凹入。

雄性尾节侧瓣侧面观端缘具大刚毛，端腹缘后方有发达的突起；雄性下生殖板长阔，外侧在基半部常内凹，中央有1列粗长刚毛，内缘常有1刺状突；阳茎向腹面弯曲，基半部常有成对突起，在阳茎基部与连索关键处腹面常有1叉状短突或1对短突；阳基侧突宽阔，基半部常扭曲，亚端半部深凹入，末端向外侧延伸。

分布：古北区、东洋区、旧热带区。世界已知16种，中国已知15种，本书记述1种。

（12）中华消室叶蝉 *Chudania sinica* Zhang *et* Yang, 1990

Chudania sinica Zhang *et* Yang in Zhang, 1990: 59.

体连翅长：雄性 4.9-5.2 mm，雌性 5.6-5.8 mm。

雄性头冠、颜面基半部、复眼、前胸背板、小盾片均黑色，前翅内缘、后缘及端部深褐色，革片端部褐色区沿端横脉及相连纵脉呈浅黄色，在近翅端有1不规则浅黄色不连续的横带纹。单眼位于头冠侧域的弯曲处；颜面额唇基隆起，基域中央各有1纵脊，两侧有横印痕列，前唇基由基至端逐渐变狭，端缘弧圆。前胸背板前缘弧圆，后缘凹入。

雄性尾节侧瓣宽圆突出，腹缘突起端部背向略呈直角状弯曲；雄性下生殖板内缘有1刺状突，由此处中央斜向内缘端部有1纵列粗刚毛；阳茎弯向腹面，端半部膨大，膜质囊状，近端部腹面有1根骨化较强的囊状突，基半部骨化，在与膜质部交界处有2对突起，突起端部弯钩状，端部渐尖，在阳茎与连索关键处有2短突。

观察标本：1雌，重庆缙云山，850 m，2021.XII.12，余廷濠。

分布：中国（重庆缙云山、河北、山东、河南、陕西、江苏、安徽、浙江、湖北、湖南、福建、广东、海南、广西、四川、贵州、云南）。

12. 内突叶蝉属 *Extensus* Huang, 1989

Extensus Huang, 1989b: 70. Type species: *Extensus latus* Huang, 1989.

属征：体淡黄白色至橙黄色，常有黑色斑纹。头冠向前延伸凸出，复眼前有一小段平直，继后向前渐次收狭，前侧缘有缘脊，冠缝明显；单眼位于头冠侧缘，靠近复眼前角处；颜面额唇基基部丰满隆起，具短中脊，有斜褶，端部平坦，舌侧板小，前唇基基部宽，端部渐狭。前胸背板中长小于或等于头冠中央长度，较头部宽。

雄性尾节侧瓣长大于宽，端区着生粗刚毛，尾节侧瓣内侧有1对细长突起，指向腹面；下生殖板长条形，外缘及端部着生细长刚毛；阳茎管状弯曲，基部常具1对突起，端部常具细突；连索"Y"形。

分布：东洋区。世界已知4种，中国已知4种，本书记述1种。

（13）宽带内突叶蝉 *Extensus latus* Huang, 1989

Extensus latus Huang, 1989b: 73.

体连翅长：雄性4.9-5.2 mm，雌性5.6-5.8 mm。

复眼浅褐色；单眼淡黄白色；体背有1宽黑色纵带纹，此带纹起自头冠顶端，终止于小盾片末端。虫体腹面淡黄白色无任何斑纹。

头冠前端呈角状凸出，中域轻度隆起，前缘域有纵褶纹；单眼位于头冠侧缘，着生在缘脊内侧；颜面额唇基基部丰满隆起，中前部较平坦，前唇基由基至端渐狭，端缘接近平直。前胸背板隆起前倾，前缘宽圆凸出，后缘微凹；小盾片基域宽大于长，横刻痕凹陷，两端伸不及侧缘。

雄性尾节侧瓣宽圆突出，端区有长刚毛，内侧有1对向腹面延伸的突起；雄性下生殖板柳叶状，端缘有数根长刚毛；阳茎管状弯曲，基部有1对弯曲的片状突，端部有4根刺状突；阳基侧突端部急剧变细，末端向外侧伸出，其中一侧延伸成刺状。

观察标本：1雄，重庆缙云山，850 m，2021.XII.12，余廷濠。

分布：中国（重庆缙云山、浙江、湖北、江西、湖南、福建、台湾、广东、海南、广西、四川、贵州、云南）。

（六）小叶蝉亚科 Typhlocybinae

体小，纤弱。单眼有或无，一般位于头部前缘。前翅基部翅脉消失，除端横脉外基半部再无横脉，翅中域无翅室，端部具4个翅室，多数种类前翅无端片，在前缘常有1卵圆形蜡质区；后翅有周缘脉，其伸达位置不同是最为重要的族的鉴别特征。雄性外生殖器发达。

世界性分布。世界已知6族440属6000余种，中国已知6族125属800余种，本书记述5族17属24种。

分族检索表

1. 后翅各脉终止于周缘脉，周缘脉至少伸达R+M脉端部 ·· 2
- 后翅纵脉伸达翅端，周缘脉不超过CuA脉 ·· 3
2. 后翅周缘脉延伸超过R+M脉端部，CuA脉2分支 ·· 叉脉叶蝉族 Dikraneurini
- 后翅周缘脉伸达但不超过R+M脉端部 ·· 小绿叶蝉族 Empoascini
3. 前翅MP″+CuA′（第1端脉）指向后缘，后翅第1、2臀脉端部分离 ·· 4

- 前翅 MP″+CuA′（第 1 端脉）伸达翅端或弯向前缘，后翅第 1、2 臀脉完全愈合·· 斑叶蝉族 Erythroneurini
4. 后翅只有 2 或 3 条横脉，周缘脉与 CuA 脉间有横脉相连 ·················· 小叶蝉族 Typhlocybini
- 后翅只有 1 条横脉，周缘脉直接连于 CuA 脉中部 ······························ 塔叶蝉族 Zyginellini

小绿叶蝉族 Empoascini Haupt, 1935

单眼发达；前翅无端片，后翅周缘脉伸达但不超过 R+M 脉端部；肛管基部有 1 对突起，阳基侧突无端前突。

世界性分布。世界已知 85 属 1100 余种，中国已知 37 属 196 种，本书记述 7 属 9 种。

分属检索表

1. 后翅 CuA 脉分二叉 ··· 2
- 后翅 CuA 脉不分叉 ··· 4
2. 冠缝长，伸达颜面触角基部水平处 ································· 光小叶蝉属 *Apheliona*
- 冠缝短，至多伸达头冠前缘 ·· 3
3. 后翅 CuA 脉分叉点在 CuA 脉和 MP″交叉点或在其基部 ············ 长柄叶蝉属 *Alebroides*
- 后翅 CuA 脉分叉点在 CuA 脉和 MP″交叉点端部 ·························· 尼小叶蝉属 *Nikkotettix*
4. 前翅所有端脉都源于 m 室 ·· 奥小叶蝉属 *Austroasca*
- 前翅端脉不如上述 ··· 5
5. 前翅 MP′脉源于 r 室 ··· 小绿叶蝉属 *Empoasca*
- 前翅 MP′脉源于 m 室 ·· 6
6. 阳茎无突起 ··· 雅氏叶蝉属 *Jacobiasca*
- 阳茎干管状，其基腹面或端部有成对突起 ······························· 芜小叶蝉属 *Usharia*

13. 雅氏叶蝉属 *Jacobiasca* Dworakowska, 1972

Austroasca (*Jacobiasca*) Dworakowska, 1972a: 29. Type species: *Chlorita lybica* Bergevin *et* Zanon, 1922.

属征：头冠前端弧形突出，后缘凹入，前、后缘近平行，中长略小于复眼间宽，大于侧面近复眼处长度，冠缝明显；颜面宽阔，额唇基区隆起。中胸盾间沟明显。前翅 MP+CuA 和 MP 脉源于 m 室，其基部分离，RP 脉源于 r 室，后翅 CuA 脉端部不分叉。

雄性尾节侧瓣基部阔，端向收狭，近三角形，有尾节突，其端部一般分二叉，若不分叉，则端部或近端部不光滑。下生殖板超过尾节端部，有大刚毛，斜伸达内缘端部。阳基侧突基部短，端半部变狭长，端部扭曲，近端部有细刚毛，端部有细齿突。阳茎无突起，前腔发达，背腔无或不发达，阳茎干侧面观弯曲。肛突不发达。连索"凸"字形。

分布：古北区、东洋区、旧热带区。世界已知 19 种，中国已知 2 种，本书记述 1 种。

（14）波宁雅氏叶蝉 *Jacobiasca boninensis* (Matsumura, 1931)

Chlorita boninensis Matsumura, 1931: 86.
Jacobiasca boninensis: Dworakowska, 1977: 14.

体连翅长：雄性 2.6-2.8 mm。

体黄色。头顶两侧靠复眼各有1个乳黄色斑纹，沿冠缝有1乳黄色纵斑，颜面黄色，额唇基中央有1个乳黄色纵斑。前胸背板前侧缘有不规则斑纹。前翅黄色，半透明，后翅黄白色。腹部黄色。足黄色至浅黄绿色。

雄性尾节侧瓣基部阔，端向收狭，近三角形，尾节突端部分二叉。下生殖板基部宽，端向略狭，近基部具2列大刚毛，端部呈单列。阳基侧突端半部狭长，近端部扩展，着生细刚毛，端部扭曲，端部有细齿。阳茎前腔细长，阳茎干宽大，侧面观弯曲，腹面观阳茎近中部略扩展，基部明显狭。连索"凸"字形。肛突基部阔，端向收狭。

观察标本：1雄，重庆缙云山，717 m，2021.XII.21，余廷濠。

分布：中国（重庆缙云山、陕西、甘肃、江苏、浙江、湖南、广东、海南、广西、四川、贵州、云南）；日本，印度，越南，马来西亚。

14. 小绿叶蝉属 *Empoasca* Walsh, 1862

Empoasca Walsh, 1862: 149. Type species: *Empoasca viridescens* Walsh, 1862.

属征：体翅（黄）绿色至暗绿色，头冠前端钝圆突出，冠缝明显，单眼位于头冠前缘或头冠与颜面交界处；颜面宽阔，额唇基区隆起，前胸背板前缘弧形突出。胸长大于头冠长，胸宽等于或小于头宽。前翅RP、MP脉共柄或基部分离，后翅CuA端部不分二叉。

腹突发达，有尾节突。下生殖板具大刚毛，大刚毛列外侧常具细刚毛。阳基侧突基部阔，端半部变狭、长，近端部有细刚毛，端部有锯齿突。阳茎前腔一般较发达或发达。肛突侧面观明显。

分布：世界广布。世界已知800余种，中国已知100余种，本书记述1种。

（15）阔基小绿叶蝉 *Empoasca* (*Empoasca*) *cienka* Dworakowska, 1982

Empoasca (*Empoasca*) *cienka* Dworakowska, 1982: 45.

体连翅长：雄性3.0-3.1 mm。

雄性头冠暗黄色，沿头冠中线有1个暗黄褐色纵斑。头冠中长小于复眼间宽，略大于侧面近复眼处长度；颜面宽阔。

雄性尾节侧瓣近三角形，尾节向背上方弯曲。下生殖板狭长，基半部两侧缘近平行，端部略向背上方弯曲，近基部斜生3列大刚毛，至中部大刚毛呈双列，斜伸达内缘近端部，内缘端部大刚毛呈单列，其端方至外缘端部有小刚毛。阳基侧突基部阔，端半部略狭，长，近端部有细刚毛，端部有少数细齿。阳茎端部弯折成钩状，有长柄状突起，阳茎干上部比下部略细，下部基部阔。连索近四边形，后缘中央凹入。

观察标本：1雄，重庆缙云山，717 m，2021.XII.21，余廷濠。

分布：中国（重庆缙云山、山东、河南、陕西、新疆、湖北、湖南、四川、贵州）；朝鲜。

15. 长柄叶蝉属 *Alebroides* Matsumura, 1931

Alebroides Matsumura, 1931: 68. Type species: *Alebroides marginatus* Matsumura, 1931.

属征：头冠前缘弧形突出，后缘凹入，前、后缘近平行；中长小于复眼间宽，冠缝明显，有单眼；颜面略狭，侧面观略隆起。

雄性尾节侧瓣端缘着生小刚毛，有尾节突。下生殖板端部向背上方弯曲，侧面有2列大刚毛，至端部大刚毛呈单列，大刚毛列外侧有细刚毛，外缘有小刚毛。阳基侧突与尾节侧瓣几等长，端半部长，近端部有细刚毛，端部有小齿突。阳茎前腔发达，无背腔。连索片状。

分布：古北区、东洋区、澳洲区。世界已知80种，中国已知76种，本书记述3种。

分种检索表

1. 围绕单眼无乳白色斑···德氏长柄叶蝉 *A. dworakowskae*
- 围绕单眼有乳白色或黄白色斑···2
2. 阳茎腹面观中部显著膨大，两端细长··弗莱长柄叶蝉 *A. flavifrons*
- 阳茎腹面观端部阔，向基部渐变狭··片突长柄叶蝉 *A. obliteratus*

（16）德氏长柄叶蝉 *Alebroides dworakowskae* Chou et Zhang, 1987

Alebroides dworakowskae Chou et Zhang, 1987: 291.

体连翅长：雄性3.5-4.0 mm。

头顶前缘弧形突出，中长略大于两复眼间宽之半，冠缝明显，颜色深浅有变化；单眼位于头冠前缘与颜面交界处，复眼黑色，前胸背板略长于头冠中长，两后侧角略向后突出，后缘中段近平直，颜色深浅程度有变化。前翅第2、3端脉共柄，柄长度有变化；后翅透明。

雄性外生殖器：尾节突侧面观端部向背上方弯曲，背腹面观宽扁，末梢两侧细齿状；下生殖板端部1/3处开始向上弯曲，基部2/3平直；连索近梯形，后缘中央凹入，两侧微向内弯曲；阳茎发达，匙状，基干细长，中段膨大，半球形，半球向背面凸起，端部细、短，肛突简单，中度发达，向末端渐尖。

观察标本：1雄，重庆缙云山，850 m，2021.Ⅻ.9，余廷濠。

分布：中国（重庆缙云山、陕西、甘肃、湖北、湖南、广西、云南）。

（17）弗莱长柄叶蝉 *Alebroides flavifrons* Matsumura, 1931

Alebroides flavifrons Matsumura, 1931: 69.

体连翅长：雄性3.5-4.0 mm。

头及胸部背面黄褐色。复眼黑色，围绕单眼有乳黄白色斑纹。前胸背板中后域浅黄色，半透明，中胸盾间沟前中域及盾间沟后有乳黄白色斑纹。前翅黄色，端部色稍深。

腹内突超过第5腹节。雄性尾节侧板长，近四边形，尾节突基部几平直，端部变狭，弯向背上方。下生殖板端部弯向背上方。阳基侧突强壮，端部弯曲，具少数齿，近端部有少数细刚毛。阳茎无突起，前腔长于阳茎干，阳茎干相对短阔，端向渐狭，头向弯曲，阳茎腹面观中部显著膨大，两端细长，阳茎口位于阳茎端部。连索近梯形，后缘中央切凹，两侧缘近平直。肛突侧面观宽阔，端部二叉状，背叉长于腹叉，背叉几平直，腹叉略弯曲。

观察标本：1雄，重庆缙云山，850 m，2021.XII.9，余廷濠。

分布：中国（重庆缙云山、湖南、台湾、广东、贵州）；日本。

（18）片突长柄叶蝉 *Alebroides obliteratus* Dworakowska, 1997

Alebroides obliteratus Dworakowska, 1997: 260.

体连翅长：雄性 3.8 mm。

体黄色。头及胸部背面黄至黄褐色，沿冠缝及围绕单眼有乳白色斑，复眼灰黑色。

腹内突延伸达或超过第4腹节端部。雄性尾节基部阔，端半部收狭，背缘波曲，尾节突弯向背上方，端向变狭，末端尖锐。下生殖板基半部等宽，端部弯向背上方。阳基侧突基部阔，端半部狭长，端部弯曲，具齿，近端部有细刚毛。阳茎干长于前腔之半，阳茎干侧面观宽阔，端部变狭，略弯曲，阳茎腹面观端部阔，向基部渐变狭。连索近梯形，后缘中央切凹。肛突短阔，未伸达尾节侧板高度之半，端部弯曲。

观察标本：1雄，重庆缙云山，850 m，2021.XII.9，余廷濠。

分布：中国（重庆缙云山、云南）；印度，尼泊尔。

16. 芜小叶蝉属 *Usharia* Dworakowska, 1977

Usharia Dworakowska, 1977: 18. Type species: *Usharia mata* Dworakowska, 1977.

属征：头冠前端弧形突出，后缘凹入，前、后缘不平行；颜面宽阔，侧面观隆起。前胸背板长等于或略大于头长，胸宽等于或略小于头宽。腹突发达，自基部至端部向两侧强烈叉开。尾节突有或无。下生殖板超过尾节端部，基部阔，近三角形。阳基侧突端部具齿，近端部有细刚毛。连索与阳茎基部愈合。阳茎干管状，其基腹面或端部有成对突起，或亚端部向两侧扩展，阳茎口位于阳茎干近端部或近中部背面。

分布：东洋区。世界已知13种，中国已知6种，本书记述1种。

（19）缢瓣芜小叶蝉 *Usharia constricta* Zhang et Qin, 2005

Usharia constricta Zhang et Qin, 2005: 114.

体连翅长：雄性 2.2-2.3 mm，雌性 2.5 mm。

头冠中长约等于复眼间宽，大于侧面近复眼处长度，冠缝伸近头冠前缘；颜面宽阔，宽度接近中长，额唇基隆起。前胸背板中长略大于头长，胸宽略小于头宽。中胸盾间沟不达侧缘。

雄性尾节侧瓣末端后腹缘延伸成1个突起，向背上方弯曲。下生殖板阔，端向收狭，近三角形，外缘端半部弧形内凹，末端钝圆，有2纵列大刚毛，外缘有小刚毛。阳基侧突细长，基部较阔，端部具齿，近端部有细小刚毛。连索侧面观宽阔，背面观与阳茎基部近等宽。阳茎干侧面观管状，末端钝圆，阳茎口位于阳茎干近端部背面；阳茎基腹面有1对长突，长度超过阳茎干的2倍，近中部背缘具细齿。

观察标本：1雄，重庆缙云山，850 m，2021.XII.9，余廷濠。

分布：中国（重庆缙云山、广东、云南）。

17. 奥小叶蝉属 *Austroasca* Lower, 1952

Austroasca Lower, 1952: 202. Type species: *Empoasca viridigrisea* Paoli, 1936.

属征：头冠前端钝圆，冠缝明显，单眼位于头冠前缘与颜面交界处；颜面宽阔，宽度接近中长，额唇基区隆起；前胸背板发达，中长大于头长，中胸盾间沟明显。

雄性尾节侧瓣近三角形。下生殖板超过尾节端部，端部向背上方弯曲。阳基侧突近端部有细刚毛，端部有锯齿突。连索"凸"字形。阳茎无突起，前腔发达，背腔无或不发达，阳茎干弧形弯曲。

分布：世界广布。世界已知 25 种，中国已知 2 种，本书记述 1 种。

（20）蒙奥小叶蝉 *Austroasca mitjaevi* Dworakowska, 1970

Austroasca mitjaevi Dworakowska, 1970a: 713.

体连翅长：雄性 2.2-2.4 mm，雌性 2.5 mm。

头冠缝两侧各有 1 个浅黄绿色大斑，复眼深褐色，单眼中后部围以乳黄色斑纹。

腹突不发达。雄性尾节侧瓣近三角形，端部有小刚毛，尾节突长，远超过尾节端部，端部显著向背上方弯曲。下生殖板长、阔，超过尾节端部，端部向背上方弯曲，近基部至端部有大刚毛，大刚毛列外侧着生细刚毛，外缘端半部有小刚毛。阳基侧突近端部有细刚毛，端部有锯齿突。阳茎无突起，前腔发达，背腔无或不发达。阳茎干弧形弯曲或略弯曲。连索前缘中部或中部及两侧突出，略呈"凸"字形。肛突不甚发达，短阔或略狭。

观察标本：1 雄，重庆缙云山，850 m，2021.XII.9，余廷濠。

分布：中国（重庆缙云山、黑龙江、山西、山东、河南、陕西、甘肃、湖南、福建、广东、广西、四川、贵州、云南）；蒙古国，朝鲜。

18. 尼小叶蝉属 *Nikkotettix* Matsumura, 1931

Nikkotettix Matsumura, 1931: 76. Type species: *Nikkotettix galloisi* Matsumura, 1931.

属征：体纤细或粗壮。头冠前缘弧形突出，后缘凹入，冠缝明显，未伸达前缘，单眼位于头顶前缘与颜面交界处。前胸背板阔，胸宽略大于或约等于头宽。前翅 RP 和 MP′脉源于 r 室，MP″+CuA′脉源于 m 室，第 2、3 端脉基部远离或共柄，后翅 CuA 脉端部分二叉。

雄性尾节侧瓣发达，有或无尾节突；下生殖板长，超过尾节末端；腹突短、阔；阳茎干基部腹面有 1 个或 1 对突起。

分布：东洋区。世界已知 5 种，中国已知 4 种，本书记述 1 种。

（21）尖突尼小叶蝉 *Nikkotettix cuspidata* Qin *et* Zhang, 2003

Nikkotettix cuspidata Qin *et* Zhang, 2003: 26.

体连翅长：雄性 3.6-3.8 mm，雌性 3.6-3.9 mm。

头冠前缘弧形突出，前侧缘和复眼连续，后缘凹入，前、后缘近平行，中长小于复眼间宽，大于侧面近复眼处长度；额唇基宽阔，额唇基、前唇基隆起。前胸背板宽阔，胸宽略大于头宽，胸长大于头长。

雄性尾节侧瓣尾节突沿腹缘弯向背上方；下生殖板超过尾节末端，基部略宽，端向渐狭，端部向后上方弯曲；阳基侧突基部短、阔，端半部很长，端部有锯齿状突；连索基部宽阔，端向收狭，前缘两侧及中部突出；阳茎干长，侧面观呈管状，弯向腹面，基部腹面有1个突起，不及阳茎干长度，端向渐细。

观察标本：1雄，重庆缙云山，850 m，2021.XII.9，余廷濠。

分布：中国（重庆缙云山、湖南、四川、贵州、云南）。

19. 光小叶蝉属 *Apheliona* Kirkaldy, 1907

Apheliona Kirkaldy, 1907. Type species: *Heliona bioculata* Melichar, 1903.

属征：头冠宽短，前端呈弓形；单眼位于颜面近基部，侧额缝靠近单眼；颜面宽阔，宽度接近中长，额唇基区隆起。

雄性尾节侧瓣阔，后缘弧形，或基部阔，端半部收狭，端部钝圆或角状突出。下生殖板阔，超过尾节端部，端部向背上方弯曲。阳基侧突近端部有细刚毛，部分种类近端部为细长刚毛，端部具齿。阳茎无突起，前腔发达，侧面观阳茎干背面扩展成片状，膜质。连索多呈"X"形。

分布：古北区、东洋区。世界已知29种，中国已知6种，本书记述1种。

（22）锈光小叶蝉 *Apheliona ferruginea* (Matsumura, 1931)

Sujitettix ferruginea Matsumura, 1931: 76.
Apheliona ferruginea: Dworakowska, 1994: 267.

体连翅长：雄性 4.25-4.40 mm。

单眼褐至黑色，围绕单眼有黑色斑纹。前胸背板中域及后缘横条斑黄褐色，其中部还有1个黑褐色横斑。

腹突伸达第4腹节。雄性尾节侧瓣背面观短狭，背脊桥端部平截，尾节侧瓣近三角形。连索后半部变狭。阳基侧突端部有8个几乎均有分布的齿，近端部有2根刚毛。下生殖板基部 1/3 阔，基部 2/3 弯向背上方，端向变窄。肛突长，端部变狭，端部片状。阳茎干狭，约为前腔长度的 2/3，基部狭，端背面膜质扩展，端部有凹刻，阳茎背腹观肛突沿中线伸向两侧，阳茎干长阔，端部阔。

观察标本：1雄，重庆缙云山，850 m，2021.XII.9，余廷濠。

分布：中国（重庆缙云山、陕西、浙江、湖北、湖南、台湾、广东、海南、四川、云南）；日本，印度，孟加拉国，泰国，马来西亚。

塔叶蝉族 Zyginellini Dworakowska, 1977

体小而纤细，但部分种类略粗壮或宽扁。体色大多鲜艳明亮，头冠、前胸背板和前翅常具有褐色、黑色、橙色、黄色、红色等小斑点、大斑或条带，形成图案；多数种类无单眼；前翅第 1 端脉指向后缘，后翅第 1、2 臀脉基部愈合，端部分离，R、M 脉端部愈合，周缘脉直接连于 CuA 脉中部，后翅仅有 1 个开放的端室，只有 1 条横脉；腹内突较发达；尾节侧瓣有些具附突。

世界性分布。世界已知 31 属 160 余种，中国已知 12 属 60 余种，本书记述 2 属 5 种。

20. 拟塔叶蝉属 *Parazyginella* Chou et Zhang, 1985

Parazyginella Chou et Zhang, 1985: 295. Type species: *Parazyginella lingtianensis* Chou et Zhang, 1985.

属征：体扁平，头冠中长、两复眼间宽、胸长近相等，冠缝明显，不达前缘。前胸背板前缘向前呈圆弧形突出，后缘略凹入。前翅第 1、4 端室基部近于同一水平，第 2、3 端脉基部共柄，第 3 端室小，其内有 1 小黑斑。

尾节高度骨化，侧瓣背上方有指形突。下生殖板基部有大刚毛，端部特化。阳基侧突简单，强度弯曲，基部膨大，端部渐尖。连索"凸"字形，有长的中柄和中叶。阳茎有 1 发达的背腔突，扁平而头向弯曲。

分布：东洋区。世界已知 2 种，中国已知 2 种，本书记述 1 种。

（23）灵田拟塔叶蝉 *Parazyginella lingtianensis* Chou et Zhang, 1985

Parazyginella lingtianensis Chou et Zhang, 1985: 295.

体连翅长：雄性 3.00 mm。

体浅黄色，复眼黑色。头冠前缘两侧各有 1 橘红色斑，其余部分淡褐色。前胸背板淡褐色，中域有 2 半月形橘色斑。前翅浅黄色透明，由前缘连向 R 脉有 1 渐细的黑色斑纹，第 4 端室基部和端脉靠翅外缘处各有 1 黑色斑纹，第 3 端室黑斑长椭圆形。

腹内突发达，伸达腹节第 6 节中部，两侧平行，末端近横截。雄性外生殖器：尾节侧瓣黑色，散生有几根小刚毛，末端突出，颜色更暗。下生殖板端部略呈鸟喙状。阳基侧突近端部处稍膨大。阳茎端部一侧有 1 细长突起，指向基部。

观察标本：1 雄，重庆缙云山，850 m，2021.XII.9，余廷濠。

分布：中国（重庆缙云山、广西）。

21. 零叶蝉属 *Limassolla* Dlabola, 1965

Limassolla Dlabola, 1965: 663. Type species: *Zyginella pistaciae* Linnavuori, 1962.

属征：本属种类颜色鲜艳，体长 2.70-3.60 mm，头部无单眼，颜面凸起，冠缝明显。前翅散生有许多黑点，不同种类甚至同种黑点的多少和排列有变化。第 3 端室内有 1 明显的圆斑。后翅周缘脉在近 mCu$_1$ 处，连于 Cu 脉。下生殖板近端部处急剧变狭。腹面有 1 斜列大刚毛或仅在近基部有 1 根（极少 2 根）大刚毛。阳基侧突基部阔，端部呈足状。连索大致呈"凸"字形。阳茎形状变化较大，多数种类有阳茎突起，突起的形状和发生部位有很大变化。腹突发达。

分布：世界广布。世界已知 42 种，中国已知 31 种，本书记述 4 种。

分种检索表

1. 腹内突伸达腹节第 5 节近末端 ·· 灵川零叶蝉 *L. lingchuanensis*
- 腹内突未伸达腹节第 5 节近末端 ··· 2
2. 前翅翅面近中部有红褐色带 ··· 道氏零叶蝉 *L. dostali*
- 前翅翅面近中部无红褐色带 ··· 3
3. 前翅散生少量黑色斑点 ··· 石原零叶蝉 *L. ishiharai*
- 前翅有大量棕色斑点 ·· 千佛零叶蝉 *L. qianfoensis*

（24）灵川零叶蝉 *Limassolla lingchuanensis* Chou et Zhang, 1985

Limassolla lingchuanensis Chou et Zhang, 1985: 289.

体连翅长：雄性 2.8 mm。

体浅黄色。头冠前端钝圆，中部向前突出，长于两侧近复眼处，复眼暗褐色，冠缝明显，短而不达前缘，头冠前缘及冠缝两侧有白色斑纹，呈浅黄形，头冠中长短于前胸背板长。盾间沟明显，不达侧缘，小盾片盾间沟后白色，端角有 1 小橘黄斑。前翅半透明，稀疏地散生有一些小黑点，爪区有 2 橘红色斑纹，革区沿爪缝有 1 长形橘红色斑纹。

尾节侧瓣上有许多小颗粒状构造，散生有小刚毛，尾节突近端部处膨大，末端尖削。下生殖板外缘近基部处生有 2 根大刚毛，近端部处急剧变狭，生有几根小刚毛。阳基侧突上生有小刚毛，末端呈足状。连索二基角弧圆，前缘凹入。阳茎背腔明显，阳茎干背面骨化，干上无附突。

观察标本：1 雄，重庆缙云山，850 m，2021.Ⅻ.8，余廷濠。

分布：中国（重庆缙云山、湖南、福建、广东、海南、广西）。

（25）石原零叶蝉 *Limassolla ishiharai* Dworakowska, 1972

Limassolla ishiharai Dworakowska, 1972b: 865.

体连翅长：雄性 2.8-3.0 mm。

体淡褐色，复眼褐色。头冠中长短于两复眼间宽，头冠前缘两侧、沿冠缝及前胸背板和复眼的两夹角处有白斑，头冠前缘冠缝两侧各有 1 黑点。前胸背板 5 白斑明显。小盾片顶角浅黄色。前翅爪区有两淡橘色斑，沿爪缝有淡橘色长条斑，翅面散生几个黑点。

腹内突略超过第 4 腹节末端。雄性外生殖器：尾节附突长。下生殖板基部有 1 大刚毛。阳茎前腔发达，阳茎干管状，无突起。

观察标本：1 雄，重庆缙云山，850 m，2021.Ⅻ.8，余廷濠。

分布：中国（重庆缙云山、陕西、湖南）；日本。

（26）道氏零叶蝉 *Limassolla dostali* Dworakowska *et* Lauterer, 1975

Limassolla dostali Dworakowska *et* Lauterer, 1975: 38.

体连翅长：雄性 2.9 mm，雌性 3.0 mm。

体白色，复眼淡黑色。冠缝处有白条斑，头顶前缘两侧有 2 白斑。前胸背板橘黄色，有 5 白斑，盾片有 2 矩形橘红色斑块，小盾片白色，顶角黑色。前翅白色，翅面散生许多无规则小黑点，翅面近中部有红褐色带，端室处有黑褐色斑块。

腹内突伸达腹节第 4 节末端。雄性外生殖器：尾节末端锐角状伸出，尾节附突发达。下生殖板近基部有 2 根大刚毛，亚端部至端部有一些小刚毛。阳基侧突足长。阳茎侧扁，基部有 1 突起，突起端部二叉状。

观察标本：1 雄，重庆缙云山，850 m，2021.XII.8，余廷濠。

分布：中国（重庆缙云山、陕西、湖南）；日本。

（27）千佛零叶蝉 *Limassolla qianfoensis* Song *et* Li, 2011

Limassolla qianfoensis Song *et* Li, 2011b: 58.

体连翅长：雄性 3.2-3.3 mm，雌性 3.0-3.2 mm。

头冠和前胸背板乳黄色，具棕黄色斑纹。复眼棕黄色。小盾片基部三角形橙黄色，顶端暗黑色或黄褐色，具"十"字状的条纹并靠近基部三角形内缘。前翅淡黄色，有大量棕色斑点，在爪片有 2 个小的橙色斑区。

尾节侧瓣宽大，在背侧有少量小刚毛，腹突延长，背向弯曲。下生殖板短宽，在基部基部具有 1 根大刚毛，端部有小刚毛。阳基侧突长，在近中部有 2 根细小刚毛。阳茎端部钩状，上部边缘锯齿状；亚前端侧边缘亦锯齿状；阳茎腹侧基部具 1 长突。连索突状，在中部有 1 小凸起。

观察标本：1 雄，重庆缙云山，850 m，2021.XII.8，余廷濠。

分布：中国（重庆缙云山、四川、贵州）。

小叶蝉族 Typhlocybini Germar, 1833

前翅 MP″+CuA′弯向翅后缘；后翅第 1、2 臀脉端部分离，周缘脉只伸达 CuA 近端部，RP、MP′端部愈合使后翅有 2 条横脉，或有横脉相连，使后翅具 3 条横脉。下生殖板近基有或无大刚毛，若有则为 1 根，只有少部分种类具成列大刚毛；生殖腔内部各构造无愈合现象。

世界性分布。世界已知 46 属 500 余种，中国已知 20 属 100 余种，本书记述 2 属 2 种。

22. 雅小叶蝉属 *Eurhadina* Haupt, 1929

Eurhadina Haupt, 1929: 1075. Type species: *Cicada pulchella* Fallen, 1806.

属征：网粒体区后缘常具斜宽纹，RP 上或覆有短纹、小斑点或大的圆斑。头宽小于前胸背板宽，前胸背板中长大于头冠中长及小盾片中长；后翅 3 横脉，另 2 个横脉依次靠后但二者的位置很接近，翅末端平截。

雄性尾节侧瓣后缘分瓣，末端皆钝圆，上瓣末端常有小硬刚毛着生或密布棘状突，下瓣内卷。下生殖板基部宽，端向渐细。阳基侧突细长，常在外侧缘有 1 列小刚毛，内侧缘有 1 列感觉孔。连索"Y"形，侧臂发达，中脊较发达。阳茎背腔细长，阳茎干细长弯曲，附突位于阳茎干末端。

分布：古北区、东洋区、新北区。世界已知 56 种，中国已知 24 种，本书记述 1 种。

雅小叶蝉亚属 *Eurhadina* (*Eurhadina*) Haupt, 1929

Eurhadina Haupt, 1929: 1075. Type species: *Cicada pulchella* Fallen, 1806.

属征：颜面隆起。前翅网粒体区处最宽，后部向端渐窄，端区为翅的最窄处，RP 与 MP 共柄或有横脉相连，端区在前翅中占很小的比例，约为前翅的 1/4 或更少，第 1 端室最小，第 4 端室最大。

分布：古北区、东洋区。世界已知 20 种，中国已知 6 种，本书记述 1 种。

（28）日本雅小叶蝉 *Eurhadina* (*Eurhadina*) *japonica* Dworakowska, 1971

Eurhadina (*Eurhadina*) *japonica* Dworakowska, 1971: 652.

体连翅长：雄性 3.25-3.30 mm，雌性 3.35-3.40 mm。
前翅亚端黑斑与第 3 端室的烟色斑不接触。
腹内突很长，约为腹部的一半长。尾节侧瓣上瓣后缘具数根大刚毛。阳茎上附突短，先是两分支，而后外侧分支再次分支，侧附突较长，二分支，外侧分支始于近中部，约为内侧分支的 1/2 长。

观察标本：1 雄，重庆缙云山，850 m，2021.Ⅻ.8，余廷濠。
分布：中国（重庆缙云山、陕西、四川）；日本。

23. 沃小叶蝉属 *Warodia* Dworakowska, 1970

Warodia Dworakowska, 1970b: 215. Type species: *Typhlocyba hoso* Matsumura, 1931.

属征：头冠钝圆突出，冠缝明显；前翅在爪区末端处稍有加宽；后翅 2 横脉，末端渐细，钝圆。前翅在爪区中域及 Cu 纵脉上常有纵向长条纹，皆与爪缝平行。
雄性尾节侧瓣狭长或末端平截，末端有数根小硬刚毛。下生殖板狭长，基部有 1 大刚毛，外侧缘由中部始向端具 1 列小刚毛并端向渐密，由基向端还有 1 列较长的细刚毛。阳基侧突基部短，中部瘤突发达但较短，有丛生的刚毛，端部较长；外侧缘具 1 列小刚毛，内缘有较平整的小硬毛。连索较大，中脊发达，长凸字形。阳茎干较直，末端有成对突起。

分布：古北区、东洋区。世界已知 10 种，中国已知 10 种，本书记述 1 种。

（29）本州沃小叶蝉 *Warodia hoso* (Matsumura, 1931)

Typhlocyba hoso Matsumura, 1931: 64.
Warodia hoso: Dworakowska, 1970b: 215.

体连翅长：雄性 2.80 mm，雌性 3.40 mm。
冠缝达头冠顶端。前翅革区有 1 条纵纹。
腹内突达第 4 腹节末端。尾节侧瓣后缘近腹缘有延长，亚后缘具成片小刚毛，基腹缘具成列小刚毛。阳基侧突末端稍钝，刚毛延伸至近端 2/3 处。阳茎干端部具 2 对附突，背附突较短，弧形弯曲，末端相对，腹附突长，超过干长，两突起在近基部处会合，然后分别弯向两侧，干顶端还有单个短小突起。

观察标本：1雄，重庆缙云山，850 m，2021.XII.8，余廷濠。

分布：中国（重庆缙云山、陕西、新疆、江苏、浙江、湖北、湖南、广西）；日本。

叉脉叶蝉族 Dikraneurini McAtee, 1926

体白色、淡黄色、黄色、橙色、淡褐色、褐色等，头冠通常具有黑色、褐色等斑点。后翅膜质，第1、2臀脉完全愈合或不愈合，CuA脉2分支，周缘脉超过R+M脉，末端在翅近中部与C脉或MP脉相接；腹内突通常很发达，伸达第4或第5腹节；下生殖板末端尖或圆，外缘近基部刚毛成单列或散生，近中部通常有大刚毛。

世界性分布。世界已知71属490余种，中国已知20属43种，本书记述1属1种。

24. 叉脉小叶蝉属 *Dikraneura* Hardy, 1850

Dikraneura Hardy, 1850: 423. Type species: *Dikraneura variata* Hardy, 1850.

属征：头冠前端弧形突出，后缘凹入，冠缝明显；颜面宽阔，额唇基区隆起。前胸背板宽阔，前缘弧形突出，后缘凹入，胸宽约等于或略大于头宽；中胸盾间沟短，未达侧缘。

雄性尾节侧瓣基部阔，端向收狭，端部角状略弯向背上方，着生小刚毛，无尾节突；下生殖板基部略宽，端向略狭，有4种类型的刚毛。阳基侧突弯曲，近端部有细刚毛。端部有细齿突；阳茎细长，呈钩状。肛突侧面观不明显，腹面观相对延伸，弯曲。

分布：世界广布。世界已知70种，中国已知4种，本书记述1种。

（30）东方叉脉小叶蝉 *Dikraneura orientalis* Dworakowska, 1993

Dikraneura orientalis Dworakowska, 1993: 154.

体连翅长：雄性3.60-4.15 mm。

体黄褐色。头冠、前胸背板前缘、小盾片浅黄褐色，前胸背板中部及后缘黄褐色，复眼黑褐色；前后翅浅黄褐色透明，翅脉褐色。头冠前缘钝圆突出。

腹内突较发达，伸达第4腹节。雄性尾节侧瓣基部略宽，端部有1较长指状突起，端部着生3根大刚毛，近端部区域着生一些小刚毛。下生殖板基部宽阔，端半部狭窄，端部钝圆，腹面布满齿突，端部着生一些较大刚毛，中部着生一行大刚毛。阳基侧突较细，端部渐细，端前突片状。连索"U"形，两臂端部二分叉状。阳茎背腔发达，阳茎干较细，端部、腹面近基部及腹面近中部各有1对较短突起，阳茎干亚端部背面也有1个角状突起。

观察标本：1雌，重庆缙云山，850 m，2021.XII.8，余廷濠。

分布：中国（重庆缙云山、河南、陕西、浙江、台湾、四川、云南）；日本。

斑叶蝉族 Erythroneurini Young, 1952

体小，纤弱，体长一般2-6 mm。多无单眼。前翅中域翅室完全消失，无端片，端部具4个翅室,近平行,个别属端室不平行。后翅臀脉端部愈合,周缘脉缩短,不超过 MP″+CuA′脉,大多数属延伸至CuA″脉并与其愈合形成短脉,个别属周缘脉退化。

世界性分布。世界已知180属2000余种,中国已知55属320余种,本书记述5属7种。

分属检索表

1. 体浅褐色至黑褐色 ·· 端刺叶蝉属 *Salka*
- 体黄白色 ·· 2
2. 连索"V"形或"U"形 ··· 安小叶蝉属 *Anufrievia*
- 连索"Y"形 ··· 3
3. 单眼存在 ·· 新小叶蝉属 *Singapora*
- 单眼退化 ·· 4
4. 尾节侧瓣无大刚毛 ··· 卡小叶蝉属 *Kapsa*
- 尾节侧瓣具大刚毛 ··· 斑翅叶蝉属 *Tautoneura*

25. 卡小叶蝉属 *Kapsa* Dworakowska, 1972

Kapsa Dworakowska, 1972c: 402. Type species: *Typhlocyba furcifrons* Jacobi, 1941.

属征：头冠前缘角状或略呈角状突出,冠缝明显;颜面狭长。前胸背板前缘突出,后缘凹入或平直,宽于或略等于头宽。前翅无AA脉;后翅无或有亚前缘脉。

腹内突不发达,个别种类腹内突宽阔,较发达。肛突发达,或仅具极小的痕迹。尾节侧瓣基腹角生有粗壮长刚毛或纤细长刚毛,近后缘内侧具1列小刚毛;具尾节背突。下生殖板近基部至中部着生数根大刚毛,呈直线排列。阳基侧突末端具2次延伸。连索"Y"形,中叶明显。阳茎干管状。阳茎口位于阳茎干末端或亚端部。

分布：古北区、东洋区、澳洲区。世界已知2亚属31种,中国已知2亚属14种,本书记述1亚属2种。

坚耳卡叶蝉亚属 *Kapsa* (*Rigida*) Cao et Zhang, 2013

Kapsa (*Rigida*) Cao et Zhang in Yang, Cao & Zhang, 2013: 127. Type species: *Kapsa simlensis* Dworakowska, Nagaich et Singh, 1978.

属征：尾节背突刀片状。下生殖板具4-6根大刚毛,向端部渐粗渐长。阳基侧突端部多为足状,少数种类分叉。连索中叶端部具骨片,背向延伸。阳茎干多侧扁,端部背面覆钝齿状刻痕,无突起或端部具1突起;多具前腔突。

分布：古北区、东洋区。世界已知13种,中国已知8种,本书记述2种。

(31) 燕尾卡小叶蝉 *Kapsa* (*Rigida*) *furcata* Cao et Zhang, 2013

Kapsa (*Rigida*) *furcata* Cao et Zhang, 2013: 133.

体连翅长：雄性3.30 mm。

体棕色,前翅浅棕色,蜡质区黄色,爪区棕色。

冠缝明显，超过头冠中线的一半。颜面侧面观扁平，较短。腹内突小，未伸达第3腹节后缘。刚突细长。尾节背突短，向端部渐细，腹向弯曲。下生殖板侧面生有6根大刚毛，上缘基部的粗壮小刚毛和端部尖锐小刚毛形成连续的一列。阳基侧突叉状，端齿和亚端齿等长，端前叶小。连索侧臂长，中柄短。阳茎干侧面观扁，前腔突细，超过阳茎干的一半，阳茎口位于腹侧端部。

观察标本：1雄，重庆缙云山，850 m，2021.Ⅻ.8，余廷濠。

分布：中国（重庆缙云山、西藏）。

（32）端刺卡小叶蝉 *Kapsa* (*Rigida*) *apicispina* Yang *et* Zhang, 2013

Kapsa (*Rigida*) *apicispina* Yang *et* Zhang in Yang, Cao & Zhang, 2013: 130.

体连翅长：雄性 2.99 mm，雌性 3.00 mm。

体白色。复眼黑色。腹内突极小，仅伸达第3腹节前缘。

肛突极小。雄性尾节侧瓣背突棒状，基部宽阔，端向渐细。下生殖板基部宽阔，外缘2/5 着生2 列小刚毛，自此至末端着生1 列小刚毛，亚端部腹面中部着生数根小刚毛，自2/5 处至中部着生数根大刚毛，呈直线排列。阳基侧突细长，末端足状。阳茎干侧面观扁平，末端中腹缘具1个长刺状突起；前腔基部宽阔，端向渐细；背腔小。阳茎口位于阳茎干末端。

观察标本：1雄，重庆缙云山，850 m，2021.Ⅻ.8，余廷濠。

分布：中国（重庆缙云山、云南）。

26. 安小叶蝉属 *Anufrievia* Dworakowska, 1970

Anufrievia Dworakowska, 1970c: 761. Type species: *Anufrievia rolikae* Dworakowska, 1970.

属征：头冠前缘钝圆突出，冠缝明显。额唇基区隆起，前唇基长，舌侧板小。前胸背板前缘突出，后缘略凹入。后翅亚前缘脉明显。

雄性尾节侧瓣骨化程度高，基腹缘着生数根粗壮大刚毛，近中域散生数根纤细刚毛。下生殖板末端略超过尾节侧瓣后缘；下生殖板基部较阔，至中部渐狭，末端圆。阳基侧突细长，近端前叶处着生几个感觉窝，末端通常二叉状，个别种类无。阳茎干管状，端部具1 对着生点或多或少相错的突起；前腔具突起；背腔长管状。

分布：古北区、东洋区。世界已知33 种，中国已知25 种，本书记述2 种。

（33）如龙安小叶蝉 *Anufrievia rolikae* Dworakowska, 1970

Anufrievia rolikae Dworakowska, 1970c: 762.

体连翅长：雄性 3.00 mm。

头冠冠缝两侧带有橙色，无斑纹。中胸背板的三角斑黑色。

腹内突略超过第4 腹节前缘。具有尾节背突，亚端部分叉，上分支鹰嘴状，长于下分支。尾节侧瓣近后缘着生几根小刚毛，基腹缘着生2 根大刚毛。阳基侧突端部分叉，二次延伸长于一次延伸。阳茎背腔发达，长于前腔，端突较长，着生于端部，阳茎口位于腹侧中间略靠上位置。

观察标本：1雄，重庆缙云山，850 m，2021.XII.8，余廷濠。

分布：中国（重庆缙云山、江苏）。

（34）拟卡安氏小叶蝉 *Anufrievia parisakazu* Cao *et* Zhang, 2018

Anufrievia parisakazu Cao *et* Zhang in Cao *et al*., 2018: 218.

体连翅长：雄性 3.40-3.60 mm，雌性 3.40 mm。

头冠及胸部背面黄褐色，头冠顶端具1对三角形黑斑，后缘具黑色横带。颜面前唇基端部颜色较深，舌侧板及颊黄白色。前翅浅褐色，蜡质区褐色。

下生殖板端部内缘弧形，窄于基部。阳基侧突端部足状，亚端齿与端齿间垂直。连索中柄阔，无中叶。阳茎基部较端部略阔，背缘略锯齿状，平直，突起位于亚端部，较短，侧面观略头向弯曲，腹面观较直；前腔突直，较长，由基部向端部渐狭，端部尖锐；阳茎开口于中部。

观察标本：1雄，重庆缙云山，850 m，2021.XII.8，余廷濠。

分布：中国（重庆缙云山、陕西）。

27. 端刺叶蝉属 *Salka* Dworakowska, 1972

Salka Dworakowska, 1972d: 778. Type species: *Zygina nigricana* Matsumura, 1932.

属征：头冠前缘略突出，冠缝明显。前胸背板长约为头冠的2倍。前翅半膜质，蜡质区棕色至黑棕色，第1和第3端室大而阔，第2端室狭窄，第4端室短而宽阔；后翅翅脉完整。

尾节侧瓣具尾节背突。尾节侧瓣与肛管连接处头向部位着生1根或多根大刚毛；侧瓣基腹缘着生1组大小不一的大刚毛，端半部散生纤细刚毛。阳基侧突末端变化多样。阳茎干管状，阳茎口多位于亚端部。

分布：东洋区。世界已知78种，中国已知45种，本书记述1种。

（35）贾加端刺叶蝉 *Salka jaga* Sohi *et* Mann, 1994

Salka jaga Sohi *et* Mann, 1994: 36.

体连翅长：雄性 3.00 mm。

头冠稍微突出，在头冠前缘有1个圆形黑斑，颜面褐色，向复眼方向为棕色。前唇基棕色，前胸背板前部黑棕色，有1个"Ω"状褐色斑纹，其余部位和中胸背板小盾片部位为暗棕色。

尾节背突和腹突端部明显超出尾节侧瓣后缘，尾节背突端部鸟喙状。基腹角着生几根小刚毛。阳基侧突端部宽扁，端前叶明显。阳茎管状，端部有1个向腹侧延伸在近中部分叉的长突起，还有1个北向延伸的细短突起。连索中柄阔，中叶指状。

观察标本：1雄，重庆缙云山，850 m，2021.XII.8，余廷濠。

分布：中国（重庆缙云山、台湾）。

28. 新小叶蝉属 *Singapora* Mahmood, 1967

Singapora Mahmood, 1967: 20. Type species: *Singapora nigropunctata* Mahmood, 1973: 37.

属征：头冠前缘钝圆突出，前、后缘平行；冠缝明显。具单眼，舌侧板发达。前胸背板前缘突出，后缘明显凹入，前胸长约为头长的 2 倍，前胸略宽于头宽。

雄性尾节侧瓣后缘略短于下生殖板末端。下生殖板亚端部折叠，末端圆，外缘基部刚毛较端部长而粗。阳基侧突基部短，端部长，覆横纹；近端前叶处着生几根感觉毛。连索"Y"形，具中叶。阳茎干背向弧形弯曲；前腔具 1 个发达突起。阳茎口位于阳茎干末端或亚端部。

分布：古北区、东洋区。世界已知 18 种，中国已知 15 种，本书记述 1 种。

（36）盈江新小叶蝉 *Singapora yingjiangica* Cao et Zhang, 2014

Singapora yingjiangica Cao et Zhang in Cao et al., 2014: 347.

体连翅长：雄性 3.80 mm。

腹内突延伸至第 7 腹节后缘。肛突端部窄，有弯曲。尾节侧瓣短，端部平截。下生殖板超过尾节侧瓣后缘，中部外缘有约 5 根大刚毛，向端部生有 1 列小刚毛；上缘亚基部生有数根粗壮长刚毛，向端部延伸有 1 列小刚毛。阳基侧突端部长，向侧面明显弯曲，内缘有突起；基部短。阳茎干管状，端部具 1 对纤细突起，腹向弯曲，阳茎口位于腹侧端部。

观察标本：1 雌，重庆缙云山，850 m，2021.Ⅻ.8，余廷濠。

分布：中国（重庆缙云山、云南）。

29. 斑翅叶蝉属 *Tautoneura* Anufriev, 1969

Tautoneura Anufriev, 1969: 186. Type species: *Tautoneura tricolor* Anufriev, 1969.

属征：头冠前缘角状突出或略呈角状突起，冠缝明显。前胸背板前缘突出，后缘凹入，略长于头长，略宽于或等于头宽。

腹内突宽阔。肛突发达，个别种类无。雄性尾节侧瓣基腹缘着生刚毛；具尾节背突；有或无尾节腹突。下生殖板近基部刚毛较端部粗，近中部着生 2-4 根大刚毛。阳基侧突末端形状各异。连索"Y"形，大多数种类具中叶，个别种类无中叶。

分布：东洋区。世界已知 60 种，中国已知 22 种，本书记述 1 种。

（37）日本斑翅叶蝉 *Tautoneura japonica* (Dworakowska, 1972)

Erythroneura (*Balila*) *japonica* Dworakowska, 1972b: 865.
Tautoneura japonica: Oh, Pham & Jung, 2016: 196.

体连翅长：雄性 2.10-2.40 mm，雌性 2.30-2.50 mm。

体淡黄色。额唇基和前唇基乳黄色。前翅透明黄色，通常有 3 个淡红色斑点，有时增加到 4-6 个，视地理区域而定。足淡黄色，没有花纹。

尾节侧瓣在下方基部转角处具有 2 根大刚毛，尾节腹突细长，镰刀状，远远超过尾节尾部边缘。下生殖板在中部具有3根粗长刚毛，内侧具有数个短刚毛。阳基侧突近中部大，端部具有2个尖突。阳茎干侧面观宽大，有1对分支突向基部延伸，腹面观薄且背弓状。连索简化，不明显。

观察标本：1雄，重庆缙云山，850 m，2021.XII.8，余廷濠。

分布：中国（重庆缙云山）；韩国，日本。

（七）广头叶蝉亚科 Macropsinae

头冠宽短，前、后缘不平行，距复眼近的两端最宽，中央处最窄；单眼生于颜面，单眼间距为单眼至同侧复眼距离的2-6倍；唇基小且阔，端部略膨大；前胸背板宽大；中域隆起明显，表面有明显的刻痕；前翅端片狭或消失。尾节较短，末端常有尖刺状附突；下生殖板细长，呈片状；阳茎干多呈管状。

世界性分布。世界已知17属640余种，中国已知7属105种，本书记述1属1种。

30. 广头叶蝉属 *Macropsis* Lewis, 1834

Macropsis Lewis, 1834: 49. Type species: *Iassus prasinus* Boheman, 1852.

属征：头冠"V"形角状突出，等于或稍宽于前胸背板。颜面长大于宽；额区平坦或稍突出；雄性舌侧板变化大，但多数舌侧板狭；前唇基基部至端部渐狭，有些种类唇基端部膨大。头冠与前胸背板近等宽。前胸背板中域隆起，密生斜向刻痕。前翅端前室3个，个别种类翅脉上分布有白色斑点，端片狭。

雄性尾节腹缘具附突，指向后缘或背缘。下生殖板细长片状，背向稍弯。阳基侧突细长。背连索纤细且骨化程度低。阳茎基部肿大，阳茎干为端向渐细的管状。

分布：世界广布。世界已知270余种，中国已知37种，本书记述1种。

（38）艾琳广头叶蝉 *Macropsis (Macropsis) irenae* Viraktamath, 1981

Macropsis (Macropsis) irenae Viraktamath, 1981: 301.

体连翅长：雄性3.5-3.7 mm，雌性3.7-4.0 mm。

成虫体赭黄色，中胸小盾片两基侧角具深褐色三角形斑。前翅灰褐色，爪区中央、爪区末端和端室处由许多稠密的棕色小点形成1可见的宽横带，爪脉末端和爪区端部通常夹杂褐色斑点。颜面上缘域、前胸背板和中胸小盾片具明显的中纵脊。

雄性第2背板内突呈宽三角形，顶端轻微向内弯曲；第2腹节腹内突形状近似，末端尖细。尾节腹突平扁，轻微呈螺旋形扭曲，后缘中央域具有不规则的齿突，后面观腹突末端弯向外侧。

雌性第2产卵瓣具3-5个亚端突。

观察标本：1雄，重庆缙云山，850 m，2021.XII.11，余廷濠。

分布：中国（重庆缙云山、海南、云南）；日本，印度，尼泊尔。

（八）离脉叶蝉亚科 Coelidiinae

头冠窄于前胸背板；单眼位于头冠近前缘处或前缘或侧缘；触角窝位于近复眼前腹侧角；额唇基区长大于宽，表面有微粒；喙端节较长，为倒数第 2 节的 2-3 倍；前胸背板具小瘤突，瘤突具刚毛；前翅狭长，翅脉 R 脉 3 分叉，具横脉 s，无 r-m$_1$ 横脉（具 2 个端前室，端前外室闭合），具 5 个端室，端片发育完全，有时延伸至整个翅端缘；前足胫节刺列 AD 和 AV 之间近基部具 1 短列附属毛刺；生殖瓣与尾节侧瓣愈合；雌性第 2 产卵瓣具中背部齿突。

世界性分布。世界已知 100 属 800 余种，中国已知 4 属 148 种，本书记述 4 属 5 种。

分属检索表

1. 阳茎基部有 1 枚发达的腹片 ··· 片叶蝉属 *Thagria*
- 阳茎基部无腹片 ·· 2
2. 阳茎干端部齿状，无明显的突起 ··· 无突叶蝉属 *Taharana*
- 阳茎干有明显突起 ·· 3
3. 阳茎干有 1 个突起 ·· 单突叶蝉属 *Olidiana*
- 阳茎干有 2 个突起 ·· 丽叶蝉属 *Calodia*

31. 丽叶蝉属 *Calodia* Nielson, 1982

Calodia Nielson, 1982: 140. Type species: *Calodia multipectinata* Nielson, 1982.

属征：雄性外生殖器局部不对称，尾节大，罕有尾节突。阳茎不对称，阳茎干近端部至少有 2 个阳茎突，阳茎常具齿状突起。

分布：东洋区。世界已知 76 种，中国已知 8 种，本书记述 1 种。

（39）端刺丽叶蝉 *Calodia apicalis* Li, 1989

Calodia apicalis Li, 1989: 3.

体连翅长：雄性 7.2 mm。

体黑褐色。头部淡黄褐色，颜面额唇基两则、前唇基中央鲜红色。前胸背板黑色，有黄色颗粒，小盾片黑色；前翅黑色，散布不规则淡黄褐色斑，翅脉黑色，有黄褐色颗粒。

头冠两复眼前弧形突出，中域隆起，两侧凹陷，侧缘有脊；单眼位于头冠前缘；复眼大，占据头部正面 2/3；颜面额唇基平坦，两侧接近平行，前唇基端部扩大，端缘接近平直。前胸背板与头冠等长，显著宽于头冠部，具颗粒状突起；小盾片中域凹陷。

雄性尾节侧瓣发达，端半部有粗刚毛，缺端背突和端腹突；阳茎长管状，弯曲不对称，刺状突 2 支，其中 1 支长伸达中后部，另 1 支伸达中前部，端部均有小刺；连索"Y"形；阳基侧突基半部光滑，端半部有皱褶；下生殖板长柳叶状，端部有长刚毛。

观察标本：1 雄，重庆缙云山，850 m，2021.XII.12，余廷濠。

分布：中国（重庆缙云山、贵州）。

32. 无突叶蝉属 *Taharana* Nielson, 1982

Taharana Nielson, 1982: 50. Type species: *Coelidia sparsa* Stål, 1854.

属征：体中型。阳茎干管状、细长、表面光滑，阳茎干背面端部具一片狭窄区域分布的极小齿突，侧面观阳茎端部约 45°背向弯曲。阳基侧突非常短小。雄性尾节尾突及腹缘突形态多变。

分布：东洋区。世界已知 42 种，中国已知 24 种，本书记述 1 种。

（40）齿缘无突叶蝉 *Taharana serrata* Nielson, 1982

Taharana serrata Nielson, 1982: 53.

体连翅长：雄性 7.0-7.2 mm，雌性 7.8-8.0 mm。

头部、胸部腹板和胸足淡污黄色，头冠靠近复眼处有黑褐色纵斑，额唇基两侧有红褐色纵纹，沿额颊缝边缘有黑色狭边，中、后胸腹板有黑色斑块。前胸背板及中胸小盾片黑褐色具颗粒状突起；前翅亦为黑褐色杂有黄色斑，翅脉上散生黄色颗粒。

头冠向前弧圆突出，微超过复眼前缘，自后向前渐次扩大成倒梯形。颜面额唇基隆起平坦，两侧有横迹，前唇基端部突出扩大，末端微凹。前翅翅脉明显，具 3 个端前室、5 个端室，端片发达。

雄性尾节腹面与下生殖板紧贴，端背突刀状，端腹突剑状；下生殖板长而宽，端缘有刚毛；阳茎长管状，接近对称，基半部较粗大，端半部细，端部弯而扁，着生许多刺状突起，状如牙刷，性孔位于亚端部；连索"Y"形；阳基侧突矩形且弯曲。

观察标本：1 雄，重庆缙云山，850 m，2021.XII.12，余廷濠。

分布：中国（重庆缙云山、贵州）。

33. 单突叶蝉属 *Olidiana* McKamey, 2006

Olidiana McKamey, 2006: 503. Type species: *Lodiana alata* Nielson, 1982.

属征：体中到大型。头部窄于前胸背板。单眼位于头冠前缘；复眼长卵圆形，两复眼占据头部背面宽的 2/3；颜面额唇基狭长，两侧缘向外凸，表面有细小的颗粒突起，前唇基长，端部侧缘向两侧扩展变宽。前胸背板表面被有瘤突；小盾片中央长大于前胸背板；前翅长超过腹部末端，翅脉明显，有 3 个端前室、5 个端室，端前外室闭式，端片发达。

雄性尾节侧瓣大，末端常有小叶突；雄性下生殖板细长，端缘有刚毛；背连索棒状或羽毛状；阳茎细长，管状，不对称，端部、中部或亚端部具有 1 突起；连索"Y"形；阳基侧突形状多变。

分布：古北区、东洋区。世界已知 79 种，中国已知 53 种，本书记述 1 种。

（41）翼单突叶蝉 *Olidiana alata* (Nielson, 1982)

Lodiana alata Nielson, 1982: 115.
Olidiana alata: McKamey, 2006: 503.

体连翅长：雄性 7.0-7.8 mm，雌性 8.8-9.7 mm。

头冠淡黄色，颜面额唇基两侧宽纵带纹和前唇基鲜红色。前翅黑褐色，密布淡黄色斑点，致呈网络状，翅脉黑色，有淡黄色斑；胸部腹板具大的黑色斑块，板缝边缘淡黄褐色；胸足淡黄褐色。腹部背、腹面黑色，唯雌性尾节淡黄褐色，产卵器黑色。

头冠前端宽圆凸出，中央纵向隆起；颜面额唇基侧缘微凸，前唇基端部显著扩大，端缘微凹。前胸背板中央长约与头冠等长，密布颗粒状突起；小盾片中域横凹，有细横皱纹。

雄性尾节后缘无突起；第 10 节狭长，腹面无突起；下生殖板狭长，末端有数根小刚毛。连索臂、干均较长；阳基侧突长棒状，端半部有许多细条纹；阳茎端部片状突起二分叉，各分叉均有小刺列，阳茎口位于阳茎干端部背侧。雌性腹部第 7 节腹板宽大，中央长是第 6 腹板中长的 2.5 倍，后缘波状凹入。

观察标本：1 雄，重庆缙云山，850 m，2021.Ⅻ.12，余廷濠。

分布：中国（重庆缙云山、陕西、浙江、湖北、江西、湖南、福建、台湾、广东、海南、广西、四川、贵州、云南）。

34. 片叶蝉属 *Thagria* Melichar, 1903

Thagria Melichar, 1903: 176. Type species: *Thagria fasciata* Melichar, 1903.

属征：头冠表面凹陷，低于复眼水平，复眼间距明显宽于复眼宽。复眼半球形，占据头部背面总面积的 1/3-1/2。额唇基狭长，不具中纵脊。前唇基短，两侧缘平行，基半部常隆起，端半部收缩变窄。前胸背板中线明显短于小盾片中长，表面具细小瘤突，两侧各具 1 侧脊。前足腿节中间 IC 刚毛列明显，单行排列。后足腿节端刺式 2∶2∶1。

尾节腹缘向后延伸成宽阔的尾腹瓣，后缘具 2 个尾突。阳茎细小管状，阳茎口位于端部，基部具 1 明显腹片。背连索"U"形或中域稍向前延伸，端部连接或中型骨片，其上有时具 1 对尾向突。下生殖板狭长，分节，多数端部具 1 簇细长刚毛。

分布：古北区、东洋区、澳洲区。世界已知 249 种，中国已知 63 种，本书记述 2 种。

（42）角顶片叶蝉 *Thagria birama* Zhang, 1994

Thagria birama Zhang, 1994: 20.

体连翅长：雄性 7.0-7.3 mm，雌性 7.5-8.0 mm。

体深褐色，密被污黄色小斑。头冠明显向前，呈角状突出，平坦，有 1 个浅黄褐色纵带。单眼位于复眼前方头冠侧缘。颜面黑色，向头前方突出，额唇基区宽阔，前唇基基部隆起，宽阔，端部变狭。头长大于前胸背板中长和小盾片中长。

雄性尾节后背缘有 1 对突起，中等长度；第 10 节有 1 对突起，长于尾节突。下生殖板狭长，弧形弯曲，中部外侧缘有数根大刚毛，端部有一些细刚毛。连索宽短，"Y"形。阳基侧突超过腹片端部，致端部呈二叉状。阳茎伸达腹片中长外；腹片基部宽阔，中部侧扁，端部细长，腹面近基部处至中部有 1 薄中纵脊，腹片侧面观中、端部弧形弯向腹面。

观察标本：1雄，重庆缙云山，850 m，2021.XII.12，余廷濠。

分布：中国（重庆缙云山、湖北、江西、湖南、广东、广西、贵州）。

（43）单突片叶蝉 *Thagria multipars* (Walker, 1858)

Tettigonia multipars Walker, 1858: 220.
Thagria multispars: Nielson, 1977: 56.

体连翅长：雄性 8.3-9.0 mm，雌性 9.6-10.1 mm。

头冠黑褐色，中央有 1 条淡黄色横带；额唇基中央和额唇基与前唇基接近处各有 1 淡褐色横带。中胸小盾片淡黄褐色，具不规则形褐色斑块；前翅淡黄褐色，革片部有 5 枚灰白色斑，翅脉具黄色斑。头冠前缘凸出有皱纹；小盾片中域轻度凹陷，中后部隆起有横褶皱。

雄性尾节侧瓣狭长，尾节后背缘有 1 对长突；第 10 节有 1 对突起，弯曲，短于尾节突。下生殖板近基部处分节，端节狭长，末端有细长刚毛。连索短，"Y"形。阳基侧突短，较细，端部尖。阳茎短，不达腹片中长；腹片不对称，呈长三角形，基部宽阔，端向渐狭，末端尖，端部 1/3 微弯，在腹片近基部处右侧背方有 1 个细长突起。

观察标本：1雄，重庆缙云山，850 m，2021.XII.12，余廷濠。

分布：中国（重庆缙云山、安徽、浙江、湖北、江西、湖南、福建、广东、海南、香港、广西、四川、贵州）；越南，老挝。

（九）角顶叶蝉亚科 Deltocephalinae

体中等大小。体色不一，多为绿、黄、褐色等。头冠通常等于或宽于前胸背板，有时略窄于前胸背板，与颜面圆弧相交或呈角状，单眼位于或接近头冠和颜面间的边缘，侧唇基缝伸达单眼，触角檐无或不明显。前翅翅脉比较完全，具 2-3 个端前室，一般有端片，长翅型昆虫休息时前翅端部通常互相重叠，内端室端向渐窄；后足胫节端部刚毛式多为 2∶2∶1。

世界性分布。世界已知 736 属 5940 余种，中国已知 69 属 254 种，本书记述 10 属 12 种。

分属检索表

1. 体被白色小刚毛，体扁平，卵圆形，头冠前缘有横皱纹··············乌叶蝉属 *Penthimia*
- 体不被白色小刚毛···2
2. 头冠前缘具脊或多个横纹···3
- 头冠前缘不具脊或横纹··5
3. 后足腿节端部刚毛式 2∶1∶1·······································叉茎叶蝉属 *Dryadomorpha*
- 后足腿节端部刚毛式 2∶2∶1···4
4. 连索主干不膨大，前足胫节背面刚毛式 1∶4·······················管茎叶蝉属 *Fistulatus*
- 连索主干膨大，前足胫节背面刚毛式 2∶4、4∶4 或更多·········阔颈叶蝉属 *Drabescoides*
5. 前翅有 2 个端前室···二室叶蝉属 *Balclutha*
- 前翅端前室数量大于 2··6
6. 阳茎末端有 2 对枝状突···端突叶蝉属 *Branchana*

- 阳茎末端没有 2 对枝状突 7
7. 前翅具有明显的菱形纹 .... 菱纹叶蝉属 *Hishimonus*
- 前翅不具明显的菱形纹 8
8. 连索近似"V"形或横带状 .... 木叶蝉属 *Phlogotettix*
- 连索"Y"形 9
9. 头冠前缘宽圆突出 .... 长角叶蝉属 *Longicornus*
- 头冠前缘角状突出 .... 带叶蝉属 *Scaphoideus*

35. 二室叶蝉属 *Balclutha* Kirkaldy, 1900

Balclutha Kirkaldy, 1900: 243. Type species: *Cicada punctata* Fabricius, 1775.

属征：体细长，头冠短，前、后缘平行，向前弧形突出，个别种类中间略长。额唇基窄，侧额缝伸达单眼；前唇基端向渐窄。前胸背板前缘弧形凸出，侧缘较短，后缘平直或微凹。前翅端片发达，伸达第 2 端室，外端前室缺失，内端前室基部开放，共有 2 个端前室、4 个端室；后翅具有 3 个端室。尾节宽，后缘圆弧形，后腹缘常有突起，亚后缘密生羽状大刚毛。下生殖板三角形，端部指状伸出；外缘具有单列刚毛。阳基侧突端突发达，常侧向弯曲。连索"Y"形，主干长，两侧臂发达。阳茎杆状，背向弯曲。

分布：世界广布。世界已知 119 种，中国已知 28 种，本书记述 2 种。

（44）红脉二室叶蝉 *Balclutha rubrinervis* (Matsumura, 1902)

Gnathodus rubrinervis Matsumura, 1902: 357.
Balclutha rubrinervis: Oshanin, 1906: 185.

体连翅长：雄性 3.0-3.3 mm，雌性 3.1-3.6 mm。

体黄色到黄绿色，有时着生红褐色斑纹。头冠较前胸背板略窄。后足腿节毛序为 2：2：1。雄性外生殖器尾节基部宽，尾向渐细，后腹缘具 1 个角状突起；下生殖板基部宽，端部骤细，短；连索主干略微比臂长。阳茎背腔发达，基部膨大，阳茎干细短，背向弯曲；阳茎口位于端部。

观察标本：1 雄，重庆缙云山，850 m，2021.Ⅻ.12，余廷濠。

分布：中国（重庆缙云山、河北、山西、河南、陕西、甘肃、安徽、浙江、湖北、江西、湖南、福建、台湾、海南、香港、广西、贵州、云南、西藏）；俄罗斯，韩国，日本，印度（含锡金），瓦努阿图。

（45）长茎二室叶蝉 *Balclutha sternalis* (Distant, 1918)

Empoanara sternalis Distant, 1918a: 107.
Balclutha sternalis: Vilbaste, 1968: 145.

体连翅长：雄性 3.5-4.0 mm，雌性 3.9-4.2 mm。

体淡赭黄色、黄色、黄绿色，前翅翅脉与翅同色，有时呈红色。头胸部着生稻黄色到褐色的不规则斑纹。头冠明显小于前胸背板宽。后足腿节毛序为 2：2：1。雄性外生殖器：尾节宽，端后缘尖圆，后腹缘无突起。下生殖板基部宽，端部渐细，指突长。连索主干大于侧臂长。阳茎干长，端部细如丝，基部较长，端向渐细，并急剧背向弯曲和变细。

观察标本：1雄，重庆缙云山，850 m，2021.XII.12，余廷濠。

分布：中国（重庆缙云山、陕西、甘肃、浙江、湖北、湖南、广东、海南、四川、云南）；俄罗斯，印度。

36. 端突叶蝉属 *Branchana* Li, 2011

Branchana Li in Li, Dai & Xing, 2011: 50. Type species: *Branchana xanthota* Li, 2011.

属征：体较粗壮，近圆筒形。头部与前胸背板接近等宽，头冠前端呈钝角突出，单眼较大，位于头冠前侧缘，前翅翅脉明显，端片发达，具4个端室。

雄性尾节侧瓣宽圆突出，腹缘有1枚突起；端向渐窄，外侧缘有1列粗长刚毛；阳茎干管状，末端有2对枝状突，生殖孔位于亚端部；连索近乎"Y"形；阳基侧突基部宽大，端部细而弯折。

分布：东洋区。世界已知1种，中国已知1种，本书记述1种。

（46）黄脉端突叶蝉 *Branchana xanthota* Li, 2011

Branchana xanthota Li, 2011: 50.

体连翅长：雄性5.5-5.8 mm，雌性5.8-6.0 mm。

体及前翅淡黄白色，前翅翅脉淡黄色，无明显的斑纹。

雄性尾节侧瓣端向渐细，末端近似尖突，端部微向上翘，端区有粗长刚毛，腹缘有1枚长突，此突起末端较细，向背面弯曲；基瓣近乎横带状，端缘呈角状突出；下生殖板端向渐细，末端尖突，外侧有1列粗长刚毛；阳茎干管状弯曲，两对较细，末端有4枚长突；连索主干短于臂长；阳基侧突基部粗壮，末端骤然变细而弯曲。雌性腹部第7节腹板中央长度是第6节的3倍，中央隆起，后缘接近平直，产卵器伸出尾节侧瓣端缘。

观察标本：1雄，重庆缙云山，850 m，2021.XII.12，余廷濠。

分布：中国（重庆缙云山、贵州）。

37. 阔颈叶蝉属 *Drabescoides* Kwon *et* Lee, 1979

Drabescoides Kwon *et* Lee, 1979: 53. Type species: *Selenocephalus nuchalis* Jacobi, 1943.

属征：头冠横宽，前缘弧圆形；单眼缘生，远离复眼；额唇基端向收缩，前唇基基部窄，端向略膨大；舌侧板甚宽；前胸背板前缘突出，侧缘短，近直线形，后缘横平微凹入。

雄性外生殖器尾节侧瓣长方形，后缘着生数目不等的刺状突；下生殖板近三角形，端向收狭；阳基侧突近三角形，基部宽扁，端突小；连索"Y"形，主干膨大或宽扁；阳茎宽扁，端向膨大，端部有1小尖突，近端部有侧叶；阳茎口开口于近端部腹面。

分布：古北区、东洋区、旧热带区。世界已知4种，中国已知4种，本书记述1种。

（47）阔颈叶蝉 *Drabescoides nuchalis* (Jacobi, 1943)

Selenocephalus nuchalis Jacobi, 1943: 30.
Drabescoides nuchalis: Kwon & Lee, 1979: 53.

体连翅长：雄性 7.0-7.5 mm，雌性 8.3-8.6 mm。

体黑褐色；头冠中部有 1 个 "T" 形黑斑；前胸背板中域具黑色斑块；前翅翅脉褐色。头冠前、后缘近平行；颜面额唇基基部较宽，端向略收缩；前唇基基部窄，端向略膨大，唇基间缝明显，舌侧板阔；前胸背板前缘弧圆，侧缘极短。

雄性尾节侧瓣突起背向弯曲；下生殖板近三角形，端向收缩为短指状，侧缘具少许细短刚毛；阳基侧突基部宽，端向收狭，端突短指状，连索似 "H" 形，臂纤细，干短粗，干端半部膨大加厚成圆形且二分叉；阳茎干侧面观背向弯曲，端向收缩，背面和腹面观干端部弧圆成小尖刺状，干背面观基部至中部两侧缘具侧叶，阳茎口开口于阳茎干背面近中部。

观察标本：1 雄，重庆缙云山，850m，2021.XI.6，张平、张艳。

分布：中国（重庆缙云山、北京、天津、河南、陕西、新疆、浙江、江西、湖南、福建、台湾、广东、广西、四川）；俄罗斯，朝鲜，日本。

38. 叉茎叶蝉属 *Dryadomorpha* Kirkaldy, 1906

Dryadomorpha Kirkaldy, 1906: 335. Type species: *Dryadomorpha pallida* Kirkaldy, 1906.

属征：体黄色、黄绿色或淡黄色，前翅在爪片和爪脉端部有 1 个小褐斑或爪片内缘褐色，足上散布褐色小点。头冠前缘尖锐，角状，有横纹，前缘具横脊。单眼缘生，远离复眼。颜面侧面观微凹或直，额唇基区狭长，侧缘靠近触角处收缩。小盾片与前胸背板等长，端部粗糙，具横皱。前翅具 4 个端室、3 个端前室；后足腿节端部刚毛式 2∶1∶1。

雄性外生殖器尾节侧瓣无突起，有 1 倾斜的内脊伸达后腹缘，分布有大型刚毛；生殖瓣三角形；下生殖板基部较宽，端向渐细，端部粗指状，侧缘有许多小刚毛；阳基侧突端突长；连索 "Y" 形，干短或长，臂短；阳茎背向弯曲，阳茎干长，有 2 个或 4 个端突；阳茎口位于端部腹面。

分布：世界广布。世界已知 8 种，中国已知 1 种，本书记述 1 种。

（48）叉茎叶蝉 *Dryadomorpha pallida* Kirkaldy, 1906

Dryadomorpha pallida Kirkaldy, 1906: 336.

体连翅长：雄性 5.0-5.5 mm，雌性 6.0-6.5 mm。

体黄绿色；头冠近后缘靠近复眼处具 2 个模糊的棕色斑点；前翅爪脉端部有深褐色斑块；胸足上散布褐色小点。

头冠前缘角状突出，中长是两侧长的 2 倍多，冠缝明显；单眼缘生，远离复眼；颜面三角形，额唇基区狭长，其两侧缘近平行；前唇基端部膨大；头冠近等宽于前胸背板；前胸背板侧缘极短，中域具细横隆线；前翅透明，具 3 个端前室和 4 个端室；后足腿节端部刚毛式 2∶1∶1。

雄性尾节侧瓣近端部着生有大型长刚毛，近端部有 1 斜内脊向腹缘伸达，腹后缘无突起；下生殖板端部粗指状，侧缘有较多细长刚毛；阳基侧突端向收狭，端突稍长，侧叶显著；连索 "Y" 形，臂短于干长；阳茎干长，背向弯曲，干端部二分叉，具 2 个长突起。

分布：中国（重庆缙云山、浙江、福建、台湾、香港、澳门）；日本，印度，尼泊尔，孟加拉国，老挝，泰国，斯里兰卡，菲律宾，新加坡，印度尼西亚，澳大利亚。

39. 管茎叶蝉属 *Fistulatus* Zhang, 1997

Fistulatus Zhang in Zhang, Zhang & Chen, 1997: 237. Type species: *Fistulatus sinensis* Zhang, 1997.

属征：头冠长小于复眼间距离之半，中长略大于两侧长，冠缝明显，冠域有斜条纹向头前方会聚；头部前缘具数条横隆线；单眼缘生，远离复眼；颜面宽大于长；触角细长，位于复眼前上角，触角窝深，扩展到额唇基。额唇基区微隆起；前唇基两侧弧形内凹，端部扩大；前胸背板前缘突出，侧缘较短，后缘近平直，微凹入。小盾片三角形，与前胸背板等长。前翅具4个端室、3个端前室；前足胫节背面刚毛式1∶4，后足腿节端部刚毛式2∶2∶1。尾节侧瓣具突起或内突，生殖瓣近梯形；连索"Y"形；阳茎背腔较发达。

分布：古北区、东洋区。世界已知5种，中国已知5种，本书记述1种。

（49）双齿管茎叶蝉 *Fistulatus bidentatus* Cen *et* Cai, 2002

Fistulatus bidentatus Cen *et* Cai, 2002: 117.

体连翅长：雄性6.8-7.2 mm，雌性8.0-8.2 mm。

头冠前端弧圆突出，中长大于复眼处冠长，近为复眼间宽1/2弱，冠缝可见基半部；单眼位于前侧缘上，与复眼的距离约为自身直径的2倍，单眼后方冠面横向凹洼。颜面唇基整体微隆起，前唇基中部略收窄，末端稍扩大。前胸背板中长为头冠的2倍强，为自身宽度的1/2；前缘圆形突出，后缘弧凹，表面除前缘域外具细密横皱纹。小盾片近与前胸背板等长，横刻痕拱形，不达侧缘。前翅长为宽的3.5倍，翅端锐圆，端片较宽，包围第1、2端室。

尾节侧瓣三角形，端部渐次收缢成长刺突状向内相向折曲，腹缘域部分内卷，端半部腹后缘具大刚毛10余根；下生殖板近与尾节侧瓣等长，基部2/5宽，端大半部细长延伸成燕尾状；阳基侧突基部宽，趋向端部收窄，末端折向侧方尖出；阳茎细长，背面两侧脊起，末端及端前部各有1对齿状突，阳茎背突长大，阳茎口位于阳茎末端。

分布：中国（重庆缙云山、浙江）。

40. 菱纹叶蝉属 *Hishimonus* Ishihara, 1953

Hishimonus Ishihara, 1953: 11. Type species: *Acorcephalus disciguttus* Walker F., 1857.

属征：体黄色或淡绿色，头、胸部常有褐色斑纹，前翅具明显的菱形纹。头冠与前胸背板等宽，前端宽圆，前缘于2复眼间有1横凹，额唇基长大于宽，前唇基长，两侧接近平行。前胸背板表面有横皱纹；小盾片略短于前胸背板；前翅后缘中部有1褐色大斑，近于半圆形，当两翅合拢时呈圆形或菱形纹，翅端有稠密的暗褐斑，其间散杂3-4枚白色斑。

雄性尾节侧瓣端区有长刚毛，后缘无突起；下生殖板端向渐窄至成指状突，侧缘具粗刚毛，端缘有长毛；阳茎二叉状；连索"Y"字形；阳基侧突末端呈指形突起。

分布：世界广布。世界已知 62 种，中国已知 25 种，本书记述 1 种。

（50）端钩菱纹叶蝉 *Hishimonus hamatus* Kuoh, 1976

Hishimonus hamatus Kuoh, 1976: 436.

体连翅长：雄性 3.5-3.7 mm，雌性 3.8-4.2 mm。

头冠黄绿色，前缘有 1 枚深褐色横斑，中域于中线两侧有褐色圆斑 1 对，单眼后方有 1 枚浅褐色横纹；颜面淡黄白色无任何斑纹。前胸背板黄绿色，中后部绿色加深至晦暗，侧区有 2-3 个褐色斑点；小盾片橙黄色，基角处色较深至晦暗，中央有褐色纵线，横刻在中线两侧有 1 枚淡色斑纹，近端部有 1 枚黑褐色横纹；前翅淡黄白色，半透明，散生不规则淡褐色斑纹，翅脉淡黄褐色；胸部腹板及胸足基节深棕褐色，其余各节淡黄绿色，具褐色斑点。

雄性尾节侧瓣近似长方形突出，端区有粗长刚毛；下生殖板基部宽大，端部骤然变细如线，并具横皱纹；阳茎二叉状，端叉较细，端部膨大，末端内缘近端部有 1 小钩；连索主干较细，长度超过臂长；阳基侧突由基至端渐细，长度约伸至阳茎端叉的中部。

观察标本：1 雄，重庆缙云山，850 m，2021.Ⅻ.12，余廷濠。

分布：中国（重庆缙云山、宁夏、新疆、江西、湖南、四川、贵州）。

41. 长角叶蝉属 *Longicornus* Li *et* Song, 2008

Longicornus Li *et* Song, 2008: 27. Type species: *Longicornus flavipuncatus* Li *et* Song, 2008.

属征：头冠中央长度大于两复眼内缘间宽，前缘宽圆突出，复眼大，单眼位于头冠前侧缘，颜面光滑，额唇基长大于宽，其长度大于两复眼间宽，触角很长，其长度向后延伸超过小盾片末端。前胸背板很大，中长是头冠中长的 2 倍，具横皱纹；小盾片较前胸背板短；前翅长超过腹部末端，具 4 个端前室、3 个端室，端片宽大。

雄性尾节侧瓣端区有粗长刚毛；下生殖板宽大，侧缘有粗长刚毛；阳茎干粗大，末端有 1 对粗长的突起；连索长"Y"字形；阳基侧突宽扁，末端细而弯曲。

分布：东洋区。世界已知 4 种，中国已知 4 种，本书记述 1 种。

（51）云南长角叶蝉 *Longicornus yunnanensis* Xing *et* Li, 2011

Longicornus yunnanensis Xing *et* Li in Li *et al.*, 2011: 112.

体连翅长：雄性 5.4 mm，雌性 5.6-5.7 mm。

头冠黄褐色，端部黑褐色，靠近复眼处黄白色，且中央具有 1 枚黑斑，前缘域具 5 个黄白色斑，后缘域具 2 个黄白色斑。复眼黑色，单眼棕黄色，颜面灰黄色，额唇基两侧具有黑褐色横斑纹。前胸背板黄褐色，有不规则黑褐色斑纹，前缘域具 2 枚浅白色斑；小盾片黄褐色，两侧缘各具有 2 黄白色斑；前翅具有不规则暗褐色斑，翅脉褐色。

雄性尾节侧瓣宽大，端部略窄，端背缘略尖突，端腹缘宽圆；生殖瓣近似半月形；

下生殖板宽短，端部内侧凹陷；阳茎干粗大，侧面观端部明显小于基部，末端具有1对细长突起，向后延伸；连索近似"Y"字形，主干较长，中部弯折状；阳基侧突基部略宽，中后部狭窄，亚端域内缘具细毛列，端部变细弯曲，弯曲处有细小刚毛，末端尖突。

观察标本：1雄，重庆缙云山，850 m，2021.XII.12，余廷濠。

分布：中国（重庆缙云山、云南）。

42. 乌叶蝉属 *Penthimia* Germar, 1821

Penthimia Germar, 1821: 46. Type species: *Cercopis atra* Fabricius, 1794.

属征：体宽短，卵圆形，扁平。头冠宽短，向前下方倾斜，具有横皱纹，颜面横宽，后唇基稍微隆起。单眼位于头冠部，单眼间距大于相邻单复眼间距；头冠宽小于前胸背板宽；头冠中长小于小盾片中长，约为两复眼间宽度之半；小盾片横宽，宽大于长，且基缘明显长于侧缘。前翅宽阔，长为宽的2倍多；爪片末端横截；端片宽大。

分布：世界广布。世界已知84种，中国已知23种，本书记述1种。

（52）茂兰乌叶蝉 *Penthimia maolanensis* Cheng et Li, 2003

Penthimia maolanensis Cheng et Li, 2003: 289.

体连翅长：雄性4.5-4.8 mm，雌性4.7-5.0 mm。

体及前翅黑色，复眼深褐色，内侧缘黄褐色。小盾片侧缘于横刻痕末端及端区有1赭色斑点，前基部散生赭色斑，端区淡褐色，有不规则白色透明斑，胸部腹面及胸足黑色，腹部背、腹面亦黑褐色无斑纹。

头冠中长微短于两复眼内缘间宽。前胸背板前缘弧圆突出，后缘弧形凹入，小盾片横刻痕位于中部，两端伸达侧缘。头冠、前胸背板、中胸小盾片被皱纹和刻点，前翅被灰白色细毛。

雄性尾节侧瓣端缘宽圆突出，近端部中域散布稀疏粗长刚毛，近端缘渐密；下生殖板宽大，外缘弧圆，端缘弧圆突出，近内侧域有排列不规则的粗长刚毛，内侧缘布有1列细毛；阳茎由基至端渐狭弯曲；连索"Y"形，主干长略大于臂长2倍；阳基侧突基部宽扁，端部细成弯指状。

观察标本：1雄，重庆缙云山，850 m，2021.XII.12，余廷濠。

分布：中国（重庆缙云山、贵州）。

43. 木叶蝉属 *Phlogotettix* Ribaut, 1942

Phlogotettix Ribaut, 1942: 262. Type species: *Phlogotettix cyclops* Mulsant et Rey, 1855.

属征：体长圆筒形。头冠前端呈钝角状向前突出，冠面较平坦，单眼位于头冠前缘近复眼处，颜面微隆起。前胸背板横宽，长宽接近相等；小盾片三角形，其长度与前胸背板中长相等。前翅翅脉明显，具4或5个端室、3个端前室，其中中端前室狭长，中部收狭，外端前室短，仅及中端前室之半，内端前室基部开放，端片狭长。

雄性尾节侧瓣腹缘常具突起；下生殖板端部细长如线，具有长刚毛；阳茎管状常有突起和分叉；连索近"V"形或横带状。

分布：古北区、东洋区、澳洲区。世界已知11种，中国已知7种，本书记述1种。

（53）单斑木叶蝉 *Phlogotettix monozoneus* Li *et* Wang, 1998

Phlogotettix monozoneus Li *et* Wang, 1998: 373.

体连翅长：雄性4.0-4.4 mm，雌性4.3-4.8 mm。

体橙黄色，头冠基域中央有1枚黑色大圆斑；复眼黑色；单眼与体同色。颜面橙黄色，两侧具颜色较深的斑纹；前胸背板及小盾片淡黄微带灰色；前翅淡黄白色，半透明。

雄性尾节侧瓣基部宽，端部圆弧状，中后区域有粗长刚毛，腹缘突起匀称，端部微向上弯；下生殖板基部宽，内侧有1枚细长突起，中部至端区缢缩如棒状，密生大量细长毛，间生几根粗长刚毛；阳茎干腹面观管状，中部膨大，端部二叉状，端突尖细，有1指状腹突；连索臂发达，主干极短；阳基侧突基部宽，中部急剧凹陷，端部呈弯钩状。

观察标本：1雄，重庆缙云山，850 m，2021.XII.12，余廷濠。

分布：中国（重庆缙云山、四川、贵州）。

44. 带叶蝉属 *Scaphoideus* Uhler, 1889

Scaphoideus Uhler, 1889: 33. Type species: *Jassus immistus* Say, 1830.

属征：头冠窄于前胸背板，前缘角状突出，中长大于两复眼间宽，单眼位于头冠前侧缘，接近复眼。前翅长，端片发达，外端前室小，中端前室收狭，基部较端部宽，内端前室基部开放，前缘脉斜插，前缘靠近外端前室有一些反折的小脉。

尾节侧瓣有成簇的大刚毛；下生殖板狭长，端部变细，呈线状突出；连索"Y"形，阳茎有成对的阳茎侧突，阳茎干小，位于生殖荚的背缘，通常与阳茎侧突和连索不相连，阳茎侧突与连索相连，阳茎口位于端部。

分布：世界广布。世界已知145种，中国已知129种，本书记述2种。

（54）斑腿带叶蝉 *Scaphoideus maculatus* Li, 1990

Scaphoideus maculatus Li, 1990b: 98.

体连翅长：雄性6.6-6.8 mm，雌性6.7-7.0 mm。

头冠淡黄色，头冠顶端有2枚小黑点，中央有1条不规则黄褐色横带，横带后两复眼间有2黑色圆斑；颜面淡黄白色，触角窝下缘处及舌侧板边缘具淡褐色块斑。前胸背板淡黑褐色；小盾片基半部淡黄褐色，基侧角褐色，端半部淡黄白色，侧缘2黑色斑点；前翅淡黄褐色，具不规则透明斑和淡黑褐色斑块。

尾节侧瓣短圆，腹缘钝圆急剧突出，末端与腹缘交界处具细角状突出。下生殖板长于尾节侧瓣，近端部1/3处突出与端部形成三角形突起；阳基侧突短，基部较宽，肩角三角形突出，端前突短三角形侧向弯曲；连索主干约为臂长的2倍，两臂聚拢；连索突起背向弯曲，端部渐细；阳茎干短小，阳茎口位于中部，阳茎口上端分两叉突出。

观察标本：1雄，重庆缙云山，850 m，2021.XII.12，余廷濠。

分布：中国（重庆缙云山、浙江、福建、广西、贵州、云南）。

（55）黑纹带叶蝉 *Scaphoideus nigrisignus* Li, 1990

Scaphoideus nigrisignus Li, 1990a: 468.

体连翅长：雄性 5.1-6.5 mm，雌性 5.3-6.7 mm。

头冠淡黄色，前缘有 1 条黑色缘线，顶端有 1 枚黑色斑，头冠中域有 1 橘黄色宽横带；颜面黄白色，基域有 3 条黑色横纹。前胸背板灰白色，前缘与中后域具 1 橙色横带；小盾片基半橙黄色，端半白色，顶角侧缘褐色。前翅淡棕色，具棕斑。

头冠圆弧状突出；前胸背板略宽于头冠，宽大于中长；小盾片中长短于前胸背板中长。

尾节侧瓣末端具两列长刚毛，中后域具数根刚毛，近腹缘刚毛长，中域刚毛短；下生殖板三角形，侧缘具细毛，近端部具两根长刚毛；阳基侧突细，端前突起长且侧向弯曲。连索两臂长于主干，1 对突起背向弯曲；阳茎干竖直，侧面观可见端部具 1 小三角形背向突起。

观察标本：1 雄，重庆缙云山，850 m，2021.XII.12，余廷濠。

分布：中国（重庆缙云山、浙江、湖北、江西、湖南、福建、广东、广西、四川、贵州）。

（十）叶蝉亚科 Iassinae

头冠宽短，中央长度一般不超过两复眼间宽的 1/2，头冠及前胸背板着生横皱纹；前胸背板宽于头部，以中后部最宽，前、后缘接近平行；单眼位于头冠前缘或与颜面基缘相交处。

雄性尾节较发达，尾节侧瓣常较宽大，一般着生许多大刚毛；连索常呈"Y"形、高脚杯形或近"山"字形；阳茎侧面观大多近"U"形或马刀形，腹面观常细长，阳茎开口常位于端部或亚端部。

世界性分布。世界已知 51 属 702 种，中国已知 6 属 83 种，本书记述 1 属 1 种。

45. 点翅叶蝉属 *Krisna* Kirkaldy, 1900

Krisna Kirkaldy, 1900: 243. Type species: *Siva strigicollis* Spinola, 1850.

属征：头冠前缘向上翻起，冠面微凹，冠缝明显；单眼位于头冠边缘，紧靠复眼或到复眼的距离等于单眼直径；颜面平坦，前唇基端向加宽；前胸背板前狭后宽，具有横皱纹，前缘弧圆，后缘微凹；小盾片三角形；前翅端片发达，第 1 端室窄长，3 个端前室，前缘近端部具有不规则短横脉，呈网状。

雄性第 8 腹节腹板宽大，多刚毛；尾节侧瓣宽，端半部着生大刚毛，腹缘具有发达的长突起；阳基侧突狭长，端突非常发达，端部背向轻微弯曲；连索"Y"形或近"山"字形；下生殖板内缘无刚毛；阳茎腔发达，阳茎干粗壮，背向弯曲。

分布：东洋区、新热带区。世界已知 34 种，中国已知 7 种，本书记述 1 种。

（56）凹痕网脉叶蝉 *Krisna concava* Li *et* Wang, 1991

Krisna concava Li *et* Wang, 1991: 298.

体连翅长：雄性 12.0-12.5 mm，雌性 14.5-15.0 mm。

雄性黄褐色，腹部背面浅红褐色，腹面稻黄色；雌性体色较浅，呈青褐色。

头冠冠缝清晰但不伸达端缘；前胸背板长度约为头冠中长的 3 倍，前缘弧圆，后缘微凹入，表面横皱纹细弱；雄性额唇基中域有 1 瘤粒状突起，雌性则不明显；前唇基基部窄，端部宽，呈梯形；小盾片与前胸背板等长，横刻痕圆弧状，端部具细微横皱纹；前翅端部增加若干短横脉，基半部翅面生有粗刻点，仅爪片末端有 2 小点，复眼栗褐色。

雄性腹部第 8 腹板后缘中央向后稍突出；尾节侧瓣端半部近心形，表面密生大刚毛，腹缘有 1 狭长突起，从中部折曲弯向下方，末端尖出；下生殖板近似马刀状，外缘密生短细刚毛；连索腹面观呈"Y"形；阳基侧突端大半部极细长；阳茎基大半部宽大，端部侧面观渐细，并在后腹面纵向槽状深陷入，阳茎中部背、腹面中央也有槽状浅陷入。

观察标本：1 雄，重庆缙云山，850 m，2021.XII.12，余廷濠。

分布：中国（重庆缙云山、河南、安徽、浙江、湖南、四川、贵州、云南）。

（十一）圆痕叶蝉亚科 Megophthalminae

体型较小，楔形；头冠、前胸背部及颜面具有暗褐色斑纹。头部明显宽于或近等于前胸背板。额唇基宽阔而平坦；前唇基通常凸出于颊。单眼位于颜面基部两复眼之间，或稍偏向上方。前翅通常具有 4 个端室和 2-3 个端前室，端片狭小或退化。后足腿节刺式为 2+1。雄性尾节侧瓣形状多样，通常具有内突或无；下生殖板呈亚三角形，通常两片分离，常具刚毛；阳茎通常为管状，性孔通常位于端部或亚端部。

世界性分布。世界已知 59 属 710 余种，中国已知 10 属 27 种，本书记述 1 属 1 种。

46. 网脉叶蝉属 *Dryodurgades* Zachvatkin, 1946

Durgades (*Dryodurgades*) Zachvatkin, 1946: 158. Type species: *Jassus reticulatus* Herrich-Schäffrt, 1834.

属征：头冠宽短，宽于前胸背板，后缘近复眼处波状。单眼彼此远离，靠近复眼，唇基缝完全，舌侧板通常膨大。头部和胸部表面颗粒状。前翅具大量附加的横脉。前足腿节 IC 列刚毛呈弧形排列，前腹面（AV）列具 2 个粗大的刚毛，其中一个较长，比较突出，后足胫节背后面（PD）列有 10+2 根毛，前背面（AD）列 7+1 根，AV 列 7+1 根。

雄性尾节侧瓣无附突，后缘圆形。连索宽大于长。阳茎干通常扁状，端部和亚端部常常具分叉的突起。第 10 背板比较发达。

分布：古北区、东洋区。世界已知 11 种，中国已知 3 种，本书记述 1 种。

（57）台湾网脉叶蝉 *Dryodurgades formosana* (Matsumura, 1912)

Agallia formosana Matsumura, 1912: 313.
Dryodurgades formosana: Viraktamath, 1973: 309.

体连翅长：雄性 4.0-4.5 mm。

成虫体浅黄褐色。头冠中央纵长短于两侧近复眼处，4个黑斑成行排列。颜面具不规则黑色斑纹和斑点，唇基黑色，两侧淡黄色。前胸背板前缘有4个横向排列的黑斑，中域有2个较大黑斑；中部有1褐色纵向线斑，其与端部中线相连。小盾片黑色，基部有2个浅黄色斑点，端部及基侧角淡黄色。前翅半透明，浅黄褐色，翅脉褐色，近基部黑色，具斑点，爪脉白色，爪区中部及端部边缘皆有一个长形褐斑。

前翅翅脉网状，一侧单眼至复眼的距离小于单眼间距。

雄性尾节尾缘略微平截，尾背域内侧有1小刺突。连索宽阔，侧缘深凹，尾缘凹陷明显呈"V"形。阳基侧突内臂短于外臂。阳茎腔背突发达。阳茎干延长，端部腹侧着生1对指向侧面的突起，其上分别着生1个齿突。

观察标本：1雄，重庆缙云山，850 m，2021.Ⅻ.11，余廷濠。

分布：中国（重庆缙云山、河南、浙江、湖北、湖南、台湾、四川、贵州）。

二、角蝉科 Membracidae

李凤娥　黄秀东　陈祥盛*
贵州大学昆虫研究所

小到大型昆虫，体长 2-20 mm。头下口式，额唇基平截或圆弧形；头顶有或无向上突起；复眼发达，单眼1对；触角刚毛状。前胸背板向后延伸盖在小盾片和腹部上方，具背突、前角突或侧突等结构；小盾片常被前胸背板遮盖，两侧露出或完全露出，顶端钝、尖锐或有缺切。前翅M脉基部愈合至Cu脉上；爪片逐渐变狭，顶端尖锐或斜截。前足转节和腿节不愈合；后足胫节有3列或更少列的小基兜刚毛。

世界性分布。世界已知412属3500余种，中国已知41属280余种，本书记述1属1种。

47. 秃角蝉属 *Centrotoscelus* Funkhouser, 1914

Centrotoscelus Funkhouser, 1914: 72. Type species: *Centrotoscelus typus* Funkhouser, 1914.

属征：前胸背板上具三角形的肩角，端钝，雌、雄均无上肩角；后突起由前胸背板后缘伸出，逐渐尖细，顶端伸达前翅臀角处；小盾片仅两侧露出，顶端具深凹缺切；胸部侧面无齿突。前翅长为宽的2.5倍，端室5个，盘室2个，端膜较宽；后翅无色透明，端室3个。足正常，后足转节内侧有齿状突起；胫节有3列基兜刚毛。

分布：东洋区、古北区。中国已知19种，本书记述1种。

（58）褐带秃角蝉 *Centrotoscelus brunneifasciatus* (Funkhouser, 1938)

Gargara brunneifasciata Funkhouser, 1938: 204.
Centrotoscelus brunneifasciatus: Yuan & Chou, 2002: 352.

---

* 通讯作者

体中型，黑色、黑褐色，体长 5.4-6.8 mm。头部黑色，有稠密刻点和黄褐色斜立细毛；头顶垂直，基缘弓形，下缘波形；复眼长椭圆形、暗黄色，具散乱黑色斑纹；单眼近圆形、黄色，位于复眼中线略上方，两单眼间距离大于到复眼间距离。前胸背板具密集刻点，黄色软毛；肩角三角形，端钝；前胸斜面近乎垂直，顶部稍倾斜，中部脊稍平，后突起基部略凹陷，顶尖，端部伸达前翅臀角处，具 4 条脊。小盾片两侧露出，顶尖，基部被黄色毛；胸部具白色绒毛。前翅基部黑褐色，翅脉黄褐色，盘室端部、端膜处具黑褐色横带。足胫节黄褐色，其余黑褐色。腹部黑色，腹板末端具黄色细条带。

观察标本：2 雌，重庆缙云山，850 m，2021.Ⅶ.24，刘天俊、隋永金。

分布：中国（重庆缙云山、台湾、海南、广西、贵州、西藏）。

蝉总科 Cicadoidea

姚文文　王宗庆
西南大学植物保护学院

体中大型，是半翅目昆虫中体型最大的一类，有些种类体长超过 50 mm。触角短，刚毛状或鬃状；3 个单眼呈三角形排列。前、后翅均为膜质，常透明，后翅小，翅合拢时呈屋脊状放置，翅脉发达；前足腿节发达，常具齿或刺；跗节 3 节。其生活历期为 4-17 年，以卵或幼虫越冬。一般产卵后一个多月孵化出幼虫，幼虫落到地上钻入土中，以植物根部为食，老龄幼虫钻出地面，一般爬到树上蜕皮羽化。雄蝉一般在腹部腹面基部有发达的发音器官。雌蝉产卵器发达，以产卵器刺进植物幼嫩枝条中产卵，可导致顶梢死亡。

三、蝉科 Cidadidae

体中型至大型，触角短，刚毛状或鬃状；3 个单眼呈三角形排列。前、后翅均为膜质，常透明，后翅小，翅合拢时呈屋脊状放置，翅脉发达；前足腿节发达，常具齿或刺；跗节 3 节。雄蝉一般在腹部腹面基部有发达的发音器官；雌性在腹部末端有发达的产卵器。成虫生活在树上，产卵在植物组织中。幼期生活在土壤中，能刺吸植物汁液。

主要分布于东洋区，古北区种类较少。世界已知 3200 余种，中国已知 260 余种，本书记述 7 属 7 种（种类由西北农林科技大学魏琮教授帮助鉴定）。

分属检索表

1. 第 3 和第 4 腹板两侧无瘤状突起 ··· 2
- 第 3 和第 4 腹板两侧具瘤状突起 ·· 螗蝉属 *Tanna*
2. 后翅有斑纹 ··· 3
- 后翅无斑纹 ··· 螂蝉属 *Pomponia*

148

3. 前胸背板侧缘具齿状突起 ·· 4
- 前胸背板侧缘不具齿状突起 ··· 马蝉属 *Platylomia*
4. 产卵鞘不伸出腹末 ·· 5
- 产卵鞘与腹末平齐或伸出腹末 ··· 6
5. 前翅翅室基横脉及各纵脉端部有褐色斑点，其余部分透明 ··············· **透翅蝉属 *Hyalessa***
- 前翅基半部密被斑纹，不透明 ··· **蟪蛄属 *Platypleura***
6. 抱钩完全愈合成曲棍状 ·· **蚱蝉属 *Cryptotympana***
- 抱钩上叶呈小钩状，左右远离 ··· **音蝉属 *Vagitanus***

48. 蟪蝉属 *Tanna* Distant, 1905

Tanna Distant, 1905a: 61. Type species: *Pomponia japonensis* Distant, 1892.

属征：头部稍窄于或等于中胸背板基部；前胸背板前侧缘角状或有小的齿突；腹部明显长于头胸部，第3、4节腹板两侧或仅第3腹板有瘤状突起，前1对较大，后1对很小或无；背瓣大。雄性腹瓣小，多为鳞片状；翅透明，前翅8个端室，后翅6个端室。

分布：古北区。世界已知25种，中国已知12种，本书记述1种。

（59）蟪蝉 *Tanna japonensis* (Distant, 1892)

Pomponia japonensis Distant, 1892a: 102.
Tanna japonensis: Distant, 1905a: 62.

体大型，头部绿色，窄于前胸背板基部。单眼浅橙黄色，复眼褐色，向两侧突出，两单眼区斑纹、头顶两侧的细纹及复眼内缘均为黑色。舌侧片、前唇基及后唇基绿色。喙黄绿色，端部黑色，超过后足基节。前胸背板内片褐色，外缘黑色，中央"I"形纹绿色，基部和端部外侧形成黑色斑纹，外缘深褐色。中胸背板绿色，具7条不明显的黑褐色纵斑。翅透明，前翅有烟褐色斑点。腹部褐色或黑褐色，被金黄色和银白色短毛，明显长于头胸部。第3节腹板上瘤状突起较大。雄性腹瓣小，达第2节腹板。雄性尾节小；上叶小，尖状；下生殖板后缘中央有较小的"V"字形缺刻，尾节端刺长。

观察标本：1雄，重庆缙云山，850 m，2021.Ⅶ.12，张会园；1雄，重庆缙云山，850 m，2021.Ⅷ.16，严淦维。

分布：中国（重庆缙云山、河南、安徽、浙江、江西、湖南、福建、四川、西藏）；日本，韩国，印度，老挝。

49. 透翅蝉属 *Hyalessa* China, 1925

Hyalessa China, 1925: 474. Type species: *Hyalessa ronshana* China, 1925.

属征：体小到大型，头部宽于前胸背板；中胸背板外片长度为内片长度的1/4-1/3；前侧缘不具齿状突起；翅透明，大部分种类中，前翅翅室基横脉及各纵脉端部有明显的褐色斑点；雄性腹部短于头胸部，第3腹节明显宽于中胸背板；背瓣球形，侧缘膨胀伸出体外，完全盖住鼓膜；雄性腹瓣宽大于长，侧缘圆形，内角重叠或接触；钩叶大，彼此从基部分离或相靠近；阳茎粗，端部弯曲，带有1对硬化的侧突和1对膜质的囊状突。

149

分布：古北区、东洋区。世界已知 11 种，中国已知 7 种，本书记述 1 种。

（60）斑透翅蝉 *Hyalessa maculaticollis* (Motschulsky, 1866)

Cicada maculaticollis Motschulsky, 1866: 185.
Hyalessa maculaticollis: Wang *et al*., 2014: 25.

体大而粗壮，头部绿色，稍窄于中胸背板基部。后唇基基部中央圆形斑纹绿色，斑纹外缘黑色，纵沟和两侧横沟黑色；前唇基中央绿色，两侧黑色。喙绿色，中央具黑色纵纹，端部黑色，达后足基节。前胸背板内片杂色，中央具 1 对宽纵纹；外片绿黄色，后缘黑色、波浪状。中胸背板黑色，有 6 对较明显的绿色斑点。前翅基半部翅脉褐色或暗褐色，端半部黑褐色或褐色；后翅无斑纹。腹部短于头胸部；腹板黑色或绿褐色，两侧带有绿色或黑色斑纹。背瓣大，球状突出。雄性腹瓣横位，内角重叠；阳茎管状，较粗，端部有 2 对突起，中央区域具有横纹。雌性尾节背面及侧后缘黑色，产卵鞘短于腹末。

观察标本：1 雄，重庆缙云山，850 m，2021.Ⅶ.11，刘金林。

分布：中国（重庆缙云山、辽宁、北京、河北、山东、河南、陕西、甘肃、新疆、江苏、安徽、浙江、湖北、江西、湖南、台湾、四川、贵州）；日本，朝鲜，俄罗斯。

50. 螳蝉属 *Pomponia* Stål, 1866

Pomponia Stål, 1866: 6. Type species: *Cicada fusca* Olivier, 1790.

属征：体中型，多数为褐色或绿色。头部等于或宽于中胸背板基部；单复眼间距大于两侧单眼间距；后唇基向前稍突出；喙长，明显超过后足基节；前胸背板外片短，侧缘较窄，前侧缘波状或有齿突起，后角稍扩张；雄性腹部明显长于头胸部；背瓣大体完全盖住鼓膜；雄性腹瓣小、横位，鳞片状；翅透明，前翅多具有污褐色斑纹。

分布：古北区。世界已知 37 种，中国已知 6 种，本书记述 1 种。

（61）螳蝉 *Pomponia linearis* (Walker, 1850)

Dundubia linearis Walker, 1850: 48.
Pomponia linearis: Stål, 1866: 171.

体大型，被金色短毛，头部三角形，暗褐色，约与中胸背板基部等宽。单眼红褐色，复眼赭绿色；前胸背板内片绿色，外片斑纹褐色。中胸背板绿色。X 形隆起绿色，后角黑色。足黄绿色，前足腿节主刺长且钝，向前倾斜，副刺直立，端刺小且细。翅透明，着淡棕色，前翅第 2、3、5 端室基横脉处及各纵脉端部有烟褐色斑点。雄性腹部明显长于头胸部，雌性腹部短于头胸部。背板暗红色，被白色蜡粉，每节后缘稍黑色；腹板浅褐色，半透明。雄性腹瓣横位。尾节浅褐色，上叶发达，尖细；抱钩基部愈合，腹侧面有 2 对尖刺；雌雄产卵鞘与腹部平齐，端刺尖而长，第 7 节腹板后缘中央有较小的"V"字形缺刻。

观察标本：1 雄，重庆缙云山，850 m，2021.Ⅵ.22，罗新星。

分布：中国（重庆缙云山、安徽、浙江、江西、湖南、福建、台湾、广东、广西、四川、西藏）；日本，印度，缅甸，菲律宾，马来西亚。

51. 马蝉属 *Platylomia* Stål, 1870

Platylomia Stål, 1870: 708. Type species: *Tettigonia spinosa* Fabricius, 1787.

属征：体大型，稀被银色短毛和白色蜡粉；复眼突出；头部宽于中胸背板基部；后唇基发达，向前大幅度突出；前胸背板明显短于中胸背板；前足腿节具有 2 根长刺和 1 根短刺；翅透明，一般具有斑纹；雄性腹部圆柱形，明显长于头胸部；背瓣基本盖住鼓膜；雄性腹瓣长，外侧弯曲，基部缢缩，端部圆形或尖细；抱钩基部圆球形，钩叶发达，分开或在中间接触，端部光滑弯曲或具有三角形突起。

分布：古北区、东洋区。世界已知 19 种，中国已知 8 种，本书记述 1 种。

（62）皱瓣马蝉 *Platylomia radha* (Distant, 1881)

Dundubia radha Distant, 1881: 634.
Platylomia radha: Distant, 1906a: 55.

体大到特大型，头部深褐色，宽于中胸背板基部。前胸背板内片黄绿色，后缘黑色，前缘及后缘中央各有 1 对三角形黑色斑纹；外片黄色，后缘黑色，前侧缘具齿状突起及 1 对不明显黑色斑点。中胸背板绿色。足暗绿色，胫节颜色稍深。翅透明，无明显斑纹，仅各端室中间有很浅的烟褐色暗纹；翅脉基半部绿褐色，端半部暗褐色。背板红褐色，无明显斑纹；腹板褐色，半透明，末端颜色较深。雄性腹瓣长，黄褐色，端部褐色，后半部稍膨大，端部较窄，常皱缩，卷曲，达第 6 节腹板后缘。雄性尾节较小，末端两侧有齿突；基叶发达，较细；雌性尾节端刺细长，两侧弯曲，产卵鞘与腹末等齐或稍伸出腹末；第 7 节腹板后缘中央凸出，有浅 "V" 字形缺刻。

观察标本：1 雄，重庆缙云山，850 m，2021.Ⅶ.11，张佳伟。

分布：中国（重庆缙云山、江西、海南、云南）；缅甸，斯里兰卡，尼泊尔，印度，柬埔寨，老挝，越南，不丹，泰国。

52. 蚱蝉属 *Cryptotympana* Stål, 1861

Cryptotympana Stål, 1861a: 613. Type species: *Tettigonia pustulata* Fabricius, 1787.

属征：体大型，黑色；头冠短而宽，前方稍呈截形，稍宽于中胸背板基部；喙管较短，达中足基节。前胸背板侧缘倾斜，中胸背板发达而隆起；后胸腹板中央有 1 锥状突起，且向后延伸。腹部粗短，约与头胸部等长；背瓣大，稍隆起；腹瓣较宽，内缘接触；前、后翅透明，前翅基部常有不透明斑。雄性尾节具端刺，两侧钝圆；抱钩完全愈合成曲棍状，粗而长，向下弯曲，末端钝圆；阳具鞘管状，端部有各种刺突、囊突或某一个侧面膜质等变化。雌性产卵鞘稍伸出腹末。

分布：东洋区。世界已知 53 种，中国已知 9 种，本书记述 1 种。

（63）蚱蝉 *Cryptotympana atrata* (Fabricius, 1775)

Tettigonia atrata Fabricius, 1775: 681.

Cryptotympana atrata: Stål, 1861a: 613.

体大型，漆黑色，密被金黄色短毛；头冠稍宽于中胸背板基部，前翅比体长，腹部约与头胸部等长。头部宽短，复眼深褐色、大而突出，单眼浅红色；喙管黑褐色、粗短，达中足基节间。前胸背板黑色、无斑纹，中央有"I"形隆起。中胸背板前缘中部有"W"形刻纹。前、后翅透明，但基部 1/4-1/3 黑褐色，离身体越近颜色越深，不透明，且被有短的黄色绒毛。前足腿节发达，中足胫节上的斑纹及后足胫节和跗节中部红褐色，其余部分褐色至深褐色。腹部背面黑色，侧腹缘黄褐色。雄性尾节较大，背面黑色，两侧黄褐色，具端刺；抱钩合并成粗棒状，端部较细、钝圆、下弯；阳具鞘舌状、弓形，端囊呈钩状；下生殖板长，中央有纵脊。雌性尾节背面黑色，两侧黄褐色，产卵鞘粗、黑色，末端被长毛，与腹末齐，第 7 腹板后缘中央有较大的"V"形缺刻。

观察标本：1 雄，重庆缙云山，850 m，2021.Ⅶ.11，姚文文。

分布：中国（重庆缙云山、河北、山西、河南、江苏、上海、安徽、浙江、湖北、江西、湖南、福建、台湾、广东、海南、四川、贵州、云南）；朝鲜，越南，老挝。

53. 蟪蛄属 *Platypleura* Amyot et Serville, 1843

Platypleura Amyot et Serville, 1843: 465. Type species: *Cicada stridula* Linnaeus, 1758.

属征：体粗短，被长毛；雌雄个体一致；头冠等于或稍宽于中胸背板基部，头部相当阔、短，复眼前方平截，前胸背板侧缘扩张；腹部短，宽锥形，约等于头胸部；背瓣大，完全盖住鼓膜，腹瓣横阔，多呈弯月形，左、右内角靠近或接触。前翅基半部密被斑纹，不透明，端半部除斑点外半透明，结线明显；后翅 6 个端室。

分布：东洋区、古北区。世界已知约 84 种，中国已知 6 种，本书记述 1 种。

（64）蟪蛄 *Platypleura kaempferi* (Fabricius, 1794)

Tettigonia kaempferi Fabricius, 1794: 23.
Platypleura kaempferi: Butler, 1874: 189.

体中型，粗短，密被银白色短毛，头冠明显窄于前胸背板，约与中胸背板基部等宽或稍宽；腹部稍短于头胸部。头、前胸背板、中胸背板橄榄绿色，喙管较长，明显超过后足基节，有的长达第 3 腹节。前翅基半部不透明，污褐色或灰褐色，基室黑褐色，前缘膜处有 2 暗色斑，前翅具 3 条横带；径室端部和第 8 端室各有 1 半透明斑；端室纵脉端部及外缘也有不规则暗褐色斑点；后翅外缘无色透明，其余深褐色，不透明。腹部背面黑色，各节背板后缘橄榄绿色，头胸部腹面黑色，被白色蜡粉；腹瓣横位，弯月形，内角稍重叠，后缘圆弧形。雄性尾节小，顶端尖，无明显侧突，抱钩左右合并，包住管状的阳具鞘，阳具鞘基部有 1 对锥形突起，端部平截；雌性尾节具端刺，侧缘弯曲，产卵鞘不伸出腹末，第 7 腹板后缘中央有很小的缺刻。

观察标本：1 雄，重庆缙云山，850 m，2021.Ⅶ.11，姚文文。

分布：中国（重庆缙云山、辽宁、河北、山西、河南、江苏、上海、安徽、浙江、湖北、江西、湖南、福建、台湾、广东、海南、四川、贵州、云南）；苏联，日本，朝鲜，马来西亚。

54. 音蝉属 *Vagitanus* Distant, 1918

Vagitanus Distant, 1918b: 197. Type species: *Vagitanus vientianensis* Distant, 1918.

属征：体中型，黑色，头冠稍宽于中胸背板基部，前缘圆弧形；中胸背板常有各种斑纹；背瓣大，盖住鼓膜绝大部分；腹瓣大，纵位，左右腹瓣内缘靠近；前、后翅透明，顶角或外缘常有褐色斑纹。雄性尾节上叶不发达，尾节端刺较长；尾节基叶小；钩形突较明显；抱钩上叶呈小钩状，左右远离；阳茎基部两侧具突起；阳茎管状，末端呈刺状分裂。

分布：东洋区、古北区。世界已知约7种，中国已知5种，本书记述1种。

（65）音蝉 *Vagitanus terminalis* (Matsumura, 1913)

Abroma terminalis Matsumura, 1913: 83.
Vagitanus terminalis: Lee, 2014: 76.

体黑色，被银白色短毛。头冠宽阔，外缘圆弧形，黑色，触角基片褐色。复眼深褐色，单眼红色。喙管基部黄色，端部褐色，伸至中足基节端部。前胸背板近梯形；内片黑色，中央有1绿色纵带，纵带前后向外扩张；中沟和侧沟处各有1对棕色斑纹。中胸背板黄绿色。腹部约等于头胸部之和。背瓣大，半圆形，深褐色。腹瓣暗黄色，纵位，长铲状，内缘直，且左右腹瓣平行靠近。足暗黄色。前、后翅透明，前翅顶角有烟褐色斑；前翅翅脉基部1/3黄绿色，端部2/3暗褐色。前翅基膜与后翅基部橘黄色。雄性尾节上叶侧面观不发达，仅可见1小突起；尾节端刺侧面观较长，向上突出；尾节基叶小，钝圆形，向内弯曲；抱钩上叶腹面观细长，端部向两侧弯曲，左右远离，抱钩侧突不发达；阳茎管状，末端约有8根刺突。

观察标本：1雄，重庆缙云山，850 m，2021.Ⅶ.12，穆艳玲；1雄，重庆缙云山，850 m，2021.Ⅶ.11，李前前；1雄，重庆缙云山，850 m，2021.Ⅶ.11，刘金林。

分布：中国（重庆缙云山、福建、台湾、四川）；日本。

蜡蝉总科 Fulgoroidea

隋永金　王晓娅　龙见坤　常志敏　黄秀东　陈祥盛
贵州大学昆虫研究所

体大小及体形变化较大，体长3-30 mm。头部形状多样，或向前方延伸，或宽短。触角着生于头两侧、复眼下方，互相远离，梗节膨大成球状、卵圆形或柱状，并着生很多感觉器。单眼通常具2个，少数3个，着生在复眼与触角之间，在颊的凹陷处。前胸背板短，没有全部盖住中胸。前翅前缘基部具有肩板，爪片上具2条脉纹，通常端部愈合成"Y"状。后足基节短阔，胫节上通常着生0-7个侧刺，端部具1列端刺，第1跗节端部通常也具有端刺，第2跗节具1列端刺或2个端刺或无。

蜡蝉总科昆虫种类多，数量大，其中许多种类是农林业生产上的重要害虫，蜡蝉的成虫、若虫均生活在植物上，不仅刺吸植物汁液，影响植物生长，而且许多种类还传播植物病毒病，从而造成更严重的危害，给农林业生产带来巨大的经济损失。

世界性分布。世界已知21科2444属13 693种，中国已知约461属1583种，本书记述10科28属33种。

分科检索表

1. 后足胫节末端有1可动的距，体型小 ························· 飞虱科 Delphacidae
 - 后足胫节末端无可动的距 ··· 2
2. 后足第2跗节端部两侧各具1端刺或无端刺 ··· 3
 - 后足第2跗节端部具1列端刺 ··· 7
3. 后足第2跗节端部两侧各具1端刺 ··· 4
 - 后足第2跗节端部无端刺 ································ 广翅蜡蝉科 Ricaniidae
4. 中胸盾片后域具1横刻痕，前翅有少数或无横脉 ····· 扁蜡蝉科 Tropiduchidae
 - 中胸盾片后域无横刻痕，前翅脉络稀疏或密集贯穿 ·································· 5
5. 喙端节长宽近等长，肛节不能活动 ··················· 袖蜡蝉科 Derbidae（部分）
 - 喙端节长于宽，肛节能活动 ··· 6
6. 前翅爪脉上具颗粒，前翅具许多前缘横脉 ············· 蛾蜡蝉科 Flatidae
 - 前翅爪脉上无颗粒，前翅隆起，革质，无前缘横脉 ········· 瓢蜡蝉科 Issidae
7. 后翅臀区脉纹呈网状，额与头顶分离处具1横缝 ····· 蜡蝉科 Fulgoridae
 - 后翅臀区脉纹不呈网状，额与头顶分离处无横缝 ·· 8
8. 前翅后方重叠，体通常扁平 ································ 颖蜡蝉科 Achilidae
 - 前翅后方不重叠 ··· 9
9. 头长或延伸，前翅端部脉纹网状 ························ 象蜡蝉科 Dictyopharidae
 - 头短，前翅端部脉纹不呈网状 ··· 10
10. 额具中脊，前翅翅脉通常有颗粒 ····························· 菱蜡蝉科 Cixiidae
 - 额无中脊，前翅翅脉无颗粒 ··················· 袖蜡蝉科 Derbidae（部分）

四、飞虱科 Delphacidae

体小型，狭长，为蜡蝉总科中个体较小的类群。头小、短，少数种类头部延长，有时和身体其余部分等长；触角着生在复眼下缘的凹入处，柄节短，梗节圆柱形而膨大，短或长，通常稍比头胸部之和长，约等于身体长度，鞭节简单，分节。前胸短，领状，中胸三角形，有中脊线和侧脊线。具长翅型和短翅型，前翅通常没有前缘室，无翅痣，爪片上无颗粒。前足和中足简单，后足腿节和胫节长，胫节具2侧刺，且胫节末端有1可动的距，距呈锥状或刀片状，边缘锯齿状或无齿。雌性产卵器发达。

世界性分布。世界已知427属2227种，中国已知160余属400余种，本书记述15属19种。

分属检索表

1. 后足胫距横切面三角形，向内的一面稍凹陷，后缘无齿；阳茎与臀节紧密相连，大多数嵌合于臀节腹面 ··· 2

- 后足胫距形状各异，实心的或薄片状，通常后缘具齿，若无齿，则阳茎不如上述，阳茎基部有悬片与臀节相连 ··· 8
2. 头顶三角形 ·· 匙顶飞虱属 *Tropidocephala*
- 头顶方形或近方形 ·· 3
3. 触角第 1 节非圆柱形，略扁 ·· 4
- 触角第 1 节圆柱形或圆筒形 ·· 5
4. 触角第 1 节无中央纵脊 ·· 簇角飞虱属 *Belocera*
- 触角第 1 节具中央纵脊 ·· 偏角飞虱属 *Neobelocera*
5. 侧面观，额与头顶呈直角或钝角相交 ·· 梯顶飞虱属 *Arcofacies*
- 侧面观，额与头顶呈锐角相交 ·· 6
6. 前胸背板侧脊不抵达后缘 ··· 短头飞虱属 *Epeurysa*
- 前胸背板侧脊抵达后缘 ·· 7
7. 前翅横脉位于近中部偏基部处 ···异脉飞虱属 *Specinervures*
- 前翅横脉位于中部或近中部偏端部处 ·· 竹飞虱属 *Bambusiphaga*
8. 触角第 1 节三角形 ·· 扁角飞虱属 *Perkinsiella*
- 触角第 1 节不呈三角形 ·· 9
9. 后足胫距具小刺突 ·· 褐飞虱属 *Nilaparvata*
- 后足胫距不具小刺突 ·· 10
10. 雄性外生殖器悬片长方形 ··· 白背飞虱属 *Sogatella*
- 雄性外生殖器悬片不呈方形 ··· 11
11. 雄性外生殖器悬片三角形环状；阳茎弯如镰刀状 ··· 镰飞虱属 *Falcotoya*
- 雄性外生殖器悬片不如上述；阳茎也不如上述 ·· 12
12. 雄虫尾节侧缘无突起 ··· 长唇基飞虱属 *Sogata*
- 雄虫尾节侧缘具突起 ·· 13
13. 雄性外生殖器悬片环状，具 2 个短柄 ·· 白脊飞虱属 *Unkanodes*
- 雄性外生殖器悬片不具 2 个柄 ··· 14
14. 雄性外生殖器膈面隆起，侧面观可见 ··· 托亚飞虱属 *Toya*
- 雄性外生殖器膈面无隆起，或隆起侧面观不可见 ·· 皱茎飞虱属 *Opiconsiva*

55. 匙顶飞虱属 *Tropidocephala* Stål, 1853

Tropidocephala Stål, 1853: 266. Type species: *Tropidocephala flaviceps* Stål, 1853.

属征：前胸背板宽于头部。头顶除极少数种类外，其中央长度或多或少大于基部宽，顶端圆锥形，明显或远远伸出于复眼的前方，3 条脊，中脊单一，贯穿整个头部，侧缘脊隆起且向前收敛，致头顶呈匙形。前胸背板具有 3 条脊，侧脊发达，后端略向内弯，伸达后缘。后足胫距粗厚，后缘无齿。后足刺式 5-(6-7)-4。雄性臀节较大；尾节后面观，后开口长大于宽，侧缘有或没有突起，腹缘通常具明显的腹中突；阳茎细，向腹面弯曲，阳茎基基部宽，中部凹陷用以接纳阳茎，并具很长的端突或基腹突，阳茎附着于臀节内；膈膜质；阳基侧突长，有的基角具有长突起。

分布：世界广布。世界已知 57 种，中国已知 23 种，本书记述 1 种。

（66）锈黄匙顶飞虱 *Tropidocephala serendiba* (Melichar, 1903)

Orchesma serendiba Melichar, 1903: 95.
Tropidocephala serendiba: Metcalf, 1943: 98.

体连翅长：雄性 4.0-4.2 mm，雌性 4.2-4.5 mm。

体锈黄或锈褐色。头顶、前胸背板、中胸背板锈黄色，头顶中脊、前胸背板中脊和侧脊、中胸背板中脊两侧缘各镶有 1 黑色细纹；中胸背板近翅基片处黄白色。

头顶三角形，中央长度约与基部宽度等宽；额椭圆形，以中部处为最宽，端部宽于基部，中脊单一；后唇基的基部宽于额的端部，中脊高耸隆起；触角短，伸达额唇基缝；前胸背板中长短于头顶，具 5 条脊；中脊伸达小盾片末端。后足刺式 5-6-4。

雄性臀节圆筒状，两侧缘中部深度凹陷，无臀刺突，侧面观宽大于长，臀突长大；阳茎细长，管状，近中部弯曲，顶端尖；阳基侧突宽片状，端部比基部稍宽，内缘凹，内端角有 1 指向内侧方的细长突起，基角突起大，向端部渐细，其外侧有锯齿状突起。

观察标本：3 雄，重庆缙云山，850 m，2021.Ⅶ.8-11，刘天俊。

分布：中国（重庆缙云山、海南、贵州、云南）；印度，斯里兰卡。

56. 簇角飞虱属 *Belocera* Muir, 1913

Belocera Muir, 1913a: 239. Type species: *Belocera sinensis* Muir, 1913.

属征：前胸背板窄于头部。头顶基宽大于中长，端宽窄于基宽，中侧脊起自侧缘脊近端部，于头顶端缘会合，端缘横宽，中央角状向前突出，"Y"形脊明显。前胸背板短于头顶，中脊和侧脊明显，侧脊沿复眼内侧呈弧形内弯抵达后缘。中胸背板长于头顶和前胸背板之和，中脊和侧脊明显，中脊伸达小盾片末端。前翅狭长，顶端尖圆，横脉位于中偏端部。后足刺式 5-6-4，胫距厚，内面凹入，仅尖端具 1 小齿，后缘无齿。雄性臀节短，环状，无臀刺突或具 1 粗短小刺；尾节侧面观腹缘长于背缘，后缘凸出，后面观腹缘凹或具腹中突；阳基侧突中等长；阳茎具明显的阳茎基，阳茎管状，顶端具刺突；阳茎基复杂，覆盖在阳茎基部。

分布：东洋区。世界已知 6 种，中国已知 6 种，本书记述 1 种。

（67）中华簇角飞虱 *Belocera sinensis* Muir, 1913

Belocera sinensis Muir, 1913a: 239.

体连翅长：雄性 3.3-3.5 mm，雌性 3.7-4.3 mm。

体通常黄褐色至褐色。颊浅黄色；后唇基、头顶、前胸背板、中胸背板黄褐色至褐色；前翅透明，各纵脉顶端具 1 个深褐色斑点。

头顶基宽长于中长，端宽窄于基宽；额中长长于最宽处；前胸背板短于头顶；中胸背板长于头顶和前胸背板之和。

雄性臀节环状，无臀刺突；尾节侧面观腹缘长于背缘，后缘凸出，后面观，后开口长大于宽，腹缘宽凹；阳基侧突中等长，端内角圆，端外角尖出，侧面观，端外角尖；阳茎管状，细长，近端部细，顶端生 2 根刺突，左刺突短于右刺突；阳茎基单一，覆盖在阳茎基部。

观察标本：5 雄，重庆缙云山，850 m，2021.Ⅶ.8-11，刘天俊。

分布：中国（重庆缙云山、山东、陕西、甘肃、江苏、安徽、湖北、江西、湖南、福建、台湾、广东、海南、澳门、广西、贵州）。

57. 偏角飞虱属 *Neobelocera* Ding et Yang, 1986

Neobelocera Ding et Yang, 1986: 420. Type species: *Neobelocera asymmetrica* Ding et Yang, 1986.

属征：前胸背板窄于头部或稍宽于头部。头顶基宽长于中长，端缘横宽，仅中部尖出，"Y"形脊明显，中侧脊起自侧缘近端部处，延伸至头顶端缘相会。前胸背板与头顶等长，三脊明显，侧脊沿复眼内侧呈弧形内弯抵达后缘。中胸背板长为头顶和前胸背板之和的 1.7-2.5 倍，中脊伸达小盾片末端。后足刺式 5-6-4。雄性臀节短，环状，无臀刺突或具 1 粗短的突起；尾节侧面观腹缘长于背缘，后缘凸出，轻微波曲，后面观后开口长大于宽，具腹中突或无；阳基侧突狭长；阳茎管状。

分布：东洋区。世界已知 9 种，中国已知 9 种，本书记述 1 种。

（68）侧刺偏角飞虱 *Neobelocera laterospina* Chen et Liang, 2005

Neobelocera laterospina Chen et Liang, 2005: 374.

体连翅长：雄性 4.9-5.3 mm，雌性 5.4-5.8 mm。

体通常暗黄褐色。头顶、前胸背板、中胸背板黄褐色，头顶、前胸背板中脊和侧脊及中胸背板中脊黄白色，两侧镶有暗褐色边；前翅透明，翅脉暗褐色，翅脉上具黄白色颗粒，翅爪片外侧淡褐色，翅斑深褐色；革片基部具近三角形褐色大斑，横脉至端部沿翅脉具不规则的褐色斑纹。

头顶基宽大于中长，端宽窄于基宽；前胸背板稍短于头顶；中胸背板长为头顶和前胸背板之和的 1.9 倍。

雄性臀节环状，无臀刺突；尾节侧面观腹缘显著长于背缘，后缘波曲，后面观后开口长大于宽，腹缘中部深凹，两侧各生出 1 根中部稍膨大的长刺突；阳基侧突细长，基部具 1 粗壮齿突，端部外侧具 1 根细长弯折的刺突；阳茎管状，基部粗，端部细，基 1/3 处骤然弯折，端部具 2 根刺突。

观察标本：6 雄，重庆缙云山，850 m，2021.Ⅶ.8-11，隋永金。

分布：中国（重庆缙云山、湖南、福建、广西、四川、贵州）。

58. 梯顶飞虱属 *Arcofacies* Muir, 1915

Arcofacies Muir, 1915a: 319. Type species: *Arcofacies fullawayi* Muir, 1915.

属征：前胸背板宽于头部。头顶梯形，基宽大于端宽和中长，侧缘脊隆起成脊状，前缘波曲，"Y"形脊主干弱或消失，叉脊短；侧面观，头顶与额呈直角或钝角相交。前胸背板侧脊拱曲，抵达后缘，中脊弱。后足刺式 5-6-4。雄性臀节具 1 对刺状突或无。尾节具腹中突或无。阳茎管状，具长刺突或无。阳基侧突长，基角突出，端部窄。

分布：东洋区。世界已知 11 种，中国已知 8 种，本书记述 1 种。

（69）花翅梯顶飞虱 *Arcofacies maculatipennis* Ding, 1987

Arcofacies maculatipennis Ding, 1987: 439.

体连翅长：雄性 3.2-4.2 mm。

体藁黄至绿色，自额的端部至中胸小盾片末端延续 1 条镶有暗褐色边的白色中线。前胸背板侧缘具镶有深褐色边的黄白色斜带。前翅半透明，基部 1/3 淡褐色，端部沿翅脉镶有不规则的黑褐色斑，翅脉列生有白色颗粒状突起。

头顶基宽宽于中长。前胸背板与头顶等长。中胸背板长为头顶和前胸背板之和的 2.06 倍。

雄性臀节短，环状，端侧角具 1 对粗长的突起，顶端尖；尾节侧面观腹缘长于背缘，后腹角突出，后面观后开口长大于宽；阳基侧突中等长，基部宽，端部细，近顶端稍扭曲；阳茎管状，腹向弯曲，背缘拱凸，背后缘有 19-21 个小齿，顶端膜质。

观察标本：1 雄，重庆缙云山，850 m，2021.VII.8-11，隋永金。

分布：中国（重庆缙云山、湖北、广西、四川、贵州）。

59. 短头飞虱属 *Epeurysa* Matsumura, 1900

Epeurysa Matsumura, 1900: 261. Type species: *Epeurysa nawaii* Matsumura, 1900.

属征：头顶宽短，基部宽通常为中央长度的 2 倍以上，端部稍扩张，端缘圆拱，中侧脊起自侧缘中偏端部。前胸背板明显长于头顶，宽于头部（包括复眼），后缘中部显著凹入，侧脊不抵达后缘。中胸背板侧脊不伸达后缘，中脊伸达小盾片末端。后足刺式 5-6-4。雄性臀节环状，端侧角各自伸出 1 粗短的乳头状突起；尾节具 3 个腹中突；阳茎具阳茎基，阳茎基突端部具 1 明显的结节；阳茎管状；阳基侧突基角强烈突出。

分布：古北区、东洋区。世界已知 14 种，中国已知 11 种，本书记述 2 种。

（70）江津短头飞虱 *Epeurysa jiangjinensis* Chen et Jiang, 2000

Epeurysa jiangjinensis Chen et Jiang in Chen, Li & Jiang, 2000: 79.

体连翅长：雄性 4.2-4.6 mm，雌性 4.3-4.8 mm。

体黄色到暗褐色。头顶、前胸背板、中胸背板黄色到黄褐色，额、颊、唇基褐色；前翅黄褐色，前缘端部烟褐色，翅脉列生有暗黄褐色颗粒状突起。

头顶基宽长于中长，稍宽于端宽，端缘圆拱，脊明显；前胸背板中长长于头顶，侧脊不达后缘；中胸背板中长长于头顶和前胸背板之和；后足刺式 5-6-4；距仅尖端具 1 微齿。

雄性臀节环状，臀刺突乳头状；尾节侧面观腹缘显著长于背缘，后面观后开口长显著大于宽，腹缘具 3 个腹中突；阳基侧突中等大小，基角强烈突出；阳茎细长弯曲，管状，顶端尖；阳茎基突与阳茎等粗。

观察标本：4 雄，重庆缙云山，850 m，2021.VII.8-11，隋永金。

分布：中国（重庆缙云山、贵州、云南、西藏）。

（71）短头飞虱 *Epeurysa nawaii* Matsumura, 1900

Epeurysa nawaii Matsumura, 1900: 261.

体连翅长：雄性 3.5-4.1 mm，雌性 3.5-4.5 mm。

体灰黄褐色。复眼和单眼棕红色；前翅包括翅脉与体同色，无翅斑，翅脉列生有黄褐色颗粒状突起；雄性生殖节黑褐色，阳基侧突黑色。

头顶中长短于基宽，前胸背板中长长于头顶，中胸背板中长长于头顶和前胸背板之和。后足刺式5-6-4，距仅尖端具1微齿。

雄性臀节环状，臀刺突乳头状；尾节侧面观腹缘显著长于背缘，后面观后开口长大于宽，腹缘具3个腹中突，中间的腹中突顶端圆，稍膨大，两侧的突起低；阳基侧突中等大小，基角强烈突出，外端角端部稍膨大，端缘截形；阳茎细长弯曲端尖，管状；阳茎基突与阳茎等粗，起自阳茎基部，半椭圆形结节位于端部。

观察标本：9雄，重庆缙云山，850 m，2021.Ⅶ.8-11，刘天俊。

分布：中国（重庆缙云山、黑龙江、内蒙古、河北、山西、河南、陕西、甘肃、江苏、安徽、浙江、湖北、江西、湖南、福建、台湾、广东、海南、广西、四川、贵州、云南）；俄罗斯，日本，斯里兰卡。

60. 竹飞虱属 *Bambusiphaga* Huang et Ding, 1979

Bambusiphaga Huang *et* Ding, 1979: 170. Type species: *Bambusiphaga nigropunctata* Huang *et* Ding, 1979.

属征：前胸背板宽于头部。头顶长方形或近方形。前胸背板与头顶近等长，侧脊稍斜直，伸达后缘或几乎伸达后缘。后足刺式5-6-4，胫距后缘无齿，仅尖端具1微齿。雄性臀节环状，部分种类具臀刺突，尾节具腹中突或缺如，阳茎具或无阳茎基，阳基侧突简单或具亚端突起。

分布：古北区、东洋区。世界已知28种，中国已知26种，本书记述2种。

（72）黑斑竹飞虱 *Bambusiphaga nigropunctata* Huang et Ding, 1979

Bambusiphaga nigropunctata Huang *et* Ding, 1979: 170.

体连翅长：雄性 3.3-3.7 mm，雌性 3.8-4.1 mm。

体黄褐色到黑褐色。前胸背板中脊、中胸3条脊、后胸背板均为黑褐色；身体其余部分为黄褐色；前翅淡黄色，近后缘基部及沿横脉和端脉端部的大部分有稍向两侧扩张的黑褐色条纹；翅斑黑褐色；后翅与前翅同色，脉灰褐色。

头顶基宽、中长、端宽约相等，端缘略呈弧形突出，"Y"形脊主干模糊。中胸背板长为前胸背板与头顶长度之和的1.4倍。

雄性臀节无臀刺突；尾节后开口近圆形；阳基侧突简单，内缘凹，外缘凸，内基角呈指状突出，端部向两侧扩张成短角状，端缘平截；阳茎基部宽，具1指状突，端部渐细且扭曲，亚端部具1圆形结节，端部具1刀片状突起。

观察标本：4雄，重庆缙云山，850 m，2021.Ⅶ.8-11，隋永金。

分布：中国（重庆缙云山、陕西、甘肃、湖北、江西、湖南、海南、广西、四川、贵州）。

（73）橘色竹飞虱 *Bambusiphaga citricolorata* Huang et Tian, 1979

Bambusiphaga citricolorata Huang et Tian, 1979: 172.

体连翅长：雄性 3.7-4.1 mm，雌性 4.0-4.7 mm。

体橘黄色或橘红色。前翅淡黄色，无翅斑，后缘近肘脉两侧的横脉上有暗褐色小斑点；橘红色个体前翅翅缘带橘红色。

头顶中长短于基宽，端宽窄于基宽，端缘圆凸，侧脊向端部拓宽，中侧脊在顶端连接，"Y"形脊不明显。前胸背板中长长于头顶。中胸背板中长大于头顶和前胸背板中央长度之和。

雄性臀节环状，无臀刺突；尾节后开口长圆形，腹缘弧圆凹入；阳基侧突分歧，略曲折，由基向端渐狭细，近端部内侧具微齿；阳茎粗管状，端部略膨大，具 1 圆形结节，外缘具多个粗齿状突，排列成近"齿轮"状。

观察标本：2 雄，重庆缙云山，850 m，2021.Ⅶ.8-11，刘天俊。

分布：中国（重庆缙云山、湖南、贵州、云南）。

61. 异脉飞虱属 *Specinervures* Kuoh et Ding, 1980

Specinervures Kuoh et Ding, 1980: 420. Type species: *Specinervures nigrocarinata* Kuoh et Ding, 1980.

属征：前胸背板宽于头部。头顶长方形或近方形。前胸背板与头顶近等长，侧脊稍斜直，伸达后缘或几乎伸达后缘。前翅端半后缘弧形凸出，横脉位于中偏基部，M_3 和 Cu_{1b} 脉愈合，不共柄。后足刺式 5-6-4，胫距后缘无齿，仅尖端具 1 微齿。雄性臀节短；尾节侧缘、腹缘交接处凹陷，腹侧突圆或尖；阳茎和阳茎基突细长弯曲。

分布：东洋区。世界已知 3 种，中国已知 3 种，本书记述 1 种。

（74）基褐异脉飞虱 *Specinervures basifusca* Chen et Li, 2000

Specinervures basifusca Chen et Li, 2000: 178.

体连翅长：雄性 3.1-3.3 mm，雌性 3.3-3.5 mm。

头顶黄色，额大部分黄色。前胸背板大部分黑褐色，侧缘黄色，侧脊内侧具 2 黑褐色三角形大斑，其余亦为黄色。中胸背板大部分黑褐色，中脊中偏基部及侧脊端部内侧各具 1 黄褐斑，小盾片末端黄白色。翅基片内侧黄白色，外侧黑褐色。前翅淡黄褐色，透明，翅基部至横脉内方暗褐色，翅脉淡褐色。

头顶近梯形，基宽大于中长，端宽窄于基宽。中胸背板长约为前胸背板和头顶之和的 1.75 倍。

雄性臀节短，环状，臀突小；尾节后面观后开口长大于宽，腹缘中部深凹呈"V"形，无腹中突，两侧具长的指状突起，端尖，侧面观，腹缘长于背缘；阳基侧突细长，端部弯折成倒钩状；阳茎细长，管状，端 1/3 急剧弯曲，阳茎基突细长，波曲，顶端尖。

观察标本：7 雄，重庆缙云山，850 m，2021.Ⅶ.8-11，刘天俊。

分布：中国（重庆缙云山、四川、贵州、云南）。

62. 扁角飞虱属 *Perkinsiella* Kirkaldy, 1903

Perkinsiella Kirkaldy, 1903: 179. Type species: *Perkinsiella saccharicida* Kirkaldy, 1903.

属征：头部包括复眼与前胸背板近等宽或稍宽于前胸背板。头顶基宽大于中长和端宽，侧面观，圆弯进入额区，侧脊近平行，中侧脊不在头顶端部连接，"Y"形脊明显。前胸背板稍短于头顶，侧脊后端弯曲相背，不伸达后缘。后足刺式 5-7-4；后足胫距大而薄，后缘齿列细而密，约 30 枚。雄性臀节具 1 对臀刺突；尾节具 1 对腹中突；阳茎长，管状，具齿或端部逆生突起；悬片"Y"形。

分布：东洋区、澳洲区、旧热带区。世界已知 33 种，中国已知 10 种，本书记述 1 种。

（75）甘蔗扁角飞虱 *Perkinsiella saccharicida* Kirkaldy, 1903

Perkinsiella saccharicida Kirkaldy, 1903: 179.

体连翅长：雄性 5.1-5.5 mm，雌性 5.7-6.1 mm。

头顶、前胸背板及中胸背板中域淡黄褐色。前翅淡黄色，端区第 5、第 6 端室或稍向两侧扩张具暗褐色宽纵条，翅脉上的颗粒小而密，暗褐色。

头顶基宽为中长的 1.4 倍，两侧略向端部收狭，基部稍宽于端部。前胸背板短于头顶；中胸背板中脊伸至小盾片末端。后足胫距后缘具约 37 枚齿。

雄性臀节后面观较短，侧面观，长大于宽，臀刺突从基后角伸出，弯向后背方；尾节后面观，后开口宽大于长，腹缘中部具 1 对长刺状突起，侧面观，腹缘长于背缘；阳茎长，管状，稍微弯曲，左侧具 2 齿，右侧 1 齿，位于中部；悬片"Y"形，柄部长；阳基侧突宽扁，近似长方形，具内、外端角，外端角长于内端角。

观察标本：2 雄，重庆缙云山，850 m，2021.Ⅶ.8-13，隋永金。

分布：中国（重庆缙云山、安徽、福建、台湾、广东、海南、广西、贵州、云南）；日本，马来西亚，印度尼西亚，斐济，巴布亚新几内亚，毛里求斯，留尼汪岛，澳大利亚，马达加斯加，美国，南非。

63. 褐飞虱属 *Nilaparvata* Distant, 1906

Nilaparvata Distant, 1906b: 473. Type species: *Delphax lugens* Stål, 1854.

属征：头部包括复眼窄于前胸背板。头顶中长稍大于基宽或近相等，中侧脊在头顶端部或在额基部相连；额近长方形，中长为最宽处的 2.2-2.4 倍，以中部或端部 1/3 处最宽，中脊在额的基部分叉或不分叉；后唇基基部稍宽于额的端部。前胸背板侧脊不伸达后缘。后足刺式 5-7-4，基跗节具 1-5 个侧刺，后足胫距后缘具齿 22-34 枚。

分布：世界广布。世界已知 18 种，中国已知 5 种，本书记述 1 种。

（76）伪褐飞虱 *Nilaparvata muiri* China, 1925

Nilaparvata muiri China, 1925: 480.

体连翅长：雄性 3.3-3.7 mm，雌性 3.8-4.3 mm。

体色有深、浅两种色型。体灰黄褐至暗褐或黑褐色；头胸部各脊色浅而明显；前翅淡灰黄褐色，透明，端脉和翅斑暗褐色。

头顶中长约等于基宽，基宽稍大于端宽；中脊起自侧缘中偏下方，彼此延伸至头顶端缘相连接；"Y"形脊明显。后足胫距具缘齿 26-30 枚。长翅型前翅长为最宽处宽的 3.2 倍；短翅型前翅伸达腹部第 5 或第 6 节前缘。

雄性臀节较小，拱门状，臀刺突缺如，两侧缘基端呈钩状弯曲；尾节后面观，后开口宽大于长，腹缘具中突和侧突，侧面观背侧角截形，微凹，腹中突明显伸出，其上方有长圆形突起；阳茎管状，波曲。

观察标本：34 雄，重庆缙云山，850 m，2021.Ⅶ.8-13，隋永金；24 雌，重庆缙云山，850 m，2021.Ⅶ.8-13，隋永金。

分布：中国（重庆缙云山、吉林、河南、江苏、安徽、浙江、湖北、江西、湖南、福建、台湾、广东、海南、广西、四川、贵州、云南）；日本，韩国，越南。

64. 白背飞虱属 *Sogatella* Fennah, 1963

Sogatella Fennah, 1963: 50. Type species: *Delphax furcifera* Horváth, 1899.

属征：体细长形。头部包括复眼窄于前胸背板；头顶长方形，显著突出于复眼前缘；前胸背板短于头顶，侧脊不伸达后缘。后足刺式 5-7-4，后足胫距沿后缘具齿 17-25 枚。雄性臀节衣领状，具臀刺突 1 对，从端缘近中部伸出；尾节具微小的腹中突；膈背缘中部宽凹，两侧各有 1 小锥形突起，并彼此连成 1 半弧形骨化区；阳茎管状，侧扁，基部 1/3 向背面弯曲并加宽，端部渐细且稍下弯，具 2 排齿数不等的齿列，其中 1 列斜置于左侧；悬片长方形，中部有 1 椭圆形孔洞；阳基侧突宽扁，中部或近中部缢缩，顶端分叉或较长向端部渐狭细。

分布：世界广布。世界已知 20 种，中国已知 3 种，本书记述 3 种。

分种检索表

1. 前翅前缘中部具黑斑；阳基侧突内、外端角近等长···白背飞虱 *S. furcifera*
- 前翅烟污色或无翅斑；阳基侧突内端角短于外端角··2
2. 前翅烟污色；体背具背中带··烟翅白背飞虱 *S. kolophon*
- 前翅端区后半无烟污色晕；体背无背中带··稗飞虱 *S. vibix*

（77）白背飞虱 *Sogatella furcifera* (Horváth, 1899)

Delphax furcifera Horváth, 1899: 372.
Sogatella furcifera: Fennah, 1963: 50.

长翅型（体连翅长）：雄性 3.3-4.0 mm，雌性 4.0-4.5 mm。

短翅型（体长）：雄性 2.7-3.0 mm，雌性 3.5 mm。

头顶、前胸背板和中胸背板中域黄白或姜黄色，复眼后方的前胸背板区域有 1 暗褐色斑，中胸背板侧区黑色或淡黑色。前翅淡黄褐色几近透明，有的翅端具烟污色晕斑，翅斑明显，黑褐色。短翅型体色概如长翅型。

头顶长度为基部宽度的 1.3 倍，前胸背板短于头顶中长，侧脊不伸达后缘；后足胫距具缘齿 22-25 枚。

雄性臀节端侧角位于中部两侧，各自向腹面伸出 1 根中等粗长的刺状突起；尾节后开口宽卵圆形，宽约等于长，具 1 小锥形腹中突；膈背缘中部具 1 宽 "U" 形突起；阳茎顶端尖细并明显下弯，腹侧观，左侧齿列具齿 18 枚，右侧 12-14 枚，二齿列基部分离；悬片长方形，中部孔洞长椭圆形；阳基侧突基部很宽，向端部骤然收缩，端部叉状，外叉宽，顶端钝圆，内叉较窄，顶端尖，二叉长度大致相等。

观察标本：10 雄 13 雌，重庆缙云山，850 m，2021.Ⅶ.8-13，刘天俊。

分布：国内除新疆未明外，其他各省区市均有分布；蒙古国，韩国，日本，尼泊尔，巴基斯坦，沙特阿拉伯，印度，斯里兰卡，泰国，越南，菲律宾，印度尼西亚，马来西亚，斐济，密克罗尼西亚，瓦努阿图，澳大利亚（昆士兰和北部地区）。

（78）烟翅白背飞虱 *Sogatella kolophon* (Kirkaldy, 1907)

Delphax kolophon Kirkaldy, 1907: 157.
Sogatella kolophon: Fennah, 1963: 58.

体连翅长：雄性 3.1 mm，雌性 3.5 mm。

雄性头顶、前胸背板、中胸背板中域姜黄或污黄色；复眼后方的前胸背板区域、中胸背板侧区色较深暗。前翅淡黄褐色，透明，脉与翅面同色，爪片后缘黄白色，端区膜片后半烟污色，无翅斑。

头顶中长为基宽的 1.2 倍，侧面观与额呈圆弧相接；基部稍宽于端部，端缘截形；"Y" 形脊微弱。前胸背板侧脊不伸达后缘。后足胫距大而薄，具缘齿 18-20 枚。

雄性生殖节构造特征如稗飞虱，但悬片背侧角尖出，阳基侧突外端角均匀向顶端逐渐变细，背缘较直，内端角短而细；阳茎较短，端部不尖削，顶端钝，左齿列具齿 15-22 枚，右齿列具齿 5-8 枚。

观察标本：6 雄，重庆缙云山，850 m，2021.Ⅶ.8-13，刘天俊。

分布：中国（重庆缙云山、江苏、安徽、浙江、江西、福建、台湾、广东、海南、广西、四川、贵州、云南、西藏）；日本，韩国，泰国，老挝，柬埔寨，印度，斯里兰卡，印度尼西亚，马来西亚，菲律宾，巴布亚新几内亚，密克罗尼西亚，美国，汤加，斐济，瑙鲁，澳大利亚，尼日利亚，毛里求斯，象牙海岸（今科特迪瓦），南非，蒙特塞拉特岛，圣卢西亚岛，委内瑞拉，百慕大群岛（北美洲），牙买加，厄瓜多尔，圭亚那，墨西哥。

（79）稗飞虱 *Sogatella vibix* (Haupt, 1927)

Liburnia vibix Haupt, 1927: 13.
Sogatella vibix: Asche & Wilson, 1990: 22.

体连翅长：雄性 3.0-3.7 mm，雌性 3.7-4.1 mm。

体藁黄色或黄白色。前胸背板近复眼后缘、中胸背板侧区暗褐色。前翅淡黄褐色，几透明，爪片后缘黄白色，无翅斑；后翅黄白色。

头顶中长为基部宽的 1.3 倍，侧面观与额呈圆弧形相交接；中侧脊起自侧缘中偏下方，延伸至头顶端部呈角状会合，"Y"形脊主干弱。后足胫距具齿 17-20 枚。前翅长与宽之比为 3.5：1。短翅型雌性前翅伸达腹部第 8 节前缘或第 9 节末端。

雄性臀节中等大小，端侧角彼此接近，各自向腹面伸出 1 根刺突；尾节后开口宽约等于长；阳茎状如白背飞虱，但右侧齿数较少，顶端不明显下弯；悬片中部膨凸似灯罩形，孔洞位于近中部；阳基侧突宽扁，近中部缢缩，内端角短而细，外端角宽而长，自基部向中部扩宽后再向顶端渐细，致其背缘中部稍微隆起。

观察标本：5 雄，重庆缙云山，850 m，2021.Ⅶ.8-13，隋永金。

分布：中国（重庆缙云山、吉林、辽宁、河北、陕西、甘肃、河南、山东、江苏、安徽、浙江、湖北、江西、湖南、福建、台湾、广东、广西、海南、贵州、四川、云南）；日本，韩国，柬埔寨，印度，印度尼西亚，老挝，巴基斯坦，菲律宾，新加坡，泰国，越南，阿富汗，塞浦路斯，希腊，埃及，伊拉克，伊朗，以色列，意大利，黎巴嫩，约旦，蒙古国，摩洛哥，土耳其，沙特阿拉伯，乌克兰，俄罗斯，塞尔维亚和黑山，苏丹，汤加，澳大利亚（昆士兰和北部地区）。

65. 镰飞虱属 *Falcotoya* Fennah, 1969

Falcotoya Fennah, 1969: 39. Type species: *Falcotoya aurinia* Fennah, 1969.

属征：头部包括复眼与前胸背板等宽或者相接近。头顶"Y"形脊主干弱。前胸背板侧脊不伸达后缘。后足刺式 5-7-4，后足胫距后缘具齿 14-19 枚。雄性臀节短，环状或衣领状；尾节背侧角向后突出，背缘中部具叶状突起；阳茎管状，端半部弯曲成近镰刀形，端部 1/3 具许多小齿；悬片环状，背缘直，腹面圆而窄；阳基侧突宽扁，内缘基部具突起。

分布：世界广布。世界已知 10 种，中国已知 6 种，本书记述 1 种。

（80）琴镰飞虱 *Falcotoya lyraeformis* (Matsumura, 1900)

Liburnia lyraeformis Matsumura, 1900: 267.
Falcotoya lyraeformis: Fennah, 1969: 40.

体连翅长：雄性 2.5 mm。

头顶端半脊间褐色，前胸背板黄褐色，额、唇基和颊褐色，各脊淡黄色；胸部腹板、各足基节及胸部侧板暗褐色。前翅黄白色透明，翅脉及其上的小颗粒状突起淡褐色，无翅斑。

头部包括复眼仅稍窄于前胸背板。头顶方形，"Y"形脊主干弱。前胸背板短于头顶，中胸背板长于头顶和前胸背板长之和。后足刺式 5-7-4，距后缘具齿 16 枚。

雄性臀节衣领状，侧面观侧叶狭长，顶端斜截，臀刺突基部宽扁，端部下弯；阳茎如属征，但背缘圆拱，端部弯曲部分长于基部，具许多小齿；阳基侧突中等大小，内端角尖出，外端角圆，基部向内弯曲成 1 突起。

观察标本：3 雄，重庆缙云山，850 m，2021.Ⅶ.8-13，刘天俊。

分布：中国（重庆缙云山、江苏、浙江、福建、贵州）；韩国，日本，美国。

66. 长唇基飞虱属 *Sogata* Distant, 1906

Sogata Distant, 1906b: 471. Type species: *Sogata dohertyi* Distant, 1906.

属征：体型较大。头顶至中胸小盾片末端沿中脊贯穿 1 条淡色背中线。头部包括复眼明显比前胸背板狭窄。前胸背板短于头顶，侧脊直，抵近或伸达前胸背板后缘。中胸背板长于头顶和前胸背板之和。后足刺式 5-7-4，后足胫距薄，后缘具齿 20 枚左右。雄性臀节宽短，端侧角分离，各自伸出 1 根细长的刺突；尾节后面观后开口边缘完整，侧面观腹缘稍长于背缘，背侧角不突出；阳茎管状，端半部细，向腹面急弯；悬片宽，拱门形；阳基侧突狭长，伸达臀节，端部向内切入变细。

分布：东洋区。世界已知 7 种，中国已知 3 种，本书记述 1 种。

（81）黑额长唇基飞虱 *Sogata nigrifrons* (Muir, 1917)

Stenocranus nigrifrons Muir, 1917: 322.
Sogata nigrifrons: Yang, 1989: 247.

体连翅长：雄性 4.2-4.6 mm。

体黄褐至淡橘红色。中胸侧板有 1 块黑褐色小斑。前翅淡黄褐色，透明，端脉淡黑色，深色型的端区近后缘脉间具黑色晕斑，爪片后缘黄白色，无翅斑。

头顶中长为基宽的 1.3 倍，两侧缘向端部收狭，"Y" 形脊主干长。前胸背板稍短于头顶；中胸背板长为头顶和前胸背板长度之和的 1.3 倍。后足胫距后缘具齿 18-24 枚，端齿明显。

雄性臀节短，深陷于尾节背窝内，侧面观近狭长方形，后面观两侧呈宽片状向中部翻折，左右分离。阳茎管状，端部约 2/5 较基部细，并急剧向腹面弯曲；悬片宽短，腹缘深度凹陷，背缘微弧；阳基侧突长，向背方岔离，内端角突出，向侧面翻断。

观察标本：1 雄，重庆缙云山，850 m，2021.Ⅶ.8-13，刘天俊。

分布：中国（重庆缙云山、江苏、安徽、浙江、江西、湖南、福建、台湾、四川、贵州）。

67. 白脊飞虱属 *Unkanodes* Fennah, 1956

Unkanodes Fennah, 1956: 474. Type species: *Unkana sapporona* Matsumura, 1935.

属征：头部包括复眼窄于前胸背板。头顶窄，近长方形，端缘微圆，中侧脊起自侧缘中偏下方，在头顶端缘互相靠拢，但不相连接，"Y" 形脊弱。前胸背板侧脊不伸达后缘。后足刺式 5-7-4。距后缘具齿 20 枚左右。雄性臀节环状，端侧角宽离，各自向腹面伸出 1 根强壮的刺突；尾节后开口宽大于长，无腹中突，侧面观背侧角向后突出，后缘中部具叶状突起；膈突位于膈孔背缘上方；阳茎管状，中偏端部具刺突；悬片腹环椭圆形，腹端不相接，背柄宽短，背缘宽凹；阳基侧突狭长，彼此岔离。

分布：古北区、东洋区。世界已知 5 种，中国已知 1 种，本书记述 1 种。

（82）白脊飞虱 *Unkanodes sapporona* (Matsumura, 1935)

Unkana sapporona Matsumura, 1935: 74.
Unkanodes sapporona: Fennah, 1956: 474.

体连翅长：雄性 3.8-4.9 mm，雌性 4.5-5.0 mm。

体色有深、浅两种色型。浅色型体黄褐或橘黄色，头顶至中胸小盾片末端贯穿 1 黄白色中纵带；前翅透明，爪片后缘黄白色，无翅斑。

头顶中侧脊在头顶端缘前并拢但不相连接，"Y" 形脊主干弱。前胸背板短于头顶；中胸背板长于头顶和前胸背板长度之和。后足胫距后缘具齿 15-22 枚。

雄性臀节短，环状，端缘宽短；尾节侧面观，背侧角圆，向后突出；阳茎管状，端部 1/3 渐细，左侧面中偏端部可见 8 个大小不等的刺状突起；阳基侧突长，分歧，端部 1/4 窄而扭曲。

观察标本：31 雄，重庆缙云山，850 m，2021.Ⅶ.8-13，刘天俊。

分布：中国（重庆缙云山、黑龙江、吉林、辽宁、河北、山东、河南、陕西、甘肃、江苏、安徽、浙江、湖北、江西、湖南、福建、台湾、广东、海南、广西、四川、贵州、云南、西藏）；俄罗斯，韩国，日本。

68. 托亚飞虱属 *Toya* Distant, 1906

Toya Distant, 1906b: 472. Type species: *Toya attenuata* Distant, 1906.

头部包括复眼窄于前胸背板。头顶中长稍大于基宽或近相等，端缘截形，中侧脊在顶端相连接，"Y" 形脊弱。前胸背板侧脊不伸达后缘。后足刺式 5-7-4，后足胫距后缘具许多细齿。雄性臀节衣领状，陷于尾节背窝内，具臀刺突 1 对；尾节后面观，后开口宽与长近相等，背侧角向中部翻折；膈较窄，中域具深色的骨化区；阳茎侧扁，扭折如白背飞虱属 *Sogatella* Fennah，基部 1/3 稍向背方弯曲，左侧近基部延伸至背缘端部的 1 列为斜排齿列；阳基侧突简单，彼此岔离。

分布：东洋区。世界已知 46 种，中国已知 3 种，本书记述 1 种。

（83）黑颜托亚飞虱 *Toya larymna* Fennah, 1975

Toya larymna Fennah, 1975: 122.

体连翅长：雄性 2.8 mm。

大体藁黄或淡赭黄色。前翅黄白色透明，端脉黄褐色。

头顶中长大于基宽，中侧脊在头顶端部相连接；"Y" 形脊主干弱。前胸背板短于头顶；中胸背板长于头顶和前胸背板之和。后足刺式 5-7-4，后足胫距后缘具齿 26 枚左右。

雄性臀节短，端缘凹，端侧角适度分离，各自向腹面伸出 1 根短而尖的刺突；尾节后面观后开口长稍大于宽，背侧角向内翻折，侧面观腹缘长于背缘，后缘中部突出；阳茎侧扁，基部 1/3 向背方弯曲，有 1 列很细的齿；阳基侧突宽短，内缘中部彼此相接。

观察标本：1 雄，重庆缙云山，850 m，2021.Ⅶ.8-13，隋永金。

分布：中国（重庆缙云山、福建、云南）；斯里兰卡。

69. 皱茎飞虱属 *Opiconsiva* Distant, 1917

Opiconsiva Distant, 1917: 301. Type species: *Opiconsiva fuscovaria* Distant, 1917.

属征：头部包括复眼窄于前胸背板。头顶中长稍大于基宽，基宽稍大于端宽，端缘截形，中侧脊起自侧缘基部 1/3，在头顶端部相连接，"Y"形脊主干弱。前胸背板短于头顶，侧脊不伸达后缘。后足刺式 5-7-4；后足胫距具缘齿 10-18 枚。雄性臀节陷于尾节背窝内，具 1 对细长的臀刺突，基部彼此相接近；尾节后开口宽大于长，背侧角通常向中部翻折，侧面观向后明显突出；阳茎管状，基半背缘具膜质皱纹；阳基侧突基角突出，端部扩宽，端缘多少凹陷，具内、外端角。

分布：古北区、东洋区。世界已知 22 种，中国已知 18 种，本书记述 1 种。

（84）白颈皱茎飞虱 *Opiconsiva sirokata* (Matsumura *et* Ishihara, 1945)

Sogata sirokata Matsumura *et* Ishihara, 1945: 64.
Opiconsiva sirokata: Huang *et al.*, 2017: 1.

体连翅长：雄性 2.4-2.7 mm。

头顶端半部两侧脊间、额、颊、中胸背板暗褐色至黑褐色。前胸背板黄白色；前翅淡黄褐色或微烟褐色。

头顶狭长，中长稍大于基宽。前胸背板大致与头顶等长，中胸背板长于头顶和前胸背板之和。后足胫距后缘具齿 16-19 枚。

雄性臀节衣领状，深陷于尾节背窝内；尾节后面观后开口宽大于长，侧面观背侧角强烈向后伸出，末端稍向下弯；阳茎管状，基端稍宽；悬片腹孔椭圆形，背柄呈锥形；阳基侧突中等长，外缘波曲，内缘中部凹，内端角细，指状，外端角宽圆或多少呈角状。

观察标本：1 雄，重庆缙云山，850 m，2021.Ⅶ.8-13，刘天俊。

分布：中国（重庆缙云山、海南、广西、云南）；日本，菲律宾，印度尼西亚，斯里兰卡。

五、扁蜡蝉科 Tropiduchidae

体小到中型，多扁平，翅透明。头比前胸背板狭，常突出，突出短，三角形或钝圆形。头顶扁平，有侧缘及中脊线。前胸背板短，有 3 条脊线。中胸盾片大，四方形，也有 3 条脊线，后角有 1 缝或细线，肩板大。后足胫节有 2-7 个侧刺，第 1 跗节很长，第 2 跗节短且端部两侧各具 1 端刺。前翅大，一般透明或半透明，主脉简单，或在端部前二分叉，或在端区多横脉；前缘区有或没有横脉，爪脉上无颗粒。后翅的脉纹简单，主脉在端脉前二分叉，有时第 2 肘脉有不规则分支，臀区大，脉纹简单。

世界性分布。世界已知约 197 属 680 种，中国已知 20 余属 40 余种，本书记述 1 属 1 种。

70. 伞扁蜡蝉属 *Epora* Walker, 1857

Epora Walker, 1857: 145. Type species: *Epora subtiis* Walker, 1857.

属征：体型中等。头顶突出于复眼，长于前胸背板，顶前缘拱形。额延长，侧缘近平行，中脊粗。前胸背板具有 2 近平行的亚中脊。前翅前缘区具有倾斜的横脉；Sc+R 脉在翅的中部或端部分叉，Cu$_1$ 脉在基部 1/4 处分叉，臀脉在臀区中部分叉，端室与亚端室存在。后足胫节有 3 侧刺和 6-7 端刺，第 1 跗节 5-8 个端刺。雄性外生殖器尾节对称，肛节延长，肛刺突对称，叶状，基部分离。

分布：东洋区。世界已知 8 种，中国已知 3 种，本书记述 1 种。

（85）双突伞扁蜡蝉 *Epora biprolata* Men *et* Qin, 2011

Epora biprolata Men *et* Qin in Men, Feng & Qin, 2011: 36.

体连翅长：雄性：9.4 mm。

体浅黄绿色，复眼黄褐色。顶宽大于长，顶前缘拱形突出，后缘弧形凹入，两侧缘平行。前胸背板前缘拱形突出，后缘钝角形凹入，具 2 条中脊。中胸背板近菱形，宽大于长。前翅半透明，基部微窄，端部圆。后足胫节具 3 侧刺，刺式 6-(5-6)-2。

雄性外生殖器侧面观尾节四边形，肛节背腹缘近平直，腹缘基部具 2 条细长突起。背面观，肛节端部窄，基部宽，肛刺突超过肛节末端。生殖侧突对称，具 1 角状突起，突起侧缘具 1 指钩状突起。阳茎管状，端部膨大，近端部背缘与腹缘各具 1 角状突起，端部背缘具 2 刀状长突起。阳茎基管状，包围在阳茎中间。

观察标本：1 雄，重庆缙云山，850 m，2021.Ⅶ.8-11，隋永金。

分布：中国（重庆缙云山、福建、海南）。

六、袖蜡蝉科 Derbidae

头通常小而极狭。额具侧脊。复眼通常很大，占头的很大部分。侧单眼存在或无。触角柄节通常小圆柱形，梗节较大，形状多样，触角鞭节不分节。胸部通常狭，前胸背板一般短，中胸盾片较大，通常具 3 条纵脊。翅的形态与大小在各种类间差异很大，一部分种类前翅极狭长，常超过腹部几倍，一部分种类前翅很阔，或宽阔相等；雄性腹部较小，连索退化消失，阳茎多结构复杂，肛节不能活动。雌性生殖器部分种类退化。

世界性分布，主要分布于热带、亚热带地区。世界已知 166 属 1700 余种，中国已知 40 余属 160 余种，本书记述 3 属 3 种。

分属检索表

1. 前翅爪片开放，额极侧扁 ··· 2
- 前翅爪片闭合，额阔不侧扁 ··· 哈袖蜡蝉属 *Hauptenia*
2. 后翅狭，长度不超过前翅一半 ··· 红袖蜡蝉属 *Diostrombus*
- 后翅阔，长度超过前翅一半 ··· 美袖蜡蝉属 *Megatropis*

71. 哈袖蜡蝉属 *Hauptenia* Szwedo, 2006

Hauptenia Szwedo, 2006: 331. Type species: *Malenia magnifica* Yang *et* Wu, 1994.

属征：头包括复眼窄于前胸背板宽度。额长大于其宽，短于唇基；喙端节长宽近等。

前翅长为宽的 2.6-2.9 倍。后翅 CuA 脉具 2 或 3 分支。雄性肛节不能自由活动，其末端不及或略短于生殖刺突端部；尾节狭，侧面观后背缘无突起，背部窄，腹部宽；生殖刺突短阔，其背缘有突起。阳茎左右不对称，端部生有阳茎突。

分布：东洋区。世界已知 8 种，中国已知 6 种，本书记述 1 种。

（86）格卢哈袖蜡蝉 *Hauptenia glutinosa* (Yang *et* Wu, 1994)

Malenia glutinosa Yang *et* Wu, 1994: 91-92.
Hauptenia glutinosa: Szwedo, 2006: 331.

体连翅长：雄性 4.49-4.62 mm。

体褐色。头顶黄色，复眼黑褐色。中胸背板褐色。前翅浅黑褐色，翅脉与翅面同色。后翅淡褐色，半透明，翅脉褐色。雄性生殖节淡黄褐色。

头顶短，近似四边形。头包括复眼窄于前胸背板，前缘略超过复眼，后缘微凹入。触角下突发达。前胸背板极短，后缘深凹入，具中脊，两侧呈叶状突起。中胸背板略隆起，长与宽近相等。

雄性肛节侧面观长度近等长于生殖刺突末端，肛刺突着生于肛节端部。尾节侧面观较狭窄，背面窄于腹面。生殖刺突阔，背端角延伸成指状。阳茎比较复杂，阳茎干中等粗壮，阳茎端部具有多个突起。

观察标本：2 雄 1 雌，重庆缙云山，850 m，2021.Ⅶ.13，隋永金。

分布：中国（重庆缙云山、台湾、贵州）。

72. 红袖蜡蝉属 *Diostrombus* Uhler, 1896

Diostrombus Uhler, 1896: 283. Type species: *Diostrombus politus* Uhler, 1896.

属征：头比前胸背板窄，头顶三角形，狭长，具侧脊，向前突出于复眼前方。额狭，侧脊分离，近平行，部分种类很靠近。唇基大。触角短且小，柱状，比额短，鞭节着生于其近端部。单眼退化。前胸背板狭且后缘中部呈角状深凹入。中胸背板大，隆起。前翅 6-7 个中室，后翅短，约为前翅长的 1/3，端部尖。雄性生殖器肛节和生殖刺突长；雌性生殖器退化，腹缘向外伸出 2 个突起。

分布：古北区、东洋区、旧热带区。世界已知 50 种，中国已知 1 种，本书记述 1 种。

（87）红袖蜡蝉 *Diostrombus politus* Uhler, 1896

Diostrombus politus Uhler, 1896: 284.

体连翅长：雄性 9.77-9.83 mm，雌性 9.73-11.24 mm。

体橘黄色至橘红色。复眼灰白色至灰褐色。前翅透明，翅前缘褐色至深褐色。后翅淡褐色，半透明。雄性生殖刺突前基部黄褐色，后端部黑褐色。

头顶近四边形，中部略凹。额两侧脊自基部分离，近平行。前胸背板狭，后缘深凹入。中胸背板隆起，侧面观明显高于头部。前翅长为最宽处的 3-4 倍。后翅比较窄小，后缘尖，约为前翅长度的 1/3。

雄性肛节狭长，背面观基部最宽，端部 1/4 处急剧变窄至端部，尖锐。尾节侧面观狭窄。生殖刺突细长，呈钳状。阳茎粗壮，端部着生 3 个刺突，左侧和中间刺突指向斜上方，右侧刺突指向右侧，中间刺突最大，两侧较小。

观察标本：1 雄，重庆缙云山，850 m，2021.Ⅶ.10，隋永金。

分布：中国（重庆缙云山、广布）；日本，朝鲜，韩国。

73. 美袖蜡蝉属 *Megatropis* Muir, 1913

Megatropis Muir, 1913b: 57. Type species: *Megatropis coccineolinea* Muir, 1913.

属征：头部侧扁，突出在复眼前方，基部略宽。额两侧脊会合或分离。唇基比额短。不具单眼；触角柱状，简单，或有 1 圆形的短突起，或有明显的长突起。前翅长约为宽的 4 倍，ScP+RA 脉与 RP 脉分叉于翅中部之前，MP 脉所有中室集中在端部 1/3 处。后足刺式 6-4-2。

分布：东洋区。世界已知 13 种，中国已知 2 种，本书记述 1 种。

（88）台湾美袖蜡蝉 *Megatropis formosana* (Matsumura, 1914)

Mesotiocerus formiosana Matsumura, 1914: 301.
Megatropis formosana: Muir, 1915b: 124.

体连翅长：雄性 9.17 mm。

体浅黄褐色。头胸部除复眼外颜色较为均一，为淡黄白色至淡黄褐色，复眼褐色。足淡黄色。前翅端部和后缘散布有不规则淡褐色斑，半透明。

头顶近四边形，基部宽端部窄，两侧强烈脊起，向前延伸，明显突出于复眼前方，中域深凹。额侧脊会合，基部宽于端部。触角圆柱形，从基部伸出 1 粗长的叉，使触角呈近"U"形。前翅狭长，长约为最宽处的 3 倍。后翅稍短于前翅，阔。

雄性肛节宽大，肛刺突着生于近中部。尾节侧面观近长方形。生殖刺突基部窄，中后部呈近长方形，端部钝圆近平截，背缘中部具 1 突起，使背缘呈波浪状。阳茎较宽长，左右对称。

观察标本：1 雄，重庆缙云山，850 m，2021.Ⅶ.9，刘天俊。

分布：中国（重庆缙云山、湖北、台湾、海南、广西）。

七、蛾蜡蝉科 Flatidae

体中到大型，多呈淡绿色、褐色。头比前胸背板狭。前胸短阔，前缘波状或圆形向前突出，后缘圆弧形或三角形凹入。中胸盾片大。后足转节向腹面尖出，后足胫节有 1-3 个侧刺。前翅宽大，前缘区宽，前缘脉向前分出很多横脉。后翅宽大，肘脉多分支。横脉少，臀区发达，无横脉，均不呈网状。静止时翅通常呈屋脊状，少数种类平置在腹部上。

世界性分布。世界已知 297 属 1446 种，中国已知 30 余属 60 余种，本书记述 1

属 1 种。

74. 缘蛾蜡蝉属 *Salurnis* Stål, 1870

Salurnis Stål, 1870: 773. Type species: *Salurnis granulosa* Stål, 1870.

属征：头呈平滑圆锥状，无背部纵向脊突，顶的横向基部突起隐藏在前胸背板前面区域，仅连接侧脊线的部位可见。中胸背板具 3-4 条纵脊线；前翅具 2 条纵脉从基部主干发出，前缘室的最宽处是前缘域的 2 倍，布满网状横脉，横脉沿着爪缝呈梯形，绿色或褐色后呈黄绿色，与后爪缝边缘的黑色或棕黑色的小点所形成的图案形成强烈对比，通常在爪片的顶部有 1 更大的斑点。

分布：古北区、东洋区。世界已知 10 种，中国已知 5 种，本书记述 1 种。

（89）褐缘蛾蜡蝉 *Salurnis marginella* (Guérin-Méneville, 1829)

Ricania marginella Guérin-Méneville, 1829: 58.
Salurnis marginella: Metcalf, 1957: 96.

体连翅长：雄性 9.2-11.1 mm。

头、顶黄色；前胸背板黄色，前胸和中胸背板各具 2 条棕色纵脊，前翅棕黄色，整个翅面外缘有 1 条棕色色带。

顶前缘锥形突起，顶角 120°。前胸背板前缘强烈凸起，超过两复眼前沿；中胸背板具 2 条纵向条纹，中域平坦。前翅长宽比约 2:1，顶角阔圆，A_2 强烈凸起，爪区密布疣粒，在翅区也有零星分布。雄性尾节近三角形，背缘极短，几近无，近前缘处形成 1 个突起。肛节较长、宽，近端部 1/3 处变细，突然膨大并向腹侧弯曲。阳茎管状，基部稍膨大，自端部渐细。

观察标本：6 雄，重庆缙云山，850 m，2021.Ⅶ.8-13，刘天俊。

分布：中国（重庆缙云山、河南、江苏、上海、安徽、湖北、江西、湖南、福建、台湾、广东、海南、澳门、广西、四川）；越南，印度，马来西亚，印度尼西亚。

八、瓢蜡蝉科 Issidae

体中或小型，体近圆形而前翅隆起。头和前胸背板一样宽或更宽，头顶前面平截或锥状突出。前胸背板短，前缘圆形突出不及复眼中部，后缘直或微凸出或凹入，无中脊线或不明显，侧区无脊线。中胸盾片短，后足胫节有 2-4 个侧刺，后足第 1 跗节粗短或中等长，第 2 跗节小，两侧各具 1 端刺。前翅一般不长，较厚，革质或角质，通常隆起；爪片上无颗粒，爪脉正常到达爪片末端。后翅臀区常比臀前区大，第 3 臀脉常多分支。雌性产卵器不完全。

世界性分布。世界已知约 217 属 1089 种，中国已知 30 余属 140 余种，本书记述 1 属 1 种。

75. 柯瓢蜡蝉属 *Kodaianella* Fennah, 1956

Kodaianella Fennah, 1956: 508. Type species: *Kodaianella bicinctifrons* Fennah, 1956.

属征：体微扁平形。头部（包括复眼）约等于前胸背板，头顶近梯形，宽大于长，前缘微角状突出，后缘角状凹入。前胸背板前缘角状突出，后缘近平直，具中脊，中域具2个小凹陷。中胸背板具脊或无脊，近侧缘中部各具有1个小凹陷。后足胫节具2枚侧刺，后足刺式：(9-10)-(10-11)-2。雄性肛节背面观近三角形、方形或卵圆形。尾节侧面观后缘微凸出。阳基侧突近三角形，背突短小且向侧面弯曲。阳茎呈浅"U"形，端部对称具突起。

分布：东洋区。世界已知2种，中国已知2种，本书记述1种。

（90）短刺柯瓢蜡蝉 *Kodaianella bicinctifrons* Fennah, 1956

Kodaianella bicinctifrons Fennah, 1956: 508.

体连翅长：雄性4.0 mm。

体灰褐色，具条纹。前胸背板、中胸盾片黑褐色；前翅灰褐色，具黑色斑。

头顶平截，近四边形，中域略凹陷，具乳白色中脊线。前胸背板中域具2个凹陷，中胸盾片中域隆起。前翅端半部暗褐色，基部黄褐色，前缘基部隆起，纵脉明显，具横脉，脉纹呈网状。后足胫节端部具2枚侧刺，后足刺式9-11-2。

雄性肛节背面观近呈喇叭状，基部窄，端部最宽，端缘宽"V"形凹入，肛节侧面观长条形，端缘尖锐。尾节侧面观后缘略波曲。阳基侧突背缘中后部角状隆起，腹缘弧圆，后缘深凹，背突粗短，后缘具圆形突起，侧齿小。阳茎侧面观浅"U"形，中端部两侧近腹缘具1对长刺状突起，伸达阳茎基部1/4处。阳茎基背瓣亚端部圆形隆起，端部逆生1个刺状突起，指向头方；侧瓣端部延伸为短刺状突起；腹瓣腹面观亚端部缢缩，端缘中部"V"形切入。

观察标本：1雄，重庆缙云山，850 m，2021.Ⅶ.9，隋永金。

分布：中国（重庆缙云山、四川、贵州）。

九、广翅蜡蝉科 Ricaniidae

体中至大型。头宽广，与前胸背板等宽或近等宽。前胸背板短，后缘弧形，有中脊线。中胸盾片大，隆起，有3条脊线。肩板发达。前翅宽三角形，有很多横脉，径脉、中脉及肘脉从基室分出，有很多增加的分支及横脉，形成密网状，通常有些横脉连成1-2条横脉。雄性生殖刺突长，有时长过尾节。阳茎粗短，有复杂的端刺与突起。

世界性分布。世界已知69属442种，中国已知8属46种，本书记述1属2种。

76. 疏广翅蜡蝉属 *Euricania* Melichar, 1898

Euricania Melichar, 1898: 393. Type species: *Pochazia ocellus* (Walk, 1851).

属征：个体为中型，体连翅长10-13 mm，翅面透明三角形，顶角和臀角近圆形，具前缘斑，R脉共柄长度大于基室；后翅透明。头顶粗糙，个别种类具有亚侧脊。额宽大致呈倒置梯形，具有明显的中脊，侧脊较短。唇基无中脊。前胸背板短而宽，前缘向前弧形凸出，具明显中脊，中脊前端分叉呈锚形，中脊两侧具有刻点。中胸背板具有中脊、侧脊及亚侧脊，侧脊在前端向中脊靠拢但未愈合。阳茎干端部有缢裂，具有侧刺突及背刺突。

分布：古北区、东洋区、澳洲区。世界已知 35 种，中国已知 7 种，本书记述 2 种。

（91）类透疏广翅蜡蝉 *Euricania paraclara* Ren, Stroinski *et* Qin, 2015

Euricania paraclara Ren, Stroinski *et* Qin, 2015: 139.

体连翅长：雄性 9.0-10.0 mm。

头、前胸背板、中胸背板及腹部黑色。前翅周缘围有褐带，前缘褐带被黄色前缘斑终端中断。前缘斑内方有 1 白色小斑，在前缘膜带末端有 1 黄色斑将前缘褐色带中断，无有色横带。

额呈倒置梯形，周缘黄色隆起具有明显的脊和侧脊。额的长宽等长。中脊明显较长，亚侧脊极短。唇基三角形，具中脊。前胸背板衣领状，长宽比 3：1；具中脊。中胸背板宽大，呈扇形，具有明显带脊、侧脊和亚侧脊。前翅透明，基室发出 3 条纵脉，后足胫节下端外侧有 2 个短粗带刺。第 1 跗节末端有 7 或 8 个端刺，跗节末端有 2 个端刺。

观察标本：1 雄，重庆缙云山，850 m，2021.Ⅶ.8-13，刘天俊。

分布：中国（重庆缙云山、海南、贵州）。

（92）带纹疏广翅蜡蝉 *Euricania facialis* (Walker, 1858)

Flatoides facialis Walker, 1858: 100-101.
Euricania facialis: Melichar, 1898: 259.

体连翅长：雄性 6.0-6.5 mm。

头、前胸、中胸栗褐色，中胸盾片色最深，近黑褐色；唇基、后胸和足黄褐色至褐色，腹部褐色。前翅透明无色，略带黄褐色；翅脉褐色；前缘、外缘和内缘均为褐色宽带；中横带栗褐色，仅两端明显，中段仅见褐色痕迹；外横线细而直，由较粗的褐色横脉组成；前缘褐色宽带上，在中部和外方 1/4 处各有 1 黄褐色四边形斑纹将宽带割成 3 段；近基部中央有 1 褐色小斑。后翅无色透明，翅脉褐色，外缘和后缘有褐色宽带，有的个体这些带较狭。色亦稍浅。后足胫节外侧有 2 个刺。

观察标本：1 雄，重庆缙云山，850 m，2021.Ⅶ.8-13，刘天俊。

分布：中国（重庆缙云山、山西、山东、河南、浙江、江西、福建、台湾）；日本。

十、蜡蝉科 Fulgoridae

体中到大型。头大多圆形，额大，通常四边形，有强隆起的侧缘，后唇基大且有强度隆起的侧缘。额与头冠分离处具 1 横缝。前胸背板通常和中胸盾片近等长，前缘强度突出，到达或超过复眼的前缘，后缘通常凹入。中胸盾片三角形，有中脊线及亚中脊线。前、后翅发达，膜质，翅脉到端部多分叉并多横脉，呈网状，爪片明显，后翅臀区脉纹呈网状。后足胫节多缘刺，第 2 跗节端部具 1 列端刺。腹部通常大而扁。

世界性分布。世界已知142属774种，中国已知20余属50余种，本书记述1属1种。

77. 斑衣蜡蝉属 *Lycorma* Stål, 1863

Lycorma Stål, 1863a: 234. Type species: *Aphana imperialis* (White, 1846).

属征：头略突出，突出部分很短并向上折转；颜长过于阔，上面部分较狭，有两条平行的侧隆线，有时中部以下隆线消失；顶基部截形，后角不突出。前胸背板有细的中线，中线两侧各有1浅凹陷。前翅中等宽度，端部脉纹网状。后翅宽，比前翅稍短，后缘波状，端区脉纹分叉很密。前足腿节端部不扩大；后足腿节有4-5刺。

分布：东洋区、新热带区。世界已知4种，中国已知4种，本书记述1种。

（93）斑衣蜡蝉 *Lycorma delicatula* (White, 1845)

Aphaena delicatula White, 1845: 37.
Lycorma delicatula: Stål, 1863a: 234.

体连翅长：雄性15-17 mm。

头、胸部背面褐赭色。头明显狭于前胸，与胸部相密接，不能活动。前翅长卵形，淡褐色，近基部2/3处散布着10多个至20多个黑斑，前缘具6-9个黑斑，近端部1/3处黑褐色，翅脉白色呈网状。后翅近基部1/2处为红色，有黑褐色斑6-10个。

雄性外生殖器的尾节呈喇叭状；其肛上片矛状，肛下片较小，边缘平滑，呈圆锥形。阳基侧突扁平成臼齿状，内缘臀角处具1角质化的齿突，阳茎鞘分为2片，平行而扁，阳茎鞘的背面有2个三角形的基片，其腹面向后生出阳茎角状突，弯曲并覆盖在鞘的背面。

观察标本：1雄，重庆缙云山，850 m，2021.Ⅶ.8-13，刘天俊。

分布：中国（重庆缙云山、河北、山西、山东、河南、陕西、江苏、安徽、浙江、湖北、台湾、广东、云南）；日本，越南，印度。

十一、颖蜡蝉科 Achilidae

体形变化较大，小到大型个体，体长3-18 mm。体扁平，休息时前翅爪区以后部分左右相互重叠。头通常小，狭而短，一般不及胸部宽度的一半。前胸背板短，颈状。中胸背板大或者很大，菱形。肩板很大。后足胫节具1个或1个以上的侧刺。前翅通常大翅型，明显超出腹部末端，在爪片外向后扩大并相互重叠。雄性外生殖器相当退化，阳茎基底常呈套状结构，阳茎常向前伸入腹部。

世界性分布。世界已知162属515种，中国已知20余属80余种，本书记述2属2种。

78. 广颖蜡蝉属 *Catonidia* Uhler, 1896

Catonidia Uhler, 1896: 281. Type species: *Catonidia sobrina* Uhler, 1896.

属征：头包括复眼宽短于前胸背板宽。前胸背板中线长于顶中线长，具中脊和侧脊。中胸背板宽，具3脊。后足刺式为(7-8)-(7-10)-(8-11)。后翅A脉常有若干残脉。雄性尾节环状，侧面观背缘短于腹缘。阳基侧突侧面观近椭圆形，背缘端部1/3处具1粗的扭曲突起，背缘基部内侧面具1细小指状突。阳茎侧刺突管状，端缘尖锐、圆突或中部略凹，近端部侧面具1或2片状突。阳茎鞘发达，宽大、扭曲，膜状。

分布：东洋区。世界已知10种，中国已知9种，本书记述1种。

（94）李氏广颖蜡蝉 *Catonidia lii* Chen *et* He, 2009

Catonidia lii Chen *et* He, 2009: 43.

体连翅长：雄性8.2-8.6 mm。

体乳白色至暗褐色。前胸背板前域大部分暗褐色，中胸背板黄白色，前翅乳白色，翅前缘端部具褐色至暗褐色斑纹，端翅室中央各具1枚暗褐色小斑，共4-5枚，翅面上散布褐色小斑点。

头部包括复眼的宽度短于前胸背板。前胸背板中线长是头顶的3.3倍；中胸背板中线长为前胸背板中线长的3.7倍，为前胸背板与头顶中线长之和的2.8倍。前翅宽大，长为宽的2.0倍。

雄性肛节端1/3处最宽，端缘宽圆；尾节侧面观背缘中后部略凹入，后缘弧形凹入。腹中突宽大，两侧缘端向稍狭；阳基侧突背侧面观卵圆形，端缘宽圆；阳茎基底背突短小，齿状；阳茎侧刺突侧面观中部1/3段明显缢缩变细，端1/3膨胀，端部钝圆，亚端部腹缘各具1耳状突起。

观察标本：4雄，重庆缙云山，850 m，2021.Ⅶ.9，刘天俊。

分布：中国（重庆缙云山、贵州）。

79. 卡颖蜡蝉属 *Caristianus* Distant, 1916

Caristianus Distant, 1916: 63. Type species: *Caristianus indicus* Distant, 1916.

属征：头包括复眼明显比前胸背板窄。前胸背板短，在复眼之后的长度大约等于或长于中线长，中域前缘截形，后缘角状凹入，中脊、侧脊明显。复眼与肩板之间有2条不完整的纵脊。中胸背板中线长大于头顶与前胸背板中线长之和，具3条纵脊。前翅长为宽的3倍，具7个端室。爪片伸达翅中部之后，其后缘扩大。足细长。后足胫节侧刺位于基部1/3至中部，刺式为8-7-6。

分布：东洋区。世界已知13种，中国已知6种，本书记述1种。

（95）紫阳卡颖蜡蝉 *Caristianus ziyangensis* Chou, Yuan *et* Wang, 1994

Caristianus ziyangensis Chou, Yuan *et* Wang, 1994: 41.

体连翅长：雄性4.3-5.1 mm，雌性4.6-5.1 mm。

头乳黄色，前、中胸背板紫黑色，中域乳黄色。前翅紫褐色，基部色略深。后翅淡烟褐色，脉纹黑褐色，外缘红色。

头顶呈长方形。前胸背板短,中胸背板中线长于头顶和前胸背板之和。前翅狭长,爪片后缘扩大,外缘钝圆,长为宽的2.8倍。后翅较前翅宽,其长为宽的1.9倍。

雄性肛节背面观基部宽,端部略窄,端缘呈"V"形凹陷。尾节侧面观较宽大,后缘中部具1基半部宽大而端半部小的呈指状的突起;腹面观腹中突宽大,外侧缘波状,内侧缘直,中裂缝深裂达尾节中部下方。阳基侧突背面观狭长成肾形,端部近中部具3突起。阳茎左右对称,侧缘中段有若干刺齿形成的锯齿状边;腹面观阳茎基底腹突在背突的内侧,左右两腹突在阳茎基底端部1/4处分支,端部腹向弯曲成尖角状;阳茎侧刺突未超出阳茎基底后缘,端部尖角状,近端部背面内侧缘具1短小的刺齿。

观察标本:8雄,重庆缙云山,850 m,2021.Ⅶ.9,刘天俊。

分布:中国(重庆缙云山、陕西、湖北、广西、四川、贵州、云南)。

十二、象蜡蝉科 Dictyopharidae

头部长或延伸,前翅有明显的翅痣。前胸背板一般短阔,颈状,有时和中胸背板长度相等。中胸盾片常为三角形,有时菱形。后足胫节通常有3-5个侧刺,第2跗节端部具1列端刺。前翅爪脉上无颗粒,亚前缘脉与径脉愈合,具明显的翅痣,径脉端部有几条不规则的分支,并有几条横脉与中脉相连,多数种类在前翅端部1/3多不规则的横脉形成网状。雄性生殖器复杂,内阳茎与外鞘有膜相连接,可伸出或膨胀,并有附属突起。

世界性分布。世界已知160属740种,中国已知20余属60余种,本书记述2属2种。

80. 彩象蜡蝉属 *Raivuna* Fennah, 1978

Raivuna Fennah, 1978: 255. Type species: *Raivuna micida* Fennah, 1978.

属征:体绿色,顶、额、颜面、前胸背板一般具有橙红色的标记或条纹。前翅长宽比约为3:1,翅痣处有3-5个翅室。头向前延伸,长是基部宽的4.5-6倍,侧面观呈锥状。前胸背板中脊线明显,中胸背板长宽等长。雄性尾节侧面观短宽,腹面明显宽于或等于背面,后缘端部凹陷。阳基侧突具有向后延伸的圆尖,上缘近中部具有1背部指向的黑尖突起,外缘近亚中部具有1背部指向的钩状突起。阳茎突起在阳茎基内。

分布:东洋区。世界已知30种,中国已知10种,本书记述1种。

(96)浆茎彩象蜡蝉 *Raivuna inscripta* (Walker, 1851)

Dictyophora inscripta Walker, 1851: 322.
Raivuna inscripta: Fennah, 1978: 256.

体连翅长:雄性13.2-13.3 mm。

体绿色,前胸背板及脊线均为绿色。

头突较长,长于前、中胸背板之和。前胸背板中脊线明显,亚中脊线仅在前端明显。中胸背板中域具有3脊线,三者在前端近平行。前翅长宽之比约为3.3:1,翅痣处具有4个翅室。后足胫节具有5个侧刺、7个端刺。

雄性尾节侧面观高宽，腹缘明显宽于背缘，后缘具有1指向后部较大的突起，端部凹陷，以适应臀节；腹面观上缘突起较尖。臀节背面观椭圆状，侧面观三角形。阳基侧突腹面观基部内侧缘具有较粗刚毛。阳茎突起细长，达阳茎基端部膜质突起基部，有2对膜质突起，基部2膜质突起具有8-12根粗刺。

观察标本：1雄，重庆缙云山，850 m，2021.Ⅷ.8-13，隋永金。

分布：中国（重庆缙云山、江苏、浙江、广西、云南）；以色列。

81. 鼻象蜡蝉属 *Saigona* Matsumura, 1910

Saigona Matsumura, 1910: 110. Type species: *Almana ussuriensis* Lethierry, 1878.

属征：体暗褐色或赭色。头长且宽，头突明显。头顶具侧脊线，中脊线不明显，后部明显高于前胸背板。额宽，具有明显中脊线。前胸背板前端窄后端宽，中线明显短于中胸背板中线。前翅翅痣明显。前足腿节扁平且膨大，近顶点具有短且直的刺，后足胫节具有8个端刺。雄性尾节侧面观短宽，腹面明显宽于或等于背面，后缘端部凹陷。阳茎具有1对与阳茎基结膜连接的突起，顶点具有2囊膜状叶突。

分布：东洋区。世界已知14种，中国已知14种，本书记述1种。

（97）瘤鼻象蜡蝉 *Saigona fulgoroides* (Walker, 1858)

Dictyophora fulgoroides Walker, 1858: 67.
Saigona fulgoroides: Liang & Song, 2006: 28.

体连翅长：雄性 21.0-24.0 mm。

体黑褐色。前胸背板、中胸背板黑褐色，均具有黄色斑点。翅脉具有无数暗褐色刚毛，翅痣几乎不透明，二者均为黑褐色。

头突明显，远远长于前、中胸背板之和。前、后翅透明，翅痣具有3-5个翅室。后足胫节具有6个侧刺、8个端刺，刺式 8-12-14。

雄性外生殖器整体黑色，密具刚毛。尾节侧面观窄且高，后缘端部有1个向后指向的突起，在端部向前弯曲来适应臀突。臀节侧面观三角形，窄、长。臀突狭长。阳基侧突中域具有较粗壮的刚毛。阳茎细长，端部具有1对与阳茎基结膜相连的突起。阳茎基从侧面看，端部背面具有1背部延伸的叶状突起，腹面具有小的叶状突起。

观察标本：1雄，重庆缙云山，850 m，2021.Ⅶ.8-13，隋永金。

分布：中国（重庆缙云山、浙江、湖北、江西、湖南、福建、台湾、广东、广西、四川、贵州）；印度尼西亚。

十三、菱蜡蝉科 Cixiidae

体略狭长，多数体色暗淡或无显著色彩。头较简单，不突出，单眼通常3个，中单眼生在额的端部，很少没有。前胸背板极狭，衣领状，向前弯曲。中胸背板很大，菱形，具3-5条脊线。前翅膜质，透明或半透明，结室明显。雄性外生殖器部分外露，肛节、尾节和阳基侧突对称或不对称；阳基侧突端部通常锤形。阳茎通常不对称，由阳茎干和形态多变的鞭节组成；鞭节经常具骨化的突出物。

世界性分布。世界已知 251 属 2592 种，中国已知 30 余属 220 余种，本书记述 1 属 1 种。

82. 冠脊菱蜡蝉属 *Oecleopsis* Emeljanov, 1971

Oecleopsis Emeljanov, 1971: 621. Type species: *Oliarus artemisiae* Matsumura, 1914.

中等大小种类（5-8 mm）。头小，明显窄于胸。头顶窄，侧脊线强隆起，侧面观高冠状。中胸背板通常亮黑色，具 5 条同色的脊线，或脊线色淡为黄色。后足胫节端刺 6 枚，侧刺数目变化大，从 3 枚到 8 枚不等；后足跗节齿序：6-7/4-5。雄性肛节不对称，尾节侧叶近三角形。阳基侧突性状特别，延长，端部具有横截的齿状突。阳茎鞭节端部形成 1 枚或几枚刺突，常具有 1-2 枚亚端刺；阳茎端部右侧通常具有 1 枚刺突；鞭节背向弧弯。

分布：古北区、东洋区。世界已知 14 种，中国已知 14 种，本书记述 1 种。

（98）刺冠脊菱蜡蝉 *Oecleopsis spinosus* Guo, Wang *et* Feng, 2009

Oecleopsis spinosus Guo, Wang *et* Feng, 2009: 54.

体连翅长：雄性 5.9-7.0 mm。

体黑褐色。复眼黑褐色。中胸背板黑色，脊线黄褐色。前翅黄褐色，半透明；翅脉黄褐色，瘤结深褐色，翅痣棕褐色，部分横脉颜色加深为黑褐色；近翅端部具浅黑褐色不规则小长形色斑。

头顶狭长，基部向端部渐窄，前缘略呈角度凹入，后缘锐角凹入。前胸背板狭长，衣领状。后足跗节齿序 7/5，第 2 跗节无膜质齿。后足胫节侧刺 4 枚。

雄性尾节对称，略延长；肛节扁管状，不对称，左侧腹缘端部近三角形宽大延展，右侧腹缘基半部圆弧形宽大延展，和尾节联系不紧密，可自由移动。肛刺突指突状，较长，超出肛节。阳基侧突腹面观对称，内外缘近平行，近端部缢缩，而后变宽，缢缩之前部分近尖头锤状，两阳基侧突内缘近基部相接。阳茎较宽大，复合体共具 4 枚大的突起物。阳茎鞘端部右侧近端部着生 1 枚短小的刺突，略弧弯。

观察标本：1 雄，重庆缙云山，850 m，2021.Ⅶ.9，刘天俊。

分布：中国（重庆缙云山、陕西、四川）。

异翅亚目 Heteroptera

董 雪　汤泽辰　卜文俊
南开大学生命科学学院昆虫研究所

半翅目异翅亚目是昆虫纲中一个较大的类群。异翅亚目昆虫翅 2 对，前翅基半部革质，端半部膜质，半翅目因此得名；后翅短于前翅，完全膜质。静止时，翅平覆于腹部之上，前翅膜质部互相重叠。口器刺吸式，起于头的前端。不完全变态，即在发育过程中由卵经几个若虫期变为成虫，没有蛹的时期。

世界性分布。世界已知 89 科 1000 余属 42 000 余种，中国已知 35 科 400 余属 4000 余种，本书记述 11 科 28 属 31 种。

分科检索表

1. 触角短于头部，多少折叠隐于眼下，位于1凹陷或凹沟中，一般由背面看不到或只能看到最末端；水生 ··· 负蝽科 **Belostomatidae**
   触角一般长于头部，暴露于外，不隐于眼下的沟中；陆生 ·· 2
2. 跗节 2 节 ·· 3
   跗节 3 节 ·· 4
3. 胫节刺一般，不呈粗棘状 ·· 5
   胫节具粗棘刺形成的刺列 ··· 土蝽科 **Cydnidae**
4. 小盾片较长，多超过腹部中央，前翅膜片上的脉呈明显的不规则网状，横脉数较多 ··· 兜蝽科 **Dinidoridae**
   小盾片短，一般不超过腹部中央，前翅膜片上的脉不呈明显的不规则网状，横脉少 ·· 蝽科 **Pentatomidae**
5. 无单眼 ·· 大红蝽科 **Largidae**
   有单眼 ··· 6
6. 前翅膜片具 6 条以上的纵脉，并可有一些分支 ·· 7
   前翅膜片最多具 4-5 条纵脉 ·· 9
7. 后胸侧板臭腺沟缘强烈退化或全缺 ······································· 姬缘蝽科 **Rhopaliae**
   后胸侧板臭腺沟缘明显 ··· 8
8. 小颊较短，后端不伸过触角着生处，体狭长 ······················· 蛛缘蝽科 **Alydidae**
   小颊较长，后端伸过触角着生处，体形各异，但狭长者较少 ······ 缘蝽科 **Coreidae**
9. 腹部腹面第 4、5 节间的节间缝在两侧向前弯曲，且一般不伸达侧缘，此二腹节多少愈合 ·· 地长蝽科 **Rhyparochromidae**
   腹部腹面第 4、5 节间的节间缝在直，完整，伸达侧缘，此二腹节不愈合 ·· 梭长蝽科 **Pcahygronthidae**

十四、蝽科 Pentatomidae

体小至大型，多为椭圆形，触角 5 节，极少数 4 节。有单眼。前胸背板常为六角形。中胸小盾片在大多数种类中为三角形，约为前翅长度的 1/2。膜片具多数纵脉，很少分支。各足跗节 3 节。若虫臭腺分别开口于第 3、4，以及第 4、5 和第 5、6 腹节背板的节间处。蝽科昆虫体型较大，生活于植物上，大多为植食性，喜吸食果实或种子，许多种类可成为作物害虫。

世界性分布。世界已知 940 属 4948 种，中国已知 143 属 410 种，本书记述 7 属 7 种。

分属检索表

1. 前胸背板前侧缘平直或轻微曲 ··· 2
   - 前胸背板前侧缘弧形外拱 ··· 卵圆蝽属 *Hippotiscus*
2. 前胸背板侧角尖刺状；头上颚片端部平截 ·· 突蝽属 *Udonga*
   - 前胸背板侧角不呈尖刺状；头上颚片端部圆钝 ·· 3

3. 头端部宽阔平截；臭腺沟缘端部尖细但不呈细线状···茶翅蝽属 *Halyomorpha*
- 头端部不平截；臭腺沟缘端部至少 1/3 呈细线状···4
4. 中胸腹板不呈凹槽或凹沟状···5
- 中胸腹板凹槽或凹沟状···6
5. 第 3 腹节中央突起超过后足基节中央···真蝽属 *Pentatoma*
- 第 3 腹节中央无突起或具短钝突起但不超过后足基节后缘······················岱蝽属 *Dalpada*
6. 小盾片宽舌状，端部超过或等于前翅革片端部···麦蝽属 *Aelia*
- 小盾片三角形，端部短于前翅革片端部···伊蝽属 *Aenaria*

83. 真蝽属 *Pentatoma* Olivier, 1789

Pentatoma Olivier, 1789: 25. Type species: *Cimex rufipes* Linnaeus, 1758.
Tropicoris Hahn, 1834: 52-53.
Tropidocoris Agassiz, 1846: 348.
Gudea Distant, 1911: 348-349.

属征：体卵圆形，密布刻点。头表面褶皱状，向端部逐渐变狭；侧叶与中叶等长或近于等长；侧叶侧缘波曲，多数种类微上卷；触角第 1 节不伸达头末端或与头末端平齐，大多第 3 节长于第 2 节；单眼与复眼间距短于单眼间距。前胸背板侧角伸出翅革片，末端平截或呈角状突出。前胸背板前缘中段平坦内凹；前侧缘内凹，具齿；后角圆钝不伸出。胫节背面具沟，前足胫节端部 1/3 处有 1 毛簇。臭腺沟长度不等，一般具前壁结构，端部圆，个别种类尖细。具腹基刺突，瘤状或呈长度不等的刺状。中胸腹板具纵脊。腹缘内褶不发达。

分布：古北区、东洋区。世界已知 34 种，中国已知 22 种，本书记述 1 种。

（99）褐真蝽 *Pentatoma semiannulata* (Motschulsky, 1860)

Tropicoris semiannulatus Motschulsky, 1860: 501.
Tropicoris armandi Fallou, 1881: 340 (syn. by Hsiao & Cheng, 1977).
Gudea ichikawana Distant, 1911: 349 (syn. by Esaki, 1930).

体中到大型；黄褐色具细的黑色刻点，头、前胸背板前半、前翅外革片略带暗红色；体下淡黄白色，刻点同色。头：侧叶端部渐狭，略长于中叶或与中叶末端平齐；小颊前角末端尖锐伸出；喙伸达第 4 腹节中央。胸：前胸背板前缘内凹；前角在复眼后方平截，后角指向体侧；前侧缘扁薄上卷，前半具不均匀锯齿，黄白色无刻点；侧角伸出体外，上翘，边缘黑色，端部圆钝，侧角后缘的突起同样圆钝。小盾片基部有黑色小凹陷，刻点分布较均匀，端部狭细；各胸节侧板靠近基节处各有 1 小黑斑；臭腺沟缘长度中等，细，中央向后弯，末端圆钝。腹侧接缘外露，黑黄相接，黑色区域的面积较小；腹面淡黄褐色，光滑无刻点；腹基突起圆钝，不向前伸出；气门边缘狭窄黑色。

观察标本：2 雄 2 雌，重庆缙云山，850 m，2021.Ⅶ.9，董雪。

分布：中国（重庆缙云山、黑龙江、吉林、辽宁、内蒙古、河北、山西、河南、陕西、宁夏、甘肃、青海、江苏、浙江、湖北、江西、湖南、四川、贵州）；蒙古国，俄罗斯，朝鲜，日本。

84. 卵圆蝽属 *Hippotiscus* Bergroth, 1906

Pleippus Stål, 1868: 505. Type species: *Plexippus dorsalis* Stål, 1869.
Hippota Bergroth, 1891: 214.
Hippotiscus Bergroth, 1906: 2.

属征：体中大型，头侧缘、前胸背板前侧缘薄边状，略上翘；头宽短，末端圆钝；侧叶长于中叶并在其前方会合后分开呈一个小缺口，侧叶外缘弧形外拱，宽度约为中叶宽度的 3 倍；前胸背板前侧缘呈圆弧状外拱，边缘呈较宽阔的叶状；前胸背板较均匀的隆起；侧角圆钝；前翅革片后缘内凹，后角尖锐；中胸腹板具矮脊；臭腺沟缘长度中等；足腿节只具刚毛而无刺列，跗节 3 节；腹基中央无沟槽或刺突。

分布：古北区、东洋区。世界已知 3 种，中国已知 1 种，本书记述 1 种。

（100）卵圆蝽 *Hippotiscus dorsalis* (Stål, 1869)

Plexippus dorsalis Stål, 1869: 226.
Hippotiscus dorsalis: Bergroth, 1906: 20.

头侧缘薄边状，略上翘；前胸背板前侧缘呈圆弧状外拱，边缘呈较宽阔的叶状；头、前胸背板均宽短；喙伸达中足基节。腹侧接缘不外露，外缘一线狭窄的黑色。体布黑色刻点，前胸背板基半、前翅内革片端半大部分色深，黑褐至漆黑；头、前胸背板和前翅革片外缘一线黑色，前胸背板前侧缘和前翅革片基部刻点密集，膜片烟褐色，翅脉黑褐色；触角第 4、5 节端半黑褐，其余黄褐色；腹下黄褐色，除前胸侧板有稀疏黑色刻点，以及中、后胸侧板有若干黑色刻点外，其余不具刻点或刻点无色。

观察标本：8 雄 9 雌，重庆缙云山，850 m，2021.Ⅶ.9-13，汤泽辰。

分布：中国（重庆缙云山、河南、甘肃、安徽、浙江、湖北、江西、湖南、福建、广东、广西、四川、贵州、西藏）；印度。

85. 茶翅蝽属 *Halyomorpha* Mayr, 1864

Halyomorpha Mayr, 1864: 911. Type species: *Halys timorensis* Westwood, 1837 (= *Cimex picus* Fabricius, 1794).

属征：体中型，头端部宽阔，略平截，侧叶与中叶末端平齐，复眼大且突出。前胸背板前侧缘狭窄领边状，光滑且较为平直，侧角圆钝角状，不伸出体外。小盾片三角形，宽略大于长。臭腺沟缘尖长。中胸腹板具低矮的中央纵脊。足胫节具棱边，跗节 3 节。腹侧接缘外露，腹部腹面基部中央无突起。

分布：世界广布。世界已知 37 种，中国已知 2 种，本书记述 1 种。

（101）茶翅蝽 *Halyomorpha halys* (Stål, 1855)

Pentatoma halys Stål, 1855: 182.
Halyomorpha halys: Hsiao *et al.*, 1977: 152.

头端部略呈矩形，末端略平截，侧缘相互平行，前胸背板侧角不伸出体外。臭腺沟缘极为狭长，端部尖细。体色变异较大，从棕褐色、半金绿色到全金绿色不等。腹面黄色或橙红色。

前胸背板向前略倾斜，前半具隐约的中央纵脊，胝区后方各有 2 个黄褐色光滑胝斑，刻点密集但分布不均匀；前缘光滑平直或轻微内凹，边缘狭窄领边状；腹侧接缘外露，各节两端 1/3 黑色且密布刻点，中央 1/3 黄褐色，各节后角小尖角状，略伸出。腹面基部中央无显著突起，中轴处光滑无刻点，两侧具细小的黑色刻点，向外侧渐密集。各节外缘两端狭窄的黑色。

观察标本：6 雄 7 雌，重庆缙云山，850 m，2021.Ⅶ.12，董雪。

分布：中国（重庆缙云山、黑龙江、吉林、辽宁、内蒙古、河北、山西、河南、陕西、江苏、安徽、浙江、湖北、江西、湖南、福建、台湾、广东、广西、四川、贵州、云南、西藏）；朝鲜，日本。

86. 伊蝽属 *Aenaria* Stål, 1876

Aenaria Stål, 1876: 55. Type species: *Aenaria lewisi* (Scott, 1874).
Euaenaria Breddin, 1904: 2-3; 1906: 246.

属征：体狭长，前翅膜片明显超过腹末。头、前胸背板和小盾片黄绿色，前翅内革片暗褐色，外革片黄白色，头和前翅外革片上的刻点较前胸背板和小盾片上的刻点略密集。腹部腹面黄白色。前胸背板低平，向前略下倾；前侧缘光滑扁薄，略平直；侧角圆钝，仅轻微伸出。小盾片长大于宽，端部较狭长，基角凹陷小。足胫节具棱边，跗节 3 节。

分布：古北区、东洋区。世界已知 5 种，中国已知 4 种，本书记述 1 种。

（102）伊蝽 *Aenaria lewisi* (Scott, 1874)

Drinostia lewisi Scott, 1874: 296.
Aenaria lewisi Stål, 1876: 55.

体色较深，腹部腹面除侧面各有 1 条黑色刻点带外，还有 1 条由位于第 3-7 腹节中央的大小不一的黑斑组成的宽纵带。体腹面两侧各具 1 条由黑色刻点组成的纵带，腹面中央具 1 宽纵带。头平伸，宽大于长，端部圆钝，侧缘均匀外拱，并轻微上翘，边缘狭窄的黑色线状；小盾片凹陷内侧各有 1 个光滑胝斑，其余部分刻点分布较为均匀，但基部稍密。端缘较平直，端角圆钝角状，超过小盾片端部；膜片暗棕褐色，末端明显超过腹末。

观察标本：3 雄 6 雌，重庆缙云山，850 m，2021.Ⅶ.15，汤泽辰。

分布：中国（重庆缙云山、甘肃、江苏、浙江、江西、湖南、福建、台湾、海南、广西、四川）；印度，朝鲜，日本。

87. 突蝽属 *Udonga* Distant, 1921

Udonga Distant, 1921: 69. Type species: *Udonga spinidens* Distant, 1921.

属征：体狭长；头长略大于宽，侧缘端部强烈的斜平截，侧叶与中叶约等长或侧叶略长；触角 5 节，第 1 节不伸达头末端；喙第 1 节完全包裹于小颊内；前胸背板宽大于长，前角尖锐尖齿状，前侧缘具浅圆的锯齿，侧角尖刺状，强烈向前伸出；小盾片狭长。

分布：东洋区。世界已知 2 种，中国已知 1 种，本书记述 1 种。

（103）突蝽 *Udonga spinidens* Distant, 1921

Udonga spinidens Distant, 1921: 69.

头侧缘端部斜平直；前胸背板侧角尖细刺状，指向体前侧方；前翅革片两侧几相互平行。体狭长，腹部两侧近平行。背面污褐色，小盾片黄褐色或红褐色，基部中央具大型三角形黑斑，端部黄白色。体腹面淡黄褐色，雄性两侧各有 1 条黑色刻点带。头顶中央的刻点稍稀疏且色略淡，复眼内侧各有 1 个黄褐色光滑胝斑。前胸背板向前均匀下倾，前半刻点略稀疏，有隐约可见的 2 条短纵带，后半刻点分布较为均匀；前翅革片外缘平直，两侧相互平行，外革片极为狭长，中裂红褐色，较长，其末端与小盾片端部约平齐，端缘略内凹，端角角状，膜片无色透明，末端伸出腹末较长。

观察标本：2 雄，重庆缙云山，850 m，2021.Ⅶ.15，汤泽辰。

分布：中国（重庆缙云山、山西、陕西、浙江、湖北、江西、湖南、福建、广东、海南、澳门、广西、贵州、云南、西藏）；老挝。

88. 麦蝽属 *Aelia* Fabricius, 1803

Aelia Fabricius, 1803: 188. Type species: *Cimex acuminatus* Linnaeus, 1758.

属征：体中小型，头较长，长约等于宽或大于宽，侧叶在中叶前会合后常重新分开，以致外观头前端常呈 1 小叉状，较肥厚。头侧叶在中叶前会合后，又互相分离成明显的叉状。

分布：古北区、新北区。世界已知 25 种，中国已知 5 种，本书记述 1 种。

（104）华麦蝽 *Aelia fieberi* Scott, 1874

Aelia fieberi Scott, 1874: 297.

体近菱形，黄褐至污黄褐色，密布刻点。头长三角形，黄褐色，侧叶长于中叶，在中叶前会合，但不呈明显的分叉状，侧缘黑色，背面中纵线较细，中纵线两侧各具 1 前窄后宽的黑色纵条纹。前胸背板及小盾片具中纵线，粗细前后一致；前翅革片外缘及径脉淡黄白色，其内侧无黑色纵纹；侧接缘略外露，黄褐色。腹部腹面淡黄色，有 6 条不完整的黑纵纹。足黄褐色，腿节端半有 2 个显著的黑斑。

观察标本：5 雄 7 雌，重庆缙云山，850 m，2021.Ⅶ.10，董雪。

分布：中国（重庆缙云山、黑龙江、吉林、辽宁、北京、天津、河北、山西、山东、河南、陕西、甘肃、江苏、浙江、湖北、江西、湖南、福建、四川、云南）。

89. 岱蝽属 *Dalpada* Amyot *et* Serville, 1843

Dalpada Amyot *et* Serville, 1843: 105. Type species: *Dalpada aspersa* Amyot *et* Serville, 1843.
Udana Walker, 1868: 549.
Amasenoides Shiraki, 1913: 216.

属征：体较大，长椭圆形，背面较平，体背面刻点粗糙，色彩多为斑驳的黄褐色或棕褐色。前胸背板前侧缘及腹部腹面常被白色短毛。头长，上颚片端部二叉状，即侧缘在亚端部处有 1 角状突起，该突起后侧有 1 处内凹，之后又有 1 钝突起，上颚片约与前唇基平齐；腹面基部几节中央具浅沟，两侧常有断续或整齐的深色纵带。

分布：古北区、东洋区。世界已知 51 种，中国已知 18 种，本书记述 1 种。

（105）岱蝽 *Dalpada oculata* (Fabricius, 1775)

Cimex oculata Fabricius, 1775: 703.
Dalpada aspersa Ellenrieder, 1862: ?? (syn. by ????)

背面斑驳的黄褐色，布黑色或金绿色粗糙刻点；腹面两侧具黑色宽纵带，各腹节侧缘中央具大型黄斑。小盾片基角处具大型的光滑圆斑，圆斑外侧及侧缘弯折处的刻点较为密集，整个端部黄褐色，其上刻点细小，几乎与底同色或为淡棕色。各胸节侧板具连贯的黑色纵带，其内侧的边界较为整齐，中央具若干黄褐色光滑胝斑，相连成断续的黄褐色条带。腹部侧接缘明显外露，黄黑相间，界限明显。

分布：中国（重庆缙云山、江苏、浙江、江西、湖南、福建、广东、海南、广西、四川、贵州、云南）；印度，朝鲜，日本，印度尼西亚，东南亚，马来群岛。

十五、兜蝽科 Dinidoridae

体中至大型。椭圆形，褐色或黑褐色，多无光泽。触角多为 5 节，少数 4 节。喙短，一般不伸过前足基节。前胸背板表面常多皱纹或凹凸不平。中胸小盾片长不超过前翅长度的 1/2，末端比较宽钝。前翅膜片脉序因多横脉而呈不规则的网状。第 2 腹节气门可被后胸侧板遮盖而外露可见。腹部各节毛点毛位于气门后方，但偏于内侧。各足跗节 2 节或 3 节，若虫腹部臭腺分别开口于第 4、5 腹节及第 5、6 腹节背面的节间。生活于植物上，葫芦科为其常见寄主之一。

分布于东洋区和旧热带区。世界已知 16 属 107 种，中国已知 4 属 12 种，本书记述 3 属 3 种。

分属检索表

1. 触角 5 节 ·· 兜蝽属 *Aspongopus*
- 触角 4 节 ·· 2
2. 头部侧叶在中叶前合并的会合线约与中叶等长，或短于中叶；前胸背板表面不崎岖不平，形状亦不突兀；前角不呈角状突出 ··· 皱蝽属 *Cyclopelta*
- 头部侧叶甚长，在中叶前合并的会合线远远长于中叶，达后者的 2 倍左右；前胸背板表面凹凸不平；

前角呈各种角状突出 ·· **瓜蝽属** *Megymenum*

90. 瓜蝽属 *Megymenum* Guérin, 1831

Megymenum Guérin, 1831: 52. Type species: *Megymenum dentatum* Guérin, 1831.

属征：体近卵圆形，或长椭圆形；背面稍隆起。头宽大于长，稍凹陷，侧叶长于中叶并在中叶相接，可能在端部分开，侧缘弯曲；单眼眼间距约等于复眼到单眼的距离。前胸背板宽大于长，背面稍隆起，有时前缘中部有瘤状隆起，通常前胸背板前缘会延伸出领状构造，前角尖锐或齿状或针状；中胸腹板中央有1深沟；臭腺孔大而显著。腹部侧接缘外露，每节后侧角通常中度凸起。

分布：古北区、东洋区。世界已知15种，中国已知3种，本书记述1种。

（106）细角瓜蝽 *Megymenum gracilicorne* Dallas, 1851

Megymenum gracilicorne Dallas, 1851: 364.

体黑褐色，常有铜色光泽，翅膜片淡黄褐色。头部中央下陷呈匙状，侧缘内凹，在复眼前方的侧缘上有1外伸长刺。前侧缘前端凹陷较深，前角尖刺状，前伸而内弯，呈牛角形，侧角和前侧缘呈钝角状，显著突出。基部中央有1枚小黄点。足同体色，腿节腹面有刺，胫节外侧有浅沟；雌性后足胫节基处内侧胀大，胀大部分稍内凹，似腰子状。腹部侧接缘每节有1个粗大的锯齿状突起。

观察标本：6雄3雌，重庆缙云山，850 m，2021.Ⅶ.11，董雪。

分布：中国（重庆缙云山、山东、陕西、江苏、上海、浙江、湖北、江西、湖南、福建、广东、广西、四川、贵州）；日本。

91. 皱蝽属 *Cyclopelta* Amyot *et* Serville, 1843

Cyclopelta Amyot *et* Serville, 1843: 172. Type species: *Tessaratoma obscura* Lepeletier *et* Serville, 1828.

属征：触角4节，第2、3节较为扁平，体长在11 mm以上；头侧叶长于中叶，两侧叶在中叶前相交；前胸背板表面不崎岖不平，形状亦不突兀；前角不呈角状突出，前侧缘呈平缓的弧形，不弯曲成突兀的角状。腹部各节侧缘不呈角状向外突出。

分布：古北区、东洋区。世界已知13种，中国已知3种，本书记述1种。

（107）大皱蝽 *Cyclopelta obseura* (Lepeletier *et* Serville, 1828)

Tessaratoma obscura Lepeletier *et* Serville, 1828: 358.
Cyclopelta obseura: Amyot & Serville, 1843: 41.

头顶方圆，侧叶宽阔，几为中叶的4倍，长于中叶且在中叶之前相交，侧叶端半部外侧上翘，触角多毛，2、3节扁平。前胸背板基半部多平行皱纹，前角及侧角圆，胝隆起，色更深。小盾片基部中央有1黄白色小斑，但久存标本不清晰，末端有时隐约可见黄白色小点1枚，小盾片上有较为明显的横皱。腹部背面红棕色，侧接缘黑色，每节中央有黄色小点。

观察标本：4 雄，重庆缙云山，850 m，2021.Ⅶ.9，董雪。

分布：中国（重庆缙云山、浙江、广东、广西、四川、贵州、云南）；菲律宾，越南，缅甸，印度，印度尼西亚。

92. 兜蝽属 *Aspongopus* Laporte, 1833

Aspongopus Laporte, 1833: 157. Type species: *Cimex lanus* Fabricius, 1833.

属征：触角 5 节。前胸背板前侧缘较平直，不甚向外弓出；腹部侧接缘扩展程度一般；前足腿节下方无刺或有微刺，腹部侧缘和侧接缘红色，呈 1 红色的宽边。

分布：古北区、东洋区。世界已知 37 种，中国已知 5 种，本书记述 1 种。

（108）九香虫 *Aspongopus chinensis* Dallas, 1851

Aspongopus chinensis Dallas, 1851: 282.

体长卵圆形，紫黑或黑褐色，稍有铜色光泽，密布刻点。头边缘稍上翘，侧叶长于中叶，并在中叶前方会合。触角 5 节，基部 4 节黑色，端节橘黄或黄色，第 2 节长于第 3 节。前胸背板及小盾片上多少有近平行的不规则横皱。侧接缘及腹部腹面侧缘区各节黄黑相间，但黄色部常狭于黑色部，足紫黑或黑褐色。

观察标本：3 雄，重庆缙云山，850 m，2021.Ⅶ.11，董雪、汤泽辰。

分布：中国（重庆缙云山、河南、江苏、浙江、福建、台湾、广东、广西、四川）。

十六、土蝽科 Cydnidae

体中至中大型。体褐色、黑褐色或黑色。身体厚实，有时隆出，体壁坚硬，并常具光泽。头前伸或平倾，背面较平坦。上颚片极阔。触角多为 5 节，少数 4 节，较粗短；前胸背板侧缘可有刚毛列。小盾片长约为前翅的 1/2 或更长，部分种类小盾片较长而端部宽圆。后胸侧板臭腺沟长。各足跗节 3 节，胫节粗扁。栖息于地表和地被物下，或在植物根际的土壤表层下、土缝中生活，吸食植物的根部或茎的基部。

世界性分布。世界已知 114 属 1185 种，中国已知 26 属 69 种，本书记述 1 属 1 种。

93. 鳖土蝽属 *Adrisa* Amyot *et* Serville, 1843

Adrisa Amyot *et* Serville, 1843: 89. Type species: *Adrisa nigra* Amyot *et* Serville, 1843.
Acatalectus Dallas, 1851: 110, 122.
Geobia Montrouzier, 1858: 245.

属征：体大型，黑色。身体表面刻点明显。头前端宽圆，触角 4 节，第 2 节较长。前胸背板侧缘几近平直，前缘具浓密短刚毛。头侧叶与中叶等长，不具皱纹；喙不达中胸腹板后缘，小颊后端不宽阔，后角不突出；前胸背板侧缘及前翅前缘具刚毛，膜片浅褐色，具不规则的深色斑点。

分布：世界广布。世界已知 22 种，中国已知 5 种，本书记述 1 种。

（109）大鳖土蝽 *Adrisa magna* Uhler, 1860

Adrisa magna Uhler, 1860: 222.

体红褐色至黑色，卵圆形，体大型。身体具明显刻点，头具皱纹刻点，前胸背板及小盾片基部刻点大而稀疏，前翅小盾片端部刻点小而浓密；腹面刻点小，腹部中央光平。头前端宽圆。侧叶超过中叶，并在中叶前端连接；其上具粗糙皱纹。小盾片长，超过爪片顶端，但不达腹部末端，侧缘平直，顶角尖削。两爪片不形成爪片接合缝。前翅膜片污烟色，不形成网状脉。臭腺沟平直，前足稍特化，胫节扁平，背面具1列强刺；跗节第2节最短，约与其他两节等粗。

观察标本：14雄16雌，重庆缙云山，850 m，2021.Ⅶ.9，董雪。

分布：中国（重庆缙云山、北京、天津、江西、湖南、广东、四川、云南）；越南，缅甸，印度。

十七、缘蝽科 Coreidae

体中至大型，头相对身体较小，有单眼，触角4节。小盾片小，三角形。前翅静止时爪片形成显著的爪片接合缝。后胸具臭腺孔。后足腿节和胫节通常膨大或扩展。腹部3-7节具毛点毛。全部为植食性。其吸取寄主的营养器官和繁殖器官的汁液，危害作物。

世界性分布。世界已知250属约1800种，中国已知约63属200余种，本书记述6属7种。

分属检索表

1. 前胸背板侧角极度扩展，常呈半月形向前延伸 ·· 奇缘蝽属 *Molipteryx*
- 前胸背板侧角不扩展 ··· 2
2. 头方形，前端在触角着生处突然向下弯曲，触角基向前突出；喙短，不超过中胸腹板后缘 ············
 ··· 同缘蝽属 *Homoeocerus*
- 头较长，前端伸出于触角基前方，喙长短不一 ··· 3
3. 腹节后角显著 ··· 4
- 腹节后角不显著 ··· 棘缘蝽属 *Cletus*
4. 后足腿节膨大 ··· 瘤缘蝽属 *Acanthocoris*
- 后足腿节不膨大 ··· 5
5. 后足腿节具刺 ··· 竹缘蝽属 *Notobitus*
- 后足腿节不具刺 ··· 黑缘蝽属 *Hygia*

94. 竹缘蝽属 *Notobitus* Stål, 1860

Notobitus Stål, 1860: 451. Type species: *Cimex meleagris* Fabricius, 1787.

属征：本属种类身体较大，颜色较深，喙第1节长于第2节，超过头的后缘，后足腿节具长刺。

分布：东洋区。世界已知18种，中国已知9种，本书记述1种。

（110）山竹缘蝽 *Notobitus meleagris* (Fabricius, 1787)

Cimex meleagris Fabricius, 1787: 297.
Notobitus meleagris Stål, 1860: 451.

体黑褐色，被黄褐色细毛。触角第1节短于或等于头宽，第4节基半红褐或黄褐色，端半色稍深。前胸背板中、后部及翅色稍淡。后足腿节粗大，其顶端约2/5处具1个大刺，大刺前后各有数个小刺。臭腺沟的前突起靠近后胸侧板的前缘。腹部背面基半部红色，向端渐呈黑色。侧接缘淡黄褐色，两端黑色。雄性生殖节后缘中央突起狭窄，两侧突起宽阔，顶端圆形，距离中间突起较近，腹面观呈窄"山"字形。

观察标本：10雄8雌，重庆缙云山，850 m，2021.IX.21，汤泽辰。

分布：中国（重庆缙云山、浙江、四川、云南）。

95. 同缘蝽属 *Homoeocerus* Burmeister, 1835

Homoeocerus Burmeister, 1835: 300. Type species: *Homoeocerus nigripes* Burmeister, 1835.
Philonus Dallas, 1852: 438, 448.

属征：本属种类的外形变异很大，从椭圆到狭长，从中型至大型。一般为黄绿色，或浅褐色，前翅带白色或黑色斑点。头方形，前端在触角基着生处截然向下弯曲，触角基向前向上突出；喙短，不达于中胸腹板基部；腿节简单无刺；雌性第7腹板褶后缘呈角状。

分布：古北区、东洋区、新热带区。世界已知125种，中国已知30种，本书记述1种。

（111）一点同缘蝽 *Homoeocerus (Tliponius) unipunctatus* (Thunberg, 1783)

Cimex unipunctatus Thunberg, 1783: 38.
Homoeocerus chinensis Dallas, 1852: 447.
Gonocerus punctipennis Uhler, 1860: 226.
Homoeocerus distinctus Signoret, 1881: 46.
Homoeocerus (Tliponius) unipunctatus: Dolling, 2006: 85.

前胸背板侧缘具淡色窄边，侧角稍突出，微向上翘。前翅革片中央具有1小黑点，膜片不完全盖住腹部末端。腹部两侧较明显扩张，侧接缘部分露出，上具浓密小黑点。雌性第7腹板后缘中缝两侧扩展部分较长，呈锐角，其内边稍呈弧形。

观察标本：1雄，重庆缙云山，850 m，2021.VII.11，董雪、汤泽辰。

分布：中国（重庆缙云山、山东、江苏、浙江、湖北、江西、湖南、台湾、广东、四川、云南、西藏）；日本，缅甸，印度。

96. 黑缘蝽属 *Hygia* Uhler, 1861

Pachycephalus Uhler, 1860: 225. Type species: *Pachycephalus opacus* Uhler, 1860.
Hygia Uhler, 1861: 287.

属征：头短，显然短于其宽度；喙较短，不超过腹部第2节；前胸背板前角尖锐突出；腹部腹面无纵沟。

分布：古北区、东洋区。世界已知118种，中国已知14种，本书记述1种。

（112）暗黑缘蝽 *Hygia opaca* (Uhler, 1860)

Pachycephalus opacus Uhler, 1860: 226.
Hygia opaca: Uhler, 1861: 287.

体近长椭圆形，黑褐色，无光泽。喙、触角末节（除基部外）、各足基节和跗节、腹部侧接缘各节后端淡黄褐色。头背面拱起。喙长，伸过后足基节。前翅稍短，不达腹端。膜片的横脉远离膜片基部，纵脉互相连接。雄性生殖节腹面完整，后缘稍凹陷。雌性生殖节腹面有1条纵裂。

观察标本：8雄10雌，重庆缙云山，850 m，2021.IX.21，董雪。

分布：中国（重庆缙云山、江苏、浙江、江西、湖南、福建、广东、广西、四川）；日本。

97. 奇缘蝽属 *Molipteryx* Kiritshenko, 1916

Molipteryx Kiritshenko, 1916: 32. Type species: *Derepteryx grayii* White, 1843.

属征：前胸背板侧角极度扩展，常呈半月形向前延伸，达到或超过头的前端，扩展部分的边缘常具锯齿。雌雄腹部均简单，后足胫节背面简单，前胸背板中部比较光平，小盾片顶端具黑色瘤状突起。

分布：古北区、东洋区。世界已知5种，中国已知3种，本书记述1种。

（113）褐奇缘蝽 *Molipteryx fuliginosa* (Uhler, 1860)

Discogaster fuliginosus Uhler, 1860: 225.
Molipteryx fuliginosa: Kiritshenko, 1915: 299.

体长23-25 mm，深褐色。前胸背板侧缘具齿，侧角后缘凹陷不平，但不呈齿状，侧角稍向前倾，但不达于前胸背板的前端。前、中足胫节外侧适度扩展，雄性后足胫节腹面中部稍呈角状扩展。雌性后足胫节内外两侧均稍扩展。

观察标本：3雄2雌，重庆缙云山，850 m，2021.VII.11，董雪。

分布：中国（重庆缙云山、黑龙江、甘肃、江苏、浙江、江西、福建）；朝鲜，日本。

98. 瘤缘蝽属 *Acanthocoris* Amyot et Serville, 1843

Acanthocoris Amyot et Serville, 1843: 213. Type species: *Coreus scabrator* Fabricius, 1803.

属征：前胸背板及后足腿节具许多颗粒。前胸背板侧缘稍向内曲，侧角突出。前翅爪片缝长于革片顶缘，后足腿节端部较粗，顶端背面有1刺状突起，后足腿节基部腹面稍扩展。中胸腹板中央无纵沟。

分布：世界广布。世界已知36种，中国已知1种，本书记述1种。

（114）瘤缘蝽 *Acanthocoris scaber* (Linnaeus, 1763)

Cimex scaber Linnaeus, 1763: 17.
Cimex clavipes Fabricius, 1787: 288.
Cimex magnipes Gmelin, 1790: 2142.
Crinocerus fuscus Westwood, 1842: 21.
Acanthocoris acutus Dallas, 1852: 516.
Acanthocoris scaber: Blöte, 1935: 225.

体密被短刚毛及粗细不一的颗粒。头较小，触角第2节最长，第4节最短，各节刚毛较粗硬，复眼黑色。喙黄褐色。前胸背板后侧缘具大小不一的齿，后半段齿粗大，尖端略向后指；后侧缘齿稀小，前胸背板散生显著的瘤突，侧角向后斜伸，尖而不锐。前翅外缘基半段毛瘤显著，排成纵行，膜质部黑褐色，基部内角黑色，中区隐约可见数枚黑点。胸部臭腺孔上下缘呈片状突起。各足胫节近基部有1黄白色半环圈，后足腿节膨大，内侧端半段具3刺，外侧顶端具1粗刺。腹背橘黄色。

观察标本：8雄6雌，重庆缙云山，850 m，2021.Ⅶ.9，董雪。

分布：中国（重庆缙云山、北京、山东、江苏、安徽、浙江、湖北、江西、湖南、福建、广东、广西、四川、云南、西藏）；印度，马来西亚。

99. 棘缘蝽属 *Cletus* Stål, 1860

Cletus Stål, 1860: 53. Type species: *Cimex trigonus* Thunberg, 1783.
Peniscomus Montrouzier, 1861: 66.
Agonotomus Montrouzier, 1861: 66.
Macina Villiers, 1954: 225.

属征：体中小型。头较短，前端向下倾斜，触角第4节不长于第1节。前翅革片上无浅色斑点，或仅有1个斑点。腹节后角不显著，侧接缘一色。

分布：古北区、东洋区、旧热带区。世界已知56种，中国已知8种，本书记述2种。

（115）黑须棘缘蝽 *Cletus punctulatus* (Westwood, 1842)

Coreus punctulatus Westwood, 1842: 43.
Cletus punctulatus: Parshad, 1957: 401.

体色较深，刻点黑色。头顶背面刻点粗黑而密。喙可达后足基节前缘。前胸背板侧缘具细颗粒，侧角尖刺状，略向上翘，侧角后侧缘有细颗粒。前胸背板以两侧角间为界，前部色淡，后部色深。小盾片及前翅革片同前胸背板后部，刻点均匀，黑色。

观察标本：5雄7雌，重庆缙云山，850 m，2021.Ⅶ.9，汤泽辰。

分布：中国（重庆缙云山、江西、四川、云南、西藏）；印度。

（116）稻棘缘蝽 *Cletus punctiger* (Dallas, 1852)

Gonocerus punctiger Dallas, 1852: 494.
Cletus rusticus Stål, 1860: 237.
Cletus tenuis Kiritshenko, 1916: 184.

Cletus punctiger: Mitchell, 2000: 355.

身体稍小，黄褐色。前胸背板多为一色；侧角细长，向上翘起，并略向前倾。触角第 3 节常较明显地短于第 1 节。

观察标本：8 雄 7 雌，重庆缙云山，850 m，2021.Ⅶ.9，汤泽辰。

分布：中国（重庆缙云山、浙江、湖北、江西、广东、西藏）；印度。

十八、蛛缘蝽科 Alydidae

体狭长，头平伸，多向前渐尖。触角常较细长。小颊短，不伸过触角着生处。后胸侧板臭腺沟缘明显。雌性第 7 腹板完整，不纵裂为两半。多生活于植物上，植食性，危害豆科、禾本科等。

世界性分布。世界已知 42 属 250 种，中国已知 14 属 24 种，本书记述 1 属 1 种。

100. 蜂缘蝽属 *Riptortus* Stål, 1860

Riptortus Stål, 1860: 459. Type species: *Riptortus dentipes* (Fabricius, 1787).

属征：中型，整体褐色，密布细密刻点和匍匐状短毛，头三角形，窄于前胸背板的宽度，复眼不具有眼柄；头顶中央无浅色纵向条纹；触角第 1 节显著长于第 2 节和第 3 节；前胸背板侧角尖锐；多数种类的头部和胸部侧板有不规则黄色斑块，为本属最为显著的特征。

分布：世界广布。世界已知 27 种，中国已知 3 种，本书记述 1 种。

（117）点蜂缘蝽 *Riptortus pedestris* (Fabricius, 1775)

Cimex pedestris Fabricius, 1775: 727.
Cimex pedes Gmelin, 1790: 2191.
Lygaeus fuscus Fabricius, 1798: 539.
Alydus ventralis Westwood, 1842: 20.
Alydus major Dohrn, 1860: 402.
Riptortus pedestris: Hsiao *et al*., 1977: 277.

体中型，较粗壮，被稀疏的匍匐状短毛。头三角形，被有稀疏的匍匐状短毛，前胸背板、侧板，以及中、后胸侧板均具有显著的黑色颗粒状瘤突，是本种区别于属内其他种重要的鉴别特征。后缘靠近侧角处各有 1 个刺状突出，后缘中央靠近小盾片处具有 1 个向后伸出的刺突。各足腿节色深，胫节色浅，胫节端部稍稍膨大，颜色加深。后足腿节粗大，表面具有颗粒状突起，有些标本颗粒状突起不明显；后足腿节内侧具有 1 列刺，靠近端部的位置还有若干小刺突；后足胫节弯曲，短于腿节，基部和端部颜色加深，端部具有 1 个刺状突出。

观察标本：5 雄 6 雌，重庆缙云山，850 m，2021.Ⅶ.10，汤泽辰。

分布：中国（重庆缙云山、辽宁、北京、天津、河南、陕西、安徽、浙江、湖北、江西、福建、广东、海南、广西、四川、贵州、云南）；日本，韩国，泰国，印度尼西亚，马来西亚，斯里兰卡，缅甸，印度。

十九、姬缘蝽科 Rhopaliae

体小至中型。体色多灰暗，少数鲜红色。头三角形，前端伸出于触角基前方。触角较短，第 1 节粗短，短于头的长度，第 4 节粗于第 2、3 节，常呈纺锤形。腹部腹板中央具纵沟，侧板刻点通常显著。臭腺孔通常退化。生活于植物上或在地表爬行，吸食植物营养器官及种子和花器，在田间和低矮植物上多见。

世界性分布。世界已知 23 属 224 种，中国已知 13 属 40 种，本书记述 1 属 1 种。

101. 伊缘蝽属 *Rhopalus* Schilling, 1827

Rhopalus Schilling, 1827: 22. Type species: *Lygaeus capitatus* Fabricius, 1794.

属征：头较长，长度约为宽度的 2/3；小颊短，仅达于眼的前缘；喙较长，达于后胸腹板中央；触角基显著向前突出，前胸背板颈片宽，界限不清晰，具刻点，其后方无完整平滑的横脊。

分布：古北区、东洋区、新北区。世界已知 12 种，中国已知 9 种，本书记述 1 种。

（118）褐伊缘蝽 *Rhopalus sapporensis* (Matsumura, 1905)

Corizus sapporensis Matsumura, 1905: 17.
Rhopalus maeulatus var. *umbratilis* Horváth, 1917: 378.
Corizus sparsus Blöte, 1934: 260.
Aeschyntelus communis Hsiao, 1963: 330, 343.
Rhopalus sapporensis: Liu *et* Bu, 2009: 394.

体长 6-8 mm，背面灰绿色，腹面灰黄色，具褐色斑点，被浅色长毛。眼与单眼之间的斑点、触角第 1 节外侧、前翅革片上的许多小点、腹部背面，以及侧接缘各节端部及身体腹面中央均为黑色，头、前胸背板及小盾片上的刻点，以及触角及足上的斑点黑色或褐色。触角第 2 节背侧具 1 条隐约的深色纵纹，有时身体腹面具有许多红色小斑点；后胸侧板前部刻点粗大稀疏，后角狭窄突出。

观察标本：4 雄 3 雌，重庆缙云山，850 m，2021.Ⅶ.10，董雪。

分布：中国（重庆缙云山、黑龙江、陕西、江苏、浙江、江西、福建、广东、四川、云南）。

二十、大红蝽科 Largidae

体小至大型。常为椭圆形，鲜红色或多少带有一些红色色泽。触角 4 节，触角着生位置为头侧面中线下方，无单眼。腹部气门全部位于腹面。第 3-4 腹节腹中线两侧各有 3 对毛点毛，第 5 节有 3 对，第 7 节有两对均位于腹部两侧、气门的前方或后方。产卵器发达，雌性第 7 腹板纵列成两半。吸食植物叶汁并取食果实与种子。

世界性分布。世界已知 24 属 222 种，中国已知 3 属 7 种，本书记述 1 属 1 种。

102. 斑红蝽属 *Physopelta* Amyot *et* Serville, 1843

Physopelta Amyot *et* Serville, 1843: 271. Type species: *Physopelta erythrocephala* Amyot *et* Serville, 1843
(= *Cimex albofasciatus* de Geer, 1773).
Neophysopelta Ahmad *et* Abbas, 1987: 132, 134.

属征：触角一般第 1 节短于头及前胸背板长度之和；头短于或等于宽，由眼至触角基前端距离等于或稍长于眼长；爪片缝长于革片顶缘。前胸背板前叶隆起部分伸达前缘，其侧缘窄，不明显向上翘折；前翅革片具黑色或棕色圆斑。

分布：古北区、东洋区、新热带区。世界已知 30 种，中国已知 5 种，本书记述 1 种。

（119）突背斑红蝽 *Physopelta gutta* (Burmeister, 1834)

Lygaeus (*Pyrrhocoris*) *gutta* Burmeister, 1834: 300.
Physopelta bimaculata Stål, 1855: 186.
Physopelta gutta: Hsiao *et al.*, 1981: 224.

体延伸，两侧略平行。长 14.0-18.0 mm，前胸背板宽 3.5-5.5 mm。常棕黄色，被平伏短毛。头顶、前胸背板中部、前翅膜片、胸腹面及足暗棕褐色；前胸背板侧缘腹面及足基部通常红色；触角（除了第 1、4 节基部黄褐色）、眼、小盾片、革片中央两大斑及其顶角亚三角形斑棕黑色；腹部腹面棕红色，有时黄褐色；腹部腹面侧方节缝处有 3 个显著新月形棕黑色斑。喙棕褐色，其末端伸达后足基节。雄性前胸背板前叶极隆起。后叶中央、小盾片、爪片及革片内侧具棕黑色粗刻点。

观察标本：11 雄 14 雌，重庆缙云山，850 m，2021.Ⅶ.9，汤泽辰。

分布：中国（重庆缙云山、台湾、广东、广西、四川、云南、西藏）；印度，孟加拉国，缅甸，斯里兰卡，日本，印度尼西亚，澳大利亚等。

二十一、梭长蝽科 Pcahygronthidae

体细长，常为淡色。头部下倾，小颊短小。触角延长，线状或稍呈纺锤形。触角第 1 节或远超过头端，或仅伸达头部中叶端。前胸背板梯形。前足腿节膨大，被显著刺。前翅前缘不扩张。所有腹部气孔位于腹面。腹部节间缝伸达侧缘。取食单子叶植物。

世界性分布。世界已知 13 属 78 种，中国已知 4 属 13 种，本书记述 1 属 1 种。

103. 梭长蝽属 *Pachygrontha* Germar, 1838

Pachygrontha Germar, 1838: 152. Type species: *Pachygrontha lineata* Germar, 1838.
Pachygroncha Spinola, 1850b: 41.
Atractophora Stål, 1854a: 260.
Peliosoma Uhler, 1860: 229.
Dilophos Montrouzier, 1865: 226.

属征：头微下倾，并缩入前胸，使眼与前胸背板相接。头侧叶扁并向上直立。触角细，极长。小颊短小，位于喙的基部。头通过眼的最大宽度远小于前胸背板基部的宽度。前胸背板两侧直，具边，中纵脊不突出，后缘直或稍弯，具横缢，但不明显，因此前、后叶界限不明。半鞘翅前缘直，不宽于腹部侧接缘的宽度。身体背腹两面具粗大刻点，前足腿节膨大，腹面具刺，前足胫节比腿节短，所有腹气门均位于腹面，腹节缝直，并直达侧缘。

分布：古北区、东洋区。世界已知43种，中国已知9种，本书记述1种。

（120）拟黄纹梭长蝽 *Pachygrontha similis* Uhler, 1896

Pachygrontha similis Uhler, 1896: 264.

体褐黄色，具强光泽，具粗大、分布均匀的褐色刻点，头部黑褐色，下倾，侧叶具脊，后部较低，头具密集刻点，其背面及身体腹面被有浓密弯曲的金黄色毛。触角细长，具毛。前胸背板黄褐色，刻点黑色，分布均匀，一直达到最侧缘，在后部1/3处横缢，横沟宽，前叶强烈突出，侧缘明显弯曲，后缘直，仅在小盾片基部微突，胝区明显为两个黑色大斑，斑内散布黄色小斑，中纵脊仅在前叶明显，而在后叶消失，后叶中脊两侧的纵带及后侧角褐色。腹部第5、6、7节侧接缘背面后方各具1对明显的黑斑，第5节的黑斑正处于革片顶角的下方偏后。臭腺沟缘黄褐色。

观察标本：6雄5雌，重庆缙云山，850 m，2021.Ⅶ.11，董雪、汤泽辰。

分布：中国（重庆缙云山、浙江、湖北、江西、湖南、福建、广西、四川）；日本。

二十二、地长蝽科 Rhyparochromidae

腹部腹面第4、5腹节的节间缝在两侧向前方斜伸，终止于侧缘附近的毛点沟处，一般不伸达侧缘，且第4、5腹节多少愈合。头部常在复眼附近具有着生于毛点上的"毛点毛"。前足腿节常发达膨大，下方多具刺。大多数种类喜在地表生活或生活于低矮植物上，少数种类树栖吸食种子。

世界性分布。世界已知约372属1850余种，中国已知63属166种，本书记述1属1种。

104. 地长蝽属 *Rhyparochromus* Hahn, 1826

Rhyparochromus Hahn, 1826: 17. Type species: *Cimex pini* Linnaeus, 1758.
Pachymerus Schilling, 1829: 37, 64.
Aphanus Brullé, 1836: 385.
Melandiscus Stål, 1872: 57.

属征：体中型。头平伸，约呈三角形，背面微拱，复眼大，眼前域短，触角基至复眼的距离不到复眼长之半。头不伸出，复眼几与前胸接触。单眼较接近复眼。触角基由背面可见，中叶明显长于侧叶。爪片及革片常淡色而具褐色刻点，爪片具多行刻点，沿内、外缘有整齐的刻点列，其余刻点排列不一，为区分亚属的常用特征。革片端缘直。腹部侧接缘多不外露。臭腺沟缘较狭细，下弯。后胸侧板后缘前凹，后角尖。前足腿节下方有数个较短的粗刺，最端部一根常最长大，间以一些细小的刺，后足腿节端半常有一些刺突或刚毛状刺，前腔下方端半常有一些齿状刺突。

分布：古北区、东洋区、旧热带区。世界已知13种，中国已知7种，本书记述1种。

（121）褐斑地长蝽 *Rhyparochromus sordidus* (Fabricius, 1787)

Cimex sordidus Fabricius, 1787: 302.
Rhyparochromus sordidus: Putshkov, 1956: 32.

头黑褐色，前半较尖长，被细密淡色平伏毛。复眼较大。触角节较细，第1节黑褐色，第2节黄褐色，末端黑褐色，第3节淡褐色，端半深，或几全呈黑褐色，第4节黑褐色，基部有1白环。头下被细平伏毛。喙伸达中足基节中央，第1节略过前胸前缘。前胸背板较狭长，前缘在单眼后方处常有2横纹状白斑，中央前端有1白色短侧纹，后叶淡黄白色，具黑色刻点，点外无晕环，较密，并杂以形状不规则的黑色碎斑。腹部侧接缘后部常露出，黑色，各节中部有大黑斑。翅伸过腹部末端。前肢黑褐色而斑驳，两端渐淡，前足胫节淡褐色，中、后足腿节淡黄褐色，端半黑色，胫节污黄褐色，端部深，前段下方有5枚不长的齿状刺，间以若干细小的齿。

观察标本：2雄，重庆缙云山，850 m，2021.Ⅶ.12，董雪。

分布：中国（重庆缙云山、福建、台湾、广东、云南）；印度，斯里兰卡，日本，越南，菲律宾，泰国；非洲。

二十三、负蝽科 Belostomatidae

体扁平，卵圆形，体黄褐色至棕褐色。头部近三角形；复眼牛角状，大而突出；触角通常4节，第2、3节基部具突起，表面上密被刚毛；喙4节，粗短。前胸背板较宽，中央微隆起，缢缩明显。成虫后胸臭腺发达。前足为捕捉足，腿节明显膨大；中、后足较前足细长，表面具长的游泳毛，侧缘多具刺突，长短各异。腹部腹面中央纵向隆起，两侧缘有毛区。成虫第8腹节背板特化为1对相互靠近的带状结构，称为"呼吸带"，其内侧具长的疏水毛。生活于水中，通过开口于腹部背面的气孔呼吸。

世界性分布。世界已知11属160种，中国已知3属7种，本书记述1属1种。

105. 拟负蝽属 *Appasus* Amyot et Serville, 1843

Appasus Amyot et Serville, 1843: 430. Type species: *Appasus natator* Amyot et Serville, 1843.
Amyotella Spinola, 1850b: 49.
Muljaris Lee, 1991: 10.

属征：体型较大，呈扁平的椭圆形，赭黄色到黑褐色。触角4节，第2、3节具有横向指状突起，被有许多绒毛。喙粗壮。

前胸背板前缘凹入，缢缩较明显，后缘平直。中胸小盾片呈三角形，具光泽。前翅膜片翅脉明显，革质部分除爪片外亦被有退化的不明显的翅脉。腹部腹面中央脊状隆起，侧缘有绒毛带分布，气孔痕迹明显。雄性生殖节末端尖锐。雌性下生殖板末端则较钝。呼吸突短，被有许多长毛。

分布：古北区、东洋区。中国已知3种，本书记述1种。

（122）日拟负蝽 *Appasus japonicus* Vuillefroy, 1864

Appasus japonicus Vuillefroy, 1864: 141.
Appasus lewisi Scott, 1874: 450.

体中型，呈扁平的椭圆形，体色为赭黄色到褐色。头呈三角形，头顶光滑。复眼大而明显，灰褐色到褐色。头顶后缘向后弯曲，复眼后缘则凹入，整个呈波浪状弯曲。唇基上被有稀疏的短毛。前胸背板表面具许多小刻点，具光泽。前缘凹入，两前侧角圆滑，缢缩较明显，在前叶中线左右两侧各有 1 个圆形的黑色斑点。后叶后缘平直，前叶中纵线长 3 倍于后叶中纵线长。前足腿节膨大，腹面具有浓密的短刺，背面亦被有许多小刺和稀疏的长毛。胫节略弯，腹面具有浓密的短刺。呼吸突短，有时能伸出腹末端 1 mm 左右，密被长毛。

观察标本：2 雄，重庆缙云山，850 m，2021.Ⅶ.10，汤泽辰。

分布：中国（重庆缙云山、河南、江苏、浙江、福建、台湾、广东、广西、四川）。

二十四、猎蝽科 Reduviidae

陈　卓　刘盈祺　赵嬗盛　刘巧巧　彩万志

中国农业大学植物保护学院

体小至大型，通常长椭圆形，体色多变。头部眼后区多细长。常具 1 对单眼。触角 4 节，长短不一，有时第 2-4 节又复分为多个小节。喙 3 或 4 节，粗短弯曲，有时细长平直。前胸背板常被横缢分为前、后 2 叶。前胸腹板常具发音沟，其上具横脊，可与喙端摩擦发声。后胸臭腺沟与挥发域不发达。前翅具 2-3 个翅室，也有短翅、小翅或无翅的种类。前足常特化为捕捉足，具各式突起。本科物种除锥猎蝽亚科 Triatominae 的部分种类专食脊椎动物血液外，均为捕食性种类，有的对控制农林或仓储害虫的数量起到重要作用。

本科是半翅目第三大科，世界性分布。世界已知约 990 属 7500 种，中国已知约 150 属 470 种，本书记述 5 属 7 种。

分属检索表

1. 小盾片端部平截，具 3 个突起；触角 8 节 ·· 光猎蝽属 *Ectrychotes*
- 小盾片三角形；触角 4 节 ··· 2
2. 各足腿节具成列的刺突；腹部侧接缘后部具叶状刺 ······························· 刺猎蝽属 *Sclomina*
- 各足腿节无刺突；腹部侧接缘后部近平直，无刺或突起 ·· 3
3. 触角基后方具突起；前胸背板后叶中具 1 对刺突或瘤突，侧角刺状或瘤状 ········ 素猎蝽属 *Epidaus*
- 触角基后方无突起；前胸背板无任何突起，侧角圆钝 ··· 4
4. 前胸背板前叶长于后叶的 1/2，中纵沟向前不及于领、向后不及于横缢，后叶中部较平坦，后角显著伸出 ··· 瑞猎蝽属 *Rhynocoris*
- 前胸背板前叶不长于后叶的 1/2，中纵沟向前及于领、向后常与横缢相通，后叶中部凹陷成宽阔的纵沟，后角不显著 ·· 猛猎蝽属 *Sphedanolestes*

106. 光猎蝽属 *Ectrychotes* Burmeister, 1835

Ectrychotes Burmeister, 1835: 222, 237. Type species: *Reduvius pilicornis* Fabricius, 1787.
Larymna Stål, 1859: 176, 183. Type species: *Reduvius pilicornis* Fabricius, 1787.

属征：体中型。体表具金属光泽。头部较圆钝，在触角基下方具盾角片。触角8节。喙第1节与第2节近等长。前胸背板中纵沟向前不达前缘。小盾片具3个端突。各足腿节腹面一般光滑，亚端部略具隆凸；前足及中足胫节海绵窝较明显。腹部侧接缘各节后角不呈齿突状；腹部腹面各节间缝具小纵脊。

分布：古北区、东洋区。世界已知59种，中国已知12种，本书记述1种。

（123）缘斑光猎蝽 *Ectrychotes comottoi* Lethierry, 1883

Ectrychotes comottoi Lethierry, 1883: 649.

体长13.0-14.5 mm。体黄褐色至红色。复眼、触角、胸部两侧及腹面、小盾片基部、前翅（除基部及革片前缘域外）、各足腿节中部及胫节（除基部外）、腹部侧接缘第3-6节基半部、腹部腹板中部的横带黑褐色。前翅及足上的黑褐色部分常变为黄褐色或浅褐色，而腹部黑褐色斑稳定。

雄性长翅型。头部眼前区长于眼后区。触角具直立长毛。喙第1节伸达复眼中部。前胸背板前叶短于并窄于后叶。前翅稍超过腹部末端。腹部各节腹板之间的纵脊列宽而显著。抱器较长，基半部细缩，中间稍内弓，端半部粗，顶端平。雌性短翅型。前胸背板前叶圆鼓，长于后叶，横缢显著，后叶较平并具短横纹。前翅达腹部第3节背板。

观察标本：1雄，重庆缙云山，850 m，2021.VII.7，刘巧巧。

分布：中国（重庆缙云山、江西、福建、台湾、广东、海南、广西、四川、贵州、云南）；越南，缅甸。

107. 素猎蝽属 *Epidaus* Stål, 1859

Epidaus Stål, 1859: 193. Type species: *Zelus transversus* Burmeister, 1834.
Gastroploeus Costa, 1864: 140. Type species: *Gastroploeus flavopustulatus* Costa, 1864 (= *Zelus transversus* Burmeister, 1834).

属征：体中至大型。头部圆柱形，稍短于前胸背板；眼后区约为眼前区长的1.5倍；前叶背面在触角基后方具突起。触角长，第1节与前足腿节近等长。喙第1节等于或稍短于端部2节长度之和。前胸背板前叶圆鼓，后叶后部中央具1对刺突或瘤突，侧角刺状或瘤状。小盾片三角形，顶端圆钝。前翅超过腹部末端。前足腿节较中、后足腿节粗。雌性腹部向两侧不同程度扩展。

分布：古北区、东洋区。世界已知25种，中国已知9种，本书记述2种。

（124）霜斑素猎蝽 *Epidaus famulus* (Stål, 1863)

Endochus famulus Stål, 1863b: 27.
Epidaus famulus: Distant, 1904: 372.

体长 14.5-25.5 mm。体黄褐色至红褐色。前胸背板及腹板、小盾片、中胸和后胸侧板及腹板、前翅、腹部具若干白色蜡斑。头部后叶、触角、前胸背板后部中央的刺突及侧角、腹部侧接缘第 5 节端半部和第 6 节基部 1/3 黑色。触角第 1 节的 2 个环纹和端部褐色。中、后足腿节（除端部外）和胫节（除基部外）颜色稍浅。

头部在触角基部后方具小刺突。喙第 1 节不达复眼后缘。前胸背板前叶短小，后叶后部中央具 1 对刺突，侧角呈刺状突出。前翅超过腹部末端。前足腿节稍加粗。腹部向两侧扩展。

观察标本：2 雌，重庆缙云山，850 m，2021.Ⅵ.6，吴洋。

分布：中国（重庆缙云山、浙江、江西、湖南、福建、台湾、广东、海南、广西、四川、贵州、云南）；印度，缅甸，越南。

（125）六刺素猎蝽 *Epidaus sexspinus* Hsiao, 1979

Epidaus sexspinus Hsiao, 1979: 250, 258.

体长 17.9-22.9 mm。体黄褐色至浅褐色。头部后叶、触角、前胸背板后部中央的刺突、侧角及靠近后缘的横带黑色。触角第 1 节的 2 个环纹和端部褐色。前翅膜片褐色至深褐色。腹部侧接缘褐色至深褐色，其上具黄色斑块。

头部在触角基部后方具刺突。前胸背板前叶短小，后叶后部中央具 1 对刺突，侧角呈刺状突出。小盾片顶端尖削。前翅近达或稍超过腹部末端。前足腿节稍加粗。腹部略向两侧扩展。

观察标本：1 雌，重庆缙云山，850 m，2021.Ⅶ.8，刘巧巧。

分布：中国（重庆缙云山、浙江、江西、湖南、福建、台湾、广东、广西、四川、贵州、云南）；日本，越南。

108. 瑞猎蝽属 *Rhynocoris* Hahn, 1833

Rhynocoris Hahn, 1833: 20. Type species: *Reduvius cruentus* Fabricius, 1787 (= *Cimex iracundus* Poda, 1761).

属征：体小至大型，长椭圆形或椭圆形。头部椭圆形或适度延长，无任何突起。喙第 1 节短于第 2、3 节长度之和。前胸背板无任何突起，前叶短于后叶，中纵沟短，后叶无明显纵凹沟。前胸背板侧角及后角钝圆，后角突出，后缘近直。小盾片三角形，具"Y"形脊。长翅型个体前翅伸达或超过腹部末端。足中等长度，前足有时加粗。

分布：古北区、东洋区、旧热带区、新北区。世界已知 138 种，中国已知 12 种，本书记述 1 种。

（126）云斑瑞猎蝽 *Rhynocoris incertis* (Distant, 1903)

Sphedanolestes incertis Distant, 1903a: 209.
Rhynocoris incertis: Putshkov & Putshkov, 1996: 249.

体长 14.7-17.8 mm。体黑色，具变化多端的红色斑纹。头部前叶背面复眼间的横斑、单眼间的小圆斑、前胸背板前叶中部及后叶侧缘、各足基节及转节、前翅革片前缘基部、尾节红褐色。前胸背板后叶侧缘及后缘红色。小盾片、腹部侧接缘黑色或具红色至褐色斑纹。

触角第2节明显长于第3节。前胸背板领短锥状，前叶表面具显著的云形刻纹，后叶中部平，侧角圆钝，后侧缘边缘翘起，后缘略凹入。小盾片端部圆钝。前翅略超过腹部末端。腹部向两侧中等扩展。雄性尾节中突端部两侧具角状突出；抱器棒状，基部1/4弯曲，端部向内弯曲；阳茎端两侧具40-50个齿突。

观察标本：1雌，重庆缙云山，850 m，2021.Ⅶ.6，刘巧巧。

分布：中国（重庆缙云山、河北、河南、陕西、江苏、安徽、浙江、湖北、江西、湖南、福建、广东、广西、四川、贵州）。

109. 刺猎蝽属 *Sclomina* Stål, 1861

Sclomina Stål, 1861b: 137. Type species: *Sclomina erinacea* Stål, 1861.

属征：体长椭圆形。头部在触角基部后方每侧具3个长刺，头部顶端中央具1个长刺，两侧具2个短刺。触角第1节约等于头和前胸背板长之和。喙第1节约为第2节的1/3。前胸背板前叶和前胸背板上侧片具许多刺，后叶具4个长刺。中胸侧板具瘤突。各足腿节具刺，前足腿节稍粗，长于前足胫节。腹部侧接缘后部具叶状刺。

分布：东洋区。世界已知5种，中国已知5种，本书记述1种。

（127）齿缘刺猎蝽 *Sclomina erinacea* Stål, 1861

Sclomina erinacea Stål, 1861b: 137.

体长14.9-15.5 mm。体黄色。头部纵纹、胸部侧板上的斑、小盾片中部、前翅革片中部、腹部腹面的斑纹黑色。触角第1节两端及中部、第2节端部、第3节两端、前翅爪片端半部及革区、各足腿节上的纵纹及胫节基部的斜纹、腹部侧接缘各节中部黑褐色。各足腿节端部、腹部腹面中部黄白色。

头部背面、前胸背板、各足腿节具长刺突，前胸背板中部的1对长刺最大。前胸背板前叶具印纹，中央具深纵凹，后叶中央纵凹浅，后角圆钝，后缘略凸。小盾片具"Y"形脊，端部略下弯。前翅略超过腹部末端。腹部第2-3节腹板及第4节腹板基半部中央纵隆，第4-6节腹板侧面各具1对半球形突起，侧接缘第3-7节后角锯齿状向外突出。

观察标本：1雌，重庆缙云山，850 m，2021.Ⅵ.5，杨灿灿。

分布：中国（重庆缙云山、安徽、浙江、江西、湖南、福建、台湾、广东、海南、香港、广西、四川、贵州、云南）；越南。

110. 猛猎蝽属 *Sphedanolestes* Stål, 1867

Sphedanolestes Stål, 1867: 284, 288. Type species: *Reduvius impressicollis* Stål, 1861.

属征：体椭圆形。头部长椭圆形，无任何刺或突起。前胸背板无任何突起，前叶的中纵沟贯穿前后，前部达到领，后部达到横缢，后叶长度约等于前叶的2倍，常具明显的纵凹沟。足中等长度，各足腿节近端部略呈结节状，前足腿节略加粗或不加粗。

分布：古北区、东洋区、旧热带区。世界已知187种，中国已知17种，本书记述2种。

（128）红缘猛猎蝽 *Sphedanolestes gularis* Hsiao, 1979

Sphedanolestes gularis Hsiao, 1979: 139, 152.

体长11.8-13.1 mm。体黑色。复眼褐色，具不规则黑色斑纹，单眼黄色至黄褐色。头部腹面黄色，单眼间的纵斑黄色至黄褐色。前胸背板后叶颜色较浅，有时呈黄褐色。腹部腹面红色，两侧常具黑色斑纹。

头部略短于前胸背板，后唇基基部发达。触角第1节略长于第2、3节长度之和。前胸背板前叶圆鼓，后叶纵凹沟较浅。腹部侧接缘略上翘。雄性尾节中突宽短，顶端中央平直，两侧具向下斜伸的片状突；抱器棒状，基部1/3弯曲，端部2/3较直；阳茎鞘背片基部1/3仅两侧骨化程度较强，支片短粗。

观察标本：2雄，重庆缙云山，850 m，2021.Ⅵ.5，吴洋；3雄4雌，重庆缙云山，850 m，2021.Ⅶ.8，刘巧巧。

分布：中国（重庆缙云山、河南、甘肃、安徽、浙江、湖北、江西、湖南、福建、广东、广西、四川、贵州、云南、西藏）。

（129）环斑猛猎蝽 *Sphedanolestes impressicollis* (Stål, 1861)

Reduvius impressicollis Stål, 1861b: 147.
Sphedanolestes impressicollis: Stål, 1867: 288.
Harpactor bituberculatus Jakovlev, 1893: 319.

体长13.1-18.0 mm。体黑色，具各式浅色花纹。头部腹面、单眼之间和外侧的斑纹、喙第2节端半部或大部分、腹部侧接缘各节端半部或大部分及腹面黄色至黄褐色。体色变化主要表现在触角第1节、前胸背板、前翅革片、各足腿节上的环纹及胫节等处，前胸背板后叶在黄色、淡黄褐色至黑色间变化。

头部较细长，复眼明显向两侧突出。触角第1节略长于第2、3节长度之和。喙第1节明显短于第2节。前胸背板前叶圆鼓，两侧中央各具1个明显的小瘤突，后叶中央纵凹沟较宽而深。前翅略超过或明显超过腹部末端。雄性尾节中突较短，端部中央略凹，两侧具向下伸的锐角状突起；抱器棒状，略弯曲。

观察标本：2雄1雌，重庆缙云山，850 m，2021.Ⅶ.7，刘巧巧。

分布：中国（重庆缙云山、辽宁、北京、山东、河南、陕西、甘肃、江苏、安徽、浙江、湖北、江西、湖南、福建、台湾、广东、广西、四川、贵州、云南）；朝鲜，日本，印度。

参 考 文 献

蔡平, 何俊华, 朱广平. 1998. 同翅目: 叶蝉科. 见: 吴鸿. 龙王山昆虫. 北京: 中国林业出版社: 64-75.
岑业文, 蔡平. 2002. 中国沟顶叶蝉亚科四新种. 动物分类学报, 27(1): 116-122.
程霞英, 李子忠. 2003. 中国扁叶蝉属二新种(同翅目, 叶蝉科). 动物分类学报, 28(2): 288-290.
葛钟麟. 1981. 青海叶蝉六新种. 昆虫分类学报, 3(2): 111-117.
葛钟麟, 葛竞麟. 1983. 拟隐脉叶蝉属2新种记述. 昆虫学报, 26(2): 316-325.

李子忠. 1989. 贵州离脉叶蝉科五新种(同翅目: 叶蝉总科). 贵州农学院学报, 8(1): 1-5.

李子忠. 1990a. 带叶蝉属四新种记述(同翅目: 殃叶蝉科). 动物分类学报, 15(4): 464-470.

李子忠. 1990b. 贵州带叶蝉属四新种(同翅目: 殃叶蝉科). 昆虫分类学报, 12(2): 97-102.

李子忠. 1992. 条大叶蝉属五新种(同翅目: 大叶蝉亚科). 动物分类学报, 17(3): 344-351.

李子忠, 陈祥盛. 1999. 中国隐脉叶蝉亚科. 贵阳: 贵州科技出版社: 1-149.

李子忠, 戴仁怀, 邢济春. 2011. 中国角顶叶蝉(半翅目: 叶蝉科). 北京: 科学普及出版社: 1-336.

李子忠, 李玉建, 邢济春. 2020. 中国动物志 第七十二卷 半翅目 叶蝉科 横脊叶蝉亚科. 北京: 科学出版社.

李子忠, 汪廉敏. 1991. 网脉叶蝉属二新种(同翅目: 叶蝉科). 贵州科学, 9(4): 298-300.

李子忠, 汪廉敏. 1991/1992. 同翅目: 叶蝉科. 见: 李子忠. 贵州农林昆虫志 第四卷. 贵阳: 贵州科技出版社: 1-304.

李子忠, 汪廉敏. 1996. 中国横脊叶蝉(同翅目: 叶蝉科). 贵阳: 贵州科技出版社: 1-134.

李子忠, 汪廉敏. 1998. 中国木叶蝉属四新种(同翅目: 叶蝉科: 殃叶蝉亚科). 动物分类学报, 23(4): 373-378.

李子忠, 汪廉敏, 杨玲环. 2002. 斜脊叶蝉属系统分类研究(同翅目: 叶蝉科: 横脊叶蝉亚科). 动物分类学报, 27(3): 548-555.

李子忠, 汪廉敏, 张雅林. 1994. 中国脊额叶蝉属五新种记述(同翅目: 横脊叶蝉科). 昆虫分类学报, 16(2): 99-106.

萧采瑜. 1979. 中国真猎蝽亚科新种记述 II(半翅目: 猎蝽科). 动物分类学报, 4(3): 238-259.

萧采瑜, 等. 1977. 中国蝽类昆虫鉴定手册(半翅目 异翅亚目). 第一册. 北京: 科学出版社.

萧采瑜, 任树芝, 郑乐怡, 等. 1981. 中国蝽类昆虫鉴定手册(半翅目 异翅亚目). 第二册. 北京: 科学出版社.

杨集昆, 李法圣. 1980. 黑尾大叶蝉考订——凹大叶蝉属二十二新种记述. 昆虫分类学报, 2(3): 191-213.

杨茂发, 孟泽洪, 李子忠. 2017. 中国动物志 昆虫纲 第六十五卷(半翅目: 叶蝉科 大叶蝉亚科). 北京: 科学出版社.

袁锋, 周尧. 2002. 中国动物志 昆虫纲 第二十八卷(同翅目: 角蝉总科 犁胸蝉科 角蝉科). 北京: 科学出版社.

张雅林. 1990. 中国叶蝉分类研究(同翅目: 叶蝉科). 杨凌: 天则出版社: 1-218.

张雅林. 1994. 中国离脉叶蝉亚科分类(同翅目: 叶蝉科). 郑州: 河南科学技术出版社: 1-151.

张雅林, 张文珠, 陈波. 1997. 河南伏牛山缘脊叶蝉亚科种类记述. 昆虫分类学报, 19(4): 235-245.

Agassiz L. 1846. Nomenclatoris Zoologici index universalis, continens nomina systematica classium, ordinum, familiarum et generum animalium omnium tam viventium quam fossilium, secundum ordinem alphabeticum unicum diposita, adjectis synonymiis plantarum, nec non variis adnotationibus et emendationibus. Soloduri: Jent et Gassmann: 393 pp.

Ahmad I, Abbas N. 1987. A revision of the family Largidae (Hemiptera: Pyrrhocoroidea) with description of a new genus from Indo-Pakistan subcontinent and their relationships. Türkiye Entomoloji Dergisi, II: 131-142.

Ahmed M, Mahmood S H. 1970. A new genus and two new species of Nirvaninae (Cicadellidae: Homoptera) from Pakistan. Pakistan Journal of Scientific and Industrial Research, 12: 260-263.

Amyot C J B, Serville J G A. 1843. Histoire Naturelle des Insectes: Hémiptères. Paris: Librairie Encyclopédique de Roret: 675-676.

Anufriev G A. 1969. New and little known leaf-hoppers of the subfamily Typhlocybinae from the Soviet Maritime Territory (Homopt., Auchenorrhyncha). Acta Faunistica Entomologica Musei Nationalis Pragae, 13(153): 163-190.

Asche M, Wilson M R. 1990. The delphacid genus *Sogatella* and related groups: a revision with special reference to rice-associated species (Homoptera: Fulgoroidea). Systematic Entomology, 15(1): 1-42.

Baker C F. 1923. The Jassoidea related to the Stenocotidae with special reference to Malayan species.

Philippine Journal of Science, 23: 345-405.

Bergroth E. 1891. Contributions a l'etude des pentatomides. Revue d'Entomologie, 10: 200-235.

Bergroth E. 1906. Systematische und synonymische Bemerkungen über Hemipteren. Wiener Entomologische Zeitung, 25(1): 1-12.

Blöte H C. 1934. Calalogue of the Coreidae in thc Rijksmuscum van Natuurhike Historie. Part I. Corizinae. Alydinae. Zoölogische Mededeelingen, 17: 253-285.

Breddin G. 1903. Einige neue Homopteren. Societas Entomologica. Organ für den internationalen Entomologenverein, 18: 91-92.

Breddin G. 1904. Beschreibungen neuer indo-australischer Pentatomiden. Wiener Entomologische Zeitung, 23(1): 1-19.

Breddin G. 1906. Rhynchotographische Beiträge. Drittes Stück. Wiener Entomologische Zeitung, 25(8-9): 245-246.

Brullé A. 1836. Histoire naturelle des insects (Coleopteres, Orthopteres et Hemipteres), traitant de leur organisation et de leurs moeurs en general par V. Audouin; et comprenant leur classification et la description des especes par Brulle. Paris. Hemiptera, 9: 415.

Boheman C H. 1852. Entomologiska Anteckningar under en resa i Södra Sverige 1851. Stockholm: Handlingar Kongliga Svenska Vetenskaps Akademien: 53-211.

Butler A G. 1874. Monographic list of the homopterous insects of the genus *Platypleura*. Cistula Entomologica. London, 1: 183-198.

Burmeister H. 1835. Handbuch der Entomologie. Tome 2. Berlin: Enslin: xii + 400 pp.

Burmeister H C C. 1834. Insecten Rhyngota seu Hemiptera. Nova Acta Physico-Medica Academiae Caesareae Leopoldino-Carolinae Germaniae Naturae Curiosorum, 16: 219-284.

Cao Y H, Yang M F, Lin S H, et al. 2018. Review of the leafhopper genus *Anufrievia* Dworakowska (Hemiptera: Cicadellidae: Typhlocybinae: Erythroneurini). Zootaxa, 4446(2): 203-232.

Cao Y H, Yang M F, Zhang Y L. 2014. Review of the leafhopper genus *Singapora* Mahmood (Hemiptera: Cicadellidae: Typhlocybinae: Erythroneurini). Zootaxa, 3774(4): 333-350.

Chen X S, He T T. 2009. Two new species of *Catonidia* Uhler (Hemiptera: Fulgoromorpha: Achilidae) from southwestern China, with the first description of the male of *Catonidia wuyishanana* Wang & Huang. Zootaxa, 2197: 43-52.

Chen X S, Li Z Z, Jiang S N. 2000. Descriptions of two new species of Delphacidae attacking bamboo from China (Homoptera: Fulgoroidea). Scientia Silvae Sinicae, 36(3): 77-80.

Chen X S, Li Z Z. 2000. Descriptions of two new species of Delphacidae attacking bamboo from Guizhou Province, China (Homoptera: Delphacidae). Acta Zootaxonomica Sinica, 25(2): 178-182.

Chen X S, Liang A P. 2005. A taxonomic study of the genus *Neobelocera* (Homoptera, Fulgoroidea, Delphacidae). Acta Entomologica Sinica, 30: 374-378.

China W E. 1925. The Hemiptera collected by Prof. J. W. Gregory's expedition to Yunnan, with synonymic notes on allied species. Annals and Magazine of Natural History, 16(9): 449-485.

Chou I, Yuan F, Wang Y L. 1994. Descriptions of the Chinese species of the genus *Caristianus* Distant (Homoptera: Achilidae). Entomotaxonomia, 16(1): 38-50.

Chou I, Zhang Y. 1985. On the tribe Zyginellini from China (Homoptera: Cicadellidae: Typhlocybinae). Entomotaxonomia, 7(4): 287-300.

Chou I, Zhang Y L. 1987. A taxonomic study of the genus *Alebroides* Mats. from China (Homoptera, Cicadellidae, Typhlocybinae). Entomotaxonomia, 9(4): 289-302.

Costa A. 1864. Descrizione di taluni Insetti stranieri all'Europa. Annuario del Museo Zoologico della R. Università di Napoli, 2: 139-152.

Dallas W S. 1851. List of the specimens of hemipterous insects in the collection of the British Museum. Part I. London: Printed by order of the Trustees.

Dallas W S. 1852. List of the specimens of hemipterous insects in the collection of the British Museum. Part II: 369-592.

de Bergevin E, Zanon D V. 1922. Danni alla Vite in Cirenaica e Tripolitania dovuti ad un nuovo Omottero (*Chlorita lybica*, sp. n.). Agr Col, 16: 58-64.

Ding J H, Yang L F, Hu C L. 1986. Descriptions of new genera and species of Delphacidae attacking bamboo from Yunnan Province, China. Acta Entomologica Sinica, 29: 415-423.

Ding J H. 1987. A new species of the genus *Arcofacies* Muir (Homoptera: Delphacidae) from China. Acta Entomologica Sinica, 30: 439-440.

Distant W L. 1881. Descriptions of new species belonging to the homopterous family Cicadidae. Transactions of the Royal Entomological Society of London, 29(4): 627-648.

Distant W L. 1888. Descriptions of new species of Oriental Homoptera belonging to the family Cicadidae. Annals and Magazine of Natural History, 1: 291-298.

Distant W L. 1892a. A monograph of Oriental Cicadidae. West: Newman and Company: 1-158.

Distant W L. 1892b. On some undescribed Cicadidae, with synonymical notes. Annals and Magazine of Natural History, 9: 313-327.

Distant W L. 1903a. Rhynchotal notes. XVI. Heteroptera: Family Reduviidae (continued), Apiomerinae, Harpactorinae and Nabidae. Annals and Magazine of Natural History, (7): 203-213.

Distant W L. 1903b-1904. The fauna of British India, including Ceylon and Burma. Rhynchota 2 (Heteroptera). Taylor and Francis, London, 503 pp. [1-242(1903b), 243-503(1904)].

Distant W L. 1905a. Rhynchotal notes XXIX. Annals and Magazine of Natural History, 15: 58-70.

Distant W L. 1905b. Rhynchotal notes XXX. Annals and Magazine of Natural History, 15: 304-319.

Distant W L. 1906a. A synonymic catalogue of Homoptera, part 1. Cicadidae. British Museum of Natural History, 1-207.

Distant W L. 1906b. Rhynchota, Vol III. Heteroptera-Homoptera. The Fauna of British India, Including Ceylon and Burma. London: Taylor & Francis: 1-503.

Distant W L. 1908. Rhynchota. IV. Homoptera and Appendix (Pt.). The Fauna of British India, Including Ceylon and Burma. London: Taylor & Francis: 1-419.

Distant W L. 1911. Rhynchotal notes.-LIV. Pentatomidae from various regions. Annals and Magazine of Natural History, 7(8): 338-354.

Distant W L. 1916. Rhynchota Vol. IV. Homoptera: Appendix. The fauna of British India, Including Ceylon and Burma. London: Taylor & Francis.

Distant W L. 1917. Rhynchota. Part II: Suborder Homoptera. The Percy Sladen Trust Expedition to the Indian Ocean in 1905, under the leadership of Mr. J. Stanley Gardiner, M. A. The Transactions of the Linnean Society of London. Second series. Zoology, 17: 273-322.

Distant W L. 1918a. Rhynchota. VII. Homoptera: Appendix. Heteroptera: Addenda. The Fauna of British India, Including Ceylon and Burma. London: Taylor & Francis.

Distant W L. 1918b. XXI.-The Homoptera of Indo-China. Annals and Magazine of Natural History, 1(2): 196-200.

Distant W L. 1921. The Heteroptera of Indo-China (continued). Entomologist, 54: 68-69.

Dlabola J. 1965. Neue Zikadenarten aus Südeuropa (Homoptera-Auchenorrhyncha). Sborník entomologického oddelení Národního Musea v Praze, 36: 657-669.

Dohrn A. 1860. Zur Heteropteren fauna Ceylon's. Stettiner Entomologische Zeitung, 21(7-9): 399-409.

Dworakowska I. 1970a. On some genera of Typhlocybini and Empoascini (Auchenorrhyncha, Cicadellidae, Typhlocybinae). Bulletin de l'Academie Polonaise des Sciences (Serie des Sciences Biologiques), 18(11): 707-716.

Dworakowska I. 1970b. On some East Palaearctic and Oriental Typhlocybini (Homoptera, Cicadellidae, Typhlocybinae). Bulletin de l'Academie Polonaise des Sciences (Serie des Sciences Biologiques), 18(4): 211-217.

Dworakowska I. 1970c. On the genera Asianidia Zachv. and Singapora Mahm. with the description of two new genera (Auchenorrhyncha, Cicadellidae, Typhlocybinae). Bulletin de l'Academie Polonaise des Sciences (Serie des Sciences Biologiques), 18(12): 759-765.

Dworakowska I. 1971. *Opamata* gen. n. from Viet-Nam and some other Typhlocybini (Auchenorrhyncha, Cicadellidae, Typhlocybinae). Bulletin de l'Academie Polonaise des Sciences (Serie des Sciences Biologiques), 19(10): 647-657.

Dworakowska I. 1972a. On some Oriental and Ethiopian genera of Empoascinii (Auchenorrhyncha,

Cicadellidae, Typhlocybinae). Bulletin de l'Academie Polonaise des Sciences (Serie des Sciences Biologiques), 20(1): 25-34.
Dworakowska I. 1972b. Zyginoides Mats and some other Typhlocybinae (Auchenorrhyncha, Cicadellidae). Bulletin de l'Academie Polonaise des Sciences (Serie des Sciences Biologiques), 20(12): 857-866.
Dworakowska I. 1972c. On some oriental Erythroneurini (Auchenorrhyncha, Cicadellidae, Typhlocybinae). Bulletin de l'Academie Polonaise des Sciences (Serie des Sciences Biologiques), 20(6): 395-405.
Dworakowska I. 1972d. *Aaka* gen. n. and some other Erythroneurini (Auchenorrhyncha, Cicadellidae, Typhlocybinae). Bulletin de l'Academie Polonaise des Sciences (Serie des Sciences Biologiques), 20(11): 769-778.
Dworakowska I. 1976. Some Alebrini of Western Hemisphere (Insecta: Auchenorrhyncha: Cicadellidae: Typhlocybinae). Entomologische Abhandlungen und Berichte aus dem Staatlichen Museum fur Tierkunde in Dresden, 56(1): 1-30.
Dworakowska I. 1977. On some Typhlocybinae from Vietnam (Homoptera: Cicadellidae). Folia Entomol. Hungarica, 30(2): 9-47.
Dworakowska I. 1982. Empoascini of Japan, Korea and north-east part of China (Homoptera, Auchenorrhyncha, Cicadellidae, Typhlocybinae). Reichenbachia, 20(1): 33-57
Dworakowska I. 1993. Some Dikraneurini (Auchenorrhyncha: Cicadellidae: Typhlocybinae) from South-East Asia. Oriental Insects, 27: 151-173.
Dworakowska I. 1994. A review of the genera *Apheliona* Kirk. and *Znana* gen. nov. (Auchenorrhyncha: Cicadellidae: Typhlocybinae). Oriental Insects, 28: 243-308.
Dworakowska I. 1997. A review of the genus *Alebroides* Matsumura, with description of Shumka, gen. nov. (Homoptera: Auchenorrhyncha: Cicadellidae). Oriental Insects, 31: 241-407.
Dworakowska I, Lauterer P. 1975. Two new genera and five new species of Typhlocybinae (Auchenorrhyncha, Cicadellidae). Bulletin de l'Academie Polonaise des Sciences (Serie des Sciences Biologiques), 23(1): 33-40.
Dworakowska I, Nagaich B B, Singh S. 1978. *Kapsa simlensis* sp. n. from India and some other Typhlocybinae (Auchenorrhyncha, Cicadellidae). Bulletin de l'Academie Polonaise des Sciences (Serie des Sciences Biologiques), 26(4): 243-249.
Ellenrieder C A. 1862. Eerste bijdrage tot de kennis der Hemipteren van den Indischen Archipel. Natuurkundig Tijdschrift voor Nederlandsch Indië, 24: 130-176.
Emeljanov A F. 1971. New genera of leafhoppers of the families Cixiidae and Issidae (Homoptera, Auchenorrhyncha) in the USSR. Entomologicheskoe Obozrenie, 50: 619-627.
Esaki T. 1930. Notulae Cimicum Japonicorum (IV). Kontyu, 4: 31-37 [in Japanese].
Fabricius J C. 1775. Systema entomologiae: sistens insectorum classes, ordines, genera, species, adiectis synonymis, locis, descriptionibus, observationibus. Officina Libraria Kortii. Flensbvrgi et Lipsiae: 816.
Fabricius J C. 1787. Mantissa insectorum sistens eorum species nuper detectas adjectis characteribus genericis, differentiis specificis, emendationibus, observationibus. Christ Gottl Proft, Hafniae, 2: 1-382.
Fabricius J C. 1794. Ryngota. Entomologia systematica emendata et aucta: secundun classes, ordines, genera, species, adjectis synonimis, locis, observationibus, descriptionibus. Impensis Christ Gottl Proft Hafniae, 4: 1-472.
Fabricius J C. 1798. Entomologia systematica emendata et aucta, secundum classes, ordines, genera, species, adjectis synonymis, locis, observationibus. Supplementum. Proft et Storch, Hafniae, 572 pp.
Fabricius J C. 1803. Systema Rhyngotorum secundum ordines, genera, species adjectis synonymis, locis, observationibus, descriptionibus. Reichard C, Brunsvigae: 335 pp.
Fallén C F. 1806. Fòrsòk till de Svenska Cicad-Arternas uppstàllning och beskrifning [Continued.]. Handlingar Kongliga Svenska Vetenskaps Akademien. Stockholm, 27: 6-43.
Fallou G. 1881. HémiptPres nouveaux de la Chine. Naturaliste, 3: 340-341.
Fennah R G. 1956. Fulgoroidea from southern China. Proceedings of the California Academy of Sciences, 28(4): 441-527.
Fennah R G. 1963. The Delphacid species-complex known as *Sogata furcifera* (Horváth) (Homoptera: Fulgoroidea). Bulletin of Entomological Research, 54: 45-79.

Fennah R G. 1969. Fulgoroidea (Homoptera)from New Caledonia and the Loyalty Islands. Pacific Insects Monography, 21: 1-116.
Fennah R G. 1975. Homoptera: Fulgoroidea and Delphacidae from Ceylon. Entomologica Scandinavica, 4: 79-136.
Fennah R G. 1978. Fulgoroidea (Homoptera) from Vietnam. Annales Zoologici Warszawa, 34(9): 207-279.
Fieber F X. 1866. Neue Gattungen und Arten in Homoptern (Cicadina Bur.) Verhandlungen der Kaiserlich-Königlichen Zoologisch-botanischen Gesellschaft in Wien. Wien, 16: 497-516.
Funkhouser W D. 1938. New Membracidae from south China. Lingnan Science Journal, 17: 199-208.
Germar E F. 1821. Bemerkungen über einige Gattungen der Cicadarien. Magazin der Entomologie. Halle, 4: 1-106.
Germar E F. 1833. Conspectus generum Cicadariarum. Revue Entomologique (Silbermann), 1: 174-184.
Germar E F. 1838. Hemiptera Heteroptera promontorii Bonae Spei nondum descripta, quae collegit C. F. Drege. Silbermann's Revue Entomologique, 5: 121-192.
Gmelin J F. 1789. Insecta Hemiptera. Caroli a Linné. Systema naturae per regna tria naturae, secundum classes, ordines, genera, species, cum characteribus, differentiis, synonymis, locis. Impensis Georg Emanuel Beer. Lipsiae, 1(4): 1517-2224.
Gmelin J F. 1790. Caroli a Linne Systema Naturae, etc. Lipsiae. 3 tomes in 10 vol. Hemiptera in tome I, 4, 2041-2224. (The 13th edition of Syst. Nat. edited by Gmelin, see Linnaeus).
Goeze J A E. 1778. Hemiptera. Entomologische beyträge zu des ritter Linné Zwolften ausgabe des natursystems. Bey Weidmanns erben und reich. Leipzig, 2: i-lxxii, 1-352.
Guérin-Méneville F E. 1829. Homoptera. Iconographie Du Règne Animal De G. Cuvier Insectes. Paris: L'academie Royale De Medecine: 58-59.
Guérin-Méneville F E. 1831. Crustaces, Arachnides et Insectes. In: Duperrey L L. Voyage Autour du mande, exécuté par ordre du Roi, sur la corvette de Sa Majesté "La Coquille", pendant lesannées 1822-1825. Zoologie, 2(2): 1-319.
Guo H W, Wang Y L, Feng J N. 2009. Taxonomic study of the genus *Oecleopsis* Emeljanov, 1971 (Hemiptera: Fulgoromorpha: Cixiidae: Pentastirini), with descriptions of three new species from China. Zootaxa, 2172: 45-58.
Hahn C W. 1831-1836. Die Wanzenartigen Insekten. C. H. Zeh'schen Buchhandlung, Nürnburg, 1(1): 1-36.
Hahn C W. 1833. Die Wanzenartigen Insecten, Getreu Nach Der Natur Abgebildet Und Beschrieben. Zeh, Nürnberg, 32 pp.
Hamilton K G A. 1980. Contributions to the study of the world Macropsini (Rhynchota: Homoptera: Cicadellidae). The Canadian Entomologist, 112: 875-932.
Hardy J. 1850. Descriptions of some new British homopterous insects. Transactions of the Tyneside Naturalists' Field Club, 1: 416-431.
Haupt H. 1927. Homoptera Palestinae I. Bulletin. The Zionist Organization. Institute of Agriculture and Natural History. Agricultural Experiment Station, 8: 5-43.
Haupt H. 1929. Neueinteilung der Homoptera-Cicadina nach phylogenetisch zu wertenden Merkmalen. Proceedings of the International Zoological Congress, 10: 1071-1075.
Haupt H. 1935. Psammocharidae. Hymenoptera aus den Sundainseln und Nordaustralien (mit Ausschluss der Blattwespen, Schlupfwespen and Ameisen). Revue Suisse de Zoologie, 42: 306-321.
Herrich-Schäffer G A W. 1834. Paropia scanica, Delphax guttula, Delphax dispar, Jassus reticulatus, Jassus argentatus, Jassus punctifrons, Jassus puncticollis, Jassus splendidulus. Deutschlands Insecten, 126: 1-8.
Horváth G. 1899. Hémiptères de l'ile de Yesso (Japon). Természetrajzi Füzetek. Budapest, 22: 365-374.
Horváth G. 1917. Heteroptera palaearctica nova vel minus cognita I. Annales Musei Nationalis Hungarici, 15: 365-381.
Hsiao T Y. 1963. Results of the Zoologico-Botanical Expedition to southwest China (Hemiptera. Coreidae). Acta Entomologica Sinica, 12: 310-344.
Hsiao T Y. 1981. A handbook for the determination of the Chinese Hemiptera-Heteroptera II. Beijing: Science Press.
Hsiao T Y, Cheng L T. 1977. Pentatomidae. In: Hsiao T Y, et al. A Handbook for the Determination of the

Chinese Hemiptera-Heteroptera I. Beijing: Science Press.

Huang C L, Tian L X, Ding J H. 1979. A new genus and some new species of Delphacidae attacking bamboo in China. Acta Zootaxonomica Sinica, 4(2): 170-181.

Huang F. 1989a. A survey on biotypes of the brown planthopper in the rice region of Asia. Entomological Knowledge, 26(5): 309-313.

Huang K W. 1989b. Nirvanini of Taiwan (Homoptera: Cicadellidae: Nirvaninae). Bulletin of the Society of Entomology National Chung Hsing University, 21: 61-76.

Huang Y X, Zheng L F, Bartlett C R, *et al.* 2017. Resolving phylogenetic relationships of Delphacini and Tropidocephalini (Hemiptera: Delphacidae: Delphacinae) as inferred from four genetic loci. Scientific Reports, 7: 1-10.

Ishihara T. 1953. A tentative check list of the superfamily Cicadelloidea of Japan (Homoptera). Sci Rpt Matsuyama Agr Col, 11: 1-72.

Jacobi A. 1941. Die Zikadenfauna der Kleinen Sundainseln. Nach der Expeditionsausbeute von B. Rensch. Zoologische Jahrbücher. Abteilung für Systemetik, Ökologie und Geographie der Tiere, 74: 277-322.

Jacobi A. 1943. Zur Kenntnis der Insekten von Mandschuko. 12. Beitrag. Eine Homopterenfaunula der Mandschurei. (Homoptera: Fulgoroidea, Cercopoidea & Jassoidea.). Arb Morph Tax Entomol Berlin-Dahlem, 10: 21-31.

Jakovlev V E. 1893. Reduviidae palaearcticae novae. Horae Societatis Entomologicae Rossicae, 27: 319-325.

Kato M. 1925a. Japanese Cicadidae, with descriptions of new species. Transactions of the Natural. History Society of Formosa, 15: 1-47.

Kato M. 1925b. The Japanese Cicadidae, with descriptions of some new species and genera. Formosa Natural History Society Transactions, 15: 55-76.

Kiritshenko A N. 1915. Revisio critica Hemipterorum Heteropterorum palaearcticorum a V. Motschlusky descriptorum. Ezhegodnik Zoologicheskogo Muzeya Imperatorskoi Akademii Nauk, 20(2): 296-300.

Kiritshenko A N. 1916. Coreidae (Coreinae).-Fauna Rossii. Nasekomye poluzhestkokrylye (Insecta: Hemiptera), 6(2): 1-395.

Kirkaldy G W. 1900. Bibliographical and nomenclatorial notes on the Rhynchota. No. 1. The The Entomologist. An illustrated Journal of Entomology. London. An illustrated Journal of Entomology, 33: 238-243.

Kirkaldy G W. 1903. Miscellanea Rhynchotalia. No. 7. The Entomologist. An illustrated Journal of Entomology, 36: 179-181.

Kirkaldy G W. 1906. Leaf-hoppers and their natural enemies (Pt. IX Leaf-hoppers. Hemiptera). Report of work of the Experiment Station of the Hawaiian Sugar Planters' Association. Division of Entomology Bulletin, 1(9): 271-479.

Kirkaldy G W. 1907. Leafhoppers supplement (Hemiptera). Report of work of the Experiment Station of the Hawaiian Sugar Planters' Association. Division of Entomology Bulletin, 3: 1-186, i-iii, plates 1-20.

Kuoh C E. 1976. Some new species of Chinese hishimonus and hishimonoides (Homoptera: Cicadellidae). Acta Entomologica Sinica, 19(4): 431-437.

Kuoh C L, Huang C L, Tian L X, *et al.* 1980. New species and new genus of Delphacidae from China. Acta Entomologica Sinica, 23(4): 413-426.

Kwon Y J, Lee C E. 1979. Some new genera and species of Cicadellidae of Korea (Homoptera: Auchenorrhyncha). Nature and Life in Southeast Asia (Kyungpook Journal of Biological Sciences), 9(1): 49-61.

Lee C E. 1991. Morphological and phylogenetic studies on the true waterbugs (Hemiptera: Heteroptera). Nature and Life, 21(2): 1-183.

Lee Y J, Emery D. 2014. Description of a new genus and species of the tribe Dundubiini (Hemiptera: Cicadidae: Cicadinae)from India, with taxonomic notes on Dundubiini including the description of two new subtribes. Zoosystema, 36: 73-80.

Lepeletier A L M, Serville J G A. 1828. Articles on Hemiptera. In: Olivier G A. Encyclopédie Méthodique. Paris: Mme veuve Agasse: 345-833.

Lepeletier de Saint-Fargeau A L M, Audinet-Serville J G. 1825. Tettigometre, Tettigometra and Tettigone,

Tettigonia. Encyclopédie méthodique: Histoire naturelle. Entomologie, ou Histoire naturelle des Crustacés, des Arachnides et des Insectes. Discours préliminaire et plan du dictionnaire des Insectes, par M.Mauduyt. Introduction (and A-Bom) par M. Olivier. 1789.

Lepeletier de Saint-Fargeau A L M, Audinet-Serville J G. 1828. Tettigometre, Tettigometra and Tettigone, Tettigonia. (Scaphinote-Zyg). In: Encyclopédie méthodique: Histoire naturelle. Entomologie, ou Histoire naturelle des Crustacés, des Arachnides et des Insectes. Paris, Agasse. Vol. 10, Issue 2, 600-613 [1825; 345-829].

Lethierry L. 1883. Insecta Hemiptera in Birmania (Minhla) a D. Comotto lecta. Annali del Museo Civico di Storia Naturali di Genova, 18: 649-650.

Lewis R H. 1834. Descriptions of some new genera of British Homoptera. Transactions of the Entomological Society of London, 1: 47-52.

Li Z Z, Song Y H. 2008. A new genus and species of Euscelinae (Hemiptera, Cicadellidae) from China. Acta Zootaxonomica Sinica, 33(1): 27-28.

Li Z Z, Wang L M, Yang L H. 2002. A systematic study of the genus *Bundera* Distant (Homoptera: Cicadellidae: Evacanthinae). Acta Zootaxonomica Sinica, 27(3): 548-555.

Liang A P, Song Z S. 2006. Revision of the Oriental and eastern Palaearctic planthopper genus *Saigona* Matsumura, 1910 (Hemiptera: Fulgoroidea: Dictyopharidae), with descriptions of five new species. Zootaxa, 1333: 25-54.

Linnaeus C. 1758. II. Hemiptera. Systema naturae: per regna tria naturae, secundum classes, ordines, genera, species cum characteribus, differentiis, synonymis, locis. Editio decima, reformata. L. SalVII. Stockholmiae. 1: 1-824.

Linnaeus C. 1763. Centuria insectorum rariorum. Upsaliae. Author separate 6, 32 pp.

Linnavuori R. 1962. Hemiptera of Israel. 3. Annales Zoologici Societatis Zoologicae-Botanicae Fennicae 'Vanamo' (Ser. 3), 24: 1-108.

Lower H F. 1952. A revision of the Australian species previously referred to the genus *Empoasca* (Cicadellidae, Homoptera). Proceedings of the Linnean Society of New South Wales, 76: 190-221.

Mahmood S H. 1967. A study of the typhlocybine genera of the Oriental region (Thailand, the Philippines and adjoining areas). Pacific Insects Monographs, 12: 1-52.

Matsumura S. 1900. Uebersicht der Fulgoriden Japans. Entomologische Nachrichten. Berlin, 26: 257-269.

Matsumura S. 1902. Monographie der Jassinen Japans. Természetrajzi Füzetek. Kiadja a Magyar Nemzeti Muzeum Budapest (Naturhistorische hefte. Herausgegeben vom ungarischen national museum), 25: 353-404.

Matsumura S. 1905. Die Hemipteren fauna von Riukiu (Okinawa). Transactions of the Sapporo Natural History Society, 1: 15-38.

Matsumura S. 1910. Monographie der Dictyophorinen Japans. Transactions of the Sapporo Natural History Society, 3: 99-113.

Matsumura S. 1912. Die Acocephalinen und Bythoscopinen Japans. The Journal of the Sapporo Agricultural College. Sapporo, 4(7): 279-325.

Matsumura S. 1913. Thousand insects of Japan. Additamenta, 1: 1-184 (In Japanese).

Matsumura S. 1914. Beitrag zur kenntnis der Fulgoriden Japans. Annales Musei Nationalis Hungarici, 12: 261-305.

Matsumura S. 1917. A list of the Japanese and Formosan Cicadidae, with description of new species and genera. Transactions of the Sapporo Natural History Society, 6: 186-212.

Matsumura S. 1931. A revision of the Palaearctic and Oriental Typhlocybid-genera with descriptions of new species and new genera. Insecta Matsumurana, 6(2): 55-91, pls. II-III.

Matsumura S. 1932. A revision of the Palaearctic and Oriental Typhlocybid-genera with descriptions of new species and new genera. Insecta Matsumurana, 6(3): 93-120.

Matsumura S. 1935. Supplementary note to the revision of *Stenocranus* and allied species of Japan-Empire. Insecta Matsumurana, 10: 71-78.

Matsumura S, Ishihara T. 1945. Species novae vel cognitae Araeopidarum imperii japonici (Hemiptera). Mushi, 16: 59-82.

Mayr G L. 1864. Diagnosen neuer Hemipteren. Verhandlungen des Zoologisch-Botanischen Gesellschaft in Wien, 14: 903-914.

McAtee W L. 1926. Notes on Neotropical Eupteriginae, with a key to the varieties of *Alebra albostriella* (Homoptera: Jassidae). Journal of the New York Entomological Society, 34: 141-174.

McKamey S H. 2006. Further new genus-group names in Cicadellidae (Hemiptera). Proceedings of the Entomological Society of Washington, 108(3): 502-510.

Melichar L. 1898. Monographie der Ricaniiden (Homoptera). Annalen des k.k Naturhistorischen Hofmuseums. Wien, 13: 197-359.

Melichar L. 1903. Homopteren-Fauna von Ceylon. Berlin: Verlag von Felix L Dames: i-iv, 1-248.

Melichar L. 1926. Monographie der Cicadellinen. III. Annales Historico-Naturales Musei Nationalis Hungarici. Budapest, 23: 273-394.

Men Q L, Feng J N, Qin D Z. 2011. The planthopper genus *Epora* Walker (Hemiptera: Fulgoroidea: Tropiduchidae) from China with description of one new species. Zootaxa, 2803: 32-40.

Metcalf Z P. 1943. General Catalogue of the Hemiptera. Fascicle IV, Fulgoroidea, Part 3, Araeopidae (Delphacidae). Smith College, Northhampton, Massachusetts: 1-551.

Metcalf Z P. 1957. General Catalogue of the Homoptera. Fascicle XIII, Fulgoroidea, Part 13, Flatidae and Hypochthonellidae. North Carolina State College: 1-565.

Mitchell P L. 2000. Leaf-Footed Bugs (Coreidae). In: Schaefer C W, *et al.* Heteroptera of Economic Importance. 355-357.

Montrouzier P. 1858. Description de quelque HémiptPres de la Nouvelle Calédonie. Annales de la Société de la Linnéene de Lyon, (2)5: 243-260.

Montrouzier P. 1861. Essai sur la faune entomologique de la Nouvelle - Calédonie (Balade) et des îles des Pins, Art, Lifu, etc. Annales de la Société Entomologique de France, (4)1: 59-74.

Montrouzier X. 1865. [Descriptions]. In: Perraud et Montrouzier, Essai sur Ia faune entomologique de Kanala (Nouvelle Caledonie) et descriptions de quelques espèces nouvelles ou peu connues. Annates de Ia Société Linnéenne de Lyon, 11(1864): 46-257.

Motschuisky V I. 1860. Catalogue des insectes rapportés des environs du fleuve Amour, depuis la Shilka jusqu'a Nikolaëvsk, examinés et enumérés. Bulletin de la Société Impériale des Naturalistes de Moscou, 32(4): 487-507.

Motschulsky V I. 1866. Catalogue des insectes reçus du Japon. Bulletin de la Société Impériale des Naturalistes de Moscou, 39: 163-200.

Muir F. 1913a. On some new Fulgoroidea. Proceedings of the Hawaiian Entomological Society, 2: 237-269.

Muir F. 1913b. On some new species of leafhoppers. Part II. Derbidae. Bulletin. Hawaiian Sugar Planters' Association Experiment Station. Division of Entomology. Honolulu, 12: 28-92.

Muir F. 1915a. A contribution towards the taxonomy of the Delphacidae. The Canadian Entomologist, 47: 317-320.

Muir F. 1915b. New and little-known Derbidae. Proceedings of the Hawaiian Entomological Society, 3: 116-136.

Muir F. 1917. Homopterous notes. Proceedings of the Hawaiian Entomological Society, 3: 311-338.

Nielson M W. 1977. A revision of the subfamily Coelidiinae (Homoptera: Cicadellidae). II. Tribe Thagriini. Pacific Insects Monographs, 34: 1-218.

Nielson M W. 1982. A revision of the subfamily Coelidiinae (Homoptera: Cicadellidae). IV. Tribe Coelidiini. Pacific Insects Monographs, 38: 1-318.

Oh S, Pham H T, Jung S H. 2016. Taxonomic review of the Genus Tautoneura Anufriev (Hemiptera: Auchenorrhyncha: Cicadellidae: Typhlocybinae) from Korea, with description of one new species. Zootaxa, 4169(1): 194-200.

Olivier M. 1789. Encyclopédie Méthodique Histoire Naturelle Tome quatrieme. Insectes Introduction: 1-44.

Oshanin V F. 1906. Verzeichnis der palaearktischen Hemipteren, mit besonderer Berücksichtigung ihrer Verteilung im Russischen Reiche. II. Band. Homoptera. I. Lieferung. Ann. Mus. Zool. St. Petersburg. Buchdr. der K. Akademie der wissenschaften, 11: i-xvi, 1-192.

Paoli G. 1936. Descrizione di alcune nuove specie di Empoasca (Hemipt. Homopt.)e osservazioni su specie note. Mem Soc Entomol Ital, 15: 5-24.

Parshad R. 1957. Cytological studies in the Heteroptera III. A comparative study of the chromosomes in the male germ-cells of eleven species of the subfamily Pentatominae. Research Bulletin of the Panjab University, 122: 401-420.

Putshkov V G, Putshkov P V. 1996. Family Reduviidae Latreille, 1807, assassin-bugs. In: Aukema B, Rieger C. Catalogue of the Heteroptera of the Palaearctic Region. Vol. 2. Cimicomorpha I. Amsterdam: The Netherlands Entomological Society: 148-265.

Putshkov V G. 1956. Basic trophic groups of phytophagous hemipterous insects and changes in the character of their feeding during the process of development. Zool Zh, 35(1): 32-44.

Qin D Z, Zhang Y L. 2003. Taxonomic study of *Nikkotettix* (Homoptera: Cicadellidae: Typhlocybinae: Empoascini)—New record from China. Entomotaxonomia, 25(1): 25-30.

Ren L L, Stroiński A, Qin D Z. 2015. A new species of the genus *Euricania* Melichar, 1898 (Hemiptera: Fulgoromorpha: Ricaniidae) from China, with a world checklist and a key to all species recorded for the country. Zootaxa, 4033(1): 137-143.

Ribaut H. 1942. Demembrement des generes *Athysanus* Burm. et Thamnottetix Zett. [Homoptera-Jassidae]. Bulletin de la Société d'Histoire Naturelle de Toulouse, 77: 259-270.

Say T. 1830. Descriptions of new North American hemipterous insects belonging to the first family of the section Homoptera of Latreille. (Continued). Journal of the Academy of Natural Sciences of Philadelphia, 6: 299-314.

Schilling P S. 1827. [No title]. In: J L C. Gravenhorst Allgemeiner Bericht der Entomologischen Section. Uebersicht der Arbeiten und Veränderungen der Schlesischen Gesellschaft für Vaterländische Kultur, 3(1826): 20-25.

Schilling P S. 1829. Hemiptera Heteroptera Silesiae systematice disposuit. Beiträge zur Entomologie, Breslau, I: 34-92.

Scott J. 1874. On a collection of Hemiptera Heteroptera from Japan. Descriptions of various new genera and species. Annals & Magazine of Natural History: 289-452.

Shiraki T. 1913. Report on the injurious insects of Formosa. Extra-Report of the Agricultural Experiment Station of Formosa, 8: 1-670.

Signoret V. 1881. Hémiptères recueillis en Chine par M. Collin de Plancy. Bulletin de la Société Entomologique de France: 46-47.

Sohi A S, Mann J S. 1994. A review of the genus *Salka* Dworakowska, with descriptions of eighteen new species (Insecta, Auchenorrhyncha: Cicadellidae: Typhlocybinae). Entomol Abh Dresden, 56(1): 31-53.

Song Y, Li Z. 2011a. A new genus and species of Erythroneurini (Hemiptera: Cicadellidae: Typhlocybinae) from Southwest China. Pan-Pacific Entomologist, 87(3): 197-201.

Song Y-H, Li Z-Z. 2011b. Five new species of the leafhopper genus *Limassolla* Dlabola (Hemiptera: Cicadellidae: Typhlocybinae) from China. Zootaxa, 3127: 53-63.

Spinola M. 1850a. Di alcuni generi d'insetti artroidignati nuovamente proposti dal socio attuale Signor Marchese Massimiliano Spinola nella sua tavola sinottica di questo ordine che precede la presente memoria. Memorie della Società Italiana delle Scienze residente in Modena, 25(1): 61-138.

Spinola M. 1850b. Tavola sinottica dei generi spettanti alla classe degli insetti artroidignati Hemiptera Linn., Latr. Rhyngota Fabr. Rhynchota Burm (Modena): 1-60.

Stål C. 1854a. Nya genera bland Hemiptera. Öfversigt af Kungliga Vetenskaps-Akademiens Förhandlingar, 10(1853): 259-267.

Stål C. 1854b. Nya Hemiptera. Öfversigt af Kongliga Svenska Vetenskaps-Akademiens Förhandlingar, 11: 231-255.

Stål C. 1855. Nya Hemiptera. Öfversigt af Kongliga VetenskapsAkademiens Förhandlingar, 12(4): 181-192.

Stål C. 1859. Till kannedomen om Reduvini. Öfversigt of Kungliga Vetenskaps-Akademiens Förhandlingar, 16: 175-204.

Stål C. 1860. Till kannedomen om Coreida.-Öfversigt af Kongl. Vetenskaps-Akademiens Förhandlingar, 16(1859): 449-475.

Stål C. 1861a. Genera nonnulla nova Cicadinorum. Annales de la Société entomologique de France, 4(1):

613-622.
Stål C. 1861b. Miscellanea hemipterologica. Entomologische Zeitschrift, 22: 129-153.
Stål C. 1863a. Beitrag zur Kenntnis der Fulgoriden. Entomologische Zeitung. Herausgegeben von dem entomologischen Vereine zu Stettin. Stettin, 24: 230-251.
Stål C. 1863b. Formae speciesque novae reduviidum. Annales de la Société Entomologique de France, 4: 25-58.
Stål C. 1866. Hemiptera Homoptera Latr. Hemiptera africana, 4: 1-276.
Stål C. 1867. Bidrag till Reduviidernas kännedom. Öfversigt af Kongliga Vetenskaps-Akademiens Förhandlingar, 23: 235-302.
Stål C. 1868. Bidrag till Hemipterernas systematik. Conspectus generum Pentatomidum AsiF et AustraliF. Öfversigt af Kongliga Vetenskaps-Akademiens Förhandlingar, 24(7): 501-522.
Stål C. 1869. Analecta hemipterologica. Berliner Entomologische Zeitschrift, 13: 225-242.
Stål C. 1870. Hemiptera insularum Philippinarum. Bidrag till Philippinska öarnes Hemipter-fauna. Öfversigt af Kongliga Vetenskaps-Akademiens Förhandlingar, 27: 607-776.
Stål C. 1872. Addenda ad synopsin generum Pentatomidarum EuropF. Öfversigt af Kongliga Vetenskaps-Akademiens Förhandlingar, 29(6): 56-58.
Stål C. 1876. Enumeratio Hemipterorum. Bidrag till en Förteckning öfver alla hittills kända Hemiptera, Jemte Systematiska Meddelanden. Kong Sv Vet-Ak Handl, 14(4): 1-162.
Szwedo. 2006. First fossil record of Cedusini in the Eocene Baltic amber with notes on the tribe (Hemiptera: Fulgoromorpha: Derbidae). Russian Entomological Journal, 15(3): 327-333.
Thunberg C P. 1783. Dissertatio entomologica novas insectorum species, sistens, cujus partem secundam, cons. exper. facult. med. upsal., publice ventilandam exhibent Johan. Edman, Upsala: 29-52.
Uhler P R. 1860. Hemiptera of the North Pacific exploring expedition under Com'rs Rodgers and Ringgold. Proceedings of the Academy of Natural Sciences of Philadelphia, 12: 221-231.
Uhler P R. 1861. Rectification of the paper upon the Hemiptera of the North Pacific Expedition. Proceedings of the Academy of Natural Sciences of Philadelphia, 13: 286-287.
Uhler P R. 1889. New genera and species of American Homoptera. Transactions of the Maryland Academy of Sciences. Baltimore, 1: 33-44.
Uhler P R. 1896. Summary of the Hemiptera of Japan, presented to the United States National Museum by professor Mitzukuri. Proceedings of the United States National Museum, 19: 255-297.
Vilbaste J. 1968. On Homoptera Cicadinea of the Maritime Territory (Primorsky Krai). Valgus, Tallinn: 181 pp. [in Russian]
Villiers A. 1954. Contribution B l'étude du peuplement de la zone d'inondation du Niger (Mission G. RemaudiPre). X.-HémiptPres HétéroptPres. Bulletin de l'Institut Français d'Afrique Noire, 16(1): 219-231.
Viraktamath C A. 1973. Some species of Agalliinae described by Dr. S. Matsumura. Kontyu, 41(3): 307-311.
Viraktamath C A. 1981. Indian Macropsinae (Homoptera: Cicadellidae). II. Species described by W. L. Distant and descriptions of new species from the Indian subcontinent. Entomologica Scandinavica, 12: 295-310.
Vuillefroy F. 1864. Hémiptères nouveaux. Annales de la Société Entomologique de France, 33: 141-142.
Walker F. 1850. List of the specimens of homopterous insects in the collection of the British Museum. London: Order of the Trustees: 1-260.
Walker F. 1851. List of the specimens of Homopterous insects in the collection of the British Museum. Part II. London: Edward Newman, 261-636.
Walker F. 1857. Catalogue of the homopterous insects collected at Sarawak, Borneo by Mr. A.R. Wallace, with descriptions of new species. Journal of the Proceedings of the Linnean Society, 1: 141-175.
Walker F. 1858. List of the specimens of Homopterous insects in the collection of the British Museum. London: Order of Trustees: 1-307.
Walker F. 1868. Catalogue of the specimens of Hemiptera Heteroptera in the collection of the British Museum (Part III). London: 418-599.
Walker F. 1870. Catalogue of the homopterous insects collected in the Indian Archipelago by Mr. A. R.

Wallace, with descriptions of new species. Journal of the Linnean Society of London, Zoology, 10: 276-330.
Walsh B D. 1862. Fire blight. Two new foes of the apple and pear. Prairie Farmer (NS), 10: 147-149.
Wang X, Hayashi M, Wei C. 2014. On cicadas of *Hyalessa maculaticollis* complex (Hemiptera, Cicadidae) of China. ZooKeys, 369: 25-41.
Wang X, Wei C. 2014. Review of the cicada genus *Platylomia* Stål (Hemiptera, Cicadidae) from China, with description and bioacoustics of a new species from Mts. Qinling. Zootaxa, 3811: 137-145.
Westwood J O. 1842. A catalogue of Hemiptera in the collection of the Rev. with short Latin descriptions of the new species. 2: 1-26.
White A. 1845. Descriptions of a new genus and some new species of Homopterous insects from the East in the collection of the British Museum. Annals and Magazine of Natural History, 15: 34-37.
Yang C T. 1989. Delphacidae of Taiwan(II) (Homoptera: Fulgoroidea). National Science Council Special Publication, 6: 1-334.
Yang C T, Wu R H. 1994. Derbidae of Taiwan (Homoptera: Fulgoroidea). Taiwan: Cheng Chung Shu Chü: 1-230.
Yang M, Cao Y, Zhang Y. 2013. Taxonomic study of the genus *Kapsa* Dworakowska with a new subgenus, and new combinations and records for *Tautoneura* Anufriev (Hemiptera: Cicadellidae: Typhlocybinae: Erythroneurini). Zootaxa, 3630(1): 117-142.
Young D A. 1986. Taxonomic study of the Cicadellinae (Homoptera: Cicadellidae). Part 3. Old World Cicadellini. Technical Bulletin of the North Carolina Agricultural Experiment Station, 281: 1-639.
Zachvatkin A A. 1946. Studies on the Homoptera of Turkey. I-VII. Transactions of the Entomological Society of London, 97: 149-176.
Zhang Y L, Qin D Z. 2005. Taxonomic study on new-record genus *Usharia* of Empoascini (Hemiptera, Cicadellidae, Typhlocybinae) from China. Acta Zootaxonomica Sinica, 30(1): 114-122.

第十二章 脉翅目 Neuroptera

赖 艳　王懋之　武靖羽　郑昱辰　刘星月

中国农业大学植物保护学院

脉翅目成虫小至大型。体形一般纤细，体壁较柔软。头部多为下口式。口器咀嚼式。触角长，丝状、念珠状、栉状或棒状。复眼发达，半球形。单眼除溪蛉科外均退化消失。前胸短宽至细长，中、后胸较粗壮。翅膜质，透明，翅脉网状，但在粉蛉科中翅被蜡粉，翅脉明显退化；翅缘及翅脉多被毛，有时具鳞片；翅缘有时具缘饰，翅面有时具翅疤；翅形多样，但臀区除蛾蛉科外一般较窄，在个别物种中后翅甚至前、后翅退化。足一般较细长，但前足有时特化为捕捉足。腹部长筒状，无尾须。幼虫蛃型，口器为捕吸式，由上颚及下颚紧闭结合形成1对长镰刀状或刺状结构；胸足发达，但无腹足。

完全变态。卵多为长卵形或有小突起，有时具丝质长柄。幼虫多数陆生，大多为捕食性，但蛾蛉科幼虫可能为植食性；少数水生。老熟幼虫在丝质茧内化蛹，蛹为强颚离蛹。

世界性分布。世界已知16科6000余种，中国已知14科127属777种，本书记述3科10属12种。

分科检索表

1. 成虫体大型 ··· 蚁蛉科 Myrmeleontidae
- 成虫体小至中型 ··· 2
2. 触角丝线状 ·· 草蛉科 Chrysopidae
- 触角念珠状 ··· 褐蛉科 Hemerobiidae

一、草蛉科 Chrysopidae

赖 艳　王懋之　刘星月

中国农业大学植物保护学院

草蛉为完全变态类昆虫，具卵、幼虫、蛹和成虫4个发育阶段。草蛉卵常呈椭圆形，由绿色逐渐发育为白色，末端具卵孔，底部常具丝状卵柄；卵壳蜡质，具龟纹状、网状纹饰，可透过卵壳观察胚胎发育过程；常呈单粒排列或由卵柄结成束状。幼虫体纺锤形，体被刚毛，分为背负杂物型和光裸不背负杂物型；捕吸式口器，上颚中部至末端边缘呈锯齿状，下颚被小刚毛和感觉器；胸部、腹部两侧具瘤突；爪具喇叭状的爪间突。成虫体小至大型，多呈绿色或黄绿色，部分属种呈褐色、红色和黄色，如幻草蛉属 *Nothochrysa*、

意草蛉属 *Italochrysa*。头为下口式，咀嚼式口器，触角丝线状，复眼常具金属光泽。翅膜质，透明，部分草蛉物种翅上具色斑或晕斑。听器常见于草蛉亚科 Chrysopinae 和网蛉亚科 Apochrysinae 前翅径脉（R）基部与亚前缘脉（Sc）之间。前缘横脉不分叉，中脉（M）分支与径分脉（Rs）基部分支融合成伪中脉（Psm）。

世界性分布。世界已知 3 亚科 80 属 1400 余种，中国已知 3 亚科 29 属 259 种，本书记述 6 属 8 种。

分属检索表

1. 下颚须、下唇须末端细长；前翅前缘区宽大 ··· 2
- 下颚须、下唇须末端平截；前翅前缘区正常 ··· 3
2. 前翅前缘区基部加宽；雄性外生殖器内突愈合 ································· **绢草蛉属 *Ankylopteryx***
- 前翅前缘区基部正常；雄性外生殖器内突不愈合 ······························· **饰草蛉属 *Semachrysa***
3. 头部常具多个斑纹；雄性具生殖脊 ·· **草蛉属 *Chrysopa***
- 头部斑纹单一；雄性无生殖脊 ·· 4
4. 前翅 r-m 常位于第 1 伪中室端部之外 ··· **通草蛉属 *Chrysoperla***
- 前翅 r-m 常位于第 1 伪中室端部或近端部 ··· 5
5. 前翅基部内阶脉不与 Psm 直接相接 ·· **叉草蛉属 *Apertochrysa***
- 前翅基部内阶脉与 Psm 直接相接 ·· **玛草蛉属 *Mallada***

1. 绢草蛉属 *Ankylopteryx* Brauer, 1864

Ankylopteryx Brauer, 1864: 899. Type species: *Chrysopa venusta* Hagen, 1853.

属征：体小至中型。头常具唇基斑、颊斑；触角柄节有时具红色条带；中、后胸常具黑斑。前、中足胫节常具黑斑；后足胫节有时具黑斑。翅面常具晕斑或黑斑。前翅前缘域宽大，内中室小或缺，阶脉 2 组；雄性外生殖器无殖弧梁、殖下片，具伪阳茎，内突较长，于端部处愈合。

分布：东洋区、澳洲区、旧热带区。世界已知 45 种，中国已知 14 种，本书记述 1 种。

（1）八斑绢草蛉 *Ankylopteryx* (*Ankylopteryx*) *octopunctata* (Fabricius, 1798)

Hemerobius octopunctatus Fabricius, 1798: 202.
Ankylopteryx (*Ankylopteryx*) *octopunctata*: Ma et al., 2020: 48.

体长 8.0 mm，前翅长 10.5-15.0 mm。下颚须和下唇须黄色，头具黑色的颊斑和唇基斑，颊斑较宽大，触角下具 1 对黑色弧形角下斑，角下斑与颊斑间的区域具红斑。中胸背面具 1 对黑褐色斑。前翅前缘横脉 25 条，翅缘褐色；径横脉 13 条，近 R 脉端部褐色；翅痣、第 1 内阶脉和肘前脉与肘后脉间的第 3 个翅室 dcc 处具明显的黑褐色斑；此外，在径横脉、阶脉、Psm-Psc 和翅后缘具灰褐色晕斑。

观察标本：3 雄 2 雌，重庆缙云山，700 m，2021.Ⅷ.18，刘星月；2 雌 1 雄，重庆缙云山，700 m，2021.Ⅷ.19，刘星月。

分布：中国（重庆缙云山、湖北、江西、湖南、台湾、广东、海南、广西、四川、云南）；日本，老挝。

2. 叉草蛉属 *Apertochrysa* Tsukaguchi, 1995

Apertochrysa Tsukaguchi, 1995: 67. Type species: *Chrysopa cognatella* Okamoto, 1914.

属征：小型至中型。头常无斑或具唇基斑、颊斑；触角柄节一般黄色；前胸背板近方形，无斑或具黄色纵斑或红、棕斑；足无斑。翅面无斑，阶脉 2 组；C_1 室短于 C_2 室；最基部内阶脉不直接与 Psm 相连。雄性外生殖器多具殖弧梁和殖下片，部分物种无殖弧梁，殖下片中茎及侧翼形状多变，偶尔消失；中突通常较大，基部分叉，端部通常弯曲且尖锐。

分布：世界广布。世界已知 183 种，中国已知 68 种，本书记述 2 种。

（2）钩叉草蛉 *Apertochrysa ancistroideus* (Yang *et* Yang, 1990)

Navasius ancistroideus Yang *et* Yang, 1990a: 330.
Apertochrysa ancistroideus: Breitkreuz *et al*., 2021: 219.

体长约 10.8 mm，前翅长 12.4 mm。下颚须和下唇须端节黄褐色；头仅具黑色的大颊斑；触角柄节和梗节黄色，前翅前缘横脉 20-25 条，黑色；径横脉 11-13 条，黑色；Psm-Psc 7 条，黑色；阶脉 2 组，黑色，内/外= 5-7/6-7。

观察标本：4 雌 1 雄，重庆缙云山，700 m，2021.Ⅷ.20，刘星月。

分布：中国（重庆缙云山、广西）。

（3）冠叉草蛉 *Apertochrysa lophophorus* (Yang *et* Yang, 1990)

Navasius lophophorus Yang *et* Yang, 1990b: 472.
Apertochrysa lophophorus: Breitkreuz *et al*., 2021: 222.

体长约 7.00 mm，前翅长 10.50 mm。下颚须 3-4 节黑褐色，下唇须端节黑褐色；头具红色颊斑，复眼后缘具红斑，触角柄节侧具红褐色斑；前翅前缘横脉 23 条，黑褐色；径横脉 12 条，黑褐色；Psm-Psc 6 条，黑色；阶脉 2 组，黑色，内/外= 5-6/6。

观察标本：1 雌，重庆缙云山，700 m，2021.Ⅷ.20，刘星月。

分布：中国（重庆缙云山、上海、湖北、海南、云南）。

3. 草蛉属 *Chrysopa* Leach, 1815

Chrysopa Leach, 1815: 138. Type species: *Hemerobius perla* Linnaeus, 1758.

属征：体中至大型。头通常散布黑色圆斑或条斑；前胸背板近方形，无斑或具散布的黑色斑纹，常被黑色短毛；中、后胸无斑或具黑斑。足无斑，被短而黑的刚毛。翅面无斑。前翅卵圆形，阶脉 2 组；最基部内阶脉直接与 Psm 相连。雄性臀板部分与第 9 背板愈合；雄性第 2-8 腹板有微钉突；第 8、9 腹板分离，端部具生殖脊；通常无殖弧梁或具短小殖弧梁；内突基部宽，端部尖，分离；殖弧叶长，基部偶具突出，侧叶通常较大，近椭圆形；无殖下片。

分布：古北区、东洋区、新北区。世界已知 203 种，中国已知 35 种，本书记述 1 种。

（4）大草蛉 *Chrysopa pallens* (Rambur, 1838)

Hemerobius pallens Rambur, 1838: 9.
Chrysopa pallens: Yang et al., 2005: 90.

体大型，体长 11.0-14.0 mm，前翅长 15.0-18.0 mm。下颚须和下唇须黄色，头具黑色的颊斑和唇基斑，触角下具 1 对黑色弧形斑。胸部背面具黄色纵带。前翅前缘横脉 29 条，黑色；径横脉 17 条，1-4 条近 R 端部分黑色，其余绿色；Psm-Psc 近 Psc 端黑色；阶脉中间黑色，两端绿色，内/外= 9/12。

观察标本：1 雌，重庆缙云山，700 m，2021.Ⅷ.18，刘星月；1 雄 1 雌，重庆缙云山，700 m，2021.Ⅷ.20，刘星月。

分布：中国（重庆缙云山、黑龙江、吉林、辽宁、内蒙古、北京、河北、山西、山东、河南、陕西、宁夏、甘肃、新疆、江苏、安徽、浙江、湖北、江西、湖南、福建、台湾、广东、海南、广西、四川、贵州、云南）；俄罗斯（西伯利亚），朝鲜，日本；欧洲。

4. 通草蛉属 *Chrysoperla* Steinmann, 1964

Chrysoperla Steinmann, 1964: 260. Type species: *Chrysopa carnea* Stephens, 1836.

属征：体中型，前翅长 9.0-14.0 mm。头常无斑或颊、唇基、额及头顶有斑；触角柄节一般黄色；前胸背板近方形，无斑或具黄色纵斑或红、棕斑；中、后胸具白色纵带，有或无斑。足无斑。翅面无斑。Sc 短；Sc 与 R 间距较小；第 1 伪中室卵形；阶脉 2 组；最基部内阶脉直接与 Psm 相连。雄性臀板背面端部略缢缩；雄性腹板无微钉突；殖弧梁拱形，梁突发达、钝圆；内突短，分离，有时消失；殖弧叶长，基部通常细而平，偶具突出，侧叶通常较大；中突较大，较直或弯曲；生殖囊短；无殖下片。雌性亚生殖板双叶状。

分布：世界广布。世界已知 124 种，中国已知 17 种，本书记述 2 种。

（5）叉通草蛉 *Chrysoperla furcifera* (Okamoto, 1914)

Chrysopa furcifera Okamoto, 1914: 61.
Chrysoperla furcifera: Yang et al., 2005: 108.

体长 10.0 mm，前翅长 12.0 mm；头顶黄色，具 2 条深棕色弧斑，向后延伸至头后缘，向前于近触角处会合与触角间的黑带相连；额面具 1 近三角形黑斑，与触角间的纵斑相连；触角间具 1 黑色纵斑；触角柄节两侧具黑色条带；颊斑黑色；唇基斑黑色，与颊斑相连；下颚须、下唇须黑色。前翅狭，翅痣淡黄色；前缘横脉 20 条，近基部深褐色，其余黄色；径横脉 15 条，黄色；Psm-Psc 间横脉 7 条，黄色；Cu_2、Cu_3 深褐色。

观察标本：1 雌，重庆缙云山，700 m，2021.Ⅷ.19，刘星月。

分布：中国（重庆缙云山、陕西、浙江、湖北、江西、福建、台湾、广东、广西、四川、贵州、云南）；日本，菲律宾。

（6）日本通草蛉 *Chrysoperla nipponensis* (Okamoto, 1914)

Chrysopa nipponensis Okamoto, 1914: 65.
Chrysoperla nipponensis: Yang *et al.*, 2005: 111.

体长 9.5 mm，前翅长 12.0 mm。头顶黄色，无斑；颊斑黑色；唇基斑黑色，位于唇基边缘，与颊斑相连；下颚须背面棕色，腹面黄色，下唇须黄色。胸部背面具淡黄色纵带。前翅狭，翅痣淡黄色；前缘横脉 20 条，前缘横脉两端褐色，中部黄色；径横脉 11 条，其中第 9-11 条褐色，其余两端褐色，中部黄色；阶脉褐色，Psm-Psc 间横脉近 Psc 端，Cu 横脉黑色。

观察标本：1 雌，重庆缙云山，700 m，2021.Ⅷ.20，刘星月。

分布：中国（重庆缙云山、黑龙江、吉林、辽宁、内蒙古、北京、河北、山西、山东、陕西、宁夏、甘肃、新疆、江苏、浙江、福建、广东、海南、广西、四川、贵州、云南）；蒙古国，俄罗斯，日本，朝鲜，菲律宾。

5. 玛草蛉属 *Mallada* Navás, 1925

Mallada Navás, 1925: 24. Type species: *Mallada stigmatus* Navás, 1925.

属征：小型至中型。头常无斑或具唇基斑、颊斑；翅面无斑，通常几乎无黑脉。前翅阶脉 2 组；C_1 室短于 C_2 室；第 1 内阶脉基部直接与 Psm 相连。雄性第 8、9 腹板末端上缘呈棒突或瘤突，雄性外生殖器具殖弧梁和殖下片，中突通常硕大，基部阔略内陷，端部通常弯曲且尖锐。

分布：世界广布。世界已知 63 种，中国已知 12 种，本书记述 1 种。

（7）等叶玛草蛉 *Mallada isophyllus* Yang *et* Yang, 1991

Mallada isophyllus Yang *et* Yang, 1991: 140.
Mallada isophyllus: Yang *et al.*, 2005: 259.

体长 7.6 mm，前翅长 11.3 mm。下颚须 3-5 节黑褐色，下唇须 2-3 节褐色；头具黑色的颊斑和唇基斑，颊斑较大且与唇基斑相连，额唇基沟处有 1 弧形黑褐色斑，基部与颊斑和唇基斑相连；前翅前缘横脉 18 条，淡褐色；径横脉 12 条，绿色；Psm-Psc 7 条，第 1 条褐色，其余绿色；阶脉褐色，内/外= 4-5/7-8。

观察标本：1 雄 1 雌，重庆缙云山，700 m，2021.Ⅷ.19，刘星月。

分布：中国（重庆缙云山、广西）。

6. 饰草蛉属 *Semachrysa* Brooks, 1983

Semachrysa Brooks, 1983: 6. Type species: *Semachrysa minuta* Brooks, 1983.

属征：体小型，前翅长 7.0-13.0 mm。头常具颊斑和唇基斑。前胸背板长略大于宽；中胸背板具斑，后胸无斑。足胫节无斑。前翅 Sc 较长；Sc 与 R 间距较大；阶脉 2 组；Psm 与 Psc 相距较远。腹部常无斑；第 9 腹板与臀板完全愈合；第 8、9 腹板愈合；内突常为楔形。雌性第 7 腹板末端平截；亚生殖板双叶状。

分布：东洋区、澳洲区。世界已知 20 种，中国已知 6 种，本书记述 1 种。

（8）松村饰草蛉 *Semachrysa matsumurae* (Okamoto, 1914)

Chrysopa matsumurae Okamoto, 1914: 68.
Semachrysa matsumurae: Brooks, 1983: 17.

体长 7.5 mm，前翅长 12.5 mm，上唇黑色，具黑色颊斑、唇基斑、角下斑，额中部具方形斑；颚唇须黄褐色。胸背中央黄绿色，中胸小盾片具 1 对小黑斑，背板两侧前缘黑色。前翅前缘横脉列 23 条，1-3 条黑色，其余黄色；径横脉 10 条，黄色；Rs 分支 11 条，1-4 条具黑褐色晕斑；Psm-Psc 7 条，具晕斑；内中室三角形，r-m 位于其中部；外阶脉基部第 1 条具黑褐色斑；CuA 具黑斑；后缘中部数条脉具褐色晕斑。后翅翅脉黄褐色，无斑。

观察标本：1 雌，重庆缙云山，700 m，2021.Ⅷ.19，刘星月。

分布：中国（重庆缙云山、广东、海南、广西）。

二、褐蛉科 Hemerobiidae

武靖羽　刘星月
中国农业大学植物保护学院

褐蛉科昆虫成虫小型至中型，通常较细弱，体色淡黄色至深褐色，特殊种类为黄绿色。胸部颜色多为黄褐色或深褐色，侧缘生有短刚毛。部分种类胸部背板具有颜色鲜明的条带及斑点，是种间的分类特征之一。翅形、某些翅脉的有无及相对位置是亚科与属的重要鉴别特征；翅面颜色、斑点、条带的分布是属内种间的重要区别特征。褐蛉科昆虫腹部通常呈圆筒形，浅黄色至深褐色，背、腹板颜色有时明显深于侧膜。一般 10 节，其中 1-8 节各具有 1 对气门。

世界性分布。世界已知 28 属 600 余种，中国已知 11 属 130 余种，本书记述 2 属 2 种。

7. 褐蛉属 *Hemerobius* Linnaeus, 1758

Hemerobius Linnaeus, 1758: 549. Type species: *Hemerobius humuli* Linnaeus, 1758.

属征：触角超过 50 节；唇基上具明显的刚毛；前翅具有肩迴脉（h），Rs 脉 3-5 支，2r-m 横脉缺失或者位于 2m-cu 横脉内侧，更靠近翅基部，CuP 脉简单无分支；雄性阳基侧突左右完全分离，殖弧叶的殖弧拱处连接的透明膜状结构表面具数量不等的长毛或刚毛状小刺突。雌性腹末无刺突，亚生殖板的有无及形状是属内种间的重要区别特征。

分布：世界广布。世界已知 172 种，中国已知 28 种，本书记述 1 种。

（9）双刺褐蛉 *Hemerobius bispinus* Banks, 1940

Hemerobius bispinus Banks, 1940: 186.

体长 5.5-6.5 mm，前翅长 5.6-8.1 mm，宽 2.6-3.1 mm；后翅长 5.2-7.0 mm，宽

2.2-2.8 mm。体中型，黄褐色。复眼后方沿两颊至上颚具褐色带。

头黄褐色，复眼灰褐色。胸部浅褐色，沿胸部背板两侧缘具褐色纵带。足黄褐色。前翅椭圆形。翅面浅黄褐色，透明，无明显斑点；翅脉黄色或黄褐色。Rs 分为 3 支，R$_3$ 再分叉为 3-4 支，1m-cu 横脉在 Cu 脉的连接处及 CuA 脉的分叉点褐色加深。1m-cu 位于翅基，远离 R$_1$ 脉。后翅椭圆形。翅面浅黄色透明，无明显斑点；翅脉浅黄褐色。

雌性第 7 背板与腹板侧视呈方形。第 8 背板与腹板愈合，腹面裂开，侧视呈长方形。第 9 背板侧视前缘平直，后缘中上方前凹明显；第 9 腹板宽大，后缘明显超过臀板后缘。臀板卵圆形，臀肌明显，位于中央，无亚生殖板。

观察标本：2 雌，重庆缙云山，700 m，2021.Ⅷ.19，刘星月。

分布：中国（重庆缙云山、内蒙古、北京、河北、山西、河南、陕西、宁夏、甘肃、新疆、江苏、湖北、江西、四川、西藏）。

8. 脉褐蛉属 *Micromus* Rambur, 1842

Micromus Rambur, 1842: 416. Type species: *Hemerobius variegatus* Fabricius, 1793.

属征：触角超过 50 节；前翅肩区狭窄，翅脉较简单，缺少缘饰；Rs 脉 3-7 支；sc-r 横脉 1 支或缺失；2sc-r 与 2m-cu 横脉缺失，具有 2 条 cua-cup 横脉，MP 与 CuA 愈合或之间以短横脉相连，阶脉一般为 2 组，少数种类 3 组；后翅一般色浅，翅斑较少，MP 与 CuA 愈合或以短横脉相连。

分布：世界广布。世界已知 88 种，中国已知 21 种，本书记述 1 种。

（10）点线脉褐蛉 *Micromus linearis* Hagen, 1858

Micromus linearis Hagen, 1858: 483.

体长 6.1-6.5 mm；前翅长 6.1-7.1 mm，宽 2.1-2.5 mm；后翅长 5.5-6.2 mm，宽 1.7-2.1 mm。

体中到大型，黄褐色。头黄褐色，头顶复眼后缘各具 1 个三角形褐斑，触角窝前缘有 1 细的弧形黑纹。复眼黑褐色。胸部黄褐色，前胸背板两侧缘具褐色纵带。足浅黄褐色。前翅椭圆形。翅面透亮黄褐色，近后缘 Cu 脉至后缘区域形成烟褐色条带，翅痣处具有 2-3 对褐斑，M 脉第一个分叉点与 Cu 脉间具有 1 个褐色斑点。翅脉黄褐色，除 Sc 脉外，各纵脉上均有黑褐色纹，使翅脉呈现黑白相间的点线状。Rs 分为 4 支，除了 R$_4$ 分叉其余均简单不分叉。后翅狭长。翅面黄褐色透明，前缘近端部 Sc 与 R 脉间有一段褐色区域；翅脉黄褐色，纵脉大部分透明无色，阶脉大部分呈黑褐色，其附近的纵脉也呈黑色相连，因此后翅中央部分色淡而透明，上下两部分呈褐色的枝状脉。

雌性第 8 背板侧视正方形。第 9 背板背半部分狭长，腹半部分宽阔，且向后扩展成"b"字形，与臀板和第 9 腹板部分重合；第 9 腹板小，呈卵形；臀板侧视近似椭圆形，臀肌较明显，无亚生殖板。

观察标本：3 雌，重庆缙云山，700 m，2021.Ⅷ.20，刘星月。

分布：中国（重庆缙云山、内蒙古、河南、陕西、宁夏、甘肃、浙江、湖北、江西、湖南、福建、台湾、广西、四川、贵州、西藏）；日本，俄罗斯。

三、蚁蛉科 Myrmeleontidae

郑昱辰　刘星月
中国农业大学植物保护学院

成虫：体一般中大型。触角锤状、短棒状或勺状。复眼较大，圆润。头顶常隆起。后口式，下唇须端节纺锤形。前胸背板一般为矩形或梯形。足一般不超过头胸总长；许多种类距发达。翅狭长，常透明带多样的斑纹；痣下室长；一些雄性后翅基部具轭坠。腹部狭长。

幼虫：体被多种刚毛。上颚发达，与特化为管状的下颚组成捕吸式结构。单眼团具7枚小眼。触角小而细。前胸明显窄于中后胸。中胸背板具1对骨化的气门。腹部宽大，10节，可见9节，从前向后逐渐变窄。第9腹节具挖掘毛。

世界性分布。世界已知200余属2100余种，中国已知110余种，本书记述2属2种。

9. 帛蚁蛉属 *Bullanga* Navás, 1917

Bullanga Navás, 1917: 15. Type species: *Bullanga binaria* Navás, 1917.

属征：成虫：体褐色或浅褐色，具黑斑。触角短棒状，鞭节端部黑色。前胸背板长大于宽。足细长；距轻微弯曲；部分种类爪基部强弯。翅透明，具少许斑纹；前翅略短于后翅，RP发出点明显先于MA发出点，具明显的前斑氏线；雄性后翅具轭坠。雄性第9生殖突呈1对长片状结构，末端强骨化；第11生殖突呈1宽拱状结构。雌性前第8生殖突瘤突状，具长刚毛；后第8生殖突指状，具长刚毛；第9生殖突具较粗长刚毛。

幼虫：头深色。单眼团小，略突出。上颚略向上弯曲，具3枚主齿。头壳前缘具钝毛。前胸背板具褐色斑纹；中胸背板中央具1簇长刚毛；中胸与后胸两侧分别具2对枝突，其中中胸前枝突较长。腹部密被斑纹；第9腹节锥状，挖掘毛弱。

分布：东洋区。世界已知3种，中国已知3种，本书记述1种。

（11）长裳帛蚁蛉 *Bullanga florida* (Navás, 1913)

Glenurus floridus Navás, 1913: 10.
Bullanga florida: Stange, 2004: 78.

体长：雄性36.0-47.0 mm，雌性37.0-47.0 mm。

成虫：体中大型，浅褐色。头顶隆起。触角柄节与梗节深褐色，鞭节非膨大部分浅红色带褐斑，鞭节膨大部分黑色。前胸背板中央具1纵向深褐色条纹。足细长，腿节几乎为深褐色；爪基部强弯。前翅中脉亚端斑呈1条波纹状横向黑线，肘区具1明显的黑色弧线。后翅中脉亚端斑呈1黑色斑点。雄性第9生殖突较宽；第11生殖突略窄，中央较突起。雌性后第8生殖突刚毛较长。

幼虫：整体浅黄色。上颚第1枚主齿前具3枚小齿；第1枚与第2枚主齿间具2小齿；第2枚与第3枚主齿之间具1小齿。前胸背板具1对褐色宽带。腹部背板具许多褐色碎斑；腹部腹板1-8节各节具1对褐色斜带，中央具4-6枚黑点。

观察标本：1 雄，重庆缙云山，783 m，2021.Ⅶ.3，王宗庆、罗新星；1 雌，重庆缙云山，800 m，2021.Ⅷ.18，刘星月；8 幼虫，重庆缙云山，800 m，2021.Ⅶ.8，余锫。

分布：中国（重庆缙云山、北京、河北、河南、陕西、江苏、浙江、湖北、江西、湖南、福建、广东、四川、贵州）。

10. 蚁蛉属 *Myrmeleon* Linnaeus, 1767

Myrmeleon Linnaeus, 1767: 913. Type species: *Myrmeleon formicarium* Linnaeus, 1767.

属征：成虫：体黑色、褐色或浅褐色。触角较短，勺状，多为黑色。头顶明显隆起。复眼约等于颊宽。前胸背板宽，矩形。足短，胫节约等于前胸背板长度。翅透明无斑；前翅 RP 发出点略后于或正对于 MA；雄性后翅具轭坠。腹部略短于后翅长。雄性第 9 生殖突窄小，颗粒状；第 11 生殖突窄圆拱状。雌性前第 8 生殖突瘤突状，后第 8 生殖突细短指状；第 9 生殖突与肛上板末端具短粗挖掘毛。

幼虫：体黄色。头壳后缘圆润而窄。单眼团弱，不突出。上颚平，具 3 枚主齿，无小齿。头壳前刚毛简单。前胸背板几乎无斑；中胸气门弱；无枝突。中足腿节长，为前足腿节的 1.5 倍；后足跗节发达。腹部第 1 腹节两侧具 1 对长刚毛簇；腹部气门不显著；第 8 腹板具齿突；第 9 腹节挖掘毛发达，末端 4 组总计约 12 枚。

分布：世界广布。世界已知近 200 种，中国已知近 20 种，本书记述 1 种。

（12）角蚁蛉 *Myrmeleon trigonois* Bao *et* Wang, 2006

Myrmeleon trigonois Bao *et* Wang, 2006: 129.

体长：雄性 29.0-32.0 mm，雌性 28.0-33.0 mm。

成虫：体中大型，深褐色。头顶隆起，具 6 枚黑斑。触角黑色。前胸背板深褐色，前端具 1 对浅黄色斑点，中央具 1 浅黄色纵线，边缘浅色。足短细，浅褐色。前翅透明，RP 发出点略后于 MA。基径中横脉 10-11 条。无前斑氏线。腹部第 2-8 节背板各节中央具 1 明显的黄色纵带。雄性第 9 生殖突窄；第 11 生殖突窄圆拱状，雌性后第 8 生殖突较短。

幼虫：头壳背面前端具 1 对黑色圆斑，中部具 1 模糊的褐色大斑。上颚第 1-2 枚主齿之间具 3-4 根刚毛，第 2-3 枚主齿之间具 2 根刚毛，第 3 枚主齿与上颚末端间具 1 根刚毛。腹部背板 1-3 节黄色，具 1 条灰色中纵线。

观察标本：1 雌，重庆缙云山，800 m，2021.Ⅶ.9，刘巧巧；1 雄 1 雌 11 幼虫，重庆缙云山，813 m，2021.Ⅶ.10，余锫。

分布：中国（重庆缙云山、四川、贵州、云南）。

参 考 文 献

马云龙. 2021. 中国草蛉科分类修订(昆虫纲: 脉翅目). 北京: 中国农业大学博士学位论文.
杨星科, 杨集昆, 李文柱. 2005. 中国动物志 昆虫纲 第三十九卷 脉翅目 草蛉科. 北京: 科学出版社.
Banks N. 1940. Report on certain groups of neuropteroid insects from Szechwan, China. Proceeding of the United States National Museum, 88: 173-220.

Bao R, Wang X L. 2006. Two new species of *Myrmeleon* Linnaeus, 1767 (Neuroptera: Myrmeleontidae) from China, with a key to Chinese species. Proceedings of the Entomological Society of Washington, 108: 125-130.

Brauer F. 1864. Entomologische Beiträge. Verhandlungen der Kaiserlich-Königlichen Zoologisch-Botanischen Gesellschaft in Wien, 14: 891-902.

Breitkreuz L, Duelli P, Oswald J. 2021. *Apertochrysa* Tjeder, 1966, a new senior synonym of Pseudomallada Tsukaguchi, 1995 (Neuroptera: Chrysopidae: Chrysopinae: Chrysopini). Zootaxa, 4966(2): 215-225.

Brooks S J. 1983. A new genus of oriental lacewings (Neuroptera: Chrysopidae). Bulletin of the British Museum (Natural History), Entomology Series, 47: 1-26.

Fabricius J C. 1798. Supplementum Entomologiae Systematicae. Hafniae: Proft et Storch.

Hagen H A. 1858. Synopsis der Neuroptera Ceylons. Pars I. Verhandlungen der Kaiserlich-Königlichen Zoologisch-Botanischen Gesellschaft in Wien, 8: 471-488.

Leach W E. 1815. Entomology. In: Brewster D. The Edinburgh Encyclopaedia. Vol 9, part 1. Edinburgh: 57-172.

Linnaeus C. 1758. Systema naturae per regna tria naturae, secundum classes, ordines, genera, species, cum characteribus, differentiis, synonymis, locis. Editio decima, reformata. 10th edition, revised. Vol. 1. Holmiae: Laurentii Salvii.

Ma Y L, Yang X K, Liu X Y. 2020. Notes on the green lacewing subgenus *Ankylopteryx* Brauer, 1864(*s. str.*) (Neuroptera, Chrysopidae) from China, with description of a new species. ZooKeys, 906: 41-71.

Navás L. 1913. Bemerkungen über die Neuropteren der Zoologischen Staatssammlung in München. V. Mitteilungen der Münchener Entomologischen Gesellschaft, 4: 9-15.

Navás L. 1917. Insecta nova. II Series. Memorie dell'Accademia Pontifica dei Nuovi Lincei, Rome, 3: 13-22.

Navás L. 1924 [1925]. Comunicaciones entomológicas. 7. Neurópteros del Museo de Berlín. Revista de la [Real] Academia de Ciencias Exactas Fisico-Quimicas y Naturales de Zaragoza, (1)9: 20-34.

Navás L. 1934. Névroptères et insectes voisins. Chine et pays environnants. Sixième [VI] série. Notes d'Entomologie Chinoise, 1(14): 1-8

Okamoto H. 1914. Über die Chrysopiden-Fauna Japans. Journal of the College of Agriculture, Tohoku Imperial University, Sapporo, 6: 51-74.

Rambur J P. 1837-1840. Faune entomologique de l'Andalousie. Vol 2. Paris.

Rambur J P. 1842. Histoire Naturelle des Insectes, Névroptères. Librairie encyclopédique de Roret. Paris: Fain et Thunot.

Steinmann H. 1964. The *Chrysopa* species (Neuroptera) of Hungary. Annales Historico-Naturales Musei Nationalis Hungarici (Zoologica), 56: 257-266.

Tjeder B. 1966. Neuroptera-Planipennia. The Lacewings of Southern Africa. 5. Family Chrysopidae. In: Hanström B, Brinck P, Rudebec G. South African Animal Life. Vol. 12. Stockholm: Swedish Natural Science Research Council: 228-534.

Tsukaguchi S. 1995. Chrysopidae of Japan (Insecta, Neuroptera). Osaka: Privately Printed: 67.

Yang C K, Yang X K. 1987. A study of the genus *Retipenna* (Neuroptera: Chrysopidae). Wuyi Ke Xue [= Wuyi Science Journal], 7: 39-45.

Yang C K, Yang X K. 1991. A revision of the Chinese *Mallada* (Neuroptera: Chrysopidae). In: Zhang G X. Scientific Treatise on Systematic and Evolutionary Zoology. Vol 1. Beijing: Science Press: 135-149.

Yang X K, Yang C K. 1990a. *Navasius*, a new genus of Chrysopinae(I) (Neuroptera: Chrysopidae). Acta Zootaxonomica Sinica [= Dong Wu Fen Lei Xue Bao], 15: 327-338.

Yang X K, Yang C K. 1990b. Study of the genus *Navasius*(II)-Descriptions of six new species (Neuroptera: Chrysopidae). Acta Zootaxonomica Sinica [= Dong Wu Fen Lei Xue Bao], 15: 471-479.

Zheng Y C, Liu X Y. 2020. First description of immature stages of the antlion *Bullanga florida* (Navás, 1913) (Neuroptera, Myrmeleontidae, Dendroleontini). Zootaxa, 4858: 394-404.

第十三章　广翅目 Megaloptera

涂粤峥　刘星月

中国农业大学植物保护学院

成虫小至大型。头大，多呈方形。前口式，咀嚼式口器，部分物种上颚极长。翅宽大，膜质，透明或半透明，后翅具有发达的臀区；脉序复杂，呈网状。幼虫水生，蛃型，前口式，咀嚼式口器，腹部两侧具有成对气管鳃。

世界性分布。世界已知 2 科 34 属 403 种，中国已知 2 科 10 属 131 种，本书记述 1 科 2 属 4 种。

一、齿蛉科 Corydalidae

成虫头部短粗或扁宽，头顶三角形或近方形。复眼大，半球形，明显突出。单眼 3 枚，近卵圆形。上颚发达，内缘具发达的齿。前胸四边形，中、后胸粗壮。跗节 5 节，均为圆柱状。翅长卵圆形，径脉与中脉间具翅疤。雄性第 9 腹板发达；肛上板 1 对，发达；第 10 生殖基节多发达。雌性腹端生殖基节多具发达的侧骨片，端部多具细指状的生殖刺突。幼虫水生，腹部 1-8 节两侧各具 1 对气管鳃，末端具 1 对端部具爪的臀足。

世界性分布。世界已知 25 属 315 种，中国已知 8 属 115 种，本书记述 2 属 4 种。

1. 斑鱼蛉属 *Neochauliodes* van der Weele, 1909

Neochauliodes van der Weele, 1909: 259. Type species: *Chauliodes sinensis* Walker, 1853.

属征：体中至大型，黄至黑色。头近三角形，复眼明显突出。触角一般短于前翅长的 1/2，雄性栉状而雌性近锯齿状。翅透明或半透明，多具褐斑，且于中部多连接形成横带斑。雄性第 9 背板基缘弧形凹缺；第 9 腹板骨化弱，近半圆形。肛上板近四边形，末端膨大且具黑色刺状短毛。第 10 生殖基节强骨化，结构简单。

分布：古北区、东洋区。世界已知 48 种，中国已知 28 种，本书记述 1 种。

（1）圆端斑鱼蛉 *Neochauliodes rotundatus* Tjeder, 1937

Neochauliodes rotundatus Tjeder, 1937: 4.

雄性体长 17-31 mm，前翅长 35-39 mm，后翅长 31-35 mm。

头部黄褐色至深褐色。复眼褐色。触角黑褐色。口器黄褐色，上颚有时浅褐色。前胸黄褐色，背板两侧各具 1 深褐色纵斑；中、后胸浅褐色，但背板两侧深褐色。翅无色透明，前翅前缘域近基部具 1 褐斑；翅基部具少量小点斑，有时则完全无斑；中横带斑较宽，连接前缘并伸达中脉；翅端部的斑多相互连接，色很浅且有时近乎消失。后翅与前翅斑形相似，但基部无任何斑纹。

腹部黑褐色。雄性腹端肛上板侧视近方形，端缘较圆，背面观端半部球形膨大；第10生殖基节强骨化，腹面观较宽、近舌形，基缘"V"形凹缺，端缘微凹，第10生殖基节侧视端部明显膨大并向背面弯曲。

观察标本：1雌，重庆北碚区缙云山，850 m，2010.Ⅶ.15，刘莹。

分布：中国（重庆缙云山、黑龙江、北京、河北、河南、陕西、甘肃、湖北、四川）。

2. 星齿蛉属 *Protohermes* van der Weele, 1907

Protohermes van der Weele, 1907: 243. Type species: *Hermes costalis* Walker, 1853.

属征：体中至大型，多浅黄色或黄褐色，有时黑褐色。头部短粗，复眼后侧缘齿有或无。前胸背板长略大于宽，背板两侧一般有形态各异的黑斑或褐斑。翅大而狭长，烟褐色至黑褐色，多具淡黄色或乳白色斑纹。雄性第9背板完整，第9腹板中央具凹缺或向外凸出。肛上板形状多样。第10生殖刺突指状或瘤状，有时强烈膨大。

分布：古北区、东洋区。世界已知86种，中国已知50种，本书记述3种。

分种检索表

1. 成虫两侧单眼彼此靠近；雄性第9背板端侧角向外延伸成柄状 ·················· 广西星齿蛉 *P. guangxiensis*
- 成虫两侧单眼彼此远离；雄性第9背板端侧角不向外延伸 ·· 2
2. 雄性肛上板短柱状；雄性第10生殖基节端缘"V"形凹缺 ································· 尖突星齿蛉 *P. acutatus*
- 雄性肛上板棒状；雄性第10生殖基节端缘梯形凹缺 ··································· 炎黄星齿蛉 *P. xanthodes*

（2）尖突星齿蛉 *Protohermes acutatus* Liu, Hayashi *et* Yang, 2007

Protohermes acutatus Liu, Hayashi *et* Yang, 2007: 13.

雄性体长30-32 mm，前翅长41-42 mm，后翅长37-38 mm。

头部黄褐色，头顶方形，无复眼后侧缘齿；头顶两侧各具3个褐色或黑色的斑。复眼褐色；单眼黄褐色，其内缘黑褐色，中单眼横长，侧单眼远离中单眼。前胸黄褐色，长略大于宽，背板两侧各具2个黑色纵带斑。中后胸淡黄色至黄褐色，背板两侧浅褐色。前翅透明，极浅的烟褐色，前缘横脉间无明显褐斑，翅基部具1大淡黄斑，中部具3-4淡黄斑，翅端部1/3处具1极小的白色点斑。

雄性腹端第9背板近长方形，基缘梯形凹缺，端缘微凹；第9腹板宽阔，中部明显隆起，端缘梯形凹缺，两侧各形成1末端钝圆的三角形突起；肛上板短柱状，外端角不突出，末端微凹且密生长毛，肛上板腹面内端角具1小突，其上具1毛簇；第10生殖基节拱形，基缘背中突稍隆起，端缘中央具1较大的"V"形凹缺，两侧各形成1尖锐的三角形突起，第10生殖刺突指状，其端半部明显变细且向内弯曲。

观察标本：1雌，重庆北碚区缙云山，850 m，2010.Ⅶ.15，吴贵怡。

分布：中国（重庆缙云山、陕西、湖北）。

(3) 广西星齿蛉 *Protohermes guangxiensis* Yang *et* Yang, 1986

Protohermes guangxiensis Yang *et* Yang, 1986: 88.

雄性体长 35-38 mm，前翅长 40-43 mm，后翅长 37-38 mm。

头部黄褐色；头顶两侧各具 3 个黑斑；头顶方形，无复眼后侧缘齿。后头两侧各具 1 黑斑。侧单眼靠近中单眼。胸部黄褐色，前胸背板两侧各具 2 宽的黑色纵带斑，在背板中部略连接。前翅半透明，浅灰褐色，前缘横脉间充满褐斑，翅基部具 1 较大的淡黄色斑，中部特别是横脉两侧具若干淡黄色斑，端部 1/3 处具 1 淡黄色圆斑。

雄性腹端第 9 背板基缘近弧形凹缺，端缘略隆突，端侧角向外延伸成柄状；第 9 腹板端缘近梯形浅凹，两侧各形成 1 末端钝圆并明显向两侧突伸的三角形突起；肛上板背视近四边形，腹面具 1 内弯的指状突；第 10 生殖基节拱形，背中突发达、近梯形，第 10 生殖刺突细指状，端部略向内弯曲。

观察标本：1 雄，重庆北碚区缙云山，850 m，1994.Ⅵ.13，章有为。

分布：中国（重庆缙云山、广东、广西）。

(4) 炎黄星齿蛉 *Protohermes xanthodes* Navás, 1914

Protohermes xanthodes Navás, [1914] 1913: 427.

雄性体长 33-35 mm，前翅长 37-42 mm，后翅长 32-37 mm。

头部黄色或黄褐色；头顶两侧各具 3 黑斑。单眼黄色，其内缘黑色，中单眼横长，侧单眼远离中单眼。前胸背板近侧缘具 2 对黑斑；中、后胸背板两侧有时浅褐色。前翅极浅的烟褐色，翅基部具 1 淡黄斑，中部具 3-4 淡黄斑，近端部 1/3 处具 1 淡黄色小圆斑。

雄性腹端第 9 背板近长方形，基缘梯形凹缺，端缘中央微凹；第 9 腹板端缘梯形凹缺，两侧各形成 1 末端尖锐的三角形突起；肛上板短棒状，基粗端细，中部内侧微凹，近端部内侧具 1 毛簇；第 10 生殖基节拱形，基缘弧形，第 10 生殖刺突较骨化，指状而末端缩尖。

观察标本：1 雄，重庆北碚区缙云山，850 m，2009.Ⅶ.16，生伟伟；1 雌，重庆北碚区缙云山，850 m，2010.Ⅶ.15，吴贵怡。

分布：中国（重庆缙云山、辽宁、北京、河北、山西、山东、河南、陕西、甘肃、安徽、浙江、湖北、江西、湖南、广东、广西、四川、贵州、云南）；朝鲜，韩国，俄罗斯。

参 考 文 献

杨集昆, 杨定. 1986. 广西齿蛉九新种及我国新记录的属种(广翅目：齿蛉科). 昆虫分类学报, 8(Z1): 85-95.

Liu X Y, Hayashi F, Yang D. 2007. Systematics of the *Protohermes costalis* species-group (Megaloptera: Corydalidae). Zootaxa, 1439: 1-46.

Navás L. [1914] 1913. Neuroptera Asiatica. II series. Revue Russe d'Entomologie, 13: 424-430.

Tjeder B. 1937. Schwedisch-Chinesische wissenschaftliche Expedition nach den nordwestlichen Provinzen

Chinas. 62. Neuroptera. Arkiv for Zoologi, 29A(8): 1-36.

van der Weele H W. 1907. Notizen uber Sialiden und Beschreibung einiger neuer Arten. Notes from the Leyden Mueseum, 28: 227-264.

van der Weele H W. 1909. New genera and species of Megaloptera Latr. Notes from the Leyden Mueseum, 30: 249-264.

Walker F. 1853. Catalogue of the Specimens of Neuropterous Insects in the Collection of the British Museum. Part II (Sialides-Nemopterides). London: Newman: 193-476.

第十四章 鞘翅目 Coleoptera

刘志萍[1] 李 竹[1] 路园园[2] 白 明[2] 刘昊林[3]
刘 蕊[3] 任国栋[3]

[1] 西南大学植物保护学院
[2] 中国科学院动物研究所
[3] 河北大学生命科学学院

鞘翅目昆虫通称甲虫，是昆虫纲乃至动物界种类最多、分布最广的一个目。世界已知 39 余万种，中国已知 3.5 万余种，本书记述 5 科。

成虫体躯坚硬，口器咀嚼式，前口式或下口式。触角通常 11 节，形态多样，线状、膝状、锤状、锯齿状、栉齿状、鳃叶状等。复眼发达，穴居或地下生活的种类复眼常退化或消失。大部分种类无单眼，少数种类具 1 个中单眼或 2 个背单眼。前胸背板发达。中、后胸愈合，背面仅露出中胸小盾片。前翅鞘翅，后翅膜质，绝大多数类群的鞘翅盖住腹部，但隐翅虫科一般鞘翅短缩，腹部外露。足为步行足、跳跃足、游泳足、抱握足、开掘足等。雌性腹部末数节变细而延长，形成伪产卵器。

完全变态，经历卵、幼虫、蛹和成虫 4 个虫态；芫菁科等为复变态。幼虫龄期变化较大，多为 3-5 龄。蛹多为无颚蛹、离蛹或被蛹。多数为卵生，少数胎生或卵胎生。一般一年 1-4 代或多年一代。鞘翅目栖境多样，有陆生、水生、土栖、木栖等。食性多样，多数种类为植食性，不少种类是农林害虫，如天牛、叶甲、象甲等；部分为捕食性昆虫，是农林害虫的天敌，如捕食性的瓢虫；部分种类为腐食性，对维持环境清洁、保护生态平衡具有重要作用。另外，鞘翅目还是重要的传粉昆虫，如金龟、叶甲、吉丁等。还有许多种类具有观赏和收藏价值，如锹甲、犀金龟等。

分科检索表

1. 触角通常 11 节 ······2
- 触角 8-10 节 ······**金龟科 Scarabaeidae**
2. 跗节为拟四节 ······**天牛科 Cerambycidae**
- 跗节不为拟四节 ······3
3. 跗式多为 5-5-5 ······**隐翅虫科 Staphylinidae**
- 跗式为 5-5-4 ······4
4. 头前口式 ······**拟步甲科 Tenebrionidae**
- 头下口式 ······**芫菁科 Meloidae**

一、隐翅虫科 Staphylinidae

刘志萍
西南大学植物保护学院

体小至中型，通常为 1-20 mm，狭长至卵圆形，黑色、棕色、红棕色或黄色，有些部位兼具虹彩色。头前口式或下口式，颈有或无。通常具复眼，少数无，有些具 1 对假单眼。触角 11 节，少数种类 10 节、9 节或 3 节，多为丝状或稍呈棍棒状。前胸背板形状多样，常具侧缘。小盾片三角形。鞘翅通常短，后缘平截，大部分腹节外露，有些种类鞘翅长，覆盖大部分或全部腹节，鞘翅缘折有或无。后翅通常发达，折叠于鞘翅下，有的种类后翅退化。前足基节窝常开放，转节外露或被遮盖。跗式多为 5-5-5，少数 4-4-4、3-3-3、2-2-2、4-5-5、4-4-5 或 5-4-4。腹部延长，可见腹板通常 6-7 节。阳茎形态多样。

幼虫蛃型，细长，形似成虫或步甲幼虫，或宽短。头前口式，上唇前缘锯齿状，下颚须 3-5 节，下唇须 2-3 节。触角通常 3 节。单眼每侧 1-6 枚或无单眼。胸足 4 节，1 爪。腹部 10 节，尾突 1 对，分节。

隐翅虫栖息生境繁多，常见于森林和农田潮湿的落叶层、苔藓、植物的腐烂组织、树皮下或朽木中及动物的尸体和粪便中，湖边、池塘和溪流附近的石块下，有的与蚂蚁或白蚁共生，还有的生活在鸟巢或洞穴中。大部分隐翅虫为其他昆虫和无脊椎动物的捕食者，部分种类为菌食性或腐食性，对促进自然界物质循环起着重要作用。毒隐翅虫属 *Paederus* 的一些种类血淋巴中含毒隐翅虫素（即青腰虫素 pederin），会引起人的毒隐翅虫皮炎，毒隐翅虫素还有杀滴虫、除印痣、恶疮、癣虫的功效，也可抑制植物生长。

隐翅虫科是鞘翅目昆虫中最大的科之一，世界性分布。目前世界已知 4056 属 66 928 种，中国已知 598 属 6730 余种，本书记述 12 属 13 种。

分亚科检索表

1. 触角着生在复眼前缘连线之后 ·· **突眼隐翅虫亚科 Steninae**
- 触角着生在复眼前缘连线之前 ·· 2
2. 鞘翅缘折与鞘翅之间形成夹角，有清晰的脊定界 ································ **原隐翅虫亚科 Proteininae**
- 鞘翅缘折与鞘翅之间圆弧形，无清晰的脊定界 ··· 3
3. 前胸背板有大而不透明的基后突；腹部节间膜网格呈方形，似砖墙 ········ **毒隐翅虫亚科 Paederinae**
- 前胸背板无基后突或仅有小而透明的突起；腹部节间膜网格呈菱形 ········ **隐翅虫亚科 Staphylininae**

（一）隐翅虫亚科 Staphylininae

体中至大型，长条形。触角 11 节，着生于复眼前缘连线之前。颈通常明显。前背缘折狭窄，前胸背板无基后突或仅有小而透明的突起。鞘翅侧缘不具脊。腹部可见腹板 6 节，每节具 1 对侧背板，节间膜微刻纹呈菱形。前足基节大而延长，跗式多为 5-5-5，少数 5-5-4。生境多样，常栖息于枯枝落叶及堆积的杂草中，有的在动物粪便中。

世界性分布。世界已知 411 属 9071 种，中国已知 128 属 1350 余种，本书记述 2 属

2 种。

1. 佳隐翅虫属 *Gabrius* Stephens, 1829

Gabrius Stephens, 1829: 23. Type species: *Staphylinus aterrimus* Gravenhorst, 1802 (= *Staphylinus nigritulus* Gravenhorst, 1802).

属征：体狭长，两侧平行，头和前胸背板光滑，有较大的具刚毛刻点。鞘翅具刻点和柔毛，刻点间表面无微刻纹。腹部背板具小刻点及柔毛，表面有微刻纹。头部呈椭圆形或长方形。复眼适度凸起。触角丝状或向端部适度变宽，前 3 节无短柔毛。下唇须末节细长，明显窄于次末节。前胸背板侧刻点具长刚毛，与前背折缘上侧隆线很近，碰到上线或离上线的距离等于刻点直径。雌雄前足第 1-4 跗节均不变宽，腹面无修饰刚毛。腹部第 9 生殖节具不缩减的对称的基部，具有不同程度的高度修饰的顶部。

分布：世界广布。世界已知 453 种，中国已知 56 种，本书记述 1 种。

（1）雅菲佳隐翅虫 *Gabrius disjunctus* (Bernhauer et Schubert, 1914)

Philonthus disjunctus Bernhauer *et* Schubert, 1914: 336.
Gabrius disjunctus: Schillhammer, 1997: 48.

体狭长，黑褐色，有轻微金属光泽。头近椭圆形，中域光滑无毛，侧域具长刚毛刻点，后角圆钝，表面具细密的微刻纹。复眼凸出，上颊明显长于复眼纵径。触角红褐色，前 3 节无短柔毛，第 3 节与第 2 节近等长。额具 4 个眼间刻点。前胸背板长稍大于宽，两侧近平行，向前端稍变窄，与头部等宽，中间两列刻点，每列 6 个刻点，两列侧排刻点，每列 2 个刻点。鞘翅长，宽于前胸背板，鞘翅与小盾片均密布柔毛。腹部两侧平行。足淡黄褐色。

观察标本：12 雄 8 雌，重庆缙云山海螺洞，841 m，2007.VI.30，李燕飞；1 雄，重庆缙云山杉木园，854 m，2009.X.11，杜喜翠。

分布：中国（重庆缙云山、四川）；老挝，泰国，印度，缅甸，尼泊尔。

2. 刃颚隐翅虫属 *Hesperus* Fauvel, 1874

Hesperus Fauvel, 1874: 200. Type species: *Staphylinus rufipennis* Gravenhorst, 1802.

属征：下颚须长，末节杆状，明显长于次末节。下唇须长，末节稍长于次末节。眼后脊通常较长，向腹侧延伸。外咽缝合并于头后半部。前背折缘上缘线在前胸背板中间处向腹面弯曲。雌雄前足第 1-4 节跗节略变宽，腹面具修饰性的刚毛。无爪间刚毛。中足基节窝后通常有宽的弧形脊。雄性第 9 腹板基部较长、窄、不对称。阳茎侧叶通常无钉状毛。

分布：世界广布。世界已知 207 种，中国已知 14 种，本书记述 1 种。

（2）雅刃颚隐翅虫 *Hesperus* (*Hesperus*) *amabilis* (Kraatz, 1859)

Philonthus amabilis Kraatz, 1859: 97.
Hesperus amabilis: Schillhammer, 1999: 62.

又称雅长须隐翅甲。体中型，体长 9.4-10.5 mm。头、颈部黑色，触角黑色，端部两节浅黄色。前胸背板红棕色，有光泽。鞘翅黑色，基部 1/3 黄棕色，后缘明显黄色。小盾片黄棕色。足红褐色，腿节和胫节端半部色较深。腹部第 3-5 腹节背板红棕色，第 6-8 腹节背板黑色且有明显的蓝色金属光泽。

头略梯形，眼后略收窄。复眼大，中等突。触角中等长，前 3 节无短柔毛，末节长明显大于宽、斜截。前胸背板略呈长方形，向后略收窄，前角钝圆，长大于宽，略窄于头部，具大而深的刻点。小盾片三角形，密被柔毛。鞘翅密被柔毛。腹部向后渐变窄，具密而细的刻点，第 3-5 背、腹板基部明显具横向压痕，第 6 背、腹板具密集刻点及较少黄色柔毛，第 7 背板基部后缘明显具白色条状栅栏状结构，第 7 腹板后缘颜色较深。

雄性：第 8 腹板后缘中央浅凹入，两侧缘着生刚毛。阳茎中叶基部较端部膨大，中叶较长，侧面观中叶端部明显向后弯曲，侧叶明显短于中叶端部，侧叶顶端处着生数根刚毛。

观察标本：2 雄 4 雌，重庆缙云山，850 m，2017.Ⅴ.15，刘志萍、张强。

分布：中国（重庆缙云山、四川、云南）；阿富汗，印度，缅甸，泰国，老挝。

（二）突眼隐翅虫亚科 Steninae

体小至中型，圆筒形，密被刻点。通常为黑色，有时带蓝绿色或黄铜色金属光泽。多数种类复眼极大而突出，至少占据绝大部分头侧。触角着生于两复眼之间。鞘翅短。腹部可见腹板 6 节，侧背板 1 对或缺如。后足基节小，圆锥形，相互分离，跗式 5-5-5。常生活在枯枝落叶、草丛及农田中，有的在溪流边活动，有的在河流石块的背光处聚集。

世界性分布。世界已知 4 属 3396 种，中国已知 2 属 597 种，本书记述 1 属 1 种。

3. 束毛隐翅虫属 *Dianous* Leach, 1819

Dianous Leach, 1819: 173. Type species: *Dianous coerulescens* Gyllenhal, 1810.

属征：体圆筒形，密布刻点。头部较大，横宽。复眼仅占头侧大部分，具明显的后颊。下唇正常，不特化成可弹射的捕食器官，下颚横短。前胸后侧片和前背折缘之间没有脊定界。有的鞘翅具 1 对橘色斑点。腹末两侧具长而明显的毛束。雄性第 8 腹板后缘凹入，第 9 腹板侧后角通常发达，后缘光滑或锯齿状。阳茎侧叶高于或略高于中叶，阳茎内部结构较简单，没有骨质化的小齿或齿状物。雌性第 8 腹板或多或少凸出，负瓣片后侧有或无齿突，后缘光滑或锯齿状。

分布：世界广布。世界已知 265 种，中国已知 129 种，本书记述 1 种。

（3）福氏束毛隐翅虫 *Dianous freyi* Benick, 1940

Dianous freyi Benick, 1940: 573.

又称弗束毛隐翅虫。体黑色，具明显光泽，鞘翅具 1 对小黄斑，触角、足黑色，多少暗红。前胸背板和鞘翅上刻点较粗大，有的较长。足第 4 跗分节双叶状。

雄性：第 8 腹板后缘凹入。第 9 腹板后缘具不规则小齿，后缘左右两端各具 1 簇较长刚毛。阳茎基部圆弧形，中叶端部具 1 小突起，侧叶细长，长于中叶，由近基部至端部稀布数根较长刚毛。雌性：第 8 腹板后缘呈三角形突出。

观察标本：4 雄 8 雌，重庆缙云山，850 m，2008.V，穆海亮。

分布：中国（重庆缙云山、安徽、浙江、湖北、江西、湖南、福建、广东、四川、贵州、云南）。

（三）毒隐翅虫亚科 Paederinae

体小到大型，长条形。体色多变，多为棕色或黑色。触角通常着生于头前缘。下颚须末节极小，针尖状，或疣状，或延长，且长于亚末节，其外侧有斜切构造。头后缘缢缩。颈部可见，无颈片。前胸背板有不透明大而突出的后侧片，前侧片扁平，刀状。鞘翅通常为方形或长方形。腹部可见腹板 6 节，节间膜网纹呈方形（似砖墙），通常侧背板 2 对。前足基节大，延长，跗式 5-5-5。常在水边的石块附近、落叶或杂草堆中生活。有些种类血淋巴中含有毒隐翅虫素。

世界性分布。世界已知 238 属 7982 种，中国已知 52 属 865 种，本书记述 8 属 9 种。

分属检索表

1. 下颚须末节膨大，宽于次末节，至少与次末节等长 ············ **黎须隐翅虫属 Oedichirus**
- 下颚须末节很小，比次末节明显短而窄 ··· 2
2. 下颚须末节呈疣状、平截或梭形 ··· 3
- 下颚须末节呈针状或锥形 ··· 4
3. 触角呈膝状，鞘翅侧缘上方具 1 条隆线 ················ **复线隐翅虫属 Homaeotarsus**
- 触角非膝状，鞘翅侧缘上方无隆线 ································ **毒隐翅虫属 Paederus**
4. 前足基节窝端部扩大，与前背折缘相连或狭窄分离，第 4 跗节双叶状 ······ **黑尾隐翅虫属 Astenus**
- 前足基节窝端部无明显扩大，与前背折缘明显分离，第 4 跗节不分叶 ············ 5
5. 颈宽为头宽的 1/8-1/5 ·· 6
- 颈宽等于或大于头宽的 1/4 ··· 7
6. 外咽缝明显分离且互相平行，上唇中部无纵隆线 ············ **平缝隐翅虫属 Scopaeus**
- 外咽缝前部明显分离，后部合并或非常靠近，上唇中部具纵隆线 ······ **隆齿隐翅虫属 Stilicoderus**
7. 前胸背板长明显大于宽，触角第 5-7 节不粗壮 ············ **伪线隐翅虫属 Pseudolathra**
- 前胸背板横宽或长宽几乎相等，头部较横宽，触角第 5-7 节通常粗壮 ······ **粗鞭隐翅虫属 Lithocharis**

4. 黑尾隐翅虫属 *Astenus* Dejean, 1833

Astenus Dejean, 1833: 65. Type species: *Staphylinus angustatus* Paykull, 1789 (= *Staphylinus gracilis* Paykull, 1789).

属征：体形一般细长（亚属 *Eurysunius* 体形横宽），黄棕色至黑色，体表密布刻点和短柔毛。头部呈卵形或亚矩形，密被脐状刻点。复眼通常凸出，后颊向颈部收缩。上唇前缘有 2 个小齿突，齿突间凹入。下颚须末节针状，短于次末节。前胸背板长大于宽，端部 1/3 处最宽（亚属 *Eurysunius* 除外）。鞘翅呈亚矩形，后翅发达，少数退化。足第 4 跗节双叶状。腹部细长，呈圆柱形。第 7 腹节以后无侧背板，部分种类雄性第 7 腹板后缘中央有小齿，雄性第8腹板后缘凹入。阳茎左右对称，侧叶与中叶愈合，不同种类形状变化多样。

分布：古北区、澳洲区。世界已知477种，中国已知27种，本书记述2种。

（4）印度黑尾隐翅虫 *Astenus indicus indicus* (Kraatz, 1859)

Sunius indicus Kraatz, 1859: 148.
Astenus indicus indicus: Smetana, 2004: 580.

体中等偏小，体长3.3-3.7 mm。体黄棕色，触角、下颚须和足色较浅，第7腹节黑色。体被黄色短柔毛。触角细长，每节长略大于宽。头部卵形，密布脐状刻点。复眼凸出，后颊近平行。前胸背板盾形，长稍大于宽，前部近1/3处最宽，密布脐状刻点，两侧具数根黑色长刚毛。鞘翅后缘中央内凹。腹部圆柱形，从基部至第7腹节逐渐变宽，后渐窄。

雄性：第8腹板后缘有"V"字形凹陷。阳茎腹面观中叶向端部逐渐收狭。侧面观阳茎向腹面弯曲，中叶端部膨大形成特别结构。

观察标本：2雄3雌，重庆缙云山，756 m，2020.Ⅶ.22，郭晶晶。

分布：中国（重庆缙云山、上海、台湾）；日本，印度，阿曼，沙特阿拉伯；欧洲，非洲，大洋洲。

（5）双斑黑尾隐翅虫 *Astenus maculipennis maculipennis* (Kraatz, 1859)

Sunius maculipennis Kraatz, 1859: 148.
Astenus (*Astenognathus*) *maculipennis maculipennis*: Smetana, 2004: 580.

体中型，体长4.2-4.5 mm。体黄棕色，触角、下颚须和足色较浅，鞘翅中部靠后有1对长黑斑，第7腹节和第8腹节基部黑色，第8腹节基部以后深黄棕色。体被黄色短柔毛。触角细长，每节长大于宽。头部亚矩形，密布脐状刻点。复眼凸出，后颊近平行，几乎和复眼等长。前胸背板亚矩形，前部近1/3处最宽，密布脐状刻点，两侧具数根黑色长刚毛。鞘翅长略大于宽，密布非脐状刻点。腹部圆柱形，从基部至第7节逐渐变宽，后渐窄。

雄性：第8腹板后缘有亚三角形凹陷。阳茎骨化程度稍弱，腹面观中叶近1/3处最宽，向端部渐收狭。侧面观阳茎向腹面弯曲，中叶端部弯曲形成特别结构。

观察标本：2雄4雌，重庆缙云山，756 m，2020.Ⅶ.22，郭晶晶。

分布：中国（重庆缙云山、台湾、广西）；韩国，日本，斯里兰卡。

5. 粗鞭隐翅虫属 *Lithocharis* Dejean, 1833

Lithocharis Dejean, 1833: 65. Type species: *Paederus ochraceus* Gravenhorst, 1802.

属征：体左右对称，狭长，两侧平行。头黑色，其他部位颜色明显较浅。头部较横宽，触角第5-7节通常粗壮。下颚须末节细小，锥状。前胸背板长近等于宽。腹部两侧平行且延长。

分布：世界广布。世界已知81种，中国已知7种，本书记述1种。

（6）粗鞭隐翅虫 *Lithocharis nigriceps* Kraatz, 1859

Lithocharis nigriceps Kraatz, 1859: 139.

体较大，头至鞘翅末端大于 1.9 mm。头黑色，前胸背板和鞘翅呈棕黄色，触角和足浅黄色，腹部棕黄色。

头部表面刻点较粗糙，复眼大，从背面观复眼与眼后区一样长。鞘翅长大于宽，后翅发达。雄性第 7 腹板后缘中央有一排梳状结构，梳状结构两侧有数根长刚毛。雄性第 8 腹板后缘几乎呈半圆形凹入。阳茎中叶端部呈 "U" 形。

观察标本：1 雄 1 雌，重庆缙云山，756 m，2020.Ⅶ.22，郭晶晶。

分布：中国（重庆缙云山、陕西、浙江、台湾、四川）；朝鲜，韩国，日本，印度，斯里兰卡，哈萨克斯坦，俄罗斯；欧洲，北美洲。

6. 黎须隐翅虫属 *Oedichirus* Erichson, 1839

Oedichirus Erichson, 1839: 29. Type species: *Odeichirus paederinus* Erichson, 1840.

属征：下颚须末节膨大成斧形，宽于次末节。触角末节端部有刺。头部后缘弧形。头部和前胸背板刻点粗壮且稀疏。前胸背板粗壮圆滑。腹部第 3-7 节无侧背板且背、腹板愈合成筒形，第 3 腹节侧背板退化成侧背脊，腹部不具鱼鳞状刻纹，第 9 背板两侧具细长的侧顶突，无毛，延伸超过第 10 背板，腹面略微弯曲。阳茎不对称，无基片，侧叶与中叶愈合或基部愈合端部分离。

分布：古北区。世界已知 420 种，中国已知 10 种，本书记述 1 种。

（7）长翅黎须隐翅虫 *Oedichirus longipennis* Kraatz, 1859

Oedichirus longipennis Kraatz, 1859: 154.

体双色，头、鞘翅黑色，前胸背板、腹部第 3-6 节暗红色，其余腹节黑色，下颚须和触角砖红色，足双色，腿节端部和胫节基部红褐色近黑色，其余部分淡黄色。

头宽大于长，两复眼处最宽。触角粗壮，末节锥形。复眼凸出，具眼后沟，沟内具小刻点，无隆脊，基角不明显。头背面具稀疏刻点，额上刻点细小，头顶 5-6 个较大刻点，复眼处具 4-5 个刻点，后部具 6 个横向排列的刻点。前胸背板狭长，前 1/3 处最宽，向后逐渐收狭，表面具粗糙刻点，近前缘具弧形排列稀疏的 6 个刻点，中后部具 2 列对称相对紧密的刻点，两侧具 2 个大刻点，沿侧缘具小刻点。鞘翅稍长于前胸，边缘圆滑，肩角略钝，后角微尖，后缘明显向中缝收缩，密布粗糙刻点，前 3/4 部分的刻点间隙窄于刻点直径。腹部圆筒形，具 3 排紧密的粗糙刻点，横向排列，第一排与前缘的一排隆线相邻。

雄性：第 8 腹板后缘具不对称的凹陷，后缘中间具短而粗的软毛簇，腹板后缘右侧长于左侧。阳茎不对称，腹面顶端微缩且略斜截，侧面观腹突扁平且短，顶端略尖锐地指向腹前侧，左侧叶细长，明显长于右侧叶，超过腹突但不到腹部顶端，右侧叶粗短，未及腹突。

观察标本：3 雄 1 雌，重庆缙云山，756 m，2020.Ⅶ.22，郭晶晶。

分布：中国（重庆缙云山、上海、台湾、香港、广西、云南）；日本，越南，老挝，泰国，印度，尼泊尔，斯里兰卡，马来西亚，新加坡，印度尼西亚，巴基斯坦。

7. 毒隐翅虫属 *Paederus* Fabricius, 1775

Paederus Fabricius, 1775: 268. Type species: *Staphylinus riparius* Linnaeus, 1758.

属征：体多修长，色多鲜艳。多数成虫具后翅，一些种类后翅无或短小。上颚中齿双尖形（有的种类具1对连续的齿），有的种类具额外的背齿。外咽缝大部分强烈愈合，有时平行。基部腹板（第3节）龙骨突强烈隆起。阳茎通常对称，中叶具腹孔，侧叶具多种形状。

分布：世界广布。世界已知539种，中国已知72种，本书记述1种。

（8）梭毒隐翅虫 *Paederus* (*Heteropaederus*) *fuscipes fuscipes* Curtis, 1826

Paederus fuscipes Curtis, 1826: 108.

体中型，长7-8 mm。体光亮，触角第3节以后、下颚须末节烟褐色，头部、腹末端两节黑色，前胸背板及腹基部4节黄褐色，鞘翅青蓝色具金属光泽，足黄褐色，各腿节末端、胫节基部暗褐色。头部近六边形，复眼大，外凸。触角丝状，向后伸达鞘翅基部1/6。前胸背板卵圆形，基部1/4处最宽。鞘翅密布粗刻点。足细长，第4跗节双叶状。

雄性：第8腹板后缘"U"形深凹入，第9腹板不对称，基部弧圆，向后渐细，端部尖圆。阳茎不对称，中叶长椭圆形，侧叶不对称，边缘波曲，端部尖，钩状，腹向弯曲，右侧叶较左侧叶粗大且直。内囊刺粗大，近似"y"形。雌性：第8腹板后缘呈圆弧状，顶端微凸出。

观察标本：1雄2雌，重庆缙云山，850 m，2021.Ⅶ.10，田红敏。

分布：中国（重庆缙云山、河北、山西、陕西、福建、台湾、香港、广西、四川、贵州、云南）；俄罗斯（西伯利亚），朝鲜，韩国，日本，印度，尼泊尔，不丹，巴基斯坦，阿富汗，伊朗，塔吉克斯坦，乌兹别克斯坦，土库曼斯坦，吉尔吉斯斯坦，哈萨克斯坦，土耳其，阿塞拜疆，格鲁吉亚，沙特阿拉伯，叙利亚，亚美尼亚，伊拉克，以色列，约旦，俄罗斯（欧洲），克什米尔地区；欧洲，非洲，大洋洲。

8. 伪线隐翅虫属 *Pseudolathra* Casey, 1905

Pseudolathra Casey, 1905: 129. Type species: *Lathrobium anale* LeConte, 1880.

属征：头部和前胸背板刻点稀疏，前胸背板中域无刻点。鞘翅呈长方形，明显宽于前胸背板，翅缘具1条明显隆线，鞘翅刻点明显排列成行。后翅发达。雌、雄性前足1-4跗节均膨大。

分布：古北区。世界已知121种，中国已知11种，本书记述1种。

（9）丝伪线隐翅虫 *Pseudolathra (Allolathra) lineata* Herman, 2003

Pseudolathra lineata Herman, 2003: 7.

体长 4.9-5.8 mm。头黑褐色，前胸背板和鞘翅微红色，鞘翅后侧部稍烟褐色，腹部暗红色，触角和足红黄色。

头长约等于宽，刻点粗而稀，中域更稀少，无微刻纹。复眼大，背面观长于眼后区。触角细。前胸背板长大于宽，约与头等宽，中域每侧约 15 个刻点，无微刻纹。鞘翅稍宽于前胸背板，侧边具细的脊，刻点中等粗，排几列，无微刻纹。后翅发达。腹部明显窄于鞘翅，刻点细而密集，有微刻纹，第 7 背板后缘为栅栏边缘。

雄性：前足跗节 1-4 节强烈膨大。腹部第 7 腹板后缘几乎为截形，第 8 腹板长方形，后缘凹入窄而深，几乎达到腹板中央。中叶端部突然变细，侧面观弯向背面，内囊骨化明显。

观察标本：2 雄 3 雌，重庆缙云山，756 m，2020.Ⅶ.23，郭晶晶。

分布：中国（重庆缙云山、江苏、上海、江西、台湾、四川、广东、海南）；日本。

9. 平缝隐翅虫属 *Scopaeus* Erichson, 1840

Scopaeus Erichson, 1840: 604. Type species: *Paederus laevigatus* Gyllenhal, 1827.

属征：第 4 跗节不分叶。颈宽为头宽的 1/5-1/4。外咽缝明显分离且互相平行。

分布：古北区、新北区、澳洲区。世界已知 455 种，中国已知 13 种，本书记述 1 种。

（10）强平缝隐翅虫 *Scopaeus virilis* Sharp, 1874

Scopaeus virilis Sharp, 1874: 62.

体棕黄色，口器、触角、前胸和足色较浅。头部稍宽于前胸背板，刻点密集，外咽缝前明显分离且互相平行，颈较窄。前胸背板近椭圆形，带有光泽，中间部分适度高于其他部分。鞘翅与前胸背板近等长。

雄性第 7 腹板后缘浅而宽的凹入，第 8 腹板后缘深凹入，内侧有两个角状结构。阳茎端部色深，无明显的骨化内囊。

观察标本：2 雄 4 雌，重庆缙云山，756 m，2020.Ⅶ.22，郭晶晶。

分布：中国（重庆缙云山、辽宁、北京、山东、河南、陕西、上海、江西、台湾、四川）；韩国，日本。

10. 隆齿隐翅虫属 *Stilicoderus* Sharp, 1889

Stilicoderus Sharp, 1889: 320. Type species: *Stilicoderus signatus* Sharp, 1889.

属征：体棕色至深棕色，鞘翅常具红色斑块。头部近圆形，密布细刻点和棕黄色细刚毛。上唇中部具纵隆线，前缘具 3 个齿。后颊不向头后凸出。复眼发达，无眼下脊。前胸背板长椭圆形，密布颗粒状突起和棕黄色刚毛，中央具 1 条无刻点和刚毛的光滑纵带。鞘翅长方形，密布细小的具刚毛的刻点，并散布一些无刚毛的大刻点。后翅发达。

后足第 4 跗节不分叶。

分布：古北区。世界已知 119 种，中国已知 35 种，本书记述 1 种。

（11）鹰喙隆齿隐翅虫 *Stilicoderus aquilinus* Assing, 2013

Stilicoderus aquilinus Assing, 2013: 73.

体长 5.4-6.2 mm。体黑色，鞘翅前半部分具 1 对三角形橙红色斑块。

头部近方形，刻点较粗糙。后颊不向头后凸出。复眼发达。前胸背板长椭圆形，密布颗粒状突起和棕黄色刚毛，中央具 1 条无刻点和刚毛的光滑纵带。鞘翅呈方形，密布细小的具刚毛刻点，并散布一些无刚毛大刻点。后翅发达。后足第 4 跗节不分叶。

观察标本：3 雄 5 雌，重庆缙云山，758 m，2020.Ⅶ.22，郭晶晶、唐灿、王涵蓓。

分布：中国（重庆缙云山、河北、河南、江西、福建、四川）。

11. 复线隐翅虫属 *Homaeotarsus* Hochhuth, 1851

Homaeotarsus Hochhuth, 1851: 34. Type species: *Homaeotarsus chaudoirii* Hochhuth, 1851.

属征：体多为棕色或黑色，头部无明显粗纹。鞘翅侧缘上方具 1 条隆线。

分布：古北区。世界已知 115 种，中国已知 7 种，本书记述 1 种。

（12）复线隐翅虫 *Homaeotarsus koltzei* (Eppelsheim, 1886)

Cryptobium koltzei Eppelsheim, 1886: 40.
Homaeotarsus koltzei: Assing, 2009: 422.

体黑色，鞘翅后半部呈棕红色。头部密被刻点，触角呈膝状，下颚须梭形。前胸背板具光泽，刻点稀疏。鞘翅侧缘上方具 1 条隆线。雄性第 8 腹板后缘中部呈倒"V"形凹入，阳茎侧叶呈尖状突起。

观察标本：1 雄，重庆缙云山，756 m，2020.Ⅶ.23，郭晶晶。

分布：中国（重庆缙云山、黑龙江、西北地区）；蒙古国，俄罗斯，朝鲜。

（四）原隐翅虫亚科 Proteininae

体小型，较宽，长卵圆形。触角 11 节，着生在额下方。前胸背板窄于鞘翅，若宽于鞘翅则向两侧扩展。鞘翅与鞘翅缘折之间有明显的脊线定界。腹部可见 6 节腹板，第 3-7 节有侧背板。跗式 5-5-5，前足跗节不显著扩大。常生活于落叶中，树皮下也有食菌蕈种类。

世界分布。世界已知 12 属 248 种，中国已知 2 属 32 种，本书记述 1 属 1 种。

12. 沟胸隐翅虫属 *Megarthrus* Stephens, 1829

Megarthrus Stephens, 1829: 24. Type species: *Staphylinus depressus* Paykull, 1789.

属征：体小型，较宽而扁平，多为褐色或深褐色。头通常亚五边形，前缘多弧形，复眼较大而突出，两复眼内侧具深或浅的凹陷。前胸背板近矩形或梯形，宽大于长，向两侧扩展，中部具纵沟，后侧角凹入。鞘翅长大于宽，侧缘平展，两侧从基部到端部逐渐变宽，后缘通常圆弧形凹入。腹部粗短，雄性第 8 腹板后缘宽"U"或三角形凹入，雌性第 8 腹板后缘浅凹入、平直或突出。有些种类雄性前足、中足或后足胫节或转节具钉状刚毛。

分布：古北区、新北区。世界已知 173 种，中国已知 31 种，本书记述 1 种。

（13）黄缘沟胸隐翅虫 *Megarthrus flavolimbatus* Cameron, 1924

Megarthrus flavolimbatus Cameron, 1924: 164.

头至鞘翅末长 1.6-1.9 mm。体栗褐色，前胸背板侧缘、足色稍浅。

雄性：中足转节约有十几个钉状刚毛排成两列，中足腿节直、稍粗，中足胫节具 1 列钉状刚毛。后足转节和腿节稍粗，后足胫节内侧中央有 1 个齿状突起，末 2/3 有钉状刚毛群，齿状突起上有 1-7 个钉状毛。阳茎中叶腹面观从基部至端部渐窄，侧面观相当直，至顶端稍向腹面弯曲。雌性外生殖器有 1 个稍硬化的半环形骨片。

观察标本：15 雄 18 雌，重庆缙云山竹林，630 m，2022.Ⅳ.20，张天昕、刘志萍、姜飞燕。

分布：中国（重庆缙云山、台湾、云南、福建、湖南、陕西、四川）；印度。

二、天牛科 Cerambycidae

田红敏　李　竹

西南大学植物保护学院

体圆筒形至扁平，通常体狭长。体表光亮无毛或密被毛或鳞片。头前口式至下口式，有时具缩窄的"颈部"。复眼通常发达，呈肾形。触角着生在触角基瘤上，通常 11 节，通常线状或锯齿状，一般中等长到非常长。中胸背板具或不具发音器。鞘翅通常狭长，后翅形状和翅脉多样，有时后翅退化。多数种类跗节伪四节。

世界已知 33 000 余种，中国已知 3700 余种，本书记述 4 亚科 45 属 57 种。

分亚科检索表

1. 触角着生于额的前端，紧靠上颚基部 ·· 2
- 触角着生处靠后，远离上颚基部 ·· 3
2. 前胸具边缘 ··· 锯天牛亚科 Prioninae
- 前胸不具边缘 ·· 椎天牛亚科 Spondylidinae
3. 头前口式 ··· 天牛亚科 Cerambycinae
- 头下口式 ··· 沟胫天牛亚科 Lamiinae

（五）锯天牛亚科 Prioninae

体中型至大型，一般宽扁，少数体形较狭长，褐色、棕红至黑色。前口式口器，上颚一般较发达；下颚叶不发达，有时极小或缺，有的下颚须末节端部扩大成斧状；触角锯齿状、栉齿状或丝状，着生于额前方，紧靠上颚基部。前胸背板横宽，两侧具明显的边缘，或至少后半部具边缘，两侧缘大多数具大小不等的锯齿状突起或刺。中胸背板不具发音器。前足基节横宽，前足基节窝向后开放。

世界性分布。世界已知 1200 余种（亚种），中国已知 118 种，本书记述 3 属 3 种。

分属检索表

1. 后胸前侧片两侧缘向后收狭 ·· 裸角天牛属 *Aegosoma*
- 后胸前侧片两侧缘显著近于平行 ·· 2
2. 上颚通常很长，向基部弯曲，至少雄性如此 ··· 土天牛属 *Dorysthenes*
- 上颚短而粗，雌性雄性相似，不向下弯曲 ··· 锯天牛属 *Prionus*

13. 裸角天牛属 *Aegosoma* Audinet-Serville, 1832

Aegosoma Audinet-Serville, 1832: 162. Type species: *Cerambyx scabricornis* Scopoli, 1763.

属征：额和唇基凹陷，上唇明显与唇基分离。触角基瘤彼此远离；触角圆柱形，腹面或多或少粗糙。后头长。前胸侧缘不完整，两侧不具刺或者具 3 个齿，后胸前侧片两侧缘显著向后狭窄。体中等大小或者较大，表面密被绒毛，头在复眼之后或多或少延长。复眼内缘浅凹，上叶不超过或者几乎不超过触角基节窝的后缘。上颚短，倾斜，内缘最多有 1 个小齿。雄性触角长于体长，雌性触角仅仅超过鞘翅中部；触角表面光裸，柄节短，粗壮，第 3 节十分长于柄节，至少与第 4、5 节长度之和相等，基部 3 节或者基部 5 节表面粗糙，凹凸不平，雄性表现得更为强烈。前胸背板两侧无齿和刺，侧缘在中部向下弯折，与前足基节窝的外角靠近；前胸基部很宽，向前渐狭；鞘翅宽于前胸基部，两侧的大部分几乎平行，向末端稍收狭，端部圆形，一般具 3 条明显的纵脊线。足中等长度，后足最长，跗节相当细，第 1 跗节明显长于第 2 跗节，末节至少等于基部 2 节长度之和，后足跗节末节等于前 3 节长度之和。

分布：古北区、东洋区。世界已知 32 种（亚种），中国已知 11 种（亚种），本书记述 1 种。

（14）中华裸角天牛 *Aegosoma sinicum* White, 1853

Aegosoma sinicum White, 1853: 30.

体长：30.0-55.0 mm。

体红褐色或暗褐色，表面密布颗粒刻点和灰黄短毛，有时中域被毛较稀。雄性触角约等于或略超过体长，第 1-5 节表面极粗糙，下方有刺状颗粒，柄节粗壮，第 3 节最长；雌性触角较细短，约伸达鞘翅后半部，基部 5 节粗糙程度较弱。前胸背板前端狭窄，基部宽阔，呈梯形，后缘中央两旁稍弯曲，两边仅基部有较清晰边缘。鞘翅有 2-3 条较清晰的细小纵脊。

观察标本：1 雌，重庆缙云山，850 m，2006.Ⅴ.20，王之劲；1 雌，重庆缙云山，850 m，2006.Ⅴ.20，冯波。

分布：中国（重庆缙云山、黑龙江、吉林、辽宁、内蒙古、北京、天津、河北、山西、山东、河南、陕西、甘肃、江苏、上海、安徽、浙江、湖北、江西、湖南、福建、台湾、广东、海南、广西、四川、贵州、云南、西藏）；俄罗斯，朝鲜，韩国，日本，越南，老挝，泰国，印度，缅甸，马来西亚。

14. 土天牛属 *Dorysthenes* Vigors, 1826

Dorysthenes Vigors, 1826: 514. Type species: *Prionus rostratus* Fabricius, 1792.

属征（蒲富基，1980）：一般体型较大，或中等大小，体较宽大。头向前伸出；上颚极长大，向下弯曲，至少雄性如此；颊向外侧呈角状突出；复眼彼此远离；触角一般锯齿形或栉齿状，第 3 节长于柄节。前胸背板横阔，两侧具边缘或至少部分具边缘，两侧缘各着生 2 或 3 个扁形大锯齿。小盾片舌状。鞘翅端部稍窄于肩部，外端角圆形，内端角明显。后胸前侧片两边平行，几乎呈长方形。

分布：古北区、东洋区。世界已知 30 种（亚种），中国已知 18 种（亚种），本书记述 1 种。

（15）蔗根土天牛 *Dorysthenes granulosus* (Thomson, 1861)

Cyrthognathus granulosus Thomson, 1861: 329.
Dorysthenes granulosus: Lameere, 1911: 335.

体长：15.0-63.0 mm。

体大型，棕红色，前胸背板色泽较深，头部、上颚及触角基部 3 节黑褐至黑色，有时前足腿节、胫节黑褐色。头正中有 1 条纵沟，额的前端有 1 条横深凹；触角基瘤宽阔，雄性触角粗大、扁阔，长达鞘翅末端，第 3-7 节下沿有齿状颗粒，雌性触角细小，长达鞘翅中部之后。前胸背板宽阔，两侧缘各具 3 个尖锐齿突。鞘翅宽于前胸，外端角圆形；每翅显出 2、3 条纵脊线，靠中缝 2 条近端处连接。

观察标本：1 雌，重庆缙云山，850 m，1994.Ⅵ，吴中文。

分布：中国（重庆缙云山、山东、甘肃、青海、浙江、湖北、江西、福建、广东、海南、香港、广西、四川、贵州、云南）；印度，孟加拉国，缅甸，越南，老挝，泰国，柬埔寨。

15. 锯天牛属 *Prionus* Geoffroy, 1762

Prionus Geoffroy, 1762: 198. Type species: *Cerambyx coriarius* Linnaeus, 1758.

属征（蒋书楠等，1985）：体中型或小型，头向前伸出，雌性与雄性上颚相同，上颚粗短，不向下弯曲；颊较短，呈角状向外突出；复眼彼此远离；触角一般呈锯齿状，12 节。前胸背板宽胜于长，两侧具边缘，有锯齿。小盾片舌形。足扁平。

分布：古北区、东洋区、新北区。世界已知 51 种（亚种），中国已知 16 种（亚种），本书记述 1 种。

（16）短角锯天牛 *Prionus gahani* Lameere, 1912

Prionus gahani Lameere, 1912: 189.

体长：28.0-32.0 mm。

体小到中型；雌性体黑色，鞘翅端半部略呈黑红色；雄性体黑褐色，鞘翅红褐色，触角端部几节和跗节色稍浅。背面光裸，仅前胸背板前、后缘密被金黄色绒毛。头较大，两侧和复眼之间刻点密集，头顶光亮，中部具凹沟；额窄，表面具皱纹；上颚粗壮，光裸，近端部向内弯折成直角，内缘在近基部处具 1 较大齿突；下唇须和下颚须末节呈纺锤状；复眼上叶距离较远。触角粗短，12 节，未达鞘翅基部 1/3；柄节基部细，端部十分粗大，约与第 3 节等长；第 4-11 节外端角呈角状突出，末节短窄。前胸宽短，长仅为宽的 1/3；两侧具 2 个宽扁齿突，后角略呈角状突出；背板表面中部十分光亮，具稀疏细小刻点，两侧刻点较粗密。小盾片很宽，端部几呈锐角，表面光亮。鞘翅肩部隆起，两侧近平行，端部稍窄，端缘圆形，内端角明显；翅面粗糙，密布皱纹。足粗短。

观察标本：1 雄，重庆缙云山，850 m，1987.VI，杨苏维。

分布：中国（重庆缙云山、甘肃、四川、云南）。

（六）椎天牛亚科 Spondylidinae

体小至中型，长扁形或微拱凸，色泽较暗。前口式或亚前口式；头很短而圆；触角短而粗壮，着生于额的前方，紧靠上颚基部。前胸背板宽胜于长，两侧无明显边缘，侧缘呈圆弧形凸出。鞘翅表面常有纵隆线。中胸背板发音器具中纵沟。前足基节横宽；中足胫节侧端部无斜沟。

世界性分布。世界已知约 100 种，中国已知 33 种，本书记述 2 属 2 种。

16. 椎天牛属 *Spondylis* Fabricius, 1775

Spondylis Fabricius, 1775: 159. Type species: *Attelabus buprestoides* Linnaeus, 1758.

属征：体粗壮，上颚较强大，内缘基部具小齿，下颚须第 2 节短于第 3 节。触角短，呈念珠状。鞘翅具脊，翅端圆形。足短，前足胫节外侧具强烈锯齿。

分布：世界广布。世界已知 1 种，中国已知 1 种，本书记述 1 种。

（17）短角椎天牛 *Spondylis sinensis* Nonfried, 1892

Spondylis sinensis Nonfried, 1892: 92.

体长：15.0-25.0 mm。

体略呈圆柱形，完全黑色，体腹面及足有时部分黑褐色。额斜倾，中央有 1 条稍凹而光滑的纵纹，刻点较头顶后方者稍大而强。上颚强大，雄性较尖锐，基端阔，末端狭，呈镰刀状，除内侧缘及末端光滑不具刻点外，外侧的大部分具很密的刻点，内缘近基部有 1 个小齿，有时在它的前方接近中部尚有 1 个小齿；雌性上颚较扁阔，内缘具 2 个较钝的齿。触角短，雌性约达前胸的 2/3，雄性约达前胸后缘；第 1 节长略呈圆柱形；第 2 节最短，球形；第 3-11 节扁平，除末节狭长外，各节呈盾形。前胸前端阔，后端狭，两侧圆，沿前后缘镶有很短的金色绒毛。鞘翅基端阔，末端稍狭，后缘圆；雄性翅面除具细小的刻点外尚有大而深的圆点，各鞘翅具有 2 条隆起的纵脊纹；雌性翅面刻点密集，呈波状，脊纹不明显。体腹面被有黄褐色绒毛。足短（林美英，2017）。

观察标本：1 雄 3 雌，重庆缙云山，850 m，2021.Ⅵ.5，李竹。

分布：中国（重庆缙云山、黑龙江、内蒙古、北京、河北、河南、陕西、甘肃、江苏、安徽、浙江、湖北、江西、湖南、福建、台湾、广东、海南、香港、广西、四川、贵州、云南）。

17. 塞幽天牛属 *Cephalallus* Sharp, 1905

Cephalallus Sharp, 1905: 148. Type species: *Cephalallus oberthueri* Sharp, 1905.

属征（蒋书楠等，1985）：体长形，中等大。头近于圆形，窄于前胸；触角较长，圆柱形或扁形，第 3 节长约为第 2 节长的 3.0 倍，雄性触角等于或短于体长，雌性触角显著短于体长，伸达鞘翅中部之后；上颚较短；复眼小眼面粗。前胸两侧圆形，背面稍扁平。小盾片舌状，末端圆形。鞘翅长形，两侧近于平行，端部稍窄，外端角钝圆，翅面密布颗粒状细皱纹，散布小刻点，各具纵脊 3 条，内端角具刺，足粗壮，中等大，后足第 1 跗节等于或稍长于第 2、3 节长度之和。

分布：古北区、东洋区。世界已知 3 种，中国已知 2 种，本书记述 1 种。

（18）塞幽天牛 *Cephalallus oberthueri* Sharp, 1905

Cephalallus oberthüri Sharp, 1905: 148.
Cephalallus oberthueri: Löbl & Smetana, 2010: 138.

体长：14.5-25.0 mm。

体较大，暗黑褐色，有时棕褐色；体被灰褐色短绒毛，上唇前缘中央凹缺处具 1 簇金黄色短刚毛，基部两侧各具 1 簇褐色长毛丛；额前缘具黑褐色长毛，触角下沿被较密的棕褐色细短毛，至端部渐稀。头近圆形，具不规则细密刻点；上颚内侧 2/3 光裸，外侧 1/3 覆毛；下颚须末节不甚阔；颊短于复眼下叶；额唇基下陷，呈三角形，具粗皱纹刻点；头顶具 1 "Y" 字形凹沟，以复眼上叶之间最深。触角柄节粗短，伸达复眼后缘，2 倍长于梗节；第 3 节不达梗节的 3 倍，第 4 节约等长于柄节，长于第 5 节。前胸背板长宽近等，两侧缘微弧形，密布皱纹及伏毛；中域具 1 橄榄形凹窝，其后端两侧及中央微隆起；表面刻点细密，具稀疏粗颗粒。发音器约占中胸背板之半，中胸背板其余区域均被毛。小盾片两侧不平行，向后渐狭，末端为稍尖的圆形，被倒伏毛；雄性腹部可见末节宽胜于长，后缘较平直，雌性腹部可见末节长胜于宽，端部略窄，后缘微呈弧形。

观察标本：1 雌，重庆缙云山，850 m，2021.Ⅵ.5，李竹。

分布：中国（重庆缙云山、湖北、江西、福建、台湾、广西、云南、西藏）；印度。

（七）天牛亚科 Cerambycinae

头部大多向前倾斜，前口式至接近下口式，后头不显著收狭成细颈，触角着生在复眼内缘处，距上颚基部较远，下颚须端节末端钝圆或平；前胸背板两侧无边缘，具侧刺突或缺，中胸背板发音器无中沟，前、中足胫节无斜沟。

世界性分布。世界已知 12 000 余种，中国已知 1290 种，本书记述 17 种。

分属检索表

1. 中足基节窝对后侧片开放 ··· 2
- 中足基节窝对后侧片关闭 ··· 14
2. 复眼小眼面较粗 ··· 3
- 复眼小眼面较细 ··· 9
3. 前胸腹板突宽广，端部显著扩大 ··· 4
- 前胸腹板突窄，端部一般不扩大 ··· 7
4. 前足基节窝外侧具十分显著的尖角 ··· 5
- 前足基节窝外侧略具尖角 ··· 6
5. 前胸背板侧刺突发达，具尖刺 ·· 褐天牛属 *Nadezhdiella*
- 前胸背板侧刺突不发达，触角第 3、4 节膨大或略膨大 ················· 肿角天牛属 *Neocerambyx*
6. 触角第 3-10 节内端具刺；鞘翅具闪光绒毛 ····································· 刺角天牛属 *Trirachys*
- 触角第 3-10 节内端不具刺 ·· 脊胸天牛属 *Rhytidodera*
7. 前足基节显高，高于前胸腹板突 ··· 8
- 前胸基节不显高，与前胸腹板突等高 ·· 茸天牛属 *Trichoferus*
8. 触角柄节外端有 1 个刺状突出，中胸背板发音器中央不具纵纹 ··· 双条天牛属 *Xystrocera*
- 触角柄节外端不具 1 个刺状突出，中胸背板发音器中央具纵纹 ······· 美英天牛属 *Meiyingia*
9. 小盾片较大，呈三角形，后角尖锐；后胸腹板后角具臭腺孔 ····································· 10
- 小盾片较小，呈半圆形，后角钝圆；后胸腹板后角不具臭腺孔 ································· 12
10. 前足基节窝向后关闭 ··· 11
- 前足基节窝向后开放很宽 ·· 紫天牛属 *Purpuricenus*
11. 雄性触角十分长于体长，端部数节非常细 ·· 颈天牛属 *Aromia*
- 雄性触角略长于体长，端部数节不非常细 ·· 绿天牛属 *Chelidonium*
12. 前足基节窝向后关闭，触角外端角具角状突出 ······························ 长红天牛属 *Erythresthes*
- 前足基节窝向后开放 ··· 13
13. 两触角之间距离颇宽阔；触角基瘤内侧无明显角状突出；额中央具纵脊或分叉脊纹 ·· 脊虎天牛属 *Xylotrechus*
- 两触角之间距离颇接近；触角基瘤内侧具角状突出；额中央不具纵脊或分叉脊纹 ·· 绿虎天牛属 *Chlorophorus*
14. 触角第 3 节长于柄节，或与柄节等长；中足胫节不弯曲；前胸背板稍长于宽，每侧中部略宽，胸面具粗刻点 ··· 蜡天牛属 *Ceresium*
- 触角第 3 节约等于柄节；中足胫节稍弯曲；前胸背板具细刻点 ········· 拟蜡天牛属 *Stenygrinum*

18. 绿虎天牛属 *Chlorophorus* Chevrolat, 1863

Chlorophorus Chevrolat, 1863: 290. Type species: *Callidium annulare* Fabricius, 1787.

属征（蒋书楠等，1985）：复眼内缘凹陷，小眼面细；触角基瘤彼此颇接近；触角不十分细，一般短于身体，第3节不长于柄节。前胸背板长稍胜于宽或近于等宽，两侧缘呈弧形，无侧刺突；小盾片小，近半圆形。鞘翅中等长，端缘圆形、斜截或平截，有时外端角具刺。后胸前侧片较窄，长是宽的4倍；前足基节窝向后开放；中足基节窝对后侧片开放。后足腿节超过鞘翅端末，后足第1跗节同其余跗节的总长度约等长或略长。

分布：世界广布。世界已知299种（亚种），中国已知83种（亚种），本书记述2种。

（19）绿虎天牛 *Chlorophorus annularis* (Fabricius, 1787)

Callidium annulare Fabricius, 1787: 156.
Chlorophorus annularis: Chevrolat, 1863: 290.

别名：竹绿虎天牛。
体长：9.5-17.0 mm。

体瘦长，棕色或黑棕色，头部及背面被黄色绒毛，腹面被白绒毛，足部有时红褐色。前胸背板具4个长形黑斑，中央2个至前端合并。鞘翅基部具1卵圆形黑环，中央具1黑色横条，其外侧与黑环相接触，端部具1圆形黑斑。头部额部中线明显似细脊，两基瘤颇接近。触角约为体长的1/2，或稍长。前胸背板球形，表面黑斑部分很粗糙。鞘翅两侧几近平行，后缘浅凹形，内、外端角呈细齿状。后足腿节约伸展至鞘翅末端，后足第1跗节等于余下3节之总长。

观察标本：1雌，重庆缙云山，850 m，1997.Ⅵ。

分布：中国（重庆缙云山、黑龙江、吉林、辽宁、河北、河南、陕西、江苏、上海、安徽、浙江、湖北、江西、湖南、福建、台湾、广东、海南、香港、广西、四川、贵州、云南、西藏）；韩国，日本，印度，尼泊尔，缅甸，越南，老挝，泰国，柬埔寨，斯里兰卡，菲律宾，马来西亚，印度尼西亚。

（20）槐绿虎天牛 *Chlorophorus diadema* (Motschulsky, 1854)

Clytus diadema Motschulsky, 1854b: 48.
Chlorophorus diadema: Matsushita, 1934: 240.

体长：8.0-12.0 mm。

体棕褐色，头部及腹面被有灰黄色绒毛。触角基瘤内侧呈角状突起，头顶无毛，分布深密刻点，触角约伸展至鞘翅中央，第3节较柄节稍短。前胸背板略呈球面；前缘及基部有灰黄色绒毛，有时绒毛分布较多，使中央无毛区域形成褐色横条，或前端与基部绒毛扩大至中央相遇，使横条区域分割成斑点。小盾片后端圆形，被黄绒毛。鞘翅基部有少量黄绒毛，肩部前后有黄绒毛斑2个，靠小盾片沿内缘具1向外弯斜的条斑，其外端几与肩部第2个斑点相接，中央稍后又有1个横条，末端黄绒毛亦呈横条形。触角约为体长的1/2，或稍长。前胸背板球形，表面黑斑部分很粗糙。鞘翅两侧几近平行，后缘斜切，外端角较明显。后足腿节约伸展至鞘翅末端。

观察标本：1雌，重庆缙云山，850 m，1983.Ⅶ.7，王晓峰；1雌，重庆缙云山，850 m，1980.Ⅶ.8，吴正亮。

分布：中国（重庆缙云山、黑龙江、吉林、内蒙古、北京、天津、河北、山西、山东、河南、陕西、甘肃、江苏、安徽、浙江、湖北、江西、湖南、福建、台湾、广东、广西、四川、贵州、云南）；俄罗斯，蒙古国，朝鲜，韩国。

19. 脊虎天牛属 *Xylotrechus* Chevrolat, 1860

Clytus (*Xylotrechus*) Chevrolat, 1860: 456. Type species: *Clytus sartorii* Chevrolat, 1860.

属征（蒲富基，1980）：复眼内缘深凹，小眼面细，触角基瘤彼此分开较远，额具1条或数条纵直或分支的脊线，额两侧至少部分具脊线；触角一般短于体长的1/2，有时长达鞘翅中部或中部稍后。前胸背板两侧缘或多或少弧形，无侧刺突；中区粗糙或具粒状刻点。小盾片小。鞘翅端部窄，端缘斜切。前足基节窝向后开放，中足基节窝对后侧片开放；后胸前侧片较宽，长为宽的2-3倍。腿节中等长，雄性后足腿节膨大。

分布：世界广布。世界已知268种（亚种），中国已知73种（亚种），本书记述1亚种。

（21）白蜡脊虎天牛 *Xylotrechus* (*Xylotrechus*) *rufilius rufilius* Bates, 1884

Xylotrechus rufilius Bates, 1884: 233.

体长：7.5-16.5 mm。

体黑色；前胸背板除前缘外，全为红色；小盾片端缘被白色毛；绒毛鞘翅有淡黄色绒毛斑纹，每翅基缘及基部1/3处各有1条横带，靠中缝，沿中缝彼此相连接，端部1/3处有1个横斑，靠中缝一端较宽，近侧缘一端有时沿侧缘向下延伸，端缘有淡黄色绒毛；触角略黑褐色。触角一般长达鞘翅肩部，雄性触角略粗、稍长，第3节与柄节约等长，稍长于第4节。前胸背板较大，两侧缘弧形，表面粗糙，具有短横脊。小盾片半圆形。鞘翅肩宽，端部窄，端缘微斜切。雄性后足腿节超过鞘翅端部较长，雌性则略超过鞘翅端部，后足第1跗节是其余跗节长度之和的1.5倍（林美英，2017）。

观察标本：1雄，重庆缙云山，850 m，2021.V.9，田红敏。

分布：中国（重庆缙云山、黑龙江、吉林、北京、河北、山东、河南、陕西、安徽、浙江、湖北、江西、湖南、福建、台湾、广东、海南、香港、广西、四川、云南）；俄罗斯，朝鲜，韩国，日本，印度，缅甸，老挝。

20. 颈天牛属 *Aromia* Audinet-Serville, 1834

Aromia Audinet-Serville, 1834a: 559. Type species: *Cerambyx moschatus* Linnaeus, 1758.

属征（林美英，2017）：复眼深凹，小眼面细；颊短；触角基瘤之间额隆起，中央深凹，触角基瘤呈钝角状突出，触角长于体，雄性触角长于雌性触角，柄节外端呈齿状突出，端部数节十分细，末节最长。前胸背板宽胜于长，具显著侧刺突。小盾片三角形。鞘翅长形，后端渐窄，端缘圆形或斜圆。足较长，后足腿节达（有些雄性）或不达鞘翅末端。前足基节窝向后开放，中足基节窝向后侧片开放。

分布：古北区、东洋区、旧热带区。世界已知11种（亚种），中国已知3种（亚种），本书记述1种。

（22）桃红颈天牛 *Aromia bungii* (Faldermann, 1835)

Cerambyx bungii Faldermann, 1835: 433.
Aromia bungii: Lacordaire, 1869: 15.

体长：28.0-37.0 mm。

体亮黑色，胸部棕红色，也有个体为黑色。头黑色，触角及足黑蓝紫色。小盾片黑色。头腹面有许多横皱。头顶部两眼间有深凹，触角基部两侧各有1叶状突起，尖端锐。前侧刺突明显，尖端锐；前胸背面有4个光滑瘤突。雄性前胸腹面密布刻点，触角比身体长，雌性前胸腹面无刻点，但密布横皱，触角与体长约相等。鞘翅后端稍收狭，表面光滑有2条纵纹但不清晰。

观察标本：1雌，重庆缙云山，850 m，2000.Ⅴ.21，陶卉英；1雄，重庆缙云山，850 m，1984.Ⅶ.1。

分布：中国（重庆缙云山、黑龙江、吉林、辽宁、内蒙古、北京、天津、河北、山西、山东、河南、陕西、宁夏、甘肃、青海、江苏、上海、安徽、浙江、湖北、江西、湖南、福建、台湾、广东、海南、香港、广西、四川、贵州、云南）；蒙古国，朝鲜，韩国，欧洲。

21. 绿天牛属 *Chelidonium* Thomson, 1864

Chelidonium Thomson, 1864: 175. Type species: *Cerambyx argentatus* Dalman, 1817.

属征（蒋书楠等，1985）：体一般中等大小或较大。复眼内缘深凹，小眼面细，下叶大，显著长于颊；额长形，在触角基瘤之间隆起；雄性触角长于、等于或短于体长，雌性的等于或短于体长，端部数节不细，与基部几节近于等粗，第3节长于第4节。前胸背板宽胜于长或长宽近于相等，前、后缘各有1条横沟，侧刺突粗钝，胸面有瘤突及规则的横皱纹或粗糙不规则皱纹。小盾片较大，长三角形。鞘翅长形，端部稍窄于肩宽。前足基节窝圆形，关闭或略开放；中足基节窝对后侧片开放；后胸腹板后角有臭腺孔；后足腿节长，超过或达到鞘翅末端；后足第1跗节长于第2、3节的长度总和。雄性腹部腹面可见6节，雌性腹部腹面只见5节。

分布：古北区、东洋区。世界已知16种，中国已知6种，本书记述1种。

（23）桔绿天牛 *Chelidonium citri* Gressitt, 1942

Chelidonium citri Gressitt, 1942: 2.

体长：22.0-25.5 mm。

体深绿色，有光泽；腹面绿色，被银灰色绒毛；头绿色，触角柄节蓝紫色，第2-4节深紫色，其余各节墨绿色；前胸和小盾片绿色，足绿色或蓝紫色。头部刻点细密，在唇基和额之间有光滑微陷区域。触角超过身体2节，柄节圆而钝，第5-10节外端部具钝刺。前胸长宽约等，两侧微具瘤突，端部钝，胸面具刻点和细密皱纹。鞘翅具细密刻点。雄性腹部腹面可见6节，雌性腹部腹面可见5节。后足腿节较长，显超过鞘翅末端，胫节特别宽扁，其宽度超过中足腿节的膨大部分。

观察标本：1雌，重庆缙云山，850 m，1982.Ⅵ.10，何万兴；1雌，重庆缙云山，

850 m，1990.Ⅴ.13，陈玖勋。

分布：中国（重庆缙云山、河北、湖北、江西、湖南、广东、海南、四川、贵州）；印度。

22. 拟蜡天牛属 *Stenygrinum* Bates, 1873

Stenygrinum Bates, 1873a: 154. Type species: *Stenygrinum quadrinotatum* Bates, 1873.

属征（林美英，2017）：体小型，复眼小眼面粗。雄性触角与体等长或稍长，雌性较体短；内侧绒毛较多，第 3 节与柄节约等长，较第 4 节约长 1/3，第 5-7 节略等长，较第 3 节略长。前胸长大于宽，略呈圆筒形，中间稍宽。鞘翅末端呈锐圆形。前足基节窝向后开放，中足基节窝对中胸后侧片关闭；中足胫节稍弯曲，外缘有纵脊。

分布：古北区、东洋区。世界已知 1 种，中国已知 1 种，本书记述 1 种。

（24）拟蜡天牛 *Stenygrinum quadrinotatum* Bates, 1873

Stenygrinum quadrinotatum Bates, 1873a: 154.

体长：8.0-14.0 mm。

体小型，深红色或赤褐色；鞘翅有光泽，中间 1/3 呈黑色或棕黑色，深黑色区域有前后 2 个黄色椭圆形斑纹。小盾片密被灰色绒毛。鞘翅有绒毛及稀疏竖毛，雄性触角与体等长或稍长，雌性较体短。前胸长略胜于宽，略呈圆筒形，中间稍宽。鞘翅末端呈尖圆形。足腿节膨大，呈棍棒状。

观察标本：1 雌，重庆缙云山，850 m，1987.Ⅵ.7，赵维东。

分布：中国（重庆缙云山、黑龙江、吉林、辽宁、内蒙古、北京、天津、河北、山东、河南、陕西、甘肃、江苏、安徽、浙江、湖北、江西、湖南、福建、台湾、广东、海南、广西、四川、贵州、云南）；俄罗斯，蒙古国，朝鲜，韩国，日本，印度，缅甸，越南，老挝，泰国，菲律宾，马来西亚，印度尼西亚。

23. 褐天牛属 *Nadezhdiella* Plavilstshikov, 1931

Nadezhdiella Plavilstshikov, 1931: 71. Type species: *Hammaticherus cantori* Hope, 1842.

属征：头顶两眼之间有 1 条中央纵沟。雄性触角超过体长；雌性触角较体略短。前胸宽胜于长，侧刺突尖锐；背板上密生不规则的瘤状褶皱，沿后缘两条横沟之间中区较大。鞘翅肩部隆起，两侧近于平行，末端较狭，端缘斜切，有时略圆或略凹，内端角尖狭，但不尖锐。前足基节窝外侧有显著的尖角。

分布：古北区、东洋区。世界已知 5 种，中国已知 2 种，本书记述 2 种。

（25）桃褐天牛 *Nadezhdiella fulvopubens* (Pic, 1933)

Plocaederus fulvopubens Pic, 1933: 27.
Nadezhdiella fulvopubens: Holzschuh, 2005: 4.

体长：20.0-55.0 mm。

体大型，黑褐色，密被金黄色绒毛。复眼上叶之间有1条深纵沟。雄性触角超出体长3节，雌性略短；自第5节到第10节，每节内端角均有1小刺。前胸侧刺突较发达，向上及向后弯曲；背板中区具粗糙褶和小瘤突。鞘翅平滑、端部圆形，内端角具短刺。本种与褐天牛接近，两者的主要区别是：本种体色较褐，被毛较密，呈金黄色；触角中间数节内端角具细刺。桔褐天牛则体色较黑，被毛较稀，呈灰黄色；触角各节内端角无细刺。

观察标本：1雄，重庆缙云山，850 m，1979.V.29；1雌，重庆缙云山，850 m，1987.V.27，杜云信。

分布：中国（重庆缙云山、辽宁、河南、陕西、江苏、浙江、湖北、江西、湖南、福建、广东、海南、广西、四川、贵州、云南）；越南，老挝，泰国。

（26）褐天牛 *Nadezhdiella cantori* (Hope, 1842)

Hamaticherus cantori Hope, 1842: 61.
Nadezhdiella cantori: Gressitt, 1951: 139.

别名：桔褐天牛。

体长：26.0-51.0 mm。

体黑褐色到黑色，有光泽，被灰色或灰黄色短绒毛。触角基瘤隆起，其上方有1小瘤突。雄性触角超过体长1/2-2/3；雌性触角较体略短，柄节粗大，第3、4节末端膨大；触角各节内端角均无小刺。前胸宽胜于长，侧刺突尖锐；背板上密生不规则的瘤状褶皱。鞘翅端缘斜切，有时略圆或略凹，内端尖狭。

观察标本：1雌，重庆缙云山，850 m，1990.V.26，陈桂书；1雌，重庆缙云山，850 m，2011.V，熊赛、任杰群；1雄3雌，重庆缙云山，850 m，2011.V.29，时书青；1雌，重庆缙云山，850 m，2011.V.29，熊赛；1雌，重庆缙云山，850 m，2011.V.29，李竹。

分布：中国（重庆缙云山、山东、河南、陕西、甘肃、江苏、上海、浙江、湖北、江西、湖南、福建、台湾、广东、海南、香港、广西、四川、贵州、云南）；越南，老挝，泰国。

24. 刺角天牛属 *Trirachys* Hope, 1843

Trirachys Hope, 1843: 63. Type species: *Trirachys orientalis* Hope, 1841.

属征（蒋书楠等，1985）：复眼内缘深凹，小眼面较粗，复眼下叶呈三角形，额两侧各有1个深凹陷，有的两侧相连成半圆形凹陷，头顶中央有1条纵脊；雄性触角长于虫体，第1-5节端部膨大，第3-10节内端具十分尖锐的长刺；雌性触角略长于虫体或短于虫体。前胸背板大多不具侧刺突，但有的具侧刺突，胸面具皱脊。鞘翅被丝绒光泽绒毛，由于排列方向不同，呈现出明暗闪光花纹。

分布：古北区、东洋区。世界已知23种，中国已知6种，本书记述1种。

（27）中华刺角天牛 *Trirachys sinensis* (Gahan, 1890)

Aeolesthes sinensis Gahan, 1890: 255.
Trirachys sinensis: Vitali, Gouverneur & Chemin, 2017: 46.

别名：中华闪光天牛。
体长：25.0-30.0 mm。

体大型，体暗褐色到黑褐色，密被灰褐色、黄棕色的丝绒光泽绒毛，呈现出明暗闪光花纹。雄性触角约为体长的 2 倍，雌性仅超过体长，第 3 节长于柄节和第 4 节，触角第 3-6 节末端稍膨大。前胸两侧弧形；前胸背板后端中央的长方形区域不平滑，上面具有很深的褶皱，在它的中央有 1 条纵沟将它一分为二。鞘翅末端平切，内、外端角突出。

观察标本：1 雄，重庆缙云山，850 m，1964.V.17，采集人不详。

分布：中国（重庆缙云山、河南、陕西、湖北、江西、湖南、福建、台湾、广东、海南、香港、广西、四川、贵州、云南）；哈萨克斯坦，巴基斯坦，印度，缅甸，老挝。

25. 肿角天牛属 *Neocerambyx* Thomson, 1861

Neocerambyx Thomson, 1861: 194. Type species: *Cerambyx paris* Wiedemann, 1821.

属征（蒋书楠等，1985）：体中等至大型；复眼内缘深凹，小眼面粗，颊中等长，触角第 3 节略长于第 4 节，第 3、第 4 节端部膨大，第 5 节以后各节外缘较扁平。前胸背板两侧缘无侧刺突或稍有短钝侧刺突，表面有褶皱。前足基节窝外侧延伸成尖锐角，中足基节窝对后侧片开放。

分布：古北区、东洋区。世界已知 26 种（亚种），中国已知 10 种（亚种），本书记述 1 种。

（28）栗肿角天牛 *Neocerambyx raddei* Blessig, 1872

Neocerambyx raddei Blessig, 1872: 170.

别名：栗山天牛。
体长：48.0-80.0 mm。

体大型，棕色或灰黑色，鞘翅及全身被有棕黄色短绒毛。从触角基瘤至复眼上叶间背面中央有深沟；雄性触角为体长的 1.5-2 倍，雌性触角约为体长的 3/4，第 3-5 节不显著膨大，第 6-10 节外端稍尖突。前胸背板前端具 1 条深横沟，后端有 2 条深横沟，背面具不规则横皱纹，两侧无侧刺突。鞘翅光滑，末端圆形。前胸腹板凸片后端垂直。雌性腹部近圆锥形，雄性较宽扁。

观察标本：1 雌，重庆缙云山，850 m，1963.VII.12，刘仕贤；1 雄，重庆缙云山，850 m，1964.V.21，尹仁贵；1 雌，重庆缙云山，850 m，1959.VI.8；1 雌，重庆缙云山，850 m，1986.VI.20；1 雌，重庆缙云山，850 m，1985.IX.10，田旭；1 雄，重庆缙云山，850 m，1964.III.31，冯忠国。

分布：中国（重庆缙云山、黑龙江、吉林、辽宁、北京、河北、山西、山东、河南、陕西、江苏、安徽、浙江、湖北、江西、湖南、福建、台湾、四川、贵州、云南）；俄罗斯，朝鲜，韩国，日本。

26. 脊胸天牛属 *Rhytidodera* White, 1853

Rhytidodera White, 1853: 132. Type species: *Rhytidodera bowringii* White, 1853.

属征（蒲富基，1980）：复眼深凹，上叶小，彼此接近，小眼面粗，颊短；大多数种类的雄性触角短于身体，触角柄节较短，不达前胸背板前缘，第3节长于第4节，第5节外侧缘扁平；雌性触角稍短于雄性，而较粗壮。前胸具脊纹或皱纹，两侧缘圆形，无侧刺突。足中等长，雄性后足腿节不超过腹部第3节，雌性后足腿节不超过腹部第3节，后足第1跗节短于其后两节之和。

分布：东洋区。世界已知16种，中国已知4种，本书记述1种。

（29）脊胸天牛 *Rhytidodera bowringii* White, 1853

Rhytidodera bowringii White, 1853: 133.

体长：28.5-33.0 mm。

体狭长，栗色到栗黑色，被金黄色、灰白色绒毛。触角之间复眼周围及头顶密生金黄色绒毛。前胸背板纵脊之间的深沟丛生淡黄色绒毛。小盾片较大，密被金色绒毛。鞘翅具灰白色短毛，由金黄色毛组成的长斑纹排列成5纵行。体腹面及足密被灰色或灰褐色绒毛。雄性触角约为体长的3/4，雌性不到3/4；第5-10节外侧扁平，外端角钝，内侧具小的内端刺，第11节扁平如刀片状。前胸背板前后端具横脊，中间具隆起的纵脊。鞘翅后缘斜切，内端角刺状。

观察标本：1雌，重庆缙云山，850 m，2006.Ⅶ.8，宋雅琴；1雌，重庆缙云山，850 m，2008.Ⅵ.17，廖启行。

分布：中国（重庆缙云山、河南、陕西、安徽、浙江、湖北、江西、湖南、福建、广东、海南、香港、广西、四川、贵州、云南）；印度，尼泊尔，缅甸，印度尼西亚。

27. 双条天牛属 *Xystrocera* Audinet-Serville, 1834

Xystrocera Audinet-Serville, 1834b: 69. Type species: *Cerambyx globosus* Olivier, 1795.

属征（蒋书楠等，1985）：头短，复眼大，内缘深凹，小眼面粗；颊短，额小，呈横隆突，额前缘及后头低。触角基瘤内侧突起，触角十分长，雄性触角为体长的1.5-2.0倍，雌性触角长度略超过鞘翅末端，柄节粗扁，雄性柄节外侧末端及第3、4节下方末端各有1个刺状突出，以柄节侧刺突最为发达。前胸背板一般宽略胜于长，两侧缘弧形，后缘略呈双曲波形。鞘翅长形，两侧近于平行，末端略窄，钝圆。前胸腹板突狭窄，端部不膨阔。足中等大，较粗壮，前足基节窝向后开放，其外侧呈明显的尖角，中足基节窝对后侧片开放。

分布：世界广布。世界已知64种，中国已知2种，本书记述1种。

（30）双条天牛 *Xystrocera globosa* (Olivier, 1795)

Cerambyx globosus Olivier, 1795: 27.
Xystrocera globosa: Audinet-Serville, 1834b: 70.

别名：合欢双条天牛。

体长 13.0-35.0 mm。

体呈红棕色到棕黄色；前胸背板具金属蓝或绿色条带：前边、后边、中央具 1 纵条纹，左右各有 1 个较宽的纵条纹；雄性的两旁纵条纹由胸部前缘两侧向后斜伸至后缘中央，雌性则直伸向后方。鞘翅棕黄色，每鞘翅中央有 1 金属蓝或绿色纵条纹，其前方斜向肩部；鞘翅沿外缘及后缘具 1 金属蓝或绿色条纹。雌性和雄性触角均长于体。每鞘翅有 3 条微隆起的纵纹，2 条在背方，1 条在侧方。

观察标本：1 雌，重庆缙云山，850 m，1958.Ⅳ.21，梁柱石。

分布：中国（重庆缙云山、河北、山东、河南、陕西、甘肃、江苏、上海、安徽、浙江、湖北、江西、湖南、福建、台湾、广东、海南、香港、广西、四川、贵州、云南）；朝鲜，韩国，日本，巴基斯坦，印度，不丹，尼泊尔，孟加拉国，缅甸，越南，老挝，泰国，柬埔寨，斯里兰卡，菲律宾，马来西亚，印度尼西亚，以色列，埃及，澳大利亚，非洲。

28. 茸天牛属 *Trichoferus* Wollaston, 1854

Trichoferus Wollaston, 1854: 427. Type species: *Trichoferus senex* Wollaston, 1854.

属征（蒋书楠等，1985）：复眼深凹，复眼上叶较小，彼此相距较远，小眼面粗；唇基与额之间无弓形深凹；上颚无背脊，下颚须不长于下唇须；颊较短，触角基瘤无尖角突起；触角第 3 节无沟。前胸背板窄于鞘翅，两侧缘无刺突。前胸腹板突在基节之间较窄；前足基节窝外侧稍呈尖角；中足基节窝对后侧片开放；跗节腹面有细沟。全身被覆细而短的毛。

分布：世界广布。世界已知 27 种（亚种），中国已知 5 种，本书记述 1 种。

（31）家茸天牛 *Trichoferus campestris* (Faldermann, 1835)

Callidium campestris Faldermann, 1835: 435.
Trichoferus campestris: Plavilstshikov, 1940: 69, 630.

体长：9.0-22.0 mm。

体黑褐至棕褐色，被褐灰色绒毛，小盾片及肩部着生较浓密淡黄毛。头较短，具粗密刻点。雄性额中央有 1 条细纵沟，雌性额中央无纵沟，雄性触角长达鞘翅端部，雌性触角稍短于雄性。前胸背板宽稍胜于长，无侧刺突。小盾片短，舌状。鞘翅外端角弧形，内端角垂直。腿节稍扁平。

观察标本：1 雌，重庆北碚，1984.Ⅵ.29，何胜强；1 雌，重庆北碚，1980.Ⅴ.27；1 雌，重庆北碚天生桥，1980.Ⅵ.9；1 雌，重庆北碚，1963.Ⅴ.21；1 雄，重庆北碚西农，1981.Ⅵ.30，李光灿；1 雄，重庆北碚西农，1979.Ⅶ.10；1 雌，重庆北碚柑研所，1975.Ⅵ.28；1 雌，重庆北碚，1992.Ⅵ.21，王健霞；1 雌，重庆北碚，1985.Ⅵ.27，廖敏；1 雌，重庆北碚，1982.Ⅴ，朱文炳。

分布：中国（重庆缙云山、黑龙江、吉林、辽宁、内蒙古、北京、河北、山西、山东、河南、陕西、宁夏、甘肃、青海、新疆、江苏、上海、安徽、浙江、湖北、江西、湖南、四川、贵州、云南、西藏）；俄罗斯，蒙古国，朝鲜，韩国，日本，乌兹别克斯坦，吉尔吉斯斯坦，土库曼斯坦，塔吉克斯坦，印度，伊朗，欧洲。

29. 长红天牛属 *Erythresthes* Thomson, 1864

Erythresthes Thomson, 1864: 158. Type species: *Erythrus bowringii* Pascoe, 1863.

属征（蒋书楠等，1985）：头较长，复眼内缘深凹，小眼面较粗，复眼下叶较大，略呈三角形；额中央下陷成倒梯形凹沟。触角基瘤彼此接近；雄性触角略超过体长，雌性触角短于体长，触角粗扁，第 4 节开始呈锯齿形。前胸背板长胜于宽，后端稍宽于前端，中部稍后方的两侧略膨大，胸面中央有 1 条明显的纵脊。鞘翅十分长，两侧近于平行，末端略宽，端缘平截，翅面具 1 条钝隆脊。体上面被不同方向着生的较长而浓密的卧毛。足较粗短，后足腿节不超过腹部第 2 节。

分布：东洋区。世界已知 5 种，中国已知 2 种，本书记述 1 种。

（32）栗长红天牛 *Erythresthes bowringii* (Pascoe, 1863)

Erythrus bowringii Pascoe, 1863a: 52.
Erythresthes bowringii: Thomson, 1864: 159.

体长：16.5-23.0 mm。

体型中大，狭长。体背面红色，密被丝绸光泽的红色或橙红色细绒毛；触角黑色；腹面黑色，被灰白色细毛。触角基瘤大而明显，左右相接；触角长为体长的 3/4，柄节粗短，表面具不规则粗皱刻点，第 5-10 节外缘平扁，外端角突出成锯齿状。前胸长胜于宽，两侧圆形，背板中央有 1 条明显纵隆脊。小盾片近半圆形。鞘翅狭长，从肩部至近翅端前中缝旁有 1 条宽隆脊，翅端平截，内端角与外端角钝圆。腹面第 1 腹节狭长，几等于第 2-4 节之和。足腿节下方内外侧各有 1 细纵脊。

观察标本：1 雌，重庆北碚，1991.Ⅳ.25；1 雌，重庆北碚，1982.Ⅴ.21，郑敏。
分布：中国（重庆缙云山、安徽、浙江、湖北、江西、湖南、福建、广东、香港、广西）。

30. 美英天牛属 *Meiyingia* Holzschuh, 2010

Meiyingia Holzschuh, 2010: 144. Type species: *Meiyingia paradoxa* Holzschuh, 2010.

属征：头顶浅陷；唇基短，前额平坦。复眼小眼面细粒，断裂成远离的上下两叶。触角细长，雄性触角长于体，基部数节内侧有刺突，第 3 节最长，末节最短（第 2 节除外）；雌性触角略短于体。前胸背板长略胜于宽，侧面中后部具有钝瘤突。中胸发音器不具中央纵纹。鞘翅较柔软，背面平坦，两侧几乎平行或稍微向后渐窄，末端圆形。足短，腿节逐渐膨大，胫节长于腿节；后足第 1 跗节长于其后两节之和。前足基节窝宽阔开放，前胸腹板突窄而短。中足基节窝对中胸后侧片开放。

分布：中国。世界已知 3 种，中国已知 3 种，本书记述 1 种。

（33）缙云美英天牛 *Meiyingia jinyunensis* Li *et* Chen, 2015

Meiyingia jinyunensis Li *et* Chen *in* Li, Tian & Chen, 2015: 596.

体长：12.0-12.1 mm。

体扁，头黑色；触角基部黑色，端部渐呈黄褐色；前胸棕黄色，前部中央具1黑色小圆点；鞘翅黑色，具深蓝色金属光泽；足黑色，跗节黄褐色。复眼小，小眼面细，完全断裂，分为上下两叶。触角细长，雄性触角长于体长，超过鞘翅末端3节；雌性触角达鞘翅端部；第3节长于柄节和第4节，触角第3-6节下沿具有缨毛。雄性触角第3-7节下方背板具有小刺突，雌性缺如。前胸长宽相等，具有褶皱；雌性前胸背板缺褶皱。发音器呈梯形，无中沟。鞘翅端部圆形。前足基节窝开放，前胸腹板突非常不发达。

观察标本：正模，雄，重庆缙云山，850 m，2011.Ⅳ.24，时书青；1雄，重庆缙云山，850 m，2017.Ⅴ.13，李静；1雄，重庆缙云山，850 m，2017.Ⅴ.13，陈倩倩；1雄，重庆缙云山，850 m，2017.Ⅴ.13，熊脩然。

分布：中国（重庆缙云山）。

31. 紫天牛属 *Purpuricenus* Dejean, 1821

Purpuricenus Dejean, 1821: 105. Type species: *Cerambyx kaehleri* Linnaeus, 1758.

属征（蒲富基，1980）：复眼深凹，小眼面细；上颚粗短；颊中等长，稍短于复眼下叶；触角基瘤彼此相距较近，内侧呈角状突出。雄性触角细长，为体长的1.0-2.0倍，向端部逐渐变细，第3节略长于第4节，第4-10节各节约等长，第11节长于第10节；雌性触角短于体长或稍长于身体，第5-10节同雄性比较，各节相应减短，第11节不长于第10节。前胸背板横阔，两侧缘各有1个刺突。小盾片三角形。鞘翅中等长而稍窄，两侧近于平行，端缘圆形。前足基节窝向后开放；中足基节窝对后侧片开放；前、中胸腹板突上有直立隆突；后胸腹板后角具臭腺孔。后足第1跗节不长于第2、3跗节的长度之和。

分布：世界广布。世界已知83种（亚种），中国已知14种（亚种），本书记述1亚种。

（34）中华竹紫天牛 *Purpuricenus temminckii sinensis* White, 1853

Purpuricenus sinensis White, 1853: 139.
Purpuricenus temminckii sinensis: Danilevsky, 2012: 18.

别名：竹红天牛。

体长：11.0-18.0 mm。

体扁，略呈长形。头、触角、足及小盾片黑色。前胸背板及鞘翅朱红色；前胸背板有5个黑斑，前方2个较大而圆，接近后缘的3个较小，有时候黑斑扩大并相连。鞘翅通常没有斑纹。雄性触角长约为身体的1.5倍，雌性较短，接近鞘翅后缘，各触角节端部稍大，第3节略长于柄节，略等于第4节。前胸两侧缘有1对显著的瘤状侧刺突。鞘翅两侧缘平行，后缘圆形。

观察标本：2雄2雌，重庆缙云山，850 m，2021.Ⅴ.21，田红敏。

分布：中国（重庆缙云山、辽宁、河北、山西、山东、河南、陕西、江苏、上海、浙江、湖北、江西、湖南、福建、台湾、广东、海南、香港、澳门、广西、四川、贵州、云南）；韩国，日本，越南，老挝。

32. 蜡天牛属 *Ceresium* Newman, 1842

Ceresium Newman, 1842a: 322. Type species: *Ceresium raripilum* Newman, 1842.

属征（蒲富基，1980）：体较小，细窄，复眼深凹，小眼面粗；颊短，触角之间微凹；触角细长，雄性一般超过体长，雌性则稍长或不长于身体，第4节一般短于柄节。前胸背板一般长胜于宽，两侧缘微呈弧形，无侧刺突。鞘翅端部稍窄，端缘圆形。前足基节窝向后开放，基节之间的前胸腹板突较窄，中足基节窝对后侧片关闭。足中等长，腿节后半部突然膨大成棒状，或从基部逐渐膨大成纺锤形。

分布：世界广布。世界已知192种（亚种），中国已知21种（亚种），本书记述1种。

（35）华蜡天牛 *Ceresium sinicum* White, 1855

Ceresium sinicum White, 1855: 245.

体长：9.0-18.5 mm。

体褐色到黑褐色，头部与前胸较暗，触角、鞘翅、足黄褐色到深褐色。头部和前胸被黄色绒毛，近前缘两侧各有1个圆形淡黄色斑纹，后缘有较短的同色斑纹，有时不明显。小盾片被黄色绒毛。胸部腹面被淡黄色长毛，尤以中胸侧片最密。腹板两侧绒毛较中间为密。触角与体等长或稍长，内侧缨毛较密，柄节与第3节等长或稍长，第3节比第4节稍长而略短于第5节。前胸长胜于宽，两侧稍呈圆形，中央有1条平滑的纵纹；鞘翅刻点基部较深，至端部刻点渐趋微小，外缘末端圆形。中、后足腿节之棒状部分超过腿节端部之半。

观察标本：1雌，重庆缙云山，850 m，2006.Ⅶ.8，王之劲。

分布：中国（重庆缙云山、北京、河北、山西、山东、河南、陕西、山西、江苏、安徽、浙江、湖北、江西、湖南、福建、台湾、广东、海南、广西、四川、贵州、云南、西藏）；韩国，日本，泰国。

（八）沟胫天牛亚科 Lamiinae

头部大多下口式，不狭长，后部不缢缩成细颈；触角着生在复眼内缘处，距上颚基部较远；下颚须端节末端尖狭。前胸背板两侧无边缘，两侧大多各有1个侧刺突，或缺；中胸背板发音器无中沟。前胸胫节内侧有斜沟，中足胫节外侧大多有斜沟或完整。

世界性分布。世界已知21 000余种，中国已知1653种，本书记述35种。

分属检索表

1. 后胸前侧片呈倒三角形，前缘圆形···2
- 后胸前侧片狭小，前缘不突出···10
2. 复眼上下叶分离或近于分离，仅一线相连···3
- 复眼上下叶不分离···5
3. 后胸腹板前端中央向前延伸成瓣，嵌入中足基节窝之间；后胸腹板突前端重叠在中胸腹板突的后端上面···重突天牛属 *Tetraophthalmus*
- 后胸腹板前端中央不向前延伸成瓣···4

4.	鞘翅两侧不平行，中部之后显著膨大，在两侧中部显出1条弯曲的褶痕	广翅天牛属 *Plaxomicrus*
-	鞘翅两侧近于平行，后半部不显著膨大，不显出弯曲的褶痕	眼天牛属 *Bacchisa*
5.	后足腿节很短，不超过第2可见腹节；鞘翅狭长；或后足腿节超过第2可见腹节时，不超过第3可见腹节；雌性和雄性爪一致且不是单齿式，不具性二型	6
-	后足腿节超过第2可见腹节；鞘翅不很狭长；雌性和雄性爪具性二型	9
6.	后足腿节不超过腹部，可见第2腹节末端	7
-	后足腿节超过腹部，可见第2腹节末端	8
7.	前胸不具侧瘤突；鞘翅长而两侧近于平行	筒天牛属 *Oberea*
-	前胸具钝的侧瘤突，前胸背板通常也具有瘤突；鞘翅长而近于平行但末端微膨阔	瘤筒天牛属 *Linda*
8.	鞘翅具侧脊；鞘翅末端凹切，通常具有端齿	脊筒天牛属 *Nupserha*
-	鞘翅不具侧脊；鞘翅末端圆形或微平切，通常不具端齿	小筒天牛属 *Phytoecia*
9.	雄性爪均附齿式	双脊天牛属 *Paraglenea*
-	雄性仅前爪内侧齿和中足爪外侧齿具附突	并脊天牛属 *Glenea*
10.	触角柄节末端具完整端疤，闭式；如开式，爪全开式	11
-	触角柄节末端不具端疤或背面具粗糙颗粒	17
11.	触角端疤不完整，开式	12
-	触角端疤完整	13
12.	触角柄节端疤微弱不明显	灰锦天牛属 *Astynoscelis*
-	触角柄节端疤明显	锦天牛属 *Acalolepta*
13.	中足胫节无斜沟	灰天牛属 *Blepephaeus*
-	中足胫节有斜沟	14
14.	中胸腹板突无瘤突	墨天牛属 *Monochamus*
-	中胸腹板突有瘤突	15
15.	前胸腹板突在前足基节窝之间不扩展	星天牛属 *Anoplophora*
-	前胸腹板突在前足基节窝之间呈菱形扩展	16
16.	前足基节窝闭式	异鹿天牛属 *Paraepepeotes*
-	前足基节窝开式	黄星天牛属 *Psacothea*
17.	触角柄节端部背面有粗糙颗粒	18
-	触角柄节端部光滑，无端疤或粗糙颗粒	21
18.	中足基节窝闭式	小枝天牛属 *Xenolea*
	中足基节窝开式	19
19.	触角极细长，柄节极粗短；体形狭长	粉天牛属 *Olenecamptus*
-	触角不极细，柄节不粗短；体形宽	20
20.	触角节光滑，基部常具淡色绒毛；腹面没有白色纵斑	粒肩天牛属 *Apriona*
-	触角节下方常有密短毛或粗糙棘突；腹面具白色纵斑	白条天牛属 *Batocera*
21.	爪全开式，触角基瘤突出	突天牛属 *Zotalemimon*
	爪半开式	22
22.	中足胫节有斜沟	23
-	中足胫节无斜沟	24
23.	触角柄节特细长，头部大多短缩、倾斜，额梯形，头顶尖突	长额天牛属 *Aulaconotus*
-	触角柄节粗短，头部不短缩、倾斜，额近方形	伪楔天牛属 *Asaperda*
24.	鞘翅后部一般呈坡状倾斜	坡天牛属 *Pterolophia*
-	鞘翅后部很少倾斜，触角柄节粗短，前胸背板粗糙，常有纵脊或沟	吉丁天牛属 *Niphona*

33. 长额天牛属 *Aulaconotus* Thomson, 1864

Aulaconotus Thomson, 1864: 99. Type species: *Aulaconotus pachypezoides* Thomson, 1864.

属征：体长形。头短缩，头多少倾斜，头顶尖，口器向后；额长，下部宽于上部。触角细长，通常大于体长的 2.0 倍，下沿有缨毛；柄节长。前胸圆筒形，不具侧瘤突；鞘翅长。前足基节窝向后关闭，侧面呈角状；中足基节窝对后侧片开放；后足腿节明显短于腹部；爪半开式。前胸背板整个表面密布颗粒及脊，上翅基部有数条凹槽。

分布：古北区、东洋区。世界已知 8 种，中国已知 6 种，本书记述 1 种。

（36）绒脊长额天牛 *Aulaconotus atronotatus* Pic, 1927

Aulaconotus atronotatus Pic, 1927: 36.

体长：22.0-22.5 mm。

体基底黑色，鞘翅基部较红，前胸背板两侧及鞘翅大部分密被灰褐色绒毛，略带灰青或灰黄色，前胸背板中区黑色；每个鞘翅基部有 3 或 4 条黑纵纹，翅中部之后沿侧缘有黑色纵斑纹；前、中胸腹板两侧、后胸腹板密布淡黄、灰黄色绒毛，腹部两侧有疏密不一的绒毛；额两侧各有 1 条稀疏淡黄色短毛，触角自第 4 节起的各节基部被淡灰绒毛。触角超过体长，第 3 节稍长于柄节。前胸背板长宽约相等，中区具粗糙横脊，中央微纵隆。鞘翅基部有几个大小不一的瘤突。

观察标本：1 雄，重庆缙云山，850 m，1985.Ⅴ.18，廖敏。

分布：中国（重庆缙云山、江西、湖南、福建、广东、海南、广西、四川、云南、贵州）。

34. 伪楔天牛属 *Asaperda* Bates, 1873

Asaperda Bates, 1873c: 385. Type species: *Asaperda rufipes* Bates, 1873.

属征（蒋书楠等，1985）：体形瘦长。头部额宽略胜于高；复眼内缘深凹，几乎分裂为二，下叶近三角形。触角基瘤分开；触角细长超过体长，柄节短，第 3 节最长，基部数节下侧有细短毛。前胸背板长与宽相等，具侧刺突。鞘翅两侧近于平行，翅端钝圆。中足基节窝开式；足较长。

分布：古北区。世界已知 13 种，中国已知 6 种，本书记述 1 种。

（37）重庆伪楔天牛 *Asaperda chongqingensis* Chen et Chiang, 1993

Asaperda chongqingensis Chen et Chiang, 1993: 65, 67.

体长：8.0 mm。

体细长，两侧近于平行，后端略窄。体背面棕褐色，密被淡褐色绒毛；腹面黑色，密被灰黄色绒毛，腹部腹节两侧散布稀疏小黑斑。触角红棕色，第 3-11 节基部具淡色毛，各节端部色较深暗；头部具浅棕色绒毛；前胸背板具棕黄色绒毛，背面散布成团的小黑斑，近后缘横列 3 个较大的黑斑；小盾片被灰黄色绒毛；鞘翅被草黄色绒毛，散布许多不规则的小黑斑，端半部的一些黑斑愈合成不规则的短横条，翅面上具稀疏的黑色竖毛。腿节基部 1/3 和胫节基半部红棕色，足的其余部分黑色；腿节和胫节基半部具浅棕色绒毛；足的其余部分具棕黄色绒毛。触角细长，超过体长 1/3。鞘翅狭长，鞘翅基部中央中缝两侧有 1 对呈括弧形的钝隆脊。

观察标本：1 雄，重庆北碚缙云山，850 m，2004.Ⅵ.17；1 雄，重庆北碚缙云山，850 m，2009.Ⅴ.20，田立超。

分布：中国（重庆缙云山）。

35. 眼天牛属 *Bacchisa* Pascoe, 1866

Bacchisa Pascoe, 1866a: 329. Type species: *Bacchisa coronata* Pascoe, 1866.

属征（蒋书楠等，1985）：体型小至中等大，长形或长椭圆形。头部较前胸宽；额横宽，较凸；复眼上下叶完全分离。触角基瘤左右分开；触角短于至略长于身体，下侧具缨毛；柄节端部背方有片状小颗粒，第 3 节长于柄节或第 4 节，以后各节渐短。前胸背板横宽、前后端各有 1 条横沟，无侧刺突，但两侧中部和背面中区稍隆突。鞘翅两侧近于平行，向端部稍宽，末端圆形。中胸腹板突狭，前端弧状倾斜；后胸腹板突的前端不突出或稍突出，但绝不伸至中足基节之间的中央。足中等长，中足胫节外侧无斜沟，有时有 1 个凹陷，爪基部有附齿。

分布：古北区、东洋区。世界已知 86 种，中国已知 19 种，本书记述 1 种。

（38）苹眼天牛 *Bacchisa dioica* (Fairmaire, 1878)

Astathes dioica Fairmaire, 1878: 133.
Bacchisa (Bacchisa) dioica: Breuning, 1956: 419, 440.

体长：8.5-11.0 mm。

头、前胸、小盾片和足棕黄色；鞘翅基部 1/3-1/2 为淡黄色，余为藏青色，有时略呈紫色，黄色区域的大小变异很大，有时全翅黄色，有时缩小到只占翅面的 1/6；后胸腹板和腹部除末端部分棕黄色外，均呈深藏青色；前、中胸腹板一部分深色，头上触角基瘤前后、前胸背板两侧及腿节上有时具较深的斑点。触角端部数节棕黑色或烟黑色，基部数节淡棕黄色。体具黑色或深棕色绒毛。触角约短于体长。前胸背板宽胜于长，背面具隆突。鞘翅后部稍宽，端部圆形。

观察标本：1 雄，重庆北碚缙云山，2008.Ⅴ.18，穆海亮；1 雄，重庆北碚，1959.Ⅴ.20；1 雄 1 雌，重庆北碚缙云山，2004.Ⅳ.18；1 雌，重庆北碚缙云山，2009.Ⅴ.20，时书青。

分布：中国（重庆缙云山、陕西、四川、云南）；印度。

36. 广翅天牛属 *Plaxomicrus* Thomson, 1857

Plaxomicrus Thomson, 1857a: 57. Type species: *Plaxomicrus ellipticus* Thomson, 1857.

属征（林美英，2017）：头与前胸约等宽，额横宽，中央具细纵沟；复眼上下叶完全分裂。触角基瘤稍隆起，彼此远离；触角粗壮，下面具缨毛，柄节稍膨大，第3节最长，末节顶端呈锥形；雄性触角与虫体近等长，雌性伸至鞘翅中部略后。前胸背板宽显著胜于长，前、后缘具横凹，前横凹较浅，侧缘具瘤突。小盾片小，短舌形。鞘翅基部显著宽于前胸，端部膨阔。足中等大小，雄性中足胫节端部弯曲，中足跗节第1节不对称，仅有1个发达的内侧叶。爪附齿式。

分布：古北区、东洋区。世界已知10种，中国已知6种，本书记述1种。

（39）广翅天牛 *Plaxomicrus ellipticus* Thomson, 1857

Plaxomicrus ellipticus Thomson, 1857a: 58.

体长：12.0-15.0 mm。

体宽，呈长卵圆形，体被橙黄色竖毛或伏毛。头、胸、小盾片橙黄或黄褐色，触角基部3节和第4节基部黄褐色，第4节端半部至第11节黑色。鞘翅紫罗兰色，具金属光泽。足大部分黄褐色，胫节端部和跗节褐色或黑色。雄性触角约等于体长，雌性触角伸至鞘翅中部之后。前胸背板宽胜于长，中区显著拱凸，两侧缘中部有瘤突。鞘翅后端十分膨阔，末端圆形。

观察标本：1雄2雌，北碚来龙果园，1959.Ⅴ.27，梁柱石；2雌，北碚夏坝，1957.Ⅳ.25，梁柱石；2雄1雌，北碚来龙果园，1959.Ⅴ.23，梁柱石。

分布：中国（重庆缙云山、陕西、江苏、上海、浙江、湖北、福建、广西、四川、贵州、云南）；越南。

37. 重突天牛属 *Tetraophthalmus* Dejean, 1835

Tetraophthalmus Dejean, 1835: 347. Type species: *Cerambyx splendidus* Fabricius, 1792.

属征（蒋书楠等，1985）：体型中等大小，宽短接近长方形。头部与前胸等宽，额横宽，拱凸；复眼上、下叶完全分裂；触角粗壮，下沿有缨毛。前胸背板横宽，前、后端各有1条横沟，侧缘中部及背面中域均有1个隆突。鞘翅宽于前胸，两侧平行，端部宽圆。中胸腹板突前端近于垂直；后胸腹板突前端重叠在中胸腹板突的后端上面。中足胫节近端部外侧有1弱斜沟，爪基部有附齿。雌性末腹节腹板有中纵沟。

分布：东洋区、旧热带区。世界已知55种（亚种），中国已知10种（亚种），本书记述1种。

（40）黄荆重突天牛 *Tetraophthalmus episcopalis* (Chevrolat, 1852)

Astathes episcopalis Chevrolat, 1852: 418.
Tetraophthalmus episcopalis: Thomson, 1857a: 53.

体长：11.0-14.0 mm。

体宽，椭圆形。头、胸、小盾片、足基节、腿节棕红色。触角大部分黑色，第4-6节基部为黄褐色。鞘翅呈紫罗兰色，具光泽。头、胸着生淡黄色长毛，鞘翅上着生黑色卧毛，两侧缘黑毛较密，体腹面被黄褐色绒毛。复眼上、下叶完全分裂；触角粗壮，下沿有缨毛；雄性触角约等于体长，雌性触角短于体长。前胸背板宽胜于长，前、后端各有1条横沟，侧缘中部及背面中域均有1个隆突。鞘翅两侧平行，末端宽圆。中胸腹板突前端近于垂直。中足胫节近端部外侧有1弱斜沟，爪基部有附齿。雌性末腹节腹板有中纵沟。

观察标本：1雄，重庆北碚缙云山，850 m，1980.Ⅶ.2，何朝明。

分布：中国（重庆缙云山、内蒙古、河北、山西、河南、陕西、新疆、江苏、上海、安徽、浙江、湖北、江西、湖南、福建、台湾、广东、海南、香港、广西、四川、贵州）；韩国，日本。

38. 白条天牛属 *Batocera* Dejean, 1835

Batocera Dejean, 1835: 341. Type species: *Cerambyx Rubus* Linnaeus, 1758.

属征：体中等至大型，长形，宽大，体褐色至黑色，被绒毛，具斑纹或无斑纹，腹面两侧从复眼至腹部末端，各有1条相当宽的白色纵纹。触角基瘤突出，彼此分开较远；额长方形；上唇有4束簇毛位于同一横行上；复眼下叶横阔，显著长于颊；触角粗壮，雌、雄性触角均超过鞘翅，触角具刺，基部数节粗糙具皱纹，下沿有稀疏缨毛；柄节端疤开放式；第4-10节各节依次渐短，第11节稍长。前胸背板宽远胜于长，两侧具刺突，前、后缘有横凹沟。小盾片宽舌形。鞘翅肩宽，肩上着生短刺，后端稍窄，端缘斜切，外端角圆形、钝角形或刺状，内端角尖锐成刺状，基部有颗粒。前足基节窝向后开放，中胸腹板突无瘤突；足较长，雄性前足较中、后足稍长，腿节、胫节下沿粗糙，具许多小齿突，胫节弯曲；雌性前足腿、胫节下沿光滑；中足胫节外端略有1条斜凹沟。

分布：世界广布。世界已知71种（亚种），中国已知11种，本书记述3种。

分种检索表

1. 雄性触角第3-9节端部内侧显著膨大 ··· 橙斑白条天牛 *B. davidis*
- 雄性触角第3-9节端部内侧不膨大 ·· 2
2. 鞘翅白斑不规则，末端1个长形斑纹 ··· 密点白条天牛 *B. lineolata*
- 鞘翅白斑圆形，每翅4个 ·· 白条天牛 *B. rubus*

（41）橙斑白条天牛 *Batocera davidis* Deyrolle, 1878

Batocera davidis Deyrolle, 1878: 131.

体长：51.0-68.0 mm。

体大型，黑褐至黑色，有时鞘翅肩后棕褐色，被较稀疏的青棕灰色细毛，体腹面被灰褐色细长毛。触角自第3节起及以下各节为棕红色，基部4节光滑，其余节被灰色绒毛。前胸背板中央有1对橙黄或乳黄色肾形斑。小盾片密生白毛。每个鞘翅有几个大小不同的近圆形橙黄或乳黄色斑纹，有时由于时间过久，斑纹色泽变为白色；每翅大约有5或6个主要斑纹，其排列如下：第1斑位于基部1/5的中央；第2斑位于第1斑之后近中缝处；第3斑紧靠第2斑，位于同一纵行上，有时第3斑消失；第4斑位于中部；

第 5 斑位于端部 1/3 处；第 6 斑位于第 5 斑至端末的 1/2 处；后面 3 个斑大致排在一纵行上，另外尚有几个不规则小斑点，分布在一些主要斑的周围。体腹面两侧由复眼之后至腹部端末，各有 1 条相当宽的白色纵条纹。雄性触角超过体长的 1/3，触角 3-9 节内侧突出膨大，触角内缘具细刺；雌性触角略长于体长。复眼下叶横宽。前胸背板横阔，侧刺突细长。鞘翅基部 1/4 具颗粒，肩部具端刺，平切或斜切，内端角呈短刺状。

观察标本：1 雄，重庆北碚，1998.Ⅶ.1，王天存。

分布：中国（重庆缙云山、河南、陕西、浙江、湖北、湖南、福建、台湾、广东、海南、香港、广西、四川、贵州、云南）；越南，老挝。

（42）密点白条天牛 *Batocera lineolata* Chevrolat, 1852

Batocera lineolata Chevrolat, 1852: 417.

体长：40.0-73.0 mm。

体黑色或黑褐色，密被灰白色绒毛。前胸背板中央有 1 对肾形的黄色或白色毛斑。小盾片被黄色或白色绒毛。鞘翅面具白色或黄色绒毛斑，形状不规则，且变异很大。体腹面两侧各有白色直条纹 1 道，从复眼后延伸至腹部末端，常在中胸与后胸间、胸与腹间及腹部各节间中断。中胸后侧片密被白色绒毛。鞘翅基部 1/4 密布颗粒。触角粗壮，雄性触角超出体长，其内沿具细刺；雌性触角较体略长。前胸背板宽胜于长，具侧刺突。鞘翅肩部具短刺，基部瘤粒区域占翅面的 1/4；翅末端平截或略斜切，外端角略尖，内端角呈刺状。

观察标本：1 雌，重庆北碚缙云山，850 m，1984.Ⅵ.30，刘永琴；1 雌，重庆北碚缙云山，850 m，2010.Ⅶ.15，李竹；1 雌，重庆北碚缙云山，850 m，1981.Ⅶ.1，秦蓁；1 雌，重庆北碚缙云山，850 m，2006.Ⅴ.20，钟艮平；1 雌，重庆北碚缙云山，850 m，2006.Ⅶ.8，王之劲。

分布：中国（重庆缙云山、北京、河北、陕西、江苏、上海、安徽、浙江、湖北、江西、福建、台湾、广东、海南、广西、四川、贵州、云南）；韩国，日本，印度，老挝。

（43）白条天牛 *Batocera rubus* (Linnaeus, 1758)

Cerambyx rubus Linnaeus, 1758: 390.
Batocera rubus: Dejean, 1835: 341

别名：榕八星天牛。

体长：26.0-56.0 mm。

体红褐色，头、前胸及前足腿节较深，有时近黑色。体被绒毛，灰色或棕灰色；腹面被棕灰色或棕色毛，两侧各有 1 条相当宽的白色纵纹。前胸背板具 1 对红色或橘红色（标本通常呈白色）绒毛斑，小盾片密生白毛。每一鞘翅上各有 4 个白色圆斑，第 4 个最小，第 2 个最大，较靠中缝，其上方外侧常有 1 或 2 个小圆斑，有时和它连接或合并。触角粗壮，雄性触角超出体长 1/3-2/3，其内沿具细刺；雌性触角较体略长。前胸具侧刺突。鞘翅肩部具短刺，基部瘤粒区域占翅面的 1/4；翅末端平截，外端角略尖，内端角呈刺状。

观察标本：1 雌，重庆北碚，1983.VII.7；1 雌，北碚，1957.VII.23，梁柱石；1 雄，重庆北碚，1987.V.16，朱太禄；1 雄，北碚灯下，1979.V.15；1 雌，重庆北碚西农，1989.VI.21，白松；1 雌，重庆北碚西农，1981.VI.5，程惊秋；1 雄，重庆北碚，1974.VII.17，轩静渊；1 雌，重庆北碚，1976.VI，何兴樟；1 雌，重庆北碚，2006.VI.15，冯波。

分布：中国（重庆缙云山、山西、陕西、浙江、江西、福建、台湾、广东、海南、香港、澳门、广西、四川、贵州、云南）；朝鲜，韩国，日本，巴基斯坦，印度，尼泊尔，越南，菲律宾，马来西亚，印度尼西亚，沙特阿拉伯。

39. 粒肩天牛属 *Apriona* Chevrolat, 1852

Apriona Chevrolat, 1852: 414. Type species: *Lamia germari* Hope, 1831.

属征（蒋书楠等，1985）：体大型，背面较拱凸。头部额高胜于宽，复眼下叶很大，近方形。触角粗壮，光滑，柄节端部背方具齿状粗糙面，通常触角节基半部具淡色绒毛；雄性触角较体稍长，雌性触角较体稍短。前胸背板横宽，表面多皱脊，侧刺突发达，末端尖锐。鞘翅基部有颗瘤，肩部有时有尖刺，翅端凹切。中胸腹板突无瘤突。爪全开式。

分布：古北区、东洋区。世界已知 47 种（亚种），中国已知 9 种（亚种），本书记述 1 种。

（44）皱胸粒肩天牛 *Apriona rugicollis* Chevrolat, 1852

Apriona rugicollis Chevrolat, 1852: 418.

别名：粗粒粒肩天牛、桑天牛。
体长：31.0-47.0 mm。

体黑色，体密被绒毛，一般背面为青棕色，腹面棕黄色；鞘翅中缝及侧缘、端缘通常有 1 条青灰色狭边；触角从第 3 节起，每节基部约 1/3 灰白色。复眼下叶近方形。触角粗壮光滑，雄性超出体长 2 或 3 节，雌性较体略长；柄节端疤开放式，柄节端部背方具齿状粗糙面。前胸背板前后横沟之间有不规则的横皱或横脊线；中央后方两侧、侧刺突基部及前胸侧片均有黑色光亮的隆起刻点。鞘翅基部密布黑色光亮的瘤状颗粒，占全翅 1/4-1/3 之一强的区域；翅端内、外端角均呈刺状突出。

观察标本：1 雄，重庆北碚缙云山，850 m，2012.VII.26，张志升；1 雄，重庆北碚缙云山，850 m，2006.VII.8，宋雅琴；1 雄，重庆北碚缙云山，850 m，2008.V.24，孙然；1 雄，重庆北碚缙云山，850 m，2004.VI.17；1 雌，重庆北碚缙云山，850 m，2008.VII.8，冯波。

分布：中国（重庆缙云山、辽宁、北京、河北、山西、山东、河南、陕西、甘肃、青海、江苏、上海、安徽、浙江、湖北、江西、湖南、福建、台湾、广东、海南、香港、广西、四川、贵州、云南、西藏）；俄罗斯，朝鲜，韩国，日本。

40. 粉天牛属 *Olenecamptus* Chevrolat, 1835

Olenecamptus Chevrolat, 1835: 134. Type species: *Olenecamptus serratus* Chevrolat, 1835 (= *Saperda biloba* Fabricius, 1801).

属征（林美英，2017）：体型中等大小，较狭，长方形。头部额宽胜于长。触角细长，雄性为体长的 2-2.5 倍，雌性为 1.5-2.0 倍；雄性通常在触角节的下沿有粗糙锯齿，但无缨毛，基部数节背面有凿齿状颗粒；第 3 节最长，至少为柄节的 3 倍，雌性的稍短；第 4 节短于第 3 节或第 5 节，第 11 节稍长于第 10 节。复眼下叶大，后方显著宽阔。前胸背板雄性的较长，雌性的长宽几乎相等，背面具横皱脊。鞘翅雌性的后端稍宽阔，雄性的较狭，末端斜切，外端角齿状突出，翅面具刻点。中胸腹板突前端凹入。雌性腹部第 5 节腹板长于 3-4 节之和，雄性的前足腿、胫节下侧有细锯齿；中足胫节有显著斜沟，爪全开式。

分布：世界广布。世界已知 92 种（亚种），中国已知 17 种（亚种），本书记述 3 种（亚种）。

分种检索表

1. 白色鳞粉较多，几乎覆盖全部身体；每鞘翅具 3 个黑点 ································ 黑点粉天牛 *O. clarus*
- 白色鳞粉较少 ·· 2
2. 每鞘翅具 4 个大白斑 ·· 八星粉天牛 *O. octopustulatus*
- 每鞘翅各具 3 个卵形白色毛斑 ·· 黄桷粉天牛 *O. bilobus gressitti*

（45）黄桷粉天牛 *Olenecamptus bilobus gressitti* Dillon *et* Dillon, 1948

Olenecamptus bilobus gressitti Dillon *et* Dillon, 1948: 234.

体长：15.0 mm。

体红褐色，腹面暗黑色。头被白色毛斑，后头、前胸及鞘翅背面被灰黄色细毛，前胸背板后缘中央两侧各具 1 小三角形白毛斑，有时不显著。小盾片被白色毛。鞘翅各具 3 个卵形白色毛斑，基部一个前端紧接在小盾片之后，第 2 个位于翅中央稍外方，较小而略圆，第 3 个位于翅后半部中央，卵圆形，各斑周围均围以明显棕褐色细边；鞘翅肩角下侧具白色短纵条毛斑，前胸两侧具白色细条毛斑。腹面前足基节及其外端的侧板、中侧板、后胸侧板、后胸腹板两侧均被较厚的白色毛斑，腹部腹板薄被灰白色毛。触角细长，超过体长之 2 倍。鞘翅翅端尖圆。

观察标本：1 雄，重庆北碚缙云山，850 m，2009.VI.13，田立超。

分布：中国（重庆缙云山、广西、四川）；越南。

（46）黑点粉天牛 *Olenecamptus clarus* Pascoe, 1859

Olenecamptus clarus Pascoe, 1859: 44.

体长：8.0-17.0 mm。

体褐黑色，触角及足棕黄色或棕红色。全体密被白色或灰色粉。后头后缘有 3 个长形黑斑；前胸背板中央有 1 个小黑斑，有时向前后延伸成 1 不规则的纵条纹，两侧各有 2 个卵形小黑斑；鞘翅肩部具 1 黑点，翅面上具 3 个圆点排成纵列，分别位于基部的 1/5、中部和端部 1/5 处。腹面第 1-4 可见腹节各节两侧各有 1 黑色斑点。触角细长，雄性触角为体长的 2.5 倍，雌性为体长的 2 倍。鞘翅末端尖圆。

观察标本：1雄，重庆北碚缙云山，850 m，2008.Ⅴ.24，冯波；1雄，重庆北碚缙云山，850 m，1980.Ⅶ.8，李纪林。

分布：中国（重庆缙云山、北京、河北、山东、河南、陕西、江苏、安徽、浙江、湖北、江西、湖南、福建、台湾、广西、四川、贵州）；韩国，朝鲜，日本。

（47）八星粉天牛 *Olenecamptus octopustulatus* (Motschulsky, 1860)

Ibidimorphum octopustulatum Motschulsky, 1860b: 152.
Olenecamptus octopustulatus: Gemminger & Harold, 1873: 3061.

体长：8.0-15.0 mm。

体淡棕黄色；腹面黑色或棕褐色，腹部末节棕黄色。腹面被白色绒毛，中央稀疏，两侧密。体背面被黄色绒毛，头部沿复眼前缘、内缘和后侧及头顶等处或多或少被白色粉毛。前胸背板中区两侧各有白色大斑点2个，一前一后，有时愈合。小盾片被黄毛。每鞘翅上有4个大白斑，排成直行：第1个靠基缘，位于肩与小盾片之间，第4个位于翅端，翅斑大小变异。触角基瘤向外突出，内侧顶端突出成小齿；触角细长，为体长的2.0-3.0倍。鞘翅翅端尖圆。

观察标本：1雄，重庆北碚，2001.Ⅸ.1，杜喜翠。

分布：中国（重庆缙云山、黑龙江、吉林、辽宁、内蒙古、河南、陕西、宁夏、甘肃、江苏、上海、安徽、浙江、湖北、江西、湖南、福建、台湾、广东、海南、广西、四川、贵州）；俄罗斯，蒙古国，朝鲜，韩国，日本。

41. 锦天牛属 *Acalolepta* Pascoe, 1858

Acalolepta Pascoe, 1858: 247. Type species: *Acalolepta pusio* Pascoe, 1858.

属征（蒋书楠等，1985）：体长形，大多被绒毛或闪光绒毛。头部触角一般远长于身体，柄节常向端部显著膨大，端疤内侧的边缘微弱，近于开放，第3节常显著长于柄节或第4节；复眼小眼面粗粒，下叶通常狭小，长于其下颊部。前胸背板宽胜于长，前、后端均有横沟，侧刺突发达。小盾片半圆形。鞘翅肩部宽，向后端渐狭。前足基节窝闭式，前胸腹板突低狭，弧形；中胸腹板突无瘤突，弧形倾斜。前足胫节常稍弯曲，中足胫节外侧有斜沟，爪全开式。

分布：古北区、东洋区、澳洲区。世界已知294种（亚种），中国已知42种（亚种），本书记述2种。

（48）金绒锦天牛 *Acalolepta permutans* (Pascoe, 1857)

Monohammus permutans Pascoe, 1857: 103.
Acalolepta permutans: Breuning, 1961: 371.

体长：15.5-29.0 mm。

体中型，密被黄铜色皱绒毛，部分微带绿色，绒毛极光亮美丽，有如丝质锦缎。触角深棕色，前两节和第3节起的各节基部有淡黄或淡灰色细毛，第4节之后端部黑色约占全节1/2。小盾片密被淡黄铜色绒毛。鞘翅翅面绒毛着生方式与一般不同，呈指纹形或螺旋形。雄性触角约为体长的 2 倍，雌性约为 1.5 倍。前胸背板宽胜于长，侧刺突小。鞘翅末端圆形。

观察标本：1 雄，重庆北碚缙云山，850 m，2013.VI，张向向。

分布：中国（重庆缙云山、河南、陕西、安徽、浙江、湖北、江西、湖南、福建、台湾、广东、香港、广西、四川、贵州）；越南。

（49）双斑锦天牛 *Acalolepta sublusca* (Thomson, 1857)

Monochamus subluscus Thomson, 1857b: 293.
Acalolepta sublusca: Breuning, 1961: 370.

体长：11.0-23.0 mm。

体中等大小，栗褐色。头和前胸被具丝光的棕褐色绒毛。触角自第 3 节起每节基部 2/3 被稀少灰色绒毛。小盾片被较稀疏淡灰色绒毛；鞘翅密被淡灰色绒毛，具有黑褐色斑纹；每鞘翅基部中央具 1 个圆形或近于方形的黑褐斑，肩侧缘有 1 个黑褐小斑，鞘翅中部之后具 1 棕褐宽斜斑，从翅侧缘延伸向鞘翅端部的中缝。体腹面被灰褐色绒毛。雄性触角超过体长的 1.0 倍，雌性超过体长的 0.5 倍。前胸背板宽胜于长，侧刺突小。鞘翅末端圆形。雄性腹部末节后缘平切，雌性腹部末节后缘中央微凹入。

观察标本：1 雄，重庆北碚缙云山，850 m，1989.VI.26，曾文玉；1 雄，重庆北碚缙云山，850 m，1989.V.4，郑芳；1 雄，重庆北碚缙云山，850 m，1956.VI.11，梁柱石。

分布：中国（重庆缙云山、北京、河北、山东、河南、陕西、江苏、上海、浙江、湖北、江西、湖南、福建、广东、海南、香港、广西、四川、贵州）；越南，老挝，柬埔寨，马来西亚，新加坡。

42. 星天牛属 *Anoplophora* Hope, 1839

Anoplophora Hope, 1839: 43. Type species: *Anoplophora stanleyana* Hope, 1839.

属征（蒋书楠等，1985）：体中等大小，接近长方形。头部额宽阔，接近方形；复眼小眼面稍粗，下叶大多高胜于宽，触角基瘤突出，头顶较深陷；触角较体长，柄节较粗，呈倒锥形，端疤完整、闭式，第 3 节长于第 4 节，更长于柄节。前胸背板横宽，侧刺突发达，末端尖。鞘翅较宽，背面较隆起，端部合成圆形，翅面大多有斑点。前胸腹板突很狭，低于前足基节，前足基节窝闭式；中胸腹板突常有瘤突。中足胫节斜沟明显，爪全开式。

分布：世界广布。世界已知 59 种（亚种），中国已知 37 种，本书记述 3 种。

分种检索表

1. 中胸腹板突前端具发达的瘤突，绒毛斑黄色 ··· 楝星天牛 *A. horsfieldii*
- 中胸腹板突前端不具发达的瘤突，绒毛斑白色 ·· 2
2. 鞘翅基部具颗粒状瘤突 ·· 华星天牛 *A. chinensis*
- 鞘翅基部不具颗粒状瘤突 ·· 光肩星天牛 *A. glabripennis*

（50）华星天牛 *Anoplophora chinensis* (Forster, 1771)

Cerambyx chinensis Forster, 1771: 39.
Anoplophora (*Melanauster*) *chinensis*: Bates, 1888: 379.

体长：19.0-39.0 mm。

体色漆黑，有时略带金属光泽，具小白斑点。触角自第 3-11 节每节基部 1/3 有淡蓝色毛环。头部和体腹面被银灰色和部分蓝灰色细毛。每鞘翅有 15-20 个白色毛斑，斑点变异很大。触角柄节端疤关闭式，雄性超出身体 4-5 节，雌性触角超出身体 1-2 节，第 3 节长于柄节和第 4 节。前胸背板横宽，两侧具瘤状突起，侧刺突发达。鞘翅端部圆形。前胸腹板突低于前足基节，前足基节窝闭式；中胸腹板突常有瘤突。中足胫节斜沟明显，爪全开式。

观察标本：1 雄，重庆北碚缙云山，850 m，2007.Ⅵ.18，穆海亮；1 雄，重庆北碚缙云山，850 m，2008.Ⅴ.24，李竹；1 雄，重庆北碚缙云山，850 m，2009.Ⅵ.6，吴瑶；1 雄，重庆北碚缙云山，850 m，2006.Ⅴ.20，刘剑洪；1 雄，重庆北碚缙云山，850 m，2008.Ⅴ.18，王岩；1 雄，重庆北碚缙云山，850 m，2006.Ⅶ.8，王之劲；1 雌，重庆北碚缙云山，850 m，2007.Ⅵ.18，张国臣；1 雌，重庆北碚缙云山，850 m，1980.Ⅵ.10，何朝明；1 雌，重庆北碚缙云山，850 m，2009.Ⅵ.13，田立超；1 雌，重庆北碚缙云山，850 m，2009.Ⅵ.13，魏国能；1 雄 2 雌，重庆北碚缙云山，850 m，2009.Ⅵ.13，刘莹。

分布：中国（重庆缙云山、吉林、辽宁、北京、河北、山西、山东、河南、陕西、甘肃、江苏、安徽、浙江、湖北、江西、湖南、福建、台湾、广东、海南、香港、澳门、广西、四川、贵州、云南）；朝鲜，韩国，日本，缅甸，阿富汗；欧洲。

（51）光肩星天牛 *Anoplophora glabripennis* (Motschulsky, 1854)

Cerosterna glabripennis Motschulsky, 1854b: 48.
Anoplophora (*Anoplophora*) *glabripennis*: Breuning, 1944: 287.

体长：17.5-39.0 mm。

体中等大小，漆黑，具光泽，常于黑中带紫铜色，有时微带绿色；触角第 3-11 节基部蓝白色。每鞘翅约有 20 个白斑或 15 个左右的黄斑。足及腹面黑色，常密生蓝白色绒毛。头部额宽阔，复眼小眼面稍粗；触角基瘤突出，雄性触角约为体长的 2.5 倍，雌性约为 1.3 倍。前胸背板横宽，侧刺突发达，末端尖。鞘翅基部光滑，无瘤状颗粒。中胸腹板瘤突较不发达。

观察标本：1 雌，重庆北碚缙云山，850 m，2009.Ⅵ.13。

分布：中国（重庆缙云山、黑龙江、吉林、辽宁、内蒙古、北京、天津、河北、山西、山东、河南、陕西、宁夏、甘肃、陕西、江苏、安徽、浙江、湖北、江西、湖南、福建、广西、四川、贵州、云南、西藏）；俄罗斯，蒙古国，朝鲜，韩国，日本；欧洲，美洲。

（52）栋星天牛 *Anoplophora horsfieldii* (Hope, 1842)

Oplophora horsfieldii Hope, 1842: 61.
Anoplophora (*Cyriocrates*) *horsfieldii*: Breuning, 1944: 294.
Anoplophora (*Cyriocrates*) *horsfieldii*: Gressitt, 1951: 372.

体长：31.0-40.0 mm。

体漆黑，光亮。全身满布大型黄色绒毛斑。头部具6个斑点。前胸具2条平行的直纹，两侧各具斜方形斑点1个。小盾片有时具小圆斑。鞘翅毛斑很大，排成4横行，每翅前两行各2块，第3行有时合并为一，第4行1块；在第3、4行间靠中缝处，有时另有1-3个小斑。腹面中、后胸腹板及腹部各节两侧均有斑纹。触角及足黑色，触角自第3节起，基部1/3以上被银灰色细毛，有时仅端部呈黑色，一般自第3-10节每节半白半黑。足被有稀疏灰色细毛，跗节灰白色。触角在雄性超过体长3/4，雌性较体略长。前胸侧刺突粗大。鞘翅末端圆形，内端角明显。前足基节窝闭式。中足胫节斜沟明显，爪全开式。

观察标本：1雄，重庆北碚缙云山，850 m，2008.VI.4，孙然；1雄，重庆北碚缙云山，850 m，2011.V，时书青、李竹。

分布：中国（重庆缙云山、河南、陕西、江苏、安徽、浙江、湖北、江西、湖南、福建、台湾、广东、海南、广西、四川、贵州、云南）；越南，泰国，印度。

43. 灰锦天牛属 *Astynoscelis* Pic, 1904

Astynoscelis Pic, 1904: 8. Type species: *Astynoscelis longicornis* Pic, 1904 (= *Monohammus degener* Bates, 1873).

属征（林美英，2017）：体小至中等大小，被不闪光绒毛。触角略长于身体，短于体长的2.0倍；柄节向端部稍微膨大，端疤内侧的边缘微弱，近于开放，第3节常显著长于柄节或第4节。复眼小眼面粗粒，下叶通常狭小，长于其下颊部。前胸背板宽略胜于长，前、后端均有横沟，侧刺突发达。小盾片半圆形。鞘翅肩部宽，向后端渐狭。前足基节窝闭式，前胸腹板突低狭，弧形；中胸腹板突无瘤突，弧形倾斜，中足基节窝对中胸后侧片开放。前足胫节常稍弯曲，中足胫节外侧有斜沟，爪全开式。

分布：古北区、东洋区。世界已知1种，中国已知1种，本书记述1亚种。

（53）灰锦天牛 *Astynoscelis degener degener* (Bates, 1873)

Monohammus degener Bates, 1873b: 310.
Astynoscelis degener degener: Löbl & Smetana, 2010: 278.

别名：栗灰锦天牛。

体长：10.0-16.0 mm。

体较小，红褐至暗褐色，体被红褐和灰色绒毛，彼此呈不规则镶嵌，小盾片被淡黄色绒毛，触角第3节以后各节基部大部分被淡灰色绒毛，鞘翅黑色，密被棕褐色和灰色绒毛，略具丝光，腹面着生灰黄色绒毛。雄性触角为体长的1.5倍。前胸背板宽胜于长，具短的侧刺突。鞘翅端缘圆形。

观察标本：1 雄，重庆北碚缙云山，850 m，2009.Ⅴ.20，吴贵怡；1 雌，重庆北碚缙云山，850 m，2009.Ⅵ.13，魏国能；1 雄，重庆北碚缙云山，850 m，2007.Ⅳ.28，王之劲。

分布：中国（重庆缙云山、黑龙江、吉林、内蒙古、北京、河北、山西、山东、陕西、甘肃、江苏、上海、安徽、浙江、湖北、江西、湖南、福建、台湾、广东、广西、四川、贵州、云南）；俄罗斯，蒙古国，韩国，日本。

44. 灰天牛属 *Blepephaeus* Pascoe, 1866

Blepephaeus Pascoe, 1866b: 249. Type species: *Monohammus succintor* Chevrolat, 1852.

属征（蒋书楠等，1985）：体形较长。头部触角超过体长，柄节端疤小而完整，第 3 节较柄节或第 4 节等长或稍长；触角基瘤突出。头顶深陷；复眼小眼面细粒，下叶长宽略等或长稍胜于宽。前胸背板横宽，表面不平，侧刺突发达。鞘翅较宽而长，两侧近于平行，背面较凸，尤其近基部常稍肿突。前胸腹板突低、狭、弧形；中胸腹板突中央有小瘤突或具龙骨状隆脊。中足胫节无斜沟，爪全开式。

分布：古北区、东洋区。世界已知 54 种，中国已知 14 种，本书记述 2 种。

（54）云纹灰天牛 *Blepephaeus infelix* (Pascoe, 1856)

Monohammus infelix Pascoe, 1856: 48.
Blepephaeus infelix: Hüdepohl & Heffern, 2004: 247.

别名：云纹肖锦天牛。

体长：15.0-20.5 mm。

体小，黑色，被灰褐色绒毛。触角自第 3 节起各节基部被淡灰色绒毛，有时端部数节全为黑褐色。每鞘翅具 2 条淡灰色绒毛的波浪状横纹，两条纹之间黑色，第 2 条横纹后具 1 条黑色的窄横纹，基部及后端被褐色绒毛。触角超过体长，雄性约为体长的 2 倍，雌性约超过体长的 1/4；柄节端疤小，完整，第 3 节长于柄节和第 4 节。前胸背板宽胜于长，具粗短侧刺突。鞘翅末端微斜截。

观察标本：1 雌，重庆北碚缙云山，850 m，2021.Ⅶ.10，田红敏。

分布：中国（重庆缙云山、陕西、浙江、江西、湖南、福建、广东、广西、四川、贵州）；韩国。

（55）灰天牛 *Blepephaeus succinctor* (Chevrolat, 1852)

Monohammus succinctor Chevrolat, 1852: 417.
Blepephaeus succinctor: Pascoe, 1866b: 250.

别名：深斑灰天牛。

体长：13.0-25.0 mm。

体栗黑色，触角较红，被厚密的绒毛。绒毛灰色，混杂棕红色。前胸背板具 4 条黑色和褐黑色绒毛斑纹，中区 2 条，侧区各 1 条。每鞘翅上在基部近中缝处各有不规则的长卵形大黑斑 1 个，有时被 1 灰色直纹瓜分为两个，在翅中部之后有 1 个三角形或不规则的长卵形大斑点，比较靠近侧缘；翅面还具其他不整齐的黑绒毛小斑。触角绒毛从第 3 节起基部较淡。触角雄性超过体长约 1/2，雌性较体略长。前胸背板宽胜于长，侧刺突发达。鞘翅基部有颗粒，翅末端微凹，外端角钝圆。

观察标本：1 雄，重庆北碚缙云山，850 m，2006.Ⅶ.8，王之劲；1 雄，重庆北碚缙云山，850 m，2009.Ⅵ.13，田立超；1 雌，重庆北碚缙云山，850 m，2009.Ⅵ.13，时书青。

分布：中国（重庆缙云山、陕西、江苏、上海、浙江、江西、湖南、台湾、广东、海南、香港、澳门、广西、四川、云南、西藏）；印度，尼泊尔，孟加拉国，越南，老挝，泰国，马来西亚。

45. 墨天牛属 *Monochamus* Dejean, 1821

Monochamus Dejean, 1821: 106. Type species: *Cerambyx sutor* Linnaeus, 1758.

属征（蒋书楠等，1985）：体长形。头部额高与宽略等，两边常内凹。触角较体长，有时基部数节下侧具稀疏缨毛，柄节端疤明显，闭式，第 3 节长于第 4 节，更长于柄节；触角基瘤突起，左右分开。复眼下叶高与宽略等。前胸背板大多横宽，侧刺突发达。鞘翅较长，大多向后渐狭。前胸腹板突低狭，弧形弯曲；中胸腹板突无瘤突，前端均匀弧形弯曲。中足胫节有斜沟；爪全开式。

分布：古北区、东洋区、旧热带区。世界已知 156 种（亚种），中国已知 31 种（亚种），本书记述 1 种。

（56）松墨天牛 *Monochamus alternatus* Hope, 1842

Monohammus alternatus Hope, 1842: 61.
Monochamus alternatus: Gressitt, 1951: 393.

体长：15.0-28.0 mm。

体橙黄色到红褐色，鞘翅上具有黑色与灰白色斑点。触角棕褐色，雄性第 1、2 节全部和第 3 节基部具有稀疏的灰白色绒毛；雌性除末端 2、3 节外，其余各节大部被灰白毛，端部深色。前胸背板有 2 条橙黄色纵纹，与 3 条黑色纵纹相间。小盾片密被橙色绒毛。每鞘翅具 5 条纵纹，由方形或长方形的黑色及灰白色绒毛斑点相间组成。腹面及足杂有灰白色绒毛。触角雄性超过体长的 1.0 倍，雌性约超出 1/3，柄节端疤闭式；第 3 节略长于第 4 节。前胸宽胜于长，具侧刺突。鞘翅基部具颗粒和粗大刻点，翅末端近乎平切。

观察标本：1 雄，重庆北碚缙云山，850 m，2007.Ⅴ.24，穆海亮；1 雌，重庆北碚缙云山，850 m，2008.Ⅴ.25，孙然；1 雄，重庆北碚缙云山，850 m，2008.Ⅴ.18，时书青；1 雄，重庆北碚缙云山，850 m，2007.Ⅹ.24，李竹。

分布：中国（重庆缙云山、北京、河北、山东、河南、陕西、江苏、安徽、浙江、湖北、江西、湖南、福建、台湾、广东、香港、澳门、广西、四川、贵州、云南、西藏）；韩国，日本，越南，老挝。

46. 异鹿天牛属 *Paraepepeotes* Pic, 1935

Paraepepeotes Pic, 1935: 16. Type species: *Paraepepeotes breuningi* Pic, 1935.

属征（林美英，2017）：体型一般中等大。头部触角基瘤突出；触角较体长很多，基部数节下沿有短缨毛，柄节较短，端疤发达完整，第3节长于柄节或第4节。复眼小眼面粗粒，下叶长大于宽。前胸背板侧刺突短。鞘翅肩部通常发达，向后微微渐狭，背面隆起，末端圆形或平切，中胸腹板突有瘤突，前端平截垂直。足长，胫节内侧没有发达的齿状突起；中足胫节外侧斜沟顶部有1个齿突；爪全开式。

分布：东洋区。世界已知13种（亚种），中国已知4种，本书记述1种。

（57）大理石异鹿天牛 *Paraepepeotes marmoratus* (Pic, 1925)

Monohammus marmoratus Pic, 1925a: 19.
Parepepeotes marmoratus: Breuning, 1943: 217.
Paraepepeotes marmoratus: Danilevsky, 2011: 323.

体长：20.0-27.0 mm。

体黑色，密被深灰色绒毛，具白色或黄色的绒毛斑纹：头部中央有纵纹1条，两侧各1条。触角褐黑色，4-6节基部被少量白色绒毛。前胸背板有细纵纹3条，中央1条，常与头部中央条纹相连，两侧各具1条。小盾片被白色绒毛。鞘翅具白色小圆斑点，大小和排列各异。雌性、雄性触角都远长于体。鞘翅末端圆形或平切。

观察标本：1雄，重庆北碚缙云山，850 m，2006.Ⅴ，冯波；1雄，重庆北碚缙云山，850 m，2000.Ⅵ.17，罗达璐；1雄，重庆北碚缙云山，850 m，2006.Ⅴ.20，冯波。

分布：中国（重庆缙云山、陕西、四川、云南、西藏）；印度，越南，老挝，缅甸。

47. 黄星天牛属 *Psacothea* Gahan, 1888

Psacothea Gahan, 1888: 400. Type species: *Monohammus hilaris* Pascoe, 1857.

属征（林美英，2017）：头顶在触角基瘤之间呈三角形下陷，触角基瘤突出，末端远离，基部互相靠近；前胸侧刺突短而弱；前胸腹板突在中部之后向两侧扩展，但最末端不更加扩大；前足基节窝向后开放；中胸腹板具瘤突；雄性的前足胫节不特化，跗节第1节不特化，约等于其后两节长度之和。

分布：古北区、东洋区。世界已知13种，中国已知4种（亚种），本书记述1种。

（58）黄星天牛 *Psacothea hilaris* (Pascoe, 1857)

Monohammus hilaris Pascoe, 1857: 103.
Psacothea (*Monohammus*) *hilaris*: Gahan, 1888: 400.

别名：桑黄星天牛、黄星桑天牛。
体长：16.0-30.0 mm。
体黑色，全身密被深灰色或灰绿色绒毛，并饰有黄色绒毛斑纹。头部中央有1条直纹，头顶两侧各有1条直纹或小型斑点，紧接前胸前缘，有时伸展到复眼后缘；额前部两侧各 1 条直纹；两颊各具 1 道横纹。前胸背板两侧各有长形毛斑 2 个，前后排成一直行；前胸腹侧片内缘各有小斑 2 个，凸片有纵纹 1 条。小盾片端略被黄色绒毛。鞘翅具多个小型圆斑点，斑点排列变异大。触角褐黑色，1-3 节被黄灰色绒毛，不紧密，4-11 节基部密被白色绒毛，显得黑白相间。雄性触角为体长的 2.5 倍，雌性约为 1.8 倍。前胸背板具侧刺突。鞘翅肩部具少数颗粒，末端近平直，外端角长。

观察标本：1 雄，重庆北碚缙云山，850 m，2005.Ⅸ，李勇；1 雄，重庆北碚缙云山，850 m，2009.Ⅴ.9，时书青；1 雄，重庆北碚缙云山，850 m，2009.Ⅴ.18，陈力；1 雄，重庆北碚缙云山，850 m，2011.Ⅴ.29，李竹；1 雄，重庆北碚缙云山，850 m，2007.Ⅵ.25，王之劲；1 雄，重庆北碚缙云山，850 m，2008.Ⅴ.31，冯波。

分布：中国（重庆缙云山、北京、河北、河南、陕西、甘肃、江苏、安徽、浙江、湖北、江西、湖南、福建、台湾、广东、海南、广西、四川、贵州、云南）；韩国，日本，越南。

48. 瘤筒天牛属 *Linda* Thomson, 1864

Linda Thomson, 1864: 122. Type species: *Amphionycha femorata* Chevrolat, 1852.

属征：体中等大小，近圆筒形。头部复眼内缘深凹，小眼面细，复眼下叶宽小于额宽的一半；触角较体短，柄节中等长，第 3 节长于柄节或第 4 节，以后各节渐次短而细，基部数节下沿有少许缨毛。前胸背板横宽（宽是长的 1.3 倍），基部之前和端部之后具横凹沟或缢缩，两侧缘中部各有 1 个圆形瘤突，背面具瘤突。鞘翅狭长，至少是头与前胸长度之和的 3.0 倍；肩部较前胸宽，背面平坦，具 2 或 3 条细纵脊，不具肩脊，肩部向后至侧缘中部稍凹入，翅端缘狭圆、斜切或稍凹入。前足基节窝关闭式或狭窄的开放式，后胸前侧片前端宽，后端狭，后足腿节不超过腹部第 2 节后缘，爪附齿式。雌性腹部末节中央有 1 条细纵沟。全身布满短绒毛。

分布：东洋区。世界已知 33 种（亚种），中国已知 28 种（亚种），本书记述 1 种。

（59）黑瘤瘤筒天牛 *Linda subatricornis* Lin et Yang, 2012

Linda (*Linda*) *subatricornis* Lin et Yang, 2012: 3.

体长：13.5-18.5 mm。

体长圆筒形，头及前胸黄褐色或红褐色，口器黑色，触角基瘤及触角黑色，小盾片黄褐色至红褐色，鞘翅黑色。腹面黄褐色至红褐色。足大部分黑色，腿节基部黄褐色。触角略短于体，第 3 节长于第 4 节，末节长于第 10 节。前胸背板横阔，背板两侧缘中后方各具 1 个瘤状隆起。鞘翅较前胸宽，末端略凹切。

观察标本：1 雌，重庆北碚缙云山，850 m，2005.Ⅳ.23，周蕊；1 雄 3 雌，重庆北碚缙云山，850 m，2007.Ⅳ.28，王之劲；1 雌，重庆北碚缙云山，850 m，1980.Ⅶ.6，郭安蜀。

分布：中国（重庆缙云山、北京、河北、陕西、宁夏、福建、四川）。

49. 脊筒天牛属 *Nupserha* Chevrolat, 1858

Sphenura Dejean, 1835: 350 (nec Lichenstein, 1820). Type species: *Saperda fricator* Dalman, 1817.
Nupserha Chevrolat, 1858: 358 (new name for *Sphenura* Dejean, 1835).

属征（林美英，2017）：体形较狭长，小至中型。头部较前胸稍宽或等宽；额近方形；触角基瘤左右分开，不突出；头顶平坦；触角较体稍长或等长，基部数节下沿有稀疏短缨毛，柄节较第3节稍短或稍长或几等长，以后各节长度相仿；复眼内缘深凹，小眼面细粒，下叶宽胜于高，长于其下颊。前胸背板长宽略等，背中域和侧缘中部有隆突，无侧刺突。小盾片后端平切或凹入。中足胫节外侧有明显斜沟，后足腿节超过第2腹节后缘，爪基部有附突。雄性后胸腹板末端中央有1对小乳突，腹部末节腹板中央有凹陷；雌性末腹节中央有细纵沟。

分布：古北区、东洋区。世界已知163种（亚种），中国已知34种（亚种），本书记述1种。

（60）黑翅脊筒天牛 *Nupserha infantula* (Ganglbauer, 1889)

Oberea infantula Ganglbauer, 1889: 83.
Nupserha infantula: Breuning, 1947: 57.

体长：7.5-13.0 mm。

体长圆筒形，头黑色，触角基部2节黑色，其余各节除端部黑色外大部分黄褐色。前胸黄褐色，小盾片大部分黄褐色，鞘翅灰黑色但基部黄褐色。腹面黄褐色具黑斑，通常中、后胸腹板和腹部腹板前3节具黑斑。足大部分黄褐色，但后足胫节基半部和跗节黑色。体被灰白色绒毛，胸部体腹面被淡黄短绒毛。触角细长，雌、雄性触角均稍长于虫体。鞘翅端缘微凹入，外端角略呈角状。

观察标本：2雄，重庆北碚缙云山，850 m，2011.Ⅴ.29，熊赛；3雄2雌，重庆北碚缙云山，850 m，2011.Ⅴ.29，李竹；1雄2雌，重庆北碚缙云山，850 m，2010.Ⅴ.9，田立超；1雌，重庆北碚缙云山，850 m，2008.Ⅴ.17，廖启行；1雄，重庆北碚缙云山，850 m，2009.Ⅴ.9，刘莹；1雌，重庆北碚缙云山，850 m，2010.Ⅶ.15，田立超；2雌，重庆北碚缙云山，850 m，2010.Ⅶ.15，吴贵怡；1雄，重庆北碚缙云山，850 m，2011.Ⅴ.29，时书青；1雌，重庆北碚缙云山，850 m，2006.Ⅶ.8，宋雅琴；1雌，重庆北碚缙云山，850 m，2008.Ⅴ.18，时书青；1雌，重庆北碚缙云山，850 m，2008.Ⅴ.18，田立超。

分布：中国（重庆缙云山、北京、河北、陕西、甘肃、浙江、湖北、江西、湖南、福建、广东、广西、四川、贵州、云南）；越南。

50. 筒天牛属 *Oberea* Dejean, 1835

Oberea Dejean, 1835: 351. Type species: *Cerambyx linearis* Linnaeus, 1761.

属征：体中等大小，瘦长。头部复眼呈肾形，内缘深凹，小眼面细；触角基瘤平坦、分离；触角细长，比体更短或更长，柄节略长且粗；第3节短于或长于第4节，总是显著长于柄节，第4节比其余各节稍长或稍短，末节比第1节更细。前胸背板近圆柱形，长胜于宽、长宽略等或宽胜于长，基部之前不强烈收缩，两侧缘微弱圆形，无侧刺突，背板凸出，在中区无瘤突或具瘤突。鞘翅狭长，肩部与前胸等宽或稍宽，其中部微弱地收缩，末端通常平截或弧形，鞘翅刻点有次序或无序地排列。足短，后足腿节一般不超过第2腹节后缘，中足胫节具1背隆起，跗爪具小附叶。后胸前侧片前端宽大，后端收狭。中足基节窝对中胸后侧片开放。

分布：世界广布。世界已知350种，中国已知77种（亚种），本书记述3种。

分种检索表

1. 头黑色 ·· 凹尾筒天牛 *O. walkeri*
- 头红褐色 ··· 2
2. 触角显著长于体长，触角第4节长于第3节 ··········· 台湾筒天牛 *O. formosana*
- 触角约等于体长，触角第3节长于第4节 ················ 黑胫筒天牛 *O. diversipes*

（61）黑胫筒天牛 *Oberea diversipes* Pic, 1919

Oberea diversipes Pic, 1919: 11.

体长：14.0-19.0 mm。

体红褐色，触角大部分黑褐色，基部3节和末端2节颜色较深，后足胫节和腹部末节末端通常黑褐色。鞘翅红褐色具黑色刻点，两侧缘黑褐色。触角与体约等长，第3节最长，第4节略长于柄节。前胸圆筒形，宽略胜于长。鞘翅狭长，向后略狭缩，末端凹切。后足腿节伸达第3可见腹节前缘。

观察标本：1雄，重庆北碚缙云山，850 m，2011.Ⅴ.29，李竹；1雄，重庆北碚缙云山，850 m，2008.Ⅴ.26，廖启行；1雌，重庆北碚缙云山，850 m，2009.Ⅴ.20，田立超。

分布：中国（重庆缙云山、河南、陕西、湖南、福建、广东、海南、四川、贵州、云南、西藏）；越南，老挝。

（62）台湾筒天牛 *Oberea formosana* Pic, 1911

Oberea formosana Pic, 1911: 20.

体长：8.0-17.5 mm。

体狭长，橙黄或者橙红色，被淡金黄色绒毛，并有淡黄或淡棕色细短竖毛。触角深棕色，基部2节较黑，各节下沿被淡色缨毛。鞘翅两侧和末端及腹部末节端部缘常呈深棕色。头宽于前胸。触角细长，触角约为体长的1.5倍，第4节显著长于第3节。前胸圆筒形，长宽略相等，无侧刺突。鞘翅极长，末端斜切内凹，内端角及外端角尖锐齿状。足短，腹狭长。

观察标本：3雄1雌，重庆北碚缙云山，850 m，2006.Ⅶ.8，王之劲；1雄，重庆北碚缙云山，850 m，2006.Ⅴ.20，王之劲；1雄，重庆北碚缙云山，850 m，2006.Ⅴ.20，娄兵海；1雌，重庆北碚缙云山，850 m，2006.Ⅶ.8，冯波。

分布：中国（重庆缙云山、河南、陕西、江苏、安徽、浙江、湖北、江西、湖南、福建、台湾、广东、海南、广西、四川、贵州）；朝鲜，印度，尼泊尔，孟加拉国，缅甸，越南，老挝，泰国，马来西亚，印度尼西亚。

（63）凹尾筒天牛 *Oberea walkeri* Gahan, 1894

Oberea walkeri Gahan, 1894b: 487.

体长：14.5-18.0 mm。

头部黑色，下唇须、下颚须黄褐色；触角深红褐色至黑色。前胸、小盾片黄褐色。鞘翅翅面大部分红棕色，刻点黑色，侧缘端部和翅缝棕黑色。腿节黄褐色，前、中足胫节的端部背面和后足胫节端部 3/4 深棕色，跗节深棕色。腹面大部分黄褐色，腹部第 2、3 节两侧有时具有黑斑，第 5 可见腹节除基部外黑色。额、触角、鞘翅被银白色绒毛，前胸、鞘翅、腹面及足被红黄色至黄色细绒毛。触角略等于体长，达或略超过鞘翅末端，第 3 节长于柄节和第 4 节。前胸宽胜于长。鞘翅末端斜截，内端角短刺状。腹面散布稀疏小刻点。后足腿节不超过第 2 腹节后缘，后足胫节为后足跗节的 2 倍。

观察标本：1 雌，重庆北碚缙云山，850 m，2012.Ⅵ.12，田立超；1 雄，重庆北碚缙云山，850 m，2012.Ⅵ.20，李竹；1 雌，重庆北碚缙云山，850 m，2012.Ⅵ.7，时书青。

分布：中国（重庆缙云山、河南、陕西、浙江、江西、湖南、福建、台湾、广东、海南、香港、广西、四川、贵州、云南、西藏）；印度，缅甸，越南，老挝。

51. 小筒天牛属 *Phytoecia* Dejean, 1835

Phytoecia Dejean, 1835: 351. Type species: *Saperda cylindrica* Fabricius, 1775 (= *Cerambyx cylindricus* Linnaeus, 1758).

属征：体小至中等大小，长形。头同前胸背板近于等宽，一般雄性头略宽于前胸。复眼深凹，小眼面细，额一般横宽。触角细长，雄性触角超过鞘翅，雌性触角达到鞘翅末端或短于鞘翅；触角基部前面 3 或 4 节下沿具稀少缨毛。前胸背板宽胜于长，不具侧刺突。鞘翅长形，端部渐狭，末端圆形或略平截。中胸腹板突狭窄，末端尖削。足中等长，后足腿节不超过腹部第 3 节，爪附齿式。

分布：古北区。世界已知 313 种，中国已知 18 种（亚种），本书记述 1 种。

（64）菊小筒天牛 *Phytoecia rufiventris* Gautier, 1870

Phytoecia rufiventris Gautier, 1870: 104.

体长：6.0-11.0 mm。

体小，圆筒形，黑色，被灰色绒毛，但不厚密，不遮盖底色。前胸背板中区具 1 近卵圆形的红色斑点。腹部、各足腿节（中、后足腿节除末端外）、前足胫节除外缘端部，以及中、后足胫节基部外沿均呈橘红色。触角下沿有稀疏的缨毛。复眼深凹，额横宽。触角细长，雄性触角超过鞘翅，雌性触角达到鞘翅末端或短于鞘翅。前胸背板宽胜于长，不具侧刺突。鞘翅端部渐狭，末端略平截。足中等长，后足腿节不超过腹部第 3 节，爪附齿式。

观察标本：1雌，重庆北碚缙云山，850 m，2008.Ⅳ.16，梁新利；1雌，重庆北碚缙云山，850 m，1987.Ⅳ.17，周玲红。

分布：中国（重庆缙云山、黑龙江、吉林、辽宁、内蒙古、北京、天津、河北、山西、山东、河南、陕西、宁夏、甘肃、江苏、安徽、浙江、湖北、江西、湖南、福建、台湾、广东、海南、广西、四川、贵州）；俄罗斯，蒙古国，朝鲜，韩国，日本，越南，格鲁吉亚，欧洲。

52. 吉丁天牛属 *Niphona* Mulsant, 1839

Niphona Mulsant, 1839: 169. Type species: *Niphona picticornis* Mulsant, 1839.

属征：头部稍短缩，额倒梯形，头顶稍陷；复眼断裂，下叶大多近方形，小眼面粗粒；触角与体等长或稍长，柄节粗短，无端疤。前胸短，表面具皱脊或沟。鞘翅近基部常有突起，翅端平截或凹入。中胸腹板凸片显著突起。中足基节窝开式，胫节无陷沟，爪半开式。

分布：古北区、东洋区。世界已知72种（亚种），中国已知21种，本书记述1种。

（65）叉尾吉丁天牛 *Niphona furcata* (Bates, 1873)

Ælara furcata Bates, 1873b: 314.
Niphona furcata: Matsushita, 1933: 358.

体长：13.0-24.0 mm。

体长形，体密被灰色、灰黄色及火黄色绒毛，各处深浅不一，灰色中常略带青色，黄色中有时带棕色。每鞘翅在基部近中缝处各有1脊状隆起，其上有1丛竖立的长绒毛；两脊突之后，常有1个八字形的淡色毛斑；翅中区及沿中缝到翅端一带毛色显然较他处为深。鞘翅端缘密生长毛。肩部较宽阔，向尾端收狭。复眼上下叶仅有一线相连。雄性触角较体略长，雌性较体略短；柄节无颗粒，短于第3节，第3节较第4节稍长。前胸背板无侧刺突，背板中央有1条纵形脊纹，其侧各有2条纵形隆起，外侧区具小瘤突。鞘翅基部纵形隆起，尾端外侧向后延伸，呈叉尾状。中足胫节无斜沟。

观察标本：1雌，重庆北碚缙云山，850 m，2011.Ⅳ.18，田立超。

分布：中国（重庆缙云山、山东、河南、江苏、浙江、湖北、江西、福建、台湾、香港、四川、云南）；日本。

53. 坡天牛属 *Pterolophia* Newman, 1842

Pterolophia Newman, 1842c: 370. Type species: *Mesosa bigibbera* Newman, 1842.

属征（蒋书楠等，1985）：体小至中型，较狭长。头部额近方形；头顶凹陷；复眼几断裂，小眼面较粗，下叶大多宽胜于高。触角一般较体短，柄节无端疤，与第3或第4节大致等长，第4节常等于第5、6节之和。前胸背板宽胜于长，无侧刺突，但两边中部常较膨大。鞘翅狭，但肩部常较前胸宽，背面常较拱凸，后端常显著坡状倾斜，翅端狭圆或稍斜截，翅面大多具纵脊或隆起。中胸腹板突无瘤突，中足基节窝开式，中足胫节无斜沟，爪半开式。

分布：世界广布。世界已知834种（亚种），中国已知90余种，本书记述1种。

（66）环角坡天牛 *Pterolophia* (*Hylobrotus*) *annulata* (Chevrolat, 1845)

Coptops annulata Chevrolat, 1845: 99.
Pterolophia annulata: Gahan, 1894a: 69.

别名：坡翅桑天牛。

体长：9.0-14.5 mm。

体棕红色；全身密被绒毛，一般基色从棕黄、棕红、深棕到铁锈红色，并杂有较浅色的毛。触角第3节起，基、端毛色较淡，但第4节中部极大部分被淡色毛。鞘翅中部具1灰白或灰黄色的宽横毛带。前胸背板中央及中后方毛色较淡，大都为灰白或灰黄色，有时形成2条淡色直纹。鞘翅基部中央呈淡棕红、淡红或淡棕黄色。触角短于体长，鞘翅端部向下倾斜，每翅中部以下有2条较显著的隆起直条纹，末端圆。

观察标本：1雌，重庆北碚缙云山，850 m，2009.Ⅵ.6，王宗庆；1雌，重庆北碚缙云山，850 m，2012.Ⅵ.7，李竹。

分布：中国（重庆缙云山、河北、河南、陕西、江苏、上海、浙江、湖北、江西、湖南、福建、台湾、广东、海南、香港、澳门、广西、四川、贵州、云南）；朝鲜，韩国，日本，缅甸，越南。

54. 双脊天牛属 *Paraglenea* Bates, 1866

Paraglenea Bates, 1866: 352. Type species: *Glenea fortunei* Saunders, 1853.

属征（林美英，2017）：体长形。触角细长，长于体长，基部数节下沿有稀疏缨毛；柄节稍微膨大，第3节约等于柄节或第4节；触角基瘤几乎不突出，彼此分开。复眼深凹，小眼面细；两性复眼下叶都长于颊。前胸背板宽大于长（雌性）或长宽略等（雄性），背面拱凸，有前后细横凹，两侧均匀微凸。鞘翅长，拱隆，鞘翅肩宽明显大于前胸背板宽，向后渐缩；鞘翅侧面有2条明显纵脊，从肩部开始，几达端部；鞘翅末端圆形。后胸前侧片呈长三角形，前端最宽，后端窄。足中等长，腿节棒状，后足腿节至少伸达第3腹节后缘，有时达第5腹节。雌性和雄性爪异型，雌性单齿式，雄性附齿式。雌性腹部末节中央有细凹沟。

分布：古北区、东洋区。世界已知10种（亚种），中国已知6种，本书记述1种。

（67）双脊天牛 *Paraglenea fortunei* (Saunders, 1853)

Glenea fortunei Saunders, 1853: 112.
Paraglenea fortunei: Bates, 1866: 352.

别名：苎麻双脊天牛、苎麻天牛、苧麻天牛。

体长：9.5-17.0 mm。

体被极厚密的淡色绒毛，从淡草绿色到淡蓝色，并饰有黑色斑纹，由体底色和黑绒毛所组成。淡黑两色的变异很大，形成不同的花斑型，特别是鞘翅。头部一般淡色，头顶或多或少黑色，有时黑区扩大，遍及头面全部。触角黑色，基部 3、4 节多少被草绿或淡蓝绒毛，特别是下沿。前胸背板淡色，中区两侧各有 1 个圆形黑斑。每鞘翅上有 3 个大黑斑：第 2 个处于基部外侧，包括肩部在内；第 2 个稍下，处于中部之前，向内伸展较宽，但亦不达中缝；第 3 个处于端部 1/3 处，显然由 2 个斑点所合并而成，中间常留出淡色小斑，处于靠外侧部分；第 2、3 两个斑点在沿缘折处由 1 条黑色纵斑使之相连；翅端淡色，有时各斑或多或少缩小或褪色，甚至完全消失；但最常见的是黑斑扩大，第 1、2 两斑完全并合，以致翅前半部完全黑色，中间仅留出 1 极小的有时模糊的淡色斑，作为两斑并合的痕迹；端部斑点亦扩大到更大面积，使中间淡斑消失；在此情况下，鞘翅全部被黑色所占据，仅留出中间 1 条淡色横斑和末端极小部分淡色。体腹面一般为淡色绒毛所覆，有时亦或多或少黑色。体上除上述绒毛外，还有淡灰色或黑色竖毛，一般腹面淡色，背面黑色，后者每根毛均着生于一个刻点内。翅末端圆形（林美英，2017）。

观察标本：1 雄，重庆北碚缙云山，850 m，2000.V.23，曾小芳；2 雄，重庆北碚缙云山，850 m，2006.V.20，蒋红波；1 雄，重庆北碚缙云山，850 m，2006.V.20，宋雅琴；1 雄，重庆北碚缙云山，850 m，2006.V.20，冯波。

分布：中国（重庆缙云山、黑龙江、吉林、北京、河北、河南、陕西、宁夏、江苏、上海、安徽、浙江、湖北、江西、湖南、福建、台湾、广东、广西、四川、贵州、云南）；韩国，日本，越南。

55. 并脊天牛属 *Glenea* Newman, 1842

Glenea Newman, 1842b: 301. Type species: *Saperda novemguttata* Guerin-Meneville, 1831.

属征（林美英，2017）：体小至中小型，近长方形。头部额高胜于宽，两侧凹入；复眼内缘深凹，小眼面细；触角基瘤分开，头顶浅陷；触角不十分长于身体，基部数节下沿具短缨毛，柄节无端疤。前胸背板近圆柱形，无侧刺突；两侧缘略呈弧形。鞘翅肩部最宽，向后渐狭，肩角明显，肩角下有 1-2 条直纵脊，翅面平，翅端平切或斜凹切，内端角突出，外端角常呈尖刺状。后胸前侧片呈长三角形，前端很宽，前缘凸弧形，后端狭。腹部第 1 节长于第 2、3 或 4 节，雌性的第 5 腹板中央有细纵沟。爪单齿或具附突。

分布：世界广布。世界已知 818 种，中国已知 97 种，本书记述 1 种。

（68）蝶斑并脊天牛 *Glenea papiliomaculata* Pu, 1992

Glenea (*s. str.*) *papiliomaculata* Pu, 1992: 608, 620.

体长：9.5 mm。

体较小，黑色，密被硫黄色绒毛；额中央有 11 狭条黑纵纹，后头具 1 黑横纹，触角略带红褐色；前胸背板中区有 2 黑纵斑，相互接近，不接触前、后缘，每斑中部稍窄。鞘翅大部分黑色，具硫黄色绒毛斑纹，沿中缝有 2 个合生斑纹，第 1 个在前半部，约呈"X"形纹，在"X"形纹内各有 1 个小圆斑；第 2 个在中部之后，呈蝶形斑纹，紧靠蝶纹外侧各有 1 小斑点；端部前有 1 短横斑，端缘有 1 狭斜纹；侧缘棕黄色，基部略有少许硫黄色绒毛，翅缘折基部亦具同色绒毛。足棕黄色，腿节中部、胫节端部及跗节暗褐色。雄性触角略长于虫体。

观察标本：1 雌，北碚，1986.Ⅶ，朱文炳。

分布：中国（重庆缙云山、云南）。

56. 小枝天牛属 Xenolea Thomson, 1864

Xenolea Thomson, 1864: 91. Type species: *Xenolea collaris* Thomson, 1864.

属征：体型小，触角细长，是雄性体长的两倍多。头不后缩；额近梯形；复眼小眼面粗粒。触角细长；柄节粗短，末端具小瘤，触角基瘤彼此呈直角状分离。前胸具侧瘤突；鞘翅平行，末端圆形；中足基节窝对中胸后侧片几乎关闭；中胸腹板突简单，逐渐倾斜；中足胫节外侧具斜沟；爪全开式。

分布：古北区、东洋区。世界已知 4 种，中国已知 3 种，本书记述 1 种。

（69）桑小枝天牛 Xenolea asiatica (Pic, 1925)

Æschopalea asiatica Pic, 1925b: 16.
Xenolea asiatica: Breuning, 1949: 3.

体长：5.5-9.0 mm。

体小型，深棕红色，前胸背板和鞘翅杂有一部分淡棕色，鞘翅则深浅棕色形成片状斑点。全体被灰黄色绒毛，背面的较黄，腹面的有时略带绿色；绒毛分布不匀，特别是在鞘翅上，较密的毛区形成许多不规则形的斑纹，且每一刻点内具 1 根长而深色的硬毛。触角细长，雄性超出体长 1 倍，雌性略短。鞘翅末端圆形。

观察标本：1 雌，重庆北碚缙云山，850 m，1985.Ⅵ.27，廖敏；1 雄，重庆北碚缙云山，850 m，1985.Ⅵ.27，张志东。

分布：中国（重庆缙云山、河南、浙江、湖北、江西、台湾、广东、海南、香港、广西、四川、云南）；韩国，日本，印度，缅甸，越南，老挝，泰国。

57. 突天牛属 Zotalemimon Pic, 1925

Zotalemimon Pic, 1925a: 29. Type species: *Zotalemimon apicale* Pic, 1925 (= *Sybra posticata* Gahan, 1895).

属征：体小型，狭长。头部厚胜于宽；后头强烈斜向额部，额一般宽胜于高，两边凹入；复眼下叶高与宽略等，与其下颊部等高；触角基瘤显著突出，基部分开；头顶宽浅陷。触角较细，短于或长于身体，柄节膨大，第 3 节远长于柄节。前胸圆柱形，无侧刺突，表面粗糙。鞘翅狭长，末端两角稍突出。前胸腹板凸片低。中足胫节有沟。

分布：东洋区。世界已知 22 种，中国已知 6 种，本书记述 1 种。

（70）脊胸突天牛 Zotalemimon costatum (Matsushita, 1933)

Sydonia costata Matsushita, 1933: 379.
Zotalemimon costata: Özdikmen, 2006: 268.
Zotalemimon costatum: Löbl & Smetana, 2010: 228.

体长：9-10 mm。

体狭长，近于圆筒形，棕黑色；体背被暗灰色绒毛。触角暗棕色，柄节密被黄褐色毛，其余各节的毛灰白色。前胸被致密的暗灰色绒毛，中纵脊基部黄白色；侧缘略灰白色。小盾片密被灰黄色毛。鞘翅基半部的毛暗灰色，基部 1/3 近中缝中央及后半部密被淡黄白色毛；翅中央有 1 列黑色纵脊突，其中 3 个位于基部，2 个位于中点附近。腹面及足淡红棕色，被黄白色毛，末节腹板中央具 1 圆形大黑斑。额近四方形；触角细长，略超过体长。前胸长显胜于宽，背面具 5 条显著的纵脊。鞘翅狭长，末端窄、平切；各鞘翅具 4 条完整的纵脊。足粗短，后足腿节末端伸达第 4 腹节。

观察标本：1 雌，重庆北碚西农，2004.Ⅳ.22。

分布：中国（重庆缙云山、浙江、福建、台湾、海南）；日本。

三、金龟科 Scarabaeidae

路园园　白　明

中国科学院动物研究所

体长 1.0-180.0 mm，体形多样，颜色多变，具或无金属光泽，被毛或光裸。触角通常 8-10 节，鳃片部 3-7 节。眼眦可见，不完全分割复眼；唇基具或无瘤或角突；上唇通常明显，突出或不突出于唇基；上颚多样，下颚须 4 节，下唇须 3 节。前胸背板多样，具或无脊和角突。鞘翅拱起或平坦，具或无刻点行。小盾片可见或无，三角形或抛物线形。足基节窝横向或圆锥形；前足胫节外缘具齿，1 枚端距；中后足胫节细长或粗壮，具 1-2 枚端距；爪简单或具齿或不等大。腹部可见 5-7 节，5-7 对功能性气门位于联膜、腹板或背板上。后翅发达或退化。雄性生殖器双叶状或愈合。

本科世界广布，我国分布 9 亚科，本书记述北碚区有分布的 12 属 20 种（包括观察标本及资料记录，详见各物种介绍），隶属于 5 亚科：蜣螂亚科 Scarabaeinae、鳃金龟亚科 Melolonthinae、丽金龟亚科 Rutelinae、犀金龟亚科 Dynastinae 和花金龟亚科 Cetoniinae。

分亚科检索表

1. 唇基侧面收缩，从而触角基节背面可见···花金龟亚科 Cetoniinae
- 触角基节背面不可见··2
2. 各腹板从两侧向中部明显变窄，腹部中线长度短于后胸腹板；小盾片通常不可见·········
···蜣螂亚科 Scarabaeinae
- 腹板正常，不向中部明显变窄，腹部中线长度长于后胸腹板；小盾片通常可见·········3
3. 中、后足爪大小不相等，且可以独立活动···丽金龟亚科 Rutelinae
- 中、后足爪大小相等，且不可以独立活动［鳃金龟亚科 Melolonthinae 单爪金龟属 *Hoplia* 仅具 1 爪］
···4
4. 中、后足爪简单；前胸背板基部和鞘翅宽度近相等；后足胫节具 2 个端距；上颚背面可见·········
···犀金龟亚科 Dynastinae
- 中、后足爪分叉或具齿，有时简单，但其前胸背板基部明显窄于鞘翅；后足胫节具 1-2 个端距或无端距；上颚背面不可见···鳃金龟亚科 Melolonthinae

（九）蜣螂亚科 Scarabaeinae

体小至大型，体长 1.5-68.0 mm。体卵圆形至椭圆形。体躯厚实，背腹均隆拱，尤以背面为甚，也有体躯扁圆者。体色多为黑色、黑褐色至褐色，或有斑纹，少数属种有金属光泽。头前口式，唇基与眼上刺突连成一片，似铲，或前缘多齿形，口器被盖住，背面不可见。触角 8-9 节，鳃片部 3 节。前胸背板宽大，有时占背面的 1/2 乃至过半。多数种类小盾片不可见。鞘翅通常较短，多有 7-8 条刻点沟。臀板半露，即臀板分上臀板和下臀板两部分，由臀中横脊分隔，上臀板仍为鞘翅盖住，下臀板外露，此为本亚科重要特征。许多属种，主要是体型较大的种类，其上臀板中央有或深或浅的纵沟，用以通气呼吸，称为气道。腹部气门位于侧膜，全为鞘翅覆盖。腹面通常被毛，背面有时也被毛。部分类群前足无跗节。中足基节左右远隔，多纵位而左右平行，或呈倒八字形着生。后足胫节只有 1 枚端距。很多属种性二型现象显著，其成虫的头面、前胸背板着生各式突起。

世界性分布。世界已知 235 属 5800 余种，中国已知 32 属 364 种，本书记述 3 属 3 种。

分属检索表

1. 下唇须第 2 节长于第 1 节，第 3 节非常小，经常完全缺失 ·················· 嗡蜣螂属 *Onthophagus*
- 下唇须第 2 节比第 1 节短，第 3 节总是很长 ··· 2
2. 体大型；鞘翅具 2 条侧隆脊 ·· 洁蜣螂属 *Catharsius*
- 体小型；鞘翅具 1 条侧隆脊 ··· 小粪蜣螂属 *Microcopris*

58. 洁蜣螂属 *Catharsius* Hope, 1837

Catharsius Hope, 1837: 21. Type species: *Scarabaeus molossus* Linnaeus, 1758.

属征：宽阔，强烈拱起。头部宽阔，半圆形，常具角突。触角 9 节，鳃片部长且被毛。颏横阔。前胸背板通常具角突，基缘具饰边。小盾片缺失。鞘翅具 7 条刻点行，1 条侧隆脊取代第 8 刻点行，共具 2 条侧隆脊。腹部完全被覆盖。足较短，前足胫节外缘具 3 齿。中足基节长，平行，中等远离。中后足胫节向端部强烈扩展，外侧至少具 2 个横脊，中足胫节具 2 端距。所有足均具跗节，后足跗节扩展，端部节窄于基部节，第 1 节明显长于第 2 节。

分布：世界广布。本书记述 1 种。

（71）神农洁蜣螂 *Catharsius molossus* (Linnaeus, 1758)

Scarabaeus molossus Linnaeus, 1758: 347.
Catharsius molossus: Harold, 1877: 44.

体长 23-40 mm。身体卵形，强烈拱起，背面中度光亮，无毛，仅头部和前胸背板少量被毛。身体黑色，口须、触角和足略红褐色。

雄性：头部横阔，前缘半圆弧状；前缘中央无凹，颊向两侧强烈延伸，颊侧角为锐角，前缘饰边中部宽于两侧；唇基和颊分界明显，前缘在分界线处明显具凹；头部角突位于复眼连线中央略前处，角突直，通常短于头长，有时与头长接近，基部近圆锥状，向端部两侧平行，基部两侧各具 1 个小齿；表面光亮且光滑，唇基布少量皱纹近无刻点，颊布稍密且粗大刻点，角突布不规则刻纹或粒突点。前胸背板强烈拱起，宽是长的 1.9 倍，基部具弱纵中线；前缘具二曲，具细饰边，侧缘饰边细，前角明显前伸，近直角状，后角圆钝；基缘具饰边，中部向后延伸；盘区近前缘处为陡峭斜坡，斜坡顶部为横脊状，横脊两端各具 1 个圆钝突起，横脊中部向前突出，突出中央具弱凹；弱光亮，中央疏布模糊刻点，近两侧和基部刻点趋于密和粗糙。鞘翅强烈拱起，长是宽的 1.8-1.9 倍；刻点行弱，行上刻点弱，行间平坦。足：粗壮，中、后足胫节向端部逐渐变宽。阳茎侧面观基侧突与基板为钝角状。

雌性：头部具 1 不高耸的横脊，横脊背面观顶端略凹，侧面观双叶状；表面密布粗大刻点或皱纹；前胸背板均匀拱起，盘区前面无陡峭斜坡，具弱弯横脊；刻点明显比雄性粗大。鞘翅行间更拱起。

资料记录：该种分布区域广，根据重庆市昆虫记录广布于重庆，添加至此，以供参考。

分布：中国（重庆、北京、河北、河南、浙江、上海、福建、台湾、广东、香港、四川、贵州、云南、西藏）；越南，老挝，柬埔寨，泰国，印度，尼泊尔，斯里兰卡，巴基斯坦，阿富汗，印度尼西亚。

59. 小粪蜣螂属 *Microcopris* Balthasar, 1958

Microcopris Balthasar, 1958: 474. Type species: *Scarabaeus reflexus* Fabricius, 1787.

属征：体小型，中等拱起，非常光亮，黑色，有时具微弱金属光泽，通常光裸无被毛。头部唇基前缘中央具凹，有时唇基具弱小角突，触角 9 节。前胸背板横阔，常布粗大刻点，基缘附近具槽线，通常无角突，纵中线明显；前胸背板腹面触角窝深且具明显边缘。小盾片缺失。鞘翅较长，具 9 条刻点行，具 1 条侧隆脊，刻点行较深。后胸腹板长。足较短，腿节粗壮；前足胫节外缘具 3 或 4 齿，前足跗节非常短，向端部强烈扩展；中足基节长，近平行。中足胫节外缘无横脊，后足胫节外缘具 1 横脊；中后足跗节较短，第 1 节是第 2 节长度的 2 倍及其以上。腹板非常短。两性差别较小。

分布：东洋区。本书记述 1 种。

（72）近小粪蜣螂 *Microcopris propinquus* (Felsche, 1910)

Copris propinquus Felsche, 1910: 347.
Microcopris propinquus: Balthasar, 1963: 377.

体长 10-11 mm。身体长卵形，中度拱起，背面非常光亮，无毛，仅头部和前胸背板少量被毛。身体黑色或棕黑色，口须、触角和足略红褐色。

雄性：头部横阔，前缘半圆弧状；前缘中央具"V"形深凹，凹两侧略叶片状突出和上翘，颊向两侧强烈延伸，颊侧角近直角，前缘饰边中部宽于两侧；唇基和颊分界明显，前缘在分界线处无明显凹入；头部角突位于复眼连线中央略前处，角突圆锥形，短于头长之半；表面光亮且光滑，唇基疏布圆刻点，颊布稍密且粗大刻点，角突布与唇基接近的刻点。前胸背板均匀拱起，宽是长的 1.8 倍，纵中线由刻点组成几乎到达前后缘；前缘具二曲，具细饰边，侧缘饰边细，前角明显前伸，圆弧状，后角圆钝；基缘具饰边，中部向后延伸；盘区无陡峭斜坡和突起；光亮，邻近纵中线两侧光裸，向外则趋于密布深圆刻点，近两侧和基部刻点趋于密和粗糙。鞘翅均匀拱起，长是宽的 2.1-2.2 倍；刻点行明显深凹，行上刻点明显，鞘翅第 8 刻点行完整或者在端部刻线被刻点替代，鞘翅端部与盘区刻点同样稀疏且细小，第 9 刻点行缺失，行间扁拱，疏布小但明显刻点。臀板横阔，均匀凸出，光亮。前足胫节端距简单，中足胫节端部突然加宽，后足胫节向端部逐渐变宽，外缘具 1 发达齿。阳茎侧面观基侧突与基板呈钝角状。

雌性：头部无角突，有时具横脊。

观察标本：1 雄，重庆缙云山，700-850 m，2021.Ⅶ.8-13，滕备。

分布：中国（重庆缙云山、浙江、福建、台湾、四川、云南）；老挝。

60. 嗡蜣螂属 *Onthophagus* Latreille, 1802

Onthophagus Latreille, 1802: 141. Type species: *Scarabaeus taurus* Schreber, 1759.

属征：体小到中型，个别微型；光滑或密被或疏被柔毛或刚毛，通常具角突，有时角突不明显。唇基与眼片融合，前缘形态多样，从圆形无齿到具弱齿或锐齿。触角短，9 节，偶尔 8 节，第 1 节较长，有时具毛列。前胸背板侧缘中部最宽且呈圆钝或尖锐的角，后角通常不明显，基部圆弧形，圆钝或者叶状。小盾片缺失。鞘翅完全覆盖腹部，具 1 条侧脊和 7 条刻点行。中后胸腹板近于直，后胸腹板有时凹。腹部短，臀板横脊弱或明显。足粗壮，前足胫节外缘通常具 4 齿，偶尔 3 齿，齿间通常具小齿；中后足胫节向端部强烈扩展，端缘近于直，偶尔三叶状；前足跗节细长，中后足跗节略扁平，内缘具稠密硬毛，外缘具稀疏硬毛，第 1 节中等长度，第 2 节稍窄，通常短于第 1 节的一半，第 3 节是第 2 节长度之半，第 4 节是第 3 节长度之半，第 5 节细长。**雄性**：通常头部和/或前胸背板具发育程度不同的角突，第 6 腹板中部非常短；前足胫节通常延长，有时端缘与内侧缘近垂直，有时短于雌性；前足胫节端距通常扩展，弯曲。**雌性**：角突有时与雄性角突形状接近但不发达，或者具形状完全不同的较弱的角突，第 6 腹板中部纵向通常较长。有时触角两性不同；前足胫节端距通常针状，不强烈向下弯曲。

分布：世界广布。本书记述 1 种。

（73）缙云后嗡蜣螂 *Onthophagus* (*Matashia*) *ginyunensis* Všetečka, 1942

Onthophagus ginyunensis Všetečka, 1942: 255.

体长 9 mm。身体卵形，强烈拱起，背面非常光亮，无明显被毛。身体黑色，鞘翅基部和端部具橘黄色斑，口须、触角和足略红褐色。

雄性：头部横阔，前缘半圆弧状；前缘中央具三角形凹，凹两侧略上翘，颊向两侧强烈延伸，颊侧角钝角状，前缘饰边中部宽于两侧；唇基和颊分界明显，前缘在分界线处不明显凹入；头部具 2 条横脊，无角突；表面光亮，唇基密布皱纹状刻点，颊布稍细密刻点。前胸背板强烈拱起，宽约是长的 1.5 倍，槽状纵中线模糊；前缘二曲，具细饰边，侧缘饰边细，前角明显前伸，锐角状，后角圆钝；基缘具饰边，中部略向后延伸；盘区近前缘处为陡峭斜坡，中部无三角形隆突，两侧具凹槽，从不向两侧呈角突状延伸；

光亮，中央疏布圆刻点，近两侧和基部刻点趋于密和粗糙。鞘翅强烈拱起，长约是宽的 2 倍；基部黄斑有时分为 2-3 个，有时趋于融合，端部黄斑通常连接且横贯；刻点行明显，行上刻点明显，行间扁拱，基部具细小粒突，疏布粗大圆刻点，近基部刻点趋于大和浅。臀板横阔，均匀凸出。中、后足胫节向端部逐渐变宽。阳茎侧面观基侧突与基板近直角状。

雌性：前胸背板均匀拱起，盘区前面无陡峭斜坡或仅具弱斜坡，近后角无角突或仅具弱角突。

资料记录：根据原始文献中模式产地："Ginyün，China"添加至此。

分布：中国（重庆缙云山、浙江）。

（十）鳃金龟亚科 Melolonthinae

体长 3.0-60.0 mm，体常为红棕色或黑色，有些种类带蓝色金属光泽或绿色光泽，或些许鳞毛。体表被显著刚毛或鳞毛。头部常无角突。眼分开，小眼为晶锥眼。上唇位于唇基之下，或与唇基前缘愈合，横向、窄形或圆锥形。触角窝从背面不可见，触角通常 10 节，罕见 11 或 7 节；触角鳃片部 3-7 节。上颚发达，几丁质化，从背侧看不到或只能看到少许。胸部和前胸背板无角突。小盾片外露。中胸后侧片被鞘翅基部所覆盖。爪简单，分裂，齿状或梳状。后足爪常成对，等大；或仅单爪（单爪金龟族 Hopliini 大部分种类）。后足胫节端部有 1-2 根刺，相邻或被跗节基部分开。中胸气门完整，节间片严重退化。鞘翅边缘直，肩部后侧无凹陷。翅基第 1 腋片前背侧边缘强烈弧形，后背侧表面中部明显变窄。臀板可见。雌雄二型性不明显。

世界性分布。本书记述 1 属 1 种。

61. 码绢金龟属 *Maladera* Mulsant *et* Rey, 1871

Maladera Mulsant *et* Rey, 1871: 599. Type species: *Scarabaeus holosericea* Scopoli, 1772.

属征：体小到大型，体长 4.5-12.0 mm，卵圆形，全体黑色、红褐色、黄褐色或杂色。体背侧暗淡或具强烈光泽，一些种类具虹彩光泽。鞘翅或布黑斑或具弱绿色光泽。大部分种类光裸无毛，但一些种类密被刚毛。触角 10 节，鳃片部 3 节，大部分种类触角短。前胸背板适度扩阔，前角明显前伸。前背折缘基部隆起。大部分种类足短宽。后足胫节末端与跗节接合处具深或浅凹陷。

分布：古北区、东洋区、新北区。本书记述 1 种。

（74）东方码绢金龟 *Maladera* (*Omaladera*) *orientalis* (Motschulsky, 1858)

Serica orientalis Motschulsky, 1858a: 33.
Maladera (*Omaladera*) *orientalis*: Ahrens, 2006: 14.

体长 6.0-9.0 mm，体宽 3.4-5.5 mm。体小型，近卵圆形，体黑褐或棕黑色，亦有少数淡黑色个体，体表较粗而晦暗，有微弱丝绒般闪光。唇基布皱刻点，中央微隆凸，额唇基沟钝角形后折。触角 10 节，鳃片部 3 节组成，雄性触角鳃片部约为余节之倍。鞘翅有 9 条刻点沟，沟间带微隆拱，散布刻点，缘折有成列纤毛。臀板宽大三角形，密布刻点。胸部腹板密被绒毛，腹部每腹板有 1 排毛。前足胫节外缘 2 齿；后足胫节较狭厚，布少数刻点，胫端 2 距着生于跗节两侧。

分布：中国（重庆、浙江、吉林、辽宁、内蒙古、北京、河北、山西、山东、宁夏、甘肃、江苏、上海、安徽、湖北、湖南、福建、台湾、广东、海南）；俄罗斯，蒙古国，韩国，日本。

（十一）丽金龟亚科 Rutelinae

成虫大多数色彩鲜艳，具金属光泽，以绿色居多。触角 9-10 节，端部 3 节鳃叶状。跗节具 2 个大小不对称、能活动的爪，大多数种类前、中足大爪分裂，少数种类或仅雌性简单，小爪简单，不分裂。

世界性分布。世界已知约 230 属 4200 种，中国已知 25 属 500 余种，本书记述 6 属 14 种。

分属检索表

1. 上唇角质，前缘中部延伸成喙状，部分与唇基融合 ················喙丽金龟属 *Adoretus*
- 上唇膜质，前缘中部不延伸成喙状，与唇基明显分离 ···2
2. 体背偏扁平；前胸背板后缘中部弧形弯缺；鞘翅向后明显收狭 ········弧丽金龟属 *Popillia*
- 体背偏隆拱；前胸背板后缘弧形后扩或近横直；鞘翅向后不明显收狭 ···························3
3. 中胸腹板具发达前伸腹突；鞘翅长，盖过前臀板 ··················矛丽金龟属 *Callistethus*
- 中胸腹板无前伸腹突或前伸腹突短 ···4
4. 体长椭圆形；后足显著伸长，后足胫节伸直几达腹部末端 ········长丽金龟属 *Adoretosoma*
- 体椭圆形；后足不显著伸长 ···5
5. 前胸腹板于前足基节之间有垂突 ·····································彩丽金龟属 *Mimela*
- 前胸腹板简单无垂突 ···异丽金龟属 *Anomala*

62. 长丽金龟属 *Adoretosoma* Blanchard, 1851

Adoretosoma Blanchard, 1851: 234. Type species: *Adoretosoma elegans* Blanchard, 1851.

属征：体中型，长椭圆形，隆拱不强，具金属光泽，背面不被毛，腹面毛稀弱。唇基横梯形或半圆形。前胸背板中部最宽，基部显狭于鞘翅，后缘中部后弯，后缘边框完整，表面布不密刻点。小盾片圆三角形或半圆形。鞘翅长，两侧近平行，肩疣发达；点行明显，略深。无中胸腹突。前足胫节 2 齿；前中足大爪分裂；后足长，后足胫节伸直几达腹端。

雄性：前足胫节通常宽，前足跗节粗，大爪宽扁，其内侧面近下缘有 1 细微齿突。

雌性：前足胫节较窄，前足跗节细，大爪正常。

分布：东洋区。世界已知 22 种，中国已知 13 种，本书记述 1 亚种。

（75）黑跗长丽金龟 *Adoretosoma atritarse atritarse* (Fairmaire, 1891)

Phyllopertha atritarse Fairmaire, 1891: xi.
Adoretosoma atritarse: Ohaus, 1905: 82.

体长 9.0-12.0 mm，宽 5.0-6.5 mm。体浅黄褐色，头后半部、前胸背板中部、小盾片、鞘翅蓝黑色或墨绿色，中后足胫端和跗节（有时仅每节端半部）黑色；雌性头部和前胸背板浅黄褐色。体长形。唇基近半圆形，上卷强。前胸背板十分光滑，刻点纤细而疏，后角钝角形。鞘翅背面有 5 条细刻点行，行距窄而平，行距 2 基部具 1 列细刻点。臀板疏布细（雄）或粗密（雌）刻点。雄外生殖器阳基侧突近端部具 1 三角形齿，端部外弯。

观察标本：1 雌，重庆缙云山，700-850 m，2021.VII.8-13，滕备。

分布：中国（重庆缙云山、浙江、江苏、湖北、江西、湖南、福建、台湾、广东、四川、贵州、云南、西藏）。

63. 喙丽金龟属 *Adoretus* Dejean, 1833

Adoretus Dejean, 1833: 157. Type species: *Melolontha nigrifrons* Steven, 1809.

属征：体长形；通常褐色，背腹面常被短毛、刺毛或鳞毛，有时鞘翅毛浓集为小毛斑。头宽大，复眼发达；唇基通常近半圆形；上唇中部狭带状向下延伸如喙；触角 10 节，甚少 9 节。鞘翅长，外缘和后缘无缘膜。前足胫节外缘具 3 齿，内缘具 1 距；前、中足大爪通常分裂。雄性臀板通常隆拱强；雌性臀板通常隆拱弱。

分布：世界广布。世界已知约 480 种，中国已知 29 种，本书记述 1 种。

（76）毛斑喙丽金龟 *Adoretus* (*Lepadoreus*) *tenuimaculatus* Waterhouse, 1875

Adoretus tenuimaculatus Waterhouse, 1875: 112.

体长 9.0-11.0 mm，宽 4.0-5.0 mm。体暗褐色，有时腹面和足略浅。全体密被灰白色细窄短鳞毛，鞘翅纵肋通常具若干小毛斑，端突毛斑较大，其外侧具 1 小毛斑，臀板中部杂被颇密长竖毛。

体长形，有时后部略宽。唇基半圆形，上卷强，在黑色边缘后密生 1 列短毛，表面布颇密小粒疣；额唇基缝后弯；额头顶部皱刻粗密，靠近额唇基缝布小粒疣；上唇及其喙状部边缘有锯齿状深裂，喙状部的中纵脊较发达；触角 10 节，鳃片部与前 6 节之和几乎等长，第 3 节较长，第 4-6 节均较短。前胸背板甚横宽，长宽比 3：7，刻点浓密粗浅，边缘不甚清晰，点间隆起形成褶皱；侧缘圆角状弯突，前角略小于直角，向前突出，后角近直角形。小盾片宽三角形，表面刻点如前胸背板。鞘翅密布粗刻点，纵肋弱脊状隆起，肩突不发达，端突发达。臀板隆拱强，表面沙革状，端缘具 1 光滑三角形区。腹部侧缘具脊边。前足胫节 3 齿，基齿细小，远离中齿；前、中足大爪的爪齿较发达；后足胫节宽，纺锤形，外侧缘具 1 齿突。雄外生殖器阳基侧突侧缘角状弯突，向端部渐尖细。雌性鞘翅缘折向后逐渐细窄。

资料记录：本种定名标本分布于江津、城口；根据重庆市昆虫记录该种分布北碚区，故添加至此。

分布：中国（重庆北碚、辽宁、陕西、浙江、福建、湖南、台湾、广东、贵州）；朝鲜，韩国，日本。

64. 异丽金龟属 *Anomala* Samouelle, 1819

Anomala Samouelle, 1819: 191. Type species: *Melolontha frischii* Fabricius, 1775.

属征：体通常椭圆或长椭圆形，有时短椭圆或长形。唇基和额布刻点或皱褶，多数二者共有形成皱刻；头顶通常布较疏细刻点；触角9节，通常鳃片短于其余各节总和。前胸背板宽胜于长，基部不显狭于鞘翅；侧缘在中部或稍前处圆形或圆角状弯突；中央有时具1纵沟、纵隆脊或光滑纵线；后缘中部向后圆弯。小盾片近三角形或半圆形。鞘翅长，盖过臀板基缘；肩疣不十分发达，从背面可见鞘翅外缘基边；鞘翅缘膜通常发达。无前胸腹突和中胸腹突。前足胫节外缘1-3齿，多数2齿，内缘具1距；中、后足胫节端部各具2端距；前中足大爪通常分裂，后足大爪不分裂。

分布：世界广布。世界已知约1000种，中国已知200余种，本书记述8种。

分种检索表

1. 前胸背板盘区草绿色至墨绿色，具金属光泽 ··· 2
   前胸背板浅褐色至深褐色 ··· 6
2. 鞘翅匀布浓密刻点和横刻纹，沟行深显，行距窄，圆角状强隆 ············ 绿脊异丽金龟 *A. aulax*
   鞘翅表面不具横刻纹，行距不显著隆起 ·· 3
3. 全体一色，均为绿色 ··· 4
   体背与腹面颜色不同，且前胸背板边缘黄色 ·· 5
4. 腹部侧缘明显脊状隆起，除末节外被颇密长白毛 ·································· 毛边异丽金龟 *A. coxalis*
   腹部侧缘仅基部2节有不甚明显隆起，不被毛 ·· 大绿异丽金龟 *A. virens*
5. 体背绿色金属光泽强；前胸背板和鞘翅刻点细小 ······························ 皱唇异丽金龟 *A. rugiclypea*
   体背暗绿色，带弱金属光泽；前胸背板和鞘翅刻点粗密 ·················· 铜绿异丽金龟 *A. corpulenta*
6. 前胸背板及鞘翅密被短细伏毛 ··· 川毛异丽金龟 *A. pilosella*
   前胸背板及鞘翅光滑，不被毛 ·· 22
7. 腹部侧缘前4节具强脊边 ·· 绿丝异丽金龟 *A. viridisericea*
   腹部侧缘圆 ··· 弱脊异丽金龟 *A. sulcipennis*

（77）绿脊异丽金龟 *Anomala aulax* (Wiedemann, 1823)

Melolontha aulax Wiedemann, 1823: 93.
Anomala aulax: Burmeister, 1844: 255.

体长12.0-18.0 mm，宽6.0-9.0 mm，体背草绿色，带强金属光泽，唇基、前胸背板宽侧边、鞘翅侧边端缘（有时不太清晰）、臀板端半部（基半部通常暗褐至黑褐色，有时成2黑褐斑）、胸部腹面和各足腿节浅黄褐色有时浅红褐色，腹部和胫跗节红褐或浅红褐色，后足胫跗节颜色深。

体长椭圆形，体背隆拱。唇基宽横梯形，前缘近直，上卷不强，前角宽圆，密布粗深刻点，点间成横皱；额部刻点浓密而粗，部分形成褶皱；头顶部刻点如额部，侧缘较疏；触角鳃片部长于其前5节总长。前胸背板密布略深横刻点，中纵沟深显；侧缘匀圆弯突，前角锐角前伸，后角圆；后缘沟线中断。小盾片圆三角形，侧缘弯突，刻点如前胸背板。鞘翅匀布浓密刻点和横刻纹，沟行深显，行距窄，圆角状强隆。臀板隆拱强，密布横刻纹。足不发达，前足胫节具2齿；后足胫节中部略宽膨；前、中足大爪分裂。雄性外生殖器阳基侧突宽，近端部收窄，向外侧弯曲，几成直角，形如镰刀状，且两侧阳基侧突部分遮盖；阳基侧突底面自中部收窄成细长刺状，稍外弯，端部向外侧成齿；底片发达，端部具2小齿，向腹面弯曲。

观察标本：1雄，重庆缙云山，700-850 m，2021.VII.8-13，滕备。

分布：中国（重庆缙云山、浙江、安徽、湖北、江西、湖南、福建、台湾、广东、海南、香港、广西、四川、贵州、云南、西藏）；俄罗斯，朝鲜，韩国，越南。

（78）铜绿异丽金龟 *Anomala corpulenta* Motschulsky, 1854

Anomala corpulenta Motschulsky, 1854b: 28.

体长15.5-20.0 mm，宽8.5-11.5 mm。头、前胸背板和小盾片暗绿色，唇基和前胸背板侧边浅黄色，鞘翅绿或黄绿色，带弱金属光泽，有时侧边和后缘略带褐色；臀板褐或浅褐色，通常基部中央具1大三角形斑，侧缘中部小斑，黑褐色，有时黑斑全缺或仅见侧小斑；腹面和腿节黄褐色；胫跗节红褐色，或臀板、腹面和足褐色，胫跗节色深。

体椭圆形，体背隆拱。唇基宽短，前缘近直，上卷强，前角宽圆，皱刻粗密，刻点几不可辨；额部皱刻粗密如唇基，头顶部刻点细密；触角鳃片部与其前5节总长约等。前胸背板刻点粗密，疏密不匀，中部刻点略横形，有时具细弱短中纵沟；侧缘中部圆弯突，前角锐角前伸，后角圆；后缘沟线中断，不达小盾片侧。小盾片圆三角形，宽胜于长，表面刻点如前胸背板。鞘翅刻点行略陷，背面宽行距平，布粗密刻点，窄行距略隆起。臀板隆拱，布细密横刻纹。足不发达，前足胫节2齿；后足胫节中部略宽膨；前中足大爪分裂。雄性外生殖器阳基侧突宽，端部向下弯卷，具1弱齿突。

资料记录：本种定名标本分布于城口县、巫溪县。结合该种广布性特点，列于此处，供参考。

分布：中国（重庆、黑龙江、吉林、辽宁、内蒙古、河北、山西、山东、河南、陕西、宁夏、甘肃、江苏、上海、安徽、浙江、福建、湖北、江西、湖南、四川、贵州）；朝鲜，韩国。

（79）毛边异丽金龟 *Anomala coxalis* Bates, 1891

Anomala coxalis Bates, 1891: 77.

体长16.0-22.5 mm，宽9.5-13.0 mm。体背草绿色，带强漆光，臀板强金属绿色，通常两侧具或宽或窄的红褐色边；腹面和足通常强金属绿色，前足基节常全部或部分呈红色，有时腹部和各足基节及腿节红色带弱绿色光泽，腹部各节前半部或臀板红色仅留基缘绿色，偶有前胸背板侧缘具不清晰宽红褐边。前臀板密被极为短细伏毛，杂被颇密长毛，臀板基半部褐色、端部被不密长毛，腹部侧缘除末节外被颇密长白毛。

体长椭圆形，体背隆拱。唇基横梯形，前缘近直，上卷甚弱，前角宽圆，密布粗深刻点，点间隆起成横皱；额头顶部布不均匀粗刻点；触角鳃片部长于其前5节总和。前胸背板密布粗深刻点；侧缘中部圆弯突，前角锐角前伸，后角钝角；后缘沟线中断，几达小盾片侧。小盾片三角形，侧缘中部略弯突，表面刻点较稀疏。鞘翅均匀密布粗深刻点，刻点行几不可辨认。臀板隆拱，表面密布横刻纹。腹部基部3节近侧缘凹陷，侧缘强脊状。足粗壮，前足胫节2齿；前中足大爪分裂。雄性外生殖器阳基侧突近三角形，中部至端部圆隆。

资料记录：本种定名标本分布于城口县、南川区；结合该种广布性特点，列于此处，供参考。

分布：中国（重庆、陕西、江苏、上海、安徽、浙江、福建、湖北、江西、湖南、台湾、广东、海南、广西、四川、贵州、云南）；越南。

（80）川毛异丽金龟 *Anomala pilosella* **Fairmaire, 1898**

Anomala pilosella Fairmaire, 1898: 384.

体长13.0-16.0 mm，宽7.0-8.5 mm。体褐色或暗红褐色，胫跗节黑褐色。背腹面被较密的短细伏毛，底色可见，胸部腹面和臀板端部被较长毛。

体长椭圆形，体背隆拱。唇基宽横梯形，前缘稍弯突，上卷不强，前角宽圆，皱刻粗深；额部布颇密粗深刻点，点间隆起相接，头顶部刻点较疏细；触角鳃片部长于其前5节总长。前胸背板密布颇粗刻点；侧缘中部圆弯突，前角锐角前伸，后角近直角；后缘沟线全缺。小盾片圆三角形，宽胜于长，表面刻点如前胸背板。鞘翅刻点颇粗而密，背面有6条深沟行，行距圆脊状强隆，亚鞘缝行距具1条略浅而宽的深沟行，不达端部。臀板隆拱，密布细横刻纹。腹部基部4节侧缘具强脊边。足不发达，前足胫节2齿；前中足大爪分裂；后足腿节发达。雄性外生殖器不对称；阳基侧突左右两叶中部膜质化，进而分为上下两部分；左叶上缘、下缘末端均伸长为刺状，下缘刺较长；右叶上缘刺状不明显，下缘端部叉状；内囊端部具多种刺状结构，其中2根发达，为长刺状。

观察标本：1雄，重庆缙云山，700-850 m，2021.Ⅶ.8-13，滕备。

分布：中国（重庆缙云山、湖北、四川、贵州）。

（81）皱唇异丽金龟 *Anomala rugiclypea* **Lin, 1989**

Anomala rugiclypea Lin, 1989: 89.

体长15.0-19.0 mm，宽8.0-11.0 mm。体背深红褐色至黑褐色，带绿色金属光泽，腹面和足红褐或深红褐色，胫跗节色深或黑褐色。臀板被不密甚长竖毛，胸部腹面浓被细长毛，前中足腿节和腹部两侧疏被颇长毛。

体椭圆形，体背隆拱。唇基近横方形，向前略收狭，前缘直，上卷通常弱，有时颇强，前角宽圆，匀布细皱褶；额唇基缝中部后弯，两侧陷；额部密布粗刻点，头顶部细刻点颇密；复眼大；触角鳃片部长于前5节之和。前胸背板匀布颇密细小刻点，点间宽于点径；侧缘中部圆弯突，前角锐角，后角钝角、端圆；后缘沟线通常中断，有时近完整，仅中点较弱。小盾片正三角形，侧缘弯，布颇密细刻点。鞘翅刻点行清晰，不低陷，此外布甚密微小细刻点；宽行距中央均有1列刻点行，其中亚鞘缝行距刻点行前端散布刻点，不成行；肩突和端突不发达。臀板密布细横刻纹。腹部各节侧缘具强脊边。足发达，前足胫节2齿，基齿细弱；前中足大爪分裂；后足腿节发达，后足胫节圆柱形。雄性外生殖器阳基侧突长，端部向中央及腹面弯折。

资料记录：本种定名标本分布于城口县、巫溪县；结合该种广布性特点，列于此处，供参考。

分布：重庆、陕西、湖北、江西、福建、湖南、广东、海南、广西、四川、云南。

（82）弱脊异丽金龟 *Anomala sulcipennis* (Faldermann, 1835)

Idiocnema sulcipennis Faldermann, 1835: 378.
Anomala sulcipennis: Burmeister, 1855: 497.

体长 7.0-11.0 mm，宽 4.0-5.5 mm。体浅黄褐色，有时带弱绿色金属光泽，各足跗节（有时仅各足端部）褐色或浅褐色；有时体褐色或深褐色，前胸背板两侧和臀板及腹面不定部位浅黄褐色；有时额头顶部、前胸背板中部、鞘翅和臀板具暗色斑纹。

体长形，两侧近平行，或长椭圆形。唇基宽横梯形，前缘近直，上卷不强，前角宽圆，表面皱刻粗密；额部密布粗深刻点，点间窄于点径，头顶布刻点略稀疏；触角鳃片部略长于其前 5 节总和。前胸背板匀布细密刻点；侧缘中部圆弯突，前角直角，后角圆；后缘沟线完整。小盾片圆三角形，宽略胜于长，密布粗刻点。鞘翅匀布细小颇密刻点，刻点行浅陷，行距弱隆；侧缘镶边宽，长达后圆角。臀板隆拱弱，密布细横刻纹。足不发达，前足胫节外缘 2 齿，基齿细弱；前中足大爪分裂；后足胫节中部略宽膨。雄性外生殖器阳基侧突分叉，内侧部分凹陷，外侧部分末端内弯。

资料记录：本种定名标本分布于城口县；结合该种广布性特点，列于此处，供参考。

分布：中国（重庆、河北、河南、陕西、江苏、浙江、福建、湖北、湖南、广东、广西、四川、贵州）。

（83）大绿异丽金龟 *Anomala virens* Lin, 1996

Anomala virens Lin, 1996: 307.

体长 21.0-29.0 mm，宽 12.0-17.0 mm。体背和臀板草绿色，带强烈金属光泽（有时前胸背板泛珠泽），鞘翅带强烈漆光或珠光；腹面和各足基节强金属绿色，腹面各节基缘泛蓝泽，胫、跗节蓝黑色，前者带强金属绿泽；偶有全体玫瑰红色。

体椭圆形，体背隆拱强。唇基横梯形，前缘近直，上卷甚弱，前角宽圆，皱刻细密；额部刻点粗密，有时皱，头顶部刻点细密；触角鳃片部短于前 5 节之和。前胸背板刻点细密；侧缘中部弯突，前角直角，后角端角形，端圆；后缘沟线中断，长达小盾片侧。鞘翅表面光滑，刻点细而颇密，刻点行隐约可辨；肩突和端突不发达；鞘翅后侧缘扩阔。臀板浓密细横刻纹。腹部基部两节侧缘角状。足粗壮，前足胫节 2 齿，端齿细弱；前中足大爪分裂；后足腿节发达，后足胫节中部略宽膨。雄性外生殖器阳基侧突三角形，端部向内弯；底片发达，前缘近直，后半部分侧缘强烈内弯，中央具中纵沟。

观察标本：1 雄，重庆缙云山，700-850 m，2021.Ⅶ.8-13，滕备。

分布：中国（重庆缙云山、山西、山东、河南、浙江、福建、湖北、江西、湖南、广东、海南、广西、四川、贵州、云南）。

（84）绿丝异丽金龟 *Anomala viridisericea* Ohaus, 1905

Anomala viridisericea Ohaus, 1905: 85.

体长 10.0-14.0 mm，宽 5.5-7.5 mm。体浅黄褐色，表面泛有绿色丝绸状光泽，前胸背板有时具不甚明显暗斑。

体长椭圆形。唇基近宽半圆形，上卷弱。前胸背板刻点浓密略粗，后缘沟线全缺。鞘翅表面均匀密布颇粗横刻纹和刻点；背面具 6 条深沟行，行 2 不达端部，行距圆脊状隆起，缘膜发达。臀板长，密布横刻纹。腹部侧缘前 4 节具强脊边。足不发达，前足胫节 2 齿。雄性外生殖器阳基侧突从中部向外突出，底片叉形。

观察标本：2 雄，重庆缙云山，700-850 m，2021.Ⅶ.8-13，滕备。

分布：中国（重庆缙云山、浙江、江西、广东、海南）；越南、老挝。

65. 矛丽金龟属 *Callistethus* Blanchard, 1851

Callistethus Blanchard, 1851: 198. Type species: *Callistethus consularis* Blanchard, 1851.

属征：椭圆或长椭圆形，背面光裸。唇基横形，前缘近直，前角圆。前胸背板后缘中部向后圆弯，后缘沟线短或缺。小盾片三角形或圆三角形。鞘翅长，盖过前臀板，点行明显。中胸腹突发达，伸过中足基节。前足胫节外缘具 2 齿，内缘具 1 距，前中足大爪分裂。

分布：世界广布。世界已知约 150 种（亚种），中国已知 7 种（亚种），本书记述 1 亚种。

（85）蓝边矛丽金龟 *Callistethus plagiicollis plagiicollis* (Fairmaire, 1886)

Spilota plagiicollis Fairmaire, 1886a: 329.
Callistethus plagiicollis plagiicollis: Machatschke, 1957: 93.

体长 11.0-16.0 mm，宽 6.0-9.0 mm。体背红褐色，有时黄褐色，通常头部和臀板色略深，腹面和足暗褐色，前胸背板侧缘暗蓝色。

体长椭圆形，体背不甚隆拱。唇基近横方形，向前略收狭，上卷弱，表面光滑；额部光滑无刻点，头顶部中央光滑，两侧疏布极细微刻点；触角鳃片部发达，长于其前 5 节总长。前胸背板光滑，布颇密细微浅刻点，后角大于直角，无后缘沟线。鞘翅刻点行明晰，宽行距布颇密细刻点，窄行距无刻点。臀板光滑，布颇密细小浅刻点。中胸腹突尖长。足细长，不甚发达；前足胫节 2 齿，基齿细弱；前、中足大爪分裂；后足腿节发达，后足胫节弱纺锤形。雄性外生殖器阳基侧突短，长约为宽的 2 倍，端部宽圆。

资料记录：本种定名标本分布于城口县；结合该种广布性特点，列于此处，供参考。

分布：中国（重庆、辽宁、河北、山西、陕西、河南、江苏、安徽、浙江、江西、湖北、湖南、福建、广东、广西、四川、贵州、云南、西藏）；俄罗斯，蒙古国，朝鲜，韩国，越南。

66. 彩丽金龟属 *Mimela* Kirby, 1823

Mimela Kirby, 1823: 101. Type species: *Mimela chinensis* Kirby, 1823.

属征：体卵形、长卵形，甚少近圆形，通常带强金属光泽。唇基横梯形，横方形或近半圆形；唇基和额布刻点或皱刻，头顶通常刻点疏细；触角9节。前胸背板一般基部最宽，侧缘中部弯突，后缘向后圆弯；后缘沟线通常中断。小盾片三角形或圆三角形。鞘翅长，后部较宽，表面通常光滑；缘膜发达。腹面在前足基节间有1向下的片状突出物，称前胸腹突，通常端部向前弯折，从侧面可见。中胸腹突有或无。足部通常较粗壮；前足胫节外有1-2齿，内缘具1距；前、中足大爪通常分裂；后足腿节通常宽阔。

分布：世界广布。世界已知209种（亚种），中国已知77种（亚种），本书记述2种。

（86）弯股彩丽金龟 *Mimela excisipes* Reitter, 1903

Mimela excisipes Reitter, 1903: 54.

体长13.0-17.0 mm，宽8.0-9.5 mm。全体墨绿、深红褐或黑褐色，带强烈绿色金属光泽。每腹节具1横列疏细毛，侧缘毛较密。

体椭圆，有时后部较宽，体背隆拱强。唇基宽横梯形，表面隆拱，前缘近直，上卷不强，前角宽圆，皱刻细；额部皱刻细密，头顶部刻点细密；触角鳃片部长于其前5节总长。前胸背板中部刻点细而颇密；侧缘中部近后弯突，前段稍弯缺，后段圆，前角强锐角，前伸，后角圆；后缘沟线在小盾片前中断。小盾片宽三角形，刻点纤细。鞘翅平滑，细刻点行明显，内侧3行近端部低陷，宽行距布疏细刻点。臀板隆拱，光滑，布颇密细刻点。前胸腹突宽，近柱形，端部靴状。中胸腹突甚短，端近平截。腹部基部2节侧缘基半部具褶边。前足胫节2齿，基齿细；前、中足大爪分裂；后足甚粗壮，腿节后缘强内弯，后足胫节强纺锤形，跗节粗短。雄性外生殖器阳基侧突窄长；底片短，近方形。

资料记录：本种定名标本分布于城口县、南川区；结合该种广布性特点，列于此处，供参考。

分布：中国（重庆、山东、河南、陕西、江苏、上海、安徽、浙江、福建、湖北、江西、湖南、台湾、广东、四川）。

（87）墨绿彩丽金龟 *Mimela splendens* (Gyllenhal, 1817)

Melolontha splendens Gyllenhal, 1817: 110.
Mimela splendens: Burmeister, 1855: 506.

体长15.0-21.5 mm，宽8.5-13.5 mm。全体墨绿色，通常体背带强烈金绿色金属光泽，有时前胸背板和小盾片泛蓝黑色泽或鞘翅泛弱紫红色泽；偶有背面前半部深红褐色，鞘翅和臀板黑褐色，股、胫节红褐色，腹部和跗节深红褐色。腹面被毛弱，各腹节具1横列短弱毛。

体宽椭圆，体背不甚隆拱，甚光滑，布细微刻点。唇基宽横弱梯形，前缘直，上卷颇强，前角圆，皱刻浅细，表面略隆拱；额头顶部刻点细小颇密。前胸背板布颇密细微刻点；中纵沟明显；侧缘均匀弯突，前角锐角，前伸，后角近直角；后缘沟线完整。小盾片宽圆三角形，刻点微细，沿侧缘具1浅沟线。鞘翅细刻点行略可辨认，宽行距布细小刻点；侧缘前半部具宽平边。臀板隆拱，布不密细刻点。前胸腹突薄犁状，后角直角形。中胸腹突甚尖短。足部不甚发达，前足胫节2齿；前、中足大爪分裂；后足胫节纺锤形，后足跗节颇粗壮。雄外生殖器阳基侧突简单，端圆。

资料记录：本种定名标本分布于城口县；根据重庆市昆虫记录该种分布北碚区，故添加至此。

分布：中国（重庆、黑龙江、吉林、辽宁、河北、北京、山西、安徽、浙江、湖北、江西、湖南、福建、台湾、广东、广西、四川、贵州、云南）；日本，朝鲜，韩国。

67. 弧丽金龟属 *Popillia* Dejean, 1821

Popillia Dejean, 1821: 60. Type species: *Trichius bipunctatus* Fabricius, 1787.

属征：体小型，椭圆或短椭圆形，带强烈的金属光泽。唇基横梯形或半圆形，边缘上卷通常强；唇基和额布刻点或皱刻，头顶通常布较疏细刻点；触角9节。前胸背板隆拱强，基部显狭于鞘翅；后缘在小盾片前弧形弯缺。鞘翅短，向后略收狭，露出部分前臀板，后缘圆；具缘膜。臀板通常在基部有2个圆形、三角形或横形毛斑，有时2斑连接成横毛带，有时臀板均匀被密毛。腹面具发达中胸腹突；有时每腹板两侧各具1浓毛斑。足通常粗壮，前足胫节外缘具2齿，内缘具1距。

分布：世界广布。世界已知340余种，中国已知62种，本书记述1种。

（88）棉花弧丽金龟 *Popillia mutans* Newman, 1838

Popillia mutans Newman, 1838: 337.

体长9.0-14.0 mm，宽6.0-8.0 mm。体蓝黑、蓝、墨绿、暗红或红褐色，带强烈金属光泽。臀板无毛斑。唇基近半圆形，前缘近直，上卷弱。前胸背板甚隆拱，中部光滑无刻点；后角宽圆，后缘沟线甚短。鞘翅背面有6条粗刻点沟行，行距宽，稍隆起，具明显横陷。臀板密布粗横刻纹。中胸腹突长，端圆。中后足胫节强纺锤形。

观察标本：1雄，重庆缙云山，700-850 m，2021.Ⅶ.8-13，滕备。

分布：中国（重庆缙云山、吉林、辽宁、内蒙古、北京、河北、山西、山东、河南、陕西、甘肃、宁夏、江苏、安徽、浙江、湖北、江西、湖南、福建、台湾、广东、海南、广西、四川、贵州、云南）；俄罗斯（远东地区），朝鲜，韩国，越南，印度，菲律宾。

（十二）犀金龟亚科 Dynastinae

犀金龟亚科是一特征鲜明的类群，其上颚多少外露而于背面可见；上唇为唇基覆盖，唇基端缘具2钝齿。触角9-10节，鳃片部由3节组成。前足基节窝横向，前胸腹板于基节之间生出柱形、三角形、舌形等垂突。多大型至特大型种类，性二态现象在许多属中显著（除扁犀金龟族Phileurini全部种类，圆头犀金龟族Cyclocephalini和禾犀金龟族

Pentodontini 部分种类），其雄性头面、前胸背板有强大角突或其他突起或凹坑，雌性则简单或可见低矮突起。

世界性分布。世界已知约 230 属 2300 种，中国已知 16 属 62 种，本书记述 1 属 1 种。

68. 瘤犀金龟属 *Trichogomphus* Burmeister, 1847

Trichogomphus Burmeister, 1847: 219. Type species: *Scarabaeus milo* Olivier, 1789.

属征：体深褐至黑色。唇基宽大，前缘通常深凹。上颚外缘简单弧弯，端部通常较尖，偶有内缘凹切。触角 10 节，雌雄性鳃片部均短小。雄性有 1 额角，雌性仅有 1 瘤突，偶有 1 额角。雄性前胸凹陷通常较大；雌性前胸背板简单隆拱。鞘翅具刻点或光滑无刻点。前胸腹突薄片状。前臀板无摩擦发音区。前足胫节外缘 3 齿，后足胫节端缘 2 齿。雄性前足跗节不加粗，后足基跗节三角形。

分布：东洋区、澳洲区。世界已知 19 种，中国已知 4 种，本书记述 1 种。

（89）蒙瘤犀金龟 *Trichogomphus mongol* Arrow, 1908

Trichogomphus mongol Arrow, 1908: 347.

体长 32.0-52.0 mm，宽 17.0-26.0 mm。体黑色，被毛褐红色。体长椭圆形。头小，唇基前缘双齿形。小盾片短阔三角形，基部布粗大具毛刻点。鞘翅两侧近平行，除基部、端部及侧缘布粗大刻点外，表面光滑，背面可见 2 条浅弱纵沟纹。臀板甚短阔，上部密布具毛刻点。前足胫节外缘 3 齿，内缘距发达。雄性头部有 1 前宽后狭、向后上弯的强大角突，前胸背板前部呈 1 斜坡，后部强隆升成瘤突，瘤突前侧方有齿状突起 1 对，前侧、后侧十分粗皱。雌性头部简单，密布粗大刻点，头顶具 1 矮小结突，前胸背板无隆凸，近前缘中部有浅弱凹陷。

观察标本：1 雄，重庆缙云山，700-850 m，2021.Ⅶ.8-13，滕备。

分布：中国（重庆缙云山、浙江、河北、湖北、江西、湖南、福建、台湾、广东、海南、香港、广西、四川、贵州、云南）；缅甸，越南，老挝，柬埔寨。

（十三）花金龟亚科 Cetoniinae

体长通常 4-46 mm，椭圆形或长形，体多呈古铜色、铜绿色、绿色或黑色等，一般具有鲜艳的金属光泽，表面多具刻纹或花斑，部分种类表面光滑或具粉末状分泌物，通常多数有绒毛或鳞毛。头部较小且扁平，唇基多为矩形或半圆形，唇基前缘有时会具有不同程度的中凹或边框，部分种类具有不同形状的角突。复眼通常发达，触角为 10 节，柄节通常膨大，鳃片部 3 节。前胸背板通常呈梯形或椭圆形，侧缘弧形，后缘横直或具上中凹或向后方伸展，少数种类甚至盖住小盾片。中胸后侧片发达，从背面可见。小盾片呈三角形。鞘翅表面扁平，肩后缘向内弯凹，后胸前侧片与后侧片于背面可见，少数种类外缘弯凹不明显或不弯凹，部分种类鞘翅上具有 2-3 条纵肋。臀板为三角形。中胸腹突呈半圆形、三角形、舌形等。足较短粗，部分种类细长，前足胫节一般雌粗雄窄，外缘齿的数目，一般雌多雄少，跗节为 5 节（跗花金龟属跗节为 4 节），爪 1 对，对称简单。

该亚科分布于各大动物地理区，以热带、亚热带地区种类最为丰富。世界已知 509 属 3600 余种，中国已知 69 属 413 种，本书记述 1 属 1 种。

69. 鹿花金龟属 *Dicronocephalus* Hope, 1831

Dicranocephalus Hope, 1831: 24. Type species: *Dicranocephalus wallichii* Hope, 1831. [*Dicranocephalus* original incorrect spelling]

属征：体形短宽，中到大型。体表常被灰白色或黄粉色粉末状分泌物。唇基端部内凹，雄性唇基前缘两侧向前强烈延伸成角突；雌性唇基前缘两侧特化尖锐，但不具角突。前胸背板圆隆，呈椭圆形，其上常有不同形状的黑斑。鞘翅肩后不向内弯凹，腹部边缘完全被鞘翅覆盖。臀板短宽，末端圆。中胸腹突位于中足基节之间，较小，不突伸。腹部常具长绒毛，足长大。

分布：古北区、东洋区。世界已知 11 种（亚种），中国已知 10 种（亚种），本书记述 1 种。

（90）黄粉鹿花金龟 *Dicronocephalus bowringi* Pascoe, 1863

Dicranocephalus bowringi Pascoe, 1863b: 25. [*Dicranocephalus* original incorrect spelling]

体长 19.0-25.0 mm（不带唇基角突），体宽 10-13 mm。几乎全体呈黄绿色，唇基、前胸背板 2 条肋、鞘翅上的肩突和后突、后胸腹板中间、腹部、腿节的部分、胫节和跗节等为栗色或栗红色。

雄性唇基背面深凹，里面密布较细皱纹，前缘呈弧形突出，中央向下突出，两侧向前强烈延伸似鹿角形，顶端 2 角向上弯翘，通常内侧角较长，有时 2 角相差不多，但也有外侧角稍长的；前伸角突的基部外侧具向上弯的宽角。前胸背板近于椭圆形，中央 2 条肋带短，通常从前缘伸达中部或稍过中部，背板的周缘边框为栗色。小盾片近于正三角形，末端尖，基部具浅黄色绒毛。鞘翅近于长方形，肩部最宽，两侧向后稍变窄，缝角不突出，肩突肋纹近于三角形。臀板短宽，黄色，散布黄色绒毛。中胸腹突较小，微呈圆锥形。后胸腹板中间光滑，栗红色或暗栗色，中央小沟较深，两侧和后胸前侧片除边缘外被黄色分泌物和散布较稀浅黄色绒毛。后胸后侧片栗红色。腹部无覆盖物，呈栗红色，两侧散布黄褐色绒毛。足较细长，腿节有黄绿色分泌物组成的斑点；前足胫节延长较多，外缘 3 齿较小，跗节相当长，约接近胫节长的 2 倍，比中、后足跗节长 1/3。爪大强烈弯曲。雌性较小，唇基两侧无向前延伸的角突，背面有 1 深凹，里面皱纹较粗糙，前缘弧凹，两前角尖锐，两侧缘弧形。前胸背板近于圆形，中央 2 肋带较长。足不延长，前足胫节较宽，外缘 3 齿较长大，其他特征和雄性相似。

观察标本：1 雄，重庆缙云山，700-850 m，2021.Ⅶ.8-13，滕备。

分布：中国（重庆缙云山、浙江、河北、山东、陕西、甘肃、江苏、湖北、江西、湖南、广东、海南、香港、广西、四川、贵州、云南、西藏）；俄罗斯。

四、拟步甲科 Tenebrionidae

刘昊林 刘 蕊 任国栋
河北大学生命科学学院

体长 1.2-80.0 mm。体形多变,从体背强烈隆起到身体极度扁平;体表光滑,被毛或鳞片。头后部极少急剧收缩形成颈;触角基节通常隐藏于头部侧缘之下;眼明显或退化,有时被前颊完全分割为上下两部分。触角通常 11 节,偶见 10 节,罕见 3 节或 6-9 节者。鞘翅刻点不规则或形成刻点行或沟;通常 9 行或更少,偶见 10 行,罕见 17 行者;缘折大多发达;鞘翅有时愈合。腹部可见腹板 5 个,前 3 节愈合;第 5、6 和第 6、7 腹节之间具节间膜或无。雌雄跗式常见 5-5-4,稀见 5-4-4,偶见 4-4-4,罕见 3-3-3;跗节大多简单,少数种类倒数第 2 节叶状,稀见倒数第 3 节叶状且倒数第 2 节简化者;跗爪通常简单,仅朽木甲亚科 Alleculinae 近于普遍具栉齿。

世界性分布,从热带到亚热带和温带、从热沙漠至冷荒原的陆地环境均有分布,湿冷气候区的种类相对较少。世界已知 11 亚科 4122 属 30 000 多种 (Bouchard *et al.*, 2021),中国已知 8 亚科 2460 余种,本书记述 11 属 20 种。

(十四)伪叶甲亚科 Lagriinae

体长 1.5-56.0 mm,体型中等或特别延长,长大于宽 1.3-3.7 倍;背面凸起,腹面光滑或被毛。头前口式,上唇横宽或纵长,复眼椭圆或横向肾形,无触角沟。触角 11 节,少数 3 或 8 或 10 节,丝状、念珠状或齿状。前胸背板形状多变,横宽或纵长,长大于宽 0.3-1.4 倍。前基节窝内侧关闭;多数中基节窝外侧开放。鞘翅长大于宽 1.0-3.2 倍。后翅有或无,无翅痣。腹部可见腹板 5 节,多数第 3 节后缘有可见节间膜;防御腺有或无。跗式常见 5-5-4,少数 4-4-4;倒数第 2 跗节多叶状。

分布以东洋区为主。世界已知 57 属约 2000 种,中国已知 300 余种,本书记述 6 属 12 种。

伪叶甲族 Lagriini Latreille,1825

触角基点着生于额侧突下,端节大多延长,多数种雄性更为明显。前胸大多圆筒形。鞘翅缘折向后方逐渐变窄或消失。腹面具毛丛。前足基节十分突起;跗式 5-5-4,前足末跗节双叶状。性二型大多十分明显。

世界性分布。本书记述 5 属 11 种。

分属检索表

1. 体相对宽,鞘翅向后方膨大;鞘翅刻点无规则分布;前胸腹突缺失或很细小 ··· 2
- 体相对细长,鞘翅两侧近平行或收狭;鞘翅刻点排列稍有规律或明显呈刻点行;前胸腹突抬起,将前足基节分开 ··· 3
2. 雄性触角节变形,如腹面凹陷、齿状膨大等 ··· 角伪叶甲属 *Cerogria*
- 雄性触角第 9、第 10 节常形,端节不明显变宽,强烈延长或略延长 ··· 伪叶甲属 *Lagria*

3. 鞘翅刻点小而稀疏，在浅纵沟内形成不整齐、不清晰的刻点行 ·················· **绿伪叶甲属 Chlorophila**
- 鞘翅刻点粗大，在纵沟内形成整齐而清晰的刻点行 ·· 4
4. 前胸腹板突在基节后方纵向呈叶片状扩大 ·· **外伪叶甲属 Exostira**
- 鞘翅具稠密的横皱纹状粗刻点 ··· **台伪叶甲属 Taiwanolagria**

70. 伪叶甲属 *Lagria* Fabricius, 1775

Lagria Fabricius, 1775: 124. Type species: *Chrysomela hirta* Linnaeus, 1758.

属征：头圆形；复眼前缘微凹；唇基前缘凹陷，上唇心形或横形；上颚粗短，具2齿，上颚囊极发达；下颚须末节三角形；触角丝状，向后长过鞘翅肩角，基节较粗，第2节最短。前胸背板形状各异。小盾片短圆。鞘翅宽于前胸背板，刻点排列不规则；缘折完整；末端大多宽钝。腿节明显粗缩且弯曲，跗节下侧具稠密的短刚毛，后足基跗节长度与其后各节之和等长。

世界广布。世界已知194种，中国已知37种，本书记述2种。

（91）台湾伪叶甲 *Lagria* (*Lagria*) *formosensis* Borchmann, 1912

Lagria formosensis Borchmann, 1912: 6.
Lagria (*Lagria*) *formosensis* Borchmann, 1915: 86.

体长10.0-13.0 mm，宽阔，隆突，具光泽；亮褐色或暗褐色，头、前胸背板、触角和足大多近黑色，有些个体前胸背板及腿节基部浅色；被金黄色短茸毛。

头短圆形，宽大于长，具稠密的大刻点；上唇心形，唇基横形，前缘凹入，额唇基沟中央具1坑；复眼前缘深凹；触角端节长为前面2节长度之和。前胸背板具稠密的皱纹状粗刻点；侧缘明显，基部两侧宽缩，向前略圆形扩大，基部两侧区具不甚明显的斜凹；前后缘和前后角不明显。鞘翅刻点皱纹状排列；肩角后方略凹，肩角突出，缘折基部1/3最宽，向后方隆突和扩大。雌性第4腹板短于其余腹板。

观察标本：1雄，重庆缙云山，850 m，2021.Ⅵ.6，实习生。

分布：中国（重庆缙云山、福建、台湾）；日本。

（92）黑胸伪叶甲 *Lagria* (*Lagria*) *nigricollis* Hope, 1843

Lagria nigricollis Hope, 1843: 63.

体长6.5-9.0 mm。体隆突，亮黑光泽较强；鞘翅褐黄色；密被竖立的黄色长茸毛，头及前胸背板的竖茸毛更长。

雄性：头宽略大于长；上唇心形，唇基横向，前缘均凹陷，额唇基沟宽，深直；额区布稀疏的粗刻点；颊甚长于复眼横径；复眼细长，前缘凹；触角向后伸达鞘翅中部，端节与其前面5节约等长。前胸背板宽甚大于长，具稀疏大刻点，末端收狭，基部两侧收缩。鞘翅长是宽的1.7倍，向后方扩大，密布粗刻点，向后方刻点较浅，缘折完整，末端短圆形。

雌性：触角向后伸达鞘翅基部，端节长度与其前面3节之和近相等；前胸背板刻点粗而密，中央纵凹宽而浅。

观察标本：1 雌，重庆缙云山，858 m，2021.Ⅶ.11，刘昊林。

分布：中国（重庆缙云山、辽宁、河南、陕西、新疆、浙江、湖北、江西、湖南、福建、四川）；俄罗斯（远东地区），韩国，朝鲜，日本。

71. 角伪叶甲属 *Cerogria* Borchmann, 1909

Cerogria Borchmann, 1909: 210. Type species: *Lagria anisocera* Wiedemann, 1823.

属征：头部略呈圆形；上唇和唇基前缘凹，额唇基沟大多深；雄性额上 2 个甚为突出的额侧突基瘤，一般光亮；后头具 1 浅凹，颈沟在背方明显；复眼细长；触角大多长，在雄性变化较大，雌性相对简单。前胸背板近圆柱形，侧缘大多向下弯曲，由背面不可见。鞘翅常具金属光泽，布刻点和横皱纹；肩角粗大，缘折宽而完整，背面观缘折背缘在肩角处不完全明显。腹面和足正常，有些物种的胫节锯齿状。

分布：古北区、东洋区、旧热带区。世界已知约 80 种，中国已知 25 种，本书记述 6 种。

分种检索表

1. 雄性第 5 可见腹板中间深凹 ·· 2
- 雄性第 5 可见腹板简单，中间不凹陷 ·· 3
2. 雄性触角第 4-7 和第 9 节腹面内侧有近圆形光斑，第 4-5 节腹面内侧无纵沟；第 8 腹板宽三角形；中足胫节内缘具齿；体黑色；体长 14.5-15.5 mm ························· 普通角伪叶甲 *C. popularis*
- 雄性触角第 4-7 和第 9 节腹面内侧无近圆形光斑，第 4-5 节腹面内侧有纵沟；第 8 腹板片状；中足胫节内缘无齿 ··· 紫蓝角伪叶甲 *C. janthinipennis*
3. 头黑色；雄性触角末节刀片状 ·· 黑头角伪叶甲 *C. diversicornis*
- 头非黑色，为其他颜色 ·· 4
4. 体小型，长 6.3-8.2 mm ·· 差角伪叶甲 *C. anisocera*
- 体中大型，长 10.0 mm 以上 ·· 5
5. 鞘翅几乎无光泽；体黄褐色，前胸背板及鞘翅黑褐色；端腹板中区具圆形浅凹，端缘的凹甚深 ·· 结胸角伪叶甲 *C. nodolollis*
- 鞘翅具彩色光泽；后足胫节节内侧具齿；腹部第 5 可见腹板深凹，第 8 腹板发达、叶状 ·· 齿角伪叶甲 *C. odontocera*

（93）差角伪叶甲 *Cerogria anisocera* (Wiedemann, 1823)

Lagria anisocera Wiedemann, 1823: 81.
Cerogria anisocera: Borchmann, 1909: 212.

体长 6.3-8.2 mm；体沥黑色，具较强光泽，有些深褐色，头和前胸红色，触角基部 2 节色泽稍浅；下侧密被短茸毛，背面密被竖立的白色长茸毛。

雄性：头长略大于宽，上唇心形，唇基横形，前缘均凹，额唇基沟长弧形；额区不平坦，具稀疏小刻点；头顶稍隆突；复眼黑色；触角向后伸达鞘翅中部，第 4-7 节变形，内侧具刃脊，第 9 节向内侧强烈呈角状突出，第 10 节横三角形，端节略弯，其长度与其前 5 节之和相等。前胸背板基部最宽，基部前方两侧收缩，末端变狭，后缘明显。鞘翅基部中央浅凹。腹部端节简单；胫节直。

雌性：触角端节长度约与其前2节之和相等；鞘翅端前微收缩。

观察标本：2雌，重庆缙云山，850 m，2021.VI.6，实习生。

分布：中国（重庆缙云山、台湾、四川、云南）；缅甸，越南，老挝，泰国，柬埔寨，印度，孟加拉国，印度尼西亚，马来西亚。

（94）黑头角伪叶甲 *Cerogria diversicornis* Pic, 1933

Cerogria diversicornis Pic, 1933: 9.

体长10.0 mm。体狭长形，具光泽，布短的灰黑色茸毛，胸部、小盾片和鞘翅淡褐色。头部黑色；复眼间的额浅凹，刻点大小不一；触角黑色，第1节粗壮，第9节较横，第10节短横，端节稍长，略呈刀片状。胸部稍长，两侧中部略收缩，布稍稠密的大刻点。鞘翅长，显宽于胸部，后面略宽，末端变细，刻点稠密而无规律，前方略凹。足细小，简单。

观察标本：2雌，重庆缙云山，850 m，2021.VI.5，实习生。

分布：中国（重庆缙云山、甘肃、四川）。

（95）紫蓝角伪叶甲 *Cerogria janthinipennis* (Fairmaire, 1886)

Lagria janthinipennis Fairmaire, 1886b: 349.
Cerogria janthinipennis: Borchmann, 1915: 116.

雄性：体长14.0-15.5 mm。体黑色，鞘翅具蓝紫或幽蓝光泽；背部有直立、白色长毛。头窄于前胸，上唇、唇基前缘弧凹，额唇基沟弧弯；额侧突基瘤光亮，额不平坦，密布刻点；复眼前缘深凹，复眼横径约为眼间距的3/4；触角向后延伸超过鞘翅肩部，基节粗大，第4-6节端部倾斜、凹陷，第7、9节齿状膨大，第11节弯曲，腹面凹陷，长约等于其前7节长度之和。前胸背板中域刻点稀小，端半部中央具纵向浅压痕及1条中线，基部背面两侧具斜向深压痕；前、后缘清晰，侧缘不可见，前角圆形，后角突出。胫节略微弯曲，端前变细，后足胫节内缘具细齿。

雌性：体长14.5-17.0 mm。额侧突基瘤不发达，额区压痕不明显；眼间距为复眼横径的2.0倍；触角仅达鞘翅肩部，末节长约等于其前3节长度之和；前胸背板中域具清晰、长而宽的纵向椭圆形疤痕，疤痕内具横脊，端部1/3处具横压痕。后足胫节内缘无齿。

观察标本：2雄1雌，重庆缙云山，850 m，2021.VII.11，刘昊林。

分布：中国（重庆缙云山、河南、湖北、湖南、江西、安徽、浙江、广西、陕西、四川、贵州）；韩国。

（96）结胸角伪叶甲 *Cerogria nodololis* Chen, 1997

Cerogria nodololis Chen, 1997: 745.

体长14.0 mm，宽6.0 mm。体黄褐色，略具光泽，头部、触角及足黑色，前胸背板及鞘翅黑褐色，腹面及腿节基部黄褐色；密被半竖立绒毛，背面毛更长。

雄性：头长甚大于宽，明显窄于前胸背板；上唇心形，唇基前缘深凹；额侧突基瘤较小，在内侧不相连；触角向后伸达鞘翅中部，第 7、9 节膨大，端节长度与其前面 7 节之和等长，具颗粒状突起，腹面凹。前胸背板的刻点间布结节状的光滑瘤突。端腹板中区具圆形浅凹，端缘的凹甚深，约为端腹板长度的 1/3 深。

雌性：触角较细长，端节长度与其前面 3 节之和相等，前胸背板横形，中区具由小刻点组成的窄纵刻痕，不延伸至基缘。小盾片后方具浅凹，中后方较隆突。

观察标本：1 雄，重庆缙云山，850 m，2021.Ⅵ.6，实习生。

分布：中国（重庆缙云山、广东、广西、四川、贵州）。

（97）齿角伪叶甲 *Cerogria odontocera* (Fairmaire, 1886)

Lagria odontocera Fairmaire, 1886b: 348.
Cerogria odontocera: Borchmann, 1909: 211.

雄性：体长 13.0-14.0 mm。头甚窄于前胸背板，上唇与唇基前缘弧凹，唇基凹陷更深，额唇基沟弧形弯曲；额侧突基瘤光亮，隆起高于唇基，额不平坦，密布粗大刻点；复眼前缘深凹，约与眼间额等高，复眼横径为眼间距的 2/3；触角向后延伸达鞘翅肩部，第 4-6 节端部倾斜、凹陷，第 4-7 节腹面内侧具纵沟，第 7、9 节齿状膨大，第 10 节腹面凹，端节弯曲，长等于其前 4 节长度之和。前胸背板布稀小刻点，两侧甚密，基部背面两侧具斜压痕，有些个体中区前方两侧各具 1 小坑；侧缘不可见，前、后缘清晰；前角圆形，后角略突出。鞘翅肩角稍隆，密布刻点，缘折正常。后足胫节内缘具齿。腹部第 5 可见腹板盘区深凹，后缘中间弧形深凹，第 8 腹板发达、叶状。

雌性：体长 15.0 mm。额区甚宽，具"U"形压迹；眼间距为复眼横径的 2.0 倍；触角末节最宽，长度约等于其前 2 节长度之和。前胸背板具长而窄的疤痕。

观察标本：1 雄，重庆缙云山，850 m，2021.Ⅶ.6，刘昊林。

分布：中国（重庆缙云山、陕西、台湾、四川、云南）。

（98）普通角伪叶甲 *Cerogria popularis* Borchmann, 1936

Cerogria popularis Borchmann, 1936: 121.

雄性：体长 14.5-15.5 mm。体黑色，鞘翅有金绿色至紫铜色的光泽，前胸背板多有紫绿色光泽；背面被直立的白色长毛。头明显窄于前胸背板，上唇、唇基前缘凹；额侧突基瘤光亮，额不平坦，刻点较稀，粗大；复眼细长，前缘中部深凹，复眼横径为眼间距的 2/3；触角向后远超过鞘翅肩部，基节甚粗壮，第 4-6 节端部凹，第 7、9 节齿状膨大，第 10 节腹面凹，末节弯曲，等于其前 6 节长度之和。前胸背板背面刻点稀小，两侧粗密，基半部背面两侧有横浅凹；基半部收缩，前后缘清晰，前角圆，后角突出。鞘翅翅缝两侧微隆；肩角稍隆；鞘翅饰边仅肩部可见；缘折在后胸后缘处向后明显变窄。中、后足胫节内缘有齿。

雌性：体长 15.5-17.0 mm。额区有"U"形浅凹；眼间距为复眼横径的 2.0 倍；触角仅达鞘翅肩部，末节等于其前 3 节长度之和。前胸背板中央有长而窄的纵疤痕。足、腹部常形。

观察标本：5 雌，重庆缙云山，850 m，2021.Ⅵ.6，实习生。

分布：中国（重庆缙云山、山东、河南、陕西、甘肃、浙江、福建、湖北、广西、四川、云南、贵州）。

72. 绿伪叶甲属 *Chlorophila* Semenov, 1890

Chlorophila Semenov, 1890: 374. Type species: *Lagria portschinskii* Semenov, 1890.

属征：体鲜绿色，头部具强烈的皱纹式刻纹，口器突出；上唇及唇基边缘突出不一，额唇基沟较深，具较宽的关节膜；上颚细弱，具亮端齿；下唇须端节相当宽，下颚须端节细长小刀形，复眼甚细长隆突，复眼间距甚大于复眼长径；颈部背方稍收缩。触角长细，各节皆呈细长的三角形，端节强烈长，基节短而粗。前胸背板宽于头部复眼处，近圆柱形，两侧稍圆，具横向雕刻纹，端部1/4具1浅坑，基部宽，端部具细长的边缘，前角不圆，两侧无边缘。鞘翅基部是前胸背板基部的2.0倍宽，具微弱短刻点行；肩部甚突出；缘折细长，近于完整；末端圆形；足长，腿节近棍棒状，胫节略弯，无刺。前胸腹突细小。

分布：古北区、东洋区。世界已知约20种，中国已知5种，本书记述1种。

（99）蓝背绿伪叶甲 *Chlorophila cyanea* Pic, 1915

Chlorophila cyanea Pic, 1915: 15.

雄性：体长21.0 mm。背面蓝绿色，具光泽，鞘翅稍黯淡；腹面金属绿色，腹部末节黄色；触角和足黄色，腿节末端、基跗节基部和其他跗节末端黑色。背面无毛，腹面具白色茸毛。头窄于前胸背板，下颚须末节短刀形；上唇及唇基前缘浅凹；额唇基沟浅宽；额侧突基瘤发达，显隆；复眼前缘凹，眼间距是复眼横径的2.0倍。触角细长，向后超过鞘翅肩部，第1、2节较短，向端部略变粗和逐渐变短，第10节最短，末节长度与其前面3节之和相等。前胸背板密布横纹，中部稍前最宽，基部两侧压缩，侧缘不可见，前、后缘均可见，具细饰边；前、后角略突出。小盾片舌形，刻点不明显。鞘翅长约3.0倍于宽，基部1/3刻点稍大而稠密，成列不明显或2个汇成1列，向后逐渐现出浅沟，沟内刻点小而稀少，沟间无刻点；鞘翅边缘具黄色条带，到达或不到达基部，向后渐宽；鞘翅侧缘除肩部外其余可见。足简单；前足基节间隔窄。前胸腹突隆起，但低于前足基节；前、后足胫节末端均1距，中足胫节末端2距。

雌性：体长21.0-22.0 mm。复眼较小，其余几同雄性。

观察标本：1雌，重庆市缙云山，850 m，2012.V.5，采集人不详。

分布：中国（重庆缙云山、河南、浙江、福建）。

73. 外伪叶甲属 *Exostira* Borchmann, 1925

Exostira Borchmann, 1925: 353. Type species: *Exostira sellata* Borchmann, 1925.

属征：体显长，后方稍膨大。头长，口器强烈突出；上唇前缘较直，唇基前缘略凹，额唇基间具1浅宽坑；额扁凹；头顶隆突；雄性颊特别短，急剧变狭；颈沟显深；上颚小，二齿状，第2齿甚长于第1齿，具上颚囊。下唇须端节长三角形，末端边缘颇凹，下颚须端节呈短刀形。触角长丝状，末端不膨大或略膨大，雌性端节强烈长。复眼粗大且强烈隆突，边缘略凹，眼间距较窄。前胸背板钟形，宽于头部复眼处；基部宽；前缘细小；前角圆形，后角突出。鞘翅略窄于前胸背板，具刻点行，行间多少隆突，刻点具毛；肩部角形，缘折细长。足粗壮，雄性腿节强棍棒状，胫节多少弯曲，腿节、胫节常具性别特征，胫节具端齿。

分布：古北区。中国特有属，已知2种，本书记述1种。

（100）崇安外伪叶甲 *Exostira schroederi* Borchmann, 1936

Exostira schroederi Borchmann, 1936: 421.

雄性：体长13.0-15.0 mm，具光泽。鞘翅褐黄色，其余部分深褐色；被较稀短的茸毛。头窄于前胸背板，背面布稀少粗大刻点；下颚须末节短刀形；上唇及唇基前缘浅凹；额唇基沟宽而浅；额侧突发达，隆起；复眼大，前缘仅略凹陷，复眼横径是眼间距的1.5倍。触角细长，向后远超过鞘翅肩部，简单无变形；第2节短，向端部稍变粗，逐渐变短；第10节最短，末节略短于其前4节之和。前胸背板长桶状，密布粗刻点，中部最宽，基部两侧弧形收狭，侧缘不可见，前后缘可见，后缘隆起。前角圆形，后角侧向圆形突出。小盾片舌形，不明显具刻点。鞘翅除去翅缝处一段短的刻点行，向外各具10列刻点，行间距近等，行间无隆起，布具毛的刻点；鞘翅具细饰边，仅肩部由背面不可见；肩不隆起。前足基节彼此间明显地分开，前胸腹突较宽，隆起与前足基节等高；后足胫节基部1/3有稠密小齿，其余分布稀疏钝齿。腹板末端无凹。

雌性：体长14.5-16.0 mm。眼间距稍宽于雄性，触角末节长度与其前面3节之和相等。后足胫节无齿。

观察标本：2雄4雌，重庆歇马缙云山药王庙，582 m，2013.Ⅳ.14，邱万陵、陈德莉。

分布：中国（重庆缙云山、江西、福建、广东、台湾、云南、贵州）；越南。

74. 台伪叶甲属 *Taiwanolagria* Masumoto, 1988

Taiwanolagria Masumoto, 1988: 41. Type species: *Taiwanolagria merkli* Masumoto, 1988.

属征：体长13.0-15.0 mm。体细长，隆突，具金属光泽。头长三角形，口器甚突出，下唇须端节略呈纺锤形；下颚须端节外缘直，内缘略弧形；上唇梯形，唇基六角形，前缘略突出，额唇基沟明显，头顶隆突，颊甚短，颈背面强烈收缩；复眼粗大隆突，前缘稍凹，眼间距窄于复眼横径。前胸背板与头部复眼处等宽，长宽近等，光滑或具细刻点；前缘饰边细，后缘饰边宽，隆起，无侧缘；两侧基半部深凹，端半部两侧弧形突出，中区两侧不深刻。小盾片舌形，无刻点。鞘翅约为前胸背板的2.0倍宽，向后强烈变窄；具稠密的横皱纹状粗刻点，缘折细长，末端钝尖。前足基节圆球形突出，腹突明显将基节隔开。腿节棒状；胫节略弯。

分布：古北区。中国特有属，已知2种，本书记述1种。

（101）莫氏台伪叶甲 *Taiwanolagria merkli* Masumoto, 1988

Taiwanolagria merkli Masumoto, 1988: 41.

雄性：体长 13.0-13.5 mm。体暗绿色，具金属光泽。头部长，基部截形，较前胸背板显窄，背面适度隆突，疏布浅刻点；下颚须末节短刀形；上唇前缘浅凹，唇基前缘几无凹陷，额唇基间沟圆弧形；额侧突发达，稍隆起；复眼大，前缘略凹，眼间距约等长于 1 个复眼的横径。触角细长，向后伸达鞘翅中部，末节长度约与其前面 3 节的之和相等。前胸背板长为宽的 1.2 倍，前方圆缩，后方明显波状，端缘具微边，稍隆起；前角钝圆，后角侧向圆形突出；盘区中间微隆，疏布刻点，两侧刻点变深。小盾片舌形，刻点不明显。鞘翅长约为宽的 3.0 倍，盘区中间纵向隆起，刻点行细，行上刻点深而密；行间微隆，几无刻点，末端 1/3 疏布长茸毛；侧缘具细饰边，前足基节间窄狭地分开，前胸腹突隆起，与前足基节近于等高。前足腿节强烈扁平，基节侧向膨大；后足胫节基部 2/5 凹缺，内缘不规则地圆形深弯，基部 1/5 处具 1 明显毛簇。

雌性：体长 13.5-14.0 mm。复眼较小；触角末节较短；前胸背板刻点较密；足无变形。

观察标本：2 雄 1 雌，重庆市缙云山，850 m，采集时间和采集人不详。

分布：中国（重庆缙云山、福建、台湾、贵州）。

垫甲族 Lupropini Lesne, 1926

体被粗刻点和稀疏直立柔毛。头部不嵌入前胸达复眼；颏小；额在上颚基部上方稍膨大；唇基不突出；眼大。触角 11 节，端节稍宽。鞘翅折线隆起完整，狭窄。腹部基腹突三角形。足中等大；前足基节球形；中足基转节伸出；后足基节稍分离；胫节端距小；跗节下侧被长的柔毛，倒数第 2 节有时浅裂。

世界性分布。世界已知 33 属 200 余种，中国已知 4 属 19 种，本书记述 1 属 1 种。

75. 垫甲属 *Luprops* Hope, 1833

Luprops Hope, 1833: 63. Type species: *Luprops chrysophthalmus* Hope, 1833.

属征：体黑、棕、红等色，有或无金属光泽；体较长，背面中度隆起。复眼肾形且横向。前胸背板明显窄于鞘翅，前胸背板盘区至侧缘隆起，侧缘无齿。后颊先隆起后骤窄。触角第 3 节长于第 4 节，末节最长，略粗大或扁平。前胸背板明显窄于鞘翅基部，盘区布不规则刻点，有或无毛。鞘翅的肩胛隆起，肩角弧形；基部近似平行，端部之前最宽；鞘翅缘折于后基节窝后方突然变窄；盘区布不规则刻点。后翅发育完全。腹面布小刻点和毛；倒数第 2 跗节叶状，端部明显扩宽。足无性二型。

分布：古北区、东洋区、非洲区。世界已知 77 种，中国已知 11 种，本书记述 1 属 1 种。

（102）东方垫甲 *Luprops orientalis* (Motschulsky, 1868)

Anaedus orientalis Motschulsky, 1868: 195.
Luprops orientalis: Kaszab, 1983: 137.

Lyprops sinensis Marseul, 1876: 126.

体长 9.0-12.0 mm。体棕色至黑色。触角第 2 节最短；第 3 节长是第 2 节的 2.0 倍，长于第 4-10 节，短于末节；末节长卵圆形，略扁平。前胸背板横阔，宽大于长 1.4 倍，中部前最宽；侧缘弧形，具细饰边，近基部处略收窄。鞘翅长卵圆形，近端部 1/3 处最宽，长大于宽 1.6 倍；基部宽于前胸背板，翅肩背面略凸起；端部 1/3 明显弧形；缘折完整，具稠密的细刻点，着生短伏毛，于后基节窝处向后逐渐变窄。腹部腹板具细刻点，着生短伏毛。

观察标本：2 雄，重庆缙云山，858 m，2021.Ⅶ.11，刘昊林。

分布：中国（重庆缙云山、黑龙江、吉林、辽宁、内蒙古、河北、山西、山东、河南、陕西、甘肃、宁夏、江苏、浙江、江西、福建、台湾、湖北、海南、广西、四川、云南）；俄罗斯，蒙古国，朝鲜半岛，尼泊尔，不丹，中南半岛。

（十五）树甲亚科 Stenochiinae

上唇横宽，与唇基间的节间膜外露或隐藏；上颚臼齿具细条纹；复眼肾形。触角端部 5-7 节具复合（星状）感器。前足基节窝内、外均封闭；中足基节窝部分被中胸后侧片盖住。鞘翅具 9 条完整的刻点行，小盾片线存在或缺失。腹部第 3-5 可见腹板间的节间膜可见；具防御腺。阳茎基板位于中茎背面或侧面（旋转 60°-90°，偶尔 180°）；中茎常和阳茎鞘贴生，一般不能自由抽出。产卵器基腹片由 4 个小叶组成；基叶伸长，一般长于 2-4 叶之和。具性二型，常表现在前、后足胫节。

分布于东洋区、中南美洲、北美洲、旧热带区和澳洲区。世界已知 63 属 2400 多种，中国已知 5 属 126 种，本书记述 2 属 2 种。

轴甲族 Cnodalonini Oken, 1843

体型多变（3.5-45 mm），体形多变（卵圆形、长卵形、葫芦形、圆柱形等），体色多变，体表常被毛或无毛，光滑或具刻纹、瘤突、沟槽。头前缘常较宽且前伸；唇基常中间微凹，凸起或者平截；唇基膜裸露或不可见；眼常为肾形，眼距通常较宽，明显宽于眼径；触角形状，长度多变，常膨大成棒状，部分可为丝状或栉状，端节星状散布有毛簇形感器。鞘翅常具刻点行或刻纹，表面光滑或具各种程度的隆脊或瘤突；缘折常完整。腿节常细长或膨大成棒状，可具特化的齿、沟、毛簇等；胫节近端部内侧常具黄色密毛，可具各种特化，端距退化缩短或消失；跗节发达，除负爪节外常宽大，底部具浓密的黄色毛垫，适应攀爬树皮；负爪节常长而粗壮，端部具长毛，常等宽或长于跗节第 1 节。

世界广布，主要分布于热带到温带，已知约 340 属。中国已知 54 属 331 种，主要分布于华南区、西南区及华中区，本书记述 1 属 1 种。

76. 匿颈轴甲属 *Stenochinus* Motschulsky, 1860

Stenochinus Motschulsky, 1860a: 102. Type species: *Stenochinus reticulatus* Motschulsky, 1860.

属征：体长 4.0-13.0 mm。体圆柱形，光滑或被鳞片状毛或纤毛，红棕色至黑棕色。头下垂，几与身体垂直；复眼小，微侧突，两眼间距大；下颚顶端截形，下颚须末节斧状。触角短棒状，11 节，向后不达前胸背板后缘。前胸背板两侧中部之后近平行或近基部弱缢缩，中部向前逐渐变窄，或多或少前伸成风帽状，该特征在种间有差异，表面有不规则的蜂巢状深刻点。小盾片近方形。鞘翅较前胸背板宽，端部 1/3 最宽，盘区有强烈的刻点行，每个刻点两侧上缘各具 1 小颗粒。前、中足跗节具 4 个扩展节，下侧具毛垫。雌性外生殖器由基腹片完全合并形成 1 个长的、完全几丁质化的马刀形鞘。

分布：古北区、东洋区。世界已知 45 种，中国已知 12 种，本书记述 1 种。

（103）拟信宜匿颈树甲 *Stenochinus xinyicus* Yuan *et* Ren, 2014

Stenochinus xinyicus Yuan *et* Ren, 2014b: 71.

雄性：体长 11.0 mm。体细长，近圆柱形。头、鞘翅和足红棕色，前胸背板棕色，触角和口器黄棕色；表面布金黄色鳞状毛。头上刻点稠密；唇基横形，中部微隆；颊微凸起；复眼中等大小，微突出。触角棍棒状，第 7-11 节宽大于长，第 11 节椭圆形。下颚须第 4 节适度扩大。前胸背板中部之前最宽；侧缘向下急倾斜，侧缘在后角之前弯曲；前角尖锐向前，后角钝圆向后。小盾片近正方形，表面光滑。鞘翅端部 1/3 处最宽；盘区具深的近正方形大刻点并成行排列。腹部侧区布稠密刻点和鳞片状毛，毛短于前胸背板。足相对较短，后足第 1-4 跗节长度之比为：0.40∶0.33∶0.21∶0.67。

雌性：体长 11.0-12.5 mm，深棕色。触角基节更粗。

观察标本：1 雄，重庆缙云山，691 m，2021.Ⅶ.10，刘昊林。

分布：中国（重庆缙云山、浙江、广东）。

树甲族 Stenochiini Kirby, 1837

体长椭圆形，两侧平行但体前部常常窄于后部；体暗褐色到黑色，多具金属光泽。头嵌入前胸但不达复眼；唇基具膜；下颚须末节斧状；眼大，横形。触角细长，梗节不在额上，端部的节较基部的宽。后胸腹板长。鞘翅褶缘隆线完整，狭窄。一般具后翅。足长；前足基节圆；中足转节可见；后基节狭窄地分开；胫节端距很小；跗节下侧具柔毛。

世界性分布。世界已知 46 属 2200 余种，中国已知 4 属 111 种，本书记述 1 属 1 种。

77. 树甲属 *Strongylium* Kirby, 1819

Strongylium Kirby, 1819: 417. Type species: *Strongylium chalconotum* Kirby, 1819.

属征：体形多变，多窄细而伸长，有时粗壮，多圆柱形、长纺锤形。下颚须末节斧状；复眼或远离，更多彼此靠近。触角形状多变，近丝状或近棒状，常从第 6 节起变粗并有可见感觉圈。前胸背板弱隆到强烈隆起。小盾片三角形或近三角形。雄性腹部肛节多变，多简单。足细长；腿节常棒状；胫节稀见短，直或基部轻或较强地弯曲，雄性常有变化的性征；跗节细且腹面被毛。

分布：世界性分布。世界已知 1400 余种，中国已知 95 种，本书记述 1 种。

（104）益本树甲 *Strongylium masumotoi* Yuan et Ren, 2006

Strongylium masumotoi Yuan et Ren, 2006: 854.
Strongylium quadrimaculatum Yuan et Ren, 2005: 401.

体长 9.5-11.0 mm。体长，两侧近平行，隆背。漆黑色，触角黑色，口器、跗节及身体腹面颜色微浅，肛节红棕色。头和前胸背板近于无光泽，鞘翅具中度光泽，背面近光滑，腹面及足有半直立短毛。

头上布不规则的皱纹状刻点，每个刻点内有 1 小粒；唇基布具毛刻点；唇基沟浅弧凹；头顶显突并有深中凹，眼亚肾形，弱隆起。触角棍棒状，向后伸达鞘翅基斑后缘。前胸背板近方形，中部最宽；前缘直并有三角形宽饰边；基部微弯具饰边；侧缘有细饰边，其他边缘的饰边由背面观不可见；前角圆，后角略尖；盘区 2 对突起，有"Y"形深凹，基部 2 对凹坑；表面有不规则粗糙刻点并常融合，每个刻点中央有 1 小粒。小盾片舌形，中间凹并具皱纹，散布稀疏小刻点。鞘翅基部两侧近平行，端部 1/3 最宽，有 2 对黄斑，基部 1 对宽短，端部 1 对细长；盘区较隆起，刻点行由卵形深刻点组成并向后变小成沟状；行间近扁平，光滑，散布非常稀疏的小刻点；翅端弱裂。腹部有较密的具毛刻点，肛节端部圆形。足较短，中、后足腿节端部 2/5 具黄斑，前足腿节端部 2/5 上缘有或无黄斑；所有腿节和胫节有具毛刻点，后者毛稍长。

雌性：触角稍细；前胸背板凹痕更明显，鞘翅的 1 对斑纹在端部消失。

观察标本：1 雄，重庆缙云山，850 m，2021.Ⅵ.5，王宗庆；2 雌，重庆缙云山，850 m，2021.Ⅵ.6，王宗庆；1 雄，重庆缙云山，850 m，2021.Ⅶ.8，刘昊林。

分布：中国（重庆缙云山、四川）。

（十六）拟步甲亚科 Tenebrioninae Latreille, 1802

体小至大型。上唇明显横宽。前足基节窝外侧关闭，内侧常被横条关闭，且后面具小凹；中足基节窝侧缘被中胸后侧片关闭。鞘翅如具条纹，则鞘翅和小盾片条纹不超过 9 条。有或无后翅。腹部第 3-5 可见腹板间具裸露节间膜。所有足转节异形；跗节常简单，有时叶状，但倒数第 2 节非叶状；跗爪简单。

世界性分布，但以热带区丰富。世界已知约 40 族，拟步甲科中约有 50%的族、属和种隶属于该亚科。中国已知约 20 族，本书记述 3 族。

分族检索表

1. 静止时头部下折，与前胸近垂直；上唇与唇基之间的隔膜清晰可见；触角至少端部 3 节具复合的星形感器 ·· **烁甲族 Amarygmini**
- 静止时头近水平，不下折；上唇与唇基之间的隔膜暴露在外或不可见；触角有或无复合的星形感器 ··· 2
2. 触角无星形感器；中足基节窝侧面由前侧片关闭 ·· **拟步甲族 Tenebrionini**
- 触角有星形感器；中足基节窝侧面通常由腹板关闭；眼被颊深切，但不被分为上下两部分；前胸背板后角向后突出 ·· **粉甲族 Alphitobiini**

拟步甲族 Tenebrionini Latreille, 1802

唇基前缘有弧形浅缺刻；复眼横卵形，其前缘微凹；颊不大，不遮盖下颚基部。鞘翅缘折达到或近于达到翅的中缝角，其表面有成行的刻点、纵沟或皱纹。有后翅。中足基节窝达到中胸后侧片；中足基节的基转片发达。后胸长，在中、后足基节间的长度远远超过中足基节的纵径。腹部最后几节的可见腹板间有节间膜；后足基节间的第1腹板突宽阔，两侧平行或向前收缩，通常顶圆。

广泛分布于除南极以外的所有大陆上。世界已知约100属800种，中国已知15属92种，本书记述1属2种。

78. 拟步甲属 *Tenebrio* Linnaeus, 1758

Tenebrio Linnaeus, 1758: 417. Type species: *Tenebrio molitor* Linnaeus, 1758.

属征：体扁长。唇基前缘直或弱弧凹；复眼被颊分割成上下两部分。触角第3节最长，从基部向端部各节逐渐扩展。前胸背板具稠密圆刻点。鞘翅具刻点行或沟，缘折完整，伸达翅顶。前足胫节内侧弧弯。

分布：世界性分布。世界已知11种，中国已知2种，本书记述2种。

（105）黄粉虫 *Tenebrio* (*Tenebrio*) *molitor* Linnaeus, 1758

Tenebrio molitor Linnaeus, 1758: 417.

体长12.0-16.0 mm。体扁平，长椭圆形；背面黑褐色，有油脂状光泽，腹面赤褐色。唇基前缘宽圆，唇基沟凹；复眼间头顶隆起，中间有短凹。前胸背板横阔，前缘浅凹；侧缘基半部平行，端半部较强收缩，具饰边；基部中央略后突，两侧在后角内侧明显缺刻，基部之前有深横沟；前角急剧前突，顶端达复眼基部，后角宽钝形后突；背面刻点稠密。小盾片阔三角形，前面刻点非常稀疏。鞘翅前缘浅凹，肩宽圆；两侧中间略收缩，尖圆；翅面有清晰纵沟和稠密刻点。足粗短，前足胫节内侧明显弯曲；后足末跗节长于第2、3跗节之和。

观察标本：无。

分布：中国（重庆缙云山、全国性分布）；俄罗斯，韩国，日本，土库曼斯坦，塔吉克斯坦，欧洲，北非，旧热带区，新北区，澳洲区，新热带区。

（106）黑粉虫 *Tenebrio* (*Tenebrio*) *obscurus* Fabricius, 1792

Tenebrio obscurus Fabricius, 1792: 111.

体长13.5-18.5 mm。体扁长卵形；暗黑色，无光泽。前胸背板前缘浅凹；侧缘半圆形，中间最宽，向前较向后收缩强烈，后角之前略收缩；基部中叶略突，两侧微凹，具细饰边；前角稍突，顶端不达复眼基部，后角略外突；背面刻点较密。小盾片有稠密刻点，刻点与刻点之间形成网状。鞘翅长卵形，两侧平行，尖圆；背面有稠密刻点和沟，行间分散有大扁颗粒，故在行上形成显隆的脊突。

观察标本：无。

分布：中国（重庆缙云山、全国性分布）；俄罗斯，韩国，日本，土库曼斯坦，乌兹别克斯坦，塔吉克斯坦，哈萨克斯坦，伊朗，伊拉克，土耳其，塞浦路斯，阿富汗，欧洲，北非，世界广布。

粉甲族 Alphitobiini Reitter, 1917

体卵圆形，背面光裸。唇基前缘弧弯或近于直；复眼前缘中部有深缺刻。触角短，端部各节（除末节外）横形。前胸基部有2个缺刻。鞘翅缘折达中缝角，表面有成行的点。有后翅。前足基节间的前胸腹突窄。中足基节窝在外侧被中、后腹板紧密结合的侧面限制或腹板侧面的这些部分被窄颈划分开；中足基节基转片缺或很小。腹部第3-5可见腹板间有节间膜。前足胫节外缘有1列硬小刺。

主要分布在非洲，与粮仓有关的一些种类几乎到处都有分布，在自然界见于鸟巢和树洞中。世界已知1属约20种，中国已知1属3种，本书记述1属2种。

79. 粉甲属 *Alphitobius* Stephens, 1829

Alphitobius Stephens, 1829: 19. Type species: *Helops picipes* Panzer, 1794 (= *Opatrum laevigatum* Fabricius, 1781).

属征：颊的外缘显著宽于复眼外缘；唇基前缘弧凹。前胸背板后缘两侧弧凹且具细饰边；后角呈直角或锐角。鞘翅后部的刻点行较深，侧缘的刻点行达翅顶。前足胫节端部外角略膨大，外缘有短刚毛。

分布：古北区。世界已知3种，中国已知3种，本书记述2种。

（107）多点黑粉甲 *Alphitobius diaperinus* (Panzer, 1796)

Tenebrio diaperinus Panzer, 1796: 16.
Tenebrio ovatus Herbst, 1799: 16.
Uloma opatroides Brullé, 1839: 70.
Crypticus longipennis Walker, 1858: 284.
Prosefytus coffer Fåhraeus, 1870: 266.
Cryptops uiomoides Solier, 1851: 236.
Phaleria rufipes Walker, 1858: 284.

体长5.5-7.2 mm。体扁长卵形；黑色或褐色，有油脂状光泽。唇基前缘浅凹，颊和唇基连接处浅凹，前颊显宽于眼外缘；复眼肾形，下面部分较上面部分粗。触角端部棍棒状，第5节末端内侧略突出。前胸背板刻点稀小，两侧较大且清晰，基部两侧无小窝；前缘深凹，中间较直，两侧向前角钝角形突；两侧从前向后斜直地变宽，端部收缩较为强烈，后角前或中部之后最宽；基部中叶向后圆形突出，两侧浅凹，后角尖直角形。鞘翅9条刻点沟，沟的端部均凹。腹部第4腹板很窄。前中足胫节由基部向端部较强变宽，端部外缘圆；雄性仅中足胫节有1对弯端距，余直；雌性中足胫节端距直。

观察标本：无。

分布：中国（重庆全市、全国广布）；俄罗斯，蒙古国，朝鲜半岛，日本，土库曼斯坦，哈萨克斯坦，不丹，尼泊尔，伊拉克，以色列，埃及，沙特阿拉伯，巴林，也门，塞浦路斯，阿富汗，欧洲，北非。

（108）褐粉甲 *Alphitobius laevigatus* (Fabricius, 1781)

Opatrum laevigatus Fabricius, 1781: 90.
Helops piceus A. G. Olivier, 1795: 58.
Tenebrio mauritanicus Fabricius, 1792a: 113.
Helops pecipes Panzer, 1794: 4.
Alphitobius granivorus Mulsant *et* Godart, 1868: 288.
Cataphronetis striatulus Fairmaire, 1869: 231.
Microphyes rufipes W. J. MacLeay, 1873: 286.
Alphitobius ruficolor Pic, 1925c: 11.

体长 4.5-5.0 mm。体长椭圆形；黑至黑褐色，具弱光泽。复眼被头部侧缘切分。触角第 7-11 节内侧锯齿状扩展。前胸背板密布均匀刻点，基部两侧各具 1 刻点小窝；前缘略窄于基部，两侧圆，中部最宽，基部缩窄较明显。鞘翅刻点密，末端刻点行浅，不呈沟状。中胸腹板在中足基节间具"V"形脊，布细粒，不光亮。前足胫节端部微弱扩展。

观察标本：无。

分布：中国（重庆全市、全国广布）；俄罗斯，朝鲜半岛，日本，哈萨克斯坦，不丹，伊拉克，沙特阿拉伯，巴林，也门，塞浦路斯，阿富汗，欧洲，北非。

烁甲族 Amarygmini Gistel, 1848

头下弯，静止时近于垂直，嵌入前胸近于达到复眼中部；上颚完整；复眼大，凹缘深。触角 11 节，长短和粗细不等。小盾片大。鞘翅略盖及腹末。有后翅。前胸腹板短小；后胸腹板长。腹部基腹板中突宽。足细长，腿节大多无齿。

世界性分布。世界已知 85 属约 1200 种，中国已知 8 属 78 种，本书记述 1 属 2 种。

80. 邻烁甲属 *Plesiophthalmus* Motschulsky, 1858

Plesiophthalmus Motschulsky, 1858b: 34. Type species: *Plesiophthalmus nigrocyaneus* Motschulsky, 1858.

属征：体长卵形，背面强烈隆起；体色多样，常具金属或丝绒状光泽，一些种类黑暗无光，罕见具毛斑者。眼大，彼此靠近。触角长丝状。前胸背板多为梯形；前缘具饰边，基部无饰边。鞘翅具刻点线或刻点行，具小盾片线；缘折完整。有后翅。足细长，前足腿节具齿（少数齿不明显）；前足胫节端部内雄宽雌窄。阳茎大多为长纺锤形，侧面观基侧突端部大多为锉状。

分布：古北区、东洋区。世界已知 167 种，中国已知 54 种，本书记述 2 种。

（109）深黑邻烁甲 *Plesophthalmus* (*Plesiophthalmus*) *ater* Pic, 1930

Plesiophthalmus ater Pic, 1930: 34.

体长 14.0-18.0 mm。体长椭圆形，背面碳黑色，无光泽。眼小，眼间距约为眼横径的 0.7 倍。触角向后伸达鞘翅基部 1/3。前胸背板中度隆起，宽大于长 1.4 倍，中部稍后最宽；前缘近直，饰边显著；基部向后弱突；侧缘饰边细；前角近直角，后角钝；盘区布细小带有微毛的浅刻点，两侧刻点较密；侧缘饰边背面可见。鞘翅长大于宽 1.6 倍；盘区刻点线细，刻点细小，侧面的较深且稍大；行间微拱，具稀疏细短毛；两侧中部最宽，向基部渐窄，向端部圆缩，侧缘饰边明显。雄性肛节端部短截。前足腿节下侧端部 1/3 具齿；雄性前足胫节内弯，端部 2/3 内侧变粗具毛。

观察标本：1 雄，重庆缙云山，850 m，2021.Ⅵ.6，王宗庆；1 雄，重庆缙云山，850 m，2021.Ⅵ.21，王宗庆。

分布：中国（重庆缙云山、河南、浙江、湖北、江西、湖南、福建、四川、贵州、云南）。

（110）长茎邻烁甲 *Plesophthalmus* (*Plesiophthalmus*) *longipes* Pic, 1938

Plesophthalmus longipes Pic, 1938: 8.
Plesophthalmus (*Plesiophthalmus*) *longipes*: Masumoto, 1989: 759.

体长 14.0-15.0 mm。体长卵形，强烈隆起；黑色，具丝般光泽，头部和腹面密被白色软毛。唇基突出，微前倾，密布刻点和白色软毛；眼大，眼间距窄；前胸背板近半球形强烈隆起，端缘近直，饰边明显；前角直，后角较钝；盘区具微小刻点，前侧区刻点更粗糙，被细毛；小盾片三角形，侧边圆，微抬，散布微小刻点。鞘翅强隆起，基部 1/3 处最高，向两侧圆形陡降，侧缘饰边细；盘区刻点行细，刻点微小而圆；行间平，布极小刻点，微鲨皮状。肛节端缘显凹。足细长，前足腿节端内侧 1/3 处齿不明显；前足胫节基半部内弯，端半部直，端内侧 3/5 粗并被毛。

观察标本：2 雄，重庆缙云山，850 m，2021.Ⅵ.19，王宗庆。

分布：中国（重庆缙云山、浙江、福建、台湾、四川、贵州、云南、西藏）。

五、芫菁科 Meloidae Gyllenhal, 1810

体柔软，小至中型，长 5.0-45.0 mm，黑色、红色或绿色等。头下垂，宽过前胸背板，后头急剧缢缩；第 226 页。触角多为丝状、棒状，部分触角节呈栉（锯）齿状或念珠状，部分种类性二型明显。前胸背板窄于鞘翅基部，通常端部最窄。鞘翅柔软，完整或短缩，颜色多变。跗式 5-5-4，爪 2 裂，背叶下缘光滑或具齿。腹部可见腹板 6 节，缝完整。

世界性分布，主要分布于干旱的热带、亚热带和草原地区。世界已知 4 亚科 133 属近 3000 种（亚种），中国已知 2 亚科 27 属约 200 种（亚种），本书记述 1 亚科 1 属 2 种。

（十七）芫菁亚科 Meloinae

下颚须 4 节，第 1 节极短，其余 3 节明显；外颚叶正常，不延长，顶端无帚状毛簇且不呈吸管状。跗爪背叶下缘通常光滑，若具齿，则为锯齿形；腹叶最宽处通常宽于基宽之半（除斑芫菁属 *Mylabris* 部分物种外）。雄性阳茎中茎具 1 或 2 背钩；内阳茎骨化，顶端具钩。

世界性分布。世界已知 8 族 82 属约 2032 种（亚种），中国已知 5 族 13 属 161 种，本书记述 1 族 1 属 2 种（亚种）。

豆芫菁族 Epicautini Denier, 1935

体多深色；下颚较短，顶端不尖，背面观侧缘明显弯曲，顶端之半不斜。上唇较长，长过上颚基部之半。触角多为丝状，长达鞘翅中部，少数锯齿状或较短，鞘翅长达体末端，一般两侧平行。前足胫节雌性具 2 端距，雄性具 1 或 2 端距或无。前足腿节腹面端半部轻微凹陷，凹内有 1 片横向的丝状短伏毛。阳茎中茎具 1 端背钩，内阳茎顶端具 1 钩；阳茎完全硬化，钩状。

分布于亚洲南部、新北区、旧热带区。世界已知 3 属 447 种，中国已知 1 属 33 种，本书记述 1 属 2 种（亚种）。

81. 豆芫菁属 *Epicauta* Dejean, 1834

Epicauta Dejean, 1834: 224. Type species: *Meloe erythrocephalus* Pallas, 1771.

属征：体中小到大型，长圆筒状，深黑色、深棕色或棕黑色，头红色或黑色；上唇长过上颚基半部；触角丝状，向后伸达或超过鞘翅中部。前胸背板一般长大于宽，两侧近平行，盘区密布刻点和短毛。鞘翅长达身体末端，一般两侧平行。足中等长，跗节圆柱形；前足腿节端半部腹面凹陷，内侧被金黄色伏毛。腹部狭长，腹面中央凹陷或被长毛。

分布：世界广布。世界已知约 390 种，中国已知 33 种，本书记述 2 种（亚种）。

（111）短翅豆芫菁 *Epicauta* (*Epicauta*) *aptera* Kaszab, 1952

Epicauta aptera Kaszab, 1952: 590.
Epicauta (*Epicauta*) *aptera*: Bologna, 2008: 372.

体长 11.0-14.0 mm；宽 4.0-5.0 mm。

雄性：体黑色，头红色，上颚和触角黑色。体被黑毛，有时前足腿节内侧被灰白毛。头近圆形，后头长大于复眼宽。触角细长，达身体 2/3，第 2 节长大于宽的 3.0 倍，第 3-7 节略扁，末节具尖。前胸背板狭于头，背面刻点小且稠密，刻点间光亮。鞘翅基部宽于前胸 1/3。后翅短，完全展开时至多与鞘翅等长。体腹面光亮。足细长，前足第 1 跗节正常柱状，长于第 2 跗节，短于胫节长之半，仅具 1 内端距，较长细尖；后足胫节 2 端距变扁，内端距楔形，外端距较宽，端圆。

雌性：触角、足和体腹面不被长毛。前足胫节具 2 端距，细尖等长。

观察标本：4 雄，重庆缙云山，769 m，2021.Ⅶ.9，刘蕊。

分布：中国（重庆缙云山、河南、陕西、甘肃、安徽、湖北、江西、湖南、江苏、浙江、福建、广东、海南、广西、四川、贵州、云南）。

（112）埃氏豆芫菁 *Epicauta* (*Epicauta*) *emmerichi emmerichi* Pic, 1934

Epicauta emmerichi Pic, 1934: 86.

体长 11.1-19.0 mm；宽 5.0-6.0 mm。

雄性：体黑色，头黄红色，唇基前缘和端部中央红色，触角基节一侧暗红色。下颚须、触角基部 2 节和第 3 节基部腹面、前胸背板中央纵沟两侧、鞘翅侧缘、前胸腹板、各足基节窝周围和前足胫节内侧均被灰白毛。触角向后伸达鞘翅基部 1/3，第 2 节长是宽的 3.0 倍。前胸背板狭于头，长大于宽，刻点稠密。鞘翅基部宽于前胸 1/3，两侧近乎平行。前足第 1 跗节基部细，端部膨阔，前足胫节弯曲，内端距 1 枚，粗尖；后足胫节 2 端距细，外端距较短，顶钝。

雌性：触角较细短；前足胫节较平直，端距 2 枚，细尖且等长，第 1 跗节柱状；肛节腹板后缘平直。

观察标本：2 雌，重庆缙云山缙云村，700 m，2021.Ⅶ.8，刘蕊。

分布：中国（重庆缙云山、浙江、湖北、江西、福建、广东、海南、广西、四川、贵州）。

参 考 文 献

陈斌. 1995. 中国伪叶甲科分类研究. 重庆: 西南农业大学博士学位论文.

陈斌, 李廷景, 何正波. 2010. 重庆市昆虫. 北京: 科学出版社.

陈力, 蒋书楠, 1993. 伪楔天牛属 *Asaperda* Bates 新种记述(鞘翅目: 天牛科: 沟胫天牛亚科). 西南农业大学学报, 15(1): 65-67.

董赛红. 2018. 中国烁甲族分类研究(鞘翅目: 拟步甲科). 保定: 河北大学博士学位论文.

蒋书楠, 蒲富基, 华立中. 1985. 中国经济昆虫志 第三十五册 天牛科(三). 北京: 科学出版社: 189.

李利珍. 2020. 中国甲虫图鉴 隐翅虫科. 深圳: 海峡书局.

李利珍, 汤亮, 胡佳瑶, 等. 2018. Ⅱ. 隐翅虫总科. 10 隐翅虫. 见: 杨星科. 秦岭昆虫志 鞘翅目(1). 西安: 世界图书出版公司: 162-333.

林美英. 2017. 秦岭昆虫志 第六卷 鞘翅目(二)天牛类. 西安: 世界图书出版公司: 510.

刘鹏冀. 2022. 中国树甲族分子系统学研究(鞘翅目: 拟步甲科). 延安: 延安大学硕士学位论文.

蒲富基. 1980. 中国经济昆虫志 第十九册 鞘翅目天牛科(二). 北京: 科学出版社: 13-14.

任国栋. 2016. 中国动物志 昆虫纲 第六十三卷 鞘翅目 拟步甲科(一). 北京: 科学出版社.

王新谱, 潘昭, 任国栋. 2010. 中国芫菁科属级分类概况(鞘翅目). 昆虫分类学报, 32(S1): 43-52.

杨星科. 1997. 长江三峡库区昆虫. 重庆: 重庆出版社: 1-1847.

杨玉霞. 2007. 中国豆芫菁属 *Epicauta* 分类研究(鞘翅目: 拟步甲总科: 芫菁科). 保定: 河北大学硕士学位论文.

苑彩霞. 2005. 中国树甲族区系形成与分化(鞘翅目: 拟步甲科). 保定: 河北大学硕士学位论文.

周勇. 2011. 中国伪叶甲亚族分类研究(鞘翅目: 拟步甲科: 伪叶甲族). 保定: 河北大学硕士学位论文.

周勇, 陈斌. 2014. 重庆市伪叶甲亚科 5 新纪录种记述. 重庆师范大学学报, 31(6): 29-33.

朱玉香. 2003. 中国伪叶甲亚科形态学和分类学研究(鞘翅目: 伪叶甲科). 重庆: 西南农业大学硕士学位论文.

Ahrens D. 2006. Cladistic analysis of *Maladera* (*Omaladera*): Implications on taxonomy, evolution and biogeography of the Himalayan species (Coleoptera: Scarabaeidae: Sericini). Organisms Diversity & Evolution, 6(1): 1-16.

Arrow G J. 1908. A contribution to the classification of the coleopterous family Dynastidae. Transactions of the Entomological Society of London, 1908: 321-358.

Assing V. 2009. On the Western Palaearctic and Middle Asian species of *Ochthephilum* Stephens, with notes on *Cryptobium koltzei* Eppelsheim (Coleoptera: Staphylinidae: Paederinae: Cryptobiina). Linzer Biologische Beiträge, 41(1): 397-426.

Assing V. 2013. New species and records of *Stilicoderus* and *Stiliderus*, primarily from the southern East

Palaearctic region (Coleoptera: Staphylinidae: Paederinae). Stuttgarter Beiträge zur Naturkunde A (Neue Serie), 6: 57-82.

Audinet-Serville J G A. 1832. Nouvelle classification de la famille des longicornes. Annales de la Société Entomologique de France, 1: 118-201.

Audinet-Serville J G A. 1834a. Nouvelle classification de la famille des longicornes. Annales de la Société Entomologique de France, 2: 528-573.

Audinet-Serville J G A. 1834b. Nouvelle classification de la famille des longicornes. Annales de la Société Entomologique de France, 3: 5-110.

Aurivillius C. 1912. Cerambycidae: Cerambycinae. Pars 39. In: Schenkling S. Coleopterorum Catalogus. Volumen 22. Berlin: I. Junk: 108, 574.

Balthasar V. 1958. Eine neue Untergattung und einige neue Arten derGattung Copris. Sborník Entomologického Oddělení Národního Musea v Praze, 32: 471-480.

Balthasar V. 1963. Monographie der Scarabaeidae und Aphodiidae der palaearktischen und orientalischen rgion. Coleoptera: Lamelicornia. Band 2. Coprinae (Onitini, Oniticellini, Onthophagini). Prag: Verlag der Tschechoslowakischen Akademie der Wissenschaften: 627 pp., 16 pls.

Bates H W. 1866. On a Collection of Coleoptera from Formosa, sent home by R. Swinhoe, Esq., H. B. M. Consul, Formosa. The Proceedings of the Scientific Meetings of the Zoological Society of London, 44: 350-380.

Bates H W. 1873a. On the longicorn Coleoptera of Japan. The Annals and Magazine of Natural History, (4)12(68): 148-156.

Bates H W. 1873b. On the longicorn Coleoptera of Japan. The Annals and Magazine of Natural History, (4)12(70): 308-318.

Bates H W. 1873c. On the longicorn Coleoptera of Japan. The Annals and Magazine of Natural History, (4)12(71): 380-390.

Bates H W. 1884. Longicorn beetles of Japan. Additions, chiefly from the later collections of G. Lewis, and notes on the synonymy, distribution, and habits of the previously known species. Journal of the Linnean Society of London, Zoology, 18: 205-261, 2 pls.

Bates H W. 1888. On a collection of Coleoptera from Korea (Tribe Geodephaga, Lamellicornia, and Longicornia), made by Mr. J. H. Leech, F. Z. S. Proceedings of the Scientific Meetings of the Zoological Society of London, (25-26): 378-380.

Bates H W. 1891. Coleoptera collected by Mr. Pratt on the Upper Yang-Tsze, and on the borders of Tibet. Second Notice. Journey of 1890. The Entomologist, 24(Suppl.): 69-80.

Benick L. 1940. Ostpaläarktische Steninen (Col. Staph). Mitteilungen der Münchner Entomologischen Gesellschaft, 30(2): 559-575.

Bernhauer M, Schubert K. 1914. Staphylinidae IV. (Pars 57). 289-408. In: Junk W, Schenkling S. Coleopterorum Catalogus. Vol. 5. Berlin: Junk: 988 pp.

Blanchard C É. 1851. Ier Famille-Scarabaeidae. In: Milne-Edwards H, Blanchard C É, Lucas H. Catalogue de la Collection Entomologique du Muséum d'Histoire Naturelle de Paris. Classe des Insectes. Ordre des Coléoptères. I, Deuxième livraison. Paris: Gide et Baudry: 129-240.

Blessig C. 1872. Zur Kenntniss der Käferfauna Süd-Ost-Sibiriens insbesondere des Amur-Landes. Longicornia Horae Societatis Entomologicae Rossicae, 9(2): 161-192.

Bologna M A. 2008. New taxa. In: Bologna M A, Di Giulio A. Revision of the genus *Trichomeloe* Reitter, with the description of new species and first instar larvae (Coleoptera: Meloidae). Contributions to Zoology, 77: 227-248.

Borchmann F. 1909. Neue asiatische und australische Lagriiden hauptsächlich aus dem Museum in Genua. Bollettino della Società Entomologica Italiana, 41 [1911]: 201-234.

Borchmann F. 1912. H. Sauter's Formosa-Ausbeute. Lagriidae, Alleculidae, Cantharidae (Col.). Supplementa Entomologica, 1: 6-12.

Borchmann F. 1915. Die Lagriinae (Unterfamilie der Lagriidae.). Archiv für Naturgeschichte, A81[1916]: 46-188.

Borchmann F. 1925. Neue Heteromeren aus malayischen Gebiete. Treubia, 6: 329-354.

Borchmann F. 1936. Coleoptera Heteromera Fam. Lagriidae. In: Wytsman P. Genera Insectorum. Fasc. 204. Brussels: Louis Desmet-Verteneuil: 561 pp., 9 pls.

Bouchard P Y, Bousquet R L, Aalbu M A, et al. 2021. Review of genus-group names in the family Tenebrionidae (Insecta, Coleoptera). Zookeys, 1050: 1-633.

Breuning S. 1943. Études sur les lamiaires: Douzième tribu: Agniini Thomson. Novitates Entomologicae, 3 Suppl. (89-106): 137-280.

Breuning S. 1944. Études sur les lamiaires: Douzième tribu: Agniini Thomson. Novitates Entomologicae, 3 Suppl.(107-135): 281-512. [note: Index, pp. 513-523 issued in 1945]

Breuning S. 1947. Quelques nouvelles formes des genres Nupserha Thomson, Oberea Mulsant, Conizonia Fairmaire et Phytoecia Mulsant. Miscellanea Entomologica, 44: 57-61.

Breuning S. 1949. Entomological results from the Swedish expedition 1934 to Burma and British India. Coleoptera: Cerambycidae Lamiinae recueillis par René Malaise. Arkiv för Zoologi, 42A(15): 1-21.

Breuning S. 1956. Révision des "Astathini". Longicornia, 3: 417-519.

Breuning S. 1961. Catalogue des lamiaires du Monde (Col., Céramb.) 5. Lieferung. Tutzing: Museum G. Frey: 287-382.

Brullé G A. 1839. Entomologie. 53-95. In: Barker-Webb P, Berthelot S. Histoire naturelle des Iles Canaries. (Animaux articulés recueillis aux Iles Canaries.). Vol. II. Pars 2. Paris: Mellier, 119 pp., 8 pls. [issued in parts, from 1836 to 1840].

Burmeister H C C. 1844. Handbuch der Entomologie. Vierter Band, Erste Abtheilung. Coleoptera Lamellicornia Anthobia et Phyllophaga systellochela. Berlin: Theod. Chr. Fr. Enslin: xii + 588 pp.

Burmeister H C C. 1847. Handbuch der Entomologie. Fünfter Band. Besondere Entomologie. Fortsetzung. Coleoptera Lamellicornia Xylophila et Pectinicornia. Berlin: Reimer: viii, 584 pp.

Burmeister H C C. 1855. Handbuch der Entomologie. Vierter Band. Besondere Entomologie. Fortsetzung. Zweite Abtheilung. Coleoptera Lamellicornia Phyllophaga chaenochela. Berlin: Theod Chr Friedr Enslin, x + 569 pp.

Cameron M. 1924. XI. New species of Staphylinidae from India. Transactions of the Entomological Society of London: 160-198.

Casey T L. 1905. A revision of the American Paederini. Transactions of the Academy of Science of St. Louis, 15(2): 17-248.

Chevrolat L A A. 1835. Olénécampte. *Olenecamptus*. Magasin de Zoologie, Classe IX. pl. 134..

Chevrolat L A A. 1845. Description de dix coléoptères de Chine, des environs de Macao, et provenant d'une acquisition faite chez M. Parsudaki, marchand naturaliste à Paris. Revue Zoologique, par la Société Cuvierienne, 8: 95-99.

Chevrolat L A A. 1852. Description de coléoptères nouveaux. Revue et Magasin de Zoologie Pure et Appliquée, 4(2): 414-422.

Chevrolat L A A. 1858. Description de longicornes nouveaux du vieux Calabar, côte occidentale d'Afrique. Revue et Magasin de Zoologie, Paris, 10(2): 348-358.

Chevrolat L A A. 1860. Description d'espèces de *Clytus* propres au Mexique. Annales de la Société Entomologique de France, 8(3): 451-504.

Chevrolat L A A. 1863. Clytides d'Asie et d'Océanie. Mémoires de la Société Royale des Sciences de Liège, 18(4): 253-350.

Curtis J. 1826. British entomology, being illustrations and descriptions of the genera of insects found in Great Britain and Ireland. Vol. 3. London: L. Reeve & Co.: pls. 99-146.

Danilevsky M L. 2011. Additions and corrections to the new Catalogue of Palaearctic Cerambycidae (Coleoptera) edited by I. Löbl & A. Smetana, 2010. Part II. Russian Entomological Journal, 19(4): 313-324.

Danilevsky M L. 2012. New Chinese *Purpuricenus* Dejean, 1821 (Coleoptera, Cerambycidae) close to *P. temminckii* Guérin-Méneville, 1844 group of species. Humanity Space. International Almanac, 1(Suppl.): 8-28.

Dejean P F M A. 1821. Catalogue de la collection de Coléoptères de M. le Baron Dejean. Paris: Crevot: viii, 136 pp.

Dejean P F M A. 1833. Catalogue de la collection des Coléoptères de M. le Comte Dejean. Deuxième édition. [Livraison 1 (pp. 1-96), Livraison 2(pp. 97-176)]. Paris: Méquignon-Marvis Père et Fils. [note: pp. 177-256, Livraison 3 was published in 1834; pp. 257-360, Livraison 4 in 1835].

Dejean P F M A. 1834. Catalogue des coléoptères de la collection de M. le Comte Dejean. Deuxième édition. 3e Livraison. Paris: Méquignon-Marvis Pères et Fils: 177-256.

Dejean P F M A. 1835. Catalogue des coléoptères de la collection de M. le Comte Dejean. Deuxième édition. Livraison 4. Paris: Méquignon-Marvis Père et Fils: 257-360.

Deyrolle H C. 1878. New taxa. *In*: Deyrolle H C, Fairmaire L. Description de coléoptères recueillis par M. l'abbé David dans la Chine centrale.(1. partie). Annales de la Société Entomologique de France, 8(5): 87-140, pls. 3, 4.

Dillon L S, Dillon E S. 1948. The tribe Dorcaschematini (Col., Cerambycidae). Transactions of the American Entomological Society, 73: 173-298.

Eppelsheim E. 1886. Neue Staphylinen vom Amur. Deutsche Entomologische Zeitschrift, 30(1): 33-46.

Erichson W F. 1839. Genera et species staphylinorum insectorum coleopterorum familiae. Berlin: F. H. Morin: viii + 1-400.

Fabricius J C. 1775. Systema entomologiae sistens insectorum classes, ordines, genera, species, adiectis synonymis, locis, descriptionibus, observationibus. Libraria Kortii, Flensburgi *et* Lipsiae: xxxii, 1-832.

Fabricius J C. 1781. Species insectorum, exhibens eorum differentias specificas, synonyma auctorum, loca natalia, metamorphosis, adiecitis observationibus, descriptionibus. Tom i. Hamburgi et Kilonii: Carol Ernest Bohnii: viii + 552 pp.

Fabricius J C. 1787. Mantissa insectorum, sistens eorum species nuper detectas adiectis characteribus genericis, differentiis specificis, emendationibus, observationibus. Tomus I. Hafniae: C. G. Proft: xx, 348.

Fabricius J C. 1792a. Entomologica systematica emendata et aucta. Secundum classes, ordines, genera, species adjectis synonimis, locis, observationibus, descriptionibus. Tom i. Pars 1. Hafniae: Christ. Gottl. Proft.: xx + 330 pp.

Fabricius J C. 1792b. Entomologica systematica emendata et aucta. Secundum classes, ordines, genera, species adjectis synonimis, locis, observationibus, descriptionibus. Tom i. Pars ii. Hafniae: Christ. Gottl. Proft.: 538 pp.

Fåhraeus O I von. 1870. Coleoptera Caffrariae, annis 1838-1854 a J.A. Wahlberg collecta. Heteromera. Öfversigt af Kongliga Svenska Vetenskaps-Akademiens Förhandlingar, 27: 234-358.

Fairmaire L M H. 1878. New taxa. In: Deyrolle H, Fairmaire L. Descriptions de coléoptères recueillis par M. abbé David dans la Chine centrale. Annales de la Société Entomologique de France, 8(5): 87-140.

Fairmaire L. 1868. Essai sur les coléoptères de Barbarie. Sixième partie. Annales de la Société Entomologique de France, (4)8: 471-502.

Fairmaire L. 1886a. Descriptions de Coléoptères de l'intérieur de la Chine. Annales de la Société Entomologique de France, 6(6): 303-356.

Fairmaire L. 1886b. Notes sur les coléoptères recueillis par M. Laligant à Obock. Annales de la Société Entomologique de France, (6)5[1885]: 435-462.

Fairmaire L. 1891. Description de Coléoptères de l'intérieur de la Chine (Suite, 6e partie). Bulletin ou Comtes Rendus des Séances de la Société Entomologique de Belgique, 1891: vi-xxiv.

Fairmaire L. 1898. Descriptions de Coléoptères d'Asie et de Malaisie. Annales de la Société Entomologique de France, 67: 382-400.

Faldermann F. 1835. Coleopterorum ab illustrissimo Bungio in China boreali, Mongolia, et Montibus Altaicis collectorum, nec non an ill. Turczaninoffio et Stchukino e provincia Irkutsk missorum illustrationes. Mémoires Présentés à l'Académie Impériale des Sciences de St. Pétersbourg par Divers Savants, et lus dans ses Assemblées, 2: 337-464, pls. I-V.

Fauvel A. 1874. Faune Gallo-Rhénane ou description des insectes qui habitent la France, la Belgique, la Hollande, les provinces Rhénanes et le Valais, avec tableaux synoptiques et planches gravées (suite). Bulletin de la Société Linnéenne de Normandie, (2)8: 167-340.

Felsche C. 1910. Über coprophage scarabaeiden. Deutsche Entomologische Zeitschrift, (4): 339-352.

Forster J R. 1771. Novae species Insectorum, Centuria I. veneunt apud T. Davies. London: White: i-viii, 1-100.

Gahan C J. 1888. On new lamiide Coleoptera belonging in the *Monochammus*-group. The Annals and Magazine of Natural History, 2(6): 389-401.

Gahan C J. 1890. Notes on Longicorn Coleoptera of the Group Cerambycinae, with descriptions of new Genera and Species. The Annals and Magazine of Natural History, 6(6): 247-261.

Gahan C J. 1894a. A list of the longicorn Coleoptera: collected by Signor Fea in Burma and the adjoining regions, with descriptions of new genera and species. Annali del Museo Civico di Storia Naturale di Genova (Série 2), 14: 5-104, 1 pl.

Gahan C J. 1894b. Supplemental list of the longicorn Coleoptera obtained by Mr. J. J. Walker. R. N., F. L. S., during the voyage of H. M. S "Penguin", under the command of Captain Moore, R. N. The Transactions of the Entomological Society of London, 1894: 481-488.

Ganglbauer L. 1889. Insecta. A Cl. G. N. Potanin in China *et* in Mongolia novissime lecta. VII. Buprestidae, Oedemeridae, Cerambycidae. Horae Societatis Entomologicae Rossicae, 24(1-2): 21-85.

Gautier C C. 1870. Petites nouvelles. Petites Nouvelles Entomologiques, 1[1869-1875]: 104.

Gemminger M, Harold E. 1873. Catalogus coleopterorum hucusque descriptorum synonymicus *et* systematicus. Munich, 10: 2989-3232, index.

Geoffroy E L. 1762. Histoire abrégée des insectes qui se trouvent aux cnvirons de Paris, dans laquelle ces animaux sont rangés suivant un ordre méthodique. Paris: Durand: 1-523., 10 pls.

Gressitt J L. 1942. New longicorn beetles from China, IX (Coleoptera: Cerambycidae). Lingnan Natural History Survey and Museum, Special Publication, 3: 1-8.

Gressitt J L. 1951. Longicorn beetles of China. In: Lepesme P. Longicornia, études et notes sur les longicornes, Volume 2. Paris: Paul Lechevalier: 667, 22 pls.

Gyllenhal L. 1817. [New taxa]. In: Schönherr C J. Synonymia Insectorum, oder Versuch einer Synonymie aller bisher bekannten Insecten; nach Fabricii Systema Elautheratorum etc. geordnet. Erster Band. Eleutherata oder Käfer. Dritter Theil. Hispa–Molorchus. Upsala: Em. Brucelius: 506; Appendix: Descriptiones novarum specierum: 266 pp.

Harold E von. 1877. Enumération des Lamellicornes Coprophages rapportés de l'Archipel Malais, de la Nouvelle Guinée et de l'Australie boréale par MM. J. Doria, O. Beccari *et* L. M. D'Albertis. Annali del Museo Civico di Storia Naturale di Genova, 10: 38-110.

Herbst J F W. 1799. Natursystem aller bekannten in- und ausländischen Insekten, als eine Fortsetzung der von Buffonschen Naturgeschichte. Der Käfer achter Theil. Berlin: Geh. Commerzien-Raths Pauli: xiv + 420 pp., 121-137 pls.

Herman L H. 2003. Nomenclatural changes in the Paederinae (Coleoptera: Staphylinidae). American Museum Novitates, 3416: 1-28.

Hochhuth I H. 1851. Beitraege aur naeheren Kenntniss der Staphylinen Russlands. Enthaltend Beschreibung neuer Genera und Arten, nebst Erläuterungen noch nicht hinlänglich bekannter Staphylinen des russischen Reichs. Bulletin de la Société Impériale des Naturalistes de Moscou, 24(2): 3-58.

Holzschuh C. 2005. Beschreibung von neuen Bockkäfern aus SE Asien, vorwiegend aus Borneo (Coleoptera, Cerambycidae). Les Cahiers Magellanes, 46: 1-40.

Holzschuh C. 2010. Beschreibung von 66 neuen Bockkäfern und zwei neuen Gattungen aus der orientalischen Region, vorwiegend aus Borneo, China, Laos und Thailand (Coleoptera, Cerambycidae). Entomologica Basiliensa et Collectionis Frey, 32: 137-225.

Hope F W. 1831. Synopsis of the new species of Nepaul insects in the collection of Major-General Hardwicke. Zoological Miscellany, 1: 21-32.

Hope F W. 1833. On the characters of several new genera and species of coleopterous insects. Proceedings of the Zoological Society of London, 1: 61-64.

Hope F W. 1837. The Coleopterist's Manual, containing the lamellicorn insects of Linneus and Fabricius. London: Henry G. Bohn: xiii + [2] + 15-121 + [4] pp., 3 pls.

Hope F W. 1839. Descriptions of some nondescript insects from Assam, chiefly collected by W. Griffith, Esq., Assistant Surgeon in the Madras Medical Service. Proceedings of the Linnean Society of London, 1:

42-44.

Hope F W. 1842. Descriptions of some new coleopterous insects sent to England by Dr. Cantor from Chusan and Canton, with observations on the entomology of China. Proceedings of the Entomological Society of London, 1841: 59-64.

Hope F W. 1843. Descriptions of some new coleopterous insects sent to England by Dr. Cantor from Chusan and Canton, with observations on the entomology of China. The Annals and Magazine of Natural History, 11: 62-66.

Hüdepohl K E, Heffern D J. 2004. Notes on Oriental Lamiini (Coleoptera: Cerambycidae: Lamiinae). Insecta Mundi, 16(4): 247-249.

Kaszab Z. 1952. Die paläarktischen und orientalischen Arten der Meloiden-Gattung Epicauta Redtb. Acta Biologica Academiae Scientiarum Hungaricae, 3: 573-599.

Kaszab Z. 1983. Synomymie Indoaustralischer und Neotropisher Tenebrioniden (Coleoptera). Acta Zoologica Academiae Scientiarum Hungaricae, 29: 129-138.

Kirby W. 1819. A century of insects, including several new genera described from his cabinet. Transactions of the Linnean Society of London, 12: 375-453, pls. 21-23.

Kirby W. 1823. A description of some insects which appear to exemplify Mr. William S. MacLeay's doctrine of affinity and analogy. Transactions of the Linnean Society of London, 14: 93-110, 1 pl.

Kraatz G. 1859. Die Staphylinen-Fauna von Ostindien, insbesondere der Insel Ceylan. Archiv für Naturgeschichte, 25(1): 1-196.

Lacordaire J T. 1869. Histoire naturelle des insectes. Genera des coléoptères, ou exposé méthodique et critique de tous les genres proposés jusqu'ici dans cet ordre d'insectes. Tome neuvième. Première partie. Paris: Librairie Encyclopédique de Roret: 1-409.

Lameere A. 1911. Révision des Prionides. Dix-neuvième mémoire.-Prionines(VI). Annales de la Société Entomologique de Belgique, 55(11): 325-356.

Lameere A. 1912. Révision des Prionides. Vingtième mémoire.-Prionines(VII). Annales de la Société Entomologique de Belgique, 56(6): 185-260.

Latreille P A. 1802. Histoire naturelle des Fourmis, et recueil de Mémoires et d'observations sur les abeilles, les araignées, les faucheurs, et d'autres insectes. Paris: Crapelet: xii + 13-467 pp. + [1 p. Errata].

Leach W E. 1819. New genera. In: Samouelle G. The entomologist's useful compendium, or an introduction to the knowledge of British Insects, comprising the best means of obtaining and preserving them, and a description of the apparatus generally used; together with + Thomas Boys, London: 496 pp., 12 pls.

Li L, Zhou H Z. 2010. Taxonomy of the genus *Bisnius* Stephens (Coleoptera, Staphylinidae, Philonthina) from China. Deutsche Entomologische Zeitschrift, 57(1): 105-115.

Li L, Zhou H Z, Schillhammer H. 2010. Taxonomy of the genus *Hesperus* Fauvel (Coleoptera: Staphylinidae: Philonthina) from China. Annales de la Société Entomologique de France, 46(3-4): 519-536.

Li L Z. 2019. Catalogue of Chinese Coleoptera. Volume 3. Staphylinidae. Beijing: Science Press.

Li Z, Tian L C, Chen L. 2015. A new species of the genus *Meiyingia* Holzchuh, 2010 (Coleoptera, Cerambycidae, Cerambycinae) from China. Zootaxa, 3964(5): 596-600.

Lin M Y, Yang X K. 2012. Contribution to the knowledge of the Genus *Linda* Thomson, 1864 (part I), with the Description of *Linda* (*Linda*) *subatricornis* n. sp. from China (Coleoptera, Cerambycidae, Lamiinae). Psyche, (2012): 1-8.

Lin P. 1996. *Anomala cupripes* species group of China and a discussion on its taxonomy. Entomologia Sinica, 3: 300-313.

Linnaeus C. 1758. Systema Naturae per Regna tria Naturae, secundum classes, ordines, genera, species, cum characteribus, differentiis, synonymis, locis. Tomus I. Editio decima, reformata. Holmiae: Impensis Direct. Laurentii Salvii: iv + 824 + [1] pp.

Liu Z P, Cuccodoro G. 2021. *Megarthrus* of China. Part 4. The *M. hemipterus* complex (Coleoptera, Staphylinidae, Proteininae), with description of a new species from Yunnan Province. ZooKeys, 1056: 17-34.

Löbl I, Smetana A. 2008. Catalogue of Palaearctic Coleoptera. Volume 5. Tenebrionoidea. Stenstrup: Apollo Books: 670.

Löbl I, Smetana A. 2010. Catalogue of Palaearctic Coleoptera, Vol. 6. Stenstrup: Apollo Books: 924 pp.
Machatschke J W. 1957. Coleoptera Lamellicornia Fam. Scarabaeidae Subfam. Rutelinae. Zweiter Teil. In: Wytsman P A G. Genera insectorum. Fascicule 199(B). Bruxelles: Desmet-Verteneuil: 219 pp., vi pls.
MacLeay W J. 1873. Notes on a collection of insects from Gayndah. Transactions of the Entomological Society of New South Wales, 2[1872]: 239-318.
Marseul S A de. 1876. Coléoptères du Japon recueillis par M. Georges Lewis. Énumération des Hétéromères avec la description des espèces nouvelles. Annales de la Société Entomologique de France, (5)6: 93-142.
Masumoto K. 1988. A study of the Taiwanese Lagriidae. Entomological Review of Japan, 43: 33-52 + 6 pls.
Masumoto K. 1989. Plesiophthalmus and its allied genera (Coleoptera, Tenebrionidae, Amarygnini) (Part 6). Japanese Journal of Entomology, 57: 742-767.
Matsushita M. 1933. Beitrag zur Kenntnis der Cerambyciden des japanischen Reichs. Journal of the Faculty of Agriculture of the Hokkaido Imperial University, 34: 157-445, pls. i-v.
Matsushita M. 1934. Ueber einige japanische Bockkäfer (Coleoptera: Cerambycidae). Transactions of the Natural History Society of Formosa, 24(133): 237-241.
Motschulsky V de. 1854a. Nouveautés. Etudes Entomologiques, 2[1853]: 28-32.
Motschulsky V de. 1858a. Entomologie spéciale. Insectes du Japon. Etudes Entomologiques, 6: 25-41.
Motschulsky V de. 1860a. Insectes des Indes orientales et de contrées analogue. Études Entomologiques, 8: 25-118.
Motschulsky V I. 1854b. Diagnoses de coléoptères nouveaux trouvés par M. M. Tatarinoff et Gaschkéwitsch aux environs de Pékin. Études Entomologiques, 2: 44-51.
Motschulsky V I. 1860b. Coléoptères rapportés de la Sibérie orientale et notamment des pays situées sur les bords du fleuve Amour par M.M. Schrenk, Maak, Ditmar, Voznessenski etc. déterminés et décrits par V. de Motschulsky. In: Dr. Leopold von Schrenk's, Reisen und Forschungen im Amur-Lande, Saint-Petersbourg, 2(2)(Coleopteren): 77-257 + carte, pls. IX-X.
Motschulsky V. 1868. Énumération des nouvelles espèces de coléoptères rapportés de ces voyages. 6-ième Article. Bulletin de la Société Impériale des Naturalistes de Moscou, 41(2)[1868-1869]: 170-201, pl. viii.
Motschulsky V de. 1858b. Insectes du Japon. Études Entomologiques, 6 [1857]: 25-41.
Mulsant E. 1839. Histoire naturelle des coléoptères de France. Longicornes. Paris: Maison Libraire; Lyon: Imprimerie de Dumoulin, Ronet et Sibuet: 1-304, 3 pls.
Mulsant E, Godart A. 1868. Description de deux espèces nouvelles d'Alphitobius (Coléoptères de la tribu des latigènes, famille des ulomiens). Annales de la Société Linnéenne de Lyon (N.S.), 16: 288-291.
Mulsant E, Rey C. 1871. Histoire naturelle des Coléoptères de France. Lamellicornes-Pectinicornes. Paris: Deyrolle: [4], 735, [1], 42, [3], 3 pls.
Newman E. 1838. New Species of *Popillia*. The Magazine of Natural History and Journal of Zoology, Botany, Mineralogy, Geology and Meteorology (N. S.), 2: 336-338.
Newman E. 1842a. Cerambycitum insularum Manillarum Dom. Cuming captorum enumeratio digesta. The Entomologist, 20: 318-324.
Newman E. 1842b. Cerambycitum insularum Manillarum Dom. Cuming captorum enumeratio digesta. The Entomologist, 18: 288-293, 298-305.
Newman E. 1842c. Supplementary note to the descriptive catalogue of the longicorn beetles collected in the Philippine Islands by Hugh Cuming, Esq. The Entomologist, 23: 369-371.
Nonfried A F. 1892. Verzeichniss der um Nienghali in Südchina gesammelten Lucanoiden, Scarabaeiden, Buprestiden und Cerambyciden, nebst Beschreibung neuer Arten. Entomologische Nachrichten, 18: 81-95.
Ohaus F. 1905. Beiträge zur Kenntnis der Ruteliden. Deutsche Entomologische Zeitschrift, 1905: 81-99.
Olivier G A. 1795. Entomologie, ou histoire naturelle des insectes, avec leurs caractères génériques et spécifiques, leur description, leur synonymie, et leur figure enluminée. Coléoptères. Tome troisième. Paris: de Lanneau: xxviii + 557 pp., 65 pls. [Note: genera 35-65, each genus with separate pagination].
Özdikmen H. 2006. Nomenclatural changes in Cerambycidae (Coleoptera). Munis Entomology & Zoology, 1(2): 267-269.
Panzer G W F. 1794. Faunae insectorum germanicae initia oder Deutschlands Insecten. Heft 24. Norinbergae:

Felsecker: 24 pp. + 24 pls.

Pascoe F P. 1856. Description of new genera and species of Asiatic longicorn Coleoptera. The Transactions of the Entomological Society of London, 4(3): 42-50, pl. XVI.

Pascoe F P. 1857. On new genera and species of longicorn Coleoptera. Part II. The Transactions of the Entomological Society of London, 4(2): 89-112, 2 pls.

Pascoe F P. 1858. On new genera and species of longicorn Coleoptera. Part III. The Transactions of the Entomological Society of London, 4(2): 236-266.

Pascoe F P. 1859. On new genera and species of longicorn Coleoptera. Part IV. The Transactions of the Entomological Society of London, 5(2): 12-32, 33-61, pl. II. [note: 12-32, part i, February 1859; 33-61, part ii, May 1959]

Pascoe F P. 1863a. Notices of new or little-known genera and species of Coleoptera. Part IV. Journal of Entomology, 2(7): 26-56.

Pascoe F P. 1863b. On certain additions to the genus *Dicranocephalus*. Journal of Entomology, 2: 23-26.

Pascoe F P. 1866a. Longicornia Malayana; or, a descriptive catalogue of the species of the three longicorn families Lamiidae, Cerambycidae and Prionidae, collected by Mr. A. R. Wallace in the Malay Archipelago. The Transactions of the Entomological Society of London, 3(3): 225-336.

Pascoe F P. 1866b. Catalogue of longicorn Coleoptera, collected in the Island of Penang by James Lamb, Esq. (Part I.). Proceedings of the Zoological Society of London, 1866: 222-267, pls. XXVI-XXVIII.

Pic M. 1904. Description de divers longicornes d'Europe et d'Asie. Matériaux pour servir à l'étude des longicornes, 5(1): 7-9.

Pic M. 1911. Longicornes de Chine en partie nouveaux. Matériaux pour servir à l'étude des longicornes, 8(1): 19-21.

Pic M. 1915a. Descriptions abrégées diverses. Mélanges Exotico-Entomologiques, 12: 1-20.

Pic M. 1915b. Diagnoses d'hétéromères. Mélanges Exotico-Entomologiques, 16: 14-24.

Pic M. 1915c. Nouveautés rentrant dans diverses familles. Mélanges Exotico-Entomologiques, 14: 2-20.

Pic M. 1915d. Nouvelles espèces de diverses familles. Mélanges Exotico-Entomologiques, 15: 2-24.

Pic M. 1919. Nouveautés diverses. Mélanges Exotico-Entomologiques, 31: 11-24.

Pic M. 1925a. Nouveautés diverses. Mélanges Exotico-Entomologiques, 43: 1-32.

Pic M. 1925b. Coléoptères exotiques en partie nouveaux (Suite). L'Échange, Revue Linnéenne, 41(422): 15-16.

Pic M. 1925c. Notes diverses, descriptions et diagnoses (Suite). L'Échange, Revue Linnéenne, 41: 9-11.

Pic M. 1927. Coléoptères de l'Indochine. Mélanges Exotico-Entomologiques, 49: 1-36.

Pic M. 1930. Nouveautés diverses. Mélanges Exotico-Entomologiques, 56: 1-36.

Pic M. 1933a. Nouveautés diverses. Mélanges Exotico-Entomologiques, 61: 3-36.

Pic M. 1933b. Nouveautés diverses. Mélanges Exotico-Entomologiques, 62: 1-36.

Pic M. 1933c. Notes diverses, nouveautés (Suite). L'Échange, Revue Linnéenne, 49: 9-11, 13-15.

Pic M. 1934. Nouveaux coléoptères de Chine. Entomologisches Nachrichtenblatt, 8: 84-87.

Pic M. 1935. Nouveautés diverses. Mélanges Exotico-Entomologiques, 66: 1-36.

Pic M. 1938. Nouveautés diverses, Mutations. Mélanges Exotico-Entomologiques, 70: 1-36.

Plavilstshikov N N. 1931. Cerambycidae I. Cerambycinae: Disteniini, Cerambycini I (Protaxina, Spondylina, Asemina, Saphanina, Achrysonina, Oemina, Cerambycina). Bestimmungs-Tabellen der europäischen Coleopteren, 100: 1-102.

Plavilstshikov N N. 1940. Fauna SSSR. Nasekomye zhestokrylye. T. XXII. Zhuki-drovoseki (ch. 2). Moskva-Leningrad: Izdatel'stvo Akademii Nauk SSSR: 784.

Pu F J. 1992. Coleoptera: Disteniidae and Cerambycidae. 588-623. In: The Comprehensive Scientific Expedition to the Qinghai-Xizang Plateau, Chinese Academy of Sciences. Insects of the Hengduan Mountains region. Volume 1. Beijing: Science Press: 865 pp.

Reitter E. 1903. Bestimmungs-Tabelle der Melolonthidae aus der europäischen Fauna und den angrenzenden Ländern enthaltend die Gruppen der Rutelini, Hopliini und Glaphyrini. (Schluss.). Verhandlungen des Naturforschenden Vereins in Brünn, XLI: 28-158.

Samouelle G. 1819. The entomologist's useful compendium; or an introduction to the knowledge of British

Insects, comprising the best means of obtaining and preserving them, and a description of the apparatus generally used; together with the genera of Linné, and the modern method of arranging the classes Crustacea, myriapoda, spiders, mites and insects, from their affinities and structure, according to the view of Dr. Leach. Also an explanation of the terms used in entomology; a calendar of the times of appearance and usual situations of near 3,000 species of British Insects; with instructions for collecting and fitting up objects for the microscope. London: Thomas Boys: 496 pp., 12 pls.

Saunders W W. 1853. Descriptions of some Longicorn Beetles discovered in Northern China by Rob. Fortune, Esq. The Transactions of the Entomological Society of London, 2(2): 109-113.

Schillhammer H. 1997. Taxonomic revision of the Oriental species of *Gabrius* Stephens (Coleoptera: Staphylinidae). Monographs on Coleoptera, 1: 1-139.

Schillhammer H. 1999. Nomenclatoral and distributional notes on the subfamily Staphylininae (Coleoptera: Staphylinidae). Entomological Problems, 30(1): 61-62.

Semenov A P. 1890. Diagnoses Coleopterorum novorum ex Asia centrali et orientali. Horae Societatis Entomologicae Rossicae, 25 [1890-91]: 262-382.

Sharp D. 1874. I. The Staphylinidae of Japan. The transactions of the Entomological Society of London, 1874(1): 1-103.

Sharp D. 1889. The Staphylinidae of Japan (continued). Annals and Magazine of Natural History, (6)3: 319-334.

Sharp D. 1905. The genus *Criocephalus*. The Transactions of the Entomological Society of London, 1905: 145-164.

Smetana A. 2004. Staphylinidae. 237-698. In: Löbl I, Smetana A. Catalogue of Palearctic Coleoptera. Vol. 2. Hydrophiloidea-Histeroidea-Staphylinoidea. Stenstrup: Apollo Books: 1-942.

Solier A J J. 1851. Insectos. Coleopteros. 1-285. *In*: Gay C. Historia Fisica y Politica de Chile. Fauna Chilena. Zoologie Tomo. 5. Paris: Maulde et Renou: 563 pp.

Stephens J F. 1829. The nomenclature of British insects; being a compendious list of such species as are contained in the systematic catalogue of the British insects, and forming a guide to their classification, &c. &c. London: Baldwin & Craddock, (2) + 68 pp.

Stephens J F. 1833. Illustrations of British entomology; or, a synopsis of indigenous insects: containing their generic and specific distinctions; with an account of their metamorphoses, times of appearance, localities, food, and economy, as far as practicable. Mandibulata. Vol. 5. London: Baldwin & Cradock: 241-304, pl. 27.

Thomson J. 1857a. Essai monographique sur le groupe des Tetraophthalmites, de la famille des cérambycides (longicornes). 45-67. In: Archives Entomologiques ou recueil contenant des illustrations d'Insectes nouveaux ou rares. Tome premier. Paris: Bureau du Trésorier de la Société Entomologique de France: 514.

Thomson J. 1857b. Description de cérambycides nouveaux ou peu connus de ma collection. 291-320. In: Archives Entomologiques ou recueil contenant des illustrations d'Insectes nouveaux ou rares. Tome premier. Paris: Bureau du Trésorier de la Société Entomologique de France: 514, XXI pls.

Thomson J. 1861. Essai d'une classification de la famille des cérambycides et matériaux pour servir à une monographie de cette famille. Paris: chez l'auteur [James Thomson] et au bureau du trésorier de la Société entomologique de France: 129-396, 3 pls.

Thomson J. 1864. Systema cerambycidarum ou exposé de tous les genres compris dans la famille des cérambycides et familles limitrophes. Mémoires de la Société Royale des Sciences de Liège, 19: 1-540.

Vigors N A. 1826. Descriptions of some rare, interesting, or hitherto uncharacterized subjects of zoology. The Zoological Journal, London, 2: 510-516.

Vitali F, Gouverneur X, Chemin G. 2017. Revision of the tribe Cerambycini: redefinition of the genera *Trirachys* Hope, 1843, *Aeolesthes* Gahan, 1890 and *Pseudaeolesthes* Plavilstshikov, 1931 (Coleoptera, Cerambycidae). Les Cahiers Magellanes (NS), 26: 40-65.

Všetečka K. 1942. Duarum specierum generis *Onthophagus* (Col. Scarabaeidae) descriptio. Sborník Entomologického Oddělení Zemského Musea v Praze, 20: 255-256.

Walker F. 1858. Characters of some apparently undescribed Ceylon insects. The Annals and Magazine of

Natural History, (3)2: 202-209, 280-286.
Waterhouse C O. 1875. On the Lamellicorn Coleoptera of Japan. Transactions of the Royal Entomological Society of London, 1875: 71-116, pl. III.
White A. 1853. Catalogue of the coleopterous insects in the collection of the British Museum. Part VII. Longicornia I. London: Taylor and Francis: 1-174, 4 pls.
White A. 1855. Catalogue of the coleopterous insects in the collection of the British Museum. Part VIII. Longicornia II. London: Taylor and Francis: 175-412.
Wiedemann C R W. 1823. Zweihundert neue Käfer von Java, Bengalen und den Vorgebirgen der Gutten Hoffnung. Zoologisches Magazin, 2(1): 1-133.
Wollaston T V. 1854. Insecta Maderensia; being an account of the insects of the islands of the Madeiran group. London: J Van Voors: xliii, 634, 13 pls.
Yuan C X, Ren G D. 2005. Study of the arborael darkling beetles from China Strongylium Kirby, 1818 (Coleoptera, Tenebrionidae). Acta Zootaxonomia Sinica, 30(2): 399-406.
Yuan C X, Ren G D. 2006. A new record genus of Strongyliini (Coleoptera, Tenebrionidae) from China, with two new species and two new names. Acta Zootaxonomia Sinica, 31(4): 851-854.
Yuan C X, Ren G D. 2014a. Note on brachypterous Stenochiini from China (Coleoptera, Tenebrionidae) with description of a new species. ZooKeys, 415: 329-336.
Yuan C X, Ren G D. 2014b. Two new species of the Stenochinus amplus species-group from China (Coleoptera, Tenebrionidae, Stenochiini). ZooKeys, 416: 67-76.

第十五章　双翅目 Diptera

刘晓艳[1]　林　晨[4]　李美霖[2]　周嘉乐[2]　陈旭隆[3]
白英明[3]　李文亮[3]　杨　定[2]

[1] 华中农业大学植物科学技术学院
[2] 中国农业大学植物保护学院
[3] 河南科技大学园艺与植物保护学院
[4] 内蒙古师范大学生命科学与技术学院

双翅目是昆虫纲中4个大目之一，包括蚊、蠓、蚋、虻、蝇等。成虫最显著的特征是仅有1对膜质前翅（偶尔翅退化或无翅），后翅特化为平衡棒。成虫复眼发达，几乎占据头的大部分，单眼3个或缺如，触角多样。长角亚目触角鞭节细长，分节明显，形状比较一致，短角亚目触角鞭节较短，分节不明显或不分节，末端具端刺或触角芒，或背面具触角芒，口器舔吸式或刺吸式；前、后胸退化，中胸特别发达。卵一般为长卵圆形或纺锤形，卵壳表面光滑或有刻纹。幼虫体细长、筒状，胸部和腹部均无足，属于无足型（有些特殊类型如网蚊科幼虫腹有吸盘、缨翅蚊科和拟网翅蚊科幼虫腹有伪足）。幼虫头部根据其发达程度分为全头型、半头型和无头型3种类型。长角亚目的幼虫头部发达完整，具有骨化的头壳，口器发达，属于全头型；短角亚目的虻类幼虫头部不完整，部分缩入胸部，口器有些退化，属于半头型；短角亚目蝇类的幼虫头部不明显，口器退化，属于无头型。蛹分为两类，蚊和虻类为裸蛹，成虫羽化时蛹从背面纵裂，属直裂类。而蝇类为围蛹，蛹包被在幼虫最后一次蜕皮形成的外壳内，成虫羽化时蛹壳前端呈环状裂开，属环裂类。

双翅目昆虫属于完全变态类，适应性较强，种类和个体的数量很多，食性复杂多样，有植食性、腐食性、捕食性、寄生性等，与人类关系密切，包括一些重要的或危害性的农林害虫、卫生害虫和畜牧害虫，以及一些有益的天敌昆虫和植物的传粉昆虫。

世界性分布。中国已知113科2145属17 823种，本书记述5科14属20种。

分科检索表

1. 触角鞭节分节不明显，末端具端刺或触角芒 ··· 2
- 触角鞭节粗大，不分节，背面具触角芒 ··· 3
2. 第2基室与盘室分离；体表无金绿色 ··· 舞虻科 Empididae
- 第2基室与盘室愈合；体表一般金绿色 ·· 长足虻科 Dolichopodidae
3. 翅前缘脉完整，无缺刻 ·· 缟蝇科 Lauxaniidae
- 翅前缘脉不完整，具有1个缺刻，有时缺刻不明显 ·· 4
4. 单眼三角区明显；无臀脉 ·· 秆蝇科 Chloropidae
- 单眼三角区不明显；具臀脉 ··· 燕蝇科 Cypselosomatidae

一、秆蝇科 Chloropidae

刘晓艳[1] 杨 定[2]
[1] 华中农业大学植物科学技术学院
[2] 中国农业大学植物保护学院

体小至中型，黑色或黄色，有深色斑。头部额宽，单眼三角区明显；触角鞭节发达且形状各异，触角芒细长或扁宽，多被毛。中胸背板长大于宽；小盾片短圆至长锥形。足通常细长，有些属前足或后足腿节粗大，后足胫节有时具胫节器官（tibial organ）。翅脉退化，无臀室，前缘脉有1个缺刻，肘脉中部略弯折。

该科食性多样，成虫多生活在草丛或低矮的植物中，部分属种访花，有些成虫在人或动物的眼睛、耳朵和伤口等处活动，传播疾病。幼虫大部分种类为植食性，危害禾本科作物和杂草；一些种类为腐食性、寄生性、捕食性和菌食性。

世界性分布。世界已知4亚科203属2900余种，中国已知70属320多种，本书记述2属2种。

1. 长脉秆蝇属 *Dicraeus* Loew, 1873

Dicraeus Loew, 1873: 51. Type species: *Dicraeus obscurus* Loew, 1873.

属征：体中型；头部高大于长；复眼裸，或被微毛；长轴倾斜或水平；颊宽，宽于或等于触角鞭节宽；单眼三角区较大，光裸或略被微毛或略带光亮，伸达额的中部；颜略平，颜脊线状；触角短，鞭节卵圆形；中胸背板黄色，具黑色或褐色条纹，或全部或大部分黑色，带黄色斑，略拱突；小盾片短锥形，中部凸，光滑，略带粉，端部无瘤突。

分布：世界广布。世界已知63种，中国已知12种，本书记述1种。

（1）叶穗长脉秆蝇 *Dicraeus phyllostachyus* Kanmiya, 1971

Dicraeus phyllostachyus Kanmiya, 1971: 166.

体长3.0 mm，翅长2.9 mm。头部褐色，被粉；单眼三角区亮褐色，端部约1/4黄色，伸达额的前缘；颊黄色，约为触角鞭节宽的0.7倍。触角黄色，被灰白粉；鞭节褐色，基腹面黄褐色，长约等于宽；触角芒细长，褐色。喙黄色；须黄褐色。胸部褐色，肩胛有1黑色圆斑；胸侧亮褐色，除背侧片至翅基部具黄色横斑。小盾片短圆锥形。足黄色，前中后足第4-5跗分节褐色。翅白色透明，翅脉褐色。平衡棒淡黄色。腹部褐色，第1背片黄色，两侧褐色；腹面黄色，腹部毛褐色。

雌性未知。

观察标本：1雄，重庆北碚缙云山，850 m，2021.Ⅵ.11，张冰。

分布：中国（重庆缙云山、陕西、福建、四川）；日本。

2. 多毛秆蝇属 *Lasiochaeta* Corti, 1909

Lasiochaeta Corti, 1909: 147. Type species: *Elachiptera pubescens* Thalhammer, 1898.

属征：单眼三角区光滑，无成排的毛；无颜脊；触角芒扁平或扁剑状，具微毛；单眼鬃短，竖直或交叉；2 对额眶鬃发达；中胸背板具弱的纵沟；中侧片光裸；小盾片短，端部钝圆，小盾端鬃未着生在瘤突上，1-2 对小盾侧鬃发达；雄性中足腿节具腿节器，后足胫节具胫节器。

分布：古北区、东洋区、旧热带区。世界已知 35 种，中国已知 13 种，本书记述 1 种。

（2）李氏多毛秆蝇 *Lasiochaeta lii* (Yang *et* Yang, 1991)

Melanochaeta lii Yang *et* Yang, 1991: 477.
Lasiochaeta lii: von Tschirnhaus, 2017: 341.

体长 3.0 mm，翅长 2.5 mm。头部黄色；单眼瘤黑色；单眼三角区黑色；后头区黑色。触角黄色，鞭节背面暗黄色；触角芒黄褐色。胸部黄色，中胸背板有 1 宽大的黑斑，翅基部内侧左右各有 1 小黑斑；胸侧部分黑色。小盾片和后背片黑色。足黄色，但腿节端部和胫节基部具有黑带，基节带有黑色。翅白色透明。平衡棒黄色。腹部黄色，但基半部背面浅黑色。

观察标本：2 雌，重庆缙云山，850 m，2021.Ⅵ.11，张冰。

分布：中国（重庆缙云山、贵州、云南）。

二、缟蝇科 Lauxaniidae

陈旭隆　白英明　李文亮
河南科技大学园艺与植物保护学院

缟蝇科是双翅目短角亚目无瓣蝇类中较大的科之一。缟蝇体小至中型，通常粗壮且体色多变，单眼后鬃交叉，无口髭；足胫节端前背鬃存在；翅前缘脉完整。

世界性分布。世界已知现生 3 亚科 170 余属 2100 余种，中国已知 30 余属 400 余种，本书记述 3 属 7 种。

分属检索表

1. 翅前缘黑色短鬃伸达或接近 R_{4+5} 末端 ·· 同脉缟蝇属 *Homoneura*
- 翅前缘黑色短鬃伸达 R_{2+3} 与 R_{4+5} 末端之间 ··· 2
2. 颜近球形膨凸；触角略微延长至极长 ·· 长角缟蝇属 *Pachycerina*
- 颜平或略微膨凸、光亮；触角不延长 ·· 黑缟蝇属 *Minettia*

3. 黑缟蝇属 *Minettia* Robineau-Desvoidy, 1830

Minettia Robineau-Desvoidy, 1830: 646. Type species: *Minettia nemorosa* Robineau-Desvoidy, 1830 (monotypy) [= *rivosa* (Meigen, 1826); = *fasciata* (Fallén, 1826)].

属征：体小至中型，大多数呈黑色。颜平，有或无较低缘瘤突。触角椭圆形，触角芒柔毛状至长羽状，少数裸。中胸背板缝前背中鬃 0-1 根，缝后背中鬃 2-3 根；中鬃毛状，4-10 排，部分种类有 1-2 根强中鬃位于盾前鬃的前方；有 1 根发达的缝后翅内鬃位于第 3 背中鬃和翅上鬃之间的连线上。翅透明或基部暗色，少数种类纵脉端部和后横脉有褐斑。

分布：世界广布。世界已知 161 种，中国已知 53 种，本书记述 2 种。

（3）峨眉近黑缟蝇 *Minettia* (*Plesiominettia*) *omei* Shatalkin, 1998

Minettia (*Plesiominettia*) *omei* Shatalkin, 1998: 61.

体长 5.3-5.6 mm；翅长 6.2-6.5 mm。头部黄褐色，被灰白粉。颜和侧颜密被灰白粉，向腹缘颜色逐渐加深为黑褐色；额区褐色，前缘黄色，沿额眶鬃有 1 对黄色纵带由单眼三角区两侧伸向后头区；单眼三角区黑色，单眼鬃发达。触角黄褐色；触角芒黑褐色、柔毛状。胸部暗褐色，被灰白粉。背中鬃 0+3 根，中鬃不规则 6 排，1 对强中鬃，长于第 1 背中鬃。中胸上前侧片鬃 1 根、下前侧片鬃 2 根。足黑褐色，胫节基部黄色，跗节黄褐色。翅透明，翅基部淡褐色。腹部黑色，被白灰粉。

观察标本：4 雄，重庆缙云山，772 m，2021.Ⅵ.10，周航；1 雄，重庆缙云山，772 m，2021.Ⅵ.10，张冰。

分布：中国（重庆缙云山、安徽、湖北、湖南、四川、贵州、云南）；墨西哥。

（4）长羽瘤黑缟蝇 *Minettia* (*Frendelia*) *longipennis* (Fabricius, 1794)

Musca longipennis Fabricius, 1794: 323.
Minettia (*Frendelia*) *longipennis*: Shatalkin, 2000: 46.

体长 3.9-5.0 mm；翅长 4.0-5.3 mm。头部黑色。侧颜被灰白粉，有 1 窄黑带。单眼三角区黑色，单眼鬃发达。触角第 1 鞭节淡褐色、基部黄色；触角芒黑色、长羽状。复眼和触角基部之间有 1 个黑褐斑。胸部黑色，被褐灰粉。中胸背板有 1 对黑色中带和 1 对黑色侧带；背中鬃 3 根，中鬃 8-10 排，短毛状。中胸上前侧片鬃 1 根、下前侧片鬃 2 根。小盾片黑色，端部 1/3 有 1 个宽的白粉带。足褐色，跗节淡黄色。翅略微黄色、透明。腹部黑色，被白灰粉；第 3-6 节各有 1 个不明显的褐色粉中带。

观察标本：4 雄，重庆缙云山，772 m，2021.Ⅵ.10，周航；6 雄，重庆缙云山，772 m，2021.Ⅵ.10，张冰；2 雄，重庆缙云山，772 m，2021.Ⅵ.11，周航；1 雄，重庆缙云山，733 m，2021.Ⅶ.10，周航。

分布：中国（重庆缙云山、辽宁、内蒙古、宁夏、甘肃、浙江、湖北、台湾、海南）；新北区和古北区广布。

4. 同脉缟蝇属 *Homoneura* Wulp, 1891

Homoneura Wulp, 1891: 213. Type species: *Homoneura picea* van der Wulp, 1891 (monotypy).

属征：体小至中型，淡黄色、黄褐色、灰色、黑色。颜平，或微凹或微凸。额常有 2 条褐色纵带伸达单眼三角区两侧。缝前背中鬃 0-1 根，缝后背中鬃 2-3 根，中鬃 2-12

排，翅上鬃 1-2 根，翅内鬃 0-1 根。中足胫节端腹鬃 2-3 根。翅淡黄色至褐色，翅斑变化较大。腹部黄色至黑色，光亮或被粉，常具形态各异的斑或带。

分布：世界广布。世界已知 734 种，中国已知 249 种，本书记述 4 种。

分种检索表

1. 翅大部分褐色，有许多小的圆形或形状不规则的透明斑或白斑；胸、腹部有许多不规则形状的褐斑 ··· 2
- 翅大部分透明或淡黄色，具褐斑；若翅有大片褐色区域，则胸、腹部无形状不规则的褐斑 ·········· 3
2. 至少有 1-3 对中鬃发达；额中部无褐色纵带，仅在近前缘有 1 对不明显的淡褐色小圆斑 ············
··· 斑翅同脉缟蝇 *H. (H.) trypetoptera*
- 中胸背板无强中鬃；小盾片基半部中央有 1 个灰粉斑，端半部两侧缘各有 1 个黄斑 ····················
··· 多斑同脉缟蝇 *H. (H.) picta*
3. 翅 r_1 室有褐斑 ··· 背尖同脉缟蝇 *H. (H.) dorsacerba*
- 翅 r_1 室无褐斑 ·· 异带同脉缟蝇 *H. (H.) subvittata*

（5）背尖同脉缟蝇 *Homoneura (Homoneura) dorsacerba* Gao, Shi *et* Han, 2016

Homoneura (Homoneura) dorsacerba Gao, Shi *et* Han, 2016: 17.

体长 3.8-3.9 mm，翅长 4.0-4.1 mm。额有 2 条褐色纵带，伸达单眼三角区两侧。触角芒暗褐色，柔毛状，触角基部和复眼之间有 1 个淡褐色三角形斑。胸部黄褐色至褐色，被灰粉。中胸背板有 1 对褐色中带。缝后背中鬃 3 根；中鬃不规则 6 排，短毛状。足大部分黄色，仅腿节淡褐色至暗褐色。翅透明；R_{4+5} 端斑不规则形，向上伸达翅缘；R_{4+5} 的端斑和 r-m 的云状斑之间有 1 个小圆斑和 1 个大椭圆形斑；R_{4+5} 的基部有 1 个短线形斑。腹部黄色，第 2-6 节背板中部各有 1 条长方形褐带，两侧各有 1 个逐渐变小的三角形褐斑，后缘褐色。

观察标本：1 雄，重庆巫山药材村，1581 m，2021.Ⅶ.18，周航。

分布：中国（重庆缙云山、陕西）。

（6）多斑同脉缟蝇 *Homoneura (Homoneura) picta* (de Meijere, 1904)

Drosomyia picta de Meijere, 1904: 114.
Homoneura (Homoneura) picta: Sasakawa, 1992: 192.

体黄色，被灰黄粉。颜在触角下方的基部两侧有褐色三角形斑，近腹缘处中部及两侧角各有 1 个褐斑。额中部有 2 条短褐色纵带，伸达单眼三角区；触角芒短羽状。中胸背板有不规则的褐斑或带。背中鬃 3 根；中鬃不规则 6 排。足黄色，中、后足腿节黑褐色。翅褐色，有许多不规则透明斑。腹部第 1、6 节背板中央各有 1 个窄褐带，第 2-6 节背板中央有 1 个近三角形斑，近前缘有 1 对小的褐色不规则斑；所有背板两侧缘均有不规则大褐斑。

观察标本：1 雄，重庆缙云山，772 m，2021.Ⅵ.10，张冰；2 雄，重庆缙云山，772 m，2021.Ⅵ.11，张冰。

分布：中国（重庆缙云山、陕西、甘肃、浙江、广西、海南、台湾、贵州）；俄罗斯，印度，老挝，尼泊尔，泰国，越南，马来西亚，印度尼西亚。

（7）异带同脉缟蝇 *Homoneura* (*Homoneura*) *subvittata* Malloch, 1927

Homoneura subvittata Malloch, 1927: 170.
Homoneura (*Homoneura*) *subvittata*: Shi & Yang, 2014: 43.

雄体长 4.1-4.4 mm，翅长 4.1-4.5 mm。头部黄色。额中部有 1 对褐带伸达单眼三角区；触角芒柔毛状。胸部黄色。中胸背板有 1 对褐带沿背中鬃列伸至缝后第 2 根背中鬃，盾缝后两侧各有 1 条褐带；背中鬃 3 根，中鬃不规则 8 排。足黄色；翅淡黄色，有褐斑：R_{2+3} 椭圆形端斑、R_{4+5} 小圆形端斑、M_1 横带状端斑，r-m 与 R_{4+5} 端斑之间有 2 个中斑，r-m 和 dm-cu 各有 1 个褐色云状斑。腹部黄色，第 3-6 节背板中部各有 1 条褐带。

观察标本：1 雌，重庆缙云山，783 m，2021.Ⅶ.9，周航；1 雌，重庆缙云山，733 m，2021.Ⅶ.10，周航；1 雄，重庆缙云山，783 m，2021.Ⅶ.14，周航。

分布：中国（重庆缙云山、台湾）；泰国，马来西亚，印度尼西亚。

（8）斑翅同脉缟蝇 *Homoneura* (*Homoneura*) *trypetoptera* (Hendel, 1908)

Lauxania (*Sapromyza*) *trypetoptera* Hendel, 1908: 27, 47.
Homoneura (*Homoneura*) *trypetoptera*: Shi & Yang, 2014: 113.

体淡黄色，被稀疏灰白粉。颜在触角下方的近基部有 1 对褐色侧带，呈"八"字形，腹缘两侧角各有 1 个小的椭圆形褐斑；触角淡黄色，第 1 鞭节长椭圆形；触角芒长羽状。中胸背板有许多不规则的褐斑；小盾片黄色，被稀疏灰白粉，稍光亮；中央有 1 个梯形大褐斑。背中鬃 3 根；中鬃不规则 6 排。足淡黄色。翅大部分褐色，有许多不规则透明斑，dm-cu 两侧各有 1 个小的半月形透明斑。腹部第 3-5 节背板中央和两侧各有 1 个不规则褐斑，这 3 个褐斑的后缘与 1 条较宽的中部靠后方的褐色横带融合；第 2-5 节背板各节后缘鬃基部有圆形褐斑。

观察标本：1 雌，重庆缙云山，772 m，2021.Ⅵ.11，张冰；1 雌，重庆缙云山，783 m，2021.Ⅶ.9，周航。

分布：中国（重庆缙云山、台湾、海南、贵州）；印度，老挝，尼泊尔，泰国，越南，马来西亚，印度尼西亚，菲律宾，斯里兰卡。

5. 长角缟蝇属 *Pachycerina* Macquart, 1835

Pachycerina Macquart, 1835: 511. Type species: *Lauxania seticornis* Fallén, 1820 (monotypy).

属征：颜光亮、阔，明显膨凸，有 1 对黑紫色的圆形侧斑。单眼三角区有 1 个天鹅绒黑斑。触角第 1 鞭节延长，长于柄节和梗节之和，末端平截；触角芒白色或黑色。中胸背板拱形，无缝前背中鬃，缝后背中鬃 3 根。多数种类前足跗节延长。翅 R_{2+3} 直达翅端，不向前弯曲。

分布：古北区、东洋区、旧热带区。世界已知 19 种，中国已知 5 种，本书记述 1 种。

（9）十纹长角缟蝇 *Pachycerina decemlineata* de Meijere, 1914

Pachycerina decemlineata de Meijere, 1914: 236.
Pachycerina flaviventris: Malloch, 1929: 20.

体黄色至褐黄色。单眼三角区有 1 个大的天鹅绒圆形黑斑。触角黄色；触角芒黑色。中胸背板有 10 条褐色细纹。中鬃 4 排；小盾片黄色。足黄色，前足腿节有 1 个褐色内端斑，前足胫节和跗节褐色；中后足第 4-5 跗节淡褐色。翅透明，前缘微褐黄色。平衡棒黄色。腹部黄色至褐黄色，褐色区域变化较大，有时整个腹部背板黄色，有时褐色，有时背板中部宽阔褐色区域。

观察标本：1 雄 1 雌，重庆缙云山，772 m，2021.Ⅵ.10，周航。

分布：中国（重庆缙云山、台湾、广东、广西、四川、贵州、云南、西藏）；印度尼西亚，老挝，马来西亚，尼泊尔，越南，菲律宾。

三、舞虻科 Empididae

李美霖　杨　定

中国农业大学植物保护学院

舞虻科属于双翅目短角亚目舞虻总科。舞虻头部小，背视窄于胸部，近球形；后头发达，明显向后突起；复眼在触角附近有角形凹缺；触角第 1 节背面通常具毛，第 3 节端部有稍粗的端刺或细长的触角芒；中胸明显或强烈隆突，胸部的鬃通常较明显；亚前缘脉端部较细，末端止于翅前缘；雄性外生殖器多数呈左右对称型。

舞虻科昆虫成虫大多数为捕食性，捕食半翅目的木虱和蚜虫类、缨翅目的蓟马类、双翅目的蝇、蠓、蚋和蚊类等重要卫生及农林害虫，对于害虫的数量控制具有一定的作用。

世界性分布。世界已知 15 亚科 170 余属 4000 余种，中国已知 9 亚科 40 余属 500 余种，本书记述 3 属 3 种。

分属检索表

1. 前足捕捉足，R_{4+5} 端部无分叉 ··· **鬃螳舞虻属 *Chelipoda***
- 前足非捕捉足，R_{4+5} 端部分叉 ·· 2
2. 喙短窄；无盘室；胸部未显著隆突；足腿节稍加粗 ································ **黄隐肩舞虻属 *Elaphropeza***
- 喙较长，刺状；有盘室；胸部显著隆突；后足腿节明显加粗，有刺状腹鬃 ············ **驼舞虻属 *Hybos***

6. 鬃螳舞虻属 *Chelipoda* Macquart, 1823

Chelipoda Macquart, 1823: 148. Type species: *Tachydromia mantispa* Macquart, 1823 (by original designation).

属征：复眼接眼式；小眼面扩大。单眼瘤弱，有 1 对单眼鬃。触角芒细长。喙较短，向下伸。中胸背板前中后各有 1 对侧鬃。前足捕捉式；前足基节细长，几乎与腿节等长，腿节明显加粗，有 2 排短黑腹齿，其内外两侧各有 1 排腹鬃；前足胫节有 1 排黑色倒伏状短腹鬃，末端无长的端腹鬃。R_{2+3} 和 R_{4+5} 不分叉；臀室几乎与第 2 基室等长；有盘室。

分布：世界广布。世界已知 64 种，中国已知 25 种，本书记述 1 种。

（10）钩突鬃螳舞虻 *Chelipoda forcipata* Yang *et* Yang, 1992

Chelipoda forcipata Yang *et* Yang, 1992: 44.

头部黑褐色。毛和鬃黑色，后腹面有淡黄毛。复眼发达，黑褐色，在额几乎相接；单眼黄色。触角第 1 节黄褐色，第 2-3 节暗黄色，触角芒细长，白色。喙大致呈黄色。胸部浅褐色，具褐色的背鬃。中胸背板前后各有 1 对侧鬃，背侧鬃 1 根；有 2 对毛状盾前鬃，小盾鬃 1 对，较弱。足黄色。前足为捕捉式；基节特别延伸，与腿节几乎等长，其基部有 1 根浅褐色的短背鬃；腿节粗大，腹面 2 排黑色短小的齿，其外侧各有 1 排浅褐色长鬃。翅白色透明且略带黄色，翅脉暗黄色。平衡棒黄色。腹部浅褐色。

观察标本：1 雌，重庆缙云山，772 m，2021.VI.11，张冰。

分布：中国（重庆缙云山、河南、海南、广西）。

7. 黄隐肩舞虻属 *Elaphropeza* Macquart, 1827

Elaphropeza Macquart, 1827: 86. Type species: *Tachydromia ephippiata* Fallén, 1815 (monotypy).

属征：复眼在额区较窄的分开，在颜接近或相接。触角第 2 节有 1 圈端鬃；第 3 节长锥状；触角芒细长。喙很短，显著短于头长或头高；须较小，较短阔。中胸背板有较多短毛。翅前缘脉终止于 M_{1+2} 末端；R_{4+5} 和 M_{1+2} 端部分叉；臀脉和臀室完全消失；第 1 基室明显短于第 2 基室；无盘室。足腿节稍加粗；后足胫节中部有明显前背鬃。雄腹部末端向右旋转。

分布：世界广布。世界已知 148 种，中国已知 51 种，本书记述 1 种。

（11）端黑隐肩舞虻 *Elaphropeza apiciniger* (Yang, An *et* Gao, 2002)

Drapetis apiciniger Yang, An *et* Gao, 2002: 33.
Elaphropeza apiciniger: Wang, Xiao, Ding & Yang, 2017: 496.

雌性体长 2.3 mm，翅长 2.4 mm。

头部黑色，有灰白粉。毛和鬃淡黄色。1 对头顶鬃；单眼瘤弱突出。触角黄褐色；芒细长，褐色。喙暗黄色，有淡黄毛。须暗黄色，有淡黄毛。胸部黑色；中胸背板亮黑色。毛和鬃淡黄色，中胸背板毛多而短。无明显肩鬃，2 根背侧鬃，1 根背中鬃，1 根翅后鬃。足黄色；后足腿节端半浅黑色，后足胫节浅黑色。足毛和鬃淡黄色。前足腿节有 1 排短细的后腹鬃，基部有 1 根长后腹鬃，末端有 2 根较长的后腹鬃；中足腿节基部有 1 根长后腹鬃。前足胫节末端有 1 根后腹鬃。翅白色透明；脉黄褐色，R_{4+5} 与 M 端部稍分叉。平衡棒暗黄色。腹部浅褐色；毛黑色，第 3、4 节背板有短刺毛。

观察标本：1 雌，重庆缙云山，772 m，2021.VI.10，周航。

分布：中国（重庆缙云山、河南）。

8. 驼舞虻属 *Hybos* Meigen, 1803

Hybos Meigen, 1803: 269. Type species: *Hybos funebris* Meigen, 1804; designated by Curtis, 1837 [= *Hybos grossipes* (Linnaeus, 1767)].

属征：雌雄复眼均为接眼式，在额长距离相接。单眼瘤明显，有 1 对单眼鬃。触角基部 3 节较短小。触角芒 2 节（基节短），长丝状。喙刺状，水平前伸；须细长。胸部显著隆突。小盾片有 1 对小盾鬃和数根缘毛。翅臀叶发达；R_{4+5} 和 M_1 稍分叉；有盘室。后足腿节较粗长，有刺状腹鬃。雄性外生殖器较膨大，向右旋转，左右不对称。

分布：世界广布。世界已知 164 种，中国已知 126 种，本书记述 1 种。

（12）齿突驼舞虻 *Hybos serratus* Yang et Yang, 1992

Hybos serratus Yang et Yang, 1992: 1089.

雄体长 4.8-5.0 mm，前翅长 4.2-4.6 mm。

头部黑褐色。复眼接眼式，红褐色。触角褐色；触角芒极细长，长约为触角的 4 倍。喙强直，与头等长，浅褐色。胸部显著隆突，黑褐色。足黄色，基节呈浅黄褐色，腿节背部暗黄褐色，第 2-5 跗节暗黄色。中足胫节基部 1/3 处具 1 根背鬃，中部具 1 根背鬃和 1 根对生的极长的腹鬃，端部还具数根鬃；基跗节具鬃。后足腿节比胫节粗大，具 2 排长刺状腹鬃，端半部还具 1 排腹内侧鬃 4 根和背外侧鬃 5 根；胫节具 1 根中背鬃，还具 1 根背鬃和 1 根端腹鬃；基跗节具短的刺状鬃。翅无色透明，翅痣呈不明显的浅褐色，脉呈黄褐色。平衡棒淡黄色。腹部黑褐色，不明显下弯。

观察标本：1 雄，重庆缙云山，772 m，2021.VI.10，周航；4 雌，重庆缙云山，772 m，2021.VI.10，张冰；2 雄 9 雌，重庆缙云山，772 m，2021.VI.11，张冰。

分布：中国（重庆缙云山、河南、广西、四川、贵州）。

四、燕蝇科 Cypselosomatidae

周嘉乐　杨　定

中国农业大学植物保护学院

燕蝇科隶属于双翅目短角亚目指角蝇总科，包含一些小型、颜色深暗的种类，体粗短紧凑或细长似蚁。头部宽扁，复眼远离；额在前端近平截；颜至少在腹侧中央呈膜质；触角短，触角芒光裸；1 内顶鬃，1 外顶鬃，3 侧额鬃，1 单眼鬃，1 单眼后鬃，0-1 间额鬃；具髭。胸部具 4-6 背中鬃，0-6 中鬃，沿背中线前方还具 1-2 对短刚毛；下前侧片圆鼓，前缘强烈内凹。翅狭长；R_{4+5} 和 M_1 汇聚；bm-m 缺。足细长；股节端部腹面常具刺；中足胫节密被刚毛。雄性生殖器左右对称，雌性第 7 背板和腹板愈合形成产卵管基节。

燕蝇通常见于潮湿封闭的生境中，成虫和幼虫均为腐食性。

分布于古北区、东洋区和澳洲区。世界已知 3 属 13 种，中国已知 2 属 2 种，本书记述 1 属 1 种。

9. 蚁燕蝇属 *Formicosepsis* Meijere, 1916

Formicosepsis Meijere, 1916: 199. Type species: *Formicosepsis tinctipennis* Meijere, 1916.

属征：体细长似蚁。头部宽扁，长大于高；复眼长大于高，具水平的纵轴；间额鬃弱。前胸长，颈状；中胸背板具 4 或 5 背中鬃，0-6 弱的中鬃；小盾片宽短，有的种类在端部具直立的齿突。翅基部窄，臀瓣和翅瓣强烈退化。腹部长而窄，圆柱形，第 1-3 背板愈合，腹板强烈缩窄。

分布：东洋区。世界已知 9 种，中国已知 1 种，本书记述 1 种。

（13）钩突蚁燕蝇 *Formicosepsis hamata* (Enderlein, 1920)

Lycosepsis hamata Enderlein, 1920: 60.

头部黑褐色，鬃黑色。胸部黑褐色；中胸背板具 4 背中鬃。前足捕捉式，基节和股节褐色，胫节黑褐色，基跗节黄白色，其余跗分节黑色；基节特别延伸，与腿节几乎等长；腿节粗大，腹面具 2 列黑色小齿，其外侧各有 1 列浅褐色长鬃。中足基节和转节黄色，股节除基部黄色外深褐色，且中部具 1 小刺鬃，胫节褐色，跗节细，黄色。后足基节和转节黄色，股节稍膨大，除基部和端部黄褐色外棕色，且端部具小刺鬃。翅褐色，具 1 浅色横斑。平衡棒深褐色，端部白色。腹部黑色，第 1 背板和第 2 背板之间具 1 浅色区域。

观察标本：1 雌，重庆缙云山，772 m，2021.VI.10，张冰。

分布：中国（重庆缙云山、台湾）；泰国，印度尼西亚（苏门答腊岛）。

五、长足虻科 Dolichopodidae

林 晨[1] 杨 定[2]

[1] 内蒙古师范大学生命科学与技术学院
[2] 中国农业大学植物保护学院

体金绿色。头部背视宽于胸部，高远大于长，后头近截形、不明显突出；中胸背板弱拱突。亚前缘脉端部与第 1 径脉中部愈合，末端不到前缘脉；前缘脉近肩横脉处具 1 缺刻；r-m 脉位于翅基部 1/4 处。雄性外生殖器向下前方扭曲，具生殖接口；下生殖板基部与第 9 背板愈合；尾须位于第 9 背板端部。

世界已知现生 17 亚科 230 余属 7000 余种，广泛分布于世界各大动物地理区，中国目前已知有 10 亚科 66 属 1200 余种，本书记述 3 亚科 5 属 7 种，均为重庆新记录种。

分亚科检索表

1. 触角柄节具明显的背毛；雄性复眼在额和颜处较宽地分开；前足胫节具背鬃 ··· 长足虻亚科 Dolichopodinae
- 触角柄节光裸；雄性复眼在颜处窄地分开；前足胫节无背鬃 ····················· 2
2. 中胸背板侧视中后区平；雄性外生殖器较大，且大部分裸露；腹部第 6 背板光裸无毛 ··· 佩长足虻亚科 Peloropeodinae
- 中胸背板侧视中后区弱隆起；雄性外生殖器小，盖帽状；腹部第 6 背板有毛和鬃 ··· 合长足虻亚科 Sympycninae

（一）长足虻亚科 Dolichopodinae

头顶平或轻微凹陷；复眼离眼式；触角柄节具背毛；鞭节长明显大于宽或近相等；触角芒近光裸或有短毛。胸部中胸背板弱的隆起，一般具 5-6 对背中鬃。胸部具 1 根肩鬃，1-2 根肩鬃，1 根肩后鬃，1 根缝前鬃，2 根翅上鬃和 1 根翅后鬃。中后足基节各具 1 根外鬃；中后足腿节各具 1 根端前鬃。胫节多具发达的鬃。翅第 2 基室和盘室愈合。雄性外生殖器发生 180°扭转，向腹面钩弯。

世界性分布。世界已知 25 属 1700 种，中国已知 17 属 500 余种，本书记述 2 属 4 种。

10. 长足虻属 *Dolichopus* Latreille, 1796

Dolichopus Latreille, 1796: 159. Type species: *Musca ungulate* Linnaeus, 1758 (designation by Latreille, 1810).

属征：头顶略凹陷。触角柄节有背毛，长于梗节；触角芒具短毛。胸部一般具 6 根成对的强背中鬃和 2 列短毛状中鬃。后足基跗节具背鬃。翅前缘胝不明显的刻点状至粗长。R_{4+5} 近直，端略弯向 M；M 后部具 "Z" 形弯折；CuAx 值明显小于 1。雄性外生殖器：第 9 背板长大于宽；外侧叶较宽大，具端鬃，内侧叶不明显的瘤突状；尾须大且近方形。

分布：世界广布。世界已知 644 种，中国已知 80 余种，本书记述 1 种。

（14）基黄长足虻 *Dolichopus (Dolichopus) simulator* Parent, 1926

Dolichopus simulator Parent, 1926: 119.
Dolichopus simulator clarior: Parent, 1936: 1.

中下眼后鬃全黄色。触角柄节与梗节黄色；鞭节基半部黄色，端半部褐色，长近等于宽，端锐。喙褐色。胸部具 7-8 对短毛状中鬃。前足基节黄色；中足基节主要黑色但端部黄色；后足基节具大黑斑。翅前缘胝刻点状；M 脉有退化的 M_2；CuAx 值为 0.8。

观察标本：3 雄 1 雌，重庆缙云山，772 m，2021.Ⅵ.11，张冰。

分布：中国（重庆缙云山、河南、陕西、甘肃、上海、浙江、湖北、湖南、福建、四川、贵州、云南、广西）。

11. 行脉长足虻属 *Gymnopternus* Loew, 1857

Gymnopternus Loew, 1857: 10. Type species: *Dolichopus cupreus* Fallén, 1823, designation by Coquillett, 1910: 548.

属征：头顶平。复眼离眼式。雄性颜渐向下变窄。触角柄节具背毛。触角芒背位。胸部具5-6根强背中鬃，中鬃2列。中后足基节各具1根外鬃，中后足腿节各具1根近端鬃。后足腿节粗。后足基跗节无背鬃。翅R_{4+5}和M近直，端部平行，CuAx值明显小于1。雄性外生殖器：第9背板长大于宽，侧叶细长条形，具2根端鬃；内侧叶无或发达指状；尾须三角形或梯形，缘突一般较弱；下生殖板简单。

分布：世界广布。世界已知133种，中国已知41种，本书记述3种。

分种检索表

1. 前缘脉中部稍加粗；第9背板无内侧突；尾须近方形，基部窄，无指突 ·· 毛盾行脉长足虻 *G. congruens*
- 前缘脉不加粗；第9背板具内侧突；尾须近三角形，有弱或明显的指状缘突 ··· 2
2. 第9背板外侧叶端无弯鬃 ··· 群行脉长足虻 *G. populus*
- 第9背板外侧叶端具1根弯鬃 ·· 大行脉长足虻 *G. grandis*

（15）毛盾行脉长足虻 *Gymnopternus congruens* (Becker, 1922)

Hercostomus congruens Becker, 1922: 29.
Gymnopternus congruens: Yang, Zhu, Wang & Zhang, 2006: 140.

眼后鬃全黑色。触角黄褐色；鞭节长近等于宽，端锐；触角芒黑色。喙褐色，须黑色，均具黑毛。胸部具5根强背中鬃，6-7对短毛状中鬃。足黄色；中足基节浅黑色，但末端黄色；翅前缘脉基部弱加粗，R_{4+5}与M端部平行。雄性外生殖器：第9背板端侧叶细长；尾须近方形，基部窄；下生殖板狭长，近直。

观察标本：2雄4雌，重庆缙云山，772 m，2021.Ⅵ.11，周航。

分布：中国（重庆缙云山、山东、河南、陕西、甘肃、浙江、湖南、福建、台湾、广东、广西、四川、贵州、云南）；韩国。

（16）大行脉长足虻 *Gymnopternus grandis* (Yang *et* Yang, 1995)

Hercostomus grandis Yang *et* Yang, 1995: 513.
Gymnopternus grandis: Yang, Zhu, Wang & Zhang, 2006: 142.

眼后鬃全黑色。触角黄色；触角芒褐色。喙浅褐色，须暗黄色，均具黑毛。胸部具6根强背中鬃；中鬃7-8对。足黄色；中足基节具浅黑色斑。翅R_{4+5}与M端部平行；CuAx值为0.9。雄性外生殖器：第9背板端腹叶弯；下生殖板近末端侧边具隆脊；尾须显著扭曲，端尖。

观察标本：1雄，重庆缙云山，772 m，2021.Ⅵ.11，张冰。

分布：中国（重庆缙云山、甘肃、浙江、福建、广东、广西、贵州、云南）。

（17）群行脉长足虻 *Gymnopternus populus* (Wei, 1997)

Hercostomus (*Gymnopternus*) *populus* Wei, 1997: 37.
Gymnopternus populus: Yang, Zhu, Wang & Zhang, 2006: 145.

眼后鬃全黑色。触角黄褐色。喙黄褐色，须黄褐色，均具黑毛。胸部具6根强背中鬃；8-9对短毛状中鬃。足黄色；基节浅黑色。翅 R_{4+5} 与 M 端部弱的会聚；CuAx 值为 0.7。雄性外生殖器：第9背板端部稍窄，具强弯的侧叶；尾须带状且弯，具短缘齿；下生殖板长，端稍窄。

观察标本：1雄2雌，重庆缙云山，772 m，2021.VI.11，张冰。

分布：中国（重庆缙云山、河南、陕西、甘肃、浙江、广西、四川、贵州、云南）。

（二）合长足虻亚科 Sympycninae

头顶平。触角柄节背面常无毛。头部具1对顶鬃、1对后顶鬃，眼后鬃单列，延伸至口缘。唇基与颜不明显分开。中胸背板中后区弱隆起。4-6根背中鬃；小盾片具2对鬃。后足基节近基部具1根外鬃；中、后足腿节具近端鬃，中、后足胫节具强鬃。M脉通常直，端部与 R_{4+5} 脉平行或稍会聚。腹部可见6节，第6背板有毛。雄性外生殖器小，盖帽状。

世界性分布。世界已知40属979种，中国已知8属90种，本书记述2属2种。

12. 短跗长足虻属 *Chaetogonopteron* de Meijere, 1914

Chaetogonopteron de Meijere, 1914a: 96. Type species: *Chaetogonopteron appendiculatum* de Meijere, 1914 (monotypy).

属征：触角柄节无背毛，鞭节近三角形，有时明显延长；触角芒背位，有短的细毛。中胸背板中后区不平。胸部具5-6对背中鬃。前胸侧板下部有1根鬃。中、后足基节均具1根外鬃，中、后足腿节均具1根近端鬃。R_{4+5} 脉和 M 脉端部几乎平行，M 脉较直。

分布：东洋区、澳洲区。世界已知76种，中国已知39种，本书记述1种。

（18）黄斑短跗长足虻 *Chaetogonopteron luteicinctum* (Parent, 1926)

Sympycnus luteicinctum Parent, 1926: 134.
Chaetogonopteron luteicinctum: Yang, Zhu, Wang & Zhang, 2006: 472.

颜很窄，复眼在颜上相接。触角黄色；鞭节近三角形，长几乎等于宽；触角芒黑色。胸部有6根强背中鬃；中鬃单列7-8根。前胸侧板上有浅黄色毛。中足基节有1条黑色纵条，后足腿节端部黑色。前足基节有5-6根鬃；中足基节近端部有1根前鬃；后足基节基部有1根外鬃。R_{4+5} 与 M 脉端部平行；CuAx 值为 0.5。雄性外生殖器：第9背板长大于宽；背侧突背叶略窄且端部弯，腹叶宽；尾须相当粗而长，长度超过背侧突背叶。

观察标本：2雄2雌，重庆缙云山，772 m，2021.VI.11，周航。

分布：中国（重庆缙云山、河南、上海、浙江、福建、广东、广西、云南）。

13. 嵌长足虻属 *Syntormon* Loew, 1857

Syntormon Loew, 1857: 35. Type species: *Rhaphium metathesis* Loew, 1850 (designation by Coquillett, 1910).

属征：触角梗节端部具 1 嵌入鞭节基部凹陷的长指突；触角鞭节延长，触角芒端位或亚端位。中胸背板中后区不平。胸部具 6 根强的背中鬃。小盾片侧对鬃短毛状。前胸侧板被浅色的毛。中、后足基节均具 1 根外鬃，中、后足腿节均具 1 根近端鬃。R_{4+5} 脉和 M 脉端部稍会聚。

分布：世界广布。世界已知 110 种，中国已知 15 种，本书记述 1 种。

（19）峨眉嵌长足虻 *Syntormon emeiense* Yang et Saigusa, 1999

Syntormon emeiense Yang et Saigusa, 1999: 248.

触角黑色；鞭节明显延长；触角芒亚端位。喙和须黑色。胸部有 6 根背中鬃。足黄色；前足基节黄色，中后足基节黑色。前足基节有 4 根端鬃；中足基节基部有淡色毛，后足基节有淡黄色毛和 1 根外鬃。R_{4+5} 与 M 端部明显会聚，CuAx 值为 0.85。雄性外生殖器：第 9 背板长大于宽，端部窄；背侧突背叶逐渐变细（端部非常窄），腹叶相当宽；下生殖板非常粗且近直；尾须叶状。

观察标本：1 雄，重庆缙云山，772 m，2021.VI.11，张冰。

分布：中国（重庆缙云山、四川、贵州）。

（三）佩长足虻亚科 Peloropeodinae

头顶平。颜窄于额。具 1 对顶鬃和 1 对后顶鬃。触角柄节背面无毛。中胸背板中后区平。胸部具 4-6 根背中鬃。小盾片一般有 2 对鬃。中足基节中部偏下处具 1 根外鬃，后足基节在近基部有 1 根外鬃。中、后足胫节有强鬃。翅较宽，翅瓣不明显；臀区大。M 脉直，端部与 R_{4+5} 脉平行或略会聚。腹部 6 节可见，第 6 背板光裸。雄性外生殖器一般大而游离。

世界性分布。世界已知 15 属 231 种，中国已知 5 属 92 种，本书记述 1 属 1 种。

14. 跗距长足虻属 *Nepalomyia* Hollis, 1964

Nepalomyia Hollis, 1964: 110. Type species: *Nepalomyia dytei* Hollis, 1964.

属征：复眼分离。后头凹。额宽，向前变窄；颜宽，但窄于额，向下变窄。具 2 根单眼鬃，1 根顶鬃，1 根后顶鬃，4-8 根强背中鬃，双列短毛状中鬃。小盾片具 2 对鬃。中足基节具 1 根前鬃，后足基节具 1 根外鬃。中、后足腿节各具 1 根端前鬃。前足胫节无鬃。后足第 1 跗节基部具向上弯的距。R_{4+5} 和 M 近直，端部平行。雄性外生殖器大部分游离，第 9 背板背侧突分为三叶；尾须基部具强或弱毛瘤。

分布：世界广布。世界已知 77 种，中国已知 51 种，本书记述 1 种。

（20）淡跗距长足虻 *Nepalomyia pallipes* (Yang *et* Saigusa, 2000)

Neurigonella pallipes Yang *et* Saigusa, 2000: 237.
Nepalomyia pallipes: Runyon & Hurley, 2003: 413.

复眼明显分开。额区相当宽；颜明显窄于额区，向下逐渐变窄。触角黑色；鞭节近梯形；触角芒黑色。胸部有5根背中鬃。前胸侧板下部有1根短浅色毛和1根长黑鬃。足浅黄褐色；中足基节前部有1根外鬃；后足基节中部有1根外鬃。R_{4+5} 与 M 脉端部稍会聚。雄性外生殖器：第9背板没有明显的侧突，只有2根侧鬃，其中1根鬃很长；背侧突背、中、腹三叶都均匀细长，腹叶端部有毛；尾须没有基瘤，只有1组短毛；阳茎细长。

观察标本：2雄，重庆缙云山，772 m，2021.Ⅵ.11，周航。

分布：中国（重庆缙云山、四川）。

参 考 文 献

高雪峰, 史丽, 韩晔. 2016. 秦岭地区同脉缟蝇亚属3新种记述. 内蒙古农业大学学报(自然科学版), 37(6): 13-22.

杨定, 杨集昆. 1991. 黑鬃秆蝇属八新种（双翅目：秆蝇科）. 动物分类学报, 16(4): 476-483.

杨集昆, 杨定. 1992. 广西舞虻科三新种记述：双翅目：短角亚目. 广西科学院学报, 8(1): 44-48.

Andersson H. 1976. Revision of the genus *Formicosepsis* de Meijere (Diptera: Cypselosomatidae). Entomologica Scandinavica, 7: 175-185.

Becker T. 1922. Dipterologische Studien. Dolichopodidae der Indo-Australischen Region. Capita Zoologica, 1: 1-247.

Bezzi M. 1904. Empididi Indo-Australiani raccolti dal signor L. Biro. Annales Historico-Naturalies Musei Nationalis Hungarici, 2: 320-361.

Corti E. 1909. Contributo alla conoscenza del gruppo della 'Crassisete' in Italia (Ditteri). Bullettino della Società Entomologica italiana, Firenze, 40(1908): 121-162.

De Meijere J C H. 1904. Neue und bekannte Süd-Asiatische Dipteren. Bijdr. Dierk, 17-18: 83-118.

De Meijere J C H. 1914a. Studien über sudostasiatische Dipteren. VIII. Tijdschrift voor Entomologie, 56 (Suppl.): 1-99.

De Meijere J C H. 1914b. Studien über sudostasiatische Dipteren. IX. Tijdschrift voor Entomologie, 57: 169-275.

Enderlein G. 1920. Einige neue Sepsiden. (Dipt.). Wiener Entomologische Zeitung, 38: 60-61.

Fabricius J C. 1794. Entomologia Systematica emendata et aucta. Vol. 4. Hafniae: 1-472.

Hendel F. 1908. Diptera Fam. Muscaridae, Subfam. Lauxaniinae. In: Wytsman P. Genera Insectorum. Fasc. 68. V. Bruxelles: Verteneuil and L. Desmet: 1-66.

Hendel F. 1925. Neue ubersicht die bisher bekannt gewordenen gattungen der lauxaniiden, nebst beschreibung neuer gattungen u. arten. Encycyclopedie Entomologique Serie B, II. Diptera, 2: 102-112.

Hollis D. 1964. On the Diptera of Nepal (Stratiomyidae,Therevidae and Dolichopodidae). Bulletin of the British Museum (Natural History) Entomology, 15(4): 83-116.

Kanmiya K. 1971. Study on the genus *Dicraeus* Loew from Japan and Formosa (Diptera, Chloropidae). Mushi, 45: 157-180.

Latreille P. 1797. Prècis des caractères génériques des insects, disposés dans un ordre natural. Paris: Prèvôt: 179 pp.

Loew H. 1857. Neue Beiträge zur Kenntniss der Dipteren. Fünfter Beitrag. Programme der Königlichen Realschule zu Meseritz: 1-56.

Loew H. 1873. Diptera nova, in Pannonia inferiori et in confinibus Daciae regionibus a Ferd. Kowarzio capta.

Berliner Entomologische Zeitschrift, 17: 33-52.

Lonsdale O. 2020. Family groups of Diopsoidea and Nerioidea (Diptera: Schizophora)-Definition, history and relationships. Zootaxa, 4735(1): 1-177.

Macquart P J M. 1823. Monographie des insects Diptères de la famille des Empides, observès dans le nord-ouest de la France. Recueil des Travaux de la Société d'Amateurs des Sciences, de l'Agriculture et des Arts à Lille, 1819/1822: 137-165.

Macquart P J M. 1827. Insectes Diptères du Nord de la France. Lille: Platypézines, Dolichopodes, Empides, Hybotides: 158.

Macquart P J M. 1835. Histoire Naturelle des insectes. Dipteres. Tome deuxieme. In: Roret. Collection des suites à Buffon, Paris, 2: 1-703.

Malloch J R. 1927. H. Sauter's Formosa collection: Sapromyzidae (Diptera). Entomologische Mitteilungen, 16(3): 159-172.

Malloch J R. 1929. Notes on some Oriental Sapromyzid flies (Diptera), with particular reference to the Philippine species. Proceedings of the United States National Museum, 74(6): 1-97.

McAlpine D K. 1998. Family Cypselosomatidae. In: Papp L, Darvas B. Contributions to a Manual of Palaearctic Diptera. Vol. 3. Higher Brachycera. Science Herald, Budapest: 151-154.

Meigen J W. 1800. Nouvelle classification des mouches a deux ailes, (Diptera L.), d'après un plan tout nouveau. Paris: J. J. Fuchs: 1-40.

Meigen J W. 1803. Versuch einer neuen Gattungs Eintheilung der europäischen zweiflügligen Insekten. Magazin für Insektenkunde, herausgegeben von Karl Illiger, 2: 259-281.

Meijere J C H de. 1904. Neue und bekannte Süd-Asiatische Dipteren. Bijdr. Dierk, 17-18: 83-118.

Meijere J C H de. 1914. Studien über südostasiatische Dipteren. VIII. Tijdschrift voor Entomologie, 56 (Suppl.): 1-99.

Meijere J C H de. 1916. Studien uber sudostasiatische Dipteren X. Dipteren von Sumatra. Tijdschrift voor Entomologie, 58(Suppl.) [1915]: 64-97, 132.

Papp L, Merz B, Földvári M. 2006. Diptera of Thailand. A summary of the families and genera with references to the species representations. Acta Zoologica Academiae Scientiarum Hungaricae, 52: 97-269.

Parent O. 1926. Dolichopodides nouveaux de l'extrême orient paléarctique. Encyclopedie Entomologique. Serie B. II Diptera, 2: 111-149.

Parent O. 1936. Schwedisch-chinesische wissenschaftliche Expedition nach den nordwestlichen Provinzen Chinas. 37. Diptera. 12. Dolichopodidae. Arkiv for Zoologi, 27B: 1-3.

Robineau-Desvoidy J B. 1830. Essai sur les myodaires. Mémoires Présentés par divers Savants à l'Académie Royale des Sciences de l'Institut de France, 2(2): 1-813.

Robinson H. 1964. A synopsis of the Dolichopodidae (Diptera) of the southeastern United States and adjacent regions. Miscellaneous Publications of the Entomological Society of America, 4(4): 103-192.

Rondani C. 1856. Dipterologiae italicae prodromus. Vol: I. Genera italic ordinis dipterorum ordinatim disposita et distinct et in familias et stirpes aggregate. Parmae: Alexandri Stocchi: 1-226.

Runyon J B, Hurley R L. 2003. Revision of the Nearctic species of *Nepalomyia hollis* (= *Neurigonella* Robinson) (Diptera: Dolichopodidae: Peloropeodinae) with a world catalog. Annals of the Entomological Society of America, 96(4): 403-414.

Sasakawa M. 1992. Lauxaniidae (Diptera) of Malaysia (part 2): a revision of Homoneura van der Wulp. Insecta Matsumurana, 46: 133-210.

Shatalkin A I. 1998. New species of Lauxaniidae (Diptera) from Japan and China. Russian Entomological Journal, 7(1-2): 59-62.

Shatalkin A I. 2000. Keys to the Palaearctic flies of the family Lauxaniidae (Diptera). Zoologicheskie Issledovania, 5: 1-102.

Shi L, Yang D. 2014. Supplements to species groups of the subgenus *Homoneura* in China (Diptera: Lauxaniidae: Homoneura), with descriptions of twenty new species. Zootaxa, 3890(1): 1-117.

Stackelberg A A. 1933. Dolichopodidae. Die Fliegen der Palaearktischen Region, 4(5): Lief. 71, 65-128.

Von Tschirnhaus M. 2017. The taxonomy of species globally described in or formerly included in the genus

Elachiptera and new combinations with *Lasiochaeta* and *Gampsocera* (Diptera: Chloropidae). Zoosystematica Rossica, 26(2): 337-368.

Wang N, Xiao W M, Ding S M, *et al.* 2017. Empididae. In: Yang D, Wang M Q, Dong H. Insect Fauna of the Qinling Mountains. Vol. 10. Diptera. Xian: World Book Publishing Xi'an Co., Ltd.: 480-521.

Wei L M. 1997. Dolichopodidae (Diptera) from Southwestern China. II. A study on the genus *Hercostomus* Loew 1857. Journal of Guizhou Agricultural College, 16(1): 29-41.

Wulp F M van der. 1891. Eenige Uitlandsche Diptera. Tijdschrift voor Entomologie, 34: 193-218.

Yang D, An S W, Gao C X. 2002. New species of Empididae from Henan (Diptera). In: Shen X, Shi Z. The Fauna and Taxonomy of Insects in Henan, 5. Beijing: China Agricultural Scientech Press: 30-38.

Yang D, Saigusa T. 1999. New and little known Dolichopodidae from China (VI): Diptera from Emei Mountain (1). Bulletin de L'Institut Royal des Sciences Naturelles de Belgique Entomologie, 69: 233-250.

Yang D, Saigusa T. 2000. New and little known species of Dolichopodidae from China (VII): Diptera from Emei Mountain (2). Bulletin de L'Institut Royal des Sciences Naturelles de Belgique Entomologie, 70: 219-242.

Yang D, Yang C K. 1992. Diptera: Empididae. In: Chen S. Insects of the Hengduan Mountains Region, 2. Beijing: Science Press: 1089-1097.

Yang D, Yang J K. 1995. Diptera: Dolichopodidae. In: Wu H. Insects of Baishanzu Mountain, Eastern China. Beijing: China Forestry Publishing House: 510-519.

Yang D, Zhu Y J, Wang M Q, *et al.* 2006. World Catalog of Dolichopodidae (Insecta: Diptera). Beijing: China Agricultural University Press: 704.

第十六章　鳞翅目 Lepidoptera

房丽君[1]　王　星[2]　邓　敏[3,4]　赖新颖[3]　黄国华[3]　汤语耕[5]　杜喜翠[5]

[1] 陕西省西安植物园（陕西省植物研究所）
[2] 琼台师范学院
[3] 湖南农业大学
[4] 黔南民族职业技术学院
[5] 西南大学植物保护学院

　　鳞翅目是昆虫纲中的第二大目，该目的显著特征为：成虫翅 2 对，体、翅和附肢均密被鳞片，口器通常虹吸式。成虫翅面上常有由鳞片组成的各种斑纹；有些种类的翅面上有香鳞或腺鳞。脉序相对简单，横脉少。外生殖器位于腹部第 8-10 节，并常与附腺相连。雌性外生殖器有单孔式、外孔式和双孔式 3 种基本类型。雄性外生殖器结构复杂，在分类上具有极重要的意义。有的腹末有毛刷或毛簇。

　　卵形态变化大，有卵圆形、纺锤形、圆球形或半球形等。卵孔周围常有饰纹，可作为分类的依据。成虫的产卵量在不同种类中差异很大，少则数粒，多则数千粒。

　　幼虫蠋型。头部发达，两侧通常各有 6 个侧单眼；口器咀嚼式。胸足具单爪。腹部一般有 5 对腹足，末端具趾钩，少数类群腹足退化。幼虫体上常有刚毛、毛突和毛瘤等。

　　蛹有两种类型，少数原始类群的蛹为强颚离蛹，大多数类群的蛹为无颚被蛹。

　　鳞翅目昆虫属完全变态类。完成一个生活史周期通常需要 1-2 个月，多则 2-3 年。常以幼虫或蛹越冬，部分以卵或成虫越冬。幼虫一般 5 龄，是取食为害的主要时期，绝大多数幼虫为植食性，是最重要的食叶害虫；部分蛀食根、茎、花、果和种子；还有的取食仓储物。少数种类为肉食性，捕食或寄生其他昆虫。许多种类是重要的农林害虫。蝶类成虫通常白天活动，为昼出性。蛾类成虫多在傍晚或夜间活动，为夜出性，多数蛾类有趋光性。少数种类的蛾子和蝴蝶有远距离迁飞的习性。有雌雄二型和多型现象，尤以凤蝶科、蛱蝶科和灰蝶科最明显。

　　世界广布。世界已知 4 亚目 125 科 16 万余种，中国已知约 1 万种。

蝶类 Rhopalocera

房丽君

陕西省西安植物园（陕西省植物研究所）

　　蝶类 Rhopalocera 隶属于昆虫纲鳞翅目有喙亚目双孔次亚目。

　　鳞翅目的主要特征：成虫体表和翅面密被各种颜色的扁平鳞片；口器虹吸式，专门取食花蜜等液态食物。幼虫额上有"人"字形纹；腹足有趾钩。包括蝶类和蛾类两大类。

　　蝴蝶属完全变态，成虫体躯分为头、胸、腹三段。翅及身体被鳞片及毛，形成各种色彩斑纹。触角端部膨大，虹吸式口器，胸部分为前胸、中胸及后胸，着生 2 对翅和 3 对足，腹部由 10 节组成。

　　蝴蝶的翅型和色斑变化较大；易受环境变化影响，有大量地方种群（亚种）和型，少数种类有性二型，有的呈现季节型，极少数种类有拟态。

　　蝴蝶寿命长短不一，多在几周至 11 个月之间，这期间其需要进行取食以补充营养、交配及产卵等生命活动。

　　鳞翅目蝶类包括凤蝶科 Papilionidae、粉蝶科 Pieridae、蛱蝶科 Nymphalidae、灰蝶科 Lycaenidae 和弄蝶科 Hesperiidae，世界记载 19 000 余种，中国已知近 2000 种，本书记述 66 种，其中凤蝶科 9 种、粉蝶科 10 种、蛱蝶科 31 种、灰蝶科 8 种、弄蝶科 8 种。

分科检索表

1. 触角端部弯钩状，前翅 R 脉无共柄 ·· 弄蝶科 Hesperiidae
- 触角端部棒状，前翅 R 脉有共柄 ·· 2
2. 后翅 A 脉 1 条 ··· 凤蝶科 Papilionidae
- 后翅 A 脉 2 条 ·· 3
3. 前足发育正常，爪二分叉或有齿 ·· 粉蝶科 Pieridae
- 前足退化，爪完整 ·· 4
4. 雌性前足正常，爪发达；复眼在触角基部凹陷，与触角窝的边缘相接触 ········· 灰蝶科 Lycaenidae
- 雌性前足退化，无爪；复眼在触角基部无凹陷，与触角窝的边缘不接触 ········ 蛱蝶科 Nymphalidae

一、凤蝶科 Papilionidae

　　成虫体大型或中型；少数性二型或多型，多数种类雌雄的体型、大小与颜色相同。触角细长，基部互相接近，端部棒状；眼光滑；下唇须小。前足正常，1 对爪对称；前足跗节的爪间突和爪垫退化。前后翅多三角形；中室闭式。前翅 R 脉 5 条，R_4 与 R_5 脉共柄，M_1 脉不与 R 脉同柄，A 脉 2 条，3A 脉短，常有 1 条基横脉（Cu-A）。后翅 A 脉 1 条，肩脉钩状，M_3 脉常延伸成尾突，有的类群无尾突或有 2 条以上尾突。

　　世界性分布。世界已知 32 属 580 余种，中国已知 19 属 130 余种，本书记述 3 属 9 种。

（一）凤蝶亚科 Papilioninae

凤蝶族 Papilionini Latreille, [1802]

1. 斑凤蝶属 *Chilasa* Moore, 1881

Chilasa Moore, 1881: 153. Type species: *Papilio dissimilis* Linnaeus, 1758.

属征：体中大型，黑色或黑褐色，具白斑点。中胸至少有 2 个白色斑点，腹部无红色斑带，但有 3 列白色点斑。前翅多黑色、黑褐色、棕色、浅棕色或蓝色；斑纹多呈放射状纵向排列；各翅室多有长条形、圆形或半月形斑纹；中室长阔。后翅近卵形；外缘及亚外缘区有斑列，有的具臀斑；无尾突及性标。

分布：古北区。世界已知 11 种，中国已知 5 种，本书记述 1 种。

（1）小黑斑凤蝶 *Chilasa epycides* (Hewitson, 1864)

Papilio epycides Hewitson, 1864a: 11.
Chilasa epycides: Chou, 1994: 121.

体中型，翅展 65.0-75.0 mm。翅黑褐色或棕色；翅脉黑色；斑纹多白色或乳黄色；两翅中室有 4 条灰白色纵条带；中室外有 1 圈放射状排列的长短不一的条斑，有时条斑端部断开，形成弧形排列的斑列。后翅外缘区有 1 列圆斑；臀角有 1 个杏黄色半圆形斑；反面斑纹同正面，但有些斑纹稍模糊。

观察标本：1 雄，重庆缙云山，850 m，2008.IV.20，田立超。

分布：中国（重庆缙云山、辽宁、陕西、甘肃、浙江、湖北、江西、福建、台湾、广东、海南、四川、贵州、云南）；印度，不丹，缅甸，越南，老挝，泰国，马来西亚，印度尼西亚。

2. 凤蝶属 *Papilio* Linnaeus, 1758

Papilio Linnaeus, 1758: 458. Type species: *Papilio machaon* Linnaeus, 1758.

属征：体大或中型。翅常黑色，少数黄色，体多有白点；胸部和腹部无红色毛。翅常有红色、蓝色、黄色或白色斑，有的翅面散布金绿色鳞。除玉带美凤蝶 *P. polytes* 及美凤蝶 *P. memnon* 等种类外，多数种类雌雄异型。前翅三角形，中室长阔。后翅内缘区狭，弯曲凹入，形成沟槽；尾突内仅 1 条脉纹。

分布：世界广布。世界已知 210 余种，中国已知 27 种，本书记述 6 种。

分亚属检索表

1. 前翅中室有斑纹 ·· 2
- 前翅中室无斑纹 ·· 3
2. 前翅中室斑纹放射状；老熟幼虫后胸有眼状斑 ······································· 华凤蝶亚属 *Sinoprinceps*
- 前翅中室斑纹横向排列；老熟幼虫后胸无眼状斑 ··· 凤蝶亚属 *Papilio*
3. 翅正反面覆盖金绿色或金蓝色鳞片，后翅中域斑纹翠绿或翠蓝色 ······················ 翠凤蝶亚属 *Princeps*
- 翅正反面无金绿色或金蓝色鳞片，后翅中域斑纹白色或淡黄色 ······················ 美凤蝶亚属 *Menelaides*

美凤蝶亚属 *Menelaides* Hübner, 1819

Menelaides Hübner, 1819: 84. Type species: *Papilio polytes* Linnaeus, 1758.

亚属征：体大型，通常黑色，多为雌雄异型，部分是雌性多型。额侧面有黄色或白色条纹；胸部与腹部有淡色斑或点。翅面无金绿色或金蓝色鳞片；红色斑纹多分布于翅基部或翅的内外缘。后翅中域多有白斑或淡黄色斑；外缘波状；尾突有或无；雄性前翅发香鳞有或无。

分布：世界广布。世界已知 55 种，中国已知 14 种，本书记述 3 种。

分种检索表

1. 后翅中域雌雄蝶均无白斑 ·· 蓝（美）凤蝶 *P. protenor*
- 后翅中域雌性有白斑 ··· 2
2. 前翅或后翅或两翅反面基部红色 ·· 美凤蝶 *P. memnon*
- 翅基绝无红色 ··· 玉带美凤蝶 *P. polytes*

（2）美凤蝶 *Papilio memnon* Linnaeus, 1758

Papilio memnon Linnaeus, 1758: 460.

体大型，翅展 105.0-145.0 mm，雌雄异型及雌性多型。雄性翅黑色或黑褐色，正面无斑；基部色深，有天鹅绒光泽；翅脉两侧密布蓝色鳞片。前翅反面中室基部红斑水滴状；脉纹两侧灰白色。后翅反面基部红斑常被翅脉分割成 3-5 个小红斑，端部有 2 列由蓝色鳞片组成的环形斑列，时有模糊或消失；臀角有 2-3 个环形或半环形红斑纹；无尾突。

雌性分为无尾型与有尾型。无尾型：前翅黑色，各翅室均有 1 个贯通全室的长"U"形及"V"形斑，灰黄色或灰白色；臀区基半部及前缘黑色；中室基部红斑近三角形。后翅基半部黑色，端半部白色，被脉纹分割成长条斑；亚外缘斑列黑色，近圆形；反面基部有 3-5 个不同形状的红斑。有尾型：前翅与无尾型相似。后翅黑色；外缘波状；中室端部有 1 个大白斑；中室端半部外侧放射状排列 1 列白色条斑，其端部多有红色晕染；外缘斑列红色或白色或橘黄色；臀角眼斑红色或橘黄色；反面除基部有 3-5 个红斑外，其余与正面相同。

观察标本：1 雄，重庆缙云山，850 m，1984.Ⅶ.1，张国富；1 雌，重庆缙云山，850 m，1984.Ⅶ.1，田旭。

分布：中国（重庆缙云山、陕西、浙江、湖北、江西、湖南、福建、台湾、广东、海南、广西、四川、贵州、云南）；日本，印度，缅甸，泰国，斯里兰卡，印度尼西亚。

（3）蓝（美）凤蝶 *Papilio protenor* Cramer, 1775

Papilio protenor Cramer, 1775: 77.

体大型，翅展 95.0-120.0 mm，雌雄异型。雄性个体较雌性小，翅面蓝色鳞较少；翅黑色或黑褐色，有靛蓝色天鹅绒光泽。前翅正面中室有多条灰白色纵纹，放射状排列；其余各翅室有长"U"形及"V"形斑纹，灰白色，雌性较雄性明显。后翅外缘波状，无尾突；雄性正面前缘有 1 淡黄色横带（性标斑），但多被前翅后缘遮盖；臀角有 1 红色眼斑，雌性臀角红色眼斑多为 2-3 个，其中 2 个呈半环状，红色区域常有白色条纹；反面顶角有 2-3 个不完整的红色眼斑。

观察标本：1 雄，重庆缙云山，850 m，1979.Ⅶ.29；1 雌，重庆缙云山，850 m，1994.Ⅴ.1，陈斌。

分布：中国（重庆缙云山、辽宁、山东、河南、陕西、甘肃、安徽、浙江、湖北、江西、福建、台湾、广东、海南、广西、四川、贵州、云南、西藏）；韩国，朝鲜，日本，印度，不丹，尼泊尔，缅甸，越南。

（4）玉带美凤蝶 *Papilio polytes* Linnaeus, 1758

Papilio polytes Linnaeus, 1758: 460.

体中型，翅展 77.0-95.0 mm，雌雄异型及雌性多型，后翅有短尾突。雄性翅黑色或黑褐色；脉纹色略深。前翅外缘有 1 列白斑；中室有多条灰白色纵纹，放射状排列。后翅中域有 1 列白色或黄色斑纹；反面外缘凹陷处有橙色斑纹，亚外缘有 1 列新月形橙色斑纹；臀角有 1 个橙色眼斑，瞳点黑色。雌性前翅基部黑色，各翅室有长"U"形及"V"形斑纹，灰褐色或灰白色。多型间差异主要表现在后翅，基本有 3 种类型。①白带型：后翅外缘斑与雄性后翅的反面相似。②白斑型：后翅中域下半部有 2-5 个白色斑及 1-3 个红色斑。③赤斑型：后翅中域无白色斑，仅有 2-3 个红色斑。

观察标本：1 雄，重庆缙云山，850 m，1990.VI.10，祝春强；1 雌，重庆缙云山，850 m，2008.V.31，时书青。

分布：中国（重庆缙云山、河北、山西、山东、河南、陕西、甘肃、青海、江苏、安徽、浙江、湖北、江西、湖南、福建、台湾、广东、海南、广西、四川、贵州、云南、西藏）；日本，巴基斯坦，印度，尼泊尔，缅甸，越南，老挝，泰国，柬埔寨，菲律宾，斯里兰卡，马来西亚，印度尼西亚，安达曼群岛，尼科巴群岛，东欧，马来西亚半岛，文莱，马里亚纳群岛北部。

翠凤蝶亚属 *Princeps* Hübner, 1807

Princeps Hübner, 1807: 116. Type species: *Papilio demodocus* Esper, 1798.

亚属征：体中至大型。翅多为黑色，翅面密布翠绿色或翠蓝色鳞。后翅外缘区及中域有斑纹，大部分呈翠绿、蓝色，有的呈白色或黄色；外缘波状，多具尾突。

分布：古北区、东洋区、澳洲区。世界已知 41 种，中国已知 11 种，本书记述 1 种。

（5）碧凤蝶 *Papilio bianor* Cramer, 1777

Papilio bianor Cramer, 1777: 10.

体大型，翅展 110.0-125.0 mm。翅黑色，密布翠绿色鳞片。前翅基半部黑色；端半部各翅室均有灰白色"U"形或"V"形纹；雄性前翅臀域有天鹅绒状的性标。后翅外缘波状；尾突较宽，端部多膨大；翅面特别是近前缘区有大片蓝绿色鳞片密集区；亚外缘有 1 列弯月形蓝色斑纹，但多有红色纹与蓝色纹相伴；臀角有红色"C"形斑纹；反面亚外缘区的红色弯月形斑纹较正面明显。

观察标本：1 雄，重庆缙云山，850 m，2008.V.31，冯波。

分布：中国（重庆缙云山、从东北到西南，除新疆外全国广大地区都有分布）；朝鲜，韩国，日本，印度，越南，缅甸。

华凤蝶亚属 *Sinoprinceps* Hancock, 1983

Sinoprinceps Hancock, 1983: 35. Type species: *Papilio xuthus* Linnaeus, 1767.

亚属征：翅黑色或黑褐色；斑纹黄色或黄绿色。前翅中室斑纹放射状排列。
分布：古北区、东洋区。世界已知2种，中国已知1种，本书记述1种。

（6）柑橘凤蝶 *Papilio xuthus* Linnaeus, 1767

Papilio xuthus Linnaeus, 1767: 751.

体中至大型，翅展60.0-100.0 mm。翅黑色或黑褐色；斑纹黄绿色、乳黄色或黄色。前翅外缘区有1列月牙形斑纹；中域有1列横斑；中室端部有2个黄色横斑，基部有4-5条纵纹；反面亚外缘区有1条细带；外缘区斑纹较大。后翅正面外缘区有1列弯月形斑纹；亚外缘区有1列蓝色斑，有时模糊；中室黄色；中室外放射状排列1圈长条斑，斑列外缘排列较齐；臀角有1个圆形眼斑，橘红色；反面色稍淡；外缘区斑纹瓦片形；亚外缘区蓝色斑纹较正面清晰，两侧间断散布有橘黄色晕染。

本种凤蝶有春、夏型之分。春型黑褐色，体小而色斑鲜艳，雌性比雄性色深；夏型黑色，体大，雄性后翅前缘中基部有1个近圆形黑斑。

观察标本：1（腹部缺失），重庆缙云山，850 m，2004.Ⅵ.7，采集人不详。
分布：中国（重庆缙云山、黑龙江、吉林、辽宁、内蒙古、北京、天津、河北、山西、山东、河南、陕西、宁夏、甘肃、青海、新疆、江苏、上海、安徽、浙江、湖北、江西、湖南、福建、台湾、广东、海南、香港、澳门、广西、四川、贵州、云南、西藏）；俄罗斯，朝鲜，韩国，日本，缅甸，越南，菲律宾。

凤蝶亚属 *Papilio* Linnaeus, 1758

Papilio Linnaeus, 1758: 458. Type species: *Papilio machaon* Linnaeus, 1758.

亚属征：翅黑色或黑褐色；斑纹黄色或黄绿色。前翅中室斑纹横向排列。
分布：古北区、新北区。世界已知11种，中国已知1种，本书记述1种。

（7）金凤蝶 *Papilio machaon* Linnaeus, 1758

Papilio machaon Linnaeus, 1758: 462.

体中型，翅展75.0-95.0 mm。分春、夏两型，春型体较小，夏型体较大；翅黑色或黑褐色；斑纹黄色或淡黄色。前翅正面基部密布黄色或黄绿色鳞片；亚外缘区有1列月牙形或半圆形斑纹；中域有1列横斑；中室端半部有2个横斑；反面外缘区及亚外缘区各有1条黄色带纹；中室黄色，有2条模糊的黑色横斑。后翅外缘波状；尾突细；正面中室黄色；中室外放射状排列1圈长条斑；外缘区有1列弯月形斑纹，m_3室斑延伸进尾突；亚缘区有1列蓝色斑，有时模糊；臀角有1个圆形橘红色斑纹；反面色稍淡；外缘区及亚缘区斑纹瓦片形。

观察标本：1雄，重庆缙云山，850 m，2008.Ⅴ.31，穆海亮。

分布：中国（重庆缙云山、黑龙江、吉林、辽宁、天津、河北、山西、山东、河南、陕西、甘肃、青海、新疆、安徽、浙江、湖北、江西、福建、台湾、广东、广西、四川、贵州、云南、西藏）；亚洲，欧洲，北美洲。

燕凤蝶族 Lampropterini Moore, 1890

3. 青凤蝶属 *Graphium* Scopoli, 1777

Graphium Scopoli, 1777: 433. Type species: *Papilio sarpedon* Linnaeus, 1758.

属征：体中大型。翅黑色或黑褐色；翅面有半透明斑组成的蓝色、绿色、白色或黄色带；中室狭长；雄性有性斑。前翅狭三角形；外缘常凹入；R_1 与 Sc 脉接触或合并，有时与 R_2 亦接触；多有 1-3 行斑列。后翅外缘齿状；尾突有或无；基半部及外缘区或亚外缘区有斑列；反面除常有红色斑纹外，其余斑纹同正面。

分布：古北区、东洋区、旧热带区。世界已知35种，中国已知7种，本书记述2种。

（8）青凤蝶 *Graphium sarpedon* (Linnaeus, 1758)

Papilio sarpedon Linnaeus, 1758: 461.
Graphium sarpedon: Chou, 1994: 163.

体中型，翅展 70.0-85.0 mm。有春、夏型之分，春型稍小，翅面青蓝色斑列稍宽；翅黑色或黑褐色。前翅中域有1排青蓝色或淡绿色斑列。后翅外缘齿状，无尾突；正面中域有3个斑斜向排列；亚外缘区有1列新月形斑纹，青蓝色；反面基部有红色条斑；中室端脉外侧至臀角区有1列红色斑列；雄性有内缘褶，密布灰白色的发香鳞；其余斑纹同正面。

观察标本：1雄，重庆缙云山，850 m，1997.Ⅷ.25，采集人不详。

分布：中国（重庆缙云山、河南、陕西、甘肃、安徽、浙江、湖北、江西、湖南、福建、台湾、广东、海南、香港、广西、四川、贵州、云南、西藏）；日本，印度，不丹，尼泊尔，缅甸，泰国，斯里兰卡，菲律宾，马来西亚，印度尼西亚，澳大利亚。

（9）碎斑青凤蝶 *Graphium chironides* (Honrath, 1884)

Papilio chiron chironides Honrath, 1884: 396.
Graphium chironides: Chou, 1994: 165.

体中型，翅展 65.0-75.0 mm。翅黑色或黑褐色；斑纹淡绿色或淡蓝色；反面斑纹多有银白色缘线相伴。前翅外缘中部凹入；亚顶区有2个斑纹；亚缘区有1列斑纹；中域有1列大小不一的斑纹，其中 cu_2 室2个条斑融合，长短较一致，无错位；中室有5个长短不一的斑纹。后翅无尾突；亚外缘区有1列排列不整齐的斑纹；基半部放射状排列长短不一的条形斑纹；反面前缘基部有黄色斑纹；外中域后半段有1列"C"形排列的黄色斑纹。

观察标本：1 雄，重庆缙云山，850 m，2008.Ⅴ.31，田立超。

分布：中国（重庆缙云山、浙江、湖北、江西、湖南、福建、广东、海南、广西、四川、贵州）；印度，缅甸，越南，泰国，马来西亚，印度尼西亚。

二、粉蝶科 Pieridae

成虫体中小型。翅色彩较素淡，多数为白色或黄色，少数种为红色或橙色，有黑色或红色斑纹，前翅顶角常黑色。不少种类呈性二型，也有季节型。成虫需补充营养，喜吸食花蜜，或在潮湿地区、浅水滩边吸水；有些种类喜群栖。

世界性分布。世界已知 76 属 1100 余种，中国已知 24 属 150 余种，本书记述 6 属 10 种。

（二）黄粉蝶亚科 Coliadinae

4. 豆粉蝶属 *Colias* Fabricius, 1807

Colias Fabricius, 1807: 284. Type species: *Papilio hyale* Linnaeus, 1758.

属征：体中小型至中型。翅黄色、橙色或白色；正面顶角与外缘多黑色；反面中室端斑多眼状，瞳点白色。前翅三角形；顶角钝圆；R_{2-5} 脉共柄，M_1 脉与 R_{4-5} 脉共柄，M_2 脉从中室的近上角处分出。后翅方圆形；无肩脉；$Sc+R_1$ 脉短，略伸过后翅前缘的中点。

分布：世界广布。世界已知 80 余种，中国已知 34 种，本书记述 2 种。

（10）斑缘豆粉蝶 *Colias erate* (Esper, 1805)

Papilio erate Esper, 1805: 13.
Colias erate: Chou, 1994: 218.

体中型，翅展 38.0-53.0 mm。翅色变化较大，雄性翅淡黄色、鲜黄色或橙色，雌性翅黄色、白色。前翅外缘区及顶角区黑褐色；镶有黄色斑纹；中室端脉处有 1 个卵圆形黑色斑纹；翅基部黑色；反面前缘和外缘各有 1 条玫红色细线纹；前缘近顶角有 2 个枣红色小斑；亚外缘区黑色圆斑未达前缘；中室端脉处有 1 个黑色眼斑。后翅正面外缘斑列黑色，前部斑纹多相连在一起；中室端部有 1 个橙黄色圆斑；翅基部灰黑色；反面黄色或橙黄色；翅周缘环绕玫红色线纹；前缘中部有 1 个玫红色斑纹；亚外缘斑列斑纹小点状；中室端脉处有 2 个银白色圆斑。

观察标本：1 雄，重庆缙云山，850 m，1980.Ⅶ.1，章念。

分布：中国（重庆缙云山、黑龙江、吉林、辽宁、内蒙古、北京、天津、山西、河南、陕西、宁夏、甘肃、青海、新疆、江苏、安徽、浙江、湖北、江西、湖南、福建、台湾、海南、四川、贵州、云南、西藏）；俄罗斯，日本。

（11）橙黄豆粉蝶 *Colias fieldii* Ménétriès, 1855

Colias fieldii Ménétriès, 1855: 79.

体中型，翅展 43.0-56.0 mm，雌雄异型。两翅缘毛玫红色。前翅正面橙色；中室端脉处有 1 个黑色圆斑；顶角及外缘区有黑褐色宽带，雄性宽带中无斑纹，内侧边缘弧形；雌性外缘带镶有 1 列橙黄色的斑纹，带内侧 "V" 形；反面色稍淡；前缘、顶角及外缘区赭绿色；亚外缘区下半部有 3 个黑色近圆形斑纹；中室端脉处有 1 个黑色眼斑。后翅正面橙色；基部黑灰色；前缘及外缘带黑褐色，前缘基部有 1 个淡黄色条斑；雌性前缘区的黑色带较宽，亚外缘区有 1 列橙黄色圆斑；中室端脉处有 1 个橙色圆斑；反面赭绿色；前缘中部斑纹红褐色；中室端部有 2 个镶有玫红色外环的银白色斑纹。

观察标本：1 雌，重庆缙云山，850 m，2008.Ⅳ.20，田立超；1 雄，重庆缙云山，850 m，1990.Ⅴ.3，向金友。

分布：中国（重庆缙云山、黑龙江、北京、天津、山西、山东、河南、陕西、甘肃、青海、湖北、江西、湖南、广东、广西、四川、贵州、云南、西藏）；巴基斯坦，印度北部，不丹，尼泊尔，缅甸，泰国。

5. 黄粉蝶属 *Eurema* Hübner, 1819

Eurema Hübner, 1819: 96. Type species: *Papilio delia* Cramer, 1780.

属征：体中小型，黄色。翅正面外缘区常有黑色带纹，后翅有时会退化成脉点；反面有少数锈红色小点。前翅顶角不突出；R_1 脉分离，R_2 脉与 R_3 脉合并；R_4、R_5 脉与 M_1 脉共柄；顶角在 R_5 脉与 M_1 脉之间；M_2 脉与 M_1 脉远离。后翅圆阔；$Sc+R_1$ 脉长；无肩脉；Rs 脉与 M_1 脉基部接近。雄性翅上多有性标，位置和形状因种类而异。

分布：世界广布。世界已知 40 种，中国已知 7 种，本书记述 1 种。

（12）无标黄粉蝶 *Eurema brigitta* (Stoll, 1780)

Papilio brigitta Stoll, 1780: 82.
Eurema brigitta: Chou, 1994: 226.

体中小型，翅展 28.0-50.0 mm，有干湿季型之分。干季型：前翅顶角较尖；前缘带及外缘带较窄。湿季型：两翅黄色至淡黄色，反面色稍淡。前翅正面前缘带、外缘带及顶角区黑褐色；外缘带内侧锯齿形；基部散布有黑褐色鳞粉；反面前缘及外缘有点斑列；中室有端斑。后翅正面顶角区有黑褐色斑带；外缘带有时带纹退化成斑列；基部散布有黑褐色鳞粉；反面外缘有点斑列；翅面散布有黑褐色点状斑和模糊带纹。

观察标本：1 雄，重庆缙云山，850 m，2009.Ⅵ.3，时书青。

分布：中国（重庆缙云山、陕西、甘肃、江西、湖南、福建、台湾、广东、海南、香港、广西、四川、贵州、云南）；印度，尼泊尔，缅甸，越南，泰国，斯里兰卡，马来西亚，印度尼西亚，巴布亚新几内亚，澳大利亚，非洲。

（三）粉蝶亚科 Pierinae

粉蝶族 Pierini Duponchel，1835

分属检索表

1. 前翅脉纹 11 条，其中 R$_4$ 与 R$_5$ 脉明显 ··· 尖粉蝶属 *Appias*
- 前翅脉纹 10 条，其中 R$_4$ 脉消失或合并或极不明显 ·· 2
2. 后翅 Sc+R$_1$ 脉超过中室末端 ··· 飞龙粉蝶属 *Talbotia*
- 后翅 Sc+R$_1$ 脉未达中室末端 ··· 粉蝶属 *Pieris*

6. 尖粉蝶属 Appias Hübner, 1819

Appias Hübner, 1819: 91. Type species: *Papilio zelmira* Stoll, 1782.

属征：体中小型。翅白色，淡黄色或全翅橙色。前翅顶角尖，有时镰状突出，雌性较圆；前翅 R 脉 4 支，R$_2$ 脉与 R$_3$ 脉合并，分出点在 R$_3$ 脉与中室末端之间；R$_4$ 脉短，与 R$_5$ 脉及 M$_1$ 脉同柄，等距离分出；中室长约为前翅长的 1/2。后翅 Sc+R$_1$ 脉短，约为后翅前缘长度的一半。雄性腹部有 1 对毛束。

分布：世界广布。世界已知 34 种，中国已知 10 种，本书记述 1 种。

（13）灵奇尖粉蝶 *Appias lyncida* (Cramer, 1777)

Papilio lyncida Cramer, 1777: 52.
Appias lyncida: Chou, 1994: 240.

体中型，翅展 70-80 mm，雌雄异型。雄性翅正面白黄色。前翅前缘带及外缘带黑褐色至灰褐色，外缘带内缘锯齿形；顶角区有 1-2 个黄色水滴状斑纹。后翅端带棕黑色至黑褐色，内缘锯齿形。雌性前翅黑褐色至棕褐色；斑纹白色；中室有 1 条棒状纹；中室外侧从端脉至后缘围绕 1 圈白色长条斑。后翅外缘带黑褐色；各脉纹端部有黑褐色宽带。

观察标本：1 雄，重庆缙云山，850 m，1984.Ⅶ.7，刘永勤。
分布：中国（重庆缙云山、台湾、广东、海南、香港、广西、云南）；印度，缅甸，越南，老挝，斯里兰卡，菲律宾，马来西亚，印度尼西亚。

7. 粉蝶属 Pieris Schrank, 1801

Pieris Schrank, 1801: 152, 161. Type species: *Papilio brassicae* Linnaeus, 1758.

属征：体中型。翅面白色，有时稍带黄色。前翅正面翅顶角黑色，中域中部至后缘常有 1-2 黑斑，雌性颜色较雄性深，黑斑发达。前翅 R$_2$ 脉与 R$_3$ 脉合并；R$_4$ 脉极短，在近顶角处分出，时有消失；R$_5$ 脉与 M$_1$ 脉共柄；M$_2$ 脉与 M$_3$ 脉基部远离，其间的横脉直；中室长约为前翅长度的 1/2。后翅中室长超过后翅长度的 1/2。

分布：世界广布。世界已知 20 余种，中国已知 18 种，本书记述 4 种。

分种检索表

1. 后翅反面脉纹不显著···2
- 后翅反面脉纹通常显著···3
2. 后翅外缘有黑色斑纹···东方菜粉蝶 *P. canidia*
- 后翅外缘无黑色斑纹···菜粉蝶 *P. rapae*
3. 前翅正面 m$_3$ 室黑色斑发达，圆形···黑纹粉蝶 *P. melete*
- 前翅正面 m$_3$ 室黑色斑模糊或消失···斯坦粉蝶 *P. steinigeri*

（14）菜粉蝶 *Pieris rapae* (Linnaeus, 1758)

Papilio rapae Linnaeus, 1758: 468.
Pieris rapae: Chou, 1994: 257.

体中型，翅展 70.0-80.0 mm。前翅正面白色；顶角有 1 个黑色或黑褐色近三角形斑纹；翅基部及前缘散布有灰褐色鳞片；m$_3$ 室中部及 cu$_2$ 室端部有黑色圆斑，有时 cu$_2$ 室斑纹退化或消失；翅面常有淡黄色晕染；反面顶角淡黄色；前缘基半部黄绿色，其间杂有灰黑色鳞片。后翅正面白色，翅面覆有不均匀黄色晕染；前缘中部斑纹黑色或褐色；反面白色或淡黄色；散布有灰褐色鳞片，无斑纹。雌性体型较雄性略大，cu$_2$ 室黑斑显著发达；后缘有 1 条黑褐色细带纹；反面黄色鳞显著。

观察标本：1 雄，重庆缙云山，850 m，2009.Ⅳ.25，冯波。

分布：中国（重庆缙云山、黑龙江、吉林、辽宁、内蒙古、北京、天津、河北、山西、山东、河南、陕西、宁夏、甘肃、青海、新疆、江苏、上海、安徽、浙江、湖北、江西、湖南、福建、台湾、广东、海南、香港、广西、四川、贵州、云南、西藏）；印度，美洲。

（15）东方菜粉蝶 *Pieris canidia* (Sparrman, 1768)

Papilio canidia Sparrman, 1768: 504.
Pieris canidia: Chou, 1994: 258.

体中型，翅展 43.0-52.0 mm。翅正面白色，前翅顶角黑色或黑褐色，并向外缘延伸到 Cu$_1$ 脉以下，内缘锯齿形；前缘基半部灰黑色；m$_3$ 室中部及 cu$_2$ 室端部有黑色圆斑，雄性此斑纹时有退化或消失；反面白色；顶角区淡黄色；亚缘区 3 个近圆形斑纹黑褐色，近前缘 1 个模糊不清。后翅正面外缘区 1 列圆形或近三角形斑纹，黑色或褐色；前缘中部斑纹近半圆形；反面白色，无斑纹，密布淡黄色和灰黑色鳞片；肩区黄色。雌性斑纹清晰；翅正面基部黑鳞区大而浓密。

观察标本：1 雄，重庆缙云山，850 m，2009.Ⅲ.28，田立超。

分布：中国（重庆缙云山、黑龙江、吉林、辽宁、内蒙古、北京、天津、河北、山西、山东、河南、陕西、宁夏、甘肃、青海、新疆、江苏、上海、安徽、浙江、湖北、江西、湖南、福建、台湾、广东、海南、香港、广西、四川、贵州、云南、西藏）；韩国，越南，老挝，缅甸，柬埔寨，泰国，土耳其。

（16）黑纹粉蝶 *Pieris melete* Ménétriès, 1857

Pieris melete Ménétriès, 1857: 113.

体中型，翅展 45.0-55.0 mm。翅正面白色，前翅正面顶角区、前缘及后缘灰黑色、黑褐色或褐色；m_3 室中部及 cu_2 室端部各有 1 个黑色斑纹，其中 cu_2 室斑常与后缘区黑色带纹相连；反面脉纹多有加粗。顶角区淡黄色；前缘基半部灰黑色；m_3 室及 cu_2 室斑纹较模糊。后翅正面前缘区近顶角处斑纹黑色；反面淡黄色；脉纹稍加粗；肩区基部黄色。雌性较雄性个体大。前翅基部有灰黑色晕染；后缘带纹较宽。后翅正面脉端加粗明显，形成黑色斑纹。

观察标本：1 雄，重庆缙云山，850 m，2009.Ⅵ.13，魏国能；1 雄，重庆缙云山，850 m，2009.Ⅴ.9，冯波；1 雄，重庆缙云山，850 m，2010.Ⅶ.15，吴贵怡。

分布：中国（重庆缙云山、黑龙江、吉林、辽宁、河北、河南、陕西、甘肃、上海、安徽、浙江、湖北、江西、湖南、福建、广西、四川、贵州、云南、西藏）；俄罗斯（西伯利亚），韩国，日本。

（17）斯坦粉蝶 *Pieris steinigeri* Eitschberger, 1983

Pieris steinigeri Eitschberger, 1983: 382.

体中型，与黑纹粉蝶 *P. melete* 较相似，主要区别为：前翅正面顶角黑色带未被白色带纹分割；m_3 室斑纹模糊或消失；cu_2 室无斑纹；反面两翅脉纹加宽明显。

观察标本：1 雄，重庆缙云山，850 m，2009.Ⅴ.9，刘莹。

分布：中国（重庆缙云山、四川、云南）。

8. 飞龙粉蝶属 *Talbotia* Bernardi, 1958

Talbotia Bernardi, 1958: 125. Type species: *Mancipium naganum* Moore, 1884.

属征：体中大型，白色。前翅顶角及外缘有黑色带纹；中室端斑条形；R 脉 3 条，R_2 与 R_3 脉及 R_4 与 R_5 脉合并；R_{4+5} 与 M_1 脉共柄；中室长超过前翅长度的 1/2；中室端脉向内弯曲。后翅 $Sc+R_1$ 脉长，超过后翅中室的长度。

分布：古北区。世界已知 1 种，中国已知 1 种，本书记述 1 种。

（18）飞龙粉蝶 *Talbotia naganum* (Moore, 1884)

Mancipium naganum Moore, 1884: 45.
Talbotia naganum: Chou, 1994: 261.

体中型，翅展 45.0-55.0 mm，雌雄异型。两翅正面及翅脉白色；斑纹黑褐色或黑色。雄性前翅前缘基部密布黑褐色或灰黑色鳞粉；顶角区黑色，并沿外缘延伸至 cu_1 室，内缘锯齿形；m_3 室中部及 cu_2 室端部各有 1 个圆斑；中室端斑月牙形；反面顶角区带纹淡黄色。后翅无斑；反面淡黄色。雌性较雄性稍小；前翅正面前缘带黑褐色；顶角区黑色，并沿外缘延伸至 cu_2 室，内缘较平；中央带纹浅 "V" 形；后缘带黑褐色；反面顶角区淡黄色。后翅正面有淡黄色晕染；顶角区多黑褐色；外缘斑列斑纹近三角形；反面淡黄色，无斑。

观察标本：1 雄，重庆缙云山，850 m，2009.Ⅶ.15，田立超。

分布：中国（重庆缙云山、浙江、湖北、江西、湖南、福建、台湾、广东、广西、四川、贵州、云南）；印度，缅甸，越南，老挝，泰国。

襟粉蝶族 Anthocharini Tutt，1894

9. 襟粉蝶属 *Anthocharis* Boisduval, 1833

Anthocharis Boisduval, 1833: 5. Type species: *Papilio cardamines* Linnaeus, 1758.

属征：体小型。前翅正面顶角多有红色或黄色斑，顶角圆或镰刀形尖出；R 脉 5 条，R_1 脉与 R_2 脉从中室前缘分出；R_3-R_5 脉与 M_1 脉同柄，从中室上角生出；中室长超过前翅长度的 1/2，中室端脉凹入。后翅卵形，反面云纹斑绿色；前缘平直；Sc+R_1 脉很长；中室长，端部加宽；肩脉长，末端向基部弯曲。

分布：古北区。世界已知 15 种，中国已知 4 种，本书记述 1 种。

（19）黄尖襟粉蝶 *Anthocharis scolymus* Butler, 1866

Anthocharis scolymus Butler, 1866: 52.

体小型，翅展 30-32 mm，雌雄异型。雄性翅面白色，雌性前翅正面顶角区斑纹白色。前翅狭长；正面顶角钩状尖出，顶角区黑褐色，中间镶有黄色大斑和白色小斑；基部密布黑灰色鳞片；前缘基半部有密集碎斑纹；中室端斑肾形，黑色；反面顶角区浅褐色或墨绿色，镶有淡色云纹斑。后翅正面基部黑灰色；前缘近顶角处有 1 个绿褐色或墨绿色斑纹；外缘脉端斑细条形，时有消失；翅面密布灰色斑驳云状纹；反面翅端部 1/3 区域及中室密布赭绿色或淡褐色斑驳细云纹；中室外有 1 圈褐绿色或墨绿色斑驳大云纹。

观察标本：1 雌，重庆缙云山，850 m，2009.Ⅲ.28，李竹。

分布：中国（重庆缙云山、黑龙江、吉林、辽宁、北京、河北、山西、河南、陕西、青海、上海、安徽、浙江、湖北、江西、福建、贵州）；俄罗斯，朝鲜半岛，日本。

三、蛱蝶科 Nymphalidae

成虫多体中至大型，翅型和色斑变化大。除喙蝶亚科的雌性外，成虫两性的前足退化，不能用于行走，缩在胸部下方，故称为四足类或四足蝴蝶。前翅主脉基部膨大或不膨大，中室闭式或开式，R_5 脉 5 条，基部多在中室顶角处合并，A 脉 1-2 条。后翅中室通常开式，A 脉 2 条；尾突有或无。

喜在日光下活动，飞翔迅速，行动活泼；常吸食花蜜或积水；有些种类喜吸食过熟果子汁液、流出的树汁或牛、马粪汁液。

世界性分布。世界已知 633 属 6500 余种，中国已知 139 属 600 余种，本书记述 26 属 31 种。

分亚科检索表

1. 前翅1或多条翅脉基部膨大 ·· 眼蝶亚科 Satyrinae
- 前翅翅脉基部不膨大 ··· 2
2. 前翅具短的3A脉 ·· 斑蝶亚科 Danainae
- 前翅无短的3A脉 ··· 3
3. 后翅肩脉与 Sc+R_1 脉同点分出 ·· 线蛱蝶亚科 Limenitinae
- 后翅肩脉从 Sc+R_1 脉基部分出 ··· 4
4. R_3 脉从 R_5 脉根部近中室处分出 ·· 螯蛱蝶亚科 Charaxinae
- R_3 脉从 R_5 脉中后部分出 ··· 5
5. 前后翅中室均为闭式 ·· 袖蛱蝶亚科 Heliconiinae
- 前后翅中室开式或仅1个翅室闭式或2个翅室被极细条纹而非翅脉纹所封闭 ································· 6
6. 后翅中室闭式 ·· 秀蛱蝶亚科 Pseudergolinae
- 后翅中室开式或被极细条纹而非翅脉所封闭 ··· 7
7. 前翅中室开式 ·· 闪蛱蝶亚科 Apaturinae
- 前翅中室闭式或被极细条纹而非翅脉所封闭 ··· 8
8. 前翅中室闭式 ·· 环蝶亚科 Amathusiinae
- 前翅中室被极细条纹而非翅脉所封闭 ·· 蛱蝶亚科 Nymphalinae

（四）斑蝶亚科 Danainae

斑蝶族 Danaini Boisduval，1833

10. 绢斑蝶属 *Parantica* Moore, 1880

Parantica Moore, 1880: 7. Type species: *Papilio aglea* Stoll, 1782.

属征：体中大型。翅黑褐色至红褐色；斑纹半透明。前翅顶角圆；中室端脉呈钝角凹入；Sc 与 R_1 脉分离；R_2、R_5 及 M_1 脉从中室顶角生出；R_3-R_5 脉基部合并；中室长约为前翅长的1/2强。后翅中室长约为后翅长的2/3；M_2-M_3 与 M_3-Cu_1 两横脉组成钝角；肩脉弯曲，有小肩室；雄性臀角区有黑色性标斑。

分布：古北区。世界已知39种，中国已知4种，本书记述1种。

（20）大绢斑蝶 *Parantica sita* (Kollar, 1844)

Danais sita Kollar, 1844: 424.
Parantica sita: Chou, 1994: 277.

体中大型，翅展 83.0-90.0 mm。翅斑纹青白色，半透明。前翅黑色至黑褐色；外缘及亚外缘各有1列斑点，外缘斑小，在顶角区消失，亚外缘斑大；亚顶区有5-6个大小、形状不一的斑纹，放射状排成1列；基生条纹3条，中室、cu_2 室及 2a 室各1条；m_3 室及 cu_2 室基半部各有2个不规则大斑；反面顶角区红褐色。后翅红棕色；外缘区及亚外缘区各有2列对斑，模糊；M_1-M_3 及 Cu_1 脉端部加黑加粗；基生条纹7条，其中中室及 cu_2 室2条基部合并；中室端部外侧放射状排列5个大小、形状不一的斑点；雄性 cu_2

室和 2a 室亚缘区的块状香鳞斑棕色；肩脉两侧各有 1 个斑纹；反面外缘区及亚外缘区对斑列清晰；雄性臀角香鳞斑黑色。

观察标本：重庆缙云山，850 m，生态照片，2021.Ⅵ.，罗新星。

分布：中国（重庆缙云山、河南、陕西、浙江、湖北、江西、湖南、福建、台湾、广东、海南、广西、四川、贵州、云南、西藏）；朝鲜，日本，阿富汗，巴基斯坦，克什米尔，印度，不丹，尼泊尔，孟加拉国，缅甸，越南，老挝，泰国，柬埔寨，菲律宾，马来西亚，印度尼西亚。

（五）螯蛱蝶亚科 Charaxinae

11. 螯蛱蝶属 *Charaxes* Ochsenheimer, 1816

Charaxes Ochsenheimer, 1816: 18. Type species: *Papilio jasius* Linnaeus, 1767.

属征：体中大型。前翅顶角尖；前缘强弓形；外缘中部凹入；中室短，闭式；R_3、R_4 脉在 R_5 脉近基部处分出。后翅 M_3 脉末端雄性有 1 个长齿突，雌性通常有 1 个尾突；Cu_2 脉多有 1 小齿突；中室被细端脉封闭。翅反面有波状细纹。

分布：古北区、澳洲区。世界已知 197 种，中国已知 4 种，本书记述 1 种。

（21）白带螯蛱蝶 *Charaxes bernardus* (Fabricius, 1793)

Papilio bernardus Fabricius, 1793: 71.
Charaxes bernardus: Chou, 1994: 419.

体大型，翅展 62-78 mm。翅正面橙褐色，反面棕褐色，缘线黑色。前翅顶角尖；外缘中部凹入；中斜带白色，宽或窄，外侧常有白或黄色斑列，内侧齿状；中横带外侧至翅外缘黑色；内侧至翅基部红褐或棕褐色；反面亚外缘带灰白色，顶角处加宽；亚缘斑列黑或褐色，时有模糊；中斜带白色，有黄褐色晕染；中室有数条黑色波纹；中室端斑灰白色。后翅正面亚缘带黑色，上宽下窄，下部带纹多分离成斑列，外缘齿状；中横带白色，下半部消失；后缘淡黄色；反面亚外缘斑列斑纹灰白色，外侧有黑色圆点相伴；亚缘带红褐色，中横带白色，与亚缘带相接。

观察标本：1 雄，重庆缙云山，850 m，2009.Ⅴ.9，冯波。

分布：中国（重庆缙云山、上海、安徽、浙江、江西、湖南、福建、广东、海南、香港、广西、四川、贵州、云南）；印度，缅甸，越南，老挝，泰国，斯里兰卡，菲律宾，马来西亚，新加坡，印度尼西亚，澳大利亚。

（六）闪蛱蝶亚科 Apaturinae

12. 脉蛱蝶属 *Hestina* Westwood, 1850

Hestina Westwood, 1850: 281. Type species: *Papilio assimilis* Linnaeus, 1758.

属征：体中大型。两翅中室开式。前翅中室短，约为翅长的 1/3 弱；R_5 与 M_1 脉分出于中室上顶角；R_1 脉从中室前缘端部分出；R_2 脉多与 R_5 脉共柄；R_3-R_5 脉共柄；M_2 脉分出于中室上端角下方附近。后翅中室长约为后翅长度的 1/2 弱；Rs、M_1 及 M_2 脉分出点较近，远离 Sc+R_1 脉的基部。

分布：古北区、东洋区。世界已知 9 种，中国已知 6 种，本书记述 1 种。

（22）黑脉蛱蝶 *Hestina assimilis* (Linnaeus, 1758)

Papilio assimilis Linnaeus, 1758: 479.
Hestina assimilis: Chou, 1994: 447.

体大型，翅展 70.0-90.0 mm。翅黑色至黑褐色；斑纹乳白色和红色。前翅端部有 3 排斑列；中室棒纹端部断开；中室外侧放射状排列 1 圈长短不一的条斑，条斑多中部断开。后翅正面外缘波状，后段微凹入；外缘斑列圆形；亚缘区上部圆斑 3 个，中后部红色圆斑 4-5 个，中间 2 个红斑内移，并有黑色眼点；从 sc+r_1 到 3a 室各室均有基生条斑；反面外缘斑列与亚外缘斑列近平行排列。

观察标本：1 雄，重庆缙云山，850 m，1980.Ⅶ.1，吴郁魂。

分布：中国（重庆缙云山、黑龙江、辽宁、北京、天津、河北、山西、山东、河南、陕西、甘肃、江苏、上海、安徽、浙江、湖北、江西、湖南、福建、台湾、广东、香港、广西、四川、贵州、云南、西藏）；朝鲜，日本。

（七）袖蛱蝶亚科 Heliconiinae

13. 珍蝶属 *Acraea* Fabricius, 1807

Acraea Fabricius, 1807: 284. Type species: *Papilio horta* Linnaeus, 1764.

属征：体小型。翅褐色或黄色，较脆弱；两翅及中室狭长，中室超过翅长度的 1/2，闭式；脉纹完整。前翅 R_1 脉从中室前缘末端分出；R_2 脉与 R_5 脉同柄；M_1 脉从中室顶角或其附近分出，与 M_2 脉基部远离；中室端脉端部弯曲。后翅 Rs 脉与 M_1 脉有短共柄，中室端脉直；肩脉向翅端部弯曲。

分布：世界广布。世界已知 142 种，中国已知 2 种，本书记述 1 种。

（23）苎麻珍蝶 *Acraea issoria* (Hübner, 1819)

Telchinia issoria Hübner, 1819: 27.
Acraea issoria: Chou, 1994: 595.

体中大型，翅展 60.0-70.0 mm。翅正面黄色，反面色稍淡；斑带灰褐色，翅脉明显；雌性个体较大，灰褐色脉纹及斑带加粗。前翅前缘区、外缘区和顶角区灰黑色；外缘斑列斑纹点状；亚顶区有长条带；中斜带从前缘中部斜向后缘臀角附近，波状，时有模糊或消失；中室中上部有条斑。后翅外缘带锯齿形，橙色，缘线黑色。

观察标本：1 雄，重庆缙云山，850 m，2009.Ⅴ.17，冯波；1 雌，重庆缙云山，850 m，2010.Ⅶ.15，熊赛。

分布：中国（重庆缙云山、吉林、河南、陕西、甘肃、安徽、浙江、湖北、江西、湖南、福建、台湾、广东、海南、广西、四川、贵州、云南、西藏）；印度，缅甸，越南，泰国，菲律宾，马来西亚，印度尼西亚。

豹蛱蝶族 Argynnini Swainson，1833

分属检索表

1. 雄性前翅正面臀脉及肘脉上均无性标 ································· 斐豹蛱蝶属 *Argyreus*
- 雄性前翅正面臀脉或肘脉上有性标 ··· 2
2. 后翅反面有数条银白色带纹交织成的网纹 ···························· 银豹蛱蝶属 *Childrena*
- 后翅反面不如上述 ··· 青豹蛱蝶属 *Damora*

14. 斐豹蛱蝶属 *Argyreus* Scopoli, 1777

Argyreus Scopoli, 1777: 431. Type species: *Papilio niphe* Linnaeus, 1767.

属征：体中型，雌雄异型。雌性前翅端半部黑色，外斜带白色；雄性无性标。前翅顶角外突；R_1与R_2脉从中室端部分出；R_3、R_4与R_5脉分出处接近；Cu_1与Cu_2脉起点远离；中室长约为前翅长的1/3强，中室端脉直。后翅M_1及M_2脉分出点和R_S脉分出点近而远离$Sc+R_1$脉；中室长约为后翅长的1/2；反面斑纹方或圆形，棕绿色。

分布：古北区、东洋区。世界已知1种，中国已知1种，本书记述1种。

（24）斐豹蛱蝶 *Argyreus hyperbius* (Linnaeus, 1763)

Papilio hyperbius Linnaeus, 1763: 408.
Argyreus hyperbius: Chou, 1994: 464.

体中型，翅展65.0-75.0 mm，雌雄异型，雄性无性标。两翅正面橙色，密布黑色豹纹；反面色稍淡。前翅正面外缘和亚外缘斑列斑纹错位排列；亚缘斑列斑纹大小不一；中横斑列"Z"形；中室有4个条斑；中室基部和cu_2室基部各有1个点斑；反面顶角区淡黄绿色；有2个赭绿色眼斑，瞳点白色。后翅正面外缘区黑色，镶有2列白色条斑；亚外缘斑列长于亚缘斑列；中横斑列中部斑纹"V"形外移；反面外缘带赭绿色；镶有黑色结节状线纹；赭绿色亚外缘斑列斑纹多相连；亚缘眼斑赭绿色；中横斑列有2列斑纹，赭绿色；翅基部赭绿色斑纹花瓣形排列，中部大斑有白色瞳点。雌性前翅正面从顶角至中室端脉和臀角区域覆有蓝紫色晕染，密布黑色圆形斑纹；顶角区散布有灰白色点斑；亚顶区斜带白色；外缘带黑色，镶有2列白色条斑；反面顶角区白色，密布赭绿色斑纹；中斜斑列黑色斑纹有2排；其内侧至基部橙红色或橙黄色。

观察标本：1雄，重庆缙云山，850 m，2006.Ⅶ.8，冯波。

分布：中国（重庆缙云山、黑龙江、吉林、辽宁、北京、天津、河北、山西、山东、河南、陕西、宁夏、甘肃、青海、新疆、江苏、上海、安徽、浙江、湖北、江西、湖南、福建、台湾、广东、海南、香港、广西、四川、贵州、云南、西藏）；朝鲜，日本，巴基斯坦，印度，尼泊尔，孟加拉国，缅甸，泰国，斯里兰卡，菲律宾，印度尼西亚，阿富汗。

15. 青豹蛱蝶属 *Damora* Nordmann, 1851

Damora Nordmann, 1851: 439. Type species: *Damora paulina* Nordmann, 1851.

属征：体大型，雌雄异型。雄性翅橙黄色，豹纹黑色，4 条性标分别位于 M_3、Cu_1、Cu_2 及 2A 脉上。雌性青灰色，斑纹黑白两色；后翅反面基部色淡，端部加黑。前翅 R_1 及 R_2 脉从中室端部分出，Cu_1 脉与 Cu_2 脉起点远离；中室长约为前翅长的 1/3 弱。后翅 M_1、M_2 脉和 Rs 脉分出点近而远离 $Sc+R_1$ 脉；顶角在 $Sc+R_1$ 脉端前形成；中室长约为后翅长的 1/3 强。

分布：古北区。世界已知 1 种，中国已知 1 种，本书记述 1 种。

（25）青豹蛱蝶 *Damora sagana* (Doubleday, 1847)

Argynnis sagana Doubleday, 1847: 21.
Damora sagana: Chou, 1994: 470.

体大型，翅展 75.0-80.0 mm，雌雄异型。雄性翅橙黄色，豹纹黑色；翅端部黑色斑列 3 排。前翅正面亚顶区前缘附近有 1 个三角形无斑区；中横斑列"Z"字形；中室端部排列有 2 个条斑八字形，中部有 1 个黑色圈纹；反面顶角区及翅端缘斑纹退化变小。后翅正面中横带飞燕形；反面亚缘区红褐色，镶有 1 列灰褐色眼斑；中斜带白色；基斜带赭绿色，至中室端部后变成 1 条红褐色细带纹。

雌性正面绿褐色，反面赭绿色；斑纹黑色和白色。前翅顶角区及亚顶区青黑色；顶角区有 1-3 个白色斑纹；亚顶区有 1 排白色斜斑列；亚外缘白色眼斑列未达顶角；中央 2 个白色条斑与后缘近平行排列；反面中后部大片灰黑色晕染；中室端部及端脉外侧有蓝灰色晕染。后翅正面外缘斑列、亚缘斑列及外横斑列黑褐色；亚外缘斑列斑纹三角形；白色中横带宽，外侧有蓝灰色晕染；反面赭绿色；基部及后缘区银灰色，有珠光；中域有白色近"Y"形斜带纹；外中域灰黑色，镶有 1 列白色点斑；亚外缘斑列灰白色，模糊。

观察标本：1 雌，重庆缙云山，850 m，1983.V.31，曾世勇。

分布：中国（重庆缙云山、黑龙江、吉林、辽宁、内蒙古、河北、河南、陕西、甘肃、江苏、安徽、浙江、湖北、江西、湖南、福建、广东、广西、四川、贵州）；俄罗斯（西伯利亚），蒙古国，朝鲜，日本，印度。

16. 银豹蛱蝶属 *Childrena* Hemming, 1943

Childrena Hemming, 1943: 30. Type species: *Argynnis childreni* Gray, 1831.

属征：体大型。翅正面有典型的豹纹，反面后翅赭绿色，密布银白色网状纹。前翅 R_1 及 R_2 脉从中室端部分出；Cu_1 脉与 Cu_2 脉起点远离；中室长约为前翅长的 2/5；中室端脉 M_1-M_2 段向中室凹入，M_2-M_3 段直。后翅 M_1 和 Rs 脉分出点近而远离 M_2 和 $Sc+R_1$

脉；$Sc+R_1$ 脉伸达翅外缘；中室长约为后翅长的 1/2 弱。

分布：古北区、东洋区。世界已知 2 种，中国已知 2 种，本书记述 1 种。

（26）银豹蛱蝶 *Childrena childreni* (Gray, 1831)

Argynnis childreni Gray, 1831: 33.
Childrena childreni: Chou, 1994: 471.

体大型，翅展 90.0-110.0 mm，雌雄异型。两翅正面橙色，密布黑色豹纹；外缘带黑色；亚外缘及亚缘各有 1 列近圆形斑纹。前翅正面亚顶区前缘有 1 三角形斑纹；中横斑列"Z"形；中室有 4 条黑色波状斑；雄性 Cu_1、Cu_2、2A 脉各有 1 条黑色性标；反面顶角区赭绿色，椭圆形白环两端断开；亚顶区淡黄色；雌性前翅正面顶角区有蓝灰色晕染，后翅正面端部蓝灰色区域宽。后翅正面翅端缘顶角区之外部分蓝灰色；中横斑列中部"V"形外突；中室端斑细条形或消失；反面赭绿色，密布银白色网状纹；亚缘眼斑列模糊；银白色外横带直；臀角有黑色晕染。

观察标本：1 雌，重庆缙云山，850 m，1979.Ⅶ.29，采集人不详。

分布：中国（重庆缙云山、辽宁、北京、河北、河南、陕西、甘肃、安徽、浙江、湖北、江西、湖南、福建、广东、广西、四川、贵州、云南、西藏）；印度，缅甸。

（八）线蛱蝶亚科 Limenitinae

分族检索表

1. 后翅肩脉从 $Sc+R_1$ 脉基部分出，前翅外缘短于后缘 ································ **翠蛱蝶族 Adoliadini**
- 后翅肩脉与 $Sc+R_1$ 脉从同一点分出，或前翅外缘长于后缘 ································ 2
2. 中室前翅闭式，后翅开式 ································ **线蛱蝶族 Limenitini**
- 不如上述 ································ **环蛱蝶族 Neptini**

翠蛱蝶族 Adoliadini Doubleday, 1845

17. 翠蛱蝶属 *Euthalia* Hübner, 1819

Euthalia Hübner, 1819: 41. Type species: *Papilio lubentina* Cramer, 1777.

属征：体中或大型，粗壮有力；雌雄异型，或呈多型性。多数雄性深褐色，后翅淡色边宽；雌性淡褐色，有白色斑，有些种类翠绿，有白色的斜带；两翅反面中室及其附近有 3-5 个黑色环状纹。前翅顶角有时略突出；中室闭式或开式；有的种类 Sc 脉与 R_1 脉雄性分离，雌性交叉；R_4 脉到达外缘。后翅无齿突或尾突；$Sc+R_1$ 脉到达外缘；肩脉从 $Sc+R_1$ 脉上生出，中室开式。

分布：东洋区。世界已知 70 种，中国已知 50 余种，本书记述 1 种。

（27）嘉翠蛱蝶 *Euthalia kardama* (Moore, 1859)

Adolias kardama Moore, 1859: 80.
Euthalia kardama: Chou, 1994: 495.

体大型，翅展 82.0-85.0 mm。翅正面绿褐色，反面灰绿色。前翅顶角区有 2 个白斑；亚外缘及亚缘区淡黄色，中间镶有 1 列灰黑色斑纹；白色中横斑列近"V"形；中室有 2 个黑色圈纹；cu_2 室基部圈纹圆形。后翅正面外横带灰绿色，外侧镶有灰黑色斑列，内侧镶有白色斑列；中室端斑黑褐色；反面外横带棕黄色；基部圈纹组成枝叶样图案。雌性较雄性个体大，色较深，斑纹更发达。

观察标本：1 雄，重庆缙云山，850 m，2021.Ⅶ.10，罗新星。

分布：中国（重庆缙云山、陕西、甘肃、安徽、浙江、湖北、江西、湖南、福建、四川、贵州、云南）。

线蛱蝶族 Limenitini Behr, 1864

18. 线蛱蝶属 *Limenitis* Fabricius, 1807

Limenitis Fabricius, 1807: 281. Type species: *Papilio populi* Linnaeus, 1758.

属征：体中型，粗壮。翅褐或黑褐色；两翅有白色中横带。前翅三角形，顶角圆；外缘略凹入；中室闭式，长约为前翅长的 2/5，中室端脉 M_1-M_2 向中室内凹入，M_2-M_3 段直；R_2 脉从中室上缘端部分出；R_3、R_4 与 R_5 脉共柄。后翅梨形，外缘波状，无尾突或突出；反面基部有很多黑色小点或数条线纹；中横带未达后缘；肩脉与 $Sc+R_1$ 脉同点分出，$Sc+R_1$ 脉伸达翅外缘，Rs 脉接近 M_1 脉而远离 $Sc+R_1$ 脉。

分布：古北区、东洋区、新北区。世界已知 18 种，中国已知 15 种，本书记述 1 种。

（28）残锷线蛱蝶 *Limenitis sulpitia* (Cramer, 1779)

Papilio sulpitia Cramer, 1779: 37.
Limenitis sulpitia: Chou, 1994: 510.

体中型，翅展 53.0-68.0 mm。翅正面黑褐色，反面红褐色；雌性斑带较雄性宽大。前翅正面外缘及亚外缘斑列模糊或不完整；顶角区白斑 3 个；中横斑列"V"形，m_3 室斑缩小；中室眉形斑端部 1/3 处有豁口；反面翅中后部有黑色晕染。后翅正面亚缘斑列及基横斑列白色；中横斑列黑褐色；反面外缘带黑褐色；亚外缘斑列斑纹条形，白色；银灰色带纹从基部伸向中横带端部，其上密布黑色点斑。

观察标本：1 雄，重庆缙云山，850 m，2006.Ⅶ.8，宋雅琴。

分布：中国（重庆缙云山、黑龙江、河南、陕西、安徽、浙江、湖北、江西、湖南、福建、台湾、广东、海南、香港、广西、四川、贵州、云南）；印度，缅甸，越南。

环蛱蝶族 Neptini Newman, 1870

19. 环蛱蝶属 *Neptis* Fabricius, 1807

Neptis Fabricius, 1807: 282. Type species: *Papilio aceris* Esper, 1783.

属征：体中型。翅正面黑褐色，反面色稍淡；斑纹白色或黄色；两翅中室均为开式，雄性性标位于前后翅贴合处。前翅长三角形；R_2 脉从中室分出，终止于 R_3 脉的起点之前。后翅 Sc+R$_1$ 脉短，仅达后翅的前缘。

分布：世界广布。世界已知 156 种，中国已知 50 余种，本书记述 1 种。

（29）珂环蛱蝶 *Neptis clinia* Moore, 1872

Neptis clinia Moore, 1872: 563.

体小型，翅展 55.0-57.0 mm。翅正面黑色至黑褐色，反面棕褐色；斑纹乳白色。前翅外缘、亚外缘及亚缘各有 1 列斑纹，亚外缘斑列较完整，其余斑列时有断续或模糊；外横斑列近 "V" 形，中间斑纹缺失；中室眉形纹端部上缘有断口。后翅正面亚缘斑列清晰；中横带从后缘伸达前缘；反面亚缘带及中横带宽，外缘带、亚外缘带及外横带窄；肩区基条长，其下方的亚基条短。

观察标本：1 雄，重庆缙云山，850 m，1979.Ⅷ.下旬。

分布：中国（重庆缙云山、陕西、甘肃、浙江、江西、湖南、福建、广东、海南、四川、贵州、云南、西藏）；印度，缅甸，越南，马来西亚。

（九）蛱蝶亚科 Nymphalinae

蛱蝶族 Nymphalini Rafinesque, 1815

分属检索表

1. 前翅后缘直；后翅外缘在 Rs 脉前不凹入 ·· 2
- 前翅后缘端半部凹入；后翅外缘在 Rs 脉前有凹入 ··· 3
2. 后翅 M$_3$ 脉在外缘突出或呈短尾 ·· **盛蛱蝶属 *Symbrenthia***
- 后翅 M$_3$ 脉在外缘无突出或尾突 ·· **红蛱蝶属 *Vanessa***
3. 翅黑色，有蓝色亚缘带 ··· **琉璃蛱蝶属 *Kaniska***
- 翅橙色，无蓝色亚缘带 ·· **钩蛱蝶属 *Polygonia***

20. 红蛱蝶属 *Vanessa* Fabricius, 1807

Vanessa Fabricius, 1807: 281. Type species: *Papilio atalanta* Linnaeus, 1758.

属征：体中型。翅橙色或红色，有黑斑；反面斑纹较模糊。前翅外缘 M$_1$ 脉处略突出；R$_3$-R$_5$ 共柄，并与 M$_1$ 从中室端部分出。后翅外缘弧形，微呈波状，无尖出或尾突；臀角尖。前后翅中室均闭式。

分布：世界广布。世界已知 20 种，中国已知 2 种，本书记述 1 种。

（30）大红蛱蝶 *Vanessa indica* (Herbst, 1794)

Papilio indica Herbst, 1794: 7, pl. 180.
Vanessa indica: Chou, 1994: 569.

体中型，翅展 48.0-56.0 mm。翅正面黑褐色。前翅顶角斜截；外缘在 M$_1$ 脉处突出成角状；顶角及亚顶区有 1 列近 "V" 形排列的斑纹，白色；基部深褐色；中域斜带宽，橙色，内侧镶有 3 个黑色斑纹；反面外缘区有 2 条淡黄色断续线纹；顶角区有茶褐色斑驳纹；中室端脉处有蓝色环状纹；后缘区棕褐色。后翅深褐色；外缘区红色，镶有 1 列黑色点斑列，内侧相连有 1 列黑色斑纹；臀角区和黑色翅脉的端部覆有紫色鳞片；反面密布棕褐色至黑褐色的云状斑纹；外缘及亚外缘各有 1 列黑褐色斑纹，并覆有淡蓝色和粉红色鳞片；亚缘区有 5 个较模糊的眼斑；顶角和后缘区覆有灰白色鳞片。

观察标本：1 雄，重庆缙云山，850 m，2007.VI.18，穆海亮。

分布：中国（重庆缙云山、黑龙江、吉林、辽宁、天津、河南、陕西、甘肃、安徽、江西、广东、四川、贵州）；亚洲，欧洲，非洲。

21. 琉璃蛱蝶属 *Kaniska* Moore, 1899

Kaniska Moore, 1899: 91. Type species: *Papilio canace* Linnaeus, 1763.

属征：体大中型。翅黑色，有宽的蓝色亚缘带；顶角斜截，外缘齿状，中部凹入。前翅 R_3-R_5 共柄，并共同与 M_1 从中室端部分出；M_2 脉离 M_1 脉较远。后翅外缘在 Rs 脉前凹入；Sc+R_1 脉强度弯曲；M_3 脉端部突出成短尾。前后翅中室均闭式。

分布：古北区、东洋区。世界已知 1 种，中国已知 1 种，本书记述 1 种。

（31）琉璃蛱蝶 *Kaniska canace* (Linnaeus, 1763)

Papilio canace Linnaeus, 1763: 406.
Kaniska canace: Chou, 1994: 570.

体中型，翅展 56.0-66.0 mm。两翅正面深蓝黑色；外缘锯齿形；外缘区和亚外缘区各有 1 条淡蓝色细线纹；反面色稍淡，树皮状斑驳纹由黑褐色、灰白色、茶褐色等多色组成；黑褐色中横带贯穿两翅，外侧锯齿形。前翅顶角斜截明显；外缘 M_1 脉及 Cu_2 脉端突出，中部弧形凹入；正面亚顶区近前缘处有 1 个白色斑纹；外中区有 1 条蓝色近"Y"形宽带；反面顶角区黄褐色。后翅顶角及臀角近"V"形凹入；外缘在 M_3 脉端突出成角状；蓝色外中带宽，外侧镶有 1 列黑色点斑列；反面中央有 1 个黄色三角形斑纹。

观察标本：1 雄，重庆缙云山，850 m，1983.V.31，李强。

分布：中国（重庆缙云山）。

22. 钩蛱蝶属 *Polygonia* Hübner, 1819

Polygonia Hübner, 1819: 36. Type species: *Papilio c-aureum* Linnaeus, 1758.

属征：体中型。两翅黄褐色，有黑色斑点；外缘锯齿状。前翅顶角截形；M_1 脉和 Cu_2 脉呈角状突出；后缘端部凹入。后翅 M_3 脉呈角状突出；臀角尖；反面中室内有 1 条"L"形或"C"形银白色纹。R_3-R_5 脉共柄，与 R_2、M_1 共同从中室端部伸出。中室前翅闭式，后翅开式，长约为该翅长度的 1/2。

分布：世界广布。世界已知 14 种，中国已知 5 种，本书记述 1 种。

（32）黄钩蛱蝶 *Polygonia c-aureum* (Linnaeus, 1758)

Papilio c-aureum Linnaeus, 1758: 477.
Polygonia c-aureum: Chou, 1994: 574.

体中型，翅展 48.0-60.0 mm。翅橙色；正面有黑色斑纹；外缘带黑褐色；黄色亚缘斑列后翅较前翅清晰；正面前翅后角和后翅外中域黑斑上有蓝色鳞片；反面橙色或褐色，密布褐色细线纹和斑驳云状纹；黑褐色波状中横带横贯两翅。前翅顶角斜截；外缘 M_1 脉和 Cu_2 脉呈角状突出；后缘端部弧形凹入；中室有 3 个黑褐色斑纹；前缘中室端脉外侧至亚顶区有 2 个斜斑；m_2、cu_1 室各有 1 个黑色斑纹，cu_2 室中部有 2 个黑色斑纹。后翅 M_3 脉端呈角状突出；顶角及臀角近"V"形凹入；正面基半部有 3-4 个黑斑；外中域有 2 个黑褐色"M"形斑纹，有时退化或消失；中室基部有 1 个黑色斑纹；反面中室内有 1 条"L"形或"C"形银白色斑纹。

观察标本：1 雄，重庆缙云山，850 m，2007.VI.18，李竹。

分布：中国（重庆缙云山、陕西、浙江、湖北、江西、湖南、福建、台湾、广东、广西、四川、贵州、云南）；俄罗斯，蒙古国，朝鲜，日本，越南。

23. 盛蛱蝶属 *Symbrenthia* Hübner, 1819

Symbrenthia Hübner, 1819: 43. Type species: *Symbrenthia hippocle* Hübner, 1819.

属征：体中小型。翅正面黑色或黑褐色；有橙黄色横带和斑纹；反面斑纹多变化。前翅正三角形，外缘与后缘一样长，平直；R_3-R_5 共柄，与 M_1 脉一起从中室端部分出；中室闭式。后翅外缘 M_3 脉处有 1 个尖的小尾突；中室开式。

分布：古北区、东洋区。世界已知 14 种，中国已知 8 种，本书记述 1 种。

（33）散纹盛蛱蝶 *Symbrenthia lilaea* (Hewitson, 1864)

Vanessa lilaea Hewitson, 1864b: 246.
Symbrenthia lilaea: Chou, 1994: 582.

体中小型，翅展 40.0-48.0 mm。两翅正面黑褐色；斑纹黄色；反面黄色；密布红褐色线纹和斑驳云状纹。前翅顶角有橙色小斜斑；亚顶区斑纹和臀角附近斑纹近倒"V"形排列；中室棒纹端部断开，并向中室外延伸；反面黑褐色斜带从后缘中部伸达亚顶区。后翅外缘 M_3 脉处有 1 个尖的小尾突；正面外缘带细；中横带与外横带近平行排列；肩区黄色；反面基横带黑褐色；外横带模糊；中斜带细；尾突基部有 1 条蓝灰色鳞粉斑。

观察标本：1 雌，重庆缙云山，850 m，2021.VII.10，罗新星。

分布：中国（重庆缙云山、陕西、浙江、湖北、江西、湖南、福建、台湾、广东、广西、四川、贵州、云南）；印度，越南，菲律宾，印度尼西亚。

眼蛱蝶族 Junoniini Reuter, 1896

24. 眼蛱蝶属 *Junonia* Hübner, 1819

Junonia Hübner, 1819: 34. Type species: *Papilio lavinia* Cramer, 1775.

属征：体中型。翅正面多鲜艳的颜色；有眼状斑。有的种类有季节型，旱季型的翅边缘突出明显，反面色暗，呈枯叶状；雨季型的翅面眼状纹明显。前翅 R_2 脉从中室之前分出；R_3-R_5 共柄，和 M_1 同时从中室的顶端分出；外缘 M_1 脉和 Cu_2 脉微突出，中间凹入。后翅无尾突，但臀角瓣状突出。前后翅中室均开式。

分布：东洋区。世界已知 24 种，中国已知 6 种，本书记述 2 种。

（34）翠蓝眼蛱蝶 *Junonia orithya* (Linnaeus, 1758)

Papilio orithya Linnaeus, 1758: 473.
Junonia orithya: Chou, 1994: 578.

体中型，翅展 48.0-53.0 mm，雌雄异型。雌性个体较大，颜色较淡；眼状斑比雄性大而醒目。两翅基部藏青色至青褐色。前翅外缘线淡黄色，模糊；亚外缘条斑列淡黄色；M_1 脉端部微突出，使顶角斜截；亚顶区有 1 个白色或淡黄色"V"形带纹，开口于前缘，并与亚缘区 2 个黑色眼斑（在 m_1 和 cu_1 室）相互套叠；眼点蓝色，圈纹橙色；中室端半部有 2 个橙色条斑；反面棕黄色至棕灰色；中域有黑色波状斜带纹。后翅端缘黑褐色，镶有 3 条淡黄色条斑列；其余翅面青蓝色；亚缘区中部有 2 个橙色大眼斑，眼点及圈纹黑色；反面棕黄色至棕灰色；密布褐色波状纹；外斜带黑褐色或红褐色。

观察标本：1 雄，重庆缙云山，850 m，2004.Ⅵ.17。

分布：中国（重庆缙云山、河南、陕西、甘肃、安徽、浙江、湖北、江西、湖南、台湾、广东、香港、广西、四川、贵州、云南）；日本，印度，不丹，尼泊尔，缅甸，越南，老挝，泰国，柬埔寨，斯里兰卡，菲律宾，马来西亚，印度尼西亚，澳大利亚。

（35）钩翅眼蛱蝶 *Junonia iphita* (Cramer, 1779)

Papilio iphita Cramer, 1779: 30.
Junonia iphita: Chou, 1994: 580.

体大型，翅展 55.0-60.0 mm。翅正面棕褐色至赭黄色，反面色稍深，有蓝紫色光泽；两翅外缘波状；端缘有 3 条黑褐色波状纹。前翅顶角斜截明显；Cu_2 脉端部呈角状突出；亚顶区近前缘处有 1 个白色小点斑；中横带近"V"形弯曲；中室端半部有 4 条黑褐色波状纹；亚缘区眼斑列模糊不清；反面基半部有 3 条灰褐色横带纹；中室端脉外侧有 1 个长方形斑纹；亚缘眼斑列眼点白色。后翅臀角指状突出；亚缘眼斑列清晰；黑褐色中横带从前缘中部直达臀角；基部有近"C"形带纹。

观察标本：1 雄，重庆缙云山，850 m，2007.Ⅶ.14，冯波。

分布：中国（重庆缙云山、陕西、江苏、浙江、江西、台湾、广东、海南、广西、四川、贵州、云南、西藏）；印度，不丹，尼泊尔，孟加拉国，缅甸，越南，泰国，斯里兰卡，印度尼西亚。

（十）秀蛱蝶亚科 Pseudergolinae

25. 秀蛱蝶属 *Pseudergolis* C. et R. Felder, 1867

Pseudergolis C. et R. Felder, 1867: 404. Type species: *Pseudergolis avesta* C. et R. Felder, 1867.

属征：体中型。翅红褐色；有黑色波状横带纹；两翅中室闭式。前翅 Sc 脉基部不膨大；外缘在 M_1 脉与 M_2 脉处明显外突；R_2 脉从中室前缘端部分出；R_3-R_5 脉共柄；R_5 脉与 M_2 脉均从中室上角分出；中室端脉 M_1-M_2 段向中室凹入。后翅外缘波状。

分布：古北区、东洋区。世界已知 2 种，中国已知 1 种，本书记述 1 种。

（36）秀蛱蝶 *Pseudergolis wedah* (Kollar, 1848)

Ariadne wedah Kollar, 1848: 437.
Pseudergolis wedah: Chou, 1994: 455.

体中型，翅展 50.0-56.0 mm。翅正面红褐色，反面棕褐色，斑纹黑色；端半部有 3 条黑褐色波状细带纹；亚缘斑列弧形排列，斑纹点状；中室端部及中部各有 2 条细线纹。前翅外缘在 M_1-M_2 脉处外突；反面顶角区灰白色。后翅外缘波状；sc+r_1 室基部有 1 个条斑。

观察标本：1 雄，重庆缙云山，850 m，2007.X.21，李竹。

分布：中国（重庆缙云山、陕西、甘肃、湖北、湖南、四川、贵州、云南、西藏）；克什米尔，印度，喜马拉雅地区，缅甸，老挝。

26. 电蛱蝶属 *Dichorragia* Butler, 1869

Dichorragia Butler, 1869: 614. Type species: *Adolias nesimachus* Boisduval, 1836.

属征：体中型。两翅方阔；黑褐色，反面色稍淡；外缘波状；端缘有"V"形斑纹。前翅外缘中部微凹入；R_2 脉从中室前缘端部分出；R_3-R_5 脉共柄；R_5 与 M_1 脉从中室上顶角生出；中室半开式（M_1-M_2 横脉呈凹弧形，M_2-M_3 横脉消失）。后翅臀角明显，中室闭式。

分布：东洋区。世界已知 3 种，中国已知 2 种，本书记述 1 种。

（37）电蛱蝶 *Dichorragia nesimachus* (Doyère, 1840)

Adolias nesimachus Doyère, 1840: 139.
Dichorragia nesimachus: Chou, 1994: 456-457.

体中型，翅展 65.0-70.0 mm。翅正面黑绿色；反面黑褐色；斑纹多白色。前翅外缘斑列斑纹点状或三角形；亚外缘及亚缘区有 1 列重叠的"V"形斑纹；亚顶区近前缘有 4 个条斑；中室下部至外中区下部散布大小不一的点斑，白色，有蓝紫色闪光；中室端部和中部各有 1 个蓝紫色条斑；反面斑纹较正面清晰。后翅正面外缘斑半月形；亚外缘有 1 列"V"形斑纹；外中区有 1 列窄眼斑，眼斑内侧有淡蓝色斑纹相伴，时有模糊；中室端部 3 个斑纹蓝色，模糊；反面 sc+r_1 室基部有 1 个蓝色斑纹。

观察标本：1 雄，重庆缙云山，850 m，2011.IV.24，班春晓。

分布：中国（重庆缙云山、陕西、甘肃、安徽、浙江、江西、湖南、福建、台湾、广东、海南、香港、四川、贵州、云南）；朝鲜，日本，印度（锡金），不丹，缅甸，越南，马来西亚。

（十一）环蝶亚科 Amathusiinae

27. 箭环蝶属 *Stichophthalma* C. et R. Felder, 1862

Stichophthalma C. et R. Felder, 1862: 27. Type species: *Thaumantis howqua* Westwood, 1851.

属征：翅阔圆；黄褐色或红褐色；沿外缘有成列的黑色箭状纹；反面有黑色和淡色的波状横带；亚缘有成列的眼状斑。前翅 Sc 脉及 R_1 脉长，平行；R_2 脉与 R_3 脉合并；R_4 脉与 R_5 脉分叉很小；M_1 脉与 M_2 脉基部接近。后翅 $Sc+R_1$ 短，只到前缘的中间。雄性后翅正面 Rs 脉基部有性标，中室基部有毛束。

分布：古北区、东洋区。世界已知 10 种，中国已知 8 种，本书记述 1 种。

（38）华西箭环蝶 *Stichophthalma suffusa* Leech, 1892

Stichophthalma suffusa Leech, 1892: 114.

体大型，翅展 100.0-110.0 mm。翅形圆阔；橙黄色至橙红色；反面基半部橙色，端半部淡黄色；端缘有 2 列波状黑线纹；外中域有 1 列圆形眼斑，内侧与黑灰色宽带相连；中横线及基横线波状，黑色。前翅正面顶角黑褐色，端缘有 1 列黑色箭头形斑纹；反面中室端斑"S"形，基部斑纹"U"形。后翅正面端缘有 1 列相连的粗大箭头形斑纹；近臀角区的黑色斑纹融合成大块斑，不呈箭头形；反面臀角有黑色斑纹和蓝色晕染。

观察标本：1 雄，重庆缙云山，850 m，2015.Ⅶ.7，李竹。

分布：中国（重庆缙云山、湖北、江西、湖南、福建、台湾、广东、海南、广西、四川、贵州、云南）；越南。

（十二）眼蝶亚科 Satyrinae

分族检索表

1. 前翅顶角斜截；外缘 M_2 脉端部钩状突出 ················ 暮眼蝶族 Melanitini
- 前翅顶角非斜截；外缘 M_2 脉端部不呈钩状突出 ················ 2
2. 复眼有毛，如无毛则前翅脉纹基部不膨大 ················ 锯眼蝶族 Elymniini
- 复眼无毛，前翅有 1-3 条脉纹基部膨大 ················ 眼蝶族 Satyrini

暮眼蝶族 Melanitini Reuter, 1896

28. 暮眼蝶属 *Melanitis* Fabricius, 1807

Melanitis Fabricius, 1807: 282. Type species: *Papilio leda* Linnaeus, 1758.

属征：体大型。有湿季型与旱季型之分，旱季型个体较大，翅外缘突出及后翅的枯叶斑较明显。前翅外缘 M_2 脉端部钩状突出；脉纹基部不膨大；中室闭式，约为翅长的 1/2；Sc 脉长于中室；R_1、R_2 脉由中室前缘分出。后翅外缘 M_3 脉端部角状外突；Cu_2 脉处多突出；Sc+R$_1$ 脉长于中室，接近顶角；中室闭式，约为翅长的 1/2。

分布：世界广布。世界已知 12 种，中国已知 3 种，本书记述 1 种。

（39）睇暮眼蝶 *Melanitis phedima* (Cramer, 1780)

Papilio phedima Cramer, 1780: 8.
Melanitis phedima: Chou, 1994: 320.

体中大型，翅展 68.0-72.0 mm。翅棕褐色或黑褐色，反面色稍淡，密布褐色细纹。前翅 M$_2$ 脉处钩状外突；正面亚顶区黑色眼斑有或无；反面顶角区 2 个眼斑小；亚缘中部眼斑时有断续或消失；外斜带、中斜带及基斜带有或消失。后翅外缘 M$_3$ 脉及 Cu$_2$ 脉处各有 1 个小尾突；端缘眼斑列正面多有消失，反面清晰；反面中横带有弧形。季节型，翅反面的颜色和斑纹因季节变化极大，夏型浅黄色，满布灰褐色细横纹，眼状纹明显；秋型色深，为枯叶色，眼状纹退化甚至消失。

观察标本：1 雄，重庆缙云山，850 m，2007.X.21，穆海亮。

分布：中国（重庆缙云山、陕西、湖北、江西、湖南、福建、台湾、广东、海南、广西、贵州、云南、西藏）；印度，缅甸，越南，泰国。

锯眼蝶族 Elymniini Herrich-Schaeffer, 1864

分亚族检索表

1. 前翅脉纹基部不加粗或膨大；眼光滑 ·· **帻眼蝶亚族 Zetherina**
- 前翅脉纹基部加粗或膨大；眼常有毛 ··· 2
2. 前翅 3 条主脉基部均膨大 ·· **眉眼蝶亚族 Mycalesina**
- 前翅只 Sc 脉基部加粗或膨大 ·· **黛眼蝶亚族 Lethina**

黛眼蝶亚族 Lethina Reuter, 1896

29. 黛眼蝶属 *Lethe* Hübner, 1819

Lethe Hübner, 1819: 56. Type species: *Papilio europa* Fabricius, 1775.

属征：体中大型。翅多褐色或红褐色；后翅反面多有亚缘眼斑列。前翅脉纹基部较粗，除有些种类 Sc 脉基部略膨大外，一般不膨大；R$_1$、R$_2$ 脉与 M$_1$ 脉自中室上端角附近分出，R$_3$-R$_5$ 脉共长柄，从中室上端角生出。后翅 M$_3$ 脉与 Cu$_1$ 脉从中室下端角同点生出；M$_3$ 脉基部弧形弯曲，端缘角状突出；肩脉短；Sc+R$_1$ 脉长于中室，末端远离顶角；Cu$_1$ 脉分支点极接近中室下端角顶点。雄性反面前翅后缘与后翅正面前缘有镜区；A 脉中部有发香鳞。

分布：古北区、东洋区。世界已知 119 种，中国已知 56 种，本书记述 4 种。

分种检索表

1. 后翅外缘圆形或波状，M$_3$ 脉端不突出 ······································ **玉带黛眼蝶 *L. verma***
- 后翅外缘 M$_3$ 脉末端形成尾突 ··· 2

2. 前翅反面无从前缘至臀角的淡色斑列···连纹黛眼蝶 *L. syrcis*
- 前翅反面有从前缘至臀角的淡色斑列···3
3. 后翅反面有黄色外横斑列··曲纹黛眼蝶 *L. chandica*
- 后翅反面无黄色外横斑列··泰妲黛眼蝶 *L. titania*

（40）曲纹黛眼蝶 *Lethe chandica* (Moore, 1858)

Debis chandica Moore, 1858: 219.
Lethe chandica: Chou, 1994: 329.

体中型，翅展 55.0-60.0 mm，雌雄异型。雄性两翅正面黑褐色；反面棕褐色；斑纹多白色或黑色。前翅正面无斑；顶角区及外缘区棕褐色；反面亚外缘线波形；亚外缘区、亚缘区及亚顶区棕灰色；亚缘眼斑列眼斑瞳点黑色；外斜线及基斜线红褐色；中室端线及中部线纹红褐色。后翅外缘锯齿形，M_3 脉端形成角状尖尾突；正面外缘带棕色；亚缘斑列黑色；反面亚外缘带灰白色；亚缘眼斑列黑色；黄色外横斑列未达前后缘；外横线及基横线红褐色；外横线中部近"V"形外突，与外横斑列重叠。雌性两翅正面红棕色；反面棕灰色。前翅正面顶半部黑褐色；顶角区有 1 个白色斑纹；亚外缘带褐色；亚缘区棕色，亚缘眼斑列模糊；白色中斜带下端部蝴蝶结形，未达臀角；基横线红褐色。

观察标本：1 雄，重庆缙云山，850 m，2007.Ⅵ.9，田立超；1 雌，重庆缙云山，850 m，2021.Ⅶ.10，罗新星。

分布：中国（重庆缙云山、陕西、甘肃、安徽、浙江、江西、福建、台湾、广东、海南、广西、四川、贵州、云南、西藏）；印度，孟加拉国，缅甸，越南，老挝，泰国，菲律宾，马来西亚，新加坡，印度尼西亚。

（41）玉带黛眼蝶 *Lethe verma* (Kollar, 1844)

Satyrus verma Kollar, 1844: 447.
Lethe verma: Chou, 1994: 332.

体中型，翅展 52.0-58.0 mm。两翅正面黑褐色，反面色稍淡；外缘线及亚外缘线平行，白色或紫灰色。前翅正面白色中斜带宽而清晰，从前缘中部伸向臀角上方；反面顶角区亚前缘斑白色；亚缘上部有 2 个黑色眼斑；中室中部线纹棕色。后翅正面亚缘眼斑列模糊；反面黑色亚缘眼斑列清晰；中横带两侧缘线曲波形。

观察标本：1 雌，重庆缙云山，850 m，2009.Ⅳ.18，田立超。

分布：中国（重庆缙云山、浙江、湖北、江西、湖南、福建、台湾、广东、海南、广西、四川、贵州、云南、西藏）；印度，不丹，缅甸，越南，老挝，泰国，马来西亚。

（42）连纹黛眼蝶 *Lethe syrcis* (Hewitson, 1863)

Debis syrcis Hewitson, 1863: 77.
Lethe syrcis: Chou, 1994: 338.

体中型，翅展 64.0-68.0 mm。两翅正面棕褐色；反面灰黄色；亚外缘带宽，黑褐色；中室端脉褐色。前翅正面外横带细，深褐色；反面基斜线淡褐色；亚缘区淡黄色。后翅 M_3 脉端部角状突出；正面外缘带黑褐色，镶有 2 条乳白色线纹；亚外缘带黑褐色；亚缘 4 个圆斑黑褐色，圈纹黄色；外横线及基横线褐色，两线在臀角附近相接，外横线中部"V"形外突；反面外缘带乳白色，镶有黑色线纹；亚缘眼斑列黑色，中部眼斑有时退化，瞳点白色，下端眼斑双瞳。

观察标本：1 雄，重庆缙云山，850 m，2010.Ⅵ.9，田立超。

分布：中国（重庆缙云山、黑龙江、河南、陕西、甘肃、安徽、浙江、湖北、江西、福建、广东、广西、四川、贵州）；越南。

（43）泰妲黛眼蝶 *Lethe titania* Leech, 1891

Lethe titania Leech, 1891: 67.

体中型，翅展 58.0-62.0 mm。两翅正面棕褐色；反面淡棕色或棕红色。前翅正面亚外缘带黑褐色；亚缘眼斑列模糊；外斜带棕黄色，内侧伴有褐色带纹；反面亚外缘线污白色；亚缘带棕色，镶有 1 列眼点白色的眼斑，外侧有污白色圈纹；外斜带深褐色，端部外侧有污白色带纹相伴；中室端斑条形，污白色。后翅外缘锯齿形，M_3 脉端角状突小；正面端缘黑褐色；外缘有 2 条淡黄色线纹；亚缘眼斑列黑褐色，但 m_3 室眼斑白色；反面亚缘眼斑列黑色，瞳点白色，外侧伴有 3 色圈纹；中斜带宽，污白色，两侧有黑褐线，外侧缘带中部角状外凸；中室端斑条形，红褐色。

观察标本：1 雄，重庆缙云山，850 m，2010.Ⅶ.15，任杰群。

分布：中国（重庆缙云山、湖北、江西、湖南、广东、四川）。

30. 荫眼蝶属 *Neope* Moore, 1866

Neope Moore, 1866: 770. Type species: *Lasiommata bhadra* Moore, 1857.

属征：与黛眼蝶属 *Lethe* 近似，复眼有毛。前翅 Sc 脉基部粗壮，膨大不明显；中室约为翅长的 1/2；Sc 脉长于中室；R_1、R_2 脉由中室前缘分出；M_1 脉与 Rs 脉分出点接近；M_3 脉直。后翅反面 $sc+r_1$ 室也有 1 个眼斑，但位置偏外，不与 rs 室至 cu_2 室 6 个眼斑在同一弧线上；翅正面的眼斑为凤眼型；$Sc+R_1$ 脉及 Rs 很长；M_3 脉强弯。

分布：古北区。世界已知 19 种，中国已知 18 种，本书记述 2 种。

（44）蒙链荫眼蝶 *Neope muirheadii* (C. et R. Felder, 1862)

Lasiommata muirheadii C. *et* R. Felder, 1862: 28.
Neope muirheadii: Chou, 1994: 349.

体中大型，翅展 64.0-66.0 mm。两翅正面褐色至黑褐色；亚缘眼斑有或无；反面棕色，密布灰白色鳞粉；外缘及亚外缘线褐色至黑褐色，波状；亚缘眼斑列黑色，瞳点白色，外侧有灰白色带纹相伴；白色外横带贯穿前后翅，内侧缘带深褐色。前翅顶角及亚顶区的亚前缘斑灰白色；反面中室中部有 4 个相连的小圈纹，两侧各有 1 条弯曲的细纹。后翅外缘微波曲，M_3 脉端向外角状突出不明显；反面褐色基横带细，波状；基部有 3

个褐色小环斑。

观察标本：1雄，重庆缙云山，850 m，2008.Ⅴ.18，时书青；1雌，重庆缙云山，850 m，2010.Ⅴ.9，时书青。

分布：中国（重庆缙云山、河南、陕西、甘肃、江苏、上海、安徽、浙江、湖北、江西、湖南、福建、台湾、广东、海南、香港、广西、四川、贵州、云南）；印度，缅甸，越南，老挝。

（45）布莱荫眼蝶 *Neope bremeri* (C. *et* R. Felder, 1862)

Lasiommata bremeri C. *et* R. Felder, 1862: 28.
Neope bremeri: Chou, 1994: 347.

体中型，翅展69.0-73.0 mm。两翅正面黑褐色，反面色稍淡；斑纹黄色，眼斑黑色。具高温型和低温型。高温型体较大；翅色较淡，斑纹清晰。两翅反面多棕黄色。前翅脉纹同底色，不明显；雄性正面中室下方暗色性标显著；反面亚缘眼斑圆形，有黄色圈纹，瞳点白色，外侧有白色缘带；褐色中横带波曲形，外侧缘带白色。后翅反面斑纹清晰；基部有3个褐色圆斑。低温型体色深，斑纹复杂；雄性前翅正面中室有黄色端斑。

观察标本：1（尾部缺失），重庆缙云山，850 m，1980.Ⅶ.3，章念。

分布：中国（重庆缙云山、陕西、甘肃、安徽、浙江、湖北、江西、湖南、福建、台湾、广东、海南、广西、四川、贵州、云南、西藏）；印度，不丹，尼泊尔，缅甸，越南。

眉眼蝶亚族 Mycalesina Miller, 1968

31. 眉眼蝶属 *Mycalesis* Hübner, 1818

Mycalesis Hübner, 1818: 17. Type species: *Papilio francisca* Stoll, 1780.

属征：体中型或中小型。雄性后翅正面中室上方有毛簇，与前翅反面后缘的毛撮区相贴合。两翅中室闭式，长约为翅长的1/2。前翅Sc脉、中室后缘脉、2A脉基部囊状膨大；R_1、R_2脉由中室前缘分出；Sc脉长于中室；中室端脉下段凹入。后翅肩脉较长；$Sc+R_1$脉短，略长于中室；M_3与Cu_1脉共柄极短；M_3脉强弯。具明显的季节型，旱季时前翅正面眼斑较大，反面颜色变淡。

分布：古北区、东洋区、澳洲区。世界已知97种，中国已知12种，本书记述1种。

（46）僧袈眉眼蝶 *Mycalesis sangaica* Butler, 1877

Mycalesis sangaica Butler, 1877b: 95.

体中小型，翅展41.0-50.0 mm。两翅正面黑褐色或褐色；反面棕褐色，密布深褐色细线纹；白色外横带贯穿两翅，泛有紫色调。前翅正面亚缘cu_1室有1个黑色大眼斑；反面亚缘眼斑时有断续，大小不一。后翅正面亚缘眼斑列时有模糊或消失；反面亚缘有6-7个大小不一的眼斑，其中cu_1室眼斑最大；雄性后翅正面前缘基部毛簇黑黄2色，2A脉基半部另有1条毛簇。

观察标本：1雄，重庆缙云山，850 m，2009.Ⅴ.9，冯波；1雄，重庆缙云山，850 m，

1983.Ⅴ.31，采集人不详。

分布：中国（重庆缙云山、甘肃、上海、安徽、浙江、湖北、江西、湖南、福建、台湾、广东、海南、广西、云南、四川、贵州）；缅甸，越南，老挝，泰国。

帻眼蝶亚族 Zetherina Reuter, 1896

32. 斑眼蝶属 *Penthema* Doubleday, 1848

Penthema Doubleday, 1848: pl. 39. Type species: *Diadema lisarda* Doubleday, 1845.

属征：体大型，拟似斑蝶科的种类，有的有紫色闪光；翅面无眼斑。前翅 Sc 脉基部无明显膨大；中室不及翅长 1/2；R_1、R_2 脉由中室前缘分出。后翅肩脉短；$Sc+R_1$ 脉末端接近顶角；M_3 脉基部强弯；Cu_1 脉由中室后角极接近 M_3 脉基部处分出。

分布：东洋区。世界已知 5 种，中国已知 3 种，本书记述 1 种。

（47）白斑眼蝶 *Penthema adelma* (C. et R. Felder, 1862)

Paraplesia adelma C. et R. Felder, 1862: 26.
Penthema adelma: Chou, 1994: 368.

体中型，翅展 85-95 mm。两翅正面黑褐色至褐色；反面色稍淡；斑纹白色至乳白色；翅斑纹正反面基本一致。前翅亚外缘斑列斑纹点状、三角形或"V"形；亚缘斑列未达后缘；中斜斑列近"Y"形，下部斑纹长条形。后翅外缘有月牙形白斑；亚缘斑列斑纹三角形或"V"形，自顶角到臀角斑纹逐渐缩小，且由清晰渐模糊；亚缘点斑列完整或退化消失；反面中横斑列斑纹较模糊。

观察标本：1 雄，重庆缙云山，850 m，2006.Ⅶ.8，冯波。

分布：中国（重庆缙云山、陕西、甘肃、安徽、浙江、湖北、江西、湖南、福建、台湾、广东、广西、四川、贵州）。

眼蝶族 Satyrini Boisduval, 1833

分亚族检索表

1. 前翅黑白斑纹相间；眼斑退化，只见于后翅反面 ·················· 白眼蝶亚族 Melanargiina
- 不如上述 ·· 2
2. 两翅反面密布波状细纹 ··· 矍眼蝶亚族 Ypthimina
- 两翅反面不如上述 ··· 古眼蝶亚族 Palaeonymphina

白眼蝶亚族 Melanargiina Verity, 1920

33. 白眼蝶属 *Melanargia* Meigen, 1828

Melanargia Meigen, 1828: 97. Type species: *Papilio galathea* Linnaeus, 1758.

属征：体中型。前翅近三角形，狭长；后翅近梨形。前翅 Sc 脉长于中室，基部囊状膨大；中室约为翅长的 1/2，中室内具短回脉；R_1、R_2 脉由中室前缘分出；M_3 脉微弧形。后翅肩脉向外侧强弯；中室闭式；Sc+R$_1$ 脉与中室基本等长，不达顶角；M$_3$ 脉近基部微弯；cu$_2$ 室内具 1 条游离伪脉。

分布：古北区、旧热带区。世界已知 25 种，中国已知 9 种，本书记述 1 种。

（48）亚洲白眼蝶 *Melanargia asiatica* (Oberthür *et* Houlbert, 1922)

Halimede asiatica Oberthür *et* Houlbert, 1922: 192.
Melanargia asiatica: Chou, 1994: 379.

体中型，翅展 50-60 mm。两翅白色；斑纹及翅脉黑色或黑褐色，斑纹较退化，带纹变窄。反面外缘线及亚外缘线平行。前翅顶角区、前缘带、外缘带及后缘带黑色或黑褐色；顶角区有 3-4 个白色斑纹；亚顶区斜带及中斜带曲波形，中斜带较窄，仅达 Cu$_1$ 脉；反面斑纹退化变窄。后翅正面亚缘带外缘锯齿状，镶有模糊不清的眼斑列，中上部带纹消失；中室端上角有细线纹，下方无线纹；反面臀域亚缘眼斑较清晰。

观察标本：1 雄，重庆缙云山，850 m，1984.Ⅷ.16，陈斌。

分布：中国（重庆缙云山、吉林、天津、河南、陕西、甘肃、湖北、四川、贵州、云南）。

矍眼蝶亚族 Ypthimina Boisduval, 1833

34. 矍眼蝶属 *Ypthima* Hübner, 1818

Ypthima Hübner, 1818: 17. Type species: *Ypthima huebneri* Kirby, 1871.

属征：体中小型，翅褐色至黑褐色。前翅亚顶区有 1 个双瞳大眼斑。前翅 Sc 脉、中室后缘脉基部囊状膨大极明显；2A 脉基部略膨大；中室略长于前翅长的 1/2；Sc 脉长于中室；R$_2$-R$_5$ 脉共柄，柄较长；M$_3$ 脉弧形弯曲。后翅肩脉短；中室闭式，长约为后翅长的 2/3；Sc+R$_1$ 脉长；M$_3$ 脉短，微弯曲。

分布：世界广布。世界已知 147 种，中国已知 60 余种，本书记述 1 种。

（49）矍眼蝶 *Ypthima baldus* (Fabricius, 1775)

Papilio baldus Fabricius, 1775: 829.
Ypthima baldus: Moore, 1878: 825.

体中小型，翅展 33.0-38.0 mm。两翅正面黑褐色或褐色；反面黑色至棕褐色；翅面密布灰白色波纹；外缘带色深。前翅亚顶区中部眼斑大，双瞳蓝紫色，眶纹橙色，环绕眼斑的淡色波纹区"V"形。后翅正面亚缘区 m$_3$ 和 cu$_1$ 室各有 1 个眼斑；反面亚缘眼斑列 6 个眼斑两两结合分成 3 组；中域 2 条平行的暗色横带有或无。低温型后翅反面眼斑小，时有消失。

观察标本：1 雌，重庆缙云山，850 m，2021.Ⅶ.10，罗新星。

分布：中国（重庆缙云山、黑龙江、吉林、辽宁、天津、山西、河南、陕西、甘肃、青海、安徽、浙江、湖北、江西、湖南、福建、台湾、广东、海南、香港、广西、四川、贵州、云南、西藏）；巴基斯坦，印度，不丹，尼泊尔，缅甸，马来西亚。

古眼蝶亚族 Palaeonymphina

35. 艳眼蝶属 *Callerebia* Butler, 1867

Callerebia Butler, 1867: 217. Type species: *Erebia scanda* Kollar, 1844.

属征：体中大型。两翅 M_3 脉略弯曲；中室闭式。前翅亚顶区有双瞳大眼斑，眶纹橙红色。前翅 Sc 脉基部囊状膨大，比中室稍长；中室约为前翅长的 1/2；中室后缘脉基部粗壮；R_1、R_2 脉由中室前缘脉分出。后翅肩脉向外侧弯曲；$Sc+R_1$ 脉长，接近顶角；Cu_1 脉分支点远离 M_3 脉；眼斑多退化；反面密布细波纹。

分布：古北区、东洋区。世界已知 12 种，中国已知 5 种，本书记述 1 种。

（50）大艳眼蝶 *Callerebia suroia* Tytler, 1914

Callerebia suroia Tytler, 1914: 218.

体中型，翅展 60.0-65.0 mm。两翅正面黑褐色；外缘区及反面色稍淡。前翅顶角区有 1 个椭圆形黑色眼斑，向内倾斜，双瞳蓝白色，橙黄色框纹宽，边界弥散状，下端角状外突；反面顶角及外缘区密布灰白色麻点纹；眼斑外围多有黑褐色 "V" 形纹。后翅正面亚缘 cu_1 室有 1 个黑色圆形小眼斑，眶纹橙色，瞳点灰白色；反面翅面密布灰白色线纹和麻点斑，上部及外缘较稀疏；亚缘有 1 条宽的灰白色线纹和麻点斑的密集带；外横带和内横带锈褐色。

观察标本：1 雄，重庆缙云山，850 m，1984.Ⅷ.16，陈斌。

分布：中国（重庆缙云山、陕西、甘肃、安徽、浙江、湖北、江西、四川、贵州、云南）。

四、灰蝶科 Lycaenidae

成虫体小型（极少中型）。翅正面常呈红、橙、蓝、绿、紫、翠、黑、褐及古铜等颜色；反面多为灰、白、黄、赭、褐等色。雌雄异型时，翅斑纹及色彩正面不同，反面多相同。触角短或细长，锤状，每节多有白色环；颜面狭窄，复眼互相接近，光滑或有毛，周围有白毛；须通常细，前伸或略上举。雄性前足退化，但可用来步行；雌性跗节 5 节；爪 2 只；雄性跗节多数 1 节，爪 1 只或无，极少分节；中后足各有 1 对胫距，有爪、中垫及侧垫。前翅脉纹 10-11 条；R 脉多 3-4 条，少数 5 条；A 脉 1 条，有些种类可见基部有 3A 脉并入。后翅多无肩脉；A 脉 2 条；尾突有 1-3 个。前后翅中室多闭式，有细脉，开式少。

生活在森林中，少数种为害农作物，喜在日光下飞翔。

世界性分布。世界已知 6600 余种，中国已知 162 属 610 余种，本书记述 8 属 8 种。

分亚科检索表

1. 后翅肩角加厚，通常有肩脉，无细长尾突 ························· 蚬蝶亚科 **Riodininae**
- 后翅肩角不加厚，通常无肩脉，有尾突 ·· 2

2. 触角棒状部圆柱形；后翅有1至多个尾突；臀角多有瓣；雄蝶发香鳞形成性标，并附有毛簇 ⋯⋯⋯⋯
   ⋯⋯⋯⋯⋯⋯⋯⋯⋯⋯⋯⋯⋯⋯⋯⋯⋯⋯⋯⋯⋯⋯⋯⋯⋯⋯⋯⋯⋯⋯⋯⋯⋯**线灰蝶亚科 Theclinae**
- 触角棒状部略扁，下面凹入；后翅有1个尾突或无尾突；雄性发香鳞不形成性标，无毛簇 ⋯⋯⋯⋯ 3
3. 前翅 R_5 脉与 M_1 脉的起点较接近，或有短的共柄；雄性无第二性征 ⋯⋯⋯⋯**灰蝶亚科 Lycaeninae**
- 前翅 R_5 脉与 M_1 脉分开，有时远离；雄性常有第二性征 ⋯⋯⋯⋯⋯⋯**眼灰蝶亚科 Polyommatinae**

（十三）蚬蝶亚科 Riodininae

36. 波蚬蝶属 *Zemeros* Boisduval, 1836

Zemeros Boisduval, 1836: pl. 21. Type species: *Papilio allica* Fabricius, 1787.

属征：体中小型。翅短阔；红褐色；密布白色小点斑和黑色斑纹；中室短，闭式，长约为翅长的 2/5。前翅 Sc 脉短，稍长于中室；R_1 脉独立，与 Sc 脉靠近；R_2 脉从中室上端角分出；R_3-R_5 脉与 M_1 脉同柄，从中室上端角分出；M_3 脉与 Cu_1 脉从中室下端角分出。后翅前缘弯曲；外缘波状；M_3 脉端角状外突；Rs 脉与 M_1 脉从中室上端角分出，有时有共柄。

分布：东洋区。世界已知2种，中国已知1种，本书记述1种。

（51）波蚬蝶 *Zemeros flegyas* (Cramer, 1780)

Papilio flegyas Cramer, 1780: 158.
Zemeros flegyas: Chou, 1994: 608.

体中小型，翅展 34-37 mm。两翅脉纹清晰；正面红褐色；反面色稍淡；外缘细齿形；翅面密布白色小点斑，每个点斑的内侧均伴有1个黑褐色拖尾条斑；亚外缘、中域和基部各有1列黑白2色斑列；外横斑列有或消失；m_3 室基部有1个斑纹。前翅亚顶区前缘斑白色。后翅外缘在 M_3 脉端角状外突成短尾。

观察标本：1雌，重庆缙云山，850 m，2021.Ⅶ.10，罗新星。

分布：中国（重庆缙云山、陕西、甘肃、安徽、浙江、湖北、江西、福建、广东、海南、香港、广西、四川、贵州、云南、西藏）；印度、缅甸、菲律宾、马来西亚、印度尼西亚。

37. 尾蚬蝶属 *Dodona* Hewitson, 1861

Dodona Hewitson, 1861: 75. Type species: *Melitaea durga* Kollar, 1844.

属征：体中大型，翅面有多条斜带。前翅短阔；中室阔，长约为前翅长的 2/5；Sc 脉稍长于中室；R_1 脉独立；R_2 脉自中室上端角分出；R_3 及 R_4 从 R_5 脉分出；M_1 脉从中室上端角分出；M_3 脉与 Cu_1 脉从中室下端角分出。后翅顶角阔圆；臀角瓣状突出，有1个细的尾突；中室长为后翅长度的 1/2 弱，端脉斜；Rs 脉与 M_1 脉在中室外共柄，M_3 脉从中室下端角分出；Cu_1 脉从中室下缘近下端角分出。

分布：东洋区、澳洲区。世界已知 18 种，中国已知 12 种，本书记述 1 种。

（52）彩斑尾蚬蝶 *Dodona maculosa* Leech, 1890

Dodona maculosa Leech, 1890: 44.

属征：体中型，翅展 35-40 mm。两翅正面黑褐色或棕褐色；反面色稍淡。前翅顶角区有 2 个白色点斑；亚外缘区至基部正面有 4 排斜斑带；反面有 5 排斜斑带，其中外斜斑列未达前缘。后翅外缘有小齿突；正面前缘基部有 2 个白色斑纹；顶角区 2 个黑色圆斑；宽窄不一的带纹分别从顶角、前缘及基部发出，伸向臀角，多为黄白色；臀角瓣状突出黑色，其上伸出黑色细尾突；反面色浅，斜带较清晰。

观察标本：1 雄，重庆缙云山，850 m，2009.Ⅵ.3，吴贵怡。

分布：中国（重庆缙云山、河南、江西、福建、广东、广西、四川、贵州、云南）；越南。

（十四）线灰蝶亚科 Theclinae

玳灰蝶族 Deudorigini Doherty, 1886

38. 生灰蝶属 *Sinthusa* Moore, 1884

Sinthusa Moore, 1884: 33. Type species: *Thecla nasaka* Horsfield, 1829.

属征：体中小型。翅正面黑褐色，多有蓝色闪光；反面灰白色或棕灰色。前翅脉纹 11 条，无 R_3 脉；Sc 脉与 R_1 脉独立，相向弯曲；R_4 脉短，M_1 脉与 R_5 脉不共柄；中室长为前翅长的 1/2。后翅臀瓣小；尾突细长，正面 sc+r_1 室基部有性标斑，前翅反面后缘中部有倒逆的毛撮。雄性前足跗节愈合。

分布：东洋区。世界已知 18 种，中国已知 6 种，本书记述 1 种。

（53）生灰蝶 *Sinthusa chandrana* (Moore, 1882)

Hypolycaena chandrana Moore, 1882b: 249.
Sinthusa chandrana: Chou, 1994: 655.

体中小型，翅展 2-28 mm。两翅正面黑褐色，有蓝紫色光泽，无斑；反面青灰色或象牙白色；斑带多棕灰色，缘线白色；端缘绿褐色，镶有白色锯齿形亚外缘带；中室端斑条形。前翅反面外斜带上下 2 段。后翅正面前后缘棕褐色；rs 室基部性标圆形；反面外缘线黑白 2 色；中横斑列绿褐色，斑纹错位排列，两侧缘线黑白 2 色；基横斑列 4 个黑色圆斑分上中下 3 组，时有消失；臀角和 cu_1 室端部各有 1 个橙黄色眼斑；臀角眼斑上方有 1 个橘黄色"V"形斑纹；尾突细长，黑褐色，端部白色。

观察标本：1 雌，重庆缙云山，850 m，2021.Ⅶ.10，罗新星。

分布：中国（重庆缙云山、河南、陕西、甘肃、安徽、浙江、江西、福建、台湾、广东、海南、香港、广西、四川、贵州、云南）；印度，缅甸，越南，泰国，新加坡。

富妮灰蝶族 Aphnaeini Distant, 1884

39. 银线灰蝶属 *Spindasis* Wallengren, 1857

Spindasis Wallengren, 1857: 45. Type species: *Spindasis masilikazi* Wallengren, 1857.

属征：体中小型。翅褐色或黑褐色，雄性有蓝色或紫色闪光；翅面带纹多向臀角会合，带内镶有银色的细线。前翅 Sc 脉与 R_1 脉交叉；R_3 脉消失；R_5 脉从中室上端角分出，到达翅顶角；R_4 脉从 R_5 近顶角处分出，M_1 脉与 R_5 脉有短共柄；中室长于前翅长的 1/2。后翅 Cu_2 脉及 A 脉末端各有 1 个细长的尾突，臀角有橙色斑。雄性前足跗节愈合。

分布：东洋区、古北区、旧热带区。世界已知 40 余种，中国已知 8 种，本书记述 1 种。

（54）银线灰蝶 *Spindasis lohita* (Horsfield, 1829)

Amblypodia lohita Horsfield, 1829: 106.
Spindasis lohita: Chou, 1994: 642.

体中小型，翅展 30-35 mm。两翅正面褐色，有蓝紫色光泽；隐约可见反面斑纹；反面淡黄色，布满长短不一的黑褐色条带，多排列成"V"形；条带内镶有银白色线纹。前翅反面外缘带黑褐色；亚外缘至中室端脉间有 2 个套叠的"V"形斑纹，开口于前缘，基部斑纹近"U"形。后翅臀角有 2 条丝状尾突；正面臀角区大眼斑橙红色；反面多条黑褐色带纹从前缘向臀角会集；反面基部斜斑列斑纹连成带状；臀角橙色大斑较正面大。

观察标本：1 雌，重庆缙云山，850 m，1997.Ⅵ.22。

分布：中国（重庆缙云山、辽宁、河南、陕西、甘肃、浙江、湖北、江西、福建、台湾、广东、海南、香港、广西、四川、贵州、云南）；印度，缅甸，越南，斯里兰卡。

（十五）灰蝶亚科 Lycaeninae

40. 彩灰蝶属 *Heliophorus* Geyer, 1832

Heliophorus Geyer, 1832: 40. Type species: *Heliophorus belenus* Geyer, 1832.

属征：体中小型，雌雄异型。翅正面黑褐色，有蓝色、绿色、黄色或紫褐色大斑。雌性前翅常有 1 个红色大斑；反面黄色；翅脉 11 条，中室长约为前翅长的 1/2；R_3 脉消失；R_4 脉在 R_2 脉终点下方从 R_5 脉分出；M_1 脉与 R_5 脉从中室上端角同点分出，不共柄；M_2 脉与 M_1 脉及 M_3 脉距离相等。后翅端部有红带；Cu_2 脉端有尾突；M_1 脉端略突出；臀角明显。

分布：东洋区。世界已知 26 种，中国已知 14 种，本书记述 1 种。

（55）浓紫彩灰蝶 *Heliophorus ila* (de Nicéville *et* Martin, 1896)

Ilerda ila de Nicéville *et* Martin, 1896: 472.
Heliophorus ila: Chou, 1994: 666.

体中型，翅展 28-30 mm。雄性两翅正面黑褐色，反面鲜黄色，缘线多黑白 2 色。雌性翅面黑褐色；中室端外侧有橙红色条斑。前翅正面基半部中后域暗紫蓝色，有金属光泽；反面外缘带橙红色；外斜斑列多消失或不完整；臀角有黑色条斑。后翅正面中域有暗紫蓝色大斑；外缘中下部有橙红色波状纹；反面橙红色端带宽，橙带外侧镶有三角形黑斑，并有弥散形白色环纹；外斜斑列模糊或消失；基横斑列由黑色小点斑组成；Cu_2 脉端尾突细长，黑色。

观察标本：1 雌，重庆缙云山，850 m，2021.VII.10，罗新星。

分布：中国（重庆缙云山、河南、陕西、甘肃、安徽、江西、福建、台湾、广东、海南、广西、四川、贵州、云南）；印度，不丹，缅甸，马来西亚，印度尼西亚。

（十六）眼灰蝶亚科 Polyommatinae

眼灰蝶族 Polyommatini Swainson, 1827

分属检索表

1. 前翅 R_1 脉独立，不与 Sc 脉接触 ·· 妩灰蝶属 *Udara*
   前翅 R_1 脉与 Sc 脉有关联 ·· 2
2. 雄性钩突不分裂 ·· 玄灰蝶属 *Tongeia*
   雄性钩突分裂 ·· 酢浆灰蝶属 *Pseudozizeeria*

41. 酢浆灰蝶属 *Pseudozizeeria* Beuret, 1955

Pseudozizeeria Beuret, 1955: 125. Type species: *Lycaena maha* Kollar, 1844.

属征：体小型。翅正面雄性淡蓝色，有金属闪光；雌性色较深，棕蓝色至黑褐色；反面淡棕色，密布褐色小点斑。前翅 Sc 脉与 R_1 脉互相极接近，但未接触；M_1 脉与 R_5 脉相距较远。后翅无尾突。

分布：古北区、东洋区。世界已知 1 种，中国已知 1 种，本书记述 1 种。

（56）酢浆灰蝶 *Pseudozizeeria maha* (Kollar, 1844)

Lycaena maha Kollar, 1844: 422.
Pseudozizeeria maha: Chou, 1994: 674.

体小型，翅展 22-30 mm。雄性两翅正面淡蓝色，有金属闪光，反面淡棕色；斑纹棕褐色至黑褐色，圈纹白色；反面端部有平行排列的 2 列斑纹；中室端斑条形。雌性正面色较深，棕蓝色至黑褐色，基部有青色鳞片。前翅正面外缘带黑褐色；反面外横斑列与端部斑列近平行。后翅正面外缘斑列斑纹点状；反面中横斑列近"V"形；基横斑列有 3 个点斑。

观察标本：1 雌，重庆缙云山，850 m，2007.IV.14，生伟伟。

分布：中国（重庆缙云山、黑龙江、山东、河南、陕西、甘肃、江苏、安徽、浙江、湖北、江西、福建、台湾、广东、海南、广西、四川、贵州）；朝鲜，日本，巴基斯坦，印度，尼泊尔，缅甸，泰国，马来西亚。

42. 玄灰蝶属 *Tongeia* Tutt, 1908

Tongeia Tutt, 1908: 41, 43. Type species: *Lycaena fischeri* Eversmann, 1843.

属征：体中小型。两翅正面棕褐色至黑褐色；反面白色至棕灰色；斑纹多点状，多有白色圈纹；翅端部斑纹排列较集中。前翅 Sc 脉与 R_1 脉有一段愈合；R_4 脉从 R_5 脉中部分出；R_5 脉从中室前缘分出，到达翅前缘，并与 M_1 脉分出点有距离；中室长约为前翅长的 1/2 弱。后翅有 1 个尾突。

分布：古北区、东洋区。世界已知 16 种，中国已知 14 种，本书记述 1 种。

（57）点玄灰蝶 *Tongeia filicaudis* (Pryer, 1877)

Lampides filicaudis Pryer, 1877: 231.
Tongeia filicaudis: Chou, 1994: 676.

体小型，翅展 18-24 mm。两翅正面黑褐色；无斑纹；反面灰白色；斑纹黑色至黑褐色，多有白色圈纹；中室端斑条形。前翅反面外缘及亚外缘各有 1 列黑褐色斑纹；外横斑列下段斑纹分离内移；中室内和其下方各有 1 个黑色点斑。后翅反面外缘斑列及亚缘斑列近平行排列；亚外缘带橙色；外横斑列分成 3 段，近"V"形排列；基横斑列由 3-4 个斑纹组成；Cu_1 脉端部尾突细小。

观察标本：1 雌，重庆缙云山，850 m，2007.Ⅳ.14，王之劲。

分布：中国（重庆缙云山、黑龙江、山西、山东、河南、陕西、安徽、浙江、湖北、江西、湖南、福建、台湾、广东、四川、贵州）。

43. 妩灰蝶属 *Udara* Toxopeus, 1928

Udara Toxopeus, 1928: 181, 219. Type species: *Polyommatus dilectus* Moore, 1879.

属征：体小型。雄性翅正面淡蓝紫色，有金属闪光，雌性黑褐色；翅中央多有豆瓣形白色斑纹；反面白色，有黑褐色或褐色斑纹。前翅 Sc 脉比中室短，与 R_1 脉分离；R_5 脉从中室前缘分出，不与 M_1 脉同点分出；中室长于前翅长的 1/2。

分布：东洋区、澳洲区。世界已知 20 余种，中国已知 3 种，本书记述 1 种。

（58）妩灰蝶 *Udara dilecta* (Moore, 1879)

Polyommatus dilectus Moore, 1879: 139.
Udara dilecta: Chou, 1994: 680.

体小型，翅展 28-32 mm，雌雄异型。雄性两翅正面蓝紫色，有金属光泽；中域有白色块斑；反面白色；中室端斑条形，淡褐色。雌性翅正面黑褐色；中后部有白色斑纹；基部及中后缘有淡蓝紫色闪光。前翅正面顶角及外缘有黑色至黑褐色窄带纹；反面外缘点斑列及亚缘条斑列黑色至褐色。后翅正面外缘点斑列清晰或模糊；反面外缘及基部有点斑列，褐色；中横斑列斑纹分成上、中、下 3 组，分别为 2 个、

4 个和 2-3 个斑纹。

观察标本：1 雄，重庆缙云山，850 m，2010.Ⅶ.15，任杰群。

分布：中国（重庆缙云山、陕西、甘肃、安徽、浙江、江西、福建、台湾、广东、海南、香港、广西、四川、贵州、云南、西藏）；印度，缅甸，越南，老挝，泰国，马来西亚，印度尼西亚，巴布亚新几内亚。

五、弄蝶科 Hesperiidae

体中小型，粗壮。翅黑色、褐色或棕色，少数为黄色、绿色或白色，多有淡色或透明斑纹。头大；触角基部互相远离，并常有黑色毛块，端部略粗，钩状弯曲，末端多尖细，是本科显著的特征。两翅脉纹均直接从中室分出，并独立伸达翅外缘，不合并或分叉；中室开或闭式。前翅 R 脉 5 条；A 脉 2 脉，离开基部后合并。后翅正面 R 脉基部有特殊鳞片；A 脉 2 条。

成虫飞翔迅速，跳跃翻转，多在白天活动，有些种类早晚活动，在花丛中穿插取食花蜜。幼虫寄主多为单子叶植物和一些双子叶植物。

世界性分布。世界已知 4000 余种，中国已知 84 属 370 余种，本书记述 8 属 8 种。

分亚科检索表

1. 前翅 M_2 与 M_3 脉靠近，距 M_1 脉远；幼虫主要取食单子叶植物 ·················· 弄蝶亚科 Hesperiinae
- 前翅 M_2 与 M_1 脉靠近，距 M_3 脉远；幼虫主要取食双子叶植物 ·· 2
2. 无前毛隆及睫毛；休息时翅竖立 ··· 竖翅弄蝶亚科 Coeliadinae
- 有前毛隆及睫毛；休息时翅多平展 ·· 花弄蝶亚科 Pyrginae

（十七）竖翅弄蝶亚科 Coeliadinae

44. 趾弄蝶属 *Hasora* Moore, 1881

Hasora Moore, 1881: 159. Type species: *Goniloba badra* Moore, 1858.

属征：体大中型。两翅正面暗褐色至黑褐色；反面色稍淡。前翅顶角尖；中室比后缘短；2A 脉基部弯曲。雌性前翅常有半透明的斑点；部分种类雄性前翅正面有性标。后翅臀角明显外延。

分布：东洋区、澳洲区。世界已知 39 种，中国已知 8 种，本书记述 1 种。

（59）无趾弄蝶 *Hasora anura* de Nicéville, 1889

Hasora anura de Nicéville, 1889: 170.

体大型，翅展 50 mm 左右，雌雄异型。两翅正面黑褐色；反面色稍淡；基部黑褐色。雄性前翅端部及后翅上半部多有青紫色或蓝绿色斑驳纹；r_5 室基部有 1-2 个白色点斑；反面周缘棕褐色；臀角附近及后缘淡黄色。后翅正面端缘色稍深；无斑；反面外横带宽，棕灰色；中室中部白色圆斑有或无；cu_2 室近端部有 1 个灰白色斑纹；臀角钝圆，微突出。雌性前翅亚顶区 r_3-r_5 室有 3 个小白斑，彼此分离，排成斜列；中室中部、m_3 室基部和 cu_1 室中部各有 1 个近方形斑纹，浅黄色，倒品字形排列。

观察标本：1 雄，重庆缙云山，850 m，1987.Ⅴ.27，纪世东。

分布：中国（重庆缙云山、河南、陕西、甘肃、浙江、湖北、江西、湖南、福建、台湾、广东、海南、香港、广西、四川、贵州、云南）；印度，缅甸，越南，老挝，泰国。

45. 绿弄蝶属 *Choaspes* Moore, 1881

Choaspes Moore, 1881: 158. Type species: *Hesperia benjaminii* Guérin-Méneville, 1843.

属征：体大型。翅黑色或褐色；翅上有蓝绿色的鳞，具金属光泽；脉纹黑色，清晰。前翅顶角尖；中室和前翅后缘一样长。后翅臀角瓣状突出，橙色，镶有黑色斑纹。雄性后足胫节有 2 组毛簇；部分种类前翅正面有性标。

分布：东洋区、澳洲区、旧热带区。世界已知 8 种，中国已知 4 种，本书记述 1 种。

（60）半黄绿弄蝶 *Choaspes hemixanthus* **Rothschild *et* Jordan, 1903**

Choaspes hemixanthus Rothschild *et* Jordan, 1903: 482.

体大中型，翅展 40-45 mm。雌性个体较大；两翅正面黄褐色或褐色，被灰蓝绿色鳞，基部有蓝绿色毛；反面淡蓝绿色；脉纹黑色，清晰。雄性两翅正面土褐色。后翅臀角瓣状外突；正面臀角外缘橙红色；反面臀角有大小不一的黑色斑纹，镶有橙红色缘带。

观察标本：1 雄，重庆缙云山，850 m，2010.Ⅶ.15，任杰群。

分布：中国（重庆缙云山、甘肃、安徽、浙江、江西、广东、海南、香港、广西、四川、贵州、云南）；印度，尼泊尔，缅甸，越南，老挝，泰国，菲律宾，新加坡，马来西亚，印度尼西亚，新几内亚，苏门答腊岛。

（十八）花弄蝶亚科 Pyrginae

裙弄蝶族 Tagiadini Mabille, 1878

46. 裙弄蝶属 *Tagiades* Hübner, 1819

Tagiades Hübner, 1819: 108. Type species: *Papilio japetus* Stoll, 1781.

属征：体中型。翅黑褐色。前翅的透明斑退化成点状。后翅白色区域周边镶有成列的深色斑纹。雄性后足胫节无毛刷；雌性腹部有尾毛簇。前翅中室端半部稍下弯。后翅前缘平直，与前翅后缘约等长。

分布：东洋区、澳洲区、旧热带区。世界已知 18 种，中国已知 5 种，本书记述 1 种。

(61) 黑边裙弄蝶 *Tagiades menaka* (Moore, 1866)

Pterygospidea menaka Moore, 1866: 778.
Tagiades menaka: Chou, 1994: 714.

体中型，翅展 35-40 mm。翅斑纹黑褐色。前翅黑褐色；上部具数个小白斑。后翅正面基半部及顶角区黑褐色，端半部白色；端缘有 1 列黑褐色斑列；"L"形斑列沿中室上缘至亚缘区中下部；反面基半部灰白色；"L"形斑列较正面清晰。

观察标本：1 雌，重庆缙云山，850 m，2021.Ⅶ.10，罗新星。

分布：中国（重庆缙云山、福建、广东、海南、香港、广西、四川、云南、西藏）；印度，缅甸，越南，老挝，泰国。

（十九）弄蝶亚科 Hesperiinae

分族检索表

1. 前翅 Cu_2 脉分出点与 R_1 脉分出点对应或在其之后分出 ··· 酣弄蝶族 Halpini
- 前翅 Cu_2 脉分出点在 R_1 脉分出点之前分出 ·· 2
2. 后翅 M_2 脉发达 ·· 钩弄蝶族 Ancistroidini
- 后翅 M_2 脉缺失或不发达 ·· 3
3. 大部分种类前翅 Cu_2 脉起点靠近中室端部 ·································· 刺胫弄蝶族 Baorini
- 前翅 Cu_2 脉起点通常位于中室下缘中部 ·································· 黄弄蝶族 Taractrocerini

钩弄蝶族 Ancistroidini Evans, 1949

47. 伊弄蝶属 *Idmon* de Nicéville, 1895

Idmon de Nicéville, 1895: 375. Type species: *Baoris unicolor* Distant, 1886.

属征：体中型。下唇须第 3 节细长。两翅正面黑褐色；无明显的透明斑。后翅反面常有淡色斑纹。两翅 M_2 脉直，位于 M_1 脉与 M_3 脉中间；雄性性标有或无。

分布：世界广布。世界已知 7 种，中国已知 4 种，本书记述 1 种。

（62）中华伊弄蝶 *Idmon sinica* (Huang, 1997)

Yania sinica Huang, 1997: 148.
Idmon sinicum: Yuan, Yuan & Xue, 2015: 430.

体中型，翅展 33-38 mm。两翅无斑纹；正面黑褐色；反面暗褐色；散布有黄褐色鳞片。雄性无第二性征。

观察标本：1 雄，重庆缙云山，850 m，2009.Ⅴ.9，冯波。

分布：中国（重庆缙云山、四川、贵州）。

酣弄蝶族 Halpini Inoué et Kawazoé, 1996

48. 酣弄蝶属 *Halpe* Moore, 1878

Halpe Moore, 1878: 689. Type species: *Hesperilla porus* Mabille, 1877.

属征：体小型。须前伸。翅黑褐色。前翅狭长；有白色或黄色的透明斑；前缘直；中室上端角突出；M_2 脉基部弯曲。雄性前翅正面有性标斑。

分布：东洋区。世界已知 52 种，中国已知 19 种，本书记述 1 种。

（63）峨眉酣弄蝶 *Halpe nephele* Leech, 1893

Halpe nephele Leech, 1893: 655.

体中型，翅展 34-36 mm。翅正面深褐色；反面色稍淡；亚缘斑列淡黄色。前翅中室内有 1 个淡色小斑；外横斑列分成上下 2 段，由 5 个斑纹组成；雄性前翅正面中域有性标。后翅正面中域淡黄色斑时有模糊；反面斑纹淡黄色；翅面密布长短不一的条斑。

观察标本：1 雌，重庆缙云山，850 m，2021.Ⅶ.10，罗新星。

分布：中国（重庆缙云山、安徽、浙江、江西、福建、海南、广西、四川、贵州）。

刺胫弄蝶族 Baorini Doherty, 1886

49. 谷弄蝶属 *Pelopidas* Walker, 1870

Pelopidas Walker, 1870: 56. Type species: *Pelopidas midea* Walker, 1870.

属征：体中小型。中足胫节有强刺。翅黑褐色。前翅有白色斑；中室上端角尖出，与后缘等长；Cu_2 脉起点靠近中室端部；部分种类雄性前翅正面有性标。后翅反面中室有 1 小白斑。

分布：世界广布。世界已知 11 种，中国已知 7 种，本书记述 1 种。

（64）中华谷弄蝶 *Pelopidas sinensis* (Mabille, 1877)

Gegenes sinensis Mabille, 1877: 232.
Pelopidas sinensis: Chou, 1994: 728.

体中型，翅展 33-38 mm。两翅正面暗褐色；反面褐色；斑纹白色。前翅亚顶区 r_3-r_5 室斑排成斜列；中室端部 2 个斑纹相对排列；m_2-cu_1 室斑斜向排列，斑纹渐次变大；cu_2 室中部性标灰褐色，斜线状，上端指向 cu_1 室斑，末端不与中室斑的延长线相交。后翅正面外中域 m_1-cu_1 室白色点斑排成不整齐的一列；反面中室中部斑圆点状。雌性斑纹较大。前翅 cu_2 室中部有 2 个白色斑纹。后翅中室对斑明显。

观察标本：1 雄，重庆缙云山，850 m，1979.Ⅷ，采集人不详。

分布：中国（重庆缙云山、辽宁、天津、山西、河南、陕西、甘肃、安徽、浙江、湖北、江西、湖南、福建、台湾、广东、海南、四川、贵州、云南、西藏）；朝鲜，日本，印度。

50. 稻弄蝶属 *Parnara* Moore, 1881

Parnara Moore, 1881: 166. Type species: *Eudamus guttatus* Bremer *et* Grey, 1853.

属征：体中小型。中足胫节光滑。翅黑褐色。前翅有透明的白色斑；M_2 脉基部向下弯曲；Cu_2 脉与中室端部接近；cu_2 室无白色斑；中室有中小脉及其下支。雄性无第二性征。

分布：世界广布。世界已知 11 种，中国已知 4 种，本书记述 1 种。

（65）直纹稻弄蝶 *Parnara guttata* (Bremer et Grey, 1852)

Eudamus guttatus Bremer et Grey, 1852b: 60.
Parnara guttata: Leech, 1892: 609.

体中型，翅展 28-40 mm。两翅正面黑褐色；反面黄褐色至棕褐色；斑纹白色。前翅亚顶区 r_3-r_5 室斑排成斜列，r_3 室斑多退化或消失；m_2-cu_1 室各有 1 个斑纹，依次变大，排成斜列；中室端部斑纹上下排列，细条形，时有退化或消失；反面前缘区和顶角区有黄褐色鳞。后翅正面中域 m_1-cu_1 室斑纹水平排成一列，渐次变大；反面黄褐色，中室端部圆形小点斑模糊。雌性体型较大。前翅中室端部的 2 个斑上大下小或消失。

观察标本：1 雄，重庆缙云山，850 m，2021.Ⅶ.10，罗新星。

分布：中国（重庆缙云山、黑龙江、吉林、辽宁、内蒙古、天津、河北、山东、河南、陕西、宁夏、甘肃、江苏、安徽、浙江、湖北、江西、湖南、福建、台湾、广东、海南、广西、四川、贵州、云南）；俄罗斯，朝鲜，日本，印度，缅甸，越南，老挝，马来西亚，巴西。

黄弄蝶族 Taractrocerini Voss, 1952

51. 黄室弄蝶属 *Potanthus* Scudder, 1872

Potanthus Scudder, 1872: 75. Type species: *Hesperia omaha* Edwards, 1863.

属征：体中小型。翅黑色。有黄色斑。前翅中室长，约为前翅长的 2/3；上端角钩状尖出；Cu_1 脉较接近中室末端；M_2 脉弯曲，接近 M_3 脉。后翅后缘长于前缘，中室等于后翅长的 1/2；M_2 脉不明显，A 脉比 Sc 脉长。雄性前翅正面有性标，接近 2A 脉。

分布：东洋区、古北区。世界已知 36 种，中国已知 21 种，本书记述 1 种。

（66）曲纹黄室弄蝶 *Potanthus flavus* (Murray, 1875)

Pamphila flavus Murray, 1875: 4.
Potanthus flavus: Pinratana, 1985: 101.

体中小型，翅展 26-30 mm。两翅正面黑褐色；反面色稍淡，有黄色晕染；斑纹黄色。前翅 m_1、m_2 室斑与 r_5 和 m_3 室斑相连；前缘及后缘基半部有黄色细带纹；中室端部 2 个条斑相连，下角斑向翅基部延伸；反面前缘、顶角及外缘区黄色。后翅正面 sc+r_1 室和中室中部各有 1 圆形斑纹；外横带从 m_1 室达 cu_2 室，边缘不整齐；反面黄色端带未达臀角；"C" 形斑带斑纹间连接较紧密；外侧镶有黑褐色小圆斑。

观察标本：1 雄，重庆缙云山，850 m，2021.Ⅶ.10，罗新星。

分布：中国（重庆缙云山、黑龙江、吉林、辽宁、天津、河北、山东、陕西、甘肃、安徽、浙江、湖北、江西、湖南、福建、四川、贵州、云南）；俄罗斯，朝鲜，日本，印度，缅甸，泰国，马来西亚。

蛾类 Heterocera

王 星[1] 邓 敏[2,3] 赖新颖[2] 黄国华[2]

[1] 琼台师范学院
[2] 湖南农业大学
[3] 黔南民族职业技术学院

体小至大型，成虫翅、体及附肢上布满鳞片，口器虹吸式或退化。幼虫蠋形，口器咀嚼式，身体各节密布分散的刚毛或毛瘤、毛簇、枝刺等，腹足2-5对，以5对者居多，具趾钩。蛹为被蛹。卵多为圆形、半球形或扁圆形等。

成虫一般取食花蜜、水等，大多数不为害。幼虫大多数陆生，植食性，为害各种植物；少数水生。

世界性分布。世界已知约20万种，中国已知约93科1350余属8000余种，本书记述9科62属67种。

分科检索表

1. 后翅 $Sc+R_1$ 与 Rs 在中室前缘由1小斜脉相连 ················· 天蛾科 Sphingidae
- 后翅 $Sc+R_1$ 与 Rs 在中室前缘无斜脉相连 ··· 2
2. 前翅 M_2 基部近于 M_3，远于 M_1 ··· 3
- 前翅 M_2 基部在 M_1 与 M_3 的中央或近于 M_1 ···································· 8
3. 后翅基部无翅缰 ··· 枯叶蛾科 Lasiocampidae
- 后翅基部有翅缰 ·· 4
4. 后翅 $Sc+R_1$ 与 Rs 彼此分离 ·· 钩蛾科 Drepanidae
- 后翅 $Sc+R_1$ 与 Rs 相接 ·· 5
5. 腹部向上弯曲 ··· 尾夜蛾科 Euteliidae
- 腹部不向上弯曲 ·· 6
6. 后翅 $Sc+R_1$ 与 Rs 在中室基部并接 ··· 夜蛾科 Noctuidae
- 后翅 $Sc+R_1$ 与 Rs 在中室基部合并后延伸到中部或端部 ····························· 7
7. 无单眼 ··· 瘤蛾科 Nolidae
- 多有单眼 ·· 裳蛾科 Erebidae
8. 后翅 $Sc+R_1$ 与 Rs 彼此远离 ·· 大蚕蛾科 Saturniidae
- 后翅 $Sc+R_1$ 与 Rs 连接或十分靠近 ··· 尺蛾科 Geometridae

六、尺蛾科 Geometridae

通常无单眼，毛隆小，喙发达，触角形状多变。体一般细长，翅宽，常有细波纹，少数种类雌蛾翅退化或消失。前翅1-2个副室，R_5 与 R_3、R_4 共柄，M_2 通常靠近

M_1，但也有的居中。后翅 Sc 基部常强烈弯曲，与 Rs 靠近或部分合并。鼓膜器位于第 1 腹板两侧。

该科大都是农林业的害虫，幼虫体形如树枝，寄主植物广泛，但通常取食乔木和灌木的叶片。成虫飞翔力不强，少数种的雌蛾翅退化。

世界性分布。世界已知 25 000 余种，中国已知 3000 余种，本书记述 19 属 20 种。

分亚科检索表

1. 后翅 M_2 模糊或消失 ·· 灰尺蛾亚科 Ennominae
- 后翅 M_2 清晰 ·· 2
2. 后翅 M_2 远离 M_3 ·· 尺蛾亚科 Geometrinae
- 后翅 M_2 接近 M_3 ·· 花尺蛾亚科 Larentiinae

（二十）灰尺蛾亚科 Ennominae

多为中等至大型蛾。体多细长，部分种类粗壮。前翅 R_1 与 Sc 融合、短距离合并或仅在一点接近。后翅 M_2 模糊或消失，不呈管状。部分类群的前翅基部具泡窝。后足胫节通常具 2 对距，内侧有时具毛束。

世界性分布。世界已知 1100 属 10 000 余种，本书记述 15 属 16 种。

分属检索表

1. 雌雄触角都为线状 ·· 2
- 雌雄触角全部或一方不为线状 ··· 7
2. 额凸出 ·· 3
- 额不凸出 ·· 4
3. 雄性触角具短纤毛 ·· 片尺蛾属 Fascellina
- 雄性触角具纤毛簇 ·· 黄碟尺蛾属 Thinopteryx
4. 前翅顶角突出 ·· 褶尺蛾属 Lomographa
- 前翅顶角不突出或略突出 ··· 5
5. 前翅泡窝极发达 ·· 穿孔尺蛾属 Corymica
- 前翅泡窝不发达 ·· 6
6. 腹部各节均有 1 个浓密的大黑斑 ·· 丰翅尺蛾属 Euryobeidia
- 腹部背面和侧面具成列的黑斑 ·· 金星尺蛾属 Abraxas
7. 额不凸出 ·· 8
- 额凸出 ·· 9
8. 雄性前翅基部具泡窝 ·· 璃尺蛾属 Krananda
- 雄性前翅基部不具泡窝 ·· 展尺蛾属 Menophra
9. 前翅外缘平直 ·· 10
- 前翅外缘不平直 ·· 12
10. 下唇须短 ·· 尾尺蛾属 Ourapteryx
- 下唇须长 ·· 11
11. 后翅外缘前半段凹陷 ·· 蚀尺蛾属 Hypochrosis
- 后翅外缘平滑 ·· 鹰尺蛾属 Biston

| 12. 雄性触角单栉状 ··· 丸尺蛾属 *Plutodes* |
| - 雄性触角不为单栉状 ··· 13 |
| 13. 雄性前翅基部不具泡窝 ··· 琼尺蛾属 *Orthocabera* |
| - 雄性前翅基部具泡窝 ··· 14 |
| 14. 前翅外缘较直 ··· 尘尺蛾属 *Hypomecis* |
| - 前翅外缘弧形 ··· 匀点尺蛾属 *Antipercnia* |

52. 金星尺蛾属 *Abraxas* Leach, 1815

Abraxas Leach, 1815: 134. Type species: *Phalaena grossulariata* Linnaeus, 1758.

属征：雄性与雌性触角均为线状，额平坦，下唇须短小，尖端不伸达额外。前翅基部常具黄色鳞片；顶角圆，外缘平滑；R_1 在 Sc 近后端与 R_2 分离，之后与 Sc 合并。前后翅外线在后缘附近常扩大为斑块，后翅圆；雄性前翅基部不具泡窝。腹部黄色，背面和侧面具成列的黑斑。

分布：世界广布。世界已知 60 余种，中国已知近 20 种，本书记述 1 种。

（67）新金星尺蛾 *Abraxas neoniartania* Inoue, 1970

Abraxas neoniartania Inoue, 1970: 207.

翅面白色，前翅中线近后缘有 3-4 枚小斑点群聚；近前缘有 1 大斑块；亚端线为点状单线纹，近外缘中央有 1 较大的灰黑色斑块。

观察标本：1 雄 2 雌，重庆缙云山，850m，2021.Ⅶ.8-10，邓敏、刘抗洪。

分布：中国（重庆缙云山、台湾、广东）。

53. 匀点尺蛾属 *Antipercnia* Inoue, 1992

Antipercnia Inoue, 1992: 167. Type species: *Percnia albinigrata* Warren, 1896.

属征：雄性触角锯齿状，具纤毛簇；雌性触角线状。额略凸出；下唇须纤细仅尖端伸达额外。前翅顶角圆，外缘弧形；M_2 出自中室端脉中央偏上方，与斑点尺蛾属相似。后翅圆。翅面白色，斑纹由成列的斑点构成。雄性的翅基部具泡窝。

分布：古北区。本书记述 1 种。

（68）匀点尺蛾 *Antipercnia* sp.

头部与体躯灰褐色，触角线状；胸部及腹部背侧方均具有左右对称的明显黑色小点。前翅稍宽，底色灰白色，均匀分布黑色点斑；外缘带灰色调。后翅宽，均匀分布黑色点斑；外缘圆弧状；端室斑较其余点斑大。

观察标本：1 雌，重庆缙云山，850 m，2021.Ⅶ.8-10，邓敏、刘抗洪。

分布：中国（重庆缙云山、陕西、甘肃、湖北、湖南、福建、广西、四川、贵州、云南、西藏）；印度，尼泊尔。

54. 鹰尺蛾属 *Biston* Leach, 1815

Biston Leach, 1815: 134. Type species: *Geometra prodromaria* Denis et Schiffermüller, 1775.

属征：雄性触角双栉齿状或锯齿状；雌性触角线状。额略凸出；下唇须尖端不伸达额外。雄性后足胫节略膨大，不具毛束。前翅外缘平直或波曲；R_1 和 R_2 常共柄。后翅圆，外缘平滑，有时在 M 脉之间凹入，或在 M_1 和 CuA_1 之间凸出。雄性前翅基部不具泡窝。

分布：世界广布。世界已知 52 种，中国已知 17 种，本书记述 1 种。

（69）木橑尺蛾 *Biston panterinaria* (Bremer *et* Grey, 1853)

Amphidasis panterinaria Bremer et Grey, 1853a: 21.
Biston panterinaria: Sato, 1996: 223-236.

头部及胸部呈褐色；腹部呈黄色，散布有浅灰色小斑点。雄性前翅外缘直，倾斜。雌性前翅外缘浅弧形，倾斜较少。翅面白色，散布浅灰色斑块，靠近胸部具 1 个褐色大斑；亚外缘处散布深褐色椭圆形斑。后翅散布有浅灰色斑块与深褐色椭圆形斑。前后翅中点为浅灰色大圆点；翅反面中点中部深褐色。

观察标本：2 雄 2 雌，重庆缙云山，850 m，2021.Ⅶ.8-10，邓敏、刘抗洪。

分布：中国（重庆缙云山、辽宁、北京、河北、山西、山东、河南、陕西、宁夏、甘肃、安徽、浙江、湖北、江西、湖南、福建、广东、海南、广西、四川、贵州、云南、西藏）；印度，尼泊尔，越南，泰国。

55. 穿孔尺蛾属 *Corymica* Walker, 1860

Corymica Walker, 1860: 230. Type species: *Corymica arnearia* Walker, 1860.

属征：雄性与雌性触角均为线状。额不凸出；下唇须中等长度。前翅狭长，顶角钝圆、尖或略呈钩状；R_1 和 R_2 完全合并，与 Sc 有一段合并。前后翅外缘在 M_3 上方略波曲，有时平滑。翅多为黄色，翅面斑纹模糊；前翅反面近顶角处常具 1 个褐色斑块。雄性前翅基部具泡窝，常极发达，长椭圆形，长度可达翅展的 1/5 以上，使翅基部呈穿孔状。

分布：古北区、东洋区。世界已知 7 种，中国已知 4 种，本书记述 1 种。

（70）德穿孔尺蛾 *Corymica deducta* (Walker, 1866)

Caprilia deducta Walker, 1866: 1569.
Corymica deducta: Holloway, 1976: 75.

头部及胸部呈黄色，腹部呈浅黄色。前翅深黄色，散布深褐色及浅褐色斑纹；顶角处多呈浅褐色，且具有深褐色斑块；外缘直且倾斜，近肩角处具有褐色带状；中点微小，为深褐色；翅端部深褐色；缘毛褐色，近翅脉端为黑色。两前翅靠近肩角处呈透明状，形似对称小孔，周围亦有分布。

观察标本：1雄2雌，重庆缙云山，850 m，2021.Ⅶ.8-10，邓敏、刘抗洪。

分布：中国（重庆缙云山、福建、台湾）；日本，印度，缅甸，马来西亚，印度尼西亚，朝鲜半岛。

56. 丰翅尺蛾属 *Euryobeidia* Fletcher, 1979

Euryobeidia Fletcher, 1979: 84. Type species: *Abraxas languidata* Walker, 1862.

属征：线状头顶淡黄色；触角线状。胸部背面及腹部各节均有1个浓密的大黑斑。后足胫节具2对胫距，雄性无端突与毛束。翅正常，前翅外缘稍倾斜；后翅圆弧形，顶角均不突出。前翅白色或淡黄色；后翅白色，端部具淡黄色带。前后翅均散布许多深灰色大斑，斑点之间有融合，不同种类间斑点的融合程度不一。

分布：古北区、东洋区。世界已知5种，中国已知5种，本书记述1种。

（71）金丰翅尺蛾 *Euryobeidia largeteaui* (Oberthür, 1884)

Rhyparia largeteaui Oberthür, 1884: 32.
Euryobeidia largeteaui: Fletcher, 1979: 84.

头部、胸部及腹部均呈深褐色。翅面浅黄色，散布深灰褐色斑点；前翅外缘浅弧形，顶角钝圆；后翅外缘圆，顶角钝圆，基半部白色。前翅内线和前后翅外线各由1列大点组成，中点巨大；翅基部和外线外侧散布不规则散点；翅端部缘线和缘毛处各具有1列黑褐色小点。前后翅翅反面颜色、斑点与正面相同。

观察标本：1雌，重庆缙云山，850 m，2021.Ⅶ.11-12，邓敏、刘抗洪。

分布：中国（重庆缙云山、甘肃、浙江、湖北、江西、湖南、福建、台湾、广东、广西、四川、贵州、西藏）。

57. 片尺蛾属 *Fascellina* Walker, 1860

Fascellina Walker, 1860: 67, 215. Type species: *Fascellina chromataria* Walker, 1860.

属征：雄性与雌性触角均为线状，雄性触角具短纤毛。额略凸出；下唇须粗壮，尖端伸达额外。前翅顶角有时凸出，外缘直；臀角下垂，后缘端部凹入；R_1和R_2长共柄，在近端部分离，Sc与R_{1+2}部分合并。后翅顶角有时凹入，外缘浅弧形。雄性前翅基部不具泡窝。

分布：古北区、东洋区、澳洲区。世界已知40余种，中国已知2种，本书记述1种。

（72）灰绿片尺蛾 *Fascellina plagiata* (Walker, 1866)

Geometra plagiata Walker, 1866: 1601.
Fascellina plagiata: Holloway, 1976: 77.

头部及胸部灰绿色。翅面呈黄绿色，散布稀疏黑鳞。前翅前缘浅灰褐色，翅端部具有1深褐色大斑块；翅中黑褐点；大斑略模糊；外线近外缘处内折，内侧伴有1条暗绿色带。后翅外侧在后缘处有 1 黑灰色斑；缘毛在前翅大斑外深褐色，其余黄绿色。翅反面黄绿色，散布褐色碎斑，线状斑纹同正面。

观察标本：1 雌，重庆缙云山，850 m，2021.Ⅶ.8-10，邓敏、刘抗洪。

分布：中国（重庆缙云山、贵州、西藏）；印度，缅甸。

58. 蚀尺蛾属 *Hypochrosis* Guenée, 1858

Hypochrosis Guenée, 1858. Type species: *Hypochrosis sternaria* Guenée, 1858.

属征：雄性与雌性触角均为双栉齿状。额光滑，略凸出；下唇须端部伸出额外。前翅狭长，外缘常近平直，有时在近臀角处内凹；Sc 与 R_1 具短脉相连；R_1 与 R_2 共柄，R_2 与 R_{3-4} 短暂相接，或具短脉相连，或靠近。后翅外缘下半段有时浅凹。

分布：世界广布。世界已知 18 种，中国已知 2 种，本书记述 1 种。

（73）黑红蚀尺蛾 *Hypochrosis baenzigeri* Inoue, 1982

Hypochrosis baenzigeri Inoue, 1982: 164.

头部及胸部呈灰色；腹部为灰色底色，具有黑色斑纹。翅面呈灰色，双翅密布紫色横点斑。前翅宽，外缘直且倾斜；前缘中段有 1 红棕色的晕斑向亚前缘段渐缩成粗晕带，而后延伸至近内缘处。后翅亦具有红棕色粗晕带；缘毛黑褐色。翅反面黄褐至红褐色，散布深色碎纹。

观察标本：8 雄 10 雌，重庆缙云山，850 m，2021.Ⅶ.8-10，邓敏、刘抗洪。

分布：中国（重庆缙云山、湖南、台湾、海南、贵州）；印度，泰国。

59. 尘尺蛾属 *Hypomecis* Hübner, 1821

Hypomecis Hübner, 1821: 7. Type species: *Cymatophora umbrosaria* Hübner, 1821.

属征：雄性触角双栉齿状，雌性触角线状。额略凸出；下唇须尖端伸达额外。前翅外缘较直，倾斜；R_1 和 R_2 完全合并。后翅外缘波曲。前后翅外线常为锯齿状；亚缘线内侧具深色带。雄性前翅基部具泡窝。

分布：世界广布。世界已知 19 种，中国已知 9 种，本书记述 1 种。

（74）彷尘尺蛾 *Hypomecis punctinalis* (Scopoli, 1763)

Phalaena punctinalis Scopoli, 1763: 215.
Hypomecis punctinalis: Hübner, 1821: 29-48.

雄性触角双栉齿状，雌性丝状。体土褐色；前翅宽，顶角稍圆钝，外缘微向外突；中线斜直，上部 1/3 处略向外缘弯曲。后翅外缘圆弧形。双翅翅面散布暗棕色细点纹；端室斑呈棕黑色明显圆斑；中线于各脉向外尖突。

观察标本：3 雄 1 雌，重庆缙云山，850 m，2021.Ⅶ.8-10，邓敏、刘抗洪。

分布：中国（重庆缙云山、黑龙江、北京、山东、陕西、甘肃、青海、浙江、江西、湖南、福建、台湾、广西）；韩国，日本。

60. 璃尺蛾属 *Krananda* Moore, 1868

Krananda Moore, 1868: 648. Type species: *Krananda semihyalina* Moore, 1868.

属征：雄性触角线状，具纤毛；雌性触角线状。额不凸出；下唇须仅尖端伸达额外。前翅顶角常凸出；Sc 游离，R_1 和 R_2 共柄或游离。后翅顶角处缺刻，在 Rs 处常具 1 个尖突。前后翅基部至外线之间区域翅面颜色略浅，常透明；外线外侧常具深色带。雄性前翅基部具泡窝。

分布：古北区、东洋区。世界已知 10 种，中国已知 5 种，本书记述 1 种。

（75）玻璃尺蛾 *Krananda semihyalina* Moore, 1868

Krananda semihyalina Moore, 1868: 648.

头胸腹部背面均呈灰褐色，腹面为淡黄色；触角丝状。前翅翅面大多无鳞片而有透窗感；前缘近顶角 1/5 段明显外弯，顶角稍钝；外缘近顶角 1/3 段稍内凹，2/3 段稍外弯；内缘中段内凹；前中线淡褐色折曲而基侧与外侧带些许黑晕；亚外缘近内缘 2/3 段区间各脉间具有 1 白色斑；外缘线黑色；后翅外缘近顶角向外突出；缘毛灰褐色。

观察标本：1 雄 4 雌，重庆缙云山，850 m，2021.Ⅶ.8-10，邓敏、刘抗洪。

分布：中国（重庆缙云山、浙江、湖北、江西、湖南、福建、台湾、海南、四川、贵州）；日本，印度。

61. 褶尺蛾属 *Lomographa* Hübner, 1825

Lomographa Hübner, 1825: 311. Type species: *Geometra taminata* Denis et Schiffermüller, 1775.

属征：雄性与雌性触角均为线状，不具纤毛。额不凸出；下唇须仅尖端伸出额外。前翅顶角凸出；外缘平直或弧形；R_1 和 R_2 常完全合并。后翅圆。翅面常白色或灰色。雄性前翅基部通常不具泡窝。

分布：世界广布。世界已知 30 余种，中国已知 11 种，本书记述 1 种。

（76）褶尺蛾 *Lomographa* sp.

头胸腹部均呈灰白色，胸部背面具有 1 较大黑色斑纹，腹部背面布有少许黑色斑纹；触角丝状。前翅密布多数黑色斑点，内线、外线呈浅褐色；前缘为褐色。后翅布有不明显的褐色斑。前后翅面整体呈灰白色，各有 1 枚不明显小黑斑点；外线浅黑色；缘毛白色。

观察标本：5 雄 7 雌，重庆缙云山，850 m，2021.Ⅶ.8-10，邓敏、刘抗洪。

分布：中国（重庆缙云山）。

62. 展尺蛾属 *Menophra* Moore, 1887

Menophra Moore, 1887: 409. Type species: *Phalaena abruptaria* Thunberg, 1792.

属征：雄性触角双栉状，雌性触角线状。额不凸出；下唇须端部伸出额外。前翅

R₁和R₂在近基部一段合并。前后翅外缘浅波状。雄性前翅基部不具泡窝。

分布：世界广布。世界已知18种，中国已知6种，本书记述1种。

（77）白毛弭尺蛾 *Menophra senilis* (Butler, 1878)

Hemerophila senilis Butler, 1878: 48.
Menophra senilis: Moore, 1887: 409.

体、翅灰褐色，触角丝状。前翅灰色，缘毛灰褐色；翅面散布不规则的深褐色短横纹；外缘呈不规则齿状；中室具黑色斑纹。后翅近三角形缘毛灰黑色，翅面散布黑色短纹；外缘波状，近端部颜色稍浅，中部色深暗褐色，外缘中下部具浅色不规则斑。

观察标本：4雄8雌，重庆缙云山，850 m，2021.VII.8-10，邓敏、刘抗洪。

分布：中国（重庆缙云山、广东）；俄罗斯，韩国，日本。

63. 琼尺蛾属 *Orthocabera* Butler, 1879

Orthocabera Butler, 1879: 439. Type species: *Orthocabera sericea* Butler, 1879.

属征：雄性触角双栉状，雌性触角线状。额略凸出；下唇须仅尖端伸达额外。前翅外缘浅弧形；R₁与R₂分离。后翅圆。前后翅面常白色。雄性前翅基部不具泡窝。

分布：古北区、东洋区。世界已知13种，中国已知3种，本书记述1种。

（78）僊琼尺蛾 *Orthocabera sericea* Butler, 1879

Orthocabera sericea Butler, 1879: 440.

头部呈淡黄色，胸部及腹部呈白色。前翅宽，前缘于亚顶区略外弯；顶角直角状；外缘略外弯，前中段、中段、后中段各有3组成对的橘褐色斜线纹；亚外缘具1条波曲橘褐色线纹；外缘橘褐色，缘毛白色；后翅纹路略同前翅。

观察标本：3雄2雌，重庆缙云山，850 m，2021.VII.8-10，邓敏、刘抗洪。

分布：中国（重庆缙云山、喜马拉雅毗邻地区、台湾）；日本。

64. 尾尺蛾属 *Ourapteryx* Leach, 1814

Ourapteryx Leach, 1814: 79. Type species: *Phalaena sambucaria* Linnaeus, 1758.

属征：雄性触角双栉状或线状，雌性触角线状。额略凸出；下唇须短。前翅宽大，顶角有时凸出，外缘平直；后翅在M₃处具尾突。翅脉特征常变化，不稳定。翅面白色，斑纹平直；前后翅缘毛色通常深色。雄性前翅基部不具泡窝。

分布：古北区、东洋区。世界已知38种，中国已知27种，本书记述1种。

（79）淡黄尾尺蛾 *Ourapteryx pallidula* Inoue, 1985

Ourapteryx pallidula Inoue, 1985: 81.

翅展 40-48 mm；体呈淡粉黄色。前翅宽，顶角略钝；外缘平直；前中线与后中线黄色；外缘红色，缘毛黄褐色。后翅宽，外缘红色，缘毛黄褐色；臀角尾突基部具有 2 个明显红斑，近内缘者稍小。该种近似黄尾尺蛾，然该种之后翅尾突近前缘段具明显副突起，可作初步辨识。

观察标本：4 雄 7 雌，重庆缙云山，850 m，2021.Ⅶ.8-10，邓敏、刘抗洪。

分布：中国（重庆缙云山、台湾、云南、西藏）；泰国，印度。

65. 丸尺蛾属 *Plutodes* Guenée, 1857

Plutodes Guenée, 1857: 117. Type species: *Plutodes cyclaria* Guenée, 1857.

属征：雄性触角单栉齿状，末端 1/3 丝状。下唇须小，浅黄色；额部和胸腹部背面褐色；头顶、领片、身体腹面及足浅黄色。翅展两翅浅黄色，基部和远端各具 1 个大的褐斑，褐斑边缘黑褐色并带有银色鳞片。前翅远端褐斑大，近圆形。后翅远端褐斑肾形，内缘在 M 脉间具 1 明显外凸齿，反面与正面相似，但颜色较浅和暗淡。

分布：世界广布。世界已知 11 种，中国已知 5 种，本书记述 2 种。

（80）小丸尺蛾 *Plutodes philornis* Prout, 1926

Plutodes philornis Prout, 1926: 1-32.

头胸腹部背面均呈深褐色，胸部腹面、足及腹部末端浅黄色。两翅浅黄色，在基部和近端部各具 1 个褐色斑块，斑块的外缘线黑褐色，并带有银色鳞片。前翅基部斑块较小，近半圆形；远端斑块椭圆形。后翅基斑狭长，远端斑块椭圆形。前后翅反面整体颜色较浅；缘毛浅黄色。

观察标本：2 雄 3 雌，重庆缙云山，850 m，2021.Ⅶ.8-10，邓敏、刘抗洪。

分布：中国（重庆缙云山、江西、广东、广西、四川、贵州、云南）；印度。

（81）墨丸尺蛾 *Plutodes warreni* Prout, 1923

Plutodes warreni Prout, 1923: 322.

头部呈黄色，胸部及腹部呈褐色。前翅红褐色至深褐色，前缘和外缘具黄色带；内缘波状，并在前缘外 1/3 处和后缘近臀角处凸出大齿；内线黑色，弧形；外线黑色，模糊。后翅顶角区域黄色，其余部分红褐色至深褐色；中点白色，半月形；其余斑纹模糊。

观察标本：3 雄 5 雌，重庆缙云山，850 m，2021.Ⅶ.8-10，邓敏、刘抗洪。

分布：中国（重庆缙云山、陕西、甘肃、浙江、湖北、江西、湖南、福建、广东、广西、四川、云南、西藏）；印度，尼泊尔。

66. 黄蝶尺蛾属 *Thinopteryx* Butler, 1883

Thinopteryx Butler, 1883: 197, 202. Type species: *Urapteryx crocopterata* Kollar, 1844.

属征：雄性与雌性触角均为线状，雄性触角具纤毛簇。额略凸出；下唇须粗壮伸出额外。前翅宽大，顶角有时凸出；外缘浅弧形；R_1 和 R_2 长共柄，Sc 与 R_{1+2} 在一点合并。后翅外缘在 M_3 处凸出成尾角。雄性前翅基部具泡窝。雄性第 1 和第 2 腹节腹板较尾尺蛾属长。

分布：古北区、东洋区。世界已知 4 种，中国已知 1 种，本书记述 1 种。

（82）黄蝶尺蛾 *Thinopteryx crocoptera* (Kollar, 1844)

Urapteryx crocoptera Kollar in Kollar & Redtenbacher, 1844: 483.
Thinopteryx crocoptera: Holloway, 1993: 203.

前翅长，29-31 mm，翅面橙黄色，斑纹灰褐色。前翅前缘具灰白色带，翅中央及两端间有 2 条褐色条纹；亚缘线为翅脉上 1 列深褐色点，在 R_5 和 M_3 之间向外弯曲。后翅中点向内弯曲，具尖尾突；缘毛黄色，在尾角处黑色。

观察标本：1 雄，重庆缙云山，850 m，2021.Ⅶ.11-12，邓敏、刘抗洪。

分布：中国（重庆缙云山、河南、陕西、甘肃、湖北、江西、湖南、台湾、广东、海南、广西、四川、云南、西藏）；日本，印度，越南，斯里兰卡，马来西亚，印度尼西亚，朝鲜半岛。

（二十一）尺蛾亚科 Geometrinae

成虫体型变化大。同种雄性与雌性触角通常不同。雄性触角多为双栉齿状，栉齿上具纤毛，或为线状、锯齿状、纤毛状；雌性常为线状，偶尔为短双栉齿状。绝大多数属种后足胫节具 2 对距。后翅 M_2 接近 M_1，远离 M_3。翅绿色。雄性外生殖器常具发达背兜侧突，阳茎具纵向骨化带。雌性外生殖器肛瓣钝突状，常具小瘤状突，囊片常呈双角状。

尺蛾亚科的成虫绝大多数夜间活动，成活期 1-3 周，有时仅几天，但有时可长至 2 个月。大多数种类以幼虫或蛹越冬。幼虫虫体通常绿色，静止不动时，躯体向外伸出，和枝条保持一定的角度，极似枝条。具有很好的保护功能。主要以植物叶片为食。

世界性分布。世界已知 270 属 2440 余种，中国已知 64 属 373 种，本书记述 2 属 2 种。

67. 始青尺蛾属 *Herochroma* Swinhoe, 1893

Herochroma Swinhoe, 1893: 148. Type species: *Herochroma baba* Swinhoe, 1893.

属征：雄性与雌性触角均为线状。额较凸出；下唇须中等长，雄性第 3 节短小，雌性第 3 节略延长；雄性后足胫节具发达的毛束。前翅外缘波状；R_2 出自中室或与 R_{3-5} 共柄。后翅外缘深波状或钝齿状，M_3 和 CuA_1 不共柄。有些种类雄性后翅臀角凸出，后缘延长。翅通常黄绿色或草绿色，散布灰色或红褐色斑点。

分布：世界广布。世界已知 18 种，中国已知 7 种，本书记述 1 种。

（83）宏始青尺蛾 *Herochroma perspicillata* Han *et* Xue, 2003

Herochroma perspicillata Han et Xue, 2003: 629-639.

头部及胸部明显灰绿色，腹部呈黄绿色。前翅前缘黑褐色杂红褐色；外线直，锯齿形；亚缘线色浅不清晰；外缘线为翅脉间 1 列黑点；后缘略向内凹入，2A 脉中部膨大弯曲。后翅斑纹与前翅相似。翅反面：两翅有黑色大中点；端带宽阔、黑色，不达外缘；端带内侧污白色带少量黄色；前翅端带外侧近前缘处略带深红褐色；缘线同翅正面。两翅均有黑色中点。

观察标本：1 雌，重庆缙云山，850 m，2021.Ⅶ.8-10，邓敏、刘抗洪。

分布：中国（重庆缙云山、福建、广东、广西、云南）。

68. 绿尺蛾属 *Mixochlora* Warren, 1897

Mixochlora Warren, 1897: 42. Type species: *Mixochlora alternata* Warren, 1897.

属征：雄性触角双栉齿状，尖端线状，带纤毛；雌性触角常线状，具纤毛。极少数种类雄性与雌性触角均为双栉齿状。额不凸出；雌性下唇须第 3 节延长。雄性后足胫节多膨大，具毛束和端突。翅绿色，前翅宽阔，少数种类前翅顶角尖，外缘平直或浅弧形；R_1-R_5 共柄，R_2 出自 R_5 前，或 R_1 游离，R_5 出自 R_2 前。后翅顶角和外缘圆；Rs 与 M_1 共柄，无 3A。前翅臀角和后翅顶角常具斑块；前后翅具小中点。

分布：世界广布。世界已知 3 种，中国已知 1 种，本书记述 1 种。

（84）三岔绿尺蛾 *Mixochlora vittata* (Moore, 1868)

Geometra vittata Moore, 1868: 636.
Mixochlora vittata: Holloway, 1976: 61.

头部及胸部呈深绿色，腹部呈浅绿色。翅浅灰绿色，斑纹鲜绿色。前翅顶角凸出，略呈钩状，基线、内线、中点均外倾；中线内倾并与内线和中点接触，呈三岔状；外线、亚缘线直，与外缘平行。后翅外缘圆，具中线和外线；外线微呈弧形，亚缘线纤细；缘线和缘毛绿色，缘毛端部灰绿色。前后翅中点微小，均黑灰色；翅反面呈黄色，偏黄绿色。

观察标本：1 雄 1 雌，重庆缙云山，850 m，2021.Ⅶ.8-10，邓敏、刘抗洪。

分布：中国（重庆缙云山、江西、湖南、福建、台湾、海南、广西）；日本，菲律宾，印度，马来西亚，印度尼西亚。

（二十二）花尺蛾亚科 Larentiinae

小至中型蛾类，少数种类大型。触角多为线状。后足胫节一般具 2 对距。前翅宽大，中室上角具 1 或 2 个径副室。后翅多三角形，Sc 和 Rs 有一段合并至中室中部之外后分离，或在中室中部之外有 1 条横脉相连；M_2 发达，基部位于中室端脉中部，如中室端脉双折角，则 M_2 略近 M_3。雄性外生殖器的颚形突中突常退化。

花尺蛾以北方分布为主，以一年一代为主，部分种类一年发生 2-3 代，大部分以蛹过冬。成虫的发生场所以山区为主；以全夜活动为主。寄主植物以乔木为主，其次是草本植物和小灌木。

世界性分布。世界已知 6000 余种，中国已知 135 属 715 种，本书记述 2 属 2 种。

69. 白尺蛾属 *Asthena* Hübner, 1825

Asthena Hübner, 1825: 310. Type species: *Geometra candidata* Schiffermüller, 1775.

属征：额一般狭窄，不凸出；触角纤毛短；下唇须略长，尖端伸达额外。前翅径副室 2 个，R_1 出自径副室顶角或其前方，R_5 与 R_{2-4} 共柄，或出自径副室顶角下方，M_1 游离。后翅外缘在 M_3 处凸出一角，$Sc+R_1$ 与 Rs 合并至中室前缘外 1/3 处，Rs 与 M_1 共柄较短，中室端脉浅弧形弯曲，M_2 基部略近 M_1，无 2A。

分布：世界广布。世界已知 10 种，中国已知 5 种，本书记述 1 种。

（85）对白尺蛾 *Asthena undulata* (Wileman, 1915)

Leucoctenorrhoe undulata Wileman, 1915: 17.
Asthena undulata: Prout, 1938: 181.

头部褐色，触角丝状；胸部前段主色白色，后段主色褐色；腹部褐色。前翅宽，顶角直角状；前缘近顶角半段稍外弯；外缘于中段稍外弯；中室端部具有 1 黑色小点斑，中线黑色于中部外弯。

观察标本：2 雄 1 雌，重庆缙云山，850 m，2021.Ⅶ.8-10，邓敏、刘抗洪。

分布：中国（重庆缙云山、上海、浙江、湖北、江西、湖南、福建、台湾、广东、广西、四川）。

70. 虹尺蛾属 *Acolutha* Warren, 1894

Acolutha Warren, 1894: 393. Type species: *Emmelesia pictaria* Moore, 1888.

属征：小型蛾类。额光滑；喙发达，下唇须约 1/4 伸出额外，光滑；触角线状，触角腹面略凸成齿形，每节具 2 对长纤毛簇。前足正常，后足胫距 2 对。前翅宽阔，上半部红棕色，下半部除外线以外为灰白色；顶角钝圆；外缘浅弧形。后翅暗灰色，斑纹复杂，具多条波浪形斑纹。

分布：古北区、东洋区。世界已知 1 种，中国已知 1 种，本书记述 1 种。

（86）霓虹尺蛾 *Acolutha pulchella* (Hampson, 1895)

Hyria pulchella Hampson, 1891: 124.
Acolutha pulchella: Prout, 1930: 133.

翅展 18-23 mm；触角丝状；体躯淡灰色。前翅上半部红棕色；下半部除外线以外呈灰白色；顶角稍钝；前缘近头部强烈外弯；外缘微向外弯，外线暗棕色，上部近 1/3 处向前缘内折，近臀角处具有 1 暗棕色圆点斑；中室近端部具 1 小黑点。后翅呈灰色，斑纹复杂，具多条波浪斑纹；外缘微锯齿状，近基部具有 1 黑色点斑。

观察标本：4 雌，重庆缙云山，850 m，2021.Ⅶ.8-10，邓敏、刘抗洪。

分布：中国（重庆缙云山、海南）；日本，印度，印度尼西亚（爪哇岛）。

七、钩蛾科 Drepanidae

体粗壮或细长；头被光滑或略粗糙的鳞片；触角线状、双栉齿状或单栉齿状；后翅沿中室分离，但在中室末端或稍外又接近，甚至愈合。

低龄幼虫有群居性，取食植物叶片，一些是林木、果树害虫。

世界性分布。世界已知 120 属 650 余种，中国已知 26 属 196 种，本书记述 2 属 2 种。

71. 山钩蛾属 *Amphitorna* Turner, 1911

Amphitorna Turner, 1911: 18. Type species: *Amphitorna lechriodes* Turner, 1911.

属征：雄性与雌性触角均为单栉齿状，少数双栉齿状；雌性栉齿通常很短，且十分致密；后足胫节具 1 对端距。前翅顶角凸出，呈钩状，顶角下方翅外缘平滑或凸出；外线由顶角向内伸至后缘中部附近。后翅外缘平滑或凸出。翅面红褐色，散布黄色或深褐色鳞片。

分布：世界广布。世界已知 11 种，中国已知 3 种，本书记述 1 种。

（87）缺刻山钩蛾 *Amphitorna olga* (Swinhoe, 1894)

Oreta olga Swinhoe, 1894: 434.
Amphitorna olga: Yazaki, 1995: 1.

头部、胸部及腹部均呈深褐色，头部及胸部背面覆盖褐色鳞毛。前翅背面呈深褐色，布有不均匀的黑色斑纹。

观察标本：1 雌，重庆缙云山，850 m，2021.Ⅶ.8-10，邓敏、刘抗洪。

分布：中国（重庆缙云山、江西、台湾、海南、四川）；印度（锡金）。

72. 丽钩蛾属 *Callidrepana* Felder, 1861

Callidrepana Felder, 1861: 30. Type species: *Callidrepna saucia* Felder, 1861.

属征：雄性与雌性触角均为双栉齿状，雄性栉齿较长。喙发达；下唇须侧面观尖端至 1/3 伸出额缘；后足胫节具 2 对距。翅面具闪光鳞片。前翅顶角不尖锐，弯成钩状。雄性外生殖器：钩形突分叉，常退化；背兜侧突有时缺失；抱器瓣宽大或近三角形，有时分叉；囊形突宽大；阳茎粗壮。雌性外生殖器：肛瓣短小，稍分裂；表皮突退化；囊导管长；囊片为片状。

分布：世界广布。世界已知 19 种，中国已知 6 种，本书记述 1 种。

（88）肾点丽钩蛾 *Callidrepana patrana* (Moore, 1866)

Drepana patrana Moore, 1866: 816.
Callidrepana patrana: Watson, 1968: 114.

头胸腹部均为黄褐色。翅面灰褐色或黄褐色，前翅近基部有 1 条褐色的波状横带，其下方近前缘有 1 黑褐色的条状纵斑；近顶角到后缘臀角有 1 条宽横带，下方较宽，样子很像突起的横带，亚端线呈斑点排列。

观察标本：7 雄 9 雌，重庆缙云山，850 m，2021.Ⅶ.8-10，邓敏、刘抗洪。

分布：中国（重庆缙云山、浙江、湖北、江西、福建、台湾、广西、四川、云南）；印度，缅甸，老挝。

八、枯叶蛾科 Lasiocampidae

体躯粗壮，中至大型，密被鳞片多黄褐色。有些种类静止时后翅的波状边缘伸出前翅两侧，形似枯叶状，下唇须前伸似叶柄，因此而得中名。无单眼。复眼小而强烈凸突。额上几乎总是生有 1 簇密毛；喙退化或缺；下唇须粗，常呈鼻状或尖锥状延长。无翅缰和翅缰钩，后翅肩区扩大为翅抱。胸部（特别是雌蛾）大多粗壮多毛。足短，强壮而被毛。翅面颜色比较丰富，前翅通常有 1 枚明显的白色中室端；外缘经常呈锯齿状；后缘明显缩短。后翅大多圆形，斑纹位于前缘。

初孵化的 1 龄幼虫有群集习性，稍遇惊扰，即垂丝下降，接触地面后首尾往往迅速左右摇摆。虫体较小的种类生长达 2 龄时，遇惊扰不再吐丝。1-2 龄幼虫只能把针叶的一侧啃食成缺刻，较大个体种类 2 龄开始取食整个松针。蛹经过 15-20 天后重量逐渐减轻，腹部各节之间显著伸长。羽化时由头胸部背面裂开。初羽化的蛾子双翅皱缩得很小，形如棒状，待爬到枝叶上经 15 min 后，翅才能伸展完全，约 30 min 后翅硬化。交尾活动在夜间 19:00 至凌晨 5:00 进行。夏季 7-8 月，一般羽化后当晚交配的最多。

世界性分布。世界已知约 224 属 2000 种，中国已知 39 属 219 种，本书记述 1 属 1 种。

73. 黄枯叶蛾属 *Trabala* Walker, 1856

Trabala Walker, 1856: 1785. Type species: *Amydona prasina* Walker, 1855.

属征：触角有相当长的羽状毛；下唇须前伸、长，密覆鳞片。前翅前缘直，近顶角弯曲，顶角尖；外缘在 6 脉和 2 脉处有波曲；6、7 脉分叉，9、10 脉共柄短于分离部分。后翅前、后缘较直，外缘圆；4、5 脉短共柄，7、8 脉在基部有接触，有肩脉 1 条。中、后足胫节有短端距。雄性外生殖器的背兜膜质；背兜侧突膜质且具毛；抱器瓣长指状，抱足 1 对。阳茎细长，明显呈弓形，末端尖细，阳茎端膜内有粗针状的角状器。

分布：古北区。世界已知 18 种，中国已知 2 种，本书记述 1 种。

（89）栗黄枯叶蛾 *Trabala vishnou* (Lefèbvre, 1827)

Gastropacha vishnou Lefèbvre, 1827: 207.
Trabala vishnou: Walker, 1855: 1417.

雌雄异型。雌蛾体橙黄色至黄绿色，头部黄褐色，复眼黑褐色；触角双栉齿状。前翅近三角形，内线、外线黄褐色；中线在近翅后缘部分明显；亚外缘线为 8-9 个黄褐色斑点组成的波状纹；中室斑纹近肾形，黄褐色；由中室至后缘为 1 大型黄褐色斑纹。后翅后缘黄白色，中线和亚外缘线为明显的黄褐色波状横纹。腹部末端密生黄褐色毛。雄蛾绿色或黄绿色。前翅内线、中线明显，深绿褐色，内侧嵌有白色条纹；亚外缘斑纹绿褐色，不甚明显；外缘线和缘毛褐色；中室处有1个褐色小斑，其外缘白色。后翅中线前半部明显；后缘灰白色，缘毛褐色。腹部较细，末端有绿白色毛。

观察标本：2雄，重庆缙云山，850 m，2021.Ⅶ.11-12，邓敏、刘抗洪。

分布：中国（重庆缙云山、江苏、安徽、浙江、湖北、江西、湖南、福建、广西、四川、贵州、云南、西藏）；巴基斯坦，印度，尼泊尔，越南，泰国，斯里兰卡，马来西亚。

九、大蚕蛾科 Saturniidae

大蚕蛾为蛾类中的大型种类，体型粗大，体长为20-60 mm。雌体明显大于雄体，特别是腹部；雌性尾端尖，而雄性钝圆。有些雌性还有成簇的尾毛（如樟蚕蛾），翅展为100-140 mm。不同种大小相差很大，乌桕大蚕蛾翅展可达210 mm，而丁目大蚕蛾翅展则只有65-70 mm。成虫全身被有密集的毛；喙退化，不能取食；无单眼，复眼圆而隆起；下唇须一般短小，多向前上方直伸，上面有较粗的密集毛；触角宽大，呈羽枝状，除末端几节外，自上而下各鞭节均呈双栉齿状，雌蛾的各枝短于雄蛾的1/2。

发生世代分为3种。1代型，以蛹在茧中越冬，第二年2或3月羽化为成虫。幼期阶段为5月下旬至7月上旬，然后结茧化期，即进入滞育，因此，全生活周期中以蛹期最长，可达240日左右。1-3代型，特点是以蛹越冬，发生季节为3、6月，此为第一代；8、10月为第二代，中间有夏眠习性。多代型在野外发生多达4代。

世界性分布。世界已知168属2349种，中国已知15属40余种，本书记述2属2种。

74. 尾大蚕蛾属 *Actias* Leach, 1815

Actias Leach, 1815: 25. Type species: *Phalaena luna* Linnaeus, 1815.

属征：成虫后翅臀角有1延长的尾带，长达16 mm以上。前翅中室端有月牙纹及1较小的圆斑；外缘较直；前缘在Sc处有1紫红色纵线直达顶角内侧。触角两性均为长双栉齿状。

分布：古北区、新北区。世界已知40余种，中国已知10余种，本书记述1种。

（90）绿尾大蚕蛾 *Actias selene* (Hübner, 1807)

Echidna selene Hübner, 1807: 3.
Actias selene: Leach, 1815: 25.

头灰褐色，两侧及肩板基部前缘有暗紫色横切带。触角土黄色；雄、雌均为长双栉齿状；体被较密的白色长毛，有些个体略带淡黄色。翅粉绿色，基部有较长的白色茸毛。前翅前缘暗紫色，混杂有白色鳞毛；翅脉及两条与外缘平行的细线均为淡褐色；外缘黄褐色；中室端有1个眼形斑，斑的中央在横脉处呈1条透明横带，透明带的外侧黄褐色，内侧内方橙黄色，外方黑色，间杂有红色月牙形纹。后翅自 M_3 脉以后延伸成尾形，长达 40 mm，尾带末端常呈卷折状；中室端有与前翅相同的眼形纹，只是比前翅略小些；外线单行黄褐色，有的个体不明显。胸足的胫节和跗节均为浅绿色，被有长毛。一般雌蛾色较浅，翅较宽，尾突亦较短。

观察标本：1 雌，重庆缙云山，850 m，2021.Ⅶ.11-12，邓敏、刘抗洪。

分布：中国（重庆缙云山、河北、河南、江苏、安徽、浙江、湖北、江西、湖南、台湾、广西、四川）；亚洲。

75. 目大蚕蛾属 *Antheraea* Hübner, 1819

Antheraea Hübner, 1819: 152. Type species: *Phalaena mylitta* Drury, 1775.

属征：前翅及后翅中室端的眼形斑内有明显的眸形纹；顶角内侧在前缘处有盾形黑斑；翅基部与内线间有深色区；亚外缘线双行。

分布：古北区、东洋区。世界已知 80 余种，中国已知 4 种，本书记述 1 种。

（91）钩翅大蚕蛾 *Antheraea assamensis* Helfer, 1837

Antheraea assamensis Helfer, 1837: 43.

头部呈赭褐色；前胸前缘白色、间杂有紫红色鳞毛。前翅锈红色，内线赭棕色呈圆弧形，内侧有白色镶边；亚外缘线棕色，外侧污白色，内侧棕色，外侧至外缘间色淡呈污黄色；顶角显著外突，端部尖向侧下方伸出成钩状，在顶角内侧与前缘间色稍淡，并有波浪形纹；中室端有较小的黄褐色眼形斑，斑的中间有竖立的半透明线纹，外围有黑色细线条圆圈；中室端眼形纹外圈的黑线不见，顶角有深棕色斑；臀角近似于直角。后翅比前翅色略深，内线棕赭色齿形；亚外缘线棕色双行，两行间色稍浅；中室端的眼形纹四周的黑色线状纹圆圈比前翅略宽，圈中内侧少伴有黑色半月形斑，中间有 1 条半透明缝。前、后翅反面有紫粉色鳞片，内线不明显；外线宽，无白色镶边。

观察标本：1 雄 2 雌，重庆缙云山，850 m，2021.Ⅶ.8-10，邓敏、刘抗洪；2 雄 1 雌，重庆缙云山，850 m，2021.Ⅶ.11-12，邓敏、刘抗洪。

分布：中国（重庆缙云山、广东、云南）；加里曼丹岛。

十、天蛾科 Sphingidae

体中等到大型。复眼大；胸部粗壮，腹部末端尖及呈流线形；触角端部细而弯曲。前翅狭长，后翅呈短三角形。

飞翔力强，常飞于花丛间取蜜。大多数种类夜间活动，少数日间活动。幼虫肥大，圆柱形，光滑，体面多颗粒；第 8 腹节背中部有 1 臀角，入土后作土茧化蛹。蛹的第 5 节和第 6 节能活动，末节有臀棘；蛹喙显著，有离体与贴体之别。成虫能发微声，幼虫也能以上颚摩擦作声。

世界性分布。世界已知 3 亚科 200 余属 1450 余种，中国已知 3 亚科 45 属约 150 种，本书记述 3 亚科 10 属 13 种。

分亚科检索表

1. 下唇须近基部内侧有 1 群短的感觉毛 ··· **长喙天蛾亚科 Macroglossinae**
- 下唇须近基部内侧无 1 群短的感觉毛 ·· 2
2. 腹部两侧无深浅相间的斑纹 ··· **目天蛾亚科 Smerinthinae**
- 腹部两侧具深浅相间的斑纹 ·· **天蛾亚科 Sphinginae**

（二十三）长喙天蛾亚科 Macroglossinae

复眼大而圆；下唇须腹面白色，背面黄褐色，顶端尖似鹰嘴；触角末节细长，雄性触角上有成丛的纤毛。前翅外缘直；后翅橘红或黄色，前缘正常。腹部背板上第 1 行刺长度不大于宽度；腹部末端有尾刷，中间不分开。

飞翔速度快，有结茧习性。成虫越冬，采花不携粉，采蜜不酿蜜；能原地悬空取食，盘旋飞翔时既能前进也能后退。

世界性分布。世界已知 86 属 766 种，本书记述 5 属 6 种。

分属检索表

1. 头顶至尾端有 1 条黄色较粗背线 ··· **背线天蛾属 *Cechenena***
- 头顶至尾端无 1 条黄色较粗背线 ·· 2
2. 前翅顶角外缘微平截 ·· **缺角天蛾属 *Acosmeryx***
- 前翅外缘直 ·· 3
3. 前翅有许多横线 ··· **葡萄天蛾属 *Ampelophaga***
- 前翅有杂斑或斜纹 ·· 4
4. 喙基部不暴露 ·· **斜纹天蛾属 *Theretra***
- 喙基部暴露 ·· **白肩天蛾属 *Rhagastis***

76. 缺角天蛾属 *Acosmeryx* Boisduval, 1875

Acosmeryx Boisduval, 1875: 214. Type species: *Sphinx anceus* Stoll, 1781.

属征：全身鳞毛较长，下唇须长，末节顶部超过头顶；触角末节鳞片灰白色。前翅前缘顶角附近，在 R_4 及 R_5 之间有 1 三角形灰褐斑；顶角外缘微平截；翅上各横线波浪形。

分布：世界广布。世界已知 17 种，中国已知 5 种，本书记述 1 种。

（92）缺角天蛾 *Acosmeryx castanea* Rothschild *et* Jordan, 1903

Acosmeryx castanea Rothschild *et* Jordan, 1903: 531.

翅展 35-45 mm。体紫褐色，有金黄色闪光；触角背面污白色，腹面棕赤色；腹部背面棕黑色。前翅各横线呈波状；前缘及亚外缘线呈白色斑；前翅近中央至臀角有较深色斜带，近外缘时放宽，斜带上方有近三角形的灰棕色斑；亚外缘线淡色，自顶角下方呈弓形，达 4 脉后通至外缘，外侧呈新月形深色斑；顶角有小三角形深色纹；后缘枯黄

394

色。后翅棕黄色，中部有数条暗色齿状横线；前缘灰褐色，中部有2条深色横带；外缘灰褐色。前翅反面赤褐色，外缘及基部灰褐色。

观察标本：3雌，重庆缙云山，850 m，2021.Ⅶ.8-10，邓敏、刘抗洪；2雄，重庆缙云山，850 m，2021.Ⅶ.11-12，邓敏、刘抗洪。

分布：中国（重庆缙云山、湖南、台湾、四川、云南）；日本。

77. 葡萄天蛾属 *Ampelophaga* Bremer *et* Grey, 1853

Ampelophaga Bremer *et* Grey, 1853b: 61. Type species: *Ampelophaga rubiginosa* Bremer *et* Grey, 1853.

属征：下唇须端节赭褐色，向内下方弯曲；触角背面黄色，腹面棕色；身体背面中央有1条细直线；中足及后足胫节上的距短，上面无鬃梳。前翅有许多横线，中室无黑星；顶角尖；外缘平直。

分布：古北区、东洋区。世界已知5种，中国已知4种，本书记述1种。

（93）葡萄天蛾 *Ampelophaga rubiginosa* Bremer *et* Grey, 1853

Ampelophaga rubiginosa Bremer *et* Grey, 1853b: 61.

头胸腹部背面均呈茶褐色，体肥大，呈纺锤形，体背中央自前胸到腹端有1条灰白色纵线；体翅茶褐色，背面色暗，腹面色淡，近土黄色。前翅分布有暗茶褐色的横线，中线较宽，内线次之，外线较细，呈波纹状；前缘近顶角处有1暗色三角形斑，斑下接亚外缘线；亚外缘线呈波状，较外线宽。后翅周缘棕褐色，中间大部分为黑褐色，缘毛色稍红。

观察标本：1雌，重庆缙云山，850 m，2021.Ⅶ.11-12，邓敏、刘抗洪。

分布：中国（重庆缙云山、辽宁、河北、山西、山东、河南、陕西、江苏、湖北、江西、湖南、广东、广西）。

78. 背线天蛾属 *Cechenena* Rothschild *et* Jordan, 1903

Cechenena Rothschild *et* Jordan, 1903: 674. Type species: *Philampelus helops* Walker, 1856.

属征：体呈棕褐色，末节短，腹面有鳞毛。自头顶至尾端有黄色较粗背线1条。前足胫节有刺，后足胫节有长距。前翅有许多纵斜线，基线外缘成1灰白色线；中室有1黑斑；顶角尖，外缘直。

分布：东洋区。世界已知12种，中国已知4种，本书记述1种。

（94）平背天蛾 *Cechenena minor* (Butler, 1875)

Chaerocampa minor Butler, 1875: 249.
Cechenena minor: Rothschild & Jordan, 1903: 800.

翅展约40 mm。体青褐色，头及肩板两侧有白色鳞毛。前翅灰色，顶角至后缘有6条棕色条线，各线间粉褐色；翅基部有黑斑；中室端有黑点1个。后翅灰黑色，中部有黄褐色横带。翅反面橙黄略带灰色，散布褐色斑点，中线齿状灰色。前胸背板中央有黑点 1 个；腹部背面有灰褐色条，两侧有黄褐色斑，身体腹面灰白色。

观察标本：1 雄 1 雌，重庆缙云山，850 m，2021.Ⅶ.11-12，邓敏、刘抗洪；1 雄 2 雌，重庆缙云山，850 m，2021.Ⅶ.8-10，邓敏、刘抗洪。

分布：中国（重庆缙云山、浙江、湖北、台湾、广东、四川）。

79. 斜纹天蛾属 *Theretra* Hübner, 1819

Theretra Hübner, 1819: 290. Type species: *Sphinx equestris* Fabricius, 1793.

属征：喙基部不暴露，下唇须第 1 节端部内侧密被长短不一的鳞毛，外侧端部有长鳞片，第 2 节连接，内侧端部有 1 簇鳞毛。前翅顶角至后缘基部有斜纹数条；外缘直。腹部末端尖，一般有背线。

分布：世界广布。世界已知 64 种，中国已知 6 种，本书记述 2 种。

（95）斜纹天蛾 *Theretra clotho* (Drury, 1773)

Sphinx clotho Drury, 1773: 48.
Theretra clotho: Rothschild & Jordan, 1903: 769.

翅展 38-43 mm。头及肩板两侧有白色鳞毛；胸部背线棕色，腹部第 3 节两侧有黑色斑 1 块，第 6-8 节背中央有棕褐色斑点，尾端有灰白色毛丛。翅呈灰黄色。前翅翅基有黑斑，自顶角至后缘有棕褐色斜纹 3 条，下面 1 条明显；外缘深灰黄色；中室端及底各有黑色小点 1 个；各横线不明显。后翅棕黑色，前缘及后缘棕黄色。

观察标本：1 雄，重庆缙云山，850 m，2021.Ⅶ.11-12，邓敏、刘抗洪。

分布：中国（重庆缙云山、浙江、湖北、江西、湖南、台湾、广东、海南、贵州、云南）；日本，印度，印度尼西亚，斯里兰卡，菲律宾，马来西亚。

（96）青背斜纹天蛾 *Theretra nessus* (Drury, 1773)

Sphinx nessus Drury, 1773: 46.
Theretra nessus: Moore, 1882a: 22.

翅展 56-65 mm。体褐绿色，头及胸部两侧有灰白色缘毛，胸部背面有橙黄色带；腹部背面中间褐绿色，两侧有橙黄色带，腹面橙黄色，中部有灰白色带。前翅褐色，基部及前缘暗绿色，基部后方有黑白交杂的鳞毛；顶角外突稍向下方弯曲，内侧灰黄色；自顶角至后缘中部有赭褐色斜纹 2 条，斜纹下方有棕褐色带；中室端有黑色点。后翅黑褐色，外缘至后角有灰黄色带。前翅及后翅反面灰橙色，有紫褐色细点散布，各中央有数条棕褐色横线，顶角及后缘黄色。

观察标本：3 雄 1 雌，重庆缙云山，850 m，2021.Ⅶ.8-10，邓敏、刘抗洪。

分布：中国（重庆缙云山、福建、台湾、广东）；日本，印度，斯里兰卡，菲律宾，印度尼西亚，澳大利亚，巴布亚新几内亚。

80. 白肩天蛾属 *Rhagastis* Rothschild *et* Jordan, 1903

Rhagastis Rothschild *et* Jordan, 1903: 791. Type species: *Pergesa velata* Walker, 1856.

属征：喙基部暴露；下唇须第 2 节不连接，也不狭于第 1 节；触角端节尖细。前翅上有杂斑，从顶角到后缘中部无 6 条以上斜纹；中室端有棕黑色斑。腹部背面无纵背线。

分布：古北区、东洋区。世界已知 16 种，中国已知 5 种，本书记述 1 种。

（97）锯线白肩天蛾 *Rhagastis castor* (Walker, 1856)

Pergesa castor Walker, 1856: 153.
Rhagastis castor: Rothschild & Jordan, 1903: 791.

体中型。前翅灰褐色，前翅外线下缘具 2-3 个黑色斑点排列；前缘脉上白色；外缘有灰白色的波状横带，近顶角上缘有 1 枚暗色的斑点，二分顶角；后缘中央具黑褐色焦烤状的斑点分布。胸背板有 1 个黑斑，腹背后伴有成对的小斑点呈纵向排列。

观察标本：14 雄 6 雌，重庆缙云山，850 m，2021.Ⅶ.8-10，邓敏、刘抗洪；7 雄 1 雌，重庆缙云山，850 m，2021.Ⅶ.11-12，邓敏、刘抗洪。

分布：中国（重庆缙云山、台湾、广东、四川、贵州）；尼泊尔，印度，越南，印度尼西亚。

（二十四）目天蛾亚科 Smerinthinae

体较大。触角粗厚，端部呈钩形。前翅大而狭长，翅顶角尖，具翅缰和翅缰钩。典型特征是胸部背面具"八"字形斑。

分布于古北区、东洋区。世界已知 77 属 329 种，本书记述 4 属 6 种。

分属检索表

1. 头顶有棕褐色丛毛	2
- 头顶无棕褐色毛	3
2. 中室末端有 1 个白点	月天蛾属 *Parum*
- 中室末端不具白点	盾天蛾属 *Phyllosphingia*
3. 前翅顶角突出	枫天蛾属 *Cypoides*
- 前翅顶角尖锐下弯	鹰翅天蛾属 *Ambulyx*

81. 鹰翅天蛾属 *Ambulyx* Westwood, 1847

Ambulyx Westwood, 1847: 61. Type species: *Sphinx substrigilis* Westwood, 1847.

属征：头顶有锈黄色及深色毛丛；下唇须端节长，顶端灰白色。前翅顶角尖锐下弯成鹰嘴形；基线附近有圆斑，端线向内弯曲成弓形；胸足上有白斑；胸部背面两侧有斑；雄性外生殖器上的抱器腹突匙状。

分布：东洋区。世界已知 50 种，中国已知 13 种，本书记述 3 种。

分种检索表

1. 腹部背面有背线	栎鹰翅天蛾 *A. liturata*
- 腹部背线无背线	2

2. 前翅基部有黑色斑点·· 裂斑鹰翅天蛾 *A. ochracea*
- 前翅基部无黑色斑点·· 黄山鹰翅天蛾 *A. sericeipennis*

（98）栎鹰翅天蛾 *Ambulyx liturata* Butler, 1875

Ambulyx liturata Butler, 1875: 250.

翅展 130 mm 左右。体翅灰橙褐色，颜面粉白色；头顶与颈的分界处棕褐色；胸部两侧棕褐色；腹部背面中央有 1 褐色纵线，各节后缘有褐色横纹，腹部腹面橙黄色。前翅橙灰色，内线部位下方有绿褐色圆斑 1 个；中线及外线波状不明显；亚外缘线褐绿色；前缘有 4 条褐色暗影。

观察标本：2 雄 3 雌，重庆缙云山，850 m，2021.Ⅶ.11-12，邓敏、刘抗洪。

分布：中国（重庆缙云山、湖南、海南、四川）；印度（锡金），缅甸，菲律宾，印度尼西亚（苏门答腊岛）。

（99）裂斑鹰翅天蛾 *Ambulyx ochracea* Butler, 1885

Ambulyx ochracea Butler, 1885: 113.

体大型。翅梭形，前翅近基部有 3 枚黑色斑点，近后缘的斑点较大，圆形，外侧有缺口；顶角至臀角的横带边具黄褐色梭形条带分布。前胸背板具黑色纵向条纹，内有 1 枚白色小点；腹部末端有 3 枚黑色斑点。

观察标本：2 雄 3 雌，重庆缙云山，850 m，2021.Ⅶ.8-11，邓敏、刘抗洪。

分布：中国（重庆缙云山、黑龙江、吉林、辽宁、北京、河北、山西、山东、河南、陕西、江苏、安徽、浙江、江西、湖南、福建、台湾、广东、海南、香港、广西、四川、贵州、云南）；朝鲜，日本，印度（锡金），缅甸。

（100）黄山鹰翅天蛾 *Ambulyx sericeipennis* Butler, 1875

Ambulyx sericeipennis Butler, 1875: 252.

翅展 43-48 mm，体长 35-38 mm。头灰白色，下唇须下半截枯黄，顶端白色。前翅呈黄褐色，基部有大小斑 5 个；内线、中线、外线较细，近弧形；外线内侧黄色带较宽；外缘呈棱形，深色宽带；臀角内侧有大斑；中室端有褐色圆点。后翅枯黄，内线、中线、外线褐色较明显。

观察标本：2 雄 1 雌，重庆缙云山，850 m，2021.Ⅶ.8-10，邓敏、刘抗洪。

分布：中国（重庆缙云山、安徽、江西）。

82. 枫天蛾属 *Cypoides* Matsumura, 1921

Cypoides Matsumura, 1921: 752. Type species: *Cypa formosana* Wileman, 1910.

属征：前翅赭褐色，顶角突出；内线棕褐色，微呈波状；中线直，为赭色宽带；外线波状赭色。后翅棕黄色，后缘有灰褐色缘毛。

分布：古北区、东洋区。世界已知 2 种，中国已知 1 种，本书记述 1 种。

（101）枫天蛾 *Cypoides chinensis* (Rothschild *et* Jordan, 1903)

Smerinthus chinensis Rothschild *et* Jordan, 1903: 137-148.
Cypoides chinensis: Matsumura, 1921: 752.

翅展 39-58 mm。体色主要为赭褐色。前翅外缘呈不规则锯齿状，表面具 2 个淡紫色的大型带状斑纹，淡紫色斑间呈黑褐色。后翅表面赭红色，外缘锯齿状。

观察标本：1 雄，重庆缙云山，850 m，2021.Ⅶ.11-12，邓敏、刘抗洪。

分布：中国（重庆缙云山、广东）；东洋区。

83. 月天蛾属 *Parum* Rothschild *et* Jordan, 1903

Parum Rothschild *et* Jordan, 1903: 295. Type species: *Daphnusa colligata* Walker, 1856.

属征：头顶有棕褐色毛丛；下唇须端节长。前翅顶角上有略呈圆形的暗紫色斑 1 块，内侧白色呈月形纹；中室上有 1 圆形白斑。

分布：古北区、东洋区。世界已知 1 种，中国已知 1 种，本书记述 1 种。

（102）构月天蛾 *Parum colligata* (Walker, 1856)

Daphnusa colligata Walker, 1856: 238.
Parum colligata: Rothschild & Jordan, 1903: 295.

翅展 35-80 mm。体、翅褐绿色。前翅基线灰褐色，内线与外线之间呈比较宽的茶褐色带；中室末端有 1 个白点；外线暗紫色；顶角有略呈圆形的暗紫色斑 1 块，四周白色呈月牙形；顶角至臀角间有弓形的白色带。后翅浓绿色，外线色较浅；臀角有棕褐色斑 1 条。胸部灰绿色，肩板棕褐色。

观察标本：1 雄 2 雌，重庆缙云山，850 m，2021.Ⅶ.8-10，邓敏、刘抗洪。

分布：中国（重庆缙云山、浙江、台湾、广东、香港、贵州、云南）；韩国，日本，越南，泰国，马来西亚。

84. 盾天蛾属 *Phyllosphingia* Swinhoe, 1897

Phyllosphingia Swinhoe, 1897: 164. Type species: *Phyllosphingia perundulans* Swinhoe, 1987.

属征：体、翅棕褐色；下唇须红褐色；胸部背线棕黑色；腹部背线紫黑色。

分布：古北区、东洋区。世界已知 1 种，中国已知 1 种，本书记述 1 种。

（103）盾天蛾 *Phyllosphingia dissimilis* (Bremer, 1861)

Triptogon dissimilis Bremer, 1861: 475.
Phyllosphingia dissimilis: Swinhoe, 1897: 164.

翅展 45-50 mm。体翅棕褐色；下唇须红褐色；胸部背线棕黑色；腹部背线紫黑色。前翅基部色稍暗，内线及外线色稍深但不十分明显；前缘中央有较大紫色盾形斑 1 块，盾斑周围色显著加深；外缘色较深，呈显著的波浪形。后翅有 3 条深色波浪状横带；外缘紫灰色。后翅反面无白色中线，或隐约可见。

观察标本：1 雄 2 雌，重庆缙云山，850 m，2021.Ⅶ.8-10，邓敏、刘抗洪。

分布：中国（重庆缙云山、黑龙江、北京、山东、甘肃、台湾、广东、广西、贵州）；朝鲜半岛，日本，印度，尼泊尔，泰国，马来西亚。

（二十五）天蛾亚科 Sphinginae

体型较大。前翅大而狭长，翅顶角尖，具翅缰和翅缰钩，触角粗厚，端部呈钩。典型特征是后翅具粉色斑纹，腹部具条纹。

以茄科、豆科、木犀科、紫葳科、唇形科植物为寄主。

世界性分布。世界已知 40 属 210 余种，本书记述 1 属 1 种。

85. 虾壳天蛾属 *Agrius* Hübner, 1819

Agrius Hübner, 1819: 140. Type species: *Sphinx cingulata* Fabricius, 1775.

属征：中型天蛾，喙很长；雌雄二型，雄性较雌性而言具有更为明显的翅面斑纹，体与翅均为灰色，前翅狭长，M_3 与 CuA_1 脉颜色较深；后翅有粉红色或黄色色彩；腹部具粉色条形纹。

分布：世界广布。世界已知 6 种，中国已知 1 种，本书记述 1 种。

（104）白薯天蛾 *Agrius convolvuli* (Linnaeus, 1758)

Sphinx convolvuli Linnaeus, 1758: 435.
Agrius convolvuli: Hübner, 1819: 140.

体长 50 mm，翅展 90-120 mm。翅暗灰色，前翅内线、中线及外线各为 2 条深棕色的尖锯齿状带；顶角有黑色斜纹。后翅有 4 条暗褐色横带；缘毛白色及暗褐色相杂。肩板有黑色纵线；腹部背面灰色，两侧各节有白、红、黑 3 条横线。

观察标本：1 雄 5 雌，重庆缙云山，850 m，2021.Ⅶ.11-12，邓敏、刘抗洪。

分布：中国（重庆缙云山、河北、山西、山东、河南、江苏、安徽、浙江、湖北）。

十一、裳蛾科 Erebidae

成虫喙和下唇须通常发达，且喙具顶端光滑的栓锥形感器。成虫前、后翅 M_2 脉均从中室右下角发出，靠近 M_3 脉。雌性成虫的第 7 腹板退化并缩裂成两瓣；交配囊孔位于裂口之间。

世界性分布。世界已知 1760 属 24 569 种，中国已知 135 属 2261 种，本书记述 7 亚科 20 属 21 种。

分亚科检索表

1. 喙退化或消失 ··· 2
- 喙发达 ·· 3
2. 无单眼 ·· 毒蛾亚科 **Lymantriinae**
- 有单眼 ··· 灯蛾亚科 **Arctiinae**
3. 喙长且尖锐具倒刺 ·· 吸果夜蛾亚科 **Calpinae**
- 喙不具倒刺 ·· 4
4. 后翅 5 脉基部与 4 脉平行 ··· 5
- 后翅 5 脉基部与 4 脉接近 ··· 6
5. 下唇须中等长 ·· 髯须夜蛾亚科 **Hypeninae**
- 下唇须长度约为头高的 2 倍或伸达胸部背面 ······························ 长须夜蛾亚科 **Herminiinae**
6. 中足胫节具刺 ··· 裳蛾亚科 **Erebinae**
- 中足胫节无刺 ·· 棘翅夜蛾亚科 **Scoliopteryginae**

（二十六）灯蛾亚科 Arctiinae

成虫一般为中等大小，体色大多为白色、黄色、红色或黑色等。头、胸、腹常密被毛。雄蛾触角多为双栉齿状，少数为锯齿形或线状具纤毛。喙通常退化、极小。胸足短而强壮，前翅较长，后翅较宽。腹部具有斑点或带。

喜夜间活动，有趋光性。幼虫大多为多食性，性活泼。

世界性分布。世界已知 150 余属 11 000 余种，中国已知 38 属 558 种，本书记述 5 属 5 种。

分属检索表

1. 有单眼 ·· 2
- 无单眼 ·· 4
2. 前足胫节无弯端爪 ·· 蝶灯蛾属 *Nyctemera*
- 前足胫节有弯端爪 ·· 3
3. 第 8 腹节侧膜区无 1 对瓣形次生骨片 ·· 大丽灯蛾属 *Aglaomorpha*
- 第 8 腹节侧膜区有 1 对瓣形次生骨片 ··· 维苔蛾属 *Bucsekia*
4. 翅面密布橙红色短斑 ··· 苞苔蛾属 *Barsine*
- 翅面无橙红色短斑 ··· 艳苔蛾属 *Asura*

86. 大丽灯蛾属 *Aglaomorpha* Kôda, 1987

Aglaomorpha Kôda, 1987: 187. Type species: *Hypercompa histrio* Walker, 1855.

属征：触角为翅长的 1/2；下唇须向上伸；颈板大，近方形，边圆。前翅长而窄，R_1 与 R_2、R_3、R_4 及 R_5 脉共柄并从中室上角伸出，M_1、M_2 脉从中室上角伸出，M_3 脉从中室下角前伸出。后翅 R_4 脉与 R_5 脉从中室上角伸出或共短柄，M_1 脉从中室下角上方伸出，M_2 脉从中室下角伸出，M_3 脉从中室下角前伸出。雄性外生殖器抱器背突发达及具小的背内突，背基突基部很发达。

分布：古北区、东洋区。世界已知 2 种，中国已知 2 种，本书记述 1 种。

（105）大丽灯蛾 *Aglaomorpha histrio* (Walker, 1855)

Hypercompa histrio Walker, 1855: 654.
Aglaomorpha histrio: Kôda, 1987: 187.

翅展 66-100 mm。头、胸、腹橙色，头顶中央有 1 个小黑斑；额、下唇须及触角黑色；颈板橙色，中间有 1 个闪光大黑斑；胸部具金属光泽；腹部背面具黑色横带，第 1 节的黑斑呈三角形，末 2 节的呈方形，侧面及腹面各具 1 列黑斑。前翅具金属光泽，前缘区从基部至外线处有 4 个黄白斑；A_1 脉上方有 6 个大小不等的黄白斑；中室末有 1 个橙色斑点，中室外至 Cu_2 脉末端上方有 3 个斜置的黄白色大斑。后翅橙色，中室中部下方至后缘有 1 条黑带；横脉纹为大黑斑；外缘翅顶至 Cu_2 脉处黑色，其内缘呈齿状，在亚中褶外缘处有 1 个黑斑。

观察标本：1 雄，重庆缙云山，850 m，2021.Ⅶ.11-12，邓敏、刘抗洪。

分布：中国（重庆缙云山、江苏、浙江、湖北、江西、湖南、福建、台湾、四川、云南）；韩国，日本。

87. 艳苔蛾属 *Asura* Walker, 1854

Asura Walker, 1854: 484. Type species: *Asura cervicalis* Walker, 1854.

属征：喙极发达；下唇须平伸、细长不过额、被毛；足胫节距短，腹背被粗毛。翅具毛鳞，前翅 M_2 脉从中室中央伸出。

分布：世界广布。世界已知 192 种，中国已知 26 种，本书记述 1 种。

（106）黑端艳苔蛾 *Asura nigrilineata* (Hampson, 1900)

Chionaema nigrilineata Hampson, 1900: 311.
Asura nigrilineata: Walker, 1854: 484.

翅展雄性 20-30 mm，雌性 26-34 mm。头、胸、腹赭色，头顶、翅基片及胸部具黑点，足胫节与跗节具黑带。前翅赭黄白色，前缘下方自内线至外线具红色亚前缘带；从外线至翅顶及端线为红色带，前缘基部至内线具黑边；内线弧形黑色，从前缘至亚中褶，内方有 5 个黑色长短不一的楔形点，其下方稍向外 1 斜短带达后缘上方；中线直、黑色，在中室稍向内折；外线黑色，自前缘直向亚前缘脉后直向亚端线前呈齿状内斜向 M_2 脉，然后向外折至后缘；外线外方 1 列黑点；端线黑色。后翅红色。前翅反面红色，斑纹黑色。

观察标本：3 雄 2 雌，重庆缙云山，850 m，2021.Ⅶ.11-12，邓敏、刘抗洪。

分布：中国（重庆缙云山、安徽、浙江、湖北、江西、湖南、广西、四川）。

88. 葩苔蛾属 *Barsine* Walker, 1854

Barsine Walker, 1854: 546. Type species: *Barsine defecta* Walker, 1854.

属征：体中型；无单眼，喙发达、下唇须平伸，雄性触角纤毛状，雌性丝状；翅面底色较浅，密布橙红色短斑，各斑呈规则排列。

分布：世界广布。世界已知40种，中国已知7种，本书记述1种。

（107）优苬苔蛾 *Barsine striata* (Bremer et Grey, 1852)

Lithosia striata Bremer et Grey, 1852a: 63.
Barsine striata: Jinbo, 2004.

翅展30-32 mm。雄性触角纤毛状，雌性丝状。前翅底色黄褐色，翅面密布橙红色短斑，各斑呈规则排列；翅面有3条黑褐色的横带彼此分离，第3列横带呈"V"字形，合翅时两翅相连成"W"字纹，此条横带下方有放射状的黑褐色条纹。

观察标本：20雄16雌，重庆缙云山，850 m，2021.Ⅶ.8-10，邓敏、刘抗洪；2雄10雌，重庆缙云山，850 m，2021.Ⅶ.11-12，邓敏、刘抗洪。

分布：中国（重庆缙云山、广东、香港）；俄罗斯（远东地区），韩国，日本，柬埔寨。

89. 蝶灯蛾属 *Nyctemera* Hübner, 1820

Nyctemera Hübner, 1820: 178. Type species: *Phalaena lacticinia* Cramer, 1777.

属征：前翅白色，基部有黄斑及1黑点；前缘基部有黑边；中线为黑褐斑，在后缘上方向内延长，雄蛾除向内延长外，尚向外延长至臀角处与亚端斑相接，成为后缘上方的黑褐纵带；翅顶区黑褐色，其上具1方形白斑位于R_3与R_5脉端部间；黑褐亚端斑3-4个位于M_2脉与臀角间。

分布：世界广布。世界已知104种，中国已知9种，本书记述1种。

（108）角蝶灯蛾 *Nyctemera carissima* (Swinhoe, 1891)

Deilemera carissima Swinhoe, 1891: 477.
Nyctemera carissima: Singh & Joshi, 2014: 13.

翅展雄性44-46 mm，雌性50-54 mm。头、胸、腹黄色，头顶、额、颈板、肩角、翅基片及胸部具黑点；下唇须黄色、端部黑色。前翅白色，基部有黄斑及1黑点；前缘基部有黑边；中带为黑褐斑，在后缘上方向内延长，雄蛾除向内延长外，尚向外延长至臀角处与亚端斑相接，成为后缘上方的黑褐纵带；翅顶区黑褐色，其上具1方形白斑位于R_3与R_5脉端部间；黑褐亚端斑3-4个位于M_2脉与臀角间；Cu_2脉起点与中室间有1黑褐点；前缘下方1黑褐带从基部达中线处。后翅白色，亚端线为1列黑褐斑。雄蛾后翅后缘有1大褶，臀角延长。足黄色，有暗褐条纹，基节具黑点；腹部除第1节背面有3个黑点外，其余各节背面与侧面各具成对的黑点。

观察标本：1雄，重庆缙云山，850 m，2021.Ⅶ.11-12，邓敏、刘抗洪。

分布：中国（重庆缙云山、浙江、湖南、福建、广东）；印度，尼泊尔，泰国，印度尼西亚，马来西亚。

90. 维苔蛾属 *Bucsekia* Dubatolov *et* Kishida, 2012

Bucsekia Dubatolov *et* Kishida, 2012: 177. Type species: *Wittia yazakii* Dubatolov, Kishida *et* Wang, 2012.

属征：前翅狭窄，内缘稍凸，灰白色。后翅稍浅，淡灰白色。雄外生殖器爪形突细长，抱器瓣与囊形突的端部均有凸起，阳茎短粗，爪形突球状。

分布：古北区、东洋区。世界已知 3 种，中国已知 2 种，本书记述 1 种。

（109）矢崎维苔蛾 *Bucsekia yazakii* (Dubatolov, Kishida *et* Wang, 2012)

Wittia yazakii Dubatolov, Kishida *et* Wang, 2012: 33.
Bucsekia yazakii: Dubatolov & Kishida, 2012: 178.

前后翅灰白色，前翅内线无，其余各横线清晰，近顶角处有 1 暗灰色斑点。后翅各横线清晰。雄外生殖器爪形突细长，向下弯曲，钩下具硬化的凸起；抱器瓣端部具向下的凸起；囊形突端部具卷曲的小棘并向上剧烈弯曲成长突起。从抱器瓣基部的 2/3 开始有长突向基部伸展，顶部具小棘；阳茎短粗，顶部略硬化。爪形突球状，无角质。

观察标本：1 雄，重庆缙云山，850 m，2021.Ⅶ.11-12，邓敏、刘抗洪。

分布：中国（重庆缙云山、广东）。

（二十七）吸果夜蛾亚科 Calpinae

喙发达，下唇须多向上伸，有些种类向前伸并有浓密的鳞毛；额光滑；复眼大，无毛亦无睫毛；触角线状或稍扁，少数栉齿状；足胫节无刺。前翅近三角形，外缘曲度平稳成顶角尖而外突，或外缘中部外突成角、成齿；少数种类后缘中部凹陷，3、4、5 脉自中室下角发出。后翅 5 脉发达，自中室下角或下角稍前发出，少数种类 3、4 脉基部分离或中部弯曲。幼虫第 1、2 腹节常弯曲成桥形，第 8 腹节或隆起；额高短于冠缝；胸足胫节内侧或有泡突，跗节内缘常具刚毛；腹足数目不一，趾钩单序。

世界性分布。世界已知 207 属近 700 种，本书记述 4 属 4 种。

分属检索表

1. 前翅边缘均匀弯曲 ··· 拟叶夜蛾属 *Phyllodes*
- 前翅边缘部分弯曲 ·· 2
2. 停栖时展翅 ··· 壶夜蛾属 *Calyptra*
- 停栖时翅呈屋脊状 ·· 3
3. 下唇须向前伸 ··· 嘴壶夜蛾属 *Oraesia*
- 下唇须斜向上伸 ··· 锉夜蛾属 *Blasticorhinus*

91. 锉夜蛾属 *Blasticorhinus* Butler, 1893

Blasticorhinus Butler, 1893: 46. Type species: *Thermesia rivulosa* Walker, 1865.

属征：喙发达，下唇须斜向上伸，第2节达头顶；复眼圆大。前翅前缘拱曲；雄蛾后翅后缘基部有1大泡形褶，其上有长毛。胸部及腹部具鳞片，胫节无刺。

分布：古北区、东洋区。世界已知16种，中国已知1种，本书记述1种。

（110）寒锉夜蛾 *Blasticorhinus ussuriensis* (Bremer, 1861)

Remigia ussuriensis Bremer, 1861: 495.
Blasticorhinus ussuriensis: Butler, 1893: 46.

头顶及下唇须棕色，颈板褐色；胸背线褐色。前翅灰褐色，密布棕色细点；内线双线棕色，波浪形；环纹为1黑褐点，肾纹为2白点，均围以黑边；中线暗褐色；外线双线棕色，波浪形；亚端线前半双线黑棕色，线间黄色；1暗褐斜纹自顶角内斜，穿过亚端线；翅外缘1列黑点。后翅灰褐色，内线、中线及外线均与前翅相似。

观察标本：5雄1雌，重庆缙云山，850 m，2021.Ⅶ.8-10，邓敏、刘抗洪。

分布：中国（重庆缙云山、台湾、广东）；韩国，日本，俄罗斯（远东地区）。

92. 壶夜蛾属 *Calyptra* Ochsenheimer, 1816

Calyptra Ochsenheimer, 1816: 78. Type species: *Phalaena thalictri* Borkhausen, 1790.

属征：翅展52-59 mm。前翅后缘无明显的凹突，翅面具枯叶网状肌理；停栖时一般展翅，与其他近似种屋脊状不同。

分布：世界广布。世界已知18种，中国已知6种，本书记述1种。

（111）正壶夜蛾 *Calyptra orthographa* (Butler, 1886)

Calpe orthographa Butler, 1886: 25.
Calyptra orthographa: Haruta, 1994: 145.

翅展38-42 mm。头部与胸部褐色杂有灰白色；腹部浅褐色。前翅淡灰褐色，密布灰白色细纹；基线褐色，自前缘脉内斜至中室后缘；内线褐色，较直内斜、模糊；顶角至后缘近中部有1深褐线，在亚中褶处微内弯，线内侧暗褐色，翅外缘拱曲；后缘外半凹，臀角后凸出1齿。后翅浅褐色，外半部色暗。雄蛾钩形突粗，端部尖；抱器瓣背缘近中段拱曲；抱器腹延伸达瓣端并折曲，其中部有1钝齿形突；阳茎端基环宽，似元宝形。

观察标本：1雌，重庆缙云山，850 m，2021.Ⅶ.8-10，邓敏、刘抗洪。

分布：中国（重庆缙云山、广东）；印度。

93. 嘴壶夜蛾属 *Oraesia* Guenée, 1852

Oraesia Guenée, 1852: 362. Type species: *Noctua emarginata* Fabricius, 1794.

属征：喙发达，下唇须向前伸，第3节短小；雄蛾触角单栉齿状，复眼大，圆形；额光滑无突起；后胸有小毛簇。前翅外缘中部折曲，顶角尖；后缘近基部及臀角处后突，中段凹。雄蛾抱器瓣简单，无明显突起物。

分布：古北区、东洋区。世界已知 23 种，中国已知 2 种，本书记述 1 种。

（112）嘴壶夜蛾 *Oraesia emarginata* (Fabricius, 1794)

Noctua emarginata Fabricius, 1794: 82.
Oraesia emarginata: Haruta, 1993: 65.

成虫体长 16-19 mm，翅展 34-40 mm。头部和足淡红褐色，腹部背面灰白色，其余大部为褐色；口器深褐色，角质化，先端尖锐，有倒刺 10 余枚。雌蛾触角丝状，前翅茶褐色，有"N"形花纹，后缘呈缺刻状。雄蛾触角栉齿状，前翅色泽较浅。

观察标本：1 雌，重庆缙云山，850 m，2021.Ⅶ.11-12，邓敏、刘抗洪。

分布：中国（重庆缙云山、台湾、广东）；韩国，日本，巴基斯坦，印度，尼泊尔，菲律宾，斯里兰卡，印度尼西亚，澳大利亚，新喀里多尼亚岛，新几内亚，苏拉威西岛，厄立特里亚，埃塞俄比亚，肯尼亚，纳米比亚，尼日利亚，南非，坦桑尼亚，冈比亚，乌干达，阿曼，也门。

94. 拟叶夜蛾属 *Phyllodes* Boisduval, 1832

Phyllodes Boisduval, 1832: 246. Type species: *Phalaena conspicillator* Cramer, 1777.

属征：下唇须第 2 节宽、第 3 节细，触角丝状粗、基部具白点；足胫节密布棘突。前翅窄，内外边缘均匀弯曲。

分布：古北区、东洋区。世界已知 6 种，中国已知 1 种，本书记述 1 种。

（113）黄带拟叶夜蛾 *Phyllodes eyndhovii* Vollenhoven, 1858

Phyllodes eyndhovii Vollenhoven, 1858: 86.

体长 37-39 mm，翅展 100-105 mm。头部及胸部棕褐色，下唇须第 2 节宽扁，第 3 节细而黑；触角基部及足胫节基部有白点；腹部灰褐色。前翅棕褐色，环纹为 1 黑点，肾纹褐色斜弯；中有棕色圈；翅尖至肾纹后有 1 黑棕色斜线；外线隐约可见，翅尖极尖而垂，呈钩形。后翅棕褐色，中带黄色曲折，两侧带有黑色；缘毛灰白色。

观察标本：1 雄，重庆缙云山，850 m，2021.Ⅶ.11-12，邓敏、刘抗洪。

分布：中国（重庆缙云山、广东、四川）；泰国，苏门答腊岛，加里曼丹岛。

（二十八）裳蛾亚科 Erebinae

成虫体型较大，属于大型蛾类，翅展 33-96 mm，雌成虫比雄成虫大。头部颜色多为深暗棕色，密布大量鳞片；喙发达，下唇须向上伸，一般较长；触角多为丝状，但有些种存在雌雄触角异型现象；胸部多为暗棕色，密集鳞毛，盾片发达；腹部多为暗色，雌蛾第 6 或 7 腹节退化缩裂成骨质化较强的瓣状结构。

世界性分布。世界已知 39 属 10 000 余种，中国已知 200 余种，本书记述 5 属 6 种。

分属检索表

1. 前翅中带明显 ·· 析夜蛾属 *Sypnoides*
- 前翅中带不明显 ··· 2
2. 雄蛾抱器瓣基突发达，具有二分叉 ······································ 朽叶夜蛾属 *Bastilla*
- 雄蛾抱器瓣基突不具有二分叉 ··· 3
3. 亚端线在前缘处具齿状黑斑 ··· 安钮夜蛾属 *Ophiusa*
- 亚端线在前缘处不具齿状黑斑 ··· 4
4. 后翅具有醒目的深色宽带 ··· 毛翅夜蛾属 *Thyas*
- 后翅无醒目的深色宽带 ··· 艳叶夜蛾属 *Eudocima*

95. 朽叶夜蛾属 *Bastilla* Swinhoe, 1918

Bastilla Swinhoe, 1918: 78. Type species: *Ophiusa redunca* Swinhoe, 1918.

属征：体中至大型；下唇须上伸，其上有毛簇；触角丝状。前翅中线和外线间通常颜色深。雄蛾抱器瓣基突发达，左右对称，通常二分叉；抱器腹突通常细长；阳茎一般骨化强且带有角状器。

分布：古北区、东洋区。世界已知 40 种，中国已知 6 种，本书记述 1 种。

（114）霉巾夜蛾 *Bastilla maturata* (Walker, 1858)

Ophiusa maturata Walker, 1858: 1382.
Bastilla maturata: Holloway & Miller, 2003: 126.

体长 18-20 mm；翅展 52-55 mm。头部及颈板紫棕色；胸部背面暗棕色。翅基片中部 1 条紫色斜纹，后半紫灰色。前翅紫灰色，内线以内暗褐色；内线较直，稍外斜；中线直；内、中线间大部紫灰色；外线黑棕色，在 6 脉处成外突尖齿，然后内斜，至 1 脉后稍外斜；亚端线灰白色，锯齿形，在翅脉上成白点；顶角至外线尖突处有 1 条棕黑斜纹。后翅暗褐色，端区带有紫灰色。

观察标本：1 雄，重庆缙云山，850 m，2021.VII.8-10，邓敏、刘抗洪；1 雄，重庆缙云山，850 m，2021.VII.11-12，邓敏、刘抗洪。

分布：中国（重庆缙云山、江苏、浙江、湖北、江西、台湾、广东、四川、贵州）；日本，泰国，马来西亚，苏门答腊岛，加里曼丹岛。

96. 艳叶夜蛾属 *Eudocima* Billberg, 1820

Eudocima Billberg, 1820: 85. Type species: *Phalaena salaminia* Cramer, 1775.

属征：喙发达，下唇须向上伸，第 2 节达头顶，第 3 节细长，端部钝。雄蛾触角线状，有纤毛；复眼大，圆形；额光滑无突起；后胸有毛簇；腹部背面被粗毛。前翅前缘稍拱曲，后缘中凹。

分布：世界广布。世界已知 47 种，中国已知 7 种，本书记述 2 种。

（115）凡艳叶夜蛾 *Eudocima phalonia* (Linnaeus, 1763)

Phalaena phalonia Linnaeus, 1763: 411.

Eudocima phalonia: Zilli & Hogenes, 2002: 164.

体长33-38 mm；翅展93-96 mm。头部及胸部赭褐色，下唇须第3节端部暗蓝色；腹部褐黄色。前翅赭褐色，翅脉上布有黑色细点；内线黑褐色内斜；肾纹隐约可见，色稍淡；外线不明显；亚端线微黄，自翅角直线内斜，中段外侧微带暗绿色。后翅橘黄色，端区1黑色宽带，后端达2脉；其外缘与缘毛上的黑斑合成锯齿形；2脉至亚中褶有1黑色曲条。

观察标本：2雄2雌，重庆缙云山，850 m，2021.Ⅶ.8-10，邓敏、刘抗洪；2雄，重庆缙云山，850 m，2021.Ⅶ.11-12，邓敏、刘抗洪。

分布：中国（重庆缙云山、黑龙江、江苏、浙江、台湾、广东、广西、云南）；亚洲，澳大利亚，非洲。

（116）枯艳叶夜蛾 *Eudocima tyrannus* (Guenée, 1852)

Ophideres tyrannus Guenée, 1852: 110.
Eudocima tyrannus: Zilli & Hogenes, 2002: 167.

成虫体长40 mm，翅展95 mm。头部为深棕色；胸部为褐色；腹部为橙黄色。前翅为棕褐色，形似枯叶状，翅脉上黑色斑点呈线状；内线为棕色，内斜到1脉；1条黑褐色线斜从顶角内侧斜至翅后缘近中部；环状纹为黑色斑点；在亚端区和外区及翅中有黑褐色缘线；肾纹为浅绿色。后翅为橘黄色。在后翅的近末端有1个大的呈角形的黑色带，前端二叉；下半部分的内外边缘呈微起伏状；外区1-4条脉间有1个蝌蚪状黑点。

观察标本：2雄，重庆缙云山，850 m，2021.Ⅶ.11-12，邓敏、刘抗洪。

分布：中国（重庆缙云山、辽宁、河北、山东、江苏、浙江、湖北、福建、台湾、海南、广西、四川、云南）；日本，印度。

97. 安钮夜蛾属 *Ophiusa* Ochsenheimer, 1816

Ophiusa Ochsenheimer, 1816: 93. Type species: *Phalaena tirhaca* Cramer, 1777.

属征：体中至大型。雄蛾触角具纤毛簇状；下唇须上伸，第3节长。大多数体呈灰褐色，少数种类混合黄绿色。前翅长而窄，亚端线在前缘处有齿状黑斑，肾纹明显。雄性外生殖器钩形突具脊突；抱器瓣及抱器腹突不对称，突起小指状；阳茎骨化强，通常弯曲。

分布：世界广布。世界已知67种，中国已知3种，本书记述1种。

（117）安钮夜蛾 *Ophiusa tirhaca* (Cramer, 1777)

Phalaena tirhaca Cramer, 1777: 116.
Ophiusa tirhaca: Haruta, 1993: 57.

成虫体长33 mm，翅展73 mm。头部为灰黄色；胸部为灰褐色；腹部为暗橘色。前翅为栗壳色，内线为浅棕色斜纹；环纹为小黑点；肾纹为棕衬黑纹；外线为浅棕色，弯曲斜纹，前端有黑点。后翅浅棕色，近末端有棕色块状点，端区深棕色。

观察标本：3 雄 2 雌，重庆缙云山，850 m，2021.Ⅶ.11-12，邓敏、刘抗洪。

分布：中国（重庆缙云山、辽宁、山东、湖北、江西、湖南、福建、四川）；朝鲜半岛，日本，尼泊尔，孟加拉国，缅甸，泰国，越南。

98. 析夜蛾属 *Sypnoides* Hampson, 1913

Sypnoides Hampson, 1913: 248. Type species: *Sypna pannosa* Moore, 1882.

属征：体中至大型。下唇须发达，伸展向上；触角较粗、线状，具纤毛簇状；后足胫节有刺。前翅常有明显的内线和中线，具中带。

分布：古北区、东洋区。世界已知 33 种，中国已知 4 种，本书记述 1 种。

（118）克析夜蛾 *Sypnoides kirbyi* (Butler, 1881)

Sypna kirbyi Butler, 1881: 209.
Sypnoides kirbyi: Berio & Fletcher, 1958: 353.

成虫体长 24 mm，翅展 54 mm。头部为深棕色；胸部为灰棕色；腹部为浅棕色。前翅棕褐色，内线和中线棕色，直线形；两条线之间为白条带，具内白外黑环纹；肾纹的两侧具有条状纹，颜色为褐色；外线较浅；亚端线为黑色，形状似锯齿；翅的外缘有 1 排黑白相间的小斑点。后翅为浅灰褐色，端区色暗，外线与亚端线棕色。

观察标本：1 雄，重庆缙云山，850 m，2021.Ⅶ.11-12，邓敏、刘抗洪。

分布：中国（重庆缙云山、浙江、广东、海南、广西、四川）；印度，泰国。

99. 毛翅夜蛾属 *Thyas* Hübner, 1824

Thyas Hübner, 1824: 203. Type species: *Thyas honesta* Hübner, 1824.

属征：体中至大型，触角较长，向前；下唇须发达，伸展向前。前翅棕色，密被小褐色斑点；环纹是 1 小褐点，向内弯曲，其他线为黄色和棕色；基线只可见前半段；内线条向外倾斜；外线向内倾斜；肾纹灰黑色。后翅为橘红色，除端部外为黑色，中间有粉蓝色钩状线。

分布：世界广布。世界已知 14 种，中国已知 2 种，本书记述 1 种。

（119）庸肖毛翅夜蛾 *Thyas juno* (Dalman, 1823)

Noctua juno Dalman, 1823: 52.
Thyas juno: Hübner, 1824: 203.

成虫体长 30-33 mm，翅展 81-85 mm。头部为深灰色；胸部为深褐色；腹部为红色。前翅为灰褐色，布有黑点；前、后缘红棕色；基线与内线红棕色；环纹为 1 黑点；肾纹暗褐边，后部有 1 黑点，或前半部 1 黑点，后半部 1 黑斑；外线红棕毛，直线内斜；1 曲弧线自顶角至臀角，黑色或赭黄色；亚端区 1 暗褐纹。后翅为黑色，端区红色；中部有粉蓝钩形纹；外缘中段有密集黑点。

观察标本：3 雄 3 雌，重庆缙云山，850 m，2021.Ⅶ.11-12，邓敏、刘抗洪。

分布：中国（重庆缙云山、黑龙江、辽宁、河北、上海、浙江、湖北、江西、湖南、云南）；日本，印度。

（二十九）长须夜蛾亚科 Herminiinae

体小型。头部颜色较暗；大多数成虫有复眼，复眼较大，无毛、无睫毛；触角有出现膨大、增厚情况，大多线状，少数栉齿状，通常每节有1对鬃毛；下唇须发达且长，一般是头长的2倍，伸展向前或向上，一般形状似镰刀，向上伸过头顶甚至达到胸后，或者弯成肘部状；额无突起、平滑；胸部被毛具鳞片。前翅外缘多为柔和弧形，从3、4、5脉自中室下角发出。后翅中室长度约为翅长的一半，约有1/3或1/5的脉从中室上角发出。

世界性分布。世界已知167属1300余种，中国已知25属200余种，本书记述1属1种。

100. 亥夜蛾属 *Hydrillodes* Guenée, 1854

Hydrillodes Guenée, 1854: 65. Type species: *Hydrillodes lentalis* Guenée, 1854.

属征：小型。头部褐色、胸部浅灰色、腹部褐灰色。翅面多黑褐色，雄性前翅前缘具1个荚状结构，大小不一，内多鳞毛。

分布：世界广布。世界已知63种，中国已知约13种，本书记述1种。

（120）璞亥夜蛾 *Hydrillodes pliculis* (Moore, 1867)

Echana plicalis Moore, 1867: 86.
Hydrillodes plicalis: Guenée, 1854: 65.

成虫体长13 mm，翅展30 mm。头部褐色夹杂灰色；胸部为浅灰色；腹部为褐灰色。前翅为深灰色，上部沿前缘从翅基部到顶角为长椭圆形深褐色宽带；各横线模糊。后翅深灰色，各横线模糊。

观察标本：1雌，重庆缙云山，850 m，2021.Ⅶ.11-12，邓敏、刘抗洪。

分布：中国（重庆缙云山、黑龙江、浙江、西藏）；俄罗斯（西伯利亚），日本。

（三十）髯须夜蛾亚科 Hypeninae

体小型。头部颜色较暗；触角多为双栉齿状或锯齿状；下唇须发达，伸展向上，第2、3节均长，但第3节比较细尖；前额光滑，无突起，上方常有毛簇，较粗；胸部较宽较扁；腹部两侧具毛簇。前翅顶角锐，前半较凹，外边缘弯曲。

世界性分布。世界已知106属约1000种，中国已知119种，本书记述1属1种。

101. 髯须夜蛾属 *Hypena* Schrank, 1802

Hypena Schrank, 1802: 163. Type species: *Phalaena proboscidalis* Linnaeus, 1758.

属征：体小至中型。触角为线状或双栉齿状，常端部变粗；下唇须镰刀形，伸展向前或向上，远超过头顶；前足有尖毛状爪或有毛簇且仅一跗节，腿节和胫节宽长于腿节且基节细长。前翅有副室或无副室。后翅从中室下角前方发出，5脉发达。

分布：世界广布。世界已知121种，中国已知39种，本书记述1种。

（121）司髯须夜蛾 *Hypena sinuosa* Wileman, 1911

Hypena sinuosa Wileman, 1911: 263.

成虫体长13 mm，翅展30 mm。头部为黑褐色；胸部为深褐色；腹部为浅褐色。前翅为深灰色，前缘中部稍凹；外缘中部向外凸起；中室颜色深，下部有零星白斑；外线波浪形，夹杂白色小点。后翅浅灰色，各横线不清晰。

观察标本：3雄，重庆缙云山，850 m，2021.Ⅶ.11-12，邓敏、刘抗洪。

分布：中国（重庆缙云山、广东）；日本，韩国。

（三十一）毒蛾亚科 Lymantriinae

毒蛾亚科成虫不取食，体常为柔和棕色或灰色等。部分雌性不能飞，部分翅缩小。通常雌性腹部末端有一簇毛；雄性有鼓室器官。

世界性分布。世界已知350余属2700余种，中国已知26属约360种，本书记述3属3种。

分属检索表

1. 雄性触角为锯齿状 ·· **毒蛾属 Lymantria**
- 雄性触角大多数为双栉齿状 ·· 2
2. 前后翅不透明白色，翅脉颜色浅，胸腹部颜色浅 ····································· **白毒蛾属 Arctornis**
- 前后翅半透明白色，翅脉颜色深，胸腹部颜色深 ································· **黄足毒蛾属 Ivela**

102. 白毒蛾属 *Arctornis* Germar, 1810

Arctornis Germar, 1810: 18. Type species: *Bombyx v-nigrum* Fabricius, 1775.

属征：体小至中型。体灰白色，夹杂黄色；触角大多为双栉齿状；下唇须伸展向上。前翅和后翅及缘毛均为白色，不透明。

分布：世界广布。世界已知159种，中国已知20余种，本书记述1种。

（122）白毒蛾 *Arctornis l-nigrum* (Müller, 1764)

Phalaena l-nigrum Müller, 1764: 40.
Arctornis l-nigrum: Swinhoe, 1922: 478.

成虫体长17 mm，翅展41 mm。头部为白色；触角干白色，栉齿黄色；下唇须白色，外侧上半部黑色；胸腹部为灰白色夹杂黄色；足白色，前足和中足胫节内侧有黑斑，跗节第1节和末节黑色。前翅为不透明白色，翅脉淡黄色。后翅为不透明白色。

观察标本：4雄3雌，重庆缙云山，850 m，2021.Ⅶ.11-12，邓敏、刘抗洪。

分布：中国（重庆缙云山、黑龙江、吉林、辽宁、河北、山东、河南、陕西、江苏、安徽、浙江、湖北、湖南、福建、四川、云南）；俄罗斯，朝鲜，日本，欧洲。

103. 黄足毒蛾属 *Ivela* Swinhoe, 1903

Ivela Swinhoe, 1903: 388. Type species: *Leucoma auripes* Butler, 1877.

属征：体小至中型。胸腹部褐色；触角大多为双栉齿状；下唇须伸展向上。前翅和后翅及缘毛均为灰白色。

分布：古北区、东洋区。世界已知3种，中国已知1种，本书记述1种。

（123）黄足毒蛾 *Ivela auripes* (Butler, 1877)

Leucoma auripes Butler, 1877a: 402.
Ivela auripes: Swinhoe, 1922: 469.

成虫体长20 mm，翅展45 mm。头部为浅灰色；触角干白色，基部有黑点，栉齿状；下唇须白色有黑点；胸腹部为灰棕色；足灰白色，前足胫节和跗节橙黄色，中足和后足跗节橙黄色。前翅和后翅为半透明白色，前翅布闪光鳞片；前缘略带灰棕色；缘毛色暗。后翅缘毛灰白色。

观察标本：2雄1雌，重庆缙云山，850 m，2021.Ⅶ.11-12，邓敏、刘抗洪。

分布：中国（重庆缙云山、陕西、浙江、湖北、江西、湖南、福建、四川）；朝鲜，日本。

104. 毒蛾属 *Lymantria* Hübner, 1819

Lymantria Hübner, 1819: 160. Type species: *Phalaena monacha* Linnaeus, 1778.

属征：体中至大型。多数成虫无单眼；触角雄性锯齿状、雌性线状；下唇须短小，口器退化；胸部被毛具鳞片；腹端有肛毛簇；多数种类翅表面覆盖鳞片和细毛。前翅Cu脉4叉型。后翅$Sc+R_1$和Rs在前缘1/3处接触或接近中室，然后分离，形成闭合或半闭合的基室。

分布：世界广布。世界已知255种，中国已知40余种，本书记述1种。

（124）栎毒蛾 *Lymantria mathura* Moore, 1866

Lymantria mathura Moore, 1866: 805.

成虫体长20 mm，翅展51 mm。头部白色带黑色斑点；胸部浅黄色带黑色斑点，前胸背板有拟人样的黑斑；腹部浅黄色。前翅底色灰白色，具褐色波状或格子状的斑纹排列，近翅端的褐色斑较稀疏。后翅为黄白色，外缘为黑色。

观察标本：1雌，重庆缙云山，850 m，2021.Ⅶ.11-12，邓敏、刘抗洪。

分布：中国（重庆缙云山、黑龙江、吉林、辽宁、河北、山西、山东、河南、陕西、江苏、浙江、湖北、湖南、广东、四川、云南）；朝鲜，日本，印度（锡金）。

（三十二）棘翅夜蛾亚科 Scoliopteryginae

体小型。头部颜色较暗，触角多数为双栉齿状或线状；下唇须发达，伸展向上，第2、3节均长，但第3节比较细尖；前额光滑，无突起，上方常有毛簇，较粗；胸部较宽较扁，有毛簇在腹部两侧。前翅顶角常尖锐；外缘中部凸起。主要寄主为杨树和柳树。

世界性分布。世界已知约16属180种，本书记述1属1种。

105. 桥夜蛾属 *Anomis* Hübner, 1821

Anomis Hübner, 1821: 249. Type species: *Anomis exacta* Hübner, 1821.

属征：体小型。头部颜色较暗；多数成虫有单眼，复眼较大，无毛；触角多为线状或双栉齿状；下唇须发达，伸展向上；多数成虫喙比较发达；前额光滑，无突起，上方常有毛簇；胸部被毛，具鳞片，有毛簇在腹部两侧。前翅自顶角至臀角有1内曲弧线。

分布：世界广布。世界已知130余种，中国已知8种，本书记述1种。

（125）前如斯夜蛾 *Anomis prima* Swinhoe, 1920

Anomis prima Swinhoe, 1920: 257.

成虫体长21 mm，翅展52 mm。头部为锈红色；胸部为浅红色，腹部为灰褐色。前翅为锈红色，布有黑点；前、后缘红棕色；基线与内线红棕色；环纹为1黑点；肾纹暗褐边，后部有1黑点，或前半部1黑点，后半部1黑斑；外线红棕毛；1内曲弧线自顶角至臀角，黑色或赭黄色；亚端区1暗褐纹。后翅为灰褐色，中部有粉蓝钩形纹；外缘中段有密集黑点。

观察标本：4雄4雌，重庆缙云山，850 m，2021.Ⅶ.11-12，邓敏、刘抗洪。

分布：中国（重庆缙云山、广东）；印度至其他大陆。

十二、尾夜蛾科 Euteliidae

体小型。头部颜色较暗；多数成虫有单眼，复眼较大，无毛；触角多为栉齿状，少数为线状；下唇须发达，伸展向上，第2节一般较长；前额光滑，无突起，上方常有毛簇；胸部被毛具鳞片，有毛簇在腹部两侧，有发达的臀毛簇。前翅窄长形，一般有副室；3、4、5脉自中室下角发出。后翅3、4脉自中室下角发出，5脉接近中室下角处发出，较发达。

除越冬卵外，尾夜蛾的卵期一般不长，短的在产下后2-3天即可孵化。卵期长短与外界环境条件有一定关系。成虫寿命较短，多在产卵后不久便死亡。

世界性分布。世界已知32属近600种，本书记述1属1种。

106. 尾夜蛾属 *Eutelia* Hübner, 1823

Eutelia Hübner, 1823: 281. Type species: *Noctua adulatrix* Hübner, 1823.

属征：体小型。头部颜色较暗；大多数成虫具复眼，复眼眼大；触角为双栉齿状，下半部分较宽较扁；下唇须发达，伸展向上，第 2 节到达前额中部，第 3 节长；额头平滑，有毛簇于上方；成虫胸背部有一大鳞簇；后胸有成对毛簇。前翅有较钝的顶角；外缘锯齿形。

分布：世界广布。世界已知 70 余种，中国已知 3 种，本书记述 1 种。

（126）鹿尾夜蛾 *Eutelia adulatricoides* (Mell, 1943)

Phlogophora adulatricoides Mell, 1943: 176.
Eutelia adulatricoides: Hübner, 1823: 281.

成虫体长 15 mm，翅展 32 mm。头部深棕色；胸部深灰色；腹部为深褐色。前翅褐色，中区及亚端区夹杂灰白色；基线及内线均为双线，灰白色，两线间色暗；环纹及肾纹均有细白边；中脉及亚中褶各有 1 黄白纵纹；中线黄白色，不完整；外线双线棕色，在中室外方为 2 外突齿，黑色，前后端亦带黑色；亚端线曲度与外线相似，前端内侧衬白，外侧色黑，外方隐约有 1 棕色三角形斑；外缘 1 列黑点，缘毛中段有几个黑纹。后翅白色，端部 1/3 暗褐色；近臀角处 1 白曲纹，隐约可见暗褐色外线及横脉纹。

观察标本：2 雌，重庆缙云山，850 m，2021.Ⅶ.11-12，邓敏、刘抗洪。
分布：中国（重庆缙云山、湖南、广东）；日本。

十三、瘤蛾科 Nolidae

体小至中型。触角多为丝状；无单眼，复眼较大；下唇须细长；额表面多为光滑；前翅形状变异很大，通常有隆起的鳞片。

寄主为蔷薇科、豆科、千菜科、桑科植物。

分布于古北区、东洋区。世界已知 186 属 1700 余种，本书记述 2 属 2 种。

107. 旋瘤蛾属 *Eligma* Hübner, 1819

Eligma Hübner, 1819: 165. Type species: *Phalaena narcissus* Cramer, 1775.

属征：体小至中型。体色通常灰暗；头通常被粗糙鳞片；触角多为丝状；下唇须略细长，向前平伸。前翅近长三角形，后翅比前翅宽。

分布：东洋区。世界已知 9 种，中国已知 1 种，本书记述 1 种。

（127）臭椿皮蛾 *Eligma naraissus* (Cramer, 1775)

Phalaena naraissus Cramer, 1775: 116.
Eligma naraissus: Rothschild & Jordan, 1896: 57.

体小至中型。体色通常灰暗；头通常被粗糙鳞片；触角多为丝状；下唇须略细长，向前平伸；腹部橘黄色，中间，两侧各有 1 列黑色斑点。前翅近长三角形，中部有 1 条从基部延伸到外缘的白色不规则宽带；宽带上部黑色，下部深棕色。后翅比前翅宽，基半部扇形黄色，外围黑色。

观察标本：4雄2雌，重庆缙云山，850 m，2021.Ⅶ.11-12，邓敏、刘抗洪。

分布：中国（重庆缙云山、河北、山东、河南、陕西、甘肃、江苏、上海、浙江、湖北、湖南、福建、四川、贵州、云南）。

108. 豹瘤蛾属 *Sinna* Walker, 1865

Sinna Walker, 1865: 641. Type species: *Sinna calospila* Walker, 1865.

属征：喙较发达；下唇须向上伸，第2节达额中部，前面略有毛，第3节长；额平滑；雄性触角有纤毛；胸部鳞片与毛混生；胫节鳞片平滑；腹部较细长，无毛簇。前翅顶角圆，外缘曲度平稳，不呈锯齿形；R₂-R₄脉共柄，有径副室。后翅Sc+R₁脉仅在基部与径脉接触，M₁和M₂脉在中室上角，M₃脉在中室下角。

分布：古北区、东洋区。世界已知6种，中国已知2种，本书记述1种。

（128）胡桃豹瘤蛾 *Sinna extrema* (Walker, 1854)

Deiopeia extrema Walker, 1854: 573.
Sinna extrema: Poole, 1989: 118.

成虫体长15 mm，翅展33 mm。头部白色；胸部黄白相间；腹部白灰相间。前翅黄白网状纹相间，沿外缘有1列黑色斑点；近顶角有4个黑斑。后翅白色，缘毛深灰色。

观察标本：1雄，重庆缙云山，850 m，2021.Ⅶ.11-12，邓敏、刘抗洪。

分布：中国（重庆缙云山、黑龙江、河南、陕西、江苏、浙江、湖北、江西、湖南、四川）；日本。

十四、夜蛾科 Noctuidae

体中至大型。头部颜色较暗；多数成虫有单眼，复眼较大；触角为线状或栉齿状；多数种类成虫喙比较发达，只有少数种类成虫喙比较短小；下唇须伸展向前或向上；胸部被毛具鳞片。翅上斑纹丰富，前翅翅脉是4叉型，具副室；后翅4叉型或3叉型，部分Sc和R脉合并；腹部末端一般有毛簇。翅缰数量、翅缰钩形状、虫体颜色等可作为分类依据。

幼虫多为植食性，少数捕食性。成虫多夜间活动，有些种类成虫吸食果汁。

世界性分布。世界已知1089属11 772种，中国已知约1600种，本书记述5属5种。

分属检索表

1. 体小型	2
- 体小至中型或大型	3
2. 下唇须顶端1节较长	金翅夜蛾属 *Thysanoplusia*
- 下唇须第2节到达前额中部	幻夜蛾属 *Sasunaga*
3. 后翅具有鲜艳的橘红色斑，外缘平滑纹	龟虎蛾属 *Chelonomorpha*

- 后翅不具有鲜艳的橘红色斑，外缘锯状 ·· 4
4. 前翅顶端稍尖 ·· 掌夜蛾属 *Tiracola*
- 前翅端角斜截形 ·· 衫夜蛾属 *Phlogophora*

109. 龟虎蛾属 *Chelonomorpha* Motschulsky, 1860

Chelonomorpha Motschulsky, 1860: 30. Type species: *Chelonomorpha japana* Motschulsky, 1860.

属征：体中至大型。头部颜色较暗，大多数成虫有单眼，复眼大，少数成虫复眼有毛，触角线状，常常在端部变粗；下唇须伸展向前或向上；多数成虫喙比较发达。前翅有4叉型，2A和3A分离。后翅为3叉型，Sc基部游离，然后与R有部分连接，连接部分通常不超过中室的一半。

分布：古北区、东洋区。世界已知4种，中国已知3种，本书记述1种。

（129）龟虎蛾 *Chelonomorpha* sp.

成虫体长27 mm，翅展70 mm。头部黑色；胸部黑色带白点；腹部黄色。前翅底色黑色，中室基部具1白斑，中室端部具1长方形白斑；其后在亚中褶中部具1白斑；外区前、中部各1白色方形斑；亚端区1列扁圆黄斑；2-5脉间的斑小。后翅基部黄色与黑色相间；端部散落几个白斑，一个较大，其余小。

观察标本：1雌，重庆缙云山，850 m，2021.Ⅶ.11-12，邓敏、刘抗洪。

分布：中国（重庆缙云山）。

110. 衫夜蛾属 *Phlogophora* Treitschke, 1825

Phlogophora Treitschke, 1825: 369. Type species: *Phalaena meticulosa* Linnaeus, 1758.

属征：体小至中型。头部颜色较暗；多数成虫有复眼，复眼圆大；触角有纤毛丛；下唇须伸展向上，第2节大概到达额中部；前胸有三角形毛簇；后胸有散开的成对毛簇；腹部基部有粗毛。前翅端角斜截形，一般具锯齿的外缘和缘毛。

分布：古北区、东洋区。世界已知62种，中国已知20余种，本书记述1种。

（130）白斑衫夜蛾 *Phlogophora albovittata* (Moore, 1867)

Euplexia albovittata Moore, 1867: 57.

成虫体长15 mm，翅展35 mm。头部为黑色；胸部为深褐色；腹部为灰黑色。前翅斑纹复杂，基带、中带为不规则黑中带红的宽带；外缘锯齿状，内侧具黑色宽带，宽带近臀角处消失；此宽带与中带间散落一些棕色斑纹。后翅基部微白色，向外渐带褐色。

观察标本：1雄1雌，重庆缙云山，850 m，2021.Ⅶ.11-12，邓敏、刘抗洪。

分布：中国（重庆缙云山、浙江、湖南、福建、海南、四川、云南）；印度（锡金）。

111. 幻夜蛾属 *Sasunaga* Moore, 1881

Sasunaga Moore, 1881: 342. Type species: *Hadena tenebrosa* Moore, 1867.

属征：体小型。头部颜色较暗；多数成虫具复眼，复眼眼大；触角线状；下唇须发达，伸展向上，第2节到达前额中部；额头无突起；胸背部有毛簇，前胸有双脊状毛簇，背面有毛的毛簇在腹部的基部。前翅狭长，有副室，外缘斜。

分布：世界广布。世界已知7种，中国已知3种，本书记述1种。

（131）长斑幻夜蛾 *Sasunaga longiplaga* Warren, 1912

Sasunaga longiplaga Warren, 1912: 15.

成虫体长19 mm，翅展38 mm。头部浅赭黄色；胸部褐黄色；腹部黄褐色。前翅三角形，窄，黑棕色；臀角圆弧形，往上收拢；各横线、斑纹不明显。后翅烟褐色，基部较端部浅；中室具1烟褐色肾形纹。

观察标本：2雄3雌，重庆缙云山，850 m，2021.Ⅶ.11-12，邓敏、刘抗洪。

分布：中国（重庆缙云山、海南、西藏）；印度（锡金），马来西亚，大洋洲。

112. 金翅夜蛾属 *Thysanoplusia* Ichinose, 1973

Thysanoplusia Ichinose, 1973: 137. Type species: *Phytometra intermixta* Warren, 1913.

属征：体小型。头部颜色较暗；多数成虫复眼具睫毛；下唇须发达，伸展向上，顶端1节较长；成虫胸背部有毛簇。

分布：世界广布。世界已知40余种，中国已知5种，本书记述1种。

（132）中金翅夜蛾 *Thysanoplusia intermixta* (Warren, 1913)

Phytometra intermixta Warren, 1913: 357.
Thysanoplusia intermixta: Ichinose, 1973: 137.

成虫体长16 mm，翅展37 mm。头部红褐色；胸部深褐色；腹部黄白色。前翅紫褐色，亚外缘线黑色窄带，内侧有大的金色近三角形斑。后翅基部灰白色；端部黑灰色；中室具1新月形细斑。

观察标本：9雄4雌，重庆缙云山，850 m，2021.Ⅶ.11-12，邓敏、刘抗洪。

分布：中国（重庆缙云山、黑龙江、吉林、辽宁、北京、天津、河北、山西、湖北、台湾、四川）。

113. 掌夜蛾属 *Tiracola* Moore, 1881

Tiracola Moore, 1881: 351. Type species: *Agrotis plagiata* Walker, 1857.

属征：体小至中型。头部颜色较暗；多数成虫具复眼，复眼眼大，圆形；下唇须发达，伸展向上，第3节较短，斜伸，顶端一节较长；额无突起；成虫胸背部有毛簇，前胸有三角形脊状毛簇，后胸有展开毛簇。前翅顶角稍尖。后翅中室短，3、4脉共柄，5脉弱，从中室横脉中部延伸。

分布：世界广布。世界已知11种，中国已知2种，本书记述1种。

（133）耳掌夜蛾 *Tiracola aureata* Holloway, 1989

Tiracola aureata Holloway, 1989: 94.

成虫体长 21 mm，翅展 52 mm。头部褐黄色；胸部深褐色；腹部暗褐色。前翅褐黄色，有褐色细点及零星黑点，端部有暗灰色和赤褐色；基线仅前端现 1 黑点；内线黑棕色，波浪形；外缘中部内侧具 1 "U" 形黑褐色斑纹；外线为 1 列黑点，弧形；外缘锯齿状，伴有 1 列黑点，内侧有 1 向内突起的黑褐色大齿。后翅烟褐色。

观察标本：9 雄 12 雌，重庆缙云山，850 m，2021.Ⅶ.11-12，邓敏、刘抗洪。

分布：中国（重庆缙云山、山东、浙江、湖南、福建、台湾、海南、四川、云南、西藏）；印度，斯里兰卡，印度尼西亚，大洋洲，美洲。

十五、草螟科 Crambidae

汤语耕　杜喜翠
西南大学植物保护学院

头部额区被光滑鳞片；头顶有直立的鳞片。下唇须 3 节，前伸、斜上举或向上弯。下颚须通常短小，有时微小或消失。喙通常发达。足细长，雄性常有结构各异的香鳞。前翅 R_3 和 R_4 脉共柄，R_2 和 R_{3+4} 脉并列或共柄。前、后翅 M_2、M_3 和 CuA_1 脉出自中室后角或其附近。鼓膜与节间膜不在同一平面上；有听器间突，简单或两裂叶。雄性翅缰 1 根，雌性 2 根以上。

世界性分布。世界已知 12 亚科 1015 属 10 090 余种，本书记述 4 亚科 34 属 45 种。

分亚科检索表

1. 有毛隆；颚形突发达 ··· 2
 - 无毛隆；颚形突通常无或退化 ·· 3
2. 前翅 R_2 与 R_{3+4} 明显分离；下唇须前伸，基节短于第 2 节 ················· **草螟亚科 Crambinae**
 - 前翅 R_2 通常与 R_{3+4} 共柄或接近；下唇须上举，基节长于第 2 节 ········· **水螟亚科 Acentropinae**
3. 抱器瓣无抱器内突；交配囊通常无附囊，囊突若有则形状多变但不为菱形 ······ **斑野螟亚科 Spilomelinae**
 - 抱器瓣具抱器内突；交配囊常有附囊，囊突多为菱形 ································· **野螟亚科 Pyraustinae**

（三十三）斑野螟亚科 Spilomelinae

喙发达。下唇须发达，通常弯曲上举，少数平伸。前翅 R_3 和 R_4 脉共柄，R_2 与 R_{3+4} 脉并列或共柄，R_5 脉游离，2A 与 1A 脉通常形成 1 封闭的环。后翅 $Sc+R_1$ 和 Rs 脉共柄。前、后翅 M_2 和 M_3 脉从中室后角发出。听器间突双叶状。雄性外生殖器爪形突通常发达，形状多变；颚形突通常无；无抱器内突。雌性外生殖器前表皮突通常长于后表皮突；囊突有或无，若有则形状多变，但不为菱形。

斑野螟亚科是草螟科中最大的亚科，该亚科幼虫绝大多数为植食性，许多种类是农、林业上的重要害虫。

世界性分布。世界已知约340属4090余种，中国已知约100属460余种，本书记述28属38种。

分属检索表

1. 雄性前翅中室有1具宽扁鳞片的凹陷，其反面覆盖由中室前缘发出的浓密栉毛⋯⋯栉野螟属 *Tylostega*
- 雄性前翅中室无具宽扁鳞片的凹陷，其反面无由中室前缘发出的浓密栉毛⋯⋯⋯⋯⋯⋯⋯⋯2
2. 雄性前翅前缘有黑色毛簇⋯⋯⋯⋯⋯⋯⋯⋯⋯⋯⋯⋯⋯⋯⋯⋯⋯⋯⋯⋯⋯⋯⋯⋯⋯⋯⋯⋯3
- 雄性前翅前缘无黑色毛簇⋯⋯⋯⋯⋯⋯⋯⋯⋯⋯⋯⋯⋯⋯⋯⋯⋯⋯⋯⋯⋯⋯⋯⋯⋯⋯⋯⋯4
3. 前翅 R_1 与 R_2 脉共柄；雄性抱器瓣外缘不深凹⋯⋯⋯⋯⋯⋯⋯纵卷叶野螟属 *Cnaphalocrocis*
- 前翅 R_1 与 R_2 脉不共柄；雄性抱器瓣外缘向内深凹⋯⋯⋯⋯⋯⋯⋯刷须野螟属 *Marasmia*
4. 下唇须前伸或略下垂，爪形突细长，端部不膨大⋯⋯⋯⋯⋯⋯⋯⋯⋯豆荚野螟属 *Maruca*
- 下唇须上举；爪形突不如上述⋯⋯⋯⋯⋯⋯⋯⋯⋯⋯⋯⋯⋯⋯⋯⋯⋯⋯⋯⋯⋯⋯⋯⋯⋯⋯5
5. 前翅 R_2 与 R_{3+4} 脉共柄⋯⋯⋯⋯⋯⋯⋯⋯⋯⋯⋯⋯⋯⋯⋯⋯⋯⋯⋯⋯⋯⋯⋯⋯⋯⋯⋯⋯6
- 前翅 R_2 与 R_{3+4} 脉分离⋯⋯⋯⋯⋯⋯⋯⋯⋯⋯⋯⋯⋯⋯⋯⋯⋯⋯⋯⋯⋯⋯⋯⋯⋯⋯⋯⋯7
6. 雌性交配囊具1密布发达刺突的新月形囊突；雄性爪形突形状多变，但不为三角形⋯⋯暗野螟属 *Bradina*
- 雌性交配囊无具刺突的新月形囊突；雄性爪形突近三角形⋯⋯⋯⋯⋯⋯⋯光野螟属 *Luma*
7. 下颚须末节鳞片扩展或末节膨大⋯⋯⋯⋯⋯⋯⋯⋯⋯⋯⋯⋯⋯⋯⋯⋯⋯⋯⋯⋯⋯⋯⋯⋯⋯8
- 下颚须丝状⋯⋯⋯⋯⋯⋯⋯⋯⋯⋯⋯⋯⋯⋯⋯⋯⋯⋯⋯⋯⋯⋯⋯⋯⋯⋯⋯⋯⋯⋯⋯⋯⋯15
8. 体、翅绿色或黄绿色⋯⋯⋯⋯⋯⋯⋯⋯⋯⋯⋯⋯⋯⋯⋯⋯⋯⋯⋯⋯绿野螟属 *Parotis*
- 体、翅非绿色和黄绿色⋯⋯⋯⋯⋯⋯⋯⋯⋯⋯⋯⋯⋯⋯⋯⋯⋯⋯⋯⋯⋯⋯⋯⋯⋯⋯⋯⋯9
9. 雄性爪形突短阔⋯⋯⋯⋯⋯⋯⋯⋯⋯⋯⋯⋯⋯⋯⋯⋯⋯⋯⋯⋯⋯⋯⋯⋯⋯⋯⋯⋯⋯⋯⋯10
- 雄性爪形突细长或细小⋯⋯⋯⋯⋯⋯⋯⋯⋯⋯⋯⋯⋯⋯⋯⋯⋯⋯⋯⋯⋯⋯⋯⋯⋯⋯⋯⋯11
10. 抱器瓣近菱形，具抱握器，抱器腹基部不超出囊形突末端⋯⋯⋯⋯⋯展须野螟属 *Eurrhyparodes*
- 抱器瓣舌状，无抱握器，抱器腹基部超出囊形突末端⋯⋯⋯⋯⋯⋯⋯青野螟属 *Spoladea*
11. 雄性爪形突细长，末端膨大⋯⋯⋯⋯⋯⋯⋯⋯⋯⋯⋯⋯⋯⋯⋯⋯⋯⋯⋯⋯⋯⋯⋯⋯⋯12
- 雄性爪形突细小或细长，末端不膨大或膨大不明显⋯⋯⋯⋯⋯⋯⋯⋯⋯⋯⋯⋯⋯⋯⋯⋯13
12. 抱器瓣长舌状⋯⋯⋯⋯⋯⋯⋯⋯⋯⋯⋯⋯⋯⋯⋯⋯⋯⋯⋯⋯⋯⋯丽野螟属 *Agathodes*
- 抱器瓣阔圆⋯⋯⋯⋯⋯⋯⋯⋯⋯⋯⋯⋯⋯⋯⋯⋯⋯⋯⋯⋯⋯⋯⋯⋯绢丝野螟属 *Glyphodes*
13. 抱器腹末端伸出形态各异的突起；雌性交配囊有2枚锥刺状囊突⋯⋯⋯绢须野螟属 *Palpita*
- 抱器腹末端无突起；雌性交配囊无囊突或囊突不为锥刺状⋯⋯⋯⋯⋯⋯⋯⋯⋯⋯⋯⋯⋯14
14. 雄性触角近基部具独特扭曲结构⋯⋯⋯⋯⋯⋯⋯⋯⋯⋯⋯⋯⋯⋯⋯⋯雅绢野螟属 *Cydalima*
- 雄性触角近基部无扭曲结构⋯⋯⋯⋯⋯⋯⋯⋯⋯⋯⋯⋯⋯⋯⋯⋯⋯绢野螟属 *Diaphania*
15. 爪形突基部宽，中部细，端部膨大，有的端部分叉⋯⋯⋯⋯⋯⋯⋯⋯蚀叶野螟属 *Lamprosema*
- 爪形突不如上述⋯⋯⋯⋯⋯⋯⋯⋯⋯⋯⋯⋯⋯⋯⋯⋯⋯⋯⋯⋯⋯⋯⋯⋯⋯⋯⋯⋯⋯⋯16
16. 爪形突端部双乳突状，或端部双乳突状，或末端凹入成双乳突状或分两支⋯⋯⋯⋯⋯⋯17
- 爪形突不如上述⋯⋯⋯⋯⋯⋯⋯⋯⋯⋯⋯⋯⋯⋯⋯⋯⋯⋯⋯⋯⋯⋯⋯⋯⋯⋯⋯⋯⋯⋯18
17. 爪形突端部双乳突状；下唇须尖细⋯⋯⋯⋯⋯⋯⋯⋯⋯⋯⋯⋯⋯⋯⋯卷野螟属 *Pycnarmon*
- 爪形突末端凹入成双乳突状或分两支；下唇须适中⋯⋯⋯⋯⋯⋯⋯⋯卷叶野螟属 *Sylepte*
18. 前翅各脉间有黑色纵长直条纹⋯⋯⋯⋯⋯⋯⋯⋯⋯⋯⋯⋯⋯⋯⋯⋯黑纹野螟属 *Tyspanodes*
- 前翅各脉间无黑色纵长直条纹⋯⋯⋯⋯⋯⋯⋯⋯⋯⋯⋯⋯⋯⋯⋯⋯⋯⋯⋯⋯⋯⋯⋯⋯⋯19
19. 爪形突细长，端部膨大⋯⋯⋯⋯⋯⋯⋯⋯⋯⋯⋯⋯⋯⋯⋯⋯⋯⋯⋯⋯⋯⋯⋯⋯⋯⋯⋯20
- 爪形突阔，或近锥形或三角形，端部不膨大⋯⋯⋯⋯⋯⋯⋯⋯⋯⋯⋯⋯⋯⋯⋯⋯⋯⋯⋯25
20. 前翅 R_5 脉基部弯向 R_{3+4} 脉⋯⋯⋯⋯⋯⋯⋯⋯⋯⋯⋯⋯⋯⋯⋯⋯⋯⋯⋯⋯⋯⋯⋯⋯21
- 前翅 R_5 脉直，远离 R_{3+4} 脉⋯⋯⋯⋯⋯⋯⋯⋯⋯⋯⋯⋯⋯⋯⋯⋯⋯⋯⋯⋯⋯⋯⋯⋯24

21.	前、后翅底色黄色	22
-	前、后翅底色非黄色	23
22.	前、后翅密布黑色斑点	多斑野螟属 *Conogethes*
-	前、后翅具褐色点、线和阔带纹	缀叶野螟属 *Botyodes*
23.	抱握器基部向上伸出1向内弯的细骨化带；翅面斑纹多为线状	啮叶野螟属 *Omiodes*
-	抱握器基部无向上且向内弯的细骨化带；翅面斑纹复杂	斑野螟属 *Polythlipta*
24.	抱器瓣椭圆形或卵圆形	犁角野螟属 *Goniorhynchus*
-	抱器瓣狭长，两侧近平行	纹野螟属 *Metoeca*
25.	下唇须第3节隐蔽；爪形突近锥形，多较狭，有的末端略旋钮	切叶野螟属 *Herpetogramma*
-	下唇须第3节裸露；爪形突发达锥形，或三角形，或宽阔	26
26.	雄性爪形突长锥形，末端钝	褐环野螟属 *Haritalodes*
-	雄性爪形突宽短	27
27.	下唇须鳞片致密，多数种类有颚形突	四斑野螟属 *Nagiella*
-	下唇须鳞片稀疏，多数种类没有颚形突	阔斑野螟属 *Patania*

114. 丽野螟属 *Agathodes* Guenée, 1854

Agathodes Guenée, 1854: 207. Type species: *Perinephela ostentalis* Geyer, 1837.

属征：额扁平。触角腹面纤毛不明显。下唇须向上弯，第2节宽扁，第3节向前平伸。下颚须末节鳞片扩展。中、后足跗节腹面具刺状毛。腹部细长；雄性腹末两侧具扁平毛束。前翅狭长，外缘倾斜；M_2、M_3和CuA_1脉从中室后角发出，R_2脉靠近R_{3+4}脉，R_5脉基部靠近R_{3+4}脉。后翅中室较长，CuA_1脉从中室后角发出，M_2和M_3脉基部靠近。

分布：世界广布。世界已知约19种，中国已知2种，本书记述1种。

（134）华丽野螟 *Agathodes ostentalis* (Geyer, 1837)

Perinephela ostentalis Geyer, 1837: 11.
Agathodes ostensalis: Guenée, 1854: 208.

翅展24.0-26.0 mm。体深黄色。额黄白色，前端两侧黄褐色；头顶淡黄色。触角黄色或橙黄色，背面具少许褐色鳞片。胸部背面具1长三角形大白斑；领片、翅基片橙黄色微褐。足白色。腹部背面1、2节共同形成"八"字形白斑，3-5节基半部白色，端半部桃红色；腹面白色，后端3-4节淡黄色；尾毛黑色。前翅前缘白色；中室端斑白色，新月形，两侧镶有桃红色边；1条桃红色镶白边的宽带从外缘中部向上倾斜达R脉后向下倾斜弯曲达内缘中部；翅顶有1枚镶白边的大椭圆形斑；缘毛桃红色。后翅赭黄色，从翅顶沿外缘有1棕色宽带；缘毛赭黄色，微带桃红色。

观察标本：1雄1雌，重庆缙云山，751 m，2021.Ⅷ.2，汤语耕、黄诗琪。

分布：中国（重庆缙云山、浙江、福建、台湾、广东、云南、西藏）；印度（锡金），尼泊尔，缅甸，越南，菲律宾，斯里兰卡，印度尼西亚，澳大利亚，几内亚。

115. 缀叶野螟属 *Botyodes* Guenée, 1854

Botyodes Guenée, 1854: 320. Type species: *Botyodes asialis* Guenée, 1854.

属征：额圆。下唇须前伸，第3节略下垂。下颚须丝状。前翅中室约为翅长的一半；R_1 脉出自中室前缘中部，R_3 与 R_4 脉共柄长度约为中室前角至顶角距离的 3/5，M_2、M_3 和 CuA_1 脉从中室后角均匀发出，CuA_2 脉从中室后缘 3/4 处发出。后翅中室不及翅长一半；$Sc+R_1$ 与 Rs 脉共柄长度约为 Rs 脉的 2/3，M_2、M_3 和 CuA_1 脉从中室后角均匀发出，基部略接近，CuA_2 脉从中室后缘 4/5 处发出。

分布：世界广布。世界已知 17 种，中国已知 6 种，本书记述 1 种。

（135）大黄缀叶野螟 *Botyodes principalis* Leech, 1889

Botyodes principalis Leech, 1889: 69.

翅展 42.0-45.0 mm。体、翅黄色。头顶棕黄色至棕褐色；触角淡褐色，雄性触角基部具凹陷和耳状突起。下唇须棕黄色至棕褐色，基部腹面白色。胸、腹部背面黄色，腹面黄白色。雄性腹部末端具黑色毛簇。前翅中室内有 1 黑色小点，中室端脉上有 1 褐色新月形斑，斑外侧有 1 小斑；外缘有山峰状淡褐色斑纹，前、后中线由不甚明显的褐色小点组成。后翅中室端脉斑褐色新月形，后中线波状弯曲，亚外缘线褐色锯齿状；顶角处有 1 棕色斑。

观察标本：1 雄，重庆缙云山，751 m，2021.Ⅶ.5，许若男、周萌颖；1 雌，重庆缙云山，751 m，2021.Ⅶ.5，许若男、郭家铭。

分布：中国（重庆缙云山、陕西、安徽、浙江、湖北、江西、福建、台湾、广东、四川、贵州、云南）；朝鲜，日本，印度。

116. 暗野螟属 *Bradina* Lederer, 1863

Bradina Lederer, 1863: 424. Type species: *Bradina impressalis* Lederer, 1863.

属征：额圆。下唇须向上弯曲，第 2 节腹面鳞片宽大，第 3 节细小，裸露，顶端钝。下颚须丝状，几乎与下唇须等长。触角具环；雄性腹面具短纤毛。前翅多狭长；CuA_1、M_2 和 M_3 脉由中室后角发出；R_2、R_3 与 R_4 脉共柄；R_5 脉直，远离 R_{2+3+4} 脉。后翅中室短小；CuA_1、M_2 和 M_3 脉由中室后角发出，M_1 和 Rs 脉由中室前角发出，$Sc+R_1$ 与 Rs 脉共柄。

分布：世界广布。世界已知约 100 种，中国已知 11 种，本书记述 1 种。

（136）黑顶暗野螟 *Bradina melanoperas* Hampson, 1896

Bradina melanoperas Hampson, 1896: 227.
Bradina melanoperas sinensis Caradja, 1925: 334.

翅展 25.0-34.0 mm。体暗褐色。额黑色。头顶黄褐色。下唇须基部及腹面白色，端部及背面黑色或黑褐色。胸部背面暗褐色。腹部背面暗褐色，腹面淡褐色；雄性腹部粗壮，末端钝圆；臀毛纯白色。前、后翅暗褐色；翅反面色稍浅，前翅顶角区域黑色。前翅后中线、中室圆斑、中室端斑黑色；中室端斑新月形；后中线位于翅基部约 3/4 处，略外弯。后翅中室端斑、后中线黑色，多不清晰。前、后翅缘毛灰褐色。

观察标本：1 雄，重庆缙云山，751 m，2021.Ⅵ.19，赵红、沈瑶。

分布：中国（重庆缙云山、安徽、浙江、湖北、江西、福建、台湾、广东、广西、四川、云南、西藏）；缅甸。

117. 纵卷叶野螟属 *Cnaphalocrocis* Lederer, 1863

Cnaphalocrocis Lederer, 1863: 384. Type species: *Botys iolealis* Walker, 1859.

属征：额扁平倾斜。下唇须斜向上举。第 3 节裸露，短钝。下颚须丝状。前翅中室约为翅长的一半；R_1 和 R_2 脉共柄，R_3 与 R_4 脉共柄；中室端脉略弯；M_2、M_3 和 CuA_1 脉从中室后角均匀发出；CuA_2 脉从中室后缘 5/6 处发出。后翅中室不及翅长一半；$Sc+R_1$ 与 Rs 脉共柄长度约为 Rs 脉的 2/5；中室端脉弯；M_2、M_3 和 CuA_1 脉从中室后角均匀发出；CuA_2 脉从中室后缘 3/4 处发出。

分布：世界广布。世界已知 25 种，中国已知 4 种，本书记述 1 种。

（137）稻纵卷叶野螟 *Cnaphalocrocis medinalis* (Guenée, 1854)

Salbia medinalis Guenée, 1854: 201.
Cnaphalocrocis medinalis: Moore, 1884: 281.

翅展 16.0-20.0 mm。额、头顶黄白色，具 2 条褐色纵纹，两侧白色。触角棕黄色，背面被银白色鳞片。下唇须褐色，腹面白色。胸、腹部背面黄色，腹面白色；腹部背面各节后缘白色，末节黑褐色，两侧具纵白斑。前翅浅黄色，沿前缘及外缘有较宽的暗褐色带，雄性前缘近中部有黑色短毛簇；中室端斑暗褐色；前、后中线褐色，微波状。后翅浅黄色，臀角处黄白色，外缘有暗褐色带；中室端斑暗褐色；后中线褐色，微波状。前、后翅缘毛黄白色。

观察标本：1 雄 1 雌，重庆缙云山，751 m，2021.Ⅷ.2，汤语耕、黄诗琪。

分布：中国（重庆缙云山、黑龙江、吉林、辽宁、内蒙古、北京、天津、河北、山西、山东、河南、江苏、安徽、浙江、湖北、江西、湖南、福建、台湾、广东、广西、四川、贵州、云南、西藏）；朝鲜，日本，越南，缅甸，泰国，马来西亚，印度尼西亚，菲律宾，印度，澳大利亚，巴布亚新几内亚，马达加斯加。

118. 多斑野螟属 *Conogethes* Meyrick, 1884

Conogethes Meyrick, 1884: 314. Type species: *Botys evaxalis* Walker, 1859.

属征：额圆。下唇须向上弯曲；第 3 节裸露，锥形。下颚须短小，细丝状。前、后翅黄色，密布黑色斑点。前翅中室约为翅长的一半；R_2 与 R_{3+4} 脉靠近；R_5 脉基部略弯向 R_{3+4} 脉；M_2、M_3 和 CuA_1 脉从中室后角均匀发出；CuA_2 脉从中室后缘 3/4 处发出。

后翅中室不及翅长一半；M_2、M_3 和 CuA_1 脉从中室后角均匀发出，基部略接近；CuA_2 脉从中室后缘 3/4 处发出；$Sc+R_1$ 与 Rs 脉共柄长度约为 Rs 脉的 1/5。

分布：世界广布。世界已知 17 种，中国已知 15 种，本书记述 2 种。

（138）松多斑野螟 *Conogethes pinicolalis* Inoue et Yamanaka, 2006

Conogethes pinicolalis Inoue et Yamanaka, 2006: 86.

翅展 23.0-30.0 mm。体、翅黄色或橙黄色。额、头顶淡黄色。触角淡黄色至黄色；雄性腹面稀疏分布短纤毛，长约为触角直径的 1/2。下唇须基部白色，第 2 节侧面具黑色条带，端部淡黄色。下颚须黑褐色。领片中央具 1 大黑斑。翅基片基部及中部各具 1 黑斑。胸部淡黄色，中胸中央具 1 黑斑，后胸具 3 黑斑，中间黑斑较小。腹部黄色或橙黄色，腹面掺杂灰色；第 2-4 腹节均匀分布 3 大黑斑，第 5 腹节均匀分布 3 小黑斑，第 6 腹节具 1 小黑斑。雄性腹部末端覆黑色鳞片。足淡黄色至褐色，前足基节、腿节及胫节端部褐色；后足胫节末端背面具 1 簇褐色长毛。翅面斑纹由多组黑斑组成，且似水墨晕染。

观察标本：1 雄，重庆缙云山，751 m，2021.Ⅶ.18，汤语耕、黄诗琪。

分布：中国（重庆缙云山、陕西、浙江、湖北、江西、湖南、福建、台湾、广东、海南、广西、贵州、西藏）；日本。

（139）桃多斑野螟 *Conogethes punctiferalis* (Guenée, 1854)

Astura punctiferalis Guenée, 1854: 320.
Conogethes punctiferalis: Meyrick, 1884: 314.

翅展 20.0-29.0 mm。体、翅黄色或橙黄色。下唇须淡黄色，第 2 节背缘黑色，部分个体侧面具黑色条带。触角浅棕黄色。领片中央具 1 大黑斑。翅基片基部及中部各具 1 黑斑。胸部淡黄色，中胸中央具 1 小黑斑，后胸具 3 黑斑。第 2-5 腹节各具 3 黑斑，第 6 腹节有时具 1 黑斑。雄性腹部末端覆黑色鳞片。足淡黄色，前足基节腹面、腿节腹面和胫节端部黑褐色。翅面斑纹由多组黑斑组成。

观察标本：1 雄 1 雌，重庆缙云山，751 m，2021.Ⅷ.2，汤语耕、黄诗琪。

分布：中国（重庆缙云山、辽宁、北京、天津、河北、山西、山东、河南、陕西、甘肃、江苏、安徽、浙江、湖北、江西、湖南、福建、台湾、广东、香港、广西、四川、贵州、云南、西藏）；韩国，日本，印度，越南，缅甸，菲律宾，马六甲海峡，印度尼西亚，新加坡，斯里兰卡，新几内亚，澳大利亚，所罗门群岛。

119. 雅绢野螟属 *Cydalima* Lederer, 1863

Cydalima Lederer, 1863: 397. Type species: *Margarodes conchylalis* Guenée, 1854.

属征：额圆。下唇须宽阔，第 3 节小。下颚须末节鳞片扩展。足平滑，中足胫节稍增厚和松弛的鳞状；距纤细。前翅较窄，前缘不拱起，外缘较斜；后翅外缘后部较凸出。

分布：世界广布。世界已知 9 种，中国已知 3 种，本书记述 1 种。

（140）黄杨绢野螟 *Cydalima perspectalis* (Walker, 1859)

Phakellura perspectalis Walker, 1859c: 515.
Cydalima perspectalis: Mally & Nuss, 2010: 399.

翅展 32.0-48.0 mm。头部暗褐色。触角褐色。下唇须基部白色，其余暗褐色。胸部、腹部背面白色有棕色鳞片，末端深褐色。前、后翅白色。前翅前缘、外缘有褐色阔带；中室内有 1 小白点；中室端斑弯月形，白色。后翅外缘有 1 褐色阔带。臀毛深褐色。

观察标本：1 雄 1 雌，重庆缙云山，751 m，2021.Ⅷ.17，汤语耕、韩金航。

分布：中国（重庆缙云山、天津、河北、山东、河南、陕西、青海、江苏、上海、安徽、浙江、湖北、江西、湖南、福建、广东、广西、四川、贵州、云南）；朝鲜，日本，印度。

120. 绢野螟属 *Diaphania* Hübner, 1818

Diaphania Hübner, 1818: 20. Type species: *Margarodes conchylalis* Guenée, 1854.

属征：额圆。下唇须宽阔，略斜向上伸；第 3 节稍前伸。下颚须末节鳞片扩展。前翅中室约为翅长的一半；R_3 与 R_4 脉共柄长度约为中室前角至顶角距离的 3/5；R_2 脉靠近 R_{3+4} 脉；R_5 基部弯向 R_{3+4} 脉；M_2、M_3 和 CuA_1 脉从中室后角均匀发出；CuA_2 脉从中室后缘 4/5 处发出。后翅中室不及翅长一半；$Sc+R_1$ 与 Rs 脉共柄长度约为 Rs 脉的 1/4；M_3、M_2 和 CuA_1 脉从中室后角发出，基部接近但不相互融合；CuA_2 脉从中室后缘 2/3 处发出。

分布：世界广布。世界已知 95 种，中国已知 5 种，本书记述 1 种。

（141）瓜绢野螟 *Diaphania indica* (Saunders, 1851)

Eudioptes [sic] *indica* Saunders, 1851: 163.
Diaphania indica: Klima, 1939: 239.

翅展 24.0-28.0 mm。头部黑色。下唇须基部白色，端部棕褐色。胸部褐色。腹部白色，第 6-7 节黑褐色，腹部末端左右两侧各有 1 束黄褐色鳞毛丛。翅白色，半透明。前翅沿前缘及外缘各有 1 褐色阔带。后翅外缘有 1 褐色阔带。

观察标本：1 雄，重庆缙云山，751 m，2021.Ⅶ.6，周萌颖、郭家铭；1 雌，重庆缙云山，751 m，2021.Ⅷ.2，许若男、周萌颖。

分布：中国（重庆缙云山、天津、河北、山东、河南、安徽、浙江、湖北、江西、湖南、福建、台湾、广东、广西、四川、贵州、云南）；朝鲜，日本，印度，越南，泰国，印度尼西亚，以色列，留尼汪岛，法国，非洲大陆，澳大利亚，萨摩亚群岛，斐济群岛，塔希提岛，马克萨斯群岛。

121. 展须野螟属 *Eurrhyparodes* Snellen, 1880

Eurrhyparodes Snellen, 1880: 215. Type species: *Eurrhyparodes stibialis* Snellen, 1880.

属征：额圆。下唇须向上弯，第3节裸露。下颚须发达，末节鳞片扩展。R_2与R_{3+4}脉靠近，R_5脉直，与R_{3+4}脉远离（叶展须野螟雄性R_5脉稍弯向R_{3+4}脉），M_2、M_3和CuA_1脉从中室后角均匀发出，CuA_1脉从中室后缘3/4处发出。后翅中室短小；M_2、M_3和CuA_1脉从中室后角发出，M_2和M_3脉基部靠近。

分布：世界广布。世界已知约17种，中国已知3种，本书记述1种。

（142）叶展须野螟 *Eurrhyparodes bracteolalis* (Zeller, 1852)

Botys bracteolalis Zeller, 1852: 30.
Eurrhyparodes bracteolalis: Moore, 1885: 295.

翅展16.0-20.0 mm。额圆。触角黄褐相间，雄性触角腹面具短纤毛。下唇须基部白色，端部褐色。胸、腹部背面铅褐色；后胸后缘黄色；腹部每节后缘有黄色和白色鳞片。前翅狭长，铅褐色，翅面上有很多黄色斑纹；中室有2黄色小斑，中室端斑黄色；中室端至翅内缘有1黄色不规则大斑。后翅基部约2/3区域黄色或黄白色散布褐色斑纹，前缘和外缘褐色掺杂黄色小斑；中室内有1不规则褐色斑；内缘近基部、M_2和CuA_2脉之间各有1褐色斑。

观察标本：1雄1雌，重庆缙云山，790 m，2021.Ⅶ.19，汤语耕、周萌颖。

分布：中国（重庆缙云山、山西、河南、江苏、安徽、浙江、湖北、福建、台湾、广东、海南、广西、四川、贵州、云南）；日本，缅甸，泰国，印度尼西亚，印度，斯里兰卡，澳大利亚。

122. 绢丝野螟属 *Glyphodes* Guenée, 1854

Glyphodes Guenée, 1854: 292. Type species: *Glyphodes stolalis* Guenée, 1854.

属征：下唇须宽扁，斜向上举，末端平截；第3节多不明显。下颚须末节鳞片扩展。前翅中室约为翅长的一半；R_3与R_4脉共柄长度约为中室前角至顶角距离的2/3，R_2脉靠近R_{3+4}脉，R_5脉基部弯向R_{3+4}脉，M_2、M_3和CuA_1脉从中室后角发出，CuA_2脉从中室后缘4/5处发出。后翅中室不及翅长一半；$Sc+R_1$与Rs脉共柄长度约为Rs脉的2/5，M_2、M_3和CuA_1脉从中室后角均匀发出，CuA_2脉从中室后缘3/4处发出。

分布：世界广布。世界已知约150种，中国已知22种，本书记述2种。

（143）双纹绢丝野螟 *Glyphodes duplicalis* Inoue, Munroe et Mutuura, 1981

Glyphodes duplicalis Inoue et al., 1981: 91.

翅展21.0-24.0 mm。额平斜，白色，中央有1褐色纵纹。下唇须白色，端半部具黑褐色带纹，端部黄白色。胸、腹背面棕褐色，两侧白色，中央具1白色纵条纹。翅基片白色。前翅乳白色；前中线、中横线、后中线和亚外缘线棕黄色，边缘深褐色；亚外缘线宽，近前缘向内有齿；中室内近前缘有1小黑点。后翅乳白色，半透明；外缘有1棕黄色宽带，宽于翅基部到外缘的1/3，边缘褐色。

观察标本：1雄，重庆缙云山，751 m，2021.Ⅶ.5，周萌颖、许若男；1雌，重庆缙云山，751 m，2021.Ⅵ.19，赵红、沈瑶。

分布：中国（重庆缙云山、河南、湖北、江西、湖南、福建、海南、广西、贵州）；日本。

（144）齿斑绢丝野螟 *Glyphodes onychinalis* (Guenée, 1854)

Asopia onychinalis Guenée, 1854: 205.
Glyphodes onychinalis: Shaffer *et al*., 1996: 194.

翅展 17.0-21.0 mm。额白色。触角背面灰白相间，腹面具长约为触角直径 1/3 的纤毛。下唇须第 1、2 节白色，第 2 节端部有褐色三角形斑，第 3 节褐色，顶端白色。前翅白色；基部有 1 褐斑；亚基线、前中线、中横线、外横线白色，具深褐色镶边；中室端斑条状，黑色；中横线向后缘处渐宽，内具 1 不清晰的深褐色斑点或与中室端斑相连；外横线紧挨外缘处褐色条带在近前缘处分两支；近外缘处具散乱深褐色斑点。后翅白色，半透明；外横线褐色，中间夹杂不规则白色斑点；近外缘处 1 不规则褐色区域中散乱分布大小形状不一的白色斑点。

观察标本：1 雄，重庆缙云山，751 m，2021.Ⅵ.20，汤语耕、韩金航；1 雌，重庆缙云山，751 m，2021.Ⅷ.2，汤语耕、黄诗琪。

分布：中国（重庆缙云山、河南、安徽、湖北、湖南、福建、台湾、广东、香港、四川、贵州、云南、西藏）；朝鲜，日本，印度，尼泊尔，越南，缅甸，印度尼西亚，斯里兰卡，阿拉伯半岛，叙利亚，澳大利亚，埃塞俄比亚，南非。

123. 犁角野螟属 *Goniorhynchus* Hampson, 1896

Goniorhynchus Hampson, 1896: 322. Type species: *Botys gratalis* Lederer, 1863.

属征：额圆。下唇须向上弯曲；第 3 节裸露，前伸。下颚须丝状。前翅 CuA_1、M_2 和 M_3 脉由中室后角发出，基部分离；CuA_2 脉从中室后缘约 3/4 处发出；R_2 与 R_{3+4} 脉靠近；R_5 脉直，与 R_{3+4} 脉分离。后翅中室短；CuA_1、M_2 和 M_3 脉由中室后角发出，CuA_2 脉从中室后缘约 2/3 处发出；M_1 与 Rs 脉发自中室前角，基部共短柄。

分布：世界广布。世界已知 17 种，中国已知 4 种，本书记述 1 种。

（145）宽缘犁角野螟 *Goniorhynchus clausalis* (Christoph, 1881)

Botys clausalis Christoph, 1881: 18.
Goniorhynchus clausalis: Inoue, 1988: 92.

翅展 22.0-27.0 mm。体棕黄色。触角黄色。下唇须基部白色，端部棕黄色。胸部淡黄色。前、后翅淡黄色。前翅前缘、外缘黄褐色；中室圆斑、中室端斑褐色，肾形，中央淡黄色；前、后中线棕褐色；前中线波状，略向外倾斜；后中线波状弯曲，在 M_2 与 CuA_1 脉之间显著外弯，在 CuA_1 脉处向内收缩达中室后角，后向下伸达内缘与前中线相接；外缘域后 1/3 凹入。后翅中室端斑、后中线棕色或棕褐色；后中线波状弯曲，在 M_2 与 CuA_2 脉之间向外弯，后向内收缩达中室后角，略向外倾斜伸达内缘；外缘域为 1 棕色宽带，该带内侧中部 1/3 凹入。前、后缘毛黄色或淡黄色。

观察标本：1 雌，重庆缙云山，751 m，2021.Ⅶ.6，周萌颖、郭家铭。

分布：中国（重庆缙云山、北京、河北、河南、陕西、湖北）；俄罗斯（远东地区），日本。

124. 褐环野螟属 *Haritalodes* Warren, 1890

Haritalodes Warren, 1890: 476. Type species: *Botys multilinealis* Guenée, 1854.

属征：额圆。下唇须上举；末节裸露，短钝。下颚须发达，丝状，末节稍膨大。前翅中室约为翅长的一半；R_3 与 R_4 脉共柄长度约为中室前角至顶角距离的 2/3，R_2 脉靠近 R_{3+4} 脉，R_5 脉基部弯向 R_{3+4} 脉；M_2、M_3 和 CuA_1 脉从中室后角均匀发出，CuA_2 脉从中室后缘 4/5 处发出。后翅中室不及翅长一半；$Sc+R_1$ 与 Rs 脉共柄长度约为 Rs 脉的 1/3；M_2、M_3 和 CuA_1 脉从中室后角均匀发出，CuA_2 脉从中室后缘 3/4 处发出。

分布：世界广布。世界已知 11 种，中国已知 1 种，本书记述 1 种。

（146）棉褐环野螟 *Haritalodes derogata* (Fabricius, 1775)

Phalaena derogata Fabricius, 1775: 641.
Haritalodes derogata: Heppner & Inoue, 1992: 96.

翅展 25.0-36.5 mm。额白色。下唇须白色，第 1 节端部背面褐色，第 2 节端部有时褐色，第 3 节较小，向前凸出。触角浅棕黄色。胸部背面淡黄色；前胸上有 1 对黑褐色斑，中胸中央有 1 黑褐斑。前、后翅淡黄色；前翅基部有 3 黑褐斑；黑褐斑与前中线间有 1 新月形斑纹；中室圆斑深褐色，环形；中室端斑深褐色，肾形，环状；中室下方有 1 稍小的深褐色环斑；前中线、后中线、亚外缘线及外缘线褐色；后中线在 M_2 与 CuA_2 脉之间向外弯。后翅中室端斑褐色，环状；中室端斑下方有 1 褐色横纹；在中室端斑和亚外缘线之间有 1 不规则斑纹；后中线、亚外缘线及外缘线褐色；后中线在 M_2 与 CuA_2 脉之间向外弯。腹部背面黄褐色，各腹节后缘黄白色，第 1 腹节背面有 1 对褐色或黄褐色斑，腹部末端有 1 黑褐斑。

观察标本：1 雄 1 雌，重庆缙云山，751 m，2021.Ⅷ.17，汤语耕、韩金航。

分布：中国（重庆缙云山、辽宁、内蒙古、北京、天津、河北、山西、山东、河南、陕西、甘肃、江苏、安徽、浙江、湖北、江西、湖南、福建、台湾、广东、广西、四川、贵州、云南）；朝鲜，日本，印度，越南，缅甸，泰国，新加坡，印度尼西亚，菲律宾，非洲，夏威夷，南美洲。

125. 切叶野螟属 *Herpetogramma* Lederer, 1863

Herpetogramma Lederer, 1863: 430. Type species: *Herpetogramma servalis* Lederer, 1863.

属征：额圆；下唇须略斜向上举，第 3 节隐蔽。下颚须丝状。雄性触角腹面具纤毛。前翅中室约为翅长的一半；R_3 与 R_4 脉共柄长度约为中室前角至顶角距离的 2/3，R_2 脉靠近 R_{3+4} 脉，R_5 脉基部弯向 R_{3+4} 脉，M_2、M_3 和 CuA_1 脉从中室后角均匀发出，CuA_2 脉从中室后缘 4/5 处发出。后翅中室不及翅长一半；$Sc+R_1$ 与 Rs 脉共柄长度约为 Rs 脉的 1/4，M_2、M_3 和 CuA_1 脉从中室后角均匀发出，基部接近，CuA_2 脉从中室后缘近 2/3 处发出。

分布：世界广布。世界已知约 71 种，中国已知 18 种，本书记述 4 种。

（147）暗切叶野螟 *Herpetogramma fuscescens* (Warren, 1892)

Acharana fuscescens Warren, 1892: 437.
Herpetogramma fuscescens: Park, 1976: 13.

翅展 15.0-28.0 mm。体褐色。触角腹面淡黄色，背面褐色；雄性腹面纤毛约为触角直径的 1/2。下唇须基部白色，端部棕褐色。足黄白色，前足腿节端部、胫节端半部黑褐色。前、后翅褐色，翅面斑和线黑褐色。前翅前中线略向外倾斜弯曲；中室圆斑、中室端斑黑褐色，中室端斑条状；后中线波状弯曲。后翅中室端斑条状，多不清晰；后中线在 M_2 与 CuA_2 脉间略向外弯。

观察标本：1 雌，重庆缙云山，751 m，2021.Ⅷ.2，周萌颖、郭家铭。

分布：中国（重庆缙云山、天津、河北、河南、陕西、安徽、湖北、四川、西藏）；日本，印度。

（148）葡萄切叶野螟 *Herpetogramma luctuosalis* (Guenée, 1854)

Hyalitis luctuosalis Guenée, 1854: 290.
Herpetogramma luctuosalis: Inoue, 1982: 355.

翅展 23.0-31.0 mm。额褐色，两侧有白条。触角棕褐色，背面灰黑色；雄性触角基节端部内侧有 1 细锥状突，鞭节第 1 小节内侧具 1 个凹窝，腹面具纤毛。下唇须第 1 节白色，第 2 节黑褐色，第 3 节黄褐色。胸、腹部褐色；各腹节后缘白色。前足腿节和胫节末端褐色。前翅黑褐色；前中线淡黄色向外倾斜；中室圆斑淡黄色；中室端脉内侧有 1 淡黄白色方形斑；后中线淡黄色弯曲，其前、后缘各有 1 淡黄色斑，前缘的斑较后缘的稍大。后翅黑褐色，前缘区域基半部黄白色；中室有 1 小黄点；后中线阔，黄色，弯曲。

观察标本：1 雄，重庆缙云山，790 m，2021.Ⅶ.19，许若男、汤语耕；1 雌，重庆缙云山，751 m，2021.Ⅷ.2，黄诗琪、汤语耕。

分布：中国（重庆缙云山、黑龙江、吉林、天津、河北、河南、陕西、甘肃、江苏、安徽、浙江、湖北、福建、台湾、广东、四川、贵州、云南）；俄罗斯（远东地区），朝鲜，日本，印度，不丹，尼泊尔，越南，斯里兰卡，印度尼西亚，欧洲南部，非洲东部。

（149）黄斑切叶野螟 *Herpetogramma ochrimaculalis* (South, 1901)

Nacoleia ochrimaculalis South, 1901: 460.
Herpetogramma ochrimaculalis: Inoue, 1982: 355.

翅展 19.0-24.0 mm。额灰褐色，近触角处两侧白色。触角背面灰褐色，腹面棕褐色；雄性腹面纤毛长约为触角直径的 1/2。下唇须基部白色，端部黑褐色，末节污白色。胸部背面黑褐色。前翅黑褐色，其上斑纹淡黄色；中室后缘基部下方有 1 横条斑；中室内有 1 近方形斑；中室端外侧紧靠中室端有 1 近椭圆形小斑，其外侧有 1 椭圆形大斑；中室端下方有 1 近卵圆形大斑。后翅基部约 1/2 淡黄色，端部 1/2 暗褐色；中室端斑暗褐色，肾形；后中线暗褐色，弯曲，在 M_2 和 CuA_1 脉之间显著向外凸出。足黄白色，前足基节、腿节内侧具灰褐色鳞片，胫节端半部暗褐色。腹部背面第 1 节淡黄色，其余各节暗褐色且后缘白色。

观察标本：1 雌，重庆缙云山，751 m，2021.Ⅶ.5，周萌颖、许若男。

分布：中国（重庆缙云山、河南、甘肃、安徽、湖北、福建、广西、四川、贵州）；日本。

（150）褐翅切叶野螟 *Herpetogramma rudis* (Warren, 1892)

Acharana rudis Warren, 1892: 435.
Herpetogramma rudis: Lee & Park, 1958: 8.

翅展 23.0-28.0 mm。额圆，淡褐色。触角背面暗褐色，腹面棕黄色；雄性腹面具纤毛。下唇须基部白色，端部褐色。胸、腹部背面淡褐色，腹面银白色。前、后翅褐色。前翅中室圆斑和中室端斑暗褐色，中室端斑月牙形；前中线略外弯，近弧形，外侧附淡黄色条带；后中线暗褐色，波状弯曲，在 M_1 与 CuA_2 脉间外突，沿外侧附淡黄色条带。后翅中室端斑褐色；后中线褐色，弯曲同前翅。足黄白色，前足胫节端部褐色。

观察标本：1 雌，重庆缙云山，751 m，2021.Ⅶ.19，周萌颖、许若男。

分布：中国（重庆缙云山、河南、陕西、安徽、浙江、湖北、福建、四川、贵州、云南、西藏）；日本，印度。

126. 光野螟属 *Luma* Walker, 1863

Luma Walker, 1863: 121. Type species: *Luma anticalis* Walker, 1863.

属征：额略平斜。雄性触角较雌性粗厚。下唇须向上弯曲；第 2 节长，前端被鳞稀疏；第 3 节长尖。下颚须丝状。前翅 R_2 与 R_{3+4} 脉共柄；R_5 脉从中室前角发出；M_2、M_3 脉从中室后角发出，基部分离；CuA_1 脉从中室后角稍前方发出；CuA_2 脉从中室后缘基部 2/3 处发出。后翅中室约为翅长之半；M_2、M_3 脉从中室后角发出，基部分离；CuA_1 脉从中室后角稍前方发出。

分布：世界广布。世界已知 16 种，中国已知 2 种，本书记述 1 种。

（151）饰光野螟 *Luma ornatalis* (Leech, 1889)

Zebromia ornatalis Leech, 1889: 71.
Luma ornatalis: Hampson, 1897: 187.

翅展 15.0-23.0 mm。体、翅白色。额、头顶白色。触角淡黄色，背面白色。下唇须白色，基部 2 节背面及侧面褐色。腹部白色，雄性末节背面具 2 淡褐色斑。翅面斑、线黑色。前翅基部近前缘有 1 黑色斑；中室端部椭圆形；中室下方前、后中线之间有 1 椭圆形黑斑；前中线向内倾斜外弯；后中线位于前翅约 3/4 处，前缘处稍宽，M_1 与 M_3 脉间略向外弯；亚外缘线较直；后翅中室端斑椭圆形；中室下方有 1 黑斑。前、后翅后中线、亚外缘线、外缘线三线近平行。足白色，前足胫节和跗节散布淡褐色鳞片。

观察标本：1 雌，重庆缙云山，790 m，2021.Ⅶ.19，汤语耕、周萌颖。

分布：中国（重庆缙云山、河南、陕西、甘肃、江苏、安徽、浙江、湖北、湖南、福建、广东、四川、贵州）；印度。

127. 刷须野螟属 *Marasmia* Lederer, 1863

Marasmia Lederer, 1863: 385. Type species: *Marasmia cicatricosa* Lederer, 1863.

属征：额平斜。触角具环。下唇须向上弯曲，第 2 节宽大，第 3 节短小。下颚须丝状或末节鳞片扩展。雄性前翅中部前缘下侧多具成束铅色长鳞簇。前翅 CuA_1、M_2 和 M_3 脉从中室后角发出；R_2 与 R_{3+4} 脉紧靠（或共柄）；R_5 脉直，与 R_{3+4} 脉分离。后翅中室短小；CuA_1、M_2 和 M_3 脉从中室后角发出；M_1 和 Rs 脉从中室前角发出；$Sc+R_1$ 与 Rs 脉共柄长。

分布：世界广布。世界已知 7 种，中国已知 6 种，本书记述 1 种。

（152）水稻刷须野螟 *Marasmia poeyalis* (Boisduval, 1833)

Botys poeyalis Boisduval, 1833: 118.
Marasmia poeyalis: Inoue, 1996: 92.

翅展 15.0-18.0 mm。额褐色，两侧有白色纵条。下唇须基部白色，端部黄褐色。腹部淡黄色掺杂褐色。前翅淡黄色，基域及近前缘 1/2 散布褐色鳞片；雄性前翅前缘中部下侧具成束浅色长鳞簇；前缘基部淡褐色，前中线外侧淡黄色且在前、后中线之间具一系列黑斑；中室端斑暗褐色或黑褐色，肾形；前中线暗褐色或黑褐色，外弯；后中线暗褐色或黑褐色，前缘处膨大成 1 黑斑，在 CuA_1 与 CuA_2 脉之间向内折达中室后角下方，之间不清晰，后向下达后缘；外缘域有 1 褐色或暗褐色阔带。后翅淡黄色；中室端斑暗褐色，条状，与其下方 1 暗褐色横纹相接，该横纹向外倾斜达臀角处；后中线暗褐色或黑褐色，仅 CuA_1 脉上方清晰；外缘有 1 褐色或暗褐色阔带；顶角处有 1 淡褐色亮鳞毛。

观察标本：1 雄，重庆缙云山，751 m，2021.Ⅷ.17，汤语耕、韩金航；1 雌，重庆缙云山，751 m，2021.Ⅶ.5，许若男。

分布：中国（重庆缙云山、天津、河北、河南、湖北、福建、台湾、广东、四川、贵州、云南、西藏）；印度，尼泊尔，缅甸，泰国，印度尼西亚，斯里兰卡，大洋洲，马达加斯加。

128. 豆荚野螟属 *Maruca* Walker, 1859

Maruca Walker, 1859b: 490. Type species: *Hydrocampe aquitilis* Guérin-Méneville, 1832.

属征：额圆。下唇须前伸，基部略斜向上伸；第 3 节发达，长锥状。下颚须末节鳞片扩展。前翅中室约为翅长的一半；R_3 与 R_4 脉共柄长度约为中室前角至顶角距离的 2/3，R_2 脉靠近 R_{3+4} 脉，R_5 脉基部弯向 R_{3+4} 脉，M_2、M_3 和 CuA_1 脉从中室后角发出，M_2 和 M_3 脉基部接近，CuA_2 脉从中室后缘 5/6 处发出。后翅中室不及翅长一半；$Sc+R_1$ 与 Rs 脉共柄短，M_2、M_3 和 CuA_1 脉从中室后角发出，M_2 和 M_3 脉基部一小段接近，CuA_2 脉从中室后缘 2/3 处发出。

分布：世界广布。世界已知约 10 种，中国已知 2 种，本书记述 1 种。

（153）豆荚野螟 *Maruca vitrata* (Fabricius, 1787)

Phalaena vitrata Fabricius, 1787: 215.
Maruca vitrata: Yamanaka & Yoshiyasu, 1992: 88.

翅展 23.0-28.5 mm。额棕褐色，两侧、正中和前缘各有 1 白条纹。下唇须褐色，基部及腹面白色；稍向上举，第 3 节向前平伸。胸部背面棕褐色，腹面白色。前翅棕褐色或黑褐色，沿前缘棕黄色；中室内有 1 具黑色边缘的不规则形透明斑；中室后缘中部下方有 1 小透明斑；中室外侧在 R 脉与 CuA_2 脉之间有 1 不规则透明长斑。后翅白色，半透明；外缘域有 1 棕褐色或黑褐色阔带，其内侧为向内突起的山峰状；中室内近前缘和中室前角处各有 1 黑斑；后中线纤细，波纹状；翅下方在后中线与外缘之间有不连续的淡褐色线。腹部背面棕褐色，腹面灰褐色。

观察标本：1 雄 1 雌，重庆缙云山，751 m，2021.Ⅶ.6，周萌颖、郭家铭。

分布：中国（重庆缙云山、内蒙古、北京、天津、河北、山西、山东、河南、陕西、甘肃、江苏、安徽、浙江、湖北、江西、湖南、福建、台湾、广东、海南、香港、广西、四川、贵州、云南、西藏）；朝鲜，日本，印度，斯里兰卡，尼日利亚，坦桑尼亚，澳大利亚，夏威夷。

129. 纹野螟属 *Metoeca* Warren, 1896

Metoeca Warren, 1896: 145. Type species: *Isopteryx foedalis* Guenée, 1854.

属征：额圆。雄性触角稍扁。下唇须弯曲上举；第 2 节端部平截，第 3 节短小，裸露。下颚须细小，丝状。前翅狭长；前缘直，仅顶角处稍弯；顶角钝；外缘倾斜，直；中室约为翅长的一半；CuA_1、M_2 及 M_3 脉由中室后角均匀发出；R_2 脉靠近 R_{3+4} 脉；R_5 脉远离 R_{3+4} 脉。后翅三角形，外缘稍弯；中室不及翅长的一半；CuA_1、M_2 及 M_3 脉由中室后角发出，M_2 和 M_3 脉基部靠近；Rs 及 M_1 脉由中室前角发出。

分布：世界广布。世界已知 1 种，中国已知 1 种，本书记述 1 种。

（154）污斑纹野螟 *Metoeca foedalis* (Guenée, 1854)

Isopteryx foedalis Guenée, 1854: 288.
Metoeca foedalis: Warren, 1896: 145.

翅展 14.0-16.0 mm。下唇须白色，近中部有 1 褐色或浅褐色斑，第 2 节末端褐色或浅褐色，第 3 节细长。胸、腹部背面白色具褐色斑纹。前、后翅白色具浅褐色污斑。前翅前缘基部近 1/8 处有 1 褐斑；中室圆斑、中室端斑褐色；前中线褐色锯齿状；后中线褐色，在 CuA_1 与 CuA_2 脉之间向内弯曲，末端达中室端斑下方后缘处；外缘具 1 排近三角形的褐斑，近外缘有 1 浅褐色宽带。后翅中室圆斑褐色；后中线波状；外缘具 1 排近三角形的褐斑，近外缘有 1 浅褐色宽带。

观察标本：1 雄，重庆缙云山，751 m，2021.Ⅷ.2，汤语耕、黄诗琪。

分布：中国（重庆缙云山、山东、河南、安徽、浙江、湖北、江西、福建、广东、香港、澳门、四川、贵州、云南、西藏）；日本，印度，越南，印度尼西亚，菲律宾，斯里兰卡，新几内亚，澳大利亚，斐济，巴拿马，巴西，非洲。

130. 蚀叶野螟属 *Lamprosema* Hübner, 1823

Lamprosema Hübner, 1823: 21. Type species: *Lamprosema lunulalis* Hübner, 1823.

属征：额圆。下唇须斜向上举。前翅中室约为翅长的一半；中室端脉略弯；R_5 脉直，远离 R_{3+4} 脉，M_2、M_3 和 CuA_1 脉从中室后角发出，CuA_2 脉从中室后缘 4/5 处发出。后翅中室不及翅长一半；$Sc+R_1$ 与 Rs 脉共柄长度约为 Rs 脉的 1/3，M_2、M_3 和 CuA_1 脉从中室后角发出，CuA_2 脉从中室后缘 3/4 处发出。

分布：世界广布。世界已知约 330 种，中国已知 28 种，本书记述 2 种。

（155）黑点蚀叶野螟 *Lamprosema commixta* (Butler, 1879)

Samea commixta Butler, 1879: 453.
Lamprosema commixta: Shibuya, 1928: 209.

翅展 15.0-20.0 mm。额、头顶白色。触角黄褐色；雄性腹面纤毛约与触角直径等长。下唇须基部白色，端部褐色；第 3 节裸露，颜色稍浅。胸部背面淡黄色掺杂褐色斑；翅基片淡褐色，基部有 1 黑褐色斑，端部褐色。前翅淡黄色；基域具 3 个褐色大斑，基部前缘具 1 黑色斑；中室圆斑暗褐色，环状；中室端斑暗褐色，近方形，中央色浅；翅前缘中室端斑上方有 1 褐色环斑；中室下侧有 1 暗褐色大斑；前中线黑色，波状弯曲；后中线黑色，在 M_1 与 CuA_2 脉之间向外凸出；外缘为黄褐色阔带，沿外缘线有 1 排黑色小斑。后翅黄白色，基部有 1 褐色大斑；中室端有 2 平行的棒状细斑；外缘为褐色。腹部背面淡黄色，各节后缘褐色。

观察标本：1 雄 1 雌，重庆缙云山，751 m，2021.Ⅶ.18，许若男、周萌颖。

分布：中国（重庆缙云山、北京、天津、河南、陕西、甘肃、安徽、浙江、湖北、湖南、福建、台湾、广东、海南、香港、四川、贵州、云南、西藏）；日本，印度，尼泊尔，越南，马来西亚，斯里兰卡。

（156）黄环蚀叶野螟 *Lamprosema tampiusalis* (Walker, 1859)

Botys tampiusalis Walker, 1859c: 704.
Lamprosema tampiusalis: Shibuya, 1929: 177.

翅展 14.0-22.0 mm。额白色。触角黄色；雄性腹面纤毛长略小于触角直径。下唇须白色，第 1、2 节基部黑褐色，第 3 节基部掺杂黑色鳞片。胸部背面淡黄色杂褐色，中胸中央具 1 褐色斑。腹部淡黄色，第 2 节基部具褐色鳞片，第 7 节末端具 1 黑色斑，末节具 2 黑色斑。前、后翅淡黄色。前翅基部具暗褐色斑；中室内有 1 暗褐色环形斑；中室端斑椭圆环状，暗褐色；前、后中线暗褐色，波状弯曲，在前缘处加宽形成黑色斑；后中线从前缘向内倾斜至 M_2 脉，后向外弯至 CuA_2 脉处，向内收缩至中室后角处，波状弯曲至内缘；外缘线黑褐色。后翅中室端部暗褐色，肾形；前、后中线暗褐色；前中线从中室后角下方向外倾斜达臀角前；后中线呈阶梯状弯曲达臀角处。

观察标本：1 雌，重庆缙云山，751 m，2021.Ⅷ.2，汤语耕、黄诗琪。

分布：中国（重庆缙云山、河南、安徽、湖北、江西、福建、广东）；日本，印度（锡金），印度尼西亚。

131. 四斑野螟属 *Nagiella* Munroe, 1976

Nagiella Munroe, 1976: 876. Type species: *Nagia desmialis* Walker, 1866.

属征：体中型。额圆。下唇须较宽，斜向上弯，鳞片致密；第 3 节短小，裸露，短钝。雄性触角腹面具纤毛。足光滑。中室约为翅长的一半；R 脉发自中室前缘 2/3 处；Rs_2 与 Rs_3 脉共柄长度约为中室前角至顶角距离的 3/5；Rs_1 脉靠近 Rs_2+Rs_3 脉；Rs_4 脉基部弯向 Rs_2+Rs_3 脉；中室端脉向内弯；M_2、M_3 和 CuA_1 脉从中室后角均匀发出；CuA_2 脉从中室后缘约 3/4 处发出。后翅中室约为翅长的 1/3；中室端脉内弯；Sc+R 与 Rs 脉共柄长度约为中室前角至顶角距离的 1/4。M_2、M_3 和 CuA_1 脉从中室后角发出，基部分离；CuA_2 脉从中室后缘 2/3 处发出。

分布：古北区、东洋区。世界已知 6 种，中国已知 5 种，本书记述 2 种。

（157）四目斑野螟 *Nagiella inferior* (Hampson, 1899)

Sylepta [sic] *inferior* Hampson, 1899: 724.
Nagiella inferior: Munroe, 1976: 876.

翅展 21.0-27.0 mm。体、翅淡褐色。下唇须略上举，基半部白色，端部褐色。胸部背面、两侧和腹部背面淡褐色。前翅中室圆斑白色，中室外侧斑白色肾形，外侧内陷成缺刻。后翅中室圆斑白色不清晰，中室端斑近圆形。

观察标本：1 雄，重庆缙云山，751 m，2021.Ⅷ.16，汤语耕、韩金航；1 雌，重庆缙云山，790 m，2021.Ⅶ.20，赵红、沈瑶。

分布：中国（重庆缙云山、辽宁、山西、河南、陕西、甘肃、江苏、浙江、湖北、江西、湖南、福建、台湾、海南、广西、四川、贵州、云南、西藏）；俄罗斯，韩国，日本，印度。

（158）四斑野螟 *Nagiella quadrimaculalis* (Kollar *et* Redtenbacher, 1844)

Scopula quadrimaculalis Kollar *et* Redtenbacher, 1844: 492.
Nagiella quadrimaculalis: Munroe, 1976: 876.

翅展 26.0-43.0 mm。翅褐色，中室圆斑和中室端斑之间有 1 小白斑，近方形或长方形；中室端斑与后中线之间有 1 近肾形大白斑，向上达 Rs_2+Rs_3 脉，向下至 CuA_1 脉；前和后中线不清晰。后翅中室端斑与后中线之间 1 大白斑近方形，该斑在 M_2 和 M_3 脉之间外突，呈齿状。

观察标本：1 雄，重庆缙云山，751 m，2021.Ⅶ.6，周萌颖、郭家铭；1 雌，重庆缙云山，790 m，2021.Ⅵ.20，赵红、沈瑶。

分布：中国（重庆缙云山、黑龙江、辽宁、河北、山西、山东、河南、陕西、甘肃、安徽、浙江、湖北、江西、湖南、福建、台湾、广东、海南、广西、四川、贵州、云南、西藏）；俄罗斯（远东地区），朝鲜，韩国，日本，印度（含锡金），尼泊尔，印度尼西亚。

132. 嗜叶野螟属 *Omiodes* Guenée, 1854

Omiodes Guenée, 1854: 355. Type species: *Omiodes humeralis* Guenée, 1854.

属征：额圆。下唇须宽阔，弯曲上举，末端平截；第3节短小，裸露。下颚须丝状。前翅中室约为翅长的一半；R_2脉靠近R_{3+4}脉，R_5脉基部略弯向R_{3+4}脉，M_2、M_3和CuA_1脉从中室后角发出，CuA_2脉从中室后缘3/4处发出。后翅中室不及翅长一半；$Sc+R_1$与Rs脉并接，M_2、M_3和CuA_1脉从中室后角发出，CuA_2脉从中室后缘3/4处发出。

分布：世界广布。世界已知98种，中国已知9种，本书记述1种。

（159）豆嗜叶野螟 *Omiodes indicata* (Fabricius, 1775)

Phalaena indicata Fabricius, 1775: 640.
Omiodes indicata: Munroe, 1983: 74.

翅展19.0-20.5 mm。体、翅橘黄色。额、头顶橘黄色，额中央有1褐色纵纹。触角橘黄色，雄性腹面纤毛长约为触角直径的1/2。下唇须橘黄色。中室圆斑黑褐色，中室端脉斑弯月形；前中线褐色；后中线褐色，CuA_2脉后向内弯曲达中室端脉斑下方；外缘线褐色；缘毛褐色，内缘缘毛黄褐色。后翅中室端脉斑褐色；后中线褐色，CuA_2脉后向内弯曲达中室端脉斑下方；外缘线褐色；缘毛基部褐色端部黄白色，内缘缘毛黄色。

观察标本：1雄1雌，重庆缙云山，751 m，2021.Ⅷ.2，汤语耕、黄诗琪。

分布：中国（重庆缙云山、天津、河北、山东、河南、陕西、宁夏、江苏、安徽、浙江、湖北、江西、福建、广东、四川、贵州、云南）；日本，越南，新加坡，印度，斯里兰卡，非洲，中美和南美。

133. 绢须野螟属 *Palpita* Hübner, 1808

Palpita Hübner, 1808: 209. Type species: *Pyralis unionalis* Hübner, 1796.

属征：下唇须斜向上举，末端平截；第2节宽阔，第3节隐蔽。下颚须末节鳞片扩展。前、后翅白色，半透明。前翅中室约为翅长的一半，R_3与R_4脉共柄长度约为中室前角至顶角距离的2/3，R_2脉靠近R_{3+4}脉，R_5脉基部弯向R_{3+4}脉，M_2、M_3和CuA_1脉从中室后角均匀发出，CuA_2脉从中室后缘3/4处发出。后翅中室不及翅长一半；$Sc+R_1$与Rs脉共柄长度约为Rs脉的1/3，M_2、M_3和CuA_1脉从中室后角发出，基部略接近，CuA_2脉从中室后缘3/4处发出。

分布：世界广布。世界已知约170种，中国已知18种，本书记述1种。

（160）白蜡绢须野螟 *Palpita nigropunctalis* (Bremer, 1864)

Margarodes nigropunctalis Bremer, 1864: 67.
Palpita nigropunctalis: Inoue, 1955: 176.

翅展 27.0-34.0 mm。体、翅白色。前后翅亚外缘线褐色，与外缘平行，后翅亚外缘线后端趋向臀角；沿外缘各脉端具明显小黑点。前翅前缘域赭黄色，中室端斑黑色折线状，在中室前、后角各形成 1 黑色点斑，有的两点斑间折线不明显；中室基斑和中室圆斑为黑色点斑，靠近中室前缘；CuA_2 脉基部与 1A 脉间的斑为圆形。后翅中室端斑淡褐色折线状，在中室后角形成 1 黑色点斑。

观察标本：1 雄，重庆缙云山，751 m，2021.Ⅶ.6，周萌颖、郭家铭。

分布：中国（重庆缙云山、黑龙江、吉林、辽宁、河北、山西、河南、陕西、甘肃、江苏、浙江、湖北、福建、台湾、广西、四川、贵州、云南、西藏）；朝鲜，日本，印度，越南，印度尼西亚，菲律宾，斯里兰卡。

134. 绿野螟属 *Parotis* Hübner, 1831

Parotis Hübner, 1831. Type species: *Parotis psittacalis* Hübner, [1831] 1825.

属征：体、翅黄绿色、绿色或蓝绿色。下唇须前伸或斜向上举；第 2 节前伸，均长于第 1 节；第 3 节隐蔽。下颚须发达，末端多与额基部齐平。雄性触角腹面具短纤毛。雄性腹部末端具鳞毛簇。前翅中室约为翅长的一半；R 脉出自中室前缘 1/2 处；Rs_1 脉靠近 Rs_{2+3} 脉；Rs_3 脉与 Rs_4 脉共柄长度约为中室前角至顶角距离的 2/5；Rs_4 脉基部 1/6 弯向 Rs_{2+3} 脉；中室端脉略弯；M_2、M_3 和 CuA_1 脉从中室后角均匀发出；CuA_2 脉从中室后缘 4/5 处发出。后翅中室不及翅长一半；Sc+R 与 Rs 脉共柄长度约为 Rs 脉的 1/4；中室端脉弯；M_2、M_3 和 CuA_1 脉从中室后角发出；CuA_2 脉从中室后缘 4/5 处发出。

分布：世界广布。世界已知约 64 种，中国已知 9 种，本书记述 1 种。

（161）褐缘绿野螟 *Parotis marginata* (Hampson, 1983)

Cenocnemis marginata Hampson, 1893: 169.
Parotis marginata: Yamanaka & Yoshiyasu, 1992: 87.

翅展 36.0-44.0 mm。体、翅绿色。下唇须斜向上，基部白色，端部深绿色。胸、腹部腹面银白色。雄性腹部末端具 1 簇浓密黑色鳞毛。足白色；前足腿节端部橙黄色，胫节端部环绕褐色条带。前翅前缘赭色；中室端斑黑色小点状；后翅中室端斑暗褐水滴状。前、后翅外缘黑褐色；后翅外缘前端 2/3 由一组小黑点构成，后端 1/3 由短细线构成。前、后翅缘毛黑褐色，后翅臀角处缘毛白色。雄性后翅臀区腹面被 1 簇淡黄色毛簇。

观察标本：1 雄 1 雌，重庆缙云山，751 m，2021.Ⅶ.6，周萌颖、郭家铭。

分布：中国（重庆缙云山、湖北、贵州、云南）；印度，越南，印度尼西亚，马六甲海峡，新加坡，斯里兰卡，巴布亚新几内亚，俾斯麦群岛，所罗门群岛。

135. 阔斑野螟属 *Patania* Moore, 1888

Patania Moore, 1888: 209. Type species: *Botys concatenalis* Walker, 1865.

属征：额圆。下唇须弯曲上举；第 3 节裸露，前伸。下颚须丝状。前翅中室约为翅长的一半；R_2 脉靠近 R_{3+4} 脉，R_5 脉基部弯向 R_{3+4} 脉，M_2、M_3 和 CuA_1 脉从中室后角均匀发出。后翅中室不及翅长一半；M_2、M_3 和 CuA_1 脉从中室后角发出，基部分离，$Sc+R_1$ 与 Rs 脉共柄长度约为 Rs 脉的 1/4。

分布：世界广布。世界已知 59 种，中国已知 44 种，本书记述 3 种。

（162）二斑阔斑野螟 *Patania deficiens* (Moore, 1887)

Coptobasis deficiens Moore, 1887: 556.
Patania deficiens Lu, 2020: 54.

翅展 20.0-26.0 mm。体、翅褐色。下唇须基部白色，端部褐色。腹部各节后缘颜色浅。前后翅褐色。前翅中室圆斑、中室端斑、前中线暗褐色；中室端斑月牙形；后中线淡黄色不明显，在 CuA_2 脉处向内弯，其前缘有 1 淡黄色斜斑。后翅中室端斑暗褐色；后中线淡黄色。

观察标本：1 雄 1 雌，重庆缙云山，751 m，2021.Ⅶ.6，周萌颖、郭家铭。

分布：中国（重庆缙云山、河南、湖北、福建、台湾、广东、四川、贵州）；日本，印度，尼泊尔，斯里兰卡。

（163）枇杷阔斑野螟 *Patania balteata* (Fabricius, 1798)

Phalaena balteata Fabricius, 1798: 457.
Patania balteata africalis Leraut, 2005: 85.

翅展 25.0-34.0 mm。额、头顶橙黄色。触角淡黄色，腹面橙黄色；雄性腹面具纤毛。下唇须白色，端部黄褐色。翅淡黄色。前翅前、后中线褐色弯曲，不清晰；前中线略向外倾斜弯曲；后中线波状弯曲，在 M_3 与 CuA_2 脉之间向外弯曲，向下达内缘；中室圆斑褐色，中室端斑褐色方形；外缘有浅褐色至褐色带。后翅中室端斑褐色；后中线在 M_3 与 CuA_2 脉之间向外弯曲。腹部浅黄色，各节后缘白色。

观察标本：1 雄，重庆缙云山，751 m，2021.Ⅷ.2，汤语耕、黄诗琪；1 雌，重庆缙云山，751 m，2021.Ⅶ.18，汤语耕、周萌颖。

分布：中国（重庆缙云山、天津、河南、陕西、安徽、浙江、湖北、江西、湖南、福建、台湾、广东、广西、四川、贵州、云南、西藏）；朝鲜，日本，越南，印度尼西亚，印度，尼泊尔，斯里兰卡，法国，南斯拉夫，大洋洲，非洲。

（164）画稿溪阔斑野螟 *Patania glyphodalis* (Walker, 1866)

Analtes glyphodalis Walker, 1866a: 1488.
Patania glyphodalis Lu, 2020: 39.

翅展 29.0-31.0 mm。额、头顶黄褐色。翅褐色。线和中室圆斑和中室端斑深褐色，中室端斑与后中线之间有 1 宽或窄的黄斑，向上达前缘，向下至 CuA_2 脉，前缘处黄褐色；前中线与中室圆斑之间有 1 模糊的黄褐斑；前中线与后中线之间有 1 模糊的黄褐斑。后翅中室端斑与后中线之间有 1 黄色宽或窄横带贯穿翅中部。

观察标本：1 雌，重庆缙云山，751 m，2021.Ⅶ.5，周萌颖、许若男。

分布：中国（重庆缙云山、四川）；印度尼西亚。

136. 斑野螟属 *Polythlipta* Lederer, 1863

Polythlipta Lederer, 1863: 389. Type species: *Polythlipta macralis* Lederer, 1863.

属征：额圆。触角细长。下唇须向上斜伸，第 2 节下侧有长鳞毛，第 3 节裸露，向前平伸。下颚须丝状。足细长。腹部细长。前翅 CuA_1、M_2 和 M_3 脉从中室后角伸出，R_2 脉与 R_{3+4} 脉靠近，R_5 脉弯曲，基部 2/3 与 R_{3+4} 脉靠近。后翅中室短小，CuA_1 脉从中室后角伸出，M_2 与 M_3 脉基部接近，Rs 与 M_1 脉共短柄，$Sc+R_1$ 与 Rs 脉并接。

分布：世界广布。世界已知 19 种，中国已知 2 种，本书记述 1 种。

（165）大白斑野螟 *Polythlipta liquidalis* Leech, 1889

Polythlipta liquidalis Leech, 1889: 70.

翅展 37.0-40.0 mm。额褐色，两侧有白色纵条纹。触角黄白色。下唇须褐色，腹面基部白色，腹面缨毛凸出。胸部背面中央褐色，两侧白色。前、后翅白色，半透明。前翅基部黑褐色；由翅近基部至中室中部及内缘为 1 橙黄色三角形大斑，斑纹周围镶有褐色边；中室基部有 1 由褐色环纹围绕的小白斑；中室端斑条状，橙黄色镶黑褐色边；翅顶有 1 黑褐色大斑；CuA_2 脉至臀角间有 1 不规则黑褐色长斑纹。后翅中室端斑黑褐色，细条状；翅端、臀角处及近外缘中部各有 1 黑褐色斑；沿外缘有 1 排褐色小斑。足白色；前足胫节端部黑色；跗节有褐、白色长毛缨。腹部背面第 1、2 节白色，其余赭褐色，第 2 节背面有 1 对赭褐色斑。

观察标本：1 雄 1 雌，重庆缙云山，751 m，2021.Ⅶ.18，周萌颖、许若男。

分布：中国（重庆缙云山、河南、陕西、甘肃、江苏、浙江、湖北、湖南、福建、广东、海南、广西、四川、贵州、云南）；朝鲜，日本。

137. 卷野螟属 *Pycnarmon* Lederer, 1863

Pycnarmon Lederer, 1863: 441. Type species: *Spilomela jaguaralis* Guenée, 1854.

属征：额圆。下唇须尖细，弯曲上举；第 3 节细长锥状。下颚须丝状。前翅中室约为翅长的一半；R_1 脉发自中室前缘近顶角处；R_3 与 R_4 脉共柄长度约为中室前角至顶角距离的 4/5；R_2 靠近 R_{3+4} 脉；R_5 脉较直，远离 R_{3+4} 脉；中室端脉略弯；M_2、M_3 和 CuA_1 脉从中室下角均匀发出；CuA_2 脉从中室后缘 3/4 处发出。后翅中室不及翅长一半；$Sc+R_1$ 与 Rs 脉共柄长度约为 Rs 脉的 1/4；中室端脉直，向外倾斜；M_2 近 M_3 脉而稍远 CuA_1 脉；CuA_2 脉从中室后缘 2/3 处发出。

分布：世界广布。世界已知 80 种，中国已知 5 种，本书记述 1 种。

（166）豹纹卷野螟 *Pycnarmon pantherata* (Butler, 1878)

Crocidophora pantherata Butler, 1878: 59.
Pycnarmon pantherata: Leech, 1901: 448.

翅展 21.0-26.0 mm。额白色。下唇须灰白色，近中部背面及两侧黑褐色。触角黄褐色。胸部、腹部背面淡褐色，腹面淡白褐色，腹部各节后缘白色，夹杂少许黑色鳞片。

前翅淡赭褐色，前缘和内缘基部各有2黑斑；中室白色，半透明，中室圆斑和中室端斑黄褐色，两侧都镶有黑褐色边；前中线黑褐色波纹状，亚外缘线黑褐色弯曲，外缘带赭黄色。后翅淡赭褐色，中室端斑黄白色，两侧镶有褐色边；后中线粗短褐色，亚外缘线褐色波状；外缘带浅赭黄色。

观察标本：1雄，重庆缙云山，751 m，2021.Ⅶ.18，许若男、汤语耕。

分布：中国（重庆缙云山、河南、陕西、甘肃、江苏、安徽、浙江、湖北、台湾、四川、贵州）；朝鲜，日本。

138. 青野螟属 *Spoladea* Guenée, 1854

Spoladea Guenée, 1854: 224-225. Type species: *Phalaena recurvalis* Fabricius, 1775.

属征：额圆。下唇须弯曲上举，第3节发达，长尖。下颚须末节鳞片扩展。前翅中室略长于翅长的一半；R_2脉靠近R_{3+4}脉，R_5脉直，远离R_{3+4}脉，R_3与R_4脉共柄长度约为中室前角至顶角距离的2/3；M_2、M_3和CuA_1脉从中室后角均匀发出，CuA_2脉从中室后缘4/5处发出。后翅中室不及翅长一半；$Sc+R_1$与Rs脉共柄长度约为Rs脉的1/4；M_2近M_3脉而稍远CuA_1脉，CuA_2脉从中室后缘2/3处发出。

分布：世界广布。世界已知约10种，中国已知1种，本书记述1种。

（167）甜菜青野螟 *Spoladea recurvalis* (Fabricius, 1775)

Phalaena recurvalis Fabricius, 1775: 644.
Spoladea recurvalis: Guenée, 1854: 225.

翅展17.0-23.0 mm。额白色，有棕褐色条纹。触角柄节膨大，雄性柄节膨大成耳状。下唇须白色，第1节端部背面、第2节端部和第3节黑褐色。胸部、腹部背面褐色，腹面白色，腹部背面各节后缘白色。前、后翅褐色。前翅前中线淡褐色，细弱不明显；中室端有1白斑；后中线白色宽阔，由前缘3/4处伸至中部后向内弯曲，至中室后角与中室端斑相连接。后翅中部有1白色横带。

观察标本：1雄1雌，重庆缙云山，751 m，2021.Ⅷ.2，汤语耕、黄诗琪。

分布：中国（重庆缙云山、黑龙江、吉林、辽宁、内蒙古、北京、天津、河北、山西、山东、河南、陕西、宁夏、甘肃、安徽、湖北、江西、湖南、台湾、广东、广西、四川、贵州、云南、西藏）；朝鲜，日本，印度，不丹，尼泊尔，越南，缅甸，泰国，印度尼西亚，菲律宾，斯里兰卡，澳大利亚，北美洲，夏威夷，非洲，南美洲。

139. 卷叶野螟属 *Syllepte* Hübner, 1823

Syllepte Hübner, 1823: 18. Type species: *Syllepte incomptalis* Hübner, 1823.

属征：额圆。下唇须弯曲达头顶，第3节裸露。下颚须丝状。触角具纤毛。前翅R_2脉靠近R_{3+4}脉，R_5脉短距离弯向R_{3+4}脉，CuA_1、M_2和M_3脉由中室后角发出。后翅中室短小，CuA_1脉由中室后角发出，M_2和M_3脉基部靠近。

分布：世界广布。世界已知约320种，中国已知40种，本书记述2种。

（168）褐斑卷叶野螟 *Syllepte rhyparialis* (Oberthür, 1893)

Botys rhyparialis Oberthür, 1893: 45.
Sylepta [sic] *rhyparialis alba*: South, 1901: 469.

翅展 56.0-63.0 mm。体黄色至橙色。头顶黄色。触角黄褐色，雄性腹面纤毛较短，不及触角直径的 1/2。下唇须黄色。腹部背面黄色，每节两侧各有 1 褐斑；腹面浅黄褐色。前翅前缘橙色，翅基有 1 黑斑；内缘带褐色；前中线由 3 个褐色圆斑组成；前中线内侧有 1 褐斑；中室内、端部各有 1 黑褐色圆斑；后中线由一系列圆斑组成，3 褐斑从前缘平直后，于 M_2 脉与 CuA_2 脉处向外弯曲，并与亚外缘线相连；后向内弯曲达中室后角下方，再向内倾斜达内缘；亚外缘线由一系列黑斑组成；外缘处 1 列黑褐色斑点。后翅白色，外缘域橙色；翅基部有 1 褐色斑纹；中室端斑圆形，褐色；后中线褐色，较宽，形状与前翅相同；亚外缘线、外缘黑点与前翅同。

观察标本：1 雄，重庆缙云山，751 m，2021.Ⅷ.17，汤语耕、韩金航。

分布：中国（重庆缙云山、河南、陕西、宁夏、甘肃、青海、新疆、湖北、湖南、福建、四川、贵州、云南、西藏）。

（169）台湾卷叶野螟 *Syllepte taiwanalis* Shibuya, 1928

Sylepta [sic] *taiwanalis* Shibuya, 1928: 222.
Syllepte taiwanalis: Yamanaka & Yoshiyasu, 1992: 86.

翅展 32.0-40.0 mm。额黄褐色。触角褐色或黄褐色。下唇须基部腹面白色，端部及背面褐色。下颚须丝状，末端褐色。胸、腹背面褐色，腹面白色或黄白色。足黄白色，前足胫节端部和跗节基半部褐色。腹部背面褐色，腹面黄白色，各节后缘白色；第 2 腹节腹面后缘中央被长鳞毛簇。双翅黄白色。前翅前缘及外缘褐色；中室圆斑暗褐色，中室端脉斑暗褐色，近方形；前中线褐色弯曲；后中线褐色，在 CuA_2 脉处向内弯曲至中室端脉斑下方，向下达内缘；缘毛褐色，内缘基部 1/3 黄褐色。后翅中室端脉斑褐色，新月形；后中线褐色波状，在 M_2 和 CuA_2 脉之间向外呈拱形弯曲，末端达中室端脉斑下方外缘处；在拱形弯曲与中室端脉斑之间有 1 淡褐色斑；缘毛褐色至黄褐色，内缘缘毛黄白色。

观察标本：1 雄，重庆缙云山，751 m，2021.Ⅷ.17，黄诗琪，韩金航；1 雌，重庆缙云山，751 m，2021.Ⅷ.17，汤语耕、韩金航。

分布：中国（重庆缙云山、河南、甘肃、安徽、湖北、福建、台湾、贵州）；韩国，日本。

140. 栉野螟属 *Tylostega* Meyrick, 1894

Tylostega Meyrick, 1894: 457. Type species: *Tylostega chrysanthes* Meyrick, 1894.

属征：雄性触角腹面具纤毛。下唇须弯曲上举，第 3 节裸露。下颚须丝状。雄性前翅中室有 1 凹陷，上被一小簇宽扁鳞片，反面覆盖由中室上缘发出的浓密栉毛。前翅 CuA_1、M_2 与 M_3 脉基部接近，R_5 脉基部弯向 R_{3+4} 脉，R_2 与 R_{3+4} 脉紧靠或共柄。后翅 CuA_1、

M_2 与 M_3 脉基部接近，Rs 脉中室外基部 1/2 与 $Sc+R_1$ 脉融合。

分布：世界广布。世界已知 5 种，中国已知 5 种，本书记述 1 种。

（170）淡黄栉野螟 *Tylostega tylostegalis* Hampson, 1900

Tylostega tylostegalis Hampson, 1900: 385.

翅展 19.0-24.0 mm。雄性触角腹面纤毛约与触角直径等长。下唇须白色或黄白色，第 2 节背面及端部褐色，末节黄白色或淡黄色。领片、翅基片黄白色或淡黄色，具褐色斑。胸部背面黄白色，各节均具 1 褐色斑。前翅淡黄色，散布褐色或黑褐色鳞片，基部具黑色或暗褐色斑；中室端斑黑褐色；前、后中线黑褐色，前缘处较宽；后中线波状弯曲，至 CuA_2 脉后向内收缩；沿外缘有一系列黑色小斑。后翅黄白色，基部具 1 暗褐色大斑；中室端斑暗褐色，近圆形；端半部有 2 褐色大斑，近内缘有 1 短横带；沿外缘有一系列黑色小斑。腹部背面第 1 节白色，其余淡黄色，第 2-5 节散布褐色或黑褐色鳞片。

观察标本：1 雄，重庆缙云山，751 m，2021.Ⅶ.6，周萌颖、郭家铭。

分布：中国（重庆缙云山、河北、河南、陕西、江苏、浙江、江西、福建、台湾、广东、四川、贵州）；俄罗斯（远东地区），韩国，日本。

141. 黑纹野螟属 *Tyspanodes* Warren, 1891

Tyspanodes Warren, 1891: 425. Type species: *Filodes nigrolinealis* Moore, 1867.

属征：下唇须细，斜向上伸。下颚须丝状。前翅各翅脉间有黑色纵长条纹；R_1 脉出自中室前缘近前角处，R_3 与 R_4 脉共柄长度约为中室前角至顶角距离的 2/3，R_2 脉靠近 R_{3+4} 脉，R_5 脉直，远离 R_{3+4} 脉，M_2、M_3 与 CuA_1 脉由中室后角发出，M_2 近 M_3 而稍远 CuA_1 脉，CuA_2 脉从中室后缘 3/4 处发出。后翅中室不及翅长一半；$Sc+R_1$ 与 Rs 脉共柄长度约为 Rs 脉的 1/3，M_2 近 M_3 而稍远 CuA_1 脉，CuA_2 脉从中室后缘 3/4 处发出。

分布：世界广布。世界已知 25 种，中国已知 4 种，本书记述 1 种。

（171）黄黑纹野螟 *Tyspanodes hypsalis* Warren, 1891

Tyspanodes hypsalis Warren, 1891: 426.

翅展 30.0-34.0 mm。头顶黄色。触角黄色。下唇须淡黄色至橙黄色，中间暗灰色至黑褐色。胸部橙黄色，翅基片橙黄色，翅基片外侧各有 1 黑褐色斑点。前翅茉莉黄色，基部有 1 黑斑；中室有 2 黑斑；各翅脉间有黑色纵条纹，沿翅内缘的 1 条中断分为 2 条；臀区近基部有 1 黑斑。后翅暗灰色，中央有浅银灰色斑。腹部橙黄色，背面中央具一系列黑褐色斑。

观察标本：1 雄，重庆缙云山，751 m，2021.Ⅷ.2，汤语耕、黄诗琪；1 雌，重庆缙云山，751 m，2021.Ⅶ.17，周萌颖、郭家铭。

分布：中国（重庆缙云山、河北、河南、陕西、甘肃、江苏、安徽、浙江、湖北、江西、湖南、福建、台湾、广东、海南、广西、四川、贵州）；韩国，日本，印度（锡金）。

（三十四）草螟亚科 Crambinae

体小型至中型，细长，翅面颜色斑纹多样。静止时，双翅靠拢身体呈圆筒状。额圆；喙存在或缺失。下唇须细长，前伸。下颚须末端鳞片扩展，毛刷状。前翅狭长或宽短；Sc 和 R_1 脉分离或合并，R_3 和 R_4 脉共柄或 R_3、R_4 和 R_5 脉共柄，M_1 脉存在或缺失。后翅通常无斑纹，Sc 和 R_1 脉合并，M_2 和 M_3 脉通常共柄，有时 M_2 脉缺失。

世界性分布。世界已知 1900 多种，中国已知 38 属 334 种，本书记述 1 属 1 种。

142. 银草螟属 *Pseudargyria* Okano, 1962

Pseudargyria Okano, 1962: 51. Type species: *Argyria interruptella* Walker, 1866.

属征：额圆，无尖突。下唇须前伸，末端尖。前翅白色，有中带和亚外缘线；Sc 和 R_1 脉分离，R_3 和 R_4 脉共柄，从中室后角伸出，R_5 脉独立，M_2 和 M_3 脉分离，从中室后角伸出。后翅中室开放，M_2 和 M_3 脉共柄，从中室后角伸出；雌性翅缰 3 根。

分布：古北区、东洋区。世界已知 5 种，中国已知 4 种，本书记述 1 种。

（172）黄纹银草螟 *Pseudargyria interruptella* (Walker, 1866)

Argyria interruptella Walker, 1866b: 1763.
Pseudargyria interruptella: Okano, 1962: 51.

翅展 14.0-20.5 mm。额和头顶白色。下唇须外侧黄褐色，背面和内侧白色。触角褐色和白色相间。前翅白色，前缘基半部深褐色，端半部黄褐色；中带黄褐色，与外缘平行，前端约 1/3 处和 2/3 处各有 1 黑色斑点；亚外缘线淡黄褐色，近前端向外弯成 1 角；外缘淡黄色，有 1 列黑色斑点。后翅灰色夹杂白色，外缘褐色。足淡黄色，跗节黄褐色。腹部褐色。

观察标本：1 雌，重庆缙云山，751 m，2021.V.9，许若男、周萌颖。

分布：中国（重庆缙云山、天津、河北、山东、河南、陕西、甘肃、江苏、安徽、浙江、湖北、江西、湖南、福建、台湾、广东、香港、广西、四川、贵州、云南）；朝鲜、日本。

（三十五）野螟亚科 Pyraustinae

喙发达。下唇须发达，通常斜向上举。下颚须细丝状或毛刷状。触角丝状。前翅 R_3 和 R_4 脉共柄，或 R_2、R_3 和 R_4 脉共柄，R_5 脉独立，2A 与 1A 脉形成环状。后翅 Sc+R_1 和 Rs 脉共柄。前后翅 M_2 和 M_3 脉从中室后角伸出。雄性外生殖器爪形突通常发达，颚形突通常无。雌性外生殖器通常有附囊，囊突多为菱形。

世界性分布。世界已知约 151 属 2840 余种，中国已知约 59 属 237 种，本书记述 4 属 4 种。

分属检索表

1. 下唇须斜向上举 ··· 2
- 下唇须前伸 ·· 3
2. 下唇须第 2 节腹缘鳞片长，第 3 节末端有 1 束三角形细长而尖并向外伸的鳞毛；抱器下突为弯钩突 ·· 尖须野螟属 *Pagyda*
- 下唇须不如上述；抱器下突近指状；阳茎末端具尖齿的侧壁向外延伸成长而弯的刀片状 ·· 弯茎野螟属 *Crypsiptya*
3. 抱器下突钩状；阳茎基环基部近半圆形，端部具两侧突 ··············· 淡黄野螟属 *Demobotys*
- 抱器下突近三角形；阳茎基环基部近圆形，端部分为两瓣 ········· 叉环野螟属 *Eumorphobotys*

143. 弯茎野螟属 *Crypsiptya* Meyrick, 1894

Crypsiptya Meyrick, 1894: 463. Type species: *Botys nereidalis* Lederer, 1863.

属征：额倾斜，略扁平。下唇须斜向上举，第 3 节前伸。下颚须发达。前翅中室约为翅长一半；R_3 和 R_4 脉共柄长度约为中室前角至顶角距离的一半，中室端脉直，M_1 脉出自中室端脉前部 1/3 处，M_2、M_3 和 CuA_1 脉从中室后角均匀发出，CuA_2 脉从中室后缘 2/3 处发出。后翅中室不及翅长一半，$Sc+R_1$ 与 Rs 脉共柄长度约为 Rs 脉的 1/3，中室端脉成钝角，前部直，后部向外倾斜，M_2、M_3 和 CuA_1 脉从中室后角发出，基部接近，CuA_2 脉从中室后缘 2/3 处发出。

分布：主要分布在东洋区。世界已知 3 种，中国已知 1 种，本书记述 1 种。

（173）竹弯茎野螟 *Crypsiptya coclesalis* (Walker, 1859)

Botys coclesalis Walker, 1859c: 701.
Crypsiptya coclesalis: Maes, 1994: 130.

翅展 28.0-32.0 mm。额棕褐色，两侧有淡黄纵条。头顶浅褐色。下唇须腹面白色，背面棕褐色。胸、腹部背面褐色。前翅褐色，前缘、外缘及翅脉和翅面斑纹深褐色；前中线从前缘带 1/5 发出，略向外倾斜达后缘 1/3 处；有中室圆斑和中室端斑；后中线从前缘 3/5 发出，略向内弯至 M_2 脉后向外呈弧形至 CuA_1 与 CuA_2 脉之间，后强烈内折至 CuA_2 脉，在 CuA_2 与 2A 脉之间形成 1 外凸的锐角，后直达后缘 2/3 处。后翅浅褐色；外缘带前宽后窄，达外缘 1/2 处；后中线从前缘中部发出，在 CuA_2 脉之后消失。

观察标本：1 雄 1 雌，重庆缙云山，790 m，2021.Ⅷ.2，汤语耕、韩金航。

分布：中国（重庆缙云山、北京、河南、江苏、上海、浙江、湖北、台湾、广东、广西、四川、贵州、云南）；日本，印度，缅甸，马来西亚，印度尼西亚（爪哇岛）。

144. 淡黄野螟属 *Demobotys* Munroe et Mutuura, 1969

Demobotys Munroe et Mutuura, 1969b: 1239. Type species: *Pyrausta pervulgalis* Hampson, 1913.

属征：额略扁平而倾斜。下唇须前伸。下颚须端部膨大。前翅中室约为翅长一半；

R$_1$ 脉出自中室前缘 2/3 处，R$_3$ 和 R$_4$ 脉共柄长度约为中室前角至顶角距离的 3/4，中室端脉内凹，略倾斜，M 脉出自中室端脉前部 1/3 处，M$_2$、M$_3$ 和 CuA$_1$ 脉基部略接近，CuA$_2$ 脉从中室后缘 3/4 处发出。后翅中室约为翅长 1/3，Sc+R$_1$ 与 Rs 脉共柄长度约为 Rs 脉长度的 1/3，中室端脉前端直，后端强烈倾斜；M$_2$、M$_3$ 和 CuA$_1$ 脉基部非常接近，CuA$_2$ 脉从中室后缘 3/4 处发出。

分布：古北区。世界已知 2 种，中国已知 1 种，本书记述 1 种。

（174）竹淡黄野螟 *Demobotys pervulgalis* (Hampson, 1913)

Pyrausta pervulgalis Hampson, 1913: 24.
Demobotys pervulgalis: Munroe & Mutuura, 1969b: 1240.

翅展 25.5-30.0 mm。额浅黄色，两侧有乳白纵条；头顶浅黄色。下唇须腹面白色，背面浅黄褐色。触角浅黄色。胸部和腹部背面浅黄色，腹面乳白色。翅浅黄色，翅面斑纹褐色。前翅前中线锯齿状，出自前缘 1/4 处，达后缘 1/3 处；中室圆斑小；中室端脉斑直；中室外侧有模糊的斑块；后中线锯齿状，出自前缘 3/4 处，在 CuA$_1$ 脉后折至 CuA$_2$ 脉基部 1/3 处，达后缘 2/3 处。后翅后中线褐色，锯齿状。前、后翅亚外缘带被浅黄色翅脉断开；各脉端部棕褐色。足乳白色；前足基节、腿节、胫节和中足胫节外侧浅黄褐色。

观察标本：1 雌，重庆缙云山，790 m，2021.Ⅴ.9，许若男、周萌颖。

分布：中国（重庆缙云山、河南、陕西、江苏、浙江、湖南、福建、广西、贵州）；日本。

145. 叉环野螟属 *Eumorphobotys* Munroe *et* Mutuura, 1969

Eumorphobotys Munroe *et* Mutuura, 1969a: 303. Type species: *Calamochrous eumorphalis* Caradja, 1925.

属征：额略圆。下唇须前伸，第 3 节下垂。下颚须显著。前翅前缘弓，顶角方，外缘直；中室约为翅长一半；R$_3$ 和 R$_4$ 脉共柄长度约为中室前角至顶角距离的 2/3，M$_2$、M$_3$ 和 CuA$_1$ 脉在中室后角分布均匀，CuA$_2$ 脉从中室后缘 3/4 处发出。后翅宽；中室为翅长一半；Sc+R$_1$ 与 Rs 脉共柄长度约为 Rs 脉的 1/4，M$_3$ 近 M$_2$ 脉而与 CuA$_1$ 脉稍远，CuA$_2$ 脉从中室后缘 3/4 处发出。

分布：古北区。世界已知 2 种，中国已知 2 种，本书记述 1 种。

（175）黄翅叉环野螟 *Eumorphobotys eumorphalis* (Caradja, 1925)

Calamochrous obscuralis Caradja, 1925: 363.
Eumorphobotys eumorphalis: Munroe & Mutuura, 1969a: 303.

翅展 33.0-39.0 mm。额、头顶浅灰黄色，额两侧具白黄色纵条。下唇须背面深灰黄色，腹面白色。触角背面白色，腹面深灰黄色；柄节前方白色。胸部背面灰黄色，腹面和足白色，略带浅黄色鳞片。前翅灰黄色，接近外缘处略红，中室端脉斑颜色略深。后翅浅灰黄色，Sc+R$_1$ 至 M$_2$ 脉间与 A 脉到后缘之间浅褐色。

观察标本：1 雄，重庆缙云山，790 m，2021.Ⅷ.1，汤语耕、周萌颖；1 雌，重庆缙云山，790 m，2021.Ⅷ.2，汤语耕、周萌颖。

分布：中国（重庆缙云山、河南、江苏、安徽、浙江、江西、湖南、福建、广东、广西、四川、贵州、云南）。

146. 尖须野螟属 *Pagyda* Walker, 1859

Pagyda Walker, 1859b: 487. Type species: *Pagyda salvalis* Walker, 1859.

属征：额圆形，触角各节有细环。下唇须斜向上举，第 2 节腹缘鳞片长且排列成方形，第 3 节裸露比较长，末端有 1 束三角形细长而尖并向外伸的鳞毛。下颚须丝状，端部略膨大。前翅 Cu_1 脉及 M_1、M_2 两脉从中室后角伸出，M_1 脉从中室前角下侧伸出，R_5 脉与 R_3、R_4 两脉远离；R_2 脉靠近 R_3、R_4 脉。后翅中室短小，Cu_1 脉从中室后角向外伸，M_2 脉及 M_3 脉有小部分靠近，Rs 脉及 M_1 脉从中室前角伸出，$Sc+R_1$ 脉与 Rs 脉共柄。

分布：世界广布。世界已知 40 种，中国已知 11 种，本书记述 1 种。

（176）接骨木尖须野螟 *Pagyda amphisalis* (Walker, 1859)

Botys amphisalis Walker, 1859c: 661.
Pagyda amphisalis amphisaloides: Strand, 1918c: 42.

翅展 23.0-27.0 mm。额黄色，两侧有白色纵条。头顶黄色。下唇须基部白色，第 2 节灰褐色，有 1 黄色三角形区域，第 3 节淡黄色。胸、腹部背面浅黄色，腹部末节有 1 黑色斑点。前、后翅黄色。前翅亚基线不清晰，黄色；前中线黄褐色，发自前缘 1/4，直达后缘 1/3；中线黄褐色，发自前缘中部，直达后缘中部；后中线黄褐色，发自前缘 3/4，直达 CuA_2 脉中部；亚外缘线深黄色，在后中线和外缘中间，略向内倾斜，达后缘近臀角处；外缘线黄褐色。后翅前中线黄褐色，达后缘中部；中线黄褐色，达后缘臀角处；后中线黄褐色，达 CuA_2 脉。

观察标本：1 雄，重庆缙云山，751 m，2021.Ⅷ.2，黄诗琪，汤语耕；1 雌，重庆缙云山，751 m，2021.Ⅵ.20，汤语耕、韩金航。

分布：中国（重庆缙云山、福建、台湾、广东、四川、贵州、云南）；朝鲜，日本，印度。

（三十六）水螟亚科 Acentropinae

额通常圆，光滑。雄性触角通常粗壮。下唇须第 3 节狭窄，长于第 2 节的一半，多弯曲上举，少数平伸。喙发达。下颚须端部被鳞而膨大。足细长。前翅 R_2 和 R_{3+4} 脉基部通常愈合。后翅 $Sc+R_1$ 和 Rs 脉有较长的共柄。翅斑华丽而复杂。雄性外生殖器的爪形突长，常为锥形；颚形突发达；抱器瓣长叶形，内表面有刚毛。雌性外生殖器囊导管基环发达；交配囊有 1 对或单个的囊突区，有些种类无囊突。

世界性分布，尤以新热带区和东洋区最为丰富。世界已知约 100 属 700 余种，中国已知 17 属 94 种，本书记述 1 属 1 种。

147. 波水螟属 *Paracymoriza* Warren, 1890

Paracymoriza Warren, 1890: 479. Type species: *Oligostigma vagalis* Walker, 1865.

属征：额圆。头顶扁平。下唇须平伸或微上举。中足胫节粗，雄性有1簇毛鳞，雌性胫节内侧和外侧有1列短鳞片；雄性后足腿节端部具1列扩大的鳞片，雌性腿节细。翅宽中等。两性前翅前缘几乎平直，顶角明显，外缘曲折；R_2脉基部不完全与R_{3+4}脉融合，而是相互靠近，R_5脉基部与R_{3+4}脉分离，翅底色土黄或暗橘色到暗褐色。

分布：古北区、东洋区。世界已知30种，中国已知12种，本书记述1种。

（177）黄褐波水螟 *Paracymoriza vagalis* (Walker, 1866)

Oligostigma vagalis Walker, 1866a: 1530.
Paracymoriza vagalis: Speidel, 1984: 12.

翅展：雄性22.5-28.5 mm，雌性30.5-36.0 mm。额黄褐色，杂有褐色鳞；头黄褐色。下唇须长，腹面黄白色，背面黑褐色。胸背面褐色混有黄褐色鳞毛。腹部背面黄褐色，各节后缘白色。翅底暗褐色。前翅基部1/3暗褐色，基线和亚基线不明显；内横区宽，褐色；中横线起于前缘，在中室伸向前中区，后部形成1细褐线（相当于内横线），平行于翅外缘；中室白区和中室下白区相连；外横线细，黑褐色，斜向R_{3+4}脉的后部，回折弯曲伸向CuA_2脉，而后内弯止于中室后角，后部起于中室后缘，斜向1A+2A脉的2/3处向内弯向翅后缘；中线外白区淡褐色；外横区褐色；亚缘线细；亚缘白区中部有黑斑使其分为前后两部分，前部楔状伸向外横区。后翅亚基线及内横区褐色；内横线直，褐色；中横线不明显；外横线起于$Sc+R_1$与Rs脉相接处，斜向CuA_1脉，前弯，直达臀角；外缘区褐色，前部宽，后部变窄。

观察标本：1雄，重庆缙云山，751 m，2021.Ⅶ.5，周萌颖、许若男。

分布：中国（重庆缙云山、甘肃、浙江、福建、台湾、广东、广西、贵州、云南）；日本，印度，泰国，印度尼西亚。

十六、螟蛾科 Pyralidae

额圆形，被鳞片。下唇须3节，平伸、上弯或斜上举。下颚须3节，有时微小或缺失。喙通常发达。前翅R_2接近R_3、R_4脉；R_3、R_4及R_5脉有时合并为2条或1条脉。M_1脉出自中室前角附近，M_2、M_3及CuA_1脉出自中室后角或其附近，M_2和M_3脉有时共柄。1A脉发达，2A脉末端游离或与1A脉间有横脉相连。后翅$Sc+R_1$与Rs脉愈合或分离；M_2和M_3脉常分离，但有时合并。节间膜与鼓膜在同一平面上；无听器间突。

世界性分布。世界已知约1077属5900余种，本书记述1属1种。

（三十七）丛螟亚科 Epipaschiinae

头顶被粗糙鳞毛。有毛隆。喙发达。下唇须多上举。触角丝状或栉齿状。前翅基部中央及中室基斑和端斑上着生竖鳞；R_1和R_2脉分离或共柄，R_3、R_4和R_5脉常共柄；

M_2 与 M_3 脉由中室后角伸出或共柄；M_3 与 CuA_1 脉多平行。后翅 $Sc+R_1$ 与 Rs 脉合并或分离；多数种类 M_2 和 M_3 脉及 CuA_1 和 CuA_2 脉常分离。足胫节外侧通常被鳞毛。雄性外生殖器爪形突多细长柱状；颚形突通常自两侧伸出，侧臂于中部愈合，极少数种类无颚形突；抱器瓣宽阔，端部被毛。雌性外生殖器产卵瓣发达；囊突2枚。

世界性分布。世界已知80余属700余种，中国已知18属92种，本书记述1属1种。

148. 彩丛螟属 *Lista* Walker, 1859

Lista Walker, 1859d: 877. Type species: *Lista genisusalis* Walker, 1859.

属征：头被厚鳞片。下唇须上举，超过头顶，第3节尖细。下颚须短，前伸或上举。触角丝状，光滑；雄性触角基部具鳞突。绝大多数种类前、后翅背面色泽相同；外横线、亚缘线缓弯；前、后翅腹面暗黄色，散布黑色鳞片，外横线显著。前翅 R_1 和 R_2 脉共柄，R_3、R_4 和 R_5 脉共柄；后翅 $Sc+R_1$ 与 Rs 脉共并接，M_1 与 Rs 脉共柄。足胫节外侧被鳞毛。

分布：世界广布。世界已知8种，中国已知3种，本书记述1种。

（178）长臂彩丛螟 *Lista haraldusalis* (Walker, 1859)

Locastra haraldusalis Walker, 1859a: 160.
Lista haraldusalis: Solis, 1993: 283.

翅展24.0-30 mm。头部黄色。下唇须暗黄色，腹面和侧面布黑色鳞片，雄性内侧有黄色长鳞毛。触角灰褐色。胸部及翅基片棕黄色，掺杂红棕色和黑褐色鳞片。前翅基部灰褐色，掺杂淡黄色鳞片；中部淡黄色，散布灰褐色、红棕色和棕黄色鳞片；端部红棕色，沿翅脉具白色细带，细带两侧均有黑色镶边，前、后中线黑褐色缓弯。后翅色泽同前翅，基部被黑褐色长鳞丛，后缘有稠密淡黄色长鳞毛。前、后翅缘毛灰褐色至黑褐色。腹部黑褐色。足灰黄色，掺杂黑色鳞片，后足胫节外侧有淡黄色鳞毛。

观察标本：1雄，重庆缙云山，751 m，2021.VI.19，沈瑶、赵红。

分布：中国（重庆缙云山、山西、山东、江苏、安徽、浙江、湖北、福建、台湾、广东、海南、广西、四川、贵州、云南）；俄罗斯（远东地区），朝鲜，印度，缅甸，斯里兰卡，印度尼西亚。

参 考 文 献

陈一心. 1985. 中国经济昆虫志 第三十二册 鳞翅目 夜蛾科(四). 北京: 科学出版社: 128-153.
杜喜翠. 2008. 中国斑野螟亚科分类学研究(一)(鳞翅目：螟蛾总科：草螟科). 天津：南开大学博士学位论文.
杜喜翠. 2009. 草螟科：斑野螟亚科. 见：李后魂，任应党，等. 河南昆虫志鳞翅目：螟蛾总科. 北京：科学出版社：237-305.
杜喜翠，李后魂. 2012. 螟蛾总科：草螟科：斑野螟亚科. 见：李后魂，等. 秦岭小蛾类昆虫纲：鳞翅目. 北京：科学出版社：562-642.
韩红香，汪家社，姜楠. 2020. 武夷山国家公园钩蛾科尺蛾科昆虫志. 西安：世界图书出版公司.
韩辉林，姚小华. 2018. 江西官山国家级自然保护区习见夜蛾科图鉴. 哈尔滨：黑龙江科学技术出版社：

1-173.
湖南省林业厅. 1992. 湖南森林昆虫图鉴. 长沙: 湖南科学技术出版社.
黄国华, 李建洪. 2013. 中国水生蔬菜主要害虫彩色图谱. 武汉: 湖北科学技术出版社.
贾彩娟, 余甜甜. 2018. 梧桐山蛾类. 香港: 香港鳞翅目学会.
李卫春. 2010. 中国苔螟亚科和草螟亚科系统学研究(鳞翅目: 螟蛾总科 草螟科). 天津: 南开大学博士学位论文.
廖力, 徐森锋, 王星, 等. 2014. 中国进境植物检疫性蛾类图鉴. 广州: 广东科技出版社.
刘文萍. 2001. 重庆市蝶类调查报告(Ⅰ)凤蝶科 绢蝶科 粉蝶科 眼蝶科 蛱蝶科. 西南农业大学学报, 23(6): 489-493, 497.
刘文萍, 邓合黎, 李树恒. 2000. 大巴山南坡蝶类调查. 西南农业大学学报, 22(2): 140-145.
刘友樵, 李广武. 2002. 中国动物志 第二十七卷 鳞翅目 卷蛾科. 北京: 科学出版社.
逯小强. 2020. 中国阔斑野螟属及其两相似属的分类研究(鳞翅目: 草螟科: 斑野螟亚科). 重庆: 西南大学硕士学位论文.
王厚帅, 陈淑燕, 戴克元. 2020. 广东石门台国家级自然保护区蛾类. 香港: 香港鳞翅目学会.
王敏, 岸田泰则, 枝惠太郎, 等. 2018. 广东南岭国家级自然保护区蛾类增补. 香港: 香港鳞翅目学会.
王敏, 范骁凌. 2002. 中国灰蝶志. 郑州: 河南科学技术出版社.
王平远. 1980. 中国经济昆虫志(鳞翅目: 螟蛾科). 北京: 科学出版社: 229.
武春生. 2001. 中国动物志 昆虫纲 第二十五卷 鳞翅目 凤蝶科. 北京: 科学出版社.
武春生. 2010. 中国动物志 昆虫纲 第五十二卷 鳞翅目 粉蝶科. 北京: 科学出版社.
武春生, 徐堉峰. 2017. 中国蝴蝶图鉴(Vols. 1-3). 福州: 海峡书局.
尤平. 2003. 天津湿地昆虫多样性及中国水螟系统学研究. 天津: 南开大学博士学位论文.
虞国跃. 2015. 北京蛾类图谱. 北京: 科学出版社.
袁锋, 袁向群, 薛国喜. 2015. 中国动物志 昆虫纲 第五十五卷 鳞翅目 弄蝶科. 北京: 科学出版社.
张丹丹. 2003. 中国大陆野螟族分类学研究(鳞翅目: 草螟科). 天津: 南开大学博士学位论文.
中国科学院动物研究所. 1981. 中国蛾类图鉴 I. 北京: 科学出版社.
中国科学院动物研究所. 1982a. 中国蛾类图鉴 II. 北京: 科学出版社.
中国科学院动物研究所. 1982b. 中国蛾类图鉴 III. 北京: 科学出版社.
中国科学院动物研究所. 1983. 中国蛾类图鉴 IV. 北京: 科学出版社.
周尧. 1994. 中国蝶类志. 郑州: 河南科学技术出版社.
周尧. 1998. 中国蝴蝶分类与鉴定. 郑州: 河南科学技术出版社.
Berio E, Fletcher D S. 1958. Monografia dell'antico genere *Sypna* Guen. (Lepidoptera-Noctuidae). Annali del Museo Civico di Storia Naturale di Genova, 70: 14-20, 323-402.
Bernardi G. 1958. Taxonomie et Zoogeographie de *Talbotia naganum* Moore. Revue franc Ent, 25: 125.
Beuret H. 1955. *Zizeeria karsandra* Moore in Europa und die systematische Stellung der Zizeerinae (Lepidoptera, Lycaenidae). Mitteilungen der Entomologischen Gesellschaft. Basel, 5(9): 125.
Billberg G J. 1820. Enumeratio Insectorum in Museo Gust. Joh. Billberg. Stockholm: Typis Gadelianis: 85.
Boisduval J A, Rambur P. et al. 1833. Coll. Icon. Hist. Chenilles Europ, (21): 5.
Boisduval J A. 1832. Icones historique [sic] des lépidoptères nouveaux ou peu connus: collection avec figures coloriées, des papillons d'Europe nouvellement découverts. a la Librairie Encyclopèdique du Roret.
Boisduval J B A D. [1875] 1874. Sphingides, Sesiides, Castides. *In*: Boisduval J B A D, Guenée M A. Histotie naturelle des insectes. Species géneral des Lepidopteres. Heteroceres.Vol. 1. Paris: Librairie Encyclopediquede Roret: 214 pp.
Boisduval J B A D. 1833. Considérations générales [Lépidoptères de Madagascar]. Nouvelles Annales du Museum d'Histoire Naturelle, 2: 149-270, pls. 1-[8].
Boisduval J B A. 1836. Histoire Naturelle des Insectes. Spécies Général des Lépidoptéres. Paris: A La Librairie Encyclopédique de Roret, 1: pl. 21.
Bremer O. 1861. Neue Lepidopteren aus Ost-Sibirien und dem Amur-Lande, gesammelt von Radde und

Maack. Bulletin de la Académie Impériale de las Sciences de St. Pétersbourg, 3: 462-496.

Bremer O. 1864. Lepidopteren Ost-Sibiriens, insbesondere des Amur-Landes, gesammelt von den Herren G. Radde R. Maack und P. Wulffius. Mémoires de l'Académie des Sciences de St-Pétersbourg, (7)8(1): 1-104, pls. 1-8.

Bremer O, Grey W. 1852a. [Title unknown]. Etudes d'Entomologie, 1: 30-65.

Bremer O, Grey W. 1852b. Diagnoses de Lépidopterères nouveaux, trouvés par MM. Tatarinoff et Gaschkewitch aux environs de Pekin. in Motschulsky, Etudes Entomologiques, 1: 60.

Bremer O, Grey W. 1853a. Beitrage zur Schmetterlungs-Fauna des nordlichen China's. Petersburg: 23, 10 pls.

Bremer O, Grey W. 1853b. In: Motschulsky. Diagnoses de Lépidoptéres nouveaux trouvés par MM Tatarinoff et Gaschkewitsch aux environs de Pekin. Etudes Entomologiques, 1: 58-67.

Butler A G. 1866. A list of the diurnal Lepidoptera recently collected by Mr. Whitely in Hakodadi (North Japan). Zoological Journal of the Linnean Society, 9(34): 52.

Butler A G. 1867. Descriptions of five new Genera and some new Species of Satyride Lepidoptera. Annals and Magazine of Natural History, 20(117): 217.

Butler A G. 1869. A monographic Revision of the Lepidoptera hitherto included in the Genus Adolias, with Descriptions of new Genera and Species. Proceedings of the Zoological Society of London, (3): 614.

Butler A G. 1875. Descriptions of new species of Sphingidae.Proceedings of the Zoological Society of London, 1875: 238-261.

Butler A G. 1877a. Descriptions of new species of Heterocera from Japan. Part 1. Sphinges and Bombyces. Annals and Magazine of Natural History, (4)20: 393-404, 473-483.

Butler A G. 1877b. On Rhopalocera from Japan and Shanghai, with Descriptions of new Species. Annals and Magazine of Natural History, (4)19(109): 95.

Butler A G. 1878a. Descriptions of new species of Heterocera from Japan. Part II. Annals and Magazine of Natural History, 5(1): 7-85, 161-169, 192-204, 287-295.

Butler A G. 1878b. Descriptions of new species of Heterocera from Japan. Part III. Geometridae. Annals and Magazine of Natural History, (5)1: 392-407, 440-452.

Butler A G. 1878c. Illustrations of Typical Specimens of Lepidoptera Heterocera in the Collection of the British Museum. Part 2. London: i-x, 1-62, pls. 21-40.

Butler A G. 1879. Descriptions of new species of Lepidoptera from Japan.Annals and Magazine of Natural History, 5(4): 349-374, 437-457.

Butler A G. 1881. Descriptions of new genera and species of heterocerous Lepidoptera from Japan. Transactions of the Royal Entomological Society of London, (3): 1-23, 171-200, 401-426, 579-600.

Butler A G. 1883. On the moths of the family Urapterygidae in the collection of the British Museum. Zoological Journal of the Linnean Society, 17: 195-204.

Butler A G. 1885. Descriptions of moths new to Japan, collected by Messrs. Lewis and Pryer. Cistula Entomologica, 3: 113-136.

Butler A G. 1886. Illustrations of typical specimens of Lepidoptera Heterocera in the collection of the British Museum. 6. London: Taylor and Francis: xv+89, 20 pls.

Butler A G. 1893. XII.-Notes on the genus Entomogramma as represented by the noctuid moths of that group in the collection of the British Museum. Journal of Natural History, 12(67): 43-46.

Caradja A. 1925. Ueber Chinas Pyraliden, Tortriciden, Tineiden nebst kurze Betrachtungen, zu denen das Studium dieser Fauna Veranlassung gibt (Eine biogeographische Skizze). Memoriile Sectiunii Stiintifice, 3(7): 257-383, pls. 1-2.

Choi S W. 2003. The occurrence of Asthena undulata (Wileman) (Lepidoptera: Geometridae) in Jeju Island, Korea. Insecta Koreana, 20: 309-311.

Christoph H T. 1881. Neue Lepidopteren des Amurgebietes. Bulletin de la Société Impériale des Naturalistes de Moscou, 56(1-2): 1-80.

Cramer P. 1775. De uitlandsche kapellen, voorkomende in de drie Waereld-Deelen Asia, Afrika en Amerika. Papillons exotiques des trois parties du Monde l'Asie, l'Afrique et l'Amerique. Amsterdam; Utrecht. Baalde: Wild, 1: 77.

Cramer P. 1775-1782. Die Uitlandsche Kapellen Voorkomende in de Drie Waereld-Deelen Asia, Africa en America. Amserdan: S. J. Baalde and Utrecht, Barthelemy Wild: 1-4.

Cramer P. 1777. De uitlandsche kapellen, voorkomende in de drie waereld-deelen Asia, Africa en America. Amsteldam: Chez S. J. Baalde, Chez Barthelmy Wild, 2: 10, 52.

Cramer P. 1779. De uitlandsche kapellen, voorkomende in de drie waerelddeelen Asia, Africa en America. Amsteldam: Chez S. J. Baalde, Chez Barthelmy Wild. Uitl Kapellen, 3(17-21): 30, 37.

Cramer P. 1780. De uitlandsche kapellen, voorkomende in de drie waereld-deelen Asia, Africa en America. Amsteldam: Chez S. J. Baalde, Chez Barthelmy Wild. Uitl Kapellen, 2(23-24): 158; 4(25-26a): 8.

D'Abrera B. 1985. Butterflies of the Oriental Region, Part II. London: Hill House Publisher: 450.

Dalman J W. 1823. Analecta Entomologica. Holmiae. Typis Lindhianis, vii +104.

de Nicéville L, Martin. [1896]. A list of the butterflies of Sumatra with special reference to the species occurring in the north-east of the Island. J Asiat Soc Bengal, Pt. II, 64(3): 472.

de Nicéville L. 1889. On new and little-known Butterflies from the Indian Region, with Revision of the Genus *Plesioneura* of Felder and of Authors. Journal of the Bombay Natural History Society, 4(3): 170.

de Niceville L. 1895. On new and little-known Butterflies from the Indo-Malayan Region. Journal of the Bombay Natural History Society, 9(4): 375.

Doubleday E. [1847]. The genera of diurnal Lepidoptera, comprising their generic characters, a notice of their habitats and transformations, and a catalogue of the species of each genus; illustrated with 86 plates by W. C. Hewitson. Gen Diurn Lep, (1): pl. 39.

Doubleday E. 1847. The genera of diurnal Lepidoptera, comprising their generic characters, a notice of their habitats and transformations, and a catalogue of the species of each genus; illustrated with 86 plates by W. C. Hewitson. Gen diurn Lep, (1): 21.

Doyère. 1840. In Cuvier, Le Règne Animal ditribué. (Edn 3). Atlas Ins, 2: 139.

Drury D. 1773. Illustrations of Natural History.Wherein are Exhibited Upwards of Two Hundred and Forty Figures of Exotic Insects, According to their Different Genera: Very Few of Which Have Hitherto Been Figured by Any Author, Being Engraved and Coloured from Nature, with the Greatest Accuracy, and Under the Author's Own Inspection on Fifty Copper-plates. Vol. 2. B. White, London, 50 pls, vii + 90., plus unnumbered index.

Dubatolov V V, Kishida Y. 2012. *Bucsekia* gen. nov-a new genus of lichen-moths from the Oriental region, with a review of the genus *Microlithosia* Daniel, 1954 (Lepidoptera, Arctiidae: Lithosiinae). Amurian Zoological Journal, 4(2): 177-180.

Dubatolov V V, Kishida Y, Wang M. 2012. Two new species from the agrisius guttivitta species group from nanling mts. guangdong, south China (Lepidoptera, Arctiidae: Lithosiinae). Transactions of the Lepidopterological Society of Japan, 63: 116-118.

Eitschberger U. 1983. Systematische Untersuchungen am Pieris napi-bryoniae-Komplex (*s. l.*). Herbipoliana, 1(1): 382.

Esper E J. 1805. 1 Abschn. Zu dem Geschlecht der Tagschmetterlinge. Erlangen, Walther, Supplementband. Die Schmetterlinge in Ãbbildungen nach der Natur mit Beschreibungen, 2(11): 13.

Fabricius J C. 1775. Systema entomologiae, sistens insectorum classes, ordines, genera, species, adjectis synonymis, locis, descriptionibus, observationibus. Kortii: Flensburgi et Lipsiae: i-xxx, 1-832.

Fabricius J C. 1787. Mantissa Insectorum sistens species nuper detectas adiectis synonymis, observationibus, descriptionibus, emendationibus, 2: 1-382. Christ. Gottl. Proft, Hafniae.

Fabricius J C. 1793. Entomologia Systematica emendata et aucta. Secundum classes, ordines, genera, species adjectis synonimis, locis, observationibus, descriptionibus. Hafniae: Christian Gottlieb Proft, 3(1): 71, No. 223.

Fabricius J C. 1794. Entomologia Systematica Emendata et Aucta. Volume 3(2): 82.

Fabricius J C. 1798. Supplementum Entomologiae Systematicae. Hafniae: Proft et Storch: [i]-[iv], 1-572, 1-52, emendanda.

Fabricius J C. 1807. Systema Glossatorum. In: Illiger. Die neueste Gattungs-Eintheilung der Schmetterlinge aus den Linnéischen Gattungen Papilio und Sphinx. Magazin für Insektenkunde. (Illiger), 6: 281-284.

Felder C, Felder R. 1862. Observationes de Lepidoteris nonullis Chinae centralis et Japoniae. Wiener

Entomologische Monatschrift, 6(1): 26-28.

Felder C, Felder R. 1867. Reise der österreichischen Fregatte Novara um die Erde in den Jahren 1857, 1858, 1859 unter den Behilfen des Commodore B. von Wüllerstorf-Urbair. Zoologischer Theil. Band 2. Abtheilung 2. Lepidoptera. Rhopalocera. Wien: Carl Gerold's Sohn, (3): 404.

Felder C. 1861. Lepidopterorum Amboinensium a Dre L. Doleschall annos 1856-58 collectorum. 2. Heterocera. Sitzungsberichte der Akademie der Wissenschaften. Mathematisch-Natyrwissenschaftliche Classe. Wien, 43(1): 26-44.

Fletcher D S. 1979. In: Nye W B. The Generic Names of Moths of the World. Vol. 3. London: Trustees of the British Museum (Natural History): 243 pp.

Germar E F. 1810-1812. Dissertatio sistens Bombycum Species. Secundum Oris Partium Diversitatem in Nova Genera Distributas. Halae: 51 pp.

Geyer C. 1832. Zuträge zur Sammlung Exotischer Schmetterlinge, in Hübner. Zuträge Samml Exot Schmett, 4: 40.

Gray J E. 1831. The Zoological Miscellany. London, (1): 33.

Guenée M A. 1852-1858. In: Boisduval J B A D, Guenée M A. Histoire Naturelle des Insectes. Spécies Général des Lépidopteres. Tome 5 Noctuelites, 1: i-xcvi, 1-407; Tome 6 Noctuélites, 2: 1-444(1852); Tome 7 Noctuélites, 3: 1-442, pls. 1-24 (1852); Tome 8 Deltoides et Pyralites: 1-448, pls. 1-10 (1854); Tome 9 Uranides et Phalenites, 1: 1-514, pls. 1-56 (1858); Tome 10 Uranides et Phalenites, 2: 1-584, pls. 1-22 (1858).

Guenée M A. 1854. Deltoïdes et Pyralites. In: Boisduval J B A D de, Guenée M A. Histoire Naturelle des Insectes. Species Général des Lépidoptères, 88. Paris: Roret: 1-448.

Guenée M A.1858 [imprint 1857]. Uranides et Phalénites. In: Boisduval J B A D, Guenée A. Histoire Naturelle des Insectes (Lepidoptera), Spécies Général des Lépidoptères, 9: 1-514, pls. 1-56; 10: 1-584, pls. 1-22.

Hampson G F. 1891. The Lepidoptera Heterocera of the Nilgiri district. Illustrations of typical specimens of Lepidoptera Heterocera in the collection of the British Museum. Part 8: iv+144, pls. 139-156.

Hampson G F. 1893. The Macrolepidoptera Heterocera of Ceylon. Illustrations of typical specimens of Lepidoptera Heterocera in the collection of the British Museum. London: Printed by order of the trustees: i-vi, 1-182, pls. 157-176.

Hampson G F. 1896. Moths. Vol. IV. The Fauna of British India, including Ceylon and Burma, London, 4: i-xxviii, 1-594.

Hampson G F. 1897. On the classification of two subfamilies of moths of the family Pyralidae: The Hydrocampinae and Scoparianae. Transactions of the Entomological Society of London: 127-240.

Hampson G F. 1898-1913.Catalogue of the Lepidoptera Phalaenae of the Collection of the British Museum. Vol. 12: i-xiii, 1-858 (1913); Vol. 13: i-xiv,1-609 (1913); pls. 1-239. London.

Hampson G F. 1899. A revision of the moths of the subfamily Pyraustinae and family Pyralidae. Part I. Proceedings of the General Meetings for Scientific Business of the Zoological Society of London, 1898(4): 590-761, pls. 49-50.

Hampson G F. 1900. New Palaearctic Pyralidae. Transactions of the Entomological Society of London, 1900: 369-401, pl. 3.

Hampson G F. 1913. Descriptions of new species of Pyralidae of the subfamily Pyraustinae. Annals and Magazine of Natural History, including Zoology, Botany and Geology, (8)12: 1-38, 299-319.

Han H X, Xue D Y, Li H M. 2003. A study on the genus Herochroma Swinhoe in China, with descriptions of four new species (Lepidoptera: Geometridae, Geometrinae). Acta Entomologica Sinica, 46(5): 629-639.

Hancock D L. 1983. Classification of the Papilionidae (Lepidoptera): a phylogenetic approach. Smithersia, 2: 35.

Haruta T. 1993. Moths of Nepal, Part 2, Tinea. 13 (Supplement 3). Japan Heterocerists' Society, Tokyo, 160 pp. + 221 figs. + 32 pls.

Haruta T. 1994. Moths of Nepal, Part 3, Tinea. 14 (Supplement 1). Japan Heterocerists' Society, Tokyo, 171 pp. + 206 figs. + 32 pls.

Helfer J W. 1837. On the indigenous silkworm of India. Journal of the Asiatic Society of Bengal, 6: 43.

Hemming F. 1943. Notes on the generic nomenclature of the Lepidoptera Rhopalocera II. Proceedings of the Royal Society of London, (B)12(2): 30.

Heppner J B, Inoue H. 1992. Checklist. Lepidoptera of Taiwan. Florida: Scientific Publishers, Gainesville, Florida: 1(2): 1-276.

Herbst J F W. 1794.Natursystem aller bekannten in-und auslandischen Insekten als eine Fortsetzun der von Büffonschen Naturgeschichte in Jablonsky, Naturs. Schmett, 7: 1-178.

Hewitson W C. 1861. Illustrations of new species of exotic Butterflies selected chiefly from the collections of W. Wilson Saunders and William C. Hewitson. London: Voorst J V, 4 (Sospita): 75.

Hewitson W C. 1863. Illustrations of new species of exotic Butterflies selected chiefly from the collections of W. Wilson Saunders and William C. Hewitson. London: John Van Voorst, 3(46): 77.

Hewitson W C. 1864a. Illustrations of new species of exotic Butterflies selected chiefly from the collections of W. Wilson Saunders and William C. Hewitson. London: John Van Voorst, 1(Papilio VI): 11.

Hewitson W C. 1864b. Descriptions of New Species of Diurnal Lepidoptera. Transactions of Entomological Society of London, 2(3): 246.

Holloway J D. 1976. Moths of Borneo with special reference to Mount Kinabalu. Malayan Nature Society, Sun U Book Co., Kuala Lumpur.

Holloway J D. 1989. The Moths of Borneo: family Noctuidae, trifine subfamilies: Noctuinae, Heliothinae, Hadeninae, Acronictinae, Amphipyrinae, Agaristinae. Malayan Nature Journal, 42: 57-226.

Holloway J D. 1993. The moths of Borneo: family Geometridae, subfamily Ennominae. Malayan Nature Journal, 47 (1-2).

Holloway J D, Miller S E. 2003. The composition, generic placement and host-plant relationships of thejoviana-group in the Parallelia generic complex (Lepidoptera: Noctuidae, Catocalinae). Inver Syst, (17): 111-128.

Honrath E G. 1884. Beiträge zur Kenntnis der Rhopalocera (2). Berliner Entomologische Zeitschrift, 28(2): 396.

Horsfield T. 1829. Descriptive Catalogue of the Lepidopterous Insects contained in the Museum of the Horourable East-India Company, illustrated by coloured figures of new species. London, (2): 106.

Huang H. 1997. *Yania* gen. nov. and *Yania sinica* sp. nov. from Sichuan, China (Lepidoptera: Hesperiidae). Journal of Research on the Lepidoptera, 34: 148.

Hübner J. 1796-1838. Sammlung Europaischer Schmetterlinge. Augsberg, Germany: J. Hubner.

Hübner J. 1807. Sammlung exotischer Schmetterlinge. Augsburg, 1: 116.

Hübner J. 1808-1818 [imprint "1818"]. Zuträge zur Sammlung exotischer Schmettlinge [sic], bestehend in Bekundigung einzelner Fliegmuster neuer oder rarer nichteuropäischer Gattungen. Augsburg. [1]-[3]-4-6-[7]-8-32-[33]-[40], pls. [1]-[35].

Hübner J. 1816-1825. Verzeichniss bekannter Schmettlinge. Augsburg: bey dem Verfasser zu Finden, (1): 97-112 (1819); (2): 129-144 (1819); (10):145-160 (1819); (3):161-176 (1819); (4):177-192 (1820); (5): 241-256 (1821); (6): 273-288 (1823); (7): 289-304 (1823); (8): 305-320 (1825).

Hübner J. 1818. Zuträge zur Sammlung exotischer Schmettlinge. Augsburg: Bey dem Verfasser zu Finden, 1: 17.

Hübner J. 1818-1831. Zutrage zur Sammlung exotischer Schmetterlinge, bestehend in Bekundigung einzelner Fliegmuster neuer oder rarer nichteuropaischer Gattungen. Augsburg: Im Verlag der Hübner'schen Werke bei C. Geyer.

Hübner J. 1819. Verzeichniss bekannter Schmettlinge. Augsburg: Bey dem Verfasser zu Finden, (2): 27; (3): 34, 36; (4): 41, 43, 56; (6): 84, 91, 96; (7): 108.

Kollar V. 1844. Aufzählung und Beschreibung der von Freiherr C. v. Hügel auf seiner Reise durch Kaschmir und das Himaleygebirge gesammelten Insekten in Hügel. Kaschmir und das Reich der Siek. Stuttgart: Hallberger, 4(2): 422; (5): 424, 447.

Hübner J. 1819-1823 [imprint "1823"]. Zuträge zur Sammlung exotischer Schmettlinge [sic], bestehend in Bekundigung einzelner Fliegmuster neuer oder rarer nichteuropäischer Gattungen. Augsburg: [1]-[3]-4-6-[7]-8-32-[33]-[40], pls. [36]-[69].

Hübner J. 1821. Index exoticorum Lepidopterorum, in foliis 244 a Jacobo Hübner hactenus effigiatorum;

adjectis denominationibus emendatis, tam communioribus quam exactioribus. Anno 1821. die 22. Decembris.Augustae Vindelicorum, 7 leaves.

Hübner J. 1824-1831 [imprint "1825"]. Zuträge zur Sammlung exotischer Schmettlinge [sic], bestehend in Bekanntmachung einzelner Geschlechter neuer oder seltener, nichteuropäischer Gattungen [published by C. Geyer]. Augsburg: [1]-[3]-4-6-[7]-8-40-[41]-[48], pls. [70]-[103].

Ichinose T. 1973. A revision of some genera of the Japanese Plusonae, with descriptions of a new genus and two new subgene (Lepidoptera, Noctuidae). Kontyû, 41(2): 135-140.

Inoue H. 1955. Alucitidae-Epicopeidae. 113-217. In: (not inserted yet), Check List of the Lepidoptera of Japan, Vol. 2, Tokyo.

Inoue H. 1970a. Supplementary notes on the Japanese Drepanidae (I). Tinea, 8(1):185-189.

Inoue H. 1970b. Two new genera of the subfamily Nycteolinae, Noctuidae, from East Asia (Lepidoptera). Bulletin of the Japan Entomological Academy, 5: 37-42.

Inoue H. 1982. In: Inoue H, Sugi S, Kuroko H, et al. Moths of Japan. Kodansha, Tokyo. Volume 1: Text, 966; Volume 2: Plates and Synonymic Catalogue, 552, 392 pls.

Inoue H. 1982. Pyralidae. Vol. 1: 307-404; Vol. 2: 223-254; pls. 36-48, 228, 296-314. In: Inoue H, Sugi S, Kuroko H, et al. Moths of Japan 1+2. Kodansha, Tokyo.

Inoue H. 1985. The genera Ourapteryx and Tristrophis of Taiwan (Lepidoptera: Geometridae). Bull Fac Domest Sci Otsuma Women's Univ. (Tokyo), 21: 75-124.

Inoue H. 1988. A new species of Epipaschiinae from Japan, with some synonymic notes on the Pyralidae from east Asia (Lepidoptera). Tinea, 12(10): 85-95.

Inoue H. 1992. Twenty-four new species, one new subspecies and two new genera of the Geometridae (Lepidoptera) from East Asia, Bulletin of Otsuma Women's University, 28: 149-188.

Inoue H. 1996. The Pyralidae of the Ogasawara Islands (Lepidoptera). (Moths of Ogasawara (Bonin) Islands, Part III). Bulletin of the Faculty of Domestic Science of the Otsuma Women's University, 32: 75-111.

Inoue H, Munroe E G, Mutuura A. 1981. A new species of Glyphodes Guenée from Japan, with biological notes. Tinea, 11(10): 91-98.

Inoue H, Yamanaka H. 2006. Redescription of Conogethes punctiferalis (Guenée) and descriptions of two new closely allied species from Eastern Palaearctic and Oriental Regions (Pyralidae, Pyraustinae). Tinea, 19(2): 80-91.

Jinbo U. 2004-2008. List-MJ: A checklist of Japanese moths, [database on the Internet].

Kirti J S, Gill N S. 2007. Revival of genus Patania Moore and reporting of a new species menoni (Pyraustinae: Pyralidae: Lepidoptera). Journal of Entomological Research, 31(3): 265-275.

Kirti J S, Singh N, Joshi R. 2014. Two new genera of Lithosiini (Lepidoptera: Erebidae: Arctiinae). Tinea, 23(1): 41-46.

Klima A. 1939. Pyralididae: Subfam.: Pyraustinae I. In: Bryk F. Lepidopterorum Catalogus 89. Dr. Junk W's-Gravenhage: 3-224..

Kôda N. 1987. A generic classification of the subfamily Arctiinae of the Palaearctic and Oriental regions based on the male and female genitalia (Lepidoptera, Arctiidae). Part 1. Tyô to Ga, 38(3): 153-237.

Kollar V. 1848. Aufzählung und Beschreibung der von Freiherr Carl. v. Hügel auf seiner Reise durch Kaschmir und das Himaleya gebirge gesammelten Insekten in Hügel, Kasch. Reich Siek, 4: 437.

Kollar V, Redtenbacher L. 1844. Aufzahlung und Beschreibung der von Freiherrn Carl v. Higel auf seiner Reise durch Kaschmir und das Himaleyagebirge gesammelten Insecten (Part 2). In: von Hügel C. Kaschmir und das Reich der Siek. Stuttgart, 4(2): 393-564, 582-585.

Leach W E. 1815. Entomology. In: Brewster D. Brewster' p.s Edinburgh Encyclopaedia. Edinburgh. Printed for William Blackwood, 1830. Vols. 1-18 texts, Vols. 19-20 pls.

Leach W E, Nodder R P. 1815. The zoological miscellany; being descriptions of new, or interesting animals. Illustrasted with coloured figures, drawn from nature, by R. P. Nodder. 2: 1-154. [1-6], pl. LXICXX [=61-120]. London. (Nodder).

Lederer J. 1863. Beitrag zur Kenntniss der Pyralidinen. Wiener Entomologische Monatschrift, 7(8, 10-12): 243-280, 331-504, pls. 2-18.

Lee J S, Park S W. 1958. Thirty unrecorded species of Pyralidae from Korea. The Korean Journal of Zoology,

1(2): 8.
Leech J H. 1889. New species of Deltoids and Pyrales from Corea, North China, and Japan. The Entomologist, 22(310): 62-71, pls. 2-4.
Leech J H. 1890. New species of Lepidoptera from China. Entomologist, 23: 44.
Leech J H. 1891. New Species of Rhopalocera from North-west China. Entomologist, 24: 67.
Leech J H. 1892. Butterflies from China, Japan, and Corea. London: R H Porter, 1: 114, 2: 609.
Leech J H. 1893. Butterflies from China, Japan, and Corea. London: R H Porter, (2): 655.
Leech J H, South R. 1901. Lepidoptera Heterocera from China, Japan, and Corea. Part V. Transactions of the Entomological Society of London, 1901: 385-514, pls. 14-15.
Lefèbvre M A. 1827. Description de cing espices de Lepidopteres Nocturnes, des Indes Orientales. The Zoological Journal, 3: 205-212.
Leraut P J A. 2005. Contribution à l'étude des genres Pyralis Linnaeus, Pleuroptya Meyrick et Haritalodes Warren (Lepidoptera, Pyraloidea). Revue française d'Entomologie (N.S.), 27(2): 77-94.
Linnaeus C. 1758. Systema Natura per Regna Tria Natura, Secundum Classes, Ordines, Genera, Species, Cum Characteribus, Differentiis, Synonymis, Locis. Tomus I. Editio Decima, Reformata, Holmiae, 513, 824.
Linnaeus C. 1758. Systema Naturae per Regna Tria Naturae, Secundum Clases, Ordines, Genera, Species, cum Characteribus, Differentiis, Symonymis, Locis. Tomis I. 10th Edition. Holmiae, Impensit Direct. Laurentii Salvii: 458, 460-462, 468, 473, 477, 479.
Linnaeus C. 1763. Amoenitates Academicae, 6: 384-415.
Linnaeus C. 1763. In: Johansson (Thesis), Centuria Insectorum. Holmiae. Reprint of a dissertation by Johanssin B. Amoenitates Acad, 6: 406, 408.
Linnaeus C. 1767. Systema Naturae per Regna tria Naturae, secundum Classes, Ordines, Editio Duocecima Reformata. Tom. 1. Part II.: Holmiae: Laurentii Salvii (Edn. 12), 1(2): 751.
Linnaeus C. 1768. In: Sparrman. Iter in Chinam quod praeside D. D. Car. v. Linné Amoenit Acad, 7(150): 504.
Mabille P. 1877. Catalogue des Lépidoptères du Congo. Bulletin of the Entomological Society of France, 2(3): 232.
Maes K V N. 1994. Some notes on the taxonomic status of the Pyraustinae (sensu Minet 1981 [1982]) and a check list of the Palaearctic Pyraustinae (Lepidoptera, Pyraloidea, Crambidae). Bulletin et Annales de la Société Royale Entomologique de Belgique, 130(7-9): 159-168.
Mally R, Nuss M. 2010. Phylogeny and nomenclature of the box tree moth, Cydalima perspectalis (Walker, 1859) comb. n., which was recently introduced into Europe (Lepidoptera: Pyraloidea: Crambidae: Spilomelinae). European Journal of Entomology, 107(3): 393-400.
Matsumura S. 1921. Thousand Insects of Japan (Additamenta). Vol. 4. Tokyo: Keiseisha: 741-962.
Meigen J W. 1828. Systematische Beschreibung der europäischen Schmetterlinge; mit Abbildungen auf Steintafeln 1. Aachen und Leipzig: Mayer, 1: 97.
Mell R. 1943. Beiträge zur Fauna sinica. XXIV. Über Phlogophorinae, Odontodinae, Sarrothripinae, "West-ermannianae" und Camptolominae (Noctuidae, Lepid.) von Kuangtung. Zoologische Jahrbuecher Jena Systematik, 76: 171-226.
Ménétriés E. 1855. Enumeratio corporum animalium Musei Imperialis Academiae Scientiarum Petropilitanae. Classis Insectorum, Ordo Lepidopterorum.–Pars I. Lepidoptera Diurna, Petropol: Typis Academiae Scientiarum Imperialis, 2: 79.
Ménétriés E. 1857. Enumeratio corporum animalium Musei Imperialis Academiae Scientiarum Petropilitanae. Classis Insectorum, Ordo Lepidopterorum.–Pars I. Lepidoptera Diurna, Petropol: Typis Academiae Scientiarum Imperialis, 2: 113.
Meyrick E. 1884. On the classification of the Australian Pyralidina. Transactions of the Entomological Society of London, 1884: 61-80, 277-350.
Meyrick E. 1894. On Pyralidina from the Malay Archipelago. Transactions of the Entomological Society of London: 455-480.
Moore F. [1866]. On the Lepidopterous insects of Bengal. Proc Zool Soc Lond, 1865(3): 770, 778.

Moore F. [1881]. The Lepidoptera of Ceylon. London: L. Reeve & Co., 1(4): 153, 158-159, 166.

Moore F. [1899]. Lepidoptera Indica. Rhopalocera. Family Nymphalidae. Sub-family Nymphalinae (continued), Groups Limenitina, Nymphalina, and Argynnina. Lepidoptera Indica, 4: 91.

Moore F. 1858a. A monograph of the Asiatic species of Neptis and Athyma, two genera of diurnal Lepidoptera belonging to the family Nymphalidae. Proc Zool Soc Lond, (347/348): 4-6, 9, 11, 14-15, 17-18, pl. 49, f. 3.

Moore F. 1858b. Descriptions of three new species of diurnal Lepidoptera. Ann Mag Nat Hist, (3) 1: 48.

Moore F. 1859. A Monograph of the Genus Adolias, a Genus of diurnal Lepidoptera belonging to the Family Nymphalidae. Trans Ent Soc Lond, (2)5(2): 80.

Moore F. 1865/1866.On the lepidopterous insects of Bengal. Proceedings of the Zoological Society of London: 755-823.

Moore F. 1867-1868. On the Lepidopterous Insects of Bengal. Proceedings of the Zoological Society of London, 1867: 44-98, pls. 6-7 (1867); 612-686, pls. 32-33 (1868).

Moore F. 1872. Descriptions of new Indian Lepidoptera. Proc Zool Soc Lond, (2): 563.

Moore F. 1878. A list of the Lepidopterous insects collected by Mr. Ossian Limborg in Upper Tenasserim, with descriptions of new species. Proc Zool Soc Lond, (3): 689; (4): 825.

Moore F. 1879. Descriptions of new Asiatic diurnal Lepidoptera. Proc Zool Soc Lond, (1): 139.

Moore F. 1880. The Lepidoptera of Ceylon. London, 1(1): 7.

Moore F. 1880-1887. The Lepidoptera of Ceylon. Volumes 1-3. L. London: Reeve: xv + 578, 215 pls.

Moore F. 1881. Description of new genera and species of Asiatic nocturnal Lepidoptera. Proceedings of the Zoological Society of London: 326-380, 2 pls.

Moore F. 1882a. Heterocera. In: Hewitson W C, Moore F. Description of New Indian Lepidopterous Insects from the Collection of the Late Mr. W. S. Atkinson. Part 2. London: Taylor and Francis: 89-198, pls. 4-6.

Moore F. 1882b. List of the Lepidoptera collected by the Rev. J. H. Hocking, chiefly in the Kangra Discrict, N. W Hiamalaya; with descriptions of new genera and species. Proc Zool Soc Lond, (1): 249.

Moore F. 1884. Descriptions of some new Asiatic diurnal Lepidoptera; chiefly from specimens contained in the Indian Museum, Calcutta. J Asiat Soc Bengal, Pt. II, 53(1): 33, 45.

Moore F. 1885 [1884-1887]. The Lepidoptera of Ceylon. L. London: Reeve: i-xvi, 1-578, pls. 144-214.

Moore F. 1888. Descriptions of Indian Lepidoptera Heterocera from the collection of the late Mr. W. S. Atkinson. 199-299, pls. 6-8. In: Hewitson W C, Moore F. Descriptions of new Indian lepidopterous Insects from the collection of the late Mr. W.S. Atkinson 3. Asiatic Society of Bengal/ Taylor & Francis, Calcutta/London.

Motschulsky V de. 1860. Coleopteres rapportes de la Siberie orientale et notamment des pays situees sur les bords du fleuve Amour par MM. SCHRENCK, MAACK, DITMAR, VOZNESSENSKI etc. D <R.> L. v. Schrenk's Reisen und Forschungen im Amur-Lande, 2: pp. with-6.

Müller O F. 1764. Fauna Insectorum Fridrichsdalina sive Methodica Descriptio Insectorum Agri Fridrichsdalensis cum Characteribus Genericis et specificis, Nominibus Trivialibus, Locis Natalibus, Iconibus Allegatis, Novisque Pluribus Speciebus Additis. Hafniae and Lipsiae. F. Gleditschii: xxiv+96.

Munroe E G, Mutuura A. 1969b. Contributions to a study of the Pyraustinae (Lepidoptera: Pyralidae) of temperate East Asia VIII. The Canadian Entomologist, 101(12): 1239-1248.

Munroe E G, Mutuura, A. 1969a. Contributions to a study of the Pyraustinae (Lepidoptera: Pyralidae) of temperate East Asia V. The Canadian Entomologist, 101(3): 299-305.

Munroe E G. 1976. New genera and species of Pyraustinae (Lepidoptera: Pyralidae), mainly from the collection of the British Museum (Natural History). The Canadian Entomologist, 108: 873-884.

Murray R P. 1875. Notes on Japanese Rhopalocera, with description a new Species. Entomologissts Monthly Magazine, 12: 4.

Nordmann A. 1851. Neue Schmetterlinge Russlands. Bulletin de la Société Impériale des Naturalistes de Moscou, 24(4): 439.

Oberthür C. 1884a. Lepidopteres du Thibet, de Mantschourie, d'Asie-Mineure et d'Algerie. Études d'Entomologie, 9: 1-40.

Oberthür C. 1884b. Lepidopteres de l'Asie orientale. Études d'Entomologie, 10: 1-35.

Oberthür C. 1884c. [Title unknown.] Bulletin de la Société Entomologique de France, (6)3: 11-13, 43, 76-77, 84, 128-129.

Oberthür C. 1893. Lépidopères d'Asie. Études d'Entomologie, 18: 11-49, pls. 2-6.

Oberthür C, Houlbert C. 1922. Quelques vues nouvelles sur la Systématique des Melanargia (Lépidoptères: Satyridae). Comptes Rendus hebdomadaires des Séances de l'Académie des Sciences, 174: 190-192.

Ochsenheimer F. 1807-1835. Die Schmetterlinge von Europa. Band 1-10. Leipzig: Gerhard Fleischer.

Ochsenheimer F. 1816. Die schmetterlinge von Europa. Fierter Band 4. Leipzig, 4: 18.

Okano M. 1962. Notes on some Japanese Crambinae (Pyralididae) (4). Tyô to Ga, 12: 51.

Park K T. 1976. On fifty-six unrecorded species of Pyralidae (Lepidoptera) from Korea. Korean Journal of Entomology, 6(2): 11-20.

Pinratana B A. 1985. Butterflies in Thailand. Thailand: The Viratham press, Bangkok, 5: 101.

Poole. 1989. Lepidopterorum catalogus (New Series). Noctuidae Lepid Cat (N.S.), 118.

Prout L B. 1923. New species and forms of Geometridae. Annals and Magazine of Natural History, (9)11: 305-322.

Prout L B. 1926. New Geometridae. Novitates Zoologicae, 33: 1-32.

Prout L B. 1930. A catalogue of the Lepidoptera of Hainan. Bulletin of the Hill Museum, 4: 125-144.

Prout L B. 1938. Geometridae. In Seitz, A., ed. The Macro-lepidoptera of the World. Volume 4. Supplement. Stuttgart: Verlagdes Seitzschen Werkes: 1-766.

Pryer W B. 1877. Description of new Species of Lepidoptera from North China. Cistula Entomologica, 2: 231.

Rothschild W, Jordan K. 1896. Notes on Heterocera, with descriptions of new genera and species. Novitates Zoologicae, 3: 21-62.

Rothschild W, Jordan K. 1903. A revision of the Lepidoptera family Sphingidae. Novitates Zoologicae, 9(Suppl.): exxxv + 972.

Rothschild W, Jordan K. 1903. Some new or unfigured Lepidoptera. Novitates Zoological, 10(3): 482.

Sato R. 1996. Records of the Boarmiini (Geometridae; Ennominae) from Thailand III. Transactions of the Lepidopterological Society of Japan, 47(4): 223-236.

Saunders. 1851. On insects injurious to the cotton plant. Transactions of the Entomological Society of London, (2)1: 158-166, pl. 12.

Schrank F P. 1801. Fauna Boica. Durchgedachte Geschichte der in Baiern einheimischen und zahmen Thiere. Nürnberg, 2(1): 152, 161.

Schrank F P. 1802. Favna Boica: Durchgedachte Geschichte der in Baiern einheimischen und zahmen Thiere. Spinnerformige Schmetterlinge, Nürnberg, (2)2: 163.

Scopoli G A. 1763. Entomologia Carniolica, exhibens insecta Carmiolize indigena et distributa in ordines, genera, species, varietates. Vindobona: Methodo Linnaena: xxxvi+420, 43 pls.

Scopoli J A. 1777. Introductio ad Historiam naturalem sisteus Genera Lapidum, Plantarum et ANimalium detecta, Characteribus-in tribus divisa, subinde ad Leges Naturae. Prague: Apud Wolfgangum Gerle: 431, 433.

Scudder S H. 1872. A Systematic Revision of Some of the American Butterflies: With Brief Notes on Those Known to Occur in Essex County, Massachusetts. 4th Ann Rep Peabody Acad Sci, 1871: 75.

Shaffer M, Nielsen E S, Horak M. 1996. Pyraloidea. 164-199. In: Nielsen E S, Edwards E D, Rangsi T V. Checklist of the Lepidoptera of Australia. In: Nielsen E S. Monographs on Australian Lepidoptera 44. CSIRO Division of Entomology, Canberra.

Shibuya J. 1928. The systematic study on the Formosan Pyralidae. Journal of the Faculty of Agriculture, 22(1): 1-300, pls. 1-9.

Snellen P C T. 1880 ["1892"]. Lepidoptera. 1-92, pls. 1-5. In: Veth P J. Midden-Sumatra. Reizen en onderzoekingen der Sumatra-Expeditie uitgerust door het aardrijkskundig genootschap. 1877-1879, 4(1)4(8). Leiden: E. J. Brill.

Snellen P C T. 1880. Nieuwe Pyraliden op het Eiland Celebes gevonden door Mr. M. C. Piepers. Tijdschrift voor Entomologie, 23: 198-250.

Solis M A. 1993. Check list of the Old World Epipaschiinae and the related New World genera Macalla and Epipaschia (Pyralidae). Journal of the Lepidopterists' Society, 46(1992)(4): 280-297.

Stoll C. 1780. Uitlandsche Kapellen (*Papillons exotiques*) in Cramer, Uitl. Kapellen, 4(26b-28): 82.

Strand E. 1918. H. Sauter's Formosa-Ausbeute: Pyralididae, Subfam. Pyraustinae. Deutsche entomologische Zeitschrift Iris, 32: 33-91.

Swinhoe C. 1891. New species of Heterocera from the Khasia Hills. Part 1. Transactions of the Entomological Society of London, (4): 473-495.

Swinhoe C. 1893. On new Geometers. Annals and Magazine of Natural History, (6)12: 147-157.

Swinhoe C. 1894. New species of Eastern Lepidoptera. Annals and Magazine of Natural History, (6)14: 429-443.

Swinhoe C. 1897. New eastern Lepidoptera. Annals and Magazine of Natural History, 6(19): 164-170.

Swinhoe C. 1903. A revision of the Old-world Lymantriidae in the National Collection. Transactions of the Entomological Society of London: 375-498.

Swinhoe C. 1918. New species of indo-malayan Heterocera and descriptions of genitalia, with reference to the geographical distribution of species resembling each other. Annals and Magazine of Natural History, (9)2: 65-95.

Swinhoe C. 1920. Indo-Malayan and Australian Noctuidac. The Annals Magazinc of Natural History, (Ser. 9) 5: 251-255.

Swinhoe C. 1922. A revision of the genera of the family Lymantriidae. Annals and Magazine of Natural History, 10(9): 449-484.

Toxopeus L J. 1928. Eine Revision der javanischen, zu Lycaenopsis Felder und verwandten Genera gehörigen Arten. Lycaenidae Australasiae II. Tijdschrift voor Entomologie, 71: 181, 219.

Treitschke F. 1825. In: Ochsenheimer F. Die Schmetterlinge von Europa. Band 5/2. Leipzig: Fleischer: 369.

Turner A J. 1911. Studies in Australian Lepidoptera. Annals of the Queensland Museum, 10: 59-135.

Tutt J W. 1908. A natural history of the British Lepidoptera. A text-book for students and collector, 3: 41, 43.

Tytler H C. 1914. Notes on some new and interesting butterflies from Manipur and the Naga Hills. Part 1-3. Journal of the Bombay Natural History Society, 23(2): 218.

van Vollenhoven S S. 1858. Naamlijst van Nederlandsche Vliesvleugelige Insekten: (Hymenoptera). In Bouwstoffen voor eene Fauna van Nederland: 221-275.

Walker F. 1854-1866. List of Specimens of Lepidopterous Insects in the Collection of the British Museum. The order of the Trustees of the British Museum: 1-35.

Walker F. 1859a [imprint "1858"]. Part XVI. Deltoides. List of the Specimens of Lepidopterous Insects in the Collection of the British Museum, London, 16: 1-253.

Walker F. 1859b. Part XVII. Pyralites. List of the Specimens of Lepidopterous Insects in the Collection of the British Museum, London, 17: 255-508.

Walker F. 1859c. Part XVIII. Pyralides. List of the Specimens of Lepidopterous Insects in the Collection of the British Museum, London, 18: 509-798.

Walker F. 1859d. Part XIX. Pyralides. List of the Specimens of Lepidopterous Insects in the Collection of the British Museum, London, 19: 799-1036.

Walker F. 1863. Crambites & Tortricites. List of the Specimens of Lepidopterous Insects in the Collection of the British Museum, London, 27: 1-286.

Walker F. 1866a ["1865"]. Supplement 4. List of the Specimens of Lepidopterous Insects in the Collection of the British Museum, London, 34: 1121-1533.

Walker F. 1866b. Supplement 5. List of the Specimens of Lepidopterous Insects in the Collection of the British Museum, London, 35: 1535-2040.

Walker J J. 1870. A list of the Butterflies collected by J. K. Lord Esq. in Egypt, along the African shore of the Red Sea, and in Arabia; with descriptions of the species new to Science. Entomologist, 5(4): 56.

Wallengren H D J. 1857. Kafferlandets Dag-fjärilar, insamlade åren 1838-1845 Lepidoptera Rhopalocera in Terra Caffrorum annis 1838-1845 collecta a J A Wahlberg K. K svenska VetenskAkad. Handl, 2(4): 45.

Wang M, Kishida U. 2011. Moths of Guangdong Nanling National Reserve. Keltern: Goecke & Evers.

Wang X, Wang M, Zolotuhin V V, et al. 2015. The fauna of the family Bombycidae *sensu lato* (Insecta,

Lepidoptera, Bombycoidea) from the mainland of China, Taiwan and Hainan Islands. Zootaxa, 3989: 1-138.

Warren W. 1890. Descriptions of some new genera of Pyralidae. Annals and Magazine of Natural History, including Zoology, Botany and Geology, (6)6: 474-479.

Warren W. 1891. Descriptions of new genera and species of Pyralidae contained in the British-Museum collection. Annals and Magazine of Natural History, including Zoology, Botany and Geology, (6)7: 423-501.

Warren W. 1892. Descriptions of new genera and species of Pyralidae contained in the British Museum collection. Annals and Magazine of Natural History, including Zoology, Botany and Geology, (6)9: 172-179, 294-302, 389-397, 429-442.

Warren W. 1894. New genera and species of Geometridae. Novitates Zoologicae, 1: 366-466.

Warren W. 1896. New genera and species of Pyralidae, Thyrididae, and Epiplemidae. Annals and Magazine of Natural History, including Zoology, Botany and Geology, (6)17: 94-106, 131-150, 202-216.

Warren W. 1897. New genera and species of moths from the Old-world regions in the Tring Museum. Novitates Zoologicae, 4: 12-130, 378-402.

Warren W. 1909-1913. Familie: Noctuidae. 9-444. In: Seitz A. Die Gross-Schmetterlinge der Erde. Abteilung I. Die Gross-Schmetterlinge des Palaearktischen Faunengebietes.Band 3, Die Eulenartigen Nachtfalter. Stuttgart: Alfred Kernen.

Warren W. 1912. Noctuidae. In: Seitz A. The Macrolepidoptera of the word. Indo-Australian Fauna, 11: 31-496.

Watson A. 1968. The taxonomy of the Drepaninae represented in China, with an account of their world Distribution (Lepidoptera: Drepanidae). Bulletin of the British Museum (Natural History) (Entomology), Supplement 12: 1-151, pl. 14.

Westwood J O. 1847-1848. The Cabinet of Oriental Entomology; being a Selection of some of the Rarer and More Beautiful Specie of Insects, Natives of India and the Adjacent Islands, the Described and Figured. London: 88 pp., 42 pls.

Westwood J O. 1850. The genera of diurnal Lepidoptera, comprising their generic characters, a notice of their habitats and transformations, and a catalogue of the species of each genus; illustrated with 86 plates by W. C. Hewitson. London, Longman, Brown, Green & Longmans, (2): 281.

Wileman A E. 1911. New and unrecorded species of Lepidoptera Heterocera from Japan. Transactions of the Royal Entomological Society of London, 1911: 189-407.

Wileman A E. 1915. New species of Heterocera from Formosa. Entomologist, 48: 12-19, 34-40, 58-61, 80-82.

Yamanaka H, Yoshiyasu Y. 1992. Pyralidae. In: Heppner J B, Inoue H. Lepidoptera of Taiwan, 1(2) Checklist: 77-95. Scientific Publishers, Florida.

Yamanaka H. 1960. On the known and unknown species of the Japanese *Herpetogramma* (Lepidoptera: Pyralididae). Tinea, 5(2): 321-327.

Yazaki in Haruta. 1995. Moths of Nepal 4 Tinea 14 (Suppl. 2): 1 (Horie, Yazaki): 2-27 (Yazaki): 28-37 (Sato): 38-48 (Kishida): 49-88 (Yoshimoto): 89 (Haruta): 90-118 (Sugi): 119-139 (Inoue): 140-147 (Nakajima): 148-149 (Sakurai): 150-181 (Robinson): 182-193 (Yamanaka,: 194-206 (Arita & Gorbunov): pls. 97-128.

Zeller P C. 1852. Lepidoptera Microptera, quae J. A. Wahlberg in Caffrorum terra collegit. Kungliga Svenska Vetenskapsakademiens Handlingar, 40(3): 1-120.

Zilli A, Hogenes W. 2002. An annotated list of the fruit-piercing moth genus *Eudocima* Billberg, 1820 (sensu Poole) with descriptions of four new species (Lepidoptera: Noctuidae, Catocalinae). Quadrifina, 5: 153-207.

第十七章 膜翅目 Hymenoptera

张佩君[1] 周善义[2] 王春红[3] 陈学新[3] 文倩[4] 谭江丽[4]

[1] 西南大学植物保护学院
[2] 广西大学生命科学学院
[3] 浙江大学农业与生物技术学院
[4] 西北大学生命科学学院

分科检索表

1. 触角丝状 ··· 2
- 触角膝状 ··· 3
2. 第1亚缘室和第1盘室因肘脉第1段（1+Rs+M脉）消失而合并成1盘肘室 ······ **姬蜂科 Ichneumonidae**
- 肘脉第1段（1+Rs+M脉）常存在，而将第1亚缘室和第1盘室分开 ··············· **茧蜂科 Braconidae**
3. 腹部第1节或第1、2节呈结节状 ·· **蚁科 Formicidae**
- 腹部第1、2节不呈结节状 ··· 4
4. 前胸背板伸达翅基片 ··· **泥蜂科 Sphecidae**
- 前胸背板不伸达翅基片 ·· **胡蜂科 Vespidae**

一、蚁科 Formicidae

张佩君[1] 周善义[2]
[1] 西南大学植物保护学院
[2] 广西大学生命科学学院

蚂蚁是自然界中具有代表性的社会性昆虫，在陆地上分布极其广泛，是膜翅目 Hymenoptera 蚁科 Formicidae 的统称。蚂蚁种类丰富，数量巨大，一个完整的蚁群有不同形态的蚂蚁，它们各司其职。根据蚂蚁的形态和社会分工，通常可以分为三个社会等级：雌蚁、工蚁和雄蚁。

世界性分布。世界已知17亚科338属13 908种，中国已知10亚科119属1100余种，本书记述3亚科3属3种。

分亚科检索表

1. 腹柄2节 ··· **双节行军蚁亚科 Aenictinae**
- 腹柄1节 ··· 2
2. 腹部末端裂缝状或具螯针，边缘无1圈刚毛 ·· **猛蚁亚科 Ponerinae**
- 腹部末端有1个半圆形至圆形的嘴状突出，边缘有1圈刚毛 ······························· **蚁亚科 Formicinae**

(一) 双节行军蚁亚科 Aenictinae

工蚁：中型至大型，体细长，通常单型。上颚三角形或狭长近长方形，咀嚼缘具3-5或7-8齿，有时多达20齿。唇基极短。触角窝外露，缺触角沟，触角8-12节，鞭节向端部逐渐变粗变长。缺复眼和单眼。前中胸背板高而隆起，前中胸背板缝消失。后胸侧板腺泡透过体壁可见。并胸腹节后上角圆钝或具齿，并胸腹节气门位置高，并胸腹节侧叶短小。腹柄2节。臀板退化而狭小，端末具螫针。

本亚科分布于古北区、东洋区、澳洲区、旧热带区。世界已知1属187种，中国已知1属33种，本书记述1属1种。

1. 双节行军蚁属 *Aenictus* Shuckard, 1840

Aenictus Shuckard, 1840: 268. Type species: *Aenictus ambigus* Shuckard, 1840.

属征：工蚁通常单型，偶见中度多型。上颚三角形或狭长近长方形，咀嚼缘具3-5或7-8齿，有时多达20齿。须式2，2。唇基具表片帷，缺唇基侧齿。额脊直立，缺副额脊或退化。触角窝外露，缺触角沟，触角8-12节，鞭节向端部逐渐变粗变长。缺复眼和单眼。前中胸背板高而隆起，前中胸背板缝消失。中后胸侧板缝明显，不凹至深凹。后胸沟消失或存在。后胸侧板腺泡透过体壁可见。并胸腹节后上角圆钝或具齿，并胸腹节气门位置高，并胸腹节侧叶短小。腹柄2节，腹柄前面具横脊，第4腹节体积最大。臀板退化而狭小，中央缺凹陷和刺突，末端具螫针。中后足胫节各具2个距。后足胫节腺存在。

分布：世界广布。世界已知187种，中国已知33种，本书记述1种。

(1) 霍氏双节行军蚁 *Aenictus hodgsoni* Forel, 1901

Aenictus hodgsoni Forel, 1901: 474.

工蚁正面观头部近梯形，向前变窄，长宽约相等，后缘轻微隆起，后角突圆，侧缘中度隆起。上颚长三角形，咀嚼缘具3个大齿和4个细齿，两上颚闭合时与唇基之间无空隙。唇基前缘中部轻度隆起，前缘具6个齿突。缺额叶，触角窝外露；额脊低，在触角窝之间互相分离，向后分歧，到达触角窝后缘水平；触角窝外缘缺向后延伸的纵脊。触角短，10节，柄节末端达到触角窝至头后角间距的3/4处，鞭节向端部逐渐变粗、变长。缺复眼。

侧面观前中胸背板较高，背面中度隆起呈弓形，缺前中胸背板缝。后胸沟弧形浅凹。并胸腹节背面轻微凹入，向后稍降低，并胸腹节后上角近直角形，稍大于90°；斜面中度凹入，约为背面长的1/2；并胸腹节后角圆钝。腹柄前面缺小柄；腹柄结近梯形，轻度后倾，前上角和后上角圆钝，背面中度隆起；腹面前部轻度隆起，具尖刺，指向后下方；后部轻度凹入。后腹柄结稍低于腹柄结，直立，梯形，前上角和后上角圆钝，背面轻度隆起；腹面近平直，前下角具尖齿。后腹部梭形，螫针发达。

背面观前胸最宽，侧缘中度隆起，缺前中胸背板缝。中胸强烈收缩，侧缘角状深凹，向后变宽。后胸沟浅凹。并胸腹节中等宽，近梯形，向后变窄，侧缘轻度隆起，背面后缘中度隆起。腹柄结近椭圆形,长约为宽的 1.2 倍,侧缘中度隆起。后腹柄结近梯形,向后变宽,约为腹柄结宽的 1.2 倍,侧缘中度隆起。后腹部梭形,前后变狭。

上颚具光滑发亮。头部光滑发亮。前胸光滑发亮;中胸背面具细纵皱纹;中胸侧板、后胸和并胸腹节具细密刻点,界面呈网状微刻纹;并胸腹节侧板在气门之前光滑发亮。腹柄、后腹柄和后腹部光滑发亮。身体背面具稀疏亚倾斜毛和稀疏倾斜绒毛被;柄节和胫节具稀疏亚倾斜毛和丰富倾斜绒毛被。头部浅黑色,侧面上部各具 1 个浅黄色大斑;胸部、腹柄、后腹柄和后腹部浅黑色;上颚、触角和足黄棕色。

观察标本:10 工蚁,重庆缙云山卧雪山庄附近,2021.Ⅶ. 9,王宗庆。

分布:中国(重庆缙云山、浙江、江西、广东、香港、广西);印度,缅甸,越南,泰国,老挝,柬埔寨,印度尼西亚。

(二)猛蚁亚科 Ponerinae

工蚁:单型,少数种类同巢内个体大小有一定差别,但形态基本一致。上颚较强壮,形态多样。唇基形态多变,但背面观可见。额叶存在,常遮盖住触角窝。某些属左右两侧额叶不被唇基后缘插入分开,而是形成一个整体,有时还向前突出遮盖住唇基前缘。触角常具 12 节。前中胸背板缝明显,后胸沟部分属缺如。腹柄形态多样,常无明显的前柄。后腹第 1 节和第 2 节之间常缢缩。3 对足均具梳状距,极个别的小型种类中、后梳状距退化。

本亚科为蚁科中较为原始的类群,广泛分布于世界各地,以热带和亚热带种类最丰富。世界已知 47 属 1369 种,中国已知 22 属 114 种,本书记述 1 属 1 种。

2. 扁头猛蚁属 *Ectomomyrmex* Mayr, 1867

Ectomomyrmex Mayr, 1867: 83. Type species: *Ectomomyrmex javanus* Mayr, 1867.

属征:工蚁单型,体中型至大型。头略近矩形,头后缘凹陷或近平直,头后部两侧常扁平,与背面呈明显的角状。上颚三角形,咀嚼缘具齿。唇基窄,横向。额叶发达遮盖住触角窝。额脊短,向后延伸不超过复眼。触角 12 节,柄节往后逐渐变粗;鞭节往末端逐渐变粗,呈棒状。前中胸背板缝明显,后胸沟略具痕迹或消失。中胸侧板被横沟分成两部分;腹柄后缘较平。头部、并腹胸和腹柄长具刻点或条纹,不光亮。

分布:古北区、东洋区、澳洲区。世界已知 32 种,中国已知 7 种,本书记述 1 种。

(2)爪哇扁头猛蚁 *Ectomomyrmex javanus* Mayr, 1867

Ectomomyrmex javanus Mayr, 1867: 84.

工蚁正面观头连上颚近心形,中部最宽。上颚三角形,咀嚼缘 8-10 齿。唇基不具中脊,中部凹陷,前缘中部弧形凹陷。触角 12 节,柄节向后延伸刚达头后角,鞭节往末端逐渐变粗、呈棒状。复眼小,直径等于触角柄节中部宽,位于头部侧缘前部。

侧面观前中胸背板缝清晰,后胸沟凹陷。前胸背板凸。中胸背板凸。并胸腹节背面略凸,斜面略凸、近平行,背面和斜面之间分界不明显,圆形过渡。腹柄前缘近平直,后缘凸,背面和后面之间宽圆形过渡。

背面观前中胸背板丰富清晰,后胸沟具明显的痕迹。前胸背板侧缘凸,后缘凹陷。中胸前缘凸,后缘平直,前部宽于后部。并胸腹节背板略呈梯形,前部宽于后部。腹柄近三角状,前缘圆凸,后缘平直。

上颚具细纵条纹和带毛刻点;唇基具斜向内侧的倒八字细条纹和细刻点;头部具纵条纹;并腹胸侧面具纵条纹;前胸背板具略呈汇聚的环纹;中胸背板和并腹胸背板具纵皱纹;并腹胸斜面具横条纹。腹柄面具纵皱纹,前面和后面具横条纹;后腹部较光亮。全体具丰富的立毛,后腹部丰富的倒伏绒毛。体黑色,上颚、触角鞭节、足和后腹末端暗红色。

观察标本:3 工蚁,重庆缙云山核心区入口内附近,2021.Ⅶ.9,王宗庆。

分布:中国(重庆缙云山、北京、山东、河南、陕西、江苏、上海、浙江、湖北、江西、湖南、福建、台湾、广东、海南、香港、广西、四川、贵州、云南);朝鲜半岛,日本,印度,缅甸,马来西亚,柬埔寨,印度尼西亚(爪哇岛)。

(三)蚁亚科 Formicinae

工蚁:体壁通常较薄。触角 8-12 节,鞭节长,丝状,极少数形成不明显的棒状。结节 1 节,通常为鳞片状。螫针缺如。毒腺变成卷折的垫状体,毒液(主要为蚁酸)通过后腹末的圆孔(称酸孔,而非泄殖孔)排出;酸孔周围具 1 圈短而细的毛,能辅助将蚁酸向体外扩散。

本亚科是蚁科的第二大亚科,广泛分布于世界各地。世界已知 52 属 4062 种,中国已知 24 属 300 余种,本书记述 1 属 1 种。

3. 多刺蚁属 *Polyrhachis* Smith, 1857

Polyrhachis Smith, 1857: 58. Type species: *Formica bihamata* (Drury, 1773), by original designation.

属征:单型。正面观头略呈亚圆形,上颚三角形,咀嚼缘内具 5-6 齿;唇基发达,中部凸,前缘通常圆弧形,中央少有凹刻;须式 6,4;额叶不发达,遮盖部分触角窝,触角窝靠近唇基后缘;额脊短;触角 12 节,柄节向后延伸超过复眼后缘;复眼较大。单眼缺。并腹胸侧面通常具棱边,少数种类缺如;前胸和并胸腹节通常具 1 对齿或刺,少数种类缺。腹柄背面和侧面通常具齿或刺;后腹部近球形,后腹部背板发达,通常占整个腹部长的 1/2 以上。中足和后足胫节均只具 1 枚梳状距。

分布:世界广布。世界已知 788 种,中国已知 41 种,本书记述 1 种。

(3)梅氏多刺蚁 *Polyrhachis illaudata* Walker, 1859

Polyrhachis illaudatus Walker, 1859: 373.

正面观头椭圆形,复眼至后部墓冢状,复眼前部侧缘近平行,近上颚处收敛。上颚三角形,咀嚼缘具 5 齿。唇基中部凸,略呈中脊状,前缘圆。额叶抬起,略遮盖住触角窝;额脊后部收敛;触角柄节后 1/2 超过头后缘。复眼较大,位于远离头侧缘中线之后,近半圆形突出。

侧面观并腹胸背面凸，前胸背板前面具 1 枚长刺，前中胸背面微凸，前低后高，前中胸背板缝和后胸沟明显，中胸背面短平，并胸腹节背面前倾背面微凸，前部明显高于后背，斜面微凹背面和斜面之间具 1 枚短刺。腹柄前面和后面微凸，背面具刺。

背面观前胸背面肩角具 1 枚指向前方略偏外侧的长刺，后角急剧凹陷进入前中胸背板缝，中胸前面平直，前侧角直角状，后缘弧形；并胸腹节前侧角圆，向后收敛，后面弧形凹陷，后侧具小齿。腹柄前面观侧面具尖刺，背面两侧具长刺，背面具 2 个小齿突。

上颚具纵纹，额叶之间具密集的细皱纹，头后部部具粗纵脊；并腹胸具纵皱纹和密集的刻点；后腹部具密集的刻点网纹。全体具密集的立毛和绒毛。全体黑色，立毛和绒毛黄棕色。

观察标本：6 工蚁，重庆缙云山青龙山庄附近，2021.Ⅶ.10，王宗庆。

分布：中国（重庆缙云山、湖北、江西、湖南、福建、台湾、广东、海南、香港、广西、四川、贵州、云南）；东南亚。

二、姬蜂科 Ichneumonidae

韩源源　唐　璞　陈学新

浙江大学农业与生物技术学院

成虫微小至大型，2-35 mm（不包括产卵管）；体多细弱。触角长，丝状，多节。足转节 2 节，胫节距显著，爪强大，有 1 个爪间突。翅一般大型，偶有无翅或短翅型；有翅型前翅前缘脉与亚前缘脉愈合而前缘室消失，具翅痣；第 1 亚缘室和第 1 盘室因肘脉第 1 段（1-SR+M）消失而合并成 1 盘肘室，有第 2 回脉（2M-Cu）；常具小翅室。并胸腹节大型，常有刻纹、隆脊或由隆脊形成的分区。腹部多细长，圆筒形、侧扁或扁平；产卵管长度不等，有鞘。

寄生于鳞翅目 Lepidoptera、鞘翅目 Coleoptera、双翅目 Diptera、膜翅目 Hymenoptera、脉翅目 Neuroptera 和毛翅目 Trichoptera 等全变态昆虫的幼虫和蛹中，绝不寄生于不完全变态的昆虫中；也有的寄生成蛛，或在蜘蛛卵囊内营生。此外，仅知一种伪蝎姬蜂 *Obisiphaga* 在英国从伪蝎 *Obisium* 卵囊中育出。其实，在卵囊内生活的姬蜂幼虫并不是只寄生于一个卵内，而是在取食卵粒，一只姬蜂幼虫可捕食多粒蜘蛛卵，实际上为捕食者习性。

姬蜂科卵产在寄主体内或体外，有时具柄。蛹为离蛹，多有茧，即使在寄主蛹内化蛹的，也多有稀疏薄茧。对已羽化后的寄主蛹或蜂茧，除可依据羽化孔或茧的特征进行鉴定外，也可根据其幼虫口器形状的不同进行鉴定。多数初寄生，少数为重寄生或兼性重寄生。一般为单寄生，偶有聚寄生。一般为内寄生，但有些亚科或族全部为外寄生。单期寄生类型中寄生幼虫期的最多，不寄生于成虫期，也没有真正的卵寄生类型。跨期寄生的主要为幼虫-蛹期类型，从蛹中育出的姬蜂，多数为此类型。

世界性分布。世界已知 1600 余属 25 200 余种，中国已知 512 属 2283 种，本书记述 6 属 6 种。

分亚科检索表

1. 唇基与颜面之间不被沟分开 ·· 盾脸姬蜂亚科 Metopiinae
- 唇基与颜面之间明显或不明显分开 ··· 2
2. 无小翅室 ·· 瘦姬蜂亚科 Ophininae
- 具小翅室 ·· 3
3. 腹部纺锤形，第3节和第4节的宽度大于厚度 ·· 姬蜂亚科 Ichneumoninae
- 腹部侧扁，第3节和第4节的厚度大于宽度 ·· 缝姬蜂亚科 Campopleginae

（四）姬蜂亚科 Ichneumoninae

唇基比较平，与颜面有弱沟分开，端缘稍微弧形，或平截，中央有或无钝齿。上颚上齿通常长于下齿。无盾纵沟和腹板侧沟，或短而浅，偶尔例外。并胸腹节端区陡斜；有纵脊；中区存在，形状各异，常隆起，气门线性或圆形。小翅室五边形，肘间横脉向径脉合拢。腹部平，通常纺锤形。第1背板基部横切面方形；气门位于中央之后；后柄部平而宽，或锥形隆起。腹陷通常宽而明显凹入。产卵管通常短，刚伸出腹端。雌性鞭节通常在亚端部变宽；雄性细而尖。

世界性分布。世界已知437属4355种，中国已知97属254种，本书记述2属2种。

4. 尖腹姬蜂属 *Stenichneumon* Thomson, 1893

Stenichneumon Thomson, 1893: 1964. Type species: *Ichneumon pistorius* Gravenhorst, 1829.

属征：大型，体长16-20 mm。雌性触角常为鬃型，端部渐尖，顶端尖，在中央之后腹面平；雄性多少粗，明显锯齿状，有较短1列（约10个）杆状角下瘤。头部刻点强而密。上颊和颊很宽或平，通常明显收窄。中胸盾片强度隆起。盾纵沟仅基部明显。小盾片圆形隆起，在后小盾片上方多少凸出，至少基部有侧脊。并胸腹节分区完整；中区大，四边形，有时长大于宽；无分脊或弱。足很细长，后足基节有时有刷或刷状突。雌性腹部相当长，近于平行，第2背板明显长大于端宽。第1背板几乎没有任何刻纹，明显光亮；后柄部通常明显，具纵刻条或夹有刻皱，中部基方弯曲；驼峰状拱起。腹陷极大，宽而深，窗疤明显宽而斜。腹末很尖。产卵管略突出。腹部一律黑色、红色或带黄色，或其中两色组成，东方种有时有白带，无肛斑。

分布：世界广布。世界已知23种，中国已知5种，本书记述1种。

（4）后斑尖腹姬蜂 *Stenichneumon posticalis* (Matsumura, 1912)

Ichneumon posticalis Matsumura, 1912: 97.
Stenichneumon posticalis: Uchida, 1926: 99.

雌性：颜面两侧下方稍扩展，上方弧形下凹，端宽约为中长的2.5倍，密布粗刻点，中央稍纵隆；唇基长稍短于颜面，基部隆起具粗刻点，端部光滑，端缘稍凹；颚眼距比上颚基部宽度稍短；额在单眼前方具粗刻点，额框及触角洼光滑；单眼区稍隆起，外侧有沟，单复眼间距稍长于侧单眼间距，为侧单眼长径的1.6倍；头顶近于光滑，在单复眼后陡斜；上颊侧面观长为复眼横径的 0.8 倍；触角长为前翅的 1.07 倍，40 节，第 1 鞭节为第 2 鞭节的 1.2 倍，中央之后鞭节变粗且腹面扁平。胸部密布刻点：前胸背板下方具横形的，中胸侧板下部具斜形的，翅基下脊下方具横形的点状皱纹；中胸盾片刻点较小而密；小盾片均匀隆起，刻点较稀；侧脊伸至基部 2/5 处；小盾片前凹光滑；后小盾片近于光滑；后胸侧板基间脊皱曲。并胸腹节满布不规则细皱；分区明显；基区横宽；中区六角形，但两侧不突出故近于方形，宽为长的 1.1-1.4 倍，上角钝圆，分脊在前方 2/5 处伸出；端区倾斜，后方平行，内具不规则皱状刻条；侧突弱；气门长裂口形。小翅室五角形，上边短；小脉刚后叉式。腹部细长，腹端尖；第 1 节背板背面光滑，侧面具粗刻点或刻条，气门卵圆形位于后方 1/4 处，侧面观气门前方的背缘相当隆起；后柄部具弱纵刻条，气门间距为后柄部长的 1.3 倍；第 2 及以后各节背板具粗刻点，但向后端渐弱；第 2 节窗疤大，近于前缘，窗疤间距甚短。产卵管鞘刚伸出腹端。

观察标本：1 雌，重庆缙云山核心区，646 m，2021.Ⅶ.9，王春红。

分布：中国（重庆缙云山、河南、甘肃、浙江、湖北、福建、台湾、广东、广西、四川、云南）；韩国，印度，尼泊尔，斯里兰卡。

5. 强柄姬蜂属 *Cratolabus* Heinrich, 1974

Cratolabus Heinrich, 1974: 162. Type species: *Platylabus insulindicus* Heinrich, 1934.

属征：雌性触角细长，鬃状，在中央之后不变宽。上颊和后头在单复眼后方几乎垂直向后头脊陡落。颊狭，不隆起。颚眼距与上颚基宽等长。上颚向端部强度收窄。额几乎光滑。盾纵沟仅在基部可见。小盾片侧脊明显。后胸侧板基间脊存在。腿节强。腹柄宽为中央高度的 2 倍，在基部之后两侧有短突出；后柄部具不规则皱，光亮。头胸部多黄白色斑条，腹部在背板有端带。

分布：东洋区。世界已知 4 种，中国已知 2 种，本书记述 1 种。

（5）台湾强柄姬蜂 *Cratolabus formosanus* (Uchida, 1932)

Platylabus formosanus Uchida, 1932: 162.
Cratolabus formosanus: Heinrich, 1974: 163.

雌性：颜面和唇基密布刻点，唇基均匀隆起，端缘平截；颚眼距比上颚基部宽度稍宽；上颚端部较狭；额和头顶近于光滑；中胸盾片无盾纵沟；小盾片侧脊强；后胸侧板皱状刻点，基间脊明显；并胸腹节中区六边形，长稍大于宽，端区陡斜。体黑色，有白色斑纹；眼眶和额框、唇基侧缘、上唇、须、触角第 7-12 鞭节大部和小部、前胸背板颈部和背缘、中胸盾片中后方 1 圆斑、小盾片、后小盾片、翅基下脊、后侧片上端及下端、后胸侧板上方部分和下方部分后端与并胸腹节后侧方、腹部各节背板和腹板后缘均黄白色。

观察标本：1 雌，重庆缙云山核心区，646 m，2021.Ⅶ.9，王春红。

分布：中国（重庆缙云山、台湾、广西）；印度，老挝，缅甸，越南。

（五）缝姬蜂亚科 Campopleginae

体中等健壮至很细，前翅长 2.5-14.0 mm。唇基通常横形；与颜面不是明显得分开。

上颚2齿。雄性触角无角下瘤。中胸腹板后横脊通常完整。并胸腹节通常部分或完全分区。跗爪通常具栉齿，有时除基部外简单，通常有小翅室。第2回脉仅1个气泡。腹部第1节背板中等细或很细；气门位于中央以后；无中纵脊。腹部多少侧扁，但有时不明显。第2、3节背板折缘除都姬蜂属 *Dusona* 外均被褶所分开并折于下方。下生殖板横形，不扩大。雄性抱器端部圆，或在少数属有时呈1棒状。产卵管鞘与腹端部厚度等长或更长；产卵管端部有1端前背缺刻，下瓣无端齿。

世界性分布。世界已知66属2130种，中国已知25属141种，本书记述2属2种。

6. 高缝姬蜂属 *Campoplex* Gravenhorst, 1829

Campoplex Gravenhorst, 1829: 453. Type species: *Ichneumon difformis* Gmelin, 1790.

属征：唇基侧面观平至突起，顶缘平截至弧形，有时在中央变厚；上颚下缘有或者没有薄片；后头脊和口后脊相接在上颚基部或在其上方；中胸侧缝凹陷；并胸腹节中区与端区融合；中央区域平至中度的凹陷；并胸腹节顶端常常没有到达后足基节的中央；前翅小翅室缺失或者存在；第2盘室外侧角尖（55°-75°），或者偶尔90°；小脉与基脉相对至在其后方；后翅后小脉通常没有折断，如果折断，通常在其下方；第1腹节在基部0.3处截面圆形，有时轻微方形，有或者没有侧纵脊和侧纵沟；背腹缝在第1背板和第1腹板分隔的中央或者在中央稍下方；基侧凹缺失；从第3节开始扁平至圆形；雄性生殖器宽且圆，顶部有时具1个浅的凹陷。

分布：世界广布。世界已知218种，中国已知12种，本书记述1种。

（6）黄颊高缝姬蜂 *Campoplex xuthomelonus* Han, van Achterberg *et* Chen, 2021

Campoplex xuthomelonus Han, van Achterberg *et* Chen, 2021d: 115.

雌性：脸强烈颗粒状；唇基无光泽，轻微突起，顶缘轻微弯曲；颚眼距颗粒状，约为上颚基部宽度的0.6倍；上颚下缘具薄片；额颗粒状，中央脊缺失；头顶颗粒状；侧单眼间距约为单复眼间距的1.45倍，约为中单眼和侧单眼间距的2.0倍。小盾片颗粒状，后方皱状；后小盾片皱刻状；中胸侧板颗粒刻点状；并胸腹节基横脊离基部近；中区颗粒状；端区具横纹刻条；中区与端区融合，中央轻微凹陷；所有脊强。前翅小翅室存在，收纳第2回脉在其后方；后小脉在其下方0.25处折断。上颚除齿、颚眼距、须和翅基片外，黄褐色；所有基节和后足第1转节黑色；后足胫节的基部和顶部、前足和中足跗节的顶端、后足跗节全部烟褐色；足的其余部分黄褐色；腹部完全黑色。

观察标本：1雌，重庆缙云山核心区，646 m，2021.Ⅶ.9，王春红。

分布：中国（重庆缙云山、山西、浙江、湖北、福建、广东、广西、四川、贵州、云南）。

7. 凹眼姬蜂属 *Casinaria* Holmgren, 1859

Casinaria Holmgren, 1859: 325. Type species: *Campoplex tenuiventris* Gravenhorst, 1829.

属征：复眼与触角窝相对处中等至强度的内缘凹陷。并胸腹节常常有1条中央浅纵脊（在 *C. pedunculata* 和 *C. leo* 种群中，有时具有基横脊和不明显至明显的中纵脊）；并胸腹节第 2 侧区没有明显的脊（除了 *C. leo* 种群）。后足跗爪栉状。前翅小脉与基脉相连或者在它后边 0.2-0.3 的长度；第 2 回脉垂直或内斜；小翅室中等至大；后小脉曲折或不曲折，垂直或者倾斜。第 1 腹节短钝到细长，常常长于第 2 腹节（有时等于第 2 腹节）；后柄部轻微至强烈球状（除了部分的种）。产卵管很短，约等于或轻微长于腹部顶端。

分布：世界广布。世界已知 100 种，中国已知 12 种，本书记述 1 种（亚种）。

（7）台湾凹眼姬蜂 *Casinaria formosana formosana* Momoi, 1970

Casinaria formosana Momoi, 1970: 380.

雌性：脸皱状，唇基和颊眼距细皱状；颊眼距约为上颚基部的 0.5 倍；额具细皱；单眼区细颗粒状，侧单眼间距约为单复眼间距的 1.7 倍，约为中单眼和侧单眼间距的 2.0 倍。中胸侧板上方颗粒状，下方颗粒状并具小而稀疏的刻点，具细皱；后胸侧板具轻微光泽，具小而稀疏的刻点，基间区具皱纹；并胸腹节背面皱状，中纵槽深且具横纹；基横脊可见，靠近并胸腹节基部。小翅室具柄，收纳第 2 回脉在其中央；后小脉轻微弧形，垂直且不折断。上颚除齿、下颚须、翅基片、前足和中足转节、后足第 2 转节、前足和中足腿节顶端、胫节背面、前足跗节除顶端两节和基节的顶端、中足跗节基部两节除顶端和所有距黄色；前中足其余部分橙黄色；后足腿节橙黄色，顶端黑色；后足胫节亚基部和顶端 0.4 及后足跗节黑色。腹部第 1 节后柄部端部和第 2 节端部和侧面及后面几节全部黄褐色，第 3 节背基部有黑色斑块。

观察标本：1 雌，重庆缙云山，885 m，2021.Ⅶ.10，王春红。

分布：中国（重庆缙云山、黑龙江、吉林、辽宁、山东、河南、陕西、安徽、浙江、湖北、福建、台湾、广东、广西、四川、贵州、云南）；印度。

（六）盾脸姬蜂亚科 Metopiinae

体短而壮或仅中等壮，足通常亦壮。颜面上缘几乎总是突出成 1 三角形凸起伸至触角之间或其基部上方。唇基与颜面之间不被沟分开，而与颜面形成 1 均匀隆起的表面，仅盾脸姬蜂属 *Metopius* 颜面为 1 大而平坦或被脊包围的凹入盾形区域。上颚 2 齿，下齿常明显小于上齿，或单齿。跗爪简单或具栉齿。腹部第 1 背板有基侧凹，气门在中央前方。雌性下生殖板通常大而骨化。产卵管不突出于腹末端，无端前背缺刻。

世界性分布。世界已知 27 属 862 种，中国已知 14 属 96 种，本书记述 1 属 1 种。

8. 等距姬蜂属 *Hypsicera* Latreille, 1829

Hypsicera Latreille, 1829: 288. Type species: *Ichneumon femoralis* Geoffroy, 1785.

属征：体刻点细，中等密。颜面强度隆起。颜面上缘的触角窝尖突为 1 短宽的尖突，并弯向北方。上颊隆起。头部背方从侧单眼后缘至后头孔陡直。后头脊弱或侧方缺。颊长约为上颚基宽的 1.1 倍。上颚相当小，下齿明显短于上齿。小盾片微弱隆起，无侧脊。

无小翅室。小脉在基脉很外方。后小脉在下方约 0.3 处曲折。胸腹侧脊完整。后胸侧板近外侧脊处有 1 沟，除背缘附近有些毛外光滑无刻点。并胸腹节相当长，在端横脊处陡落；脊完整，中区与基区合并，有些种分脊也消失。足粗壮。中足胫节距近于等长。腹部第 1 背板侧纵脊明显，通常伸至端部，中纵脊在基部明显。

分布：古北区、旧热带区、新热带区。世界已知 63 种，中国已知 14 种，本书记述 1 种。

（8）光爪等距姬蜂 *Hypsicera lita* Chiu, 1962

Hypsicera lita Chiu, 1962: 26.

雌性：侧面观头部在复眼前方突出部位约为复眼最宽处的 0.71 倍，约为上颊长度的 0.8 倍；单复眼间距和侧单眼间距分别为侧单眼长径的 1.1 倍和 1.5 倍；触角 37 节，至端部稍细，第 1 鞭节为第 2 鞭节的 2 倍。小盾片平；后胸侧板光滑无刻点；并胸腹节基区和中区愈合，其长约为宽的 3 倍、为端区长的 2.4 倍。基脉弧形；小脉在基脉后方，甚内斜，其下端直。前中足具栉齿；后足腿节长为厚的 2.6 倍。腹部第 1 节背板长为端宽的 1.3 倍，背中脊达于中央；第 2 节背板长为端宽的 0.66 倍。

观察标本：1 雌，重庆缙云山，743 m，2021.Ⅶ.11，王春红。

分布：中国（重庆缙云山、辽宁、江苏、浙江、台湾）；世界广布。

（七）瘦姬蜂亚科 Ophininae

单眼通常大。唇基与颜面之间几乎都有 1 条明显的沟。鞭节无角下瘤。无前沟缘脊。腹板侧沟缺或浅而短。后胸侧板后横脊通常完整。并胸腹节分区有时完全或不完全，并胸腹节通常仅有基横脊，有时无任何脊。跗爪通常全部栉状。无小翅室，肘间横脉总在第 2 回脉很外方。第 2 臂室总有 1 条与翅后缘平行的伪脉。第 1 腹节长，背板与腹板完全愈合，无基侧凹，气门在中央之后。腹部通常强烈侧扁。产卵管几乎总是比腹末端高度稍短一点，背瓣亚端部有凹缺，腹瓣无明显的脊。

世界性分布。世界已知 32 属 1109 种，中国已知 10 属 139 种，本书记述 1 属 1 种。

9. 细颚姬蜂属 *Enicospilus* Stephens, 1835

Enicospilus Stephens, 1835: 1-306. Type species: *Ophion combustus* Gravenhorst, 1829.

属征：上颚基部多少扭曲，变细；后头脊一般完整。中胸腹板后横脊完整。前足胫距在长毛梳后方，没有一个被称为"垂叶"的膜质构造；中、后足第 2 转节一般不特化。前翅盘亚缘室在径分脉第一段（Rs+2r）下方有 1 个大型的透明斑，该位置通常生有 1 块或多块游离的"骨片"。后翅径分脉（Rs）第一段直或微曲；端翅钩大小、形状相似。

分布：世界广布。世界已知 704 种，中国已知 107 种，本书记述 1 种。

（9）大骨细颚姬蜂 *Enicospilus laqueatus* (Enderlein, 1921)

Henicospilus laqueatus Enderlein, 1921: 26.

Enicospilus laqueatus: Gupta, 1987: 547.

雌性：上颚 15°-20°扭曲；上端齿侧扁，长为下端齿的 1.2-1.5 倍；外表面扁平，具斜沟，斜沟上被长毛。颚眼距为上颚基部宽度的 0.2-0.3 倍。中胸侧板光滑，上方具刻点或点条刻纹，下方具点条刻纹；胸腹侧脊向侧板前缘弯曲；小盾片无明显刻纹；后胸侧板粗糙，具致密刻点或点状刻纹；并胸腹节基横脊完整；前翅中骨片很大，呈"D"字形；Cua 脉内叉式，与 Rs+M 脉的距离为本身长的 0.2-0.3 倍。黄褐色，腹末弱烟色。

观察标本：1 雌，重庆缙云山核心区，646 m，2021.Ⅶ.9，王春红。

分布：中国（重庆缙云山、福建、台湾、广东、广西、云南）；印度，尼泊尔，菲律宾，斯里兰卡，赞比亚。

三、茧蜂科 Braconidae

唐　璞　陈学新

浙江大学农业与生物技术学院

体型小至中等大，体长 2-12 mm 居多，少数雌蜂产卵管长与体长相等或长于数倍。触角丝形，多节。翅脉一般明显；前翅具翅痣；1+Rs+M 脉（肘脉第 1 段）常存在，而将第 1 亚缘室和第 1 盘室分开；绝无第 2 回脉；亚缘脉（径脉）或 R-M 脉（第 2 肘间横脉）有时消失。并胸腹节大，常有刻纹或分区。腹部圆筒形或卵圆形，基部有柄、近于无柄或无柄；第 2+3 背板愈合，虽有横凹痕，但无膜质的缝，不能自由活动。产卵管长度不等，有鞘。

茧蜂科的寄主均为昆虫，涉及最广的是全变态昆虫，包括了几乎所有代表目。矛茧蜂亚科和优茧蜂亚科可广泛寄生不完全变态昆虫。虽然，蝇茧蜂亚科和反颚茧蜂亚科少数类群可寄生水生双翅目 Diptera，但未发现蜻蜓目 Odonata、蜉蝣目 Ephemeroptera、襀翅目 Plecoptera 和毛翅目 Trichoptera 被茧蜂寄生。营外寄生生活的虱目 Anoplura 和蚤目 Siphonaptera 也不被茧蜂寄生。

几乎所有茧蜂不是容性内寄生蜂就是抑性外寄生蜂；但茧蜂亚科少数成员是鳞翅目 Lepidoptera 蛹的抑性内寄生蜂，而异茧蜂亚科直脉茧蜂族则是鳞翅目 Lepidoptera 幼虫的容性外寄生蜂。容性内寄生蜂的老熟幼虫常钻出寄主结茧于寄主体外，但内茧蜂亚科结茧于寄主体内。

茧蜂一般寄生于幼虫，少数寄生于成虫，除跨期寄生情况外，还没发现只寄生卵或蛹的。跨期寄生的有：卵-幼虫期；卵-蛹期和幼虫-蛹期寄生。有单寄生或聚寄生。一般为独寄生，但也有共寄生现象，通常只有一种存活。几乎都是原寄生，重寄生的很少，目前仅知优茧蜂亚科的姬蜂茧蜂属 *Syntretus* 为姬蜂成虫寄生蜂，以及有关属寄生于雄性膨腹土蜂（澳大利亚）和鳞跨茧蜂亚科作为重寄生蜂寄生于小腹茧蜂亚科 Microgastrinae 等的记录。蛹为离蛹，均有茧。成虫产卵时，常专门或顺带用产卵管螫刺寄主，吸取其流出的体液。也有极少数茧蜂的幼虫是捕食性的，如食瘿蚊茧蜂 *Bracon lendicivorus* 捕食无花果上的一种瘿蚊幼虫。

世界性分布。世界已知 1103 属 21 223 种，中国已知 333 属 2527 种，本书记述 3 属 6 种。

分属检索表

1. 唇基下陷深而宽，唇基腹缘中央明显高于上颚上关节基部水平线，唇基下陷底部由凹陷的上唇和唇基凹陷部分组成（"圆口类"） ·· **脊茧蜂属 *Aleiodes***
- 唇基下陷缺，若有则浅，不明显，唇基腹缘中央近上颚上关节基部水平线；上唇平坦，唇基腹方不为唇基下陷的部分（"非圆口类"） ·· 2
2. 各足第 2 转节前侧（亚）端部具梳状的钉状刺，偶尔后足第 2 转节无钉状刺；腹部着生于并胸腹节的位置稍在后足基节上方；后头脊缺；中胸盾片中叶多少比侧叶凸 ············ **澳赛茧蜂属 *Austrozele***
- 各足第 2 转节无钉状刺；腹部着生位置至少部分在后足基节之间，若稍在后足基节上方，则后头脊存在；中胸盾片中叶与侧叶同样凸出 ·· **悬茧蜂属 *Meteorus***

10. 脊茧蜂属 *Aleiodes* Wesmael, 1838

Aleiodes Wesmael, 1838: 94. Type species: *Aleiodes geterogaster* Wesmael, 1838.

属征：颚眼沟缺；复眼或多或少内凹；盾前凹或多或少发达；胸腹侧脊完整。并胸腹节不分区，至多有一些脊。前翅 M-Cu 脉前叉，直，与 2-Cu$_1$ 脉成角度并在后方与 1-M 脉收窄或平行；前翅 3-SR 脉大约等长或长于 2-SR 脉；前翅第 1 亚盘室大至细长，1-Cu$_1$ 脉水平；前翅 Cu-A 脉垂直或内斜；前翅 M+Cu$_1$ 脉通常稍波曲；后翅 1R-M 脉，斜。跗爪无叶突和刚毛，某些种呈栉形。第 1 背板具大至相当小的背凹，其背脊连接，或多或少呈拱状，无基凸缘；第 2 背板基部中央有三角区，中纵脊多样；第 2 背板及至少第 3 背板基部有锋利的侧褶。

分布：世界广布。世界已知 632 种，中国已知 56 种，本书记述 2 种。

（10）凸脊茧蜂 *Aleiodes convexus* van Achterberg, 1991

Aleiodes convexus van Achterberg, 1991: 25.

雌性：头、腹部深褐色至黑色，有时腹部基方色稍浅；胸部红黄色；触角须和足深褐色至黑色。翅膜褐色，痣及脉褐色。头顶具细横皱。上颊光滑；额平坦，光滑，侧方具斜刻条。脸具横刻纹。颊光滑。前胸背板侧面前方、中央及后方具平行刻纹，下方具纵刻纹。胸腹侧节完整；基节前沟缺；中胸侧板除前背方具刻纹外光滑。后胸侧板具皱纹。中胸盾片前方陡，具光泽，光滑；盾纵沟窄；小盾片近光滑，端部具刻点、具侧脊。并胸腹节具不规则皱纹，中纵脊基半完整。后足基节光亮，具微细刻点。腹部第 1 背板长是端宽的 1.1 倍，背凹大，背脊愈合，围成一个半圆形基区；第 2 背板长是第 3 背板的 1.5 倍；基区大，光滑。第 1-2 背板具明显的皱状纵刻条和中纵脊；第 3 背板基缘具稍弱的皱状纵刻条，其余具皱状刻点；第 2-3 背板具锐的侧褶。其余背板缩在第 3 背板下。

观察标本：1 雌，重庆缙云山，743 m，2021.Ⅶ.12，王春红。

分布：中国（重庆缙云山、浙江、湖北、湖南、福建、广东、海南、广西、贵州、云南）。

（11）淡脉脊茧蜂 *Aleiodes pallinervis* (Cameron, 1910)

Rhogas pallinervis Cameron, 1910: 97.
Aleiodes pallinervis: Chen & He, 1997: 57.

雌性：体褐黄色，触角（除了基部 2 节）、后足腿节、胫节端部和跗节、产卵管鞘褐色；爪褐色，栉齿黄色；翅面带黄色，痣和脉全黄色。黑色变型的中胸盾片侧叶、中胸侧板和腹板、后胸侧板、并胸腹节、整个腹部和足黑褐色。基节前沟近中央存在，很浅，具粗短刻条。中胸侧板具刻纹。后胸侧板具皱纹。中胸盾片和小盾片具刻纹；盾纵沟窄，浅，后方会合。并胸腹节中纵脊完整，具不规则刻纹，侧脊后缘明显，成钝瘤突。腹部第 1 背板长是端宽的 1.1 倍，端侧角稍突出；基区光滑；第 2 背板基区大，光滑。第 1-2 背板和第 3 背板基半具明显的皱状纵刻条和中纵脊，第 3 背板端半和以后背板光滑。产卵管鞘长是前翅的 0.06 倍。

观察标本：1 雌，重庆缙云山卧雪山庄，760 m，2021.Ⅶ.8，王春红。

分布：中国（重庆缙云山、吉林、浙江、湖北、湖南、广西、四川、贵州）；日本。

11. 澳赛茧蜂属 *Austrozele* Roman, 1910

Austrozele Roman, 1910: 113. Type species: *Perilitus longipes* Holmgren, 1868.

属征：触角第 1 节粗大，第 3 节及以后各节长明显大于宽，端节具刺。头顶和额光滑，偶具刻点。前胸背板侧方大部分光滑，通常凹槽内具并列短刻条，肩角散生刻点。中胸盾片散生细刻点，盾片中叶弧形隆起，盾纵沟深，具并列刻条，后方中央有 1 纵脊。中胸侧板具刻点；胸腹侧脊完整，基节前沟宽，后端稍深。前翅 M-Cu 脉明显前叉式，第 2 亚缘室至端部稍窄，Cu-A 脉稍后叉式，亚基室端部约 0.3 处下方具 1 淡黄色长斑，偶尔无。后翅缘室中部稍收窄。腹部第 1 背板气门稍突出，位于基部约 0.25 处，气门后背板侧缘向后常稍宽，侧凹大而深，明显不同于基侧凹。产卵管鞘长等于腹端部厚度，产卵管端前背缺刻深，端大。

分布：世界广布。世界已知 20 种，中国已知 4 种，本书记述 1 种。

（12）长须澳赛茧蜂 *Austrozele longipalpis* van Achterberg, 1994

Austrozele longipalpis van Achterberg, 1994: 14.

雌性：褐黄色，头顶、上颚端齿、触角端部带黑色，腹端部烟褐色。足褐黄色，后足跗节黄白色。头顶光滑。脸中央大部分光滑，侧方具细刻点。前胸背板侧面光滑，凹槽上下具并列刻条。中胸侧板满布稀疏刻点；胸腹侧脊完整；基节前沟前端具粗密刻点，后端具点皱。后胸侧板散生刻点。并胸腹节表面具皱网，但前端光滑，在前中凹处有 1 短中脊。前翅 Cu_1a 脉上无褐斑，亚基室大部分光滑，在端部 1/3 处有 40-45 根毛，有 1 小的褐色斑，2A 脉基部具稀刚毛，第 1 亚盘室中央和第 1 盘室大部分具刚毛。后足基节光滑。腹部第 1 背板长为端宽的 2.6-3.0 倍，表面具纵刻条，仅基部 1/4 光滑，背脊在基部模糊。第 2 背板及第 3 背板基半具纵刻条，其余背板光滑且侧扁。产卵管鞘长为前翅长的 0.11 倍。

观察标本：1 雌，重庆缙云山青龙山庄，885 m，2021.VII.13，王春红；1 雌，重庆缙云山，885 m，2021.VII.10，王春红。

分布：中国（重庆缙云山、浙江、湖北、湖南、福建、云南）；荷兰，德国，匈牙利。

12. 悬茧蜂属 *Meteorus* Haliday, 1835

Meteorus Haliday, 1835: 24. Type species: *Ichneumon pendulator* Latreille, 1799.

属征：触角端节无刺，柄节端部平截，短，不伸达头部上缘；触角间距稍长于触角窝直径；下颚须 6 节；下唇须 3 节；后头脊通常完整，与口后脊会合处位于上颚基部上方；额几乎光滑；口上沟存在；前幕骨陷大而深；颚眼沟很发达；基节前沟完整，宽，具皱状平行刻条；胸腹侧脊完整，后方脊缺；中胸侧沟具平行刻条；盾纵沟完整，深并具平行刻条；小盾片前沟深，内有数条脊；并胸腹节具不规则粗糙皱纹，前翅 M+Cu$_1$ 脉完全骨化；后翅 M+Cu 脉明显长于 1-M 脉；腹部第 1 背板细而长，腹方中央通常相遇或几乎相遇，有时基部愈合；第 2 和以后各背板光滑；第 2 和第 3 背板有侧褶；腹部背板亚端部具 1 列毛；产卵管鞘细长，具横脊和毛。

分布：世界广布。世界已知 356 种，中国已知 82 种，本书记述 3 种。

分种检索表

1. 腹部第 1 背板腹面由基部至（近）中部愈合 ·· 虹彩悬茧蜂 *M. versicolor*
- 腹部第 1 背板腹面（近）中部愈合，或几乎接触，仅遗 1 条窄缝，或完全开裂，不愈合 ············· 2
2. 唇基具密集的直立毛簇；翅痣褐色或暗褐色，基部、端部和前缘白色（雌）
 ··· 斑痣悬茧蜂 *M. pulchricornis*
- 唇基正常，具稀疏的俯卧毛；唇基具稀疏的俯卧毛；翅痣褐色 ················· 肠悬茧蜂 *M. colon*

（13）肠悬茧蜂 *Meteorus colon* (Haliday, 1835)

Perilitus colon Haliday, 1835: 30.
Meteorus colon: Huddleston, 1980: 26.

雌性：体黑褐色；触角褐色，柄节和梗节腹面黄褐色；脸、唇基和上颚黄褐色；须黄色；前胸背板侧下方黄褐色；足黄褐色，后足胫节基部和端部及基跗节浅褐色；产卵管鞘黄褐色；翅透明，翅痣褐色，翅脉浅褐色。触角柄节显著膨大，第 1 鞭节几乎与第 2 鞭节等长；头顶具细微刻点；后头平直，后头脊完整；额凹陷，光滑，前单眼正前方有 1 显著的瘤状突起；唇基强烈突出，明显窄于颜面，具粗刻点及稀疏长毛。中胸盾片具网状刻点；小盾片微隆，有刻点；中胸侧板具刻点，翅下区具粗糙刻皱；基节前沟的刻纹浅；并胸腹节具细网状皱纹，中脊和横脊明显。前翅 M-Cu 脉后叉式；Cu-A 脉明显后叉式。后足基节具刻点，背面略具皱纹。腹部第 1 背板长为端宽的 2.1-2.2 倍，基部较细窄，光滑，背凹不明显，背凹之后具轻微的皱纹，端部具细刻条；柄后腹光滑；

471

产卵管平直，长为第 1 背板长的 2.6-2.9 倍。

观察标本：1 雌 1 雄，重庆缙云山，885 m，2021.Ⅶ.10，王春红；1 雌，重庆缙云山卧雪山庄，760 m，2021.Ⅶ.8，王春红。

分布：中国（重庆缙云山、吉林、福建、云南）；日本，法国，荷兰，德国，英国，爱尔兰，意大利，瑞典，瑞士，南斯拉夫。

（14）斑痣悬茧蜂 *Meteorus pulchricornis* (Wesmael, 1835)

Perilitus pulchricornis Wesmael, 1835: 42.
Meteorus pulchricornis: Huddleston, 1980: 45.

体长 3.5-5.0 mm，前翅长 3.2-4.7 mm。

体黄色或黄褐色；脸、唇基和上颚常黄色；须白色；有时头、中胸背板、中胸侧板部分、后胸背板和并胸腹节较暗或暗褐色；足黄色或褐黄色，后足腿节末端、胫节端部和端跗节较暗；第 1 背板褐色或暗褐色；柄后腹黄色或褐色，有暗斑；产卵管鞘褐色；翅透明，翅痣褐色或暗褐色，基部、端部和前缘色浅，翅脉浅褐色。

头顶具细刻点；后头轻微凹陷，后头脊完整；额平，光滑，至多具微弱的细小刻点；脸中央轻微突出，有横皱，两侧具刻点；唇基强烈突出。中胸盾片具网状刻点；盾纵沟浅疏，有刻纹，前端粗皱，后端会合处具粗糙的网状皱纹；小盾片前凹宽大而深，中脊和两侧的短脊发达；小盾片明显隆起，有刻点；中胸侧板具刻点，翅下区有网状皱纹；基节前沟甚浅，前半具网状皱纹，后半具皱纹；并胸腹节密布网状皱纹，无明显的中脊和横脊。前翅 R 脉出自翅痣中部之后；M-Cu 脉前叉或轻微对叉式。后足基节具皱纹，有时背面有横皱。腹部第 1 背板长为端宽的 1.6-1.8 倍，具分明的纵刻条，基部近光滑，刻条不发达，背凹小而浅，无侧凹，背板在腹面的基部 1/3 愈合，基部和端部明显分离；柄后腹光滑；产卵管粗短而平直，长分别为第 1 背板和后足基跗节长的 1.8-2.2 倍和 2.4-3.0 倍，基部强烈膨大，有 1 明显的端前背缺刻。

观察标本：3 雌，重庆缙云山，885 m，2021.Ⅶ.10，王春红。

分布：中国（重庆缙云山、吉林、河北、河南、陕西、江苏、安徽、浙江、湖北、江西、湖南、福建、四川、贵州）；日本，土耳其，法国，德国，英国，匈牙利，爱尔兰，塞浦路斯，荷兰，波兰，葡萄牙，瑞典，瑞士，北非。

（15）虹彩悬茧蜂 *Meteorus versicolor* (Wesmael, 1835)

Perilitus versicolor Wesmael, 1835: 43.
Meteorus versicolor: Huddleston, 1980: 51.

体长 4.0-5.4 mm，前翅长 3.8-5.2 mm。

体色变化大，黑褐色或黑色；单眼区、前胸背板侧上方、中胸及后胸侧板有暗褐斑；触角褐色，柄节和梗节腹面黄褐色；唇基和上额黄色；须浅黄色；后胸背板和并胸腹节黑褐色；足黄褐色，前足有时黄色，后足基节端部、腿节末端、胫节大部分及跗节部分褐色；腹部第 1 背板黑褐色或黑色，基部常浅黄色；柄后腹褐色；产卵管鞘褐色；翅透明，翅痣褐色或暗褐色，翅脉褐色或浅褐色。

头顶具刻点；后头脊完整；额平，轻微凹陷，具刻点，近触角窝有皱纹；脸平坦，中央微突，具横皱；唇基明显突出，略窄于脸，中央有粗刻点，两侧及腹面具显著的横皱。前胸背板具明显的皱纹；中胸盾片中叶具网状刻点，侧叶具刻点；盾纵沟浅宽，具网状皱纹，后端会合处浅凹，具粗糙的网状皱纹；小盾片前凹深，中脊和两侧的短脊发达；小盾片明显隆起，具粗刻点；中胸侧板具密集的刻点，翅下区有皱纹；基节前沟浅，具宽大的网状皱纹；并胸腹节宽短，密布网状皱纹，无脊，中央浅凹。前翅 R 脉出自翅痣近中部；M-Cu 脉前叉或对叉式，Cu-A 脉显著后叉式。后足基节有横皱。腹部第 1 背板长为端宽的 2.0-2.4 倍，具纵刻条，基部细窄，近光滑，无背凹和侧凹，背板腹面基半愈合；柄后腹光滑；产卵管粗短而平直，长为第 1 背板和后足基跗节长的 1.8-2.0 倍和 2.8-3.2 倍，基部甚粗大，有 1 明显的亚端缺刻。

观察标本：1 雌，重庆缙云山卧雪山庄，760 m，2021.VII.8，王春红；2 雌 1 雄，重庆缙云山，646 m，2021.VII.9，王春红。

分布：中国（重庆缙云山、黑龙江、吉林、辽宁、浙江、湖北、湖南、福建）；日本，蒙古国，巴勒斯坦，奥地利，保加利亚，法国，德国，英国，匈牙利，爱尔兰，荷兰，波兰，瑞典，美国，加拿大。

四、胡蜂科 Vespidae

文 倩　谭江丽

西北大学生命科学学院

体表较蜜蜂光洁，刚毛不分叉；触角膝状，雌性（包括女王蜂和职蜂）12 节，雄蜂 13 节；复眼大，内缘中部凹入；上颚发达；中唇舌和侧唇舌端部具小骨化瓣；前胸背板向后延伸与翅基片相接，翅停息时纵褶，前翅第 1 盘室狭长（马萨胡蜂亚科 Masarinae 除外），后翅有闭室；足近圆柱形，中足基节相互接触，跗节无排刷状毛簇。腹部第 1 背板和腹板部分愈合，背板搭叠于腹板上。

胡蜂科昆虫是一类最常见的昆虫，喜在人居附近筑巢活动，包括蜾蠃、马蜂、胡蜂、黄蜂、草蜂等，多数以其雌性腹部末端带毒的螯针而广为人知。"青竹蛇儿口，黄蜂尾后针"，被胡蜂蜇刺后，蜂毒能引起过敏，致人伤残甚至死亡。大部分胡蜂成虫捕猎多种昆虫及其他小动物或啮齿动物尸体，嚼成肉糜以饲喂严格肉食性的幼虫，其中不仅包括蛾类、甲虫、蝉等许多农林害虫，也包括蜜蜂、柞蚕、桑蚕等益虫。胡蜂成虫嗜食成熟的水果、树汁、花蜜及昆虫的排泄物等糖类物质补充营养和水分，啃咬树皮以建巢，一年中活动周期长，对树木、果园能造成一定危害，对植物有一定的传粉作用。胡蜂科的不同代表性种类社会性进化程度不同，显示了从独栖性经亚社会性到发达的社会性生活的各个进化阶段，是研究昆虫社会性进化的理想的代表性类群，在理解昆虫社会性行为进化中起着重要作用。近年来，社会性胡蜂蜇人致伤、致死的恶性事件在全国多个省份屡有发生，其中陕西的灾害程度位居全国之首。一定程度上，袭人胡蜂也是分布区内影响农林生产和人居环境安全的恶性公害。

世界性分布。世界已知 6 亚科 262 属 5000 余种，中国已知 4 亚科 61 属 354 种，本书记述 3 属 5 种。

分属检索表

1. 巢有外壳，巢脾多层；体较粗壮，体表有长毛，后头沟背上部分通常缺失；唇基前缘两侧中央凹刻呈 2-3（通常为 2）个钝齿或尖齿；雄性凹刻不明显，略平截；后胸盾片后缘中央向并胸腹节极度延伸，后翅基部无臀叶；腹部第 1 节前部平截，与后半部分形成垂直截面（**胡蜂亚科 Vespinae**）··· 胡蜂属 *Vespa*
- 多数种类蜂巢无外壳，巢脾单层；体较细长，体表无长毛，后头沟背上部分通常明显存在；唇基前缘两侧向中央逐渐变窄成 1 个钝齿或尖齿；后翅基部通常有臀叶，后胸盾片后缘中央几乎不或者微微向并胸腹节突出；腹部第 1 节纺锤形或柄状（**马蜂亚科 Polistinae**）················ 2
2. 腹部第 1 节纺锤形，向后缘逐渐变宽，背板后缘大于第 2 节背板后缘宽度之半 ··· 马蜂属 *Polistes*
- 腹部第 1 节柄状，通常端部有个强烈隆起，背板后缘远小于第 2 节背板后缘宽度之半 ··· 侧异胡蜂属 *Parapolybia*

13. 胡蜂属 *Vespa* Linnaeus, 1758

Vespa Linnaeus, 1758: 343, 572. Type species: *Vespa crabro* Linnaeus, 1758.

属征：体多粗壮。被有长毛，后头沟背上部分通常缺失；唇基前缘中央凹刻呈 2-3 枚（通常为 2）钝齿或尖齿，雄性凹刻不明显，略平截；后胸盾片后缘中央向并胸腹节极度延伸，后翅基部无臀叶；腹部第 1 节前部平截，与后半部分形成垂直截面，后单眼之间的距离远比其到后头沟之间的距离短。巢有外壳，里面巢脾多层。

分布：古北区。世界已知 22 种，中国已知 17 种，本书记述 1 种。

（16）黑尾胡蜂 *Vespa ducalis* Smith, 1852

Vespa ducalis Smith, 1852: 39.

雌性体长 24-36 mm，雄性体长 32 mm。体多有细刻点和棕色毛。头略窄于胸。两触角窝与唇基之间呈三角形平面隆起；唇基橘黄色；中央有小凹陷，端部突出成二齿状。上颚近三角形，具端齿 4 枚，黑色，最上 1 齿不明显。单眼区黑色。上颚棕褐色。中胸盾片略隆起，具 1 细纵隆线，黑色，仅前缘中央两侧各有 1 棕色条状斑（有时缺）。小盾片矩形，棕黄色，端部及两侧向下斜，中央有浅沟。后小盾片横带状，橘黄色。中、后胸侧板及并胸腹节黑色。足棕色，基节和转节、前足腿节内侧基部、中足腿节、后足腿节基半部黑色。腹部第 1-2 背板棕黄色，有时中部有 1 褐色斑，有时基半部褐色，端半部黄色。第 3-6 节背板和腹板黑色，仅第 3 腹板端部有 1 棕色窄带。雄蜂胸部棕色斑较多；腹部 7 节；各足基节外侧棕色。

观察标本：1 雌，重庆缙云山，794 m，2021.Ⅶ.15，谭江丽。

分布：中国（重庆缙云山、吉林、辽宁、陕西、甘肃、江苏、上海、湖北、江西、湖南、福建、台湾、广东、海南、香港、四川、贵州、云南）；俄罗斯，朝鲜半岛，日本，印度，尼泊尔，缅甸，越南，老挝，泰国。

14. 马蜂属 *Polistes* Latreille, 1802

Polistes Latreille, 1802: 363. Type species: *Vespa gallica* Linnaeus, 1767.

属征：体表无长毛，后头沟背上部分通常明显存在；唇基前缘两侧向中央逐渐变窄成 1 枚钝齿；后翅基部通常有臀叶，后胸盾片后缘中央几乎不或者微微向并胸腹节突出；腹部第 1 节纺锤形，向后缘逐渐变宽，背板后缘大于第 2 节背板后缘宽度之半；蜂巢无外壳，巢脾单层。

分布：世界广布。世界已知 960 余种，中国已知 32 种（亚种），本书记述 3 种。

分种检索表

1. 唇基上缘未超出前幕骨陷连线水平，中胸侧板上胸腹侧片背上沟和/或胸腹侧脊存在 ·· 陆马蜂 *P. rothneyi*
- 唇基上缘远在前幕骨陷之上，中胸侧板（即中胸前侧片）上没有胸腹侧片背上沟和胸腹侧脊 ······ 2
2. 体中型，体长（头前缘至第 2 节腹部背板后缘长度）约 15 mm，前翅翅长约 16 mm；腹部第 2 腹板逐渐弯曲，侧面观腹缘近乎圆弧形 ································· 日本马蜂 *P. japonicus*
- 体型较小，体长（头前缘至第 2 节腹部背板后缘长度）至多 12 mm，前翅翅长约 13 mm；腹部第 2 腹板前部强烈弯曲，向后则与背板几乎平行 ······································· 麦氏马蜂 *P. megei*

（17）日本马蜂 *Polistes japonicus* de Saussure, 1858

Polistes japonicus de Saussure, 1858: 260.

体中型，体长约 15 mm，前翅长约 16 mm。体黑色、棕红色、橙黄色和黄色相杂。头宽略窄于胸，唇基上缘远在前幕骨陷之上。前胸背板前缘沿边缘有领状隆起，近橙色；中胸盾片黑色，中央有 2 条长而宽的橙黄色棕带，两侧近翅基片处各有 1 条短的橙黄色纵条，密布较粗大的刻点，小盾片外侧及后小盾片外侧橙黄色；中胸侧板和后胸侧板黑色，上方及前、后方均有大黄斑。并胸腹节中央略向下凹，密布横皱，两侧面及背面几乎呈直角；中央两侧及两侧方各有 1 橙黄色纵斑，较长而宽，余均黑色。腹部背板 T_1 基部细，基半黑色，近两侧有 1 对黄斑，端部边缘黄色，黄色内缘呈棕色；第 1 腹板 S_1 三角形，黑色，端部及两侧角黄色，密布细横皱；S_2 向后逐渐弯曲，弧形坡度缓，侧面观腹缘近乎圆弧形。雄蜂体上黄色斑较小，黑色区较大，额唇基沟上缘明显，触角末节长约为宽的 3.50 倍。

观察标本：2 雌，重庆缙云山，646.32 m，2021.Ⅶ.9，文倩。

分布：中国（重庆缙云山、陕西、安徽、浙江、湖北、江西、湖南、福建、台湾、广东）；朝鲜半岛，日本。

（18）麦氏马蜂 *Polistes megei* Pérez, 1905

Polistes megei Pérez, 1905: 82.

该种与斯马蜂相似，但从麦氏马蜂体型略瘦小，中胸盾片平直，与主盾片后缘在同一水平这一特征容易区分。该种雌性中胸小盾片红褐色无黄斑，唇基基部不强烈凸出，宽略大于长；触角窝间有 1 个心形红褐色斑，并胸腹节两侧各有黄橙色大斑；腹部黑色，刻点不明显，腹部第 1-6 背板端部横带均阔，横带前缘多少有些橙黄色晕染，腹部第 4 背板横带中央有 1 个小凹陷。

观察标本：6 雌，重庆缙云山，764.13 m，2021.Ⅶ.11，文倩。

分布：中国（重庆缙云山、河南、陕西、甘肃、江苏、安徽、浙江、湖北、江西、福建、广东、广西、四川、贵州、云南）。

（19）陆马蜂 *Polistes rothneyi* Cameron, 1900

Polistes rothneyi Cameron, 1900: 410.

体大型，长 16-17 mm。体色多变，中胸侧板中央密布刻点，和约马蜂 *Polistes jokahamae* 相似，腹部第 1 背板侧面观端黄带前后两缘近乎平行。但陆马蜂雌性后头脊完整，伸达上颚基部，雄性唇基侧缘线与复眼相切，触角末节宽扁饼状，末节腹板两侧的骨突尖长。

观察标本：17 雌，重庆缙云山，816.21 m，2021.Ⅶ.10，文倩。

分布：中国（重庆缙云山、黑龙江、吉林、辽宁、北京、天津、河北、山东、陕西、江苏、湖南、福建、台湾、广东、海南、四川、贵州、云南、西藏）；朝鲜半岛，日本，印度。

15. 侧异胡蜂属 *Parapolybia* de Saussure, 1854

Parapolybia de Saussure, 1854: 207. Type species: *Polybia indica* Saussure, 1854.

属征：雌性触角 12 节，雄性 13 节；前胸背板脊不完整，有翅基片前脊，腹部第 1 背板远长于第 2 背板的宽度，后部在背部和侧部多少有些膨大。

分布：中东、印度-巴布亚地区、东亚。世界已知 16 种（亚种），中国已知 8 种，本书记述 1 亚种。

（20）印度侧异胡蜂 *Parapolybia indica indica* (de Saussure, 1854)

Polybia indica de Saussure, 1854: 207.
Parapolybia indica indica: van der Vecht, 1966: 27.

体长约 16 mm，雄蜂略小。触角窝之间棕色，复眼内缘黄色，额上半部暗棕色，前单眼之下有 1 纵沟；头顶暗棕色；唇基棕色，端缘黄色，唇基端部角状突出，基部有凹陷；后头脊达上颚基部。前胸背板两肩角棕色，但两侧近中胸盾片处各有 1 淡色带。中胸盾片深棕色，中间有 2 条明显或模糊的浅纵条斑，无刻点；小盾片明显隆起，深棕色，中间有 1 纵沟。后小盾片横带状，端部钝角突起，呈略浅的棕色。中胸侧板棕色，中间有"人"字形黑斑。后胸侧板棕色，前缘上部黑色。并胸腹节中间有 1 纵沟。各足基节均呈棕色；转节腹面棕色，背面暗棕色；各足胫节棕色，仅基半部背面色略深；前足跗节棕色，中、后足跗节均近黑色。腹部第 1 节柄状，近端部背板隆起，两侧棕色，背板色略深；第 2 背板深棕色，两侧各有 1 模糊的淡色斑，有时几乎不见；第 3-6 背板均呈暗棕色，唯背板色略深。雄蜂唇基全部黄色。

观察标本：2 雌，重庆缙云山，816.21 m，2021.Ⅶ.8，文倩。

分布：中国（重庆缙云山、陕西、江苏、浙江、江西、湖南、福建、台湾、广东、香港、四川、云南）；朝鲜半岛，日本，缅甸，越南，老挝，泰国，马来西亚。

五、泥蜂科 Sphecidae

眼内框完整、平行或向中央收拢或向两侧分离；雌性触角鞭节 10 节，雄性触角鞭节 11 节；前胸侧叶与翅基片远分离；中足胫节常具 2 个端距；后足腿节端部简单；前足有或无耙状结构；并胸腹节背区无或具"U"形边界，具并胸腹节腹板；前翅常具 3 个亚缘室，后翅中脉常在 cu-a 脉处或之后分叉；腹部腹柄仅由腹板 1 围合而成，部分种类背板 1 也延长似柄状；雄性腹部具 6-7 可见腹节；无臀板。

世界性分布。世界已知 21 属 859 种，中国已知 11 属 116 种，本书记述 1 属 1 种。

16. 蓝泥蜂属 *Chalybion* Dahlbom, 1843

Chalybion Dahlbom, 1843: 21. Type species: *Sphex caeruleus* Linnaeus, 1763 [= *Sphex cyaneus* Fabricius, 1775 = *Pelopeus californicus* Saussure, 1867].

属征：眼内框下部常平等，上部向中央聚合，部分雄性下部向中央聚合；额区于触角窝上部突起；雄性触角鞭节常具板状感觉器；唇基前缘具齿或具中叶或凹陷；上颚简单，部分种类内缘亚端部具齿；后头脊常围合成完整或近于完整的一圈，与口后脊接触或窄分离。前胸领片长为宽的 1/2，前侧沟常伸至中胸侧板的腹前缘，常具中胸侧板穴沟；后胸侧板上穴小，中胸侧板缝常弱或无；并胸腹节长，背区无边界，后区坡度常较小，侧区无气门沟。前翅第 2 亚缘室上部常窄，少数种类具柄，2 条回脉均被第 2 亚缘室接收；中足基节相近；雌性前足无耙状构造；足跗节无跗垫叶；后足跗节 5 腹面端部的刚毛窄，后足爪常简单。雌性腹板 4 有时具毛束，雄性腹板 4-5 具细密的毡毛带。

分布：世界广布。世界已知 47 种 7 亚种，中国已知 7 种，本书记述 1 种。

（21）日本蓝泥蜂 *Chalybion japonicum* (Gribodo, 1883)

Pelopolus japonicum Gribodo, 1883: 264.
Chalybion japonicum: Bohart & Menke, 1976: 102.

雌性体长 14-20 mm。体蓝色，具金属蓝或蓝绿或蓝紫光泽；翅浅褐色，翅脉褐至黑色；足胫节和跗节常具金属紫光泽。体长毛灰白色，额和唇基的两侧具稀疏银白色粘毛。额在触角基部隆起，密布刻点，具中脊；复眼内缘弯曲；唇基常具中脊，前缘中部具 3 个大齿突，有时两侧还各具 1 个小齿突。领片常散生刻点，中沟深，无条纹；中胸盾片和侧板刻点常较密，无明显条纹；并胸腹节较长，背区和后区具横皱条纹，纹间散生刻点，侧区密生大刻点，常无明显条纹。腹柄向上变曲，约等于后足跗节 1 的长度；前和中足爪内缘中部具 1 枚齿，前足跗节对称。腹部背板光滑，常无刻点。雄性体长 11-15 mm；触角鞭节 8 和 9 各具 1 个长圆形浅凹；上颚内缘无齿；其他同雌性上述特征。

观察标本：2 雌，重庆缙云山，747.92 m，2021.Ⅶ.13，文倩。

分布：中国（重庆缙云山、黑龙江、辽宁、内蒙古、北京、河北、山西、山东、陕西、江苏、浙江、江西、湖南、福建、台湾、广东、海南、广西、四川、贵州）；朝鲜，日本，泰国，印度。

参 考 文 献

何俊华, 陈学新, 马云. 1996. 中国经济昆虫志 第五十一册 膜翅目 姬蜂科. 北京: 科学出版社: 1-697.

周善义. 2001. 广西蚂蚁. 桂林: 广西师范大学出版社: 1-255.

Bohart R M, Menke A S. 1976. Sphecid wasps of the world, a genetic revision. Berkley, Los Angeles, London: Univ. of California Press: 695 pp.

Bolton B. 2022. An online catalog of the ants of the world. https://antcat.org/[2022-8-9].

Cameron P. 1897. Hymenoptera Orientalia, or contribution to a knowledge of the Hymenoptera of the Oriental Zoological Region. Part V. Memoirs and Proceedings of the Manchester Literary and Philosophical Society, 41(4): 1-144.

Cameron P. 1900. Descroptions of new Genera and Species of Hymenoptera. Annales and Magazine of Natural History, 7(6): 410-419.

Cameron P. 1910. On some Asiatic species of the subfamilies Spathiinae, Doryctinae, Rhogadinae, Cardiochilinae and Macrocentrinae in the Royal Berlin Zoological Museum. Wiener Entomologische Zeitung, 29: 93-100.

Chen X X, He J H. 1997. Revision of the subfamily Rogadinae (Hymenoptera: Braconidae) from China. Zoologische Verhandelingen, 308: 1-187.

Chiu S C. 1962. The Taiwan Metopiinae (Hymenoptera: Ichneumonidae). Bulletin of the Taiwan Agricultural Research Institute, 20: 1-37.

Dahlbom A G. 1843-1845. Hymenoptera Europaea praecipue borealia; formis typicis nonnullis Specierum Generumve Exoticorum aut Extraneorum propter nexum systematicus associatis; per Familias, Genera, Species et Varietates disposita atque descripta. Tomus: Sphex *in sensu* Linneano. Officina Lundbergiana, Lund (in certain copies: Prostat in Libraria Friderici Nicolai, Berolini [= Berlin]): 44 + 528 pp.

de Saussure H F. 1853-1858. Études sur la famille des Vespides II, III, Monographie des Guépes Sociales, ou de la tribu des enmeniens, par henri de Saussure, Genève and Paris, 17: 171-255.

de Saussure H F. 1858. La Famille des Vespides. Revue et Magasin de Zoologie, Paris, 2(10): 162-171, 259-261.

Drury D. 1773. Illustrations of natural history. Wherein are exhibited upwards of two hundred and twenty figures of exotic insects, according to their different genera. Vol. 2. London: B. White: vii + 90 pp.

Enderlein G. 1921. Beiträge zur Kenntnis aussereuropäischer Ichneumoniden V. Über die Familie Ophionidae. Stettiner Entomologische Zeitung, 82: 3-45.

Forel A. 1901. Les Formicides de l'Empire des Indes et de Ceylan. Part VIII. Journal of the Bombay Natural History Society, 13: 462-477.

Gravenhorst J L C. 1829. Ichneumonologia Europaea. Pars I. Vratislaviae: Sumtibus Auctoris: 827.

Gribodo G. 1883. Alcune nuove specie e nuove genere di Imenotteri Aculeati.Aculeati. Annali del Museo Civico di Storia Naturale di Genova, 18: 261-268.

Gupta V K. 1987. The Ichneumonidae of the Indo-Australian area (Hymenoptera). Memoirs of the American Entomological Institute, 41(Part 1): 597.

Haliday A H. 1835. Essay on parasitic Hymenoptera of the Ichneumones Adsciti. Entomological Magazine, 2(5): 20-45, 458-468.

Han Y Y, van Achterberg K, Chen X X. 2021. The genus *Campoplex* Gravenhorst, 1829 (Hymenoptera, Ichneumonidae, Campopleginae) from China. Zootaxa, 5066(1): 1-121.

Han Y Y, van Achterberg K, Chen X X. 2021. The genus *Casinaria* Holmgren, 1859 (Hymenoptera: Ichneumonidae, Campopleginae) from China. Zootaxa, 4974(3): 504-536.

Heinrich G H. 1974. Burmesische Ichneumoninae IX. Tribus Platylabini. Annales Zoologici, 32: 103-197.

Holmgren A E. 1859. Conspectus generum Ophionidum Sueciae. Öfversigt af Kongliga Vetenskaps-

Akademiens Förhandlingar, 15(1858): 321-330.

Huddleston T. 1980. A revision of the western Palaearctic species of the genus *Meteors* (Hymenoptera: Braconidee). Bulletin of the British Museum of Natural History, 41: 1-58.

Latreille P A. 1802. Hymenopteres. Histoire naturelle generale et particuliere des Crustaces et des Insectes, Paris, 3: 298-387.

Latreille P A. 1829. Des Ichneumons (*Ichneumon*) de Linnaeus. In: Cuvier M L B. Le Règne Animal. Tome V. Ed. 2a. Paris: 556 pp.

Linnaeus C. 1758. Systema naturae. 10th ed. London: The Linnean Society: iii + 824 pp.

Mayr G. 1867. Adnotationes in monographiam formicidarum Indo-Neerlandicarum. Tijdschrift voor Entomologie, 10: 33-117.

Momoi S. 1970. Ichneumonidae (Hymenoptera) of the Ryukyu Archipelago. Pacific Insects, 12(2): 327-399.

Pérez J. 1905. Hyménoptères recueillis dans le Japan central par M. Harmand, Ministre Plénipotentiaire de France à Tokio. Bulletin du Muséum National d'Histoire Naturelle, 2: 79-86.

Pickett K M, Carpenter J M. 2010. Simultaneous analysis and the origin of eusociality in the Vespidae(Insecta: Hymenoptera). Arthropod Systematics and Phylogeny, 68(1): 3-33.

Roman A. 1910. Notizen zur Schlupfwespensammlung des schwedischen Reichsmuseum. Entomologiska Föreningen i Stockholm, 31: 109-196.

Shuckard W E. 1840. Monograph of the Dorylidae, a family of the Hymenoptera Heterogyna. (Continued from p. 201.). Annals of Natural History, 5: 258-271.

Smith F. 1852. Descriptions of some new and apparently undescribed species of Hymenopterous Insects from North China, collected by Robert Fortune, Esq. Transactions of the Zoological Society of London, 2: 33-45.

Smith F. 1857. Catalogue of the hymenopterous insects collected at Sarawak, Borneo; Mount Ophir, Malacca; and at Singapore, by A. R. Wallace. [part]. Journal and Proceedings of the Linnean Society of London. Zoology, 2: 42-88.

Stephens J F. 1835. Illustrations of British Entomology. Mandibulata. Vol. VII. London: Baldwin & Cradock: 1-306.

Thomson C G. 1893. XLVIII. Anmärkningar öfver Ichneumoner särskildt med hänsyn till några af A. E. Holmgrens typer. Opuscula Entomologica, XVIII: 1889-1967.

Uchida T. 1932. H. Sauter's Formosa-Ausbeute. Ichneumonidae (Hym.). Journal of the Faculty of Agriculture, 33: 133-222.

van Achterberg C. 1991. Revision of the genera of the Afrotropical and W. Palaearctic Rogadinae Forster (Hymenoptera: Braconidae). Zoologische Verhandelingen, 273: 1-102.

van Achterberg C. 1994. Generic revision of the subfamily Cenocoeliinae Szépligeti (Hymenoptera: Braconidae). Zoologische Verhandelingen, 292: 1-52.

van der Vecht J. 1966. The East-Asiatic and Indo-Australian species of *Polybioides* Buysson and *Parapolibia* Saussure (Hym. Vespidae). Zoologische Verhandelingen, 82: 1-42.

Viereck H L. 1917. Guide to the insects of Connecticut. Part III. The Hymenoptera, or wasp-like insects of Connecticut. Ichneumonoidea. State of Connecticut. State Geological and Natural History Survey. Bulletin No. 22(1916). Hartford: 824 pp.

Walker F. 1859. Characters of some apparently undescribed Ceylon insects. [part]. Annals and Magazine of Natural History, (3)4: 370-376.

Wesmael C. 1835. Monographie des Braconides de Belgique. Nouveaux Memoires de l'Academie Royale des Sciences et Belles-lettres de Bruxelles, 9: 1-252.

Wesmael C. 1838. Monographie des Braconides de Belgique, 4. Nouveaux Memoires de l'Academie Royale des Sciences et Belles-lettres de Bruxelles, 11: 1-166.

附录　缙云山昆虫名录

1　蜉蝣目 Ephemeroptera

1.1　扁蜉科 Heptageniidae

小扁蜉 *Heptagenia minor* She, Gui *et* You, 1995
具纹亚非蜉 *Afronurus costatus* (Navás, 1936)
江苏亚非蜉 *Afronurus kiangsuensis* (Puthz, 1971)
苍白亚非蜉 *Afronurus pallescens* (Navás, 1936)

1.2　细裳蜉科 Leptophlebiidae

宜兴宽基蜉 *Choroterpes yixingensis* Wu *et* You, 1989
面宽基蜉 *Choroterpes facialis* (Gillies, 1951)
紫金柔裳蜉 *Habrophlebiodes zijinensis* You *et* Gui, 1995

1.3　四节蜉科 Baetidae

锚纹突唇蜉 *Labiobaetis ancoralis* Shi *et* Tong, 2014
浅绿二翅蜉 *Cloeon viridulum* Navás, 1931
哈氏二翅蜉 *Cloeon harveyi* (Kimmins, 1947)

1.4　小蜉科 Ephemerellidae

尼泊尔大鳃蜉 *Torleya nepalica* (Allen *et* Edmunds, 1963)
刺毛亮蜉 *Teloganopsis punctisetae* (Matsumura, 1931)

1.5　蜉蝣科 Ephemeridae

梧州蜉 *Ephemera wuchowensis* Hsu, 1937

2　蜻蜓目 Odonata

2.1　扇蟌科 Platycnemididae

黄纹长腹扇蟌 *Coeliccia cyanomelas* Ris, 1912

叶足扇蟌 *Platycnemis phyllopoda* Djakonov, 1926

2.2 色蟌科 Calopterygidae

透顶单脉色蟌 *Matrorabasilaris basilaris* Selys, 1853

2.3 蟌科 Coenagrionidae

长尾黄蟌 *Ceriagrion fallax* Ris, 1914

2.4 山蟌科 Megapodagrionidae

巴齿扇山蟌 *Rhipidolestes bastiaan* Zhu *et* Yang, 1997

2.5 蜻科 Libellulidae

赤褐灰蜻 *Orthetrum pruinosum neglectum* (Rambur, 1842)
黑异色灰蜻 *Orthetrum melania* (Selys, 1883)
白尾灰蜻 *Orthetrum albistylum* Selys, 1848
基斑蜻 *Libellula depressa* Linnaeus, 1758
竖眉赤蜻 *Sympetrum eroticum* (Selys, 1883)
褐顶赤蜻 *Sympetrum infuscatum* (Selys, 1883)
小黄赤蜻 *Sympetrum kunckeli* (Selys, 1884)
玉带蜻 *Pseudothemis zonata* (Burmeister, 1839)
晓褐蜻 *Trithemis aurora* (Burmeister, 1839)

2.6 蜓科 Aeshnidae

黑多棘蜓 *Polycanthagyna melanictera* (Selys, 1883)
黑纹伟蜓 *Anax nigrofasciatus* Oguma, 1915
巡行头蜓 *Cephalaeschna patrorum* Needham, 1930

2.7 春蜓科 Gomphidae

双髻环尾春蜓 *Lamelligomphus tutulus* Liu *et* Chao, 1990

2.8 裂唇蜓科 Chlorogomphidae

凹尾裂唇蜓 *Chlorpetalia* sp.

3 襀翅目 Plecoptera

3.1 襀科 Perlidae

钩襀属 *Kamimuria* sp.

4 蜚蠊目 Blattodea

4.1 白蚁超科 Termitoidae

缙云树白蚁 *Glyptotermes jinyunensis* Chen et Ping, 1985
重庆杆白蚁 *Stylotermes chongqingensis* Chen et Ping, 1983
缙云杆白蚁 *Stylotermes jinyunicus* Ping et Chen, 1981
黄胸散白蚁 *Frontotermes flaviceps* (Oshima, 1911)
黑翅土白蚁 *Odontotermes formosanus* (Shiraki, 1909)

4.2 蜚蠊科 Blattidae

黑胸大蠊 *Periplaneta fuliginosa* (Serville, 1838)
赫定大蠊 *Periplaneta svenhedini* Hanitsch, 1933

4.3 褶翅蠊科 Anaplectidae

峨眉褶翅蠊 *Anaplecta omei* Bey-Bienko, 1958

4.4 硕蠊科 Blaberidae

黄腹大光蠊 *Rhabdoblatta parvula* Bey-Bienko, 1958
峨眉大光蠊 *Rhabdoblatta omei* Bey-Bienko, 1958
黑褐大光蠊 *Rhabdoblatta melancholica* (Bey-Bienko, 1954)
黑带大光蠊 *Rhabdoblatta nigrovittata* Bey-Bienko, 1954
缓缘大光蠊 *Rhabdoblatta ecarinata* Yang, Wang, Zhou, Wang et Che, 2019

4.5 姬蠊科 Blattellidae

双斑乙蠊 *Sigmella biguttata* Bey-Bienko, 1954
申氏乙蠊 *Sigmella schenklingi* (Karny, 1915)
双纹小蠊 *Blattella bisignata* (Brunner von Wattenwyl, 1893)
日本小蠊 *Blattella nipponica* Asahina, 1963
晶拟歪尾蠊 *Episymploce vicina* (Bey-Bienko, 1954)

中华拟歪尾蠊 *Episymploce sinensis* (Walker, 1869)
缘拟歪尾蠊 *Episymploce marginata* (Bey-Bienko, 1957)

4.6 拟叶蠊科 Pseudophyllodromiidae

黑背丘蠊 *Sorineuchora nigra* (Shiraki, 1908)
妮玛蠊 *Margattea nimbata* (Shelford, 1907)
卷尾玛蠊 *Margattea flexa* Wang, Li, Wang *et* Che, 2014
华丽玛蠊 *Margattea speciosa* Liu *et* Zhou, 2011
双印玛蠊 *Margattea bisignata* Bey-Bienko, 1970
异卷翅蠊 *Anaplectoidea varia* Bey-Bienko, 1958

4.7 地鳖蠊科 Corydiidae

川渝真地鳖 *Eupolyphaga hanae* Qiu, Che *et* Wang, 2018

5 螳螂目 Mantodea

5.1 小丝螳科 Leptomantellidae

越南小丝螳 *Leptomantella tonkinae* Hebard, 1920

5.2 花螳科 Hymenopodidae

中华原螳 *Anaxarcha sinensis* Beier, 1933

5.3 螳科 Mantidae

中华刀螳 *Tenodera sinensis* Saussure, 1871
中华斧螳 *Hierodula chinensis* Werner, 1929
台湾斧螳 *Hierodula formosana* Giglio-Tos, 1912

6 䗛目 Phasmatodea

6.1 长角棒䗛科 Lonchodidae

细尾竹异䗛 *Carausius gracilicercus* Ho, 2021

6.2 䗛科 Phasmatidae

短角棒䗛 *Ramulus* sp.

华蓥山介䗛 *Interphasma huayingshanense* Li, Shi *et* Wang, 2021

四川无肛竹节虫 *Paraentoria sichuanensis* Chen *et* He, 1997

7 直翅目 Orthoptera

7.1 蝗科 Acrididae

山稻蝗 *Oxya agavisa* Tsai, 1931

突眼小蹦蝗 *Pedopodisma protrocula* Zheng, 1980

四川凸额蝗 *Traulia szetschuanensis* Ramme, 1941

短角外斑腿蝗 *Xenocatantops brachycerus* (Willemse C., 1932)

黄脊竹蝗 *Ceracris kiangsu* Tsai, 1929

7.2 锥头蝗科 Pyrgomorphidae

短额负蝗 *Atractomorpha sinensis* Bolívar, 1905

7.3 螽斯科 Tettigoniidae

竹草螽 *Conocephalus* (*Conocephalus*) *bambusanus* Ingrisch, 1990

峨眉草螽 *Conocephalus* (*Conocephalus*) *emeiensis* Shi *et* Zheng, 1999

小锥头螽 *Pyrgocorypha parva* Liu, 2012

缙云异饰尾螽 *Acosmetura jinyunensis* (Shi *et* Zheng, 1994)

贵州戈螽 *Grigoriora kweichowensis* (Tinkham, 1944)

巨叉大畸螽 *Macroteratura* (*Macroteratura*) *megafurcula* (Tinkham, 1944)

黑膝大蛩螽 *Megaconema geniculata* (Bey-Bienko, 1962)

佩带畸螽 *Teratura cincta* (Bey-Bienko, 1962)

四川简栖螽 *Xizicus* (*Haploxizicus*) *szechwanensis* (Tinkham, 1944)

平突原栖螽 *Eoxizicus* (*Eoxizicus*) *parallelus* Liu *et* Zhang, 2000

中国华绿螽 *Sinochlora sinensis* Tinkham, 1945

日本条螽 *Ducetia japonica* (Thunberg, 1815)

中华糙颈螽 *Ruidocollaris sinensis* Liu *et* Kang, 2014

截叶糙颈螽 *Rudicollaris truncatolobata* (Brunner, 1878)

贝氏掩耳螽 *Elimaea* (*Elimaea*) *berezovskii* Bey-Bienko, 1951

陈氏掩耳螽 *Elimaea* (*Rhaebelimaea*) *cheni* Kang *et* Yang, 1992

湖北安螽 *Prohimerta* (*Anisotima*) *hubeiensis* Gorochov *et* Kang, 2002

细齿平背螽 *Isopsera denticulata* Ebner, 1939

弯瓣翡螽 *Phyllomimus* (*Phyllomimus*) *curvicauda* Bey-Bienko, 1955

中华翡螽 *Phyllomimus sinicus* Beier, 1954

绿背覆翅螽 *Tegra novaehollandiae viridinotata* (Stål, 1874)

日本纺织娘 *Mecopoda niponensis* (Haan, 1843)
中华螽斯 *Tettigonia chinensis* Willemse, 1933

7.4 驼螽科 Rhaphidophoridae

贝氏突灶螽 *Diestramima beybienkoi* Qin, Wang, Liu *et* Li, 2016
三齿越突灶螽 *Tamdaotettix* (*Tamdaotettix*) *tridenticulatus* Qin, Liu *et* Li, 2016
四川驼螽 *Raphidophora sichuanensis* Liu *et* Zhang, 2002

7.5 蟋螽科 Gryllacrididae

峨眉眼斑蟋螽 *Ocellarnaca emeiensis* Li et al., 2014

7.6 稚螽科 Anostostomatinae

卡氏翼糜螽 *Pteranabropsis carli* (Griffini, 1911)

7.7 蟋蟀科 Gryllidae

八刺哑蟋 *Goniogryllus octospinatus* Chen *et* Zheng, 1995
褐拟额蟋 *Parapentacentrus fuscus* Gorochov, 1988
多伊棺头蟋 *Loxoblemmus doenitzi* Stein, 1881
附突棺头蟋 *Loxoblemmus appendicularis* Shiraki, 1930
黄脸油葫芦 *Teleogryllus emma* (Ohmachi *et* Matsuura, 1951)
黑脸油葫芦 *Teleogryllus occipitalis* (Serville, 1838)
中华斗蟋 *Velarifictorus micado* (Saussure, 1877)
长翅暴姬蟋 *Svercacheta siamensis* (Chopard, 1961)
森兰蟋 *Duolandrevus* (*Eulandrevus*) *dendrophilus* (Gorochov, 1988)

7.8 蝼蛄科 Gryllotalpidae

东方蝼蛄 *Gryllotalpa orientalis* Burmeister, 1838

8 革翅目 Dermaptera

8.1 球蠼科 Forficulidae

慈蠼 *Eparchus insignis* (de Haan, 1842)

8.2 丝尾蠼科 Diplatyidae

丝尾蠼属 *Diplatys* sp.

8.3 大尾蠼科 Pygidicranidae

带盔蠼 *Cranopygia vitticollis* (Stål, 1855)

9 啮虫目 Psocodea

9.1 蛄科 Psocidae

三叉黑麻蛄 *Atrichadenotecnum trifurcatum* (Li, 1993)
三瓣昧蛄 *Metylophorus trivalvis* Li, 1992

10 缨翅目 Thysanoptera

10.1 蓟马科 Thripidae

花蓟马 *Frankliniella intonsa* (Trybom, 1895)
豆大蓟马 *Megalurothrips usitatus* (Bagnall, 1913)
端大蓟马 *Megalurothrips distalis* (Karny, 1913)
澳洲疫蓟马 *Thrips imaginis* Bagnall, 1926
横纹蓟马 *Aeolothrips fasciatus* (Linnaeus, 1758)

11 半翅目 Hemiptera

11.1 叶蝉科 Cicadellidae

金翅斑大叶蝉 *Anatkina vespertinula* (Breddin, 1903)
蓝斑大叶蝉 *Anatkina livimacula* Yang et Li, 2001
黑圆条大叶蝉 *Atkinsoniella heiyuana* Li, 1992
蜀凹大叶蝉 *Bothrogonia shuana* Yang et Li, 1980
顶斑边大叶蝉 *Kolla paulula* (Walker, 1858)
窗翅叶蝉 *Mileewa margheritae* Distant, 1908
大青叶蝉 *Cicadella viridis* (Linnaeus, 1758)
扁茎片头叶蝉 *Petalocephala eurglobata* Cai et He, 1998
梯斑斜脊叶蝉 *Bundera scalarra* Li et Wang, 2002
白边脊额叶蝉 *Carinata kelloggii* (Baker, 1923)
黑带脊额叶蝉 *Carinata nigrofasciata* Li et Wang, 1994
淡脉横脊叶蝉 *Evacanthus danmainus* Kuoh, 1980
东方拟隐脉叶蝉 *Sophonia orientalis* (Matsumura, 1912)
中华消室叶蝉 *Chudania sinica* Zhang et Yang, 1990

宽带内突叶蝉 *Extensus latus* Huang, 1989
波宁雅氏叶蝉 *Jacobiasca boninensis* (Matsumura, 1931)
阔基小绿叶蝉 *Empoasca* (*Empoasca*) *cienka* Dworakowska, 1982
德氏长柄叶蝉 *Alebroides dworakowskae* Chou et Zhang, 1987
弗莱长柄叶蝉 *Alebroides flavifrons* Matsumura, 1931
片突长柄叶蝉 *Alebroides obliteratus* Dworakowska, 1997
缢瓣芜小叶蝉 *Usharia constricta* Zhang et Qin, 2005
蒙奥小叶蝉 *Austroasca mitjaevi* Dworakowska, 1970
尖突尼小叶蝉 *Nikkotettix cuspidata* Qin et Zhang, 2003
锈光小叶蝉 *Apheliona ferruginea* (Matsumura, 1931)
灵田拟塔叶蝉 *Parazyginella lingtianensis* Chou et Zhang, 1985
灵川零叶蝉 *Limassolla lingchuanensis* Chou et Zhang, 1985
石原零叶蝉 *Limassolla ishiharai* Dworakowska, 1972
道氏零叶蝉 *Limassolla dostali* Dworakowska et Lauterer, 1975
千佛零叶蝉 *Limassolla qianfoensis* Song et Li, 2011
日本雅小叶蝉 *Eurhadina* (*Eurhadina*) *japonica* Dworakowska, 1971
本州沃小叶蝉 *Warodia hoso* (Matsumura, 1931)
东方叉脉小叶蝉 *Dikraneura orientalis* Dworakowska, 1993
燕尾卡小叶蝉 *Kapsa* (*Rigida*) *furcata* Cao et Zhang, 2013
端刺卡小叶蝉 *Kapsa* (*Rigida*) *apicispina* Yang et Zhang, 2013
如龙安小叶蝉 *Anufrievia rolikae* Dworakowska, 1970
拟卡安氏小叶蝉 *Anufrievia parisakazu* Cao et Zhang, 2018
贾加端刺叶蝉 *Salka jaga* Sohi et Mann, 1994
盈江新小叶蝉 *Singapora yingjiangica* Cao et Zhang, 2014
日本斑翅叶蝉 *Tautoneura japonica* (Dworakowska, 1972)
艾琳广头叶蝉 *Macropsis* (*Macropsis*) *irenae* Viraktamath, 1981
端刺丽叶蝉 *Calodia apicalis* Li, 1989
齿缘无突叶蝉 *Taharana serrata* Nielson, 1982
翼单突叶蝉 *Olidiana alata* (Nielson, 1982)
角顶片叶蝉 *Thagria birama* Zhang, 1994
单突片叶蝉 *Thagria multipars* (Walker, 1858)
红脉二室叶蝉 *Balclutha rubrinervis* (Matsumura, 1902)
长茎二室叶蝉 *Balclutha sternalis* (Distant, 1918)
黄脉端突叶蝉 *Branchana xanthota* Li, 2011
阔颈叶蝉 *Drabescoides nuchalis* (Jacobi, 1943)
叉茎叶蝉 *Dryadomorpha pallida* Kirkaldy, 1906
双齿管茎叶蝉 *Fistulatus bidentatus* Cen et Cai, 2002
端钩菱纹叶蝉 *Hishimonus hamatus* Kuoh, 1976
云南长角叶蝉 *Longicornus yunnanensis* Xing et Li, 2011

茂兰乌叶蝉 *Penthimia maolanensis* Cheng *et* Li, 2003
单斑木叶蝉 *Phlogotettix monozoneus* Li *et* Wang, 1998
斑腿带叶蝉 *Scaphoideus maculatus* Li, 1990
黑纹带叶蝉 *Scaphoideus nigrisignus* Li, 1990
凹痕网脉叶蝉 *Krisna concava* Li *et* Wang, 1991
台湾网脉叶蝉 *Dryodurgades formosana* (Matsumura, 1912)

11.2 沫蝉科 Cercopidae

松尖铲头沫蝉 *Clovia conifer* (Walker, 1851)
橘红丽沫蝉 *Cosmoscarta mandarina* Distant, 1900
黑斑丽沫蝉 *Cosmoscarta dorsimacula* (Walker, 1851)
桔黄稻沫蝉 *Callitettix braconoides* (Walker, 1858)
红头凤沫蝉 *Paphnutius ruficeps*
黑双带尖胸沫蝉 *Aphrophora horizontalis* Kato, 1933

11.3 蝉科 Cidadidae

螗蝉 *Tanna japonensis* (Distant, 1892)
斑透翅蝉 *Hyalessa maculaticollis* (Motschulsky, 1866)
螂蝉 *Pomponia linearis* (Walker, 1850)
皱瓣马蝉 *Platylomia radha* (Distant, 1881)
蚱蝉 *Cryptotympana atrata* (Fabricius, 1775)
蟪蛄 *Platypleura kaempferi* (Fabricius, 1794)
音蝉 *Vagitanus terminalis* (Matsumura, 1913)

11.4 飞虱科 Delphacidae

锈黄匙顶飞虱 *Tropidocephala serendiba* (Melichar, 1903)
中华簇角飞虱 *Belocera sinensis* Muir, 1913
侧刺偏角飞虱 *Neobelocera laterospina* Chen *et* Liang, 2005
花翅梯顶飞虱 *Arcofacies maculatipennis* Ding, 1987
江津短头飞虱 *Epeurysa jiangjinensis* Chen *et* Jiang, 2000
短头飞虱 *Epeurysa nawaii* Matsumura, 1900
黑斑竹飞虱 *Bambusiphaga nigropunctata* Huang *et* Ding, 1979
橘色竹飞虱 *Bambusiphaga citricolorata* Huang *et* Tian, 1979
基褐异脉飞虱 *Specinervures basifusca* Chen *et* Li, 2000
甘蔗扁角飞虱 *Perkinsiella saccharicida* Kirkaldy, 1903
伪褐飞虱 *Nilaparvata muiri* China, 1925
白背飞虱 *Sogatella furcifera* (Horváth, 1899)

烟翅白背飞虱 *Sogatella kolophon* (Kirkaldy, 1907)
稗飞虱 *Sogatella vibix* (Haupt, 1927)
琴镰飞虱 *Falcotoya lyraeformis* (Matsumura, 1900)
黑额长唇基飞虱 *Sogata nigrifrons* (Muir, 1917)
白脊飞虱 *Unkanodes sapporona* (Matsumura, 1935)
黑颜托亚飞虱 *Toya larymna* Fennah, 1975
白颈皱茎飞虱 *Opiconsiva sirokata* (Matsumura et Ishihara, 1945)

11.5 扁蜡蝉科 Tropiduchidae

双突伞扁蜡蝉 *Epora biprolata* Men et Qin, 2011

11.6 袖蜡蝉科 Derbidae

格卢哈袖蜡蝉 *Hauptenia glutinosa* (Yang et Wu, 1994)
红袖蜡蝉 *Diostrombus politus* Uhler, 1896
台湾美袖蜡蝉 *Megatropis formosana* (Matsumura, 1914)

11.7 蛾蜡蝉科 Flatidae

褐缘蛾蜡蝉 *Salurnis marginella* (Guérin-Méneville, 1829)
晨星蛾蜡蝉 *Cryptoflata guttularis* (Walker, 1857)

11.8 瓢蜡蝉科 Issidae

短刺柯瓢蜡蝉 *Kodaianella bicinctifrons* Fennah, 1956
刺美萨瓢蜡蝉 *Eusarima spina* Meng, Qin et Wang

11.9 广翅蜡蝉科 Ricaniidae

类透疏广翅蜡蝉 *Euricania paraclara* Ren, Stroinski et Qin, 2015
带纹疏广翅蜡蝉 *Euricania facialis* (Walker, 1858)
八点广翅蜡蝉 *Ricania speculum* (Walker, 1851)

11.10 蜡蝉科 Fulgoridae

斑衣蜡蝉 *Lycorma delicatula* (White, 1845)

11.11 颖蜡蝉科 Achilidae

李氏广颖蜡蝉 *Catonidia lii* Chen et He, 2009

紫阳卡颖蜡蝉 *Caristianus ziyangensis* Chou, Yuan *et* Wang, 1994

11.12 象蜡蝉科 Dictyopharidae

浆茎彩象蜡蝉 *Raivuna inscripta* (Walker, 1851)
瘤鼻象蜡蝉 *Saigona fulgoroides* (Walker, 1858)

11.13 菱蜡蝉科 Cixiidae

刺冠脊菱蜡蝉 *Oecleopsis spinosus* Guo, Wang *et* Feng, 2009

11.14 角蝉科 Membracidae

褐带秃角蝉 *Centrotoscelus brunneifasciatus* (Funkhouser, 1938)

11.15 蚜科 Aphididae

棉蚜 *Aphis gossypii* Glover, 1877
甘蓝蚜 *Brevicoryne brassicae* Linnaeus, 1758
桃蚜 *Myzus persicae* (Sulzer, 1776)
玉米蚜 *Rhopalosiphum maidis* (Fitch, 1856)
禾谷缢管蚜 *Rhopalosiphum padi* (Linnaeus, 1758)
五倍子蚜 *Schlechtendalia chinensis* (Bell, 1851)
梨二叉蚜 *Toxoptera piricola* Matsumura, 1917

11.16 扁蚜科 Hormaphididae

竹茎扁蚜 *Pseudoregma bambusicola* (Takahashi, 1922)

11.17 盾蚧科 Diaspididae

白蜡蚧 *Ericerus pela* Chavannes, 1848
草履蚧 *Drosicha corpulenta* (Kuwana, 1902)
柑桔矢尖蚧 *Unaspis citri* (Comstock, 1881)
日本龟蜡蚧 *Ceroplastes japonicus* Green, 1921

11.18 蝽科 Pentatomidae

菜蝽 *Eurydema dominulus* (Scopoli, 1763)
巨蝽 *Eusthenes robustus* (Lepeletier *et* Serville, 1828)
二星蝽 *Eysacoris guttiger* (Thunberg, 1783)

褐真蝽 *Pentatoma semiannulata* (Motschulsky, 1860)
卵圆蝽 *Hippotiscus dorsalis* (Stål, 1869)
茶翅蝽 *Halyomorpha halys* (Stål, 1855)
伊蝽 *Aenaria lewisi* (Scott, 1874)
突蝽 *Udonga spinidens* Distant, 1921
华麦蝽 *Aelia fieberi* Scott, 1874
岱蝽 *Dalpada oculata* (Fabricius, 1775)

11.19 猎蝽科 Reduviidae

缘斑光猎蝽 *Ectrychotes comottoi* Lethierry, 1883
霜斑素猎蝽 *Epidaus famulus* (Stål, 1863)
六刺素猎蝽 *Epidaus sexspinus* Hsiao, 1979
云斑瑞猎蝽 *Rhynocoris incertis* (Distant, 1903)
齿缘刺猎蝽 *Sclomina erinacea* Stål, 1861
红缘猛猎蝽 *Sphedanolestes gularis* Hsiao, 1979
环斑猛猎蝽 *Sphedanolestes impressicollis* (Stål, 1861)
黑角嗯猎蝽 *Endochus nigricornis* Stål, 1859

11.20 兜蝽科 Dinidoridae

细角瓜蝽 *Megymenum gracilicorne* Dallas, 1851
大皱蝽 *Cyclopelta obseura* (Lepeletier *et* Serville, 1828)
九香虫 *Aspongopus chinensis* Dallas, 1851

11.21 土蝽科 Cydnidae

大鳖土蝽 *Adrisa magna* Uhler, 1860

11.22 缘蝽科 Coreidae

山竹缘蝽 *Notobitus meleagris* (Fabricius, 1787)
一点同缘蝽 *Homoeocerus* (*Tliponius*) *unipunctatus* (Thunberg, 1783)
暗黑缘蝽 *Hygia opaca* (Uhler, 1860)
褐奇缘蝽 *Molipteryx fuliginosa* (Uhler, 1860)
瘤缘蝽 *Acanthocoris scaber* (Linnaeus, 1763)
黑须棘缘蝽 *Cletus punctulatus* (Westwood, 1842)
稻棘缘蝽 *Cletus punctiger* (Dallas, 1852)

11.23 蛛缘蝽科 Alydidae

点蜂缘蝽 *Riptortus pedestris* (Fabricius, 1775)

11.24 姬缘蝽科 Rhopaliae

褐伊缘蝽 *Rhopalus sapporensis* (Matsumura, 1905)

11.25 大红蝽科 Largidae

突背斑红蝽 *Physopelta gutta* (Burmeister, 1834)
小斑红蝽 *Physopelta cincticollis* Stål, 1863

11.26 梭长蝽科 Pcahygronthidae

拟黄纹梭长蝽 *Pachygrontha similis* Uhler, 1896

11.27 地长蝽科 Rhyparochromidae

褐斑地长蝽 *Rhyparochromus sordidus* (Fabricius, 1787)

11.28 负蝽科 Belostomatidae

日拟负蝽 *Appasus japonicus* Vuillefroy, 1864

11.29 盾蝽科 Scutelleridae

丽盾蝽 *Chrysocoris grandis* (Thunberg, 1783)
宽盾蝽 *Poecilocoris* sp. nov.

11.30 同蝽科 Acanthosomatidae

伊锥同蝽 *Sastragala esakii* Hasegawa, 1959
宽铗同蝽 *Acanthosoma labiduroides* Jakovlev, 1880

11.31 网蝽科 Tingidae

菊方翅网蝽 *Corythucha marmorata* (Uhler, 1878)

11.32 黾蝽科 Gerridae

水黾 *Aquarium paludum* (Fabricius, 1794)

11.33 扁蝽科 Aradidae

刺扁蝽 *Aradus spinicollis* Jakovlev, 1880

11.34 仰蝽科 Notonectidae

华粗仰蝽 *Enithares sinica* (Stål, 1854)

11.35 蝎蝽科 Nepidae

华状蝎蝽 *Laccotrephes* (*Laccotrephes*) *chinensis* (Hoffmann, 1925)

12 脉翅目 Neuroptera

12.1 草蛉科 Chrysopidae

八斑绢草蛉 *Ankylopteryx* (*Ankylopteryx*) *octopunctata* (Fabricius, 1798)
钩叉草蛉 *Apertochrysa ancistroideus* (Yang *et* Yang, 1990)
冠叉草蛉 *Apertochrysa lophophorus* (Yang *et* Yang, 1990)
大草蛉 *Chrysopa pallens* (Rambur, 1838)
叉通草蛉 *Chrysoperla furcifera* (Okamoto, 1914)
日本通草蛉 *Chrysoperla nipponensis* (Okamoto, 1914)
等叶玛草蛉 *Mallada isophyllus* Yang *et* Yang, 1991
松村饰草蛉 *Semachrysa matsumurae* (Okamoto, 1914)

12.2 褐蛉科 Hemerobiidae

双刺褐蛉 *Hemerobius bispinus* Banks, 1940
点线脉褐蛉 *Micromus linearis* Hagen, 1858

12.3 蚁蛉科 Myrmeleontidae

小白云蚁蛉 *Glenuroides japonicus* (Mclachlan, 1867)
长裳帛蚁蛉 *Bullanga florida* (Navás, 1913)
角蚁蛉 *Myrmeleon trigonois* Bao *et* Wang, 2006

12.4 长角蛉科 Ascalaphidae

刺蝶角蛉 *Acheron trux* (Walker, 1853)

13 广翅目 Megaloptera

13.1 齿蛉科 Corydalidae

圆端斑鱼蛉 *Neochauliodes rotundatus* Tjeder, 1937

尖突星齿蛉 *Protohermes acutatus* Liu, Hayashi *et* Yang, 2007
广西星齿蛉 *Protohermes guangxiensis* Yang *et* Yang, 1986
炎黄星齿蛉 *Protohermes xanthodes* Navás, 1914
普通齿蛉 *Neoneuromus ignobilis* Navás, 1932

14 鞘翅目 Coleoptera

14.1 隐翅虫科 Staphylinidae

雅菲佳隐翅虫 *Gabrius disjunctus* (Bernhauer *et* Schubert, 1914)
雅刃颚隐翅虫 *Hesperus* (*Hesperus*) *amabilis* (Kraatz, 1859)
福氏束毛隐翅虫 *Dianous freyi* Benick, 1940
印度黑尾隐翅虫 *Astenus indicus indicus* (Kraatz, 1859)
双斑黑尾隐翅虫 *Astenus maculipennis maculipennis* (Kraatz, 1859)
粗鞭隐翅虫 *Lithocharis nigriceps* Kraatz, 1859
长翅黎须隐翅虫 *Oedichirus longipennis* Kraatz, 1859
梭毒隐翅虫 *Paederus* (*Heteropaederus*) *fuscipes fuscipes* Curtis, 1826
丝伪线隐翅虫 *Pseudolathra* (*Allolathra*) *lineata* Herman, 2003
阳平缝隐翅虫 *Scopaeus virilis* Sharp, 1874
鹰喙隆齿隐翅虫 *Stilicoderus aquilinus* Assing, 2013
复线隐翅虫 *Homaeotarsus koltzei* (Eppelsheim, 1886)
黄缘沟胸隐翅虫 *Megarthrus flavolimbatus* Cameron, 1924
中华颊脊隐翅虫 *Quedius* (*Raphirus*) *chinensis*
珍颊脊隐翅虫 *Quedius* (*Distichalius*) *pretiosus*
黑胫虎隐翅虫 *Stenus cicindeloides*

14.2 天牛科 Cerambycidae

中华裸角天牛 *Aegosoma sinicum* White, 1853
蔗根土天牛 *Dorysthenes granulosus* (Thomson, 1861)
短角锯天牛 *Prionus gahani* Lameere, 1912
短角椎天牛 *Spondylis sinensis* Nonfried, 1892
塞幽天牛 *Cephalallus oberthueri* Sharp, 1905
绿虎天牛 *Chlorophorus annularis* (Fabricius, 1787)
六斑绿虎天牛 *Chlorophorus simillimus* (Kraatz, 1879)
槐绿虎天牛 *Chlorophorus diadema* (Motschulsky, 1854)
白蜡脊虎天牛 *Xylotrechus* (*Xylotrechus*) *rufilius rufilius* Bates, 1884
桃红颈天牛 *Aromia bungii* (Faldermann, 1835)
桔绿天牛 *Chelidonium citri* Gressitt, 1942

拟蜡天牛 *Stenygrinum quadrinotatum* Bates, 1873
桃褐天牛 *Nadezhdiella fulvopubens* (Pic, 1933)
褐天牛 *Nadezhdiella cantori* (Hope, 1842)
中华刺角天牛 *Trirachys sinensis* (Gahan, 1890)
栗肿角天牛 *Neocerambyx raddei* Blessig, 1872
脊胸天牛 *Rhytidodera bowringii* White, 1853
双条天牛 *Xystrocera globosa* (Olivier, 1795)
家茸天牛 *Trichoferus campestris* (Faldermann, 1835)
栗长红天牛 *Erythresthes bowringii* (Pascoe, 1863)
缙云美英天牛 *Meiyingia jinyunensis* Li et Chen, 2015
竹紫天牛 *Purpuricenus temminckii sinensis* White, 1853
华蜡天牛 *Ceresium sinicum* White, 1855
绒脊长额天牛 *Aulaconotus atronotatus* Pic, 1927
重庆伪楔天牛 *Asaperda chongqingensis* Chen et Chiang, 1993
苹眼天牛 *Bacchisa dioica* (Fairmaire, 1878)
广翅天牛 *Plaxomicrus ellipticus* Thomson, 1857
黄荆重突天牛 *Tetraophthalmus episcopalis* (Chevrolat, 1852)
橙斑白条天牛 *Batocera davidis* Deyrolle, 1878
密点白条天牛 *Batocera lineolata* Chevrolat, 1852
白条天牛 *Batocera rubus* (Linnaeus, 1758)
皱胸粒肩天牛 *Apriona rugicollis* Chevrolat, 1852
黄椿粉天牛 *Olenecamptus bilobus gressitti* Dillon et Dillon, 1948
黑点粉天牛 *Olenecamptus clarus* Pascoe, 1859
八星粉天牛 *Olenecamptus octopustulatus* (Motschulsky, 1860)
金绒锦天牛 *Acalolepta permutans* (Pascoe, 1857)
双斑锦天牛 *Acalolepta sublusca* (Thomson, 1857)
华星天牛 *Anoplophora chinensis* (Forster, 1771)
光肩星天牛 *Anoplophora glabripennis* (Motschulsky, 1854)
楝星天牛 *Anoplophora horsfieldii* (Hope, 1842)
灰锦天牛 *Astynoscelis degener degener* (Bates, 1873)
云纹灰天牛 *Blepephaeus infelix* (Pascoe, 1856)
灰天牛 *Blepephaeus succinctor* (Chevrolat, 1852)
松墨天牛 *Monochamus alternatus* Hope, 1842
大理石异鹿天牛 *Paraepepeotes marmoratus* (Pic, 1925)
黄星天牛 *Psacothea hilaris* (Pascoe, 1857)
黑瘤瘤筒天牛 *Linda subatricornis* Lin et Yang, 2012
黑翅脊筒天牛 *Nupserha infantula* (Ganglbauer, 1889)
黑胫筒天牛 *Oberea diversipes* Pic, 1919
台湾筒天牛 *Oberea formosana* Pic, 1911

凹尾筒天牛 *Oberea walkeri* Gahan, 1894
菊小筒天牛 *Phytoecia rufiventris* Gautier, 1870
叉尾吉丁天牛 *Niphona furcata* (Bates, 1873)
环角坡天牛 *Pterolophia* (*Hylobrotus*) *annulata* (Chevrolat, 1845)
双脊天牛 *Paraglenea fortunei* (Saunders, 1853)
蝶斑并脊天牛 *Glenea papiliomaculata* Pu, 1992
桑小枝天牛 *Xenolea asiatica* (Pic, 1925)
脊胸突天牛 *Zotalemimon costatum* (Matsushita, 1933)
眼斑齿胫天牛 *Paraleprodera diophthalma* (Pascoe, 1857)

14.3 金龟科 Scarabaeidae

神农洁蜣螂 *Catharsius molossus* (Linnaeus, 1758)
近小粪蜣螂 *Microcopris propinquus* (Felsche, 1910)
墨侧裸蜣螂 *Gymnopleurus mopsus* (Pallas, 1781)
黑裸蜣螂 *Paragymnopleurus melanarius* (Harold, 1867)
缙云后嗡蜣螂 *Onthophagus* (*Matashia*) *ginyunensis* Všetečka, 1942
东方码绢金龟 *Maladera* (*Omaladera*) *orientalis* (Motschulsky, 1858)
俏异丽金龟 *Anomala amocna*
黑跗长丽金龟 *Adoretosoma atritarse atritarse* (Fairmaire, 1891)
毛斑喙丽金龟 *Adoretus* (*Lepadoreus*) *tenuimaculatus* Waterhouse, 1875
绿脊异丽金龟 *Anomala aulax* (Wiedemann, 1823)
铜绿异丽金龟 *Anomala corpulenta* Motschulsky, 1854
毛边异丽金龟 *Anomala coxalis* Bates, 1891
密脊异丽金龟 *Anomala laevisulcata* Fairmaire, 1888
川毛异丽金龟 *Anomala pilosella* Fairmaire, 1898
皱唇异丽金龟 *Anomala rugiclypea* Lin, 1989
弱脊异丽金龟 *Anomala sulcipennis* (Faldermann, 1835)
大绿异丽金龟 *Anomala virens* Lin, 1996
脊纹异丽金龟 *Anomala viridicostata* Nonfried, 1892
蓝边矛丽金龟 *Callistethus plagiicollis plagiicollis* (Fairmaire, 1886)
弯股彩丽金龟 *Mimela excisipes* Reitter, 1903
墨绿彩丽金龟 *Mimela splendens* (Gyllenhal, 1817)
拱背彩丽金龟 *Mimela Confucius* Hope, 1835
京绿彩丽金龟 *Mimela pekinensis* (Heyden, 1886)
棉花弧丽金龟 *Popillia mutans* Newman, 1838
蒙瘤犀金龟 *Trichogomphus mongol* Arrow, 1908
斑青花金龟 *Gametis bealiae* (Gory et Percheron, 1833)
黄斑短突花金龟 *Glycyphana fulvistemma* Motschulsky, 1858

东方艳星花金龟指名亚种 *Protaetia* (*Calopotosia*) *orientalis orientalis* (Gory *et* Percheron, 1833)
宽带鹿花金龟 *Dicronocephalus adamsi* (Pascoe, 1863)
黄粉鹿花金龟 *Dicronocephalus bowringi* Pascoe, 1863
弯角鹿花金龟 *Dicronocephalus wallichi* Hope, 1831
疏纹星花金龟 *Protaetia cathaica* (Bates, 1890)
光星花金龟 *Protaetia* (*Chrysopotosia*) *mandschuriensis* (Schürhoff, 1933)
亮绿星花金龟 *Protaetia* (*Potosia*) *nitididorsis* (Fairmaire, 1889)
大斑跗花金龟 *Clinterocera discipennis* Fairmaire, 1889
尖唇肋花金龟 *Parapilinurgus chinensis* Krajcik, 2010
榄纹花金龟指名亚种 *Diphyllomorpha olivacea olivacea* (Janson, 1883)
沥斑鳞花金龟 *Cosmiomorpha decliva* Janson, 1890
日铜伪阔花金龟 *Pseudotorynorrhina japonica* (Hope, 1841)
釉绿罗花金龟变色亚种 *Rhomborhina mellyi diffusa* Fairmaire, 1897
绿唇花金龟指名亚种 *Trigonophorus rothschildii othschildii* Fairmaire, 1891

14.4 拟步甲科 Tenebrionidae

台湾伪叶甲 *Lagria* (*Lagria*) *formosensis* Borchmann, 1912
黑胸伪叶甲 *Lagria* (*Lagria*) *nigricollis* Hope, 1843
差角伪叶甲 *Cerogria anisocera* (Wiedemann, 1823)
黑头角伪叶甲 *Cerogria diversicornis* Pic, 1933
紫蓝角伪叶甲 *Cerogria janthinipennis* (Fairmaire, 1886)
结胸角伪叶甲 *Cerogria nodolollis* Chen, 1997
齿角伪叶甲 *Cerogria odontocera* (Fairmaire, 1886)
普通角伪叶甲 *Cerogria popularis* Borchmann, 1936
蓝背绿伪叶甲 *Chlorophila cyanea* Pic, 1915
崇安外伪叶甲 *Exostira schroederi* Borchmann, 1936
莫氏台伪叶甲 *Taiwanolagria merkli* Masumoto, 1988
紫光彩轴甲 *Falsocamaria spectabilis* (Pascoe, 1860)
东方垫甲 *Luprops orientalis* (Motschulsky, 1868)
拟信宜匿颈树甲 *Stenochinus xinyicus* Yuan *et* Ren, 2014
益本树甲 *Strongylium masumotoi* Yuan *et* Ren, 2006
黄粉虫 *Tenebrio* (*Tenebrio*) *molitor* Linnaeus, 1758
黑粉虫 *Tenebrio* (*Tenebrio*) *obscurus* Fabricius, 1792
多点黑粉甲 *Alphitobius diaperinus* (Panzer, 1796)
褐粉甲 *Alphitobius laevigatus* (Fabricius, 1781)
深黑邻烁甲 *Plesophthalmus* (*Plesiophthalmus*) *ater* Pic, 1930
长茎邻烁甲 *Plesophthalmus* (*Plesiophthalmus*) *longipes* Pic, 1938

14.5 芫菁科 Meloidae

短翅豆芫菁 *Epicauta* (*Epicauta*) *aptera* Kaszab, 1952
埃氏豆芫菁 *Epicauta* (*Epicauta*) *emmerichi emmerichi* Pic, 1934
中华豆芫菁 *Epicauta chinensis* (Laporte, 1840)

14.6 叩甲科 Elateridae

朱肩丽叩甲 *Campsosternus gemma* Candèze, 1857
方盾亮叩甲 *Anthracalaus moricei* Fairmaire, 1888
暗足双脊叩甲 *Ludioschema obscuripes* (Gyllenhal, 1817)
筛胸梳爪叩甲 *Melanotus cribricollis* (Faldermann, 1835)
黑足球胸叩甲 *Hemiops germari* Cate, 2007
黄基蛛叩甲 *Allocardiophorus flavobasalis* (Schwarz, 1902)
丽叩甲 *Campsosternus auratus* (Drury, 1773)

14.7 锹甲科 Lucanidae

狭长前锹甲 *Epidorcus gracilis* (Saunders, 1854)
中华大扁锹 *Serrognathus titanus* (Saunders, 1854)
扁锹甲典型亚种 *Serrognathus titanus platymelus* (Saunders, 1854)
中国大锹甲 *Dorcus hopei* (Saunders, 1854)

14.8 步甲科 Carabidae

耶屁步甲 *Pheropsophus jessoensis* A. Morawitz, 1862
中华广肩步甲 *Calosoma chinense* Kirby, 1818
巨蝼步甲 *Scarites sulcatus* Olivier, 1795
直额蝼步甲 *Scarites rectifrons* Bates, 1873
二棘蝼步甲 *Scarites acutidens* Chaudoir, 1855
尼罗锥须步甲 *Bembidion niloticum* Dejean, 1875
行小步甲 *Tachys gradatus* Bates, 1873
烟小锥须步甲 *Tachys fumigatus* Duftschmid, 1812
粟小蝼步甲 *Clivina castanea* Westwood, 1837
叶小蝼步甲 *Clivina lobata* Bonelli, 1813
刘氏小蝼步甲 *Clivina lewisi* Andrewes, 1927
凸眼小蝼步甲 *Clivina westwoodi* Putxeys, 1867
粗点小蝼步甲 *Clivina costulipennis* Putzeys, 1866
亦背锯爪步甲 *Calathus halensis* (Schaller, 1783)
红怠步甲 *Bradycellus subditus* (Lewis, 1879)

黄毛角胸步甲 *Peronomerus auripilis* Bates, 1883
奇裂跗步甲 *Dischissus mirandus* Bates, 1873
日本裂跗甲 *Dischissus japonicus* Andrewes, 1933
点翅斑步甲 *Anisodactylus punctatipennis* Worawitz, 1863
三齿斑步甲 *Anisodactylus tricuspidatus* Worawitz, 1862
五斑沟步甲 *Stenolophus quinquepustulatus* (Wiedemann, 1823)
淡缘寡行步甲 *Anoplogenius cyanescens* (Hope, 1845)
绿平额步甲 *Platymetopus flavilabris* (Fabricius, 1798)
胫沟列毛步甲 *Trichotichnus noctuabundus* Habu, 1954
黄缘青步甲 *Chlaenius spoliatus* (Rossi, 1790)
大黄缘青步甲 *Chlaenius nigricans* Wiedemann, 1821
虾铜青步甲 *Chlaenius abstersus* Bates, 1873
异角青步甲 *Chlaenius variicoris* Bates, 1863
点沟青步甲 *Chlaenius praefectus* Bates, 1873
脊青步甲 *Chlaenius costiger* Chaudoir, 1856
狭边青步甲 *Chlaenius inops* Chaudoir, 1856
附边青步甲 *Chlaenius prostenus* Bates, 1873
小黄缘青步甲 *Chlaenius circumdatus* Brulle, 1835
逗斑青步甲 *Chlaenius virgulifer* Chaudoir, 1873
黄斑青步甲 *Chlaenius micans* (Fabricius, 1792)
方胸青步甲 *Chlaenius tetragonoderus* Chaudoir, 1876
麻胸青步甲 *Chlaenius junceus* Andrewes, 1923
黄角青步甲 *Chlaenius flaviguttatus* Macleay, 1825
毛胸青步甲 *Chlaenius naeviger* Morawitz, 1862
小绿婪步甲 *Harpalus tinctulus* Bates, 1873
铜绿婪步甲 *Harpalus chalcentus* Bates, 1873
强婪步甲 *Harpalus crates* Bates, 1883
多毛婪步甲 *Harpalus eous* Tschitscherine, 1901
毛婪步甲 *Harpalus griseus* (Panzer, 1797)
三齿婪步甲 *Harpalus tridens* Morawitz, 1862
中华婪步甲 *Harpalus sinicus* Hope, 1845

14.9 瓢甲科 Coccinellidae

七星瓢虫 *Coccinella septempunctata* Linnaeus, 1758
龟纹瓢虫 *Propylea japonica* (Thunberg, 1971)
茄二十八星瓢虫 *Epilachna vigintioctopunctata* (Fabricius, 1775)
异色瓢虫 *Harmonia axyridis* (Pallas, 1773)
黄斑盘瓢虫 *Coelophora saucia* Mulsant

四斑裸瓢虫 *Calvia muiri* (Timberlake, 1943)
华裸瓢虫 *Calvia chinensis* (Mulsant, 1850)
二星瓢虫 *Adalia bipunctata* (Linnaeus, 1758)
十斑大瓢虫 *Anisolemnia dilatata* Fabricius, 1775

14.10　叶甲科 Chrysomelidae

柳二十斑叶甲 *Chrysomela vigintipunctata* (Scopoli, 1763)
蓼蓝齿胫叶甲 *Gastrophysa atrocyanea* (Motschulsky, 1860)
黄守瓜 *Aulacophora indica* (Gmelin, 1790)
斑角拟守瓜 *Paridea angulicollis* (Motschulsky, 1853)
桑黄萤叶甲 *Mimastra cyanura* (Hope, 1831)

14.11　花萤科 Cantharidae

短翅花萤 *Trypherus* sp.

14.12　虎甲科 Cicindelidae

中华虎甲 *Cicindela chinensis* De Geer, 1774

14.13　象甲科 Curculionidae

茶丽纹象甲 *Myllocerinus aurolineatus* Voss, 1937
罕鸟喙象甲 *Otidognathus rarus* Günther, 1935
中国癞象甲 *Episomus chinensis* Faust, 1897
茶树绿鳞象 *Hypomeces squamosus* Fabricius, 1792
松瘤象 *Sipalinus gigas* (Fabricius, 1775)
汤氏大竹象 *Cyrtotrachelus thompsoni* Fabricius, 1775
斜纹大象鼻虫/隐皮象 *Cryptoderma fortune* Waterhouse, 1853

14.14　长角象科 Anthribidae

粗角平行长角象 *Eucorynus crassicornis* Wolfrum, 1953
宽跗长角象 *Rawasia* sp.

14.15　龙虱科 Dytiscidae

黄边大龙虱 *Cybister cimbatus* Fabricius, 1775
日本大龙虱 *Cybister japonicus* Sharp, 1873
黄缘真龙虱 *Cybister bengalensin* Aubé, 1838

14.16 郭公甲科 Cleridae

中华食蜂郭公甲 *Trichodes sinae* Herbst, 1972

14.17 吉丁科 Buprestidae

银茸潜吉丁 *Trachys koshunensis* Obenberger, 1940

14.18 鳃金龟科 Melolonthidae

弟兄鳃金龟 *Melolontha frater* Arrow, 1913
大云斑鳃金龟 *Polyphylla laticollis* Lewis, 1887

14.19 拟天牛科 Oedemeridae

黄胸肿腿拟天牛 *Oedemeronia testaceithorax* Seidlitz, 1899

14.20 埋葬甲科 Silphidae

尼负葬甲 *Nicrophorus nepalensis* (Hope, 1831)
滨尸葬甲 *Necrodes littoralis* (Linnaeus, 1758)

14.21 负泥虫科 Crioceridae

紫茎甲 *Sagra femorata purpurea* (Lichtenstein, 1795)

15 双翅目 Diptera

15.1 秆蝇科 Chloropidae

叶穗长脉秆蝇 *Dicraeus phyllostachyus* Kanmiya, 1971
李氏多毛秆蝇 *Lasiochaeta lii* (Yang *et* Yang, 1991)
双刺锥秆蝇 *Rhodesiella yamagishii* Kanmiya, 1983

15.2 缟蝇科 Lauxaniidae

峨眉近黑缟蝇 *Minettia* (*Plesiominettia*) *omei* Shatalkin, 1998
长羽瘤黑缟蝇 *Minettia* (*Frendelia*) *longipennis* (Fabricius, 1794)
背尖同脉缟蝇 *Homoneura* (*Homoneura*) *dorsacerba* Gao, Shi *et* Han, 2016
多斑同脉缟蝇 *Homoneura* (*Homoneura*) *picta* (de Meijere, 1904)
异带同脉缟蝇 *Homoneura* (*Homoneura*) *subvittata* Malloch, 1927

斑翅同脉缟蝇 *Homoneura* (*Homoneura*) *trypetoptera* (Hendel, 1908)
十纹长角缟蝇 *Pachycerina decemlineata* de Meijere, 1914

15.3 舞虻科 Empididae

钩突鬃螳舞虻 *Chelipoda forcipata* Yang *et* Yang, 1992
端黑隐肩舞虻 *Elaphropeza apiciniger* (Yang, An *et* Gao, 2002)
齿突驼舞虻 *Hybos serratus* Yang *et* Yang, 1992

15.4 燕蝇科 Cypselosomatidae

钩突蚁燕蝇 *Formicosepsis hamata* (Enderlein, 1920)

15.5 长足虻科 Dolichopodidae

基黄长足虻 *Dolichopus* (*Dolichopus*) *simulator* Parent, 1926
毛盾行脉长足虻 *Gymnopternus congruens* (Becker, 1922)
大行脉长足虻 *Gymnopternus grandis* (Yang *et* Yang, 1995)
群行脉长足虻 *Gymnopternus populus* (Wei, 1997)
黄斑短跗长足虻 *Chaetogonopteron luteicinctum* (Parent, 1926)
峨眉嵌长足虻 *Syntormon emeiense* Yang *et* Saigusa, 1999
淡跗距长足虻 *Nepalomyia pallipes* (Yang *et* Saigusa, 2000)

15.6 水虻科 Stratiomyidae

金黄指突水虻 *Ptecticus aurifer* (Walker, 1854)

15.7 眼蕈蚊科 Sciaridae

迟眼蕈蚊 *Bradysia* sp.
强眼蕈蚊 *Cratyna* sp.
摩眼蕈蚊 *Mohrigia* sp.
突眼蕈蚊 *Dolichosciara* sp.
眼蕈蚊 *Sciara* sp.
伪阿眼蕈蚊 *Pseudoaerumnosa* sp.
首眼蕈蚊 *Prosciara* sp.
栖眼蕈蚊 *Xenopygina* sp.
孢眼蕈蚊 *Baeosciara* sp.

15.8 食蚜蝇科 Syrphidae

灰带管蚜蝇 *Eristalis cerealis* Fabricius, 1805

长尾管蚜蝇 *Eristalis tenax* (Linnaeus, 1758)
黑带食蚜蝇 *Episyrphus balteatus* De Geer, 1776
狭带贝食蚜蝇 *Betasyrphus serarius* (Wiedemann, 1830)
刻点小蚜蝇 *Paragus tibialis* (Fellen, 1817)
远东细腹蚜蝇 *Sphaerophoria macrogaster* (Thomson, 1869)
印度细腹食蚜蝇 *Sphaerophoria indiana* Bigot, 1884
斑额突角蚜蝇 *Ceriana graham* (Shannon, 1925)
斑腹粉颜蚜蝇 *Mesembrius bengalensis* (Wiedemann, 1819)
亮黑斑目蚜蝇 *Eristalinus tarsalis* (Mlacquart, 1855)
黑足缺伪蚜蝇 *Graptomyza nigripes* Bruneffi, 1913
羽芒宽盾蚜蝇 *Phytomia zonata* (Fabricius, 1787)
黄腹狭口蚜蝇 *Asarkina porcina* (Coquillett, 1898)

15.9 瘿蚊科 Cecidomyiidae

菊瘿蚊 *Diarthronomyia chrysanthemi* (Ahlberg, 1939)
桑四斑雷瘿蚊 *Resseliella quadrifasciata* (Niwa, 1910)
蔷薇叶瘿蚊 *Dasineura rosae* (Bremi, 1847)
梨叶瘿蚊 *Dasineura pyri* (Bouche, 1847)
桑瘿蚊 *Contarinia mori* (Yokoyama, 1929)

15.10 蚊科 Culicidae

范氏库蚊 *Culex* (*Culex*) *vishuui* (Theobal, 1901)
迷走库蚊 *Culex* (*Culex*) *vagans* Wledemann, 1828
白纹伊蚊 *Aedes* (*Stegomyia*) *albopictus* (Skuse, 1894)
中华按蚊 *Anopheles* (*Anopheles*) *sinensis* Wiedemann, 1828

15.11 大蚊科 Tipulidae

黑突短柄大蚊 *Nephrotoma nigrostylata* Alexander, 1935

15.12 虻科 Tabanidae

华虻 *Tabanus mandarinus* Schiner, 1868

16 长翅目 Mecoptera

16.1 拟蝎蛉科 Panorpodidae

短肢拟蝎蛉 *Panorpodes brachypodus* Tan et Hua, 2008

17　毛翅目 Trichoptera

17.1　纹石蛾科 Hydropsychidae

度龙纹石蛾 *Hydropsyche dolon* Malicky et Mey, 2000
柯隆侧枝纹石蛾 *Hydropsyche columnata* Martynov, 1931
纹石蛾属 *Hydropsyche* sp.
短脉纹石蛾属 *Cheumatopsyche* sp.
多异纹石蛾 *Polymorphanisus unipunctus* Banks, 1940

17.2　等翅石蛾科 Philopotamidae

缺叉等翅石蛾属 *Chimarra* sp.

17.3　多距石蛾科 Polycentropodidae

缘脉多距石蛾属 *Plectrocnemia* sp.

17.4　长角石蛾科 Leptoceridae

棒肢栖长角石蛾 *Oecetis clavata* Yang et Morse, 2000

18　鳞翅目 Lepidoptera

18.1　凤蝶科 Papilionidae

小黑斑凤蝶 *Chilasa epycides* (Hewitson, 1864)
美凤蝶 *Papilio memnon* Linnaeus, 1758
蓝凤蝶 *Papilio protenor* Cramer, 1775
玉带凤蝶 *Papilio polytes* Linnaeus, 1758
碧凤蝶 *Papilio bianor* Cramer, 1777
柑橘凤蝶 *Papilio xuthus* Linnaeus, 1767
巴黎翠凤蝶 *Papilio paris* (Linnaeus, 1758)
金凤蝶 *Papilio machaon* Linnaeus, 1758
青凤蝶 *Graphium sarpedon* (Linnaeus, 1758)
碎斑青凤蝶 *Graphium chironides* (Honrath, 1884)
宽带青凤蝶 *Graphium cloanthus* Westwood, 1841
红珠凤蝶 *Pachliopta aristolochiae* (Fabricius, 1775)
铁木剑凤蝶 *Pazala timur* (Ney, 1911)

18.2 粉蝶科 Pieridae

斑缘豆粉蝶 *Colias erate* (Esper, 1805)
橙黄豆粉蝶 *Colias fieldii* Ménétriès, 1855
宽边黄粉蝶 *Eurema hecabe* (Linnaeus, 1758)
无标黄粉蝶 *Eurema brigitta* (Stoll, 1780)
灵奇尖粉蝶 *Appias lyncida* (Cramer, 1777)
菜粉蝶 *Pieris rapae* (Linnaeus, 1758)
东方菜粉蝶 *Pieris canidia* (Sparrman, 1768)
黑纹粉蝶 *Pieris melete* Ménétriès, 1857
斯坦粉蝶 *Pieris steinigeri* Eitschberger, 1983
飞龙粉蝶 *Talbotia naganum* (Moore, 1884)
黄尖襟粉蝶 *Anthocharis scolymus* Butler, 1866
尖钩粉蝶 *Gonepteryx mahaguru* Gistel, 1857
台湾钩粉蝶 *Gonepteryx taiwana* Paravicini, 1913

18.3 蛱蝶科 Nymphalidae

啬青斑蝶 *Tirumala septentrionis* (Butler)
大绢斑蝶 *Parantica sita* (Kollar, 1844)
二尾蛱蝶 *Polyura narcaea* (Hewitson, 1854)
白带螯蛱蝶 *Charaxes bernardus* (Fabricius, 1793)
黑脉蛱蝶 *Hestina assimilis* (Linnaeus, 1758)
苎麻珍蝶 *Acraea issoria* (Hübner, 1819)
斐豹蛱蝶 *Argyreus hyperbius* (Linnaeus, 1763)
青豹蛱蝶 *Damora sagana* (Doubleday, 1847)
银豹蛱蝶 *Childrena childreni* (Gray, 1831)
迷蛱蝶 *Mimathyma chevana* (Moore, 1866)
白斑迷蛱蝶 *Mimathyma schrenckii* (Ménétriés, 1859)
素饰蛱蝶 *Stibochiona nicea* (Gray, 1846)
波纹翠蛱蝶 *Euthalia undosa* Fruhstorfer, 1906
嘉翠蛱蝶 *Euthalia kardama* (Moore, 1859)
残锷线蛱蝶 *Limenitis sulpitia* (Cramer, 1779)
仿珂环蛱蝶 *Neptis clinioides* de Niceville, 1894
耶环蛱蝶 *Neptis yerburii* Butler, 1886
娑环蛱蝶 *Neptis soma* Moore, 1858
卡环蛱蝶 *Neptis cartica* Moore, 1872
中环蛱蝶 *Neptis hylas* (Linnaeus, 1758)
小环蛱蝶 *Neptis sappho* (Pallas, 1771)

珂环蛱蝶 *Neptis clinia* Moore, 1872
枯叶蛱蝶 *Kallima inachus* (Doyére, 1840)
雪白丝蛱蝶 *Cyrestis nivea* Zincken, 1831
小红蛱蝶 *Vanessa cardui* (Linnaeus, 1758)
大红蛱蝶 *Vanessa indica* (Herbst, 1794)
琉璃蛱蝶 *Kaniska canace* (Linnaeus, 1763)
黄钩蛱蝶 *Polygonia c-aureum* (Linnaeus, 1758)
散纹盛蛱蝶 *Symbrenthia lilaea* (Hewitson, 1864)
美眼蛱蝶 *Junonia almana* (Linnaeus, 1758)
翠蓝眼蛱蝶 *Junonia orithya* (Linnaeus, 1758)
钩翅眼蛱蝶 *Junonia iphita* (Cramer, 1779)
秀蛱蝶 *Pseudergolis wedah* (Kollar, 1848)
电蛱蝶 *Dichorragia nesimachus* (Doyère, 1840)
箭环蝶 *Stichophthalma howqua* (Westwood, 1851)
华西箭环蝶 *Stichophthalma suffusa* Leech, 1892
暮眼蝶 *Melanitis leda* (Linnaeus, 1758)
睇暮眼蝶 *Melanitis phedima* (Cramer, 1780)
白带黛眼蝶中泰亚种 *Lethe confusa apara* (Fruhstorfer, 1911)
边纹黛眼蝶 *Lethe marginalis* (Motschulsky, 1860)
曲纹黛眼蝶 *Lethe chandica* (Moore, 1858)
玉带黛眼蝶 *Lethe verma* (Kollar, 1844)
深山黛眼蝶 *Lethe lanaris* (Butler, 1877)
连纹黛眼蝶 *Lethe syrcis* (Hewitson, 1863)
泰姐黛眼蝶 *Lethe titania* Leech, 1891
黄斑荫眼蝶 *Neope pulaha* Moore, 1857
蒙链荫眼蝶 *Neope muirheadii* (C. et R. Felder, 1862)
布莱荫眼蝶 *Neope bremeri* (C. et R. Felder, 1862)
小眉眼蝶 *Mycalesis mineus* (Linnaeus, 1758)
稻眉眼蝶 *Mycalesis gotama* Moore, 1857
拟稻眉眼蝶 *Mycalesis francisca* (Stoll, 1780)
平顶眉眼蝶 *Mycalesis panthaka* Fruhstorfer, 1909
密纱眉眼蝶 *Mycalesis misenus* de Niceville, 1901
僧袈眉眼蝶 *Mycalesis sangaica* Butler, 1877
白斑眼蝶 *Penthema adelma* (C. et R. Felder, 1862)
亚洲白眼蝶 *Melanargia asiatica* (Oberthür et Houlbert, 1922)
前雾矍眼蝶 *Ypthima praenubila* Leech, 1891
东亚矍眼蝶 *Ypthima motschulskyi* (Bremer et Grey, 1853)
中华矍眼蝶 *Ypthima chinensis* Leech, 1891
密纹矍眼蝶 *Ypthima multistriata* Butler, 1883

矍眼蝶 *Ypthima baldus* (Fabricius, 1775)
大艳眼蝶 *Callerebia suroia* Tytler, 1914

18.4 灰蝶科 Lycaenidae

波蚬蝶 *Zemeros flegyas* (Cramer, 1780)
银纹尾蚬蝶 *Dodona eugenes* Bates, 1868
彩斑尾蚬蝶 *Dodona maculosa* Leech, 1890
蚜灰蝶 *Taraka hamada* (Druce, 1875)
霓纱燕灰蝶 *Rapala nissa* (Kollar, 1844)
亮灰蝶 *Lampides boeticus* (Linnaeus, 1767)
吉灰蝶 *Zizeeria karsandra* (Moore, 1865)
毛眼灰蝶 *Zizina otis* (Fabricius, 1787)
蓝灰蝶 *Everes argiades* (Pallas, 1771)
多眼灰蝶 *Polymmatus eros* Ochsenheimer, 1808
曲纹紫灰蝶 *Chilades pandava* (Horsfield, 1829)
紫灰蝶 *Chilades lajus* (Stoll, 1780)
咖灰蝶 *Catochrysops strabo* (Fabricius, 1793)
生灰蝶 *Sinthusa chandrana* (Moore, 1882)
银线灰蝶 *Spindasis lohita* (Horsfield, 1829)
浓紫彩灰蝶 *Heliophorus ila* (de Nicéville *et* Martin, 1896)
酢浆灰蝶 *Pseudozizeeria maha* (Kollar, 1844)
玄灰蝶 *Tongeia fischeri* (Eversmann, 1843)
点玄灰蝶 *Tongeia filicaudis* (Pryer, 1877)
大紫琉璃灰蝶 *Celastrina oreas* (Leech, 1893)
琉璃灰蝶 *Celastrina argiola* (Linnaeus, 1758)
白斑妩灰蝶 *Udara albocaerulea* (Moore, 1879)
妩灰蝶 *Udara dilecta* (Moore, 1879)

18.5 弄蝶科 Hesperiidae

无趾弄蝶 *Hasora anura* de Nicéville, 1889
孔子黄室弄蝶 *Patanthus confucius* (Felder *et* Felder)
直纹黄室弄蝶 *Potanthus rectifasciata* (Elwes *et* Edwards)
小赭弄蝶 *Ochlodes venata* (Bremer *et* Grey, 1853)
黄斑蕉弄蝶 *Erionota torus* Evans, 1941
半黄绿弄蝶 *Choaspes hemixanthus* Rothschild *et* Jordan, 1903
无斑珂弄蝶 *Caltoris bromus* (Leech, 1894)
放踵珂弄蝶 *Caltoris cahira* (Moore, 1877)

方斑珂弄蝶 *Caltoris cormasa* (Hewitson, 1876)
黑边裙弄蝶 *Tagiades menaka* (Moore, 1866)
中华伊弄蝶 *Idmon sinica* (Huang, 1997)
刺纹孔弄蝶 *Polytremis zina* (Evans, 1932)
黄纹孔弄蝶 *Polytremis lubricans* (Herrich-Schafer, 1869)
峨眉酣弄蝶 *Halpe nephele* Leech, 1893
南亚谷弄蝶 *Pelopidas agna* (Moore, 1866)
隐纹谷弄蝶 *Pelopidas mathias* (Fabricius, 1798)
中华谷弄蝶 *Pelopidas sinensis* (Mabille, 1877)
曲纹稻弄蝶 *Parnara ganga* Evans, 1937
么纹稻弄蝶 *Parnara bada* (Moore, 1878)
直纹稻弄蝶 *Parnara guttata* (Bremer et Grey, 1852)
绿弄蝶 *Choaspes benjaminii* (Guerin-Meneville)
双带弄蝶 *Lobocla bifasciata* (Bremer et Grey, 1853)
北方花弄蝶 *Pyrgus alveus* Hübner, 1805
曲纹袖弄蝶 *Notocrypta curvifascia* (Felder et Felder, 1862)
腌翅弄蝶 *Astictopterus jama* Felder et Felder, 1860
独子酣弄蝶 *Halpe homolea* (Hewitson, 1868)
拟籼弄蝶 *Psedoborbo bevani* (Moore, 1878)
刺胫弄蝶 *Baoris farri* (Moore, 1878)
曲纹黄室弄蝶 *Potanthus flavus* (Murray, 1875)
朴喙蝶 *Libythea celtis* Laicharting, 1782
白袖箭环蝶 *Stichophthalma louisa* Wood-Mason, 1877

18.6 尺蛾科 Geometridae

新金星尺蛾 *Abraxas neoniartania* Inoue, 1970
金星尺蛾 *Abraxas suspecta* (Warren, 1894)
匀点尺蛾 *Antipercnia* sp.
木橑尺蛾 *Biston panterinaria* (Bremer et Grey, 1853)
德穿孔尺蛾 *Corymica deducta* (Walker, 1866)
金丰翅尺蛾 *Euryobeidia largeteaui* (Oberthür, 1884)
灰绿片尺蛾 *Fascellina plagiata* (Walker, 1866)
黑红蚀尺蛾 *Hypochrosis baenzigeri* Inoue, 1982
彷尘尺蛾 *Hypomecis punctinalis* (Scopoli, 1763)
玻璃尺蛾 *Krananda semihyalina* Moore, 1868
褶尺蛾 *Lomographa* sp.
白毛弭尺蛾 *Menophra senilis* (Butler, 1878)
僊琼尺蛾 *Orthocabera sericea* Butler, 1879

淡尾尺蛾 *Ourapteryx sciticaudaria* Walker, 1862
雪尾尺蛾 *Ourapteryx nivea* Butler, 1883
淡黄尾尺蛾 *Ourapteryx pallidula* Inoue, 1985
小丸尺蛾 *Plutodes philornis* Prout, 1926
墨丸尺蛾 *Plutodes warreni* Prout, 1923
黄碟尺蛾 *Thinopteryx crocoptera* (Kollar, 1844)
宏始青尺蛾 *Herochroma perspicillata* Han et Xue, 2003
三岔绿尺蛾 *Mixochlora vittata* (Moore, 1868)
对白尺蛾 *Asthena undulata* (Wileman, 1915)
霓虹尺蛾 *Acolutha pulchella* (Hampson, 1895)

18.7 钩蛾科 Drepanidae

缺刻山钩蛾 *Amphitorna olga* (Swinhoe, 1894)
肾点丽钩蛾 *Callidrepana patrana* (Moore, 1866)

18.8 枯叶蛾科 Lasiocampidae

三线枯叶蛾 *Arguda vinata* (Moore, 1865)
栗黄枯叶蛾 *Trabala vishnou* (Lefèbvre, 1827)

18.9 大蚕蛾科 Saturniidae

绿尾大蚕蛾 *Actias selene* (Hübner, 1807)
乌氏小尾天蚕蛾 *Actias uljanae* Brechlin, 2007
王氏樗天蚕蛾 *Samia wangi* (Naumann et Peigler, 2001)
钩翅大蚕蛾 *Antheraea assamensis* Helfer, 1837

18.10 天蛾科 Sphingidae

缺角天蛾 *Acosmeryx castanea* Rothschild et Jordan, 1903
葡萄天蛾 *Ampelophaga rubiginosa* Bremer et Grey, 1853
平背天蛾 *Cechenena minor* (Butler, 1875)
斜纹天蛾 *Theretra clotho* (Drury, 1773)
青背斜纹天蛾 *Theretra nessus* (Drury, 1773)
锯线白肩天蛾 *Rhagastis castor* (Walker, 1856)
栎鹰翅天蛾 *Ambulyx liturata* Butler, 1875
裂斑鹰翅天蛾 *Ambulyx ochracea* Butler, 1885
黄山鹰翅天蛾 *Ambulyx sericeipennis* Butler, 1875
枫天蛾 *Cypoides chinensis* (Rothschild et Jordan, 1903)

构月天蛾 *Parum colligata* (Walker, 1856)
盾天蛾 *Phyllosphingia dissimilis* (Bremer, 1861)
白薯天蛾 *Agrius convolvuli* (Linnaeus, 1758)

18.11 裳蛾科 Erebidae

大丽灯蛾 *Aglaomorpha histrio* (Walker, 1855)
黑端艳苔蛾 *Asura nigrilineata* (Hampson, 1900)
优葩苔蛾 *Barsine striata* (Bremer *et* Grey, 1852)
角蝶灯蛾 *Nyctemera carissima* (Swinhoe, 1891)
矢崎维苔蛾 *Bucsekia yazakii* (Dubatolov, Kishida *et* Wang, 2012)
寒锉夜蛾 *Blasticorhinus ussuriensis* (Bremer, 1861)
正壶夜蛾 *Calyptra orthographa* (Butler, 1886)
嘴壶夜蛾 *Oraesia emarginata* (Fabricius, 1794)
黄带拟叶夜蛾 *Phyllodes eyndhovii* Vollenhoven, 1858
霉巾夜蛾 *Bastilla maturata* (Walker, 1858)
凡艳叶夜蛾 *Eudocima phalonia* (Linnaeus, 1763)
枯艳叶夜蛾 *Eudocima tyrannus* (Guenée, 1852)
安钮夜蛾 *Ophiusa tirhaca* (Cramer, 1777)
克析夜蛾 *Sypnoides kirbyi* (Butler, 1881)
庸肖毛翅夜蛾 *Thyas juno* (Dalman, 1823)
璞亥夜蛾 *Hydrillodes pliculis* (Moore, 1867)
司髯须夜蛾 *Hypena sinuosa* Wileman, 1911
白毒蛾 *Arctornis l-nigrum* (Müller, 1764)
黄足毒蛾 *Ivela auripes* (Butler, 1877)
栎毒蛾 *Lymantria mathura* Moore, 1866
前如斯夜蛾 *Anomis prima* Swinhoe, 1920

18.12 尾夜蛾科 Euteliidae

鹿尾夜蛾 *Eutelia adulatricoides* (Mell, 1943)

18.13 瘤蛾科 Nolidae

臭椿皮蛾 *Eligma naraissus* (Cramer, 1775)
胡桃豹瘤蛾 *Sinna extrema* (Walker, 1854)

18.14 夜蛾科 Noctuidae

龟虎蛾 *Chelonomorpha* sp.
日龟虎蛾 *Chelonomorpha japona* Motschulsky, 1860

魔目夜蛾 *Erebus ephesperis* (Hubner, 1827)
白斑衫夜蛾 *Phlogophora albovittata* (Moore, 1867)
长斑幻夜蛾 *Sasunaga longiplaga* Warren, 1912
中金翅夜蛾 *Thysanoplusia intermixta* (Warren, 1913)
耳掌夜蛾 *Tiracola aureata* Holloway, 1989

18.15　草螟科 Crambidae

华丽野螟 *Agathodes ostentalis* (Geyer, 1837)
大黄缀叶野螟 *Botyodes principalis* Leech, 1889
黑顶暗野螟 *Bradina melanoperas* Hampson, 1896
稻纵卷叶野螟 *Cnaphalocrocis medinalis* (Guenée, 1854)
松多斑野螟 *Conogethes pinicolalis* Inoue et Yamanaka, 2006
桃多斑野螟 *Conogethes punctiferalis* (Guenée, 1854)
黄杨绢野螟 *Cydalima perspectalis* (Walker, 1859)
瓜绢野螟 *Diaphania indica* (Saunders, 1851)
叶展须野螟 *Eurrhyparodes bracteolalis* (Zeller, 1852)
双纹绢丝野螟 *Glyphodes duplicalis* Inoue, Munroe et Mutuura, 1981
齿斑绢丝野螟 *Glyphodes onychinalis* (Guenée, 1854)
宽缘犁角野螟 *Goniorhynchus clausalis* (Christoph, 1881)
棉褐环野螟 *Haritalodes derogata* (Fabricius, 1775)
暗切叶野螟 *Herpetogramma fuscescens* (Warren, 1892)
葡萄切叶野螟 *Herpetogramma luctuosalis* (Guenée, 1854)
黄斑切叶野螟 *Herpetogramma ochrimaculalis* (South, 1901)
褐翅切叶野螟 *Herpetogramma rudis* (Warren, 1892)
饰光野螟 *Luma ornatalis* (Leech, 1889)
水稻刷须野螟 *Marasmia poeyalis* (Boisduval, 1833)
豆荚野螟 *Maruca vitrata* (Fabricius, 1787)
污斑纹野螟 *Metoeca foedalis* (Guenée, 1854)
黑点蚀叶野螟 *Lamprosema commixta* (Butler, 1879)
黄环蚀叶野螟 *Lamprosema tampiusalis* (Walker, 1859)
四目斑野螟 *Nagiella inferior* (Hampson, 1899)
四斑野螟 *Nagiella quadrimaculalis* (Kollar et Redtenbacher, 1844)
豆啮叶野螟 *Omiodes indicata* (Fabricius, 1775)
白蜡绢须野螟 *Palpita nigropunctalis* (Bremer, 1864)
褐缘绿野螟 *Parotis marginata* (Hampson, 1983)
二斑阔斑野螟 *Patania deficiens* (Moore, 1887)
枇杷阔斑野螟 *Patania balteata* (Fabricius, 1798)
画稿溪阔斑野螟 *Patania glyphodalis* (Walker, 1866)

大白斑野螟 *Polythlipta liquidalis* Leech, 1889
豹纹卷野螟 *Pycnarmon pantherata* (Butler, 1878)
甜菜青野螟 *Spoladea recurvalis* (Fabricius, 1775)
褐斑卷叶野螟 *Syllepte rhyparialis* (Oberthür, 1893)
台湾卷叶野螟 *Syllepte taiwanalis* Shibuya, 1928
淡黄枑野螟 *Tylostega tylostegalis* Hampson, 1900
黄黑纹野螟 *Tyspanodes hypsalis* Warren, 1891
黄纹银草螟 *Pseudargyria interruptella* (Walker, 1866)
竹弯茎野螟 *Crypsiptya coclesalis* (Walker, 1859)
竹淡黄野螟 *Demobotys pervulgalis* (Hampson, 1913)
黄翅叉环野螟 *Eumorphobotys eumorphalis* (Caradja, 1925)
接骨木尖须野螟 *Pagyda amphisalis* (Walker, 1859)
黄褐波水螟 *Paracymoriza vagalis* (Walker, 1866)
双刺细突野螟 *Ecpyrrhorrhoe biaculeiformis* Zhang, Li et Wang, 2004

18.16　螟蛾科 Pyralidae

长臂彩丛螟 *Lista haraldusalis* (Walker, 1859)

18.17　斑蛾科 Zygaenidae

华庆锦斑蛾 *Erasmia pulchella hobsoni* Butler, 1889
蓝宝烂斑蛾 *Clelea sapphirine* Walker, 1854

18.18　鹿蛾科 Ctenuchidae

红带新鹿蛾 *Caeneressa rubrozonata* (Poujade, 1886)
春鹿蛾 *Eressa confinis* (Walker, 1854)

18.19　灯蛾科 Arctiidae

人纹污灯蛾 *Spilarctia subcarnea* (Walker, 1855)

18.20　苔蛾科 Lithosiidae

闪光苔蛾 *Chrysaeglia magnifica* (Walker, 1862)

19　膜翅目 Hymenoptera

19.1　蚁科 Formicidae

霍氏双节行军蚁 *Aenictus hodgsoni* Forel, 1901

爪哇扁头猛蚁 *Ectomomyrmex javanus* Mayr, 1867
梅氏多刺蚁 *Polyrhachis illaudata* Walker, 1859
黑褐举腹蚁 *Crematogaster rogenhoferi* Mayr, 1878
陕西铺道蚁 *Tetramorium shensiense* Bolton, 1977
刻纹棱胸切叶蚁 *Pristomyrmex punctatus* (Smith, 1860)
法老小家蚁 *Monomorium pharaonis* (Linnaeus, 1758)
山大齿猛蚁 *Odontomachus monticola* Emery, 1892
细足捷蚁 *Anoplolepis gracilipes* (Jerdon, 1851)
日本弓背蚁 *Camponotus japonicus* Mayr, 1866
重庆弓背蚁 *Camponotus chongqingensis* Wu *et* Wang, 1989
瑕疵弓背蚁 *Camponotus vitiosus* Smith, 1874

19.2　姬蜂科 Ichneumonidae

后斑尖腹姬蜂 *Stenichneumon posticalis* (Matsumura, 1912)
台湾强柄姬蜂 *Cratolabus formosanus* (Uchida, 1932)
黄颊高缝姬蜂 *Campoplex xuthomelonus* Han, van Achterberg *et* Chen, 2021
台湾凹眼姬蜂 *Casinaria formosana* formosana Momoi, 1970
花胸姬蜂 *Gotra octocinctus* (Ashmead, 1906)
斑翅马尾姬蜂 *Megarhyssa praecellens* (Tosquinet, 1889)
夜蛾瘦姬蜂 *Ophion luteus* (Linnaeus, 1758)
光爪等距姬蜂 *Hypsicera lita* Chiu, 1962
大骨细颚姬蜂 *Enicospilus laqueatus* (Enderlein, 1921)

19.3　茧蜂科 Braconidae

凸脊茧蜂 *Aleiodes convexus* van Achterberg, 1991
淡脉脊茧蜂 *Aleiodes pallinervis* (Cameron, 1910)
棉蚜刺茧蜂 *Binodoxys communis* (Gahan, 1926)
黑胫副奇翅茧蜂 *Megalommum tibiale* (Acshmead, 1906)
黄愈腹茧蜂 *Phanerotoma flava* Ashmead, 1906
梨小食心虫白茧蜂 *Phanerotoma planifrons* (Nees, 1816)
长须澳赛茧蜂 *Austrozele longipalpis* van Achterberg, 1994
肠悬茧蜂 *Meteorus colon* (Haliday, 1835)
异悬茧蜂 *Meteorus erratus* Chen *et* van Achterberg, 1997
斑痣悬茧蜂 *Meteorus pulchricornis* (Wesmael, 1835)
虹彩悬茧蜂 *Meteorus versicolor* (Wesmael, 1835)

19.4　胡蜂科 Vespidae

细黄胡蜂 *Vespula flaviceps* (Smith, 1870)

金环胡蜂 *Vespa mandarinia* Smith, 1852
墨胸胡蜂 *Vespa velutina nigrithorax* Buysson, 1905
黑腹虎头蜂 *Vespa basalis* Smith, 1852
黑尾胡蜂 *Vespa ducalis* Smith, 1852
日本马蜂 *Polistes japonicus* de Saussure, 1858
约马蜂 *Polistes jokahamae* Radoszkowski, 1887
陆马蜂 *Polistes rothneyi grahmi* van der Vecht, 1968
黄星长脚胡蜂 *Polistes mandarinus* Saussure, 1853
斯马蜂 *Polistes snelleni* Saussure, 1862
麦氏马蜂 *Polistes megei* Pérez, 1905
陆马蜂 *Polistes rothneyi* Cameron, 1900
变侧异腹胡蜂 *Parapolybia varia varia* (Fabricius, 1787)
印度侧异胡蜂 *Parapolybia indica indica* (de Saussure, 1854)

19.5 泥蜂科 Sphecidae

日本蓝泥蜂 *Chalybion japonicum* (Gribodo, 1883)

19.6 蛛蜂科 Pompilidae

背弯沟蛛蜂 *Cyphononyx fulvognathus* (Rohwer, 1911)

19.7 蜜蜂科 Apidae

意大利蜜蜂 *Apis mellifera* Linnaeus, 1761
东方蜜蜂中华亚种 *Apis* (*Sigmatapis*) *cerana* Fabricius, 1793
黄芦蜂 *Ceratina flavipes* Smith, 1879
黄熊蜂 *Bombus* (*Pyrobombus*) *flavescens* (Smith, 1852)
黄胸木蜂 *Xylocopa* (*Alloxylocopa*) *appendiculata* Smith, 1852
长木蜂 *Xylocopa* (*Biluna*) *tranquabarorum* (Sweaerus, 1787)

19.8 隧蜂科 Halictidae

铜色隧蜂 *Halictus aerarius* (Smith, 1873)
日本淡脉隧蜂 *Lasioglossum occidens* (Smith, 1873)

19.9 蜾蠃科 Eumenidae

港口亚沟蜾蠃 *Subancistrocerus kankauensis* (von Schulthess, 1934)
黄缘蜾蠃 *Anterhynchium* (*Dirhynchium*) *flavomarginatum* (Smith, 1852)
镶黄蜾蠃 *Eumenes decorates* (Smith, 1852)

19.10 三节叶蜂科 Argidae

杜鹃三节叶蜂 *Arge similis* (Vollenhoven, 1860)
列斑黄腹三节叶蜂 *Arge xanthogaster* (Cameron, 1876)

19.11 叶蜂科 Tenthredinidae

樟叶蜂 *Mesoneura rufonota* Rohwer, 1916
黑胫残青叶蜂 *Athalia proxima* (Klug, 1815)
槌腹叶蜂属 *Tenthredo* sp.

19.12 小蜂科 Chalcididae

无脊大腿小蜂 *Brachymeria excarinata* Gahan, 1925

19.13 金小蜂科 Pteromalidae

蝶蛹金小蜂 *Pteromalus puparum* (Linnaeus, 1758)

19.14 旋小蜂科 Eupelmidae

平腹小蜂属 *Anastatus* sp.

19.15 土蜂科 Scoliidae

邵氏土蜂 *Scolia sauteri* Betrem, 1928

目	科数	属数	种（亚种）数
蜉蝣目 Ephemeroptera	5	9	13
蜻蜓目 Odonata	8	14	19
襀翅目 Plecoptera	1	1	1
蜚蠊目 Blattodea	7	14	26
螳螂目 Mantodea	3	4	5
䗛目 Phasmatodea	2	4	4
直翅目 Orthoptera	8	40	44
革翅目 Dermaptera	3	3	3
啮虫目 Psocodea	1	2	2
缨翅目 Thysanoptera	1	4	5
半翅目 Hemiptera	35	143	166
脉翅目 Neuroptera	4	12	14
广翅目 Megaloptera	1	3	5
鞘翅目 Coleoptera	21	156	234
双翅目 Diptera	12	45	55
长翅目 Mecoptera	1	1	1
毛翅目 Trichoptera	1	6	8
鳞翅目 Lepidoptera	22	192	269
膜翅目 Hymenoptera	15	48	69
总计	151	701	943

注：缙云山昆虫名录在本书稿完成后有补充。

中 名 索 引

A

埃氏豆芫菁 307
艾琳广头叶蝉 133
安钮夜蛾 408
安钮夜蛾属 408
安小叶蝉属 130
安螽属 81
暗黑缘蝽 189
暗切叶野螟 428
暗野螟属 421
凹大叶蝉属 108
凹痕网脉叶蝉 146
凹尾筒天牛 271
凹眼姬蜂属 465
鳌蛱蝶属 349
鳌蛱蝶亚科 349
奥小叶蝉属 122
澳赛茧蜂属 470
澳洲疫蓟马 103

B

八斑绢草蛉 213
八刺哑蟋 88
八星粉天牛 261
白斑衫夜蛾 416
白斑眼蝶 365
白背飞虱 162
白背飞虱属 162
白边脊额叶蝉 113
白尺蛾属 389
白带鳌蛱蝶 349
白毒蛾 411
白毒蛾属 411
白脊飞虱 166
白脊飞虱属 165

白肩天蛾属 396
白颈皱茎飞虱 167
白蜡脊虎天牛 243
白蜡绢须野螟 434
白毛弭尺蛾 385
白薯天蛾 400
白条天牛 258
白条天牛属 257
白眼蝶属 365
白眼蝶亚族 365
白蚁超科 39
稗飞虱 163
斑翅同脉缟蝇 323
斑翅叶蝉属 132
斑大叶蝉属 106
斑蝶亚科 348
斑蝶族 348
斑凤蝶属 336
斑红蝽属 193
斑透翅蝉 150
斑腿带叶蝉 144
斑眼蝶属 365
斑野螟属 437
斑野螟亚科 418
斑叶蝉族 128
斑衣蜡蝉 174
斑衣蜡蝉属 174
斑鱼蛉属 222
斑缘豆粉蝶 342
斑痣悬茧蜂 472
半翅目 105
半黄绿弄蝶 374
豹蛱蝶族 351
豹瘤蛾属 415
豹纹卷野螟 437
暴蛮蟋 91
贝氏突灶螽 85

贝氏掩耳螽 80
背尖同脉缟蝇 322
背线天蛾属 395
本州沃小叶蝉 127
鼻象蜡蝉属 177
碧凤蝶 339
边大叶蝉属 109
扁蜉科 17
扁蜉属 18
扁角飞虱属 161
扁茎片头叶蝉 111
扁蜡蝉科 167
扁头猛蚁属 460
鳖土蜷属 186
并脊天牛属 274
波宁雅氏叶蝉 118
波水螳属 445
波蚬蝶 368
波蚬蝶属 368
玻璃尺蛾 384
帛蚁蛉属 219
布莱荫眼蝶 364

C

彩斑尾蚬蝶 369
彩丛螳属 446
彩灰蝶属 370
彩丽金龟属 288
彩象蜡蝉属 176
菜粉蝶 345
残锷线蛱蝶 354
苍白亚非蜉 20
糙颈螽属 79
草蛉科 212
草蛉属 214
草螟科 418
草螟亚科 441
草螽属 73
草螽亚科 72
侧刺偏角飞虱 157
侧异胡蜂属 476
叉草蛉属 214

叉环野螟属 443
叉茎叶蝉 140
叉茎叶蝉属 140
叉脉小叶蝉属 128
叉脉叶蝉族 128
叉通草蛉 215
叉尾吉丁天牛 272
茶翅蝽 181
茶翅蝽属 181
差角伪叶甲 294
蝉科 148
蝉总科 148
长斑幻夜蛾 417
长臂彩丛螳 446
长柄叶蝉属 119
长翅黎须隐翅虫 232
长唇基飞虱属 165
长额天牛属 254
长腹扇螅属 30
长红天牛属 250
长喙天蛾亚科 394
长角棒蟠科 62
长角缟蝇属 323
长角叶蝉属 142
长茎二室叶蝉 138
长茎邻烁甲 306
长丽金龟属 281
长脉秆蝇属 319
长裳帛蚁蛉 219
长须澳赛茧蜂 470
长须夜蛾亚科 410
长羽瘤黑缟蝇 321
长足虻科 327
长足虻属 328
长足虻亚科 328
肠悬茧蜂 471
尘尺蛾属 383
陈氏掩耳螽 80
橙斑白条天牛 257
橙黄豆粉蝶 343
尺蛾科 378
尺蛾亚科 387

齿斑绢丝野螟 426
齿角伪叶甲 296
齿蛉科 222
齿突驼舞虻 326
齿缘刺猎蝽 199
齿缘无突叶蝉 135
蟋科 98
赤褐灰蜻 32
赤蜻属 34
重庆杆白蚁 40
重庆伪楔天牛 254
重突天牛属 256
崇安外伪叶甲 298
臭椿皮蛾 414
川毛异丽金龟 285
川渝真地鳖 54
穿孔尺蛾属 381
窗翅叶蝉 110
窗翅叶蝉属 110
窗翅叶蝉亚科 110
蝽科 179
刺冠脊菱蜡蝉 178
刺角天牛属 246
刺胫弄蝶族 376
刺猎蝽属 199
刺毛亮蜉 26
蟌总科 30
丛螟亚科 445
粗鞭隐翅虫 232
粗鞭隐翅虫属 231
酢浆灰蝶 371
酢浆灰蝶属 371
簇角飞虱属 156
翠凤蝶亚属 339
翠蛱蝶属 353
翠蛱蝶族 353
翠蓝眼蛱蝶 358
锉夜蛾属 404

D

大白斑野螟 437
大鳖土蜂 187
大蚕蛾科 392
大草蛉 215
大骨细颚姬蜂 467
大光蠊属 43
大行脉长足虻 329
大红蝽科 192
大红蛱蝶 355
大黄缀叶野螟 421
大畸螽属 76
大蓟马属 101
大绢斑蝶 348
大理石异鹿天牛 267
大丽灯蛾 402
大丽灯蛾属 401
大蠊属 41
大绿异丽金龟 286
大蛮螽属 76
大鳃蜉属 25
大艳眼蝶 367
大叶蝉亚科 106
大皱蝽 185
岱蝽 184
岱蝽属 184
玳灰蝶族 369
带纹疏广翅蜡蝉 173
带叶蝉属 144
黛眼蝶属 361
黛眼蝶亚族 361
单斑木叶蝉 144
单脉色蟌属 31
单突片叶蝉 137
单突叶蝉属 135
淡跗距长足虻 332
淡黄尾尺蛾 385
淡黄野螟属 442
淡黄栉野螟 440
淡脉横脊叶蝉 114
淡脉脊茧蜂 470
刀螳属 60
道氏零叶蝉 125
稻蝗属 67
稻棘缘蝽 190
稻弄蝶属 376
稻纵卷叶野螟 422
德穿孔尺蛾 381

德氏长柄叶蝉　120
灯蛾亚科　401
等距姬蜂属　466
等叶玛草蛉　216
地鳖蠊科　53
地鳖蠊亚科　53
地长蝽科　194
地长蝽属　194
睇暮眼蝶　361
点翅叶蝉属　145
点蜂缘蝽　191
点线脉褐蛉　218
点玄灰蝶　372
电蛱蝶　359
电蛱蝶属　359
垫甲属　299
垫甲族　299
蝶斑并脊天牛　274
蝶灯蛾属　403
蝶类　335
顶斑边大叶蝉　109
东方菜粉蝶　345
东方叉脉小叶蝉　128
东方垫甲　299
东方码绢金龟　280
东方拟隐脉叶蝉　115
兜蝽科　184
兜蝽属　186
斗蟋属　91
豆大蓟马　102
豆粉蝶属　342
豆荚野螟　431
豆荚野螟属　430
豆啮叶野螟　434
豆芫菁属　307
豆芫菁族　307
毒蛾属　412
毒蛾亚科　411
毒隐翅虫属　233
毒隐翅虫亚科　230
端刺卡小叶蝉　130
端刺丽叶蝉　134

端刺叶蝉属　131
端大蓟马　102
端钩菱纹叶蝉　142
端黑隐肩舞虻　325
端突叶蝉属　139
短翅豆芫菁　307
短刺柯瓢蜡蝉　172
短额负蝗　71
短跗长足虻属　330
短角棒蝻　64
短角棒蝻属　63
短角锯天牛　239
短角外斑腿蝗　70
短角椎天牛　239
短头飞虱　158
短头飞虱属　158
对白尺蛾　389
盾脸姬蜂亚科　466
盾天蛾　399
盾天蛾属　399
多斑同脉缟蝇　322
多斑野螟属　422
多刺蚁属　461
多点黑粉甲　304
多棘蜓属　35
多兰蟋属　92
多毛秆蝇属　319
多伊棺头蟋　89

E

峨眉草螽　73
峨眉大光蠊　44
峨眉酣弄蝶　376
峨眉近黑缟蝇　321
峨眉嵌长足虻　331
峨眉褶翅蠊　42
蛾蜡蝉科　170
蛾类　378
耳叶蝉亚科　111
耳掌夜蛾　418
二斑阔斑野螟　436
二翅蜉属　23

二室叶蝉属 138

F

凡艳叶夜蛾 407
纺织娘属 83
纺织娘亚科 83
飞龙粉蝶 346
飞龙粉蝶属 346
飞虱科 154
斐豹蛱蝶 351
斐豹蛱蝶属 351
蜚蠊科 40
蜚蠊目 38
蜚蠊亚科 41
翡螽属 82
粉蝶科 342
粉蝶属 344
粉蝶亚科 344
粉蝶族 344
粉甲属 304
粉甲族 304
粉天牛属 259
丰翅尺蛾属 382
枫天蛾 399
枫天蛾属 398
蜂缘蝽属 191
缝姬蜂亚科 464
凤蝶科 336
凤蝶属 337
凤蝶亚科 336
凤蝶亚属 340
凤蝶族 336
跗距长足虻属 331
弗莱长柄叶蝉 120
蜉蝣科 26
蜉蝣目 17
蜉蝣属 26
福氏束毛隐翅虫 229
斧螳属 60
负蝽科 195
负蝗属 71
附突棺头蟋 90
复线隐翅虫 235

复线隐翅虫属 235
富妮灰蝶族 370
覆翅螽属 83

G

甘蔗扁角飞虱 161
柑橘凤蝶 340
杆白蚁属 39
秆蝇科 319
高缝姬蜂属 465
缟蝇科 320
戈螽属 75
格卢哈袖蜡蝉 169
沟胫天牛亚科 252
沟胸隐翅虫属 235
钩叉草蛉 214
钩翅大蚕蛾 393
钩翅眼蛱蝶 358
钩蛾科 390
钩蛱蝶属 356
钩弄蝶族 375
钩突蚁燕蝇 327
钩突鬃螳舞虻 325
构月天蛾 399
古眼蝶亚族 367
谷弄蝶属 376
瓜蝽属 185
瓜绢野螟 424
棺头蟋属 89
管茎叶蝉属 141
冠叉草蛉 214
冠脊菱蜡蝉属 178
光肩星天牛 263
光蠊亚科 43
光猎蝽属 197
光小叶蝉属 123
光野螟属 429
光爪等距姬蜂 467
广翅蜡蝉科 172
广翅目 222
广翅天牛 256
广翅天牛属 255

广头叶蝉属 133
广头叶蝉亚科 133
广西星齿蛉 224
广颖蜡蝉属 174
龟虎蛾 416
龟虎蛾属 416
贵州戈螽 75

H

哈氏二翅蜉 24
哈袖蜡蝉属 168
亥夜蛾属 410
酣弄蝶属 375
酣弄蝶族 375
寒锉夜蛾 405
行脉长足虻属 329
合长足虻亚科 330
赫定大蠊 41
褐斑地长蝽 195
褐斑卷叶野螟 439
褐翅切叶野螟 429
褐带秃角蝉 147
褐飞虱属 161
褐粉甲 305
褐环野螟属 427
褐蛉科 217
褐蛉属 217
褐拟额蟋 89
褐奇缘蝽 189
褐天牛 246
褐天牛属 245
褐伊缘蝽 192
褐缘蛾蜡蝉 171
褐缘绿野螟 435
褐真蝽 180
黑斑竹飞虱 159
黑背丘蠊 50
黑边裙弄蝶 375
黑翅脊筒天牛 269
黑带大光蠊 45
黑带脊额叶蝉 113
黑点粉天牛 260

黑点蚀叶野螟 432
黑顶暗野螟 421
黑端艳苔蛾 402
黑多棘蜓 35
黑额长唇基飞虱 165
黑粉虫 303
黑跗长丽金龟 281
黑缟蝇属 320
黑褐大光蠊 44
黑红蚀尺蛾 383
黑胫筒天牛 270
黑瘤瘤筒天牛 268
黑麻蛄属 98
黑脉蛱蝶 350
黑头角伪叶甲 295
黑尾胡蜂 474
黑尾隐翅虫属 230
黑纹带叶蝉 145
黑纹粉蝶 346
黑纹伟蜓 36
黑纹野螟属 440
黑膝大蛩螽 76
黑胸大蠊 41
黑胸伪叶甲 293
黑须棘缘蝽 190
黑颜托亚飞虱 166
黑异色灰蜻 32
黑圆条大叶蝉 108
黑缘蝽属 188
横脊叶蝉属 114
横脊叶蝉亚科 111
红蛱蝶属 355
红脉二室叶蝉 138
红袖蜡蝉 169
红袖蜡蝉属 169
红缘猛猎蝽 200
宏始青尺蛾 387
虹彩悬茧蜂 472
虹尺蛾属 389
后斑尖腹姬蜂 463
弧丽金龟属 289
胡蜂科 473
胡蜂属 474

胡桃豹瘤蛾 415
壶夜蛾属 405
湖北安螽 81
花尺蛾亚科 388
花翅梯顶飞虱 157
花蓟马 101
花蓟马属 101
花金龟亚科 290
花弄蝶亚科 374
花螳科 59
华凤蝶亚属 340
华蜡天牛 252
华丽玛蠊 52
华丽野螟 420
华绿螽属 78
华麦蜢 183
华西箭环蝶 360
华星天牛 263
华銮山介蟥 64
画稿溪阔斑野螟 436
槐绿虎天牛 242
环斑猛猎蝽 200
环蝶亚科 360
环蛱蝶属 354
环蛱蝶族 354
环角坡天牛 273
缓缘大光蠊 45
幻夜蛾属 416
黄斑短跗长足虻 330
黄斑切叶野螟 428
黄翅叉环野螟 443
黄带拟叶夜蛾 406
黄蝶尺蛾 387
黄蝶尺蛾属 386
黄粉虫 303
黄粉蝶属 343
黄粉蝶亚科 342
黄粉鹿花金龟 291
黄腹大光蠊 44
黄钩蛱蝶 356
黄褐波水螟 445
黄黑纹野螟 440
黄环蚀叶野螟 432

黄脊竹蝗 70
黄颊高缝姬蜂 465
黄尖襟粉蝶 347
黄荆重突天牛 256
黄楝粉天牛 260
黄枯叶蛾属 391
黄脸油葫芦 90
黄脉端突叶蝉 139
黄弄蝶族 377
黄山鹰翅天蛾 398
黄室弄蝶属 377
黄纹银草螟 441
黄纹长腹扇螅 30
黄星天牛 267
黄星天牛属 267
黄杨绢野螟 424
黄隐肩舞虻属 325
黄缘沟胸隐翅虫 236
黄足毒蛾 412
黄足毒蛾属 412
蝗科 67
蝗总科 66
灰尺蛾亚科 379
灰蝶科 367
灰蝶亚科 370
灰锦天牛 264
灰锦天牛属 264
灰绿片尺蛾 382
灰蜻属 32
灰天牛 265
灰天牛属 265
喙丽金龟属 282
蟋蛄 152
蟋蛄属 152
霍氏双节行军蚁 459

J

姬蜂科 462
姬蜂亚科 463
姬蠊科 45
姬缘蝽科 192
基斑蜻 33

基褐异脉飞虱 160
基黄长足虻 328
畸蠊属 77
吉丁天牛属 272
棘翅夜蛾亚科 413
棘缘蝽属 190
脊额叶蝉属 113
脊虎天牛属 243
脊茧蜂属 469
脊筒天牛属 269
脊胸天牛 248
脊胸天牛属 248
脊胸突天牛 275
蓟马科 100
蓟马属 103
佳隐翅虫属 228
家茸天牛 249
嘉翠蛱蝶 353
蛱蝶科 347
蛱蝶亚科 355
蛱蝶族 355
贾加端刺叶蝉 131
尖粉蝶属 344
尖腹姬蜂属 463
尖突尼小叶蝉 122
尖突星齿蛉 223
尖须野螟属 444
坚耳卡叶蝉亚属 129
茧蜂科 468
箭环蝶属. 360
江津短头飞虱 158
江苏亚非蜉 19
浆茎彩象蜡蝉 176
角蝉科 147
角蝶灯蛾 403
角顶片叶蝉 136
角顶叶蝉亚科 137
角伪叶甲属 294
角蚁蛉 220
接骨木尖须野螟 444
洁蜣螂属 277
结胸角伪叶甲 295
介蝽属 64
金翅斑大叶蝉 107

金翅夜蛾属 417
金丰翅尺蛾 382
金凤蝶 340
金龟科 276
金绒锦天牛 261
金星尺蛾属 380
襟粉蝶属 347
襟粉蝶族 347
锦天牛属 261
近小粪蜣螂 278
缙云杆白蚁 40
缙云后嗡蜣螂 279
缙云美英天牛 250
缙云树白蚁 39
缙云异饰尾蠦 75
晶拟歪尾蠊 48
颈天牛属 243
九香虫 186
桔绿天牛 244
菊小筒天牛 271
橘色竹飞虱 160
巨叉大畸蠦 76
具纹亚非蜉 19
锯天牛属 238
锯天牛亚科 237
锯线白肩天蛾 397
锯眼蝶族 361
卷翅蠊属 49
卷翅蠊亚科 49
卷尾玛蠊 52
卷野螟属 437
卷叶野螟属 438
绢斑蝶属 348
绢草蛉 213
绢丝野螟属 425
绢须野螟属 434
绢野螟属 424
矍眼蝶 366
矍眼蝶属 366
矍眼蝶亚族 366

K

卡小叶蝉属 129

卡颖蜡蝉属　175
珂环蛱蝶　355
柯瓢蜡蝉属　171
克析夜蛾　409
枯艳叶夜蛾　408
枯叶蛾科　391
宽带内突叶蝉　117
宽基蜉属　21
宽缘犁角野螟　426
阔斑野螟属　435
阔基小绿叶蝉　119
阔颈叶蝉　139
阔颈叶蝉属　139

L

蜡蝉科　173
蜡蝉总科　153
蜡天牛属　252
兰蟋亚科　92
蓝（美）凤蝶　338
蓝背绿伪叶甲　297
蓝边矛丽金龟　287
蓝泥蜂属　477
螂蝉　150
螂蝉属　150
类透疏广翅蜡蝉　173
离脉叶蝉亚科　134
犁角野螟属　426
璃尺蛾属　384
黎须隐翅虫属　232
李氏多毛秆蝇　320
李氏广颖蜡蝉　175
丽钩蛾属　390
丽金龟亚科　281
丽野螟属　420
丽叶蝉属　134
栎毒蛾　412
栎鹰翅天蛾　398
栗黄枯叶蛾　391
栗长红天牛　250
栗肿角天牛　247
粒肩天牛属　259
连纹黛眼蝶　362

镰飞虱属　164
楝星天牛　264
亮蜉属　25
猎蝽科　196
裂斑鹰翅天蛾　398
邻烁甲属　305
鳞翅目　335
灵川零叶蝉　125
灵奇尖粉蝶　344
灵田拟塔叶蝉　124
菱蜡蝉科　177
菱纹叶蝉属　141
零叶蝉属　124
琉璃蛱蝶　356
琉璃蛱蝶属　356
瘤鼻象蜡蝉　177
瘤蛾科　414
瘤筒天牛属　268
瘤犀金龟属　290
瘤缘蝽　190
瘤缘蝽属　189
六刺素猎蝽　198
隆齿隐翅虫属　234
陆马蜂　476
鹿花金龟属　291
鹿尾夜蛾　414
露螽亚科　78
卵圆蝽　181
卵圆蝽属　181
裸角天牛属　237
绿背覆翅螽　83
绿尺蛾属　388
绿虎天牛　242
绿虎天牛属　241
绿脊异丽金龟　283
绿弄蝶属　374
绿丝异丽金龟　287
绿天牛属　244
绿伪叶甲属　297
绿尾大蚕蛾　392
绿野螟属　435

M

马蝉属　151

马蜂属 475
玛草蛉属 216
玛螳属 51
码绢金龟属 280
麦蝽属 183
麦氏马蜂 475
脉翅目 212
脉褐蛉属 218
脉蛱蝶属 349
蛮蟋属 91
毛斑喙丽金龟 282
毛边异丽金龟 284
毛翅夜蛾属 409
毛盾行脉长足虻 329
矛丽金龟属 287
锚纹突唇蜉 23
茂兰乌叶蝉 143
眉眼蝶属 364
眉眼蝶亚族 364
梅氏多刺蚁 461
霉巾夜蛾 407
美凤蝶 338
美凤蝶亚族 337
美袖蜡蝉属 170
美英天牛属 250
昧螽属 99
蒙奥小叶蝉 122
蒙链荫眼蝶 363
蒙瘤犀金龟 290
猛猎蝽属 199
猛蚁亚科 460
密点白条天牛 258
棉褐环野螟 427
棉花弧丽金龟 289
面宽基蜉 21
螟蛾科 445
膜翅目 458
莫氏台伪叶甲 299
墨绿彩丽金龟 288
墨天牛属 266
墨丸尺蛾 386
木橑尺蛾 381
木叶蝉属 143

目大蚕蛾属 393
目天蛾亚科 397
暮眼蝶属 360
暮眼蝶族 360

N

内突叶蝉属 116
妮玛螳 51
尼泊尔大鳃蜉 25
尼小叶蝉属 122
泥蜂科 477
霓虹尺蛾 389
拟步甲科 292
拟步甲属 303
拟步甲亚科 302
拟步甲族 303
拟额蟋属 89
拟负蝽属 195
拟黄纹梭长蝽 194
拟卡安氏小叶蝉 131
拟蜡天牛 245
拟蜡天牛属 245
拟塔叶蝉属 124
拟歪尾螳属 47
拟信宜匿颈树甲 301
拟叶螳科 49
拟叶螳亚科 50
拟叶夜蛾属 406
拟叶䗛亚科 82
拟隐脉叶蝉属 115
匿颈轴甲属 300
啮虫目 98
啮叶野螟属 434
浓紫彩灰蝶 370
弄蝶科 373
弄蝶亚科 375

P

葩苔蛾属 402
彷尘尺蛾 383
佩带畸蠦 77
佩长足虻亚科 331

枇杷阔斑野螟 436
偏角飞虱属 157
片尺蛾属 382
片头叶蝉属 111
片突长柄叶蝉 121
片叶蝉属 136
瓢蜡蝉科 171
平背天蛾 395
平背螽属 81
平缝隐翅虫属 234
苹眼天牛 255
坡天牛属 272
葡萄切叶野螟 428
葡萄天蛾 395
葡萄天蛾属 395
璞亥夜蛾 410
普通角伪叶甲 296

Q

栖螽属 77
奇缘蟖属 189
千佛零叶蝉 126
前如斯夜蛾 413
浅绿二翅蜉 23
嵌长足虻属 331
蛩螂亚科 277
强柄姬蜂属 464
强平缝隐翅虫 234
桥夜蛾属 413
鞘翅目 226
切叶野螟属 427
琴镰飞虱 164
青豹蛱蝶 352
青豹蛱蝶属 352
青背斜纹天蛾 396
青凤蝶 341
青凤蝶属 341
青野螟属 438
蜻科 31
蜻属 33
蜻蜓目 29
蜻总科 31

琼尺蛾属 385
蛩螽亚科 74
丘蠊属 50
曲纹黛眼蝶 362
曲纹黄室弄蝶 377
缺角天蛾 394
缺角天蛾属 394
缺刻山钩蛾 390
裙弄蝶属 374
裙弄蝶族 374
群行脉长足虻 330

R

髯须夜蛾属 410
髯须夜蛾亚科 410
刃颚隐翅虫属 228
日本斑翅叶蝉 132
日本纺织娘 84
日本蓝泥蜂 477
日本马蜂 475
日本条螽 79
日本通草蛉 216
日本小蠊 47
日本雅小叶蝉 127
日拟负蟖 196
茸天牛属 249
绒脊长额天牛 254
柔裳蜉属 22
如龙安小叶蝉 130
瑞猎蟖属 198
弱脊异丽金龟 286

S

塞幽天牛 240
塞幽天牛属 240
鳃金龟亚科 280
僿琼尺蛾 385
三瓣昧蜢 99
三叉黑麻蜢 98
三岔绿尺蛾 388
三齿越突灶螽 86

527

伞扁蜡蝉属　167
散纹盛蛱蝶　357
桑小枝天牛　275
色蟌科　30
色蟌总科　30
森兰蟋　92
僧袈眉眼蝶　364
山稻蝗　68
山钩蛾属　390
山竹缘蝽　188
衫夜蛾属　416
闪蛱蝶亚科　349
扇蟌科　30
裳蛾科　400
裳蛾亚科　406
申氏乙蠊　46
深黑邻烁甲　305
神农洁蜣螂　277
肾点丽钩蛾　390
生灰蝶　369
生灰蝶属　369
盛蛱蝶属　357
十纹长角缟蝇　324
石原零叶蝉　125
蚀尺蛾属　383
蚀叶野螟属　432
矢崎维苔蛾　404
始青尺蛾属　387
饰草蛉属　216
饰光野螟　429
匙顶飞虱属　155
瘦姬蜂亚科　467
疏广翅蜡蝉属　172
蜀凹大叶蝉　108
束毛隐翅虫属　229
树白蚁属　39
树甲属　301
树甲亚科　300
树甲族　301
竖翅弄蝶亚科　373
竖眉赤蜻　34
刷须野螟属　430
双斑黑尾隐翅虫　231

双斑锦天牛　262
双齿管茎叶蝉　141
双翅目　318
双刺褐蛉　217
双脊天牛　273
双脊天牛属　273
双节行军蚁属　459
双节行军蚁亚科　459
双条天牛　248
双条天牛属　248
双突伞扁蜡蝉　168
双纹绢丝野螟　425
双纹小蠊　46
双印玛蠊　52
霜斑素猎蝽　197
水稻刷须野螟　430
水螟亚科　444
烁甲族　305
硕蠊科　43
司霉须夜蛾　411
丝伪线隐翅虫　234
斯坦粉蝶　346
四斑野螟　433
四斑野螟属　433
四川简栖螽　78
四川凸额蝗　69
四节蜉科　22
四目斑野螟　433
松村饰草蛉　217
松多斑野螟　423
松墨天牛　266
素猎蝽属　197
碎斑青凤蝶　341
梭毒隐翅虫　233
梭长蝽科　193
梭长蝽属　193

T

塔叶蝉族　123
台湾凹眼姬蜂　466
台湾卷叶野螟　439
台湾美袖蜡蝉　170

台湾强柄姬蜂 464
台湾筒天牛 270
台湾网脉叶蝉 146
台湾伪叶甲 293
台伪叶甲属 298
泰妲黛眼蝶 363
螗蝉 149
螗蝉属 149
螳科 60
螳螂目 57
桃多斑野螟 423
桃褐天牛 245
桃红颈天牛 244
梯斑斜脊叶蝉 112
梯顶飞虱属 157
天蛾科 393
天蛾亚科 400
天牛科 236
天牛亚科 241
甜菜青野螟 438
条大叶蝉属 107
条蠡属 79
蜓科 35
蜓总科 35
通草蛉属 215
同脉缟蝇属 321
同缘蝽属 188
铜绿异丽金龟 284
筒天牛属 269
透翅蝉属 149
透顶单脉色蟌 31
凸额蝗属 69
凸脊茧蜂 469
秃角蝉属 147
突背斑红蝽 193
突蟋 183
突蟋属 182
突唇蚜属 23
突天牛属 275
突眼小蹦蝗 68
突眼隐翅虫亚科 229
突灶螽属 85
土蝽科 186
土天牛属 238

托亚飞虱属 166
驼舞虻属 326
驼螽科 85
驼螽总科 85

W

外斑腿蝗属 69
外伪叶甲属 297
弯瓣翡螽 82
弯股彩丽金龟 288
弯茎野螟属 442
丸尺蛾属 386
网脉叶蝉属 146
维苔蛾属 404
伟蜓属 36
伪褐飞虱 161
伪线隐翅虫属 233
伪楔天牛属 254
伪叶甲属 293
伪叶甲亚科 292
伪叶甲族 292
尾尺蛾属 385
尾大蚕蛾属 392
尾蚬蝶属 368
尾夜蛾科 413
尾夜蛾属 413
纹野螟属 431
嗡蜣螂属 279
沃小叶蝉属 127
乌叶蝉属 143
污斑纹野螟 431
无标黄粉蝶 343
无突叶蝉属 135
无趾弄蝶 373
芜小叶蝉属 121
梧州蚜 27
妩灰蝶 372
妩灰蝶属 372
舞虻科 324

X

吸果夜蛾亚科 404

析夜蛾属　409
犀金龟亚科　289
蟋蟀科　87
蟋蟀亚科　87
蟋蟀总科　86
细齿平背蠊　82
细颚姬蜂属　467
细角瓜蟓　185
细裳蜉科　20
细尾竹异蜡　63
虾壳天蛾属　400
蚬蝶亚科　368
线灰蝶亚科　369
线蛱蝶属　354
线蛱蝶亚科　353
线蛱蝶族　354
象蜡蝉科　176
消室叶蝉属　116
小蹦蝗属　68
小扁蜉　18
小粪蜣螂属　278
小蜉科　24
小黑斑凤蝶　337
小蠊属　46
小绿叶蝉属　119
小绿叶蝉族　118
小丝螳科　58
小丝螳属　58
小筒天牛属　271
小丸尺蛾　386
小叶蝉亚科　117
小叶蝉族　126
小枝天牛属　275
小锥头蠊　74
斜脊叶蝉属　112
斜纹天蛾　396
斜纹天蛾属　396
新金星尺蛾　380
新小叶蝉属　132
星齿蛉属　223
星天牛属　262
蠊科　63
蠊目　62

朽叶夜蛾属　407
秀蛱蝶　359
秀蛱蝶属　358
秀蛱蝶亚科　358
袖蛱蝶亚科　350
袖蜡蝉科　168
锈光小叶蝉　123
锈黄匙顶飞虱　155
玄灰蝶属　372
悬茧蜂属　471
旋瘤蛾属　414

Y

哑蟋属　88
雅菲佳隐翅虫　228
雅绢野螟属　423
雅刃颚隐翅虫　228
雅氏叶蝉属　118
雅小叶蝉属　126
雅小叶蝉亚属　127
亚非蜉属　18
亚洲白眼蝶　366
烟翅白背飞虱　163
炎黄星齿蛉　224
掩耳螽属　80
眼蝶亚科　360
眼蝶族　365
眼灰蝶亚科　371
眼灰蝶族　371
眼蛱蝶属　357
眼蛱蝶族　357
眼天牛属　255
艳苔蛾属　402
艳眼蝶属　367
艳叶夜蛾属　407
燕凤蝶族　341
燕尾卡小叶蝉　129
燕蝇科　326
野螟亚科　441
叶蝉科　105
叶蝉亚科　145
叶穗长脉秆蝇　319

叶展须野螟　425
夜蛾科　415
一点同缘蝽　188
伊蝽　182
伊蝽属　182
伊弄蝶属　375
伊缘蝽属　192
宜兴宽基蚱　21
乙蠊属　46
蚁科　458
蚁蛉科　219
蚁蛉属　220
蚁亚科　461
蚁燕蝇属　327
异翅亚目　178
异带同脉缟蝇　323
异卷翅蠊　50
异丽金龟属　283
异鹿天牛属　267
异脉飞虱属　160
异饰尾蚤属　75
益本树甲　302
缢瓣芫小叶蝉　121
翼单突叶蝉　135
荫眼蝶属　363
音蝉　153
音蝉属　153
银豹蛱蝶　353
银豹蛱蝶属　352
银草蛉属　441
银线灰蝶　370
银线灰蝶属　370
隐翅虫科　227
隐翅虫亚科　227
隐脉叶蝉亚科　115
印度侧异胡蜂　476
印度黑尾隐翅虫　231
缨翅目　100
鹰尺蛾属　381
鹰翅天蛾属　397
鹰喙隆齿隐翅虫　235
盈江新小叶蝉　132
颖蜡蝉科　174

庸肖毛翅夜蛾　409
优苞苔蛾　403
油葫芦属　90
玉带黛眼蝶　362
玉带美凤蝶　339
玉带蜻　34
玉带蜻属　33
芫菁科　306
芫菁亚科　306
原螳属　59
原隐翅虫亚科　235
圆端斑鱼蛉　222
圆痕叶蝉亚科　146
缘斑光猎蝽　197
缘蝽科　187
缘蛾蜡蝉属　171
缘拟歪尾蠊　49
月天蛾属　399
越南小丝螳　58
越突灶螽属　85
云斑瑞猎蝽　198
云南长角叶蝉　142
云纹灰天牛　265
匀点尺蛾　380
匀点尺蛾属　380

Z

帻眼蝶亚族　365
蚱蝉　151
蚱蝉属　151
展尺蛾属　384
展须野螟属　424
掌夜蛾属　417
爪哇扁头猛蚁　460
褶尺蛾　384
褶尺蛾属　384
褶翅蠊科　42
褶翅蠊属　42
蔗根土天牛　238
珍蝶属　350
真蝽属　180
真地鳖属　53

正壶夜蛾　405
直翅目　66
直纹稻弄蝶　377
趾弄蝶属　373
栉野螟属　439
中国华绿螽　79
中华糙颈螽　80
中华刺角天牛　247
中华簇角飞虱　156
中华刀螳　60
中华斗蟋　91
中华斧螳　61
中华谷弄蝶　376
中华裸角天牛　237
中华拟歪尾蠊　48
中华消室叶蝉　116
中华伊弄蝶　375
中华原螳　59
中华螽斯　84
中华竹紫天牛　251
中金翅夜蛾　417
螽斯科　72
螽斯属　84
螽斯亚科　84
螽斯总科　72
肿角天牛属　247
轴甲族　300
皱瓣马蝉　151

皱蟾属　185
皱唇异丽金龟　285
皱茎飞虱属　167
皱胸粒肩天牛　259
蛛缘蝽科　191
竹草螽　73
竹淡黄野螟　443
竹飞虱属　159
竹蝗属　70
竹弯茎野螟　442
竹异蠟属　62
竹缘蝽属　187
苎麻珍蝶　350
椎天牛属　239
椎天牛亚科　239
锥头蝗科　71
锥头蝗总科　66
锥头螽属　73
缀叶野螟属　421
紫金柔裳䗔　22
紫蓝角伪叶甲　295
紫天牛属　251
紫阳卡颖蜡蝉　175
鬃螳舞虻属　324
纵卷叶野螟属　422
嘴壶夜蛾　406
嘴壶夜蛾属　405

学 名 索 引

A

Abraxas 380
Abraxas neoniartania 380
Acalolepta 261
Acalolepta permutans 261
Acalolepta sublusca 262
Acanthocoris 189
Acanthocoris scaber 190
Acentropinae 444
Achilidae 174
Acolutha 389
Acolutha pulchella 389
Acosmeryx 394
Acosmeryx castanea 394
Acosmetura 75
Acosmetura jinyunensis 75
Acraea 350
Acraea issoria 350
Acrididae 67
Acridoidea 66
Actias 392
Actias selene 392
Adoliadini 353
Adoretosoma 281
Adoretosoma atritarse atritarse 281
Adoretus 282
Adoretus (*Lepadoreus*) *tenuimaculatus* 282
Adrisa 186
Adrisa magna 187
Aegosoma 237
Aegosoma sinicum 237
Aelia 183
Aelia fieberi 183
Aenaria 182
Aenaria lewisi 182
Aenictinae 459

Aenictus 459
Aenictus hodgsoni 459
Aeshnidae 35
Aeshnoidea 35
Afronurus 18
Afronurus costatus 19
Afronurus kiangsuensis 19
Afronurus pallescens 20
Agathodes 420
Agathodes ostentalis 420
Aglaomorpha 401
Aglaomorpha histrio 402
Agrius 400
Agrius convolvuli 400
Alebroides 119
Alebroides dworakowskae 120
Alebroides flavifrons 120
Alebroides obliteratus 121
Aleiodes 469
Aleiodes convexus 469
Aleiodes pallinervis 470
Alphitobiini 304
Alphitobius 304
Alphitobius diaperinus 304
Alphitobius laevigatus 305
Alydidae 191
Amarygmini 305
Amathusiinae 360
Ambulyx 397
Ambulyx liturata 398
Ambulyx ochracea 398
Ambulyx sericeipennis 398
Ampelophaga 395
Ampelophaga rubiginosa 395
Amphitorna 390
Amphitorna olga 390
Anaplecta 42

Anaplecta omei 42
Anaplectidae 42
Anaplectoidea 49
Anaplectoidea varia 50
Anaplectoidinae 49
Anatkina 106
Anatkina vespertinula 107
Anax 36
Anax nigrofasciatus 36
Anaxarcha 59
Anaxarcha sinensis 59
Ancistroidini 375
Ankylopteryx 213
Ankylopteryx (*Ankylopteryx*) *octopunctata* 213
Anomala 283
Anomala aulax 283
Anomala corpulenta 284
Anomala coxalis 284
Anomala pilosella 285
Anomala rugiclypea 285
Anomala sulcipennis 286
Anomala virens 286
Anomala viridisericea 287
Anomis 413
Anomis prima 413
Anoplophora 262
Anoplophora chinensis 263
Anoplophora glabripennis 263
Anoplophora horsfieldii 264
Antheraea 393
Antheraea assamensis 393
Anthocharini 347
Anthocharis 347
Anthocharis scolymus 347
Antipercnia 380
Antipercnia sp. 380
Anufrievia 130
Anufrievia parisakazu 131
Anufrievia rolikae 130
Apaturinae 349
Apertochrysa 214
Apertochrysa ancistroideus 214
Apertochrysa lophophorus 214

Apheliona 123
Apheliona ferruginea 123
Aphnaeini 370
Appasus 195
Appasus japonicus 196
Appias 344
Appias lyncida 344
Apriona 259
Apriona rugicollis 259
Arcofacies 157
Arcofacies maculatipennis 157
Arctiinae 401
Arctornis 411
Arctornis l-nigrum 411
Argynnini 351
Argyreus 351
Argyreus hyperbius 351
Aromia 243
Aromia bungii 244
Asaperda 254
Asaperda chongqingensis 254
Aspongopus 186
Aspongopus chinensis 186
Astenus 230
Astenus indicus indicus 231
Astenus maculipennis maculipennis 231
Asthena 389
Asthena undulata 389
Astynoscelis 264
Astynoscelis degener degener 264
Asura 402
Asura nigrilineata 402
Atkinsoniella 107
Atkinsoniella heiyuana 108
Atractomorpha 71
Atractomorpha sinensis 71
Atrichadenotecnum 98
Atrichadenotecnum trifurcatum 98
Aulaconotus 254
Aulaconotus atronotatus 254
Austroasca 122
Austroasca mitjaevi 122
Austrozele 470

Austrozele longipalpis　470

B

Bacchisa　255
Bacchisa dioica　255
Baetidae　22
Balclutha　138
Balclutha rubrinervis　138
Balclutha sternalis　138
Bambusiphaga　159
Bambusiphaga citricolorata　160
Bambusiphaga nigropunctata　159
Baorini　376
Barsine　402
Barsine striata　403
Bastilla　407
Bastilla maturata　407
Batocera　257
Batocera davidis　257
Batocera lineolata　258
Batocera rubus　258
Belocera　156
Belocera sinensis　156
Belostomatidae　195
Biston　381
Biston panterinaria　381
Blaberidae　43
Blasticorhinus　404
Blasticorhinus ussuriensis　405
Blattella　46
Blattella bisignata　46
Blattella nipponica　47
Blattidae　40
Blattinae　41
Blattodea　38
Blepephaeus　265
Blepephaeus infelix　265
Blepephaeus succinctor　265
Bothrogonia　108
Bothrogonia shuana　108
Botyodes　421
Botyodes principalis　421

Braconidae　468
Bradina　421
Bradina melanoperas　421
Branchana　139
Branchana xanthota　139
Bucsekia　404
Bucsekia yazakii　404
Bullanga　219
Bullanga florida　219
Bundera　112
Bundera scalarra　112

C

Callerebia　367
Callerebia suroia　367
Callidrepana　390
Callidrepana patrana　390
Callistethus　287
Callistethus plagiicollis plagiicollis　287
Calodia　134
Calodia apicalis　134
Calopterygidae　30
Calopterygoidea　30
Calpinae　404
Calyptra　405
Calyptra orthographa　405
Campopleginae　464
Campoplex　465
Campoplex xuthomelonus　465
Carausius　62
Carausius gracilicercus　63
Carinata　113
Carinata kelloggii　113
Carinata nigrofasciata　113
Caristianus　175
Caristianus ziyangensis　175
Casinaria　465
Casinaria formosana formosana　466
Catharsius　277
Catharsius molossus　277
Catonidia　174
Catonidia lii　175

Cechenena　395
Cechenena minor　395
Centrotoscelus　147
Centrotoscelus brunneifasciatus　147
Cephalallus　240
Cephalallus oberthueri　240
Ceracris　70
Ceracris kiangsu　70
Cerambycidae　236
Cerambycinae　241
Ceresium　252
Ceresium sinicum　252
Cerogria　294
Cerogria anisocera　294
Cerogria diversicornis　295
Cerogria janthinipennis　295
Cerogria nodolollis　295
Cerogria odontocera　296
Cerogria popularis　296
Cetoniinae　290
Chaetogonopteron　330
Chaetogonopteron luteicinctum　330
Chalybion　477
Chalybion japonicum　477
Charaxes　349
Charaxes bernardus　349
Charaxinae　349
Chelidonium　244
Chelidonium citri　244
Chelipoda　324
Chelipoda forcipata　325
Chelonomorpha　416
Chelonomorpha sp.　416
Chilasa　336
Chilasa epycides　337
Childrena　352
Childrena childreni　353
Chlorophila　297
Chlorophila cyanea　297
Chlorophorus　241
Chlorophorus annularis　242
Chlorophorus diadema　242
Chloropidae　319

Choaspes　374
Choaspes hemixanthus　374
Choroterpes　21
Choroterpes facialis　21
Choroterpes yixingensis　21
Chrysopa　214
Chrysopa pallens　215
Chrysoperla　215
Chrysoperla furcifera　215
Chrysoperla nipponensis　216
Chrysopidae　212
Chudania　116
Chudania sinica　116
Cicadellidae　105
Cicadellinae　106
Cicadoidea　148
Cidadidae　148
Cixiidae　177
Cletus　190
Cletus punctiger　190
Cletus punctulatus　190
Cloeon　23
Cloeon harveyi　24
Cloeon viridulum　23
Cnaphalocrocis　422
Cnaphalocrocis medinalis　422
Cnodalonini　300
Coeliadinae　373
Coeliccia　30
Coeliccia cyanomelas　30
Coelidiinae　134
Coenagrionoidea　30
Coleoptera　226
Coliadinae　342
Colias　342
Colias erate　342
Colias fieldii　343
Conocephalinae　72
Conocephalus　73
Conocephalus (*Conocephalus*) *bambusanus*　73
Conocephalus (*Conocephalus*) *emeiensis*　73
Conogethes　422
Conogethes pinicolalis　423

Conogethes punctiferalis 423
Coreidae 187
Corydalidae 222
Corydiidae 53
Corydiinae 53
Corymica 381
Corymica deducta 381
Crambidae 418
Crambinae 441
Cratolabus 464
Cratolabus formosanus 464
Crypsiptya 442
Crypsiptya coclesalis 442
Cryptotympana 151
Cryptotympana atrata 151
Cyclopelta 185
Cyclopelta obseura 185
Cydalima 423
Cydalima perspectalis 424
Cydnidae 186
Cypoides 398
Cypoides chinensis 399
Cypselosomatidae 326

D

Dalpada 184
Dalpada oculata 184
Damora 352
Damora sagana 352
Danainae 348
Danaini 348
Delphacidae 154
Deltocephalinae 137
Demobotys 442
Demobotys pervulgalis 443
Derbidae 168
Deudorigini 369
Dianous 229
Dianous freyi 229
Diaphania 424
Diaphania indica 424
Dichorragia 359

Dichorragia nesimachus 359
Dicraeus 319
Dicraeus phyllostachyus 319
Dicronocephalus 291
Dicronocephalus bowringi 291
Dictyopharidae 176
Diestramima 85
Diestramima beybienkoi 85
Dikraneura 128
Dikraneura orientalis 128
Dikraneurini 128
Dinidoridae 184
Diostrombus 169
Diostrombus politus 169
Diptera 318
Dodona 368
Dodona maculosa 369
Dolichopodidae 327
Dolichopodinae 328
Dolichopus 328
Dolichopus (*Dolichopus*) *simulator* 328
Dorysthenes 238
Dorysthenes granulosus 238
Drabescoides 139
Drabescoides nuchalis 139
Drepanidae 390
Dryadomorpha 140
Dryadomorpha pallida 140
Dryodurgades 146
Dryodurgades formosana 146
Ducetia 79
Ducetia japonica 79
Duolandrevus 92
Duolandrevus (*Eulandrevus*) *dendrophilus* 92
Dynastinae 289

E

Ectomomyrmex 460
Ectomomyrmex javanus 460
Ectrychotes 197
Ectrychotes comottoi 197
Elaphropeza 325

Elaphropeza apiciniger 325
Eligma 414
Eligma naraissus 414
Elimaea 80
Elimaea (Elimaea) berezovskii 80
Elimaea (Rhaebelimaea) cheni 80
Elymniini 361
Empididae 324
Empoasca 119
Empoasca (Empoasca) cienka 119
Empoascini 118
Enicospilus 467
Enicospilus laqueatus 467
Ennominae 379
Epeurysa 158
Epeurysa jiangjinensis 158
Epeurysa nawaii 158
Ephemera 26
Ephemera wuchowensis 27
Ephemerellidae 24
Ephemeridae 26
Ephemeroptera 17
Epicauta 307
Epicauta (Epicauta) aptera 307
Epicauta (Epicauta) emmerichi emmerichi 307
Epicautini 307
Epidaus 197
Epidaus famulus 197
Epidaus sexspinus 198
Epilamprinae 43
Epipaschiinae 445
Episymploce 47
Episymploce marginata 49
Episymploce sinensis 48
Episymploce vicina 48
Epora 167
Epora biprolata 168
Erebidae 400
Erebinae 406
Erythresthes 250
Erythresthes bowringii 250
Erythroneurini 128
Eudocima 407

Eudocima phalonia 407
Eudocima tyrannus 408
Eumorphobotys 443
Eumorphobotys eumorphalis 443
Eupolyphaga 53
Eupolyphaga hanae 54
Eurema 343
Eurema brigitta 343
Eurhadina 126
Eurhadina (Eurhadina) 127
Eurhadina (Eurhadina) japonica 127
Euricania 172
Euricania facialis 173
Euricania paraclara 173
Eurrhyparodes 424
Eurrhyparodes bracteolalis 425
Euryobeidia 382
Euryobeidia largeteaui 382
Eutelia 413
Eutelia adulatricoides 414
Euteliidae 413
Euthalia 353
Euthalia kardama 353
Evacanthinae 111
Evacanthinae 115
Evacanthus 114
Evacanthus danmainus 114
Exostira 297
Exostira schroederi 298
Extensus 116
Extensus latus 117

F

Falcotoya 164
Falcotoya lyraeformis 164
Fascellina 382
Fascellina plagiata 382
Fistulatus 141
Fistulatus bidentatus 141
Flatidae 170
Formicidae 458
Formicinae 461

Formicosepsis 327
Formicosepsis hamata 327
Frankliniella 101
Frankliniella intonsa 101
Fulgoridae 173
Fulgoroidea 153

G

Gabrius 228
Gabrius disjunctus 228
Geometridae 378
Geometrinae 387
Glenea 274
Glenea papiliomaculata 274
Glyphodes 425
Glyphodes duplicalis 425
Glyphodes onychinalis 426
Glyptotermes 39
Glyptotermes jinyunensis 39
Goniogryllus 88
Goniogryllus octospinatus 88
Goniorhynchus 426
Goniorhynchus clausalis 426
Graphium 341
Graphium chironides 341
Graphium sarpedon 341
Grigoriora 75
Grigoriora kweichowensis 75
Gryllidae 87
Gryllinae 87
Grylloidea 86
Gymnopternus 329
Gymnopternus congruens 329
Gymnopternus grandis 329
Gymnopternus populus 330

H

Habrophlebiodes 22
Habrophlebiodes zijinensis 22
Halpe 375
Halpe nephele 376

Halpini 375
Halyomorpha 181
Halyomorpha halys 181
Haritalodes 427
Haritalodes derogata 427
Hasora 373
Hasora anura 373
Hauptenia 168
Hauptenia glutinosa 169
Heliconiinae 350
Heliophorus 370
Heliophorus ila 370
Hemerobiidae 217
Hemerobius 217
Hemerobius bispinus 217
Hemiptera 105
Heptagenia 18
Heptagenia minor 18
Heptageniidae 17
Herminiinae 410
Herochroma 387
Herochroma perspicillata 387
Herpetogramma 427
Herpetogramma fuscescens 428
Herpetogramma luctuosalis 428
Herpetogramma ochrimaculalis 428
Herpetogramma rudis 429
Hesperiidae 373
Hesperiinae 375
Hesperus 228
Hesperus (*Hesperus*) *amabilis* 228
Hestina 349
Hestina assimilis 350
Heterocera 378
Heteroptera 178
Hierodula 60
Hierodula chinensis 61
Hippotiscus 181
Hippotiscus dorsalis 181
Hishimonus 141
Hishimonus hamatus 142
Homaeotarsus 235
Homaeotarsus koltzei 235
Homoeocerus 188

Homoeocerus (*Tliponius*) *unipunctatus*　188
Homoneura　321
Homoneura (*Homoneura*) *dorsacerba*　322
Homoneura (*Homoneura*) *picta*　322
Homoneura (*Homoneura*) *subvittata*　323
Homoneura (*Homoneura*) *trypetoptera*　323
Hyalessa　149
Hyalessa maculaticollis　150
Hybos　326
Hybos serratus　326
Hydrillodes　410
Hydrillodes pliculis　410
Hygia　188
Hygia opaca　189
Hymenopodidae　59
Hymenoptera　458
Hypena　410
Hypena sinuosa　411
Hypeninae　410
Hypochrosis　383
Hypochrosis baenzigeri　383
Hypomecis　383
Hypomecis punctinalis　383
Hypsicera　466
Hypsicera lita　467

I

Iassinae　145
Ichneumonidae　462
Ichneumoninae　463
Idmon　375
Idmon sinica　375
Interphasma　64
Interphasma huayingshanense　64
Isopsera　81
Isopsera denticulata　82
Issidae　171
Ivela　412
Ivela auripes　412

J

Jacobiasca　118
Jacobiasca boninensis　118

Junonia　357
Junonia iphita　358
Junonia orithya　358
Junoniini　357

K

Kaniska　356
Kaniska canace　356
Kapsa　129
Kapsa (*Rigida*)　129
Kapsa (*Rigida*) *apicispina*　130
Kapsa (*Rigida*) *furcata*　129
Kodaianella　171
Kodaianella bicinctifrons　172
Kolla　109
Kolla paulula　109
Krananda　384
Krananda semihyalina　384
Krisna　145
Krisna concava　146

L

Labiobaetis　23
Labiobaetis ancoralis　23
Lagria　293
Lagria (*Lagria*) *formosensis*　293
Lagria (*Lagria*) *nigricollis*　293
Lagriinae　292
Lagriini　292
Lamiinae　252
Lampropterini　341
Lamprosema　432
Lamprosema commixta　432
Lamprosema tampiusalis　432
Landrevinae　92
Larentiinae　388
Largidae　192
Lasiocampidae　391
Lasiochaeta　319
Lasiochaeta lii　320
Lauxaniidae　320
Ledrinae　111

Lepidoptera 335
Leptomantella 58
Leptomantella tonkinae 58
Leptomantellidae 58
Leptophlebiidae 20
Lethe 361
Lethe chandica 362
Lethe syrcis 362
Lethe titania 363
Lethe verma 362
Lethina 361
Libellula 33
Libellula depressa 33
Libellulidae 31
Libelluloidea 31
Limassolla 124
Limassolla dostali 125
Limassolla ishiharai 125
Limassolla lingchuanensis 125
Limassolla qianfoensis 126
Limenitinae 353
Limenitini 354
Limenitis 354
Limenitis sulpitia 354
Linda 268
Linda subatricornis 268
Lista 446
Lista haraldusalis 446
Lithocharis 231
Lithocharis nigriceps 232
Lomographa 384
Lomographa sp. 384
Lonchodidae 62
Longicornus 142
Longicornus yunnanensis 142
Loxoblemmus 89
Loxoblemmus appendicularis 90
Loxoblemmus doenitzi 89
Luma 429
Luma ornatalis 429
Lupropini 299
Luprops 299
Luprops orientalis 299

Lycaenidae 367
Lycaeninae 370
Lycorma 174
Lycorma delicatula 174
Lymantria 412
Lymantria mathura 412
Lymantriinae 411

M

Macroglossinae 394
Macropsinae 133
Macropsis 133
Macropsis (*Macropsis*) *irenae* 133
Macroteratura 76
Macroteratura (*Macroteratura*) *megafurcula* 76
Maladera 280
Maladera (*Omaladera*) *orientalis* 280
Mallada 216
Mallada isophyllus 216
Mantidae 60
Mantodea 57
Marasmia 430
Marasmia poeyalis 430
Margattea 51
Margattea bisignata 52
Margattea flexa 52
Margattea nimbata 51
Margattea speciosa 52
Maruca 430
Maruca vitrata 431
Matrona 31
Matrorabasilaris basilaris 31
Meconematinae 74
Mecopoda 83
Mecopoda niponensis 84
Mecopodinae 83
Megaconema 76
Megaconema geniculata 76
Megaloptera 222
Megalurothrips 101
Megalurothrips distalis 102
Megalurothrips usitatus 102

Megarthrus 235
Megarthrus flavolimbatus 236
Megatropis 170
Megatropis formosana 170
Megophthalminae 146
Megymenum 185
Megymenum gracilicorne 185
Meiyingia 250
Meiyingia jinyunensis 250
Melanargia 365
Melanargia asiatica 366
Melanargiina 365
Melanitini 360
Melanitis 360
Melanitis phedima 361
Meloidae 306
Meloinae 306
Melolonthinae 280
Membracidae 147
Menelaides 337
Menophra 384
Menophra senilis 385
Meteorus 471
Meteorus colon 471
Meteorus pulchricornis 472
Meteorus versicolor 472
Metoeca 431
Metoeca foedalis 431
Metopiinae 466
Metylophorus 99
Metylophorus trivalvis 99
Microcopris 278
Microcopris propinquus 278
Micromus 218
Micromus linearis 218
Mileewa 110
Mileewa margheritae 110
Mileewinae 110
Mimela 288
Mimela excisipes 288
Mimela splendens 288
Minettia 320
Minettia (Frendelia) longipennis 321

Minettia (Plesiominettia) omei 321
Mixochlora 388
Mixochlora vittata 388
Molipteryx 189
Molipteryx fuliginosa 189
Monochamus 266
Monochamus alternatus 266
Mycalesina 364
Mycalesis 364
Mycalesis sangaica 364
Myrmeleon 220
Myrmeleon trigonois 220
Myrmeleontidae 219

N

Nadezhdiella 245
Nadezhdiella cantori 246
Nadezhdiella fulvopubens 245
Nagiella 433
Nagiella inferior 433
Nagiella quadrimaculalis 433
Neobelocera 157
Neobelocera laterospina 157
Neocerambyx 247
Neocerambyx raddei 247
Neochauliodes 222
Neochauliodes rotundatus 222
Neope 363
Neope bremeri 364
Neope muirheadii 363
Nepalomyia 331
Nepalomyia pallipes 332
Neptini 354
Neptis 354
Neptis clinia 355
Neuroptera 212
Nikkotettix 122
Nikkotettix cuspidata 122
Nilaparvata 161
Nilaparvata muiri 161
Niphona 272
Niphona furcata 272

Noctuidae 415
Nolidae 414
Notobitus 187
Notobitus meleagris 188
Nupserha 269
Nupserha infantula 269
Nyctemera 403
Nyctemera carissima 403
Nymphalidae 347
Nymphalinae 355
Nymphalini 355

O

Oberea 269
Oberea diversipes 270
Oberea formosana 270
Oberea walkeri 271
Odonata 29
Oecleopsis 178
Oecleopsis spinosus 178
Oedichirus 232
Oedichirus longipennis 232
Olenecamptus 259
Olenecamptus bilobus gressitti 260
Olenecamptus clarus 260
Olenecamptus octopustulatus 261
Olidiana 135
Olidiana alata 135
Omiodes 434
Omiodes indicata 434
Onthophagus 279
Onthophagus (*Matashia*) *ginyunensis* 279
Ophininae 467
Ophiusa 408
Ophiusa tirhaca 408
Opiconsiva 167
Opiconsiva sirokata 167
Oraesia 405
Oraesia emarginata 406
Orthetrum 32
Orthetrum melania 32
Orthetrum pruinosum neglectum 32

Orthocabera 385
Orthocabera sericea 385
Orthoptera 66
Ourapteryx 385
Ourapteryx pallidula 385
Oxya 67
Oxya agavisa 68

P

Pachycerina 323
Pachycerina decemlineata 324
Pachygrontha 193
Pachygrontha similis 194
Paederinae 230
Paederus 233
Paederus (*Heteropaederus*) *fuscipes fuscipes* 233
Pagyda 444
Pagyda amphisalis 444
Palaeonymphina 367
Palpita 434
Palpita nigropunctalis 434
Papilio 337
Papilio 340
Papilio bianor 339
Papilio machaon 340
Papilio memnon 338
Papilio polytes 339
Papilio protenor 338
Papilio xuthus 340
Papilionidae 336
Papilioninae 336
Papilionini 336
Paracymoriza 445
Paracymoriza vagalis 445
Paraepepeotes 267
Paraepepeotes marmoratus 267
Paraglenea 273
Paraglenea fortunei 273
Parantica 348
Parantica sita 348
Parapentacentrus 89
Parapentacentrus fuscus 89

543

Parapolybia　476
Parapolybia indica indica　476
Parazyginella　124
Parazyginella lingtianensis　124
Parnara　376
Parnara guttata　377
Parotis　435
Parotis marginata　435
Parum　399
Parum colligata　399
Patania　435
Patania balteata　436
Patania deficiens　436
Patania glyphodalis　436
Pcahygronthidae　193
Pedopodisma　68
Pedopodisma protrocula　68
Pelopidas　376
Pelopidas sinensis　376
Peloropeodinae　331
Pentatoma　180
Pentatoma semiannulata　180
Pentatomidae　179
Penthema　365
Penthema adelma　365
Penthimia　143
Penthimia maolanensis　143
Periplaneta　41
Periplaneta fuliginosa　41
Periplaneta svenhedini　41
Perkinsiella　161
Perkinsiella saccharicida　161
Petalocephala　111
Petalocephala eurglobata　111
Phaneropterinae　78
Phasmatidae　63
Phasmatodea　62
Phlogophora　416
Phlogophora meticulosa　416
Phlogotettix　143
Phlogotettix monozoneus　144
Phyllodes　406
Phyllodes eyndhovii　406

Phyllomimus　82
Phyllomimus (*Phyllomimus*) *curvicauda*　82
Phyllosphingia　399
Phyllosphingia dissimilis　399
Physopelta　193
Physopelta gutta　193
Phytoecia　271
Phytoecia rufiventris　271
Pieridae　342
Pierinae　344
Pierini　344
Pieris　344
Pieris canidia　345
Pieris melete　346
Pieris rapae　345
Pieris steinigeri　346
Platycnemididae　30
Platylomia　151
Platylomia radha　151
Platypleura　152
Platypleura kaempferi　152
Plaxomicrus　255
Plaxomicrus ellipticus　256
Plesiophthalmus　305
Plesophthalmus (*Plesiophthalmus*) *ater*　305
Plesophthalmus (*Plesiophthalmus*) *longipes*　306
Plutodes　386
Plutodes philornis　386
Plutodes warreni　386
Polistes　475
Polistes japonicus　475
Polistes megei　475
Polistes rothneyi　476
Polycanthagyna　35
Polycanthagyna melanictera　35
Polygonia　356
Polygonia c-aureum　356
Polyommatinae　371
Polyommatini　371
Polyrhachis　461
Polyrhachis illaudata　461
Polythlipta　437
Polythlipta liquidalis　437

Pomponia 150
Pomponia linearis 150
Ponerinae 460
Popillia 289
Popillia mutans 289
Potanthus 377
Potanthus flavus 377
Princeps 339
Prioninae 237
Prionus 238
Prionus gahani 239
Prohimerta 81
Prohimerta (*Anisotima*) *hubeiensis* 81
Proteininae 235
Protohermes 223
Protohermes acutatus 223
Protohermes guangxiensis 224
Protohermes xanthodes 224
Psacothea 267
Psacothea hilaris 267
Pseudargyria 441
Pseudargyria interruptella 441
Pseudergolinae 358
Pseudergolis 358
Pseudergolis wedah 359
Pseudolathra 233
Pseudolathra (*Allolathra*) *lineata* 234
Pseudophyllinae 82
Pseudophyllodromiidae 49
Pseudophyllodromiinae 50
Pseudothemis 33
Pseudothemis zonata 34
Pseudozizeeria 371
Pseudozizeeria maha 371
Psocidae 98
Psocodea 98
Pterolophia 272
Pterolophia (*Hylobrotus*) *annulata* 273
Purpuricenus 251
Purpuricenus temminckii sinensis 251
Pycnarmon 437
Pycnarmon pantherata 437
Pyralidae 445

Pyraustinae 441
Pyrginae 374
Pyrgocorypha 73
Pyrgocorypha parva 74
Pyrgomorphidae 71
Pyrgomorphoidea 66

R

Raivuna 176
Raivuna inscripta 176
Ramulus 63
Ramulus sp. 64
Reduviidae 196
Rhabdoblatta 43
Rhabdoblatta ecarinata 45
Rhabdoblatta melancholica 44
Rhabdoblatta nigrovittata 45
Rhabdoblatta omei 44
Rhabdoblatta parvula 44
Rhagastis 396
Rhagastis castor 397
Rhaphidophoridae 85
Rhaphidophoroidea 85
Rhopaliae 192
Rhopalocera 335
Rhopalus 192
Rhopalus sapporensis 192
Rhynocoris 198
Rhynocoris incertis 198
Rhyparochromidae 194
Rhyparochromus 194
Rhyparochromus sordidus 195
Rhytidodera 248
Rhytidodera bowringii 248
Ricaniidae 172
Riodininae 368
Riptortus 191
Riptortus pedestris 191
Ruidocollaris 79
Ruidocollaris sinensis 80
Rutelinae 281

S

Saigona　177
Saigona fulgoroides　177
Salka　131
Salka jaga　131
Salurnis　171
Salurnis marginella　171
Sasunaga　416
Sasunaga longiplaga　417
Saturniidae　392
Satyrinae　360
Satyrini　365
Scaphoideus　144
Scaphoideus maculatus　144
Scaphoideus nigrisignus　145
Scarabaeidae　276
Scarabaeinae　277
Sclomina　199
Sclomina erinacea　199
Scoliopteryginae　413
Scopaeus　234
Scopaeus virilis　234
Semachrysa　216
Semachrysa matsumurae　217
Sigmella　46
Sigmella schenklingi　46
Singapora　132
Singapora yingjiangica　132
Sinna　415
Sinna extrema　415
Sinochlora　78
Sinochlora sinensis　79
Sinoprinceps　340
Sinthusa　369
Sinthusa chandrana　369
Smerinthinae　397
Sogata　165
Sogata nigrifrons　165
Sogatella　162
Sogatella furcifera　162
Sogatella kolophon　163
Sogatella vibix　163

Sophonia　115
Sophonia orientalis　115
Sorineuchora　50
Sorineuchora nigra　50
Specinervures　160
Specinervures basifusca　160
Sphecidae　477
Sphedanolestes　199
Sphedanolestes gularis　200
Sphedanolestes impressicollis　200
Sphingidae　393
Sphinginae　400
Spilomelinae　418
Spindasis　370
Spindasis lohita　370
Spoladea　438
Spoladea recurvalis　438
Spondylidinae　239
Spondylis　239
Spondylis sinensis　239
Staphylinidae　227
Staphylininae　227
Stenichneumon　463
Stenichneumon posticalis　463
Steninae　229
Stenochiinae　300
Stenochiini　301
Stenochinus　300
Stenochinus xinyicus　301
Stenygrinum　245
Stenygrinum quadrinotatum　245
Stichophthalma　360
Stichophthalma suffusa　360
Stilicoderus　234
Stilicoderus aquilinus　235
Strongylium　301
Strongylium masumotoi　302
Stylotermes　39
Stylotermes chongqingensis　40
Stylotermes jinyunicus　40
Svercacheta　91
Svercacheta siamensis　91
Syllepte　438

Syllepte rhyparialis 439
Syllepte taiwanalis 439
Symbrenthia 357
Symbrenthia lilaea 357
Sympetrum 34
Sympetrum eroticum 34
Sympycninae 330
Syntormon 331
Syntormon emeiense 331
Sypnoides 409
Sypnoides kirbyi 409

T

Tagiades 374
Tagiades menaka 375
Tagiadini 374
Taharana 135
Taharana serrata 135
Taiwanolagria 298
Taiwanolagria merkli 299
Talbotia 346
Talbotia naganum 346
Tamdaotettix 85
Tamdaotettix (*Tamdaotettix*) *tridenticulatus* 86
Tanna 149
Tanna japonensis 149
Taractrocerini 377
Tautoneura 132
Tautoneura japonica 132
Tegra 83
Tegra novaehollandiae viridinotata 83
Teleogryllus 90
Teleogryllus emma 90
Teloganopsis 25
Teloganopsis punctisetae 26
Tenebrio 303
Tenebrio (*Tenebrio*) *molitor* 303
Tenebrio (*Tenebrio*) *obscurus* 303
Tenebrionidae 292
Tenebrioninae 302
Tenebrionini 303
Tenodera 60

Tenodera sinensis 60
Teratura 77
Teratura cincta 77
Termitoidae 39
Tetraophthalmus 256
Tetraophthalmus episcopalis 256
Tettigonia 84
Tettigonia chinensis 84
Tettigoniidae 72
Tettigoniinae 84
Tettigonioidea 72
Thagria 136
Thagria birama 136
Thagria multipars 137
Theclinae 369
Theretra 396
Theretra clotho 396
Theretra nessus 396
Thinopteryx 386
Thinopteryx crocoptera 387
Thripidae 100
Thrips 103
Thrips imaginis 103
Thyas 409
Thyas juno 409
Thysanoplusia 417
Thysanoplusia intermixta 417
Thysanoptera 100
Tiracola 417
Tiracola aureata 418
Tongeia 372
Tongeia filicaudis 372
Torleya 25
Torleya nepalica 25
Toya 166
Toya larymna 166
Trabala 391
Trabala vishnou 391
Traulia 69
Traulia szetschuanensis 69
Trichoferus 249
Trichoferus campestris 249
Trichogomphus 290

Trichogomphus mongol 290
Trirachys 246
Trirachys sinensis 247
Tropidocephala 155
Tropidocephala serendiba 155
Tropiduchidae 167
Tylostega 439
Tylostega tylostegalis 440
Typhlocybinae 117
Typhlocybini 126
Tyspanodes 440
Tyspanodes hypsalis 440

U

Udara 372
Udara dilecta 372
Udonga 182
Udonga spinidens 183
Unkanodes 165
Unkanodes sapporona 166
Usharia 121
Usharia constricta 121

V

Vagitanus 153
Vagitanus terminalis 153
Vanessa 355
Vanessa indica 355
Velarifictorus 91
Velarifictorus micado 91
Vespa 474
Vespa ducalis 474

Vespidae 473

W

Warodia 127
Warodia hoso 127

X

Xenocatantops 69
Xenocatantops brachycerus 70
Xenolea 275
Xenolea asiatica 275
Xizicus 77
Xizicus (*Haploxizicus*) *szechwanensis* 78
Xylotrechus 243
Xylotrechus (*Xylotrechus*) *rufilius rufilius* 243
Xystrocera 248
Xystrocera globosa 248

Y

Ypthima 366
Ypthima baldus 366
Ypthimina 366

Z

Zemeros 368
Zemeros flegyas 368
Zetherina 365
Zotalemimon 275
Zotalemimon costatum 275
Zyginellini 123

图　　版

图版 I

缙云山国家级自然保护区森林环境图（邱鹭摄） 　　缙云山国家级自然保护区森林环境图（邱鹭摄）

缙云山国家级自然保护区昆虫考察队队员 　　缙云山国家级自然保护区昆虫考察队队员

水生昆虫采集（王宗庆摄） 　　灯诱采集（龚德文摄）

网捕采集（罗新星摄） 　　昆虫收集（罗新星摄）

图版 II

小扁蜉 *Heptagenia minor* 成虫（龚德文摄）

小扁蜉 *Heptagenia minor* 稚虫（罗新星摄）

江苏亚非蜉 *Afronurus kiangsuensis* 成虫（龚德文摄）

江苏亚非蜉 *Afronurus kiangsuensis* 稚虫（罗新星摄）

宜兴宽基蜉 *Choroterpes yixingensis* 成虫
（龚德文摄）

宜兴宽基蜉 *Choroterpes yixingensis* 稚虫
（龚德文摄）

紫金柔裳蜉 *Habrophlebiodes zijinensis* 成虫
（龚德文摄）

紫金柔裳蜉 *Habrophlebiodes zijinensis* 稚虫
（龚德文摄）

图版III

锚纹突唇蜉 *Labiobaetis ancoralis* 成虫（龚德文摄） 　　锚纹突唇蜉 *Labiobaetis ancoralis* 稚虫（龚德文摄）

浅绿二翅蜉 *Cloeon viridulum* 成虫（龚德文摄） 　　浅绿二翅蜉 *Cloeon viridulum* 稚虫（龚德文摄）

刺毛亮蜉 *Teloganopsis punctisetae* 成虫
（龚德文摄）

刺毛亮蜉 *Teloganopsis punctisetae* 稚虫
（龚德文摄）

梧州蜉 *Ephemera wuchowensis* 成虫（罗新星摄） 　　尼泊尔大鳃蜉 *Torleya nepalica* 稚虫（龚德文摄）

图版 IV

黄纹长腹扇螅 *Coeliccia cyanomelas* 雄虫
（罗新星摄）

黄纹长腹扇螅 *Coeliccia cyanomelas* 雌虫
（罗新星摄）

叶足扇螅 *Platycnemis phyllopoda*（罗新星摄）

透顶单脉色螅 *Matrorabasilaris basilaris*（罗新星摄）

白尾灰蜻 *Orthetrum albistylum*（罗新星摄）

灰蜻 *Orthetrum* sp.（罗新星摄）

竖眉赤蜻 *Sympetrum eroticum*（罗新星摄）

晓褐蜻 *Trithemis aurora*（罗新星摄）

图版 V

黑胸大蠊 *Periplaneta fuliginosa* 成虫（罗新星摄）

黑胸大蠊 *Periplaneta fuliginosa* 若虫（罗新星摄）

赫定大蠊 *Periplaneta svenhedini* 雌虫
（罗新星摄）

赫定大蠊 *Periplaneta svenhedini* 若虫
（罗新星摄）

峨眉褶翅蠊 *Anaplecta omei*（罗新星摄）

峨眉大光蠊 *Rhabdoblatta omei*（邱鹭摄）

申氏乙蠊 *Sigmella schenklingi*（罗新星摄）

中华拟歪尾蠊 *Episymploce sinensis*（邱鹭摄）

图版VI

妮玛蠊 *Margattea nimbata* 若虫（罗新星摄）

川渝真地鳖 *Eupolyphaga hanae* 雌虫（邱鹭摄）

越南小丝螳 *Leptomantella tonkinae*（罗新星摄）

中华原螳 *Anaxarcha sinensis*（罗新星摄）

中华原螳 *Anaxarcha sinensis* 捕食（罗新星摄）

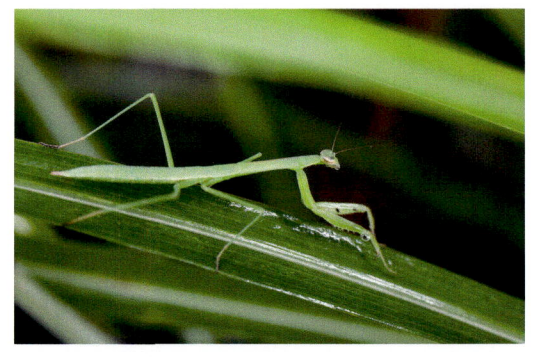

中华刀螳 *Tenodera sinensis* 若虫（罗新星摄）

中华斧螳 *Hierodula chinensis* 卵鞘（罗新星摄）

中华斧螳 *Hierodula chinensis*（罗新星摄）

图版 VII

细尾竹异䗛 *Carausius gracilicercus* 雄虫
（罗新星摄）

细尾竹异䗛 *Carausius gracilicercus* 雌虫
（罗新星摄）

短角棒䗛 *Ramulus* sp.（罗新星摄）

短角棒䗛 *Ramulus* sp.（罗新星摄）

华蓥山介䗛 *Interphasma huayingshanense* 交配
（罗新星摄）

华蓥山介䗛 *Interphasma huayingshanense* 交配
（罗新星摄）

山稻蝗 *Oxya agavisa*（罗新星摄）

四川凸额蝗 *Traulia szetschuanensis*（罗新星摄）

图版 Ⅷ

短角外斑腿蝗 *Xenocatantops brachycerus*（罗新星摄）

黄脊竹蝗 *Ceracris kiangsu*（罗新星摄）

巨叉大畸螽 *Macroteratura (Macroteratura) megafurcula*（罗新星摄）

中国华绿螽 *Sinochlora sinensis*（罗新星摄）

日本条螽 *Ducetia japonica*（罗新星摄）

细齿平背螽 *Isopsera denticulata*（罗新星摄）

弯瓣翡螽 *Phyllomimus (Phyllomimus) curvicauda*（罗新星摄）

翡螽蜕皮（罗新星摄）

图版IX

日本纺织娘 *Mecopoda niponensis*（罗新星摄）

贝氏突灶螽 *Diestramima beybienkoi*（罗新星摄）

三齿越突灶螽 *Tamdaotettix (Tamdaotettix) tridenticulatus*（罗新星摄）

三齿越突灶螽 *Tamdaotettix (Tamdaotettix) tridenticulatus*（罗新星摄）

八刺哑蟋 *Goniogryllus octospinatus*（罗新星摄）

褐拟额蟋 *Parapentacentrus fuscus*（罗新星摄）

附突棺头蟋 *Loxoblemmus appendicularis*
（罗新星摄）

森兰蟋 *Duolandrevus (Eulandrevus) dendrophilus*
（罗新星摄）

图版 X

金翅斑大叶蝉 *Anatkina vespertinula*（罗新星摄）

黑圆条大叶蝉 *Atkinsoniella heiyuana*（罗新星摄）

蜀凹大叶蝉 *Bothrogonia shuana*（罗新星摄）

窗翅叶蝉 *Mileewa margheritae*（罗新星摄）

白边脊额叶蝉 *Carinata kelloggii*（罗新星摄）

东方拟隐脉叶蝉 *Sophonia orientalis*（罗新星摄）

中华消室叶蝉 *Chudania sinica*（罗新星摄）

端刺丽叶蝉 *Calodia apicalis*（罗新星摄）

图版XI

缘斑光猎蝽 *Ectrychotes comottoi*（罗新星摄）

霜斑素猎蝽 *Epidaus famulus*（罗新星摄）

六刺素猎蝽 *Epidaus sexspinus*（罗新星摄）

齿缘刺猎蝽 *Sclomina erinacea*（罗新星摄）

红缘猛猎蝽 *Sphedanolestes gularis*（邱鹭摄）

环斑猛猎蝽 *Sphedanolestes impressicollis*
（邱鹭摄）

褐带秃角蝉 *Centrotoscelus brunneifasciatus*
（罗新星摄）

褐真蝽 *Pentatoma semiannulata*（罗新星摄）

图版 XII

伊蝽 *Aenaria lewisi*（罗新星摄）

岱蝽 *Dalpada oculata*（罗新星摄）

一点同缘蝽 *Homoeocerus (Tliponius) unipunctatus*（罗新星摄）

稻棘缘蝽 *Cletus punctiger*（罗新星摄）

突背斑红蝽 *Physopelta gutta*（罗新星摄）

褐缘蛾蜡蝉 *Salurnis marginella*（罗新星摄）

长裳帛蚁蛉 *Bullanga florida*（罗新星摄）

角蚁蛉 *Myrmeleon trigonois* 幼虫（罗新星摄）

图版 XIII

六斑绿虎天牛 *Chlorophorus simillimus*
（罗新星摄）

中华竹紫天牛 *Purpuricenus temminckii sinensis*
（罗新星摄）

华蜡天牛 *Ceresium sinicum*（邱鹭摄）

密点白条天牛 *Batocera lineolata*（罗新星摄）

白条天牛 *Batocera rubus*（邱鹭摄）

黄梢粉天牛 *Olenecamptus bilobus gressitti*
（罗新星摄）

松墨天牛 *Monochamus alternatus*（罗新星摄）

黑瘤瘤筒天牛 *Linda subatricornis*（邱鹭摄）

图版 XIV

近小粪蜣螂 *Microcopris propinquus*（邱鹭摄）

黑跗长丽金龟 *Adoretosoma atritarse atritarse*
（邱鹭摄）

纹脊异丽金龟 *Anomala viridicostata*（邱鹭摄）

棉花弧丽金龟 *Popillia mutans*（罗新星摄）

蒙瘤犀金龟 *Trichogomphus mongol* 雄虫（罗新星摄）

蒙瘤犀金龟 *Trichogomphus mongol* 雌虫（罗新星摄）

黄粉鹿花金龟 *Dicronocephalus bowringi*
（罗新星摄）

宽带鹿角花金龟 *Dicronocephalus adamsi*
（邱鹭摄）

图版 XV

豆芫菁 *Epicauta* sp.（罗新星摄）

扁锹甲 *Serrognathus titanus platymelus*（罗新星摄）

汤氏大竹象 *Cyrtotrachelus thompsoni*（罗新星摄）

松瘤象 *Sipalinus gigas*（罗新星摄）

黄基蛛叩甲 *Allocardiophorus flavobasalis*（罗新星摄）

梳爪叩甲 *Melanotus* sp.（邱鹭摄）

短翅花萤 *Trypherus* sp.（邱鹭摄）

十斑大瓢虫 *Megalocaria dilatata*（罗新星摄）

图版 XVI

黄尖襟粉蝶 *Anthocharis scolymus*（罗新星摄）

大绢斑蝶 *Parantica sita*（罗新星摄）

白带螯蛱蝶 *Charaxes bernardus*（罗新星摄）

苎麻珍蝶 *Acraea issoria* 成虫（罗新星摄）

苎麻珍蝶 *Acraea issoria* 幼虫和蛹（罗新星摄）

斐豹蛱蝶 *Argyreus hyperbius*（罗新星摄）

嘉翠蛱蝶 *Euthalia kardama*（罗新星摄）

残锷线蛱蝶 *Limenitis sulpitia* 幼虫（罗新星摄）

图版 XVII

华西箭环蝶 *Stichophthalma suffusa*（罗新星摄）

睇暮眼蝶 *Melanitis phedima*（罗新星摄）

散纹盛蛱蝶 *Symbrenthia lilaea*（罗新星摄）

曲纹黛眼蝶 *Lethe chandica*（罗新星摄）

波蚬蝶 *Zemeros flegyas*（罗新星摄）

浓紫彩灰蝶 *Heliophorus ila*（罗新星摄）

黑边裙弄蝶 *Tagiades menaka*（罗新星摄）

直纹稻弄蝶 *Parnara guttata*（罗新星摄）

图版 XVIII

新金星尺蛾 *Abraxas neoniartania*（罗新星摄）

僜琼尺蛾 *Orthocabera sericea*（罗新星摄）

淡黄尾尺蛾 *Ourapteryx pallidula*（罗新星摄）

小丸尺蛾 *Plutodes philornis*（罗新星摄）

墨丸尺蛾 *Plutodes warreni*（罗新星摄）

肾点丽钩蛾 *Callidrepana patrana*（罗新星摄）

栗黄枯叶蛾 *Trabala vishnou* 成虫（罗新星摄）

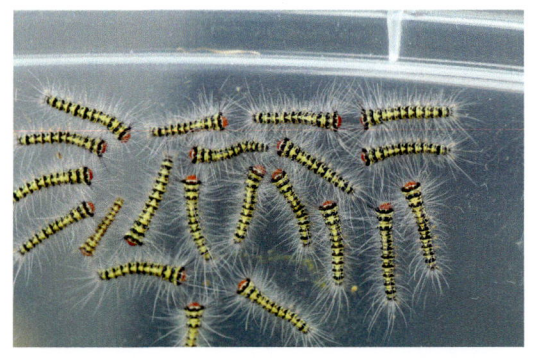

栗黄枯叶蛾 *Trabala vishnou* 幼虫（罗新星摄）

图版 XIX

平背天蛾 *Cechenena minor*（罗新星摄） 　　青背斜纹天蛾 *Theretra nessus*（罗新星摄）

锯线白肩天蛾 *Rhagastis castor*（罗新星摄） 　　裂斑鹰翅天蛾 *Ambulyx ochracea*（罗新星摄）

大丽灯蛾 *Aglaomorpha histrio*（罗新星摄） 　　白斑锦夜蛾 *Euplexia albovittata*（罗新星摄）

鹿尾夜蛾 *Eutelia adulatricoides*（罗新星摄） 　　黄带拟叶夜蛾 *Phyllodes eyndhovii*（罗新星摄）

图版 XX

华丽野螟 *Agathodes ostentalis*（罗新星摄）

大黄缀叶野螟 *Botyodes principalis*（罗新星摄）

黄杨绢野螟 *Cydalima perspectalis*（罗新星摄）

豆荚野螟 *Maruca vitrata*（罗新星摄）

褐缘绿野螟 *Parotis marginata*（罗新星摄）

褐斑卷叶野螟 *Syllepte rhyparialis*（罗新星摄）

霍氏双节行军蚁 *Aenictus hodgsoni*（罗新星摄）

梅氏多刺蚁 *Polyrhachis illaudata*（罗新星摄）